普通高等教育“十一五”国家级规划教材

北京高等教育精品教材
BEIJING GAODENG JIAOYU JINGPIN JIAOCAI

环保设备原理与设计

第四版

Principle and Design of Environmental Protection Equipment

陈家庆◎编著

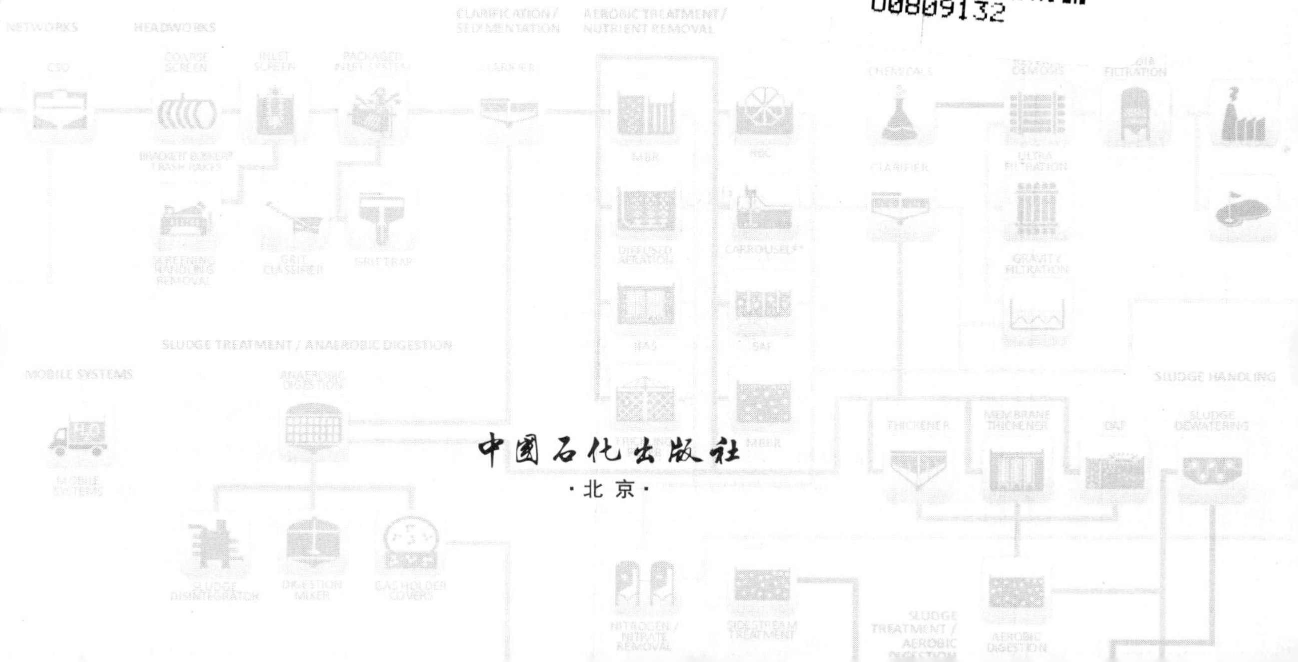

中国石化出版社
·北京·

内 容 提 要

本书先后入选普通高等教育“十一五”国家级规划教材、北京高校“优质本科教材课件”建设项目，荣获北京高等教育精品教材奖、中国石油和石化工程优秀教材一等奖、中国石油和化学工业出版物奖(教材奖)一等奖，且为国家级线下一流本科课程“环保设备原理与设计”的同名配套教材。主要内容包括不溶态污染物分离技术与设备、典型化学/物化法水处理技术与设备、生化法水处理工艺与设备、污泥集输处理技术与设备、尘粒污染物控制技术与设备、气态污染物净化技术与设备、环境污染控制工程的通用与配套设备等，具有工作原理、结构组成、设计方法和工程应用等多维视角下的系统关联性、理论逻辑性和技术创新性。本书文字通俗易懂、图文并茂、层次清晰，在兼顾体系性、学理性和独特性的同时，充分展现了国外先进技术的变迁脉络和发展趋势。

本书可供高等院校环境类专业师生阅读，对环保产业相关领域的技术人员和管理人员等也具有很高的参考价值。

图书在版编目(CIP)数据

环保设备原理与设计 / 陈家庆编著．--4版．
北京：中国石化出版社，2024.7．--(普通高等教育“十一五”规划教材)(北京高等教育精品教材)．
ISBN 978-7-5114-7634-0

Ⅰ．X505

中国国家版本馆CIP数据核字第2024XK4317号

中国石化出版社出版发行

地址：北京市东城区安定门外大街58号
邮编：100011 电话：(010)57512500
发行部电话：(010)57512575
http://www.sinopec-press.com
E-mail：press@sinopec.com
北京富泰印刷有限责任公司印刷
全国各地新华书店经销

*

787毫米×1092毫米 16开本 52.75印张 1341千字
2024年7月第4版 2024年7月第1次印刷
定价：88.00元

第四版前言

随着生态文明理念深入人心、生态环境质量显著改善、生态文明制度体系更加健全、全球环境治理贡献日益凸显、绿色低碳转型发展加快推进，新时代以环保科技创新为引领，大力发展环保产业的重要性显得愈加突出，环保产业总体规模持续保持增长，对国民经济发展的贡献进一步提升。由于环保设备为改善环境质量、减污降碳协同增效提供了重要的物质基础和技术保障，发达国家对其格外重视，相应的综合技术水平较高、创新发展速度较快。总体而言，我国的环保设备在设计研发、材料选用、质量保障、运行维护、智能控制等方面与发达国家相比尚存在一定差距。

从国内外环保产业发展对从业人员的要求来看，即便是环保工程项目的招投标和运营管理等，也都需要用到环保设备等方面的知识与技能，而目前多数高校环境工程及相关专业本科生在这方面的知识储备都略显欠缺。为此，国内高校近些年来大体采用三种模式来培养环保设备类专业技术人才：一是在环境工程及相关专业中设置环保设备类课程，二是从环境工程及相关专业中分流出环保设备专业方向，三是开办“环保设备工程”(082505T)本科专业。北京石油化工学院环境工程专业自2001年开始招收首届本科生起就着手探索第一种模式，确立了“满足常规环境工程专业共性培养、突出环保设备特色”的办学定位并秉承至今。20多年来专业建设水平稳步提升，先后入选北京市高等学校品牌建设专业(2005年)、北京市级特色专业建设点(2008年)、国家级特色专业建设点(2010年)、教育部“本科教学工程”地方高校第一批本科专业综合改革试点(2013年)、北京市属高校首批重点建设一流专业(2017年)、国家级一流本科专业建设点(2022年)；2017年6月通过中国工程教育专业认证协会(CEEAA)组织的专业认证，并于2020年通过复审。

课程是人才培养的核心要素，教材是教育教学的关键要素、立德树人的基本载体。为贯彻落实所在学校环境工程专业的办学定位，作者于2004年着手开始《环保设备原理与设计》本科教材的编写工作，中国石化出版社2005年出版了本书的第一版。内容编排涉及水、大气、噪声三大污染控制的主要设备，当时聘请清华大学环境科学与工程系的卜城教授负责组织审阅，该系的徐康富研究员、傅立新教授、袁光钰教授对本书提出了许多宝贵意见和建议。借入选普通高等教育“十一五”国家级规划教材选题之东风，2008年推出了第二版。本着“纳新纠错，突出重点特色，不求面面俱到”的原则，第二版不仅只涉及水、大气两大污染控制的主要设备，而且增加了“环保过程钢制容器与塔设备的设计”以及“环境污染控制工程系统配套设备”等章节。聘请四川大学杨平教授、湖南大学杨春平教授同时独立组织审阅，西南科技大学薛勇教授等也提出了许多宝贵意见和建议。第三版的修订出版工作2019年完成，全面继承沿用第二版的框架体系，重点关注教材的内涵质量。近20年来，承蒙兄弟院校同行的抬爱和认可，本书被选作环境工程及相关本科专业课程的配套教材；不少环保产业从业人员也给予了本书极大关注。本书先后获得北京高等教育精品教材奖（第一版，2006年）、中国石油和石化工程优秀教材一等奖（第二版，2009年）、北京高校“优质本科教材课件”建设项目（第三版，2019年）、中国石油和化学工业出版物奖（教材奖）一等奖（第三版，2020年）。主讲的专业必修课“环保设备原理与设计”先后被评为校级精品课程（2006年）、北京高等学校精品课程（2007年）、北京高校“优质本科课程”（重点项目）（2021年）、国家级本科一流线下课程（2023年）。以同名教材和课程作为重要支撑的成果先后荣获北京市高等教育教学成果一等奖（2008年）和二等奖（2021年），“环境治理与调控技术教学团队”被评为北京市优秀教学团队（2010年）。

过往成绩和荣誉的取得虽使作者产生了些许欣慰和自信，但更多感觉到的是压力和责任。鉴于新时代高等教育内涵特色差异化发展的迫切要求，专业教材应该体现出较好的体系性、较高的学理性和较强的独特性；既要培根铸魂，更要启智增慧。基于作者连续主讲同名课程使用《环保设备原理与设计》教材的切身体会以及各届学子的交流反馈、兄弟院校使用本教材同行以及环境工程领域诸多专家学者的意见和建议，同时考虑到姊妹教材《环保设备设计基础》已于2023年6月由机械工业出版社出版发行，因此第四版修订时进一步调整完善了内容框架体系。简言之，在第三篇中删掉“环保过程钢制容器与塔设备的设计”这一章的大部分内容，重点突出现代工程设计软件的应用导向，同时调整该篇中相关章节的编排逻辑；通过新工艺、新技术、新设备、新案例的展示，强化读者的工程意识和减污降碳协同增效系统观念；通过规范流畅行文表达、精选题材配套图文等细节举措，力求使教材的内涵质量再上新台阶，最终为相关专业本科生毕业要求和培养目标的达成提供有效支撑。本着“尊重原有贡献、顺应传承发展”的思想，此次修订工作并未兴师动众，蔡小垒副教授参加第五章部分内容的修订工作，朱玲教授负责第六章的修订完善并全力进行内容拓展，全部章节均由陈家庆教授审校定稿。孔令真博士负责组织后续《环保设备原理与设计》云教材的数字化制作开发、内容交互设计等工作。

纵向溯源，本书四版的修订工作得到了北京市高层次创新创业人才支持计划——教学名师项目、北京市高水平创新团队建设计划项目、北京高等教育“本科教学改革创新”重大项目和重点项目、北京市数字教育研究课题重点项目以及北京市高等教育学会重点课题等支持；作者所在学校的各级领导以多种方式和途径给予了关心和支持，所在基层学术组织 —— 环境工程系暨环境工程北京市级实验教学示范中心新老同事也对修订工作提出了许多宝贵意见和建议，教育部环境科学与工程教学指导委员会部分委员、中国石化出版社有限公司首席专家白桦及装备综合分社对本书的修订多次给予支持和鼓励，在此表示诚挚感谢。在资料收集、整理分析、内容更新的过程中，作者直接参考引用了一些国内外知名环保设备生产厂商的网站资料，同时也引用了一些环保产业相关领域专家学者所撰写的论文、论著和手册，无论是否在参考文献目录中一一罗列，在此均深表谢意。

本书的学习最好以工程力学、环境工程原理、机械设计基础或环保设备设计基础等课程的部分知识作为基础和铺垫，各高校可根据相关专业培养方案的实际情况选择性讲授。当然，作者不仅希望本书能够作为高等院校环境类相关专业师生的教学用书，还希望本书能够为环保产业相关领域的技术人员和管理人员等提供有益参考，以共同促进环保设备设计研发和运行管理水平的提高，进而提升我国环保产业的整体水平。

作者欣喜地看到，随着十余所高校先后开办环保设备工程本科专业，社会各界对环保设备在环境类专业人才培养中重要性的认识已经上升到了一个新阶段。本着共同提升该类课程教育教学质量、推动“新工科”建设步伐的目的，在发布移动交互式数字教材《环保设备原理与设计》云教材的基础上(可在网页端“云书·云教材”或手机端“云教材 App”内搜索查看)，还特意将与本书内容配套的部分多媒体课件、讲课视频以及相关学习素材上传到《环保设备原理与设计》国家级线下一流课程独立网站(https://www.bipt.edu.cn/publish/pdepe)供读者在线浏览；高校教师同行也可以直接联系(jiaqing@bipt.edu.cn)商获 PPT 课件，加入《环保设备原理与设计》蓝墨云班课或组建虚拟教研室，以更为泛在化、智能化的方式共享更多优质教学资源。

虽然作者力求在第四版的修订工作中做得更好，但限于学术水平和行业底蕴，书中的疏漏和不足之处难免犹存。作者在继续保持如履如临般谨慎的同时，也恳请各界读者海涵雅正，冀盼凭借日后的字斟句酌和持续改进以躬表己诚、立己达人。

陈家庆

2024 年 5 月于北京大兴

目　　录

第二篇 大气污染控制技术与设备

第三篇 环境污染控制工程的通用与配套设备

绪论

0.1 环保产业与环保设备

1. 环保产业的内涵与发展情况

(1)产业内涵与国外发展情况

随着人类生活与生产活动对生态环境影响的不断增大，环境保护问题越来越引起世界各国的普遍关注。虽然环保产业基本上与人类的环保意识同步形成和发展，但不同国家对其内涵的理解各不相同。美国的环保产业始于19世纪的城市供排水系统管理、卫生工程和废物收集，目前分为环保服务、环保设备和环境资源三大类。经济合作与发展组织(OECD)对环保产业的定义有狭义和广义两种：狭义上，环保产业是为环境污染控制与减排、污染清理以及废弃物处理等方面提供设备和服务的行业，即所谓传统环保产业或直接环保产业；广义上，环保产业既包括能够在测量、防治、限制及克服环境破坏方面，生产与提供有关产品和服务的企业，还包括能够使污染排放和原材料消耗最小化的清洁生产技术和产品。环保产业在日本也被称为“生态产业”或“生态商务”，按日本环境省的产业划分，环保产业可以分为污染防治、碳减排、资源循环、自然环境保护等4大领域；而根据日本机械工业联合会的《环境产业调查报告书》，日本环保产业可分为公害防止和水利用、废弃物处理和回收利用、环境修复和环境创造、环境调和型能源、其他环保产品等5大类。随着科学技术与经济社会的不断发展，环保产业的内涵越来越丰富，更为广义的理解甚至还包括清洁生产技术、自然资源节约技术，以及产品的回收、安全处置与再利用等，是对产品从“生”到“死”的全生命周期绿色呵护。

环保产业作为范围广泛、门类众多的巨大产业体系，兼具带动经济增长和应对环境问题的双重属性。随着全球环保意识的增强和碳减排政策的持续推进，全球环保市场规模稳步增长。2014年全球环保产业规模约为9158亿美元，2021年提升至12686亿美元，年复合增长率(Compound Annual Growth Rate，CAGR)为4.77%。其中水处理领域规模最大，占比高达56.29%，固废处理和环境服务领域规模位列其后，三个领域合计规模占比达到近90%。得益于多年的发展和积累，美国、欧盟和日本的环保产业是目前全球环保市场的主要力量。面对新兴国家环保市场迅速发展壮大的形势，全球环保产业布局重塑趋势明显，环保全球化进程推动大型环保企业积极并购整合。我国的环保产业除了局部“领跑”，总体上处于“跟跑”阶段。

(2)国内发展历程

1973年全国第一次环境保护工作会议开创了中国的环境保护事业，环保产业也应运而生。根据国务院环境保护委员会《关于积极发展环境保护产业的若干意见》(国办发〔1990〕64号)，环境保护产业是国民经济结构中以防治环境污染、改善生态环境、保护自然资源为目的所进行的技术开发、产品生产、商业流通、资源利用、信息服务、工程承包等活动的总称，主要包括环保机械设备制造、自然保护开发经营、环境工程建设、环境保护服务等方面。1992年4月召开的第一次全国环境保护产业工作会议，确定了发展环保产业的指导思想和基本方向。1993年3月5日，中国环境保护工业协会正式更名改建为中国环境保护产业协会。2001年1月，国家经济贸易委员会印发《环保产业发展"十五"规划》，这是我国环保产业发展的第一个五年规划。2010年，节能环保成为我国7大战略性新兴产业的首要领域。《关于环保系统进一步推动环保产业发展的指导意见》(环发〔2011〕36号)中指出，环保产业是为社会生产和生活提供环境产品和服务活动，为防治污染、改善生态环境、保护资源提供物质基础和技术保障的产业。

随着新《环境保护法》2015年1月1日起施行、《大气污染防治行动计划》(国发〔2013〕37号)、《水污染防治行动计划》(国发〔2015〕17号)、《土壤污染防治行动计划》(国发〔2016〕31号)、《2030年前碳达峰行动方案》(国发〔2021〕23号)、《减污降碳协同增效实施方案》(环综合〔2022〕42号)、《加快推进生态环保产业高质量发展　深入打好污染防治攻坚战　全力支撑碳达峰碳中和工作行动纲要(2021—2030年)》(中环协〔2022〕158号)等先后发布实施，环保产业持续迎来发展机遇。国务院发布的"十三五""十四五"节能减排综合工作方案，都明确提出了化学需氧量(COD)、氨氮、氮氧化物、挥发性有机物(VOCs)排放总量五年下降幅度的管控目标。中国环保产业占GDP比重从2016年的1.5%增长到2021年的1.9%，年复合增长率达5.0%；2022年，中国环保产业全年营收约为2.22万亿元，2016年以来的年复合增长率为11.6%。目前，我国环保产业已进入由高速发展向高质量发展转变的关键阶段，产业驱动力已经从政策和投资向政策、市场、技术、资本转变。

总的来看，我国环保产业的盘子较小、市场较散、实力较弱，与发达国家之间的差距较大。具体问题表现在如下四个方面：一是环保项目自身造血能力差，过度依赖政府投入，环境治理需求向产业市场转化难；二是价费机制不完善，投资回报机制不健全，社会资本和金融机构参与难；三是自主创新能力不强，缺乏基础性、原创性、颠覆性技术创新，在部分污染治理领域以及部分关键设备、功能材料、核心部件、高端仪器等方面存在短板，亟待解决和突破；四是行业集中度较低，市场规范性有待加强。为此，需要创新链、产业链、资金链、人才链"四链"深度融合，为环保产业实现高质量发展提供重要支撑，为实现"双碳"目标提供重要抓手。

2. 环保设备的分类

搞好环境保护，除了制定法规、强化管理，最终要靠先进的技术和优良的设备。环保设备产业是绿色环保产业的重要组成部分，为生态文明建设提供重要物质基础和技术保障。一般而言，环保设备是指为防治环境污染、改善环境质量而由工业生产部门或建筑安装部门制造或建造出来的机械产品、构筑物或系统，当然也可以是用于资源与能源循环利用、用于控制污染的清洁生产工艺过程和改善环境质量的机械产品、构筑物或系统。

(1)按照设备的功能分类

《环境保护设备分类与命名》(HJ/T 11—1996)中规定，环保设备是水污染治理设备、空气污染治理设备、固体废物处理处置设备、噪声与振动控制设备、放射性与电磁波污染防护设备的总称，可以按照类别、亚类别、组别和型别四个层次分类表示。实际上，在以上四个层次分类的基础上，环保设备的每一种型别，还可以分为许多具体的型号和规格，这些型号和规格有的由国家或行业管理部门统一规定，有的则由设计单位或生产企业自行确定。

当然，随着人们对环境保护需求的不断提高和技术水平的不断进步，环保设备的内涵也在不断丰富。根据《工业和信息化部关于加快推进环保装备制造业发展的指导意见》(工信部节〔2017〕250号)，环保装备主要包括大气污染防治装备、水污染防治装备、土壤污染修复装备、固体废物处理处置装备、噪声与振动控制设备、资源综合利用装备、环境污染应急处理装备、环境监测专用仪器仪表、环境污染防治专用材料与药剂等九大类。

(2)按照设备的性质分类

①机械类设备。主要指包含运动构件的动设备，可以分为通用机械设备和专用机械设备，目前在环保设备中种类最广、型号最多、应用最普遍。通用机械设备是指在若干行业可以使用的机械类设备，也称为标准设备或定型设备，是按照国家标准或行业标准规定大批量、系列化生产的，有较为定型的规格牌号，可以在市场上较为方便地购置，如减速器、泵、风机、阀门(启闭机)、板框式压滤机、离心机等。专用机械设备则主要在环境保护行业使用，也是环保产业界自身研制开发的重点，如除尘器、格栅除污机、刮泥机、表面曝气机等。

②容器类设备。一般指没有运动构件的静设备，设备的外部壳体多采用金属材料制作，呈立式或卧式的圆筒状或箱体状，并与流程工业单元过程操作中的容器、塔器类设备具有较大的关联性，如沼气储罐、吸收塔、吸附塔等，因此也可归属为通用设备。按照其承压情况可分为常压容器、中低压容器和高压容器。

③仪器仪表类设备。指各种用于环境监测及环境工程实验的仪器仪表，如各种电化学分析、光学分析、色谱分析仪器、各种采样器、各种自动监测仪器、在线监测系统等。据统计，每个城市污水处理厂需要使用40多种在线控制仪器仪表，如在线超声波明渠流量计、超声波管道流量计、电磁流量计、在线溶解氧(DO)测定仪、在线COD测定仪、在线pH测定计等。

④构筑物类设备。构筑物一般是指钢筋混凝土结构件，但也有用玻璃钢、钢板、不锈钢板、工程塑料或其他材料建造。与压力容器不同，构筑物一般仅承受其内介质的静压力，或介质的工作压力$\leqslant$0.1MPa。一般不设上盖，主要用来储存物料或充作常压反应容器的壳体，有时也为其上附带的机械类设备提供支撑和固定作用。常被冠以槽、罐、箱、池、器等名称，如各种沉砂池、沉淀池、隔油池、气浮池、曝气池、贮泥池等。

构筑物类设备大多是非标设备，应该根据处理工艺、处理量以及具体施工场合的实际要求逐一进行设计，然后在施工现场建造。

(3)按设备构成的复杂程度分类

①单体设备。单体设备指独立设置且具有一种或多种功能的环保设备，是环保设备的主体，如各种除尘器、单体水处理设备等。单体设备可以是单个机械类设备，如各种格栅除污机、破碎机、筛分机等；也可以是单个容器类设备，甚至可以是单体构筑物，如沉砂池、沉淀池、曝气池、吸声器等。可以采用金属材料加工制造，也可以采用非金属材料(如玻璃钢)或混凝土等建造。

②成套设备。成套设备指以单体设备为主，同时包含各种附属设备(如风机、电机等)组成的整体，有时也被称为工业联合装置。每一种成套设备中都包含若干种(台)单体设备，这些单体设备的属性可能各不相同，有的为机械类设备，有的为容器类设备。

③生产线。生产线指由一台或多台单体设备、各种附属设备、管线和控制系统(手动控制、自动控制)所组成的联合体。待处理物料从进入处理现场开始，经过多级处理、运送、化验分析、分质外排等一系列工序，如固体废物处理处置生产线、纯净水处理生产线、有机污染场地修复作业线等。

3. 环保设备的特点

(1)产品体系庞大

由于环境污染物质种类和形态的多样性，为适应治理各种污水、废气、固体废物、噪声、有害振动和辐射污染的需要，环保设备已经形成了庞大的产品体系，拥有数千个品种和数万种型号规格。大多数产品之间的结构差异大，专用性强，标准化难度大，较难形成批量化生产。

(2)设备与工艺之间的配套性强

由于污染源不同，污染物质的成分、状态以及排放量等都存在着较大的差异，因此必须结合现场数据进行专门的工艺设计，相应采用最经济合理的工艺方法和设备，因此设备与工艺之间的配套要求较高。

(3)设备工作条件差异大

由于各种污染源的具体情况不同，环保设备在污染源中的工作条件有较大差异，相当多的设备在室外、潮湿环境甚至污水里连续运行，要求设备具有良好的工作稳定性和可靠的控制系统。有些设备在高温度、强腐蚀、重磨损、大载荷的条件下运行，要求设备应具备耐高温、耐腐蚀、抗磨损、高强度等技术性能。某些大型成套设备如大型垃圾焚烧炉、大型除尘设备、大型脱硫脱硝装置等，系统庞大、结构复杂，任何一个环节出了问题都会影响整个系统的正常运行，因此对系统的综合技术水平要求较高。

(4)部分设备具有兼用性

部分环保设备与其他行业的机械设备结构相似，可以相互兼用，即环保设备可以应用于其他行业，其他行业的有关机械设备也可以应用于环境污染治理。也有人称其为通用设备，如石油、化工、矿山、轻工等行业的蒸发器、塔器、搅拌机、分离机、萃取机、破碎机、筛分机、分选机等机械设备都可以与环保设备中的同类设备兼用。

0.2 我国环保设备行业的发展现状与趋势

1. 我国环保设备行业的发展现状

随着我国环保产业的蓬勃发展，环保设备行业规模迅速扩大，发展模式不断创新。据中国环保机械行业协会测算，“十三五”以来，环保设备制造业产值由2015年的5500亿元上升到2021年的9400亿元，年复合增长率达到9.3%。一系列政策文件的发布，尤其是国家可持续发展战略和生态文明建设战略更是为我国环保设备行业发展提供了持续动力。例如，工业和信息化部专门发布《关于加快推进环保装备制造业发展的指导意见》(工信部节〔2017〕250号)，并先后组织编制《国家鼓励发展的重大环保技术装备目录》2010年版、2011版、2014版、2017版、2020版、2023版。目前我国环保设种类达到10000种以上，基本形成了门类相对齐全的产品体系，而且规模逐步扩大、结构逐步优化。电除尘、袋式除尘、脱硫脱硝等烟气治理技术已达到国际先进水平，城镇污水和常规工业废水处理已形成多种成熟稳定的成套工艺技术和装备，污水深度处理、VOCs治理、固废处理和资源化、土壤修复领域技术装备水平快速提升，环境监测技术在自动化、成套化、智能化、立体化和支撑精准监管方面进步显著。

2. 我国环保设备行业存在的问题

总的来看，我国的环保设备行业起步较晚，发展现状基本上反映了国内工业的平均发展水平，问题主要表现在以下几个方面。

(1)行业规模较小，集中度偏低

现有环保设备行业规模较小，且行业结构不合理，发展比较分散，集聚发展不够。缺乏一批拥有自主知识产权和核心竞争力、市场份额大、具有系统集成和工程承包能力的大企业集团。众多中小企业专业化特色发展不突出，企业分布比较分散，生产社会化协作尚未形成规模。一些大型跨国公司已在国内布局，凭借其优越的技术实力，在高端市场上占据了主导地位，进一步加剧了国内市场的竞争。

总体来看，发达国家环保设备企业可分为以下几种类型：①大型跨国环保产业集团，历史悠久、实力雄厚，具备工艺研究、设备开发、系统集成和工程承包的综合能力，能够投入大量研发力量，保持环保业务在世界上的领先地位，如法国威立雅(Veolia)集团等；②国际知名环保设备专业厂家，往往一个产品要持续研发完善几十年，不断赋予传统产品以新的技术生命，使之成为世界范围内工程建设的首选产品，占据了较大的市场份额，如美国 Wallace & Tiernan(即 W&T)公司的加药加氯设备、德国福乐伟(Flottweg)公司的污泥卧螺离心脱水机、德国琥珀(Huber)公司的 ROTAMAT 系列不锈钢固液分离设备、德国西派克(Seepex)公司的单螺杆泵等；③大型国际垄断企业的环保设备子公司或部门，这些企业涉及面广、技术全面、适应性强，在承包各类工程中直接配套环保工程，同时也能单项提供环保服务，如美国 Babcock & Wilcox(即 B&W)公司、美国赛莱默(Xylem)公司、德国鲁奇(Lurgi)公司、奥地利安德里茨(Andritz)集团、瑞典阿法拉伐(Alfa Laval)公司、日本三菱重工(Mitsubishi Heavy Industries，MHI)集团、日本株式会社 IHI(Ishikawajima - Harima Heavy Industries)公司、瑞士苏尔寿(Sulzer)公司等。目前，大型跨国环保公司已经成为新型环保设备工程化、市场化的主体，设备分包商将承担系统的二次设计(包括工艺概念设计)、设备集成、安装调试、操作培训等多方面义务。法国 Veolia 集团、荷兰德和威(DHV)集团、瑞典洛克比水务(Läckeby Water)集团、奥地利瓦巴格(WABAG)集团等在中国都有成功的工程案例，具有很强的国际竞争力。

(2)企业技术创新能力不强，区域发展不平衡

环保设备制造业的发展仍存在部分高端装备供给能力不足、先进环保装备应用推广不畅等问题。深层次的原因在于技术创新机制尚不健全，产学研用有机结合的技术创新体系建设进展迟缓。部分科研机构对科技成果的产业化应用重视不够，多数企业的研发力量相对薄弱、投入不足，部分关键设备和核心零部件受制于人。另外，我国环保设备行业具有非常强的地区性，行业发展程度与地区经济发展程度密切相关，目前东部沿海地区的环保设备行业较发达，资产总额及销售收入均名列全国前茅。

(3)行业内部细分装备领域发展不够均衡

主要表现在细分装备领域发展程度存在较大差异和技术水平的不均衡，例如大气污染防治设备领域发展相对成熟，部分装备水平已经达到国际领先水平，而土壤修复等技术水平还存在较大的发展空间，尤其缺乏大型成套环保设备以及一些特殊的环保设备品种。

总体来看，整个环保设备行业目前仍然存在“关注污水多于关注其他”“重污水处理轻污泥处理”“重污水处理轻再生利用”“重设施建设轻运行维护”等问题。不少高校在制订环境工程及相关专业的本科培养方案时，在水污染控制工程领域设置的学时和学分较多，而在大气污染治理、固体废弃物处理与处置、物理性污染控制、污染土壤修复工程领域设置的学时和学分相对较少，致使这些领域的高级工程技术人员匮乏；在水污染控制工程领域则更为关注市政水处理，工业水处理关注不足，实际上工业用水占全球总用水量的15%～20%、城镇居民用水仅占5%～8%。此外，水污染控制工程项目的投资和建设重点主要集中在污水处理厂建设上，对污泥处理与处置关注不够。例如，“十三五”期间，我国新增污水处理及相关投资额近6000亿元，其中新增或改造污泥无害化处理处置设施投资不足300亿元，占比仅为5%。污泥处理处置的关键制约因素是最终处置路线不畅通，污泥产品利用途径还未打通，处理后产品无法形成商品。产业链的不完善使污泥处理收益不足，抑制了污泥处理处置设施建设。我国城镇污水排放量约750亿m^3，再生水利用量仅为100多亿m^3，利用潜力巨大。造成污水资源化利用不足有多方面原因：一是污水再生利用设施建设滞后，配套管网建设不足；二是污水处理设施布局不合理，大多数城镇污水处理厂布局在城市远郊和流域下游，再生水利用工程需要建设长距离管网，不仅限制了利用范围，还增加了成本；三是市场机制不健全、价格机制不完善、政策激励不够，影响了社会资金进入再生利用设施建设和运营的积极性。

(4)产品质量标准体系不够完善

虽然已经初步构建了环保产品(设备)标准体系框架，但标准数量较少，分布不均衡，标准对行业发展的规范和引领作用发挥不够。环保设备运行效果评价指标体系尚未建立，缺乏质量监督和认证机制，产品质量低下的问题较为突出，运行效果难以保证。截至2018年底，国家环境保护部仅批准并发布了100多项《环境保护产品技术要求》，环保产品标准体系尚不完善，部分产品标准处于空白状态。此外，不同行业所颁布的标准中重复现象严重，使得同样的产品在规格、型号、名称上不统一，给用户选择及工程项目招投标带来了困难。

3. 我国环保设备行业的发展趋势

发展环保设备是加快培育发展节能环保产业的重要内容，是提高产业竞争力的重要举措。随着一批实力较强的大中型企业受政策鼓励逐步进入环保设备行业，可以预测该行业的发展趋势如下。

(1)环保设备的新品种迅速增加

在末端污染治理设备方面，通过产品先进制造技术、产品可靠性技术、轻量化设计和模块化技术，新型水污染治理设备、大气污染治理设备、土壤污染修复设备、固体废物处理处置设备、环境监测专用仪器、环境应急设备等将会得到迅速发展，新品种不断增加。

进入21世纪以来，随着公众对环境质量要求日趋严格，复合型污染、人群健康风险、生态安全、碳达峰碳中和等成为环境领域的研究重点。在源头污染预防设备方面，通过开发新的清洁生产工艺和新设备来减少污染排放。要依法依规淘汰高耗能、低效率落后产品，拓展新产品细分领域，提升自主知识产权产品比重，推动产品向高效低碳转变，解决行业内部结构性产能过剩问题。引导企业从设计制造单一污染物治理技术装备向多污染物协同治理转变，从提供单一领域环保技术装备向多领域“产品＋服务”供给转变，满足重点区域、流域系统治理需求。

(2)推进环保设备的“标准化、系列化、成套化”

工业和信息化部、科学技术部、生态环境部于2022年1月13日发布了《环保装备制造业高质量发展行动计划(2022—2025年)》(工信部联节〔2021〕237号)，在产品供给能力增强“锻长板”行动中，专门强调要提升产品质量品牌。发挥标准对质量提升的支撑与引领作用，加快建立完善产品质量标准体系，推动环保装备标准化、系列化、成套化。组织开展质量提升行动，围绕重点细分领域典型产品，支持企业对标达标，瞄准先进国际标杆进行技术改造，建立健全质量管理体系，带动产品升级换代，促进全行业产品质量提升。引导企业加强品牌建设，在脱硫、脱硝、除尘、市政污水处理等优势领域争创国际品牌，在环境监测仪器等领域培育高端品牌，在材料药剂等短板领域引导创立自主品牌，打造一批具有核心竞争力、高品质的个性化品牌产品。

(3)绿色低碳转型步伐不断加快

引导污水处理、流域监测利用光伏、太阳能、沼气热联发电，推广高能效比的水源热泵等技术，实现清洁能源替代，减少污染治理过程中的能源消耗及碳排放。鼓励环保治理长流程工艺向短流程工艺改进，推动治理工艺过程药剂减量化、加强余热利用，推广节能、节水技术装备，提高资源能源利用效率。鼓励企业运用绿色设计方法和工具，从全生命周期角度对产品进行系统优化，开发环境友好型药剂、低碳化工艺、轻量化环保装备，提高污染治理绿色化水平。在大气治理、污水治理、垃圾处理过程中通过工艺技术过程的改进，实现二氧化碳、甲烷、氧化亚氮(N_2O)等温室气体的抑制、分解、捕捉，研发应用减少污染治理过程中温室气体排放的工艺技术。

(4)数字化智能化水平不断提升

扩大应用CAD/CAE、计算机辅助制造(Computer Aided Manufacturing，CAM)、计算机辅助工艺过程设计(Computer Aided Process Planning，CAPP)、计算流体动力学(Computational Fluid Dynamics，CFD)、产品生命周期管理(Product Lifecycle Management，PLM)、增材制造(3D打印)、数字孪生(Digital Twin，DT)等技术，并将计算机应用于环保设备或环保工程项目的自动控制乃至智能运维。深入推进5G、工业互联网、大数据、人工智能等新一代信息技术在环保设备设计制造、污染治理和环境监测等过程中的应用，加快污染物监测治理远程智能控制系统平台的开发应用，深入挖掘污染物远程监控数据，创造大数据价值，提升运维水平和治污效率，降低治理成本。完善环保设备数字化智能化标准体系，建设一批模块化污水处理装备等智能制造示范工厂，稳步提高大气治理、污水治理、固废处理等领域技术装备的数字化智能化水平，最终实现智能化工厂、数字化工厂、智能制造甚至“智慧环保”。

《环保装备制造业高质量发展行动计划(2022—2025年)》提出，到2025年，环保装备制造行业技术水平明显提升，一批制约行业发展的关键短板技术装备取得突破，高效低碳环保技术装备产品供给能力显著提升，充分满足重大环境治理需求。环保装备制造业产值力争达到1.3万亿元。

0.3 本课程的任务及学习方法

目前我国高等环境教育已形成学科门类较为齐全、办学层次多样化的专门教育体系，但从环境工程及相关专业现行的人才培养方案来看，对环保设备类专门人才的培养相对较为滞后。尽管所有的设备都由相应的工艺要求所决定并为其服务，但各种工程项目投产运行后工艺基本不变而直接受设备运行状况影响却是一个不争的事实，有时甚至决定了污染治理工艺的先进性和可靠性。

本课程站在工科高级应用型人才培养的角度，系统讲述目前国内外各种主要环境污染末端治理设备的原理与设计问题，尤其是各种单体设备的原理与设计问题。加深学生对环境污染治理问题的认识理解，使之具备设计部分单体环保设备以及系统集成选型应用的能力，进而满足目前环境污染治理工程实际对高层次从业人员的需要。为了学好本课程，建议注意以下几个方面的问题。

1. 处理好学习工艺与设备之间的辩证关系

工艺与设备历来就应该相辅相成，工艺对设备提出要求，工艺的技术性能指标由设备来实现，因此建议读者要主动将二者有机结合。一方面，只有清楚所依托环境工程项目的工艺参数和工况条件，并熟悉了解特定污染治理工艺需要使用具备哪些性能和特点的处理设备，才能正确进行项目工艺所需配套设备的设计或选型，才能把握设备的发展方向，洞悉相关设备的安装调试和运行管理问题。另一方面，提供技术可行、性能先进和操作简便的环保设备，并保证其低碳节能和高可靠性运行，也是环保设备从业人员的职责和任务。建设“新工科”专业、培养复合型人才，注重学科专业的实用性、交叉性与综合性，应该成为新形势、新业态下全社会的共识。

2. 注意理论与实践相结合，在反复参与实践中主动学好理论

参与实践，一是到已建成的环境污染治理工程参观实习时，用心观察所采用的配套设备；二是到专业环保设备生产制造厂家去参观学习或实习时，潜心观察体会设备的加工制造工艺；三是开展相关的课程设计等实践训练环节时，在搞好设备选型设计和商务调研的基础上进行成本核算；四是创造条件参与环保设备的拆装测绘、安装调试、运行管理等工作，取得切身实践经验，同时要在实践中弄懂、弄通、用活有关理论。

3. 注意主动向国内外的先进技术学习

由于全球范围内环境科技的发展呈现出从单要素研究向多要素综合研究转变、从局部地区污染防治向区域尺度和全球尺度生态环境问题研究转变，因此要借助便捷、发达的网络信息资源，密切关注世界范围内环保设备行业的最新发展动态，获得国外环保设备企业的第一手产品资料或专利文献资料，以尽可能提高我国自主研发环保设备的起点和层次。

4. 注意培养工程观念和创新意识，注重学科交叉融合

环境工程专业是一个实用性较强的工科专业，因此满足工程实际需要、服务工程实际是构建该专业知识体系时一个不可忽略的重要因素，只有在平时的理论学习、实习实训中刻意培养并不断强化工程意识和工程观念，才能在踏上工作岗位后满足环保产业发展的需要。与此同时，勇于创新、勇于探索是尽快提高我国工程技术发展水平的必然要求。

从环境保护、可持续发展到生态文明与“双碳”战略，环境学科一直起着人与自然和谐发展的关键引擎作用，具有多学科相互交叉渗透的特点。当前针对生态文明建设与“双碳”战略这一复杂系统工程，更需要学科交叉融合与系统集成思维。要大胆借鉴机械工程、化学工程与技术、动力工程及工程热物理、材料科学与工程、控制科学与工程、智能科学与技术、生物工程、土木工程等相关学科的先进技术，打造环境科技创新全链条，服务生态文明建设国家重大需求。

第一篇　水处理设备原理与设计

水处理的目的就是将原水中所含的污染物分离出来或将其转化为无害的物质，从而净化水质。从作用原理来看，可分为不溶态污染物的分离技术(简称物理法)、污染物的化学转化技术(简称化学法)、溶解态污染物的物理化学转换技术(简称物化法)、污染物的生物化学转换技术(简称生化法)等四大类；按照水质净化要求，污水处理技术可分为一级处理、二级处理、深度处理。一级处理主要通过物理法实现固液分离，以去除水中的粗大颗粒和悬浮物，能去除悬浮固体(SS)50%～60%、BOD_5 20%～30%，但一般不能去除污水中呈溶解态和胶体态的大量有机污染物以及氯化物、硫化物等有毒物质。二级处理用于去除不可沉悬浮物和溶解性可生物降解有机物，生化法是污水二级处理常用的主体工艺，也有将化学法或物化法作为主体工艺；处理效果介于一级和二级处理之间的一般称为强化一级处理、一级半处理或不完全二级处理，BOD_5 去除率 45%～75%。深度处理是为了进一步去除二级处理残留的污染物，如细小悬浮固体、病毒和病原菌类微生物、难降解有机物、氮/磷等可溶性无机物以及重金属等，工艺流程和组成单元可以根据处理出水具体去向的不同(如回用)而采用三级处理或多级处理工艺。

从处理排放标准的角度来看，目前我国县级以上的城市污水处理厂一般都把《城镇污水处理厂污染物排放标准》(GB 18918—2002)中的一级 B 标准作为设计要求。但在三河三湖(如太湖、巢湖、滇池)、松花江水系的辽河流域、南水北调的重点区域以及北方缺水地区(如河北省、山西省、内蒙古自治区)等地，应执行一级 A 标准；其他地区若将城镇污水处理厂出水作为回用水或“将出水引入稀释能力较小的河湖作为城市景观用水”时，也应执行一级 A 标准。为解决重点地区污水综合治理、污水回用或城市景观用水的需求，新建污水处理厂必须在二级处理(脱氮除磷)的基础上增加深度处理，一次建成达到一级 A 标准；已建二级处理的城镇市政污水处理厂要求升级改造，在解决脱氮除磷的基础上增加三级处理或深度处理，由一级 B 标准升级改造达到一级 A 标准。当然，生态环境部 2022 年 4 月已经首次明确表态，不应盲目提高污水处理厂出水标准、新扩建污水处理厂。

水处理设备主要分为通用设备和专用设备两大类，前者如泵类、阀类、风机类等；后者如拦污机械设备、除砂及刮泥设备、曝气及搅拌设备、加药及消毒设备、污泥浓缩及脱水设备、氧化脱盐设备等，且新的类型规格还在不断增加。专用设备投资一般占设备总投资的60%～65%，因此是水处理行业的重点配套产品。一般而言，专用设备又可分为单元处理设备、组合处理设备两大类，是本篇介绍的重点。

(1)单元处理设备

①不溶态污染物的分离设备。如拦污机械(格栅、筛滤)、沉砂池、沉淀池、澄清池、过滤池、离心分离机等。

②污染物的化学法处理设备。如化学沉淀槽、中和设备、搅拌设备、加药设备、消毒设备、软化脱盐设备、电解槽等。

③溶解态污染物的物化法处理设备。如吸附罐、吸附塔、离子交换器、萃取塔、蒸发器

及各种膜分离装置等。

④污染物的生化法处理设备。如活性污泥法使用的曝气设备、污泥浓缩脱水设备，生物膜法使用的生物滤池、生物转盘及生物接触氧化池等，污泥厌氧消化系统中的沼气利用设备等。

按照业内人士的划分方式，城镇污水处理厂的重点配套设备可分为拦污设备、沉砂设备、沉淀池排泥机械、充氧曝气设备、水处理曝气专用风机、污泥处理设备、污水/污泥泵、污水处理专用设备等八类。分别占设备总价值的比重情况大致为：格栅等预处理设备 4%、闸阀 7%、各类泵 8%、曝气设备 5%、鼓风机 15%、刮(吸)泥机 11%、浓缩脱水机 8%、电气设备 5%、自控设备 11%。

(2)组合处理设备

由两种或两种以上单元处理设备组合在一起构成，用于处理某种特定场合下的污(废)水，具有设备紧凑、功能齐全的特点。例如小型生活污水处理设备、医院污水处理设备、洗车污水处理设备、受污染地下水抽出-处理设备等。

纵观世界范围内水处理设备的发展历程，表现出三个较为明显的特点：一是工艺开发引导设备开发，如传统活性污泥法、氧化沟、SBR、A/A/O 等工艺都有各自对应的配套专用设备；二是设备开发引导工艺变化，如潜水泵、膜组件、臭氧发生器和紫外线消毒等的出现；三是环境变化和可持续发展理念引出的新需求，如给排水管网养护设备、污泥干化设备、组合式污水处理设备、黑臭水体治理设备、再生水处理设备和河湖修复设备(微滤机、除藻船)、水处理碳源富集设备等。

总体而言，我国水处理设备与国外的水平差距大于水处理工艺与国外的水平差距，水处理专用设备与国外的水平差距又大于通用设备与国外的水平差距。现阶段至少应该关注高效低碳智能化污水污泥处理技术与设备、污水资源化利用技术与设备、基于标准与效应协同控制的饮用水净化技术与设备、高效地下水污染综合防控修复技术与设备等，同时关注新污染物(Emerging Contaminants，ECs)治理技术与设备。从环境管理的角度来看，新污染物指新近发现或被关注，对生态环境或人体健康存在风险，尚未纳入管理或者现有管理措施不足以有效防控其风险的污染物，具有危害严重性、风险隐蔽性、环境持久性、生物累积性、来源广泛性、治理复杂性。

第一章 不溶态污染物的分离技术与设备

水处理行业不溶态污染物的分离是指通过物理作用去除原水中不溶解的悬浮固体(包括可沉固体和胶体态不可沉固体)颗粒以及可漂浮固体颗粒(包括油膜、油颗粒)，要求相应的设备尽可能结构简单、操作方便、分离效果良好。按具体分离过程所涉及的原理可以分为两大类：一类是液相主体受到一定的限制约束，而固体颗粒能够在液相中自由运动，可以将其归类于重力沉降、离心分离或气浮等；另一类是利用固体介质层或介质床层，使固体颗粒受到限制约束而允许主体液相穿过，可以将其归类于筛滤、过滤等。本章涉及的水处理设备主要包括预处理设备、重力沉降设备、气浮设备、过滤设备、离心分离设备等。

§1.1 预处理设备(拦污)

预处理设备主要包括拦污设备、沉砂设备以及起调节、均衡作用的集水池和调节池等构筑物。大型取水构筑物进水口、污水及雨水提升泵站、污水处理厂进水渠道等处均应设拦污设备，以清除粗大的漂浮物如草木、垃圾、纤维状物质以及较大的固体悬浮物等，以达到保护水泵及减轻后续工序处理负荷的目的。沉砂池用来去除污水中密度较大的无机颗粒，以保护后续处理设施的正常运行，是任何城市污水处理工程中必不可少的处理设施。

拦污设备主要包括格栅、格栅除污机、旋转滤网、除毛机、水力筛网等筛滤设备，本节主要介绍格栅、格栅除污机以及旋转滤网，在此基础上介绍栅渣处理与输送机械。

一、格栅

格栅(Screen)按形状可分为平面格栅、曲面格栅(多为弧形)、阶梯形格栅、转鼓形格栅等；按栅条间距或网孔净尺寸可分为粗格栅、中格栅、细格栅、超细格栅等四种，根据《给水排水用格栅除污机通用技术条件》(CJ/T 443—2014)的相关规定，栅条间距及网孔净尺寸系列如表 1-1-1 所示。如果不特别指明，通常所说的格栅大多指粗(中)格栅。可以由一组或多组平行金属栅条制成，也可以由网孔状框架结构制成。当不分设粗(中)、细格栅时，可选用较小的栅条间距。

表 1-1-1 栅条间距及网孔净尺寸系列

序号	项目	粗格栅	中格栅	细格栅	超细格栅
1	栅条间距系列/mm	$50<d\leqslant100$	$10<d\leqslant50$	$2<d\leqslant10$	$0.2\leqslant d\leqslant2$
		60，70，80，90，100	12，14，…，48，50(以 2 递增)	3，4，…，9，10(以 1 递增)	0.2，0.3，…，1.9，2(以 0.1 递增)
2	网孔净尺寸系列/mm	—	$10\times10<a\times a\leqslant50\times50$	$2\times2<a\times a\leqslant10\times10$	$0.5\times0.5<a\times a\leqslant2\times2$
		—	12×12，14×14，…，48×48，50×50(以 2 递增)	3×3，4×4，…，9×9，10×10(以 1 递增)	0.5×0.5，0.6×0.6，…，1.9×1.9，2×2(以 0.1 递增)

1. 常规粗(中)格栅设计参数的确定

如图 1-1-1 所示，常规粗(中)格栅通常以倾斜甚至竖直状态静止放置在污水流经的渠道中。对于大中型泵站或当污水管道埋深较大时，格栅可以设在泵房的集水池内；采用机械除污时，一般采用单独的格栅井。

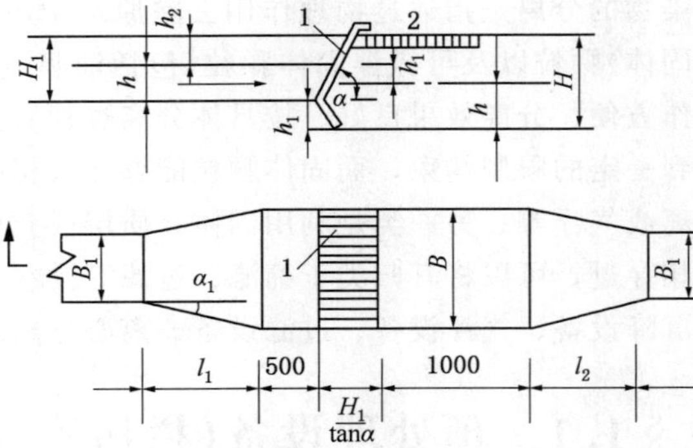

图 1-1-1　格栅水力计算示意图

1—栅条；2—工作平台

(1)格栅栅条断面形状

栅条断面形状可按表 1-1-2 选用。圆形断面栅条水力条件好、水流阻力小，但刚度差，一般多采用矩形断面栅条。平面格栅栅条一般使用材质为 Q235A 的矩形截面扁钢制作，目前市场上还出现了截面为梯形的不锈钢丝(Wedge wire，或 Vee wire)栅条，以及在(光滑或曲折)金属薄板上穿孔等形式。

表 1-1-2　格栅断面形状与尺寸

栅条断面	正方形	圆　形	锐边矩形	带半圆的矩形	两头半圆的矩形
尺寸/mm	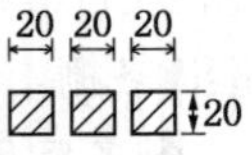 20 20 20；20	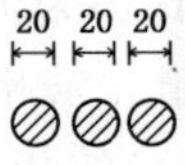 20 20 20	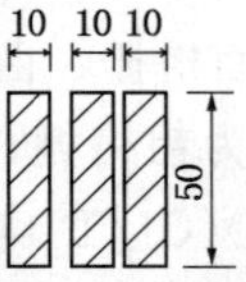 10 10 10；50	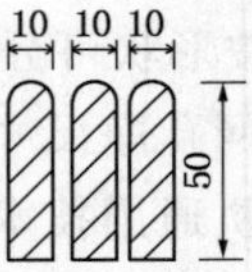 10 10 10；50	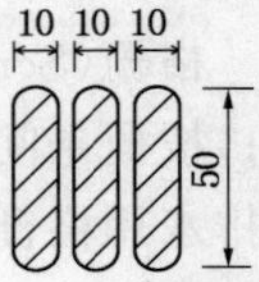 10 10 10；50

(2)格栅的安装倾角

格栅倾斜安放可以增加有效拦污面积 40%～80%，而且便于清洗和防止因堵塞而造成过高的水头损失。安装倾角 45°～75°，人工清除栅渣时取 45°～60°；若采用机械清除栅渣时一般采用 60°～75°，特殊类型可达 90°。格栅高度一般应使其顶部高出栅前最高水位 0.3m 以上；当格栅井较深时，格栅的上部可采用混凝土胸墙或钢挡板满封，以减小格栅的高度。

格栅设有栅顶工作台，台面应高出栅前最高设计水位 0.5m，工作台应安装安全设施和冲洗设施、工作台两侧过道宽度不小于 0.7m；工作台正面过道宽度按清渣方式确定：人工清渣时不应小于 1.2m，机械清栅时不应小于 1.5m。

(3)过栅流速

污水通过格栅的流速可取 0.8～1.0m/s，过栅流速太大和太小都会直接影响截污效果和栅前泥砂的沉积，可以据此来计算格栅的有效进水面积。格栅的总宽度不应小于进水渠有效断面宽度的 1.2 倍；如与滤网串联使用，则可按 1.8 倍左右考虑。

(4)格栅拦截的栅渣量 W_1

栅渣量与栅条间隙、当地污水特征、污水流量以及下水道系统类型等因素有关。当缺乏当地运行资料时，可采用下列数据：

格栅间隙 16～25mm 时，栅渣量为 0.10～0.05m^3 栅渣/10^3m^3 污水；

格栅间隙 30～50mm 时，栅渣量为 0.03～0.01m^3 栅渣/10^3m^3 污水。

栅渣的含水率一般为 80%，表观密度约为 960kg/m^3；有机质高达 85%，极易腐烂、污染环境。栅渣的收集、装卸设备，应以其体积为考虑依据。污水处理厂内贮存栅渣的容器，不应小于 1d 截留的栅渣体积量。

(5)清渣方式

栅渣的清除方法有人工除污和机械除污两种，当栅渣量较少时一般选用人工除污，当栅渣量大于 0.2m^3/d 时应采用机械除污，一些小型污水处理厂为了改善劳动条件也采用机械除污。机械除污时往往将栅渣的拦截与清除过程一体化，即采用格栅除污机。格栅除污机的台数不宜少于 2 台，如为 1 台时则应设人工除污格栅以备用。

2. 常规粗(中)格栅的设计计算

(1)格栅槽的宽度(或称为格栅的建筑宽度)B

$$B=s(n-1)+bn\ (\mathrm{m}) \tag{1-1-1}$$

$$n=\frac{Q_{max}\sqrt{\sin\alpha}}{bhv} \tag{1-1-2}$$

式中 s——栅条宽度，m；

n——栅条间隙数目(当栅条间隙数目为 n 时，栅条的数目应为 $n-1$)；

b——栅条间隙，m；

Q_{max}——最大设计流量，m^3/s；

α——格栅安置的倾斜角，(°)；

h——栅前水深，m；

$\sqrt{\sin\alpha}$——考虑格栅倾角的经验系数；

v——过栅流速，m/s。

平面格栅宽度 B 的取值(m)系列为 0.6、0.8、1.0、1.2、1.4、1.6、1.8、2.0、2.2、2.4、2.6、2.8、3.0、3.2、3.4、3.6、3.8、4.0，使用机械除污时 B 大于 4000mm；平面格栅的长度取值(m)系列为 0.6、0.8、1.0、1.2…(以 0.2m 为一级增大)，其上限由水深确定。

(2)格栅前后渠底高差(亦即通过格栅的水头损失) h_1

$$h_1=Kh_0\ (\mathrm{m}) \tag{1-1-3}$$

$$h_0=\xi\frac{v^2}{2g}\sin\alpha \tag{1-1-4}$$

式中 h_0——计算水头损失，m；

g——重力加速度，m/s^2；

K——考虑截留污物引起格栅过流阻力增大的系数，一般取 $K=2～3$，或按经验公式 $K=3.36v-1.32$ 求得；

ξ——阻力系数，其值与栅条的断面形状有关，可按表 1-1-3 选取。

工程中为了简化计算，h_1 值可按经验定为 0.10～0.30m，最大不超过 0.50m。

(3)栅后槽总高度 H

$$H=h+h_1+h_2(\text{m}) \quad (1-1-5)$$

式中　h——栅前渠道水深，m；

h_2——栅前渠道超高，m，一般取 0.3m。

表 1-1-3　阻力系数 ξ 计算公式

栅条断面形状	公　式	说　明
锐边矩形	$\xi=\beta\left(\frac{s}{b}\right)^{4/3}$ （β 为栅条断面形状系数）	$\beta=2.42$
迎水面为半圆形的矩形		$\beta=1.83$
圆形		$\beta=1.79$
迎、背水面均为半圆形的矩形		$\beta=1.67$
正方形	$\xi=\left(\frac{b+s}{\varepsilon b}-1\right)^2$	ε 为收缩系数，一般取 0.64

(4)格栅的总建筑长度 L

$$L=l_1+l_2+1.0+0.5+\frac{H_1}{\tan\alpha}\ (\text{m}) \quad (1-1-6)$$

式中　l_1——进水渠道渐宽部分的长度，$l_1=\frac{B-B_1}{2\tan\alpha_1}$，m；其中，$B_1$ 为进水渠道宽度，m；

α_1 为进水渠道渐宽部位的展开角度，一般为 20°；

l_2——格栅槽与出水渠道连接处渐窄部分的长度，一般取 $l_2=0.5l_1$，m；

H_1——格栅前的渠道深度，$H_1=h+h_2$，m。

(5)每日栅渣量 W

$$W=\frac{3600\times 24Q_{\max}W_1}{1000K_2}\ (\text{m}^3/\text{d}) \quad (1-1-7)$$

式中　W_1——栅渣量，取 $0.01\sim0.10\text{m}^3$ 栅渣/10^3m^3 污水，粗格栅用小值，细格栅用大值；

$Q_{\max}$——最大设计流量，m^3/s；

K_2——生活污水流量总变化系数，见表 1-1-4。

表 1-1-4　生活污水流量总变化系数

平均日流量/(L/s)	4	6	10	15	25	40	70	120	200	400	750	1600
K_2	2.3	2.2	2.1	2.0	1.89	1.80	1.69	1.59	1.51	1.40	1.30	1.20

注：表中的平均日流量是指一天当中的平流流量。

二、粗(中)格栅除污机

粗(中)格栅除污机的类型很多，具体形式和分类如表 1-1-5 所示。总体上可分为前清式(或前置式)、后清式(或后置式)、自清式(或栅片移行式)三大类，目前市场上第一种形式居多。前清式(或前置式)格栅除污机的除污齿耙设在格栅前(迎水面)清除栅渣，如三索式、高链式等；后清式(或后置式)格栅除污机的除污齿耙设在格栅后面，耙齿从格栅后(背水面)向前伸出清除栅渣，如背耙式、阶梯式等；自清式(或栅片移行式)格栅除污机虽然没有除污齿耙，但格栅栅面携带截留的栅渣一起上行，至卸料段时，栅片之间相互错动和变位，自行将污物卸除，同时辅以橡胶刷或带压清水冲洗，干净的栅面回转至底部，自下不断上升，替换已拦截栅渣的栅面，如此周而复始，如网箅式清污机、犁形耙齿回转式固液分离机等。《给水排水用格栅除污机通用技术条件》(CJ/T 443—2014)将格栅除污机按结构形式分为钢丝绳牵引式格栅除污机、回转式链条传动格栅除污机、回转式齿耙链条格栅除污机、高链式格栅除污机、阶梯式格栅除污机、弧形格栅除污机、转鼓式格栅除污机、移动式格栅除污机、回转滤网式除污机等 9 种。

表 1-1-5　粗(中)格栅除污机的形式和分类

<table>
<tr><th>分　类</th><th>传动方式</th><th>牵引部件工况</th><th>格栅形状</th><th colspan="2">除污机安装方式</th><th>代表性格栅除污机</th></tr>
<tr><td rowspan="11">前清式(前置式)</td><td>液　压</td><td>旋臂式</td><td rowspan="3">弧　形</td><td colspan="2" rowspan="3">固定式</td><td>液压传动旋臂式弧形格栅除污机</td></tr>
<tr><td rowspan="3">臂　式</td><td>摆臂式</td><td>摆臂式弧形格栅除污机</td></tr>
<tr><td>回转臂式</td><td>回转臂式弧形格栅除污机</td></tr>
<tr><td>伸缩臂式</td><td rowspan="10">平面格栅</td><td rowspan="3">移动式</td><td rowspan="2">台车式</td><td>移动式伸缩臂格栅除污机</td></tr>
<tr><td rowspan="4">钢丝绳</td><td rowspan="2">三索式</td><td>钢丝绳牵引式格栅除污机</td></tr>
<tr><td>悬挂式</td><td>葫芦抓斗式格栅除污机</td></tr>
<tr><td rowspan="2">二索式</td><td colspan="2" rowspan="8">固定式</td><td>三索式格栅除污机</td></tr>
<tr><td>滑块式格栅除污机</td></tr>
<tr><td rowspan="5">链式</td><td>干　式</td><td>高链式格栅除污机</td></tr>
<tr><td rowspan="5">湿　式</td><td>爬式格栅除污机</td></tr>
<tr><td>链条回转式多耙格栅除污机</td></tr>
<tr><td>后清式(后置式)</td><td>背耙式格栅除污机</td></tr>
<tr><td rowspan="2">自清式
(栅片移行式)</td><td>回转自清式格栅除污机
(犁形耙齿带、穿孔板带)</td></tr>
<tr><td>曲柄式</td><td>阶梯形</td><td>阶梯式格栅除污机</td></tr>
</table>

1. 链条回转式多耙格栅除污机

链条回转式多耙格栅除污机也称回转式齿耙链条格栅除污机。如图 1-1-2 所示，主要由机架、驱动机构、主传动链轮轴、从动链轮轴、主/从动链轮、环形牵引链、静止格栅、除污齿耙、过力矩保护装置等组成。在环形牵引链上均布 6～8 块除污齿耙，除污齿耙上的耙齿与静止格栅配合并可插入栅条间隙一定深度，耙齿间距与格栅栅距配合；环形牵引链常用节距为 35～50mm 的套筒滚子链，可采用不锈钢材质以延长使用寿命。除污齿耙与链条牵引机构组成一个回转体，在上部驱动机构的带动下，环形牵引链由下往上做回转运动。除污齿耙受链条铰节点和导轨的约束做回转运动。当除污齿耙运转到静止格栅的底部迎水面时，耙齿即插入栅条的缝隙中做清捞动作，将栅条上所截留的杂物刮落到齿耙的工作面上。当除污齿耙上行运转到机体上部时，齿耙翻转，一部分栅渣靠自重自行脱落到平台上端的卸料处；剩余黏附在齿耙上的污物通过缓冲自净卸污器(或清扫器)刮除，整个工作状态连续循环进行。

该格栅除污机结构紧凑、运转平稳、工作可靠，不易出现耙齿插入不准的情况。使用中应注意由于温差变化、荷载不匀、磨损等导致链条伸长或收缩，需随时对链条与链轮进行调整与保养，及时清理缠挂在链条、齿耙上的污物，以免卡入链条与链轮间影响运行。也可以将齿耙设计成双齿齿耙，双齿间呈一夹角，这样当一齿插入栅条缝隙中清捞时，另一齿则与其形成包围之势，将固体杂物包围住而不让其脱漏，提高清污效率。该格栅除污机的不足之处包括：①为保证环形牵引链和除污齿耙能够"回转"，在静止格栅下端需要留出足够的安全距离，在该位置处水流直接穿透，不能得到格栅的过滤处理；②链条运行一段时间后链节伸长，间隙增大，需要及时进行维护、调节，否则链条可能会与传动轮脱开，发生掉链故障。

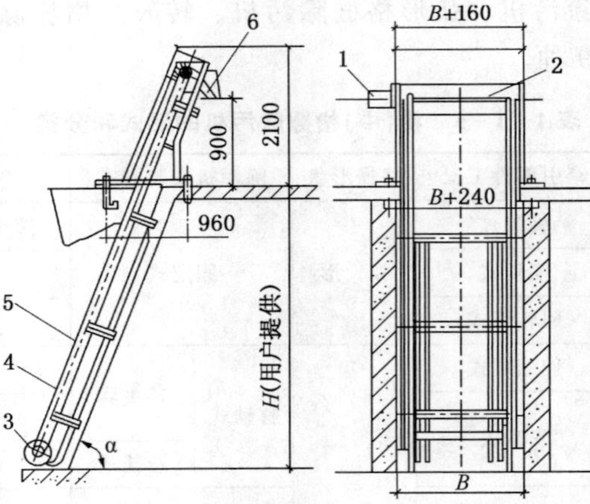

图 1-1-2　链条回转式多耙格栅除污机的结构示意图

1—电动机＋减速器；2—主传动链轮轴；3—从动链轮轴；4—链条；5—机架；6—卸料溜板

《环境保护产品技术要求 格栅除污机》(HJ/T 262—2006)中，规定链条回转式多耙格栅除污机的代号为 GL，其基本参数如表 1-1-6 所示。

表 1-1-6　链条回转式多耙格栅除污机的基本参数

机宽系列/mm	800、1000		1200、1400、1600、1800、2000		2200、2600、2800、3000		3200、3400、3600、3800、4000	
栅隙系列/mm	10、20、30、40、50、60、70、80、90、100							
栅条间距/mm	≤50	>50	≤50	>50	≤50	>50	≤50	>50
耙齿与两侧栅条的间隙/mm	≤4	≤5	≤5	≤6	≤6	≤7	≤7	≤8
齿耙顶与托渣板的间隙/mm	≤4		≤5		≤7		≤8	
安装倾角/(°)	60～85							
齿耙运行速度/(m/min)	2～5							

2. 回转自清式格栅除污机

回转自清式格栅除污机没有静止的格栅栅条，集栅渣拦截、栅渣扒集与栅渣清理等功能于一体。典型产品是犁形耙齿带式格栅除污机，奥地利 Andritz 集团的 Aqua Guard® T 系列格栅除污机、美国 Parkson 公司的 Aqua Guard® UltraClean™ 格栅除污机都属于此类产品。如图 1-1-3 所示，该设备主要由电动机、减速器、机架、犁形耙齿、牵引链、链轮、清洗刷和喷嘴冲洗系统等组成。犁形耙齿是用工程塑料(通常为 ABS、尼龙 1010)或不锈钢制成的特殊元件，按一定次序相互叠合和串接后装配在耙齿轴(或串接轴)上，形成覆盖整个迎水面的环形格栅帘，相邻两根平行串接轴之间的轴距就是链轮的节距 P。

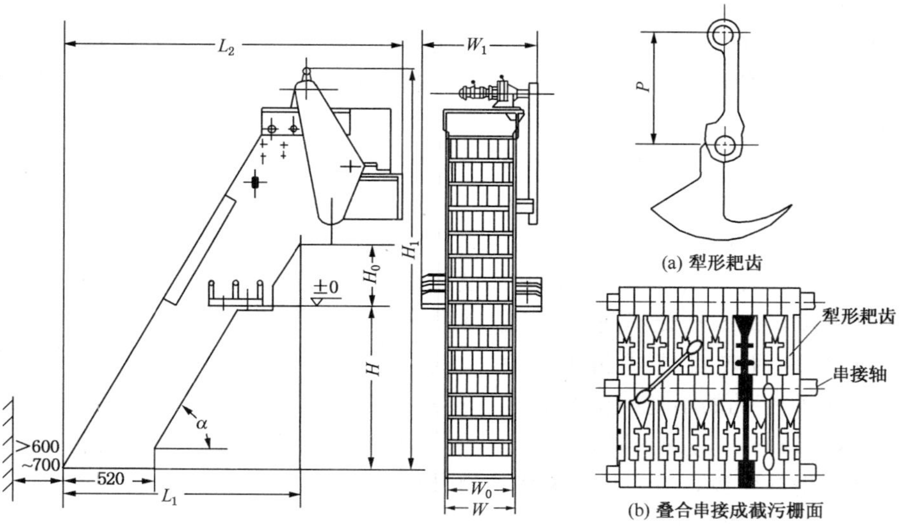

图 1-1-3 回转自清式格栅除污机及其相关部件示意图

在传动系统的带动下，链轮牵引整个环形格栅帘以 2m/min 左右的速度自下而上回转。如图 1-1-4 所示，环形格栅帘的下部浸没在进水渠中，栅渣被拦截在迎水工作面上并被带出水面。当栅渣到达顶部时，因弯轨和链轮的导向作用，使得前后相邻两排耙齿之间产生互相错位推移，把附着在栅面上的大部分栅渣外推，栅渣依靠重力脱落卸入污物盛器内；另一部分黏挂在栅面耙齿上的栅渣，在回转至链轮下部时，受到喷嘴压力冲洗水自内向外的喷淋冲刷；同时，喷嘴相对应的栅面外侧又有橡胶刷作反向旋转刷洗，基本上把栅面上的栅渣清除干净。

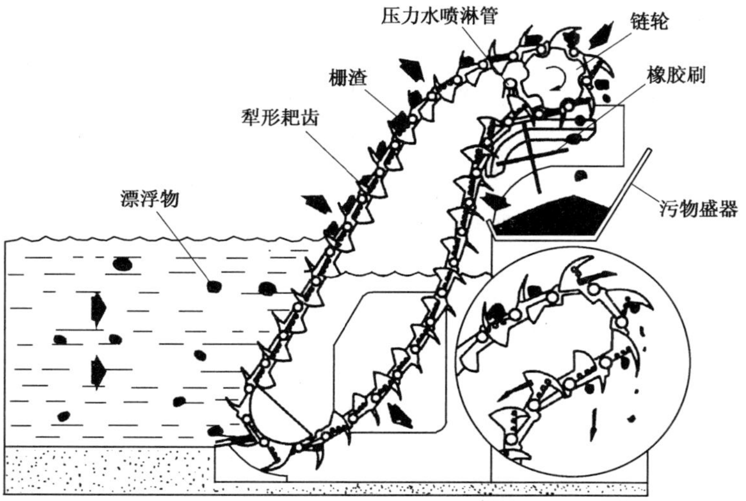

图 1-1-4 回转自清式格栅除污机的运行过程示意图

该设备的主要优点如下：①有一定的自净能力，运行平稳、无噪声；②栅面与栅渣一起上行，洗刷清洁后的栅面连续进入拦截状态，故无堵塞现象，不仅栅片间距 10～25mm 的中粗格栅除污机工作效果令人满意，而且也适合制作栅片间距 1～10mm 的细格栅除污机；③由于耙齿弯钩的承托，截留的污物不会下坠，到顶部翻转时又易于把污物卸除；④设置机械和电气双重过载保护后，可全自动无人操作。该设备的不足之处是：除污齿耙由链条串起，环环相扣，移动部件非常多，更换时需要逐级打开链条，维修工作量很大。

国家环境保护行业标准《环境保护产品技术要求 格栅除污机》(HJ/T 262—2006)中，规定回转自清式格栅除污机的代号为HF，机宽系列为300、400、500、600、700、800、900、1000、1200、1500mm，耙齿栅隙系列为1、3、5、10、20、30、40、50mm(对应的齿耙额定载荷分别为360、510、700、900、1000、1100、1200、1300N)；安装倾角为60°～80°，齿耙运行速度为1.5～3.5m/min。当机宽超过1800mm时，还设计成两台单机并联的方式，采用一套驱动装置；可根据过水量、提升高度、固液分离总量和所分离物质的形状、颗粒大小来选择耙齿栅隙，同时选配不同的材质。

另一种典型的回转自清式格栅除污机是穿孔板带式格栅除污机(Perforated Belt Screen)，将一系列穿孔的不锈钢格栅滤板连接在一起形成封闭的环带，通过重载斗式输送链(Heavy duty box conveyor chain)驱动，全部滤板被设计成阶梯状或弧面状，其中部分滤板上固定安装有提升尖齿，以便从沟渠底部提升栅渣。如美国Parkson公司的Aqua Guard® PF、德国Huber公司的Belt Screen EscaMax®等。

3. 弧形格栅除污机

弧形格栅除污机(Arc Curved Bar Screen)适用于中小型污水处理厂或泵站水位较浅的渠道中，自动拦截和清除污水中垃圾及各种漂浮物，主要有回转臂式、摆臂式和伸缩臂式3种结构形式，基本上都由弧形栅条、转动齿耙、驱动机构等组成。

(1)回转臂式弧形格栅除污机

如图1-1-5所示，回转臂式弧形格栅除污机主要由机架、驱动机构、弧形格栅、主轴、齿耙、旋转耙臂、除污器等组成，旋转耙臂固定在主轴上。驱动机构一般使用"电动机+行星摆线针轮减速器"，用摩擦式联轴器带动主轴旋转，发生卡死等故障时，联轴器打滑，可保护整个设备的安全。格栅片依耙齿回转的圆弧运动轨迹制成弧形，设于过水渠的横截面上，截留过流水体中的污物。工作过程中，一端或两端带齿耙的旋转耙臂以1.5～3.0r/min的速度做定轴转动，齿耙的耙齿插入栅片间隙内自下而上回转扒除栅渣。齿耙每旋转到弧形格栅的顶端便触动除污器，除污器一般具备刮渣、挡渣和缓冲的多重作用，在其辅助作用下将栅渣扒集至卸料口，进而落入垃圾小车或栅渣输送机中。用于中格栅的齿耙用金属制造，细格栅的齿耙头部镶有尼龙刷。

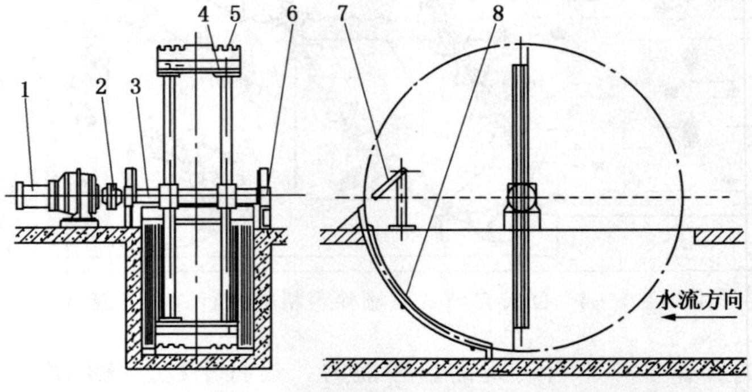

图1-1-5 回转臂式弧形格栅除污机结构示意图

1—驱动机构；2—联轴器；3—主轴；4—旋转耙臂；5—齿耙；6—机架；7—除污器；8—弧形格栅

回转臂式弧形格栅除污机结构简单紧凑，动作单一规范，运行中故障少，维护简易。但存在如下问题：①齿耙在脱离弧形格栅时有振动；②除污器将齿耙上的栅渣刮不干净；③齿耙的耙齿在进入弧形格栅时容易产生碰撞，造成齿撞断；④适用水深范围较浅，且运行过程中的安全感欠佳。回转臂式弧形格栅除污机的主要性能规格如表 1－1－7 所示。

表 1－1－7　回转臂式弧形格栅除污机的主要性能参数

回转半径/mm	500，800，1000，1200，1500，1600，2000
名义宽度/mm	300，400，500，600，800，1000，1200，1400，1600，1800，2000，2200，2500，3000
栅条净间距/mm	5，8，15，20，25，30，40，50，60，80
最大水深/mm	400，600，800，1000，1200，1400，1500，2000
齿耙额定承载能力/(N/m)	>1500
噪声/dB	80～84
运行线速度/(m/min)	<5～6

(2)摆臂式弧形格栅除污机

如图 1－1－6 所示，摆臂式弧形格栅除污机主要由机架、栅条、除污齿耙、清扫装置、偏心摇臂、驱动机构等组成。双输出轴减速器的曲柄通过摆臂(连杆)与机座上的摇杆组成四杆机构，使摆臂(连杆)下端除污齿耙的运行呈曲线轨迹。主要性能规格如表 1－1－8 所示，代表性产品如德国 Huber 公司的 Curved Bar Screen CurveMax® 弧形格栅除污机。

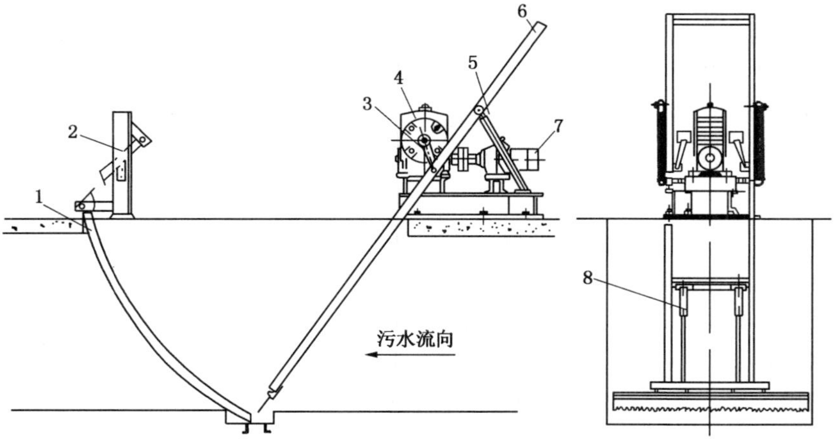

图 1－1－6　摆臂式弧形格栅除污机

1—弧形格栅；2—刮渣板架；3—曲柄；4—双出轴减速箱；5—摇杆；
6—摆臂及齿耙；7—电动机＋减速器；8—齿耙缓冲器

表 1－1－8　摆臂式弧形格栅除污机的主要性能规格

渠道深/mm	600	800	1000	1500	2000	2500
渠道宽/mm	600～2000					
栅片间距/mm	10～40					
电动机功率/kW	0.55～1.5					

工作过程中，除污耙在电动机＋减速器的作用下，经偏心摇臂驱动，使除污耙上行插入

栅条间隙，此时偏心摇臂继续转动，使除污耙退出栅条，并使除污耙处于上行初始位置，从而进入下一个清捞循环。卸污时，曲柄转入内半径运转，摆臂将耙齿推出栅片，随即下行复位。曲柄每回转一周除污一次，摆臂式弧形格栅除污机占用空间少。

(3)液压传动伸缩臂式格栅除污机

如图 1－1－7(a)所示，液压传动伸缩臂式格栅除污机由液压驱动机构、除污耙臂、弧形格栅、齿耙、除污器等组成；液压驱动机构的传动布置如图 1－1－7(b)所示，包括液压泵、液压马达、双作用液压缸三个主要元件。

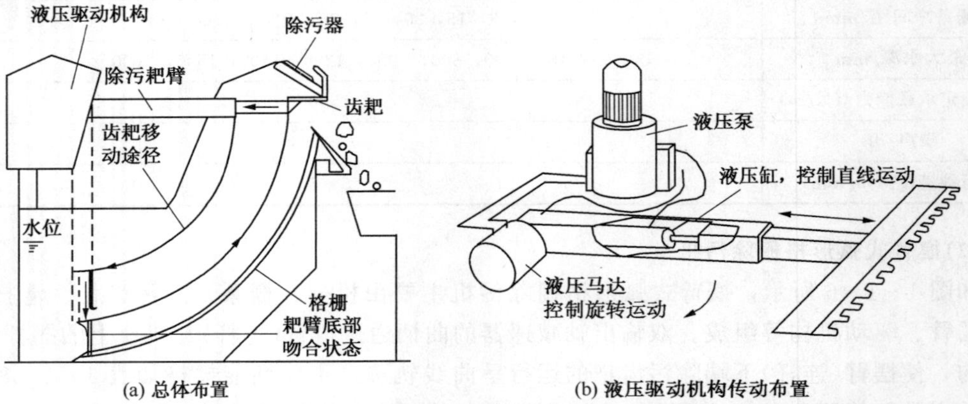

图 1－1－7　液压传动伸缩臂式格栅除污机的结构及工作原理示意图

耙臂在工作循环开始或完成时，都处于水平位置，耙齿与栅条脱开。按动开机按钮启动时，液压驱动机构动作，液压马达内的压力下降，耙臂在重力作用下沿旋转轴缓慢下降，直至垂直(如图中虚线位置)。联动元件使耙臂内的双作用液压缸动作，将齿耙外伸，耙齿插入栅条间隙内，到位后液压马达启动，耙臂自下而上徐徐旋升除污。将要到达最高点时，耙齿与除污器刮渣板相交，随耙齿上升，刮渣板将栅渣外推，卸入污物盛器内，此时耙齿到达最高点，液压缸驱动耙臂收缩复位，完成一个工作循环。

该设备具有让耙功能，当齿耙上行扒污受阻，转矩达到一定值时，液压马达因内部压力升高而自行关闭，耙臂在液压缸作用下自动收缩；而后液压马达再次启动，耙臂向上旋转运动约数秒行程(由可调延时继电器控制，通常时间调整值为 2～4s)，接着耙臂在液压缸作用下再度伸出，耙齿插入栅条间隙内，重新旋升扒污。若齿耙不能插入到位，以上动作程序会重复执行，确保安全运行。

4. 阶梯式格栅除污机

阶梯式格栅除污机(Stair screen 或 Step screen)适用于渠深较浅、宽度不大于 2m 的场合，水下无传动件，清污方式新颖独特，能够解决常规格栅除污机存在的污物卡阻、缠绕等难题。如图 1－1－8 所示，常用的阶梯式格栅除污机主要由机架、驱动机构、曲柄连杆机构、动栅片、静栅片、控制箱等组成。工作面由互相交替排列的阶梯式动栅片和阶梯式静栅片共同形成(若静栅片个数为奇数，则动栅片个数为偶数)，并借助隔离块使格栅间隙在整个运动过程中保持不变。动、静栅片的厚度一般为 2mm，可以采用不锈钢板用激光一次性切割而成。阶梯式静栅片的背部设有挂钩，通过挂钩将栅片插挂在静栅片安装架上，整套静栅片组装成一个整体后固定在机架上。驱动机构的动力输出端连接有一开有若干条形槽孔的动栅片安装架，阶梯式动栅片的背部也设有挂钩，动栅片通过挂钩插挂在动栅片安装架上。两组曲柄连杆机构分布于机架两内侧，动栅片安装架扮演着连杆的角色；曲柄采用偏心轮式结构，偏心距一般为 100mm 左右，具体数值可以通过建立机构运动学方程后模拟动栅片的运动轨迹来确定。

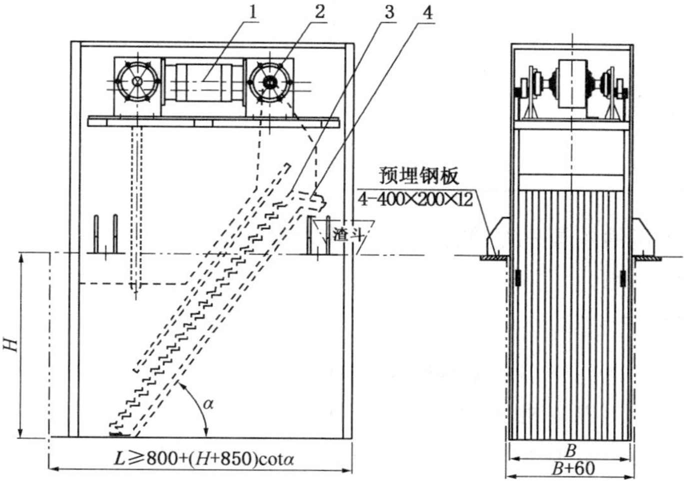

图 1-1-8　阶梯式格栅除污机的结构示意图

1—驱动机构；2—机架；3—静栅片；4—动栅片

工作过程中，通过设置于格栅除污机上部的驱动机构，带动两组偏心轮式曲柄连杆机构，使全部阶梯式动栅片相对于全部阶梯式静栅片做交错平面运动，动作幅度略大于一个静栅片台阶的高度。被拦截的栅渣交替由动、静栅片承接，每回转一次提高一个台阶，逐级向上提升，如图 1-1-9 所示。当栅渣到达最高一个台阶时，顶部安装的清污转刷将栅渣卸入污物盛器内。简言之，栅条布置成阶梯形，动栅条交叉插入定栅条之间的空隙并由下至上、由后至前周期运动，从而将水中漂浮物逐个台阶上推到污物出口。

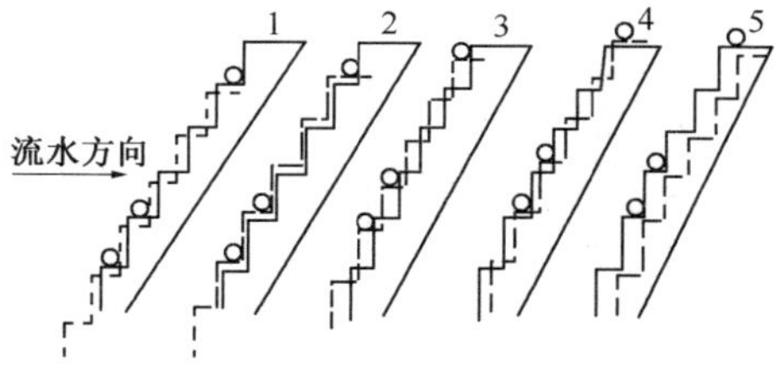

图 1-1-9　阶梯式格栅除污机基于动栅片组与静栅片组的除污过程示意图

注：将杂物逐级上移的动作说明(其中虚线为动栅片组，实线为静栅片组)

研发阶梯式格栅除污机的技术关键包括：阶梯式动栅片的运动轨迹、阶梯式栅片的几何尺寸及其与栅片装配角度之间的匹配、动栅片组传动形式以及隔离块在栅片上装配位置的确定等。JT 型阶梯式格栅除污机规格性能如表 1-1-9 所示。

表 1-1-9　JT 型阶梯式格栅除污机的规格性能

型号	JT500	JT600	JT800	JT900	JT1200	JT1400	JT1600	JT1800	JT2000
设备宽度 B/mm	500	600	800	1000	1200	1400	1600	1800	2000
电动机功率/kW	0.75					1.5			

续表

型号	JT500	JT600	JT800	JT900	JT1200	JT1400	JT1600	JT1800	JT2000
栅条间距/mm	3、5、10、15、20								
安装角度 α	45°、50°、55°、60°								
井宽/mm	560	660	860	1060	1260	1460	1660	1860	2060
井深/mm	≤3000								
导流槽长 L/mm	$L \geqslant 800+(H+850)\text{ctg}\alpha$								

阶梯式格栅除污机的主要不足在于，阶梯式动栅片和静栅片容易因卡阻而变形，不适合有效水深较深的格栅渠道。

5. 移动式格栅除污机

移动式格栅除污机适用于多台平面格栅或超宽平面格栅拦截栅渣的场合，布置在同一直线或移动的工作轨道上，以一机替代多机，依次有序地逐一除污，使用效率高、投资省。主要形式有移动式钢丝绳牵引伸缩臂格栅除污机、移动式钢丝绳牵引耙斗格栅除污机、移动式钢丝绳牵引抓斗格栅除污机、移动式钢丝绳牵引铲抓式格栅除污机、上悬移动式自动格栅除污机等。移动方式使用地面路轨安装、进行横向水平行走的形式为台车式，移动方式采用架空轨道安装、进行横向水平行走的形式为上悬式；根据(耙斗)齿耙扒除被截留栅渣的结构形式分为格栅式、网筛式、铲斗式、耙斗式、抓斗式等。

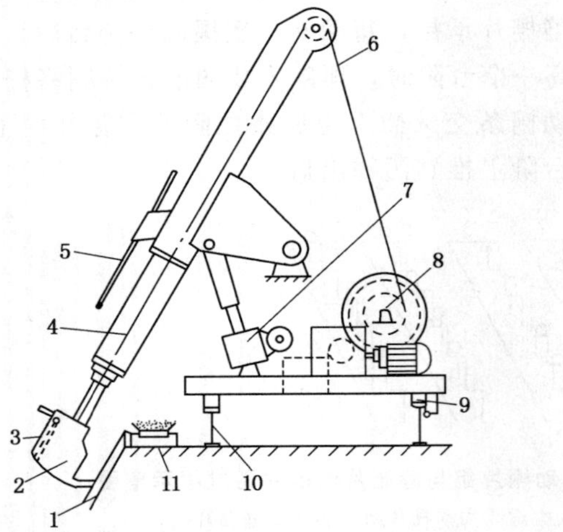

图 1-1-10　移动式钢丝绳牵引伸缩臂格栅除污机的结构示意图

1—格栅；2—耙斗；3—刮污板；4—伸缩臂；5—刮污调整杆；6—钢丝绳；7—臂角调整机构；8—卷扬提升机构；9—行走轮；10—轨道；11—皮带运输机

图 1-1-10 为移动式钢丝绳牵引伸缩臂格栅除污机，主要由卷扬提升机构、臂角调整机构和行走机构等组成。卷扬提升机构由电动机、蜗轮-蜗杆减速器、开式齿轮减速驱动卷筒以及钢丝绳牵引四节矩形伸缩套管式耙臂组成，耙斗固定在末级耙臂的端部。耙齿由钢板制成并焊接在耙斗上，耙斗内有一块借助杠杆作用动作的刮污板，刮除耙斗内的污物。耙臂和耙斗的下降靠其自重，上升则靠钢丝绳的牵引力，在卷筒的另一端还有一对开式齿轮，带动螺杆螺母，由螺母控制钢丝绳在卷筒上的排列，避免由于钢丝绳叠绕而导致动作不准确。在耙臂下伸前应使耙斗脱开格栅，在耙斗刮污前应使耙斗接触格栅，这两个动作通过改变臂角的大小来实现。臂角调整机构由电动机经皮带传动和蜗轮-蜗杆减速器带动螺杆螺母，螺母和耙臂铰接在一起。行走机构由电动机经蜗轮-蜗杆减速器和开式齿轮减速，带动槽轮在轨道上行走，轨道一般采用 20 号工字钢。在耙臂另一侧的车架下部装有两个锥形滚轮，可沿工字钢轨道上翼缘的下表面滚动，当耙臂伸开而整机偏重时，可防止机体倾覆。该机的供电方式是悬挂式移动电缆，设备各种动作的启停通过控制箱上的按钮

来实现，各种动作幅度的大小或定位由行程开关控制。污物被耙上来后，可由皮带运输机运至料斗，待积累到一定数量时装车运走。在设计制造这种格栅除污机时，应注意使伸缩臂内摩擦表面平直光滑，避免卡住；还应注意耙斗齿间距与格栅间距相适应，以及行走时的准确定位。移动式钢丝绳牵引伸缩臂格栅除污机的规格性能如表 1-1-10 所示。

表 1-1-10　移动式钢丝绳牵引伸缩臂格栅除污机的规格性能

型号	齿耙宽度/mm	齿距/mm	臂长/m	提升高度/m	提升速度/(m/min)	行车速度/(m/min)	安装角度/(°)	电动机功率/kW	除污质量/kg	设备质量/kg
GC-01	800 1000 1200	50 80 100	14	10	7	14	60±10	1.5×3	40	4000

移动式钢丝绳牵引抓斗格栅除污机一般由悬挂单轨系统、载重小车、抓爪装置和格栅栅条四部分组成。运行时通过设置于载重小车上方的驱动机构带动小车沿轨道做平面移动，当到达预定格栅除渣位置后，抓爪(弧形除渣齿耙)在钢丝绳牵引下下行运动，当除渣齿耙抵达格栅底部时，控制系统关闭弧形齿耙，同时提升除渣齿耙开始捞渣，齿耙到达预定提升高度后指令载重小车移动至指定点卸污。主要问题是：①重力靠耙结构清污效果不佳，强制靠耙结构易发生卡耙故障；②在钢丝绳作用下，翻耙导轨控制机耙强制翻耙，容易出现翻耙死点；③尽管配有防乱扣机构，但钢丝绳卷筒仍容易出现乱扣现象；④由于钢丝绳的柔性，如果格栅发生污物卡住现象，钢丝绳易偏载，造成机耙歪斜卡死；⑤对于雨污合流制排水体制的污水，在暴雨水量激增时，栅渣量突增，但格栅抓爪清污是按照渠道顺序进行，导致发生抓爪清污不及时、格栅被堵塞的状况；如果暴雨导致水位增加过大，抓爪下降时可能会因为水流冲击而无法就位。

6. 粗(中)格栅除污机设计中的共性问题

(1)基本要求

《给水排水用格栅除污机通用技术条件》(CJ/T 443—2014)规定了格栅除污机的术语和定义、分类与型号、性能参数、材料、要求、试验方法、标志、包装、运输和贮存等。对格栅除污机的基本要求包括：①平均无故障工作时间不应小于 8000h，正常工作寿命不应少于 15 年；②计算有效过水面积时，流速宜按 0.8～1.0m/s 选取，单台工作宽度不宜超过 4m，超过时宜采用多台或移动式格栅除污机；③结构部件的设计应满足强度和刚度的要求，安全系数不应低于 2 倍；④零部件、紧固件、结构件应具有良好的互换性，宜采用标准件，并符合国家现行相关标准；⑤应具有可靠的除渣效果和齿耙清除功能，栅渣应排卸到贮存或存放栅渣的收集容器中，并注意卸污动作与后续工序之间的衔接；⑥污渣清除机构应摆动灵活，位置可调，缓冲后能自动复位，刮渣干净。

(2)材料选择

格栅除污机中与污水发生接触的结构部件材料应采用奥氏体不锈钢，其牌号和机械性能等应符合 GB/T 1220、GB/T 3280、GB/T 4237 和 GB/T 12770 等现行规定。钢丝绳牵引式格栅除污机所使用的钢丝绳应采用奥氏体不锈钢，直径应不小于 8mm。机械加工件的质量及相关技术要求应符合 JB/T 5936 的现行规定，钢构件的金属焊接技术要求应符合 JB/T 5943 的现行规定。当采用涂装进行防腐处理时，按不同的技术要求分别涂底漆和面漆，涂漆符合 JB/T 4297 的现行规定。

(3)电气控制

格栅除污机应同时具有手动和自动两种控制方式，其中自动控制分定时和液位差两种方式，应设置机械过载保护和自动报警。电气控制设备应符合 GB/T 3797 的现行规定，电气控制系统应设置过流、过电压、欠电压和过热保护功能，并符合 GB/T 9089.2 的现行规定；电控箱采用户外式时防护等级不应低于 IP 55，并应符合 GB/T 4208 的现行规定；带电部件与壳体之间的绝缘电阻不应小于 2MΩ，壳体金属部分应接地，其接地电阻不应大于 4Ω；耐压性能试验时，电气设备的所有电路导线和保护接地电路之间施加 50Hz、1000V 的交流电压，经受至少 1s 的耐电压试验，应无击穿现象发生。

现将常用不同类型粗(中)格栅除污机的优缺点对比总结于表 1－1－11，进行工程项目设计时应该根据具体工况条件合理选型。

表 1－1－11　常用不同类型粗(中)格栅除污机的优缺点对比

类　型	适用范围	优　点	缺　点
链条回转式多耙格栅除污机	深度不大的中小型格栅，主要清除长纤维、带状物等生活污水中的杂物	(1)构造简单，制造方便；(2)占地面积小	(1)杂物易于进入链条和链轮之间而卡住；(2)套筒滚子链造价较高
高链式格栅除污机	深度较浅的中小型格栅，主要清除生活污水中的杂物、纤维、塑料制品废弃物	(1)链条链轮均在水面上工作，易维修保养；(2)使用寿命长	(1)只适应浅水渠道，不适应超越耙臂长度的水位；(2)耙臂超长啮合能力差，结构复杂
背耙式格栅除污机	深度较浅的渠道，主要清除生活污水中的杂物	耙齿从格栅后面插入，除污干净	链条在整个高度之间不能有固定的连接，由耙齿夹持力维持栅距，刚性较差，适用于浅水渠道
三索式格栅除污机	固定式用于各种宽度、深度的格栅；移动式适用于宽大的格栅，逐格清除	(1)无水下运动部件，维护检修方便；(2)可用于各种宽度、深度的渠道，范围广泛	(1)钢丝绳在干湿交替处易腐蚀，需采用不锈钢钢丝绳；(2)钢丝绳易延伸，温差变化时敏感性强，需经常调整
回转自清式格栅除污机(犁形耙齿带、穿孔板带)	适用于后道格栅，扒除纤维和生活或工业污水中细小的杂物，栅距 1～25mm，适用于深度较浅的小型格栅	(1)有自清能力；(2)动作可靠；(3)污水中杂物去除率高	(1) ABS 犁形齿耙老化快；(2)当绕缠上丝棉时易损坏；(3)个别清理不当的杂物会返入栅内；(4)格栅宽度较小，池深较浅
移动式伸缩臂格栅除污机	中等深度的宽大格栅，主要清除生活污水中的杂物	(1)不清污时，设备全部在水面上，维护检修方便；(2)可不停水养护设备；(3)寿命较长	(1)需三套电动机和减速器，构造较复杂；(2)移动时耙齿与栅条间隙的对位较困难
弧形格栅除污机	适用于水浅的渠道，主要清除头道格栅清除不了的污水中杂物	(1)构造简单，制作方便；(2)动作可靠，容易检修、保养	(1)除回转式之外，动作较复杂；(2)弧栅制作较困难

续表

类　　型	适用范围	优　　点	缺　　点
阶梯式格栅除污机	适用中等深度的大、中型污水厂的细格栅	(1)格栅的自由过滤面积大，排渣高度高；(2)全自动操作，维修保养方便；(3)栅网清洗简单	(1)进口设备价格较高；(2)对于合流制下水道，泥砂容易产生堵塞

三、细格栅除污机

目前城镇污水处理厂通常设置两道格栅，进厂污水首先经过粗(中)格栅(设计栅距一般为10～100mm)，然后经潜污泵提升进入细格栅(设计栅距一般为2～10mm)。常用的细格栅除污机主要包括转鼓式格栅除污机、旋转滤网等，后者按结构形式又可分为圆筒型、板框型和连续传送带型等，德国Aqseptence集团还推出了多盘式滤网(Geiger MultiDisc® Screen)。下面予以代表性介绍，并将转鼓膜格栅也归入此列。

1. 转鼓式格栅除污机

转鼓式格栅除污机又称鼓形栅框格栅除污机、转鼓式细格栅除污机(Rotary Drum Fine Screen)或螺旋格栅除污机，代表性生产厂家为德国Huber公司，目前其ROTAMAT® Ro 1细格栅除污机(Fine Screen Ro 1)和ROTAMAT® Ro 2转鼓细格栅除污机(Rotary Drum Fine Screen Ro 2)/RPPS穿孔板格栅除污机(Perforated Plate Screen RPPS)都属于此类产品，这里主要结合ROTAMAT® Ro 1细格栅除污机进行介绍。

(1)结构组成

如图1－1－11所示，ROTAMAT® Ro 1细格栅除污机是一种集栅渣拦截、栅渣螺旋提升和栅渣螺旋压榨于一体的设备，主要由鼓形栅筐、回转清渣耙、中央接料斗、传输压榨螺杆、传输导料筒、支撑轴承、驱动机构等组成，传输压榨螺杆、传输导料筒、支撑轴承和驱动机构组成了传输压榨机构。

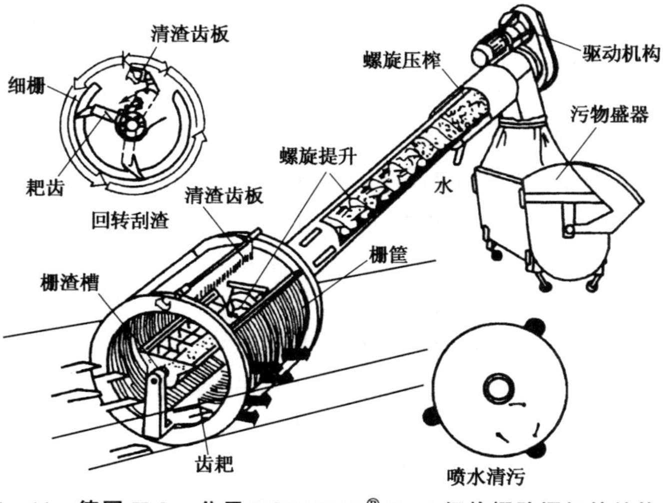

图1－1－11　德国Huber公司ROTAMAT® Ro 1细格栅除污机的结构示意图

①鼓形栅筐。作用是将悬浮固体与液体进行选择性分离，主要由前筐法兰、后筐法兰、

栅片支撑条和上百片圆环形栅片等组成，一端开口而另一端封闭，下部开口端为进水区域，处理量最大可达 237600m^3/h。前筐法兰和后筐法兰之间用栅片支撑条连接，栅片支撑条在两个法兰相对端面的特定圆周上均匀分布，栅片支撑条圆周内侧以 6～10mm 的轴向间距均匀固定安装圆环形栅片，圆环形栅片的方位与鼓形栅筐的轴心线垂直。圆环形栅片一般由厚度为 5mm 的不锈钢板制成，径向实体尺寸一般为 40mm 左右，内径为 ϕ600～3000mm。在后筐法兰的外端面上有时还带有加强支撑板筋，与传输导料筒固定连接。在鼓形栅筐内部顶端的轴线方向，铰接安装有梳状清渣齿板，梳状清渣齿板由一块不锈钢板与上百个的不锈钢片以均匀间距焊接而成，也可由一块不锈钢板铣削加工而成。为了保证鼓形栅筐内截留的栅渣能够被清理出去，设置了由牛角形清渣耙齿和清渣耙转拐组成的回转清渣耙，与传输压榨螺杆同步运动。

②传输压榨螺杆。主要由中心轴与螺旋叶片组成，为了在减轻重量的同时保证强度和刚度，中心轴采用不锈钢管，两端镶嵌固定与支撑轴承配合的实心转轴。依据对栅渣的作用力，螺旋叶片的厚度最好沿物料自低向高的输送方向逐渐增大。例如，初始接受栅渣的前 4 圈叶片的厚度为 6mm、高度为 190mm，第 5～8 圈叶片的厚度为 8mm，第 9～10 圈叶片的厚度为 10mm。与此同时，螺旋叶片的螺距以从大到小的形式逐级变化，使栅渣在传输运移过程中受到越来越强的压榨作用，从而尽可能彻底地将其中的水分挤压出去。

③传输导料筒。由厚度 5mm 左右的不锈钢板卷制而成，导料筒内壁靠下半侧有四条均匀分布的厚度为 8mm、宽度为 15mm 的料导。料导的作用，一是支撑传输压榨螺杆的运转，二是引导螺旋叶片空间内的栅渣向上运动。

④支撑轴承。由不锈钢轴套支撑、锡磷青铜轴承套、耐酸橡胶密封环(2 件)、PVC 密封环护圈(2 件)、不锈钢端盖(2 件)等组成，其作用是支撑传输压榨螺杆，增加其转动的稳定性和刚性。在支撑轴承上设有一个注油孔，与地面的注油器用钢质细管相连。注油不仅是为了润滑支撑轴承，而且可以借助油压来平衡支撑轴承外部的水压，防止细砂进入轴承内部造成损伤，从而延长使用寿命。

⑤驱动机构。由带有热敏保护元件的电动机和蜗轮-蜗杆减速器组成，减速比为 136：1，减速器输出轴的转速为 4～5r/min，带动传输压榨螺杆转动，在输送栅渣的同时将其压榨脱水；同时通过带动回转清渣耙转动，清除鼓形栅筐缝隙中的栅渣，使鼓形栅筐保持清洁，保证污水的过流能力。

(2)工作原理与运行控制

ROTAMAT ® Ro 1 细格栅除污机与水平面呈 35°倾斜安装，可以直接安装在水渠内，也可以安装在容器箱中。工作过程中，污水从鼓形栅筐的下部开口端流入，通过圆环形栅片之间的缝隙流出，固体污物被截留在栅筐内形成栅渣层。累积在栅筐内的栅渣层又作为过滤介质层进一步起到过滤作用，致使栅筐内所截留污物的尺寸远小于圆环形栅片之间的间距。例如，间距为 9mm 圆环形栅片在实际流通能力为设计流通能力的 50%时，水流中最小特征尺寸小于 9mm、大于 0.2mm 的固体污物将有 20%以上被截留在栅筐内。当开始需要刮渣时，回转清渣耙在“驱动机构＋传输压榨螺杆”的带动下逆时针转动 3 周，耙齿尖揳入圆环形栅片之间的缝隙取出栅渣，然后在栅筐顶点(时钟 12 点)位置停止 1s，大部分栅渣在自重作用下落入中央接料斗；随后，回转清渣耙由 12 点位置顺时针转至 14 点位置(亦即倒转 15°)，栅筐顶端的梳状清渣齿把黏附在回转清渣耙齿上的栅渣自动剔除干净，最后再逆时针返回 12 点位置，1 次运行结束。有时还可以根据需要，在梳状清渣齿附近增设喷射淋洗栅渣的功能。传输压榨螺杆把栅渣自中央接料斗沿传输导料筒向上提升，栅渣在传输导料筒内受到压榨脱水，栅渣含固量可达35%～45%，体积和重量都大幅度减少，随后卸入污物盛器内等候外运。

ROTAMAT® Ro 1 细格栅除污机的运行控制方式有时间控制、液位控制及手动控制三种，通过可编程控制器(PLC)和控制箱触摸屏来选择。时间控制是细格栅每隔设定好的时间运行一次，即完成一次上述“逆时针转动 3 周→时钟 12 点位置停止 1s→倒转 15°→逆时针返回时钟 12 点位置”的动作序列。液位控制根据细格栅前后的水位差决定，当水位差超过设定值(10cm)时开始运行上述动作序列一次；每次运行结束停止 1s 后再次按上述动作序列运行，直至水位差小于设定值。手动控制通过控制箱上的启动和停止按钮来操作细格栅的运行，该控制方式通常在维修保养时使用。

可以根据需要，在 ROTAMAT® Ro 1 细格栅除污机传输导料筒的底部直接安装一体化栅渣清洗系统(Integrated Screenings Washing System IRGA)；还可以选配安装防冻保护设施，满足寒冷地区室外工作的需要。ROTAMAT® Ro 1 细格栅除污机全部采用不锈钢制造，并经过酸洗钝化处理。主要性能参数见表 1-1-12，选用时可参照图 1-1-12、图 1-1-13，根据处理水量直接查到栅筐直径。

表 1-1-12　ROTAMAT® Ro 1 细格栅除污机的主要性能参数

型号：Ro 1 系列	D600	D780	D1000	D1200	D1400	D1600	D1800	D2000	D2200	D2400	D2600	D3000
$e=6$；Q_{max}/(L/s)	83	130	200	300	419	630	850	—	—	—	—	—
$e=10$；Q_{max}/(L/s)	91	151	241	346	482	638	878	1061	1315	2150	2150	2750
计算 L 用的参数 α/mm	335	414	525	622	725	850	1000	1205	1355	2603	2603	2929
计算 A 用的参数 β/mm	153	218	308	387	451	553	677	795	870	1924	1924	2120
电动机功率/kW	1.1			1.5				2.2				3.0

注：e 为栅片间距；H、L、A 的计算参见图 1-1-12。

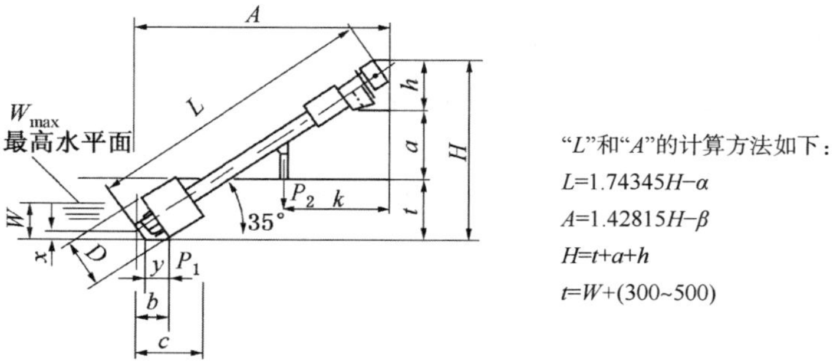

图 1-1-12　转鼓式格栅除污机的安装方式示意图

转鼓式格栅除污机一般运用于较浅沟渠的除污场所(沟渠深度一般小于 2 倍栅筐直径)，不适用于深沟渠的除污场所，因为这样将使传输螺杆显得很长，既不经济，又使设备产生较大的挠度，对设备的使用寿命不利。

此外，目前还有国外公司推出了螺旋格栅除污机(Spiral screen)，与 ROTAMAT® Ro 1 细格栅除污机相比，主要区别是将转鼓改为直径更小的穿孔板型圆筒滤网，同时将传输导料筒中的有轴螺旋改为无轴螺旋，这里不再赘述。

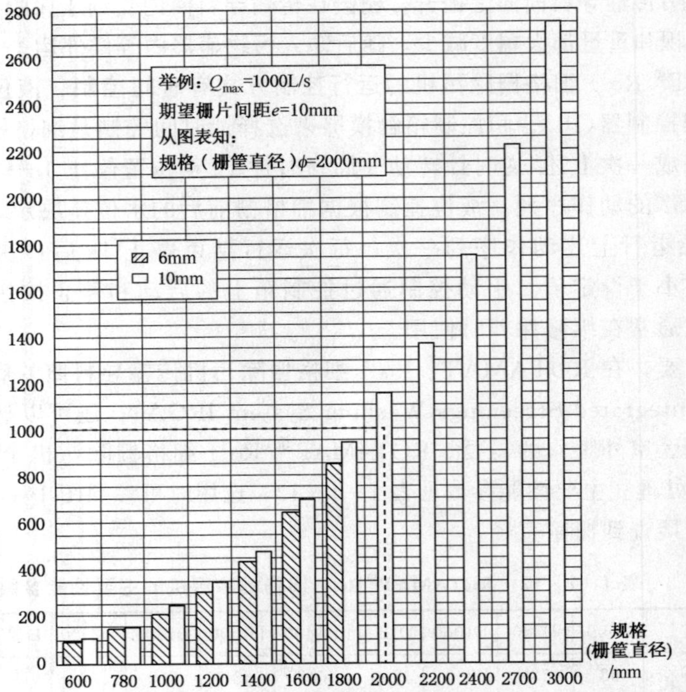

图 1-1-13　转鼓式格栅除污机处理流量与栅筐直径之间的对应关系

2. 圆筒型旋转滤网

圆筒型旋转滤网(Rotating Drum Screen)一般主要由驱动机构、鼓型滤网和卸料机构等组成，按进出水方式分为网外进水/网内出水、网内进水/网外出水两种。从滤网材料来看，可以采用不锈钢丝、尼龙丝、铜丝或镀锌钢丝；从滤网的筛缝形状来看，可以是窄条缝隙状、圆孔状、织网状。从拦截固体悬浮物效率的角度来看，在相同的通道面积下，圆孔网和编织网(属于二维筛网)的过滤效率比窄条缝隙状网(一维筛网)要高得多。滤网的特征筛缝间距一般为 0.1～10mm；当该尺寸较小时相应的设备也被称为微滤机(Microscreen)或转鼓式过滤器，将在§1.5 中进行介绍。

(1)网外进水/网内出水

图 1-1-14 为网外进水/网内出水圆筒型旋转滤网的结构示意图。圆筒型滤网绕中心水平轴旋转，原水从进水管进入进水箱，经过挡水板(或布水管)均匀流向滤网鼓面的前部，并穿过滤网自外向内流动，然后从下部流出。原水中的细小杂物被截留在滤网的外壁面上，并随着滤网转动而从进水端到达另一侧的卸料端，然后由卸料机构的刮刀将其刮下。一般采用反冲喷嘴来清洗滤网中的堵塞污物，反冲的开停既可以采用自动控制方式，也可以通过手动控制的方式来实现。美国 Parkson 公司的 Hycor® Rotostrainer® 等属于此类。

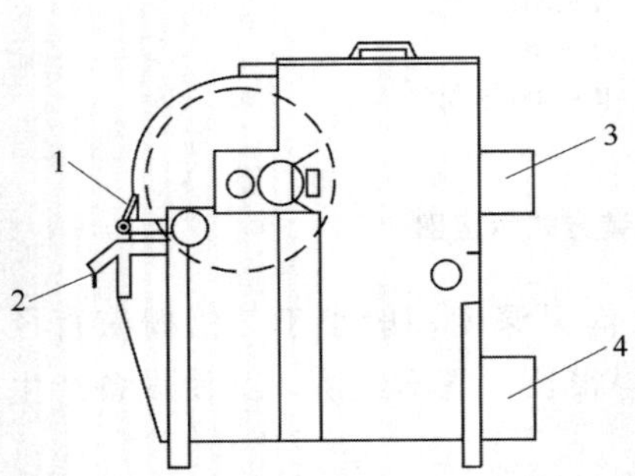

图 1-1-14　网外进水/网内出水圆筒型旋转滤网的结构示意图

1—刮刀；2—卸渣槽；3—进水；4—出水

(2)网内进水/网外出水

原水由进水管送入圆筒型滤网内部中心位置的分布盒或分布槽(headbox)，水流的湍动程度得以减缓，然后溢过分布盒或分布槽两侧高度略低的堰板，呈瀑布状与圆筒型旋转滤网的两侧接触。水自内向外穿过滤网进入收集区，然后通过排水管排出。水中的细小杂物被截留在圆筒型滤网的内壁面上，而且大部分会在水流冲击和自身重力作用下朝下部运移。滤网内壁面上固定安装有螺旋板，以促进栅渣排除。在圆筒型滤网外的适当部位安装有喷射架杆，可以定期使用蒸汽、水或高压空气喷嘴从滤网外部自外向内清理栅渣。由于圆筒型滤网的直径较大，而且其内中心部位已经被分布盒或分布槽占据，因此一般将其放置在转动滚轮托架上，而在外圆周骨架上设置齿圈，由电动机＋减速器带动传动轴上的小齿轮，与齿圈啮合，带动滤网旋转。美国 Parkson 公司的 Hycor® Rotoshear®、美国 WesTech Engineering 公司的 CleanFlo™ SHEAR™ Rotary Drum Screen、德国 Huber 公司的 RoMesh® 等都属于此类，这里不再赘述。

此外，在核电站和大型火力发电厂机组循环冷却水系统中，滤水设备一般使用大直径鼓型旋转滤网，代表性的生产厂家有美国沃威沃(Ovivo)公司、法国 Beaudrey 公司等。整套设备主要由滤网骨架、网板、中心主轴组件、驱动机构、冲洗、润滑、密封、操作平台、电气控制、阴极保护防腐等组成，过水流量通常可达 $35m^3/s$。由于旋转滤网的尺寸较大(最大直径可达 $\phi 24m$，最大宽度可达 8m)，因此一般由电动机＋减速器带动传动轴上的小齿轮，与圆筒型滤网外圆周骨架上的齿圈啮合，带动圆筒型滤网旋转。中心主轴组件用调心滚子轴承支撑，并由设在平台上的储油箱注油润滑。圆筒型滤网的孔径为 2～10mm，网板与网板之间没有相对运动，也不留间隙；滤网两端侧面与两道水室墙壁之间用橡胶密封板弹性接触密封，不留间隙。无论是网外进水/网内出水，还是网内进水/网外出水，均可设计成单侧或双侧进出水。

3. 板框型旋转滤网

板框型旋转滤网(Travelling Band Screen)也被称为旋转网板阶梯式格栅除污机、阶梯式网板格栅除污机、网板阶梯式格栅除污机等，最早主要应用于火力发电厂机组循环冷却水系统，以清除水源中水草、树枝、塑料、薄膜等体积较小的污物，保证凝汽器安全、经济运行，近些年来逐渐拓展应用于冶金、化工、市政给排水等行业。

(1)总体构成

板框型旋转滤网的布置形式应根据工艺要求和工作现场的具体情况而定，可分为正面进水、网内侧向进水和网外侧向进水三种形式，最大使用深度为 30m。按结构形式可分为有框架、无框架两类；按清除污物的形式分为垂直式和倾角式两类；按照工作负荷大小分为重型、中型和轻型三类。大型火力发电厂大容量机组工程中采用侧面进水(外进水，内出水)板框型旋转滤网较多，但受名义宽度的制约，最大过水量通常限制在 $15m^3/s$ 左右。

无框架式旋转滤网的缺点是：对预埋件轨道的安装调整要求较高，特别是下部弧形轨道安装调整较困难，导轨维修困难；其优点是：节省框架钢材，水流阻力较小。有框架式旋转滤网的框架按一定高度分段组装，插入预埋定位槽中，其优点是：框架和导轨可以分段吊出泵坑进行维修，预埋 π 型框架定位槽，安装要求较无框架预埋件轨道为低，侧向密封问题较易解决；其缺点是：框架耗用钢材较多，增加水流阻力。

XWZ(N)型系列无框架正面进水板框型旋转滤网的结构如图 1－1－15 所示，主要由上部机架、带电动机的行星摆线针轮减速器、张紧机构、安全保护机构、链轮传动系统、冲洗水管系统、滚轮导轨、工作链条、过滤网板、底弧坎等组成。过滤网板通过在不锈钢板上加

工出 $\phi 2\sim 5$mm 的网眼而成，通过工作链条组成一台阶式回转过滤网。国内过去大都采用普通电动机通过减速器和大、小齿轮传动副驱动牵引链轮，目前已改为采用行星摆线针轮减速器通过一级链传动来驱动牵引链轮。驱动机构位于机架上部(应设置在最高水位以上)，在严寒地区要采取防冻措施。主传动轴的设计应具有足够的强度和刚度，以承受弯矩和扭矩同时作用的载荷；在机架两侧设置螺旋式张紧机构，以调整传动链条张紧用。

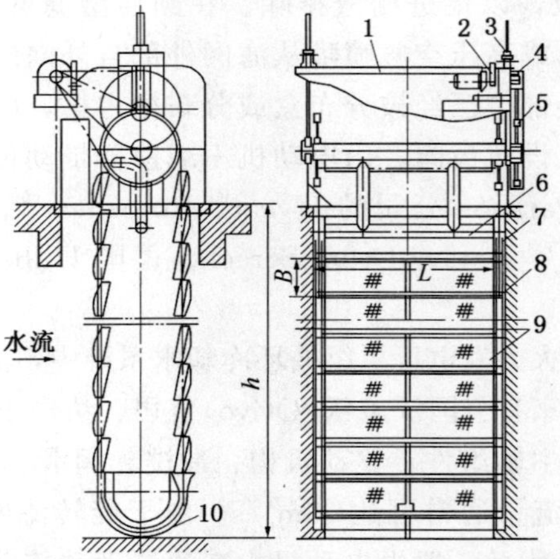

图 1-1-15　XWZ(N)型系列无框架正面进水板框型旋转滤网的结构及安装尺寸示意图

1—上部机架；2—带电动机的行星摆线针轮减速器；3—张紧机构；4—安全保护机构；5—链轮传动系统；6—冲洗水管系统；7—滚轮导轨；8—工作链条；9—过滤网板；10—底弧坎(注：h、B 根据现场情况而定)

(2)设计计算

设计计算包括水力计算、传动及受力计算、详细结构设计与图形绘制等内容，这里主要介绍水力计算，传动及受力计算可参考相关设计手册。

①旋转滤网需要的过水面积 A

$$A=\frac{Q}{v\varepsilon k_1 k_2 k_3}(\mathrm{m^2}) \tag{1-1-8}$$

式中　Q——设计流量，$\mathrm{m^3/s}$；

v——流速，一般采用 0.5～1.0m/s；

k_1——滤网阻塞系数，一般采用 0.75～0.90；

k_2——网格引起的面积减小系数，采用 $k_2\approx\frac{b^2}{(b+d)^2}$，其中 b 为网丝间距，mm；d 为网丝直径，mm；

k_3——由于框架等引起的面积减小系数，采用 0.75～0.90；

ε——由于名义尺寸和实际过水断面的不同而产生的骨架面积系数，常取 0.70～0.85。

②滤网的过水深度

$$H_1=\frac{A}{2B} \tag{1-1-9}$$

$$H_2=\frac{A}{B} \tag{1-1-10}$$

式中　H_1——双面进水时的滤网过水深度，m；

H_2——单面进水时的滤网过水深度，m；

A——滤网过水面积，m^2；

B——滤网宽度，m。

③通过滤网的水头损失 h

当水流通过滤网网眼时，截留在网上的污物会堵塞网眼，同时水流转弯时均能引起水头损失。通过滤网的水头损失 h 按下式计算

$$h = C_D \frac{v_n^2}{2g} \tag{1-1-11}$$

$$v_n = \frac{100Q}{A_1 H(100 - n_1)} \tag{1-1-12}$$

式中 C_D——滤网的阻力系数，通常取 0.4；

v_n——堵塞率 $n\%$时的平均流速，m/s；

g——重力加速度，9.8m^2/s；

H——水深，m；

A_1——每单位宽度的滤网有效面积，m^2/m；

Q——通过滤网的流量，m^3/s；

n_1——堵塞系数，常取 2～5。

(3)结构设计应关注的问题

在板框型旋转滤网的结构设计方面要关注以下几个问题：①网板与网板之间的密封，采用圆弧啮合式机械自动密封结构或橡胶板弹性密封结构，提高过滤精度；②网板左右两侧端面与框架导轨之间的密封(即侧封)，增设不锈钢弹性密封装置，确保无大的污物进入导轨内，卡滞链条的升降运行，甚至漏入净水侧；③底封设置于网板和槽底之间，横跨整个栅宽，可以采用致密的尼龙刷状物以彻底阻断污物从底部穿过格栅体，同时由于尼龙的柔软性而不影响网板链的运动；④保证网面清污干净，可以通过优化网板结构设计、在卸料处设置高效尼龙转刷助卸和压力水反冲系统等措施；⑤确保工作可靠性，采取过载安全保护和链条延伸报警保护措施；⑥系统的自动化运行，采用可编程控制器(PLC)作为主控机，实现自动程序反冲洗运行控制。

主轴是板框型旋转滤网的主要承载零件，既承受弯矩又承受扭矩。但由于滤网的转速很低(不超过 0.5r/min)，因此主轴主要承受弯矩作用，即主要承受轮毂、鼓骨架和鼓骨架上所有零件的全部重量以及由鼓网内外水位差产生的水压力。轮毂是主轴装配系统的主要零件，主轴所受的外力主要通过轮毂传递，轮毂的结构形式直接影响到主轴的受力状态，因此轮毂的设计是主轴装配系统设计的关键。

需要指出的是，德国企业推出的多盘式旋转滤网(MultiDisc® Screen)在某种程度上可以视为板框型旋转滤网的一维简化，同时实现了拦污和清污的一体化，这里不再赘述。

四、超细格栅除污机(膜格栅)

自从引进膜生物反应器(MBR)等膜处理技术以后，就对污水预处理提出了更高要求。平板膜组件因其扁平的几何形状而对细格栅的设置要求较低，一般 2～3mm 的筛缝间距即可满足要求；但毛发等细小纤维物质进入中空纤维膜后会造成膜丝“成辫”现象，从而导致膜组件内局部发生板结，减少膜组件的有效通量，造成局部缺氧/厌氧情况加剧。从国内外运行的大规模 MBR 工艺处理系统来看，污水预处理常常前后串联安装粗格栅(栅距 10～50mm)、细格栅(栅

距 2～1mm)和筛缝间距 0.2～2mm 的超细格栅，在超细格栅之后一般不再建造初沉池。具体选择筛缝间距时，必须根据污水中细小纤维物质的含量以及膜组件结构对相关干扰物质的敏感程度来确定，有时甚至要求采用筛缝间距≤1mm 的超细格栅，业界目前也将这类超细格栅称为圆筒型膜格栅，代表性产品有美国 Parkson 公司的 Hycor® Rotoshear® PF 以及德国 Huber 公司的 ROTAMAT ® Membrane Screen RoMem 等。圆筒型膜格栅一般由不锈钢丝网制造，过滤精度有 0.5、0.75、1.0mm 三种，转鼓直径 780～2600mm。

圆筒型膜格栅根据安装角度可分为倾斜式和水平式，倾斜式圆筒型膜格栅的安装角度为35°左右，结构和工作原理与前面介绍的转鼓式格栅除污机比较类似，这里不再赘述。水平式圆筒型膜格栅也并非完全水平布置，而是呈 5°左右的倾斜角以便于排出栅渣，其工作原理是：污水由圆筒型滤网前端流入内部，通过滤网表面的网孔流进滤网箱体下方的水槽内，滤网内表面被截留的栅渣随滤网转动时落入中心料斗内，并被螺旋输送机输送至排渣口排出；圆筒型滤网外侧上方沿轴线方向上设有冲洗水喷头及尼龙刷，对滤网进行清洗处理。除了中压冲洗水系统，还需配置一套高压冲洗水系统，冲洗压力为 12×10^6～15×10^6 Pa。

圆筒型膜格栅的主要问题是：①进水中悬浮固体对过滤能力的影响较大，要求前端细格栅尽可能多地予以去除；②高压冲洗系统因水压太高，容易使冲洗水雾化，导致格栅车间的环境变差；③单台设备的最大处理能力有限，致使大型污水处理厂所需设备数量较多、占地面积较大；④栅渣含水率较高，需要单独配备高水力负荷的压榨机。

五、栅渣处理与输送机械

一般而言，栅渣处理与输送机械主要包括螺旋输送机、螺旋输送压榨机以及栅渣破碎压榨设备等。

1. 螺旋输送机

细格栅产生的栅渣含水率一般在 80%左右，已经基本“成型”，可以直接采用螺旋输送机输送至渣斗中。螺旋输送机具有结构简单、制作成本低、操作安全方便等优点，在化工、环保、建材、冶金、粮食等部门被广泛应用于输送黏度不大、不易变质、不易结块的碎屑状、粉体状、颗粒状和小块物料。螺旋输送机一般分为有轴、无轴两种，两者分别称为螺杆传输机、无轴螺旋输送机。

(1)螺杆传输机

螺杆传输机由螺旋体、U 形槽盖板、进出料口和驱动机构组成，全部采用不锈钢材料(如1Cr18Ni9Ti)制成，且经过酸洗钝化处理。SMB3 型螺杆传输机的技术参数如表 1-1-13 所示。

表 1-1-13　SMB3 型螺杆传输机的技术参数列表

项目	SMB3-Ⅰ	SMB3-Ⅱ	SMB3-Ⅲ
最大处理量/(m^3/h)	1	2	4
螺杆直径/mm	219	273	355
电动机功率/kW	1.1	1.1	1.1
基本长度/mm	3000	3000	3000

从螺旋叶片的螺距来看，有等螺距、渐变螺距、渐变混合等几种，渐变螺距是沿着栅渣输送的方向螺距逐渐减小。螺旋体的另一个设计参数是螺旋头数，有单头螺旋、双头螺旋、

多头螺旋等几种。根据制造工艺的不同，螺旋叶片可以有两种加工方法：①按设计的直径、螺距和厚度，用带钢连续冷轧制成整体螺旋叶片，然后焊接安装在给定尺寸的中心管轴上组成螺旋体；②分段式螺旋叶片是将叶片制成等螺距的单片，然后对焊在一起。螺旋体在转动过程中应具有一定的刚度，与机壳保持一定的间隙。为了便于制造和装配，螺旋体一般每节制成 2～4m，采用圆弧键和螺栓等方式连接，其中圆弧键连接因其装配维修方便等优点而被广泛应用。螺旋输送机中物料的运移方向取决于螺旋叶片的左右旋向和转向，布置时最好使螺旋轴处于受拉状态。为使物料在输送槽体中不产生堵塞，填充系数不能超过 50%，即在输送槽体横截面上物料的面积不超过螺旋叶片横断面的 50%。

(2)无轴螺旋输送机

无轴螺旋输送机除用于输送栅渣外，还可用于输送脱水泥饼等物料，主要由驱动机构、无轴螺旋叶片、U 形槽、耐磨衬板、盖板、机架等组成。与螺杆传输机相比，在 U 形槽内有快装式耐磨衬板，结构简单。驱动机构一般采用摆线针轮减速器或轴装式硬齿面齿轮减速器，并尽可能装设在出料口一端，使螺旋体在运转时处于受拉状态；采用推力轴承支撑，以承受输送物料时产生的轴向力。整个传输过程可以在密闭槽中进行，在降低噪声的同时，减少异味排出。

螺旋叶片的节距、直径由所输送的物料决定，无轴螺旋输送机因无中心轴，故可使输送空间更大，并可避免一些因丝状物缠绕在中心轴上造成的故障。WLS 型无轴螺旋输送机的结构和主要技术参数分别如图 1-1-16 和表 1-1-14 所示。无轴螺旋输送机既可水平安装，也可倾斜安装，但倾斜安装角度一般≤30°，甚至可用于短距离垂直输送。30°倾斜安装时的输送能力仅为水平安装的 50%～60%，而且输送能力也会随着螺旋的磨损而相应降低。根据运行经验，对于螺旋直径为 285mm、螺旋节距为 60m 的无轴螺旋输送机，当螺旋外径磨损量达到 25mm 时，输送量将下降为额定值的 60%左右。

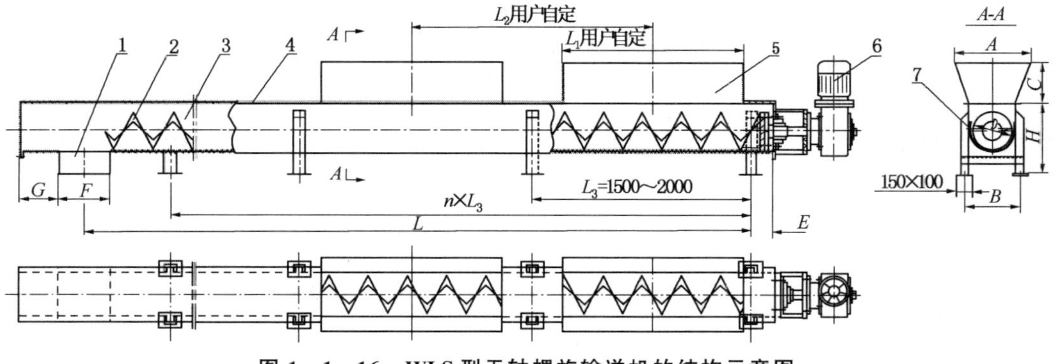

图 1-1-16 WLS 型无轴螺旋输送机的结构示意图

1—出料口；2—无轴螺旋；3—U 形槽；4—盖板；5—进料口；6—驱动机构；7—耐磨衬条

表 1-1-14 WLS 型无轴螺旋输送机的主要技术参数

型　号	叶片直径/mm	输送量/(m^3/min)	节距/mm	转速/(r/min)	功率/kW	备　注
WLS200	200	4	200	21	1.1～1.5	图 1-1-16 中 L、L_1、L_2 根据具体要求确定
WLS260	260	6	240	18	1.5～2.2	
WLS300	300	10	280	15	2.2～3.0	
WLS400	400	15	380	12	3.0～5.5	

需要强调的是，前述螺旋输送机只能用来沿直线（水平、倾斜及垂直布置）输送物料，除此之外，还有由挠性心轴和合成橡胶叶片组成的可弯曲螺旋输送机（Flexible screw conveyor），可根据工作现场或工艺要求任意布置，进行空间输送。单台可弯曲螺旋输送机输送物料，垂直高度可达 10m，水平距离可达 25m。可弯曲螺旋分为右旋（拉曳型）和左旋（挤压型）两种，由于挠性心轴有不同的卷绕方向，所以在使用时要注意不能反转。

2. 螺旋输送压榨机

螺旋输送压榨机也被称为有轴螺旋输送压榨一体机、有轴螺旋输送压实机，其外形如图 1-1-17 所示，主要由进料区、螺旋输送区、压榨区、排水区、出料区等组成，具体包括驱动机构、有轴螺旋、U 形槽、支架、衬板、挤压段和排水管等零部件，主要性能参数如表 1-1-15 所示。压榨区设置有由尼龙材质制成的耐磨衬板，耐磨防腐，采用快装式，安装方便。

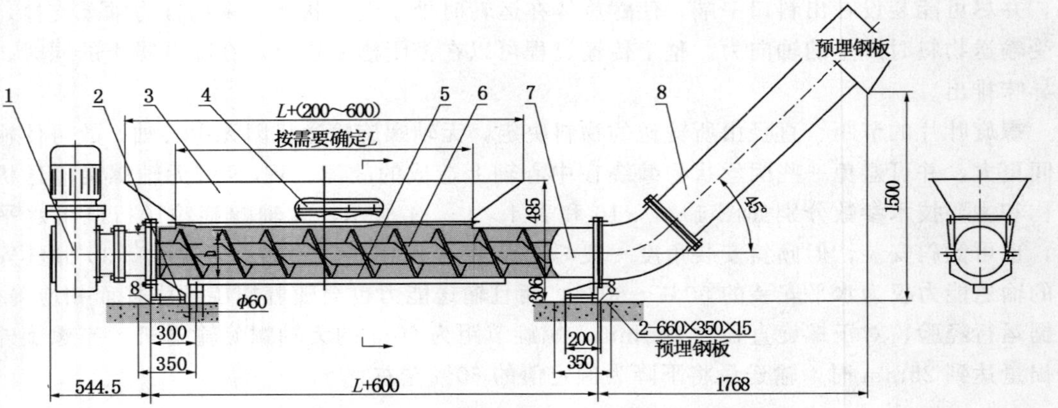

图 1-1-17　螺旋输送压榨机的结构示意图

1—驱动机构；2—底部支架；3—料斗；4—网格；5—出水斗；6—螺旋杆；7—料筒；8—输渣管

表 1-1-15　螺旋输送压榨机的主要性能参数

型　号	螺旋直径/mm	处理能力/(m^3/min)	螺旋转速/(r/min)	整机功率/kW
YSJ-150	150	1.0	5.8	0.75
YSJ-200	200	1.2	5.8	0.75
YSJ-250	250	1.5	5.8	1.10
YSJ-300	300	2.5	5.8	1.50
YSJ-400	400	3.0	5.8	2.20

栅渣通过传输设备（传输螺杆、皮带输送机等）进入料斗，由驱动机构带动放置在 U 形槽中的有轴螺旋旋转，在螺旋的推动下栅渣前移，到达挤压段脱水后从出口排出，最后卸入收集容器中，挤压出的水流经排水管并引入格栅渠。

鉴于脱氮除磷系统中反硝化菌脱氮、聚磷菌释磷和异氧菌的正常代谢等都需要碳源，若碳源不足额外投加碳源无疑会增加污水处理成本，因此预处理过程中应尽量使污水中的碳源有机物不发生流失，此时可以考虑对栅渣进行冲洗后再进行压榨脱水，美国 Vulcan Industries 公司的 EWP 型栅渣冲洗压榨机（Washing Press）是其中的典型代表，有批处理和连续运行两种运行模式。

3. 栅渣破碎压榨设备

栅渣破碎压榨设备有柱塞式压榨机、辊式压榨机、锤式破碎机三种基本类型，处理量一般为0.7～6.5m^3/h。柱塞式压榨机采用液压驱动，靠柱塞的压力挤压污物脱水，处理量2.5m^3/h左右；辊式压榨机通过两个相对转动的辊筒完成对污物的挤压脱水，处理量3.0m^3/h左右；锤式破碎机基于锤击和剪切原理设计，与矿山机械锤式破碎机的不同之处在于，锤头呈扁平状，工作面做成刀刃，锤头在回转运动中完成对污物的锤击和剪切作用，污物经破碎后返回污水中。

图1-1-18所示为深圳市某污水处理厂引进的格栅截留污物处理装置流水线，包括西姆拉克L型(Simrake-L)耙齿式格栅除污机两套、SP-031型格栅污物压榨机、带式输送机和污物装袋机。格栅除污机的齿耙由链条牵引垂直升降，上升时齿耙与栅条啮合，下降时则通过连杆机构将齿耙与格栅脱开，设有拉力保护设施和自动运转设置。捞上的污物通过带式输送机送入压榨机，用γ射线控制压榨量，压榨后的污物自动装袋。

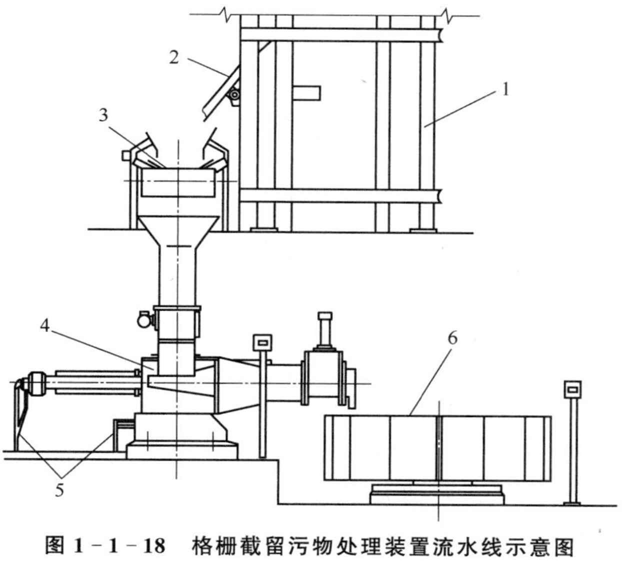

图1-1-18　格栅截留污物处理装置流水线示意图

1—格栅除污机机架；2—摆动斜槽；3—带式输送机；4—污物压榨机；5—输水管；6—污物装袋机

§1.2　预处理设备(沉砂)

因排水检查井井盖密封不严而致使部分地表雨水进入污水管等，一般情况下市政污水中都会含有相当数量的砂粒等杂质，部分工业废水往往也存在类似情况。沉砂池(Grit Chamber，GC)在城镇污水处理流程中通常设置在细格栅后，以去除无机悬浮固体(Inorganic Suspended Solids，ISS)或砂粒为主要功能，所谓“砂粒”主要包括杂粒、石子、煤渣或其他一些重固体构成的渣滓，其密度和沉降速度远大于污水中易腐烂的有机物；其中杂粒还包括蛋壳、骨屑、种子以及废弃食品之类的有机物。ISS的高效去除是维持生化单元污泥活性与剩余污泥资源化处理的关键环节，因此从希望沉砂池发挥的作用来看，一方面应该使尽可能多的砂粒得以沉降并以可靠、便捷的方式排出池外，避免导致后续设备磨损、管道堵塞、反应器有效容积减少等；另一方面应该尽可能多地分离附着在砂粒上的有机物，将其送回到污水中，尽量提高污水中有机组分的含量。因此，沉砂池的运行效率应包括除砂效率和有机物分离效率两个方面。

一、沉砂池的类型与设计

1. 概述

沉砂池可分为平流式沉砂池、竖流式沉砂池、曝气沉砂池、多尔沉砂池、旋流沉砂池、浅层沉砂池等几种类型。池型选择应该根据具体工程特点来考虑，竖流式沉砂池很少用于污水处理厂，多尔沉砂池的应用案例近些年也不多见。不同地区、不同时段进水中的砂粒粒径差别很大，特定地区和特定时段下进水中砂粒粒径的大小也并非完全均一，往往从 $d>0.6mm$ 到 $d<5mm$ 不等。美国 Smith & Loveless 公司的实验测试结果表明，污水中 80% 以上的砂粒粒径 $d>0.2mm$，同时砂粒表面的有机包裹层基本上不影响沉降速度。严格而言，在设计沉砂池时应考虑不同地区砂粒中的粒径级配，但客观上这一点却不太可能实现，因此工程实际中设计沉砂池时一般都遵循如下规定：①按去除相对密度约 2.65、粒径 d 大于 0.2mm 的砂粒进行；②沉砂池的座数或分格数≥2 个，并宜按并联系列设计；当水量较少时，可考虑单格工作，一格备用；当水量较大时，则两格同时工作；③污水的沉砂量可按 $0.03L/m^3$ 污水计算，合流制污水的沉砂量应根据实际情况确定；沉砂的含水率约为 60%，综合密度约为 $1500kg/m^3$。

传统工艺流程中，沉砂池之后一般设置初沉池。初沉池较长的停留时间(1～2h)能够弥补沉砂池工作性能的不足，大量来不及在沉砂池内沉淀的小颗粒杂质在初沉池内仍然可以得到有效沉淀，从而保证了生化曝气池、二沉池等构筑物的正常运行。但是，目前很多中小型污水处理厂所采用的工艺(如氧化沟工艺、A^2/O 工艺、SBR 工艺等)大都取消了初沉池，从而对沉砂池的选型和设计提出了新要求，必须高度重视。如果大量砂粒直接进入生化反应池，不仅沉积后会减少有效池容、缩短清理周期，同时还会对曝气器产生不利影响。

此外必须强调的是，虽然通常以对粒径 $d>0.2mm$ 砂粒的去除效率来衡量沉砂池的效率，但由于不同沉砂池对这一类砂粒的去除效率并不相同，因此在建成投运后，仍然有必要对实际除砂效率进行测定。但国内目前却几乎看不到此类测定实验，使对不同池型去除效率的了解仅能得自有关推荐数据，从而在一定程度上难以反映出真实情况。

2. 平流式沉砂池(Horizontal flow grit chamber)

平流式沉砂池采用分散性颗粒的沉淀理论设计，只有当污水在沉砂池中的运行时间等于或大于设计的砂粒沉降时间，才能够实现砂粒的截留。如图 1-2-1 所示，典型的平流式沉砂池的平面为长方形，主体部分实际是一个加宽、加深了的明渠，由入流渠、沉砂区、出流渠、集砂斗等部分组成，两端设有闸板以控制水流。在池底设置 1～2 个集砂斗，下接排砂管。污水在池内沿水平方向流动过程中，砂粒在重力作用下沉降到池底，并滑落到集砂斗中，具有构造简单、工作稳定、排砂方便等优点。

(1)设计要求及控制参数

①当污水以自流方式流入沉砂池时，应按最大设计流量计算；当污水用水泵抽送进入沉砂池时，应按水泵的最大可能组合流量计算；当用于合流制污水处理系统时，应按降雨时的设计流量计算。

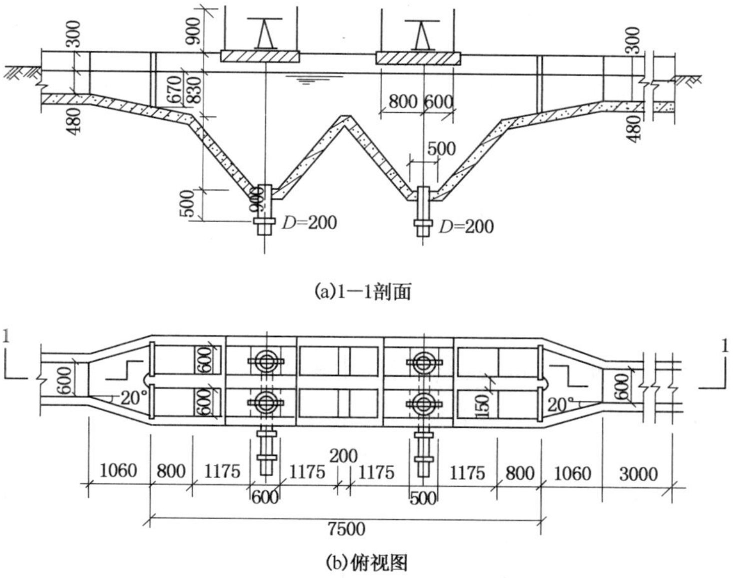

图 1-2-1　平流式沉砂池的典型结构示意图

②根据《室外排水设计标准》(GB 50014—2021)，水平流速 v 一般取 0.15～0.30m/s。若进水水量变化幅度很大，必须有恒定水平流速的设施，在沉砂池出口端设置比例流量堰就是控制水平流速的一个有效方法。运行中当流量变化时，应首先调节水深，如不满足要求，再考虑改变池数。昆明市第二污水处理厂(A^2/O 工艺)的平流式沉砂池就采用了一种咽喉式节流设施，水力停留时间(HRT)t 不变(1.56min)，通过改变水深，控制池内水平流速始终保持在 0.30m/s 左右。

③根据《室外排水设计标准》(GB 50014—2021)，最大时流量下的水力停留时间(HRT)t 不应小于 30s。虽然在给定沉淀速度 u_0 和水平流速 v 时，t 的长短对所截留砂粒的粒径和密度没有影响，但沉砂池的有效水深 H 和池长 L 则与其直接相关：$H=u_0 \cdot t$，$L=v \cdot t$。在采用氧化沟工艺、A^2/O 工艺等不需要设置初沉池的污水处理厂，如果按现行标准设计平流式沉砂池，大量细砂会随污水流出沉砂池，进入后续构筑物，究其原因主要是水力停留时间(HRT)t 选择过短，池长不够。

④有效水深 h_2 应不大于 1.2m，一般采用 0.25～1.0m，每格池宽不宜小于 0.6m，超高不宜小于 0.3m。

⑤集砂斗的容积不应大于 2d 的沉砂量，采用重力排砂时，砂斗斗壁与水平面的倾角不应小于 55°，池底的坡度一般为 0.01～0.02。也可根据除砂设备的要求，相应考虑池底的具体形状。

(2)具体设计计算

具体的计算内容主要包括：沉砂池水流部分长度的计算、沉砂池过水断面面积、沉砂池总宽度、集砂斗所需容积、沉砂池总高度，最后需要核算最小流量 Q_{min}(m^3/s)时，污水流经沉砂池的最小流速 v_{min} 是否在规定范围内。

$$v_{min}=\frac{Q_{min}}{nA}\ (\mathrm{m/s}) \tag{1-2-1}$$

式中　n——最小流量时工作的沉砂池座数；

A——最小流量时沉砂池中水流断面面积，m^2。

若 $v_{min} \geqslant 0.15m/s$，则设计符合要求。对于普通沉砂池而言，由于不同粒径待去除砂粒的沉降速度会直接影响沉砂池所需的表面积，因此有国外公司直接根据砂粒粒径所对应的沉降速度，推荐沉砂池需要的表面积。

(3)配套的排砂设备

平流式沉砂池常用的排砂方式可分为重力排砂和机械排砂。图 1-2-1 为集砂斗加底闸进行重力排砂，排砂管直径不应小于 ϕ200mm，并应考虑防堵塞措施。也可以采用集砂斗加贮砂罐及蝶阀底闸，进行重力排砂。这种排砂方式的优点是排砂的含水率较低，排砂量容易计算，缺点是沉砂池需要高架或挖小车通道。

平流式沉砂池配套的机械排砂设备包括行车式刮砂机(或桥式刮砂机，Travelling bridge scraper)、链板式刮砂机(Chain & flight scraper)、链斗式刮砂机、抓斗式除砂机等，对应沉砂池底部的集砂区为平底，而且前两种应用相对较多。

如图 1-2-2 所示，行车式刮砂机可适用于平流式沉砂池和曝气沉砂池，主要由行车、导轨、传动机构(电动机+减速器)、卷扬提板机构、刮臂、刮砂板、控制系统等组成，若需具备撇渣功能则还带有撇渣板及相应的卷扬提板机构。行车运动速度不大于 0.02m/s，一般采用 0.01～0.015m/s；行车跨度宜采用 2.6、2.8、3.0、…、30m(以 0.2m 为级数)；行车轮距为跨度的 1/8～1/4，跨度小的取前者，大的取后者。刮砂行程时，放下刮砂板进行刮砂，撇渣板高位静止不动，刮砂板将砂粒推向池上游侧的集砂斗；回程时，抬起刮砂板至高位静止不动，放下撇渣板进行撇渣。

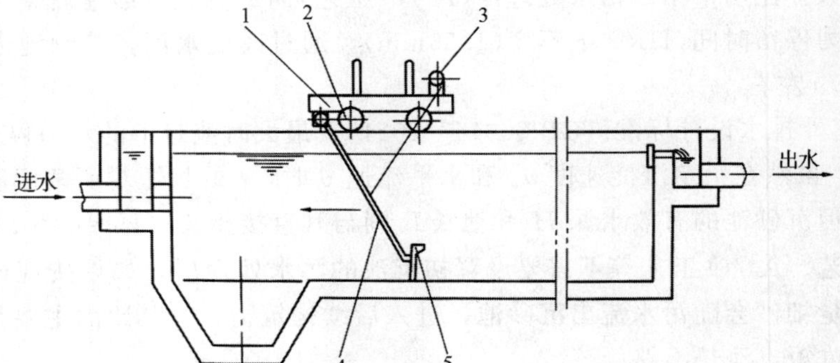

图 1-2-2　行车式刮砂机的总体示意图

1—行车；2—传动机构；3—卷扬提板机构；4—刮臂；5—刮砂板

链板式刮砂机主要由驱动机构(电动机+减速器)、主动链轮(轴)、从动链轮(轴)、张紧链轮(轴)、传动链、刮砂板、托架、电控箱等组成。驱动机构安装在池顶平台上，减速器输出转矩的安全系数不低于 1.25；主动链轮轮毂中设置有安全剪切销，从而实现机械过载保护；传动链采用套筒滚子链，安全系数不低于 2.5。

链斗式刮砂机主要由机架、传动机构(电动机+减速器)、主动链轮、从动链轮、主动链轮轴、从动链轮轴、环形牵引链、V 形砂斗、集砂斗等组成。在传动链驱动下，V 形砂斗在沉砂池底移动，将沉砂刮入斗中，并改变方向，逐渐将沉砂送出水面。V 形砂斗下有无数小孔可将水滤出。到达最上部时，砂斗翻转，将砂倒入下部的集砂斗中。同时，其上部的数个喷嘴向 V 形砂斗内喷射压力水，将斗内的余砂冲入集砂斗，砂积累至一定数量后，集砂斗可翻转，将砂卸到运输车上。

抓斗式除砂机包括门形抓斗式除砂机与单臂回转式抓斗除砂机，主要由行走桁架、刚性支架、挠性支架、鞍梁、抓斗、抓斗启闭机构、小车行走机构等组成。当沉砂池底的集砂区积累有足量砂粒后，操作人员将小车开到某一位置，用抓斗深入集砂区抓取沉砂，提出水面并将抓斗升到贮砂罐或集砂斗上方卸掉砂子。

3. 曝气沉砂池(Aerated grit chamber)

普通平流式沉砂池因池内水流分布不均，流速多变，致使对无机颗粒的选择性截留效率不高，有机物分离效率也较低，沉砂容易厌氧分解而腐败发臭，增加了后续处理的难度。曝气沉砂池自 20 世纪 50 年代开始出现，应用较为广泛。

图 1－2－3 为曝气沉砂池的断面图，其水流部分是一个准矩形渠道，沿一侧池壁的整个长度上设置曝气器，池底沿渠长方向设有集砂槽。每组曝气沉砂池一般分为两个区域，一个为曝气区，另一个为浮渣区或澄清区，二者通过竖向布置的整流栅条或隔板分开(但仍然保持流动连通性)。在曝气区内的纵向水流总体上呈螺旋旋转流态，密度较大的砂粒沉至池底的集砂槽，脂肪、油、浮渣等由于螺旋旋转水流作用而浮至水面并进入浮渣区或澄清区。在曝气区呈螺旋旋转流态水流的作用下，黏附在砂粒表面的有机物因相互摩擦、碰撞而被洗刷下来，最终所沉淀无机颗粒中的有机物含量低于 5%。

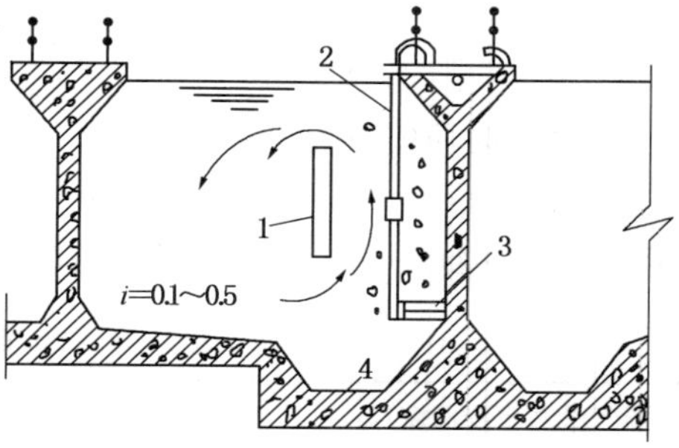

图 1－2－3　曝气沉砂池的断面示意图

1—隔板；2—空气管；3—曝气器；4—集砂槽

(1)主要控制参数

①池内的水平流速宜为 0.1m/s。过水断面周边的最大旋流速度为 0.25～0.30m/s；如考虑预曝气作用，过水断面增大为原来的 3～4 倍。

②池内的水力停留时间(HRT)应大于 2min。如作为预曝气使用，则池的结构形式无需改变，只要增加池的长度，使水力停留时间为 10～30min。德国对曝气沉砂池停留时间的选择为：旱季时流量为 20min，雨季时流量为 10min。

③有效水深宜为 2.0～3.0m，宽深比宜为(1.0～1.5)：1。

④曝气量宜为 0.1～0.2m^3 空气/m^3 污水。

⑤进水方向应与池中旋流方向一致，出水方向应与进水方向垂直。

(2)关键区域的设计

曝气沉砂池的关键区域一般包括进/配水区、出水区、曝气区、浮渣区或澄清区、集砂槽等，设计内容包括主体工艺尺寸计算、关键区域结构尺寸确定等。主体工艺尺寸计算主要是确定沉砂池的池长 L、池宽 B、池深 H 等，关键区域结构尺寸包括集砂斗、集砂槽、集油区、隔板及其布置等，工艺设备主要是指曝气设备及其供气方式、撇渣设备与撇渣方式、排砂设备与排砂方式等。

①沉砂池的总有效容积 V

$$V=Q_{max}t\times 60\ (m^3) \tag{1-2-2}$$

式中　Q_{max}——最大设计流量，m^3/s；

t——最大设计流量时的停留时间，min。

②沉砂池的水流断面面积 A

$$A=\frac{Q_{max}}{v_1}\ (m^2) \tag{1-2-3}$$

式中 v_1——最大设计流量时的水平流速，m/s。

③沉砂池的总宽度 B

$$B=\frac{A}{h_2}(m) \tag{1-2-4}$$

式中 h_2——设计有效水深，m。

④沉砂池的长度 L

$$L=\frac{V}{A}=v_1 t\times 60(m) \tag{1-2-5}$$

⑤每小时所需的曝气量 q

$$q=dQ_{max}\times 3600\ (m^3/h) \tag{1-2-6}$$

式中 d——每 m^3 污水每小时所需的曝气量，$m^3/(m^3\cdot h)$，可按表 1-2-1 确定。

表 1-2-1 每 m^3 污水每小时所需的曝气量

曝气管水下浸深度/m	最小曝气量/[$m^3/(m^3\cdot h)$]	达到良好除砂效果时的最大曝气量/[$m^3/(m^3\cdot h)$]
1.5	12.5	30
2.0	11.0～14.5	29
2.5	10.5～14.0	28
3.0	10.5～14.0	28
4.0	10.0～13.5	25

曝气沉砂池的进水一般采用管道或明渠将污水直接引入配水区，由于池内水流的旋流特性，一般认为对配水要求不十分严格，通常采用配水渠淹没配水；出水一般采用出水堰出水，出水堰的宽度一般与沉砂池宽度相同，依此根据堰流计算公式可确定相应的堰上水头。曝气区的池底以坡度 $i=0.1$～0.5 向集砂槽倾斜，以保证砂粒滑入；浮渣区或澄清区的长度与曝气区相同，宽度一般为曝气区宽度的 1/2～2/3，底部以 60°～75°的倾角坡向集砂槽，以保证进入该区域的砂滑入集砂槽。集砂槽的设计与明渠设计相同，但设计流速应不小于 0.8m/s；集砂斗的倾角不小于 50°。

(3)配套设备的确定

曝气沉砂池的配套设备主要包括曝气设备、排砂设备和撇渣设备。

曝气设备多采用穿孔管曝气器，穿孔管孔径 ϕ2.5～6.0mm，安装在池的一侧，距池底 0.6～0.9m，空气管上设置调节空气的阀门；曝气头也得到了较多应用。曝气沉砂池采用鼓风机供气，可与曝气池供气联合进行或独立进行，曝气量宜为 0.1～0.2m^3 空气/m^3 污水，需要根据进水水量调整曝气量。

适用于曝气沉砂池的机械排砂设备有行车式刮砂机、链板式刮砂机、桥式吸砂机(Traveling bridge Suction Scraper)等，刮砂机的刮板或吸砂机的吸口安置在集砂槽内。行车式刮砂机和链板式刮砂机都是将集砂槽内沉积的砂粒推往集砂斗，然后再设法排出池外，具体结构这里不再赘述。桥式吸砂机主要由导轨、行走机构、提耙机构、主梁、吸砂系统等组成，吸砂机在池壁的导轨上来回行走，吸砂系统通过潜污泵将沉降在池底的砂水混合物吸出，排入砂水分离器。此外，还可采用螺旋输送器排砂。

对于撇渣设备，可以根据用户要求在刮砂机和吸砂机上设置撇渣板，将水面上的浮渣刮至池末端的渣槽中。当顺水行驶时，撇渣耙下降刮集浮渣并送至池末端的渣槽；反向行驶时，撇渣耙提升离开液面，以防浮渣逆行。也可根据工艺要求，反向撇渣。SXS系列行车双沟泵吸式吸砂机的结构和主要性能参数分别如图1-2-4、表1-2-2所示。

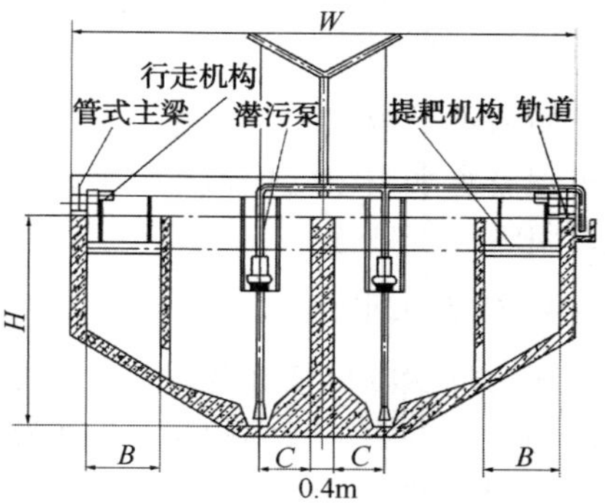

图1-2-4 SXS型行车双沟泵吸式吸砂机的结构示意图

表1-2-2 SXS型双槽桥式吸砂机的主要性能参数

型 号	SXS-4×2.0	SXS-6×2.4	SXS-8×2.8	SXS-10×3.2
W/m	6.8	8.4	10.2	11.8
B/m	1.1	1.5	2.0	2.4
C/m	0.7	0.9	1.0	1.15
H/m	3.25	3.9	4.4	4.8
潜水泵型号	AV14-4(潜水无堵塞泵)			
潜水泵特性	扬程2m，流量54m^3/h，功率1.4kW			
潜水泵台数	2			
提耙机构功率/kW	0.37			
行走机构功率/kW	2×0.25			
行驶速度/(m/min)	2.5			
钢轨型号	15kg/m (GB/T 11264)			
钢轨预埋件断面尺寸/mm	(b_1-20)×60×10 (b_1：沉砂池墙的厚度)			
轨道预埋间距/mm	1000			

(4)曝气沉砂池的运行效果

德国汉斯、哈尔曼等人在海尔布隆(Heilbronn)污水处理厂的测试表明，当处理粒径小于0.6mm的砂粒时，曝气沉砂池有着明显的优越性；对于粒径0.2～0.4mm的砂粒，平流式沉砂池仅能截留33.52%，而曝气沉砂池的截留效率为65.88%，两者相差将近1倍。但对于粒径大于0.6mm的砂粒情况则恰恰相反，平流式沉砂池的截留效率要远大于曝气沉砂池。这种差异恰恰说明进水砂粒中的不同粒径级配对于不同沉砂池除砂效率的影响。测试过程中还发现，只要旋流速度保持在0.25～0.35m/s范围内，即可获得良好的除砂效果；尽管水平流速因进水流量的波动而差别很大，但只要上升流速保持不变，旋流速度即可维持在合适范围内，因此曝气沉砂池具有良好的耐冲击性。实际运行过程中，上升流速可以通过调节曝气量来控制，或需要根据进水流量调整曝气量。

曝气沉砂池在实际运行中也存在一定的问题，由于旋流速度在实际操作中难以测定，只能通过调节曝气量来控制。曝气量过大虽能将砂粒冲洗干净，却会降低对细小砂粒的去除率；曝气量过小又无法保证足够的旋流速度，起不到曝气沉砂的作用。实际运行中水量常常不断变化，但却很难将曝气量及时调节控制在合适的数值上，因此往往会存在过度曝气的问题；从操作环境来看，曝气沉砂池的操作环境较差，尤其夏季时对大气环境的污染较大。另外，如果不设消泡设施，会有相当多的悬浮物随泡沫带出池体而污染环境。若城镇污水处理厂实际进水水质浓度偏低，又要进行脱氮除磷，或采用机械曝气的氧化沟工艺时，就不太适宜采用曝气沉砂池。

4. 旋流沉砂池

旋流沉砂池也被称为涡流式沉砂池，在平流式沉砂池、曝气沉砂池之后出现，具有占地面积小、水力停留时间较短(峰值为20～30s，一般≤60s)、对细砂去除效率高、土建费用少、维护管理方便等优点。美国Smith & Loveless公司的PISTA(比氏)沉砂池和英国Jones & Attwood公司的钟氏(Jeta)沉砂池最具有代表性，从运行效果来看，二者的除砂效率接近；比氏沉砂池的有机物分离效率不少于95%，而钟氏沉砂池为50%～70%。

(1)比氏沉砂池

比氏沉砂池的原型于20世纪60年代开发成功。经过多年的运行、测试及改进，1973年推出了进出、水流道中心线呈270°的第二代池形结构(如图1-2-5所示)，1988年推出了进、出水流道中心线呈360°的第三代池形结构，2004年又推出了流动控制板(Flow Control Baffle)技术。目前已经衍生了PISTA® 270° Non-Baffled Grit Chambers、OPTIFLOW 270® Baffle System、PISTA® 360° Non-Baffled Grit Chambers、PISTA® 360™ with V-FORCE BAFFLE™ Vortex Grit Removal Chamber、PISTA INVORSOR™ Enhanced Vortex Grit Removal System、PISTA® VIO™ Variable Inlet / Outlet Vortex Grit Removal System等系列产品。无论第二代270°或第三代360°池型结构，都可将比氏沉砂池分为进水渠道、出水渠道、分选区、集砂区等几大部分，配套设备包括轴流式螺旋叶片及驱动机构、PISTA® Turbo砂泵、出水气囊止回阀(Pinch valve)、真空启动装置、就地控制器等。分选区底部采用平底和轴流式螺旋叶片设计，在集砂区顶部与分选区底部平齐处设有盖板，盖板的孔口开在池心(与轴流式螺旋叶片转轴间有径向间隙)。这里重点结合第二代270°池型结构的比氏沉砂池进行介绍。

①工作原理和效率分析。对于第二代270°比氏沉砂池而言，工作过程中，污水首先经过平直的进水渠道使紊流程度降到最低，然后切向进入沉砂池，水流靠自身动能作用在池内形成旋流；同时在轴流式螺旋叶片的定速旋转搅动下，于中部形成一个向上的推动力，使水流在垂直面上形成环流。在垂直面环流和水平面旋流的共同作用下，水流在分选区中总体呈螺旋流态或涡流状态。砂粒在离心力作用下撞向池壁，沿水流滑入分选区底部。积于分选区底部径向外侧的砂粒因垂直面环流的水平推动作用而向池中心汇集，在靠近池中心的盖板孔口处落入集砂区。部分较轻的有机物则在中部上升水流的作用下重新进入主体水流中，污水在分选区内回转270°后，进入位于分选区上部的出水渠道。

由于分选区底部没有斜坡，砂粒要落入集砂区无法借助重力作用，而必须依靠轴流式螺旋叶片的作用；再加上集砂区盖板的孔口开在池心，因此砂粒在落入集砂区之前有相当长的时间处于轴流式螺旋叶片的影响之下，对有机物分离更为有利。为防止砂粒板结，将轴流式螺旋叶片驱动轴的下端延伸至集砂区底部，并在其上设置叶片式搅拌器——砂粒流化器(Grit Fluidizer)。砂粒流化器随驱动轴的转动而持续搅拌，从而保证集砂区内的砂粒始终处于流化状态。

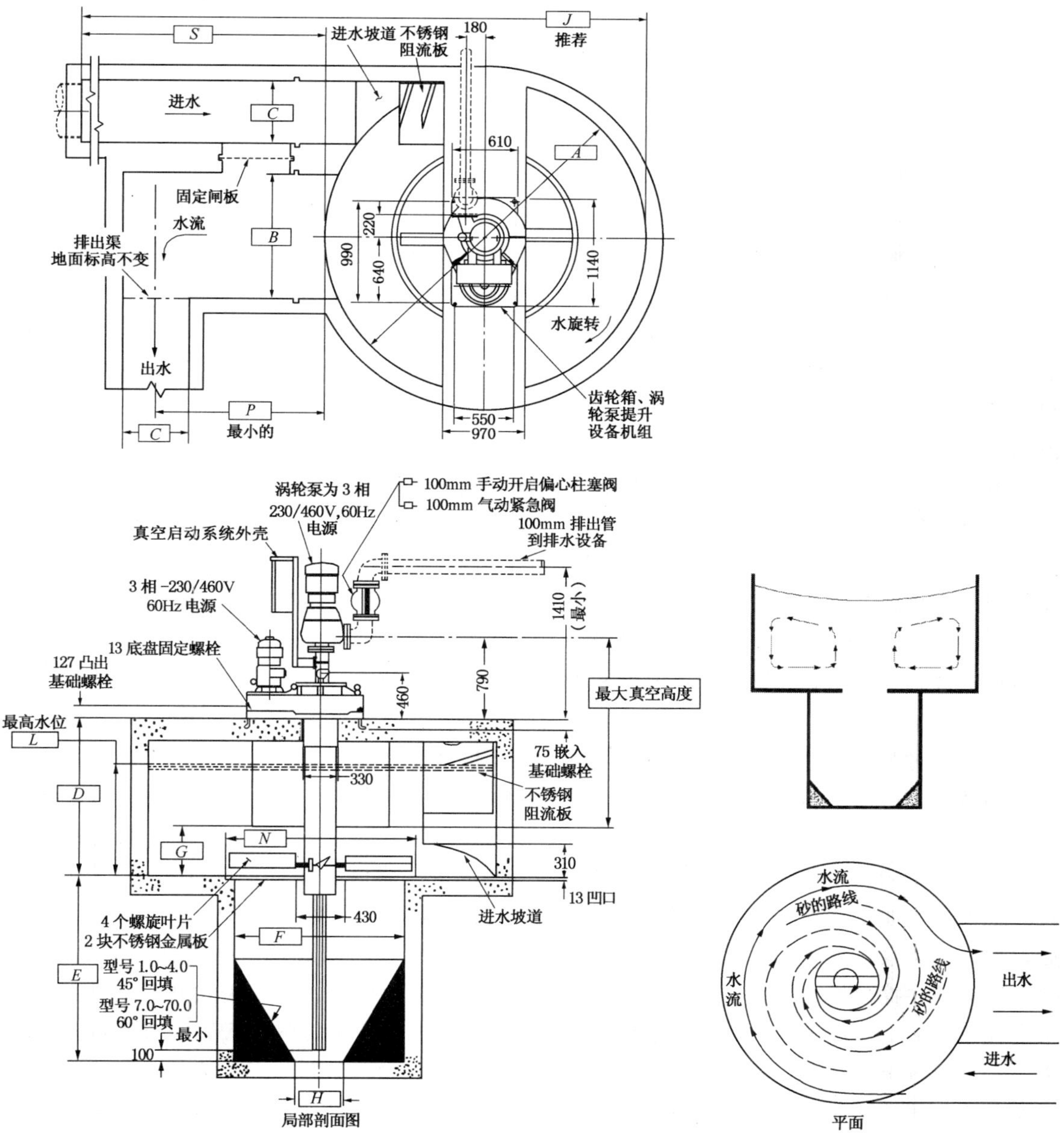

图 1-2-5　270°比氏沉砂池的结构与工作原理示意图

由于比氏沉砂池中分选区底部水流速度与砂粒运移方向一致(向池心)，轴流式螺旋叶片转速的大小不太重要，因此一般固定不变，但可上下升降以调节螺旋叶片与集砂区盖板的间距。这种调节方式可以保证有机物的分离效果，但对进水流量变化的适应性较差，因此比氏沉砂池对进水流速的限制较为严格，适宜的进水流速取值为 0.5～1.1m/s。由于城镇污水日变化系数较大，一般要求最小进水流速不小于 0.15m/s，最大进水流速不大于 1.2m/s。比氏沉砂池的除砂效率 η 可用下式表示

$$\eta=\frac{r_\varphi-r_i}{r_a-r_i}，\ r_\varphi=r_i+\frac{1}{18\mu}(\rho_p-\rho_w)d_p^2 v\Phi \qquad (1-2-7)$$

式中　r_a——沉砂池分选区的半径，m；

r_i——沉砂池集砂区的半径，m；

r_φ——含砂水流与不含砂水流交界处的半径，m；

μ——水的运动黏滞系数，20℃时取 $0.01010cm^2/s$；

ρ_p——砂粒的密度，取 $2.65 \times 10^3 kg/m^3$；

ρ_w——水的密度，取 $1.00 \times 10^3 kg/m^3$；

d_p——砂粒直径，mm；

v——轴流式螺旋叶片的转速，即池中螺旋状环流速度，m/s；

Φ——砂粒从沉砂池入口沉向集砂区的沉降弧度，一般取 $5\pi/3$。

②排砂方式。比氏沉砂池有气提或砂泵两种从集砂区的排砂方式可供选择：当处理量较小或有现成的高压气体时可以采用气提排砂，需要配备相应的鼓风系统；而当处理量较大时则推荐采用顶置的 PISTA® Turbo 砂泵(PISTA® Turbo Grit Pump)排砂，可以采用沉砂池顶部或底部安装。

采用气提排砂时，在提砂管靠近集砂区底部位置密封贯穿焊接一个不锈钢提砂气包，提砂管在提砂气包内的部分开有一圈气孔。从气源风管上接出一根不锈钢空气管，管内空气压力保证在 0.05MPa 以上，并在旋流沉砂池上分为两路。其中一路为与提砂气包密封焊接的鼓气管，在提砂管气孔内自下而上地鼓入空气，使污水、砂粒、空气形成气液混合体，同时降低了密度，从而实现砂水混合液的提升。另一路为插入集砂区底部的冲洗管，当提砂不畅时用来吹散淤积在池底的砂粒。鼓气管和冲洗管的管路上都安装有手动球阀和电磁阀。

采用砂泵排砂时，PISTA® Turbo 砂泵的叶轮和流道都采用镍基硬质合金，具有较高的耐磨性；同时采用砂泵也较灵活，基本不受提升高度及距离的限制。为避免固态砂粒在集砂区底部堆积，可以采用流化器(Fluidizer)技术。由于砂泵采用真空启动方式，系统真空度的保证就成了关键因素。早期的比氏沉砂池在砂泵出口采用蝶阀，由于磨损严重，易造成蝶阀密封不严，影响真空形成。目前改用一种由橡胶制成的气囊阀，通过空压机加压进行闭合。具体排砂过程如下：首先着手关闭气囊阀，当空压机压力达到预设值确保气囊阀关闭严实后，打开真空泵进气管上的电磁阀并启动真空泵开始抽真空，随着提砂管内真空度的增加，砂水混合液在提砂管内逐渐上升。当砂水混合液上升到砂泵蜗壳内的电极式开关处时，真空泵进气管上的电磁阀关闭，真空泵随即停止运行而砂泵开始启动，气囊阀同时泄压打开，砂水混合液被输出，砂泵运行到设定时间后自动停止。当气囊阀受砂水混合液中砂粒的逐渐磨损而无法关闭严实时，就会造成泄漏，导致提砂管内抽真空的难度增大，砂水混合液较难被吸入砂泵蜗壳内的电极式开关处，砂泵也就无法顺利启动运行。

③结构设计与改进。270°比氏沉砂池进水渠道直段长度至少为渠宽的 7 倍或不小于 4.5m，出水渠道宽度为进水渠道宽度的 2 倍。水力表面负荷约 $200m^3/(m^2 \cdot h)$、水力停留时间(HRT)为 20～30s。270°比氏沉砂池的参考尺寸和驱动功率如表 1-2-3 所示。根据《室外排水设计标准》(GB 50014—2021)，设计水力表面负荷宜为 $150 \sim 200m^3/(m^2 \cdot h)$，最高时流量的水力停留时间(HRT)不应小于 30s。但《室外排水设计标准》仅对旋流沉砂池去除粒径 200μm 以上的砂粒作了规定，而对去除粒径 200μm 以下的细微无机颗粒未作任何规定，且对各粒径范围无机悬浮固体(ISS)的去除效率未作规定。轴流式螺旋叶片一般为 24h 连续自动运行。整套除砂系统的控制可以分成手动和自动两种，通常采用 PLC 自动控制运行，自动控制系统故障、设备检修或出砂量异常时采用就地手动控制运行。

表 1-2-3　270°比氏沉砂池的参考尺寸和驱动功率(混凝土材质)

型　　号	0.5	1.0	2.5	4.0	7.0	12.0	20.0	30.0	50.0	70.0
最大处理流量/(m^3/h)	79	158	395	633	1104	1896	3158	4750	7875	11042
沉砂池直径 A/m	1.83		2.13	2.44	3.05	3.66	4.88	5.49	6.10	7.32
B/m	0.61		0.76	0.91	1.22	1.52	2.13	2.44	2.74	3.35
C/m	0.31		0.38	0.46	0.61	0.76	1.06	1.22	1.37	1.67
沉砂池深度 D/m	1.12		1.12	1.22	1.45	1.52	1.68	1.98	2.13	2.13
E/m	1.52		1.52	1.52	1.68	2.03	2.08	2.13	2.44	2.44
砂斗直径 F/m	0.91		0.91	0.91	1.52	1.52	1.52	1.52	1.52	1.83
H/m	0.31		0.31	0.46	0.46	0.46	0.46	0.46	0.46	0.46
J/m	6.40		6.71	7.01	7.62	8.99	12.34	14.02	15.69	19.60
N/m	1.06		1.06	1.67	1.67	1.67	1.67	1.67	1.67	1.98
P/m	0.61		0.76	0.91	1.22	1.52	1.83	2.13	2.74	3.05
S/m	4.57		4.57	4.57	4.57	5.33	7.47	8.53	9.60	11.73
驱动机构功率/kW	0.56		0.86	0.86	0.75	0.75	1.50	1.50	1.50	1.50
输出转速/(r/min)	54		54	54	37	37	36	36	36	36
轴流式螺旋叶片的转速/(r/min)	20		20	20	14	14	13	13	13	13

360°比氏沉砂池区别于其他池型的最明显之处在于：①进水渠道末端为一条具有15°倾角的封闭进水涵或能产生附壁效应的斜坡(Coanda ramp)，进水以充满流进入，可使部分已经沉降于渠道内的砂粒顺斜坡进入沉砂池。②在分选区入口处进水渠道的顶板与出水渠道的底板相平齐，进、出水渠道之间以一道弓型的水平隔板(Control baffle)分隔，以防止短流；水平隔板的存在大大减小了出水对分选区池底积砂的影响，能够有效防止已沉下的砂粒又被带入出水之中。③进水渠道、出水渠道沿360°流线型布置，使得水流在分选区内部回转360°，比早期池型延长了90°的流程，这样不仅提高了除砂效果，同时也使多个沉砂池的总体布置更加顺畅、简洁，进、出水的水力条件更好。根据美国Smith & Loveless公司提供的资料，360°比氏沉砂池目前有0.5、1.0、2.5、4.0、7.0、12.0、20.0、30.0、50.0、70.0、100.0等规格型号，处理量在1892～378500m^3/d之间，可以采用混凝土或金属钢材加工制作。对于270°比氏沉砂池而言，0.297mm(50目)以上砂粒的去除率均大于95%(其中绝大多数大于97%)，0.15mm(100目)以上砂粒的去除率可达95%，0.105mm(140目)以上砂粒的去除率可达65%；对于360°比氏沉砂池而言，0.105mm(140目)以上砂粒的去除率则可达95%。

需要指出的是，德国Huber公司的VORMAX涡流式沉砂池(Vortex Grit Chamber)、美国Lakeside公司的SpiraGrit涡流式沉砂池等，都是与比氏沉砂池较为类似的产品。

(2)钟氏沉砂池

钟氏(Jeta)沉砂池为1984年的专利产品，在众多的仿比氏沉砂池中具有特殊意义：一是已有较多的工程应用，二是资料比较充足，三是结构及工作特性具有代表性，因此将其与比氏沉砂池进行对比较为合适。英国Jones & Attwood公司的钟氏(Jeta)沉砂池技术目前被英国Jacopa Limited公司继承，美国沃威沃(Ovivo)公司的Jones+Attwood™ Jeta® 沉砂池、美国SPIRAC公司的SPIROSEP® 涡流沉砂池、澳大利亚VoR Environmental公司的VCS

沉砂池、美国 Envirodyne Systems 公司的 Czar™ 沉砂池、加拿大 John Meunier 公司(已被 Veolia 集团兼并)的 MECTAN® C/MECTAN® V/BioMectan® 系列旋流沉砂池、SAVECO® North America 公司的 SAVI® 沉砂池等，都是与钟氏沉砂池较为类似的产品，但在水力学特性等方面有所变化或改进。

如图 1-2-6 所示，钟氏沉砂池也主要分为切向进水渠道、出水渠道、分选区、集砂区等几大部分，进水渠道与出水渠道保持平行；分选区与集砂区之间采用斜底过渡，没有盖板。配套设备包括电动机、减速器、转盘与叶片(或带径向叶轮的转盘)、转盘与叶片驱动杆、平台钢梁、排砂系统等，转盘与叶片的转速和高度均可调。水流经进水渠道(较比氏为短)切向进入池内，由电动机+减速器通过驱动杆带动转盘与叶片以非常低的转速旋转，叶轮旋向与污水切向进入产生的旋流一致。分选区的水流分为内外两个环形区域：内环区域的水流在转盘与叶片的推动下向上轻微流动，外环区域的水流在垂直方向则基本保持静止(当然仍存在一定水平方向的旋流运动)。砂粒在轻微离心力和重力的双重作用下，沉降到外环的斜坡上，然后依靠重力自然滑入集砂区。在滑入集砂区之前，在转盘与叶片产生的斜向水流作用下，剥离附着在砂粒上的有机物而返回到主体水流中。

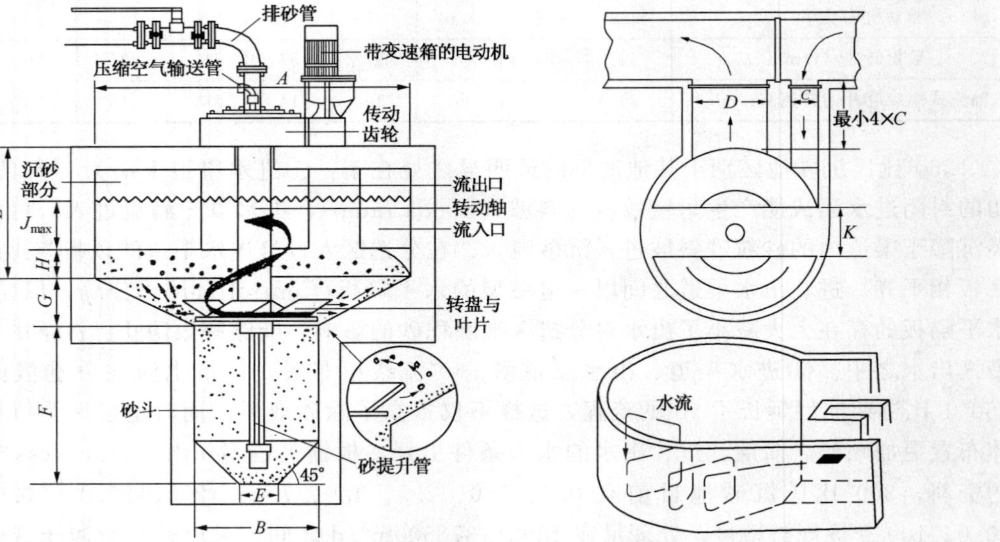

图 1-2-6　钟氏沉砂池的结构尺寸及工作原理示意图

转盘与叶片边缘外侧与池壁之间存在径向缝隙，以利用压力差将已进入集砂区的有机物带回分选区。转盘与叶片的旋转在一定程度上减少了因进水量变化而导致的流态变化，但由于分选区底部水流速度与砂粒运移方向相反，控制转盘与叶片的转速就成了关键问题：转速太小，有机物随同砂粒一起滑入集砂区；转速太大，砂粒随着有机物一起返回水流中。实际上，小型钟氏沉砂池的转速为 10～15r/min、中型以上钟氏沉砂池的转速为 10～12r/min，这样慢的转速难以形成有效的压力差，因此即便转盘中心处开孔，其作用也不会太大。

钟式沉砂池通过间断向集砂区供气搅拌，以防止集砂区的砂粒板结。可以采用气提排砂或泵吸排砂，美国沃威沃(Ovivo)公司的 Jones+Attwood™ Jeta® 沉砂池推荐采用砂泵排砂。部分厂商推荐选用气提排砂的原因有两个：①自身生产的砂泵很难做到质量过硬，砂泵寿命远不能与气提排砂相比；②气提排砂能方便地兼用于“砂清洗”过程，即气提前先用空气将砂冲散，“流态化”有助于使有机物分离。但是，由于气提排砂依靠气水混合液与水之间的密度差，其提砂高度较低(出砂口高出沉砂池水位的高度 H_2：吸砂管淹没水深 $H_1 \leqslant 40:60$)，使工程实际中的管道布置受到极大限制。

钟氏沉砂池的进出水口及池中水位也不固定，视需去除砂粒的粒径而定，这一系列变化因素增加了运行管理的难度。美国沃威沃(Ovivo)公司在原来常规(270°)Jones＋Attwood™ Jeta®沉砂池的基础上，新推出 360°Jones＋Attwood™ Jeta®沉砂池。常规钟氏沉砂池的典型结构尺寸如表 1－2－4 所示。

表 1－2－4　常规钟氏沉砂池的结构参考尺寸

Jeta 型号	流量/(L/s)	A/m	B/m	C/m	D/m	E/m	F/m	G/m	H/m	J/m	K/m	L/m	电动机功率/kW
50	50	1.83	1.00	0.305	0.61	0.30	1.40	0.30	0.30	0.30	0.80	1.10	0.55
100	110	2.13	1.00	0.380	0.76	0.30	1.40	0.30	0.30	0.35	0.80	1.10	0.55
200	180	2.43	1.00	0.450	0.90	0.30	1.35	0.40	0.30	0.40	0.80	1.15	0.55
300	310	3.05	1.00	0.610	1.20	0.30	1.55	0.45	0.30	0.48	0.80	1.35	0.75
550	530	3.65	1.50	0.750	1.50	0.40	1.70	0.60	0.51	0.58	0.80	1.45	0.75
900	880	4.87	1.50	1.00	2.00	0.40	2.20	1.00	0.51	0.77	0.80	1.85	1.10
1300	1320	5.48	1.50	1.10	2.20	0.40	2.20	1.00	0.61	0.87	0.80	1.85	1.10
1750	1750	5.80	1.50	1.20	2.40	0.40	2.50	1.30	0.75	0.90	0.80	1.95	1.50
2000	2200	7.00	1.50	1.35	2.70	0.40	2.05	1.59	0.89	1.13	0.80	2.10	2.20
3000	3000	7.31	1.50	1.675	3.35	0.40	2.09	1.67	0.95	1.13	0.80	2.70	—

(3)国内应用情况与其他类似产品

自 20 世纪 90 年代起，我国开始在一些中小型污水处理厂的建设中，随国外贷款项目引进使用旋流沉砂池，如北京大兴黄村污水处理厂和苏州工业园区污水处理厂等。随着其优点逐步得到认可，国内污水处理厂引进安装的案例越来越多，如广州大坦砂、中山污水处理厂采用 270°比氏沉砂池，河南平顶山、上海白龙港、深圳罗芳、深圳盐田等污水处理厂采用 360°比氏沉砂池，成都三瓦窑、合肥王小郢等污水处理厂采用钟氏沉砂池。

《环境保护产品技术要求 旋流除砂装置》(HJ 2538)规定，气提排砂形式的搅拌轴采用空心轴，泵吸排砂形式的搅拌轴可采用空心轴或实心轴。搅拌轴、叶轮、吸砂头采用不锈钢，不锈钢材料不低于国标 0Cr18Ni9。搅拌轴采用空心轴时其壁厚应不小于 8mm；叶轮直径在 1500mm 及以上时，叶片厚度应不小于 8mm；叶轮直径小于 1500mm 时，叶片厚度应不小于 6mm；叶片角度宜为 30°。叶轮与池壁的组装间隙应控制在 10～30mm 之间，吸砂头与池底的组装间距应控制在 50～60mm 之间，叶轮与沉砂池池体的组装同心度偏差不大于 20mm。但总的来看，国内目前在对旋流沉砂池相关技术的自主研究和开发方面与国外存在较大差距，工艺运行与技术参数尚未完全自主掌握。

5. 浅层沉砂池

浅层沉砂池是近几年来出现的新型高效沉砂设备，由于充分利用了浅层沉降原理，致使相同容积下的除砂效率更高或相同处理量下的体积更为紧凑，英国海卓国际旋流技术公司(Hydro International)的 HeadCell®、美国 Envirodyne Systems 公司的 OctoCell®、德国 Huber 公司的 GritWolf®都属于此类产品。如图 1－2－7 所示，HeadCell®呈多锥台立式同轴层叠布局，锥台大端朝上而小端在下，直径有 4ft、6ft、9ft、12ft 四种，层叠数量可以根据已有池体的深度而改变。工作过程中，污水自矩形截面总入口倾斜向下，经分流后逐一切向进入两个相邻锥台之间开始固液分离过程，砂粒等重相物质在重力和旋流作用下迅速向锥台小端移动，汇聚到一起后从最底部中心处排出。HeadCell® 对粒径≥75μm 砂粒的捕集效率能够保持在 95%。

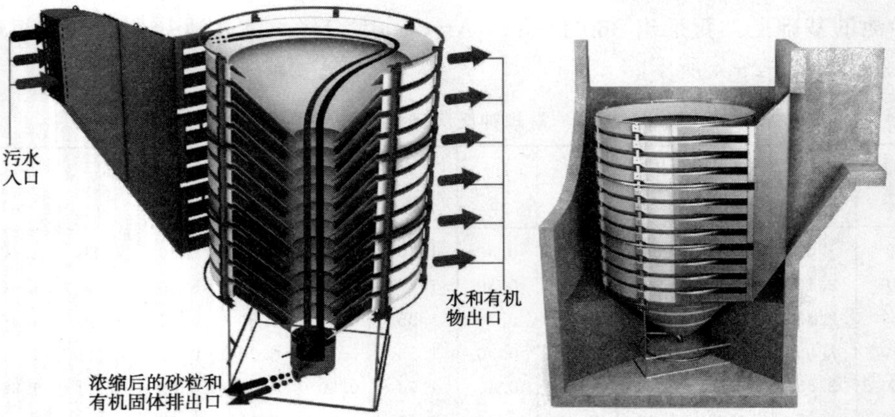

图 1-2-7　英国 Hydro International 公司 HeadCell® 浅层沉砂池的结构和工作原理示意图

二、砂水分离设备

1. 砂粒浓缩器

砂粒浓缩器(Grit concentrator)用于对砂水混合物进行初步分离，从工作原理上来讲，属于§1.6 中所述的静态水力旋流器。早在 1891 年，美国学者 E. Bretney 就申请了第一个水力旋流器的专利；20 世纪 30 年代，荷兰 Dutch State Mines(DSM)公司开始使用水力旋流器进行洗煤和砂水分离；20 世纪 60 年代，水力旋流器已发展成为一种标准的固-液分离设备。

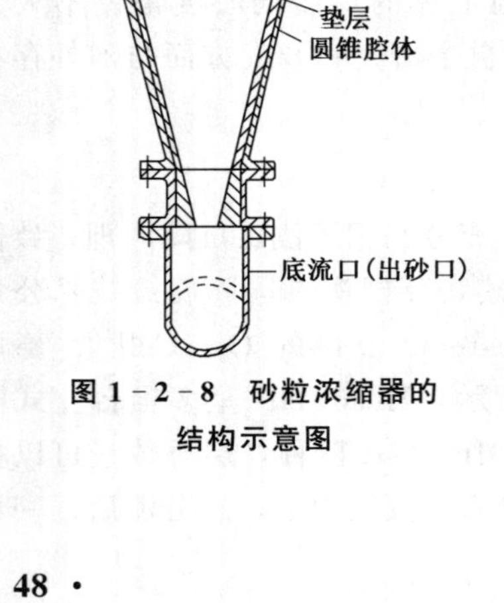

图 1-2-8　砂粒浓缩器的结构示意图

如图 1-2-8 所示，目前常用的砂粒浓缩器主要由一个圆柱腔体和圆锥腔体连接而成。在圆柱腔体上部中心位置插入一个溢流管，沿圆柱腔体切线方向接有进料管，在圆锥腔体下部有底流口(出砂口)。砂水混合物在压力作用下沿进料管给入旋流器内，随即在圆柱腔体内壁限制下做回转运动。重相砂粒因惯性离心力大而被抛向器壁，并逐渐向下运移，最终由底流口(出砂口)排出。较轻的水和有机物朝向中心流动，并逐渐向上运移，最终从上部溢流管排出。为确保预期工作寿命，通常应在圆柱腔体和圆锥腔体内壁采取提高耐磨性的相关举措。

2. 螺旋式砂水分离器

螺旋式砂水分离器或分级器(Grit classifier)主要由无轴螺旋、尼龙衬、U 形槽、水箱、导流板和驱动机构等组成。工作时，砂水混合液从分离器一端顶部输入水箱，混合液中重量较大的砂粒等将沉积于水箱底部靠近

U 形槽处。在螺旋叶片的推动下，砂粒沿斜置的 U 形槽底提升，离开液面后继续推移一段距离，砂粒充分脱水后经排砂口排出；而与砂分离后的水则回流到沉砂池的入口处。

LSSF 型螺旋式砂水分离器的结构如图 1－2－9 所示，性能参数如表 1－2－5 所示。可以采用不锈钢材质的水箱，也可以采用混凝土结构的水箱。

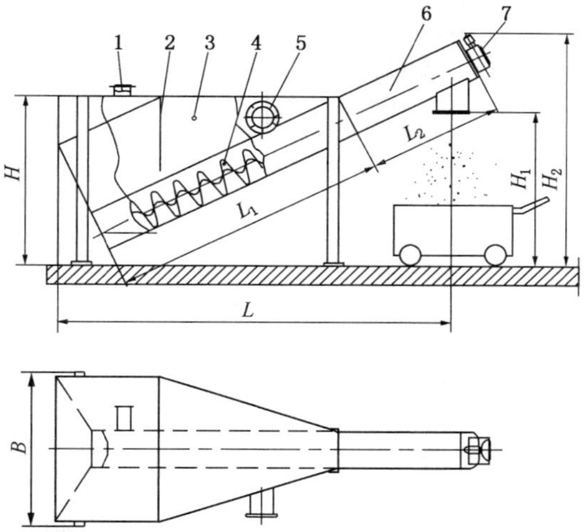

图 1－2－9　LSSF 型螺旋式砂水分离器的结构示意图

1—进水管；2—导流板；3—水箱；4—无轴螺旋；5—排水管；6—U 形槽；7—驱动机构

表 1－2－5　LSSF 型螺旋式砂水分离器的主要性能参数

型　　号	LSSF－260	LSSF－320	LSSF－355	LSSF－420
处理水量/(L/s)	12	20	27	35
电动机功率/kW	0.25	0.37	0.75	
L/mm	3840	4380	5980	6290
机体最大宽度 B/mm	1170	1420		1720
H/mm	1500	1700	2150	
H_1/mm	1550	1750	2400	2550
H_2/mm	2100	2350	3050	3250
L_1/mm	3000		4000	
L_2/mm	1000	1500	2000	2500

工程实际中，可以将砂粒浓缩器与螺旋式砂水分离器联用，此时砂粒浓缩器直接安装在螺旋式砂水分离器上，下部出砂口直接与螺旋式砂水分离器的入口相通。

3. 洗砂器

基于螺旋式砂水分离器的洗砂器(Grit washer)是通过在箱体内通入空气或采用机械搅拌，使其中的砂水混合物处于流态化，加剧砂粒之间的摩擦剪切，从而进一步提高表面所附着的有机物的去除效果。美国 Smith&Loveless 公司的 PISTA® TURBO™ 洗砂器、瑞典 Conpura 公司的 ConWash、美国 Vulcan Industries 公司的 ESW－S 型洗砂器、德国 Huber 公司的 COANDA RoSF 3 砂水分离器和 Coanda Grit Washing Plant RoSF4/RoSF4 T/RoSF G4E、英国 Hydro International 公司的 Hydro GritCleanse™ 等都属于此类产品，其中

Hydro GritCleanse™ 的结构和工作原理如图 1－2－10 所示。

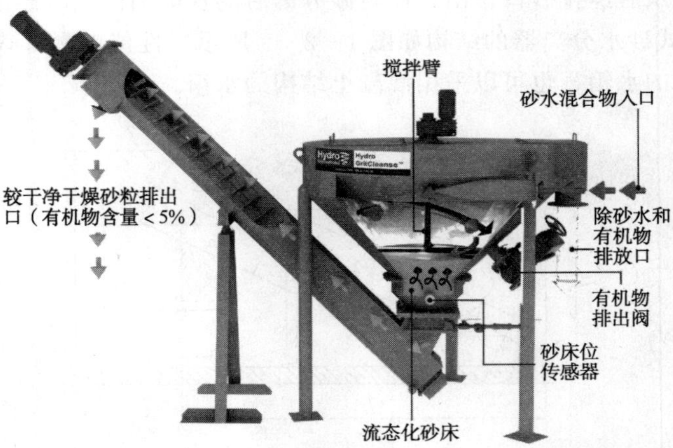

图 1－2－10　英国 Hydro International 公司 Hydro GritCleanse™ 的结构和工作原理示意图

三、拦污与沉砂一体化设备

在预处理系统设计中，为节约用地，可以将细格栅、精细格栅与沉砂池合建，形成一个综合型的格栅间、沉砂池，满足全部预处理要求。例如，德国 Huber 公司的 ROTAMAT® Complete Plant Ro 5、美国 WesTech Engineering 公司的 CleanFlo™ All－In－One Headworks System 等。

受单台格栅设备处理能力的限制，同时也为了满足设备检修、维护的需要，每一级格栅的数量一般不止一台；对于栅渣的集中处理，可采用每一级格栅系统的多台格栅共用一台输送机，多台输送机将栅渣统一输送至一个较大的渣斗中，实现栅渣的汇集，然后再进行集中处理、外运。与此同时，沉砂池配套的砂水分离器分离出砂粒，砂粒也可以通过输送机输送至渣斗，实现全部预处理系统栅渣、砂粒的集中处理。

渣斗一般应靠近预处理系统，一方面可以减少栅渣输送机的长度，另一方面可以直接在池顶巡视、检修渣斗顶部，避免设置独立的渣斗爬梯。

§1.3　重力沉降规律与设备

在水质工程领域，重力沉降一方面表现为当悬浮固体密度大于原水密度时，悬浮固体将下沉形成底部沉淀物，通常简称为重力沉降或沉淀；另一方面表现为当悬浮固体(或油滴)密度小于原水密度时，悬浮固体将上浮到水面形成漂浮物。通过收集沉淀物或漂浮物，便可以使水质得到净化。目前，国内外的给水处理工艺大多采用“沉淀(澄清)＋过滤＋消毒”，其中沉淀对原水中悬浮固体的去除显得尤为重要。在排水工程领域，除了§1.2 所介绍的沉砂，重力沉降还应用于生化处理前后的初沉池和二沉池，前者主要去除进水中的悬浮固体，后者将生化反应中的微生物从水中分离出来。此外，污泥处理用重力浓缩法也属于重力沉降的范畴。

一、重力沉降的基础理论

1. 单个颗粒的重力沉降

假设单个颗粒在静止流体(水或气体)中的沉降不受周围颗粒的影响，那么其沉降速度仅仅是流体性质及颗粒自身特性的函数。任何一个在静止流体中的颗粒，都受到重力 F_g 和浮力 F_f 这两种基本力的作用，即颗粒在静止流体中的净重 F_p 为两种力之差，即

$$F_p = F_g - F_f = V_p g(\rho_p - \rho) \tag{1-3-1}$$

式中　V_p——颗粒的体积；

ρ_p、ρ——分别为颗粒和周围流体的密度；

g——重力加速度。

当 $\rho_p - \rho > \rho$ 时，$F_g > F_f$，颗粒便在净重 F_p 的作用下加速下沉，此时颗粒还会受到周围流体的阻力作用。根据因次分析和实验验证，阻力 F_d 可按下式计算

$$F_d = \xi A_p \frac{\rho v_c^2}{2} \tag{1-3-2}$$

式中　ξ——牛顿无因次阻力系数；

A_p——颗粒在垂直于运动方向上的投影面积；

v_c——颗粒的沉降速度。

颗粒在下沉过程中，净重 F_p 不变，而阻力 F_d 则随沉降速度 v_c 的平方增大。因此，经过某一短暂时刻后，F_d 便增大到与($F_g - F_f$)相平衡，即 $F_d = F_g - F_f$。此时颗粒的加速度为零，沉降速度 v_c 保持恒定。由此可得颗粒自由沉降时沉降速度 v_c 的表达式为

$$v_c = \sqrt{\frac{2g(\rho_p - \rho)}{\rho\xi} \cdot \frac{V_p}{A_p}} \tag{1-3-3}$$

假设颗粒是直径为 d_p 的球形颗粒，则有 $\frac{V_p}{A_p} = \frac{2d_p}{3}$，代入式(1-3-3)可得

$$v_c = \sqrt{g \cdot \frac{4d_p(\rho_p - \rho)}{3\rho\xi}} \tag{1-3-4}$$

用上式计算颗粒的沉降速度 v_c 时，首先应确定阻力系数 ξ。依据量纲分析，阻力系数 ξ 是颗粒与流体相对运动时雷诺数 Re 和颗粒形状系数 φ_s 的函数。根据经验，可以得出球形颗粒沉降的阻力系数 ξ 与雷诺数 Re 数之间的关系曲线，从该曲线可以发现，球形颗粒在流体介质中的沉降阻力可按层流区、过渡流区、湍流区等不同的区间来表示，其阻力系数和沉降速度 v_c 的计算公式如表 1-3-1 所示。$Re<1$ 时属于层流区，流体能一层层地平缓绕过颗粒(粒径在 1～100μm 之间)，在后面合拢，流线不致受到破坏，层次分明，呈层流状态，这时颗粒在流体中运动的阻力，主要是各层流体以及流体与颗粒之间相互滑动时的黏性阻力，沉降速度 v_c 的表达式为 Stokes 公式。$1<Re<1000$ 时为过渡流区，由于惯性关系，紧靠颗粒(粒径在 100～1000μm 之间)，尾部边界发生分离，流体脱离了颗粒的尾部，在后面造成负压区，吸入流体而产生漩涡，引起了动能损失，呈过渡流状态。这时颗粒在流体中运动的阻力就包括颗粒侧边各层流体相互滑动时的黏性摩擦力和颗粒尾部动能损失所引起的惯性阻力，其大小按不同规律变化。$Re>1000$ 时属湍流区，此时颗粒(粒径大致>1000μm)尾部产生的漩涡迅速破裂，并形成新的涡流，以致达到完全湍动，边界层本身也变为湍流。此时黏性阻力已变得不太重要，阻力的大小主要决定于惯性阻力，因而阻力系数与雷诺数 Re 的变化无关而趋于一定值。$Re>2\times10^5$ 时属高度湍流区，流速很大，颗粒尾部产生的漩涡被卷走，在紧靠颗粒尾部表面残留有一层微小的小湍流，总阻力随之减小，$\xi=0.1$，这一状态在工业中一般很少遇到。

表 1-3-1　球形颗粒阻力系数与沉降速度的计算式

参数	层流区或斯托克斯区(Stokes)	过渡流区或艾仑区(Allen)	湍流区或牛顿区(Newton)
$Re=\frac{d_p v_c \rho}{\mu}$	$10^{-4}<Re<1$	$1<Re<10^3$	$10^3<Re<2\times10^5$
阻力系数 ξ	$\xi=24/Re$	$\xi=18.5/Re^{0.6}$	$\xi=0.44$
沉降速度 v_c	$v_c=\frac{d_p^2(\rho_p-\rho)g}{18\mu}$	$v_c=0.27\left[\frac{(\rho_p-\rho)}{\rho Re^{0.6}}\right]^{1/2} d_p^{1/2}$	$v_c=1.74\left[\frac{(\rho_p-\rho)g}{\rho}\right]^{1/2} d_p^{1/2}$

显然，由于沉降速度 v_c 在不同区域的计算公式不同，因此首先应判断颗粒沉降所属的区域，而判断区域所用的雷诺数 Re 又包含沉降速度 v_c，故需用试差法计算。即先假定沉降属于某一区域，用相应的公式计算出沉降末速度 u_m（终端沉降速度或最大沉降速度），然后将所得 u_m 代入 Re 计算式得出相应的 Re 值，检验是否与假定区域一致，若一致则假定正确，否则根据 Re 值重新假定属于何区域。另一方面，由于颗粒的形状各种各样，故以球形颗粒得出的阻力系数 ξ 值应乘以形状修正系数 λ。若将非球形颗粒的阻力系数记为 $\xi'=\lambda\xi$，根据实验，表面粗糙圆形颗粒、椭圆形颗粒、片状颗粒、不规则形颗粒的 λ 值分别为 2.42、3.03、4.97、2.75～3.50。

虽然上述公式推导中的假设条件与实际有较大差异，不能直接用于颗粒沉降速度 v_c 的计算，但这些公式却揭示了各有关因素对沉降速度 v_c 影响的一般规律，从而为强化重力沉降过程提供了理论依据。这些规律主要有：

(1)在三种流态区域内，颗粒沉降速度 v_c 与颗粒直径 d_p 和颗粒-流体密度差 $(\rho_p-\rho)$ 的不同次方成正比，与流体黏度 μ 和密度 ρ 的不同次方成反比。因此，增大颗粒粒径 d_p 和密度 ρ_p，都有助于增大其沉降速度 v_c。

(2)当 $\rho_p<\rho$ 时，v_c 为负值，颗粒上浮，v_c 的绝对值代表上浮速度，因此重力沉降理论也适用于上浮过程。当 $\rho_p=\rho$ 时，$v_c=0$，颗粒既不下沉也不上浮。

2. 群体颗粒的沉降规律

群体颗粒是指某一体积悬浮液中具有某同一粒径单个颗粒的集合(Nonflocculated Suspensions of Uniform Spheres)。设群体颗粒中单个颗粒的直径为 d_p、密度为 ρ_p、周围液体的密度为 ρ、颗粒群体的空隙率为 ε，则根据群体颗粒达到稳定沉降速度 v_c 时所受净重力与所受阻力相平衡的原理，可得阻力系数 ξ 为

$$\xi=\frac{4}{3}\times\frac{(\rho_p-\rho)g}{\rho v_c^2}d_p\varepsilon^3 f(\varepsilon) \tag{1-3-5}$$

式中　$f(\varepsilon)$——考虑周围颗粒对群体颗粒所受阻力影响而增加的修正系数。

斯坦诺(Harold H. Steinour)1944 年根据实验，得出 $f(\varepsilon)$ 与 ε 之间的经验关系式为 $f(\varepsilon)=10^{-1.82(1-\varepsilon)}$。将 $f(\varepsilon)$ 和 ε 的关系式及层流、过渡流和紊流流态下的阻力系数表达式 $\xi=24/Re$、$\xi=10/Re^{0.5}$ 和 $\xi=0.44$ 分别代入公式(1-3-4)，即可得群体颗粒在三种流态区域下沉降速度的表达式为

$$v_c=\frac{(\rho_p-\rho)}{18\mu}d_p^2\varepsilon^2 10^{1.82(\varepsilon-1)}\text{(层流区)} \tag{1-3-6}$$

$$v_c = 0.26\left[\frac{(\rho_p - \rho)^2 g^2}{\mu\rho}\right]^{1/3} d_p \varepsilon^{5/3} 10^{1.21(\varepsilon-1)} \text{（过渡流区）} \quad (1-3-7)$$

$$v_c = 1.82\left[\frac{(\rho_p - \rho) g}{\rho}\right]^{1/2} d_p^{1/2} \varepsilon^{3/2} 10^{0.91(\varepsilon-1)} \text{（湍流区）} \quad (1-3-8)$$

比较单个颗粒和群体颗粒的沉降速度表达式可见，二者在相同流态下表达式的形式、因次和系数都基本相同，只不过在群体颗粒沉降公式推导中，由于考虑了空隙率和周围颗粒对其所受净重力和阻力的影响，因而依不同的流态出现了 ε 的不同次方。

二、颗粒在污水中的重力沉降

1. 污水中颗粒沉降的类型

根据污水中悬浮固体颗粒的密度、浓度及凝聚性，沉降可分为自由沉降、絮凝沉降（干涉沉降）、成层沉降、压缩沉降四种类型。

(1)自由沉降

也称为离散沉降，这是一种非絮凝性或弱絮凝性固体颗粒在稀悬浮液中的沉降。由于悬浮固体浓度低，而且颗粒之间不发生聚集，因而在此过程中颗粒的形状、粒径和密度都保持不变，互不干扰地各自独立完成匀速沉降过程。固体颗粒在沉砂池及初沉池内的初期沉降属于这种类型。

(2)絮凝沉降（干涉沉降）

这是一种絮凝性固体颗粒在稀悬浮液中的沉降。虽然悬浮固体浓度不高，但颗粒在沉降过程中接触碰撞时能互相聚集为较大的絮体，因而颗粒粒径和沉降速度随沉降时间的延续而增大。颗粒在初沉池内的后期沉降及生化处理中污泥在二沉池内的初期沉降属于这种类型。

(3)成层沉降

也称为集团沉降、区域沉降或拥挤沉降，这是一种固体颗粒（特别是强絮凝性颗粒）在较高浓度悬浮液中的沉降。由于悬浮固体浓度较高，颗粒彼此靠得很近，吸附力将促使所有颗粒聚集为一个整体，但各自保持不变的相对位置共同下沉。此时，水与颗粒群体之间形成一个清晰的泥水界面，沉降过程就是泥水界面随沉降历时而下移的过程。生化处理中污泥在二沉池内的后期沉降和在浓缩池内的初期沉降属于这种类型。

(4)压缩沉降

当悬浮液中的悬浮固体浓度很高时，颗粒之间便互相接触，彼此上下支承。在上下颗粒的重力作用下，下层颗粒间隙中的水被挤出，颗粒相对位置不断靠近，颗粒群体被压缩。生化污泥在二沉池和浓缩池内的浓缩过程属于这种类型。

2. 悬浮固体在静水中的沉降曲线

污水中悬浮固体的组成十分复杂，颗粒粒径不均匀，形状多种多样，密度也有差异，在沉降过程中一般不完全是自由沉降，往往会相互絮凝而成为较大的颗粒。另外，当污水中悬浮固体的含量很高时，则在沉降过程中又会出现一个清水和浑水的交界面，此时不是单个颗粒在水中沉降，而是整个交界面的下沉。沉降时间越长，交界面越往下移，直到沉降物被压实为止。因此，在实际应用中通常需要通过静置沉淀试验来判定其沉降性能，并按试验数据绘制静置沉降曲线。

静置沉降曲线是在直角坐标系上表示沉降效率（E）与沉降时间（t）之间或沉降效率（E）与

垂直下沉分速度(u)之间关系的曲线。在进行沉淀池的设计计算时，需要根据要求达到的沉降效率，在静置沉降曲线上查得相应的沉降时间(t)或垂直下沉分速度(u)这两个基本设计参数，因此静置沉降曲线是沉淀池设计的基本依据。

3. 理想沉淀池

虽然静置沉降曲线比较真实地反映了污水中悬浮固体颗粒的沉降规律，但不能反映实际沉淀池中水流运动对悬浮固体颗粒沉降的种种复杂影响。为了分析悬浮固体颗粒在沉淀池内的运动规律及其分离效果，哈增(A. Hazen，1904 年)和坎普(T. Camp，1946 年)提出了理想沉淀池的概念，并假设：①进出水均匀分布到整个横断面；②悬浮固体在沉淀区等速下沉；③悬浮固体在沉淀过程中的水平分速等于水流速度，水流稳定；④悬浮固体落到池底污泥区，即认为已被除去。符合上述假设的沉淀池称为理想沉淀池。

图 1-3-1(a)为有效长、宽、深分别为 L、B 和 H 的矩形平流式沉淀池示意图。在沉淀区中，每个悬浮固体颗粒一方面随水流以水平分速度 v 往水平方向流动，另一方面以垂直分速度 u 下沉。根据速度合成规律，颗粒运动的轨迹是一系列向右下方倾斜的直线，其坡度为 u/v。设 u_0 为能够沉淀下来悬浮固体颗粒的最小沉降速度(也称其为截留速度)，当悬浮固体颗粒的沉降速度 $u \geqslant u_0$ 时，下沉的颗粒将沉于池底而被除去；当沉降速度 $u < u_0$ 时，下沉的颗粒就不能沉于池底，而有可能被水带走。污水中悬浮固体颗粒在沉淀池中沉降所需要的最小停留时间 t 为

$$t=\frac{L}{v}=\frac{H}{u_0} \tag{1-3-9}$$

利用沉淀池沉降区的表面积 A、处理水量 Q，对上式进行整理可得

$$u_0=\frac{Hv}{L}=\frac{HBv}{LB}=\frac{Q}{A}=q_0 \tag{1-3-10}$$

上式中的 Q/A 是沉淀池设计中的一个重要参数，称为表面水力负荷、表面过流率或溢流率，以 q_0 表示，其单位是 $m^3/(m^2 \cdot h)$或 $m^3/(m^2 \cdot s)$。可见，沉淀池的截留速度 u_0 等于其表面负荷，亦即沉淀效率取决于颗粒沉速或表面负荷，与池深和停留时间无关。通过静置沉淀试验，根据要求达到的沉淀总效率求出颗粒沉速后，也就确定了沉淀池的表面过流率。

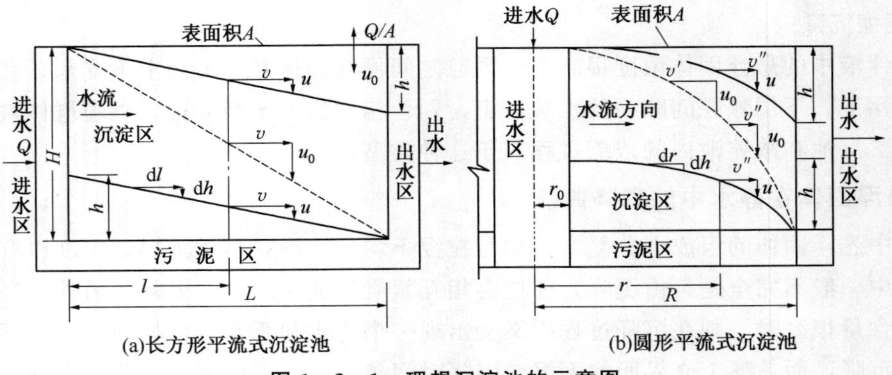

图 1-3-1　理想沉淀池的示意图

图 1-3-1(b)为一中心进水周边出水的圆形平流式沉淀池。沿径向的水平流速是变数，在半径为 r 处的 $v=Q/(2\pi rH)$，颗粒运动轨迹是一曲线，其迹线方程为

$$\frac{dh}{dr}=\frac{u}{v}=u\,\frac{2\pi rH}{Q} \tag{1-3-11}$$

对沉速为 u_0 的悬浮固体颗粒，积分上式得

$$h=\frac{\pi Hu_0}{Q}(r^2-r_0^2)=\frac{AHu_0}{Q} \tag{1-3-12}$$

当 $h=H$ 时，$r=R$，即有

$$u_0=\frac{Q}{A} \tag{1-3-13}$$

在水流做竖向运动的竖流式沉淀池中，如果某一种颗粒的沉淀速度 u 小于水流上升速度 v，这种颗粒将以 $v-u$ 的速度上升，最终随水流带走。只有 $u>v$ 时，颗粒才以 $u-v$ 的速度下沉。所以，在竖流式沉淀池中的截留速度 u_0 实际上等于 v。由于 $Q=vA$，故截留速度 $u_0=v=Q/A$，也与平流式沉淀池相同。

实际运行的沉淀池与理想沉淀池存在一定差别。例如，由于沉淀池进出口结构的局限，水流在整个横断面上的分布并不均匀，横向速度分布不均匀比竖向速度分布不均匀更能降低沉淀效率；一些沉淀池还存在死水区；由于水温变化及悬浮物浓度的变化，进水可能在池内形成潜流或浮流；此外，池内水流往往达不到层流状态，由于紊流扩散与脉动，使颗粒的沉淀受到干扰。由于实际沉淀池受到上述各种因素的影响，故在将静置沉降曲线用于实际沉淀池的设计时，应考虑相应的放大系数。常按以下经验公式确定设计表面负荷 q 和沉降时间 t

$$q=\frac{u_0}{1.25}\sim\frac{u_0}{1.75} \tag{1-3-14}$$

$$t=(1.5\sim2.0)t_0 \tag{1-3-15}$$

式中　u_0、t_0——静置沉淀试验时的颗粒最小沉降速度和沉淀时间。

4. 浅层沉降原理

由公式(1-3-10)可知，在普通沉淀池中提高沉降效率和增大处理能力相互矛盾，二者之间呈此长彼落的反变关系。

但是，若如图 1-3-2 所示，将沉降区高度分隔为 n 层，即 n 个高度为 $h=H/n$ 的浅层沉降单元，那么在 Q 不变的条件下，颗粒的沉降深度由 H 减小到 H/n，可被完全除去的颗粒沉速范围由原来的 $u\geqslant u_0$ 扩大到 $u\geqslant u_0/n$，从而使沉降效率大幅度提高；反之，若在沉降效率(E)不变的条件下，沉速为 u_0 的颗粒在下沉了距离 h 后恰好运动到浅层的右下端点，那么由 $u_0/v'=h/L$ 和 $h=H/n$ 可得 $v'=nv$，即 n 个浅层的处理水量 $Q'=HBnv=nQ$。分隔的浅层数越多，沉降效率提高越多或处理能力增加越多。

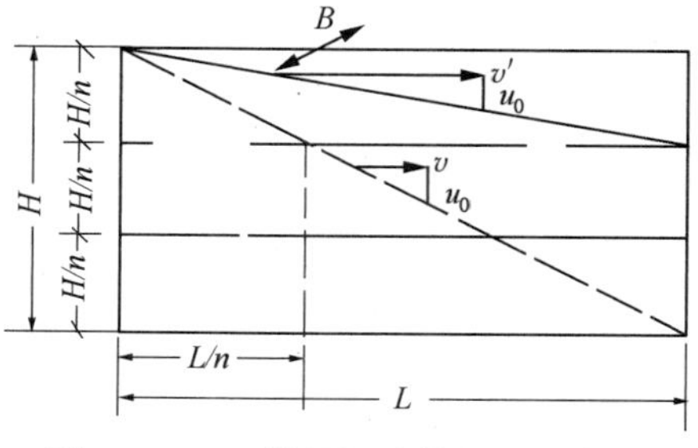

图 1-3-2　浅层沉降的原理示意图

工程实际中，为了解决各层的排泥问题，一般将水平隔层改为与水平面倾斜呈一定角度的斜面，构成斜板或斜管。在沉淀过程中，要求水流雷诺数 Re

$$Re=\frac{vA_i}{\nu P}<500 \tag{1-3-16}$$

式中　v——水流的水平流速，m/s；

A_i——过水面积，m^2；

ν——运动黏度，m^2/s；

P——过水断面湿周，m。

在沉淀池中增加了斜板(管)以后，与原池相比由于湿周增大，水力半径减小，所以 Re 值可以降低到 100 以下，属于比较理想的层流状态。从而为沉淀创造了有利条件。此外，由于湿周增大，水力半径减小，表征水流稳定性的弗劳德数(Fr)可增大至 $10^{-4}\sim10^{-3}$ 以上，也增大了水流的稳定性。

三、沉淀池的设计

根据结构及运行方式的不同，沉淀池可分为普通沉淀池和斜板(管)沉淀池两大类；按照水在池内的总体流向，普通沉淀池可分为平流式、辐流式和竖流式三种。各种沉淀池的特点及适用条件归纳列于表 1-3-2 中。

表 1-3-2　各种沉淀池的特点及适用条件

	普通型			增强型
	平流式(矩形)	辐流式(圆形或方形)	竖流式	斜板(管)式
运行描述	池表面呈长方形，污水从池的一端流入，按水平方向在池内流动，澄清的污水从另一端溢出，在进口处的底部设有贮泥斗	池表面呈圆形或方形，分为中心进水/周边出水和周边进水/周边出水两种，虽然池内污水也呈水平方向流动，但流速是变动的	池表面多为圆形(也呈方形或多角形)，污水从中心管上部进入并在管内向下流动，通过反射板的拦阻向四周分布于整个水平断面上，缓缓向上流动。澄清后的清水从顶部溢流而出	—
优点	(1) 污水在池内流态特性比较稳定，沉淀效果好 (2) 对冲击负荷和温度变化的适应能力较强 (3) 施工简单，设备造价低	(1) 多为机械排泥，运行较好，管理较简单 (2) 排泥设备已定型，运行效果好	(1) 排泥方便，管理简单 (2) 占地面积较小，直径在 10m 以内(或 10m×10m 以内的方形)	(1) 沉淀效果好，生产能力大 (2) 占地面积小
缺点	(1) 占地面积大 (2) 配水不易均匀 (3) 采用多斗排泥时每个泥斗需单独设排泥管，操作工作量大、管理复杂	(1) 水流不易均匀，沉淀效果较差 (2) 机械排泥设备复杂，对施工质量要求较高	(1) 池子深度较大，施工困难 (2) 造价较高 (3) 对冲击负荷和温度变化的适应能力较差 (4) 池径不宜过大，否则布水不均	构造复杂，斜板、斜管造价高，需定期更换，易堵塞
适用条件	(1) 地下水位高及地质条件差的地区 (2) 大、中、小型水处理厂	(1) 地下水位较高地区 (2) 大、中、小型水处理厂	中小型水处理厂，给水厂多不用	(1) 地下水位高及地质条件差的地区 (2) 选矿污水浓缩等

1. 沉淀池设计的一般原则及参数选取

沉淀池的设计包括功能设计和结构设计两部分，设计良好的沉淀池应满足以下三个基本要求：有足够的沉降分离面积；有结构合理的入流和出流元件，能均匀布水和集水；有尺寸合适、性能良好的污泥和浮渣收集、排放设备。相关参数的选取原则如下：

(1)设计流量

当污水自流进入沉淀池时，应以最大流量作为设计流量；当污水通过泵提升进入沉淀池时，则应按水泵工作期间最大组合流量作为设计流量。

(2)经验设计参数

沉淀池设计的主要依据是经过处理后所应达到的水质要求，据此应确定的设计参数有：污水应达到的沉淀效率、悬浮固体颗粒的最小沉速、表面负荷、沉淀时间以及水在池内的平均流速等。这些参数一般通过沉淀实验取得，如无实测资料时可参照一些经验值选取。

(3)沉淀池数目

沉淀池的数目应不少于2座，并应考虑其中一座发生故障时，全部流量能通过另一座沉淀池的可能性。

2. 辐流式沉淀池设计

(1)构造设计

辐流式沉淀池的池表面呈圆形或方形，池内污水呈水平方向流动，但流速是变化的。圆池直径或方池边长与有效水深的比值一般采用6～12，池子的直径一般不小于16m，最大可达100m；池底坡度一般为0.05～0.10。按水流方向及进出水方式的不同，辐流式沉淀池可分为普通辐流式沉淀池(Center Feed Clarifier)和向心辐流式沉淀池(Peripheral Feed Clarifier)两大类。

如图1－3－3所示，普通辐流式沉淀池又称为中心进水周边出水辐流式沉淀池，进水管悬吊在桥架下或埋设在池体底板混凝土中。污水首先由进水管进入池体的中心支墩内，并从中心支墩上的中心立式柱管流出，然后设法使污水尽量均匀地沿半径方向向池周流动。流出区设于池周，由于平口堰不易做到严格水平，所以常用三角堰或淹没式溢流孔。为了拦截水面上的漂浮物质，在出水堰前设挡板和浮渣收集、排出设备。对于中心进水的小型普通辐流式沉淀池而言，通常不设立中心支墩，采用在池中心上部和底部定位的钢制传动立轴来承载，进水管道直接与上部导流筒连通。

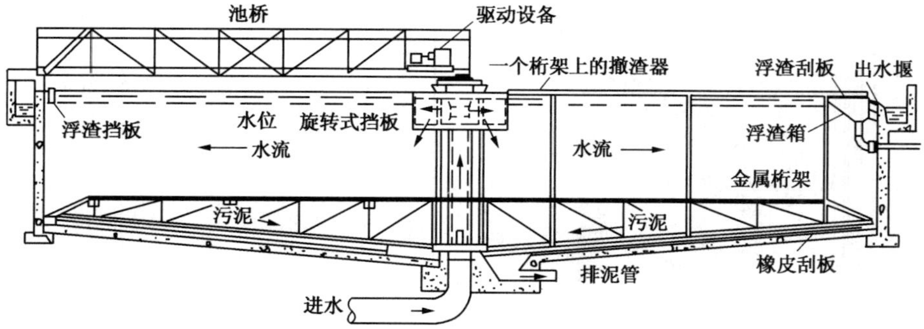

图1－3－3　普通辐流式沉淀池(中心进水周边出水沉淀池)的结构示意图

向心辐流式沉淀池的流入区布设在池周边，而流出区既可设在池中心[图1－3－4(a)]，也可设在池周边[图1－3－4(b)]，相应称为周边进水中心出水辐流式沉淀池、周边进水周边出水辐流式沉淀池，但都可以分为进水槽、导流絮凝区、沉淀区、出水槽(堰)以及污泥区等5个功能区。原水流入位于池周边的进水槽中，在进水槽底部的导流絮凝区均匀开设布水孔及短管，原水通过布水孔均匀进入池内，在布水孔下侧设有进水挡板，深入水面下约2/3处，这样有助于均匀配水，而且污水进入沉淀区的流速要小得多，能避免通常高速进水时伴有的短流现象，提高了沉淀池的容积利用系数。作为二沉池使用时，由于导流絮凝区设有布水孔及短管，使水流在区内形成回流，促进絮凝作用，从而提高悬浮污泥的去除率；且该区的容积较大，向下的流速较小，对底部沉泥无冲击现象。导流絮凝区底部水流的向心流动可将污泥推入池中心的排泥管，污泥的排出方式与中心进水辐流式沉淀池相同。上清液经过设在池周边或中间的出水槽溢流而出，出水槽的位置可设在 R、$R/2$、$R/3$ 或 $R/4$ 处，如表 1-3-3 所示，出水槽设在不同位置时的容积利用系数不同。

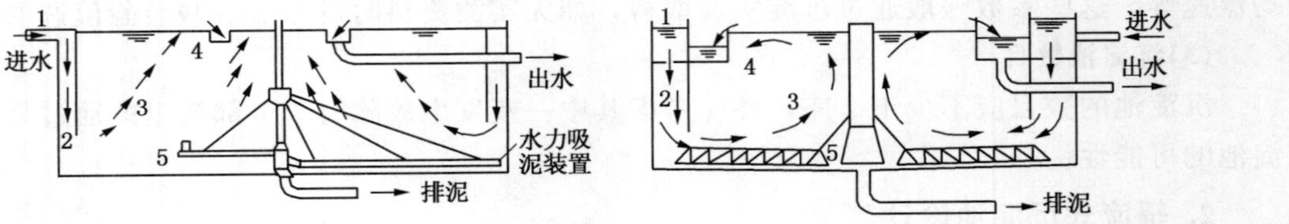

(a) 周边进水中心出水　　(b) 周边进水周边出水

图 1-3-4　向心辐流式沉淀池的流动情况示意图

1—配水槽；2—导流絮凝区；3—沉淀区；4—出水槽；5—污泥区

表 1-3-3　出水槽设在不同位置时的容积利用系数

出水槽位置	容积利用系数/%	出水槽位置	容积利用系数/%
R	93.6	$R/3$	87.5
$R/2$	79.7	$R/4$	85.7

周边进水中心出水辐流式沉淀池的典型代表为美国 Lakeside 设备公司的 Spiraflo Clarifier，基于染色体的全尺寸沉淀池实验测试研究结果表明，其处理能力比一般中心进水周边出水辐流式沉淀池高出 2～4 倍。周边进水周边出水辐流式沉淀池的典型代表为美国懿华水技术公司(Evoqua Water Technologies LLC)的 Rim-Flo® Circular Clarifier，圆形和矩形池都有。图 1-3-5 为相应两种向心辐流式圆形沉淀池的结构示意图。

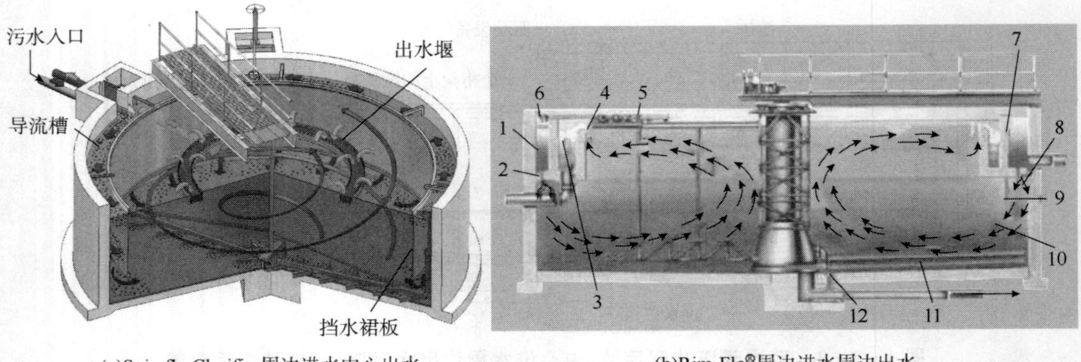

(a)Spiraflo Clarifier周边进水中心出水　　(b)Rim-Flo®周边进水周边出水

图 1-3-5　两种向心辐流式圆形沉淀池的结构示意图

1—进水渠；2—配水孔管；3—出水渠；4—出水堰和浮渣挡板；5—全池表面撇渣；6—除渣；7—共用渠壁；8—折流板；9—进水区挡水裙板；10—巨大进水面面积；11—Tow-Bro 型吸泥管；12—排水孔

(2)功能设计

①配水槽。采用环形平底槽等距离设置布水孔，孔径一般取 $\phi50$～100mm，并加 50～100mm 长度的短管。管内水流平均流速为 v_n

$$v_n=\sqrt{2t\mu}G_m \tag{1-3-17}$$

$$G_m^2=\frac{v_1^2-v_2^2}{2t\mu} \tag{1-3-18}$$

式中 v_n——配水管内水流平均流速，一般为0.3～0.8m/s；

t——导流絮凝区平均停留时间，s，池周有效水深为2～4m时取360～720s；

μ——污水的运动黏度，与水温有关，可查阅有关手册；

G_m——导流絮凝区的平均速度梯度，一般可取10～30s^{-1}；

v_1——配水孔水流收缩断面的流速，m/s，$v_1=\frac{v_n}{\varepsilon}$；

v_2——导流絮凝区平均向下流速，m/s，$v_2=Q_1/f$；

ε——收缩系数，因设有短管，取$\varepsilon=1$；

Q_1——每池的最大设计流量，m^3/s；

f——导流絮凝区的环形面积，m^2。

②导流絮凝区。为了施工安装方便，导流絮凝区的宽度B大于0.4m，与配水槽等宽，并用式(1-3-17)验算G_m值，若G_m值在10～30s^{-1}之间为合格；否则需调整B值重新计算。

③沉淀池的表面积A和池径D

$$A=\frac{Q_{max}}{nq_0}\ (m^2) \tag{1-3-19}$$

$$D=\sqrt{\frac{4A}{\pi}}\ (m) \tag{1-3-20}$$

式中 Q_{max}——最大设计流量，m^3/h；

n——沉淀池的设计个数；

q_0——沉淀池的表面负荷，一般应通过沉淀实验确定，此处可取3.0～4.0$m^3/(m^2 \cdot h)$。

对于辐流式沉淀池，直径D(或正方形的边长)不宜小于16m。

④沉淀池的有效水深h_2

$$h_2=\frac{Q_{max}\cdot t}{nA}\ (m) \tag{1-3-21}$$

式中 t——沉淀时间，初沉池一般取1.0～2.0h，二沉池一般取1.5～2.5h。

沉淀池的平均有效水深h_2一般不大于4m，直径与水深之比一般介于6～12之间。

⑤沉淀池的总高度H

$$H=h_1+h_2+h_3+h_4+h_5\ (m) \tag{1-3-22}$$

式中 h_1——超高或保护高，一般取0.3m；

h_2——有效水深，m；

h_3——缓冲层高度，m；

h_4——污泥斗以上部分的高度，与刮泥机械高度有关，m；

h_5——污泥斗高度，m。

⑥污泥区计算。污泥量与贮泥斗尺寸的计算方法与平流式沉淀池相同，污泥在贮泥斗中的停留时间取4h。辐流式沉淀池的排泥方法也分静压排泥和机械排泥两大类，普通辐流式沉淀池大多采用机械排泥(尤其是直径大于20m时，几乎都用机械排泥)，池底坡度多为

0.05，坡向贮泥斗；中央贮泥斗斜面与水平线的倾角可采用 60°。采用机械排泥时，沉淀池的缓冲层上缘应高出刮泥板 0.3m。常用的机械排泥设备为吸泥机和刮泥机，将在本书§4.1 中讲述。除了机械排泥的辐流式沉淀池外，常将池径(或边长)小于 20m 的辐流式沉淀池建成方形，污水沿中心管流入，池底设多个贮泥斗(一般 4 个)，使污泥自动滑入贮泥斗，每个贮泥斗应设独立的排泥管，采用静压排泥。由于施工复杂、排泥管多、维护不便，因此这种沉淀池只适合处理悬浮颗粒呈絮状的污水，如城镇污水及某些食品工业污水。

3. 竖流式沉淀池的设计

(1)构造设计

如图 1-3-6 所示，竖流式沉淀池多设计成圆形，也可做成方形或多边形，相邻池壁可以合用，布置较紧凑。沉淀池上部呈圆柱状的部分为沉淀区，下部呈倒台形的部分为污泥区，在两区之间留有缓冲层(0.3m)。污水从中心管上部进入并在管内向下流动，流出时通过反射板的阻拦向四周均匀分布，然后沿沉淀区的整个断面上升。与辐流式沉淀池不同的是，污水在池内做恒速上向流运动，澄清后的出水采用自由堰或三角堰从池面四周溢出。流出区设于池周，为了防止漂浮物外溢，在水面距池壁 0.4～0.5m 处安设挡流板，挡流板伸入水中部分的深度为 0.25～0.30m，伸出水面高度为 0.1～0.2m。

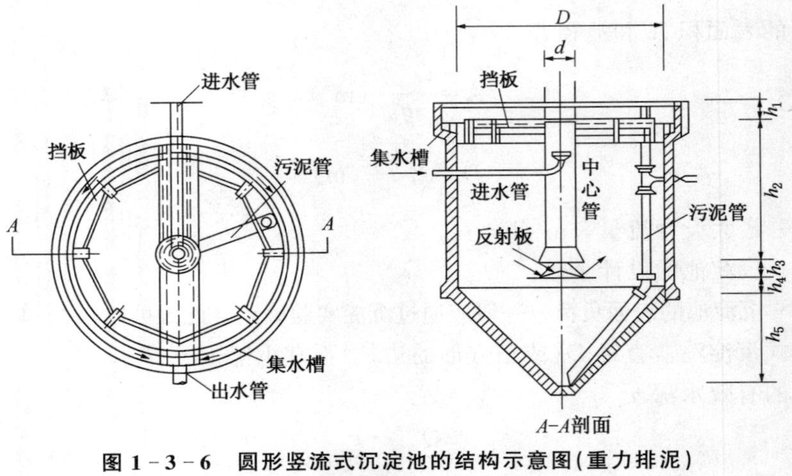

图 1-3-6　圆形竖流式沉淀池的结构示意图(重力排泥)

竖流式沉淀池的直径或边长常控制在 4～7m 之间，一般不超过 10m。为了保证水流自下而上垂直流动，要求池径 D 与沉淀区有效水深 h 的比值不大于 3，否则池内水流就有可能变成辐射流。絮凝作用减少，发挥不了竖流式沉淀池的优点。如果池直径大于 7m，应考虑设置辐射式汇水槽。

竖流式沉淀池中的水流方向与悬浮颗粒沉降方向相反。当悬浮颗粒发生自由沉降时，其沉淀效果比平流式沉淀池低得多。当颗粒具有絮凝性时，则上升的小颗粒和下沉的大颗粒之间相互接触、碰撞而絮凝，使粒径增大，沉速加快。另一方面，沉速等于水流上升速度的颗粒将在池中形成一悬浮层，对上升的小颗粒起拦截和过滤作用，沉淀效率将比平流式沉淀池更高，因而竖流式沉淀池尤其适用于污泥需浓缩和分离絮凝性颗粒等场合，如作为二沉池使用等。

污水在中心管内的流速对悬浮颗粒的去除有一定影响，一般中心管下口应设有喇叭口与反射板，其构造及尺寸如图 1-3-7 所示。当在中心管下部设反射板时，其流速可取

100mm/s；当中心管下部不设反射板时，污水在中心管内的流速不应大于 30mm/s。

竖流式沉淀池下部呈截头圆锥状的部分为污泥区，贮泥斗倾角采用 45°～60°，采用静水压力排泥，排泥管直径不得小于 ϕ200mm，静水压力为 1.5～2.0mH_2O。

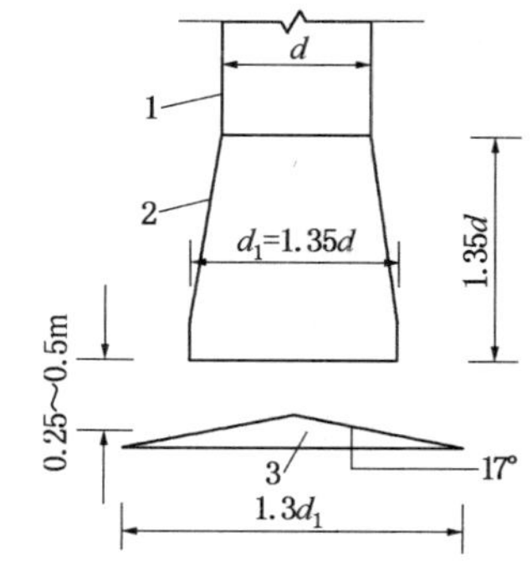

图 1-3-7 中心管反射板的结构示意图

1—中心管；2—喇叭口；3—反射板

(2)功能设计

竖流式沉淀池功能设计所用的公式与平流式沉淀池相似，污水上升速度 v 应小于等于颗粒的最小沉降速度 u_0。沉淀池的过水断面等于水的表面积与中心管的面积之差，沉淀区的工作高度按中心管喇叭口到水面的距离考虑。

首先根据原水中悬浮固体浓度 C_1 及排放水中允许含有的悬浮固体浓度 C_2，计算应当达到的去除率。然后根据静置沉降曲线确定与去除率相对应的最小沉降速度 u_0，以及所需要的沉淀时间 t。如果没有进行静置沉淀实验，缺乏相应的设计参数，则可以采用设计规范规定的数据。

①中心管有效断面积 A_1 与直径 d_0

$$A_1=\frac{q_{max}}{v_0}\ (m^2) \tag{1-3-23}$$

式中 q_{max}——单池设计最大流量，m^3/s。

v_0——污水在中心管内的流速，m/s，一般取 0.03m/s。

根据中心管的有效断面积，即可计算出中心管的有效直径 d_0。

②沉淀池工作部分的有效断面积 A_2

$$A_2=\frac{q_{max}}{v}\ (m^2) \tag{1-3-24}$$

式中 v——污水在沉淀区的上升速度，m/s。

如有试验资料，v 等于拟去除最小悬浮固体颗粒的沉速；如无沉淀实验资料，则取 0.0005～0.001m/s。

③沉淀池总面积 A 及池径 D

$$A=A_1+A_2(m^2) \tag{1-3-25}$$

$$D=\sqrt{\frac{4A}{\pi}}\ (m) \tag{1-3-26}$$

④沉淀池的有效水深 h_2(或沉淀池的工作高度，亦即中心管的高度)

$$h_2=v\cdot t\cdot 3600(m) \tag{1-3-27}$$

式中 t——沉淀时间，一般取 1.0～2.0h。h_2 值一般不得小于 2.75m。

⑤中心管喇叭口与反射板之间的间隙高度 h_3

$$h_3=\frac{q_{max}}{v_1\pi d_1}(m) \tag{1-3-28}$$

式中 v_1——污水由中心管与反射板之间间隙的出流速度，m/s(当 $h_3=0.25\sim0.5$m 时，在初沉池中一般不大于 0.02m/s)；

d_1——喇叭口直径，m，$d_1=1.35d_0$。

⑥污泥区的计算

污泥贮存所需容积的计算与平流式沉淀池相同，而截头圆锥部分的容积 V 按下式计算

$$V=\frac{\pi h_5}{3}(R^2+Rr+r^2)(\mathrm{m}^3) \tag{1-3-29}$$

式中 h_5——污泥区截头圆锥部分的高度，m；

R、r——截头圆锥的上、下部半径，m。

⑦沉淀池总高度 H

$$H=h_1+h_2+h_3+h_4+h_5(\mathrm{m}) \tag{1-3-30}$$

式中 h_1——沉淀池的超高或保护高度，一般取 0.3～0.5m；

h_4——反射板底部距污泥表面的高度(即缓冲层高度)，一般取 0.3m。

4. 斜板(管)沉淀池的设计

沉淀池性能的改进与强化主要从两个方面来进行：一是改善悬浮固体本身的沉淀性能；二是改进沉淀池的构造。斜板(管)沉淀池(或称浅层沉淀池)的主体构造与平流式或辐流式沉淀池基本相同，因此可以在其基础上改装而成。

(1)原理与基本构造

将浅层沉降原理应用于工程实际中的沉淀池时，必须解决颗粒从隔板上侧顺利滑入泥斗的问题。为此，要把隔板倾斜放置，而且相邻隔板之间要留有适当的间隔。一块隔板及其上面相邻隔板之间的空间就构成一个斜板沉降单元。如果再用垂直于斜板的隔板进行纵向分隔，每个斜板单元就变为若干个斜管沉降单元。为了安装和检修方便，通常将多个斜板(管)预制成规格化的整体，然后安装在沉淀池内，就构成图 1-3-8 所示的斜板(管)沉淀池。

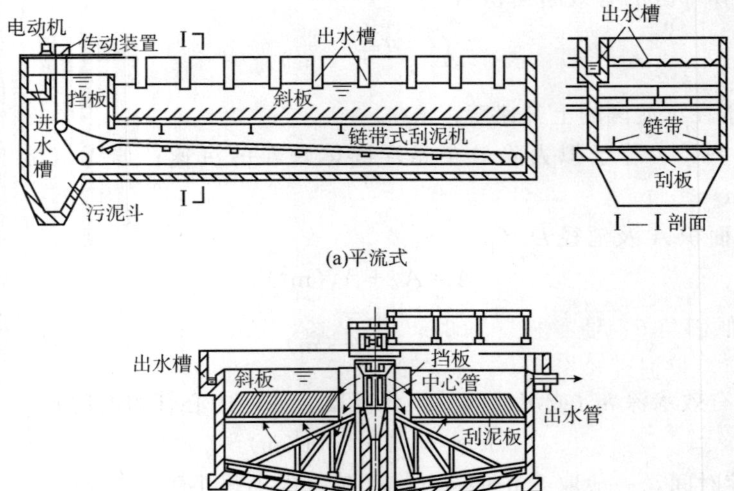

(a)平流式

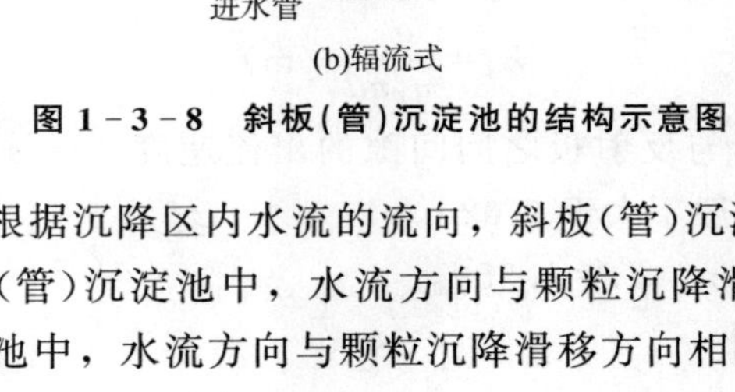

(b)辐流式

图 1-3-8 斜板(管)沉淀池的结构示意图

如图 1-3-9 所示，根据沉降区内水流的流向，斜板(管)沉淀池分为上向流、下向流和平向流三种。上向流斜板(管)沉淀池中，水流方向与颗粒沉降滑移方向相反，故亦称异向流；下向流斜板(管)沉淀池中，水流方向与颗粒沉降滑移方向相同，故亦称同向流；平向流

亦称横向流。异向流可采用斜板或斜管单元，而同向流和横向流则只能采用斜板单元。在最小沉降速度 u_0、沉降单元数 n 和倾角 θ 一定时，以异向流的处理能力最大，同向流居中，横向流最小。故目前主要采用异向流，其进水方向有图 1－3－10 所示的三种，其中(b)、(c)两种进水方向较好，(a)种进水直接冲击斜板(管)，使颗粒不易从斜板(管)上沉降滑移至污泥区。

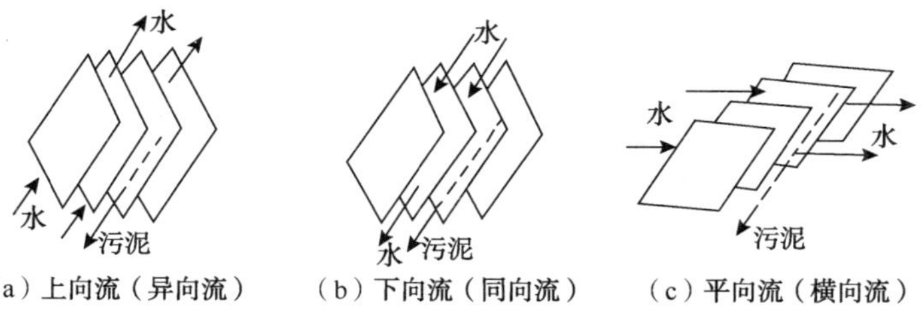

图 1－3－9　斜板(管)沉淀池中水流方向与颗粒沉降滑移方向的关系示意图

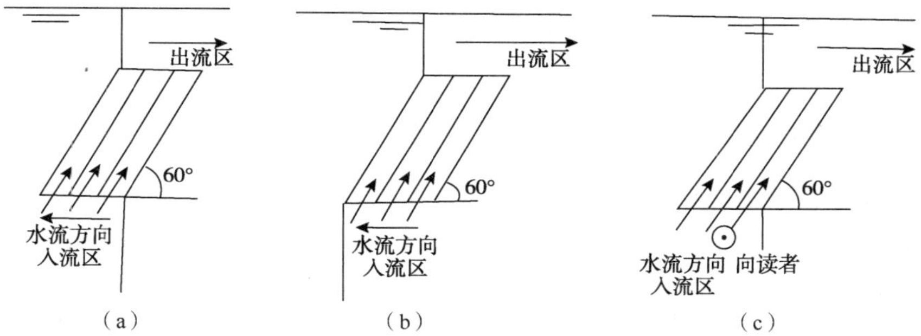

图 1－3－10　异向流斜板(管)沉淀池中进水方向的示意图

由于污水中杂质较多，容易造成斜板(管)堵塞而影响沉淀效果，故斜板(管)沉淀池在市政污水处理中的使用越来越少，但在某些场合仍然应用较多，如斜板除油器、斜板隔油池、斜板气浮池等。

(2)斜板(管)沉淀池的设计控制参数

①为使水流能均匀进入斜板(管)下的配水区，在入口处应考虑整流措施，可采用缝隙栅条配水，缝隙前狭后宽；也可用穿孔墙。整流配水孔的流速一般小于 0.15m/s。

②斜板(管)倾斜角 θ：通常按颗粒的可滑移性及其滑移方向与水流方向是否一致而在 30°～60°之间取值。根据理论分析，$\theta=45°$时效果最好；在实际应用时为了使得排泥通畅，倾斜角取 60°。

③斜板(管)长度：斜板(管)长度分为两段，进口处为过渡段，过渡段以上为分离段。斜板(管)过长会增加造价，而沉淀效率的提高则有限，通常在 800～1000mm 之间。

④斜板间距、斜管管径及断面形状：从沉淀效果上考虑，斜板间距越小越好；但从施工安装和排泥方面来考虑，斜板间距一般为 50～150mm。斜管管径(多边形内切圆直径)一般大于 ϕ50mm。斜板(管)的材料要求质轻、坚固、无毒而价廉，常用玻璃钢、石棉瓦，还可用酚醛树脂涂刷的蜂窝纸。斜板(管)断面形状对水流影响不大，斜板可用平板或波纹板，斜管断面有正六边形、菱形、圆管形和正方形，其中以前两种最为常用。

§1.4　浮力浮上法分离原理与设备

借助浮力，使水中的不溶态污染物上浮到水面，然后加以去除的处理方法统称为浮力浮上法。根据不溶态污染物的密度大小和亲水性强弱，以及由此产生的不同处理机理，人们往往将浮力浮上法大体分为自然浮上法、气泡浮升法和药剂浮选法三类。如果不溶态污染物是相对密度小于1.0的疏水性物质，则可以依靠浮力自发上浮到水面，这就是自然浮上法。主要应用于分离粒径大于50～60μm的分散油，通常称为隔油，相应的处理构筑物称为隔油池、油水重力沉降罐。如果不溶态污染物是脱稳胶体颗粒或弱亲水性悬浮固体，就需要在水中产生气泡，使其黏附于气泡上一起上浮到水面，这就是气泡浮升法(简称气浮)。当然，对于乳化较严重油水混合液或不溶态污染物为强亲水性悬浮固体，就必须首先往水中投加药剂，使胶体分散体系脱稳或改变悬浮固体的亲水性，然后再用气泡浮升法加以去除，这就是药剂浮选法(简称浮选)。本节重点介绍气浮法，该法在给水领域适用于处理高藻、低温低浊、有天然色度、腐殖质含量较高的市政原水，在工业领域用于处理含油污水具有一定优势。

一、气浮分离和浮选技术基础

实施气浮分离和浮选必须具备以下三个基本条件：①必须在水中产生足够数量的气泡；②待分离的杂质颗粒必须是悬浮固体或液体分散颗粒；③必须使气泡能够与杂质颗粒相黏附，形成整体密度小于水的“气泡-杂质颗粒”复合体。需要特别强调的是，实施气浮分离和浮选的气源可以是空气、氮气、天然气等，但由于空气的廉价性和易获取性而往往被优先考虑。

1. 气泡的性质

显然，只有在气泡粒径适当、数量充足、均匀性好、足够稳定的情况下，才能得到良好的气浮分离和浮选效果，因此了解气泡的性质至关重要。

(1)气泡粒径

同体积的大气泡分散成小气泡后，其表面积远大于大气泡的表面积，因而能够增加气泡与颗粒的碰撞黏附机会；另外，由于大气泡承受剪切力的能力比小气泡弱，且大气泡上升会产生剧烈搅动，不利于黏附，因此过大粒径的气泡不利于气浮。当然，气浮用气泡粒径也并非越小越好，从目前的研究结果来看，气泡粒径宜在30～200μm之间酌情选取。根据国际标准化组织(ISO)的最新定义，把粒径小于100μm的气泡统称为微细气泡(Fine bubble)，把粒径小于1μm的气泡统称为超微气泡(Ultra fine bubble)，把粒径介于1μm～100μm之间的气泡称为微气泡(Micro bubble)。鉴于ISO对纳米技术的定义是特征尺寸≤100nm，而超微气泡并不满足这一定义，同时兼顾其他一些因素，因此ISO决定不采用“纳米气泡(Nano-bubble)”这一术语。目前，测量微细气泡粒径大小的方法可选用图像分析法、动态光散射法、激光衍射法、示踪法等。

(2)气泡密度

是指单位体积水中所含气泡的个数，决定气泡与悬浮颗粒碰撞的概率。在气体体积占比不变的情况下，气泡密度与气泡直径的3次方成反比，因此增大气泡密度的主要途径是缩小气泡粒径。

(3)气泡的均匀性

气泡均匀性一是指最大气泡与最小气泡的直径差，二是指小直径气泡占气泡总量的比例。

(4)气泡的稳定性

气泡本身有相互黏附而使界面能降低的趋势(即气泡聚并作用)，使黏附机会减小。另外，携带着颗粒的气泡上升到水面后，如果很快破灭，会使已黏附的颗粒未被刮除而再次落入水中。研究发现，当水中含有一定量的表面活性物质时，可以有效增强气泡的稳定性，防止气泡快速聚并或破裂。

2. 杂质颗粒与气泡的黏附

(1)杂质颗粒与气泡的黏附条件

如图 1-4-1 所示，当气泡与杂质颗粒共存于水中时，存在着液(以 L 表示)、气(以 G 表示)、粒(以 S 表示)三相介质，在不同介质的相表面上都因受力不均衡而存在界面张力(σ)，一般为 10^{-5}N 量级。气泡与杂质颗粒一旦接触，界面张力的存在就会产生表面吸附作用，三相间吸附界面构成的交界线称为润湿周边(即相吸附界面交界线)。

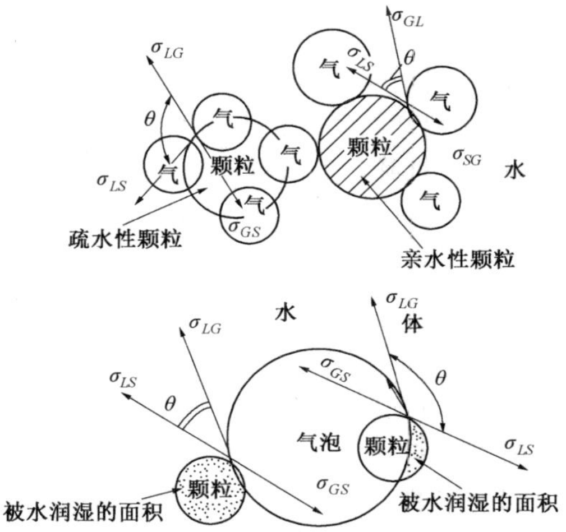

图 1-4-1　不同润湿性颗粒与气泡的黏附情况

通过润湿周边分别作液-气界面张力(σ_{LG})、液-粒界面张力(σ_{LS})和气-粒界面张力(σ_{GS})作用线。液-粒界面张力(σ_{LS})作用线与液-气界面张力(σ_{LG})作用线之间的夹角，为润湿接触角(θ)。若 $\theta<90°$ 为亲水性杂质颗粒，不易与气泡黏附；若 $\theta>90°$ 为疏水性杂质颗粒，易与气泡黏附。

根据热力学理论可知，由水、气泡和杂质颗粒构成的三相混合体系中，两相之间的界面上都存在界面自由能，简称界面能(W)。界面能等于界面张力与界面面积 S 的乘积，一般为 10^{-7}J 量级，即

$$W=\sigma\times S \tag{1-4-1}$$

杂质颗粒与气泡黏附前，单位面积($S=1$)上的界面能分别为液-粒界面能($\sigma_{LS}\times1$)与液-气界面能($\sigma_{LG}\times1$)，这时单位面积上的界面能之和 W_1 为

$$W_1=\sigma_{LS}\times1+\sigma_{LG}\times1 \tag{1-4-2}$$

由于界面能本能地存在着力图减至最小的趋势，因而导致三相混合体系中的分散相之间蕴藏着自然并合的能量。杂质颗粒与气泡黏附后，界面能减小，此时单位面积的界面能为

$$W_2=\sigma_{GS}\times1 \tag{1-4-3}$$

因此，界面能的减少值 ΔW 为

$$\Delta W=W_1-W_2=\sigma_{LS}+\sigma_{LG}-\sigma_{GS} \tag{1-4-4}$$

此能量差即为气泡与杂质颗粒黏附过程中挤开气泡和杂质颗粒之间水膜所做的功，因此 ΔW 值越大，推动力越大，气泡与杂质颗粒黏附得越牢固。

(2)气泡-杂质颗粒的亲水黏附和疏水黏附

平衡状态时，“水-杂质颗粒-气泡”三相界面张力间的关系为

$$\sigma_{LS}=\sigma_{LG}\cos(180-\theta)+\sigma_{GS} \tag{1-4-5}$$

代入式(1-4-4)可得

$$\Delta W=W_1-W_2=\sigma_{LG}\cos(180-\theta)+\sigma_{GS}+\sigma_{LG}-\sigma_{GS}=\sigma_{LG}(1-\cos\theta) \tag{1-4-6}$$

由式(1-4-6)可见，并不是水中的所有杂质颗粒都能与气泡黏附，能否黏附与该类物质的润湿接触角大小有关。当杂质颗粒的润湿性很好(亲水性物质)时，润湿接触角 $\theta\to0°$，$\cos\theta\to1$，$\Delta W=0$，即界面自由能并未减小，说明杂质颗粒不能与气泡黏附，不宜采用气浮分离和浮选法去除；反之，当杂质颗粒润湿性很差(疏水性物质)时，润湿接触角 $\theta\to180°$，$\cos\theta\to-1$，$\Delta W\to2\sigma_{LG}$，说明杂质颗粒能与气泡紧密黏附，宜采用气浮分离和浮选法。

在接触角 $\theta<90°$的条件下有

$$\sigma_{LG}\cos(180°-\theta)=\sigma_{LS}-\sigma_{GS} \tag{1-4-7}$$

式(1-4-7)表明，水中杂质颗粒的润湿接触角 θ 随液-气界面张力 σ_{LG} 的不同而变化。增大液-气界面张力 σ_{LG}，可以使润湿接触角增加，有利于气泡-杂质颗粒黏附；反之则有碍于气泡-杂质颗粒黏附，不能形成牢固结合的气泡-杂质颗粒组合体，水中杂质颗粒在气泡周围的富集浓度降低，处理效果变差。

3. 投加化学药剂的促进作用

按照所起作用的不同，与气浮和浮选分离技术相关的化学药剂大体上可分为起泡剂、混凝剂和浮选剂 3 类。

(1)起泡剂

当水中缺少表面活性物质时，须向水中投加起泡剂。起泡剂大多数为链状有机表面活性剂，其主要特征是分子结构的不对称性，属于极性-非极性分子。分子的一端含有极性基，显示出亲水性，称为亲水基；另一端为非极性基，显示出疏水性，称为疏水基。由于水分子是强极性分子，所以极性基伸入水中；非极性基为疏水基，伸向气泡内部。由于同号电荷的相斥作用，可有效防止气泡的聚并与破灭，增强泡沫稳定性。此外，这类表面活性剂还能显著降低水的表面张力，提高气泡膜的弹性和强度。

(2)混凝剂

如果水中表面活性物质过多，会使气泡因带同号电荷而过于稳定，难于形成泡沫(Froth)。另一方面，如果水中表面活性物质过多或所受机械剪切作用过强，杂质颗粒与水之间可能呈较为稳定的乳化状态。此时应先后投加凝聚剂和絮凝剂进行预处理(也可酌情单独投加絮凝剂)，以消除电荷的相斥作用或破坏杂质颗粒与水之间的乳化状态，使杂质颗粒能够与气泡黏附，从而构成所谓的混凝气浮或絮凝气浮(Flocculation Flotation，FF)工艺，可应用于高乳化度含油污水、低温低浊地表水、富营养化含藻地表水等处理场合。

(3)浮选剂

对含有细小分散强亲水性颗粒的原水，就必须首先投加浮选剂，按分子结构可分为极性浮选剂、非极性浮选剂、复极性浮选剂(又称杂极性浮选剂)三大类。极性浮选剂的分子整体而言为电中性，但具有两个极性基，具有亲水性。将极性浮选剂投加到水中后，亲水性颗粒强烈吸附浮选剂的亲水基，而迫使疏水基伸向水，结果在颗粒周围形成亲水基向颗粒而疏水基向水的定向排列，从而使亲水性颗粒的表面性质转变为疏水性，以利于与气泡发生黏附。非极性浮选剂分子正电荷与负电荷的电重心重合在一起，在水中不解离，基本不能吸引极性水分子，水化作用很小，具有疏水性。复极性浮选剂分子由极性部分(常称极性基)和非极性部分(常称非极性基)两部分组成，极性基具有亲水性，非极性基具有疏水性。

按气泡与颗粒(或絮体结构)之间碰撞动能的大小和颗粒疏水性部位的不同，气泡可以黏附于颗粒外围，形成外围黏附；也可以挤开絮体孔隙内的自由水而黏附于絮体内部，形成粒间裹挟。如果气泡加在投有混凝剂并处于胶体脱稳凝聚阶段的初级反应水中，那么气泡就先与微絮粒黏附，然后在上浮过程中再共同长大，相互聚集为带气絮体或携气絮体(Aerated flocs)，形成粒间裹挟和中间气泡架桥黏附兼而有之的“共聚黏附”。共聚黏附具有药剂省、设备少、处理时间短和浮渣稳定性好等优点，但必须有相当密集的微细气泡与之配合，设法让微细气泡在絮体内部大量成核并生长黏附是有效举措之一。

4. 气浮理论体系的发展概况

涉及包含热力学、动力学、水力学(或流体力学)的气浮理论体系，近些年来仍在不断丰富发展。热力学从润湿接触角和表面自由能的角度入手，研究气泡与杂质颗粒(或絮体颗粒)的黏附机理。动力学从黏附行为的微观过程入手，研究气泡与杂质颗粒(或絮体颗粒)的黏附速度问题，主要借助群体平衡模型(Population Balance Model，PBM)和轨迹理论模型，揭示混凝预处理等措施如何影响气浮运行的效果。流体力学主要从气浮池的水力学特征入手，研究如何创造气泡与杂质颗粒(或絮体颗粒)黏附、分离的水力条件，如气浮池内部结构、表面水力负荷等。近些年来，人们借助计算流体动力学(CFD)、粒子动态分析仪(PDA)等先进的测试分析手段，逐步深化了水力条件对净水效果影响的认识，大幅度提高了处理效率。

二、气浮工艺系统的类型

如何产生粒径适当、数量充足、均匀性好、足够稳定的气泡(或简称发泡)，是气浮工艺系统的核心或关键。可以将迄今为止的发泡方式分为溶气释放发泡、引气分散发泡、微孔散气发泡、电极电解发泡等几大类，从而将相应的气浮工艺系统称为溶气气浮(Dissolved Gas/Air Flotation，DGF/DAF)、引气气浮(Induced Gas/Air Flotation，IGF/IAF)、微孔散气气浮、电解气浮(Electrolytic Flotation)等。从发泡设备与气浮池的结构组合形式来看，则可呈现为一体式或分体式。

1. 溶气释放发泡与溶气气浮

溶气释放发泡是使气体在一定压力环境下溶解于水中，并努力达到过饱和状态(supersaturation)，然后设法使溶解在水中的气体以微细气泡(气泡粒径为 20～100μm)的形式从水中析出。根据气泡从水中析出时所处压力的不同，相应的溶气气浮可以分为加压溶气气浮和溶气真空气浮两大类。

(2)加压溶气气浮的基本工艺流程

加压溶气气浮法于 20 世纪 20 年代才被用于水处理领域，目前在气浮工艺中占主体地位。该法是将原水加压至 0.30～0.40MPa，同时加入气体，使气体溶解于水并达到相应压力状态下的饱和值，然后骤然减至常压，使溶解于水的气体以微小气泡形式从水中释放出来。目前的基本工艺流程有全部进水加压溶气气浮、部分进水加压溶气气浮、部分处理出水回流加压溶气气浮等三种，都由压力溶气罐、加压水泵、气体供给设备、溶气水释放器和气浮池等组成。

如图 1－4－2 所示，全部进水加压溶气气浮是将全部原水通过水泵加压后注入压力溶气罐，使气体在罐内溶解于水中，然后通过减压阀将溶气水送入气浮池。浮渣由刮渣机定期刮入气浮池尾(首)的浮渣槽排出，处理水则由设于池尾的溢流堰和集水槽或靠近池底的穿孔集水管排出池外。其优点在于：①溶气量大，增加了颗粒与气泡的接触机会；②在处理水量相同的条件下，较部分处理水回流溶气气浮所需的气浮池小，从而减少了基建投资。但由于全部进水经过压力泵，所需的压力泵和溶气罐均较其他两种流程大，因此投资和运转动力消耗较大，絮凝体容易在加压和溶气过程中破碎，水中的颗粒容易在压力溶气罐内沉积和堵塞释放器，因此目前已较少采用。

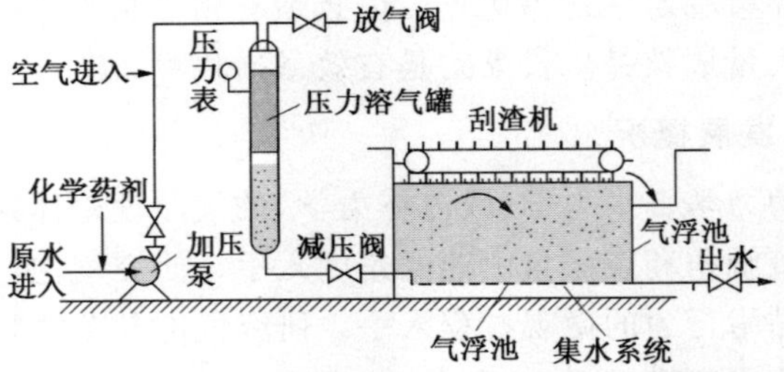

图 1-4-2　全部进水加压溶气气浮的工艺流程示意图

如图 1-4-3 所示，部分进水加压溶气气浮是分流部分原水（占总量的 10%～30%），通过水泵加压后注入压力溶气罐，使气体在罐内溶解于水中，其余污水直接进入气浮池并在气浮池中与溶气水混合。其特点为：①较全部进水加压溶气气浮所需的压力泵小，故动力消耗低；③气浮池的大小与全部进水加压溶气气浮相同，但较部分处理水回流加压溶气气浮小。这种流程的气浮池常与隔板混凝反应池合建。它虽然避免了絮凝体容易破碎的缺点，但颗粒容易在压力溶气罐内沉积和堵塞释放器，因而也较少采用。

部分处理出水回流加压溶气气浮目前应用最为广泛，其工艺流程如图 1-4-4 所示。该法将部分处理出水经过泵加压回流，在泵的出水管段引入气体后，送往压力溶气罐，使气体充分溶于水中，再经过溶气释放器后与原水混合，一起进入气浮池完成分离过程。处理出水回流量与处理出水总流量的比值，称为回流比（R），一般在 25%～50%之间。该法处理效果稳定，并可节约运行能耗。

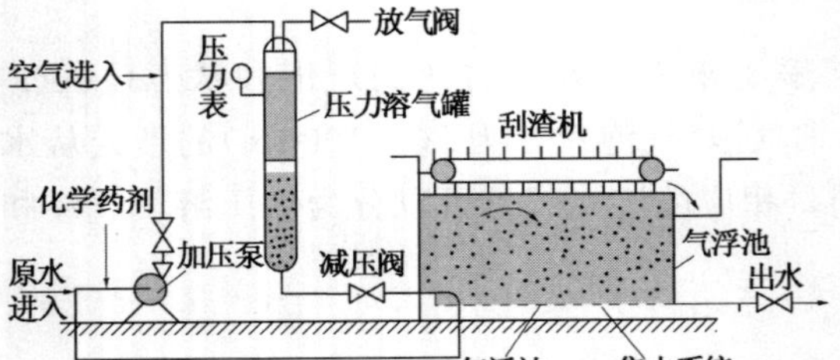

图 1-4-3　部分进水加压溶气气浮的工艺流程示意图

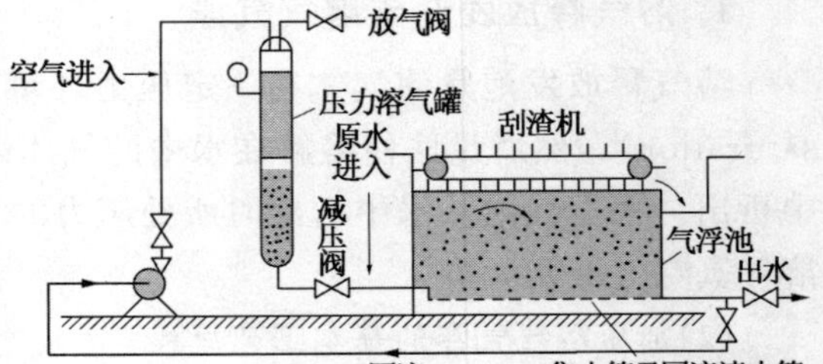

图 1-4-4　部分处理出水回流加压溶气气浮的工艺流程示意图

(2)加压溶气过程

加压溶气过程就是在一定压力下，使气体充分溶解于水中，并使水、气两相充分接触。在一定的温度和压力下，气体传质于液体的过程实质上是一个气体吸收的过程，包括物理吸收和化学吸收，加压溶气过程以物理吸收为主，具体理论可以参见本书 §6.1。气体（空气、氮气、天然气等）、水两相发生接触后，气体便向水中转移，随着水中气体浓度的逐渐增高，吸收速率逐渐减小，解吸速率逐渐增大。经过相当长时间的接触后，吸收速率与解吸速率相等，此时达到气水两相平衡状态。在水温一定而溶气压力不很高的条件下，气体在水中的溶解平衡可用亨利定律(Henry's Law)表示为

$$S_a = K_T \cdot p \tag{1-4-8}$$

式中 S_a——一定温度、一个大气压时气体在水中的溶解度或平衡溶解量，$L_{(气)}/m^3_{(水)}$；

K_T——溶解度系数或溶解常数，$L/(m^3 \cdot atm)$，当气体为空气时，其值与温度的关系见表1-4-1；

p——压力溶气罐液面上方的气体平衡分压，atm(绝对压力)。

由式(1-4-8)可知，气体在水中的平衡溶解量不仅与溶气压力成正比，而且与温度有关。在一定条件下，气体在水中的实际溶解量与平衡溶解量之比，称为气体在水中的饱和系数。

表1-4-1 不同温度下空气在水中的溶解度系数(1atm)

温度/℃	空气密度 ρ/(g/L)	溶解度系数 K_T/[$L/(m^3 \cdot atm)$]	空气溶解度/[$L/(m^3 \cdot atm)$]
0	1.252	0.038	29.2
10	1.206	0.029	22.8
20	1.164	0.024	28.7
30	1.127	0.021	15.7
40	1.092	0.018	14.2
50	—	0.016	—

评价溶气系统技术性能的指标主要有两个，即溶气效率和单位能耗。溶解于水中的气体量与通入气体量的百分比，称为溶气效率。溶气效率与温度、溶气压力及气液两相的动态接触面积有关。为了在较低的溶气压力下获得较高的溶气效率、强化溶气过程，就必须增大气液传质面积，同时通过增大液相流速和紊动程度来减薄液膜厚度和增大液相总传质系数。

(3)溶气水释泡过程

根据亨利定律可知，气体溶质在高压条件下会溶解在稀溶液中，经过减压环节后，由于溶解度的变化，部分溶解气体会从稀溶液中析出，从而达到减压后气体溶质在稀溶液中新的溶解度平衡。从减压溶气水中以释放出气泡的形式析出溶解气的过程大致分为两个步骤，即气泡核的形成过程与气泡粒径的长大过程，其中第一个步骤起决定性作用。成核过程受表面张力、溶气压力等相关条件的影响，通常认为有经典均相成核、经典异相成核、准经典成核、非经典成核等四种方式。气核形成后继续膨胀变大并最终脱离基体生成气泡，由于气泡的形成意味着增大了气-水界面面积，因此能否形成稳定分散的气泡取决于原水的表面张力，表面张力越小，越容易形成稳定的气泡，气泡粒径也越小。溶气水释泡过程所能产生的气泡粒径大小可由下式计算

$$r = \frac{2\sigma_{LG}}{p_1 - p_2} \tag{1-4-9}$$

式中 r——析出气泡的最小半径，cm；

p_1、p_1——溶气水释泡前后的压力，$10^{-5}N/cm^2$；σ_{LG} 的意义同前(液-气界面张力)。

溶气释放器的功能就是通过将溶气水骤然减压、消能，使溶入水中的气体以大量微细气泡的形式释放出来。

(4)溶气真空气浮

该法的主要特点是气体在水中的溶解可在常压下进行，也可在加压下进行；气浮池则在负压(真空)状态下运行，溶解在水中的气体也在此状态下析出。析出的气体量取决于水中的溶气量和真空度。

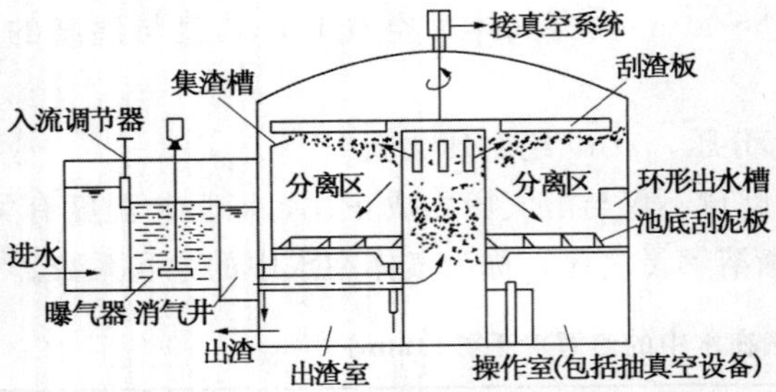

图 1-4-5　溶气真空气浮设备的组成示意图

溶气真空气浮池是一个密闭的池子，平面多为圆形，池面压力为 0.03～0.04MPa(真空度)，污水在池内停留时间为 5～20min。图 1-4-5 为典型溶气真空气浮设备的组成示意图，污水经入流调节器后进入机械曝气设备，预曝气一段时间后使污水中的溶气量接近于常压下的饱和值；然后进入消气井，脱除混杂在溶气水中的小气泡，溶气污水则在真空作用下被提升到气浮池的分离区。从气浮池中抽气，使其呈真空状态，溶气水中的气体就以微细气泡析出，污水中的杂质颗粒与微细气泡黏附后浮升至浮渣层。旋转的刮渣板把浮渣刮至集渣槽，最后进入出渣室；处理净化水经环形出水槽收集后排出。

在溶气真空气浮设备中，气体溶解所需压力比加压溶气气浮低，动力设备和电能消耗较少。但气浮分离过程在负压下进行，除渣设备、刮泥设备等都要密封在气浮池内，因此气浮池构造复杂，运行与维护困难。此外，受所能达到真空度的限制，析出微细气泡的数量有限，只适用于处理污染物浓度不高的污水，目前已逐渐被加压溶气气浮替代。

2. 引气分散发泡与引气气浮

引气分散发泡是设法使气体自外界被引入水中(自然供气或高压供气)，然后借助气液湍流混合过程，把气体剪切破碎成气泡。具体形式主要包括射流器或文丘里管发泡、叶轮旋切发泡(含水泵吸水管吸气叶轮旋切发泡)、静态混合器剪切发泡、旋流剪切发泡、多相流溶气泵或气液混合泵发泡等。静态混合器剪切发泡是将目标气体正压泵送到来水管道内，在紧随其后的静态混合器内实现气液混合，产生较为致密的湍流气泡流，如美国 Komax(库迈思) Systems 公司的臭氧混合器(Ozone Mixer)、瑞士 Sulzer 公司的 CompaX 和 SMX 静态混合器、国内的静态螺旋切割器等。旋流剪切发泡主要利用旋流效应提高湍流界面脉动程度和附加局部剪切应力，进而实现对气泡的剪切破碎作用，根据诱导旋流方式不同可分为轴向旋流式和切向旋流式两种，但都存在气泡质量受初始气相分布影响较大等缺点。

(1)射流器发泡与射流气浮

射流气浮也称水力诱导气浮(Hydraulically Induced Gas Flotation)，核心技术为射流器发泡或文丘里管发泡，与气浮池可以一体化内置式组合，也可以外置式组合。关键设备射流器或文丘里管的典型生产厂家有美国 Mazzei Injector Company、德国 Körting Hannover AG 等。如图 1-4-6 所示，射流器利用喷嘴将压力水以高速喷出时，根据经典流体力学中的伯努利原理(Bernoulli's principle)，会在吸气室形成负压，通过吸气管自外界环境吸入气体；当气水混合流体进入喉管段后，进行激烈的能量交换，气体被破碎成微小气泡；然后进入扩散管段，将动能转化成势能，进一步压缩气泡，同时增大了气体在水中的溶解度。喷射气浮法的优点是设备比较简单、投资少，缺点是动力损耗大、效率低、形成的气泡粒径较大。射流器各部位的结构尺寸参数一般需要通过性能试验来最终确定，初步设计计算步骤如下：

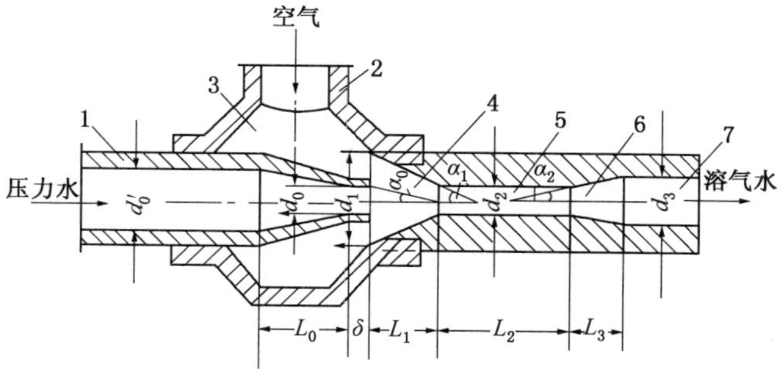

图 1-4-6 射流器的结构尺寸示意图

1—喷嘴；2—吸气管；3—吸气室；4—收缩管；5—混合管(喉管)；6—扩散管；7—尾管

①喷嘴。喷嘴入口处直管段直径 d_0'(m)按管内水速为 2.5～3.5m/s 计算，长度以满足安装要求为限，喷嘴出口截面积 W_0(m^2)可按下式计算

$$Q_a=\mu W_0\sqrt{2gh} \tag{1-4-10}$$

式中 μ——流量系数，取 0.95；

h——管嘴阻力降，mH_2O，如取水压为 400～450kPa(表压)，吸气室压力为 50kPa(绝压)，则 h 为 45～50mH_2O(绝压)。

由 W_0 可以计算出喷嘴出口处的直径 d_0，该处直管段的长度 $\delta=d_0/2$，作为喷嘴与收缩管之间的间隙。如喷嘴锥角 α_0 取 75°，则喷嘴锥管段长度 L_0 为

$$L_0=\frac{d_0'-d_0}{2\cot\alpha_0}\ (\mathrm{m}) \tag{1-4-11}$$

②混合管(喉管)。喉管截面积 W_2 与 W_0 之比一般满足 $W_2:W_0=2:1$，则喉管直径 $d_2=\sqrt{2}d_0$；其长度 L_2(m)按 $L_2=Kd_2$ 计算，系数 K 取 10～20。

③收缩管。喷嘴锥管端至喉管口的距离应等于喷嘴的喷射长度，此长度$=\delta+L_1=0.5d_0\cot\alpha_0$，故收缩长度 $L_1=0.5d_0(\cot\alpha_0-1)$。设收缩管锥角为 α_1(取 30°)，则收缩口直径 $d_1=d_2+2L_1\tan\alpha_1$。

④扩散管。设扩散管锥角为 α_3，其截面积 W_3 与 W_2 之比为 2∶1，则其直径 $d_3=\sqrt{2}d_2$，其长 $L_3=\dfrac{d_3-d_2}{2\cot\alpha_3}$，$\alpha_3$ 取 15°。

⑤射流器吸引室截面积。吸引室应有足够的容积，使气体畅通无阻，其截面积可按弓形面积计算(如图 1-4-7 所示，图中 r' 为喷嘴的平均外半径)。

$$F=\left(\frac{2\pi}{180}-\sin\alpha\right)\frac{1}{2}r^2\ (\mathrm{m}^2) \tag{1-4-12}$$

式中 r——吸引室半径，m。

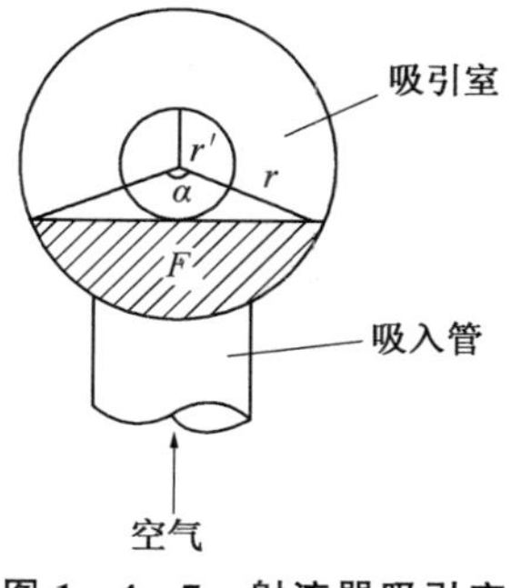

图 1-4-7 射流器吸引室截面积

目前市场上代表性的水力诱导气浮系统有美国斯伦贝谢(Schlumberger)公司的 WEMCO® 卧式 ISF 和 UNICEL 立式 IGF、法国威立雅的 Autoflot® 卧式 ISF 等。射流气浮虽然设备相对较为简单，但存在所得到的气泡粒径较大且均匀度不高、分离效率难以进一步提升等不足。

(2)叶轮旋切发泡与叶轮旋切气浮

叶轮旋切气浮也称机械引气气浮(Mechanically Induced Gas Flotation)，核心为叶轮旋切发泡技术，与气浮池呈一体化组合布局居多，也可以采用分体式布局。

①结构与工作原理。如图1-4-8所示，叶轮旋切气浮池的池体通常采用正方形，原水从配水槽进入气浮池，通过固定盖板上的循环进水孔给到叶轮上，由于叶轮在上部电动机的驱动下高速旋转，产生的离心力将污水甩出，于是固定盖板下形成负压，从进气管吸入气体。气体被高速旋转的叶轮击碎成微小气泡，并与污水充分混合成为气水混合流体，甩出导向叶片之外，导向叶片可减小流动阻力；混合流体经整流板消能稳定后，在池内均匀分布。原水中的杂质颗粒与气泡黏附在一起上浮至水面，最终被去除。

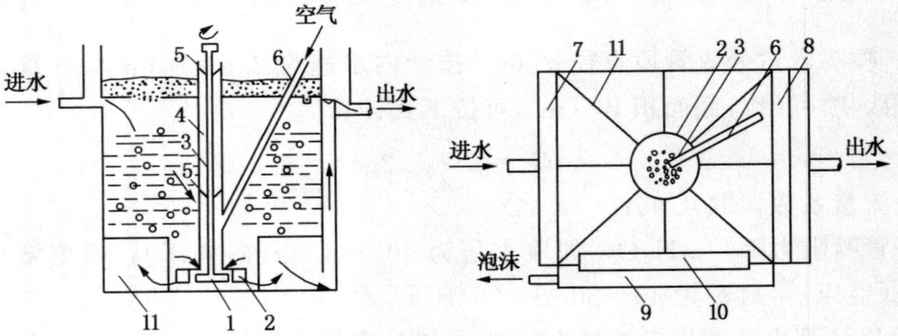

图1-4-8　叶轮旋切气浮的结构示意图

1—旋转叶轮；2—固定盖板；3—转轴；4—轴套；5—轴承；6—进气管；7—进水槽；8—出水槽；9—泡沫槽；10—刮沫板；11—整流板

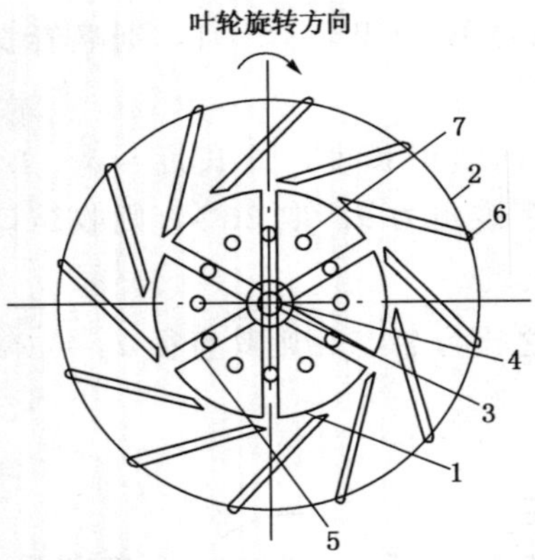

图1-4-9　叶轮与固定盖板顶视图

1—叶轮；2—固定盖板；3—转轴；4—轴套；5—叶轮叶片；6—导向叶片；7—循环进水孔

图1-4-9为叶轮与固定盖板的结构示意图，叶轮是带有6个放射型叶片的圆盘，直径一般为ϕ200～400mm，最大直径不宜超过ϕ600mm；转速多采用900～1500r/min，圆周线速度为10～15m/s。在固定盖板上约叶轮叶片中间部位开设有12～18个直径为ϕ20～30mm的循环进水孔；固定盖板轴向下端面上固定安装有12～18片与直径呈60°角的导向叶片，以减小水流阻力，叶轮与导向叶片的间距应调整在小于7～8mm。固定盖板下端面与叶轮上端面之间的轴向间距为10mm左右；叶轮叶片与导向叶片之间的径向间距也能影响吸气量的大小，一般应调整至小于7～8mm，否则将使进气量大大降低。

②工艺设计。在进行工艺设计时，气浮池总容积W按下式计算

$$W=\alpha Qt\ (m^3) \tag{1-4-13}$$

式中　α——系数，一般取1.1～1.2；

Q——处理水量，m^3/min；

t——气浮分离时间，一般为20～25min。

叶轮旋切气浮池的水深h一般为2.0～2.5m，不宜超过3m；据此可以计算出气浮池的总面积。气浮池一般采用正方形，边长不大于叶轮直径的6倍，处理规模较大时可在一个气

浮池中设多个叶轮。根据单台气浮池的面积，可以计算出气浮池数(或叶轮数)。

叶轮转轴所需功率 N 可按下式计算

$$N=\frac{\rho qH}{102\eta}\ (\mathrm{kW}) \tag{1-4-14}$$

式中 ρ——气水混合流体的密度，一般为 670kg/m^3；

η——叶轮效率，可取 0.2～0.3；

q——一个叶轮能吸入的气水混合流体量，可按下式计算

$$q=\frac{Q}{60n(1-\beta)}\ (\mathrm{m^3/s}) \tag{1-4-15}$$

式中 n——叶轮个数；

β——曝气系数，根据试验确定，一般可取 0.30；

H——气浮池中的静水压力，以及叶轮旋转产生的扬程，可用下式计算

$$H=\varphi\frac{u^2}{2g}\ (\mathrm{kPa}) \tag{1-4-16}$$

式中 φ——压力系数，其值等于 0.2～0.3；

g——重力加速度，取 9.81m/s^2；

u——叶轮的圆周线速度，m/s，可用下式计算

$$u=\frac{\omega\pi D}{60}\ (\mathrm{m/s}) \tag{1-4-17}$$

式中 ω——叶轮转速，r/min；

D——叶轮直径，m。

目前市场上代表性的叶轮旋切气浮产品包括：美国斯伦贝谢(Schlumberger)公司的 Wemco® Depurator®气浮系统、德国西门子的 Quadricell® IGF 系统等，主要用于石油石化行业含油污水的处理；其他行业污水处理用旋切式浮选机、涡凹气浮(Cavitation Air Flotation，CAF)系统等。虽然工作原理基本类似，但不同应用领域的设备有其自身特点，这里主要介绍 CAF 系统。

如图 1-4-10 所示，CAF 系统主要由气浮池(或气浮槽)、涡凹曝气机、链条牵引式撇渣机和排渣用螺旋推进器等组成。工作过程中，污水首先流入装有涡凹曝气机的小型曝气段，涡凹曝气机底部散气叶轮的高速转动在水中形成一个真空区，从而将空气通过抽气管输入水中，由叶轮高速转动而产生的剪切作用把空气破碎成微小气泡。开放式的回流管从曝气段沿气浮槽的底部伸展，散气叶轮在产生微气泡的同时，也会在有回流管的气浮槽底形成一个负压区，这种负压作用会使污水从气浮槽底回流至曝气段，然后又从曝气段上部返回气浮槽。污水回流比为 30%～50%左右，整套系统在没有进水的情况下仍可工作。悬浮固体与微气泡黏附后上浮到水面，并通过呈辐射状的气流推动力将其驱赶到撇渣机附近。链条牵引式撇渣机沿着整个气浮槽的液面长度方向移动，将浮渣刮到倾斜的金属板上，再将其推到出口端的浮渣排放槽中。浮渣排放槽内水平安装有螺旋输送器，将所收集的浮渣送入集泥池中；螺旋输送器通常也由撇渣机的电动机一同驱动。净化后的污水经由金属板下方的出口进入溢流槽，溢流堰用来控制整个气浮槽的水位，以确保槽中的液体不会流入浮渣排放槽内。

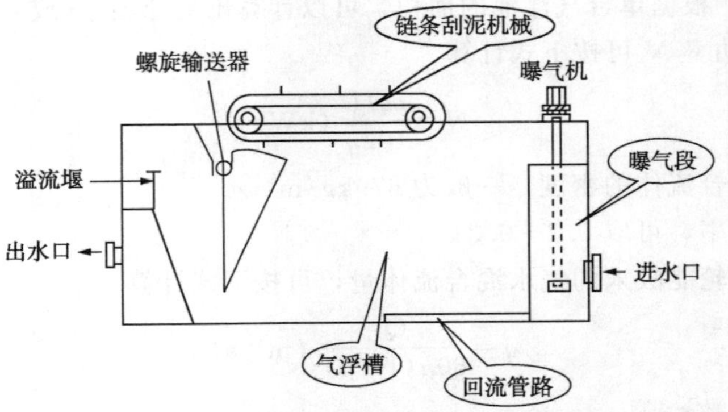

图 1-4-10　涡凹气浮系统的结构示意图

近年来，相关公司在CAF的基础上推出MSAF序进气浮，综合了涡凹气浮与溶气泵气浮的优点。前段采用涡凹原理，利用曝气机抽吸空气并粉碎成微气泡；后段采用溶气泵原理，将空气和回流水经泵的叶轮剪切形成带有气泡的溶气水，再过减压阀释放出微气泡。

3. 微孔散气发泡与微孔散气气浮

微孔散气发泡是指当带压气体通过微孔介质层时，会被其上的微孔切割成细小气流，进而在液体的流动剪切作用下形成微小气泡。微孔介质层的材料包括刚玉、橡胶、高密度聚乙烯(HDPE)、金属粉末烧结、陶瓷等，微孔介质层的形状有圆管状、平板状、覆盘状、钟罩状、圆拱状、球头状等。典型的微孔介质气泡发生器有刚玉微孔曝气器、高密度聚乙烯覆盘形微孔曝气器、橡胶膜微孔曝气器、聚乙烯(PE)微孔膜管、陶瓷微孔膜管等，在本书§3.2中将专门介绍。微孔介质气泡发生器可以放置在气浮池内，也可以放置在气浮池外。

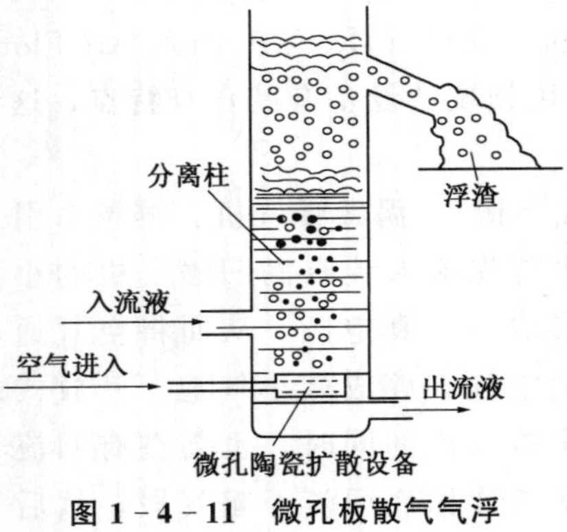

图 1-4-11　微孔板散气气浮设备示意图

图 1-4-11 为微孔板散气气浮设备的结构示意图，压缩空气引入靠近气浮池底部的微孔板，并被微孔板的微孔分散成细小气流，在含有表面活性剂的污水中就可产生微气泡。微气泡的尺寸首先决定于微孔的孔口尺寸，另外还受气-水压差、微孔板表面湿润性、污水流速以及表面张力等因素的影响。微气泡在上升过程中与颗粒杂质相黏附，浮升至液面而被去除，处理后的水由设在池底的排水管排出。这种气浮设备的优点是结构和工作原理比较简单，能耗较低；缺点是产生的气泡粒径较大，处理效率不如加压溶气气浮装置，且微孔板易堵塞。

充气水力旋流器(Air Sparged Hydrocyclone，ASH)是美国犹他大学Jan Dean Miller教授于20世纪80年代发明的一种新型离心浮选设备，其实质就是通过在静态水力旋流器侧壁环空夹套进气、微孔管散气发泡的方式，实现离心分离和加气浮选的有机结合。Jan Dean Miller于1978—2000年任犹他大学冶金系教授，1993年当选为美国国家工程院院士。鉴于ASH技术的诸多不足，Jan Dean Miller教授等人于1997年左右对其进行改进，提出了以立式圆柱状气泡腔(Bubble chamber)为核心的气泡加速气浮(Bubble Accelerated Flotation，BAF)技术。立式圆柱状气泡腔同样应用基于微孔介质管的散气发泡技术，微孔介质管与外部壳体之间的环形空间注气而微孔介质管内部为原水-气体混合流通道。当原水在微孔介质管内自上涡旋而下的过程中，发生絮凝反应并形成气泡-杂质颗粒黏附体和中心气核(Air core)。立式圆柱状气泡腔底部出口的泡状混合流进入常规平流式气浮池，完成气浮分离过程。虽然可以通过选择不同孔隙尺寸的微孔介质、改变原水-气体间的压力差等调节所产生泡状混合流的特性，但当水质较为复杂时(如黏度较高、矿化度较大)，则微孔介质易发生堵塞，清洗维护费用较高。基于上述考虑，Jan Dean Miller 教授等人 1998 年将水力旋流器高能离心混合与溶气释放发泡功能有机结合，推出了液旋颗粒定位器(Liquid Cyclone Particle Positioner，LCPP)，同时发挥液-固-气混合器(Liquid，Solid，Gas Mixing Heads，LSGM)的作用。2001 年左右，美国 Clean Water Technology 公司基于 LSGM 技术正式推出了全新的气体能量混合(Gas Energy Mixing，GEM)气浮系统，与常规加压溶气气浮系统相比的优点包括：①对大处理量和高浓度污染物的适应性更强；②减少化学药剂用量 20%～80%；③污染物去除效率更高、占地面积更小。近几年来，GEM 气浮系统冠以“涡流三相气浮”等名称被引进国内，在油气开采行业含油污水处理等场合得到尝试性应用，LSGM 也被称为涡流三相混合器。涡流三相气浮及配套三相混合器的结构和工作原理如图 1-4-12 所示。

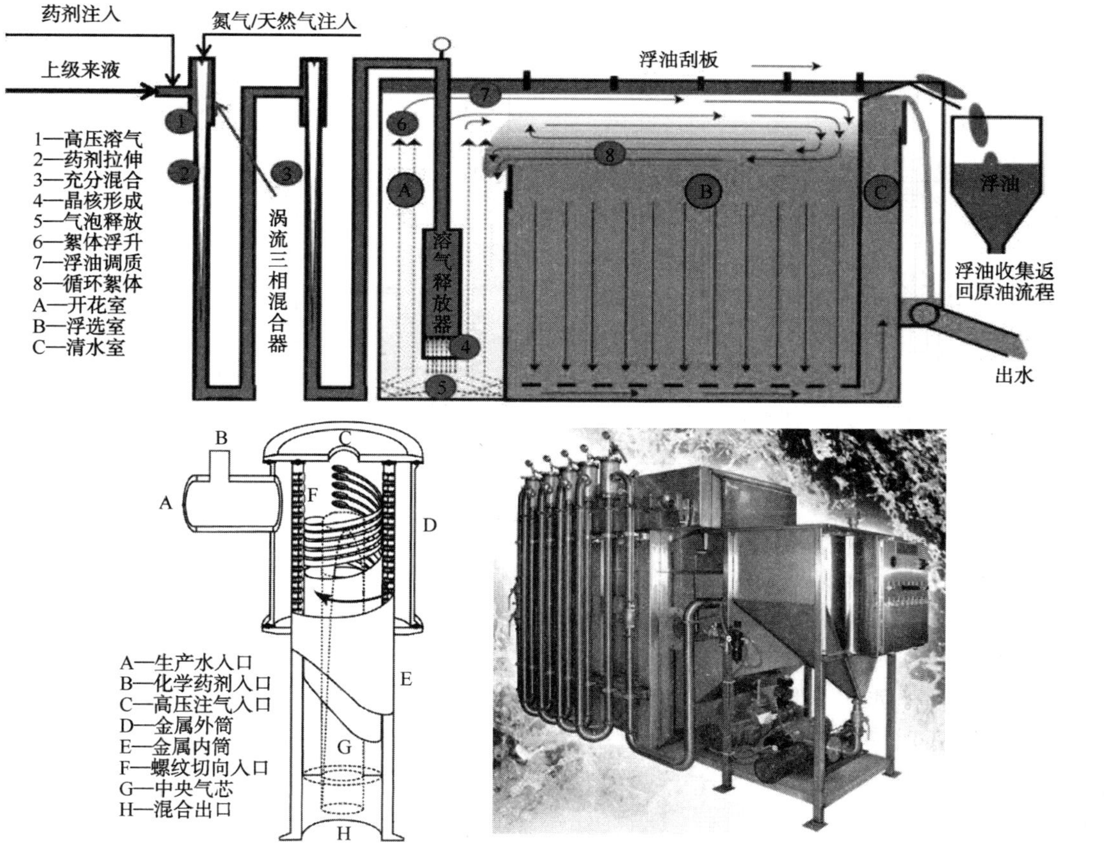

图 1-4-12　涡流三相气浮及配套三相混合器的结构和工作原理示意图

4. 电极电解发泡与电解气浮

电极电解发泡是将正负相间的多组电极安装在原水中，施加低压直流或脉冲直流电场，直接电解水而产生氢和氧的微细气泡(一般在阳极析出氧气、在阴极析出氢气)。电解气浮就是利用电极周围电解产生细小均匀的氢气泡和氧气泡，黏附水中的悬浮固体或其他污染物而共同上浮，主要用于小量工业污水处理，尤其是对含盐量大、电导率高、含有毒有害污染物的污水处理具有优势。可以采用惰性电极或可溶性电极，相应的电化学反应机理和产物各有所不同。惰性电极一般由钛、石墨等材料制成，甚至采用钛镀钌、钛镀铂、钛镀钌铱等；当采用铁、铝等可溶性材料作为电极时，同时具有氧化还原和化学反应的作用，也称为电絮凝(Electrocoagulation)。

电解气浮池的具体结构主要包括整流栅、电极组、分离室、刮渣机、集水孔、水位调节器等，池体可分为竖流式和平流式两种，分别如图1-4-13、图1-4-14所示，竖流式主要应用于较小水量的处理。电解气浮的主要设计参数包括：①极板厚度6～10mm(可溶性阳极根据需要可加厚)，极板净间距15～20mm；②电极电流密度i一般应小于150～300A/m^2；③澄清区高度1～1.2m，分离区水力停留时间(HRT)20～30min；④渣层厚度10～20cm；⑤单池宽度不应大于3m。在此基础上计算确定电极作用表面积S、电极板块数n、单块极板面积A、极板长度L_1、电极室总高度H、电极室容积V_1、分离室容积V_2等，其中电极作用表面积S与比电流E、电极电流密度i有关，电解气浮池容积$V=V_1+V_2$；此外，应设整流设备、电源，并考虑电容量需满足最大电功消耗要求。具体设计过程可参见《污水气浮处理工程技术规范》(HJ 2007)。

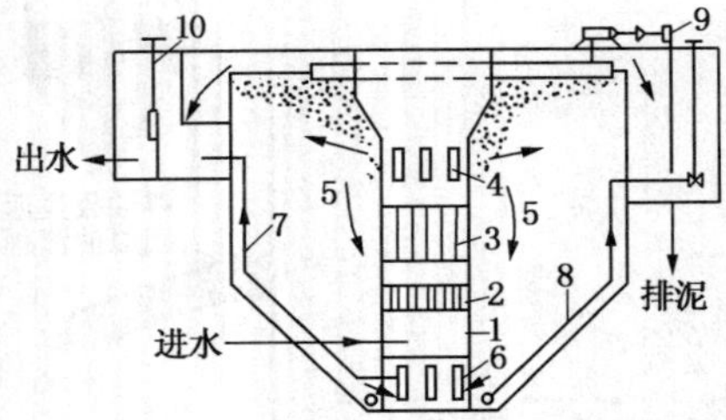

图1-4-13　竖流式电解气浮池

1—入流室；2—整流栅；3—电极组；4—出流孔；5—分离室；6—集水孔；7—出水管；8—排沉泥管；9—刮渣机；10—水位调节器

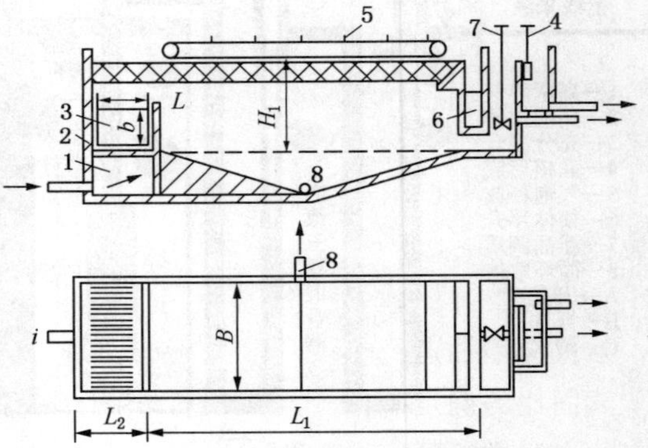

图1-4-14　双室平流式电解气浮池

1—入流室；2—整流栅；3—电极组；4—出口水位调节器；5—刮渣机；6—浮渣室；7—排渣室；8—污泥出口

电解气浮的最大缺点是电耗大、气泡产量小、电极易结垢，运行中的大部分费用在于变压、整流装置及电能消耗，同时电极的长周期运行维护问题目前也亟待解决。

需要指出的是，随着微细气泡应用范围的不断拓展，相应的发泡技术和设备必将引起更多关注，从而带动气浮净水技术的整体进步。一个值得关注的趋势就是将各种单元发泡技术有机组合，实现结构紧凑、单体高通量、运行能耗低、操作维护简单的目标，例如：将文丘里管发泡和静态混合器相结合的管式微气泡发生器，将旋流剪切发泡和文丘里管发泡相结合的旋流文丘里管式微气泡发生器，综合应用文丘里管初步气液混合和溶气筒内纵向环流强化气液混合的射流强化溶气设备，等等。

三、加压溶气气浮系统的设计

完整的加压溶气气浮系统一般主要包括压力溶气、溶气释放、气浮池和浮渣排除四部分，具体可参考《污水气浮处理工程技术规范》(HJ 2007)。

1. 压力溶气部分的设计

压力溶气部分包括压力溶气罐或饱和容器、加压水泵、气体供给设备、液位自动控制设备等，溶气系统一般占整个气浮过程能量消耗的50%。

(1)加压溶气水流量的计算

①计算气浮池所需的空气量。当有试验资料时，气浮池所需的空气量 Q_g 可按下式计算

$$Q_g=\frac{\gamma QRa_e\psi}{1000}\ (\text{kg/h}) \tag{1-4-18}$$

式中 γ——空气容重，g/L，见表1-4-2；

Q——原水处理量，m^3/h；

R——溶气水回流比的初设值，%；

a_e——试验条件下的释气量，L/m^3；

ψ——水温校正系数，取1.1～1.3。

当无试验资料时，由下式计算

$$Q_g=\frac{\gamma QRK_T(fp-1)}{1000}\ (\text{kg/h}) \tag{1-4-19}$$

式中 f——加压溶气系统的溶气效率，一般取0.8～0.9；

p——选定的溶气压力(绝对压力)，atm。

②通过气固比校验气浮池所需的空气量 Q_g。气固比(Gas/Solids Ratio)α 是设计气浮处理系统最基本也是最重要的参数，其物理意义为气浮池所需气体量与原水中悬浮固体量之比。当系统为含油污水时"悬浮固体"可以用"油脂"或"悬浮固体+油脂"替代，准确而言此时应被称为气(固+油)比(Gas/Solids-plus-Oil Ratio)。显然，如果实际供给气浮池的气体量小于所需的最优值，悬浮固体(或油脂)的去除效率将会降低；如果供给气浮池的气体过多，不仅会增加运行能耗，还会对气浮池造成不必要的水力扰动。

气固比的确定有试验法和经验选取法两种。试验法是根据所需处理的水质和水量，参照相应的水质进行可行性试验，从节省能耗、实现理想气浮分离效果的角度测算出气固比；至于经验选取法，一般认为气固比的典型经验选取范围在0.005～0.060之间。

通过确定的气固比，能够最终计算出气浮池所需的合适空气量 Q_g 为

$$Q_g=Q\alpha C_s \tag{1-4-20}$$

式中 C_s——原水中悬浮固体的质量浓度，kg/m^3。

③复算回流比 R，从而得到加压溶气水流量 Q_r 的最终值

$$R=\frac{1}{Q}\cdot Q_r=\frac{1}{Q}\cdot\frac{1000Q_g}{\gamma K_T(fp-1)} \tag{1-4-21}$$

(2)压力溶气罐的设计

压力溶气罐或饱和容器(Saturator)是压力溶气过程的关键核心设备。如图1-4-15所示，常用的压力溶气罐多采用立式压力容器布局，结构形式主要有纵隔板式、花板式、横隔板式、填料式、涡轮式等，此外还有射流式、内筒溢流式、旋流式、涡流式等结构。填料式压力溶气罐目前应用最为普遍，这里重点予以介绍。

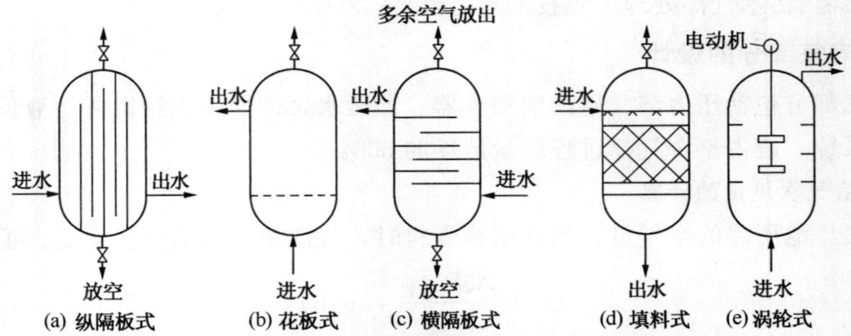

图 1-4-15　压力溶气罐的结构型式示意图

①确定压力溶气罐的内径 D

$$D=\sqrt{\frac{4\times Q_r}{\pi I}}\ (\mathrm{m}) \tag{1-4-22}$$

式中　I——压力溶气罐单位截面积的水力负荷，也称过流密度，一般取 80～150 $\mathrm{m^3/(m^2 \cdot h)}$，对填料式压力溶气罐一般选用 100～200$\mathrm{m^3/(m^2 \cdot h)}$。

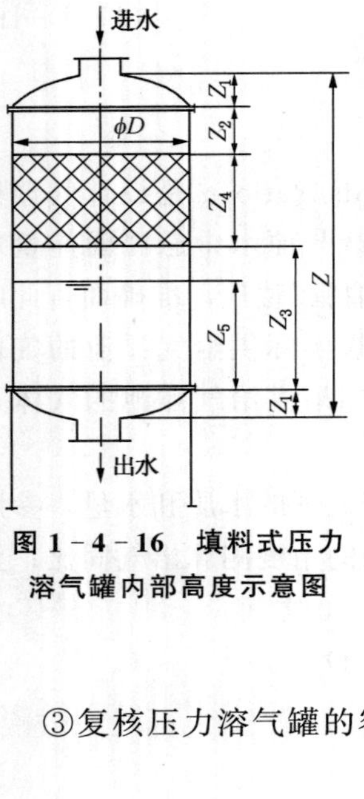

图 1-4-16　填料式压力溶气罐内部高度示意图

②确定压力溶气罐的高度 Z。研究表明，在 20℃和 0.29～0.49MPa(表压)的溶气压力下，填料式压力溶气罐的平均溶气效率为 70%～80%，而未加填料的空罐为 50%～60%。影响填料式压力溶气罐溶气效率的主要因素为：填料特性、填料层高度、罐内液位高、布水方式和温度等。填料可采用瓷质拉西环、塑料斜交错淋水板、不锈钢圈填料、塑料阶梯环等，因塑料阶梯环溶气效率较高可优先考虑。结合图 1-4-16，填料式压力溶气罐的总高度 Z 可按下式计算

$$Z=2Z_1+Z_2+Z_3+Z_4\ (\mathrm{m}) \tag{1-4-23}$$

式中　Z_1——罐顶、底封头高度(根据溶气罐直径而定)，m；

Z_2——布水区高度，一般取 0.2～0.3m；

Z_3——贮水区高度，一般取 1.0m；

Z_4——填料层高度，不少于 0.8m，当采用阶梯环时可取 1.0～1.3m。

③复核压力溶气罐的容积 V

$$V=\frac{Q_r T}{60}(\mathrm{m^3}) \tag{1-4-24}$$

式中　T——水在压力溶气罐内的停留(溶气)时间，当无填料时为 3～3.5min，有填料时为 2min。

④复核压力溶气罐的高径比。压力溶气罐的高径比(Z/D)宜为 2.5～4。一般而言，高径比越大，溶气效率高，有条件时取高值。

从压力容器结构设计的角度来看，压力溶气罐的设计压力一般为 0.3～0.5MPa。压力溶气罐应设安全阀，在罐底应装快速排污阀，在罐顶设自动排气阀以平衡压力；同时应设水位自动控制及仪表，液位控制高为罐高的 1/4～1/2(从罐底计)；压力溶气罐的进水管线上应设除污过滤器。罐内未溶解的气体不仅占据空间、减少溶气罐的有效容积，而且多余的气

体随溶气水进入气浮池后会形成游离大气泡，游离大气泡的搅动会影响气浮效果。由于布气方式、气流流向变化等因素对填料式压力罐的溶气效率几乎没有影响，因此进气的位置及形式一般无需过多考虑。

目前压力溶气罐已有若干系列的定型产品可供选用，图 1－4－17 为国产 TR 系列喷淋填料式压力溶气罐的结构及其系统配套示意图，表 1－4－2 为其型号及主要结构参数。

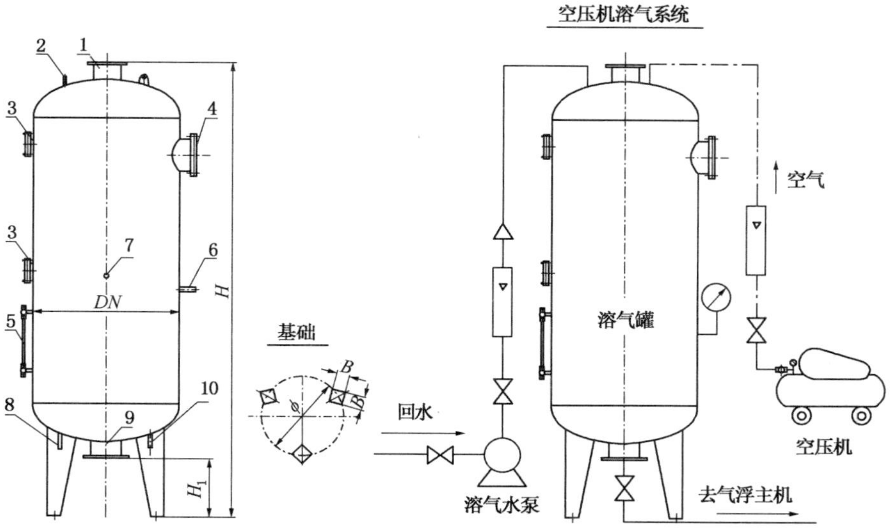

图 1－4－17　国产 TR 系列喷淋填料式压力溶气罐的结构及其系统配套示意图

1—进水管；2—进气管；3—视镜；4—人孔/手孔；5—液位计；
6—放气管；7—压力表；8—取样口；9—出水管；10—放空管

表 1－4－2　国产 TR 系列喷淋填料式压力溶气罐的主要技术参数与安装尺寸

参数		TR－3	TR－4	TR－5	TR－6	TR－8	TR－10	TR－12	TR－14	TR－16
直径/mm		ϕ300	ϕ400	ϕ500	ϕ600	ϕ800	ϕ1000	ϕ1200	ϕ1400	ϕ1600
总高/mm		3180	3315	3440	3525	3765	4130	4277	4300	4530
出水口距支座底高度/mm		340	400	500	500	600	600	668	564	660
地脚螺栓孔数-孔径		3－ϕ26	3－ϕ26	3－ϕ26	3－ϕ26	4－ϕ26	4－ϕ26	4－ϕ30	4－ϕ30	4－ϕ30
地脚螺栓间距/mm		ϕ305	ϕ405	ϕ508	ϕ612	ϕ620	ϕ700	ϕ840	ϕ1050	ϕ1200
接管直径/mm	进水口	70	80	100	125	150	200	200	200	250
	出水口	80	100	125	150	200	250	250	250	300
	进气口	15	15	15	15	15	15	15	15	15
	放气口	15	15	15	15	20	25	25	25	25
	取样口	15	15	15	20	20	20	20	20	20
	放净口	20	25	25	32	40	50	50	50	50
	水位计	20	20	20	20	20	20	20	20	20
	视镜	125	125	125	125	125	125	125	125	125
	压力表	15	15	15	15	15	15	15	15	15
	液位控制器	80	80	80	80	80	80	80	80	80
安全阀		20	20	20	20	20	20	20	20	20

续表

参数	TR-3	TR-4	TR-5	TR-6	TR-8	TR-10	TR-12	TR-14	TR-16
工作压力/MPa	0.196～0.490								
过水流量/(m^3/d)	212～318	318～565	565～883	848～1273	1273～2261	2261～3533	3256～5087	4431～6924	5788～9043

近些年来国内市场上出现的卧式射流压力溶气罐，通过结合射流器发泡功能，溶气效率达80%以上(传统立式填料溶气罐的溶气效率一般为60%～70%)。罐内气水分离彻底、压力自动平衡，溶气性能完全可控，而且因无填料而不会出现堵塞。本书编著者团队自主研发的立式射流溶气罐，通过在罐顶设置射流器并在罐内上部设置中空内筒式构件，实现湍能扩散、射流撞击、内筒环流、循环流碰撞的协同作用，溶气时间(罐内水力停留时间)可以控制在20s以内，且可实现超饱和溶气。

(3)加压水泵

加压水泵的作用，一是提升污水；二是给系统加压，提高空气在水中的溶解度。一般采用离心泵，目前国产离心泵的输出压力0.25～0.50MPa、流量10～200m^3/h。选择时除考虑溶气水的压力外(等于溶气罐的工作压力)，还应包括管道系统的水力损失。

(4)气体供给设备

为防止因操作不当，致使溶气水倒流进入加压水泵或空压机，目前均采用自上而下的同向流饱和溶气。操作时需控制好水泵与空压机的压力，使其达到平衡状态。所需空压机额定气量Q_g'

$$Q_g' = \frac{\psi' Q_g}{60\gamma}(m^3/min) \tag{1-4-25}$$

式中　ψ'——安全系数，取1.2～1.5。

根据确定的气量和压力，可从有关手册中选取空压机的型号。气浮法所需空气量较小，可选用功率小的空压机，并采取间歇运行方式。

除了常规立式填料压力溶气罐之外，目前新型卧式加压射流溶气罐日益引起关注。该设备是将清水经过射流吸气装置注入罐内，在一定工作压力下使空气最大限度地溶入水中，溶气效率高可达80%以上。罐内气水分离彻底、压力自动平衡，溶气性能完全可控，因无填料而不会出现堵塞现象。

2. 溶气释放部分的设计

溶气水减压释放是产生微细气泡的重要环节，相应的硬件一般由溶气释放器及溶气水管路所组成。溶气释放器的性能往往因结构不同而有很大差异，目前国内使用的溶气释放器可分为常规型和高效型两种，前者是指以截止阀、针阀为主的阀门类释放器，后者是指TS(圆柱形)、TJ(八爪形)、TV(圆盘形)、物理激发器等专用释放器，可以采用不锈钢或铜质材料。甚至可以采用不锈钢筛管，应用特制梯形不锈钢丝持续绕组在呈圆周式排列的一组支撑丝上焊制而成。

(1)TS型溶气释放器

TS型溶气释放器的结构如图1-4-18所示，当带压溶气水由接管1进入小孔时，过流断面突然缩小，随即进入孔盒3时，断面又突然扩大。水流在孔室②内剧烈碰撞，形成涡流。当水流反向急速转入平行狭缝③沿径向迅速扩散时，过流断面再次收缩，流态骤变，紊动更为剧烈。在上述过程中，绝大部分气体从水中释放，并在分子扩散和紊流扩散中逐级并大为超微气泡。当水、气混合流通过出水孔④进入辅消能室⑤时，过流断面又突然扩大，溶气水的剩余静压能继续在此转化，过饱和气体几乎全部释出，同时超微气泡在紊流扩散作用下，同向并大为数十微米级的微细气泡出流，释气过程结束。可见，释气过程是在溶气水流经过反复地收缩、扩散、撞击、反流、挤压、辐射和旋流中完成的，整个过程历时不到0.2s。

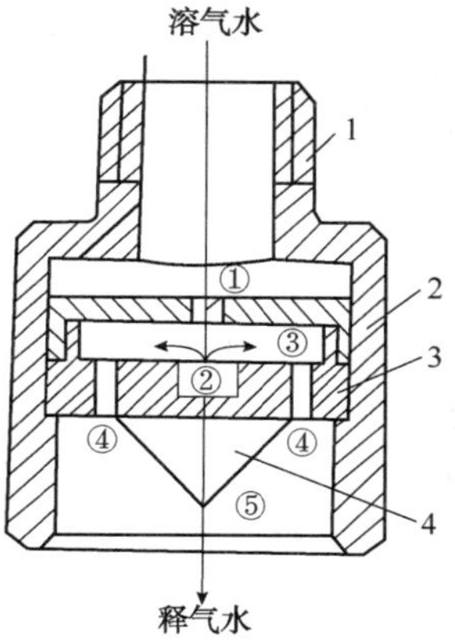

图1-4-18 TS型溶气释放器的结构示意图

1—接管；2—壳体；3—孔盒；4—导流锥；①中孔；②孔室；③平行狭缝；④出水孔；⑤辅消能室

TS型溶气释放器的性能规格如表1-4-3所示；当采用TS型释放器时，宜加设滤网等防堵措施。

表1-4-3 TS型溶气释放器性能规格列表

型号	规格/in	接口尺寸/in	不同压力下的流量 Q /(m^3/h)					作用范围/mm
			0.10MPa	0.20MPa	0.30MPa	0.40MPa	0.50MPa	
TS-78—Ⅰ	1/2	1/2	0.25	0.32	0.38	0.42	0.45	ϕ250
TS-78—Ⅱ	1	3/4	0.52	0.70	0.83	0.93	1.00	ϕ350
TS-78—Ⅲ	$1\frac{1}{4}$	1	1.01	1.30	1.59	1.77	1.91	ϕ500
TS-78—Ⅳ	$1\frac{1}{2}$	1	1.68	2.13	2.52	2.75	3.10	ϕ600
TS-78—Ⅴ	2	$1\frac{1}{2}$	2.34	3.47	4.00	4.50	4.92	ϕ700

(2)TJ型、TV型溶气释放器

如图1-4-19所示，TJ型溶气释放器是为扩大单个释放器的出流量及作用范围、克服TS型释放器较易被水中的杂质所堵塞而开发，其结构主要包括孔口、单孔室、圆盘、舌簧、八爪管嘴等，不仅保留了TS型优良的释气性能，增加了出水量，而且增设了水射器抽真空功能，在堵塞时可以不拆卸释放器而在原位冲洗。正常工作时，舌簧利用泵的压力(通过水射器及抽真空传递)处于工作位置。当水中杂质堵塞释放器而影响正常释气时，则可开启水射器后的闸门，使水射器工作，在抽真空管内产生负压而将舌簧拉起，因此也应加大了水流通道而将杂质排出，待冲洗一段时间后(约十余秒)。关闭闸门，即能使舌簧复位，投入正常工作。

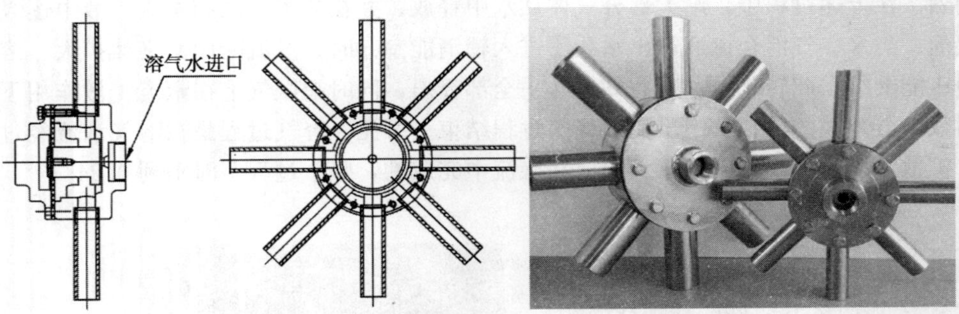

图 1-4-19　TJ 型溶气释放器的结构示意图和实物

TV 型溶气释放器提高了释放器出水的分布均匀性，如图 1-4-20 所示，其结构主要包括孔口、单孔室、固定盘(上盘)、振动盘(下盘)、弹簧等。在正常工作时，振动盘因弹簧压力而与固定盘保持最佳工作状态时的间隙。如当水中杂质堵塞释放器而无法正常释放时，则可接通空压机气源，使振动盘落下一段距离，致使水流通道加大，杂质被溶气水冲走，约隔数秒钟后，切断气源并打开放气阀放气，使振动盘复位，再次处于最佳工作状态。

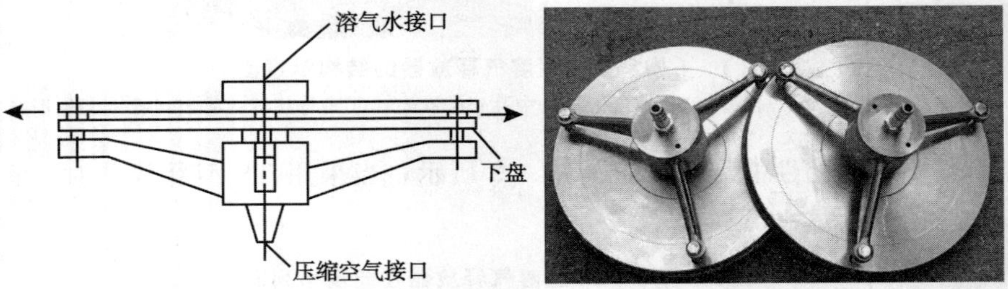

图 1-4-20　TV 型溶气释放器的结构示意图和实物

TJ 型、TV 型溶气释放器的性能规格列于表 1-4-4 中，选型设计时需根据回流量、溶气压力及释放器的作用范围确定释放器的型号和数量。

表 1-4-4　TJ 型、TV 型溶气释放器性能参数表

型号	接口直径/mm	流量/(m^3/h)								工作直径/mm
		0.15MPa	0.20MPa	0.25MPa	0.30MPa	0.35MPa	0.40MPa	0.45MPa	0.50MPa	
TJ-1	25	0.98	1.08	1.18	1.28	1.38	1.47	1.57	1.67	ϕ500
TJ-2.5	25	2.10	2.37	2.59	2.81	2.97	3.14	3.29	3.45	ϕ700
TJ-5	50	4.03	4.61	5.15	5.60	5.98	6.31	6.74	7.01	ϕ900
TJ-8	65	5.67	6.27	6.88	7.50	8.09	8.69	9.29	9.89	ϕ1000
TJ-10	65	7.41	8.70	9.47	10.55	11.11	11.75	—	—	ϕ1100
TV-1	25	0.95	1.04	1.13	1.22	1.31	1.4	1.48	1.51	ϕ400
TV-2	25	2.00	2.16	2.32	2.48	2.64	2.8	2.96	3.18	ϕ600
TV-3	40	4.08	4.45	4.81	5.18	5.54	5.91	6.18	6.64	ϕ800

溶气水由压力溶气罐至释放器的管道上应设快开阀，同时应该考虑快速拆卸。任何溶气释放器都不可能只产生微细气泡，加上微细气泡之间的碰撞聚并效应，产生一些大气泡不可避免。此外，为使溶气水中的微细气泡及时均匀弥散在原水中，可以采用管式静态混合器将

泡状回流溶气水与原水进行有效混合。

3. 气浮池

气浮池是气浮处理系统的主体构筑物或设备，其功能为确保一定的容积与池表面积，使气泡与水中的不溶态污染物充分混合、接触、黏附，以保证气泡-杂质颗粒组合体上浮至水面，因此从功能上一般可划分为反应室或反应区、接触室或接触区(亦称捕捉区)、分离室或分离区。若不投加药剂与原水反应，则可取消反应室或反应区。气浮池有多种型式，按分离区的流态可分为平流式(图 1-4-21)和竖流式(图 1-4-22)两种，按平面形状可分为矩形和圆形两种；与竖流式气浮池相比，平流式气浮池目前在水质工程领域应用得相对更多。平流式气浮池的优点是池身浅、构造简单、造价低、管理方便，缺点是与后续处理构筑物在高程上配合较困难、分离室或分离区的容积利用率不高。竖流式气浮池一般多采用圆柱形池体，池高可取 4～5m，直径一般为 ϕ9～10m，其他工艺参数与平流式气浮池基本相同。竖流式气浮池的优点是接触区在池中央，水流向四周扩散，水力条件比平流式单侧出流要好，便于与后续构筑物配合；缺点是与反应池较难衔接，容积利用率低。为了提高气浮池分离区的分离效率，还可以充分发挥斜板(管)沉降的作用，通过加装斜板(管)而形成斜板(管)气浮池。

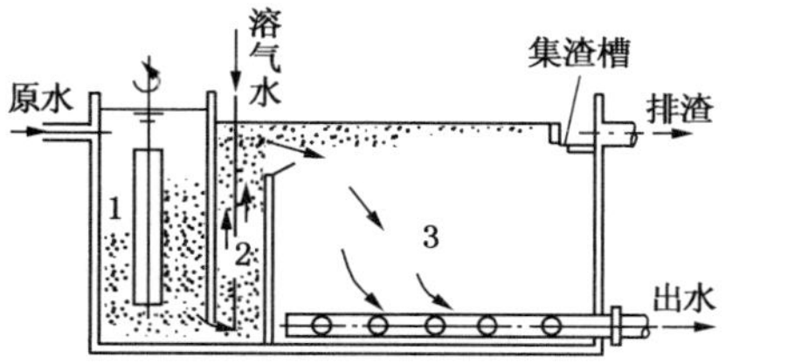

图 1-4-21 平流式气浮池的结构示意图

1—反应池；2—接触区；3—分离区

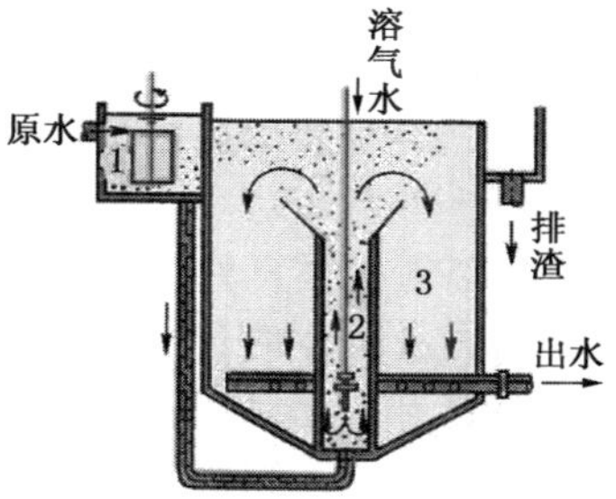

图 1-4-22 竖流式气浮池的结构示意图

1—反应池；2—接触区；3—分离区

确定气浮池的池型时，应根据对处理水质的要求、净水工艺与前后处理构筑物的衔接、周围地形和构筑物的协调、施工难易程度以及造价等因素综合考虑。鉴于目前仍以平流式气浮池的应用最为普遍，下面仅介绍其设计过程。

(1)平流式气浮池的演变与设计参数确定

平流式气浮池的发展迄今大致经历了三个阶段，主要表现为表面水力负荷逐渐增大、池形从狭长矩形浅池发展到圆形深池、分离区的流态由层流发展到紊流。

第一代的池体浅且狭长，表面水力负荷一般为 2～3$m^3/(m^2 \cdot h)$。池中水流以层流形式水平流动，流速较小。ADKA 型和 Sveen-Pedersen 型最具代表性，20 世纪 60～70 年代在斯堪的纳维亚等国家得到广泛应用后，表面水力负荷提高到 5～7$m^3/(m^2 \cdot h)$，最高可达 10$m^3/(m^2 \cdot h)$。第二代的池体更宽更深，而长度显著减小，表面水力负荷为 5～15$m^3/(m^2 \cdot h)$，池中水流方向斜向下方，与水平呈 30°～50°，流态为层流；气浮滤池是第二代中很重要的一个池型。第三代出现于 20 世纪 90 年代末，结构与气浮滤池类似，但水流流态为紊流，而且池底的滤床被布满圆孔的薄硬板所代替，表面水力负荷一般为 25～40$m^3/(m^2 \cdot h)$，最高时可达 60$m^3/(m^2 \cdot h)$。随着水流速度的增大，气泡会被水流带到比较深的地方，分离区深度一般为 2.5～3.5m，池体总深为 3.0～4.0m，同时还要求气泡具有更小的粒径(一般 40～70μm)，因此需要有足够的时间使气泡上浮到表面。

目前国内外工程中使用较多的仍是第二代平流式气浮池。如图 1－4－23 所示，为防止进入气浮池的水流干扰不溶态污染物的分离，在气浮池的前段均设置隔板，隔板上游侧区域为接触区，隔板下游侧区域为分离区。根据原水中待分离物质的性质，有时还需在气浮池前端设混凝(破乳)反应区(器)。反应搅拌方式以机械搅拌为主，水力条件控制在速度梯度 $G=20\sim80s^{-1}$、$GT=10^4\sim10^5$ 范围内；反应时间 T 与原水性质、混凝剂种类、投加量、反应形式等因素有关，一般为 15～30min。为避免打碎絮体，原水经挡板底部进入气浮接触区时的流速应小于 0.1m/s。反应后的絮凝水进入接触区，与来自溶气释放器的释气水相混合。此时水中的絮粒与微细气泡相碰撞、黏附形成带气絮粒而上浮，并在分离区中进行固、液分离，浮至水面的浮渣由刮渣机刮至排渣槽排出；处理后出水则由穿孔集水管汇集到集水槽后出流，部分处理后出水由加压水泵增压后回流进入溶气罐，在罐内与气体接触溶解，饱和溶气水从罐底通过管道输向溶气释放器。

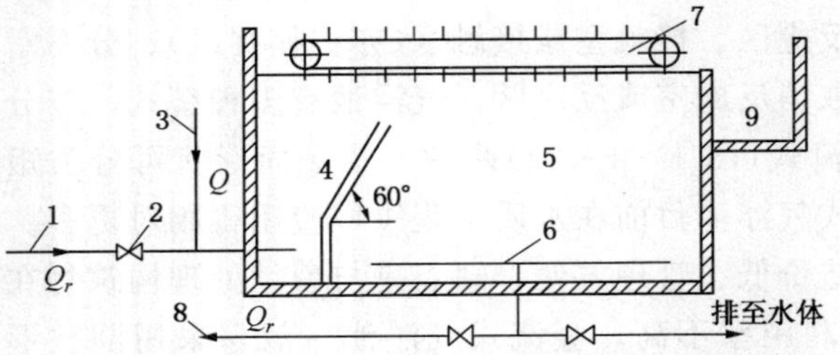

图 1－4－23　有回流平流式气浮池的结构示意图

1—溶气水管；2—减压释放及混合设备；
3—原水管；4—接触区；5—分离区；6—集水管系；
7—刮渣设备；8—至加压泵的供水管；9—排渣槽

(2)平流式气浮池接触区的设计

接触区设计得好坏对净水效果影响甚大，因为气浮过程主要依赖于气泡对絮体的接触和捕捉，接触区必须提供良好的水力接触条件，其宽度还应易于安装和检修。接触区水流上升速度下端取 20mm/s 左右、上端取 5～10mm/s，水力停留时间大于 1min。接触区末端隔板的倾斜角度一般为 60°，隔板下端可设一直段，高度一般取 800～1000mm。隔板顶部与气浮池水面之间的高度应计算确定，该高度扣除最大泥渣层高度(10～20cm)后为堰上水深，净过水断面应满足 5～10mm/s 的流速要求。

①气浮池接触区表面积 A_c

$$A_c=\frac{Q+Q_r}{3600v_c}\ (m^2) \tag{1-4-26}$$

式中　v_c——接触区水流上升平均流速，通常取 10～20mm/s。

②接触区长度 L_c

$$L_c=\frac{A_c}{B_c}\ (m) \tag{1-4-27}$$

式中　B_c——接触区宽度，m。

③接触区堰上水深 H_2

$$H_2=B_c\ (m) \tag{1-4-28}$$

④接触区气水接触时间 t_c(一般要求 $t_c>60s$)

$$t_c=\frac{H_1-H_2}{v_c}\ (s) \tag{1-4-29}$$

式中　H_1——气浮池分离区水深，通常为 1.8～2.2m。

(3)平流式气浮池分离区的设计

①气浮池分离区表面积 A_s

$$A_s=\frac{Q+Q_r}{3600v_s}\ (m^2) \tag{1-4-30}$$

式中　v_s——主体水流向下的平均速度(即气浮池的表面水力负荷)，mm/s。

v_s 是气浮池设计的重要参数，需根据带气絮体上浮分离的难易程度合理选择，一般取 1.0～1.5mm/s，亦即表面水力负荷约为 3.6～5.4m^3/(m^2·h)，最大不超过 15m^3/(m^2·h)。

②分离区长度 L_s

$$L_s=\frac{A_s}{B_s}\ (\mathrm{m}) \tag{1-4-31}$$

式中　B_s——分离区宽度，m。

对矩形池而言，分离区的长宽比一般取 2∶1～3∶1。

(4)平流式气浮池有效水深 *h* 的计算

$$h=v_s \cdot t_s(\mathrm{m}) \tag{1-4-32}$$

式中　t_s——气浮池分离区的水力停留时间，一般取 10～20min。

也可按分离区池深的不同功能段来分析确定池体的水深 h，如图 1-4-24 所示，可按照不溶态污染物在分离区的实际运行情况，把水深 h 分成 5 段。

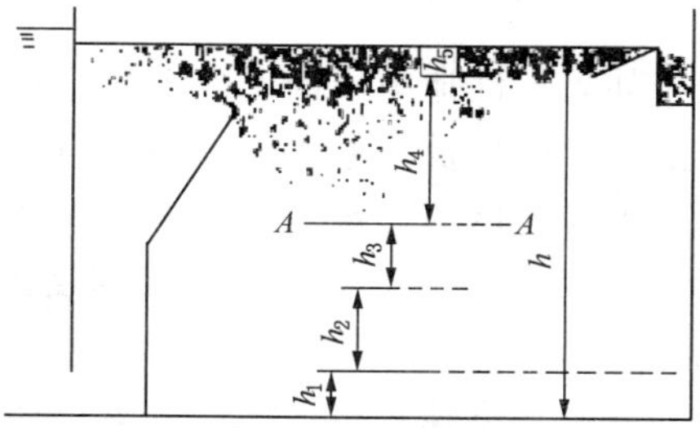

图 1-4-24　分离区的不同功能划分示意图

h_1 段：穿孔集水管悬高段，一般取 200～400mm。主要是考虑到气浮池在长期运行过程中，难免有泥砂或不溶态污染物沉积于池底，为避免将其带出而特意预置此高度。穿孔集水管管内流速为 0.5～0.7m/s，孔眼以向下与垂线呈 45°交错排列，孔距为 20～30cm，孔眼直径为 ϕ10～20mm。

h_2段：速度过渡段，一般取 200mm，这是因为穿孔集水管上的进水孔眼会在其附近引起涡流效应，而分离区内水流向下平均速度 v_s=1.0～1.5mm/s，所以在这个区间段的流速极不均匀，应尽量避免悬浮的不溶态污染物进入此区。

h_3段：安全段，一般取 600mm，主要是适应因水量、流速、不溶态污染物粒径大小、微细气泡质量的变化而引起 h_4增大所带来的冲击。$A-A$ 界面为微细气泡-不溶态污染物黏附体与清水的分界面。

h_4段：浮渣低密区，一般取 600mm 左右，也就是说此区的微细气泡-不溶态污染物黏附体还没有停止上升的运动。

h_5段：浮渣高密区，一般为 100mm 左右，此时浮渣已停止了上升运动，浮渣层也有了一定的强度。

因此，

$$h=h_1+h_2+h_3+h_4+h_5=1.7\sim1.9\ (\mathrm{m}) \tag{1-4-33}$$

以上高度为平流式气浮池的最小水深，实际工作中的有效水深一般在 1.8～2.2m。气浮池总高 H 可按下式计算

$$H=h+h_6(\mathrm{m}) \tag{1-4-34}$$

式中　h_6——气浮池保护高度或超高，取 0.4～0.5m。

(5)气浮池的有效容积 V

$$V=(A_c+A_s)h\ (\mathrm{m^3}) \tag{1-4-35}$$

气浮池个数以 2～4 座为宜，以并联方式运行。当采用机械撇渣时，池宽应与撇渣机的

跨度相匹配，在1～5.5m的范围内按0.5m的整数倍选取。

(6)气浮池的总停留时间 T

$$T=\frac{60V}{Q+Q_r}\ (\text{min}) \tag{1-4-36}$$

(7)水位控制室与集渣槽

水位控制室宽度 B 不小于900mm，以便安装水位调节器，并利于检修。水位控制室可设于分离区一端，其长度等于分离区宽度；也可设于气浮分离区侧面，其长度等于分离区长度。水位控制室深度不小于1.0m。

集渣槽断面设计无特殊要求，可按单位时间的排渣量(包括抬高水位所带出的水量)进行选择。一般集渣槽断面尺寸不小于200mm，当浮渣浓度较高时，集渣槽需有足够的坡度倾向排泥口，一般采用0.03～0.05。当集渣槽长度超过5m时，最好从两端向中间排泥，必要时可辅以冲洗水管。

4. 浮渣排除设备

如果气浮池中液面上的大量浮渣得不到及时清除，撇渣时对浮渣层的扰动过于剧烈，或者刮渣时液位及刮渣程序控制不当，或者刮渣机运行速度与浮渣的黏滞性不协调等，都将影响气浮净化后的出水效果。排渣周期视浮渣量而定，周期不宜过短，一般为0.5～2h。浮渣含水率在95%～97%，浮渣层厚度控制在10cm左右。浮渣宜采用机械方法撇除，圆形气浮池主要采用旋转撇渣机；矩形气浮池配套用撇渣机主要采用行车式撇渣机、绳索牵引式撇(油)渣机和链条牵引式撇渣机等。这里重点围绕链条牵引式撇渣机进行介绍。

链条牵引式撇渣机是一种带多块刮板的双链撇渣机，主要由驱动机构、牵引机构、张紧机构、刮板、上下轨道和挡渣板等组成。主要特点：①刮板块数较行车式、绳索式撇渣机多，可适当降低撇渣机的行走速度，减轻链条、链轮的磨损，并能使产生的浮渣被及时撇除；②撇渣机在池上做单向直线运动，不必换向，因而不需要行程开关，电源连接和控制都较简单，减少了电气设备故障。

(1)设计依据

根据气浮池液面浮渣的特性和处理水质要求，计算确定理论撇渣量 Q_d

$$Q_d=SSQ\xi\ (\text{kg/h}) \tag{1-4-37}$$

式中 SS——进入气浮池原水中悬浮固体的含量，kg/m^3；

Q——单位时间流入水量，m^3/h；

ξ——浮渣的去除率，一般为40%～60%。

含水率为98%时的浮渣量 Q_{98}

$$Q_{98}=\frac{100}{100-98}Q_d\ (\text{kg/h}) \tag{1-4-38}$$

撇渣机运行时的撇渣能力 Q_1

$$Q_1=60h_1bv\gamma\ (\text{kg/h}) \tag{1-4-39}$$

式中 h_1——浮渣层的平均厚度，m；

b——刮板长度，m；

v——刮板移动速度，m/min；

γ——浮渣密度，kg/m^3。

每天运行时间 t

$$t=\frac{Q_{98}\times 24}{Q_1}<12\ (\mathrm{h}) \tag{1-4-40}$$

根据液面浮渣的密度、稳定性、流动性以及液体流速来确定刮板移动速度 v，单一用作撇除浮渣(油)时，一般为 3～6m/min，而同时兼作撇除浮渣(油)和刮泥时，为防止池底污泥搅动，一般要求在 1m/min 左右。液面浮渣较少时，可每班开车 1～2 次，多时可增加开车次数，必要时可连续作业。

(2)驱动功率的计算

首先需要分析撇渣机在运行中所受的水平牵引合力 $\sum P$，具体包括摩擦阻力 $P_{摩}$、撇渣阻力 $P_{渣}$、链条弛垂引起的张力 $P_{张}$、链轮的转动阻力 $P_{转}$。由于链条牵引式撇渣机的撇渣速度缓慢(一般在 1m/min 以内)，撇渣阻力 $P_{渣}$ 很小，一般可以忽略不计。

摩擦阻力 $P_{摩}$ 需要考虑链条与导轨之间的摩擦阻力、刮板与排渣堰之间的摩擦阻力，可按下式计算

$$P_{摩}=2L\left(G_c+\frac{G_f}{2e}\right)\mu_1+\mu_2 P_1\ (\mathrm{N}) \tag{1-4-41}$$

式中 L——撇渣长度，即主动链轮轴与从动链轮轴之间的中心距，m；

G_c——每米链条的重力，N/m；

G_f——刮板(包括附件)的重力，N；

e——刮板间距，m；

μ_1——链条滑块与导轨之间的摩擦系数，一般取 0.33；

μ_2——刮板与排渣堰之间的摩擦系数；

P_1——刮板与排渣堰板之间的压力，N。

链条弛垂引起的张力 $P_{张}$ 可按下式计算

$$P_{张}=\frac{50}{8}eG_c\ (\mathrm{N}) \tag{1-4-42}$$

链轮的转动阻力 $P_{转}$ 可按下式计算

$$P_{转}=R_A\frac{d_A}{D_A}\mu+R_B\frac{d_B}{D_B}\mu\ (\mathrm{N}) \tag{1-4-43}$$

式中 R_A——A 链轮合拉力，N；

R_B——B 链轮合拉力，N；

d_A——A 链轮的芯轴直径，mm；

d_B——B 链轮的芯轴直径，mm；

D_A——A 链轮的直径，mm；

D_B——B 链轮的直径，mm；

μ——轴与轴承之间的摩擦系数，一般取 0.20。

每条主链水平总牵引力 $P_{主}$ 为

$$P_{主}=k\sum P=k\left(\frac{1}{2}P_{渣}+P_{摩}+2P_{张}+P_{转}\right)\ (\mathrm{N}) \tag{1-4-44}$$

式中 k——工作环境系数，一般取 1.4。

传动链的牵引力 $P_{传}$ 为

$$P_{传}=2P_{主}\frac{D}{d_1}\ (\mathrm{N}) \tag{1-4-45}$$

链条牵引式撇渣机驱动功率的计算公式

$$N=\frac{P_{传}v_{传}}{1000\eta\times60}=\frac{P_{主}v_{主}}{1000\eta\times60}\ (\mathrm{kW}) \qquad (1-4-46)$$

式中 $v_{传}$——传动链的线速度，m/min；

$v_{主}$——撇渣机行走线速度(主链线速度)，m/min；

η——传动机构总效率，取 0.65～0.80，由减速器的传动效率、链传动效率、轴承传动效率三者相乘而得。

(3)驱动机构和牵引机构的设计

链条牵引式撇渣机一般选用行星摆线针轮减速器，条件许可时也可选用其他形式的减速器。减速器输出轴的转速应尽可能接近计算转速，即变更牵引链条上主动链轮和导向链轮(从动链轮)的节径，使计算转速与减速器输出轴转速一致；同时减速器输出轴的扭矩应大于计算扭矩，减速器的输入功率应大于计算功率。为了防止撇渣机超负荷运行，还应在减速器的输出轴设置安全剪切销。

牵引链条是链条牵引式撇渣机的主要部件，由于撇渣机的工作环境较差，经常出没于污水中容易生锈，要求链条具有耐磨性、耐腐蚀性、抗拉强度大、结构简单和安装方便等特点，目前使用的牵引链条主要有片式牵引链和销合式牵引链两种。片式牵引链主要由链板、销轴和套筒组成；销合式牵引链主要由链条本体、销钉和开尾销 3 部分组成，链条本体采用可锻铸铁、球墨铸铁等材料整体铸造而成，由套筒、链板和止转部分组成，套筒一般要进行热处理以提高表面硬度，增强耐磨性。

链轮包括牵引链条用的主动链轮和导向链轮(从动链轮)，结构可以相同，一般采用铸钢或高强度铸铁铸造，齿面要进行热处理，使其硬度与链条套筒的硬度相近。传动轴分为主动轴和从动轴，为了方便设计、制造和安装，条件允许时二者的结构也可以相同。为了减轻轴重，传动轴可采用无缝钢管加轴头的结构形式，如图 1-4-25 所示。

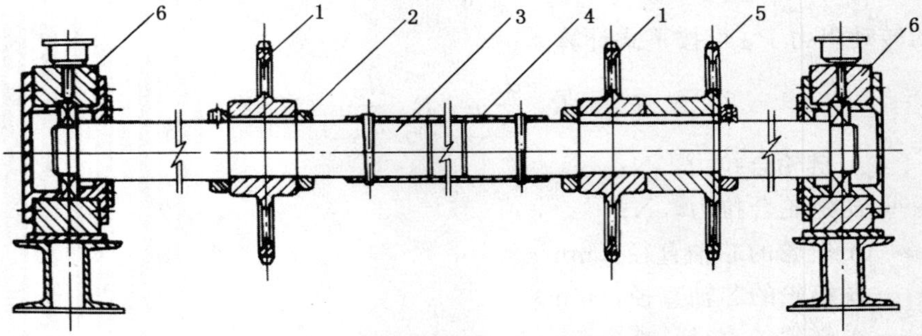

图 1-4-25 主动轴和支撑轴承的结构示意图

1—牵引链轮；2—锁紧挡圈；3—主动轴；4—联轴器；5—单列大链轮；6—支承轴承

牵引链条的张紧机构一般为螺旋滑块式结构，在从动轴的两端各安装一套，可以直接调整主动轴和从动轴之间的中心距。调整范围应该大于两个链节的节距，调整时应使两条主链的张度基本相等，并保证撇渣板与主链条垂直。

(4)刮板和刮板链节

刮板一般用槽钢、钢板、耐油橡胶板和螺栓等组成，其结构如图 1-4-26 所示。刮板固定在刮板链节上，也可以固定在定距轴上。耐油橡胶板一般深入浮渣层以下撇渣，为了调节所撇浮渣层的厚度，刮板一般设计成可调式，以便在安装时能够调整橡胶板的位置和高度。一般要求沿主链周长均布 3～5 组刮板即可，也可每间隔 2～4m 装一组刮板。为了保证主链沿着轨道行走和减小弧垂，一般每间隔 2m 左右加装一组托轮。托轮可以安装在刮板或定距轴上，同一刮板上左右两组托轮的中心线应该重合。

片式牵引链的刮板链节一般为外链节，上部为与刮板连接的支承板。销合式牵引链的刮板链节为铸造件，其材料与主链的要求一样，可以与主链一起委托链条厂家加工制造。

(5)挡渣板和出渣堰

在有外伸梁的气浮池中，为了消除撇渣时存在的死区和浮渣倒流现象，可在气浮池两边设置挡渣板。挡渣板表面应光滑平直，两块板互相平行，其间距与刮板尺寸相吻合，挡渣板与池壁应密封固定，以防浮渣进入挡渣板内。

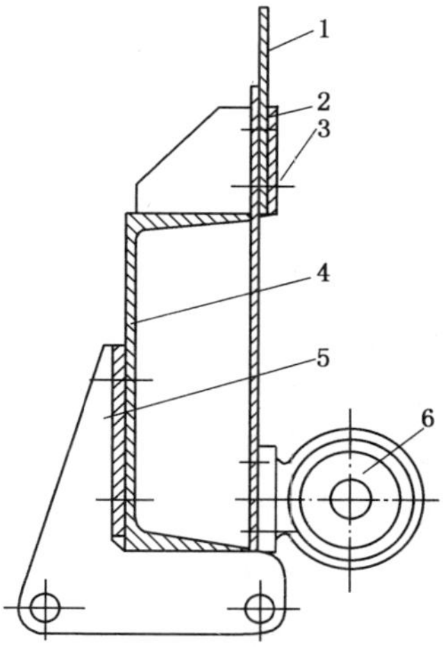

图 1-4-26　刮板组件的结构示意图

1—橡胶板；2—压板；3—螺栓螺母；4—刮架；5—刮板链节；6—托轮

为使浮渣被顺利刮进集渣槽，可在集渣槽的浮渣进口处设置出渣堰，一般按照刮板行走的圆弧轨迹设计出渣堰板。

(6)气浮池的排污

气浮池的排污方式可分为槽式排污、管式排污和升降式排污三种。

槽式排污是使集渣槽的槽底平面带有 2°～5°的坡度，以利于浮渣(油)自动顺槽流出。

管式排污装置简称排污管，常常采用直径为 ϕ300mm 的钢管，管顶沿轴向开有缝宽呈 60°圆心角的槽缝。排污管的一端加装旋转机构以便操作。撇渣时旋转手轮，带动排污管转动一定角度，使槽口单侧没入液面以下，浮渣(油)自动流入管内并排出气浮池外。撇完浮渣(油)后，反向旋转手轮，使槽口向上，槽口下沿高出液面停止排出浮渣(油)。排污管必须安装在撇渣机刮板翻板的适当位置，要有 2°～5°的坡度，以利于浮渣(油)自动顺管流出。

升降式排污是通过升降机构调整集渣槽或排污管的高低位置。在不撇渣时将排污管升到水面以上，撇渣时下降到水中适当位置。优点是增大了气浮池的浮选面积，缺点是增加了一套升降机构，结构略显复杂。

5. 一体化气浮装置

需要指出的是，目前主流做法是将进水泵、空压机、溶气罐、加药设备、气浮池、浮渣排除设备等高度集成，推出一体化气浮装置，具有占地面积小、操作方便、不需做基础等优点，而且调试正常运行后可实现自动化无人管理状态。此外，目前还有气浮池-沉淀池、气浮池-过滤池(或称气浮滤池、气浮过滤器，Flotation Filter)等一体化工艺组合型式。

四、新型气浮技术简介

1. 多相流溶气泵气浮系统

系统的核心是采用多相流溶气泵或气液混合泵，一般为多级离心泵类似结构，是随着气液两相混输泵送技术逐步发展而来。工作过程中，气体在泵的入口处与水一起进入泵壳内，高速旋转的叶轮将吸入的气体(也可以带压供气)进行剪切混合，气泡在泵内高压环境下也会溶解于水中形成溶气水。气泡和水的混合物进入气浮池，连同溶气水减压释放产生的微细气泡一起，参与气浮分离过程。典型的多相流溶气泵气浮系统有德国 Siemens Energy 公司的 Veirsep™ 卧式气浮系统（使用专利技术的 DGF 泵）、加拿大 Enerflex Ltd. 的微气泡气浮（Microbubble Flotation，MBF®）系统（使用 ONYX® 微气泡泵）、基于德国埃杜尔（Edur）多相流溶气泵或日本尼可尼（Nikuni）泵业有限公司气液混合泵的气浮系统等。

(1)系统构成和原理要点

以基于 Edur 多相流溶气泵的气浮系统为例，如图 1-4-27 所示，系统主要由 Edur 多相流溶气泵、稳压管、压力释放阀、气浮池、撇渣机、控制部分等组成。德国 Edur 泵业有限公司的多相流溶气泵是其中的核心设备，Edur 多相流溶气泵本质上属于叶片泵中的多级离心泵，泵与电动机同轴直联水平安装，采用机械密封。开式叶轮结构使得在长时间停机或处于临界运行状况下没有轴向力，导流器的使用保证良好动力学性能和高效率，节能效果显著。

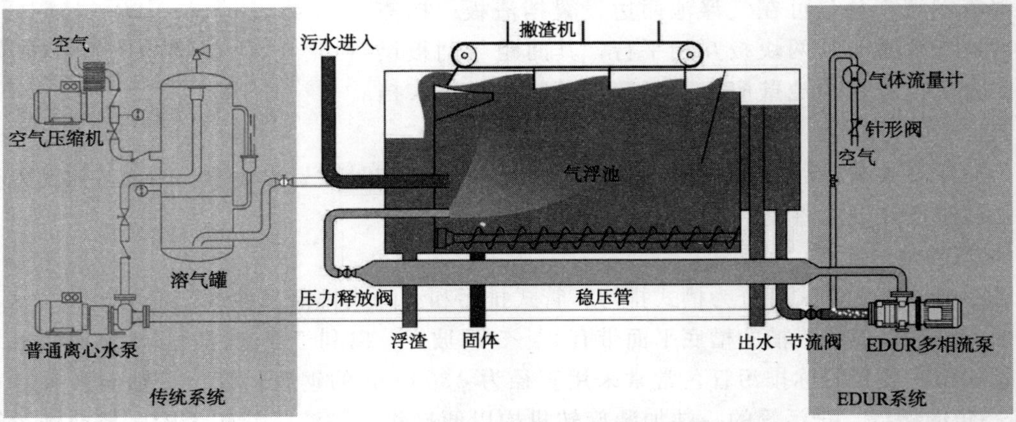

图 1-4-27　基于 Edur 多相流溶气泵的气浮系统组成示意图

多相流溶气泵进口处的真空度为−0.02MPa～−0.01MPa（真空表显示），使空气自动吸入泵前管道，与水一起进入泵内，保证了气液混合的稳定性；泵出口侧的压力表一般调节到≥4.5bar，多相流泵完成气-液彻底均匀混合和逐级增压后，在流经下游管路过程中气-液两相继续充分溶解，气体饱和度进一步增加。由于多相溶气泵工作过程中边吸水边吸气、泵内加压混合，因此气体溶解效率高且气水比可自动调节，可以实现 100% 的溶解度而达到饱和状态。Edur 多相流溶气泵的出口连接稳压管，其直径和长度根据溶气水流量及现场结构位置确定，一般应使溶气水从泵出口流至压力释放阀处的水力停留时间约为 1min，以使泵出口后的流动状态进一步稳定。稳压管上带有角阀，用于采集溶气样水和排气（当泵前吸气量大于该气体在相应温度、压力下的饱和溶解度时）。溶气水在通过压力释放阀减压释放时，可以产生粒径为 30～50μm 的微气泡。

选用 Edur 多相流溶气泵时，主要考虑溶气水流量、溶气水压力、气液比等 3 大因素：①溶气水流量一般为气浮池处理水量的 25%～35%，目前单台泵的最大流量为 $60m^3/h$、最大扬程为 250m；②溶气水压力一般≥4.0bar（表压），目前单台泵的最大操作压力为 40bar；③气液比取值与相应压力、温度下空气在水中的饱和溶解度相同或相近，一般情况下（压力 5bar、水温 20℃）取气液比为 11%；除溶解空气外，也可以溶解氯气、二氧化碳等，最大气液比可达 30%。根据所选择的气液比，实际工作最大气量＝最大溶气水流量×气液比。

(2)系统特点及处理效果

系统特点：①使用多相流溶气泵取代常规加压水泵、压力溶气罐、空压机及溶气释放器等，简化了系统结构组成；②低压运行，溶气效率高达99%，释气率高达99%；③运行稳定性几乎不受液体流量和气液比波动的影响，为工艺控制提供了良好条件；④系统安装、操作控制、运行维护简便，工作过程中的环境噪声低。Edur型气浮系统对各种工业废水的处理效果如表1-4-5所示，表1-4-6为德国某屠宰厂污水处理采用Edur多相流溶气泵改造原有气浮系统的效果对比。

表1-4-5 Edur型气浮系统的处理效果列表

项目	SS或油去除率	COD_{Cr}	色度	备注
造纸废水	99%	85%		
印染废水	99%	85%	95%	
电镀废水	98%			重金属离子去除率
含油污水	95%			出水含油10mg/L
制革废水	98%	80%		
化工废水	95%	80%	98%	
食品废水	95%	75%		
含藻水	95%			藻类去除率95%

注：鉴于废水性质的多变及处理条件的不一，上述数据仅供参考。

表1-4-6 德国某屠宰厂污水处理采用Edur多相流溶气泵改造原有气浮系统的效果对比

	原有气浮系统	Edur型高效气浮系统
设备配置	空压机 3个水泵(2开1备) $N=2\times7.5kW$，$Q=2\times9m^3/h$，$p=6.7bar$ 气液比：8.3% 1个压力溶气罐	一套溶气系统 $N=5.5kW$ $Q=17.5m^3/h$ $p=5bar$ 气液比：15%
气浮效果	用户不满意，排放不达标	分离率提高，达标排放
经济效益和设备可靠性	泵功率2×7.5kW，按年工作日220d、每天运行16h计算，多支出电费6000余马克，且易损件多，投药量大	溶气系统单项节电超过33400kW·h，药剂需量明显减少，设备维护费用降低

需要指出的是，对于含油污水处理等场合，多相流溶气泵或气液混合泵往往会使水质剪切乳化现象更为严重，某种程度上不利于后续分离过程的进行。此外，不仅单台多相流溶气泵或气液混合泵的进水流量有限(一般小于$70m^3/h$)，而且国内尚未自主掌握高性能气液混合泵的设计研发和加工制造技术。

2. 超效浅层气浮(Krofta气浮)

超效浅层气浮由Milos Krofta博士(1912—2002)于20世纪70年代发明，随后被广泛应用于水处理行业，简称为Krofta工艺。Milos Krofta博士一生致力于水处理技术的研究开发，发表了400多份技术报告和60多项专利，并成立了非营利性教育和研究机构——Lenox Institute for Water Technology(LIWT)。Krofta气浮系统目前受多项专利技术的保护，溶气管(Air Dissolving Tube，ADT)是其中最为核心的专利技术，目前Krofta Engineering Limited、Krofta Waters International(KWI)等公司都致力于该技术的推广应用。

(1)工艺流程与主体结构

如图 1-4-28 所示，典型的 Krofta 气浮系统由圆形浅池静止部分、中央旋转部分及加压溶气水制备部分等组成。

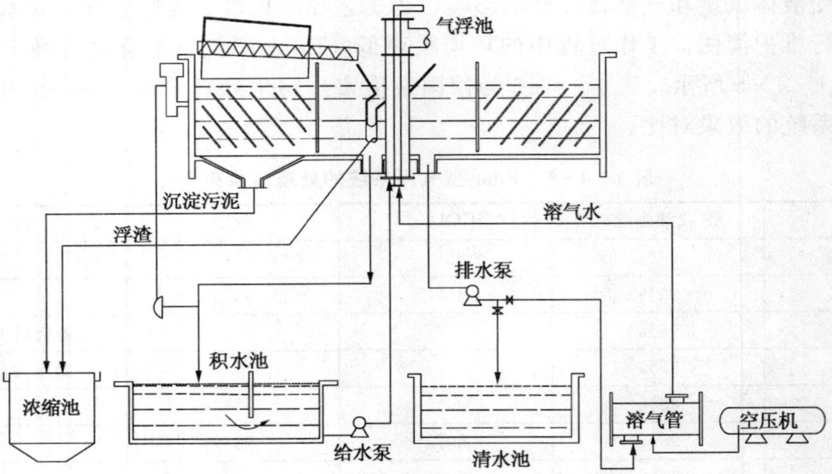

图 1-4-28　Krofta 气浮系统的组成示意图

图 1-4-29 所示为 Krofta 气浮系统的气浮池池体结构示意图。气浮池池体为圆形，一般采用钢材制作，直径超过 ϕ10m 时也可采用钢筋混凝土结构。整个池体由内向外依次同心设置有浮渣收集筒、清水溢流筒、回转筒(或称清水容器壁)和气浮池外筒，对应着浮渣区、清水区和分离区三大区域。外圈所对应的分离区中设有分流槽和折流栅，起到稳定水流的作用。分离区与清水区之间的回转筒与旋转支架一起旋转，下设橡胶垫以便与气浮池底板紧密贴合，形成动密封，使之在转动过程中仍能有效隔离处理水与澄清水，避免澄清水二次污染；浮渣收集筒与气浮池底板形成固定连接，筒底下方设有排渣管；清水溢流筒的筒底下方设有清水出口管和清水回流出口管，筒壁底端面采用一个截面为“L”形的密封环与气浮池底板形成静密封。圆形浅池的旋转支架用型钢制作，可绕中心沿池体外缘的圆形轨道以与进水流速一致的速度逆时针转动。原水配水器、可调节流量的分配管、流量控制渠、加压溶气水配水器、减涡挡板、调高挡板、清水集水管、回转筒和旋转的螺旋撇渣勺(Spiral scoop)随旋转支架一起转动，转速可由无级调速电动机调节，一般为 1/5～1/3r/min。旋转支架和螺旋撇渣勺的转动各自由调速电动机驱动，中心滑环供电。螺旋撇渣勺的旋转中心轴线略向浮渣收集筒中心倾斜。当浮渣达到一定厚度时，可开启螺旋撇渣勺的调速电动机进行旋转撇渣，撇渣周期根据不同的处理水质、加药量以及污泥量的多少而定。

原水从池中心的旋转接头进入，经橡胶连接管到原水配水器，通过其上数个可调节流量的分配管进入流量控制渠；加压溶气水从加压溶气水入口进入，通过加压溶气水管路到加压溶气水配水器布水，最终在气浮区开始固液分离过程。气浮池内的清水由固联在回转筒径向外侧的清水集水管收集，进入回转筒后溢流到清水溢流筒内，最后由清水出口管排出；部分清水由清水回流出口管排出，经过加压泵后，供产生溶气水使用。

专利技术的螺旋撇渣勺安装在原水配水器的前部，因此瞬时收集的浮渣总是气浮池内浮起时间最长、固液分离最彻底、含水率最小的浮渣，且对水体几乎没有扰动，然后浮渣靠重力作用排放到静止的浮渣收集筒中；螺旋撇渣勺可选用一斗、二斗或三斗的结构形式。螺旋撇渣勺自转周期 t、泥斗个数、泥斗(旋转支架)公转周期 T 与浮渣层厚薄之间有严格的匹配关系，可以通过两个调速电动机灵活、机动地进行调节。沉淀到池底的污泥由刮泥板刮集至沉淀物收集池中，通过沉淀物排出口定期排放至污泥池中，对出水不会产生任何影响。

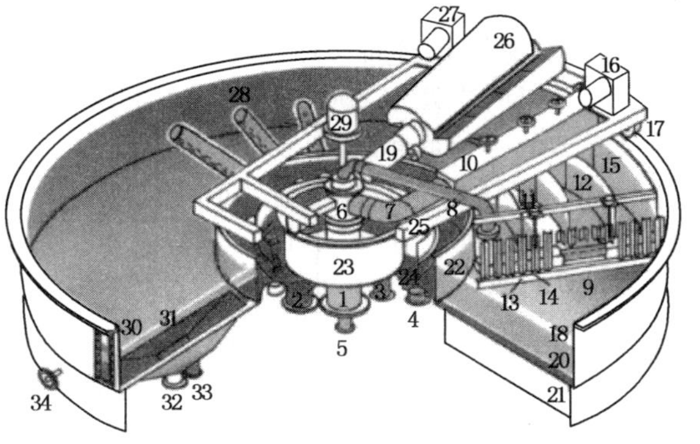

图 1－4－29　Krofta 气浮池的池体结构示意图

1—原水入口；2—清水出口；3—浮渣出口；4—清水回流出口；5—加压溶气水入口；6—旋转接头；7—橡胶连接管；8—加压溶气水管路；9—加压溶气水配水器；10—原水配水器；11—可调节流量的分配管；12—流量控制渠；13—减涡挡板；14—调高挡板；15—流量控制渠外壁；16—旋转支架驱动电动机；17—旋转支架驱动轮；18—滚轮支承圈；19—螺旋撇渣勺轴；20—气浮池底板；21—池底支承结构；22—回转筒(或称清水容器壁)；23—浮渣收集筒；24—清水溢流筒；25—旋转支架结构；26—螺旋撇渣勺；27—螺旋撇渣勺驱动电动机；28—清水集水管；29—电滑环；30—观察窗；31—沉淀物收集池；32—排空口；33—沉淀物排出口；34—水位控制调节手轮

(2)在气浮技术上的三大突破

①"零速原理"。在常规加压溶气气浮系统中，设备固定而水体运动，水入口经过反应区、接触区、分离区到达集水管，属于"布水处水流非绝对零速、集水处水流非绝对零速"，水体运动引起的湍流和扰动降低了不溶态污染物去除效率。在 Krofta 气浮系统中，除浮渣收集筒、清水溢流筒和气浮池外筒体保持静止不动外，其他各部分都以与原水配水器相同的角速度沿池体旋转。如图 1－4－30 所示，原水配水器绕中心轴逆时针旋转是牵连运动，其速度为 v_e，原水从配水器背水面出水管中顺时针流出为相对运动，其速度为 v_r。分别调整原水配水器上各个流量控制阀的开度，可以使各分配管对应流量控制渠中原水的绝对速度 $\vec{v_a}=\vec{v_e}+\vec{v_r}=0$，即进入池体的原水基本处于绝对静止状态。与此同时，清水集水管也与原水配水器、加压溶气水配水器、流量控制渠等同步旋转，当旋转线速度与进出水线速度严格匹配时，原水配水器腾出的水体容量由原水进入来补充，清水集水管挤走的水体容量由清水集水管同步排出。通过实现"布水处水流近绝对零速、集水处水流近绝对零速"而不对池中水体产生大的扰动，使不溶态污染物的升降在一种相对静止的环境中进行，这就是所谓的"零速原理"，该理论的应用是 Krofta 气浮系统的关键。

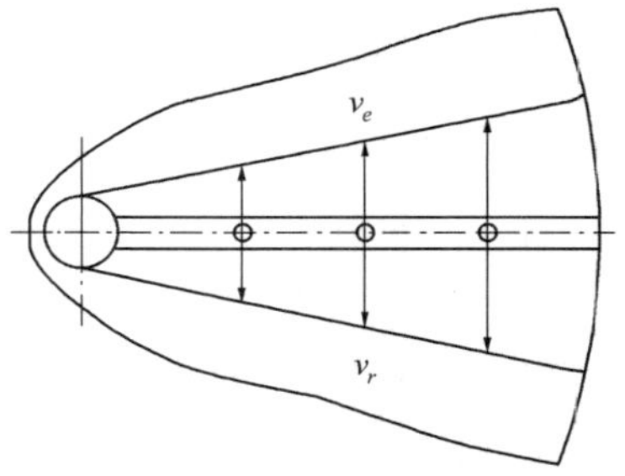

图 1－4－30　"零速原理"示意图

②"浅池理论"。不溶态污染物和气泡黏附体在相对静止的环境中垂直上浮，能使其沿垂直路径的上浮速度达到或接近理论最大值(100mm/min)。而且随着加压溶气水配水器的旋转，气泡能均匀充满整个气浮池，没有"气浮死区"，这意味着气浮效率可以接近理论上的极限。此外，由于进、出水彻底分开，不溶态污染物和气泡黏附体在上浮过程中，其下部的清水仍停留在原处，当清水集水管开始出水时固液分离过程结束，气浮分离时间就是原水配水

器和清水集水管等旋转部分的回转周期。

常规平流式气浮池分离区的实际有效水深通常为1.8～2.2m，对应其高度分布图来看，Krofta气浮池的安全段 h_3 和浮渣低密区 h_4 不需要设置。因此Krofta气浮池的有效深度只需420mm就能达到很好的净化效果，相对而言称其为“浅池”。“浅池”结构大幅度降低了建造加工费用，减少了占地面积。以同样处理7000m³/d的造纸废水为例，传统气浮池的占地面积约为155m²，Krofta气浮池的占地面积约为51m²。

假设不溶态污染物和气泡黏附体的上升速度为6mm/s，0.42m有效水深所需的上升时间仅为70s。Krofta气浮池的分离时间定为3～5min，已经考虑了很大的工作裕量。

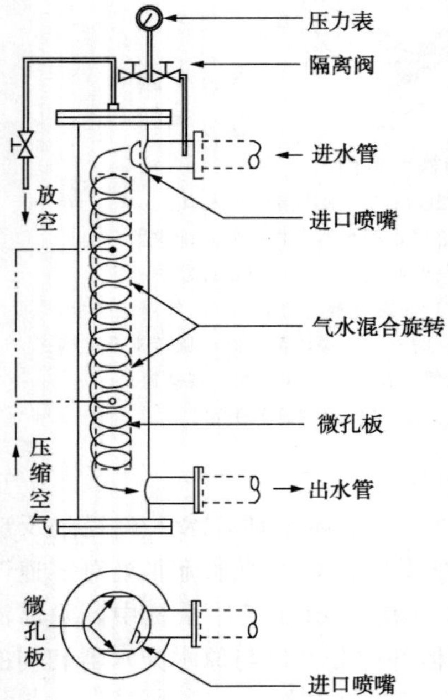

图1-4-31　溶气管的结构示意图

③独特的微细气泡产生方式。在Krofta气浮系统中，通过溶气管来产生所需的微细气泡。如图1-4-31所示，装有入口喷嘴的进水管设计成弯曲的牛角道式，插进溶气管内，回流水经过加压后在溶气管内呈旋转状态。溶气管内安装有可拆卸更换的微孔散气组件，微孔散气组件主要由进气短管、矩形非金属微孔板、矩形金属穿孔板、带弧形凸起金属板等组成，1～3个进气短管固定在带弧形凸起金属板的外侧，矩形非金属微孔板被矩形金属穿孔板和带弧形凸起金属板用螺栓夹持固定在中间，四周边缘接触压紧面上涂敷有密封胶以形成密闭气相空间。微孔散气组件安装时，带弧形凸起金属板靠近溶气管内壁，通过进气短管与溶气管外部气源连通。工作过程中，压力约6.5～7.0bar的压缩空气进入微孔散气组件的密闭气相空间后，通过矩形非金属微孔板被分散成细小气流，然后在一定强度的旋流剪切作用下与加压水混合、溶解。此时空气在溶气管内以两种形式存在，一种形式是溶解在水中；另一种形式是以游离状气泡夹裹、混合在水中，其中的大粒径气泡在涡流中被收集后通过放空管线排出。气水混合物在溶气管中的停留时间约8～12s，然后从另一端的出水管排出。经过减压阀后，减压释放的微细气泡也加入后续的气浮过程中。溶气管的容积利用率接近100%，所产生微细气泡的粒径一般为30～70μm。

溶气管的特殊结构使其没有常规压力溶气罐的填料堵塞问题，也没有需要控制管内水位高低的问题。实际上，有国外公司近些年来将溶气管(或称为Air Mixing Tube)作为一种独立的微细气泡发生设备进行销售，能够提供11种不同规格，处理量在0.23～681.37m³/h之间。Krofta Waters International(KWI)公司新近推出了名为空气溶解反应器(Air Dissolved Reactor，ADR)的第三代微细气泡发生技术。

(3)基本设计参数及应用

Krofta气浮池的基本设计参数如下：表面水力负荷9.6～12m³/(m²·h)，回流比20%～40%，水力停留时间3～5min，溶气压力0.6～0.75MPa(表压)，气浮池外筒高度最大不超过1050mm，气浮池有效水深550mm。目前，Krofta气浮系统的单体最大处理量达2500m³/h、气浮池最大直径为 ϕ21.3m、旋转支架驱动电动机和螺旋撇渣勺驱动电动机的最大功率都达5.5kW。

自20世纪90年代末期以来，Krofta气浮系统作为造纸生产线的附属设备一起被引进，或者只作为造纸行业的专业设备被引进，应用于中国造纸行业的白水处理中，其处理效果令用户非常满意。近年来，随着Krofta公司与国内合资、合作，设备价格大幅度降低，在几乎没有竞争对手的情况下该技术逐渐走俏。目前国内已有多家环保设备企业进行了消化吸收，所生产超效浅层气浮设备的SS去除率及回收水质量可与国外同类设备相媲美，并开始出口。HDAF型浅层零速气浮系统的技术参数如表1-4-7所示。

表1-4-7　HDAF型浅层零速气浮系统技术参数列表

规格型号	池径/mm	池高/mm	池深/mm	处理量/(m^3/h)	规格型号	池径/mm	池高/mm	池深/mm	处理量/(m^3/h)
HDAF-2400	ϕ2400	850	600	25	HDAF-8100	ϕ8100	950	650	300
HDAF-3200	ϕ3200	850	600	45	HDAF-9000	ϕ9000	950	650	360
HDAF-3900	ϕ3900	900	650	60	HDAF-10200	ϕ10200	950	650	480
HDAF-4500	ϕ4500	950	650	95	HDAF-11000	ϕ11000	950	650	550
HDAF-5500	ϕ5500	950	650	135	HDAF-11000	ϕ11000	950	650	670
HDAF-6300	ϕ6300	950	650	180	HDAF-13400	ϕ13400	950	650	800
HDAF-6700	ϕ6700	950	650	200	HDAF-14800	ϕ14800	950	650	1000
HDAF-7200	ϕ7200	950	650	230	HDAF-16800	ϕ16800	950	650	1280

§1.5　过滤分离机理与设备

过滤是分离液态和气态非均相物系常用的方法，其基本过程是混合物在推动力作用下与过滤介质发生接触，其中的悬浮固体(SS)或杂质颗粒被截留而流体通过过滤介质，从而实现固-液分离或气-固分离。

一、过滤的分类及相关基础

1. 过滤的分类

(1)按照过滤机理分类

过滤的分类方法有多种，按照过滤机理的不同主要分为表面过滤(Surface filtration)和深层过滤(Depth filtration)两大类。

表面过滤所用过滤介质层的孔隙通常要比待过滤物料中杂质颗粒的平均粒径小，过滤时多数杂质颗粒能够被过滤介质层直接截留在滤层表面。虽然刚开始过滤时，小粒径杂质颗粒可能会穿过过滤介质层，但随着过滤过程的进行，小于或相近于过滤介质层孔隙的杂质颗粒会在滤层表面产生“架桥”现象，形成初始滤饼层，如图1-5-1所示。初始滤饼层的孔隙往往小于过滤介质层孔隙，从而成为主要的“过滤介质”，能够起到进一步的过滤截留作用，因此表面过滤又称为表层过滤、滤饼过滤或载体过滤。

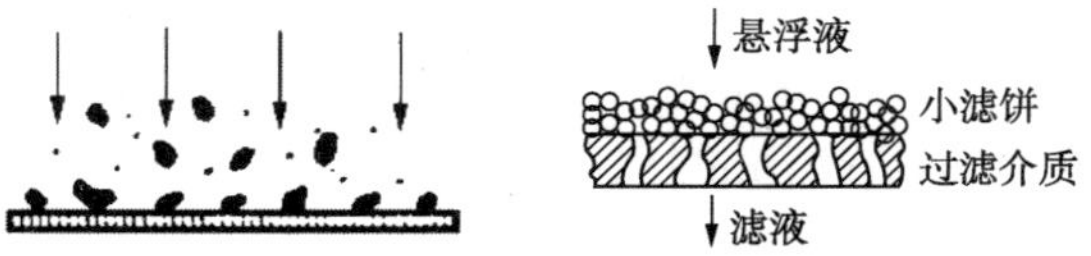

图1-5-1　表面过滤及其中的架桥现象示意图

表面过滤通常用于待过滤物料中杂质颗粒浓度较高或过滤速度较慢、容易形成滤饼层的场合。在工程实际中，往往按待分离杂质颗粒的粒径大小，将表面过滤分为格筛过滤（粗滤）、微孔过滤、膜滤等几种。格筛过滤的过滤介质为栅条或滤网，用以去除粗大的杂质颗粒，被截留杂质颗粒的粒径在 100μm 以上，前面已经介绍；微孔过滤是以更小的筛网、多孔材料（如金属或非金属滤芯）或在支撑结构上形成的滤饼，以截留粒径 0.1～100μm 左右的杂质颗粒，如污水处理用微滤机/滤布滤池、污泥脱水用真空过滤机和各类压滤机、烟气除尘用袋式过滤器、天然气净化用纤维滤芯过滤器等；膜滤是用具有不同孔径的人工合成滤膜来进行过滤，以截留物料中的细小杂质（也包括细菌、病毒、溶解盐等），被截留的杂质颗粒粒径因滤膜孔径不同而异，如常用的微滤、超滤、纳滤等膜分离设备。

深层过滤也被称为滤床过滤或体积过滤。由颗粒滤料堆积而成的过滤介质层通常都比较厚，过滤通道长而曲折，过滤介质层的空隙通常大于待过滤物料中杂质颗粒的粒径。过滤过程中，杂质颗粒可以进入过滤介质层的空隙中，并附着在介质表面上而与流体分开。深层过滤无滤饼形成，一般适用于待过滤物料中杂质颗粒含量较少的场合，如普通快滤池对水的净化、高温烟气或细微粉尘的除尘等。

需要强调指出的是，毛毡材料（如针刺无纺布、熔喷无纺布、毛绒滤布等）是常见的深层三维过滤材料，在过滤机理上属于复合截留模式，即较大粒径的杂质颗粒被截留在表面，而细微颗粒则被捕捉于滤材深层中，因此具有较高的过滤效率。例如，纤维编织毛绒滤布的平均网孔直径≤10μm，有效过滤深度＞3mm，除了被应用于气体净化领域外，也被应用于水质工程领域的滤布滤池。采用高温表面热处理（即瞬间烧结技术），能有效防止过滤时纤维组织受流体高速冲刷而散失。

(2)按照促使物料流动的驱动力分类

按照促使待过滤物料流动的驱动力可分为重力过滤、压差过滤和离心过滤。

重力过滤是指待过滤物料在重力作用下通过过滤介质，如水处理中的快滤池等。压差过滤包括真空过滤和加压过滤，前者利用外界常压环境与过滤设备内部真空环境之间的压力差作为过滤推动力，如污泥脱水用转鼓真空过滤机等；加压过滤是指过滤设备内部压力大于外界环境常压，如颗粒层过滤器不仅可以用于水处理，也可以用于烟气除尘。离心过滤是使待分离的物料旋转，在所产生惯性离心力的作用下，流体通过滤饼层或过滤介质层而杂质颗粒被截留，如过滤式离心机等。

2. 深层过滤的相关基础

如图 1-5-1 所示，深层过滤的特点是杂质颗粒的沉积发生在较厚的固体颗粒状过滤介质床层内部，不希望在过滤介质表面形成杂质颗粒层。此外，深层过滤的工作运行是“过滤-反冲洗”两个过程交替进行，工作期间处于全浸没状态。

(1)滤料组成与级配

作为过滤介质的固体颗粒也被称为滤料，滤料的种类、性质、形状和粒径级配等是决定滤料层截留杂质颗粒能力的重要因素。除了要求价廉、货源充足之外，滤料的选择还应满足机械强度、化学稳定性、无毒无害、截污能力强等要求。机械强度主要是防止冲洗时产生磨损和破碎现象，化学稳定性主要是避免滤料与水产生化学反应而恶化水质。经常使用的滤料除了长期使用的天然石英砂（quartz sand）以外，还有柘榴石、铁矿砂、金刚砂、无烟煤等颗粒滤料；一些无机材料经破碎、烧结后也可以做滤料，如陶粒滤料、铝矾土陶瓷滤料；还可以采用人工合成的粒状材料，如塑料珠、聚苯乙烯泡沫滤珠、纤维球等。

滤料粒径级配是指滤料中各种粒径颗粒所占的重量比例，一般采用有效粒径 d_{10} 和不均匀系数 $K_{80}(=d_{80}/d_{10})$表示。K_{80} 较大时，滤料不均匀程度大，滤料层含污能力减小，反冲洗时为满足粗颗粒的膨胀要求，细颗粒可能被冲出滤池；若为满足细颗粒的膨胀要求，粗颗粒将得不到很好的反冲洗。因此，K_{80} 越小，即越接近 1，滤料越均匀，过滤和反冲洗效果越好，但滤料筛选成本提高。滤料的发展是使 K_{80} 接近于 1 而成为均粒滤料，是人工滤料研制的目标。

(2)深层过滤的机理

按照原水的流动方向可将深层过滤分为下向流、上向流和双向流 3 种，如图 1－5－2 所示。在下向流过滤中，水流向下通过滤料，可以借助重力作为过滤驱动力。缺点是在反冲洗过程中，出现的水力筛分现象会使小粒径滤料在滤池上层，滤料颗粒间的空隙自上到下逐渐增大，那么在下次过滤过程中会产生这样的现象：上层滤料间的空隙已经被悬浮物堵塞，而下层滤料尚未发挥作用，容易在滤料层中产生负压，影响滤池正常工作。在上向流过滤中，水流向上通过滤料，过滤驱动力需要额外克服重力，当滤速较高时表层应设置格网或格栅以防止滤料层膨胀。缺点是运行能耗较高，且反冲洗水与过滤水流方向一致而影响反冲洗效果，但出现的水力筛分现象会使小粒径滤料在滤池上层，可以截留较多的悬浮物(含污量大)，延长工作周期。双向流过滤可将下向流过滤与上向流过滤的优点结合起来，滤出水可通过设在池中部的集水组件而引出池外，反冲洗时仅需提高池底部的进水速度。缺点是工程实际中建筑物或设备的建造较为复杂。

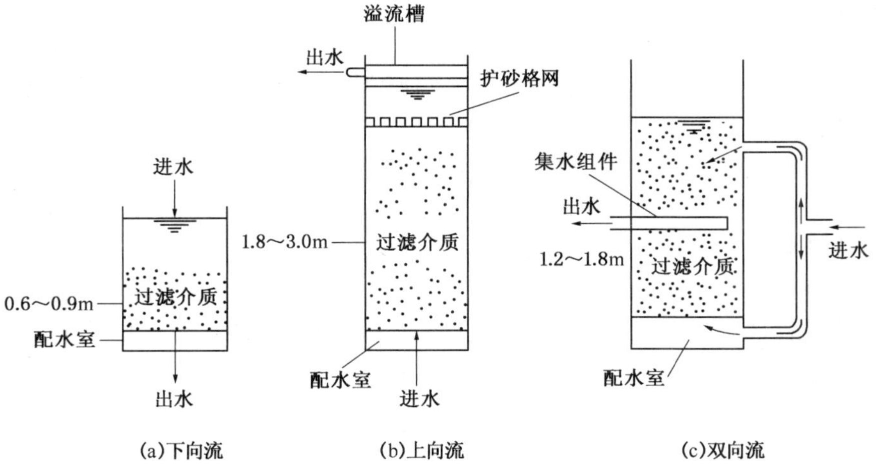

图 1－5－2　滤池中的过滤方向示意图

在水质工程领域，过滤除去杂质颗粒的过程涉及复杂的物理和化学联合作用机制。由于去除的杂质颗粒很多都比固体颗粒滤料之间的空隙小，这说明杂质颗粒并非按流线运动，其作用机理一般有迁移、附着、脱落等三种。

①迁移机理。杂质颗粒脱离流线而与滤料表面接近或接触的过程就是迁移过程，引起迁移的原因主要有拦截、沉降、惯性碰撞、扩散、水动力效应等。当杂质颗粒很接近滤料颗粒表面(20μm 以内)时，由于水流速度小，重力沉降作用足以影响杂质颗粒的运动方向，最后完成迁移过程；当杂质颗粒由于自身速度所具有的惯性力作用足够大时，就会将其抛到滤料颗粒表面上，从而完成迁移过程。阻截作用就是当杂质颗粒一直沿着一条流线运动，以致最后与滤料颗粒表面相碰撞接触，从而完成迁移过程。当滤料层孔隙内存在杂质颗粒的浓度梯

度，并使其扩散到滤料颗粒表面上时，迁移的机理就属于扩散。动力效应是指，滤层中的水流通道由无数形状不规则的孔隙串联而成，这就使得每个孔隙中的水流形成一个随时间而变化的非均匀流场；处于这个流场中的杂质颗粒在产生旋转运动的同时，还会跨越流线做横向运动，形状不对称杂质颗粒的这种运动还会得到加强；孔隙中杂质颗粒的横向运动使之到达滤料表面，完成迁移过程。

在实际过滤中，杂质颗粒的迁移过程可能会受到上述各种机理的综合作用，其相对重要性取决于水流状况、滤层孔隙形状及杂质颗粒自身的性质(粒度、形状、密度等)。不可否认的是，原水自上而下流过颗粒状滤料层时，粒径较大的杂质颗粒首先被拦截在表层滤料之间的空隙中，使得滤料之间的空隙越来越小，截污能力越来越强，形成一层由被截留物构成的滤膜，并由它起主要过滤作用。

②附着机理。由迁移过程而与滤料接触的杂质颗粒，黏附在滤料表面上不再脱离，就是附着过程。附着过程是一个物理化学过程，引起杂质颗粒附着的因素主要有接触凝聚、静电引力、吸附、分子引力等。有人认为附着是粒状介质过滤的主要作用机理。

③脱落机理。直到20世纪70年代末期，人们才开始深入研究固体颗粒状滤料反冲洗再生的机理。通过外加气体或液体的作用，使固体颗粒状滤料层膨胀一定高度，滤料处于流化状态，截留在滤料之间和附着于滤料上的杂质颗粒受流体的冲刷而脱落。当然，颗粒状滤料在流体中旋转、碰撞和摩擦，也使杂质颗粒脱落。

(3)过滤效率的影响因素

过滤效率是在驱动力作用下原水中杂质颗粒与过滤介质之间相互作用的结果，亦即受体系内因和外因两大方面因素的影响。滤料的粒径、形状、空隙率、厚度、表面性质以及杂质颗粒的粒径、形状、密度、浓度、温度、表面性质等属于体系内因，体系外因主要包括原水水质、滤速等。

单位时间、单位过滤面积上的过滤水量称为滤速，以 m/h 或 $m^3/(m^2 \cdot h)$表示。对于深层过滤而言，通过颗粒状滤料层的滤速与过滤驱动力成正比，与颗粒状滤料层的阻力成反比。过滤刚刚开始时，驱动力至少需要克服清洁滤料和滤池配水系统所产生的阻力；而当悬浮物(SS)开始在滤料上积累的时候，驱动力就必须克服阻力较大的滤料和配水系统所产生的阻力。过滤过程进行到一定时间后，在一定水头压力下的滤速会急剧减小或出水水质恶化。清洁滤料层的水头损失可以采用基于 Carman－Kozeny(卡曼-康采尼)或 Kozeny－Carman 方程的公式来计算

$$h_0 = 180\,\frac{\gamma}{g}\,\frac{(1-m_0)^2}{m_0{}^3}\left(\frac{1}{\varphi \cdot d_0}\right)^2 \cdot L_0 v \tag{1-5-1}$$

式中，h_0 表示水头损失，cm；γ 表示水的运动黏度，cm^2/s；g 表示重力加速度，cm/s^2；m_0 表示滤料的空隙率；d_0 为与滤料体积相同的球体直径，cm；L_0 表示滤层厚度，cm；v 表示滤速，cm/s；φ 表示滤料颗粒球度系数。

当过滤阻力增加到滤料层的水头损失超过该处的过滤水头时，就会出现负水头现象。负水头会导致空气释放出来，增加滤料层的局部阻力。在反冲洗时，空气把部分滤料随水带走，造成滤料层局部大粒径柱状体，从而使过滤发生短路现象。气阻是由于滤料层内局部积聚了空气，减少过滤水量，形成滤料层裂缝，过滤水质恶化。

3. 水质净化能力与工艺

过滤工艺长期以来一直是给水处理中为获得优质水而采用的关键净化工序；在排水工程领

域的应用相对较晚，20 世纪 60 年代开始污水过滤技术的研究开发，目前已经得到了广泛应用。根据《污水过滤处理工程技术规范》(HJ 2008)，过滤工艺可用于各种水量、较低浓度悬浮固体(SS)和脱稳胶体等物质的分离去除：用于污水二级生物处理出水和工业废水混凝沉淀/混凝气浮处理出水时，要求进水悬浮固体(SS)含量<20mg/L；用于活性炭吸附、膜分离、离子交换等污水深度处理的预处理时，要求进水 SS 含量<10mg/L；用于直接过滤(接触过滤或微絮凝接触过滤)时，进水 SS 含量可适当放宽(如 SS<60mg/L)，此时滤料粒径应相应增大。

在原水进水管道中加入凝聚剂进行接触、混合、凝聚，然后进入过滤池进行过滤，以去除水中的悬浮物，这种系统称为接触过滤，也称为接触凝聚过滤。这种系统不设澄清池，适用于原水中悬浮物含量不高，浑浊度低于 40mg/L 的水质情况。微絮凝接触过滤是在原水中加入絮凝剂，经快速混合后在絮凝池内形成肉眼看不见的微絮凝体后，马上进入滤池进行过滤。这种情况下除采用深层滤料滤池外，也可以采用表面过滤。

二、表面过滤设备

典型的表面过滤设备包括袋式过滤器(Bag filter)、转鼓式微滤机或转鼓式精密过滤器(Rotary drum microscreen filter)、滤布滤池(Cloth media filter)、滤芯过滤器(Cartridge filter)、预涂层过滤器(Precoat filter)等几大类，自清洗过滤器或全自动反冲洗过滤器本质上也属于表面过滤设备，因篇幅所限这里不作介绍。

1. 袋式过滤器

世界上最古老、最原始的水处理用表面过滤设备是滤水布袋，早在公元前 460～前 354 年间由希波克拉底(Hippocrates)推荐，叫“希波克拉底布袋”。如今工业领域使用较多的袋式过滤器类似一立式压力容器，容器中装有钢丝筛筒类支撑结构，支撑结构内装有标准规格的滤袋，可以采用单袋或多袋。滤袋可以采用毛毡等非耐用材料，过滤功能下降后废弃；也可以采用聚丙烯(PP)无纺布纤维或聚酯(PE)无纺布纤维等耐用材料，过滤功能下降后反冲洗再生。

2. 转鼓式微滤机

转鼓式微滤机也被称为转鼓式精密过滤器、旋转微滤机、转筒微滤机，滤网一般用聚酯纤维丝或含钼不锈钢丝制成，孔径有 10μm、23μm、35μm、50μm、60μm、100μm 等几种；也可根据水质情况选用其他材料和孔径的滤网，但孔径远低于预处理拦污用转鼓型旋转滤网。

图 1-5-3 所示为典型转鼓式微滤机的结构示意图，主要包括静止机体、进出水口、过滤转筒、反冲洗、支撑与传动、电气控制、辅助设备等部分，水平放置的过滤转筒由转筒骨架和滤网组成，可以根据水质要求选用不同精度和材质的滤网，污水过滤路线属于从转筒内到转筒外。转鼓式微滤机可以采用管线连接独立安装的不锈钢材质箱体式设计(Tank design)，也可以采用混凝土沟渠内安装的不锈钢材质框架式设计(Concrete design)，单侧布置或双侧对称布置的上盖采用纤维增强复合材料(FRP)。转筒滤网通常采用 360°周长方向上的整体结构，用螺丝固定在转筒骨架上，可根据需要沿转筒骨架轴向安装多块滤网；转筒滤网也可以由多块独立可拆的弧形滤网周向拼装组成。反冲洗部分包括反冲洗泵、反冲洗水管线、高压喷头、反冲洗水和滤渣收集槽、排放管、阀门等，反冲洗水和滤渣收集槽安装在转筒滤网内部上方位置，轴向长度略小于转筒滤网。除常规带压水反冲洗外，还可根据需要酌情增加对滤网的高压喷射清洗和喷射式化学清洗。从过滤转筒的支撑定位和传动方式来看，可以在转筒骨架一侧外缘上固定安装齿圈，然后采用链传动或齿轮传动；也可以将转筒骨架

一侧端面封闭，同轴心安装实心或空心齿轮，然后采用链传动或齿轮传动。转筒滤网的进水端可以采用开敞式进水或管式进水结构，有时还可以在转筒骨架内圆柱面上方采用对称布置的滚轮辅助支撑定位。无论采用何种传动方式，都应该避免静止的滤渣收集槽和反冲洗排污管与过滤转筒之间发生运动干涉。电动机、减速器等传动设备通常安装在静止机体液面以上的适当位置，并尽量避免高压清洗时的液滴飞溅。电气控制部分分为手动、自动两种，自动控制采用可编程序控制器(PLC)，主要是集中控制反洗水泵及转筒驱动电动机，并自动控制过滤和反冲洗过程。本地 PLC 还可预留与上位机的通信接口，将所有过滤器的运行状况上传至中控室以便对其进行远程监控。

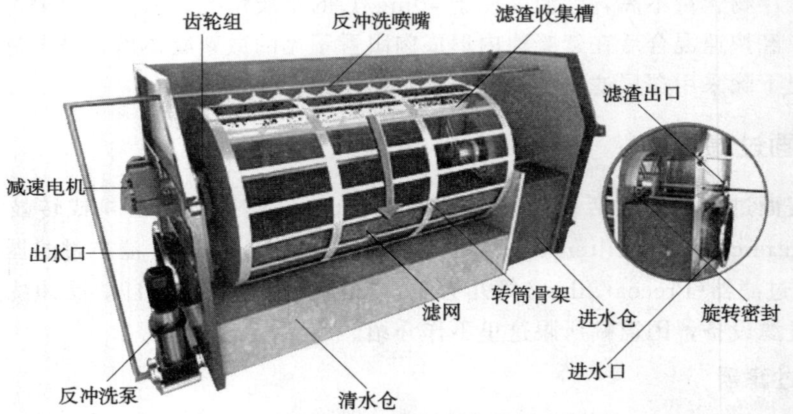

图 1-5-3　转鼓式微滤机的结构示意图

工作过程中，污水从转筒端部一侧进入滤网内，在自内向外流动过程中得以过滤，悬浮固体被滤网截留；当滤网内的悬浮固体积聚到一定数量时，会引起滤网透水量下降，导致滤网内的水位上升。当滤网内的水位上升到设定的高水位时，反冲洗水泵和转筒驱动电动机同时开启，转筒开始缓慢旋转，反冲洗水泵抽取滤后出水，增压后(0.2～0.6MPa)输送至滤网外侧上部的多个喷嘴，对滤网由外向内进行反冲洗。随滤网转动到上部的截留悬浮固体被反冲洗水冲下，收集在滤网内部上方的滤渣收集槽中，随同反冲洗水一起通过排污管排出。滤网被清洁干净后透水量上升，滤网内的水位下降，当水位降至设定的低水位时，反冲洗水泵和转筒电动机自动停止工作，转鼓式微滤机又进入新一轮工作循环。除了将过滤和反冲洗过程自动交替进行外，也有厂家把是否有污水进入转筒滤网作为判别标准，而将过滤与反冲洗过程始终同步运行。

转鼓式微滤机的优点是设备结构紧凑，处理污水量大，操作方便，占地较小，配用不同规格的滤网即可适用不同的水质处理要求。能从水中去除悬浮固体微粒和各种类型的浮游动植物、藻类或纤维纸浆等，目前已有采用转鼓式微滤机代替初沉池的工程案例。原瑞典 Hydrotech 公司的 HDF Drumfilter、瑞典 Nordic Water 公司的 DynaDrum、美国 WesTech Engineering 公司的 SuperDrum™ Drum Filter 等都属于此类设备。

3. 滤布滤池

滤布滤池是近些年发展起来的一种新型表面过滤技术，一般设置在常规二级生化处理后，可提高 SS 的去除率，结合投加药剂还可以起到除磷的效果，甚至可用于对常规深层过滤用普通快滤池进行改造升级。根据过滤器的主体外形来看，滤布滤池可分为转盘式、长条式、竖片式等几大类。竖片式滤布滤池与长条式滤布滤池相近，支撑骨架横截面为矩形，过滤、反洗、排泥方式也与长条式滤布滤池相同。

(1)转盘式滤布滤池

转盘式滤布滤池也被称为滤布转盘过滤器、转盘式微滤器/转盘式微过滤器(Rotary disc microscreen filter)，显著特点是通过一系列垂直于水平空心转筒安装的可旋转滤盘来实现净水功能，每个滤盘上装有可方便拆卸的滤布。最早由瑞典 Hydrotech 公司研制，1992 年开始在工程中应用，具有处理效果好、出水稳定、承受高水力及悬浮固体负荷能力强、全自动运行、操作及保养简便、土建和运行费用低、占地面积极小等优点，可以替代传统的深层过滤设备。目前已大量应用于市政污水、工业废水的深度处理和升级改造方案，以去除 SS、COD_{Cr}、BOD_5 和总磷。原瑞典 Hydrotech 公司的 Discfilter(现已被法国 Veolia 兼并)、美国 Aqua-Aerobic Systems 公司的 AquaDisk®、美国 WesTech Engineering 公司的 SuperDisc™、美国 Evoqua Water Technologies 公司的 Forty-X™ Disc Filter、瑞典 Nordic Water 公司的 DynaDisc、德国 Huber 公司的 RoDisc® Rotary Mesh Screen 等产品较具代表性，单项工程的最大处理量已达 36000m^3/h。从滤液的流向来看主要分为滤盘内进水和滤盘外进水两大类：滤盘内进水是污水由空心转筒流入，进入滤盘内部后自内部向外部流动，悬浮固体被截留在滤盘内部，滤后水流入滤池箱体；外进水是污水先流入滤池箱体，自滤盘外部向内部流动，悬浮固体被截留在滤盘外表面，滤后水汇入空心转筒后流出滤池箱体。从安装方式来看，可以分为地面安装和地下安装两种。这里主要结合"滤盘内进水转盘式滤布滤池"进行介绍。

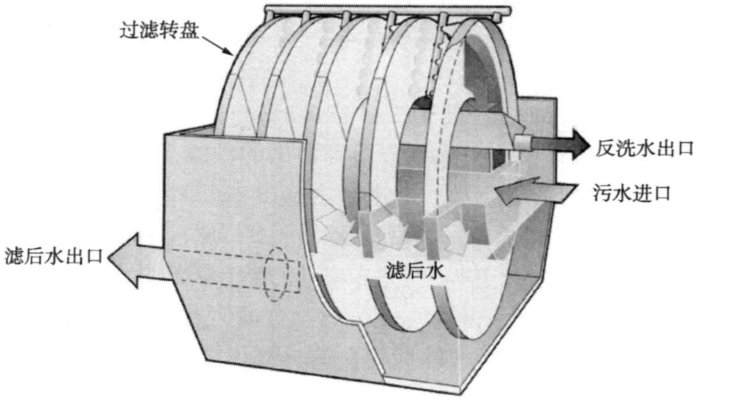

图 1-5-4　转盘式滤布滤池的结构示意图

如图 1-5-4 所示，转盘式滤布滤池属于无压设备，主要由箱体、空心转筒、滤盘、反冲洗、驱动机构、排泥、电气控制等部分组成。箱体由碳钢焊接而成并进行防腐处理，也可根据现场条件做成钢砼结构。空心转筒采用较大直径的优质钢管焊接而成，其上加工有一定数量和宽度的周向孔道，既可作为污水进入的通道，又可支撑固定滤盘并带动其旋转。为配合反冲洗作业，转筒内部靠上有污物收集槽和相应的污物排出管。滤盘固定在空心转筒外圆周上，并通过后者的周向孔道保持连通。滤盘数量根据滤池设计流量而定，根据处理量大小可以多达 40 余个。为保证过滤面积，每片滤盘通常由 6～12 块相互独立的平板扇形格框组成，并在端面覆盖以滤布及衬底。扇形格框的独特结构设计可以使其较为容易地从空心转筒上移开，同时允许在微滤机顶端拆除和更换扇形格框。工作过程中，水浸泡体积最大可达 65%～70%。滤布一般采用丝状金属或非金属材料编织而成，网格空隙一般为 10～20μm，绷紧在扇形格框后其抗拉强度可达 267N/cm，能够承受较高的反冲洗压力。反冲洗部分由管道、径向支架、反冲洗喷嘴、反冲洗水收集槽、污物排出管等组成，用于滤布的清洗。驱动机构由电动机、减速器、链轮、链条等组成，一般通过在空心转筒一侧的中心轴带动空心转筒和滤盘转动，可以通过变频器改变转速。排泥部分由排泥吸口、管道、排泥吸口支架等组成，用于排出滤池底部的污泥；电气控制部分由电控箱、PLC、触摸屏、液位监测等元件组成，用于控制反冲洗、排泥过程，使其运行自动化，并可调整反冲洗间隔时间、排泥间隔时间。滤布滤池的运行包括过滤和反冲洗两个交替进行的过程，一般在 PLC 的控制下自动完成。

①过滤过程。污水经进水堰板进入滤池内，经挡板消能后，在重力作用下通过空心转筒上的周向孔道进入各个滤盘的内腔。污水在自滤盘内腔向外流动的过程中，悬浮固体被截留在滤布内侧。整个过滤进程中，滤盘处于静止状态。随着过滤过程的进行，滤布内侧截留积聚的杂质不断增加，过滤阻力不断增大，滤盘内的液位不断上升，当液位达到设定值时需要进行反冲洗。

②反冲洗过程。反冲洗时，控制系统启动驱动机构，使转筒和滤盘以 0.5～1r/min 的速度旋转；转盘式微滤器端头附设的立式反冲洗水泵抽取过滤后的清水，通过安装在径向支架上的喷嘴高压喷射到滤盘外侧，黏附在滤布内侧上的杂质落入固定在转筒内部靠上的污物收集槽内，然后通过污物排出管排出，反冲洗水的耗水量为总出水量的 1%～2%。随着滤盘的缓慢旋转，反冲洗水喷射不同周向角度的滤布外侧，最终使其全部得到喷射冲洗。随着反冲洗过程的不断进行，滤盘内的液位不断下降，达到设定液位值时反冲洗过程自动停止，转筒和滤盘也停止转动，系统重新进入过滤过程。

在正常运行条件下，转盘式滤布滤池进水的悬浮固体宜小于 30mg/L，瞬时 SS 不大于 80mg/L，出水 SS 可以小于 10mg/L、浊度可以控制在≤2NTU，过滤精度在 3～10μm 之间；平均滤速(透水率)宜选用 7～10m/h，短期可达 15m/h；峰值流量系数 1.1～1.4；水流通过滤布的水头损失一般为 0.25～0.3m；反冲洗强度 300～350L/(m^2·s)，反冲洗时间一般为 1～2min。

值得一提的是，美国 Auqa Aerobic Systems 公司、韩国裕泉环保公司(Yucheon Enviro)、瑞典 Nordic Water 公司等推出的纤维盘式过滤器(Fiber Discfilter)，大多基于纤维编织毛绒滤布，采用滤盘外部进水内部出水(即“外进内出”)的工作模式。以美国 Auqa - Aerobic Systems 公司的 AquaDisk® 滤布滤池为例，一般每组有 12 片滤盘，每片滤盘的过滤面积约 5m^2。专用 OptiFiber® 滤布为尼龙针状结构，聚酯支撑，布料绒毛在自然状态下长 13mm，有效过滤深度为 3～5mm。过滤时在水压作用下，滤布外表面具有的纤维编织毛绒形成有序的倒伏层，能够截留住悬浮固体，过滤液通过空心转筒收集后再通过溢流槽排出。反冲洗时，滤盘在电动机＋减速器驱动下以 0.5～1r/min 的速度旋转，吸盘紧贴滤盘表面且保持静止，在反抽吸泵的作用下形成负压。由于负压的作用，滤布上原本倒伏的毛绒纤维竖起张开，截留在毛线纤维间的悬浮固体被释放，同时滤盘中的水由内向外被吸出，连同悬浮固体一起带出，达到反冲洗的目的。

(2)长条式滤布滤池

长条式滤布滤池的代表性产品为美国 Aqua - Aerobic Systems 公司的钻石型(AquaDiamond®)滤布滤池，因其滤布断面为菱形得名，专门为大规模污水处理厂设计。主要由在过滤区安装的多个长条式过滤器、行车、反冲洗吸头、悬吊式反冲洗支管、反冲洗抽吸泵、反冲洗排水总管、悬吊式排泥支管、排泥泵、排泥总管以及相关的阀门等组成，长条式过滤器由滤布套在菱柱型支撑框架上构成，靠近进水渠一端密闭，靠近出水渠的一端设置钢制出水墙，一直处于静止状态。悬吊式反冲洗支管、反冲洗抽吸泵(变频自吸式离心泵)、反冲洗排水总管、悬吊式排泥支管、排泥泵、排泥总管等安装固定在行车驱动平台上，反冲洗吸头位于悬吊式反冲洗支管下部且与滤布外表面紧密贴合。长条式滤布滤池的运行主要包括过滤、反冲洗和排泥三个过程。

过滤过程中，长条式过滤器完全淹没在水中，污水从滤布外侧流入内侧，悬浮物(SS)被截留在滤布外表面而形成污泥层；过滤出水经菱柱型支撑框架中心收集后从出水墙底部流出，再经过出水堰板流入出水渠中，最终通过出水渠的管道排出。行车停留在滤池的一端，各部件处于静止状态。当截留在滤布外表面的污泥层逐渐增厚时，污水通过滤布的水头损失也逐步增加，池内的水位不断上升，一旦达到预设水位时开始反冲洗过程(也可根据指定的时间间隔或由手动操作控制)。反冲洗时，行车开始沿滤池池长方向移动，带动紧贴在滤布表面的反冲洗吸头对滤布进行移动线状扫描式反冲洗，反冲洗抽吸泵将滤后水自内向外抽出，高速逆向的滤后水流把滤布外表面积聚的污泥冲掉，使滤布恢复纳污容量，反冲洗废水经排水总管排放到废水渠。随着滤池内的水位逐渐下降，滤布内外的压力差也逐渐降低。由于采用外进内出过滤工作模式，污水中较重的污泥颗粒难免会沉降到滤池底部，为此需要采用间歇模式排除池内沉积的污泥。相邻两个滤布的支撑框架之间设有 1 个悬吊式排泥支管，排泥支管的开口对着池底，沉降在池底的污泥在排泥泵的抽吸作用下，通过悬吊式排泥支管、排泥阀和排泥总管排出池外，排泥周期可采用自动或手动控制。

钻石型(AquaDiamond®)滤布滤池主要采用 PE、PA 耐酸纤维毛绒滤布，滤布编织工艺是斜纹织法，滤布抗冲击力强，表面的纤维不易脱落，特别在反冲时不会出现纤维脱落、滤布破损和滤布堵塞等现象。过滤过程和反冲洗过程可以同时进行，实现连续过滤。

目前在国内的应用较少，青岛娄山河污水处理厂(处理规模 100000m^3/d)升级改造工程为典型案例。对于相同处理规模污水厂而言，转盘式滤布滤池较钻石式滤布滤池占地面积小、装机功率低、反洗彻底、耐冲击负荷能力强。钻石式滤布滤池水下部件少，便于维护，且反洗无阀门控制，设备故障率低。

4. 滤芯过滤器

滤芯过滤器主要由滤筒和滤芯两部分组成，一般将过滤介质材料做成微孔管状，每根管为一个过滤单元，称其为滤元或滤芯。滤芯在滤筒内通常有悬挂式和烛座式两种安装方式，安装数量可以为 1、3、5、7、9、11、13、15 等。滤芯的种类较多，如不锈钢烧结滤芯、不锈钢折叠滤芯、不锈钢烧结网滤芯、不锈钢烧结毡滤芯、钛粉末烧结滤芯、聚乙烯(PE)/聚四氟乙烯(PTFE)烧结滤芯、聚丙烯(PP)/聚四氟乙烯(PTFE)/聚醚砜(PES)/尼龙(Nylon)/聚偏氟乙烯(PVDF)/活性炭纤维(ACF)折叠滤芯、纺织纤维纱线缠绕滤芯、聚丙烯(PP)熔喷滤芯、活性炭滤芯等。纺织纤维纱线缠绕滤芯的纱线材料有丙纶纤维、腈纶纤维、脱脂棉纤维等，缠绕时通过控制纱线的缠绕松紧度和稀密度而制成不同精度的滤芯；聚丙烯(PP)熔喷滤芯由聚丙烯超细纤维热熔缠结制成，纤维在空间随机形成三维微孔结构，纤维孔孔径沿滤液流向呈梯度分布，集表面、深层、精细过滤于一体，可截留不同粒径的杂质。活性炭滤芯有压缩型活性炭滤芯、散装型活性炭滤芯两大类。压缩型活性炭滤芯采用高吸附值的煤质活性炭和椰壳活性炭作为滤料，加以食品级的黏合剂烧结压缩成形；内外均包裹着一层有过滤作用的无纺布，确保炭芯本身不会掉落炭粉，炭芯两端装有柔软的丁腈橡胶密封垫，使炭芯装入滤筒具有良好的密封性。散装型活性炭滤芯将所需要的活性炭颗粒装入特制的塑料壳体中，用焊接设备将端盖焊接在壳体的两端面，壳体的两端分别放入起过滤作用的无纺布滤片，确保炭芯在使用时不会掉落炭粉和黑水。

图 1-5-5 为滤芯过滤器的基本结构与工作原理示意图。工作过程中，进入过滤器的物料首先与滤芯外圆柱面接触，粒径小于微孔的物质穿越滤芯管壁后，进入滤芯的中空管内，汇集到出料口流出；粒径大于微孔的杂质颗粒被阻挡在滤芯管壁外形成滤渣，从而实现过滤

分离。随着过滤过程的不断进行，滤芯管壁上附着的滤渣导致阻力增大、过滤效率降低，此时必须再生处理，即从反向冲洗口或正向冲洗口通入清洗物，对滤芯进行反向或正向冲洗(反向冲洗为主)，使其再生后重新投入运行。

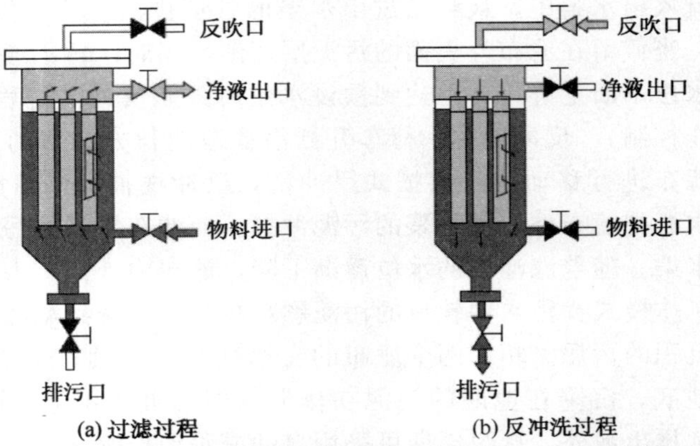

图 1-5-5　滤芯过滤器的基本结构与工作原理示意图

值得一提的是，我国自主设计的刚性高分子精密微孔过滤技术既可用于含固量多、能形成较厚滤饼的液体“滤饼过滤”，也可用于含固量非常小、要求滤液非常澄清的液体“澄清过滤”。可用简便的压缩气体(0.6MPa 左右)反吹法卸除滤芯上所形成的较黏干滤饼，操作方便快速；可用简易的气液混合流进行高效再生，使用寿命一般都在 1～2 年。

5. 预涂层过滤器

预涂层过滤器属于动态膜(Dynamic formed membrane)分离技术。按照形成方式的不同，动态膜可分为自生动态膜(Self - forming dynamic membrane)和预涂动态膜(Precoated dynamic membrane)两大类。自生动态膜利用待处理混合液中的悬浮颗粒、胶体或大分子有机物在支撑体上形成滤饼层来进行固液分离；预涂动态膜是利用预涂剂在基膜(微滤膜、超滤膜)或大孔径支撑体表面先形成动态膜(或滤饼层)，再用形成的动态膜(或滤饼层)去过滤待处理混合液。常用的预涂剂有硅藻土、高岭土、碳酸钙、粉末活性炭、MnO_2 和 ZrO_2 等，常用大孔径支撑体主要有工业滤布、筛绢、不锈钢丝网、陶瓷管、烧结聚氯乙烯管等。

从结构来看，预涂层过滤器可以采用若干个细长滤芯或滤元并联的静态运行模式，也可以采用一个较大直径转鼓的动态运行模式，两者分别被称为滤芯式静态预涂层过滤器、转鼓式预涂层过滤器(Rotary drum precoat filter)。

如图 1-5-6 所示的硅藻土过滤器是一种典型的滤芯式静态预涂层过滤器。过滤器上部有一个隔板，其上悬挂式安装多根滤芯或滤元；隔板下部为原水室，上部为清水室。运行过程分为预涂膜(Precoating)、过滤及反冲洗 3 个阶段。预涂膜是指在滤芯表面预先形成厚约 2～3mm 的滤层，每平方米滤芯需 0.5～1.0kg 硅藻土，用涂膜泵将涂膜箱中糊状硅藻土液送入过滤器下部的原水室里，由滤芯自外向内过滤流入清水室，再回到涂膜箱中。上述循环进行约 20min 后，滤芯表面就会形成过滤层，并开始发挥过滤作用，使循环水变得清澈。此时可以切断涂膜进水，立即接入浑水进行过滤。浑水中可投入约 10～100mg/L 的硅藻土，称为助滤剂。滤元外面由助滤剂和浑水中的悬浮固体掺杂形成滤渣层。过滤中，由于滤渣层逐渐加厚，水头损失不断增加，当水头损失达到预定值后，须停止过滤，进行反冲洗。反冲洗也可以采用类似普通滤池的反冲洗方法。

转鼓式预涂层过滤器在过滤开始前首先形成一个厚约 50～70mm 的基本介质过滤层，过滤工作一段时间后，外部刮刀以极慢的速度逐步径向向内进给(进给速度约为 1～10mm/h)，将过滤污染物层连同薄层滤料一起刮下，以保持过滤层表面的更新。

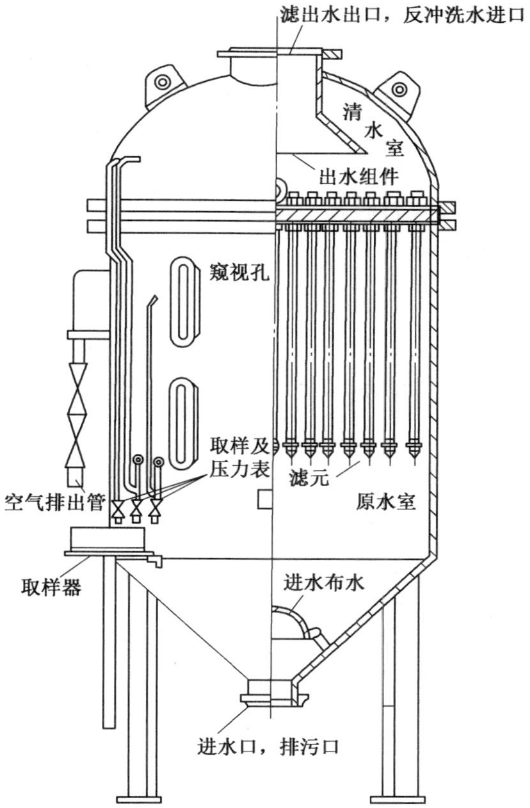

图 1-5-6　硅藻土过滤器的结构示意图

三、深层过滤用普通快滤池

慢滤池首先出现于英国，1804 年在佩斯利 John Gibb 的漂白厂、1829 年在切尔西(Chelsea)水务公司、1846 年在戈巴尔斯(Gorbals)卫生和水务公司等都有早期使用慢砂滤池(Slow Sand Filters，SSF)的报道。滤料层厚度 800～1200mm，滤料层表面以上水深宜为 1.2～1.5m。运行时会在滤料表面几厘米砂层中形成发黏的滤膜，这些滤膜是一些藻类和原生动植物繁殖的结果，形成滤膜大概需要 1～2 周。通过滤膜截留悬浮物(SS)，同时发挥微生物对水质的净化作用，出水浊度可接近 0NTU，能够很好地去除细菌、臭味、色度，出水可以直接饮用。但是，这种滤池生产水量少、滤速慢[$0.06\sim0.6m^3/(m^2\cdot h)$]、占地大，进水浊度宜小于 20NTU；淤泥黏而易碎，很快就会在滤料表面出现泥封堵塞；而当加大过滤水头时，则容易发生污染物穿透现象。因此，慢滤池工作 1～6 个月后，就需人工将表面 1～2cm 厚的砂层刮出来清洗，然后再重新铺装。目前慢滤池在水处理，特别是污水处理中应用较少。1884 年在美国研究发明了快滤池(Rapid filter)，并且逐步取代了慢滤池。目前通常所说的深层过滤用滤池就是指快滤池，滤速为 $8\sim16m^3/(m^2\cdot h)$。普通快滤池能截留粒径远比滤料空隙小的水中杂质，主要通过悬浮物(SS)的附着作用，其次为筛滤作用和沉淀作用，因此必须对滤前水进行预处理，改变悬浮物所带电荷性质以利于与滤料颗粒表面发生吸附。

1. 基本结构与工作原理

如图 1-5-7 所示，普通快滤池一般用钢筋混凝土建造，平面形状可以是正方形或长方形，小的滤池也可以为圆形。滤池外部由滤池池体、进水总管、清水总管、反冲洗水总管、反冲洗水排出管等管道及配套闸阀组成；滤池内部由进水渠(集水槽)、滤料层、垫料层(承托层)、排水(配水)系统等组成。快滤池管廊内有原水进水、清水出水、冲洗排水等主要管道和相关附件。集水槽在过滤期间起进水作用，进行均匀配水；在反冲洗期间起排水作用，对反冲洗水进行排放。排(配)水系统用以收集滤后水，更重要的是用于均匀分配反冲洗水。

一般而言，普通快滤池过滤过程继续运行的基本控制指标有两个：一是出水浊度，二是总水头损失。过滤是生产清水的过程，原水自进水总管经进水支管和排水槽流入滤池，在池内自上而下穿过滤层，清水则经配水系统收集，并经清水支管、清水总管流出滤池。过滤持续一段时间后，滤料层被悬浮物(SS)阻塞，水流阻力不断增大。当出水浊度接近超标或总水头损失接近最大允许值时，滤池应停止运行，进行反冲洗。以采用单水反冲洗为例，反冲洗水一般由反冲洗水箱或反冲洗水泵供给，关闭进水支管及清水总管，开启排水阀及反冲洗水总管；反冲洗水自下而上通过配水系统、垫料层、滤料层，并由排水槽收集，经排水管进入废水渠后排走。滤池经反冲洗后，恢复过滤及截污能力，即可重新投入工作。两次反冲洗之间的时间间隔称为过滤周期，从反冲洗开始到反冲洗结束的时间间隔称为反冲洗历时。一般普通快滤池的一个工作周期应大于 8～12h。

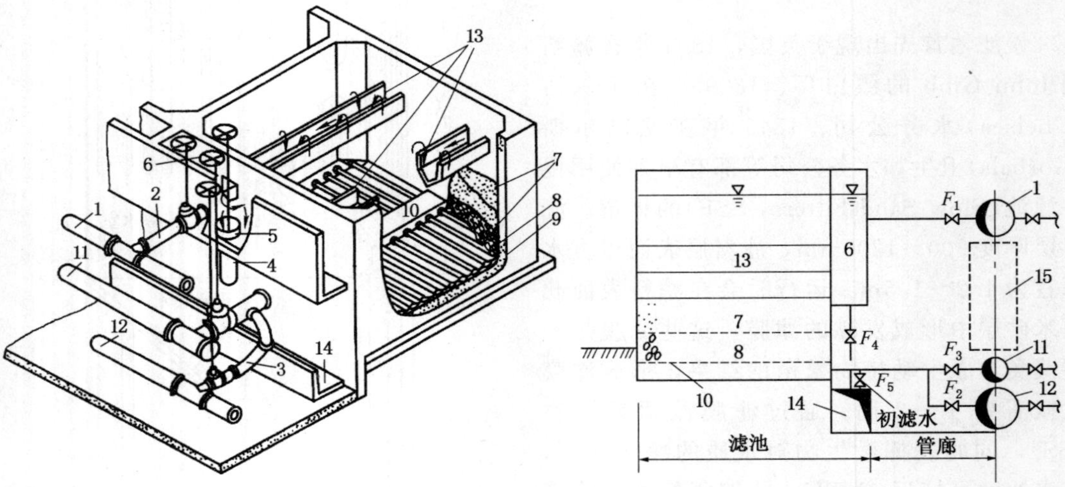

(a)透视图　　(b)剖面图

图 1-5-7　普通快滤池结构示意图(箭头表示冲洗时水流方向)

1—进水总管；2—进水支管；3—清水支管；4—排水管；5—排水阀；6—集水渠；7—滤料层；8—承托层；9—配水支管；10—配水干管；11—反冲洗水总管；12—清水总管；13—排水槽；14—废水渠；15—走道空间

控制重力过滤滤速的方式有恒速过滤和变速过滤，恒速过滤可用调控出水控制闸阀的方式来进行。在过滤运行之初，大部分的驱动力消耗在闸阀上，因为此时闸阀的开启很小；在运行期间，当滤层中的阻力损失逐渐增大时，闸阀可开启较大，以减小其自身引起的阻力损失，因此可不减小滤速。当闸阀已开启最大而滤速仍然降低，说明已不能维持恒速过滤，此时滤池可能需要反冲洗。变速过滤中，滤速在整个过滤期间逐渐减小而滤池中的水位逐渐升高，当滤层的水头损失达到极限值时将进行反冲洗。由于水位升高也可在一定程度上防止滤速减小，因此在刚开始一段时间内可接近恒速过滤。以下向流过滤为例，在过滤过程中，随着沉积物在滤料中的积聚，滤料上层必被堵塞，若上层滤料孔隙中的流速加快，附着在滤料表面的颗粒受水流的剪切力增大，附着和脱落过程重新调整，有一部分附着颗粒会向下层迁移。因此上层滤料的过滤任务不得不由下层来承担，并依此传递，越来越向深层扩展，结果使得滤层中再无足够厚度的洁净层可以保证出水水质，从而结束过滤周期。对于已经积有相当数量沉积物的滤池，如果突然增加滤速，则滤层内部的水流剪切力必然随之突然增大，这就破坏了原有的平衡，一些颗粒脱落并随水流走，故设计中应消除任何造成滤速突变的起因。

2. 承托层和滤料层

普通快滤池的池体高度包括超高(0.25～0.30m)、滤料层上水深(1.50～2.00m)、滤料层厚度、承托层厚度(约 0.45m)等，总高度一般为 3.00～3.50m(目前已有炭砂滤池的深度达 6.00m)。承托层也被称为垫料层，一般配合大阻力配水系统使用，一是防止过滤时滤料从配水系统上的孔眼随水流走，二是在反冲洗时起一定的均匀布水作用。要求承托层不被反冲洗水冲动，形成的空隙均匀，布水均匀，化学稳定性好，机械强度高。一般采用天然卵石或砾石，按颗粒大小分层铺设，如表 1-5-1 所示，承托层的粒径一般不小于 2mm。如果采用小阻力配水系统，承托层可不设，或者适当铺些粗砂或细砾石，视配水系统具体情况而定。

表 1-5-1 大阻力配水系统的承托层

层次(自上而下)	粒径/mm	厚度/mm
1	2～4	100
2	4～8	100
3	8～16	100
4	16～32	本层顶面应高出配水系统孔眼 100

滤料层是滤池的核心部分，滤料层的截污能力是指工作周期结束时单位体积滤料中所截留的杂质颗粒量，以 kg/m^3 或 g/cm^3 计。显然，截污能力越大，表明整个滤料层所能够发挥的作用越大。理想的滤料层应该是：沿着过滤的水流方向，滤料的粒径从大到小排列(即滤料间的空隙逐渐减小)。从而使得先接触污水的滤料层在容纳了较多悬浮固体(SS)后仍能保留一定大小的空隙，继续允许水中的悬浮物进入滤料层内部。从而当过滤水头损失达到最大允许值时，整个滤料层的截污能力得到充分发挥。当然，滤料层数绝非越多越好，虽然可能接近理想的滤料层，但容易出现混层，而且水头损失也会变大。工程上应根据进水水质、滤后水水质要求、滤池构造、滤料层组成等因素，通过试验或参照相似条件下已有滤池的运行经验确定滤速，宜按表 1-5-2 取用。滤池应按正常情况下的滤速设计，并以检修情况下的强制滤速校核。

表 1-5-2 滤池滤速及滤料层组成

滤料种类	滤料层组成			正常滤速/(m/h)	强制滤速/(m/h)
	粒径/mm	不均匀系数 K_{80}	厚度/mm		
单层粗砂滤料	石英砂 $d_{10}=0.8$	<2.0	700	8～10	10～12
双层滤料	无烟煤 $d_{10}=1.0$	<2.0	300～400	9～12	12～16
	石英砂 $d_{10}=0.8$	<2.0	400		
均匀级配粗砂滤料	石英砂 $d_{10}=1.0～1.3$	<1.4	1200～1500	8～10	10～12

当滤料层全部采用粒状活性炭等吸附材料时，即可作为固定床吸附设备；也可以采用活性炭和石英砂叠加式一体化净水处理工艺，吸附和过滤水中的有机物和难以沉淀的杂质，去除水中的色、嗅、味。

3. 滤池底部的配水系统

要求配水系统能均匀分配反冲洗水和收集滤后水，并要求安装维修方便，不易堵塞，经久耐用。配水系统有大阻力配水系统和小阻力配水系统两种基本形式，此外还有中阻力配水系统。

(1)大阻力配水系统

大阻力配水系统的原理是基于对沿途泄流穿孔管和整个滤池反冲洗过程中压力变化的分析，通过减小滤层中配水支管的孔口面积以增大孔口阻力系数，从而削弱了滤池承托层阻力系数以及配水系统压力不均匀的影响。配水系统同时也是过滤时的集水系统，由于反冲洗流速远大于过滤流速，当反冲洗水布水均匀时，过滤集水的均匀性也得到了保证。

20 世纪 80 年代以前建造的快滤池大多采用穿孔管大阻力配水系统，如图 1-5-8 所示，由一条干管和多条带孔支管构成，外形呈“丰”字状。干管设于池底中心，支管埋于承托层中间，距池底有一定高度，支管下开两排小孔，与中心线呈 45°交错排列。孔的口径小，出流阻力大，使管内沿程水头损失的差别与孔口局部水头损失相比非常小，从而使全部孔口流出流体的水头损失趋于一致，以达到均匀布水的目的。穿孔管大阻力配水系统孔眼总面积与滤池面积之比(开孔比)宜为 0.20%～0.25%，配水干管(渠)进口处的流速为 1.0～1.5m/s，配水支管进口处的流速为 1.5～2.0m/s，配水支管孔眼出口流速为 5～6m/s。

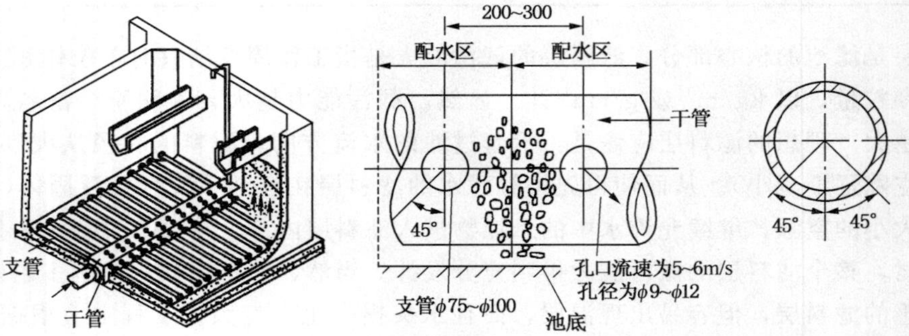

图 1-5-8　管式大阻力配水系统示意图

(2)小阻力配水系统

采用滤板和滤头(Filter nozzle)配水的系统为小阻力配水系统。相对于大阻力配水系统而言，小阻力配水系统的开孔比较大，因而流动阻力小，有利于减小反冲洗水头，降低滤池高度。为保证配水均匀，应注意以下两点：①反冲洗水到达各孔口处的流速应尽量低；②各孔口(或滤头)的阻力应力求相等，加工精度要求高。

目前高精度滤板大多采用立体钢模浇制，首先按设计要求计算开孔比，预埋 ABS 工程塑料套管、配双层双向优质螺纹钢筋；然后采用高标号水泥、标准细石和石英砂，经机械搅拌、捣实浇制而成。滤板按滤格大小分块预制好后，再固定在滤池底部的分格梁上，起安装滤头、支承滤料层、反冲洗配水(气)等作用，滤板与滤池底部有一个适当的高度空间。每块滤板需要≥4 个固定点，采用螺栓固定，滤池四周的滤板还需用三角铁固定，滤板之间采用密封胶密封。

滤头一般分为短柄滤头和长柄滤头两种，前者用于滤池单水反冲洗、压力式滤罐及离子交换滤床等场合；后者用于滤池气水反冲洗的配水配气系统。滤头的具体构造因型号而异，但主要都由滤帽、滤帽座、滤柄、预埋管套、密封圈等组成，一般采用 ABS 工程塑料制造，承压强度高。滤头的滤帽弧面上均匀开有精心加工的长条细缝，缝隙宽度 0.25～0.40mm，既能防止滤料漏出，又能确保配水(气)均匀。滤柄顶部与滤帽连成一体，中、上部有 1～3 个小孔，靠近底部设有 2～3 个狭缝，末端孔口可进水。典型的结构尺寸参数如表 1-5-3

所示，小阻力滤头配水系统缝隙总面积与滤池面积之比宜为1.0%～1.5%，在有条件时应取下限。

表1-5-3　典型长柄滤头和短柄滤头的结构尺寸参数

型　号	长柄滤头	短柄滤头
规格	长柄 ϕ25mm	短柄 ϕ25mm
材质	ABS	ABS
形式	伞形	伞形
滤头总长	292mm	146mm
滤柄长	245mm	100mm
滤帽缝隙条数	40条	40条
滤帽缝隙宽度	0.25mm	0.25mm
缝隙面积	2.5cm^2	2.5cm^2
预埋管套	上端外径 ϕ40mm、内径 ϕ30mm、下端外径 ϕ46mm、内径 ϕ40mm、L=100mm	

4. 滤池的反冲洗

反冲洗的目的是去除滤料层中截留的污物，使滤池恢复过滤能力。反冲洗的要求是使底层大颗粒滤料能浮动，使之得以清洗；表层小颗粒滤料不得被带出。反冲洗的方法有高速水流反冲洗、气水反冲洗两种，应根据滤料层组成、配水配气系统型式，通过试验或参照相似条件下已有滤池的经验确定。

(1)高速水流反冲洗

利用流速较大的反向水流冲洗滤料层，使整个滤料层处于流化状态。在水流冲刷和滤料颗粒碰撞剪切摩擦双重作用下，截留于滤料层中的污物从滤料表面脱落，随反冲洗水排出滤池。反冲洗流速过大或过小都会降低反冲洗效果。反冲洗流速过小，滤料层孔隙中水流剪力小；反冲洗流速过大，滤料层膨胀度过大，滤料颗粒过于离散，碰撞概率减小，水流剪力也减小，且小颗粒滤料会被带出滤池。一般而言，影响反冲洗效果的因素主要有反冲洗强度、滤料层膨胀度以及反冲洗时间。反冲洗强度是指单位面积滤料层所通过的反冲洗流量，以L/(m^2·s)计；反冲洗时，滤料层膨胀后所增加的厚度与膨胀前厚度之比也被称为滤料层膨胀度。当反冲洗强度和滤料层膨胀度符合要求但反冲洗时间不足时，既不能充分清除掉滤料上的污物，同时反冲洗废水也会排除不尽而导致污泥重返滤料层。

对于单层粗砂级配滤料而言，反冲洗强度、滤料层膨胀度、反冲洗时间分别为12～15L/(m^2·s)、45%、5～7min；对于双层煤、砂级配滤料而言，反冲洗强度、滤料层膨胀度、反冲洗时间分别为13～16L/(m^2·s)、50%、6～8min。当采用表面冲洗设备时，冲洗强度可取低值。

(2)气水反冲洗

由于流化颗粒状滤料间的碰撞和摩擦作用有限，因此单独水力反冲洗是一个弱洗过程。为提高滤料的反冲洗效果，20世纪80年代由美国学者Appiah Amirtharajah提出了气-水联合反冲洗的理论，其作用机制是上升气泡的振动作用和气泡破碎对外做功，有效地将附着于颗粒状滤料表面的污染物剥离脱落。

气水反冲洗是利用上升空气的振动将附着在滤料上的污物擦洗下来，使之悬浮于水中；

然后再用水反洗将污物排出池外。气水反冲洗的典型方法是：气冲→气水联合冲→水冲，有的还带有表面横向扫洗。采用气水反冲洗既可提高反冲洗效果，又可节约反冲洗水量；同时滤料层不会有明显的分层现象，形成滤料均匀级配，从而提高了滤料层的含污能力。但气水反冲洗需增加气体供应设备和输送管路，滤池结构和反冲洗操作也较为复杂。

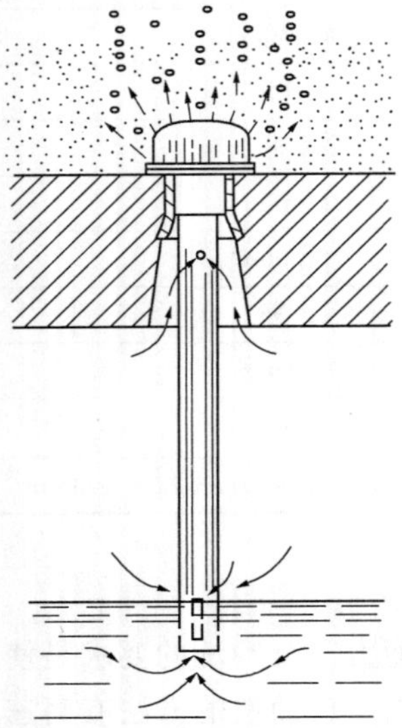

图1-5-9　气水反冲洗用长柄滤头

气水反冲洗过去通过在滤池下部配水系统上面另外安设穿孔管布气系统来实施，压缩空气经专用管道送入池内布气系统，通过管上的小孔流出，均匀分布在滤池平面上，由下向上穿过滤料层。目前，穿孔管布气系统已较少采用，而是多采用长柄滤头布水布气的方法。如图1-5-9所示，长柄滤头安装在滤池下部的滤板上。当同时向滤板下部的空间送入空气和水时，在底部空间里上部为气，下部为水，形成气垫层。气垫层的厚度与空气流量有关，当空气流量较小时，全部空气可经滤柄上部的小孔流入，气垫层较薄，仅进行气体反冲洗；当空气流量较大、全部空气已经不能由滤柄上部的小孔流入滤帽时，气垫层便会增厚，直至水面降低到滤柄下部的狭缝处，这时剩余的空气就经过狭缝流入滤柄。由于狭缝为长条形，其进气面积随水位下降而增大，且总面积比进气小孔又大许多，因此不仅足以排走小孔中未能及时排走的空气量，而且可以起到控制气垫层厚度的作用，使气垫层不能到达滤柄底端。流入滤柄的空气和水在内部混合，再向上经滤帽上的狭缝喷射到滤料层中去，自下而上地对滤料进行气水同时反冲洗。由于多个滤头的交叉喷射均匀分布，因此能够取得良好的反冲洗效果。最后再停止供气，单独用水进行反冲洗，以便将污泥杂质反冲进集污槽。当集污槽中的水变清时，即可停止反冲洗。

气水反冲洗滤池的反冲洗强度和冲洗时间宜按表1-5-4选取，宜采用鼓风机直接供气，中小型滤池亦可采用空气压缩机-贮气罐组合的供气方式。

表1-5-4　气水反冲洗强度和冲洗时间

滤料种类	先气冲洗		气水同时冲洗			后水冲洗		表面扫洗	
	气强度/[L/(m²·s)]	时间/min	气强度/[L/(m²·s)]	水强度/[L/(m²·s)]	时间/min	水强度/[L/(m²·s)]	时间/min	水强度/[L/(m²·s)]	时间/min
单层细砂级配滤料	15～20	2～3	—	—	—	8～10	4～5	—	—
双层煤、砂级配滤料	15～20	2～3	—	—	—	6.5～10	4～5	—	—
单层粗砂均匀级配滤料*	13～17	1～2	13～17	3～4	4～3	4～8	2～3	—	—
	13～17	1～2	13～17	2.5～3	5～4	4～6	2～3	1.4～2.3	全程

注：* 粗砂均匀级配滤料采用气水冲洗时冲洗周期宜采用24～36h。

5. 滤池表面冲洗设备

大型非密闭式深层滤料滤池往往还设有表面冲洗设备，滤池表面冲洗设备分固定式和旋转式两大类。旋转式表面冲洗设备由旋转布水管、喷嘴和轴承等组成。旋转布水管设于滤料表层上约 50mm 处，以 0.4～0.45MPa 的压力通过喷嘴出流，强烈冲刷滤料表层，旋转布水管借助冲射水的反作用力旋转，喷射范围为布水管旋转半径内的滤料表层。喷嘴与滤料表层交错角约 25°，喷嘴与滤料表层间距 10～15mm；旋转冲洗管应保持水平，与旋转轴承座互相垂直；旋转轴承悬吊在固定管支架上，轴瓦采用低摩擦系数的聚四氟乙烯，轴承座顶部设有翼耳，用不锈钢索或圆钢将旋转布水管校调至水平状，以保证其水平旋转；旋转轴两边的喷嘴位置和方向应相对错开，使冲洗管既能旋转又喷水均匀。旋转式表面冲洗设备的其他设计控制参数如下：①表面冲洗强度为 0.5～0.75L/(m^2 · s)，冲洗历时 4～6min；②旋转布水管管内流速为 2.5～3m/s，喷嘴出口流速为 25～35m/s，流速系数取 0.92，流量系数取 0.82。

快滤池设计和运行中存在的问题包括负水头及气阻现象、积污、跑料、漏料等，可参阅有关设计运行规范和手册。普通快滤池从结构和运行工艺上不断向前发展融合，相应出现了如气浮滤池和曝气生物滤池等。

四、其他深层过滤设备

为了克服普通快滤池构造上的固有缺点，提高运行自动化水平和减少阀门数量，相继出现了许多形式新颖的深层过滤设备，如翻板滤池、V 形滤池、虹吸滤池、无阀滤池、移动冲洗罩滤池、压力滤池、连续式砂滤器等。这些深层过滤设备与普通快滤池的差异主要体现在下列几个方面：①滤料的选择和使用；②阀门的设置或进出水的控制方法；③过滤和反冲洗的工作方式。

1. 虹吸滤池

虹吸滤池(Siphon filter)的过滤原理与普通快滤池相同，但采用虹吸管来完成过滤和反冲洗过程中的进排水，亦即一个滤池用两个虹吸管替代普通快滤池的四个大型阀门，有时也被称为虹吸管式双阀滤池。施工时把若干个滤池成组修建，某个滤池的反冲洗用水来自与滤池底部出水相通的、组内其他滤池的出水。因此，为保证正常反冲洗用水，滤池组内滤池个数 n 应满足：$n-1$ 倍的单池出水量大于单池的反冲洗用水量。

虹吸滤池一般由 6～8 个滤池组成，形状主要为矩形和圆形，其结构和工作原理如图 1-5-10 所示，图为其中的两池，右半部表示过滤时的情况，左半部表示反冲洗时的情况。过滤过程中，来水由进水槽 1 供向配水槽 2，左右滤池组设一个共用的配水槽。配水槽与单池水封槽 4 之间用小虹吸管 3 连接。当用真空系统 14 抽吸而使虹吸管 3 内形成真空时，水便由 3 进入 4，并由进水渠 5 和布水管 6 流入单个滤池上方，继而自上而下经滤料层 7、配水系统 8 流入集水槽 9。集水槽为数个滤池共用，汇集的清水经出水管 10 流入出水井 11，再从出水控制堰 12 溢流至清水总管 13。随着滤料层阻力的逐渐增大，池内水位不断抬高，至水头损失达 15～20kPa 时，便进行反冲洗。反冲洗时，先破坏虹吸管 3 中的真空，中断进水。池内水位开始下降，至降速显著变慢时，即开始反冲洗。此时，用真空系统 14 使反冲洗虹吸管 15 内形成真空，池内存水便迅速沿反冲洗虹吸管 15 排向两池间的水渠，并从排水管 16 排走。当滤池内的水位下降至低于集水槽 9 的水位时，集水槽 9 内的清水便开始反向流入滤池内，对滤料进行反冲洗，反冲洗水经排水槽排至反冲洗虹吸管 15 进口处抽走。反冲洗结束时，破坏反冲洗虹吸管 15 的真空，再使进水虹吸管 3 形成真空，即可重新开始过滤过程。

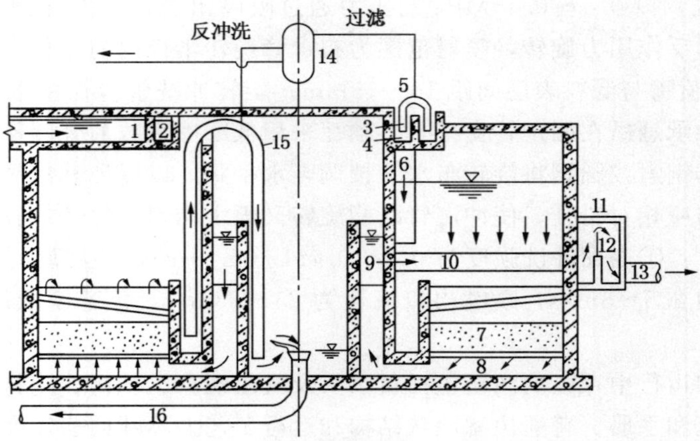

图 1-5-10 虹吸滤池的结构和工作原理示意图

1—进水槽；2—配水槽；3—进水虹吸管；4—单池水封槽；5—进水渠；6—布水管；7—滤料层；8—小阻力配水系统；9—集水槽；10—出水管；11—出水井；12—出水控制堰；13—清水总管；14—真空系统；15—反冲洗虹吸管；16—反冲洗排水管

该滤池的主要特点是采用虹吸管代替进、排水阀门，节省了大型阀门。反冲洗又利用了本组滤池内其他滤池的产出水及水头，采用小阻力配水系统，从而节省了反冲洗高位水箱或水泵系统。滤池进水量恒定，可达到等速过滤。除采用真空系统外，虹吸管的控制也可采用水力自动控制系统。但由于滤池结构复杂，反冲洗强度受限，当用于污水处理时应充分考虑解决好滤料的反冲洗效果问题，必要时辅以表面冲洗或气水反冲洗。

2. 重力式无阀滤池

无阀滤池分为重力式无阀滤池(Valveless gravity filter)和压力式无阀滤池，前者目前应用广泛。重力式无阀滤池是把反冲洗水箱、滤池建造在一起，反冲洗水储存在滤池上方，用一个伞形顶盖使滤池与其隔开。

如图 1-5-11 所示，过滤时来水经进水配水槽通过进水管和配水挡板分布在滤料层上方，再通过滤料层和小阻力配水系统(由滤头、垫板及底部空间组成)，由连通管上升至反冲洗水箱，并由滤池溢流口进入出水管。随着滤料层水头损失的不断增大，虹吸上升管中的水位不断上升，当达到虹吸辅助管的管口时，水便由该管泄下，抽气管同时抽吸虹吸下降管中的空气，使之形成真空，导致主虹吸管(由虹吸上升管和虹吸下降管组成)接通，将滤料层上方的水大量抽出至排水井。与此同时，反冲洗水箱中的存水便对滤料层进行反冲洗，反冲洗水也被主虹吸管抽出至排水井。当冲洗水箱中的水位下降到虹吸破坏管的管口处时，空气便进入该管，破坏主虹吸管的虹吸作用。此后又开始下一周期的过滤。

无阀滤池的主要优点在于节省大型阀门，造价低，完全自动，操作简便。其缺点在于滤料完全封闭，装卸及检修不方便，滤后出水水位高，给总体高程布置带来困难等。重力式无阀滤池一般适用于小水量污水的深度处理及回用；由于池深较大，常与池身较高的机械搅拌澄清池、斜管沉淀池配套使用。

3. 压力滤池

压力滤池也称压力过滤器(Pressure filter)。普通快滤池靠水层自身的重力克服滤料层阻力进行过滤，作用水头为 0.04～0.05MPa；而压力滤池则是将滤料装填于密闭的压力容

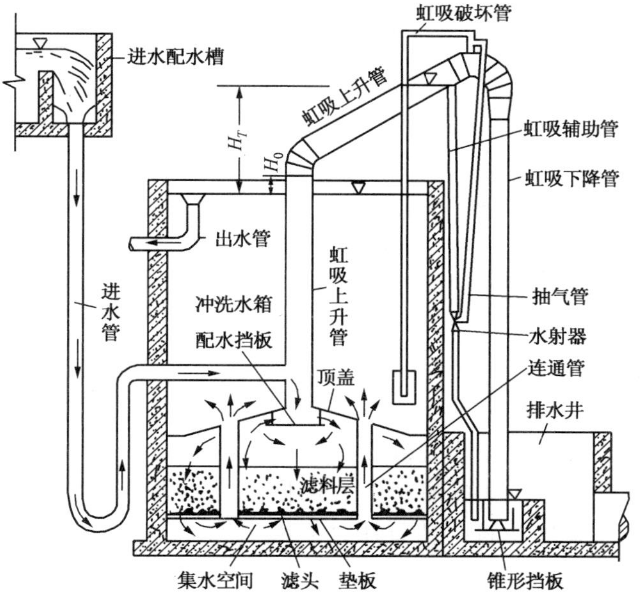

图 1-5-11　重力式无阀滤池的结构示意图

器内，利用外加压力克服滤料层阻力进行工作，作用水头达 0.15～0.25MPa。由于可以在较高的水头损失下工作，因此过滤速度较快，反冲洗次数少，运行管理都比较方便，特别适用于水量较小而悬浮固体浓度又相对较高的场合。压力过滤器的缺点是耗用钢材较多，投资较大，而且滤料进出不方便。

根据所采用滤料层的不同，压力过滤器可分为普通滤料滤罐、核桃壳过滤器(Walnut shell filter)、纤维球过滤器、纤维束过滤器等，其中核桃壳过滤器在含油污水处理领域应用较多。

(1)普通滤料滤罐

普通滤料滤罐有立式和卧式两种，立式滤罐的直径一般都不超过 ϕ3m；卧式滤罐的直径不超过 ϕ3m，但长度可达 10m。

如图 1-5-12 所示，立式普通滤料滤罐主要由罐体、进水管、布水组件、滤料层、配水组件、出水管、人孔、配套仪表等组成；外部还安装有压力表和取样管，能及时监测滤罐的压力和水质变化；滤罐顶部设有排气阀，用来排出罐内和水中析出的气体。有时滤料层下还有承托层，滤料的粒径可以比普通快滤池中的小(一般为 0.6～1.2mm)，而滤料层厚度比普通快滤池的大，滤速常在 8～10m/h 以上。

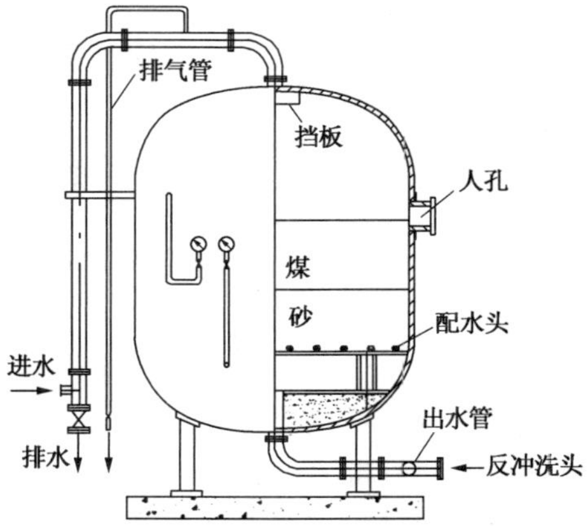

图 1-5-12　立式压力过滤器的结构示意图

从实际运行效果来看，采用“喇叭口＋挡板”布水组件的效果不理想，降低了滤罐的有效利用容积。目前，布水组件大多采用莲蓬头或筛管，配水组件也可以采用筛管。新型缠绕丝不锈钢筛管不仅提高了布配水的均匀性和耐腐蚀性能，而且减少了滤料流失。

过滤时，原水由进水管进入，经布水组件均匀分布在整个滤罐断面上。水通过滤料层后，滤过水由配水组件收集，经出水管排出。反冲洗常用气水联合反冲洗的方式，以节省用水量，提高反冲洗效果。反冲洗流程为：一般先用水和气联合冲洗 10～15min，再用水反冲洗 5min。水压 70～200kPa，反冲洗强度 10～20L/(m^2·s)；气压 60～100kPa，反冲洗强度为 20～30L/(m^2·s)。反冲洗水由出水管、配水组件进入，向上穿过滤料层，通过布水组件、进水管收集后排出。滤料更换以及罐内其他构件的维护更换通过人孔进行。当然，美国 WesTech Engineering 公司的颗粒状活性炭(GAC)压力滤罐没有设置人孔，而是通过在罐内设置带孔锥形底托来支撑滤料，方便更换颗粒状活性炭。

(2)纤维球过滤器

1982 年，日本尤尼奇卡公司将人工合成纤维丝制成绒球作为滤料，用聚酯纤维做成球或扁平椭圆体，用于污水的净化处理，取得了很好的效果。1983 年，清华大学环境工程系在国内首次研制出新型纤维球滤料。从机械结构上来看，纤维球过滤器有非压紧式和机械压紧式两种。纤维球滤料与传统刚性颗粒滤料不同，属于弹性滤料，滤料之间的空隙率大。

①非压紧式纤维球过滤器。该过滤器滤料较散乱，紧密度不高，抗污能力不强，过滤精度不高，其结构如图 1-5-13 所示。纤维球装入滤床后，上层比较松散，基本上呈球状，球与球之间的空隙比较大；越接近床层下部，由于自重和水力作用，纤维球堆积得越密实，纤维球之间的纤维丝相互穿插，此时纤维球的个体特征已不重要，床体形成一个整体。整个床层上部孔隙率较高，下部孔隙率较低，近似理想孔隙分布。纤维球直径 ϕ10～30mm，滤层滤速 30～70m/h，用气水反冲洗。

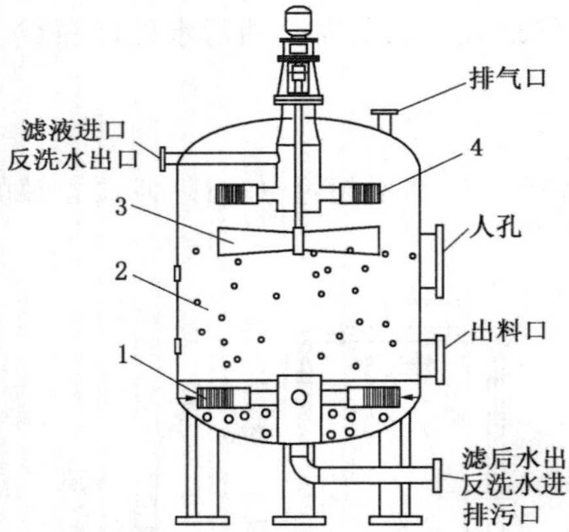

图 1-5-13　非压紧式纤维球过滤器

1，4—配水管系；2—纤维球滤料；3—搅拌机构

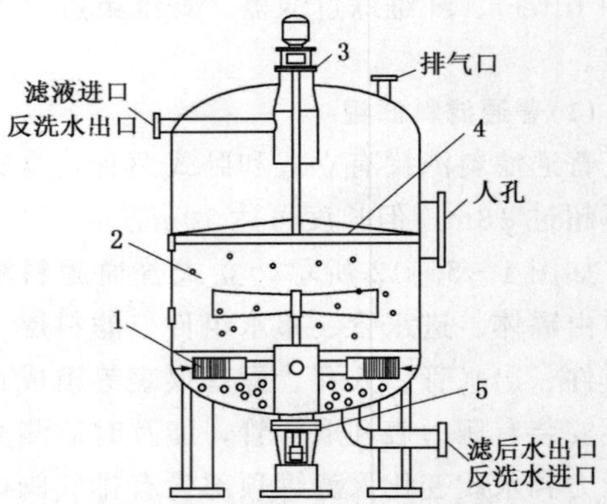

图 1-5-14　上部压紧式纤维球过滤器的结构示意图

1—配水管系；2—纤维球滤料；3—升降机构；4—压盘；5—搅拌机构

工作时滤液高进低出，反冲洗时反冲洗水低进高出，反冲洗水不间断，清水消耗量大；搅拌桨叶采用标准直叶片或斜叶片，对滤料伤害大，桨叶一般不反转，使纤维球和水流同向旋转运动，导致反洗水对滤料冲洗力不大，滤料不易洗净。处理污水时，滤过水的悬浮物浓度一般在 10mg/L 以下。ZXJ 型纤维球过滤器的性能参数如表 1-5-5 所示。

表 1-5-5　ZXJ 型纤维球过滤器性能参数列表

滤速/(m/h)		$v=20\sim50$	反冲洗	气体强度/[$m^3/(m^2\cdot min)$]	3
进水	粗滤/(mg/L)	SS≤100		水冲强度/[$m^3/(m^2\cdot min)$]	0.6
	精滤/(mg/L)	SS≤20		冲洗时间/min	15
水头损失/m		<10		水量比/%	<3
出水	粗滤/(mg/L)	SS≤10	过滤面积/m^2		$S=\pi D^2/4$
	精滤/(mg/L)	SS≤2	最大进水压力/MPa		0.4
处理量/(m/h)		$Q=v\cdot S$	反洗周期/h		10～20

②压紧式纤维球过滤器。压紧机构可以上置，也可以下置。上部压紧式纤维球过滤器结构如图 1-5-14 所示，该过滤器上部采用液缸或螺旋带动压盘上下运动，过滤时下行压紧纤维球，反洗时上行松开滤料。搅拌机构放到下部，依靠搅拌叶片旋转搅拌。压盘采用筛板，取代了原非压紧式的配水筛管，下部仍采用筛管或筛板集水。同非压紧式一样，过滤时滤液高进低出，反冲洗时反冲洗水低进高出，反冲洗水不间断，清水消耗量大。搅拌叶片的设计也采用标准直叶片或斜叶片，不反转。此结构在反冲洗开始时搅拌叶片对纤维球伤害更大，可能造成大量纤维球破坏形成散纤维，滤料易流失，纤维易堵塞机构间隙；反洗水对滤料冲刷力不大，滤料同样不易洗净，使过滤精度下降，使用效果不理想。

如图 1-5-15 所示，新型波轮式纤维球过滤器在设计上使得纤维球被限制在压盘和波轮之间。上部采用电动机通过螺旋传动带动压盘做往复运动，下部波轮承托。压盘和波轮盘上均匀布满布水孔，起布水作用。反冲洗时，反冲洗水从下部进入罐内，从上部流出，罐内充满清水后进出口阀门关闭；同时压盘上行松开滤料，下部电动机旋转，带动大波轮交替正反转，从而带动罐内静止清水迅速正反转，使滤料受到较大的水力振荡冲刷。此过程重复数次，直至滤料洗净。过滤时滤液高进低出，波轮停止旋转，压盘下行压紧纤维球，其压紧程度由编码器预先控制。

在罐壁上也可设计捕集管，以收集散落纤维。根据纤维散落量决定滤料的添加和更换。该过滤器实现了过滤、反洗及压紧的完全自动化控制和调节，通过编码器及控制系统控制上部旋转轴的旋转圈数和角度，从而控制压盘的行程，所有控制均在一个控制面板上实现。

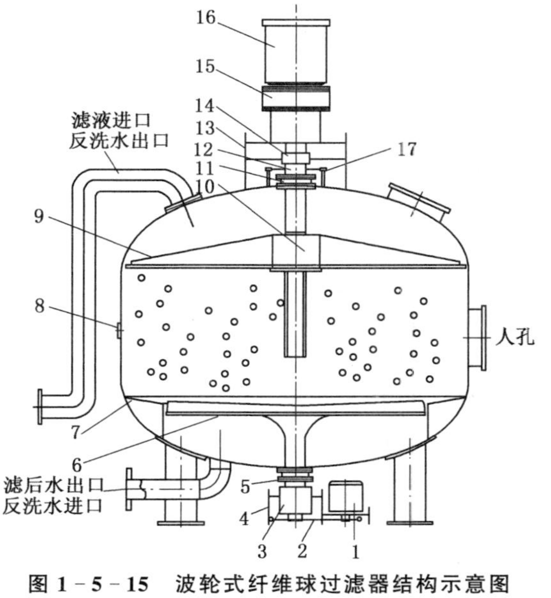

图 1-5-15　波轮式纤维球过滤器结构示意图

1—电动机+减速器；2—胶带轮；3—轴承盒；4—机架；5—密封盒；6—波轮；7—布水板；8—视镜；9—压盘；10—圆螺母；11—密封盒；12—轴；13—机架；14—支点轴承盒；15—减速器；16—升降电动机；17—旋转式编码器

(3)纤维束过滤器

纤维束过滤器采用束状纤维软填料作为滤料，单根纤维的直径可达几微米甚至几十微米，并具有比表面积大、过滤阻力小等优点，解决了粒状滤料过滤精度受滤料粒径限制等问题。

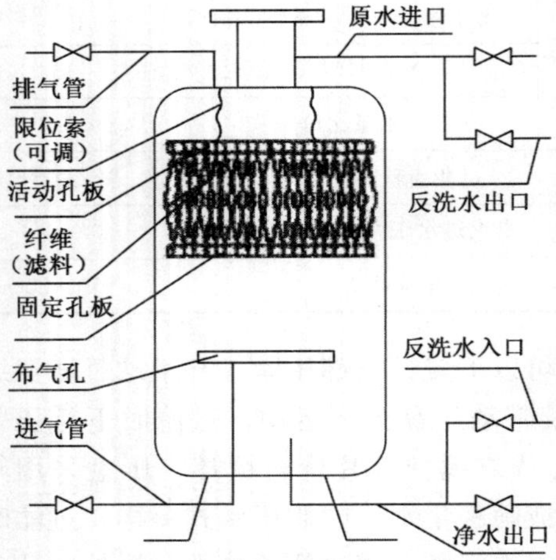

图 1－5－16　纤维束过滤器的结构示意图

如图 1－5－16 所示，纤维束过滤器由固定孔板、活动孔板、纤维束滤料、布气装置等组成。为充分发挥纤维束滤料的特长，在过滤器的滤层上端设有可改变纤维密度的活动孔板。过滤时，待过滤水从上至下通过滤层，活动孔板在水力作用下向下运动，滤料顺水流方向的空隙由大逐渐变小，单位体积内的纤维密度变大，实现了深层过滤，其过滤过程既有纵向深层过滤，又有横向深层过滤，有效地提高了过滤精度和过滤速度。当滤层被污染需要反冲洗再生时，反冲洗水从下到上通过滤层，活动孔板在水力作用下向上运动，拉开纤维并使之处于疏松状态；同时采用气水联合反冲洗的方法，在气泡聚散和水力冲洗过程中，纤维束始终处于抖动状态，在水力和上升气泡的作用下再生。

纤维束过滤器能有效去除水中的悬浮固体，同时对水中的细菌、病毒、大分子有机物、胶体、铁、锰等有明显去除作用，具有过滤速度快、精度高、截污容量大、操作方便等优点。

4. 连续式砂滤器

连续式砂滤器也被称为活性砂过滤器、上向流移动床连续过滤器、流砂过滤器。1974 年，瑞典家族企业 Axel Johnson 公司的 Hans F. Larsson 和 Ulf Hjelmner 开始研究连续式砂滤器，提出单独对吸附饱和滤料进行清洗的想法，并解决了对滤料有效清洗、防止滤后水与反冲洗水相混这两个关键问题，设备在 1976 年研制成功并申请专利。除了在瑞典由 Nordic Water 公司以“DynaSand®”的商标进行生产销售之外，美国 Parkson 公司于 1977 年 9 月被授权在北美地区生产销售连续式砂滤器。美国 Parkson 公司通过对布水方式、洗砂方式、滤料提升手段等进行改进，在 1981～1997 年间申请了多项专利，并在 DynaSand® 产品的基础上研制开发了 DynaSand® EcoWash™、DynaSand D2® 等多种不同类型的连续式砂滤器。由于连续式砂滤器具有经济高效、适用水质范围广等优点，引起了法国、荷兰、土耳其、丹麦、芬兰、加拿大、日本等国研究者的极大兴趣，应用范围也从最初的饮用水处理拓展到食品、纺织、冶金、造纸、金属加工、玻璃抛光、化工等行业悬浮固体含量大的污水处理，以及市政污水二级出水的深度处理等方面。

图 1－5－17 为美国 Parkson 公司 DynaSand 连续式砂滤器的结构示意图，虽然也包括过滤和反冲洗两个过程，但二者同时且连续进行。过滤过程如下：原水经过进水管（A）向下流动，通过进水环空流道（B）进入径向布水器（C）。水流从布水支管的孔口流出后经过砂滤层，自下而上地流经滤床，滤砂在滤床中自上而下地进行循环运移，水与滤砂在过滤器中呈逆向流动状态，增强了滤砂的截留效果。原水中的悬浮固体在由下而上通过砂滤层的过程中，被滤砂截流下来；过滤水上升漫过过滤出水堰（J）后，经出水管（E）进入贮水池。反冲洗过程是：在底部空气提砂管（F）处通入少量的压缩空气，通过气提作用带动过滤器底部的脏砂一同上升，空气提砂管内的滤砂、泥、水流、空气在向上流动过程中，利用水流及空气流的剪

力以及颗粒间的摩擦力作用，发生短期但强烈的反冲洗过程，从而完成一次清洗。被提升的混合物从顶部空气提砂管(G)落入洗砂槽(H)，气、污水、滤砂在此完成分离，洗砂水经反冲洗出水堰(K)、反冲洗出水管(L)排出；滤砂向下进入呈错环、迷宫式结构的洗砂器(I)。由于少量向上流动的滤后水进入洗砂器(I)后流速加快，使其内向下运动的滤料呈旋转、翻腾状态，做到了对滤料的彻底反冲洗。在过滤出水与反冲洗出水间水位差的作用下，顶部空气提砂管(G)内的气提水与洗砂器(I)内的反冲洗水一同排出滤池。洗净后的滤砂在重力作用下缓缓向下移动，从而开始新一轮的过滤过程。洗砂器(I)及其上部洗砂槽(H)的局部放大结构如图 1-5-18 所示。

为解决多个钢制砂滤器联用带来基建投资增加的问题，还研制开发了如图 1-5-19 所示的混凝土池体连续式砂滤组合系统，将多个提砂、洗砂组件放在同一个过滤器中，不仅解决了适用大型水厂的水量限制问题，而且节约了钢材，同时也使设备简单、易操作控制。

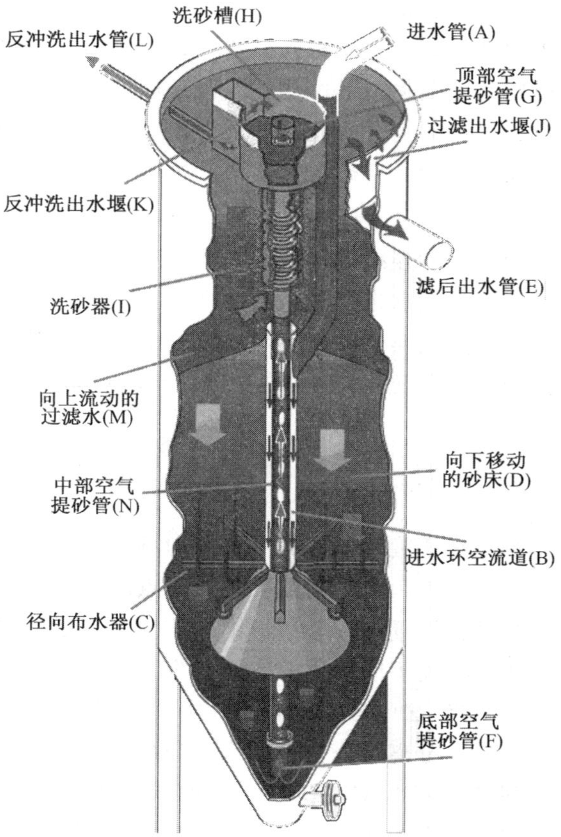

图 1-5-17 DynaSand® 连续式砂滤器的结构示意图

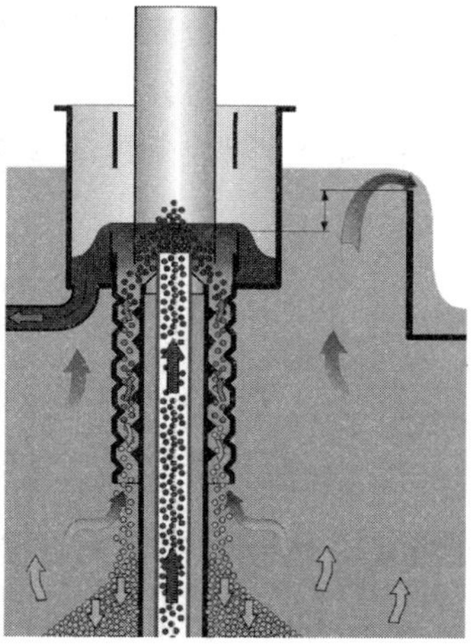

图 1-5-18 洗砂器及其上部洗砂槽的局部放大结构

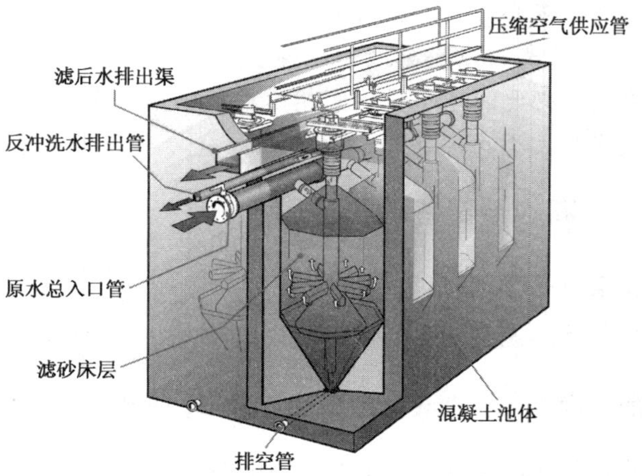

图 1-5-19 混凝土池体连续式砂滤组合系统的结构示意图

20 世纪 90 年代中期，瑞典、法国等还研究了连续式砂滤器的脱氮除磷性能，通过改进砂滤器而取得了较好效果。试验时砂滤器增高到 6m，滤料层厚度达到 4.5m，在滤料层中形成厌氧区、缺氧区和局部好氧区，从而能够完成硝化、反硝化及除磷过程。因此，目前市场上的活性砂过滤器按其结构型式和功能的不同，可分为普通型活性砂过滤器、生物活性砂过滤器和反硝化型活性砂过滤器三种类型。普通型活性砂过滤器主要去除污水中的悬浮固体和磷；生物活性砂过滤器既可去除污水中的悬浮固体，又能有效去除污水中的 COD、BOD 等有机污染物；反硝化型活性砂过滤器用于去除污水中的 NH_4^- - N。此外，除了两级串联的 DynaSand® D2 连续式砂滤器外，美国 Parkson 公司研制的 DynaSand® EcoWash™ 砂滤器改变了滤砂连续循环运移与连续气水反冲洗始终同步进行的传统模式，变为保持滤砂连续循环运移而间歇进行气水反冲洗，在保证滤后水水质的同时降低了反冲洗水量。

目前，瑞典 Nordic Water 公司的连续式砂滤器产品分为 DynaSand、DynaSand eVo、DynaSand WWR 三大系列，在美国的产品对应为 SuperSand、SuperSand eVo、SuperSand WWR。

§1.6 离心分离规律与设备

物体高速旋转能够产生离心力场，在离心力场内的各质点都将承受较其本身重力大出若干倍的离心力，大小则取决于该质点的质量和向心加速度。离心分离就是设法将待分离物料(非均相物系)置于离心力场中，不同密度的物质会以不同的速度沉降，经过一段时间操作后，实现密度不同物质的有效分离。根据非均相体系性质的不同，离心分离可分为干法(旋风分离)与湿法(旋液分离)两大类。根据产生离心力方式的不同或分离设备本体是否有运动部件，离心分离可分为静态(流旋)与动态(器旋)两大类。静态(流旋)离心分离设备的典型代表为旋风分离器(Cyclone)、静态水力旋流器(Hydrocyclone)、旋流沉淀池等，§1.3 中所述的砂粒浓缩器(Grit concentrator)也属于此类，共同特点是因设备内部空间约束或起旋元件导引作用而将非均相体系的压力能(势能)转换为旋转动能。动态(器旋)离心分离设备的典型代表为动态水力旋流器(Rotary hydrocyclone)或各种离心机(Centrifuge)等，共同特点是由高速旋转部件(如转鼓、旋转叶片)带动非均相物系旋转而产生离心力。根据非均相物系性质的不同，离心分离设备可分为脱水型、澄清型、浓缩型、分级型和三相分离型等，澄清型用于固-液分离，以提高液相的纯度；浓缩型用于气-气、液-液和液-液-固分离，使重相或轻相浓缩，必要时还得排除固相微粒。根据操作方式是否连续，离心分离设备可分为连续式和间歇式两大类。

一、离心分离的理论基础

1. 离心沉降速度

当流体环绕某一中心轴做圆周运动时，在与中心轴距离为 r、切向速度为 u_t 的位置上，离心加速度为$\frac{u_t^2}{r}$。假设分散相为直径 d_p 的球形颗粒、密度为 ρ_p，连续相流体的密度为 ρ，则与§1.3 中分散相颗粒在重力场中的受力情况相似，在离心惯性力场中颗粒也受到离心惯性力、向心力及阻力三个力作用。向心力和阻力均沿着半径方向指向旋转中心，与颗粒径向运动的方向相反。

当三个力达到平衡时，可得到颗粒在径向上相对于连续相流体的运动速度 u_r(即颗粒在此位置上的离心沉降速度)的计算通式

$$u_r=\sqrt{\frac{u_t^2}{r}\cdot\frac{4d_p(\rho_p-\rho)}{3\rho\xi}} \tag{1-6-1a}$$

由式(1－6－1a)可见，颗粒的离心沉降速度 u_r 与§1.3中的重力沉降速度 v_c 具有相似的关系式，若将重力加速度 g 改为离心加速度$\frac{u_t^2}{r}$，则二者相同。但是两者又有明显区别：离心沉降速度 u_r 不是颗粒运动的绝对速度，而是绝对速度在径向上的分量，且方向不是垂直向下而是沿半径向外；离心沉降速度 u_r 随着颗粒在离心力场中位置 r 的不同而改变，而重力沉降速度 v_c 则是定值。

离心沉降同样存在三种区域内的沉降流型，各区的阻力系数 ξ 仍然可以按照§1.3中的表达式来计算。对于斯托克斯(Stokes)区($Re_p<1$)，离心沉降速度(或称稳定分离速度)可以表示为

$$u_r=\frac{d_p^2(\rho_p-\rho)}{18\mu}\times\frac{u_t^2}{r}=\frac{\omega^2 r d_p^2(\rho_p-\rho)}{18\mu} \tag{1-6-1b}$$

式中 ω——旋转角速度，rad/s。

上式中，当 $\rho_p>\rho$ 时，u_r 为正值，颗粒被抛向周边；当 $\rho_p<\rho$ 时，颗粒被推向中心。

2. 分离因数

分离因数或分离系数 K_c 为同一悬浮颗粒在同种流体介质中离心加速度与重力加速度的比值，在Stokes区内的表达式为

$$K_c=\frac{u_t^2}{rg}=\frac{\omega^2 r}{g} \tag{1-6-2}$$

也可以将 K_c 理解为同一悬浮颗粒所在位置上的离心惯性力场强度与重力场强度之比。在惯性力和重力起重要作用的流动中，表征流体惯性力和重力相对大小的一个无量纲参数被称为Froude数(弗劳德数)，记为 Fr。Fr 数是英国船舶设计师弗劳德(W. Froude)命名而成，表示惯性力和重力量级的比。若以 n 表示转速(r/min)，并将 $\omega=2\pi n/60$ 代入上式，则分离因数 K_c 的表达式改写为

$$K_c=\frac{\omega^2 r}{g}=\frac{r}{g}\left(\frac{n\pi}{30}\right)^2\approx\frac{rn^2}{900} \tag{1-6-3}$$

分离因数 K_c 是衡量离心分离设备分离性能的重要指标，在旋转半径 r 一定时，K_c 值随转速 n 的平方急剧增大。例如，当 $r=0.2$m、$n=500$r/min 时，$K_c\approx56$；而当 $n=3000$r/min 时，则 $K_c\approx2000$。由此可见，离心力对悬浮颗粒的作用远远超过重力，从而极大地强化了分离过程。可以根据分离因数的大小将离心机分为四大类：低速离心机($K_c=1000\sim1500$)、中速离心机($K_c=1500\sim3500$)、高速离心机($3500<K_c\leqslant50000$)和超高速离心机($K_c>50000$)。

3. 物料在转鼓离心力场中分离的相关理论基础

非均相物系中的悬浮颗粒和连续液相组分(或乳化液中互不相溶的轻重相液体组分)，由于密度和质量不同导致受到的离心力大小不同，因而得以分离。

(1)转鼓内液体的自由表面

离心机开始运转后，因转鼓带动而使其内液体在受重力作用的同时，还受到离心力的作用，形成一个旋转的自由表面，如图1－6－1所示。

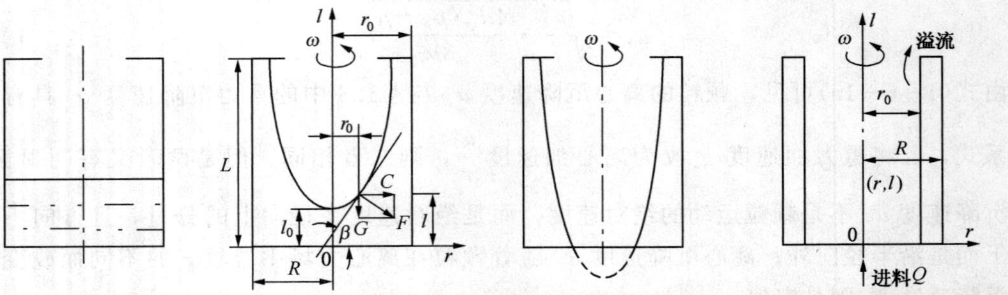

图 1-6-1　离心机转鼓内的自由液面

在自由液面上任取一单元体，其质量为 $\mathrm{d}m$，回转半径为 r_0，离转鼓底面的高度为 l，设转鼓的旋转角速度为 ω，则此单元体所受的离心力 C 和重力 G 分别为

$$C=\mathrm{d}m\cdot r_0\cdot\omega^2$$

$$G=\mathrm{d}m\cdot g$$

这两个力的合力 F 的方向应垂直于该点自由液面的切线，故

$$\tan\beta=\frac{\mathrm{d}l}{\mathrm{d}r_0}=\frac{C}{G}=\frac{\mathrm{d}m\cdot r_0\cdot\omega^2}{\mathrm{d}m\cdot g}=\frac{\omega^2}{g}r_0 \tag{1-6-4}$$

积分可得

$$l=\frac{\omega^2}{2g}r_0^2+l_0 \tag{1-6-5}$$

由上式可见，转鼓内液体的自由表面为一旋转抛物面。当转速增大时，抛物面逐渐下凹，甚至可能 $l_0<0$[图 1-6-1(c)]，同时周围液体上升。因此工程实际中为防止液体溢出，转鼓顶部应设一定高度的溢流堰，只让一定量的液体(澄清液)溢出。当转速极大，以至于重力相对于离心力可以忽略不计时，则自由液面趋近于圆柱面，即 $r_0=D_0/2$[图 1-6-1(d)]。

(2)转鼓内液体的压力

在转鼓内物料中任取一单元体或微元体(图 1-6-2) $\mathrm{d}V=\left(r+\frac{\mathrm{d}r}{2}\right)\mathrm{d}\varphi\,\mathrm{d}r\,\mathrm{d}l$，因其以角速度 ω 做旋转运动，故旋转产生的离心力为

$$\rho\mathrm{d}V\left(r+\frac{\mathrm{d}r}{2}\right)\omega^2=\rho\left(r+\frac{\mathrm{d}r}{2}\right)^2\omega^2\cdot\mathrm{d}\varphi\cdot\mathrm{d}r\cdot\mathrm{d}l$$

微分体积上压力的径向平衡条件为

$$\left(p+\frac{\mathrm{d}p}{\mathrm{d}r}\mathrm{d}r\right)(r+\mathrm{d}r)\mathrm{d}\varphi\,\mathrm{d}l-pr\,\mathrm{d}\varphi\,\mathrm{d}l=\rho\left(r+\frac{\mathrm{d}r}{2}\right)^2\omega^2\mathrm{d}\varphi\,\mathrm{d}r\,\mathrm{d}l$$

忽略二次项后化简得

$$\frac{\mathrm{d}p}{\mathrm{d}r}=\rho\omega^2 r \tag{1-6-6}$$

沿径向对上式积分可得

$$p=\int_{r_0}^{r}\rho\omega^2 r\,\mathrm{d}r=\frac{1}{2}\rho\omega^2(r^2-r_0^2) \tag{1-6-7}$$

这就是物料中某一径向位置由离心作用产生的离心压力，式中 r_0 为自由液面的径向位置。由此可见，在水平面内离心压力是径向位置的函数，在半径为 R 的鼓壁处达到最大值

$$p=\frac{1}{2}\rho\omega^2(R^2-r_0^2) \tag{1-6-8}$$

计算离心压力的意义在于确定转鼓的离心应力，同时由于离心压力是离心过滤操作的驱动力，故离心压力也是离心过滤操作的设计基础。

从理论上讲，提高分离因数 K_c 可以通过提高离心机的转速和增大转鼓直径来实现，但二者的提高均受转鼓材料强度的限制，尤其是当转鼓直径提高时，所带来分离因数 K_c 的增长远远落后于鼓壁应力的增长，于是限制转鼓直径被优先考虑，因此分离因数 K_c 大于 3500 的离心机一般均具有高转速和小转鼓直径的特点。当然，转鼓直径小会影响生产能力以及物料在转鼓中的停留时间。通常将离心机的结构设计为管式、室式、碟式三种类型，相应地称为管式离心机、室式离心机、碟式离心机等。

(3)颗粒在转鼓离心力场中的运动

如图 1－6－3 所示，离心机转鼓的高速旋转，带动了转鼓内液体和颗粒的高速旋转，致使颗粒做离心沉降运动。在分析颗粒的运动时可作如下假设：①由于分离因数很大，因而足以克服颗粒的布朗扩散力；②虽然可能有些大颗粒周围的液体处于过渡区甚至湍流区，但它们往往总以 100％的效率被分离，亦即分离效率主要决定于小颗粒的分离特性，故离心机的性能分析以小颗粒的 Stokes 沉降为基础；③忽略干扰沉降；④忽略哥氏力；⑤忽略颗粒的加速时间，即假定颗粒加速到终末沉降速度是瞬间完成。虽然上述假设显得过于简化，但由于离心机内的低湍流特性，最后的分析结果还是能比较合理地反映离心机的性能的。

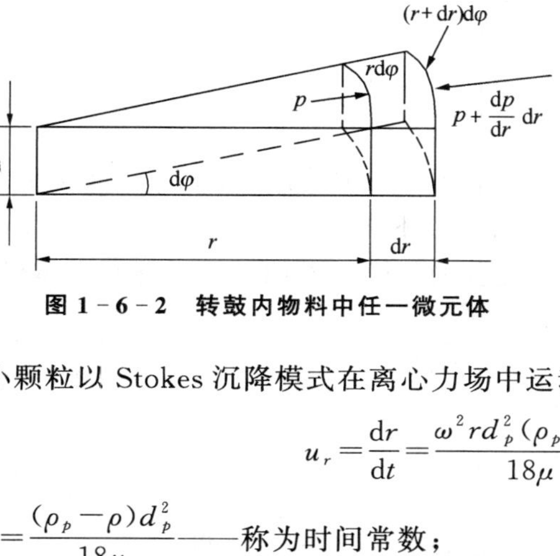

图 1－6－2　转鼓内物料中任一微元体

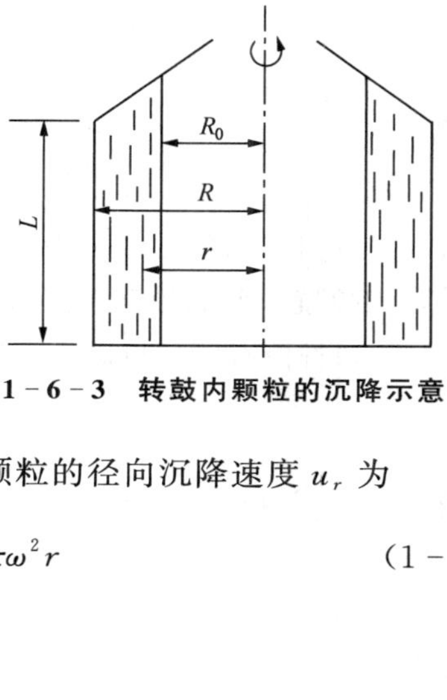

图 1－6－3　转鼓内颗粒的沉降示意图

当小颗粒以 Stokes 沉降模式在离心力场中运动时，颗粒的径向沉降速度 u_r 为

$$u_r=\frac{dr}{dt}=\frac{\omega^2 r d_p^2(\rho_p-\rho)}{18\mu}=\tau\omega^2 r \tag{1-6-9}$$

式中　$\tau=\dfrac{(\rho_p-\rho)d_p^2}{18\mu}$——称为时间常数；

$\omega^2 r$——离心加速度；

r——颗粒所在的径向位置。

由式(1－6－9)可得

$$dt=\frac{1}{\tau\omega^2}\frac{dr}{r}$$

假定颗粒从某一径向位置 r 开始沉降，一直到壁面(即径向位置 R)，则颗粒完成沉降所需的时间为

$$t=\int_r^R \frac{1}{\tau\omega^2}\frac{dr}{r}=\frac{1}{\tau\omega^2}\ln\frac{R}{r} \tag{1-6-10}$$

由式(1-6-10)可知，颗粒完成沉降所需的时间是其径向位置 r 的函数。颗粒完成沉降(即达到径向位置 R)，一方面取决于颗粒所处的起始径向位置，另一方面决定于颗粒在转鼓内的允许停留时间或平均停留时间 $\bar{t}$。为了计算 $\bar{t}$ 可作如下假设：①液体的轴向运动为柱塞流，即沿转鼓横截面的液流速度均匀分布，并忽略端泄效应的影响；②颗粒与流体具有相同的轴向速度。

由图 1-6-3 可知，流体的流通面积为 $\pi(R^2-R_0^2)$。若通过离心机的流量为 Q，则流体的平均轴向速度为

$$w=\frac{dl}{dt}=\frac{Q}{\pi(R^2-R_0^2)} \tag{1-6-11}$$

颗粒在转鼓内的停留时间为

$$\bar{t}=\int_0^L \frac{1}{w}dl=\int_0^L \frac{\pi(R^2-R_0^2)}{Q}dl=\frac{\pi(R^2-R_0^2)L}{Q} \tag{1-6-12}$$

式中 $\pi(R^2-R_0^2)L$——流体的体积，也称为转鼓的有效容积。若将其用 V 表示，则有

$$\bar{t}=\frac{V}{Q} \tag{1-6-13}$$

由上述可知，处理量 Q 越大，允许停留时间 $\bar{t}$ 越短。对重分散相而言，颗粒从起始径向位置 r 走完分离区全长(轴向)，刚好能沉降(径向)到达鼓壁的临界条件为 $t=\bar{t}$，即

$$\frac{1}{\tau\omega^2}\ln\frac{R}{r}=\frac{V}{Q}=\bar{t}$$

或

$$r=R\cdot e^{-\tau\omega^2\bar{t}} \tag{1-6-14}$$

式(1-6-14)的物理意义为：时间常数为 τ 的颗粒在允许停留时间 $\bar{t}$ 内能完成沉降的最小起始径向位置。起始径向位置大于此值，则此颗粒不能完成沉降。因此，时间常数为 τ 的颗粒的粒级效率值 $G(d_p)$ 可定义为半径 r 与 R 之间的环状液层体积占鼓内液体总体积的比值

$$G(d_p)=\frac{R^2-r^2}{R^2-R_0^2} \tag{1-6-15}$$

将式(1-6-14)代入式(1-6-15)，得

$$G(\tau)=\frac{R^2}{R^2-R_0^2}(1-e^{-2\tau\omega^2\bar{t}}) \tag{1-6-16}$$

令 $G(d_p)=0.5$，从上式可导出分割粒度 d_{p50} 或分割常数 τ_{50}，得

$$\tau_{50}=\frac{1}{2\omega^2\bar{t}}\ln\frac{2R^2}{R^2+R_0^2} \tag{1-6-17}$$

将式(1-6-17)代入式(1-6-13)，可导出离心机的生产能力，即

$$Q=\frac{V}{\bar{t}}=\frac{2\omega^2V\tau_{50}}{\ln\frac{2R^2}{R^2+R_0^2}}=2\tau_{50}g\sum=2u_{tg}\sum \tag{1-6-18}$$

式中 $u_{tg}=\tau_{50}g$，即重力场下的终了沉降速度；同时有 $\sum$ 的表达式

$$\sum=\frac{\omega^2}{g}\frac{V}{\ln\frac{2R^2}{R^2+R_0^2}}=\frac{\omega^2}{g}\pi L\frac{R^2-R_0^2}{\ln\frac{2R^2}{R^2+R_0^2}} \tag{1-6-19}$$

由于式(1－6－19)中的$\dfrac{R^2-R_0^2}{\ln\frac{2R^2}{R^2+R_0^2}}$计算不太方便，人们根据对数函数的近似值公式 $\ln y\approx 2\dfrac{y-1}{y+1}$，可得 $\ln\dfrac{2R^2}{R^2+R_0^2}\approx\dfrac{R^2-R_0^2}{\frac{3}{2}R^2+\frac{1}{2}R_0^2}$。同时定义 $\lambda=\dfrac{R_0}{R}$，则

$$\sum\approx\frac{\omega^2}{g}\frac{\pi R^2 L}{2}(3+\lambda^2) \tag{1-6-20}$$

这就是管式离心机的 $\sum$ 常数，它决定于离心机的操作参数和结构参数，其量纲为面积(m^2)。对于圆锥形转鼓的螺旋卸料离心机有

$$\sum\approx\frac{\omega^2}{g}\frac{\pi R^2 L}{4}(1+3\lambda+4\lambda^2) \tag{1-6-21}$$

对于柱-锥形转鼓的螺旋卸料离心机有

$$\sum\approx\frac{\omega^2}{g}\frac{\pi R^2 L_2}{2}\left[\frac{L_1}{L_2}(3+\lambda^2)+\frac{1}{2}(1+3\lambda+\lambda^2)\right] \tag{1-6-22}$$

式中 L_1——锥段的长度，m；

L_2——柱段的长度，m。

对于碟式离心机有

$$\sum\approx\frac{\omega^2}{g}\frac{2N\pi R_2^3}{3}\left[1-\left(\frac{R_1}{R_2}\right)^3\right]\mathrm{ctan}\frac{\theta}{2} \tag{1-6-23}$$

式中 N——碟片数；

R_1——碟片内侧回转半径，m；

R_2——碟片外侧回转半径，m；

θ——锥形碟片的全锥角，(°)。

式(1－6－18)为 $\sum$ 理论的基本表达式，可用来预测离心机的性能，即处理量或分割粒径。预测的处理量即为对应于分割粒径 d_{p50} 的生产能力。小于此流量，分割常数为 τ_{50} 的颗粒大部分能完成沉降而被分离出来；否则，分割常数为 τ_{50} 的颗粒大部分不能完成沉降。利用 $\sum$ 常数，可对几何和动力相似的离心机(如同一类型的离心机)进行操作性能比较，或对同一类型的离心机作比例放大。设 d_{p50} 或 τ_{50} 保持不变，则由式(1－6－18)可得

$$\frac{Q_1}{\sum_1}=\frac{Q_2}{\sum_2} \tag{1-6-24}$$

“$\sum$ 理论”对转鼓内料液流动和颗粒的沉降分离行为进行了高度的简化假设，要点是“料液在没有螺旋的空转鼓内沿轴向做一维流动，颗粒沉降遵守 Stokes 定律”。但采用该理论的计算结果往往与实际情况差距很大，有时甚至出现数量级的差距，如：计算的生产能力远大于实际生产能力，或计算的分离临界粒度远小于实际产品的最小粒度，等等。

(4)离心沉降分离的极限

上述对离心机分离性能的描述忽略了颗粒的布朗运动，当颗粒粒径比较小(如几个 μm 以下)时，布朗运动不能忽略。如果还用 $\sum$ 理论，就可能高估离心机的分离性能。甚至当颗粒粒径小到一定程度，在一定的离心力场作用下，用 $\sum$ 理论预测可以被分离，但因颗粒布朗运动引起的扩散作用，颗粒可能长期保持悬浮状态而不能被分离。这种现象称为离心沉降分离的极限，对应的颗粒直径称为极限颗粒直径，用 $d_{p\min}$ 表示

$$d_{p\min}=1.732\left[\left(\frac{T}{(\rho_p-\rho)r\omega^2}\right)^{\frac{1}{4}}\right]\ (\mu m) \tag{1-6-25}$$

式中 T——热力学温度，K；其余符号同前。

根据此式，可由要求的最小分离颗粒粒径确定所需的最小分离因数 $K_{c\min}$，进而选定机型。由式(1-6-23)得

$$K_{c\min}=\frac{9T}{g(\rho_p-\rho)d_{p\min}} \tag{1-6-26}$$

例如，$T=300K$，$\rho_p-\rho=100kg/m^3$，要求 $d_{p\min}=0.5\mu m$，按上式计算得到所需的最小分离因数 $K_{c\min}=4405$。

二、静态水力旋流器

静态水力旋流器具有结构紧凑、无运动部件、便于安装检修等优点，很早被就用于固-液分离。用于液-液分离相对较晚，应用于小密度差的油-水分离更是要晚得多，直到 20 世纪 80 年代初期才开始工业应用试验。这里重点结合切向入口静态水力旋流器进行介绍，轴向入口或其他形式入口静态水力旋流器这里不作涉及，同时这里所指的悬浮颗粒可以是固体颗粒或分散相液体颗粒，分别对应固-液分离或液-液分离。

1. 结构与工作原理

如图 1-6-4 所示，切向入口静态水力旋流器外形大体上呈圆柱-圆锥组合管式结构，上部是直径为 D 的圆柱筒，下部是锥角为 θ 的截头圆锥体，进料管以渐缩方式与上部圆柱筒切向连接。为确保长期稳定工作，大多采用合金钢或其他耐磨材料制成，也可以在普通材质基体上使用耐磨材料内衬。

如图 1-6-5 所示，当物料借助增压泵提供的能量(压力≤0.40～0.60MPa)以 6～10m/s 的流速切向进入上部圆柱筒后，沿器壁形成向下做螺旋运动的一次涡流，其中直径和密度较大的悬浮颗粒被甩向器壁，并在下旋物料推动和重力作用下沿器壁下滑，在锥底形成浓缩液连续排出(称为底流，Underflow)。其余液流则向下旋流至一定程度后，便在越来越窄的锥壁反向压力作用下改变方向，由锥底向上做螺旋形运动，形成二次涡流，最终作为澄清液从溢流管排出(Overflow)。另外，在静态水力旋流器中心有时还会形成一束绕轴线分布的、自下而上的负压空气涡流柱。

切向入口静态水力旋流器与切向入口旋风分离器的不同之处在于，前者内层旋流中心有时会形成一束负压空气涡流柱，同时前者上部圆柱筒较短，下部截头圆锥体较长，有时下部甚至采用双圆锥体结构或其他更为复杂的曲线结构。由于静态水力旋流器的旋转半径较小，故离心作用较强，可以充分发挥圆锥体部分的作用。

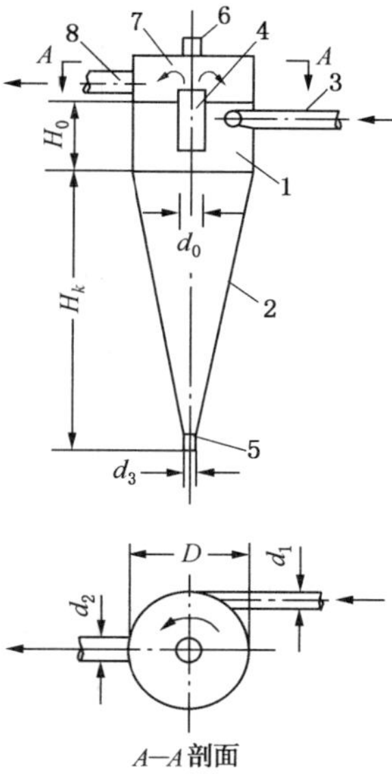

图 1－6－4　切向入口静态水力旋流器的结构示意图

1—圆柱筒；2—圆锥体；3—进料管；4—溢流管；5—重质相出口；6—通气管；7—溢流筒；8—轻质液相出口管

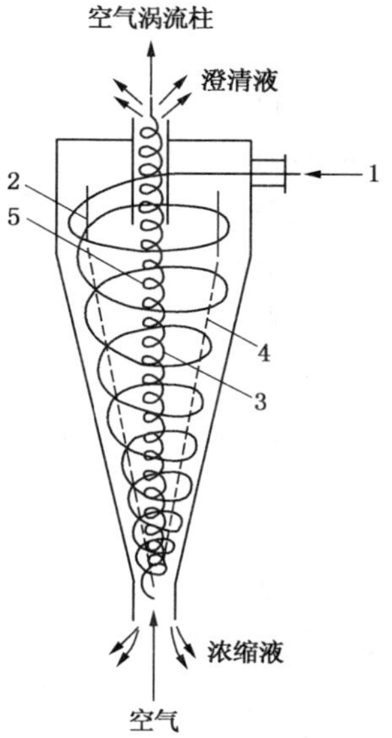

图 1－6－5　物料在切向入口静态水力旋流器内的流动情况

1—入流；2—一次涡流；3—二次涡流；4—零锥面；5—空气涡流柱

2. 设计计算

入口静态水力旋流器设计计算的一般步骤是：首先确定切向各部分的结构尺寸，然后求出处理量和极限粒径。

(1)确定各部分的结构尺寸

切向入口静态水力旋流器各部分尺寸的相对关系对分离效果有决定性影响，一般以上部圆柱筒的直径 D 和下部截头圆锥体的锥角 θ 作为基本尺寸，再按以下关系确定其他尺寸：

上部圆柱筒高度 $H_0=1.70D$；下部截头圆锥体的锥角 θ 取 10°～15°；中心溢流管直径 $d_0=(0.25\sim0.35)D$；进料管直径$=d_1(0.25\sim0.40)D$，一般管中物料流速取 1～2m/s；轻质液相出口管直径 $d_2=(0.25\sim0.50)D$；锥底直径或重质相出口管径；锥体高度；进料管口应紧贴上部圆柱筒并相切，通常制作成高宽比为 1.5～2.5 的矩形管，进料管的轴线应下倾 3°～5°，出口流速一般在 6～10m/s 之间，以加强物料的下旋运动；溢流管下缘与进料管轴线的距离以等于为佳；为保持负压空气涡流柱内稳定的真空度，轻质液相出口管不能满流工作，因此应使，并在切向入口水力旋流器的顶部设置通气管，以平衡内部压力和破坏可能发生满流时的虹吸作用；锥底直径或重质相出口管径宜取小值，以提高重质相浓度。由于上部圆柱筒易被物料冲刷磨损，因此应采用耐磨材料制作或内衬耐磨材料，且能快速更换。

(2)处理水量计算

切向入口静态水力旋流器的处理水量 Q 按下式计算

$$Q=KDd_0\sqrt{\frac{\Delta p}{10}}\ (\mathrm{L/min}) \tag{1-6-27}$$

式中　K——流量系数，按 $K=5.5d_1/D$ 计算；

D——切向入口静态水力旋流器上部圆柱筒的直径，cm；

d_0——切向入口静态水力旋流器中心溢流管的直径，cm；

Δp——进、出口水压差，即 $\Delta p=p_1-p_2$。压力过大，水泵容易磨损，一般取 98～196kPa。

由于离心力与旋转半径成反比例关系，故切向入口静态水力旋流器上部圆柱筒的直径 D 值受到一定限制，一般不超过 ϕ500mm，应用于油水分离等相密度差较小场合时直径 D 值会更小。单个静态水力旋流器有时也被称为旋流管，由于单个旋流管处理量有限，要求处理量较大时应将多个旋流管并联使用。

(3)被分离颗粒的极限尺寸

切向入口静态水力旋流器的分离效率与结构参数、悬浮颗粒性质、物料压力及连续液相黏度等一系列因素有关。在其他条件基本不变时，分离效率随悬浮颗粒粒径的增大而急剧增大。图 1-6-6 为某种污水中悬浮颗粒粒径与分离效率的关系曲线，由图中可以看出，悬浮颗粒粒径≥20μm 时，其分离效率可接近 100%；悬浮颗粒粒径为 8μm 时，其分离效率只有 50%。一般将分离效率为 50%的悬浮颗粒粒径称为极限粒径，它是判断切向入口静态水力旋流器分离程度的主要参数之一。极限粒径越小，说明分离效果越好，达到一定分离效率时的处理量也越大。

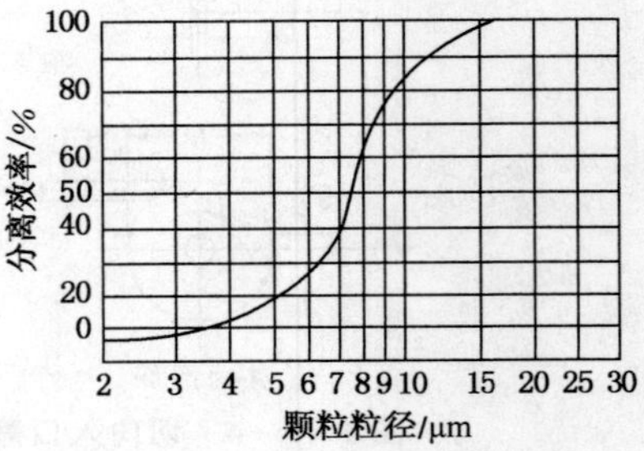

图 1-6-6　悬浮颗粒粒径与分离效率的关系曲线

当悬浮颗粒以较小的速度($Re_p<1$)在连续液相中做径向运动时，被分离颗粒的极限粒径 d_c(cm)可由下式计算

$$d_c=0.75\frac{d_1^2}{\varphi}\sqrt{\frac{0.1\pi\mu}{Qh(\rho_p-\rho)}}\tag{1-6-28}$$

式中　μ——连续液相的动力黏度，Pa·s；

φ——连续液相切向速度的变化系数，与切向入口静态水力旋流器的结构有关，可以按 $0.1D/d_l$ 近似计算；

h——切向入口静态水力旋流器中心流束的高度，其值约为水力旋流器总高减去圆锥部分高度的 1/3，即 $h=\dfrac{D-d_3}{3\tan\theta}$，cm；

Q——切向入口静态水力旋流器的进料流量，cm^3/s；

ρ_p——悬浮颗粒的密度，g/cm^3；

ρ——连续液相的密度，g/cm^3。

当悬浮颗粒以较大的速度($Re_p=1\sim30$)运动且空气柱粒径为 d(cm)时，d_c 值可按下式计算

$$d_c=\frac{0.83}{h}\sqrt{\frac{0.1d^8\mu\rho}{\varphi^4Q(\rho_p-\rho)}}\times\frac{d_0^{5/3}-d^{5/3}}{d_0-d}\tag{1-6-29}$$

需要强调的是，由于非均相体系的性质千差万别以及悬浮颗粒粒径的表征方式不同，计算极限粒径的经验公式很多，计算结果相差亦较大。因此，为了准确计算与评价，应结合具体物料进行分离可行性试验。

三、离心机

离心机是一种利用转鼓带动非均相物料高速旋转产生的离心力来强化分离过程的分离设备，可用于物料的澄清、增浓、脱水、洗涤或分级。如表 1－6－1 所示，离心机可按分离因数、转鼓形状、转鼓数目、操作原理、卸料(渣)方式、操作方式等加以分类。按照分离过程的操作原理或实现机理来看，离心机一般可分为过滤式离心机(Filtering centrifuge)、沉降式离心机(Sedimenting centrifuge)两大类，当然目前也有沉降-过滤组合式或一体式结构。当分离固相浓度小于 1%、固体颗粒粒径小于 5μm、固液两相密度差较小的悬浮液，或轻重两相密度差很小且分散性很高的乳化液时，分离因数 K_c 小于 3500 的中速离心机(如卧螺沉降离心机等)往往难以满足分离要求，通常采用分离因素 K_c 大于 3500 的管式离心机。

表 1－6－1　离心机分类列表

按操作原理分类	按操作方式分类	其他分类方式		
过滤式	间歇式	三足式		上卸料
				下卸料
		上悬式		重力卸料
				机械卸料
	连续式	卧式刮刀卸料		
		卧式活塞推料	单鼓	单级
				多级
			多鼓(轴向排列)	单级
				多级
		离心力卸料		
		振动卸料		
		进动卸料		
		螺旋卸料		
沉降式	间歇式	撇液式		
		多鼓(径向排列)	并联式	
			串联式	
		管式	澄清型	
			分离型	
	连续式	碟式	人工排渣	
			活塞排渣	
			喷嘴排渣	
		螺旋卸料	圆柱形	
			柱-锥形	
			圆锥形	
组合式	螺旋卸料沉降-过滤一体式			

1. 过滤式离心机

过滤式离心机的转鼓上开有孔，转鼓内覆盖以滤布或其他过滤介质(滤网等)。当转鼓高速旋转时(>1000r/min)，鼓内待分离物料也发生旋转，料液在离心力作用下透过过滤介质成为滤液，固体颗粒则被过滤介质截留，不断堆积成为滤饼。过滤式离心机对待分离物料的固-液两相密度差没有要求，但不适宜于小颗粒、纤维状或胶体可压缩固体的分离(例如污泥脱水)，因为这些物质会堵塞过滤介质；只适用于悬浮液浓度较高(可达50%～60%)、粒度适中以及母液较黏的场合。属于间歇操作的有三足式、上悬式和卧式刮刀卸料过滤离心机，而连续操作的有卧式活塞推料、离心力卸料、螺旋卸料过滤离心机。

(1)三足式过滤离心机

三足式过滤离心机(Tripod pendulum - type centrifuge)是世界上出现最早的过滤离心机，其旋转部件及机壳垂直悬挂支撑在三根摆杆或多块弹性元件上。图1-6-7为人工上部卸料三足式过滤离心机的结构示意图，可高速回转的转鼓悬挂支撑在机座的三根支柱上，工作循环开始时打开进料阀，液-固两相悬浮液从进料管到达高速运转的布料盘，均匀分布于高速回转的开孔转鼓内。固体颗粒在离心力作用下向鼓壁运动，受过滤介质的拦截，在转鼓内壁堆积形成滤饼；液相在离心力作用下通过滤饼、过滤介质，穿过滤网及转鼓壁上的小孔被甩出转鼓外，由机壳内壁和底盘承集，经排液管导出。当滤饼达到一定厚度时可停止加料并将滤饼甩干，也可加入洗涤液对滤饼进行洗涤并甩干，滤饼含水率达到分离要求后停机，人工从上部将滤饼卸出。如图1-6-8所示，三足式过滤离心机的主轴及其支承、驱动机构都被安装在机器的外壳上，整个主机处于挠性支承。主轴被设计成短而粗的刚性轴，有利于降低设备的高度，便于操作和维修。主轴和转鼓的配合面为圆锥面，靠锥面摩擦传递扭矩，在轴端使用大压紧螺母将转鼓压紧固定在主轴上。

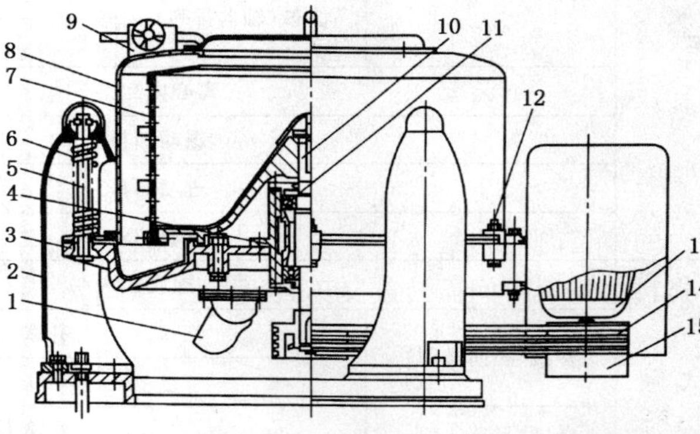

图1-6-7　人工上部卸料三足式过滤离心机的结构示意图

1—出液管；2—支柱；3—底盘；4—轴承座；5—摆杆；6—缓冲弹簧；7—转鼓；8—外壳；9—撇液机构；10—主轴；11—轴承；12—压紧螺栓；13—电动机；14—三角皮带轮；15—离心离合器

三足式过滤离心机适用于分离固相颗粒大于0.01mm的悬浮液，圆筒形鼓壁多用钢板卷焊而成，直径ϕ255～2000mm；转鼓开孔率一般为5%左右，具体大小应根据转鼓转速和待处理物料的性质而定，常见孔径为ϕ6～10mm。一般在200～800r/min的转速下加料，在1000～1600r/min的转速下分离，因此要求驱动机构能够实现宽范围变速。三足式过滤离心机的优点是：对物料适应性强，结构简单，机器运转平稳，易于实现密封防爆；缺点是：间歇或周期循环操作，生产能力低，人工上部卸料时的劳动强度大，操作条件差，只适用于中小规模的生产过程。

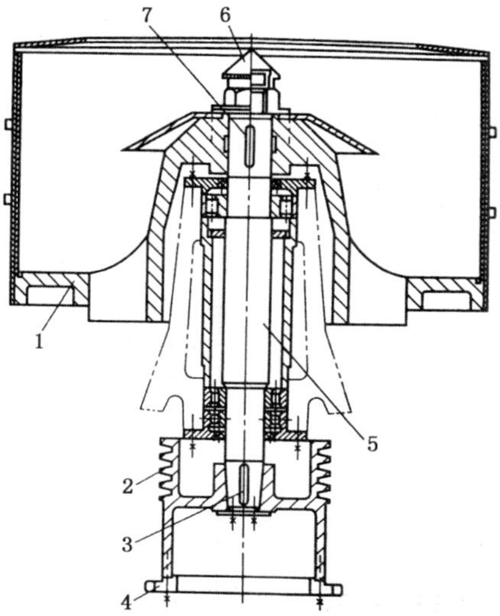

图 1-6-8　三足式过滤离心机主轴与转鼓的连接结构示意图

1—转鼓；2—从动皮带轮；3，7—键；4—正齿轮；5—主轴；6—盖帽螺母

(2)离心力卸料过滤式离心机

离心力卸料过滤式离心机又叫惯性卸料离心机或锥篮离心机（Conical basket centrifuge）。如图 1-6-9、图 1-6-10 所示，锥篮离心机分为立式和卧式两种类型，被分离的滤渣在锥形转鼓中，依靠自身所受的离心力克服与筛网之间的摩擦力，由锥形转鼓小端沿筛网表面向大端移动，最后自动排出。转鼓、筛网和滤渣排出机构是主要零部件，转鼓的结构形状和尺寸参数在很大程度上决定了物料的运动状态和分离效果，常见的转鼓有框架式和卷板式两种，框架式转鼓在焊接的框架内铺设衬网和筛网；卷板式转鼓由薄钢板焊接而成，在外侧可焊加强环。转鼓的主要尺寸参数包括半锥角、最大内径和高度，转鼓半锥角的大小必须保证物料在离心力作用下能在鼓内由小端向大端移动，但随着半锥角的增大，滤渣的移动速度增加，物料在设备内的停留时间将缩短，导致产品的含湿率增高，且物料颗粒的破碎程度增加。因此，为保证物料的停留时间而转鼓又不致太高时，半锥角不能取得太大。

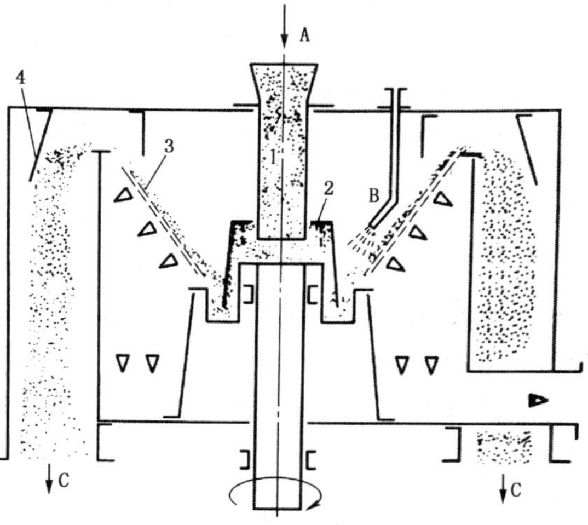

图 1-6-9　立式离心力卸料过滤式离心机的工作原理示意图

1—进料管；2—分配器；3—锥形转鼓；4—外壳；A—物料进口；B—洗涤管；C—固体出口

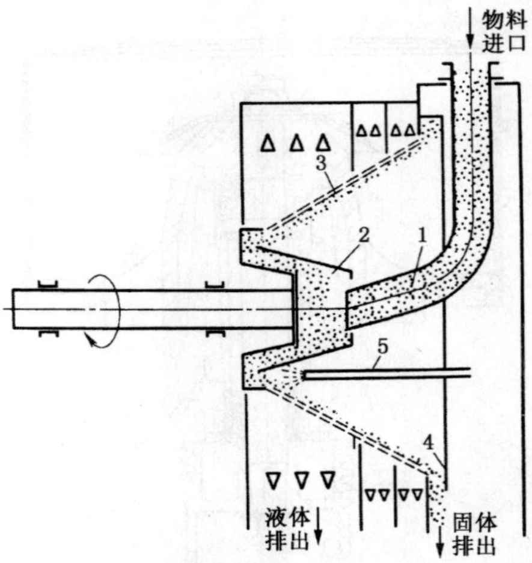

图 1-6-10　卧式离心力卸料过滤式离心机的工作原理示意图

1—进料管；2—布料斗；3—锥形转鼓；4—集料槽；5—洗涤管

离心力卸料过滤式离心机具有结构简单、效率高、产量高、运转及维修费用低等优点，缺点对物料性质和溶液浓度的变化非常敏感，适应性差，不易控制物料的停留时间。主要用于大于 0.1mm 的结晶颗粒或无定形物料以及纤维状物料的分离。其主要技术参数为：转鼓直径 ϕ500～1020mm，分离因数 1600～2100，转鼓锥角 50°～70°。

(3)螺旋卸料过滤式离心机

螺旋卸料过滤式离心机(Screen worm centrifuge)有立式和卧式两种结构布局，主体结构与螺旋卸料沉降离心机基本相同，不同之处是转鼓轴向长度短一些，转鼓壁上开有小孔，内衬筛网。以卧式结构布局为例，工作时悬浮物料从进料管进入螺旋内腔，并通过螺旋小头接近转鼓锥端底部的喷料口进入转鼓，在离心力场作用下，悬浮液中的液相通过设置在转鼓壁上的筛网被分离出去，固相颗粒则被截留在转鼓内。转鼓内的固相颗粒在离心力以及螺旋与转鼓之间的差速作用下，逐步从转鼓小端向转鼓大端运动。在此过程中，随着回转直径的加大，离心力快速递增，固相的含湿量逐渐降低，从而实现固液两相的自动、连续分离。

2. 沉降式离心机

利用离心沉降原理，分离固-液悬浮物料或液-液-固三相混合物的过程称为离心沉降分离过程，相应的设备被称为沉降式离心机(转鼓式离心机，Solid bowl decanter/centrifuge)，其最显著的特点是转鼓壁上无孔，不使用过滤介质。间歇运行沉降式离心机的代表有三足式沉降离心机等，连续运行沉降式离心机的代表有螺旋卸料沉降离心机、碟式沉降离心机(简称碟式离心机，Disc centrifuge)、管式离心机(Tubular centrifuge)等。根据转鼓的数量可以分为单鼓式和多鼓式，多鼓式沉降离心机转鼓的排列为径向排列，这样不但使空间利用率高，而且可以提高分离性能。根据离心机内物料的流动形式，径向排列多鼓式沉降离心机有两种类型：一类为并联式，每个分离室独立进、出料；另一类为串联式，物料首先加到内分离室，然后逐级向外流动分离。

(1)螺旋卸料沉降离心机

螺旋卸料沉降式离心机的主要优点是：能连续自动操作和长期运转，结构紧凑，维修方便，操作费用低；单机生产能力大，分离质量较高；占地面积小，能分离的固相物料粒径范围较广(0.005～2mm)，在颗粒大小不均匀的条件下也能正常分离；能适应悬浮固体体积浓度为2%～40%的物料，且浓度波动不显著影响分离效果。主要缺点是：出渣含湿量一般比过滤式离心机稍高，同时设备的加工制造精度要求较高。

①结构组成。螺旋卸料沉降式离心机按结构布局形式可分为卧式和立式两大类，立式结构布局的占地面积较小，但处理量受到一定限制，日本巴工业株式会社(TOMOE Engineering Co., Ltd.)的TRV系列立式脱水离心机是其中的典型代表。这里重点讲述卧式螺旋卸料沉降式离心机(简称卧螺沉降离心机)。如图1-6-11所示，卧螺沉降离心机主要由转鼓、输料螺旋、差速驱动单元、溢流板、转鼓传动和过载保护单元等组成，转鼓通过左右两边空心轴的轴颈支撑在轴承座内，输料螺旋用轴支撑在转鼓内且与转鼓同轴心线安装，二者同向旋转但存在一定的转速差。卧螺沉降离心机的主要技术参数包括：转鼓直径D和有效长度L、转鼓的半锥角α、转差和扭矩、沉降区L_1和干燥区L_2长度。

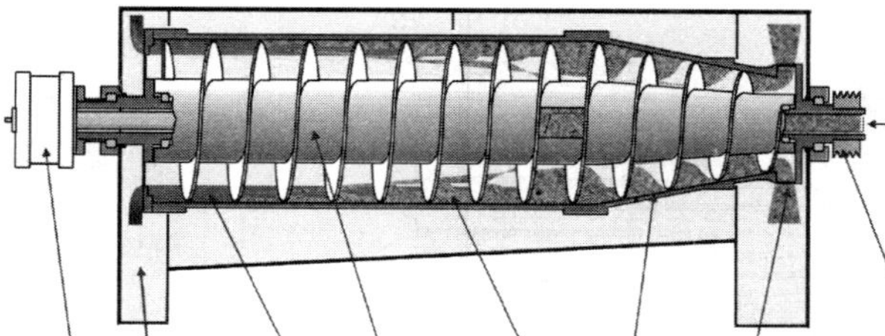

图1-6-11　逆流式卧螺沉降离心机的结构示意图

转鼓的结构形式和几何参数决定了卧螺沉降离心机的特点及分离效果。转鼓的结构形式有全锥形、柱锥形和双锥形等，由于柱锥形能够增加转鼓内的液池容量，提高离心机的处理能力和分离效果，也有利于增大离心机的长径比，扩大其应用范围，因此目前被普遍采用，其结构几何参数如图1-6-12所示。转鼓直径D是转鼓的最大内壁直径，D值越大，离心机的处理能力也越大；转鼓的有效长度L是沉降区或澄清区(Settling zone)长度L_1和脱水区或干燥区(Drying zone)长度L_2之和，L值越大，物料在机内的停留时间越长，分离效果也越好。但转鼓直径D和有效长度L的取值往往受到结构强度的限制，D值一般在ϕ160～1600mm之间，长径比(L/D)一般在1～4.5之间。半锥角是转鼓锥体母线与转鼓轴心线的夹角，半锥角大则物料受到的离心挤压力大，有利于分离。通常半锥角$\alpha=5°\sim20°$，对于浓缩、分级$\alpha=6°\sim10°$，对易分离的物料取$\alpha=10°\sim12°$，对难分离的物料取$\alpha=6°\sim8°$。当然，转鼓的半锥角大，输料螺旋的推料扭矩也需增大，叶片的磨损也会加大，若磨损严重会降低分离效果。

转鼓材料根据待分离物料的物性和转速高低综合考虑，可以选用碳钢、不锈钢，也可以选用玻璃钢。如果分离因数高又要求耐腐蚀，一般不锈钢满足不了强度要求时，应该选用高强度不锈钢或钛合金材料制造。排渣口设在转鼓小端，由径向排渣。排渣口形状有圆形、方形、半腰形、梅花形等，数量一般为4～10个。排渣口大小影响排渣能力和排渣阻力，为避免出现固相沉渣排除不畅，在满足转鼓机械强度要求的前提下，排渣口应尽可能开大。因直接受固相沉渣排出时的高速磨损，通常需对排渣口进行耐磨处理，可以在排渣口内安装由耐磨材料制成的可更换耐磨套，也可以在排渣口喷焊耐磨硬质合金。除了转鼓排渣口外，转鼓内表面也是易磨损部位。通常的解决方法是在转鼓内壁上焊接筋条或拉槽，不但有利于防止固相沉渣滑移，更有利于阻止沉降在转鼓内壁上的物料与转鼓内壁之间因相对运动而产生磨损。目前大多采用焊接筋条的方法，相对简单。筋条一般宽 10～20mm，厚 2～3mm，数量 4～24 根，采用间断焊方式焊在转鼓内壁上。在转鼓大端盖板或轴颈的凸缘上对称布置有溢流口，分离液经此溢流出转鼓。

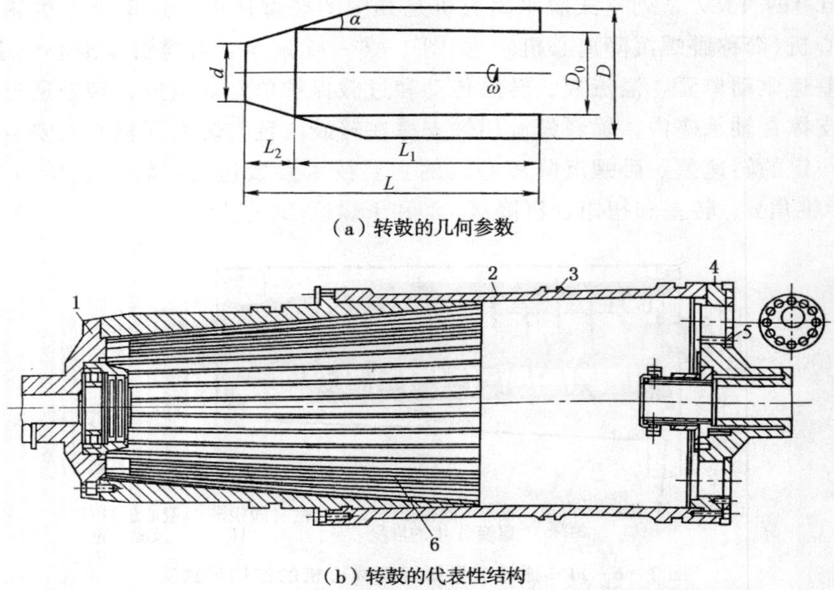

图 1-6-12　卧螺沉降离心机转鼓的几何参数和代表性结构示意图

1—小端盖；2—转鼓筒体；3—环状凸缘；4—大端盖；5—液位调节组件；6—筋条

从几何外形上来看，输料螺旋叶片外缘所形成的母线通常与转鼓内部轮廓母线相似，但两者之间有一定间隙；从运动关系上来看，输料螺旋与转鼓同向旋转但存在一定的转速差。输料螺旋主要由螺旋叶片、内筒和进料室等组成，用以连续地把固相沉渣送至排渣口排出机外，其结构、材料和参数不仅关系到离心机的生产能力、使用寿命，而且直接影响到排渣效率和分离效果。输料螺旋的结构形式有柱锥式、直筒式、阶梯直筒式，螺旋叶片的布置可垂直于转鼓母线，也可以垂直于回转轴线。从螺旋叶片的螺距来看，有等螺距、渐变螺距、渐变混合等几种，渐变螺距是从转鼓大端至小端螺距逐渐减小，使固相沉渣在输送时受到径向的离心压力外，还受到螺旋叶片的轴向挤压力作用，使固相沉渣受到双向压缩，从而使含水量大幅度降低。输料螺旋的另一个设计参数是螺旋头数，有单头螺旋、双头螺旋、多头螺旋等几种。在大多数情况下，尤其是分离细黏的低浓度物料时，一般采用单头螺旋。虽然双头或多头螺旋输送固相沉渣的效率高，但对机内流体搅动大，极易将沉积在转鼓内壁上的固相沉渣重新搅混，导致清液澄清度下降，影响分离效果。仅仅是在固液两相比重差较大、浓度较高时，建议采用双头或多头螺旋。

螺旋输送器与转鼓都与物料直接接触，二者一般采用相同的材料。当固相沉渣的磨砺性很强时，叶片推料面很容易被磨损，特别是锥段排渣部分的磨损更为严重。螺旋叶片磨损后输渣能力下降，固相沉渣会堆积在转鼓内。当固相沉渣与螺旋叶片表面之间的摩擦力大于其与转鼓内壁之间的摩擦力时，固相沉渣就黏附在螺旋叶片上并与之一起旋转，不能从转鼓中排出并逐渐塞满在螺旋叶片内，使离心机无法工作。同时，螺旋叶片的不均匀磨损会造成动不平衡，使机器振动超标。为防止这些现象发生，需要对螺旋叶片的推料面进行耐磨处理，以提高其层面的硬度和耐磨性。往往在螺旋叶片表面喷涂(堆焊)耐磨材料或设法固定耐磨片，前者一般为硬质合金，后者可选用铬、锰等硬质合金耐磨片或陶瓷熔合耐磨片，耐磨片可用沉头螺钉、钎焊或黏结剂粘接固定在螺旋叶片上。输料螺旋同样属于高速回转件，应有很好的刚度，在组装完毕后应按规定进行动平衡。

②工作原理。工作过程中，悬浮物料经进料管从输料螺旋内筒的进料孔连续进入转鼓圆柱段内，并在转鼓的带动下旋转。旋转的悬浮物料在离心力作用下发生沉降，密度大的固相颗粒沉降在转鼓圆柱段内壁上形成固相层(因呈环状而称为固环层)，密度小的液体则只能在固环层内圈形成液体层(称为液环层)，沉降分层的速度受悬浮物料中轻重相密度差和离心力大小的影响。由于转鼓与输料螺旋有一定的转速差，因此二者之间的物料存在相对运动，固环层在输料螺旋的推移下，被输送到转鼓圆锥段(小端)进一步脱水，然后经排渣口连续排出。转鼓内沉降区和干燥区对输料螺旋的要求有所不同：在沉降区物料中的固体颗粒逐渐向转鼓内壁沉降，输料螺旋应有利于移动固相沉渣而又不致将其剧烈地搅起，造成已分离的沉渣和液体再度混合；输料螺旋在干燥区不仅继续移动固相沉渣，而且应为沉渣和水分的充分分离创造有利条件。

如图 1-6-13 所示，按照物料在转鼓沉降区内的流动方式，可将卧螺沉降离心机分为逆流式和顺流式两类。逆流式是待分离物料从转鼓中部的适当部位给入(通常靠近沉降区与干燥区交界处)，转鼓内的固相沉渣和液相呈逆向运动。逆流式是卧螺沉降离心机中最基本的形式，优点是能够保证液相有足够的沉降距离，而固相沉渣仅仅停留通过锥段所需的时间，而且结构比较简单，工作可靠，制造成本低，适应性强，能用于固相脱水、液相澄清、粒度分级等；缺点是固相沉渣沿转鼓向小端输送时必须经过物料加入口，在该处对液池中的固相沉渣有搅动和冲刷作用，使已沉降在转鼓壁上的较细固体颗粒重新悬浮，降低了分离效果。顺流式(又称并流式)是物料从转鼓左侧端部附近给入，固相沉渣和液相同向运动，物料出口有两种布局模式：一是液相被设法转向流动并从物料入口附近外侧排出，固相沉渣仍从脱水区小锥段排出；二是液相和固相沉渣都从脱水区小锥段排出。由于固相沉渣在向小端推送途中不经过物料加入口，因此不存在受到搅动冲刷而重新悬浮的问题；还能增加沉降面积和沉降时间，使微细颗粒能较好地沉淀下来，因此分离效率得以提升，特别适用于密度差较小、固相颗粒难以沉降的悬浮物料。顺流式卧螺沉降离心机一般用于液相澄清，其生产能力是尺寸相近逆流式的 2 倍，同时因转速相对较低，当物料经絮凝处理后絮团不易被破碎，运动部件不易磨损；缺点是大多采用双锥形转鼓，输料螺旋负荷较大，分离有磨蚀性物料时容易磨损，与逆流式相比结构较为复杂。

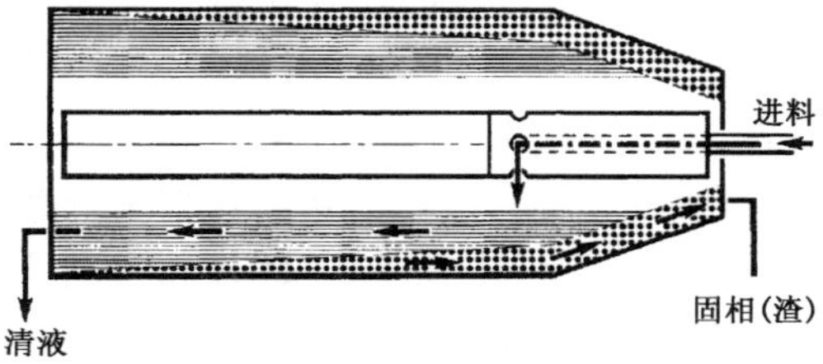

(a) 逆流式

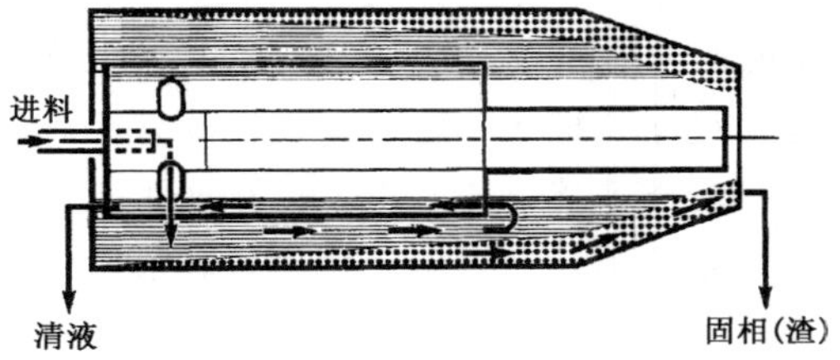

(b) 顺流式

图 1-6-13　物料在卧螺沉降离心机转鼓分离区内的流动方向示意图

沉降区长度和液池深度直接影响卧螺沉降离心机的生产能力和分离性能。转鼓的沉降区长则悬浮液停留时间长，分离液中固相含量少，但干燥区停留时间短，排渣含湿量高，因此要求能够对沉降区和干燥区的长度进行主动调节。调节可以通过偏心溢流挡板重力式调节来实现，也可以使用叶轮通过压力将澄清液排出。偏心溢流挡板重力式调节的基本出发点是，各溢流口节圆直径的大小决定液池深度，也就决定了沉降区长度和脱水区长度。对于大直径转鼓，可调节的溢流口常用径向移动螺钉定位溢流挡板、带有偏心孔的溢流挡板；对于小直径转鼓，可以选用旋转调节溢流挡板。上述三种可调的溢流挡板简单实用，但调节要在离心机停车后才能进行。叶轮调节是在封闭系统中通过压力排出澄清液体，系统正常运行的前提条件是离心机中不能存在任何会导致叶轮堵塞的固相物质。德国福乐伟(Flottweg GmbH)公司的可调叶轮技术是叶轮调节技术的升级，可以通过手动调节机构(手柄等)改变叶轮的位置，精确设置液池深度，使澄清液从不同直径流出。由于可调叶轮能够在持续运行中进行调整，能够根据工况(进料状况)的变化进行调整优化，因此可以实现完美分离性能，进而获得最佳产品效果。

③差速驱动单元。输料螺旋与转鼓二者同向转动，并维持一定的转速差，此转速差与转鼓转速之比称为“转差率”，一般为0.6%～4.0%，多数为1%～2%。转速差决定着固相沉渣沿转鼓内壁的移动及其在转鼓内的停留时间，对于易分离物料转差率可取大一些，对于难分离的细黏物料则应取小一些。转差大，输渣量大，但也致使转鼓内物料停留时间短，分离液中固相含量增加，出渣含湿量增大。转差降低必然会使输料螺旋的推料扭矩增大，通常卧螺沉降离心机的推料扭矩在3500～34000N·m之间。通过调整转速差不仅可将固相中的干物质含量保持在最佳水平，而且可以适应进料状况条件变化等各种不同需求。换言之，当转鼓转速不变时，通过改变差速器输入轴的转速可以改变转速差，使输料螺旋的输送能力(排渣能力)发生变化，进而影响分离效果。

实现转速差的方式较多，主要有机械式、液压式、电磁式等。机械式差速器又分为摆线针轮传动、渐开线行星齿轮传动、谐波齿轮传动，减速比较大。渐开线行星齿轮差速器主要采用2K-H型负号机构、NGW型啮合方式，通常采用双级传动，高速级和低速级行星齿轮组的结构完全相同，高速级行星齿轮组输出的行星架直接与低速级行星齿轮组中的太阳轮制作成一个零件。德国福乐伟(Flottweg GmbH)公司1994年研发了多级行星齿轮变频驱动系统Simp-Drive®，能够根据输料螺旋的扭矩来调节转速差。特殊行星齿轮减速器的输入轴由一台变频电动机驱动，根据要求调节转鼓转速；另一台变频电动机直接驱动输料螺旋。由于输料螺旋和转速差彼此独立控制，因此在停机状态下仍然可以转动螺旋输送器清空机器，而无需拆卸系统组件。液压螺旋差速器是将液压技术应用到传统的差速器中，其结构简单、传递扭矩大、差转速无级可调，可充分改善离心机工作转矩的功效执行。瑞士Viscotherm公司的液压驱动差速器ROTODIFF®是典型代表，主要由活塞滚柱、定子、转子、分布器、径向止推滚珠轴承、双锥式外心浮环、连接块、补偿帽、偏心球锥等组成，外壳通过螺钉与转鼓连接，Rotodiff转子通过花键轴与输料螺旋连接。液压马达差速器为低速高力矩径向活塞马达，通过电子控制操作和Viscotherm的控制系统，液压、转鼓和差动速度等重要参数值可以被监测、显示和设置，还可将这些控制单元通过现场总线技术与其他处理控制系统结合。

④过载保护单元。为保护差速驱动单元和输料螺旋免受可能的超载，如沉渣量的突然加大、沉渣的堵塞、硬质杂物卡住螺旋叶片等，卧螺沉降离心机一般都设置有过载保护单元。

在差速驱动单元输入轴固定的情况下，多采用机械弹簧式、气控或电控机械式；在差速驱动单元输入轴旋转的情况下，多采用电气保护式。

(2)碟式离心机

①基本结构。碟式离心机主要由机座、机壳、转鼓组件、传动系统、进出液系统、排渣系统、反馈控制系统等组成，显著特点是集成应用了超重力沉降和浅池沉降原理，代表性生产厂家有瑞典 Alfa Laval、德国 GEA Westfalia Separator AG、德国 Flottweg GmbH 等。碟式离心机的传动系统包括电动机、增速传动、立式挠性支撑组件、离心式摩擦离合器或液力联轴器、刹车制动部件等，由于转鼓的工作转速高达数千转，必须采用可靠的增速传动和立式挠性支承，常用的增速传动方式有皮带传动和圆柱螺旋齿轮传动两种。转鼓组件是碟式离心机的最重要组成部分，通常包括转鼓、碟片束或碟片堆(Disc Stack)、碟片架等。转鼓是一个高速回转容器，主要由上转鼓、下转鼓、活塞盘、锁紧大螺母(或锁环)等组成。碟片束由一组半锥角 30°～50°、厚度 0.4mm、数量 40～160 个、互相套叠在一起的锥台状零件(简称碟片)组成，采用碟片上带直筋条等方式使相邻两碟片的间距保持为 0.4～1.5mm。碟片通过键槽定位组叠在碟片架上，并通过碟片架上的键和碟片上筋条的摩擦力带动碟片组旋转，碟片上的键槽可以是 1 个、2 个或 3 个。碟片束的作用在于将待分离物料分成许多薄层，缩短沉降距离，分离发生在每两块碟片之间，加上分离因数一般为 5000～15000，从而大大增加了每两块碟片之间区域的沉降效果。碟片几何表面和离心力的作用产生了一个新的参数——“当量澄清面积”，该参数的大小表示碟式离心机的分离效率和处理能力。为了保证流体在各碟片之间均匀分布，碟片之间的间隙必须均匀，因此必须保证碟片有足够的刚度、强度和壁厚均匀性，上转鼓与下转鼓靠锁环锁紧产生摩擦力使碟片压紧。进出液系统有多种结构形式，进液结构有开式和密闭式两种，出液结构有开式、向心泵和密闭式三种。向心泵固定在机壳上静止不动，其泵体和叶轮结构简单，无机械摩擦面和密封要求，叶轮外缘浸没在与转鼓同步旋转的分离液层内，分离液由叶轮外缘进入弧形流道，流至叶轮中心排液管排出，在此过程中将液体的旋转动能转变为压力能，以便将分离液直接输送至一定高度。

②工作原理。按照操作原理，碟式离心机可分为澄清型(Clarifier Version)、净化型(Purifier Version)、浓缩型(Concentrator Version)三种。澄清型用于固相颗粒粒度为 0.5～500μm 悬浮液的固-液两相分离；净化型用于液-液-固的分离，使液相的轻相或重相纯净，固相也随之排除；浓缩型用于液-液-固和液-液的分离，使液相的重相或轻相浓缩，同时排除固相颗粒。如图 1-6-14 所示，三种类型碟式离心机的主要区别在于碟片和出液口的结构不同，澄清型的碟片上不带中性孔，净化型和浓缩型的碟片上带有中性孔，中性孔的数目一般取 6～12 个，孔径与碟片大小和流量有关。澄清型外喷嘴排渣碟式离心机的结构如图 1-6-15 所示。

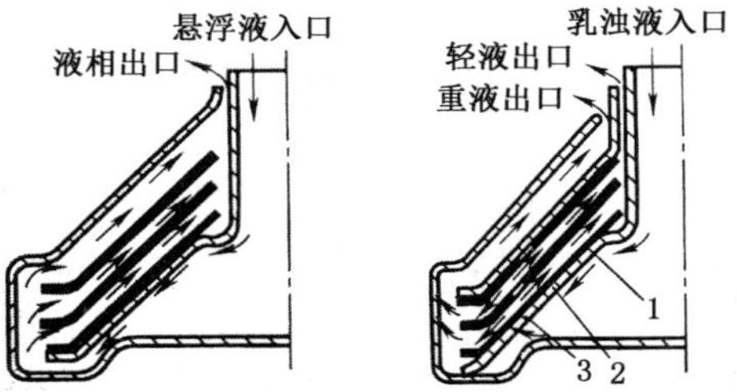

图 1-6-14 碟式离心机转鼓的结构示意图

1—碟片底架；2—碟片；3—中性孔

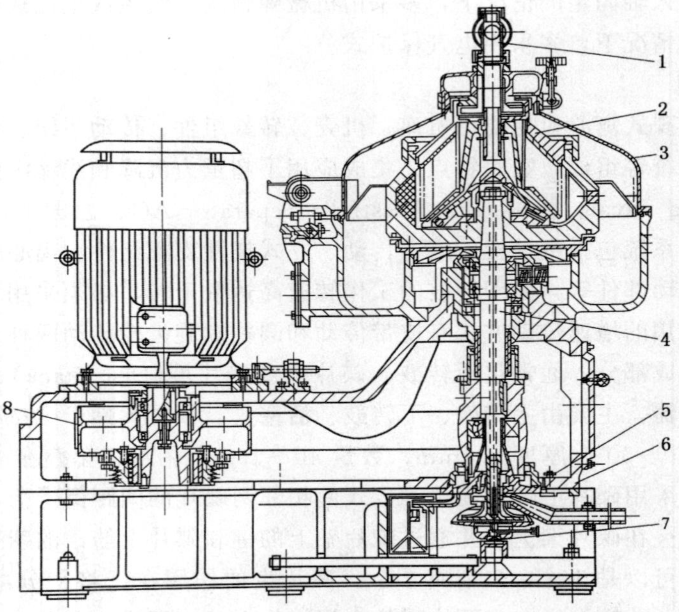

图 1-6-15　澄清型外喷嘴排渣碟式离心机的结构示意图

1—进料管；2—转鼓；3—机壳；4—主轴；5—水泵部分；6—机座；7—油路；8—离合器

在浓缩型碟式离心机中，待分离的液体混合物由顶部空心转轴进入，然后通过碟片束半腰的中性孔进入各碟片之间，并同碟片一起转动。在离心力作用下，密度大的液体趋向外周，到达机壳外壁后上升到上方的重相液体出口流出，轻液则趋向中心而向上方较靠近中央的轻液出口流出。排液主要在撇液室内完成，撇液室内配有轻液液位环、轻液向心泵、重液液位环和重液向心泵。一般情况下，轻液液位环固定，而数个重液液位环的内径大小不同，通过调换不同内径的重液液位环可改变重液向心泵的输出流量。当三股流体达到平衡状态(亦即 $Q_{F\,进料}=Q_{L\,轻液}+Q_{h\,重液}$)时，转鼓内轻重两相形成的界面层(中性层)也应稳定在一定位置上，轻重两液相在碟片间隙中的流动行程也基本确定。如果把重液液位环的内径调大，重液向心泵的输出流量也会因此加大，在供料流量不变的情况下，轻液向心泵的输出流量必然会减小，原来平衡的界面会向重液方向移动，当三股流达到新的平衡状态时，界面会稳定在新的位置上；反之，若把重相输出流量减小，界面会向轻液方向移动，轻液的输出流量会加大。通过重液液位环的调节来改变轻重两相液体的输出流量和界面位置，以达到两相分离的要求，这在浓缩型碟式离心机中是非常重要的操作方法。柴油、重油、润滑油中水分和杂质去除用浓缩型环阀排渣碟式离心机的结构如图 1-6-16 所示，目前德国 GEA Westfalia Separator AG 原油脱水和污水除油用浓缩型碟式离心机的处理能力最高可达 $100m^3/h$，转鼓转速 4300r/min，转鼓容积为 70L，采用 110kW 的电动机并配以变频器驱动。

碟式离心机往往存在转鼓内沉渣排除的问题，且排渣方式直接影响离心机的结构，一般有人工排渣、喷嘴排渣、活门排渣三种，目前活门排渣应用较多。人工排渣的转鼓为圆筒形，上部有圆锥形的转鼓盖，需要将离心机停车并借助专用工具卸下锁紧螺母，取出碟片和其他零部件逐件清洗，并清除转鼓内的沉渣；转鼓清洗后组装复原，然后离心机投用。喷嘴排渣是沉渣通过位于转鼓壁下部位置上的喷嘴连续排出转鼓，喷嘴数目一般为 2～24 个，孔径 $\phi0.5$～3.2mm，喷嘴的数量和孔径根据悬浮液性质、浓缩程度和处理量确定；相应的离心机结构较为简单、生产连续、处理能力大，缺点是沉渣要从喷嘴排出必须保持流动状态，否则喷嘴容易磨损和堵塞，进而造成沉渣在转鼓内分布不均匀，使离心机产生振动。活门排渣是利用环状活门(活塞)开启、闭合排渣口进行间歇排渣，环状活门下面密封水的总压力大于悬浮液作用在环状活门上面的总压力，因此环状活门处于靠上位置而关闭排渣口。需要排渣时，由转鼓底部泵入操作水，开启转鼓周边的泄压阀排出密封水，环状活门作用迅速下降而开启排渣口。希望结束排渣时，停止供给操作水而使泄压阀闭合，密封水压升高，环状活门上移而关闭排渣口，完成一次工作循环。自动控制环状活门排渣的方法有：①用时间继电器按照预定的操作周期控制排渣；②使用光电管监控分离液的澄清程度控制排渣；③根据转鼓内沉渣积聚程度，由压力信号或渣面信号控制排渣。排渣时间一般为 1～2s，部分排渣转鼓可以控制更短的排渣时间，仅排出转鼓内的部分沉渣而不排出液体。活门排渣时可不停止进料，提高了处理能力。

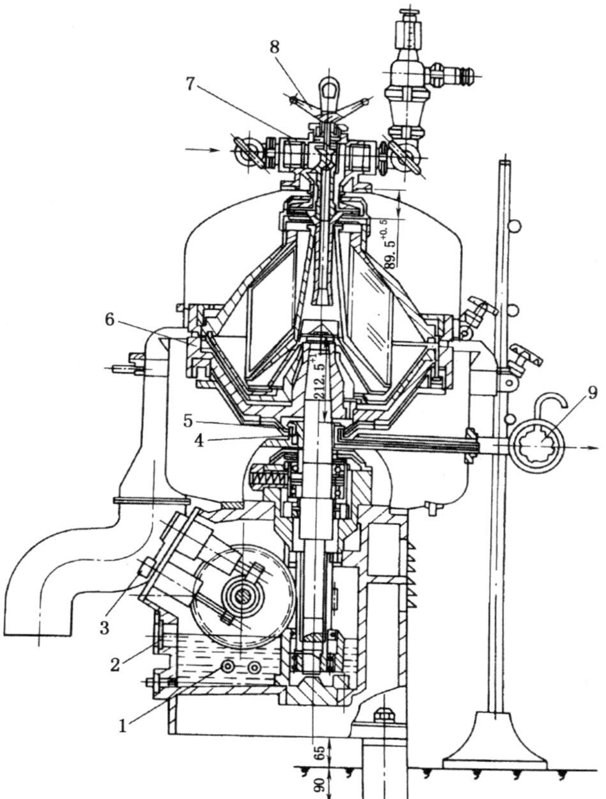

图 1-6-16　浓缩型环阀排渣碟式离心机的结构示意图

1—冷却水管；2—视镜；3—计数器；4—面盘；
5—分布盘；6—转鼓；7—进出料管；
8—Y 形手柄；9—控制阀

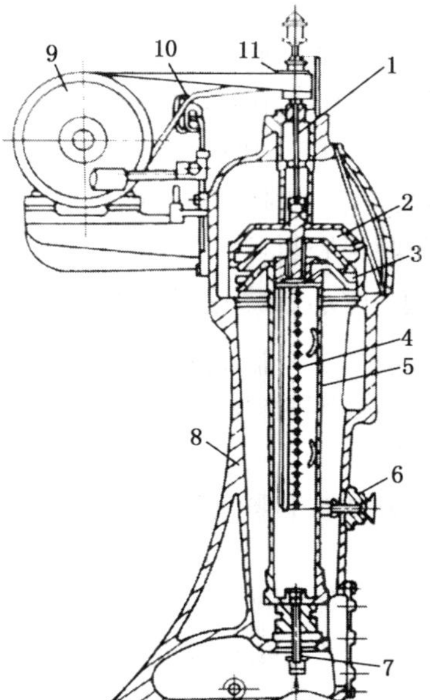

图 1-6-17　管式离心机的结构示意图

1—主轴；2，3—轻、重液收集器；4—桨叶；
5—管状转鼓；6—制动机构；7—进料管；
8—机座；9，11—皮带轮；10—张紧机构

(3)管式离心机

管式离心机的转速高达 8000～50000r/min，分离因数高达 13000～65000。因此，为减小内部应力，转鼓被设计成细长形竖直管状，直径有 ϕ40mm、75mm、105mm、150mm 等几种，长度与直径之比为 4～8，具有转速高、直径小、转鼓长等特点。管式离心机通常适

用于分散相颗粒粒径为0.1～100μm、浓度小于1%、两相密度差大于10kg/m^{3}的难分离乳状液或悬浮液，也可分为澄清型和浓缩型两种。管式离心机的结构简单、运转可靠，能够获得极纯的液相和密实的固相，但固相的排出需停机拆开转鼓后进行，单机生产能力也较低。当然，商业核燃料铀浓缩用管式气体离心机的转速达60000r/min以上，设计制造技术难度很大，西欧Urenco合资公司和俄罗斯原子能公司(Росатом/Rosatom)在全球较早实现工业化生产。

如图1-6-17所示，管式离心机主要由挠性主轴、管状转鼓、上下轴承室、机座外壳及制动机构等零部件组成。经过精密加工的管状转鼓由主轴上悬支撑，其下部支撑在可沿径向作微量滑移的滑动轴承上，转鼓内装有互呈120°夹角的三片桨叶，以便使物料及时达到与转鼓转速同步。转鼓正常运转后，被分离物料在20～30kPa压力下由进料管进入转鼓下部，在离心力作用下轻、重两种液体分离，并分别从转鼓上部的轻、重液收集器排出。如果分离悬浮液，应将重液出口堵塞，固相颗粒沉积在转鼓内壁上，达一定量后停车卸下转鼓进行清除，液体则由轻液收集器排出。为缩短停机时间，有的管式离心机在转鼓中部或下部的外壁上对称装有两个制动闸块。此外，由于管式离心机的转速很高，为了实现稳定、安全运转，克服转鼓不平衡产生的振动，必须选用挠性轴承或静压轴承。

3. 组合式离心机

目前还出现了卧式螺旋卸料沉降过滤一体化离心机(Screen bowl decanter centrifuge)，首先利用离心沉降原理对悬浮液进行澄清分离，再用过滤段对离心沉降后的固相渣料进行脱水处理，对固相颗粒粒径在0.06～3mm之间的悬浮液均能进行固液分离处理，并可配备洗涤功能。由于同时将沉降、过滤、洗涤等功能融为一体，不仅具有连续运行、自动卸料、澄清度好、固相脱水率高的特点，而且可以简化甚至省却干燥程序，结构紧凑、占地面积小，便于操作维修。

4. 离心机转鼓的强度计算理论

转鼓是一个每分钟转动数百至数千转以上的回转壳体，是离心机的关键部件。高速回转时，转鼓金属因其自身质量而产生离心力，同时被分离物料的离心力也会使转鼓内产生相应的应力。

(1)转鼓金属质量的离心力引起的应力

转鼓金属自身质量产生离心力对圆筒形鼓壁的作用，就像薄壁圆筒承受内压一样。但离心力的方向沿回转半径方向向外，因此它在轴线方向没有分量，故鼓壁金属自身质量产生的离心力不可能在转鼓壁面内产生经向应力σ_1'，而只产生周向应力σ_2'，可用拉普拉斯方程进行计算。

$$\sigma_2'=\frac{p_1R}{\delta}=\rho_0R^2\omega^2(\text{kgf/m}^2) \tag{1-6-30}$$

式中 ρ_0——转鼓金属材料的密度，kg/m^3；

ω——转鼓的回转角速度，rad/s；

R——转鼓的内半径，m；

p_1——离心力在转鼓面壁法线方向的分量，$p_1=\rho_0\delta R\omega^2$；

δ——转鼓的壁厚，m。

(2)物料离心压力引起的转鼓内应力

圆筒形转鼓中的流体物料在高速回转下所产生的离心压力p_2为

$$p_2=\frac{\rho_W\omega^2}{2}(\rho^2-r_2^2)\ (\mathrm{kgf/m^2}) \tag{1-6-31}$$

式中 ρ_W——转鼓中流体物料的密度，$\mathrm{kg/m^3}$；

ρ——流层中任一处半径，m；

r_2——转鼓回转时流体的自由表面半径，m。

由上式可见，物料层产生的离心压力 p_2 随半径变化而变化，在同一半径上其值相等，在圆筒形转鼓壁上其值最大，即

$$p_{2\max}=\frac{\rho_W\omega^2}{2}(R^2-r^2)(\mathrm{kgf/m^2}) \tag{1-6-32}$$

如果圆筒形转鼓没有顶盖或液面上升未达到顶盖时，物料回转时产生的离心压力在转鼓壁内不引起经向应力。如果液面上升达到顶盖时，此时转鼓壁内的经向应力 σ_1''可根据轴向力平衡条件计算

$$2\pi R\delta\sigma_1''=\int_{r_2}^{R}p_2\cdot 2\pi\rho\mathrm{d}\rho$$

$$\sigma_1''=\frac{\rho_W\omega^2(R^2-r_2^2)^2}{4R\delta}=\frac{\rho_W\omega^2R^3K^2}{4\delta}\quad(\mathrm{kgf/m^2}) \tag{1-6-33}$$

式中 K——转鼓中物料的填充系数。

由拉普拉斯方程可算出周向应力 σ_2''

$$\sigma_2''=\frac{p_{2\max}R}{\delta}=\frac{\rho_W\omega^2(R^2-r_2^2)R}{2\delta}=\frac{\rho_W\omega^2R^3K}{2\delta}(\mathrm{kgf/m^2}) \tag{1-6-34}$$

(3)圆筒形转鼓强度计算

圆筒形转鼓的应力由转鼓金属自身质量、转鼓内物料质量在高速回转时产生的离心力所引起，因此转鼓壁内的应力为这两部分应力之和。

当$\frac{\delta}{R}\leqslant 0.1$时，转鼓壁的经向总应力和周向总应力分别为

$$\sigma_1=\sigma_1'+\sigma_1''=\frac{\rho_W\omega^2R^3K^2}{4\delta}(\mathrm{kgf/m^2}) \tag{1-6-35}$$

$$\sigma_2=\sigma_2'+\sigma_2''=\rho_0R^2\omega^2+\frac{\rho_W\omega^2R^3K}{2\delta}=\rho_0R^2\omega^2\left(1+\frac{\rho_WRK}{2\rho_0\delta}\right)(\mathrm{kgf/m^2}) \tag{1-6-36}$$

令$\frac{\rho_W}{\rho_0}=\lambda_1$、$\rho_0R^2\omega^2=\sigma_0$，则式(1－6－36)为

$$\sigma_2=\sigma_0\left(1+\frac{\lambda_1RK}{2\delta}\right)(\mathrm{kgf/m^2}) \tag{1-6-37}$$

按第三强度理论：转鼓中周向总应力 σ_2 为最大，其次是经向总应力 σ_1，最小者切向应力 σ_3 其值为零。因此，圆筒形转鼓壁的强度条件为

$$\sigma_0\left(1+\frac{\lambda_1RK}{2\delta}\right)\leqslant[\sigma]\varphi_1 \tag{1-6-38}$$

转鼓壁的强度计算式为

$$\delta\geqslant\frac{\sigma_0\lambda_1RK}{2([\sigma]\varphi_1-\sigma_0)}(\mathrm{m}) \tag{1-6-39}$$

式中　K——转鼓中物料的填充系数；

φ_1——焊接接头系数；

$[\sigma]$——转鼓金属材料的许用应力，kgf/m²。

许用应力选取下列两值中的较小者

$$[\sigma]=\frac{\sigma_s}{n_s};\ [\sigma]=\frac{\sigma_b}{n_b} \qquad (1-6-40)$$

式中　σ_s——设计温度下材料的屈服极限，kgf/m²；

σ_b——设计温度下材料的强度极限，kgf/m²；

n_s——屈服极限的安全系数，一般为 2～2.5；

n_b——强度极限的安全系数，一般为 3.5～4。

第二章　典型的化学/物化法水处理技术与设备

化学法是利用化学反应作用去除水中污染物的一种处理方法，主要用于处理水中的无机物和难生物降解的有机物或胶体物质，具体包括中和、混凝、氧化还原等方法。物理化学是以物理的原理和实验技术为基础，研究化学体系的性质和行为，发现并建立化学体系中特殊规律的学科。物理化学法（简称物化法）水处理是指利用物理作用和化学反应综合过程处理污水或指利用单项物理操作和化学单元过程处理污水，常用的有吸附、吸收、萃取、汽提、电渗析、反渗透、离子交换、冷冻、结晶、电化学等方法。本章主要介绍加药混凝与反应澄清设备、氧化还原和消毒设备、吸附理论与水处理用吸附设备、膜分离技术与设备等。

§2.1　加药混凝与反应澄清设备

当水中悬浮固体（SS）的粒径小到一定程度时，布朗运动的能量足以阻止重力作用，而使悬浮固体不发生沉降；而且悬浮固体表面往往带负电荷，同种电荷的斥力使其不易聚并变大，从而进一步增大了在水中的稳定性。另一方面，水体中胶体颗粒（Colloidal Particle）大小通常为1～100nm，其重力沉降速度低于10^{-2}cm/s，故在水中经常保持相对稳定的悬浮状态，不能直接用重力沉降或过滤的方法从水中去除。混凝法的处理对象主要是水中的微小悬浮固体和胶体颗粒杂质，对于地表水源水厂而言几乎不可缺少，在很多城镇污水深度处理和工业污水处理、污泥脱水等场合也都得到采用。与其他处理方法相比，混凝法的优点是设备简单、操作维护易于掌握、处理效果好、间歇或连续运行均可；缺点是需要不断地向水中加药，经常性运行费用较高，产生的泥渣量大，且泥渣脱水较难。

混凝过程具有多种机理协同作用的特点，专家学者先后提出的作用机理归纳起来主要有压缩双电层、吸附电中和、吸附架桥、沉淀物网捕-卷扫等。为了研究方便起见，人们常常将混凝过程分为凝聚（Aggregation 或 Agglomeration，水处理领域常用 Coagulation）与絮凝（Flocculation）两个阶段，凝聚是指加药后使水中的悬浮固体失去稳定性（简称“脱稳”），并通过悬浮固体本身的布朗运动碰撞聚集而形成尺寸较小“微絮凝体”（Microfloc）或“小矾花”的过程。凝聚对应的药剂被称为凝聚剂（Coagulant），有些凝聚剂也可被用作破乳剂（Demulsifier）。絮凝是指加药后使脱稳颗粒相互碰撞，在吸引力作用下聚集成长或因吸附架桥等作用，而生成“絮凝体”（Floc）大颗粒或矾花，对应的药剂被称为絮凝剂（Flocculant）。

虽然工程实际中通常将凝聚剂与絮凝剂先后分别投加、配合使用，而且往往把与混凝过程相关的药剂统称为混凝剂，但必须指出如下4点。①凝聚剂和絮凝剂的类型和组成存在较大不同。常用的凝聚剂多为阳离子带有高电荷密度、分子量低且多为溶液型的金属盐或有机物，如硫酸铝、聚合氯化铝（PAC）、聚合氯化铝铁（PAFC）、三氯化铁、硫酸亚铁、聚合硫酸铁（PFS）、聚合硫酸铝（PRS）、聚合硫酸铝铁（PAFS）等。常用的絮凝剂按照化学成分可分为无机絮凝剂、有机絮凝剂以及微生物絮凝剂三大类，无机絮凝剂包括铝盐、铁盐及其聚合物；有机絮凝剂可分为阴离子型、阳离子型、非离子型、两性型等，按其来源又可分为人工合成高分子和天然高分子絮凝剂两大类，典型代表为阴离子型/阳离子型/非离子型聚丙烯酰胺(PAM)、聚胺、双氰胺树脂等。②凝聚过程并不是絮凝过程的先决条件，这意味着凝聚剂和絮凝剂既可以联合使用，也可以各自独立使用。如果加入某些凝聚剂后，往往自动出现尺寸足够大、容易沉淀的絮体，此时就不需另加絮凝剂；当然也可以仅仅加入絮凝剂单独发挥作用。③絮凝剂的“复配使用”或“复合使用”则是指两种或两种以上的絮凝剂在实际应用过程中，按照一定的投加顺序和方法混合(联合)或复合使用，也有事先复合调配好的商品，此时每种絮凝剂都会发挥一定作用，但在不同方面可能有正效应，也可能有负效应。④当使用絮凝剂不能取得良好效果时，还可投加助凝剂(Flocculation aid)作为辅助药剂，由于助凝剂不能降低胶粒的 Zeta 电位或起到吸附架桥作用，因此一般不具有凝聚作用。助凝剂主要有两大类，一类用于调节或改善凝聚条件，如调节 pH 值、预氯化、破坏干扰物质等，可以采用石灰(CaO)、氢氧化钠(NaOH)、液氯(Cl_2)；一类用于改善絮体结构，有助于生成粒度大、密度大和结实的矾花，使其既有利于沉淀，又不易破碎，例如二氧化硅、活性炭、黏土、微细砂粒甚至回流部分沉淀污泥等。当采用铝盐、铁盐作絮凝剂只能产生细小而松散的絮凝体时，可投加聚丙烯酰胺、活化硅酸及骨胶等高分子助凝剂，利用它们的强烈吸附架桥作用，使细小而松散的絮凝体变得粗大而密实。

迄今为止的水质净化实验研究和工程实践表明，混凝法能够与气浮、沉淀、过滤等直接组合，形成“混凝-气浮”“混凝-沉淀”“混凝-直接过滤”等处理工艺。尽管已有一定的理论和经验可循，但在具体应用之前的实验测试对有效混凝而言仍必不可少。为了完成混凝法水质净化过程，往往会设置：①配制和投加药剂的设备；②加入凝聚剂与原水迅速混合凝聚的设备；③加入絮凝剂使细小矾花不断增大的絮凝反应设备；④使混凝产物得以分离的设备。

一、药剂的调制与投加设备

药剂的投加系统通常包括药剂的储存、调制、提升、储液、计量和投加，具体应根据水处理厂的平面布置、构筑物高程布置、药剂品种、投药方式等因素确定。

1. 调制设备

药剂的调制一般包括药剂溶解和溶液稀释两个步骤，调制前的投配方法则有干加法和湿加法两大类。当使用固态药剂(干加法)时，应设溶解池或溶解罐，首先将其溶解成浓药液，同时高度重视干粉供料系统的干粉下料器、润湿系统的水粉混合器等关键设备以降低建设投资；当使用液态药剂(湿加法)时，可不设溶解池，但需设置储液池，将纯药液或浓药液从储液池泵送至溶液池，同时用水稀释到一定浓度后以备投加。显然，溶解池是把块状或粒状药剂溶解成浓溶液的设施，溶液池是配制一定浓度溶液的设施。溶解池容积可按照溶液池容积的 20%～30%计算，中型水厂溶解池容积为 0.5～0.9m^3/(万 m^3 · d)，小型水厂为 1.0m^3/(万 m^3 · d)。固体药剂在溶解池的溶液浓度一般为 10%～20%，有机高分子絮凝剂的溶液浓度一般为 0.5%～1.0%。溶液池应采用两个交替使用，其单个体积 W 可以按下式计算

$$W=\frac{24\times100AQ}{1000\times1000cn}=\frac{AQ}{417cn}\ (m^3) \tag{2-1-1}$$

式中 A——药剂的最大投加量，按无水产品计，mg/L；

Q——处理水量，m^3/h；

c——溶液浓度，一般取 5%～20%(按药剂固体质量分数计)；

n——每昼夜配制溶液的次数，一般不宜超过 3 次。

一般情况下溶解池只需要适当搅拌即可，对难溶药剂或在冬天水温较低时，可用蒸汽或

热水加热溶解池。而对于某些特殊性质的药剂，可能需要特殊的溶解设施。例如，三氯化铁腐蚀性强，且溶解过程中大量放热；骨胶在溶解过程中需先以水热蒸溶再搅拌溶解。在溶液池中配制时需要进行适当搅拌，搅拌时可采用水力、机械或压缩空气等方式，压缩空气搅拌也称为气流搅拌。一般药量小时采用水力搅拌，药量大时采用机械搅拌。水力搅拌可分为两种情况，一种是利用水厂的压力水直接对药剂进行冲溶和淋溶，优点是节省机电设备，缺点是效率低、溶药不充分，仅适合小型水厂和极易溶解的药剂；另一种水力搅拌溶解设备是专设水泵自溶液池抽水，再从底部送回溶解池，形成循环水力搅拌(如图 2－1－1 所示)。机械溶药搅拌设备一般在常压下工作，搅拌器型式有桨式、涡轮式、推进式，在溶解池上的设置有旁入式和中心式两种，尺寸较小时可以选用旁入式，大尺寸时则通常选用中心式(如图 2－1－2 所示)。如图 2－1－3 所示，压缩空气搅拌一般是在溶解池底部设置环形穿孔布气管，由空压机供给压缩空气通过布气管通入对溶液进行搅拌。其优点是没有与溶液直接接触的机械设备，便于维修，但与机械搅拌相比，动力消耗较大，溶解速度较慢；适用于各种规模的水厂和各种药剂的溶解，若附近有现成气源则更好，否则需要专设空压机或鼓风机。

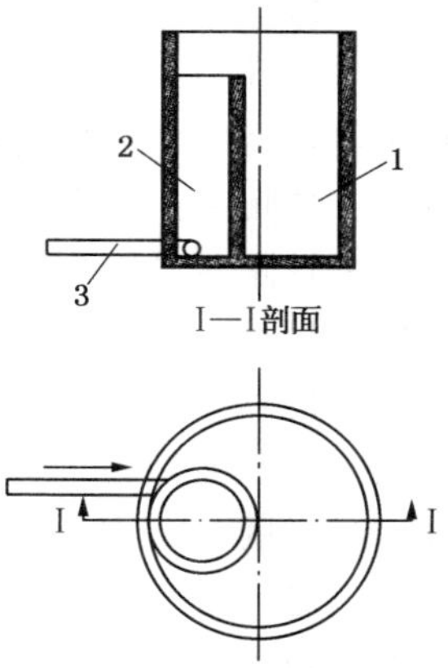

图 2－1－1　药剂的水力搅拌调制

1—溶液池；2—溶药池；3—压力水管

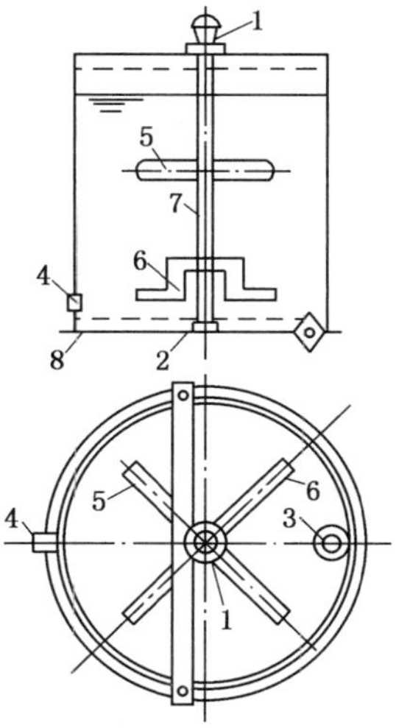

图 2－1－2　药剂的机械搅拌调制

1，2—轴承；3—异径管箍；4—出管；
5—桨叶；6—锯齿角钢桨叶；7—立轴；8—底板

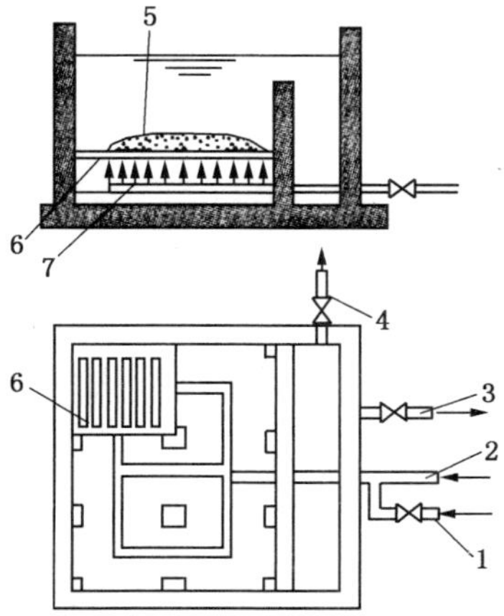

图 2－1－3　药剂的压缩空气搅拌调制

1—进水管；2—进气管；3—出液管；
4—排渣管；5—药剂；6—格栅；7—空气管

溶解池和溶液池可以采用碳钢(碳钢衬胶)、不锈钢、非金属材质(PE、PVC、PP、PT-FE)等材料制作，也可根据具体场景采用混凝土池体。应根据药剂的腐蚀性对溶解池和溶液池的池壁、设备和管道等采取相应的防腐措施。

2. 投药设备

包括计量和投加两部分，要求计量准确、调节灵活、设备简单。计量设备种类较多，应根据具体情况选用，并能够随时调节。一般中小型水厂可采用孔口计量，常用的有苗嘴和孔板，在一定液位下，一定孔径苗嘴的出流量为定值。当需要调整投药量时，只要更换苗嘴即可。为了保持孔口上的水头恒定，还需设置恒位水箱。随着仪表控制与自动化水平的不断提高，转子流量计、电磁流量计等计量手段日益普及。根据水厂高程布置和溶液池位置的高低，投加方式可采用重力投加、压力投加。重力投加是利用重力将药剂投加在水泵吸水管内，然后利用水泵叶轮混合，一般用在取水泵房离水厂加药间较近的中小型水厂。如果取水泵房离水厂较远，可建造高位溶液池，利用重力将药剂投加在水泵压水管上。压力投加适用于将药剂投加到压力水管中或标高较高、距离较远的净水构筑物内，包括水射器投加和泵投加。泵投加是从溶液池抽提药液送到压力水管中，有直接采用计量泵或采用常规泵配以转子流量计两种方式。

(1)水射器投加

水射器投加主要利用高压水通过喷嘴和喉管之间的真空抽吸作用将药液吸入，同时随水的余压注入压力水管中，如图 2-1-4 所示。水射器的结构如图 2-1-5 所示，由压力水入口、吸入室、吸入口、喷嘴、喉管、扩散管、排放口等部分组成。水射器的设计要求为：①喷嘴和喉管进口的间距以 $l=0.5d_2$(d_2 为喉管直径)时，效率最高；②喉管长度 l_2 等于 6 倍喉管直径为宜，即 $l_2=6d_2$，如制作困难可减至不小于 4 倍喉管直径；③喉管进口角度 α 以 120°为好，喉管与外壳连接线应平滑；④扩散管角度 θ 以 5°为好；⑤吸入液体的进水方向角 β 以 45°～60°为好，夹角线与喷嘴管轴线交点宜在喷嘴之前；⑥喷嘴收缩角 γ 可用 10°～30°。具体计算方法有两种，可以参考相关设计手册。

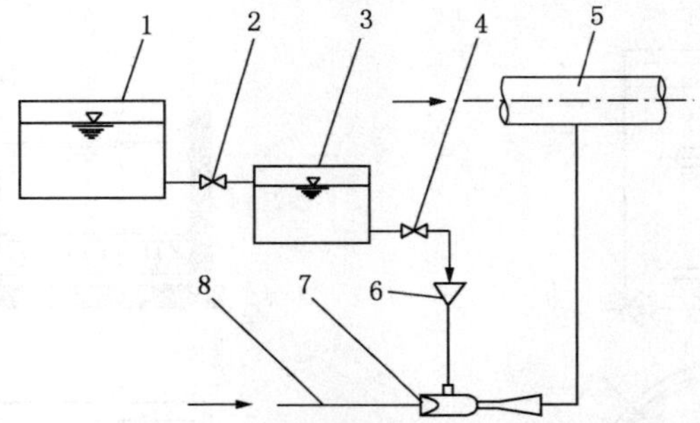

图 2-1-4　水射器投加系统的工艺流程示意图

1—溶液池；2，4—阀门；3—定量投药箱；5—压力水管；6—漏斗；7—水射器；8—增压水

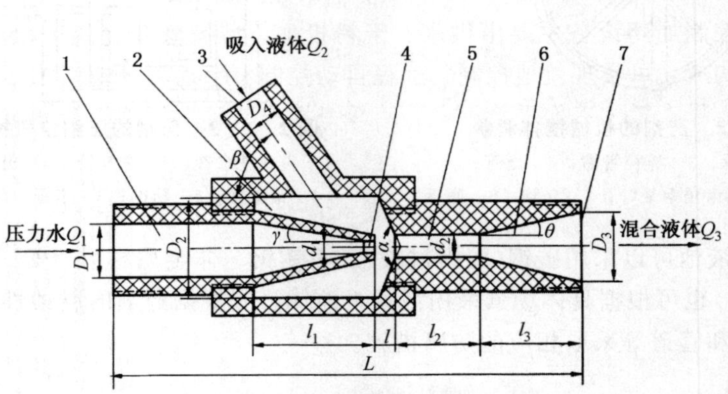

图 2-1-5　水射器的结构示意图

1—压力水入口；2—吸入室；3—吸入口；4—喷嘴；5—喉管；6—扩散管；7—排放口

水射器的加工安装要求如下：①喷嘴、喉管进口及内径、扩散管内径加工表面粗糙度应达 $Ra3.2$；②喷嘴和喉管安装时须同心，同轴度应达精度等级的9～10级；③水射器安装时要严防漏气，并应水平安装，不可将喷口向下。水射器投加应设有计量设备，一般水厂内的给水管都有较高压力，故具有设备简单、使用方便等优点，但水射器效率较低，有效动压头和射流的排出压力受到限制。

(2)计量泵投加

计量泵(Metering pump)在某种程度上兼顾了计量和投加双重功能。按照驱动形式，计量泵可分为电动机驱动和电磁驱动，此外还有液压、气动等驱动形式。电动机驱动计量泵是计量泵的主要泵型，其驱动部分是电动机＋减速器，再由曲柄连杆机构带动柱塞或隔膜(活塞)实现往复运动，从而实现被输送流体吸入与排出。电磁驱动式计量泵以电磁铁产生脉动驱动力，省去电动机＋减速器，使得系统小巧紧凑，是小流量低压计量泵的重要分支。

按照液力端结构形式，计量泵可分为柱塞式和隔膜式。柱塞式计量泵包括普通有阀泵和无阀泵两种，隔膜式计量泵包括机械隔膜式计量泵、液压隔膜式计量泵和波纹管计量泵。柱塞式计量泵具有结构简单、耐高温高压等优点，但因被计量介质和泵内润滑剂之间无法实现完全隔离这一结构性缺点，在高防污染要求流体计量应用中受到诸多限制。隔膜式计量泵在柱塞的前端加上了柔性隔膜，由于隔膜的隔离作用，在结构上真正实现了被输送介质的无泄漏。非常适用于腐蚀性介质、含固体颗粒介质的输送和防污染要求高的场合，并且随着高科技的结构设计和新型材料的选用已经大大提高了隔膜的使用寿命，加上复合材料优异的耐腐蚀特性，隔膜式计量泵目前已经成为流体计量应用中的主力泵型。机械隔膜式计量泵的隔膜与柱塞端部直接连接，无液压油系统，柱塞的前后移动直接带动隔膜前后挠曲变形；液压隔膜式计量泵通过液压油均匀驱动隔膜，克服了机械直接驱动方式下泵隔膜受力过分集中的缺点，提升了隔膜寿命和工作压力上限。为了克服单隔膜式计量泵可能出现的因隔膜破损而造成工作故障，有的计量泵配备了隔膜破损传感器，实现隔膜破裂时的自动联锁保护；具有双隔膜结构泵头的计量泵进一步提高了其安全性，适合对安全保护特别敏感的应用场合。波纹管计量泵与机械隔膜式计量泵相似，只是以波纹管取代隔膜，柱塞端部与波纹管连接在一起，当柱塞往复运动时，使波纹管被拉伸和压缩，从而改变液缸腔内容积，以达到输液与计量的目的。

3. 一体化自动控制加药设备

一体化自动控制加药设备主要由供水、干粉投加、溶解熟化、溶液投加、二次稀释投加、自动控制等构成，可实现就地控制、远程自动控制、手动和自动相互转换加药，具有结构紧凑，体积小、噪声低、工作平稳、安装简单、操作使用方便等优点。典型的国产设备有DT系列、RYZ型、SAM型、LMI型、JY型、GTF型等。瑞典TOMAL公司生产的PolyRex聚合物投加设备是一个分批制备和投加聚合物溶液的交钥匙自动化设备，可以使用粉末状药剂以真空或大袋方式投加，也可以使用液态化学药剂。其主要组成和工艺流程如图2-1-6所示，聚合物首先被浸湿溶解，溶液及水通过水射器注入溶解罐，在溶解罐内通过低速搅拌，配制成浓度为0.5%或0.25%的溶液；在线稀释至0.1%后开始投加，投加点可有多个。双螺杆给料机能够高精度自由输送、无脉动，从而保证了每批次溶液浓度的稳定性；不锈钢材质的静态混合器，确保溶液均质化。

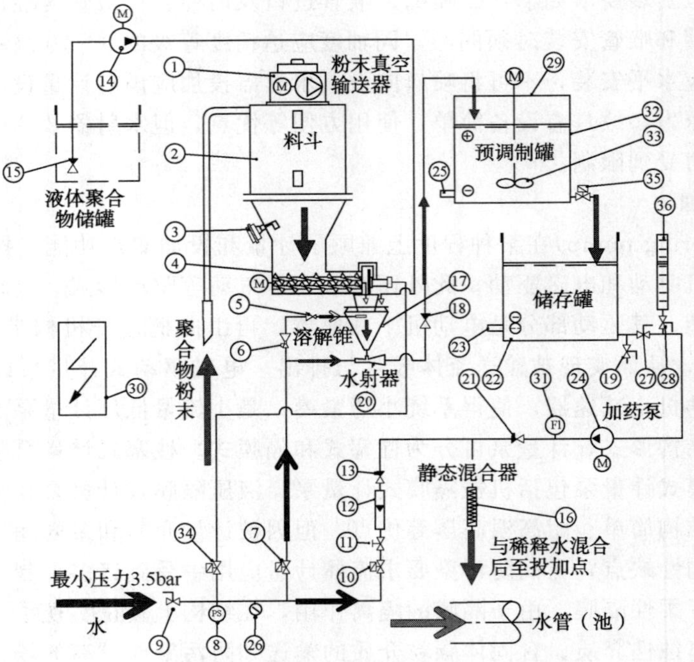

图 2-1-6　瑞典 TOMAL 公司生产的 PolyRex 聚合物投加设备的主要组成和工艺流程示意图

1—粉末物料真空输送器；2—容积 100L/200L 的料斗；3—粉末物料高度指示器；4—182 P 双螺杆给料机；5—流动冲洗器(Flow washer)；6—减压阀；7—电磁阀；8—水压开关；9—关断阀；10—稀释水电磁阀；11—稀释水调节阀；12—稀释水流量计；13—稀释水止回阀；14—液态聚合物泵；15—止回阀；16—稀释水静态混合器；17—溶解锥(Dissolver cone)；18—止回阀；19—关断阀(底部排空用)；20—水射器；21—加药泵止回阀；22—储存罐；23—压力变送器；24—加药泵；25—压力变送器；26—压力表；27—关断阀；28—关断阀计量表；29—预调制罐顶盖；30—电气箱；31—电磁流量计；32—预调制罐；33—搅拌器；34—电磁阀；35—排出阀；36—计量表

需要指出的是，药剂投加量既与处理后的水质指标要求密切相关，也与处理成本紧密相连，因此需要精准加药，即实时存在最佳投加量。目前，混凝工艺的自动控制和优化控制技术正逐步推广应用，主要方法有数学模型法、现场模拟试验法、流动电流检测(SCD)法、透光率脉动检测法、显示式絮凝控制法(FCD)等。可以融合大数据、人工智能和模型预测控制等先进技术，为企业量身设计并部署基于模型预测控制技术的智能加药投加系统。例如，可以为水厂建立加矾模型和加氯模型等药剂投加控制模型，通过模型预测控制算法实现整个水厂加药工艺环节的智能化和全自动控制，模型预测控制系统可与现有的监控系统和控制系统实现无缝集成。又例如，受季节变化(干旱、降雨、气温)、生产和生活影响，污水厂的进水负荷和生物除磷能力波动，当前依赖人工跟踪趋势、人工经验评估工况、人工手动远程调控来调节药量，存在调节滞后、水质波动、经验缺失、过量投加等弊端。Eco-Dosing 智能加药装备基于仿人控制 HSIC 算法模型，耦合磷酸盐在线数据和除磷机理，自动评估磷酸盐负荷，结合生物除磷能力，输出加药量，按时按需投加除磷剂，保障出水总磷稳定达标。

二、混合凝聚和絮凝反应设备

1. 水力条件要求

当药剂投入原水后，需要与原水进行有效混合，混合时间长短和混合强度大小是决定混凝效果的关键。由于混合凝聚、絮凝反应两个阶段的作用不同，对水力条件的要求也不相同。

(1)传统的速度梯度理论

该理论认为在混合凝聚和絮凝反应过程中，控制水力条件的重要参数是速度梯度。速度梯度是指在垂直水流方向上的速度差 du 与垂直水流距离 dy 之间的比值，可以根据流体力学的原理用下式表示

$$G=\frac{\mathrm{d}u}{\mathrm{d}y}=\sqrt{\frac{P_0}{\mu}}\ (\mathrm{s}^{-1}) \tag{2-1-2}$$

式中 P_0——施加于单位体积液体的外加功率，N·m/(m^3·s)；

μ——液体的动力黏度，N·s/m^2。

改变水流速度的方法有两种，一是改变水流(平均)速度的大小，二是改变水流的方向。

在混合凝聚阶段，希望凝聚剂水解产物迅速扩散到水体中的每一个细部，使所有胶体颗粒几乎在同一瞬间脱稳并凝聚，这样才能得到好的凝聚效果。因此在该阶段要进行快速而剧烈的搅拌，具体时间应参考所投加凝聚剂的水解时间和混合均匀度等工艺要求确定，一般为10～30s，至多不超过2min；适宜的搅拌速度梯度 G 值在600～1000s^{-1} 之间。

在絮凝反应阶段，脱稳颗粒产生絮凝要有两个基本前提，即脱稳颗粒间的接触(碰撞)以及接触后的聚集。速度梯度理论认为，要想增加脱稳颗粒的碰撞概率就必须增加速度梯度 G 值，而增加速度梯度就必须增加水体的能耗，水流剪切力也相应增大，致使已形成的絮凝体有被剪碎的可能。絮凝体越大，承受剪切应力的能力越弱。因此要求该阶段的水力条件相对柔和，G 值随着絮凝体尺寸的增大而逐渐减小，时间一般为15～30min。由于直接以速度梯度 G 值来控制水力条件工程上并不方便，考虑到速度梯度与水流速度有关，因此通常就以水流速度的增减加以控制。此外，水流平均速度梯度 $\bar{G}$ 也是一个重要参数，若絮凝反应池的有效容积(亦即池中被搅动的水流体积)为 V，则上式可写成

$$\bar{G}=\sqrt{\frac{P}{\mu V}}\ (\mathrm{s}^{-1}) \tag{2-1-3}$$

式中 P——絮凝反应池中水流所耗的功率，N·m/s。

当采用机械搅拌设备时，式(2-1-3)中的 P 为机械搅拌所提供；当用水力反应设备时，P 依靠消耗本身势能(水头损失)所提供。根据经验，絮凝反应池中的平均速度梯度 $\bar{G}$ 在70～20s^{-1} 之间为宜，且平均速度梯度 $\bar{G}$ 及反应流速应逐渐由大到小。鉴于絮凝反应效果与颗粒的碰撞次数有关，通常以平均速度梯度 $\bar{G}$ 与絮凝反应时间 t 的乘积 $\bar{G}t$ 来间接表示整个絮凝反应时间内颗粒碰撞的总次数，一般 $\bar{G}t$ 值应控制在 1×10^4～1×10^5 之间(按 $\bar{G}$=70～20s^{-1}，絮凝反应时间 t 为15～30min 得出)。当原水浓度低、平均速度梯度 $\bar{G}$ 值较小或处理要求较高时，可适当延长絮凝反应时间以提高 $\bar{G}t$ 值，从而改善絮凝反应效果。近年来，还有人提出应以 $\bar{G}tc$(c 为胶体浓度)值作为絮凝反应设备的控制参数，并建议 $\bar{G}tc$ 值控制在100左右较好。理由是絮凝反应效果与水中颗粒浓度有关，例如当低浓度时絮凝反应设备的效率就会降低，但如果人工投加黏土或微细砂粒等助凝剂，效果就能提高。

(2)现代理论认识

药剂水解产物在设备中的扩散应分为宏观扩散和亚微观扩散两类：①宏观扩散是水解产

物扩散到水体的各个宏观部位，由大涡旋的动力作用导致，扩散系数很大，可以在短时间内完成。②亚微观扩散是水解产物在极邻近部位的扩散，扩散规律与用菲克定律描述的宏观扩散规律完全不同，不一定是从浓度高处往浓度低处扩散，在湍动水流中主要由惯性效应导致的物质迁移造成，特别是湍流微涡旋的离心惯性效应。

速度梯度理论公式系基于层流条件推导得出，实际上由于湍动涡旋的作用，大大增加了湍流中的动量交换、均化了湍流中的速度分布，所以湍流中的实际速度梯度远远小于速度梯度理论的计算值，因此速度梯度理论对改善现有絮凝反应设备实际上没有多大参考价值。微涡旋或微涡流絮凝理论认为，絮凝动力学研究应该从湍流微结构的尺度(即从亚微观尺度)上进行，即便采用宏观湍流流动计算的统计时均方法仍然无法揭示絮凝反应过程的动力学本质。从絮凝反应过程的动力致因来看，因为水的惯性(密度)与颗粒的惯性(密度)不同，当水流速度大小发生变化时颗粒的速度变化(加速度)也不同，这就使得水流与颗粒之间产生了相对运动，从而为相邻不同尺度颗粒的碰撞提供了条件；另一方面，因为湍流中充满着大大小小的涡旋，水流质点在运动时也在不断改变自己的方向，从而致使不同尺度颗粒所受的离心惯性力不同，增加了其在湍流涡旋中径向碰撞的概率。因此，如果能在絮凝反应池中大幅增加湍流微涡旋的比例，即可大幅增加脱稳颗粒的碰撞次数，有效改善絮凝反应效果。国内方面，原哈尔滨建筑大学多相工艺研究中心提出的微涡旋混凝低脉动沉淀处理技术、华东交通大学提出的微涡流混凝处理技术在国内具有代表性。

2. 混合凝聚设备

混合凝聚的动力来源有水力混合和机械混合两类，前者有隔板式、管式静态混合器、穿孔板式、文丘里管等，后者有水泵混合、搅拌混合等。混合凝聚设备与后续处理构筑物之间的距离越近越好，尽可能采用直接连接方式，连接管道的流速可取 0.8～1.0m/s。

(1)隔板混合

隔板混合可分为分流隔板式混合、多孔隔板混合、平流式隔板混合、回转式隔板混合等。图 2－1－7 为分流隔板式混合槽，槽内设隔板数块，药剂于隔板前投入，水在隔板孔道间流动时产生急剧收缩与扩散，使药剂与原水获得充分混合。隔板间距为池宽的 2 倍，也可取 60～100cm；隔板孔道交错设置，孔道中流速取值在 1.5m/s 以上，池内平均流速不低于 0.6m/s；混合时间一般取 10～30s。为防止空气带入水中，各过水孔道均应设于下游水面以下 100～150mm。水流在隔板孔道中的水头损失按下式计算

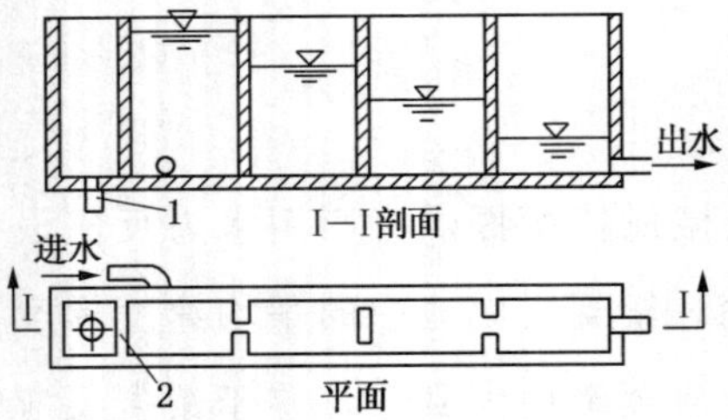

图 2－1－7　分流隔板式混合槽

1—溢流管；2—溢流堰

$$h = \xi \frac{v^2}{2g} \tag{2-1-4}$$

式中　v——隔板孔道中的水流速度，m/s；

ξ——隔板孔道的局部水头损失系数，一般取 2.5；

g——重力加速度，取值 9.8m/s²。

根据各隔板孔道的水头损失之和，即可求得混合池中的平均速度梯度 $\bar{G}$。在流量稳定的情况下，隔板混合的效果比较好；但当流量变化较大时，混合效果不稳定，故目前使用

较少。

(2)管式静态混合器

管式静态混合器的主要原理是在管道中加入一些能够改变水流水力条件的附件，从而产生不同的混合效果。某些情况下应用锯齿曲折形挡板或空间扭曲双对称挡板，借助管内水流紊动，使药剂与原水充分混合；也可以采用管式静态混合器、管式机械混合器。

管式静态混合器由投药管、混合元件和筒体组成，其基本结构是在管道内设置多节固定螺旋叶片状的混合元件，相邻两节螺旋叶片的旋向相反，并交叉一定角度(通常为90°)；也有国外公司采用在管道内布置两个或三个片状凸起，甚至采用其他内部更为复杂的结构模式；也有采用管束列管式静态混合器。工作过程中主要通过流动分割、径向混合、反向旋转，使异种介质不断激烈掺混扩散，达到混合目的。管式静态混合器结构简单，无活动部件，安装方便。一般管内流速为1.0～1.5m/s，分节数2～3段，也可根据工艺需要变更混合元件的数量。重力投加时，管式静态混合器投加点应设在文丘里管或孔板的负压点处，投药点后的管内水头损失不小于0.3～0.4m，投药点至管道末端絮凝池的距离应小于60m。

由于管式静态混合器的混合效果受管内流速影响较大，在此基础上又发展出外加动力的管式机械混合器、水泵提升扩散管式混合器等。

(3)搅拌混合

搅拌混合可以在圆形钢制结构或方形钢筋混凝土池子中进行，也可以在管道中进行。搅拌器从电动机获得机械能，对物料(流体)产生剪切作用和循环作用。搅拌器一般采用顶插式、底插式、侧插式、斜插式、卧式等安装方式，可以中心对称安装，也可以偏心安装。按照流体流动形态来分，搅拌器有径向流、轴向流、混合流三种基本流型；按照结构来分，搅拌器有平叶、折叶、螺旋面叶三大类，桨式、涡轮式、框式和锚式桨叶都有平叶、折叶两种结构，推进式、螺杆式和螺带式桨叶为螺旋面叶。桨式、推进式和锚式搅拌器最为常见，据统计占搅拌器总数的75%～80%。通常还在搅拌容器内加装挡板和导流筒，加装挡板主要是为了消除打漩和提高混合效果，当增加挡板数量和挡板宽度而功率消耗不再增加时称为全挡板条件。导流筒是上下开口的圆筒，主要起导流作用。桨式搅拌器的转速一般为20～100r/min，转动圆周线速度1.0～5.0m/s，d(搅拌器直径)/D(容器当量直径)的取值一般为0.35～0.8，叶片数为2、3或4片；推进式搅拌器的转速一般为100～500r/min，转动圆周线速度3.0～15.0m/s，d/D的取值一般为0.2～0.5(以0.33居多)，叶片数为2、3或4片(以3居多)；涡轮式搅拌器又可分为开式涡轮和盘式涡轮，开式涡轮的转速一般为10～300r/min，转动圆周线速度4.0～10.0m/s，d/D的取值一般为0.2～0.5(以0.33居多)。为在搅拌器周围均匀加药和便于药液分散，通常在搅拌器排液方向相反的一侧设置环形多孔加药管。当进水孔位于容器底部中心时，搅拌器宜设置为向上排液，其他情况排液方向不变。

双曲面叶轮是近些年新出现的一种搅拌器，主体轮廓是方程为$xy=b$的曲线沿y轴旋转而构成的双曲面；在双曲面的下部沿圆周方向均匀分布有多个小凸起，该凸起可为小叶片(直线型或渐开线型)或异型凸台状，其主要作用是搅动水体，使水流沿底面由中心向四周甩出。一般将双曲面搅拌机的叶轮靠近池底安装，工作过程中，水体从下部被离心式甩出后，上部水体的补充沿双曲面方向流进，形成上下翻滚；上下翻滚加上水体绕搅拌轴心流动，形成螺旋立体状搅拌，搅拌均匀、无死角。GSJ/QSJ型双曲面搅拌机的相关参数如表2-1-1所示，叶轮的材质可以为不锈钢或玻璃钢。

表 2-1-1 GSJ/QSJ 型双曲面搅拌机的相关参数

叶轮直径/mm	叶轮转速/(r/min)	电动机功率/kW	服务范围/m	质量/kg
500	60～200	0.75～1.5	1～3	320/300
750	40～110	1.1～2.2	2～4	360/420
1000	30～70	1.1～2.2	3～6	480/550
1500	30～60	1.5～3.0	4～7	510/760
2000	20～42	2.2～4.0	7～14	560/890
2300	18～39	2.2～5.5	8～16	700/1050
2500	16～37	3.0～7.5	10～20	750/1150
2800	16～32	4.0～7.5	12～22	860/1280

搅拌器所需配套电动机的功率按容积大小、搅拌液体密度、搅拌深度等来确定，并按混合阶段对速度梯度的要求选配。一般而言，混合时间宜在 10～30s 之间，最长不超过 2min；搅拌器外缘旋转线速度宜取 2m/s 左右。

3. 絮凝反应设备

常见的絮凝反应设备是絮凝反应池，此外还包括管式絮凝反应器等，絮凝剂可以在此单独投加，也可以在上游混合凝聚池中一并投加。絮凝反应池的池型有多种，根据搅拌方式可分为水力搅拌和机械搅拌两大类，前者又有隔板絮凝反应池、折板絮凝反应池、网格(栅条)絮凝反应池(grid flocculating tank)、穿孔旋流絮凝反应池、涡流式絮凝反应池、管式絮凝反应器等形式。絮凝反应池应尽量与沉淀池或气浮池等固-液分离设备合建，避免用管渠连接。若确需用管渠连接时，管渠中的流速应小于 0.15m/s，并避免流速突然升高或水头跌落。此外，为避免已形成絮体的破碎，絮凝反应池出水穿孔墙的过孔流速宜小于 0.10m/s。

(1)折板絮凝反应池

通过将平直隔板改变成间距较小的、具有一定角度的折板(或其他扰流单元)，就可将隔板絮凝反应池改造成折板絮凝反应池，以提高常规絮凝反应池的容积利用率和能量利用率，有效改善了水流中速度梯度的分布情况，使其更趋于合理。照水流方向可将折板絮凝池分为竖流式和平流式，根据折板布置方式可分为同波折板和异波折板，按水流通过折板间隙数可分为单通道和多通道。

竖流式折板絮凝反应池一般分为前段、中段、末段三段，每段的絮凝容积可大致相等。其中，第一段布置异波折板，第二段布置同波折板，第三段布置平行直板。水流流经絮凝池时，在第一段产生缩放流动，第二段产生曲折流动，第三段产生直线流动。水流产生的紊流程度由大到小，以满足絮凝体增大结大的要求。折板絮凝反应池的优点是絮凝效果好、絮凝时间短、水头损失小，缺点是安装维修比较困难，目前一般用于中小规模水处理厂。折板絮凝反应池的设计参数如下：第一段(异波折板)，$\bar{G}=80\sim100s^{-1}$，$t\geqslant240s$，$v=0.25\sim0.35m/s$；第二段(同波折板)，$\bar{G}=50\sim60s^{-1}$，$t\geqslant240s$，$v=0.15\sim0.25m/s$；第三段(平行直板)，$\bar{G}=20\sim25s^{-1}$，$t\geqslant240s$，$v=0.10\sim0.15m/s$。折板夹角可采用 90°～120°，折板长度可采用 0.8～1.5m。

此外，还出现了网格絮凝反应池、带有若干翼片的折板反应池等。网格絮凝反应池的优点是絮凝效果好，絮凝时间短，水头损失小；缺点是安装维修比较麻烦，絮凝池末端的竖井底部容易产生积泥现象。

(2)穿孔旋流絮凝反应池

如图 2-1-8 所示，穿孔旋流絮凝反应池(Perforating rotational flow reactor)由多个接近正方形的竖井组成(一般不少于 6 个)，各竖井之间的隔墙上沿池壁方向开设有过水孔洞，孔洞上下交错布置，水流经孔洞后会在竖井内形成一定程度的旋流。由于沿着水流流动方向，隔墙上孔洞的尺寸逐个增大，孔口流速以及由此产生的旋流强度也逐个减小，防止前段形成的较大絮体颗粒在后段破碎。起点孔口流速宜取 0.6～1.0m/s，末端孔口流速宜取 0.2～0.3m/s。

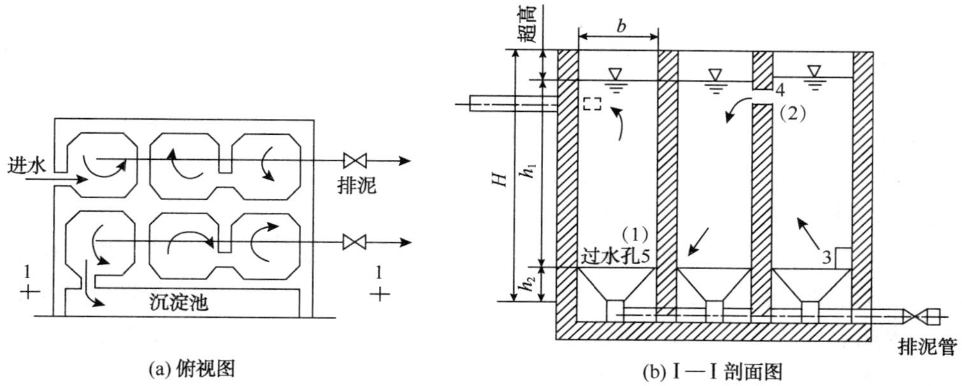

图 2-1-8　穿孔旋流絮凝反应池的结构示意图

(3)涡流式絮凝反应池

如图 2-1-9 所示，与穿孔旋流反应池不同，涡流式絮凝反应池的下半部为圆锥形，水从圆锥底部流入，形成涡流，边扩散边上升；随着锥体面积逐渐扩大，上升速度逐渐由大变小，有利于絮凝体的形成。在反应池上部圆柱体部分，虽然水流的搅拌作用已经不变，但矾花可以继续增长，特别是从反应池下面升上来的细小颗粒通过这些较大颗粒的矾花时，因接触凝聚作用而易被吸附。由于这些优点，涡流式絮凝反应池的效果好，停留时间短，比其他形式的反应器约短 2～3 倍。涡流式反应池主要靠进水流的扩散产生搅拌作用，底部入口处的水流速度、上部圆柱中的水流上升流速及锥角为搅拌强度的控制因素。

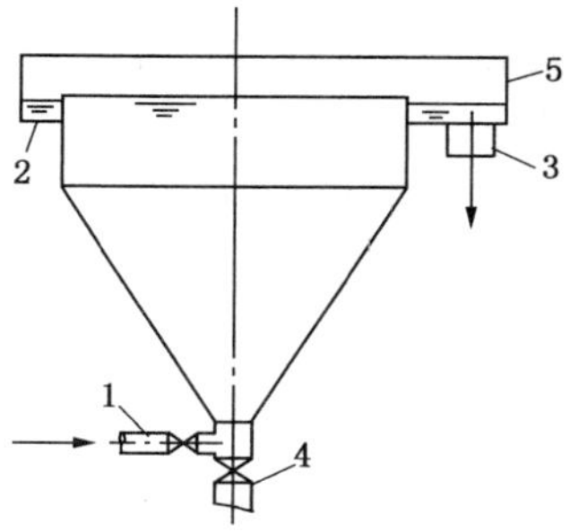

图 2-1-9　涡流式絮凝反应池

1—进水管；2—圆周集水槽；3—出水管；4—放水阀；5—格栅

涡流式絮凝反应池的设计参数及要点如下：①池数不少于 2 座，底部锥角呈 30°～45°，超高取 0.3m，时间 6～10min；②入口处流速取 0.7m/s，上侧圆柱部分上升流速取 4～6cm/s；③可在周边设集水槽收集处理水，也可采用淹没式穿孔管收集处理水；④每米工作高度的水头损失控制在 0.02～0.05m。当采用水力搅拌时，速度梯度计算公式中的 P_0 可按水头损失计算。设计完毕后应校核 $\bar{G}t$ 值，如不符合要求，则应重新设计。

(4)机械搅拌絮凝反应池

机械搅拌絮凝反应池工艺一般将多个单独的机械搅拌絮凝反应池串联，或者在一个池内沿水流方向设有多个搅拌机。优点是可以根据水量、水质的变化随时调节各池的搅拌强度，

以达到最佳的絮凝 $\bar{G}$ 值，取得最佳絮凝效果，因此可适用于各种规模的水处理厂。缺点是使用搅拌机而增加了工程造价，同时增加了设备的管理维修工作量。

絮凝搅拌机根据搅拌轴的安装方式分为卧轴式和立轴式两种，卧轴式絮凝搅拌机的桨板接近池底旋转，一般絮凝池不存在积泥问题，但应该关注水平贯穿池壁部位的设计。立轴桨板式絮凝搅拌机的设计要点如下：①絮凝反应池的数量一般不少于2座；②一般絮凝反应池内设3～6挡不同搅拌强度的絮凝搅拌机，各搅拌器之间用隔墙分开以防水流短路，因此絮凝池分为3～6格，搅拌机轴设于每格中间；③搅拌桨叶中心处的线速度自第一挡的0.5～0.6m/s逐渐减小至末挡的0.1～0.2m/s，末挡最大不超过0.3m/s；④各挡搅拌速度的梯度值 G 一般取 $20 \sim 70s^{-1}$；⑤搅拌器上层桨叶顶端应设于反应池水面下0.3m处，搅拌器下层桨叶底端应设于距池底0.5m处，桨叶外缘与池侧壁间距不大于0.25m；⑥每片桨叶的宽度一般采用100～300mm，每台搅拌器上桨叶总面积不应超过反应池水流截面的10%～20%，当超过25%时整个池水将与桨板同步旋转而减弱絮凝效果，设计中必须考虑避免这种现象；⑦所有搅拌轴及桨叶等部件都应进行必要的防腐处理。

(5)基于微涡旋或微涡流絮凝理论的设备

常见的絮凝反应设备(如隔板絮凝反应池、折板絮凝反应池等)，主要通过流道控制，改变水流方向和速率来进行湍流控制，存在微涡旋的能量利用效率不高、微涡旋的空间分布难以控制等不足，因此效率较低、停留时间较长、设备能耗高、占地面积大，抗负荷冲击能力也较差。通过在絮凝反应池中增加导流组件而推出的折板絮凝反应池、网格(栅条)絮凝反应池等，虽然在一定程度上增强了微涡旋的空间分布，但对微涡旋的局部强化控制及整体均匀分布控制很难同时达到满意的效果，而且孔道过小的网格(栅条)絮凝反应池还存在易堵塞的问题。涡流反应器和水力自旋式微涡流反应器是基于微涡旋或微涡流絮凝理论的代表性设备。

涡流反应器通常放置在竖向流絮凝反应区内，具体的工艺形式多种多样，可以根据水质、构筑物形状及前后序工艺配套要求灵活设计。涡流反应器是以ABS塑料为材料制成的多孔空心球体，表面开孔率为45%～66%，球体内外表面制成糙面，壁厚一般为2mm左右。可以从微涡流凝聚和立体接触絮凝两方面来解释作用机理：微涡流凝聚方面，①涡流能够形成流层之间较大的流速差，造成流层中携带微粒的相对运动，从而增加微粒的碰撞概率；②涡流的旋转作用形成离心惯性力，造成微粒沿漩涡径向运动，从而增加了微粒的碰撞概率，此两方面的作用都随涡流尺寸的减小而增大，微涡流是有利于凝聚的水力条件。立体接触絮凝方面，涡流反应器内的流速相对较小，内部形成絮体悬浮区，悬浮絮体对水流中的脱稳胶体产生絮凝作用，同时由于上向流区每个涡流反应器内都有悬浮絮体，总体积大，形成立体接触絮凝。涡流反应器内絮体成长质量高，成长过大的絮体在涡流作用下会破碎成较小絮体，从而保持絮凝能力(絮体过大会使总表面积减小，吸附能力下降)；密实度较低的絮体在微涡流作用下破碎并重新絮凝成密实度较高的絮体，有利于沉淀分离。

水力自旋式微涡流反应器放置在絮凝池水流通道上，水流通过时被设备切割、碰撞、反弹，速度的大小和方向连续变化，大涡旋变成小涡旋，小涡旋最后变成高强度高频率的微涡旋，并呈阵列式分布形成涡街，离心惯性效应成倍放大，大幅增加了颗粒碰撞次数。同时由于水流通过设备时的惯性和边界效应，矾花产生强烈变形，在水流揉动作用下变得更密，通过布设多层涡街组件，控制絮凝池中矾花颗粒的合理长大速度，形成粒度均匀合适、更易于沉淀的密实矾花，有效改善和提高絮凝效果。目前已经历了星形翼片絮凝反应器、可旋转涡街反应器、水力自旋式微涡流反应器等三个发展阶段。

三、泥渣接触反应澄清池

在往原水中投加药剂并经历混合凝聚、絮凝反应过程后，需要及时分离所形成的絮体而使水质得到净化。除“微絮凝＋过滤”工艺之外，使混凝产物得以与水分离的工艺总体可分为“混凝＋沉淀”和“混凝＋气浮”两大系列，其中“混凝＋沉淀”更为普遍。混凝沉淀技术的发展迄今大体上可以分为四代：第一代是20世纪二三十年代出现的“静态沉淀池”，将混凝与沉淀构筑物独立或合并设置，尽可能给予后者足够的时间或空间“自然”完成沉降和分离。第二代是50年代发明的“污泥悬浮型”混凝沉淀技术，通过膨胀污泥泥层的巧妙设计，产生污泥絮凝和过滤截留效用，在地表水处理领域获得了广泛应用。第三代是80年代登上历史舞台的“污泥循环型”混凝沉淀技术，通过将污泥回送至絮凝反应区或混合凝聚区而强制性、引导性增加污泥浓度，提高分离效果和效率，在此创新进程中诞生了内、外循环逻辑，典型代表是“机械加速澄清池”。第四代主要是指高密度沉淀池、高密度澄清池等，属于“反应、沉淀、澄清、浓缩”的集合体，目前在国内外应用日渐广泛。这里介绍第二代“污泥悬浮层”和第三代“污泥循环型”混凝沉淀技术，可以将这两代相应的构筑物或设备统称为泥渣接触澄清池或泥渣接触反应澄清池。

1. 基本原理

泥渣接触澄清池(Solids－contact clarifier)和絮凝澄清池(Flocculating clarifier)都属于反应澄清池(Reactor clarifier)。但絮凝澄清池与常规沉淀池较为类似，但一般在池体中央上部设置机械搅拌絮凝池(或井)，池体径向外侧和下部区域实现沉淀分离。

泥渣接触澄清池所依据的基本原理是，如果能在池内形成一个泥渣絮体体积浓度足够高的区域，使投加了药剂的原水进入该区域，与具有很高体积浓度的粗粒径泥渣絮体接触，就能大大提高原水中小粒径悬浮物的絮凝速率，并最终强化截留分离原水中固体杂质颗粒的效果，使水获得澄清，清水在澄清池上部被收集、排出。在泥渣接触澄清池开始运行时，往原水中投加较多的混凝剂，同时适当降低水力负荷，经过一定时间运行后逐步形成悬浮泥渣层。如果原水的悬浮物浓度很低，有时会通过人工投加黏土来加速泥渣层的形成。稳定悬浮泥渣层的泥渣浓度为3～10g/L，为使得悬浮泥渣始终保持絮凝活性，必须使其处于新陈代谢状态，即一方面形成新的活性泥渣，另一方面及时排除老化泥渣。

2. 结构类型

泥渣接触澄清池的构造形式有很多，根据悬浮泥渣的宏观流动状态及其与原水接触方式的不同，可以分为两大类：一类是泥渣过滤型(Sludge blanket)，其泥渣的悬浮状态通过上升水流的能量在池内形成，当水流从下往上通过泥渣层时，截留水中夹带的小絮体；另一类是泥渣循环型(Sludge recirculation)，即让泥渣在竖直方向上不断循环，通过该循环运动捕集水中的小絮体，并在分离区加以分离。

(1)泥渣过滤型澄清池

泥渣过滤型澄清池目前有上流式泥渣过滤型澄清池(Upflow sludge blanket clarifier)和脉冲式泥渣过滤型澄清池(Pulsating sludge blanket clarifier)两种类型。

图2－1－10为上流式泥渣过滤型澄清池的结构示意图，原水由池底进入，靠向上的流速使矾花絮体悬浮。因絮凝拦截作用，悬浮泥渣层逐渐膨胀，但超过一定高度时则通过排泥窗口自动排入泥渣浓缩室，压实后排出室外。当进水量或水温发生变化时会使悬浮层工作不

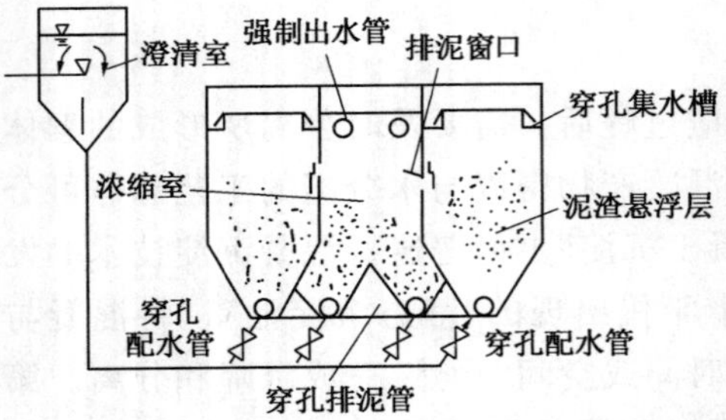

图 2-1-10　上流式泥渣过滤型澄清池的结构示意图

稳，现已很少使用。值得一提的是，悬浮污泥过滤(Suspended Sludge Filtration，SSF)技术在国内外已成功应用于印染污水、除尘污水、矿井污水等悬浮物含量极高的污水净化和回用，近些年国内也将其推广应用于含油污水处理。加药后的污水由罐底进入 SSF 立式罐内，絮凝形成的污泥颗粒在不断上升过程中密度变大，流速减小；当重力与向上的冲击力相等时，污泥颗粒保持动态静止，形成一个具有化学活性的悬浮污泥层。当后续混凝后的出水由下向上穿过此悬浮污泥层时，靠界面物理吸附、网捕等作用而将悬浮胶体颗粒、絮体等杂质拦截下来，使出水水质达到处理要求。

脉冲式泥渣过滤型澄清池在上流式泥渣过滤型澄清池的基础上发展起来，图 2-1-11 为其典型结构示意图。脉冲式泥渣过滤型通常成组运行，在池体上部设有穿孔集水槽，中间设有进水室，池底设有穿孔配水管，穿孔配水管上部设置有稳流板。加药后的原水经穿孔配水管进入后，通过稳流板的阻挡作用，均匀分布到悬浮泥渣层底部。脉冲澄清池的主要特征是脉冲式间歇进水，通常靠脉冲发生器来进行控制。在脉冲作用下，池内泥渣悬浮层一直周期性地处于膨胀和压缩状态，泥渣悬浮层断面上的浓度分布均匀，有利于杂质颗粒和悬浮泥渣的接触，改善了接触絮凝的条件，从而提高净水效果。池体上部的穿孔集水槽用来均匀收集澄清水，并防止池内不同部位产生不均匀出流。

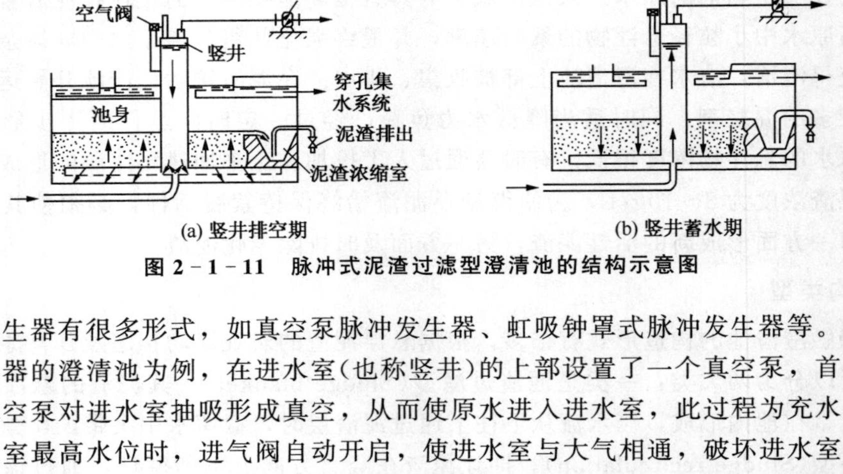

(a) 竖井排空期　　(b) 竖井蓄水期

图 2-1-11　脉冲式泥渣过滤型澄清池的结构示意图

脉冲发生器有很多形式，如真空泵脉冲发生器、虹吸钟罩式脉冲发生器等。以采用真空泵脉冲发生器的澄清池为例，在进水室(也称竖井)的上部设置了一个真空泵，首先关闭进气阀，启动真空泵对进水室抽吸形成真空，从而使原水进入进水室，此过程为充水过程；当水位达到进水室最高水位时，进气阀自动开启，使进水室与大气相通，破坏进水室的真空，这时进水室内水位迅速下降，向澄清池内放水，此过程为放水过程。当水位下降到进水室最低水位时，进气阀又自动关闭，真空泵再次启动，造成进水室内真空，又开始进水，如此反复进行，形成脉冲进水。脉冲进水的冲水时间一般为 25～30s，放水时间一般为 6～10s，总的时间即为脉冲周期。悬浮泥渣层在放水期间可能会被水流冲散，但在充水期间会自身进行调节，浓度趋于均匀。

由于脉冲式泥渣过滤型澄清池对水质、水量的变化比较敏感，操作管理要求比较高，在运行管理中及时排泥是主要环节之一。依靠手动操作排泥不仅增加了工作人员的劳动强度，而且还会由于人为原因造成排泥滞后，影响出水水质，因此近些年来开始采用自动控制排泥技术；也可采用接触絮凝斜管沉淀技术对脉冲澄清池的泥水分离区进行改造。

原法国 Degrémont 公司于 20 世纪 50 年代早期推出 Pulsator® 脉冲式泥渣过滤型澄清池，并相继推出 Pulsatube®、Superpulsator®、Superpulsator® Type U、Pulsazur® 等类型。Pulsazur® 上流式炭接触脉冲澄清池是一种粉末活性炭和泥渣过滤型澄清池，加入絮凝剂（$FeCl_3$）和粉末活性炭的原水经机械混合后，进入真空室，从配水干渠经配水支管的孔口以全断面均匀通过泥渣悬浮层高速喷出，在稳流板下以极短的时间进行充分混合和初步反应。然后通过稳流板整流，以缓慢速度垂直上升，在“脉冲”水流作用下悬浮层有规律地上下运动，时而膨胀，时而压缩沉淀，促进絮凝体颗粒进一步碰撞、接触和凝聚，同时通过粉末活性炭和泥渣悬浮层的碰撞和吸附，使原水中的有机物颗粒被吸附，再经斜管组件进一步实现固液分离，从而使原水得到澄清。澄清水由集水槽引出，过剩泥渣则流入浓缩室、经穿孔排泥管定时排出。

(2)泥渣循环型澄清池

根据使活性泥渣絮凝形成和发生循环流动所需能量的提供方式来看，泥渣循环型澄清池可以分为机械搅拌澄清池（又名机械加速澄清池）和水力循环加速澄清池两大类。

①机械搅拌澄清池。是泥渣循环型澄清池的典型代表，多为钢筋混凝土结构，池子较小时也可全部采用钢材制作。如图 2－1－12 所示，主要组成部分包括进水管、环形三角配水槽、一次混合及反应区、二次混合及反应区、导流室、分离室、伞形罩、搅拌机等。一次混合及反应区周围被伞形罩包围，上部设有搅拌叶轮。环形三角配水槽上部设有排气管，以排除随原水带入的空气。借助叶轮旋转产生机械搅拌和水力循环提升作用，并将混合凝聚、絮凝反应、提升和沉淀分离集成在一个构筑物内。

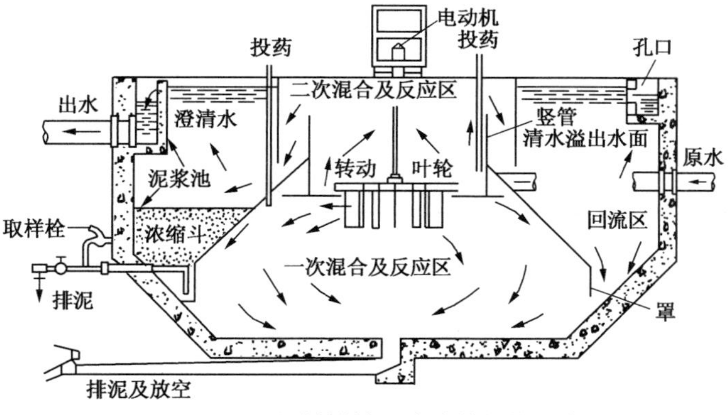

图 2－1－12　机械搅拌澄清池的结构示意图

工作过程为：原水从进水管进入环形三角配水槽，通过配水槽下面的出水孔或缝隙均匀流入混合室；混凝剂通过投药管加入。在搅拌叶轮的作用下，原水与一次混合及反应区中的泥渣充分接触，形成的絮凝体在搅拌叶轮的提升作用下进入二次混合及反应区，形成更大更结实的絮凝体，然后经设在二次混合及反应区上部四周的导流室，消除波动后进入分离室进行泥水分离。分离室分离后的澄清水溢流进入设置在上部的辐射式集水槽中，再经过环形集水槽汇集后排出。沉淀分离的泥渣一部分通过伞形罩裙板与锥形池壁的回流缝隙，再进入一次混合及反应区，较重的回流泥渣沉降到池底，其余回流泥渣随叶轮提升后继续参与循环。为了保持池内泥渣浓度稳定，需要定期排出多余的泥渣，因此在分离室内设置 1～3 个泥渣浓缩斗，使分离室沉淀分离的部分泥渣溢入其中，进行浓缩脱水后经排泥管排出池外。当池径较大或进水悬浮物含量较高时，需装设机械刮泥机。还可以在分离室中加装斜板(管)，来提高沉淀分离的效率。泥渣循环流动通过搅拌叶轮转速、调流机构以及回流缝隙的大小来控制，要达到良好的循环流动效果，还需要控制一次混合及反应区、二次混合及反应区以及分离室的容积比。

机械搅拌澄清池的优点是对原水水质(如浊度、温度、离子浓度)和处理水量的变化适应性较强，处理效果好、工作稳定，主要适用于大中型水处理厂；由于机械设备较多，所以也存在需要定期维修等缺点。

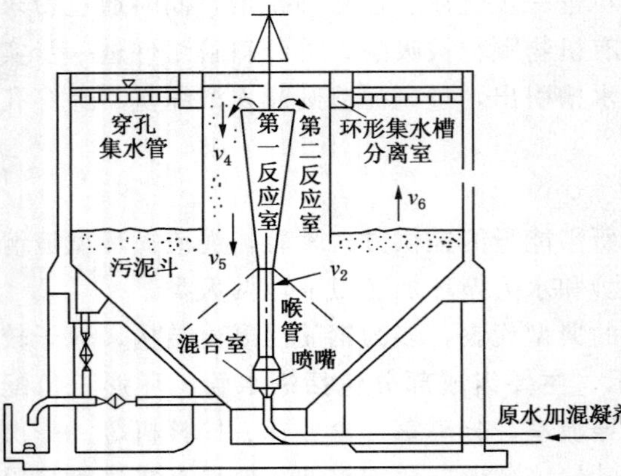

图 2-1-13　水力循环加速澄清池的结构示意图

②水力循环加速澄清池。水力循环加速澄清池的结构如图 2-1-13 所示，主要由喷嘴、混合室、喉管、第一反应室、第二反应室等组成，喷嘴、混合室和喉管组成一个射流器。原水由底部进入池内，经喷嘴喷出，喷嘴出口的高速水流把澄清池锥形底部含有大量絮凝体的水吸进混合室内，与原水掺混后经第一反应室的喇叭口溢流出来，进入第二反应室中。吸进混合室的流量称为回流量，一般为进水流量的 2～4 倍。第一反应室和第二反应室构成了一个泥渣悬浮区，第二反应室出水进入分离室。相当于进水量的清水向上流向出口，剩余流量则向下流动至混合室，经喷嘴吸入与进水混合，再重复上述过程。该池的优点是无需机械搅拌设备，运行管理较方便；锥底角度大，排泥效果好。缺点是反应时间较短，造成运行上不够稳定，不能适用于大处理水量场合。

各种澄清池的优缺点及适用条件归纳如表 2-1-2 所示。

表 2-1-2　各种澄清池的优缺点及适用条件

类　型	优　点	缺　点	适用条件
上流式泥渣过滤型澄清池	构造较简单；能处理高浊度水(双层式加悬浮层底部开孔)	需设置气水分离器；对水量、水温变化较敏感，处理效果不够稳定	进水固体悬浮物含量＜3g/L 时宜用单池；进水固体悬浮物含量 3～10g/L 时宜用双池；流量变化一般每小时≤10%，水温变化每小时≤1℃
脉冲澄清池	混合充分，布水较均匀	需要一套真空设备；虹吸式水头损失较大，脉冲周期较难控制；对水质、水量变化适应性较差；操作管理要求较高	适用于大、中、小型水厂
机械搅拌澄清池	单位面积产水量大，处理效率高；处理效果较稳定，适应性较强	需机械搅拌设备；维修较麻烦	进水固体悬浮物含量＜5.0g/L，短时间允许 5～10g/L；适用于大、中型水厂
水力循环加速澄清池	无机械搅拌设备；构筑物较简单	投药量较大；消耗大的水头；对水质、水温变化适应性差	进水固体悬浮物含量＜2.0g/L，短时间允许 5g/L；适用于中、小型水厂

3. 机械搅拌澄清池的设计

(1)基本设计原则和要求

机械搅拌澄清池中各部分的结构尺寸相互牵制、互相影响，计算往往不能一次完成，需要在设计过程中做相应的调整。

①原水进水管流速一般在1m/s左右，进水管接入环形配水槽后向两侧环流配水，配水槽断面设计流量按原水流量的1/2计算。配水槽和缝隙的流速均采用0.4m/s左右。

②水在池中的总水力停留时间(HRT)一般为1.2～1.5h，一次混合及反应区、二次混合及反应区的水力停留时间一般控制在20～30min，二次混合及反应区的计算流量为出水量的3～5倍(考虑回流)，一次混合及反应区、二次混合及反应区(包括导流室)和分离室的容积比一般控制在2：1：7，二次混合及反应区、二次混合及反应区和导流室的流速一般为40～60mm/s。

③分离室内清水上升流速一般采用0.8～1.1mm/s，当处理低温、低浊度水时可采用0.7～0.9mm/s；清水区高度1.5～2.0m。

④集水方式可选用淹没孔集水槽或三角堰集水槽，孔径为20～30mm，过孔流速为0.6m/s，集水槽中流速为0.4～0.6m/s，出水管流速为1.0m/s左右；穿孔集水槽设计流量应考虑超载系数$\beta=1.2\sim1.5$。

⑤搅拌一般采用叶轮搅拌，叶轮提升流量为进水流量的3～5倍；叶轮直径一般为二絮凝室内径的0.7～0.8倍，叶轮外缘线速度为0.5～1.0m/s。

⑥根据澄清池的大小，可设泥渣浓缩斗1～3个，泥渣浓缩斗容积约为澄清池容积的1%～4%，小型池可只用底部排泥。

⑦在对进水悬浮物(SS)含量要求方面，不设机械刮泥时一般不超过1000mg/L，短时间内不超过3000mg/L；进水SS含量大于1000mg/L或池径≥24m时必须设机械刮泥；有机械刮泥时一般不超过5000mg/L，短时间内不超过10000mg/L；当进水SS含量经常超过5000mg/L时，澄清池前应加预沉池。

⑧进水温度变化每小时不大于2℃；出水浊度一般不大于10mg/L，短时间不大于50mg/L。

(2)机械搅拌澄清池的布置与进水方式

工程实际中一般将多个机械搅拌澄清池成组布置，以共用配水和排泥井。以北方地区某常规50万m^3/d的自来水厂为例，采用机械搅拌澄清池的布置方式为每4座为1组，共3组12座，每组中间设配水及排泥井1座。这种布置方式占地面积较大，且难以形成完全平行独立的两个系列。北京市自来水集团郭公庄水厂选用12座直径$\phi29m$的机械搅拌澄清池，单池处理能力达到1800m^3/h，总处理能力达51.85万m^3/d。分成完整的两个系列对称布置，每系列6座澄清池，每3座澄清池中间设管廊，管廊内直埋敷设进水管、出水管、排泥管及放空管。

机械搅拌澄清池的进水方式可以采用渠道进水和管道进水。渠道进水方式的理念来源于滤池的进水方式，采用可调节配水堰实现均匀配水，优点是配水简易、沿程损失小；缺点是板闸的严密性差，因形成密闭空间而给人员进出检修造成困难。管道进水方式为“总管→支管进水”，并于支管上配置可调节蝶阀进行配水，优点是配水精准，蝶阀严密性好，管廊空间利用合理；缺点是沿程损失较大，浪费水头。郭公庄水厂前期设计时就这两种方式进行了比选，鉴于更侧重人员检修的舒适性及可实现自动控制等因素，最终选择了管道进水方式。在确定总管管径过程中分别选取不同口径管道进行了水力模拟计算，本着“技术可行、经济合理、具有一定挖潜性”的原则，确定每系列机械搅拌澄清池进水总管的管径为 DN2200。

(3)澄清池搅拌机

澄清池搅拌机总体上由电动机、减速器、搅拌主轴、调流机构、提升叶轮等构成，JJ 系列机械搅拌澄清池搅拌机的规格和性能参数如表 2-1-3 所示。电动机、电控设备及减速器宜安装在室内，环境条件分别符合 GB/T 755、GB/T 14048 和 GB/T 3797。操作间顶板应设有吊装搅拌机及刮泥机的吊钩，工作平台应设有吊装池内设备的吊装孔。搅拌机可采用无级变速电动机驱动，以便随进水水量、浊度、投药量的变化而及时调整回流量和搅拌强度。一般采用变频调速电动机、YCT 系列滑差式电磁调速异步电动机或普通恒速电动机，经带传动和蜗轮-蜗杆传动两级减速。蜗轮轴与搅拌主轴采用刚性连接，一般选用夹壳联轴器，也有采用锥齿轮与正齿轮两级减速。蜗杆材料的机械性能应不低于 45 号钢，经调质热处理后硬度应为 HB241～286；蜗轮材料的机械性能应不低于铸造铝铁青铜 ZQAL 9-4。搅拌机的变速驱动输出部分应设置推力轴承，以承担转动部分的自重及作用在叶轮上水压差而产生的轴向载荷。应适当加大主轴轴承间距，并适当提高轴的刚度，以避免设置水下轴承。轴承应有可靠的密封，严防机油渗漏到池中污染水质。

表 2-1-3　JJ 系列机械搅拌澄清池搅拌机的规格和性能参数

参数		JJ-200	JJ-320	JJ-430	JJ-600	JJ-800	JJ-1000	JJ-1330	JJ-1800
水量/(m^3/h)		200	320	430	600	800	1000	1330	1800
池径/m		9.8	12.4	14.3	16.9	19.5	21.8	25	29
池深/m		5.3	5.5	6.0	6.35	6.85	7.2	7.5	8.0
总容量/m^3		315	504	677	945	1260	1575	2095	2835
叶轮	直径/m	2		2.5		3.5		4.5	
	转速/(r/min)	4.8～14.5		3.8～11.4		2.86～8.57		2.07～6.22	
	外缘线速度/(m/s)	0.5～1.5		0.5～1.5		0.5～1.5		0.5～1.5	
	开度/mm	0～110	0～170	0～245	0～175	0～290	0～230	0～300	0～410
搅拌桨外缘线速度/(m/s)		0.33～1.0							
电动机	型　号	JZT32-4		JZT41-4		JZT42-4		JZT51-4	
	功率/kW	3		4		5.5		7.5	
	转速/(r/min)	120～1200							
速比	皮带传动速比	1.2		1.57		2		2.68	
	蜗轮减速器速比	69		67		70		72	
	总速比	82.9		105.2		140		192.96	
质量/kg		1900		2260	2255	3825	3817	6750	6780

为满足不同运行条件对提升和搅拌强度间的比例要求，并使提升流量满足沉降分离的要求，搅拌机均应设置调流机构。调流机构一般有升降叶轮式、调流环式以及浮筒式 3 种(如

图 2-1-14 所示)，均应设有开度指示。升降叶轮式用叶轮升降来调节叶轮出水口宽度，此时主轴上端应设有限位机构；调流环式以调整调流环的位置上下来改变叶轮出水口有效宽度，以调节提升能力；浮筒式在叶轮进水口处设一浮筒，通过调整浮筒位置来改变叶轮进口有效面积，进而调节提升能力。

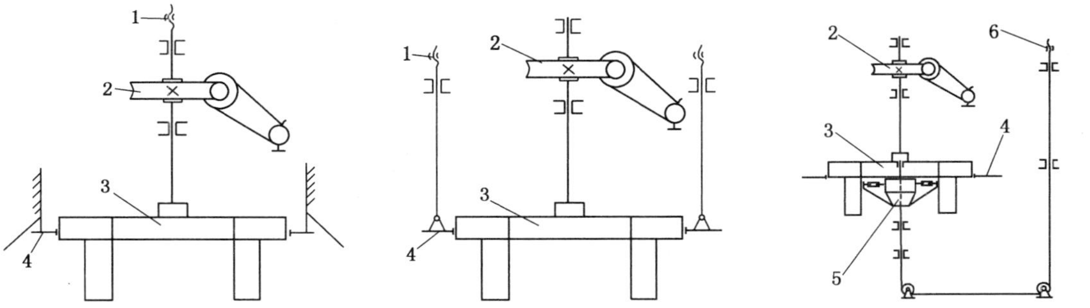

图 2-1-14　澄清池搅拌机调流机构的工作原理示意图

1—手动调流机构；2—减速器；3—提升叶轮；4—调流环；5—浮筒；6—牵引机构

提升叶轮主要由叶轮顶板、叶片和桨叶 3 部分组成，叶片可以采用辐射式直叶片、向后倾斜式直叶片、向后弯曲式直叶片 3 种形式。辐射式直叶片形状简单，易于加工制造，可满足低扬程、大流量的要求，可双向旋转，具体加工过程中可以采取整体式结构和对接式结构；向后倾斜式直叶片只能单向旋转，其余介于辐射式直叶片与向后弯曲式直叶片之间；向后弯曲式直叶片提水效率高，叶轮刚度较大，但加工复杂、成本高，只能单向旋转。桨叶形式为竖直桨叶，桨叶部分的外径 d 一般为叶轮直径的 0.8～0.9 倍，高度 h 为一次混合及反应区(或称一絮凝室)高度的 1/3～1/2，宽度 b 为 $h/3$，桨叶数量与叶片数相同，桨叶转速也与叶轮转速相同。

(4)机械搅拌澄清池刮泥机

由于机械搅拌澄清池的池底为圆形，所以配套刮泥机的设计计算方法与普通圆池刮泥机基本类似。但因机械搅拌澄清池在一絮凝室和二絮凝室中间设置了一个搅拌机，因此给刮泥机的设置增加了困难。按传动方式的不同，刮泥机可分为套轴式中心传动刮泥机和销齿传动两种。

①套轴式中心传动刮泥机。当机械搅拌澄清池的池径较小时(一般小于 ϕ16.9m)，为使结构紧凑，通常将与刮泥机配套的减速器叠架在与搅拌机配套的减速器之上，搅拌机主轴设计成空心轴，刮泥机主轴从搅拌机空心主轴中穿过，这种结构形式习惯上称为套轴式中心传动刮泥机(如图 2-1-15 所示)。由于刮泥机主轴轴径受到搅拌机空心主轴内径的限制，一般仅用于水量小于 600m^3/h 的澄清池，刮臂旋转直径不大于 ϕ12m。刮泥机主要由驱动机构、手动提耙机构、传动主轴、斜拉杆、水平拉杆、刮臂、刮板、水下轴承、集泥槽刮板等组成，驱动机构一般采用与电动机输出轴直联的卧式摆线针轮减速器、链传动和蜗轮-蜗杆传动三级减速，总减速比高达 10000～30000。

手动提耙机构主要是为了防止池底积泥过多而超过刮泥机的能力时，提起刮臂和刮板作为安全保护措施。如图 2-1-16 所示，在蜗轮-蜗杆减速器中设置带有推力滚子轴承底座的旋转蜗轮，旋转蜗轮与传动主轴上端的梯形螺纹组成一滑动螺旋副，旋转蜗轮的上方有调节螺母和锁紧螺母。转动蜗杆时通过蜗轮-蜗杆传动、丝杠螺母传动，旋转蜗轮带动刮泥机的立轴随导键做上、下升降移动，从而使刮臂和刮板升降，调节高度为200mm左右。设计时应注意螺旋副的螺纹旋进方向应与刮臂的旋转方向相反，并用销钉使螺旋副定位，立轴上的导键在升降范围内不可移出轮壳的键槽。

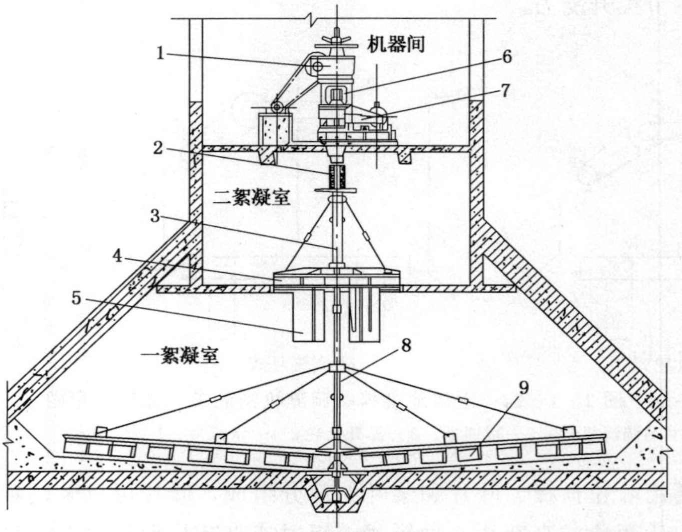

图2-1-15　机械搅拌澄清池套轴式搅拌机/刮泥机的结构示意图

1—与刮泥机配套的减速器；2—夹壳联轴器；3—搅拌机空心主轴；4—提升叶轮；5—桨叶；6—调流机构；7—与搅拌机配套的减速器；8—刮泥机主轴；9—刮臂和刮板

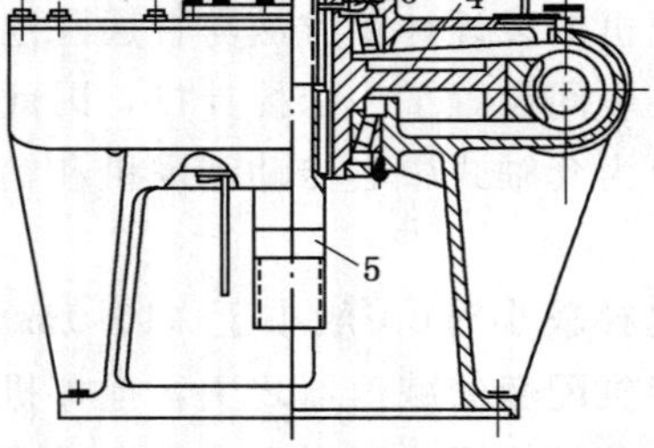

图2-1-16　手动提耙机构的结构示意图

1—锁紧螺母；2—调节螺母；3—推力球轴承；4—蜗轮-蜗杆减速器；5—刮泥机立轴

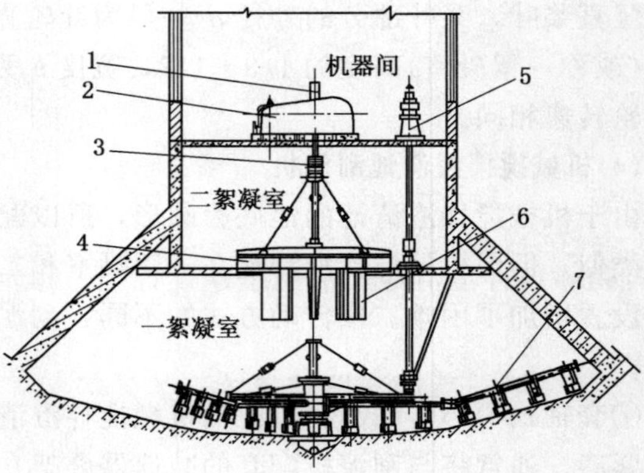

图2-1-17　机械加速澄清池分离式搅拌机/刮泥机的结构示意图

1—调流机构；2—与搅拌机配套的减速器；3—夹壳联轴器；4—提升叶轮；5—与刮泥机配套的减速器；6—桨叶；7—刮泥耙

需要指出的是，在北京市自来水集团郭公庄水厂建设工程中，通过与国内环保设备生产企业合作，实现了在饮用水行业直径ϕ29m机械搅拌澄清池中采用套轴式中心传动刮泥机。通过电动机调速方式，实现了自动控制和水量提升调节的功能。

②销齿传动刮泥机。池径在ϕ19.5m以上时，通常采用如图2-1-17所示的分离式结构，即搅拌机位于池中心，其主轴与减速器输出轴采用刚性连接，且垂直悬挂伸入池中，而刮泥机的传动立轴由池体中心位置移到搅拌叶轮直径之外，从池顶平台穿过第二反应室后伸

入第一反应室。销齿传动刮泥机主要由电动机、减速机构、传动立轴、水下轴承座、小齿轮、销齿轮、中心枢轴、刮臂、刮板等组成，减速机构一般采用摆线针轮减速器和销齿传动两级减速。小齿轮与销齿轮外啮合传动，销齿轮直接与刮臂连接，带动刮臂绕中心枢轴旋转刮泥。

由于既要承受整个刮泥机的重量，还充当旋转中心的作用，因此润滑非常关键，采用压力清水润滑。图 2-1-18 为刮泥机中心枢轴的结构形式，小齿轮传动轴与中心枢轴的轴承均应采用压力清水润滑，以防泥砂进入而受到磨损。在小齿轮与销齿轮的啮合中，由于小齿轮轴悬臂较长，设计时应考虑合理支撑，使之具有足够的刚度，以保证啮合精度；常用的小齿轮齿形有渐开线齿形、链轮齿形、外摆线齿形等三种。

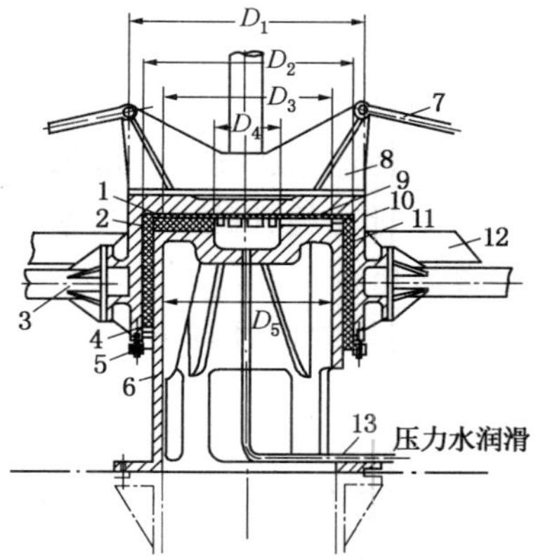

图 2-1-18　中心枢轴的结构示意图

1—轴衬片；2—定位挡圈；3—刮泥横臂；4—填料；5—压盖；6—轴心座；7—调整杆；8—调整拉盘座；9—衬片；10—转轴套；11—衬套；12—大针轮盘；13—压力清水管

由于销齿传动刮泥机的结构较为复杂，目前大直径机械搅拌澄清池的发展趋势是采用中心竖架旋转进而带动刮臂旋转的结构设计方案。此时搅拌机和刮泥机的驱动机构既可以采用双轴同心驱动分开独立布置模式，也可以采用双轴同心驱动集成一体布置模式。

③刮臂和刮板。刮臂承受刮泥阻力及自重，在机械搅拌澄清池中通常采用管式悬臂结构，并设置拉杆作辅助支撑。800m^3/h 以上的水池采用 120°等分的三个刮臂，600m^3/h 以下的池子采用对称设置的两个大刮臂和两个小刮臂，互成十字形。

刮板可按对数螺旋线布置，为了便于加工，也可设计成直线形多块平行排列的刮板。刮板与刮臂轴线夹角应大于 45°。

通常处理量 200m^3/h、320m^3/h 机械搅拌澄清池的池底坡度为 1∶12；430m^3/h 以上的大中型机械搅拌澄清池，由于土建设计为弓形薄壳池底，故刮臂与刮板的设计也应与此相适应。

4. 机械搅拌澄清池搅拌机功率的计算

(1)提升叶轮

希望叶轮的提升水量 $Q_1=(3\sim5)Q$，其中 Q 为净产水能力；叶轮的提升水头 h_1，一般采用 0.05m，以满足水在池中回流循环所消耗的损失。

叶轮出水口的宽度 B 按下式计算

$$B=\frac{60\boldsymbol{Q}_1}{Cnd^2}\ (\mathrm{m}) \tag{2-1-5}$$

式中　Q_1——叶轮的提升水量，m^3/s；

C——叶轮出水口的宽度计算系数，一般采用 3；

n——叶轮转速，r/min；

d——叶轮外径，一般为(0.15～0.20)D 或≤(0.7～0.8)D_f，其中 D 为机械搅拌澄清池的内径，D_f 为机械搅拌澄清池二絮凝室的内径，单位都为 m；

叶轮的转速为

$$n=\frac{60v}{\pi d}\ (\mathrm{r/min}) \tag{2-1-6}$$

式中　v——叶轮外缘的线速度，一般为0.4～1.2m/s。

叶轮提升消耗的功率为

$$N_1=\frac{\rho HQ_1}{102\eta}\ (\mathrm{kW}) \tag{2-1-7}$$

式中　ρ——泥渣水密度，一般采用1010kg/m³；

η——叶轮提升的水力功率，一般采用0.6。

(2)桨叶功耗

桨叶消耗功率的计算公式如下

$$N_2=C\,\frac{\rho h\omega^3}{400g}(R_1^4-R_2^4)Z\ (\mathrm{kW}) \tag{2-1-8}$$

式中　C——阻力系数，一般采用0.3；

ω——叶轮旋转的角速度，由于桨叶转速与叶轮转速相同，故可用$2v/d$来计算，rad/s；

h——桨叶高度，一般取一次混合及反应区(或称一絮凝室)高度的1/3～1/2，m；

R_1——桨叶外缘半径，一般为$(0.8\sim0.9)d/2$，m；

R_2——桨叶内半径，$R_2=R_1-b$，b为桨叶宽度，取$h/3$，m；

Z——桨叶数，桨叶数多于6片时要适当折减。

(3)驱动功率

提升和搅拌功率综合计算如下

$$N=N_1+N_2(\mathrm{kW}) \tag{2-1-9}$$

首先确定驱动方式，假设选择电磁调速电动机，采用三角带和蜗轮-蜗杆减速器两级减速，因叶轮需要调整出水口宽度，故需设计专用立式蜗轮-蜗杆减速器。当选定电磁调速电动机的具体型号后，其输出轴的转速n_A已相应确定，在已知叶轮转速n的情况下可计算出总减速比i，进而可以相应确定三角带和蜗轮-蜗杆减速器两级减速之间的具体减速比分配。相应的电动机功率计算如下

$$N_A=\frac{N}{\eta_1\eta_2\eta_3\eta_4}\ (\mathrm{kW}) \tag{2-1-10}$$

式中　η_1——电磁调速电动机的效率，一般采用0.8～0.833；

η_2——三角皮带传动效率，一般采用0.96；

η_3——蜗轮-蜗杆减速器的效率，按照单头蜗杆考虑时取0.70；

η_4——轴承效率，取0.90。

搅拌机轴扭矩的计算

$$M_n=9550\,\frac{N}{n}\ (\mathrm{N\cdot m}) \tag{2-1-11}$$

搅拌机轴向水力负荷的计算

$$p_d=\rho gH\,\frac{\pi d^2}{4}=1010\times9.81\times0.05\times\frac{\pi d^2}{4}=389d^2(\mathrm{N}) \tag{2-1-12}$$

5. 套轴式中心传动刮泥机功率的计算

刮臂的工作扭矩 M_p 可根据刮泥所需的功率 N_p 按下式计算

$$M_p = 9550 \frac{N_p}{n} \ (\mathrm{N \cdot m}) \tag{2-1-13}$$

$$N_p = \frac{P_1 S_1 + P_2 S_2}{60000t} = \frac{P_1 S_1 + P_1 \mu_1 (R - R_1)}{60000t} \tag{2-1-14}$$

式中 P_1——泥砂在池底上移动时的摩擦力，N，与刮臂旋转一周所刮送的干泥量、泥砂对池底的摩擦系数、泥砂密度等有关；

S_1——污泥沿着池底行走的路程，m，与刮臂板的池半径、泥砂运动的角度等有关；

P_2——泥砂与刮板之间的摩擦力，N，与刮臂旋转一周所刮送的干泥量、泥砂对池底的摩擦系数、泥砂密度、泥砂对刮板的摩擦系数、刮板与刮臂轴线之间的水平夹角等有关；

S_2——污泥沿着刮板移动的距离，m，与刮板的实际工作半径、集泥斗半径等有关。

功率 N 按下式计算

$$N = \frac{1.3 M_p n}{9550 \times \eta_1 \eta_2 \eta_3 \eta_4} \ (\mathrm{kW}) \tag{2-1-15}$$

式中 n——刮臂的转速，r/min；

η_1——单级摆线针轮减速机的效率，一般取 0.90；

η_2——链传动的机械效率，一般取 0.96；

η_3——蜗轮-蜗杆减速器的效率，按照单头蜗杆考虑时取 0.70；

η_4——水下轴承的效率，取 0.93；

1.3——附加系数，主要考虑由机械自重在旋转时所产生的阻力等因素。

四、化学强化一级处理和高效反应澄清技术

1. 化学强化一级处理

《城镇污水处理厂污染物排放标准》(GB 18918)规定新设计的污水处理厂必须拥有除磷除氮设施。脱氮除磷的方法主要分生化法和化学法两大类，化学除磷通过投加化学药剂形成不溶性磷酸盐沉淀物，然后通过固液分离将污水中的磷去除，一般在初沉池或二沉池中同步投加化学药剂。生物除磷出水浓度可达 1mg/L，化学除磷出水浓度可达 0.5mg/L。对于满足生活污水二级排放标准可以采用生物除磷，必要时采用化学除磷；满足生活污水一级排放标准可以采用生物除磷与化学除磷相结合的方式，以降低化学药剂的消耗量。

强化一级处理(Enhanced Primary Treatment)是在常规一级处理(重力沉降)的基础上，增加化学混凝处理、机械过滤或不完全生化处理等，以提高常规一级处理效果。当采用化学混凝技术时，也称为化学强化一级处理工艺(Chemically - Enhanced Primary Treatment process, CEPT)。如图 2-1-19 所示，通过向初沉池中投加化学药剂，可对悬浮物、胶体物质和磷产生明显的去除效果，一般可去除悬浮物(SS)达 80%～90%(常规一级处理为 50%～60%)，BOD_5 达 50%～60%(常规一级处理为 25%～30%)，总磷去除 80%～90%，出水可达 0.5mg/L。目前主要的问题是如何降低药剂费用，并妥善解决好污泥处理。表 2-1-4 是一些国家或地区采用化学强化一级处理的效果。

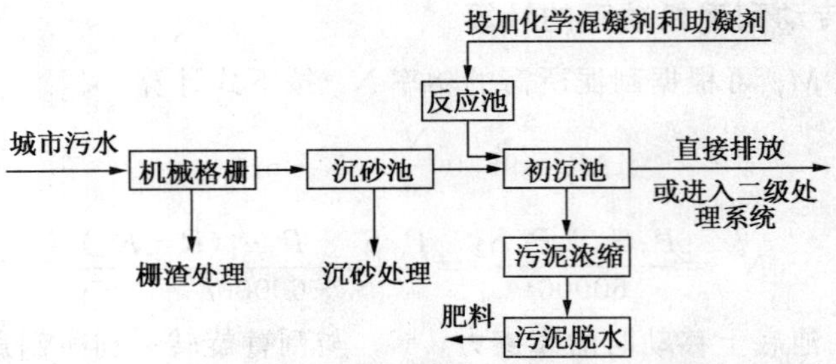

图 2-1-19　城市污水化学强化一级处理的工艺流程示意图

表 2-1-4　城市污水化学强化一级处理的效果

国家或地区	混凝剂		COD_{Cr}/(mg/L)			BOD_5/(mg/L)			SS/(mg/L)		
	种类	投加量/(mg/L)	进水	出水	去除率/%	进水	出水	去除率/%	进水	出水	去除率/%
以色列	$FeCl_3$	260	1300	420	68	—	—	—	750	5(浊度)	99
	石灰	910				—	—	—	750(浊度)		
英　国	石灰	720	371	43	89	—	—	—	231	21	91
美　国	$FeCl_3$	10	—	—	—	331	161	51	296	50	83
	高聚物	0.15	—	—	—						
中国台湾	PAC	30	—	—	—	130	50	61	97	29	70

城市污水化学强化一级处理工艺在中国也得到了应用。例如：①香港船洲污水厂的设计流量为 170 万 m^3/d，采用化学法辅助初级污水处理，在初沉池前加入铁盐及聚合物，沉淀时间 1.5h，去除悬浮物 70%～80%和 BOD_5 约 50%。最佳投药量：氯化铁为 10mg/L(以铁离子计)，投注在快速混合池入口处；聚合物为 0.1mg/L，投注在絮凝池末端。②厦门市污水处理二厂的设计水量为 10 万 m^3/d，为了节省投资，采用一级处理、深海排放的工艺。但由于一级处理去除率低，环境效益差，所以将其改造为化学强化一级处理，效果较好，比较如表 2-1-5 所示。③广东东莞市樟村水质净化厂一期工程设计处理量为 260 万 m^3/d，将运河水引入净化厂进行化学强化一级处理，主要去除 COD、BOD、色度和 SS，同时对出水完成复氧。主要处理工艺流程为"进水网格→粗格栅→细格栅→沉砂池→混合池→絮凝池→平流沉淀池→出水入运河"，目前在混合池中投加的药剂主要有漂白粉、PAC、PAM，絮凝池为网格絮凝池。工程设计进水水质：COD≤110mg/L、BOD≤30mg/L、DO≤0.5mg/L、SS≤130mg/L、色度≤250 倍、浊度≤200NTU。工程设计出水水质：COD、BOD、SS 执行广东省地方标准《水污染物排放限值》(DB 44/26—2001)的二级标准，COD≤50mg/L、BOB_5≤20mg/L、SS≤20mg/L；DO、色度、浊度指标执行《城市污水再生利用景观环境用水水质》(GB/T 18921—2002)河道类排放标准，DO≥2.0mg/L、色度≤30 倍、浊度≤20NTU。

表 2-1-5　厦门市污水处理二厂改造前后对比

工艺流程	改造前	格栅→曝气沉淀池→平流式沉淀池→深海排放
	改造后	格栅→加凝聚剂→曝气混合反应池→加絮凝剂→平流式沉淀池→深海排放

续表

基建投资	改造前	修建一座二级生化处理厂的基建投资费用是每吨污水 1000～1200 元
	改造后	修建一座化学强化一级污水处理厂的基建投资费用是每吨污水 600～700 元
运行费用	改造前	一个一级处理厂的运行费用，一般每吨污水为 0.2 元；同样的二级生化处理厂其运行费用为每吨污水 0.5 元
	改造后	按增加凝聚剂硫酸铝 50mg/L（价格 1000 元/t）和阴离子型有机絮凝剂聚丙烯酰胺（PAM）0.5mg/L（价格 21000 元/t）的投药量计算，每吨污水增加 0.06 元药剂费，即可使出水浑浊度和 COD_{Cr} 的去除率从原来的 69.5%和 42.8%提高到 97.18%和 81.7%，BOD_5 去除率为 74.3%，TP 去除率为 84.1%，出水总磷低于 1.0mg/L。化学强化一级处理厂节约运行费用 50%左右
污泥量测算	改造前	一级处理方案 SS 去除率为 68%，平均每天产生污泥 $14m^3$（含水量为 68.2%左右）
	改造后	改造后由于 SS 去除率提高（按 90%考虑），污泥量比原处理方案增加 $4.5m^3$

2. 高效反应澄清技术

随着对化学混凝机理认识的不断深化，例如从单纯投加药剂→投加药剂和载体→投加药剂和污泥回流，出现了一些高效反应澄清技术，其中载体絮凝（Ballasted Flocculation）技术最具代表性。载体絮凝技术的特点是在絮凝阶段投加高密度的不溶介质颗粒作为助凝剂，利用介质的重力沉降及载体颗粒的吸附作用，加快絮体的生长及沉淀，具有占地面积小、工程造价低、耐冲击负荷等优点。自 20 世纪 90 年代以来，西方国家已开发了多种成熟的载体絮凝应用技术，如原法国 Degrémont 公司的 DensaDeg® 高密度澄清池、法国 Veolia 集团的 ACTIFLO® 高密度澄清池、美国 WesTech Engineering 公司的 RapiSand™ 和 CONTRAFAST® 高速污泥浓缩澄清池等，非常适用于水厂提标改造。

（1）DensaDeg® 高密度澄清池

如图 2-1-20 所示，DensaDeg® 高密度澄清池是一个高负荷的固体接触澄清池，主要由混合凝聚区、絮凝反应区、推流区、沉淀区、斜管分离区、泥渣浓缩区、泥渣回流系统、剩余泥渣排放系统等组成，可用于饮用水澄清、三次除磷、强化一级处理以及合流制污水溢流（CSO）和生活污水溢流（SSO）处理。工作过程中，原水进入混合凝聚区并加注凝聚剂，经快速搅拌混合后进入絮凝反应区，并与泥渣浓缩区的部分回流泥渣混合，在絮凝反应区加入絮凝剂 PAM 并利用螺旋桨搅拌器促进絮凝反应。完成絮凝反应后的水以推流方式进入沉淀区，在沉淀区中泥渣下沉，澄清水通过斜管分离区，最终由集水槽收集出水外排。沉降的泥渣在沉淀区底部稠化、浓缩，浓缩泥渣一部分通过螺杆泵回流与原水混合，剩余泥渣由螺杆泵排出。DensaDeg® 高密度澄清池的最大工艺特点可以概括为在一体化紧凑型构筑物中实现了混合凝聚、絮凝反应、机械提升搅拌、泥渣回流。优点包括：表面负荷高（最高可达 80～100m/h）、占地面积小，排泥浓度高（可以达到 20～100g/L），对原水水质波动不敏感、出水水质优异。迄今为止，已经在上海杨树浦饮用水厂、青岛仙家寨饮用水厂、天津津滨自来水厂等国内多家水厂得到了应用。

原法国 Degrémont 公司还开发了一种专门用于处理各种污水溢流的 DensaDeg® 4D 澄清池，基本原理与 DensaDeg® 高密度澄清池类似，主要是通过以下功能达到净化水体的目的：去除砂砾、去除油脂、集成化的混合凝聚单元＋絮凝反应单元＋斜管沉淀、泥渣稠化及浓缩。其工作流程为已投加凝聚剂的原水首先进入混合凝聚池，通过空气搅拌使无机电解质与水中颗粒充分接触反应，使水中的粗大砂砾直接沉降在池底排出；混合凝聚池的出水进入絮凝反应池，与回流泥渣以及投加的高聚物絮凝剂在机械搅拌下充分混合，形成密实的矾花；充分絮凝反应后的水体最后进入澄清分离区，在预沉区大部分絮体与水分离，剩余部分通过斜管沉淀池被除去。漂浮在水体表层的油脂通过刮油器收集而达到除油的目的；沉积在池底的泥渣部分回流，剩余泥渣稠化浓缩后排出。

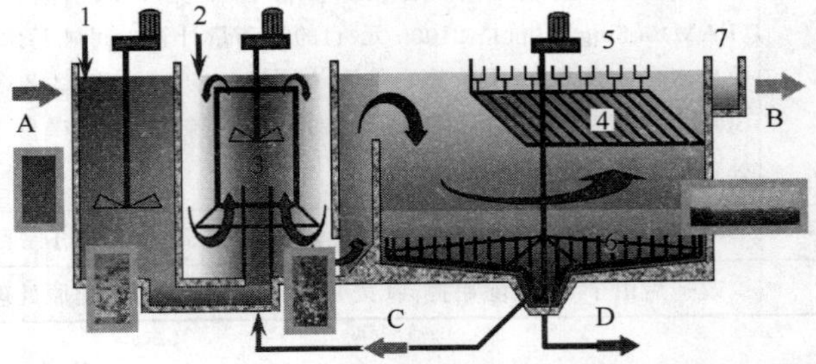

图 2-1-20　DensaDeg® 高密度澄清池的组成示意图

1—凝聚剂投加；2—絮凝剂投加；3—絮凝反应区；4—斜管沉淀区；5—澄清水槽；6—刮泥机；7—集水槽；
A—原水入口；B—澄清水出口；C—泥渣回流；D—剩余泥渣排出

(2)ACTIFLO® 系列工艺

如图 2-1-21 所示，ACTIFLO® 高密度澄清池又被称为微砂循环澄清池，是基于 1969 年所研发 Multiflo™ 工艺不断改进的结果，可以有效去除浊度、色度、TOC、藻类、隐孢子虫、铁和锰等。该工艺结合了微砂“积极”絮凝和斜管沉淀工艺，利用微砂作为絮凝体形成的核心，提高沉淀速度，增强沉淀性能；微砂还可以增加接触反应表面积，克服由于低温、低浊引起的絮凝困难。整个工艺分为混凝、熟化、沉淀分离等 3 个阶段。首先，加入凝聚剂（铁盐或铝盐）的原水进入混合凝聚池，经快速搅拌后流入絮凝反应池；在絮凝反应池中加入絮凝剂和细砂载体促进絮体的“生长”，经水力停留 1～2min 后流入熟化池；在慢速搅拌下，以细砂为核心的絮体进一步凝聚生成粗大密实的絮状物，最后水体进入斜管沉淀池，在细砂絮体的重力沉淀作用下配合斜管的快速沉淀效应，达到絮体颗粒迅速沉降的目的。含有细砂的泥渣回流至装置上方的静态水力旋流器，通过离心力使泥渣与细砂分离，细砂重新进入絮凝反应池循环使用。

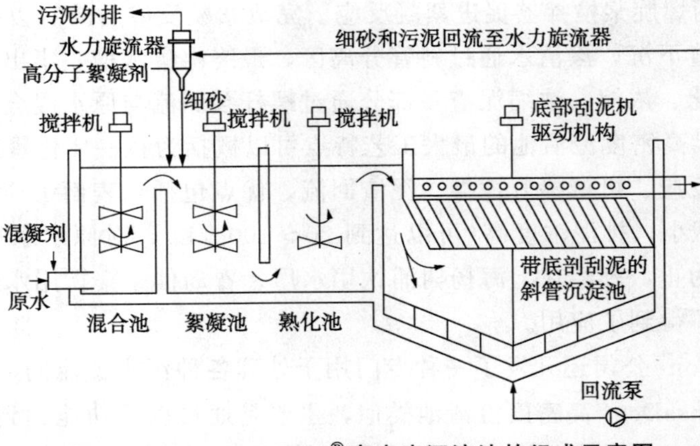

图 2-1-21　ACTIFLO® 高密度沉淀池的组成示意图

法国 Veolia 集团目前还在 ACTIFLO® 工艺的基础上，推出了 ACTIFLO® Carb、ACTIFLO® Softening、ACTIFLO® Disc、ACTIFLO® Pack、BioACTIFLO®、ACTIFLO® HCS、ACTIFLO® Duo、ACTIFLO® Rad 等工艺。ACTIFLO® Carb 工艺是一种粉状活性炭投加与 ACTIFLO®高密度澄清池相结合的工艺，由混凝、熟化、斜板沉淀以及微砂循环系统组成，也被称为高效加炭反应澄清法。粉状活性炭的投加量与其种类有关，还与去除有机物的种类和数量相关。该工艺高效且布置紧凑，适用于饮用水处理，尤其是地表水。试验证明，ACTIFLO® CARB 工艺能够去除水中 50%～60%的溶解性有机碳，是一种优于臭氧活性炭滤池的饮用水深度处理工艺。

§2.2 氧化还原和消毒设备

氧化还原反应在很多环境污染治理问题中都会遇到，应用于水质工程领域的主要目的是使有害或有毒物质转化为无害或无毒的存在形态，或使杂质转化为易从水中分离去除的形态。消毒在水质工程领域的应用也非常广泛，给水消毒侧重于杀灭对人体有害的病原微生物或致病菌，排水消毒侧重于防止病原微生物或致病菌扩散。

一、典型的氧化还原工艺

1. 药剂氧化还原

根据使用药剂所起作用的不同，可分为氧化法和还原法。

(1)氧化法

氧化剂在水处理过程中可以与水中的有机或无机污染物发生化学反应，使之分解破坏或转化成其他形态，降低其危害性或使其更易于去除；也可以与水中的微生物如原生动物、浮游生物、藻类、细菌、病毒等作用，使之灭活或强化去除，该过程又被称为消毒过程。常用的氧化剂有氧气、氯、二氧化氯、次氯酸盐、臭氧、过氧化氢及高锰酸钾等。

①氧。氧气或是空气中的氧是最方便廉价的氧化剂，常用实例是地下水除铁、除锰。在碱性介质中

$$4Fe^{2+}+O_2+2H_2O+8HCO_3^- \!=\!=\!=\! 4Fe(OH)_3\downarrow+8CO_2 \qquad (2-2-1)$$

这种反应通常要在天然锰砂的催化下进行，天然锰砂是含有高价锰的氧化物(锰的形态以氧化锰为主)，能对水中 Fe^{2+} 的氧化反应起催化作用，大大加快其反应速度。

$$3MnO_2+O_2 \!=\!=\!=\! MnO\cdot Mn_2O_7 \qquad (2-2-2)$$

$$MnO\cdot Mn_2O_7+4Fe^{2+}+2H_2O \!=\!=\!=\! 3MnO_2+4Fe^{3+}+4OH^- \qquad (2-2-3)$$

铁在天然锰砂中会形成一层 γ-羧基氧化铁的黄色薄膜，在地下水的正常 pH 值下与 Fe^{2+} 作用置换出氢离子，而本身附着在锰砂中，继续与氧作用产生 FeO(OH)，使催化物质得到再生。新生成的 γ-羧基氧化铁作为“活性滤膜”物质又参与新的催化除铁

$$Fe^{2+}+FeO(OH) \!=\!=\!=\! FeO(OFe)^++H^+ \qquad (2-2-4)$$

$$FeO(OFe)^++\frac{1}{4}O_2+\frac{3}{2}H_2O \!=\!=\!=\! 2FeO(OH)+H^+ \qquad (2-2-5)$$

一般含铁的地下水曝气后，只需经天然锰砂一次过滤，就能完成全部除铁过程。图 2-2-1 为天然锰砂接触催化除铁的工艺流程。含锰量(以 MnO_2 计，下同)不小于 35%的天然锰砂滤料，既可用于地下水除铁，又可用于地下水除锰；含锰量为 20%～30%的天

然锰砂滤料，只宜用于地下水除铁；含锰量小于20%的锰砂则不宜作为滤料。

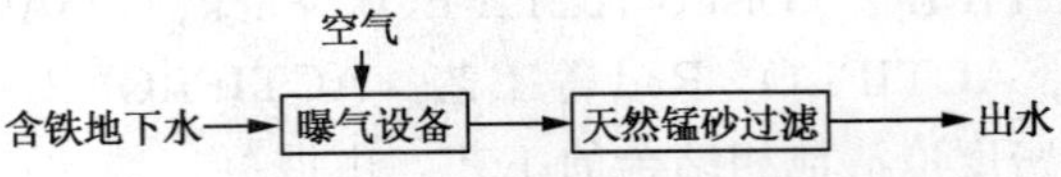

图2-2-1　天然锰砂接触催化除铁的工艺流程

目前，该法能有效去除含多种金属离子(如 Cr^{6+}、Zn^{2+}、Ni^{2+}、Cd^{2+}、Pb^{2+}、As 等)的地下水，所用的设备一般称为除铁除锰过滤器。含铁(锰)的地下水经曝气或加入氧化剂后，水中铁(锰)离子开始氧化，水中 Fe^{2+} 和 Mn^{2+} 氧化成不溶于水的 $Fe(OH)_3$ 和 MnO_2；当水流经锰砂滤层时，在滤层中发生接触氧化反应及滤料表面生物化学作用和物理截留吸附作用，使水中铁(锰)离子沉淀去除。尤其是在处理微污染含锰地下水的过程中，铁细菌不仅能有效地去除铁锰，同时还能以水中氨为营养源，进行新陈代谢，在其他细菌参与下，同时达到去氨氮的效果。

②氯系氧化剂。代表性的氯系氧化剂有氯气(Chlorine)、漂白粉、漂粉精、二氧化氯(ClO_2)和次氯酸钠(NaClO)等。

氯气是一种具有刺激性气味的黄绿色有毒气体，极易被压缩成琥珀色的液氯。气态或液态的氯作为氧化剂，可氧化污水中的氰、硫、酚、氨氮及去除某些染料而脱色等，也可用来进行消毒。一般认为，氯消毒过程主要通过次氯酸 HClO 发生作用，当 HClO 分子到达细菌内部时，与有机体发生氧化作用而使细菌死亡。ClO^- 虽然也具有氧化性，但由于静电斥力难于接近带负电的细菌，因而在消毒过程中的作用有限。一般而言，饮用水、游泳池、生化处理后污水消毒所需加氯浓度分别约为1mg/L、1～5mg/L、10mg/L；对于水体和饮用水配水管网的周期性消毒而言，24h接触时间对应的加氯浓度大约为10mg/L，或者当构筑物充水前器壁上的喷洒浓度约为30mg/L。客观而言，氯气在运输、管理、贮存等环节的不安全因素较多，投加过程中氯气在水体中的溶解性较差，而且氯气瓶的气压在使用过程中不断变化，因此存在投加计量不够准确的问题；此外，氯气的极强扩散性对环境存在毒害作用，游离氯的高活性致使其与许多有机物容易形成诸如三卤甲烷(名氯仿或哥罗芳，THMs)、氯化碳、二噁英等一类致癌的氯代有机化合物，造成环境二次污染。因此，美国、德国、日本等发达国家相当限制氯气的使用，寻找新氯系氧化剂的工作一直没有间断。

工业制漂白粉由氯气通入石灰乳中制成，主要成分是次氯酸钙，遇高温、水、酸或油脂都会引起燃烧爆炸，遇金属粉末会增加其危险性。此外，漂白粉还是助燃剂，会助长周围可燃物的燃烧。不仅如此，漂白粉在遇水燃烧时会散发出具有窒息性臭味的氯气，通过上呼吸道和皮肤黏膜对人体造成毒害。漂粉精又名高效漂白粉，主要成分是次氯酸钙，根据生产工艺的不同还含有氯化钙或氯化钠及氢氧化钙等成分，其有效氯含量大于60%。漂粉精可加工成片剂，称为氯片。

二氧化氯(ClO_2)的溶点为-59.5℃、沸点为11℃，因此在常温下为橙黄色气体；ClO_2 易溶于水(在4℃时水中的溶解度为2.9g/L)且不与水起化学反应，水溶液呈黄绿色，但在水中极易挥发，敞开存放时能被光分解，因此不宜贮存，必须在现场边生产边使用。由于当空气中 ClO_2 浓度大于10%或水中 ClO_2 浓度大于30%时都具有爆炸性，因此在生产时常使用空气进行稀释冲淡，使其浓度低于8%～10%。ClO_2 是一种很强的氧化剂，目前已用于去除氧化铁、锰及某些形式的有机杂质，还可用于控制味与臭、漂白脱色，且不产生三卤甲烷(THMs)。

次氯酸钠(NaClO)的密度为1.25g/cm^3，固态次氯酸钠为白色粉末，一般工业品是无色或淡黄色液体，具有刺激气味，易溶于水生成烧碱和次氯酸，消毒中不产生对健康和环境有害的副反应物。但由于次氯酸钠溶液不易久存(有效时间大约为1年)，加之从工厂采购需大量容器，运输烦琐不便，而且工业品往往存在一些杂质，溶液浓度高更容易挥发，因此多以发生器现场制备的方式来生产。

使用氯系氧化剂时，水中的加氯量可分为需氯量和余氯两部分。需氯量是指用于灭活水中微生物、氧化有机物和无机还原性物质等所消耗的氯。当水中余氯为游离态时，消毒过程迅速，并能同时除臭味和脱色；当余氯为化合态时，消毒作用缓慢但持久，氯味较轻。污水中含有氨和各种有机氮，往污水中加入氯系氧化剂，能使水中的氨氮转化为气态氮，同时对污水进行消毒、脱臭、降低水中有机物含量。但考虑到加药成本较高，因此一般放在生物脱氮之后，用于深度处理场合。污水中加入氯系氧化剂去除氨氮所依据的基本原理为折点加氯法。图2-2-2为典型含氨氮污水的加氯曲线，图中余氯曲线出现了*A*、*B*两个转折点，*A*点时水中余氯含达到一个极限值；B点时水中余氯含量降至最低点，该点称为折点。基本上所有氧化性的氯在折点处被还原，水中的氨氮都被氧化，水中余氯主要为化合态余氯(如一氯胺NH_2Cl和二氯胺$NHCl_2$)；再加入的氯系氧化剂，都会产生游离态余氯。因此，加氯脱氮时采用的加氯量应以折点相应的加氯量为准。该法最大的优点就是通过适当控制加氯量，可完全去除污水中的氨氮。在我国的加氯量设计中，一般饮用水水源滤前为1.0～2.0mg/L，滤后或地下水为0.5～1.0mg/L；城镇污水一级处理后为20～30mg/L，二级处理后为5～15mg/L；医院污水一级处理后为30～50mg/L，二级处理后为15～25mg/L。

③臭氧。臭氧是一种强氧化性气体，其氧化性仅次于氟，作为氧化剂其氧化能力比氯高50%。臭氧最初用于给水领域以改善水质感观指标，杀灭水中的病毒、细菌与致病微生物。在污水处理上的应用包括破坏或去除复合有机物分子、氰化物和酚类物质等，同时还可利用其强氧化性进行脱色处理。臭氧还被广泛用作氧化剂或消毒剂，包括在化工行业用于冷却塔/冷却系统中取代其他化学杀菌剂等。20世纪90年代后，臭氧开始被应用于地表水处理，浓度为0.4mg/L的臭氧在饮用水中保持4min时间(标准接触时间)即可达到消毒之目的。对于瓶装水和桶装水等饮用水生产企业而言，常规生产工艺包括泵压、加臭氧杀菌、贮运、二次加臭氧和最后装瓶等步骤。除此之外，臭氧用于市政给水处理还可带来其他收效：预臭氧处理可增强澄清效果，避免有机物转化为卤仿，同时还可促进藻类等微生物死亡；臭氧化处理对于消除微污染物特别有效，可提高较难去除有机物的生物可降解性，臭氧-生物活性炭工艺已经成为目前处理微污染水源水的主要工艺。但是，因其强氧化性和不稳定性，故臭氧不像氯类消毒剂那样对病原体有持续抑制作用，在市政给水处理中可以与氯类消毒剂联合使用。

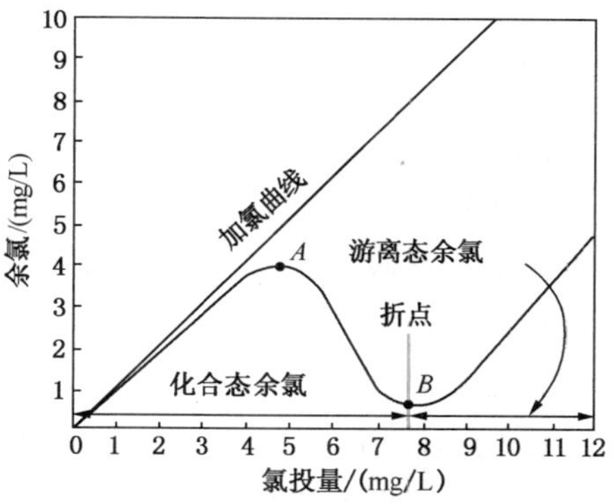

图2-2-2 典型含氨氮污水的加氯曲线

④高锰酸盐。主要用于水质控制，如杀藻、分解有机质、控制水的臭和味、除酚、去除Fe^{2+}和Mn^{2+}等金属盐；用于工业污水处理，如脱酚、脱硫化氢、脱氰和去除放射性污染物等。

(2)还原法

在水质工程领域，目前采用化学还原法进行处理的污染物主要是铬、汞等重金属离子。

①污水中剧毒的六价铬可用还原剂还原成毒性极微的三价铬。化学还原法是最早广泛应用的电镀污水治理技术之一，根据投加还原剂的不同，可分为硫酸亚铁($FeSO_4$)法、亚硫酸氢钠($NaHSO_3$)法、铁屑法、SO_2 法等。还原反应在酸性溶液中进行(pH<4 为宜)，还原剂的耗用量与 pH 值有关。例如，若用亚硫酸钠作还原剂，pH=3～4 时，氧化还原反应进行得最完全，投药量也最省；pH=6 时，反应不完全，投药量较大；pH=7 时，反应难以进行。

$$H_2Cr_2O_7+6FeSO_4+6H_2SO_4 = 3Fe_2(SO_4)_3+Cr_2(SO_4)_3+7H_2O \quad (2-2-6)$$

$$2H_2Cr_2O_7+6NaHSO_3+3H_2SO_4 = 3Cr_2(SO_4)_3+3NaSO_4+8H_2O \quad (2-2-7)$$

通过将 Cr^{6+} 还原成 Cr^{3+}，再加碱至 pH=7.5～9 使之生成 $Cr(OH)_3$ 沉淀，而从溶液中分离除去。

②常用的除汞还原剂为比汞活泼的金属(铁屑、锌粒、铝粉、铜屑等)、硼氢化钠($NaBH_4$)、醛类、联胺等。污水中的有机汞通常先用氧化剂(如氯)将其破坏，使之转化为无机汞；再将含汞污水通过金属屑滤床，或与金属粉混合反应，置换出金属汞，置换反应速度与接触面积、温度、pH 值等因素有关。反应温度提高，能加速反应的进行；但温度太高，会有汞蒸气逸出，故反应温度一般为 20～80℃。采用铁屑还原时，pH 值在 6～9 之间较好，耗铁量最省；pH 值低于 6 时，则铁因溶解而耗量增大。采用锌粒还原时，pH 值最好在 9～11 之间。采用铜屑还原时，pH 值在 1～10 之间均可。

$$Hg^{2+}+Fe = Fe^{2+}+Hg\downarrow \quad (2-2-8)$$

$$3Hg^{2+}+2Fe = 2Fe^{3+}+3Hg\downarrow \quad (2-2-9)$$

据某厂试验，用工业铁粉去除酸性污水中的汞，在 50～60℃、混合反应 1～1.5h 时，经过滤分离，污水中所含汞量可去除 90%以上。某水银电解法氯碱车间的含汞淡盐水，用钢屑填充的过滤床处理，在温度 20～80℃、pH 值 6～9、接触时间 2min 时，汞去除率达 90%。

2. 湿式氧化

当处理总溶解固体含量高的污水时，焚烧可能会有问题，湿式氧化(Wet Oxidation, WO)提供了一个可靠的替代方案。湿式氧化是在高温(125～320℃)、高压(0.5～20MPa)下，用氧气或空气作为氧化剂，氧化水中呈溶解态或悬浮态的有机物以及呈还原态的无机物，最终产物是 CO_2 和 H_2O。湿式氧化过程比较复杂，一般认为有两个主要步骤：①空气中的氧从气相向液相的传质过程；②溶解氧与基质之间的化学反应。湿式氧化的主要影响因素有温度、压力、反应时间以及污水的性质。

湿式氧化工艺于 20 世纪 30 年代出现在美国，F. J. Zimmermann 于 1958 年完善了湿式氧化的工艺流程，研发出世界上第一套工业装置以处理造纸黑液，并成立了 Zimpro 公司。被称为“Zimmermann 工艺”或冠以 Zimpro® 商标的湿式空气氧化(WAO)系统的反应条件是：温度 150～320℃，压力 1.0～22MPa，目前该技术归德国西门子能源(Siemens Energy)公司所有。工艺流程如图 2-2-3 所示，污水由高压泵打入热交换器，与反应后的高温氧化液体换热，使温度上升到接近反应温度后进入反应器。反应所需的氧由空压机将空气送入反应器内，污水中的有机物在反应器内与氧发生放热反应，在较高温度下被氧化成 CO_2 和 H_2O，或低级有机酸等中间产物。反应后的气液混合物经分离器分离，液相经热交换器预热进料，回收热能。高温高压的尾气首先通过再沸器(如废热锅炉)产生蒸汽或经热交换器-预热锅炉进水，其冷凝水由第二分离器分离后通过循环泵再打入反应器，分离后的高压尾气送入透平机产生机械能或电能。该工艺不但处理了污水，而且对能量进行逐级利用，减少了有效能量的损失，维持并补充湿式空气氧化系统本身所需的能量。

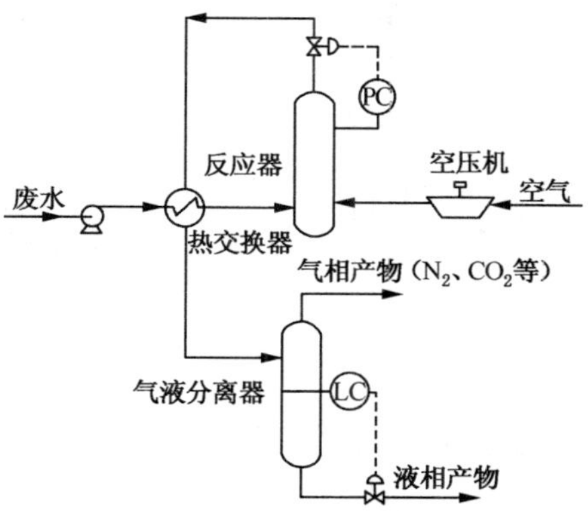

图 2-2-3　Zimpro®湿式空气氧化系统的工艺流程示意图

20 世纪 70 年代以前，湿式氧化工艺主要用于城市污泥处理、造纸黑液中碱液回收、粉末活性炭(PAC)再生等。进入 70 年代后，湿式氧化工艺的应用范围进一步扩展到有毒有害废弃物的处理，如处理含酚、磷、氰等有毒有害物质；研究内容也从初始的适用性和摸索最佳工艺条件深入反应机理及动力学研究，而且装置数目和规模也有所增大。除 Zimpro®过程之外，典型的非催化过程还包括 Vertech 过程、Wetox 过程、Kenox 过程、Oxyjet 反应系统等。现有反应器的设计及放大大都依靠经验方法，包括鼓泡塔、环流反应器、滴流床反应器、机械搅拌反应器等，以鼓泡塔最为广泛。鼓泡塔中又以垂直并流鼓泡塔的设计最为简单，其高径比一般为 5～20。

研究人员在传统湿式氧化的基础上采取了一系列改进措施。例如，为在降低反应温度和压力的同时提高处理效果，出现了使用高效、稳定催化剂的催化湿式空气氧化法(Catalytic Wet Air Oxidation，CWAO)。根据催化剂的特点可分成均相催化和非均相催化系统，过渡金属及其氧化物或盐均可作为湿式氧化反应用的催化剂，部分贵重金属也可用作助催化剂。典型的均相催化系统包括 Ciba-Geigy 过程、Bayer Loprox 过程、WPO(Wet Peroxide Oxidation)过程、ORCAN 过程、IT Enviroscience 催化过程等，典型的非均相催化系统包括 Nippon Shokubai Kagaku 过程、Kurita 过程、Osaka Gas 过程、ATHOS 过程等。国内从 20 世纪 80 年代开始进行湿式空气氧化(WAO)工艺的研究，目前已广泛应用于处理液态烃废碱渣、催化汽油废碱渣、丙烷脱氢废碱渣、乙烯废碱液等。

3. 高级氧化

近些年来，具有更强氧化能力的高级氧化工艺(Advanced Oxidation Process，AOP)因其能够高效、彻底地氧化水中的微污染物质而受到人们的高度重视。按照 Glaze 于 1987 年提出的定义，高级氧化泛指任何产生并利用羟基自由基(·OH)氧化有机物的过程。·OH 是目前已知可在水处理领域应用的、最强的氧化剂，可以与绝大多数有机物和无机物在水中迅速反应，反应时间以微秒计，使反应速度成十倍、百倍地增加。常见的高级氧化过程有 Fenton 试剂反应、臭氧高级氧化、光化学氧化、超声波高级氧化、高能电子辐射等，其中臭氧高级氧化过程包括 O_3/UV 工艺、O_3/H_2O_2 工艺、O_3/金属离子或氧化物工艺；光化学氧化中常用的光源为紫外线(UV)，包括 UV/H_2O_2 工艺、UV/TiO_2 催化氧化等。

以 UV/H_2O_2 工艺为例，美国在制备高纯度高压锅炉用水时，采用了如图 2-2-4 所示的工艺流程。由阴离子交换树脂出来的水用附加 UV 反应器处理，使水中的一部分有机物转变成 CO_2 或低分子有机中间体离子型化合物，从而可被后续的混合离子交换树脂除去。

H_2O_2 通过计量泵在 UV 反应器的入口注入，浓度为 0.5～10mg/kg(按 100% H_2O_2 计)。

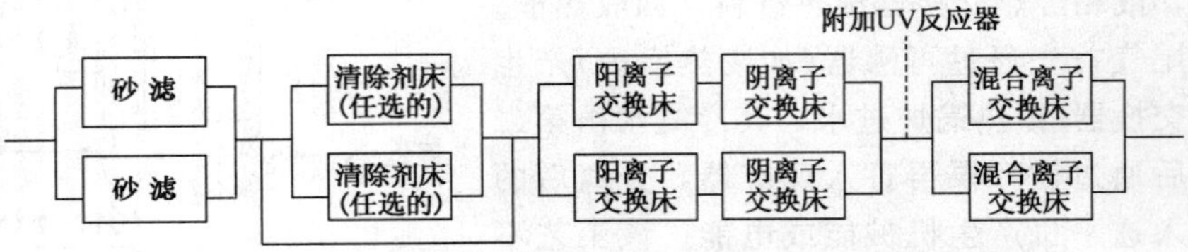

图 2-2-4　光化学氧化水处理工程装置的典型工艺流程示意图

二、几种典型的消毒设备

通常采取“多级屏障”策略或多个工艺单元来降低水中病原微生物的浓度。饮用水处理最常采用的工艺单元是“过滤→消毒”，过滤可以去除水中绝大部分的病原微生物，而消毒则进一步灭活水中残存的病原微生物。相比而言，过滤对“两虫”的去除能力要高于对病毒的去除能力。与之相反，传统消毒剂游离氯(包括氯气、次氯酸和次氯酸根)对病毒具有更好的灭活效果，对“两虫”的灭活能力较差。因此，过滤和消毒两者不可或缺，一定程度上互为补充。对于市政污水而言，世界许多国家和地区都早已要求在排放前进行消毒处理。我国《城镇污水处理厂污染物排放标准》(GB 18918)首次将微生物指标列为基本控制指标，要求排放前必须进行消毒处理：执行二级标准和一级 B 类标准的污水处理厂，粪大肠菌群数不超过 10000 个/L(即 1000 个/100 mL)；执行一级 A 类标准的不超过 1000 个/L(即 100 个/100 mL)。

水质工程领域的消毒方法大体上可分为物理法和化学法两类。物理法主要有加热、冷冻、紫外线等；化学法是利用各种化学药剂进行消毒，常用的化学消毒剂有氯及其化合物、各种卤素、臭氧等。用化学药剂消毒时，一般都会产生消毒副产物，常常采用化学剂浓度和接触时间的乘积来表示化学药剂的剂量。

1. 氯氧化消毒设备

氯氧化消毒工艺的主要设备有反应池和投药设备。反应池可按待处理水量和所需水力停留时间设计；投药设备主要包括加氯系统、氯气吸收装置等。

(1)加氯系统

液氯或氯气货源充足、价格低廉，大中型水厂一般均会考虑液氯。但因其有剧毒，所以加氯设备的安全可靠运行非常重要。液氯和干燥的氯气和对铜、铁和钢等金属没有腐蚀性，但遇水或受潮后的化学活性增强，对金属的腐蚀性很大，因此为了避免氯瓶进水，不能用管道与氯瓶连接后直接投加入水中，而必须经过专用加氯系统间接投加。传统的加氯系统采用正压加氯，转子加氯机(Gas chlorinator)为代表性产品，由旋风分离器、弹簧膜阀、控制阀、转子流量计、中转玻璃罩和平衡水箱、水射器等主要部件构成。旋风分离器用于分离、沉降氯气中的杂质，定时打开分离器下部的旋塞排除杂质；弹簧膜阀用于保证氯瓶内始终保持一定的剩余压力，当氯瓶中压力小于 0.1MPa 时自动关闭；控制阀和流量计用于控制和测定加氯量；中转玻璃罩除起观察加氯机工作情况的作用之外，还起稳定加氯量、防止压力水倒流等作用；平衡水箱可补充和稳定中转玻璃罩内的水量，当水源中断时破坏罩内真空。水射器除从中转玻璃罩内抽吸所需的氯，并使之与水混合外，还起使玻璃罩内保持负压状态的作用。由于正压加氯设备对氯气泄漏缺乏有效的处理措施，易造成安全生产事故，且设备精度低，不易连续供氯，维护量大，难以实现自动控制，因此逐渐被淘汰而采用真空加氯系统。

目前市场上较知名的真空加氯系统生产厂商有美国 Regal Systems International(瑞高)、Wallace & Tiernan(W&T)、Capital(首都)、Hydro Instruments，英国波特塞尔(Portacel)，德国 Alldos、Lutz-Jesco(杰斯克)、GmbH 等。按结构可以分为一体式(柜式)和分体式，按控制方式可以分为手动和自动，按安装方式可以分为角阀和墙式。尽管这些厂商所生产的设备不尽相同，但基本上都由液氯的气化、调压、计量和投加四个部分组成，具体包括加氯歧管、自动切换器、液氯蒸发器(加氯量小时可以不用)、减压过滤装置、真空调节器、流量计、流量调节阀和水射器等主要部件。真空加氯改变了传统的正压加氯工艺，安全可靠、计量准确、出氯稳定，并便于实现全过程自动控制。

1)自动切换器

污水处理厂氯库内一般为两组气源互为备用，在需要 24h 不间断供气时应设置自动切换器。自动切换器包括两个电动阀、两个手动阀、一个压力开关和一台控制器。控制器随时接收压力开关发出的电信号，当一组氯瓶压力降至预定值时，控制器向两个电动阀发出信号，关闭在线的一组，开启备用的一组，并可防止气体回吸到气瓶内，同时向值班人员报警以及时换瓶。系统在通电或断电下，可通过转换开关，方便实现电动阀的手动操作。

切换压力可以现场设定，可以是气相压力状态，也可是液相压力状态。系统中设减压阀是为防止液氯进入加氯系统。

2)液氯蒸发器

蒸发器的作用是从氯瓶中取出液氯，加速液氯的蒸发气化和提高液氯使用效率。加氯系统中用到的 PVC 管虽然对氯气有较好的抵抗性，但液氯却可使其变形、破裂，因此要尽量避免氯气因故(环境温度、过量蒸发、管路走向)再次液化后进入 PVC 管件中。蒸发器主要通过电阻供给热量，当蒸发器内进、出氯量平衡时，蒸发器外圆筒内的液位恒定。蒸发器内的适宜温度为 60～82℃，适宜电流为 170～210mA。

为了避免杂质进入加氯系统，有时可在氯联络管出口处安装一个过滤器。过滤器的另一作用是将液氯滴分离出来，使其在过滤器内自然蒸发。

3)水射器

水射器是加氯机气体流量调节及测量控制系统的动力部件，被喻为加氯机的发动机。水射器大多采用文丘里喷嘴结构，根据伯努利原理(Bernoulli's principle)，在喉管处流速增大而压力下降。当压力下降到低于大气压时，不仅可以为加氯系统提供真空，还可以将氯气抽入与水混合，形成氯溶液输入待处理的水中。

鉴于某些情况下，水可能会从水射器氯气入口进到氯气管道而对加氯设备产生腐蚀，因此要在氯气入口安一个止逆阀。对水射器进行选型设计时，必须在正常工作条件下对水射器运行系统进行水力学分析，计算其工作水压 p_s 和工作背压 p_b。二者的计算表达式分别如下

$$p_s = p - F_s \pm H_s \tag{2-2-10}$$

$$p_b = F_b + p_d + F_d + H_b \tag{2-2-11}$$

式中　p——接至水射器供水管线处的管网水压；

F_s——流至水射器的供水管、阀门、过滤器、接头等摩擦损失；

H_s——水厂管网和水射器入口处之间的高程差；

F_b——流过溶液投加管线、阀门、接头等摩擦损失；

p_d——投加点处扩散器上受到的压力；

F_d——流过扩散器的摩擦损失(水头损失);

H_b——水射器出口和溶液投加点之间的高程差。

4)真空调节器

真空调节器(Vacuum regulator)或真空调节阀是真空加氯系统的关键部件，是正压区和负压区(亦即危险区和安全区)的分界点，通过一个起调节作用的进气阀将气体从有压力状态调节成恒定的真空状态。从氯瓶至真空调节器之间的管道为压力管道，管材选用无缝钢管及防腐耐压的管件、阀门，管路上设有缓冲罐、减压阀等安全装置。从真空调节器至水射器之间的管道为真空管道，采用坚韧耐用的ABS工程塑料管。

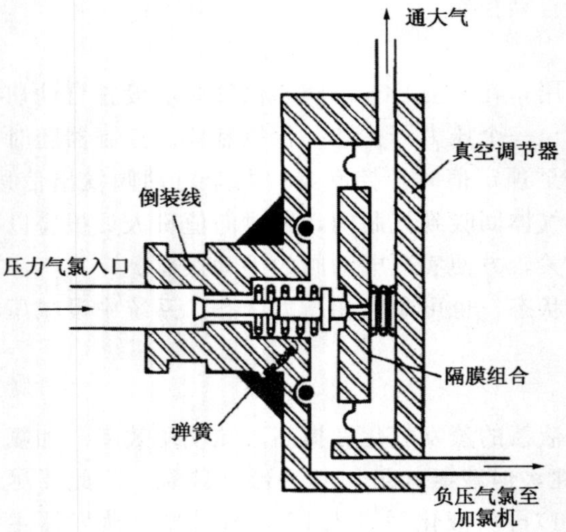

图2-2-5 真空调节器的结构示意图

图2-2-5为真空调节器的结构示意图，主要由进气阀腔、推杆、弹簧、锥形阀芯、隔膜组件、阀座、气体出入口等组成。真空调节器在没有负压时，进气阀始终处于闭合状态。当水射器产生真空后，真空通过真空管路到真空调节器，所形成的压差使正压氯气由管路进入真空调节器的进气阀腔内，推杆推动锥形阀芯向下运动打开进气阀，气体开始流动，真空调节器中的弹簧膜片调节真空度。当水射器停止给水或真空条件破坏，弹簧负压载的进气阀立刻关闭，隔断气源；如果氯瓶内的液氯耗尽，或者当水射器仍在正常运行时氯瓶阀门意外关闭，便会产生过高的真空度，多数结构采用真空密封O形圈封闭气体流动通道，以防湿气被吸回气源。真空调节器内部配有放泄阀，当进气阀的阀球关闭不严而使正压氯气进入阀腔内时，放泄阀自动打开，使正压氯气从排泄口排出，从而保护真空调节器不受损。

5)流量调节器

对于气体而言，假设系统压力(或负压)稳定，只需将流量调节阀(位于流量计出口侧)阀口上下游侧的差压(Δp)调节稳定，则气体流量与阀口的开度成比例。但实际上，水射器工作水压波动造成的抽吸力变化会影响系统压力变化，导致流量调节阀阀口上下游侧的差压(Δp)发生变化，进而使得流量计量不稳定。为了克服上述问题，目前有传统的差压调节器、音速流原理调节两种方法。

①传统的差压调节器法。无论真空加氯还是正压加氯，迄今最为常用的流量调节控制方式是通过在流量调节阀与水射器入口之间增设一个差压调节器或背压调节阀以起到稳压作用。如图2-2-6所示，差压调节器控制调节阀阀口上下游侧的差压(Δp)，使之在一定范围内保持稳定。但由于气体的可压缩性，即使差压(Δp)保持稳定，流过调节阀阀口的实际气体流量(质量流量)仍会发生变化。这是差压调节方式存在的固有缺陷，调节阀阀口的开度并不一定与气体流量成比例，阀口开度输出信号也不能准确代表气体流量。

②声速流原理调节法。这种调节方法的基本工作原理为：当气体流速达到声音在该气体中的传输速度时，可压缩气体的流体特性变成了不可压缩流体；同时，要使其流速超过声速(即超声速)，存在一个耗能很大的声障区。如图2-2-7所示，虽然调节阀内部的不稳定流

动属于典型的非定常复杂内流问题，但一旦水射器抽吸力使气体流过流量调节阀阀口的速度达到声音在该气体中的传输速度时，气体的流体特性成为不可压缩，气体流量仅同调节阀阀口的开度成比例(等同于音速喷嘴质量流量计)，其阀口开度输出信号准确代表气体流量。即使水射器抽吸力进一步增大(即系统压力变化)，流经调节阀阀口的气体流量也不会变化，从而克服了传统差压调节方式的缺陷。音速流原理大大简化了系统结构，极大地提高了系统可靠性。

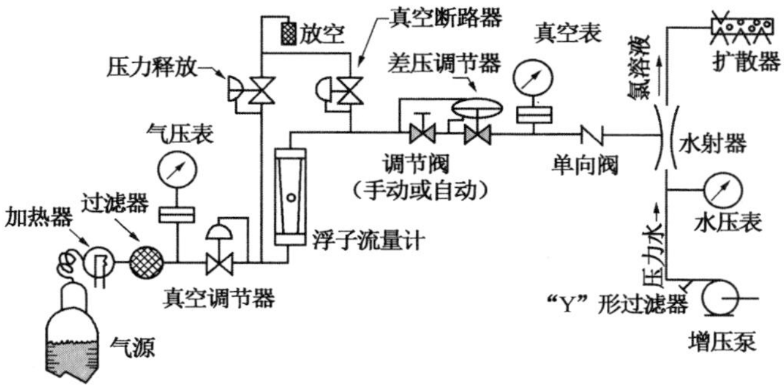

图 2－2－6　基于差压器调节器的真空加氯系统流程示意图

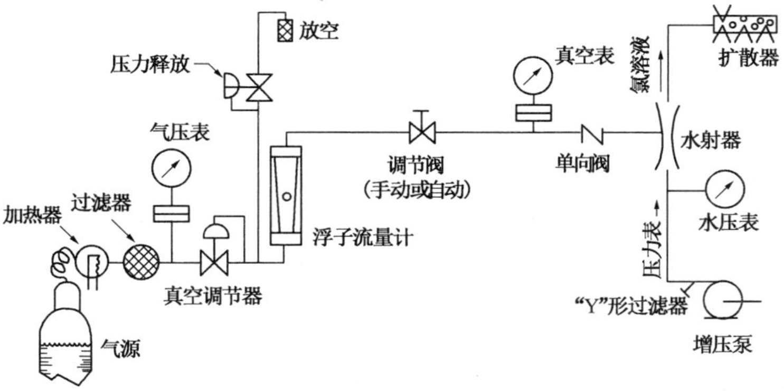

图 2－2－7　基于音速流原理调节的真空加氯系统流程示意图

6)自动加氯工艺控制方案的选择

加氯工艺主要分为原水(滤前)投加和清水(滤后)投加两种，后者最常用。原水(滤前)投加是指在混凝沉淀前加氯，主要目的在于改善混凝沉淀效果和防止藻类生长，但易生成大量氯化副产物；清水(滤后)投加是指在过滤出水中加氯，目的是杀灭水中残留的病原微生物。当然，也可以采用滤前、滤后两次投加工艺。

一般滤前加氯采用手动或流量比例控制(即按水流量呈正比例投加)，滤后加氯可采用手动或余氯反馈信号同时输入加氯机，由自动控制器组成新的控制信号控制。

(2)氯气吸收装置

为了严格贯彻实施安全生产条例和措施，必须对污水处理厂加氯消毒的通风和安全生产设施严格控制，必须有完善的氯泄漏收集措施和风险管理计划。液氯瓶的运输贮存和加氯间的设计必须按标准规范要求执行，加氯间要结构坚固、防冻保温并安装排风装置，同时还要配备漏氯报警器、氯气吸收装置、检修工具和抢救设备。漏氯报警器包括远程探测器和装有电子电路的检测仪，当周围空气中含氯量达到限定值时，探测器输出电流增大，控制器迅速测出电流变化并启动报警继电器和报警指示灯，报警信号分一级报警与二级报警，一级报警可启动风机，浓度降到报警限以下时，系统自动复位；二级报警时，启动风机和漏氯吸收装置。检测仪报警气体浓度阈值(灵敏度)可自行通过控制器的通信口进行设定，借助通信口还可以调节延迟时间，检验所有发光二极管及继电器工作状态以及设定进入密码。

根据操作压力，氯气吸收装置可以分为正压氯吸收系统和负压氯吸收系统，吸收剂可以采用 NaOH 碱液和 $FeCl_2$ 溶液，相关的反应原理如下

$$Cl_2+2NaOH=NaClO+NaCl+H_2O \tag{2-2-12}$$

$$Fe+2HCl=FeCl_2+H_2 \tag{2-2-13}$$

$$2FeCl_2+Cl_2=2FeCl_3 \tag{2-2-14}$$

$$2FeCl_3+Fe=3FeCl_2 \tag{2-2-15}$$

碱液正压氯气吸收和负压氯气吸收的具体工艺流程如图 2-2-8、图 2-2-9 所示，碱液泵将碱液增压泵送到吸收塔顶，由喷嘴产生雾化碱液，吸收外泄的氯气。

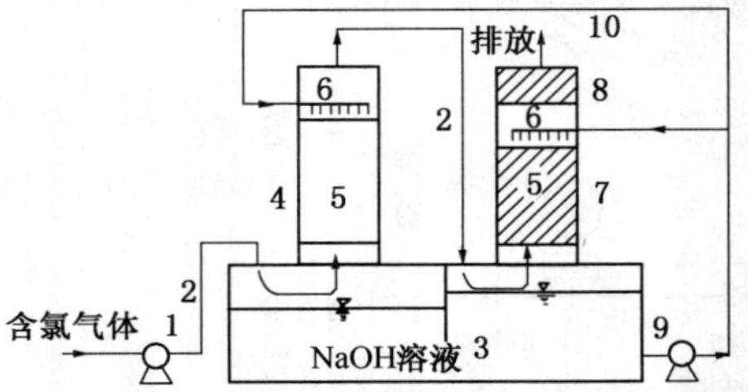

图 2-2-8 正压氯气吸收装置的结构示意图

1—离心空气泵；2—气体管道；3—碱液槽；4——级吸收塔；5—填料；6—喷淋装置；7—二级吸收塔；8—除雾装置；9—碱液泵；10—碱液管道

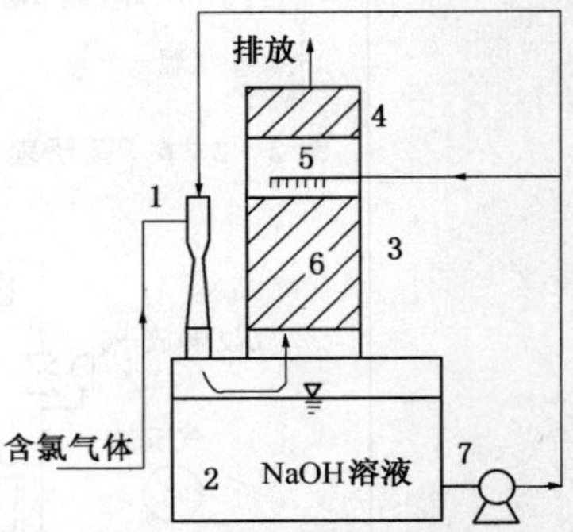

图 2-2-9 负压氯气吸收装置的结构示意图

1—文丘里管；2—碱液槽；3—吸收塔；4—除雾器；5—喷淋装置；6—填料；7—碱液泵

除了使用氯气吸收装置之外，还可以使用氯气捕消器。该产品是一种干法消除泄氯的设备，外观及使用方法类似消防部门的干粉灭火器，内装粒度 8μm 左右的微粉。泄漏氯高效捕消器的清除效率：浓度 $110g/m^3$ 时为 99.6%，浓度 $275g/m^3$ 时为 80%，捕消器内压 1.5MPa。

(3)二氧化氯发生器

①工作原理。二氧化氯发生器的工作原理主要有电解法和化学法。电解法二氧化氯发生器以氯化钠(食盐)为原料，电解饱和氯化钠水溶液产生 ClO_2、O_3、Cl_2、H_2O_2 等多种强氧化混合物。由于各种消毒剂协同作用，具有强氧化性和广谱的杀菌能力。化学法二氧化氯发生器以氯酸盐(氯酸钠或亚氯酸钠)和酸(盐酸或硫酸)为原料，经化学反应产生含有 ClO_2 与 Cl_2 的混合气体。以氯酸钠($NaClO_3$)为原料的反应原理如下

$$NaClO_3+NaCl+H_2SO_4 \longrightarrow ClO_2+\frac{1}{2}Cl_2+Na_2SO_4+H_2O \tag{2-2-16}$$

$$2NaClO_3+2NaCl+2H_2O \longrightarrow 2ClO_2+Cl_2+2NaOH+H_2\uparrow \quad 电解 \tag{2-2-17}$$

虽然同时使用 ClO_2 和 Cl_2 具有协同增效消毒杀菌作用(综合消毒效果比电解法发生器产生的多种复合消毒剂效果差)，但也可以对混合气体进行纯化处理，得到高纯度的 ClO_2 气

体。在水处理中，ClO_2 纯化处理采用亚氯酸钠（$NaClO_2$）来进行。

$$2NaClO_2 + Cl_2 \longrightarrow 2ClO_2 + 2NaCl \qquad (2-2-18)$$

该反应是二级反应，实质上是 $NaClO_2$ 与次氯酸（HClO）的作用。即先将 ClO_2 与 Cl_2 的混合气体通入水中，使 Cl_2 与水反应生成 HClO；然后 $NaClO_2$ 与 HClO 发生反应。

$$Cl_2 + H_2O \longrightarrow HClO + HCl \qquad (2-2-19)$$

$$2NaClO_2 + HClO + HCl \longrightarrow 2ClO_2 + 2NaCl + H_2O \qquad (2-2-20)$$

以氯酸钠（$NaClO_3$）为原料的化学法二氧化氯发生器，其工艺流程如图 2-2-10 所示。

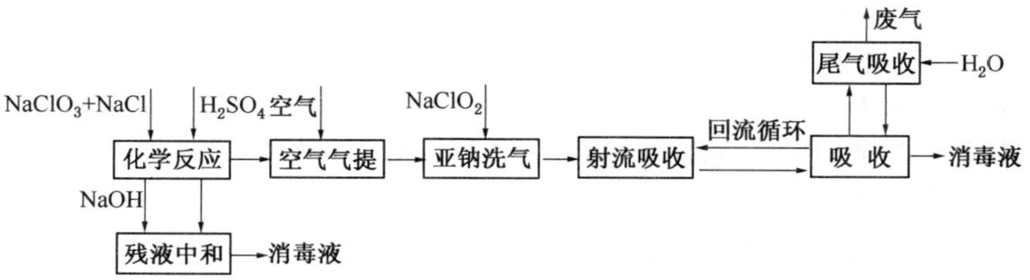

图 2-2-10　化学法 ClO_2 发生器的工艺流程示意图

②发生器结构。电解法二氧化氯发生器主要由电解电源（含自动控制）、电极（阴极和阳极）、电解槽（阳极室、阴极室）、电解隔膜、电解槽冷却系统、电解液循环、融盐、自动排污和自动补水、电解槽温度/进水压力测控、消毒剂投加等构成，虽然设备结构复杂，制造技术要求高，但能够自动运行，无须专人值守。

化学法二氧化氯发生器主要由计量泵、反应釜、加温控制仪和加温管（盐酸-氯酸钠法不用加温）、原料罐（氯酸盐原料罐和酸原料罐）、防爆炸装置、消毒剂投加系统、氯酸盐化料器、卸酸泵等构成。虽然设备结构简单，制造技术要求低，但对运行条件要求苛刻，反应釜易发生爆炸，对操作人员要求较高。原料在运输、贮存及使用过程中均需采取安全措施，否则极易发生安全事故。

由于电解法二氧化氯发生器和化学法二氧化氯发生器的工作原理和设备结构完全不同，因此设备制造成本大致存在以下差异：消毒剂产量相同且超过 300g/h 时，电解法的制造成本高于化学法；消毒剂产量相同且在 100～300g/h 时，电解法的制造成本与化学法相当；消毒剂产量相同且小于 50g/h 时，电解法的制造成本低于化学法。

(4)次氯酸钠发生器

我国早就发布了针对次氯酸钠发生器的国家标准（GB 12176），产品技术已经较为成熟。根据用途可分为卫生消毒用和环境保护用两大类，卫生消毒类一般可以用于环境保护，而环境保护类不得用于卫生消毒；按设备的有效氯产率可分为 5、10、25、50、75、100、150、200、250、300、400、500、750、1000、1500、2000、3000、5000g/h，超过 5000g/h 的规格根据实际需要确定；按质量等级分为优质品（A）、一级品（B）、合格品（C）；按运转方式分为连续式和间歇式两类。

①工作原理。次氯酸钠发生器是通过电解低浓度食盐水制取次氯酸钠的专用设备，在电解过程中阳极得到氯气，阴极产生氢气。

阳极：$$2Cl^- \longrightarrow Cl_2\uparrow + 2e \qquad (2-2-21)$$

阴极：$$2Na^+ + 2H_2O + 2e \longrightarrow 2NaOH + H_2\uparrow \qquad (2-2-22)$$

制取次氯酸钠的专用设备中采用无隔膜电解槽，在阳极上生成的 Cl_2 溶解于水，并与溶液中的 NaOH 中和而得到次氯酸钠。

$$Cl_2 + H_2O \longrightarrow HClO + HCl \quad (2-2-23)$$

$$HClO + NaOH \longrightarrow NaClO + H_2O \quad (2-2-24)$$

②结构组成。次氯酸钠发生器一般由化盐系统、电源系统、电解槽、配兑水系统、自动控制和储液箱等组成。电源系统具有降压、整流及调节控制功能，一般有两种形式：一种由具有调压功能的降压变压器及硅整流电路组成；另一种由降压变压器和晶闸管整流器组成。

电解槽是发生器的心脏，电极形状分为管状电极和板状电极，工作方式分为连续工作和间歇工作。管状电极电解槽体积小，电解时间短，适于连续电解，可以串联、并联运行，但结构较复杂，加工工艺要求高，需采用强制水冷。板状电极电解槽表面积利用率高、加工简便、成本较低、容易维护保养，虽然体积大于管状电极电解槽，但仍不失小型轻便的优点，适用于小型给排水工程及餐具和食品的消毒。管状电极电解槽概括起来可分为阴极内冷式和阳极内冷式两大类，图 2-2-11、图 2-2-12 为两种常见电解槽的结构示意图。储液箱是储存电解液及次氯酸钠的容器，考虑到腐蚀性的影响，均采用塑料制造；或采用不锈钢外壳，内衬高级复合材料。

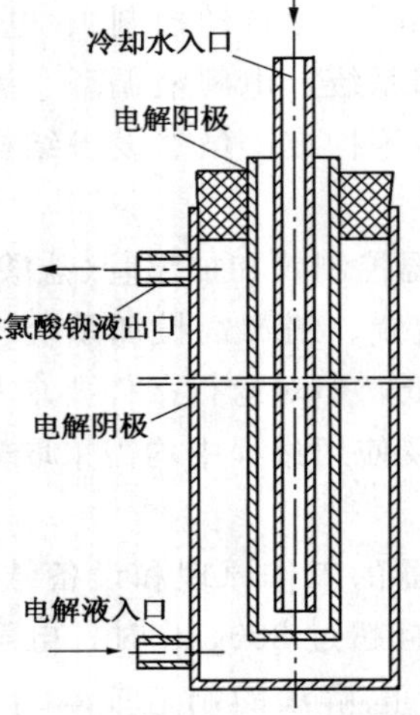

图 2-2-11　阳极内冷式管状电解槽的结构示意图

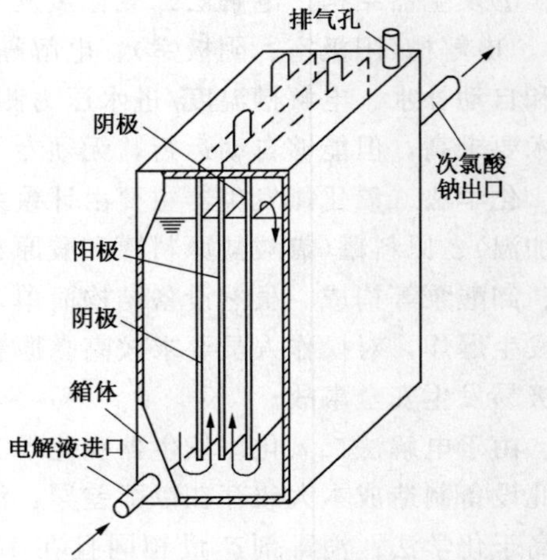

图 2-2-12　板状电极电解槽的结构示意图

目前国内不少地区的自来水厂都采用次氯酸钠消毒，仅北京地区就有第三水厂改扩建工程、第九水厂、郭公庄水厂等。郭公庄水厂采用次氯酸钠＋紫外线联合消毒方式，投加点为预加氯(格栅间、集水池)、主加氯(清水池进水堰)和补氯(配水泵房、吸水井)，将预加氯间与格栅间、进水泵房合建，主加氯、补氯间与膜车间加氯加酸加碱间合建，次氯酸钠采用储药池存储。

虽然加氯消毒是城市污水消毒处理中使用最为普遍的方法，但随着人们认识了解程度的不断加深，对其使用中产生的问题也越来越关注。在氯消毒已知的 500 多种消毒副产物中，只有为数很少被研究并证实对人类健康有影响，更令人担心的是，使用中缺乏对这些副产物的风险分析和管理计划。正是出于对这些问题的担心，世界各国和地区制定了各种法律规定以限制或控制使用氯消毒，例如：荷兰、德国、加拿大魁北克等已禁止使用氯消毒；美国加利福尼亚、佛罗里达等州根据污水处理厂的具体情况要求零余氯排放。另外，氯作为危险化学品，有关部门对其运输和储存的审批控制非常严格，我国一些污水处理厂在建成加氯接触池后常常因此而无法正常运行。

2. 臭氧氧化消毒设备

臭氧氧化消毒工艺系统主要包括臭氧发生设备、臭氧投加设备、臭氧接触反应设备、尾气处理设备(尾气破坏器，Vent Ozone Destruction，VOD)等，后者显然是因为并非所有产生的臭氧都能被水体吸收利用。臭氧易于分解无法储存，需现场制取现场使用(在特殊情况下可短暂时间储存)，因此大凡用到臭氧的场所均需使用臭氧发生器。

(1)臭氧发生设备

臭氧的制备方法有化学法、电解法、紫外线法、无声放电法(Silent Discharge)等。水处理中制备低浓度的臭氧时常用图2-2-13所示的无声放电法，该法又被称为介质阻挡放电(Dielectric Barrier Discharge，DBD)法，是有绝缘介质或介电体插入放电空间形成的一种气体放电。介质可以覆盖在电极上或者悬挂在放电空间里，当在放电电极上施加足够高的交流电压(10～20kV)时，电极间发生辉光放电(Glow discharge)。此时辉光扩展到两电极之间的整个放电空间，没有大的嘶声或噪声，也没有显著的发热或电极的蒸发。由于介电体的存在，直流电场不能维持放电，所以只能工作在交变电场的情况下，属于典型高压交流电场下的非平衡态等离子气体放电。空气(也可采用氧气)通过无声放电间隙时，其中的氧分子即受激活而分解成氧原子，然后三个氧原子或一个氧原子与一个氧分子碰撞时均可产生臭氧分子。

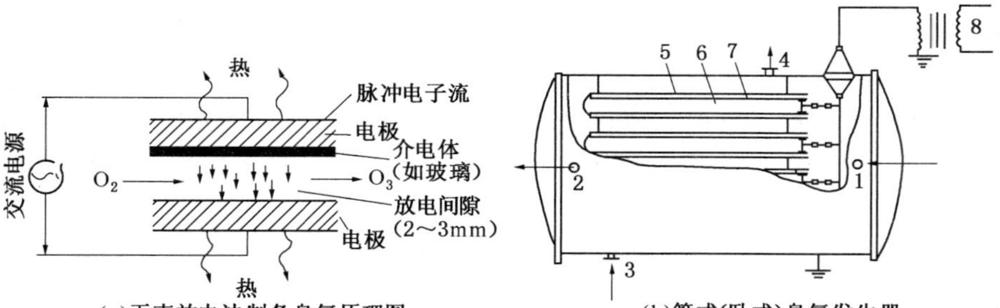

(a)无声放电法制备臭氧原理图　　(b)管式(卧式)臭氧发生器

图2-2-13　臭氧的制备原理与设备示意图

1—空气或氧气进口；2—臭氧化气出口；3—冷却水进口；4—冷却水出口；5—不锈钢管；6—放电间隙；7—玻璃管；8—变压器

一般而言，完整的无声放电法臭氧发生设备包括供电单元(PSU)、气源单元、臭氧发生器(Ozonator)、冷却水单元、控制单元等，臭氧发生器是整套臭氧发生设备的核心。

①供电单元。供电单元将数千伏的电压施加到高压电极上，将通入放电间隙的空气或氧气电离，从而产生臭氧。臭氧发生器的电源按运行频率可分为工频(工作频率50～60Hz)、中频(工作频率600～800Hz)和高频(工作频率1～20kHz)三种，高频电源的运行效率高、节约电能，电极区域之间的能量密度目前可达1～10kW/m^2，现已陆续取代工频和中频电源。

②臭氧发生器。臭氧发生器包括若干个由高压电极、接地电极、位于两个电极之间的介电体及放电间隙组成的放电单元，介电体为玻璃、陶瓷、搪瓷等介电常数较高、化学性能稳定的绝缘材料。从电极的形状来看，放电单元一般分为板式(立式、卧式)和管式(立式、卧式)两种。板式放电单元由平板介电体和金属电极组成，管式放电单元由两个同心圆电极和一个介质管组成。目前大多使用管式放电单元，但不同厂家放电单元的结构略有不同。常规放电管的内电极作为高压电极，其外圆柱面上覆盖有一层复合介电体，在复合介电体与接地

外电极之间形成放电空间；当两电极间施加一定强度的交变高压时，气隙中将产生电晕放电。影响臭氧产生的因素很多，如气源品质、电源特性、放电管结构与冷却条件等。瑞士Ozonia(奥佐尼亚)公司的AT放电管、美国赛莱默(Xylem)公司的威德高(Wedeco)Effizon HP®玻璃管双间隙放电管、日本富士公司的放电单元等较具有代表性。Ozonia公司自20世纪90年代开发的陶瓷管技术，利用喷涂烧结方法与薄壁金属管组合成高压介电体组件，4只串联成一个放电单元。Wedeco Effizon HP®的结构特点为玻璃介质管分隔出2个气隙，形成双间隙放电。内气隙用Effizon HP®不锈钢丝网置于高压电极与玻璃管之间，接近沿面放电(SD)，降低了放电电压；外气隙为体积电晕放电(VD)，主放电间隙获得良好的冷却，提高了臭氧浓度。放电单元的放电间隙一般在0.3～0.5mm之间，放电间隙越小，产生的热量越小，越容易冷却，发生效率也越高。同时臭氧发生器一般质保期为2年，2年内应要求放电单元破损率不得大于0.1%。

通常将臭氧产量在5～1000g/h的臭氧发生器称为中、小型臭氧发生器。为了满足臭氧大产量、运行高效率的要求，对于以管式放电单元为基础的大功率臭氧发生器而言，通常采取类似于管壳式换热器的多个放电单元并联结构布局，具体包括放电室罐体(水套)、放电体、高压熔断器等部件。放电室罐体由筒体、封头、法兰、端板、外电极管(接地外电极)、视镜、接管等组成，根据设计及工程需要选用304或316L等材质；外电极管按照极精密的标准制成，在内部呈蜂窝状排布。整个罐体焊接而成，通过法兰连接完成装配。虽然每个放电单元正常工作时的电流很小，但若发生过载、短路等故障，电流急剧上升，放电单元工作异常的同时，还会对电源造成影响，进而波及其他放电单元，严重时导致电源损坏，甚至导致整个臭氧发生器停机而影响生产。因此，在每一组放电单元上还安装有高压熔断器，实现限流保护，以便在放电单元出现故障时快速熔断而仅使该组放电单元停止工作。高压熔断器必须具有耐高压、抗一定过载能力和快速熔断等特点，满足臭氧发生器的负载特性和电源特性。

③冷却剂循环单元。利用无声放电法制备臭氧时，只有百分之几的电能用来产生臭氧，而90%以上的电能转化为热量，结果使电极温度逐渐升高，必须配套冷却剂循环系统以保证正常工作。大型臭氧发生器一般以水作为冷却剂，冷却水温度以15～20℃为宜，一般要求不高于28℃。虽然冷却水温度≤32℃时臭氧发生器仍能连续工作运行，但30℃冷却水的臭氧产量比15℃下的额定产量要低10%～20%。大型臭氧发生器的水冷却方式分为开放式冷却和闭式循环冷却。开放式冷却是用出厂水直接对臭氧发生器进行冷却，闭式循环冷却包括内循环和外循环，内循环在臭氧发生器和热交换器之间循环，外循环在热交换器和出厂水之间循环，内循环和外循环通过热交换器交换热量。由于臭氧发生器本体采用不锈钢制造，出厂水中存在的氯离子在长期运行后易对发生器本体产生腐蚀，所以一般不推荐采用开放式冷却方式，宜选用闭式循环冷却系统。个别品牌臭氧发生器采用独特的闭式循环双面冷却方式，既对放电管外壁进行冷却，又对高压侧放电管内壁进行冷却，使单位放电管臭氧产量更高、更稳定。冷却水须保证较高的水质，一般要求浑浊度不超过10度(NTU)、硬度不大于450mg/L、氯化物不大于150mg/L、COD不大于100mg/L、悬浮固体不大于10mg/L，并根据水质特点采取适当的防结垢、防有机物沉积等措施，以免在容器内造成沉积，这对臭氧发生器长期连续运行有好处。

④供气单元。用于产生臭氧的气体必须是氧气或含有氧气的气体，其中应该尽可能不含水分、灰尘、油、碳氢化合物(烃)和氢之类的杂质。所有这些杂质都会对臭氧的形成过程产

生不良影响，并可能对设备产生严重损坏。供给臭氧发生器的原料气体品质指标(含水量、含油量、杂质颗粒度、温度、压力等)要达到如下要求：气源露点低于－45℃，最好能低于－55℃；含油量低于 0.01mg/m^3(21℃)，最好能低于 0.003mg/m^3(21℃)；杂质颗粒小于 1μm，最好能小于 0.01μm；一般要求温度不高于 25℃、压力在 0.1MPa 以上，以保证臭氧发生器稳定工作并满足后级臭氧气体输送及投加的需要。

臭氧发生器的工作能力指标为每小时产生的额定臭氧发生量，即在冷却水温 15℃条件下以额定功率运行、产生额定臭氧浓度时的臭氧产量(g/h 或 kg/h)，此时的电耗为额定电耗 kW·h/kg O_3。即便是同一台臭氧发生器，仅改变气源，其臭氧额定发生浓度和发生量也都要改变。一般而言，用空气制成臭氧的浓度为 10～20mg/L，用氧气制成臭氧的浓度为 20～40mg/L，这种含有 1%～4%(质量比)臭氧的空气或氧气就是水处理时所使用的臭氧化气，产量一般要求 10%～100%可调。臭氧浓度可用国标碘量化学法测定，也可使用紫外吸收仪器法测定。臭氧浓度与发生量、电耗之间呈反向相关关系，同一台臭氧发生器在额定功率下运行，臭氧浓度越高，臭氧产量越小，电耗越大。

我国臭氧发生技术起步较晚，20 世纪 70 年代中期才开始进行研究及开发应用，并在 80 年代能生产出单机产量为 1kg O_3/h 的工频臭氧发生器。随着我国在瓶装水及桶装水生产中强制使用臭氧消毒政策的出台，以及一些家用臭氧空气消毒产品的推广应用，对整个臭氧行业的发展起到了巨大的推动作用，中小型臭氧发生器及空气消毒产品在技术和性能上也日趋完善。虽然目前国内已经在单机产量上获得了突破，能够生产 130kg O_3/h 的高频逆变电源臭氧发生器，但与国外先进水平相比仍然存在不小差距。瑞士 Ozonia(已经被法国得利满公司兼并)、德国 ITT Wedeco(威德高)、法国 Trailigaz、日本富士电机公司等国外知名厂家的设备在性能和节能方面具有非常突出的优势，例如 Ozonia 公司 XF 系列臭氧发生器在使用氧气源时的产量可达 250kg O_3/h，采用内置式 IGBT 中压高频供电单元 MODIPAC™ 和智能间隙系统(IGS™)专利放电管技术。

(2)臭氧投加设备

臭氧投加设备是臭氧化气体与水发生接触反应的重要前提之一，鉴于常规臭氧发生器的正常工作气压为 0.095MPa，出气压力 0.08～0.09MPa，为保证系统安全稳定运行，用户应保证后续压力损失不大于 0.08MPa，以避免出现气体倒流。常用的臭氧投加方法有射流器投加法、气液混合泵投加法和风机加压投加法三种。

射流器投加法是借助文丘里射流器在高速水流作用下形成负压，吸进臭氧化气体，高速水流再把臭氧化气体粉碎，形成气泡而与水充分接触混合。该方法兼具投加和混合溶解功能，臭氧溶解效率一般为 25%～40%。气液强力混合腔是文丘里射流器的改进升级产品，利用高速水流产生较大负压，将臭氧化气体吸入，在混合腔内产生涡流、旋转并相互碰撞，水中臭氧溶解度为文丘里射流器的 2 倍左右。气液强力混合腔外体采用 304 不锈钢制作，内腔采用 316 不锈钢和部分耐臭氧 ABS 材料制作(SSLW 系列内腔采用不锈钢和耐臭氧 PVDF 材料制作)。

气液混合泵投加法一般采用涡流泵，运行过程中因泵内形成负压而自吸气口吸入臭氧化气体，然后通过叶轮搅拌进行气-液混合，由于泵内的加压混合而使气体与液体充分溶解，臭氧溶解效率一般在 40%～70%之间；一台气液混合泵即可进行气液吸引、混合、溶解并直接将溶解液送至使用点。

风机加压投加法是把臭氧发生器所产生的臭氧化气体经风机增压后，通过管道通入臭氧接触反应设备中。该方法仅仅是投加，后续可通过曝气头、曝气盘等多孔扩散设备产生气泡，此时臭氧的溶解效率一般为20%～30%。

(3)臭氧接触反应设备

臭氧接触反应设备(Ozone contactor)是臭氧与水中还原性污染物质进行接触反应的场所，应根据臭氧分子在水中的扩散速度及其与污染物的反应速度来选择相应型式。按照臭氧化气体与水的接触方式，臭氧接触反应设备主要有气泡式、水膜式和水滴式三类，此外还有机械搅拌式、射流器喷射式等多种。

气泡式臭氧接触反应器是我国目前应用最多的一种，根据产生气泡方式的不同，可分为射流式、多孔扩散式、管式气液混合器式、表面曝气机式以及塔板式等，射流式这里不再赘述；根据气泡和水的流动方向不同，又可分为同向流和异向流两种。在多孔扩散式反应器中，臭氧化空气通过设在反应器底部的多孔扩散设备分散成气泡后进入水中，多孔扩散设备有穿孔管、穿孔板、微孔滤板等，也可以采用孔径小且耐腐蚀的专用曝气盘、曝气头以及钛曝气棒等。气泡粒径大小及其分布直接影响着接触反应设备的工作性能，气泡粒径越小，气液两相间的接触面积越大，传质系数相应提高。当臭氧用于消毒时，宜采用同向流反应器，这样可使大量臭氧早与细菌接触，以免大部分臭氧消耗于氧化其他杂质而影响消毒效果。异向流反应器中臭氧的利用率可达80%，我国目前多采用这种反应器。表面曝气式反应器中安装有曝气叶轮，臭氧化气体沿液面流动，高速旋转的叶轮使水剧烈搅动而卷入臭氧化空气，气-液界面不断更新，使臭氧溶于水中。这种反应器适用于加注臭氧量较低的场合，缺点是能耗较大。化学工程领域常用的筛板塔和泡罩塔等板式塔可被用作气泡式臭氧接触反应器，填料塔可被用作水膜式臭氧接触反应器，喷淋塔可被用作水滴式臭氧接触反应器，其相关结构和工作原理将在本书第六章进行介绍。

臭氧催化氧化技术主要利用催化剂表面的催化活性组分，催化部分臭氧分解产生氧化能力更强的羟基自由基(·OH)，形成臭氧直接氧化和羟基自由基间接氧化的臭氧催化氧化体系，一方面提高臭氧的利用率(可达95%以上)，另一方面提高臭氧的氧化能力，进而提高臭氧的处理效果。在相同的臭氧投加量下，可提高20%～30%的COD及色度去除效果。主体设备为催化氧化塔，典型装置通常包括钛质微孔曝气器、H_2O_2投加系统、液态专性催化剂投加系统、固态专性催化剂、波纹板除沫器、尾气收集破坏系统等。污水由进水管进入，催化氧化塔底部、中部、上部分别装设不同数量的臭氧投加系统、H_2O_2投加系统、液态专性催化剂投加系统、固态专性催化剂等，尾气通过波纹板除沫后收集送至尾气处理设备。

(4)尾气处理设备

臭氧化气体在接触反应设备中经过一系列反应，大部分又被分解为氧气，最终在出气口汇集成尾气排出。尾气包含有氧气、臭氧及小部分的水蒸气、氮气等，直接排放将对周围环境造成污染，所以要通过尾气处理设备对残余臭氧进行分解，形成不含臭氧或臭氧浓度低于标准值的气流。处理方法有热分解法、活性炭吸附法、化学吸收法、催化分解法和燃烧法，目前多采用热分解法(Thermal Ozone Destructor，TOD)和催化分解法(Catalytic Ozone Destructor，COD)。

尾气处理设备排出的气流可以通过管路直接排放至大气中，也可以经回收、提纯、干燥、增压等工艺处理后，再回送至臭氧发生器的进气口作为原料气体使用。

3. 紫外线消毒设备

紫外线(Ultraviolet ray，简称UV)由德国物理学家里特(Johann Wilhelm Ritter，

1776—1810)发现，是一种肉眼看不见的光波，因其存在于光谱紫外线端的外侧而被称为紫外线。按照 ISO/DIS 21348，紫外线的波长范围为 10～400nm，可分为 UVA(315～400nm)、UVB(280～315nm)、UVC(100～280nm，又称消毒紫外线)、VUV(10～200nm，又称真空紫外线)等多个波段。

(1)紫外线消毒原理

早在 1878 年，人类就发现了太阳光中的紫外线具有杀菌消毒(UV Disinfection)作用。波长在 240～270nm 之间的紫外线能穿透微生物病原体(细菌、病毒)的细胞膜和细胞核，直接破坏核酸(DNA 或 RNA)的分子键，使其发生断裂或发生光化学聚合反应，丧失生产蛋白质的能力和复制繁殖能力或失去活性，达到杀菌消毒的效果。波长为 185nm 的紫外线能产生臭氧，能把微生物的细胞壁以氧化作用破坏，使微生物立刻死亡。应该指出，一般资料介绍 253.7nm 为紫外线的最佳消毒波段具有片面性，研究结果表明 DNA 的紫外线吸收最佳波段在 260～269nm。

1901 年和 1906 年先后发明了水银光弧这一人造紫外光源和传递紫外光性能较好的石英材质灯管，法国马赛一家自来水厂在 1910 年首次使用紫外线消毒工艺，紧接着法国里昂自来水厂也开始应用，目前西方发达国家有 4000 多家给水厂使用紫外线消毒。紫外线消毒技术在市政污水处理中的应用始于 20 世纪 60 年代中叶；20 世纪 70 年代至 80 年代初，人们已经认识到加氯消毒工艺中的余氯对受纳水体中的鱼类等生物有毒，确认了氯消毒会产生如三卤甲烷(THMs)等致癌、致基因畸变的副产物，因此在这一阶段围绕紫外线消毒技术进行了大量应用研究。20 世纪 80 年代初，在美国国家环境保护局(EPA)创新和取代技术资金项目支持下，紫外线污水消毒技术开始在美国的城市污水处理厂中得到应用；1986 年，EPA 将紫外线消毒列入污水消毒设计手册，推动了紫外线消毒代替化学消毒的进程。现代紫外线消毒理论和技术经过 40 多年的发展，已经成为一项全世界普遍认可、非常成熟和有效的工程应用技术。紫外线具有灭活致病性细菌、病毒和微生物的广谱性，能灭活对公共安全具有非常大威胁的贾第虫和隐孢子虫等微生物。高强度紫外线彻底灭菌只需要几秒钟，而氯与臭氧消毒则需数分钟。采用紫外线的自来水厂很容易灭活抗氯性的病原体，同时减少氯的使用量及消毒副产物的生成。紫外线消毒的缺点包括：①要求水体具备一定的透明度，水中的悬浮物、有机物和氨氮都会干扰紫外线的传播，进而影响消毒效果；②不能解决消毒后水在管网中再次污染的问题。

我国在 20 世纪 60 年代初就有饮用水紫外线消毒的报道，但直到 80 年代才开始规模化应用。自 2003 年非典疫情暴发后，紫外线消毒技术在我国城市污水处理中得到快速应用，同时也逐渐在城镇给水处理中得到应用，成为满足新条件下提高供水安全的重要选择。截至 2019 年底，大约 3000 家污水处理厂采用了紫外线消毒工艺，处理水量占总处理水量的 70%左右。我国 2005 年 7 月颁布《城市给排水紫外线消毒设备》(GB/T 19837)，随后《室外排水设计规范》(GB 50014)也加入紫外线消毒技术。2020 年 4 月 9 日发布的《紫外线消毒器卫生要求》(GB 28235)正式替代《紫外线空气消毒器安全与卫生标准》(GB 28235)，而且明确了紫外线空气消毒器、紫外线水消毒器、紫外线物表消毒器三大类典型设备。

(2)紫外灯与镇流器

①紫外灯。目前所用的紫外线光源绝大多为汞弧灯(mercury arc lamp，即通称的紫外灯或汞灯)。汞弧灯的灯管是一根长度不等、内部注有汞和少量惰性气体的密封透明石英管，也可采用透明高硼玻璃管，灯管内部为真空；电极一般由钨制成，位于两端。当两个电极间

通过电流时，阴极发射出电子，与惰性气体碰撞电离而产生电弧；随着电极间电压的增加，气体温度升高而使得汞蒸发。当电子与汞原子碰撞时，电子会损失一定能量(弗兰克-赫兹实验的精确测定表明，汞原子只接收4.9eV的能量)，当损失能量的电子从激发态回到基态或较低能态时，就会以一定波长光谱线的形式释放出多余能量。对于汞弧灯而言，则意味着产生汞蒸气弧光并发射具有特征波长的紫外光，当全功率工作时还会发射可见光以及部分红外光(IR)。根据国际通用标准划分，汞弧灯可以分为低压汞灯(10～100Pa)、中压汞灯(10～100Pa)和高压汞灯(～100000Pa)三种。汞弧灯往往需要几分钟的预热时间(从2～10min不等)才能达到完整的光谱输出，这是因为汞在石英管内必须完全被蒸发气化。在开始的预热期，输入的功率较多地消耗于预热灯的电极部件，然后使管内存在的汞全部被蒸发气化，因此诱导期长是这种灯的缺点之一。如果工作期间电源突然中断，汞会迅速凝结而难以立即启动，当然较大的热载荷也要求有冷却时间，因此通常需要冷却一段时间(15～20min)才能再次启动。

紫外线辐照强度(Ultraviolet Intensity)是指单位时间内与紫外线传播方向垂直的单位面积上接收到的紫外线能量，常用单位为微瓦每平方厘米($\mu W/cm^2$)或瓦每平方米(W/m^2)。将待测紫外灯固定于测量架，根据产品标识峰值波长，选择相应波长的紫外线强度计，将强度计探头放在灯管下方垂直中心1.0m处进行测试，开启紫外灯5min后直接读取紫外线强度计的强度值($\mu W/cm^2$)。

根据点亮后灯管内汞蒸气压力和紫外线初始辐照强度的不同，紫外灯有低压低强度汞灯、低压高强度汞灯和中压高强度汞灯等类型，所发射的紫外线也具有不同的光谱。具体如表2-2-1所示。

表2-2-1　各种紫外灯的类型列表

项目	低压低强度紫外灯	低压高强度紫外灯	中压高强度紫外灯
灯管内压/mmHg	10^{-3}～10^{-2}	10^{-3}～10^{-2}	10^{2}～10^{3}
运行温度/℃	40左右	90～250	600～850
光谱特性	90%以上的紫外线输出在253.7nm波段，可视为单色光(Monochromatic)		能在200～300nm的消毒波段实现多频谱输出，可视为多色光(Polychromatic)，这意味着中压紫外线消毒系统杀灭微生物的有效发射光的百分比较小
参考尺寸	直径φ15～20mm，长度1.5m		直径φ15～20mm，长度为0.5m左右
灯管老化系数/%	50～80		
最大输出功率/W	30～60	90～100	420～25000
光电转换效率/%	30～40	30～40	15
输出功率调节范围	—	可以根据水流和水质变化，在60%～100%之间进行调节，从而优化电耗和延长紫外灯寿命	可以根据水流和水质变化，在30%～100%之间自动调节，手动调节可以更细
工作寿命/h	10000～15000	10000～15000	5000
套管清洗	人工化学清洗	自动	自动

续表

项目	低压低强度紫外灯	低压高强度紫外灯	中压高强度紫外灯
适用范围	小型污水处理厂常规处理污水和再生水消毒，处理流量一般在 $5\times10^4 m^3/d$ 以下	中型污水处理厂常规处理污水和再生水消毒	大型污水处理厂常规处理污水、再生水消毒或低质污水消毒

紫外灯输出一般采用电光转化效率表示，其值为 UVC 波段(200～275nm)输出功率与输入电功率的比值。目前，市售 UV 灯均要求标注其空气中的电光转化效率。UV 灯使用过程中灯输出的衰减被称为灯老化，具体表现为灯管两端发黑，发光强度低于正常的亮度。灯老化出现的内因包括内部气体混合物的减少、电极性质衰减等，外因包括开关次数过于频繁和水温波动等。紫外灯的老化系数定义为寿命终点灯输出和初始运行 100h 后灯输出的比值。此外，为了尽量延长水中紫外灯的使用寿命，一般将其装在套管内并与水隔开，不仅可以解决绝缘问题，而且易于清洁。通常要求洁净套管在波长为 253.7nm 时的透光率(UVT)不应小于 90%，以便能够保证紫外灯的最大杀菌效果。套管通常采用壁厚 1.5～2.0mm 的石英材料制作，并采用直管、单端开口结构，套管与灯管之间的密封设计为双重密封，以减少透水概率。一般当紫外线辐照强度衰减到起初辐照强度的 70%以下时，认为该紫外灯到达其使用寿命。

②镇流器(Electronic ballasts)。镇流器是气体放电灯用于启动和限流的控制器件。由于气体放电灯具有负伏安特性，要配以镇流器来启动灯的放电和限定灯内惰性气体电离升温并使汞蒸气压上升，当电子轰击汞蒸气放电后生成紫外线；启动完成后镇流器起限流作用，使灯开始正常工作。早期的紫外线消毒系统使用电磁式镇流器。20 世纪 90 年代初，电子镇流器首先应用于低压灯紫外消毒系统；90 年代中叶又解决了用电子镇流器控制中压灯管的难题，目前各类污水紫外线消毒系统基本上都使用电子镇流器。紫外灯管只有与镇流器完美匹配，整个紫外线消毒系统才能发挥最佳的杀菌作用，并且有助于延长灯管寿命。

镇流器的工作寿命与运行温度有关，目前一般为 10 年。由于在较高温度下运行时，会增加老化速度和故障发生率，因此对镇流器进行有效冷却非常重要。镇流器的冷却布置方式一般分为两大类，一类是将镇流器密封后与紫外灯模块一体化，装在灯架上一同浸入水下用水冷却，要求镇流器的防护等级为 IP68。另一类是镇流器与紫外灯模块分离，专门放入地面控制柜中，以降低防护等级(为 IP65 或更低)，冷却方式可以采用对流冷却、空调或风机冷却。当然，地面控制柜仍应有一定的防护等级，以避免空气中灰尘、水汽和污染物的侵蚀，降低镇流器等敏感电控元件的寿命。此外，镇流器与紫外灯的距离不能过大(尽量不超过 15m)，以免增加镇流器到灯管之间的电压损耗，降低灯管的输入功率和灯管的紫外能输出。

(3)紫外线消毒系统的分类

紫外线消毒系统的代表性生产厂家包括加拿大特洁安技术(Trojan Technologies)、英国纽华力(Nuvonic)、美国赛莱默(Xylem)等。紫外线消毒系统一般安装在水厂的管道或渠道之中，对流过其中的水进行消毒。按水流边界的不同可分为压力管道式和明渠式(Unclosed Vessel Ultraviolet Reactor)，前者也被称为密闭式。适用于给水处理的消毒系统多数为密闭式，适用于排水处理的消毒系统主要是明渠式。紫外消毒器中灯管的排布可分为顺流式和横流式，前者是指灯管彼此平行且与管道内主体水流方向一致，后者是指灯管彼此平行但与管道内主体水流方向垂直。

①压力管道式紫外消毒系统。压力管道式紫外消毒系统包括紫外线消毒器、配电单元、控制单元及紫外线剂量在线监测单元等。紫外线消毒器由金属筒体、端盖、进出水法兰接口、紫外灯、石英套管、镇流器、紫外线强度传感器、清洗机构等组成。紫外线消毒器一般采用不锈钢或铝合金作筒体材料，筒体内壁大多作抛光处理，以提高对紫外线的反射能力和增强辐射强度。

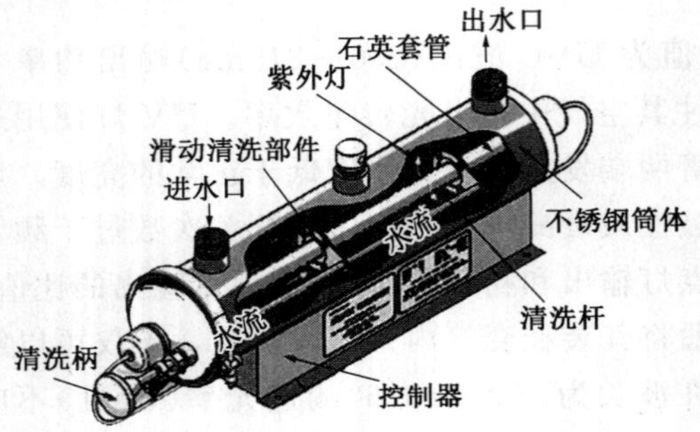

图 2-2-14　压力管道式紫外消毒器(顺流式)的结构示意图

图 2-2-14 为压力管道式紫外消毒器(顺流式)的结构示意图，每个灯管的轴心线与管道的轴心线保持一致，具有一定压力和流速的水流流过石英套管外围，流速最好不小于 0.3m/s，以减小石英套管的结垢。如果想通过延长辐照时间来提高消毒效果，那么一般选用较长的灯管，消毒器的腔体也相应较长。有的消毒器在筒体内壁加装了螺旋形叶片以改变水流的运动状态而避免出现死水和管道堵塞，所产生的紊流以及叶片锋利的边缘还能破碎悬浮固体，使附着的微生物完全暴露于紫外线辐射中，提高消毒效率。处理流量较大的压力管道式紫外消毒器，进出水法兰接口顺着水流方向位于腔体两端，紫外灯管则垂直于水流布置(横流式)，这样可以使水流紊动，提高消毒效率，但消毒器体积也较大，不适合在较高的流体压力下工作。

压力管道式紫外消毒器的缺点是：污水容易污染设备，灯管清洗时需要停机，故需要备用紫外消毒器，还需要泵、管道、阀门等配套设备，成本较高，在城市污水处理厂难以有效推广。

②明渠式紫外消毒系统。可按照紫外灯是否接触水分为明渠水面式(Non-contact Type)和明渠浸没式(Contact Type)两种。明渠水面式又称为水面照射法，是将紫外灯置于水面之上，由产生的紫外光对水体进行消毒。该方式能量浪费较大、灭菌效果差，水质杀菌消毒工程中很少应用。明渠浸没式又称水下照射式，将紫外灯管平行或垂直于水流方向置入水中，水从灯管周围流过。1982 年，加拿大特洁安技术(Trojan Technologies)公司开发了世界上第一套明渠浸没式紫外线消毒系统 UV2000，并引入模块化设计理念，即系统可由若干独立的紫外灯模块组成，且水体靠重力流动，不需要泵、管道以及阀门等配套设备，可以直接插入或取出紫外灯模块进行维护检修。

常见的明渠浸没式紫外线消毒系统主要包括紫外灯模块、模块支架、配电单元、水位探测及控制单元、设备维修起吊单元、系统控制单元、紫外线剂量在线监测单元等，紫外灯模块由紫外灯、石英套管、镇流器、紫外线强度传感器、清洗机构等组成。由于横流式不利于流体形成理想的均匀流动，在灯管与渠壁或水面之间容易形成消毒短流区，使微生物得不到足够的紫外照射剂量而影响消毒效果，紫外能量浪费较大，因此目前 90%的城市污水紫外线消毒系统采用顺流式。通常每个紫外灯模块的灯管数可布置为 2、4、6、8、10、16 等，多个模块构成一个模块组(一般每个模块组最多 20 个模块)，灯管前后的渠长不宜小于 1m。

明渠浸没式紫外线消毒系统运行的关键在于维持恒定的水位，若水位太高则灯管顶部的部分进水得不到足够辐射，可能造成出水中的微生物指标过高；若水位太低则上排灯管暴露于大气之中，会引起灯管过热并在石英套管上生成污垢膜而抑制紫外线辐照强度。因此，需要设置水位探测和水位控制装置，设计水深应满足全部灯管的淹没要求，同时应满足最大流量时最上层紫外灯管顶以上水深在灯管有效杀菌范围内。

(4)紫外线消毒系统的设计选型

①紫外线辐照剂量。一般而言，紫外线杀菌消毒的效果与消杀对象(细菌或病毒类型)、消杀环境(水体或空气、温湿度、流量和体积等)以及紫外线辐照强度(也称辐射照度或辐照度)、辐照剂量(UV Dose，Fluence)等有关。紫外线辐照剂量是指一定时间内与紫外线传播方向垂直的单位面积上接收到的紫外线能量，常用单位为 mJ/cm^2 或 J/m^2，通用数学表达式如下

$$\text{Fluence} = \int_0^T I(x, y, z) \cdot dt \ (mJ/cm^2) \tag{2-2-25}$$

式中 $I(x, y, z)$——微生物在其运行轨迹上某一点(x, y, z)处接收到的紫外线强度(Ultraviolet Intensity)或辐照剂量率(Fluence rate)，mW/cm^2；

t——微生物接收到的辐照时间或在紫外消毒设备内的水力停留时间，s，可以通过流量、过水截面和系统中紫外辐照区的长度来估算求得。

紫外消毒系统在运行过程中，辐照剂量直接受水体紫外线透射率(UVT)、流量、紫外灯输出、套管结垢等影响。鉴于 UVT 对紫外线剂量输送有较大影响，紫外线消毒系统设计通常在特定 UVT 条件下进行，若实际 UVT 值低于设计时的 UVT 取值，则系统无法满足消毒要求。流量波动会改变水体在紫外消毒设备内的水力停留时间和流态，从而直接影响辐照剂量；距离灯管不同位置处病原微生物所接爱的紫外线辐照强度不同，与距离成反比。紫外灯管的辐照强度不仅与灯管类型有关，而且与灯管的使用时间和老化系数有关。此外，紫外灯装在石英套管内并与水体隔开，无机杂质会沉淀、黏附在石英套管外壁上，尤其当水中有机物含量较高时更容易形成污垢膜，而且微生物容易生长形成生物膜，降低石英套管的 UVT 值，因此应研发套管结垢测试技术，测定套管结垢系数，探讨垢层形成机理及维护方法。

不同种类微生物对紫外线的敏感性不同，所需的紫外线辐照剂量也有所不同。每种微生物在特定水体中的灭活紫外线剂量值或消毒最低有效剂量值(以灭菌率达到 99.9%计)可以查阅相关手册或通过实验室微生物杀灭试验确定。紫外线消毒系统实际能实现的微生物灭活紫外线剂量或紫外线有效剂量(Effective Dose，ED)低于设计所需灭活紫外线剂量值时，无法灭活微生物。受灭活剂量紫外线辐照后的微生物，还有可能出现光复活(Photo Reactivation)和暗复活(Dark Reactivation)现象，从而降低杀菌效果。《城市给排水紫外线消毒设备》(GB/T 19837)中对污水消毒、生活饮用水或饮用净水消毒、城市污水再生利用消毒等三大类场合，紫外线消毒设备在峰值流量和紫外灯运行寿命终点时，紫外线有效剂量的最低值有明确规定，其中污水消毒对应的最低值为 $20mJ/cm^2$，生活饮用水或饮用净水消毒对应的最低值为 $40mJ/cm^2$，城市污水再生利用消毒对应的最低值为 $80mJ/cm^2$。《室外排水设计规范》(GB 50014)中明确要求，紫外线消毒设备的有效剂量宜根据试验资料或类似运行经验，其中二级处理的出水宜为 $15\sim25mJ/cm^2$。

②设计选型方法。进行紫外线消毒系统设计选型时，需要提前掌握原水的水质情况、消毒目的和要求、设备运行维护以及消毒场所的环境条件等，以便根据经验或借鉴相似水质条件下的工程来确定所需的紫外线消毒设备。《紫外线消毒器卫生要求》(GB 28235)规定，在现场自然条件下，按照产品使用说明书规定的消毒最低有效剂量等参数和程序进行消毒处

理。用于医疗机构污水消毒，消毒后水中粪大肠菌群数应符合《医疗机构水污染物排放标准》(GB 18466)的现行标准值；用于生活饮用水消毒，消毒后水中微生物指标应符合《生活饮用水卫生标准》(GB 5749)的现行标准值；用于游泳池水消毒，消毒后水中微生物指标应符合《公共场所卫生指标及限值要求》(GB 37488)的现行标准值；用于再生水消毒，消毒后水中微生物指标应符合城市再生水利用的相关标准值；用于其他水质消毒，消毒后的微生物指标应符合相关标准规定。

若无可借鉴的工程案例时，首先需要确定所选用紫外灯的规格型号(确定灯管功率、外径、长度等参数)和排列方式，进而基于所需的紫外线辐照剂量确定灯管数量。由于在消毒系统中所用的紫外灯数量多，水中任何一点接收到的紫外线强度是周边各紫外灯辐照强度之叠加，加上水中的悬浮固体物、浊度等会干扰紫外线传输，因此紫外线辐照剂量的确定比较复杂。与化学消毒不同的是，紫外线没有残留，因此不能通过监测剩余浓度来确定释放的剂量。虽然紫外线传感器可以测量紫外线光强，但当微生物以不同轨迹运动通过紫外消毒设备时，传感器无法测量辐照到微生物上的紫外线剂量，为此人们研究出了计算模型法、化学法、生物检定剂量法、荧光微球法、紫外线强度监控法等紫外线消毒设备辐照剂量的认定方法。

计算模型法是理论方法，包括紫外线强度分布模型法和计算流体动力学(CFD)模型法。紫外线强度分布模型法是基于光学和几何学原理，通过计算紫外线在消毒设备中的辐照情况，获得紫外线强度分布模型，从而推算紫外线辐照剂量。常见的紫外线强度分布模型有MPSS、MSSS、LSI、RAD-LSI和DO。美国EPA在《城市污水消毒设计手册》(EPA/625/1-86/021)中较详细叙述了理论计算剂量法污水紫外线消毒系统的设计，1992年发布的配套软件UVDIS 3.1版使用较广(由HydroQual公司开发)。利用该软件可以计算出明渠式污水紫外线消毒系统的平均紫外线强度，然后乘以污水接收的辐照时间，即得到理论计算剂量(也称UVDis剂量)。该方法在计算平均紫外线强度时，需输入如下技术参数：灯管的UVC输出强度、灯管排列方式、灯管电弧长、石英套管外径、灯管轴线间距、石英套管透光率、石英套管结垢系数、污水透光率、灯管老化系数等，任何一个参数变化都会改变平均紫外线强度值。然后按以下步骤确定灯管数量：a. 根据消毒系统进口微生物浓度和排放标准要求，计算微生物灭活率；b. 查“微生物灭活率-UV理论计算剂量”曲线确定所需要的最低UV理论剂量；c. 采用以上技术参数和计算过程，改变灯管数量，验算UV理论计算剂量，直至满足最低UV理论计算剂量的要求。EPA/625/1-86/021中指出，手动清洗的结垢系数为0.6，机械清洗的结垢系数为0.7；如无测定数据，结垢系数的默认值是0.8。使用结果表明，UVDis剂量通常远高于实际辐照剂量，导致消毒不达标，引发安全风险。计算流体动力学(CFD)模型法是基于商业或自主开发的计算流体动力学软件，采用拉格朗日方法建立耦合流体流动、紫外光强辐射与粒子辐照剂量的数值计算模型。具体而言，首先采用CFD计算紫外消毒设备内的单相水流动；流场计算稳定后，激活DO紫外光强辐照模型，根据功率给定紫外灯灯管表面的辐照通量，根据水体紫外线透射率(UVT)给定水的吸收系数等参数；根据壁面上的反射和折射情况设置壁面处的反射百分比和反射率系数；最后激活DPM模型，在入口平面均匀入射若干粒子(微生物)，设置粒子的密度和粒径等参数；追踪粒子通过紫外线消毒设备的轨迹，计算粒子在消毒设备内的停留时间和接收的有效辐照剂量。虽然有效辐照剂量的CFD计算结果在定性趋势上与实际剂量变化趋势相同，但由于DO紫外光强辐照模型和离散相DPM模型等在量上存在偏差，因此多用于紫外线消毒器流场与灯管排布的优化设计。

化学法通过光化学反应来测量紫外消毒效果，往往应用于验证高剂量区间的紫外设备。选择合适的化学物质加入水中，通过检测经过紫外线消毒设备前后化学物质发生光化学反应的情况，计算辐照到微生物上的紫外线剂量，得到消毒效果。要求化学物质具有感光性、在紫外线辐照下能发生光化学反应、易定量检测等特点，常用的感光物质有碘化钾、尿苷、碘酸钾等。荧光微球法与化学法类似，由特殊材料制成的荧光微球在紫外线辐照下，可以产生发光基团，且其发光强度与接收的紫外线辐照剂量成线性关系。因此，通过检测荧光微球经过紫外线消毒设备前后发出荧光的强度，就能够计算照射到荧光微球上的紫外线剂量。原位荧光微探头具有近似360°响应的特性，将其置于压力管道式紫外线消毒设备腔体内，检测不同位置处的紫外线辐照强度，即可实现腔体内紫外线强度在线分布检测，模拟水中致病菌接受紫外辐照的效果，进而通过计算预测其辐照剂量。

生物检定剂量法是国际广泛认可的方法，很多国家制定了手册，并将其作为标准方法来规范认定紫外线消毒设备的实际剂量。首先，用紫外平行光仪均匀照射已知浓度的目标微生物样品，检测照射后微生物浓度以确定灭活率。根据紫外强度、辐照时间等试验因素，计算微生物的紫外线辐照剂量，最终得到目标微生物的紫外线辐照剂量-灭活率曲线。然后，进行紫外线反应器的测试，将验证微生物加入紫外线消毒系统的上游，在确定流量、UVT、UV功率等条件下，测定目标微生物的灭活率。根据检测结果以及上述紫外线辐照剂量-灭活率曲线，可得在不同紫外灯输出功率和不同UVT条件下，紫外线消毒设备的处理流量-剂量关系曲线。有了紫外消毒设备的处理流量-剂量曲线，用户和设计部门就可以很容易地核算紫外设备厂家所提供的设备方案是否能够满足处理负荷下的目标剂量，从而确保所选择紫外设备的消毒性能够满足要求。当然，考虑到实际运行过程中灯管自身老化和石英套管表面结垢等因素，在辐照剂量计算中需要用可靠的老化系数和结垢系数进行修正，以确保紫外设备的消毒性能在运行过程中不受这些因素的影响。EPA/625/1－86/021中介绍的生物检定剂量法就是一种用于检定特定消毒系统紫外线剂量的方法，步骤为：a. 根据排放标准要求计算微生物灭活率；b. 查“微生物灭活率－UV剂量”曲线确定所需要的UV剂量；c. 查“消毒反应器流量－UV剂量”曲线确定每支紫外灯管的处理水量；d. 将紫外消毒系统总处理能力除以每支紫外灯管的处理水量，得到整个系统需要的最少紫外灯管数量；e. 根据模块化的要求，对灯管数量向上取整。

目前对于饮用水应用，主要西方国家和我国都要求紫外消毒设备必须经过行业内权威的独立第三方生物检定剂量验证，并用检定得到的设备流量-剂量曲线来进行消毒系统设计选型，没有经过生物检定的设备不能采购。通过在消毒系统内安装平面UV传感器，由第三方认证机构进行生物剂量检定后，还可以建立与水UVT、传感器读数(S)、流量(Q)和紫外灯组(Bank)相关的剂量监测方程

$$\text{Fluence}=10^{a}\times \text{UVA}^{b}\times\left(\frac{S}{S_0}\right)^{d}\times Q^{e}\times \text{Bank}^{f} \qquad (2-2-26)$$

$$d=m+n\times \text{UVA} \qquad (2-2-27)$$

式中，UVA为水吸光度，UVA＝－lg水UVT；S_0为初始传感器读数；a、b、d、m、n、e和f为常数，通过生物剂量检定确定。实际运行过程中，将监测的水UVT、S和Q代入式(2－2－26)，即可得到消毒系统的实时辐照剂量，判断紫外消毒系统的运行效果。

然而，由于传感器读数S同时受灯输出、套管结垢和水UVT的影响，导致d的测定准

确度低，影响剂量监测。为此，研发了基于荧光微探头的UV监测系统，实现了灯输出、套管结垢、UVT的独立监测。由于紫外灯输出和套管结垢与剂量成线性关系，式(2-2-26)可以推导为

$$\text{Fluence}=10^a\times \text{UVA}^b\times N\times F\times Q^e\times \text{Bank}^f \quad (2-2-28)$$

式中，N为灯输出系数；F为套管结垢系数。该监测系统减少了生物剂量验证中常数测定的数量(由6个减少为4个)，提高了剂量监测的准确性，可保障紫外消毒运行效果。

一般而言，处理同样水量达到相同指标时，低压低强度紫外灯的数量大约10倍于中压高强度紫外灯，低压高强度紫外灯的数量大约3～4倍于中压高强度紫外灯。中压高强度紫外灯在所有单根紫外灯管中的紫外能输出最高，可以用很少的灯管数量达到消毒效果，大大减少设备与征地、土建等投资，灯管及其相关部件的更换费用也较低，比较适合于大型水厂或低质污水的消毒处理。当然，中压高强度紫外灯的光电转换效率较低，电耗较高。明渠式紫外线消毒系统相关结构尺寸关系如下

$$渠道水深\ H=(每个模块灯管数+1)\times灯管间距 \quad (2-2-29)$$

$$渠道宽度\ B=总模块数\times灯管间距 \quad (2-2-30)$$

式中，灯管间距可根据水质调整，设计中一般取60～80mm。系统水头损失可按局部损失$h=\xi\dfrac{v^2}{2g}$计算，局部阻力系数ξ可取1.8。

在占地允许的情况下，明渠式紫外线消毒系统一般采用溢流堰作为水位控制方式。溢流堰的总堰长根据矩形堰公式计算，堰上水厚一般取0.04m。溢流堰顶与紫外线排架最上一支紫外线灯管的中心线齐平，堰上0.04m水层使水位刚好淹没紫外线排架的所有灯管且不至于过厚。拍门也是紫外线消毒系统常用的水位控制方式，主要用于占地有限但整个系统水头损失富足的情况。工作原理是利用正向水压与反向配重块的相互作用使拍门形成一个开度，满足淹没水位的要求；缺点是水位控制精度较低。在实际设计中，要求拍门后的水位标高小于拍门底部的标高，避免拍门后面的水压对拍门造成反向作用力，使得水位难以控制。

(5)紫外消毒设备的清洗

为了减少石英套管结垢对消毒效果的影响，必须定期对其进行清洗。清洗方式可分为人工清洗和自动清洗两大类。人工清洗就是将紫外灯管组件从明渠中取出，用清洗液喷淋到石英套管上，然后用棉布擦拭清洁；或将几个紫外灯模块放到移动式清洗罐或固定式清洗池中用清洗液同时搅拌清洗，清洗罐中带有曝气搅拌装置。从劳动强度和经济性上分析，人工清洗适用于小型或中型污水处理厂。

自动清洗按有无清洗剂分为纯机械式自动清洗、机械加化学式自动清洗，驱动方式可以是液压或气动。纯机械式自动清洗实际上是用特氟龙(PTFE)环频繁地(10～30min/次)来回刮擦石英套管表面，以减缓石英套管表面污垢的积累；缺点是清洗头磨损快，寿命短，一般半年到一年就需要更换，维护劳动强度和清洗成本较高。机械加化学式自动清洗装置发明于20世纪90年代中叶，该法是在清洗头内装有清洗液，在清洗头机械刮擦石英套管表面的同时，借助清洗液的作用去掉难以通过机械刮擦有效去除的污垢；一般一天清洗一次，清洗头寿命在5年左右，清洗效果较好。常用的清洗液为磷酸，虽然会进入后续污水处理系统，但由于其用量极少，在排放标准严格的北美地区污水再生利用消毒处理中广泛使用，未产生不良影响。当然，也可使用食品等级的清洗剂以适应更高需求。

加拿大特洁安技术公司的Trojan AccUVSensor™紫外光强传感器用于水中原位测量紫

外线辐照强度，将探测到的紫外线辐照强度转换为4～20mA信号，然后以mW/cm^2为单位转换呈现在触摸屏上。Trojan AccUVSensor™配有石英套管，可以水平方式与水流方向垂直安装在紫外消毒设备内。该公司的ActiClean™在线自动清洗系统为机械加化学式自动清洗系统，化学清洁剂为食品级专利清洗药剂ActiClean™凝胶，机械清洗系统由一个外置液压泵、一个内置驱动缸、清洗支架和清洗器组成。工作时液压泵启动，推动内置液压驱动缸，带动清洁支架，利用清洁支架上面的清洗器在石英套管上来回移动，同时加入ActiClean™凝胶，进而达到清洁的目的。ActiClean™清洗系统对所有紫外灯管套管和Trojan AccUVSensor™套管定时进行清洗，清洗频率可根据实际情况由操作员通过触摸屏进行调整。可编程控制器(PLC)通过Trojan AccUVSensor™的测量信息调整紫外灯管的辐照强度，以补偿水质或流速变化，确保达到辐照剂量。水位传感器和温度传感器实时监测水位和温度，对系统起保护作用。

三、其他新型化学处理技术

1. 超临界水氧化技术

(1)流体的临界、超临界特征

稳定的纯物质及由其组成的(定组成)混合物具有固定的临界状态点，临界状态在相图上是气体和液体共存曲线的终点，混合物既有气体的性质，又有液体的性质。此状态点的温度t_c、压力p_c、密度ρ_c称为临界参数。在纯气体物质中，当操作温度超过其临界温度时，无论施加多大的压力，也不可能使其液化。所以t_c是气体可以液化的最高温度，临界温度下气体液化所需要的最小压力p_c就是临界压力。当物质的温度较其临界值高出10～100℃、压力为5～30MPa时便进入超临界状态，此时压力稍有变化，就会引起密度发生很大变化，且超临界流体的密度接近于液体的密度。显然，超临界流体对液体、固体的溶解度应与液体溶剂的溶解度接近；而黏度却接近于普通气体，自扩散能力比液体大100倍，渗透性更好。

水的临界点是一个特定压力(22.05MPa)和温度(374.2℃)的点，超临界水与常态水相比具有许多独特的性质，如黏度接近水蒸气，为水的1/100；密度接近液态水，可达到水蒸气的100倍；介电常数只有2.0左右，约为水的1/40.0；溶解能力极强，可与氧气、有机物互溶，可使有机物的分子链断裂，因此可应用于废弃物及有害物质的处理。

(2)超临界水氧化技术

超临界水氧化(Supercritical Water Oxidation，SCWO)就是利用超临界水的特异性质，使有机污染物在超临界水中进行氧化分解。当有机物和氧溶解于超临界水中时会形成单一相而密切接触，不存在内部相转移限制，在有效的高温下氧化反应快速完成，99%以上的难降解和毒性有机污染物(如多氯联苯)可在同一个流程中，在很短时间内(通常只需数秒或数十秒)被氧化成H_2O、CO_2、N_2及其他无害的无机盐，且不会产生SO_x、NO_x等有害气体，是一种环境友好的污染防治技术。针对SCWO过程反应机理和动力学进行的系统研究表明，在超临界水中，有机物可发生氧化反应、水解反应、热解反应、脱水反应，还存在不完全反应等。

Michael Modell博士20世纪70年代在美国麻省理工学院(MIT)的实验研究工作奠定了SCWO技术基础，随后于1980年成立了MODAR Inc.。此后该领域的研究一直很活跃，并相继出现了一些致力于SCWO技术商业化推广应用的公司，如MODEC(Modell Environmental Corp.)(1986年)、EcoWaste Technologies(1990年)、SRI International(1993年)、SuperWater Solutions(2006)、SuperCritical Fluids International(SCFI)(2007年)、Innoveox(2008 年)等。1985 年，MODAR 公司建成了第一个超临界水氧化中试装置，处理能力为每天 950L 含 10%有机物的污水和含多氯联苯的废变压器油，各种有害物质的去除率均大于 99.99%。2001 年，美国得克萨斯州的哈灵根水厂启动了采用 SCWO 技术处理污泥的首条作业线，当其第 2 条作业线投入使用时(2001 年 8 月底)，可处理含固体质量分数 7%～8%的污泥 132.5m^3/d，这是哈灵根水厂两个污水处理场所产生的日污泥总量。在德国，MODEC 公司为包括拜耳公司在内的德国医药联合体设计的 SCWO 工厂于 1994 年开始运行，有机物处理能力为 5～30t/d。目前，美国 General Atomics、374Water 等公司仍然活跃在 SCWO 技术的商业化推广应用领域，其中 General Atomics 的 iSCWO 系统用于处理全氟/多氟烷基化合物(PFAS)。

间歇式超临界水氧化的典型工艺流程如图 2-2-15 所示。工作过程一般可分为 7 个步骤：进料制备及加压→预热→反应→盐的形成和分离→冷却和能量/热量循环→减压和相分离→对出水进行清洁处理(若有必要)；反应器基本上有三类：管式反应器、罐式反应器和蒸发壁反应器。

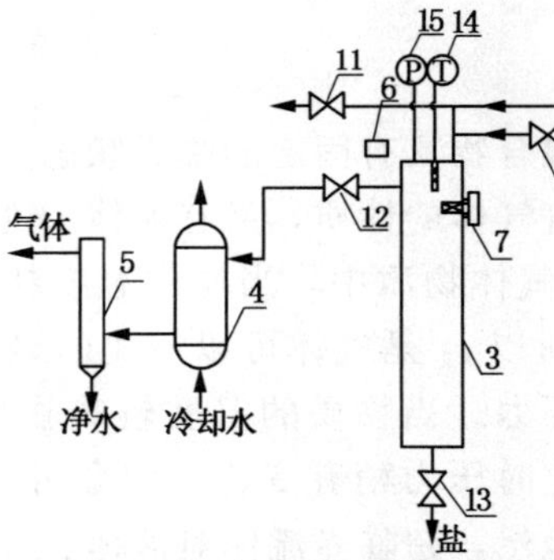

图 2-2-15　间歇式超临界水氧化的工艺流程示意图

1—高压柱塞水泵；2—空气压缩机；3—高压反应釜；4—冷却器；5—气液分离器；6—高压安全阀；7—催化剂进口；8—进气控制阀；9—进水罐；10—进水控制阀；11—放空阀；12—排水控制阀；13—排盐阀；14—温度表；15—压力表

(3)存在的问题

影响 SCWO 技术商业化推广应用的主要原因有设备腐蚀、反应中的盐沉积、反应动力学、中间反应的控制等。

以设备腐蚀为例，在超临界条件下，由于高温、高压、高浓度的溶解氧、反应中产生的活性自由基、强酸或某些盐类物质，都加快了反应设备的腐蚀。对世界上已有主要耐腐蚀合金的试验表明，不锈钢镍基合金钛等高级耐腐蚀材料在超临界水氧化中也都会受到不同的腐蚀。目前主要通过研制新型的耐压耐腐蚀材料、优化反应器结构或运行参数等措施，同时通过加入催化剂或更强的氧化剂，来降低超临界反应的压力和温度，从而减轻反应设备的腐蚀。

至于盐沉积问题，无机盐在超临界条件下的溶解度很小，反应过程中产生的盐沉积下来可能会引起反应设备或管道的堵塞，解决这些问题可以采取优化反应器结构或运行参数和对高含盐量体系进行预处理等措施。

2. 微波化学水处理技术

(1)基本原理

微波是指波长为 1mm～1m，频率为 300～300000MHz 的电磁波。由于微波的频率很高，所以亦称为超高频电磁波。微波频段的具体划分如表2-2-2所示，目前只有915MHz和2450MHz被广泛应用，在较高的两个频段还没有合适的大功率工业设备。

表2-2-2　微波频段范围列表

频率范围/MHz	波段	中心波长/m	常用主频率/MHz	波长/m
890～940	L	0.330	915	0.328
2400～2500	S	0.122	2450	0.122
5725～5875	C	0.052	5800	0.052
22000～22250	K	0.014	22125	0.014

微波化学污水处理不同于传统的污水处理方法，主要通过微波场对吸波物质进行选择性加热、低温催化、快速穿透等，达到去污除浊杀菌的效果。

微波化学污水处理技术的基础是“极性分子理论”。外加微波场可使这些极性分子因趋向作用而发生频率极高的振荡运动，消耗能量而发热。在微波场中物质的吸波与否和吸波强弱，与该物质的电性质有关。实验证明，在单位体积物质内被吸收的微波功率，与电场(磁场)强度、物质的损耗角正切和频率成正比关系。根据“极性分子理论”，微波不仅可以加快化学反应，在一定条件下也能抑制反应的进行，还可以改变反应的途径。除了对反应加热引起反应速率改变以外，还具有电磁场对反应分子间行为的直接作用而引起的所谓“非热效应”。

考虑到许多有机化合物都不直接明显地吸收微波，此时可以添加某种强烈吸收微波的“敏化剂”，把微波能传给这些物质而诱发化学反应。利用这些“敏化剂”在微波辐射下实现某些催化反应，这就是所谓的微波诱导催化反应。高强度连续波微波辐射聚焦到某种“敏化剂”的表面，由于“敏化剂”表面点位与微波能的强烈相互作用，微波能将被转变成热能，从而使某些表面点位选择性地被很快加热至很高温度(例如很容易超过1400℃)。

总之，微波化学污水处理就是利用微波对水中的污染物通过物理及化学作用进行降解、转化，从而实现污水净化的目的。反应机理包括以下反应过程

$$\mathrm{P} \xrightarrow{\text{微波}} (\mathrm{P})^{+} \quad \text{P：水分子、污染物种分子}$$

$$(\mathrm{P})^{+} + \mathrm{H_2O} \xrightarrow{\text{微波}} \mathrm{P} + \mathrm{H_2O^{+}}$$

$$\mathrm{H_2O^{+}} + \mathrm{H_2O} \xrightarrow{\text{微波}} \mathrm{H_3O^{+}} + \mathrm{OH}$$

$$\mathrm{M} \xrightarrow{\text{微波}} \mathrm{M^{*}} \quad \text{M：敏化剂}$$

$$n \cdot \mathrm{M^{*}} + m \cdot \mathrm{SS} \xrightarrow{\text{微波}} (\mathrm{M^{*}})_n(\mathrm{SS})_m \downarrow \quad \text{SS：悬浮固体}$$

$$\mathrm{OH} + \mathrm{R} \xrightarrow{\text{微波}} \mathrm{HO{-}R} \quad \text{R：有机物种等}$$

$$n \cdot \mathrm{M^{*}} + m \cdot \mathrm{HO{-}R} \xrightarrow{\text{微波}} (\mathrm{M^{*}})_n(\mathrm{HO{-}R})_m \downarrow$$

微波在处理水中污染物的同时，也能杀灭水中的细菌、藻类等微生物。其作用原理是由于微波辐射的热效应，引起生物体组织器官的加热作用而产生生理影响和抑制、伤害作用。

(2)主要工艺流程

微波化学污水处理一般可以采用“预处理→调节池→混合器→微波反应器→沉降过滤设备”的组成模式，优点是工艺流程简单，且能够减少大量的管网工程，对进水的pH值、浓

度、温度等无特殊要求。混合器的作用是将污水与添加剂(敏化剂)进行充分混合与振荡，提高微波在水中的有效穿透能力。微波反应器是整个处理工艺的核心，包括微波源、谐振腔、微波源操作台等。微波源为微波发生系统，其功率和频率根据水量和水质的不同来选定。产生的微波通过波导管进入谐振腔，谐振腔的大小根据微波功率、频率的不同来选定。由于微波对人体健康有无影响的问题亟待明确，因此在设计微波设备反应部分时应注意防止微波泄漏。

向污水中加入敏化剂和其他药剂，通过微波反应器处理后会形成大颗粒的矾花，在自然状态下 3～5s 迅速沉降，再经过滤设备实现固液分离，处理出水达到排放或回用目的，污泥则脱水外运或用作其他用途。工程实践表明，微波化学处理出水中色度、硫化物、悬浮物、COD_{Cr}、BOD_5、挥发酚和总磷等的去除率在 90%以上；出水中氨氮和阴离子洗涤剂的去除率在 75%和 80%左右；沉降污泥量少，占处理水量的 3%左右，且含有大量的磷(富集倍数为 300 倍左右)。

微波技术近年来在环保领域的应用十分活跃，除用于污水处理之外，还可用于市政污泥脱水、烟气脱硫脱硝、吸附剂再生、废弃电板路中贵金属回收、原油乳化液破乳降黏、污水除油等。

§2.3 吸附理论与水处理用吸附设备

吸附过程是气体或液体与固体颗粒表面之间的相际传质过程，包括气体吸附和液体吸附两大类。在水质工程领域，吸附法主要用于去除水中的微量污染物，应用范围包括脱色、除臭、脱除重金属/各种溶解性有机物/放射性元素等。在具体的水处理工艺流程中，吸附法既可以作为离子交换、膜分离等方法的预处理，也可以作为二级处理后的深度处理。利用吸附法进行水质净化具有适应范围广、处理效果好、可回收有用物料、吸附剂可重复使用等优点，但对进水水质要求较高，运行费用较高，系统庞大，操作较为麻烦。

一、吸附的基本理论

1. 吸附过程

吸附是一种界面现象，其作用发生在两个相的界面上。具有吸附能力的多孔性固体物质称为吸附剂，而被吸附的物质称为吸附质。吸附剂与吸附质之间的作用力除了分子之间的引力以外，还有化学键力和静电引力。根据两相界面上吸附力的不同，吸附可分为物理吸附、化学吸附、离子交换吸附等三种类型。

(1)物理吸附

吸附剂和吸附质之间通过分子间力(范德华力)产生的吸附称为物理吸附。物理吸附是一种常见的吸附现象，吸附热较小，一般小于 41.84kJ/mol，在低温下就能发生。被吸附的分子由于热运动还会离开吸附剂表面，这种现象称为解吸，是吸附的逆过程。物理吸附的吸附速度和解吸速度都较快，易达到平衡状态。一般在低温下进行的吸附主要是物理吸附，可以形成单分子吸附层或多分子吸附层。由于分子间力普遍存在，所以一种吸附剂可以有选择地吸附多种吸附质。由于吸附剂和吸附质的极性强弱不同，同一种吸附剂对各种吸附质的吸附量是不同的。一般共存多种吸附质时，吸附剂对某种吸附质的吸附能力比只含该种吸附质时的吸附能力差。

(2)化学吸附

吸附剂和吸附质之间发生由化学键力引起的吸附称为化学吸附。一般在较高温度下进行，吸附热较大，相当于化学反应热，一般为 30～418.4kJ/mol。一般一种吸附剂只能对某种或几种吸附质发生化学吸附，因此化学吸附具有选择性。由于化学吸附靠吸附剂和吸附质之间的化学键力来进行，因此只能形成单分子吸附层。当化学键力大时，化学吸附不可逆，不易吸附与解吸，达到平衡较慢。化学吸附速率随温度的升高而增加，故化学吸附常在较高温度下进行。

(3)离子交换吸附

一种吸附质的离子因静电引力而被吸附在吸附剂表面的带电点上，由此产生的吸附称为离子交换吸附。由于这种吸附兼有吸收现象，故又可总称为吸着。在这种吸附过程中，伴随着等当量的离子交换。如果吸附质的浓度相同，离子带的电荷越多，吸附就越强。对电荷数相同的离子，水化半径越小，越能紧密地接近于吸附点，越有利于吸附。

物理吸附、化学吸附和离子交换吸附往往相伴发生，大部分往往是几种吸附综合作用的结果。由于吸附质、吸附剂及其他因素的影响，可能某种吸附是主要的，例如有的吸附在低温时主要是物理吸附，在高温时则是化学吸附。

2. 吸附平衡

在一定条件下，当流体与吸附剂充分接触后，一方面流体中的吸附质将被吸附剂吸附，称该过程为吸附过程。随着吸附过程的进行，吸附质在吸附剂表面上的数量逐渐增加，一部分已被吸附的吸附质，由于热运动的结果会脱离吸附剂表面，回到流体主相中去，称该过程为解吸过程。在一定温度下，当吸附速度和解吸速度相等(即达到吸附平衡)时，流体中吸附质的浓度(或分压)称为平衡浓度(或平衡分压)，而吸附剂对吸附质的吸附量为平衡吸附量。

(1)吸附等温线

在温度一定的条件下，吸附量随吸附质平衡浓度(或平衡分压)的提高而增加。平衡吸附量随平衡浓度(或平衡分压)之间的关系即为吸附平衡关系，通常用吸附等温线表示。

图 2－3－1 所示为吸附过程中出现的 5 种吸附等温线类型，其形状的差异是由于吸附剂和吸附质分子之间的作用力不同而造成的。Ⅰ型表示吸附剂毛细孔的孔径比吸附质分子尺寸略大时的单分子层吸附；Ⅱ型表示完成单层吸附后再形成多分子层吸附；Ⅲ型表示吸附量不断随组分分压增加而增加直至相对饱和值趋于 1 为止；类型Ⅳ为类型Ⅱ的变形，能形成有限的多层吸附；类型Ⅴ偶然见于分子互相吸引效应很大的情况。

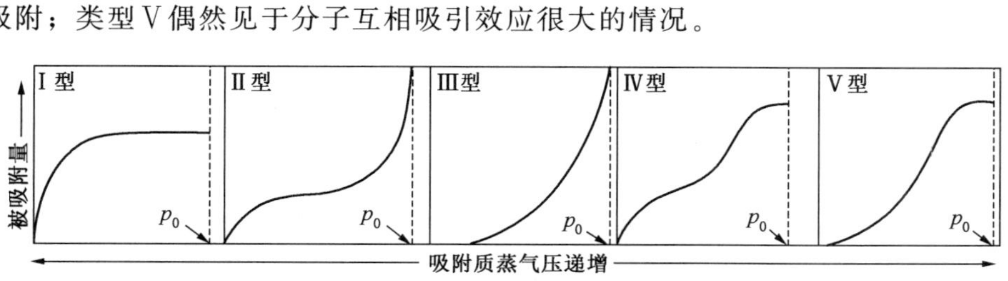

图 2－3－1　吸附等温线类型

实际上在水处理过程中，当吸附剂与混合溶液接触时，溶质与溶剂都将被吸附。由于总吸附量无法测定，故通常以溶质的表观吸附量来表示。单位质量吸附剂(kg)所吸附的吸附质质量(kg)简称为吸附量 q，用来表示吸附剂吸附能力的大小。取一定容积 $V(m^3)$、含吸附

质浓度为 c_0(kg/m^3)的原水水样，向其中投入吸附剂的质量为 m(kg)。当达到吸附平衡时，污水中剩余的吸附质浓度为 c_B(kg/m^3)，则吸附量 q 可用下式表示

$$q=\frac{V(c_0-c_B)}{m}(\mathrm{kg/kg}) \tag{2-3-1}$$

(2)等温吸附方程式

由于不同学者对吸附平衡现象的描述采用不同的假定和模型，因而推导出了等温条件下吸附平衡的多种经验方程式，即为等温吸附方程式。常用的有弗罗德里希等温吸附方程式(Herbert Freundlich，1909 年)、朗格缪尔等温吸附方程式(Irving Langmuir，1916 年)、B. E. T 等温吸附方程式。

①弗罗德里希等温吸附方程式

$$q=\frac{x}{m}=kp^{\frac{1}{n}} \tag{2-3-2}$$

式中 q——单位吸附剂在吸附平衡时的饱和吸附量，kg 吸附质/kg 吸附剂；

p——吸附质的平衡分压，kPa；

k、n——经验常数，随着温度的变化而变化，在一定温度下对一定体系而言是常数；

m——吸附剂的量，kg；

x——所吸附之吸附质的量，kg。

该方程描述了在等温条件下，吸附量与压力的指数分数成正比。压力增大，吸附量也随之增大，但当压力增大到一定程度后，吸附量不再变化。一般认为在中压范围内能很好地符合实验数据。

②朗格缪尔等温吸附方程式

$$q=\frac{Kq_m p}{1+Kp} \tag{2-3-3}$$

式中 q_m——吸附剂表面单分子层盖满时的最大吸附量，kg 吸附质/kg 吸附剂；

K——吸附平衡常数，L/g。

朗格缪尔等温吸附方程式符合Ⅰ型等温线和Ⅱ型等温线的低压部分。

③B. E. T 等温吸附方程式。又被称为多分子层吸附理论，该理论由勃劳纳尔(Stephen Brunauer)、埃米特(Paul Hugh Emmett)、泰勒(Edward Teller)3 人于 1938 年将 Langmuir 单分子层吸附理论加以发展而建立起来，迄今仍是影响最深、应用最广(特别是在固体比表面测定上)的一个吸附理论。

B. E. T 理论认为，固体对气体的物理吸附是范德华力(van der Waals force)造成的后果。因为分子之间也有范德华力，所以分子撞在已被吸附的分子上时也有被吸附的可能，亦即吸附可以形成多分子层。为了导出应用结果，他们作了两个重要假设：一是第一层的吸附热 Q_1 是常数；二是第二层及以后各层的吸附热都一样，而且等于液化热 Q_L。相关的吸附等温方程式有 B. E. T 二常数公式、B. E. T 三常数公式。虽然 B. E. T 理论在定量方面并不很成功，但却能半定量或至少定性地描述物理吸附的五类等温线，使人们对物理吸附图像有了一个初步的正确认识。

3. 吸附速率

吸附剂对吸附质的吸附效果，除了用吸附容量表示之外，还必须以吸附速率来衡量。所

谓吸附速率，是指单位质量(或单位体积)的吸附剂在单位时间内所吸附之吸附质的量。吸附速率决定了需要净化的流体混合物与吸附剂的接触时间，吸附速率越快，所需要的接触时间就短，需要的吸附设备容积就小。

吸附速率决定于吸附剂对吸附质的吸附过程，通常吸附质被吸附剂吸附的过程分为三步(如图2－3－2所示)：①吸附质从流动相主体穿过颗粒层周围的液膜(或气膜)扩散至吸附剂颗粒的外表面，称为颗粒外扩散(或膜扩散)过程；②吸附质从吸附剂颗粒的外表面通过颗粒上的微孔扩散进入颗粒内部，达到颗粒的内表面，称为内扩散(或孔隙扩散)过程；③在吸附剂颗粒内表面上的吸附质被吸附剂吸附，称为表面吸附(或吸附反应)过程。解吸时则逆向进行，首先进行被吸附质的解吸，经内扩散传递至外表面，再从外表面扩散至流动相主体，完成解吸。

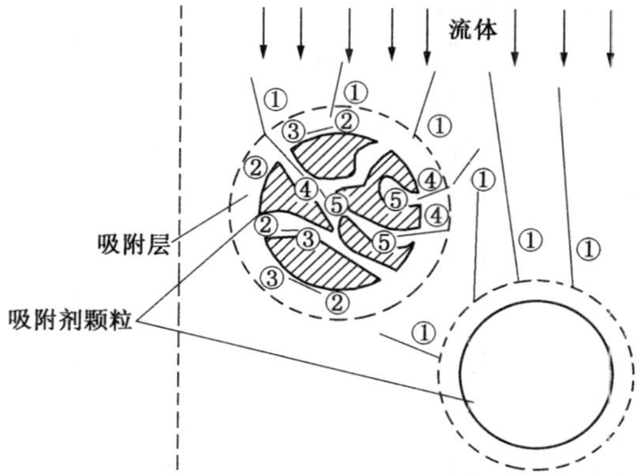

图2－3－2　吸附质在吸附剂上的扩散示意图

对于物理吸附而言，通常由于表面吸附(或吸附反应)速率非常快，所以决定吸附过程总速率的是颗粒外扩散(膜扩散)速度和内扩散(或孔隙扩散)速度。根据上述机理，对于某一瞬间，按拟稳态处理，吸附速率可分别用外扩散、内扩散或总传质速率方程来表示。由于吸附剂外表面处的浓度 c_i 和 q_i 无法测定，因此通常按照拟稳态处理，将吸附速率用总传质速率方程表示为

$$\frac{\partial q}{\partial t}=K_F\alpha_p(c-c^*)=K_S\alpha_p(q^*-q) \tag{2-3-4}$$

式中　c^*——与吸附质含量为 q 的吸附剂呈平衡状态的流体中吸附质的质量浓度，kg/m^3；

q^*——与吸附质浓度为 c 的流体呈平衡的吸附剂上吸附质的含量，kg/kg；

t——吸附时间，s；

K_F——以 $\Delta c=c-c^*$ 为推动力的总传质系数，m/s；

K_S——以 $\Delta q=q^*-q$ 为推动力的总传质系数，$kg/(m^2\cdot s)$；

α_p——单位体积吸附剂的吸附表面积，m^2/m^3。

对于稳态传质过程有

$$\frac{\partial q}{\partial t}=K_F\alpha_p(c-c_i)=K_S\alpha_p(q_i-q) \tag{2-3-5}$$

如果在操作的浓度范围内吸附平衡为直线，即 $q_i=mc_i$，则根据上式整理可得

$$\frac{1}{K_F}=\frac{1}{k_F}+\frac{1}{mk_S} \tag{2-3-6a}$$

$$\frac{1}{K_S}=\frac{1}{k_S}+\frac{m}{k_F} \tag{2-3-6b}$$

式中　k_F——流体相侧的传质系数，m/s；

k_S——吸附剂固相侧的传质系数，$kg/(m^2\cdot s)$。

k_F 与流体物性、颗粒几何形状、两相接触的流动状况以及温度、压力等操作条件有关。

有些关联式可供使用，具体可参考有关专著。k_S 与吸附剂的微孔结构性质、吸附质的物性以及吸附过程持续时间等多种因素有关，一般由实验测定。式(2-3-6a)、式(2-3-6b)表示吸附过程的总传质阻力为外扩散阻力与内扩散阻力之和。

大多数情况下，内扩散的速率较外扩散慢，吸附速率由内扩散速率决定，吸附过程称为内扩散控制过程，此时 $K_S=k_S$；但有的情况下，外扩散速率比内扩散慢，吸附速率由外扩散速率决定，称为外扩散控制过程，此时 $K_F=k_F$。

需要强调的是，水质工程领域溶质从水中移向固体颗粒表面发生吸附，是水、溶质和固体颗粒三者相互作用的结果。引起吸附的第一种原因在于溶质对水的疏水特性和溶质对固体颗粒的高度亲和力，溶质的溶解程度是确定第一种原因的重要因素，溶质的溶解度越大，则向吸附界面移动的可能性越小；相反，溶质的憎水性越强，向吸附界面移动的可能性越大。引起吸附的第二种原因主要由溶质与固体颗粒之间的静电引力、范德华力或化学键力所引起，这也就是前述的三种基本吸附类型。

二、吸附剂及其解吸再生

1. 吸附剂

虽然所有的固体表面对气体或液体都或多或少地具有物理吸附作用，但合乎工业需要的吸附剂必须具备一些条件。环保行业常用的吸附剂包括活性炭、活性氧化铝、硅胶、沸石、硅藻土、粉煤灰和沸石分子筛，此外还有吸附树脂、活性黏土及碳分子筛等。

(1)活性炭与活性炭纤维

活性炭作为最常用的吸附剂，是以含碳为主的物质作原料，经高温炭化和活化制得的疏水性吸附剂。主要成分除碳以外，还含有少量的氧、氢、硫等元素以及水分、灰分，具有良好的吸附性能和稳定的化学性质。

活性炭外观为暗黑色，有粉状和粒状(颗粒状/柱状)和两种，目前工业上大量采用的是粒状活性炭。粉状活性炭(PAC)的粒度为 10～50μm，一次性使用而不可再生；粒状活性炭(GAC)的表面积大、吸附快、使用寿命长、可反复再生，在水质工程领域使用相对较多。基于 PAC 的水质净化过程多为间歇操作，可通过单独投加或与其他方法联用来提高出水水质，如投加高锰酸钾、投加硅藻土、膜处理、预氯化、预臭氧等。

与其他吸附剂相比，活性炭具有比表面积巨大和微孔特别发达等特点，比表面积通常可达 500～1700 m^2/g，因而形成了强大的吸附能力和吸附容量。但是，比表面积相同的活性炭，对同一物质的吸附容量也并不一定相同，这与活性炭的内孔结构和分布以及表面化学性质有关。粒状活性炭的孔径(半径)大致分为以下三种：大孔(10^{-5}～10^{-7}m)、过渡孔(2×10^{-9}～10^{-7}m)、微孔(0～2×10^{-9}m)，由不同原料制成的活性炭具有不同大小的孔径。微孔的容积为 0.15～0.9mL/g，表面积占总面积的 95%以上；过渡孔的容积为 0.02～0.1mL/g，除特殊活化方法外，表面积不超过总表面积的 5%；大孔容积为 0.2～0.5mL/g，而表面积仅为 0.2～0.5m^2/g。在气相吸附中，吸附容量在很大程度上取决于微孔；而在液相吸附中，吸附质分子直径较大，如着色成分的分子直径多在 3×10^{-9}m 以上，这时微孔几乎不起作用，吸附容量主要取决于过渡孔。部分粒状活性炭产品的性能参数如表 2-3-1 所示。

表 2-3-1　部分粒状活性炭产品的性能参数

型号	原料及活化方法	主要性能							
		粒度/mm	堆积密度/(g/L)	强度/%	水分/%	吸苯率/%	碘值/(mg/g)	比表面积/(m^2/g)	孔体积/(m^3/g)
太原 5# 炭	煤粉+煤焦油：水蒸气活化	ϕ3～5，长 3～8	< 600	>85	< 10	—	642.1	713	—
太原 8# 炭	煤粉+煤焦油：水蒸气活化	ϕ1.5，长 2～4	495	>75	8～10	> 35	859.8	926	0.81
上海 14# 炭	木炭粉+煤粉+煤焦油：水蒸气活化	ϕ3～4，长 8～15	< 600	>95	< 5	—	> 22%	—	—
上海 15# 炭	木炭粉+煤粉+煤焦油：水蒸气活化	ϕ3～4，长 5～10	—	>95	< 5	> 25	—	—	—
新化 x-16 炭	果壳+煤焦油：水蒸气活化	ϕ3～3.5，长 3～8	< 500	>90	< 10	>300mg/g	—	979	0.63

因为活性炭吸附时，外部扩散(液膜扩散)速度对吸附有影响，所以吸附设备的型式、接触时间(过流速度)等对吸附效果都有影响。

活性炭纤维(Activated Carbon Fiber，ACF)是一种较新型的高效吸附剂。将聚丙烯腈、酚醛黏胶丝、沥青、聚乙酸乙烯等原料先经过处理使之纤维化，随后在 700～1000℃的温度下，在水蒸气或二氧化碳的环境中进行活化，从而得到具有吸附性的活性炭纤维。活性炭纤维含碳量高，孔径分布窄、微孔发达，其吸附动力学过程几乎不包括粒状活性炭吸附过程中通常为速度控制步骤的孔内扩散过程，吸附质几乎可以只通过微孔到达吸附位置，所以吸附速度比较快。研究表明，活性炭纤维对一些芳香族化合物的吸附系数较粒状活性炭高 5～10 倍，特别是对一些恶臭物质的吸附量比粒状活性炭要高出 40 倍左右。活性炭纤维再生比较容易，重复使用性好。尽管活性炭纤维具有许多优点，但产品价格较高。近年来还出现了活性炭纤维织物(Activated Carbon Fiber Fabric，ACFF)类材料，如活性炭纤维网(Activated Carbon Fiber Mesh，ACFM)和活性炭纤维布(Activated Carbon Fiber Cloth，ACFC)等。

(2)硅胶

硅胶是一种坚硬、由无定形 SiO_2 构成的多孔结构固体颗粒，其分子式为 $SiO_2 \cdot nH_2O$。用硫酸处理硅酸盐水溶液生成凝胶，所得凝胶再经老化、水洗去盐后，干燥即得。根据加工制造过程的不同，可以控制微孔尺寸、孔隙率和比表面积的大小。

硅胶主要用于气体干燥、烃类气体回收、废气净化(含有 SO_2、NO_x 等)、液体脱水等，是一种较理想的干燥吸附剂，在 20℃和相对湿度 60%的空气流中，微孔硅胶吸附水的吸湿量为硅胶质量的 24%。硅胶吸附水分时，会放出大量的吸附热。硅胶难于吸附非极性物质的蒸气，易于吸附极性物质，其再生温度为 150℃左右，也常用作特殊吸附剂或催化剂载体。

(3)活性氧化铝

活性氧化铝又称活性矾土，为一种无定形的多孔结构物质，通常由含水氧化铝加热、脱水和活化而得。活性氧化铝对水有很强的吸附能力，主要用于液体与气体的干燥，而其再生温度又比分子筛低得多。可用于活性氧化铝干燥的部分工业气体包括：Ar、He、H_2、氟利昂、氟氯烷等。它对某些无机物具有较好的吸附作用，故常用于碳氢化合物的脱硫以及含氟废气的净化。此外，活性氧化铝还可用作催化剂载体。

(4)沸石分子筛

大多数沸石分子筛都是 Na、K、Mg、Ca、Sr、Ba 等阳离子的结晶水合铝硅酸盐，这种结构的铝硅酸盐部分是三维开放骨架。分子筛为结晶型且具有多孔结构，其晶格中有许多大小相同的空穴，可包藏被吸附的分子。空穴之间又有许多直径相同的孔道相连。因此，分子筛能使比其孔道直径小的分子通过孔道，吸到空穴内部，而孔径大的物质分子则被排斥在外面，从而使分子大小不同的混合物分离，起了筛分分子的作用。几种常用分子筛的孔径及组成如表 2-3-2 所示。

表 2-3-2　常用分子筛的孔径及其组成

沸石类型	主要阳离子	孔径/nm	SiO_2/Al_2O_3(摩尔比)	典型化学组成
3A	K^+	0.3～0.33	2	$K_2O \cdot Na_2O_3 \cdot Al_2O_3 \cdot 2SiO_2 \cdot 4.5H_2O$
4A	Na^+	0.42～0.47	2	$Na_2O \cdot Al_2O_3 \cdot 2SiO_2 \cdot 4.5H_2O$
5A	Ca^{2+}	0.49～0.56	2	$0.7CaO \cdot 0.3Na_2O \cdot Al_2O_3 \cdot 2SiO_2 \cdot 4.5H_2O$
10X	Ca^{2+}	0.8～0.99	2.3～3.3	$0.8CaO \cdot 0.2Na_2O \cdot Al_2O_3 \cdot 2.5SiO_2 \cdot 6H_2O$
13X	Na^+	0.9～1	3.3～5	$Na_2O \cdot Al_2O_3 \cdot 5SiO_2 \cdot 6H_2O$

(5)粉煤灰

粉煤灰是火力发电厂等燃煤锅炉排放出的废渣，目前围绕利用粉煤灰研制开发各种新型水处理剂取得了较大进展。由于粉煤灰中含有大量以活性氧化物 SiO_2、Al_2O_3 为主的不规则玻璃状颗粒，这些颗粒中含有不同数量的微小气泡和微小活性通道，因此粉煤灰表面呈多孔结构，其孔隙率一般为 60%～70%，比表面积大，且其表面上的原子力都呈未饱和状态，使得粉煤灰具有较高的比表面能和较好的表面活性。此外，粉煤灰中含有少量沸石、活性炭等具有交换特性的微粒，又富含铝、硅等元素，这样就使得粉煤灰具有很强的物理吸附和化学吸附性能，对于阳离子尤其是重金属离子具有很好的吸附效果。粉煤灰对阴离子的吸附以化学吸附为主，是一个放热过程；此外，粉煤灰还具有显著去除 COD 和脱色等效果。

2. 吸附剂的解吸再生

吸附剂在达到饱和吸附后，必须进行解吸再生，才能重复使用。解吸再生就是在吸附剂结构不发生或者稍微发生变化的情况下，将被吸附的物质从吸附剂表面去除，以恢复其吸附性能，因此解吸再生是吸附的逆过程。目前，吸附剂的解吸再生方法有加热解吸再生、降压或真空解吸再生、置换再生、溶剂萃取再生、化学药剂再生、化学氧化再生、生物再生、超声波再生等。

(1)加热解吸再生

这是比较常用的再生方法，几乎各种吸附剂都可以用加热解吸再生法恢复吸附能力。根据吸附剂的吸附容量在等压下随温度升高而降低的特点，用升高吸附剂温度的方法，使吸附质脱附再生。活性炭再生过程中活化时间与活化温度之间存在着一个近似平衡的关系，即活化温度越高，所需的活化时间越短。一般认为活化时间在 20～40min 之间为最佳，实际控制范围则可在 5～125min 之间。

加热解吸再生是目前工业上最成熟的粒状活性炭再生方法，通用性很强，许多污染物都能通过加热得到去除。用于加热解吸再生的设备有立式多段炉、转炉、立式移动床炉、流化床炉以及电加热炉等，电加热再生包括直接电流加热再生、微波再生和高频脉冲放电再生。

再生过程中要注意尾气的控制，一般采用除尘器和在尾部添加燃烧器以减少尾气排放污染。

一般而言，特定活性炭都存在最佳再生温度。用于污水处理用的活性炭，所吸附的有机物量可达炭重的40%，常用的再生温度为960℃；用于给水处理用的活性炭，所吸附的有机物量只有炭重的7.6%～8.2%，采用850℃的再生温度可能是一个较好的折中再生温度。

(2)降压或真空解吸再生

气体吸附过程与压力有关，压力升高时有利于吸附，压力降低时解吸占优。因此，通过降低操作压力可使吸附剂得到再生，若吸附在较高压力下进行，则降低压力可使被吸附的物质脱离吸附剂进行解吸；若吸附在常压下进行，可以采用抽真空的方法进行解吸。工业上利用这一特点，采用变压吸附(PSA)工艺，达到分离混合物及吸附剂再生的目的。

(3)置换再生

在气体吸附过程中，某些热敏性物质在较高温度下易聚合或分解，可以用一种吸附能力较强的气体(称为解吸剂)将吸附质从吸附剂中置换与吹脱出来。再生时解吸剂流动方向与吸附时流体流动方向相反，即采用逆流吹脱的方式。这种再生方法需加一道工序，即解吸剂的再解吸，一般采用加热解吸再生。

(4)溶剂萃取再生

选择合适的有机溶剂，使吸附质在该溶剂中的溶解性能远大于吸附剂对吸附质的吸附作用，从而将吸附质溶解下来。常用的有机溶剂包括甲醇、乙醇、苯、丙酮、醚类等。

(5)化学氧化再生

化学氧化再生的方法很多，可分为湿式氧化法(WO)、电解氧化法及臭氧氧化法等几种，其中湿式氧化法已经在§2.2中涉及，一般用于粉状活性炭(PAC)的再生。与热再生法相比，湿式氧化法在适宜条件下能获得较高的再生率和较小的损失率，避免产生硫化物、氮氧化物等大气污染物，适合再生吸附质为难降解有机物的PAC，环境和经济效益好。在此基础上引入催化剂可降低湿式氧化的再生温度和压力，从而发展为催化湿式氧化再生法，其催化剂主要为贵金属、过渡金属及其氧化物和复合氧化物，添加催化剂能降低基建费用和50%左右的运营费用，但炭沉积和金属浸出会造成催化剂失活，且处理不当可能引起二次污染。至于工业上到底采用哪种操作方法，应视具体情况而定，生产实际中常常是几种方法结合使用。

吸附剂经反复吸附和再生后，会发生劣化现象，吸附容量下降。吸附剂劣化的主要原因包括：吸附剂表面沉积杂质，反复加热冷却过程中吸附剂的微孔结构被破坏，化学反应破坏吸附剂的晶体结构。由于吸附剂存在劣化现象，因此设计时留有10%～30%的余量很有必要。

三、典型吸附设备及其工艺设计

1. 典型吸附设备简介

粒状活性炭等吸附剂配套的典型吸附设备可采用罐、塔或池形结构，操作方式有间歇式和连续式。间歇式是先将原水和吸附剂放在吸附池内搅拌30min左右，然后静置沉淀，排出澄清液，主要用于小量污水的处理和实验研究。由于间歇式在生产上一般要用两个吸附池交换工作，因此实际中常用连续式。根据活性炭在吸附设备中的状态，可将连续式吸附设备分为固定床、移动床、模拟移动床及流化床等；按照原水在吸附设备中的流向，可分为上向流和下向流。

(1)固定床

固定床是将吸附剂固定装填在罐或塔中形成深层滤床，在水处理中最为常用。将粒状活性炭(GAC)用于固定吸附床时通常采取如下两种方式：

①用粒状活性炭替换部分砂粒滤料，成为下向流双层滤料滤池。其底部装填0.2～0.3m厚的碎石、石英砂，支持层粒径20～400mm，在石英砂层上部装1～1.5m厚的粒状活性炭等作过滤吸附层。采用这种滤池时净化效果比单层好，可减少反冲洗次数，降低反冲洗强度，由于仅替换部分砂层，故可迅速投产使用，但更换活性炭困难，只可作为应急的有效措施。

②用粒状活性炭替换全部砂粒滤料，即粒状活性炭在吸附有机物的同时兼顾过滤除去悬浮固体，吸附效率不受悬浮固体的影响和预先未经砂滤的影响。此时的相应设备通常也被称为活性炭过滤器，其结构形式与常规压力过滤器类似，这里不再赘述。

根据处理水量、原水水质及处理要求，固定床可以分为单床和多床系统，多床又有串联和并联两种。应该指出，固定床长期运行时，粒状活性炭表面往往吸附有大量有机物，这会成为微生物繁殖的基质；随着时间的增加，处理出水中的细菌数增加，同时细菌在繁殖过程中形成的代谢产物常常会堵塞滤料层。为了解决这些问题，人们早期常常通过增加反冲洗次数、预投加臭氧等方法控制微生物繁殖。后来研究发现，在臭氧和粒状活性炭组合的情况下，粒状活性炭会变成生物活性炭，对有机物产生吸附和生物降解的双重作用，从而对水中溶解性有机物的吸附能力大大超过根据吸附等温线所预期的吸附负荷。此外，在粒状活性炭滤床中进行的生物氧化也可有效去除某些无机物。

以北京市自来水集团郭公庄水厂为例，该厂设计初期考虑采用常规活性炭吸附工艺：粒状活性炭层厚度为1.8m，设计滤速为8.45m/h，过滤水头为2m，具备水反冲洗、气水顺序反冲洗、气水联合反冲洗三种方式。设计中后期通过分析大量文献资料，确定将厚1.8m的粒状活性炭层更换为粒状活性炭和石英砂双层滤料，进而将活性炭吸附池改为炭砂双层滤料滤池，上层的粒状活性炭主要起到对有机物、色、嗅、味的有效去除作用，下层的石英砂滤料对浊度进行有效去除。从2013年3月开始，在北京市第九水厂超滤膜中试基地内开始进行炭砂双滤料滤池的中试，通过为期约1年的中试，基本确定了郭公庄水厂炭砂双滤料滤池的一些设计及运行参数：上层粒状活性炭厚度为0.6m，下层石英砂厚度为1.2m；石英砂滤料有效粒径为d_{10}=0.95～1.05mm，滤料不均匀系数为$K_{80}<1.4$；煤质柱状活性炭直径为$\phi 1.5$mm，柱长度为1.25～2.5mm；反冲洗方式为气水顺序反冲洗，气体反冲洗强度为14L/($m^2 \cdot s$)，水反冲洗强度为12L/($m^2 \cdot s$)。中试研究还表明，北方地区臭氧-粒状活性炭主要以炭柱的孔隙吸附为主，粒状活性炭表面难以形成生物膜，几乎没有生物降解作用，因此给水厂在机械加速澄清池后设置炭砂双滤料滤池不会出现由于频繁冲洗而导致生物膜脱落的情况，可以使粒状活性炭层和石英砂层充分发挥作用。

(2)移动床

移动床是指在操作过程中定期将接近饱和的一部分吸附剂从吸附柱排出，并同时将等量的新鲜吸附剂加入柱中。图2-3-3所示为移动床吸附塔的结构示意图。原水自下而上地流过吸附层，吸附剂(图中为活性炭)由上而下间歇或连续移动。间歇移动床处理规模大时，每天从塔底定时卸吸附剂1～2次，每次吸附剂卸量为塔内吸附剂总量的5%～10%。连续移动床，即饱和吸附剂连续卸出，同时新吸附剂连续从顶部补入。理论上连续移动床层厚度只需一个吸附区的厚度，直径较大吸附塔的进出水口采用井筒式滤网。

与固定吸附床相比，移动床能充分利用床层吸附容量，出水水质良好，且水头损失较小。由于原水从塔底进入，水中夹带的悬浮固体随饱和吸附剂排出，因而不需要反冲洗设备，对原水预处理要求较低，操作管理方便。目前较大规模污水处理时多采用这种操作方式。

(3)模拟移动床

模拟移动床的基本原理与移动床相似，目前在液体吸附分离中应用广泛。如图 2－3－4 所示，设料液只含 A、B 两个组分，用固体吸附剂和液体解吸剂 D 来分离料液。固体吸附剂在塔内自上而下移动，至塔底出去后，经塔外提升器提升至塔顶循环入塔。液体用循环泵压送，自下而上流动，与固体吸附剂逆流接触。整个吸附塔按不同物料的进出口位置，分成四个作用不同的区域：*ab* 段——A 吸附区，*bc* 段——B 解吸区，*cd* 段——A 解吸区，*da* 段——D 部分解吸区。被吸附剂所吸附的物料称为吸附相，塔内未被吸附的液体物料称为吸余相。

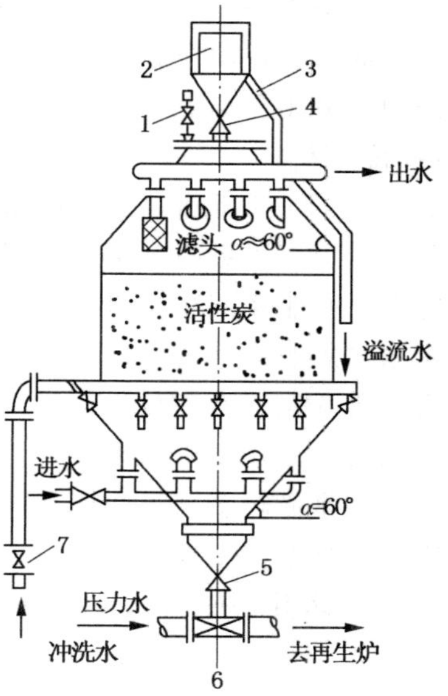

图 2－3－3　移动床吸附塔的结构示意图

1—通气阀；2—进料斗；3—溢流管；4，5—直流式衬胶阀；6—水射器；7—截止阀

在 A 吸附区，吸附剂把进料 A＋B 液体中的 A 吸附，同时把吸附剂内已吸附的部分解吸剂 D 置换出来，在该区顶部将进料中的组分 B 和解吸剂 D 构成的吸余液 B＋D 部分循环，部分排出。

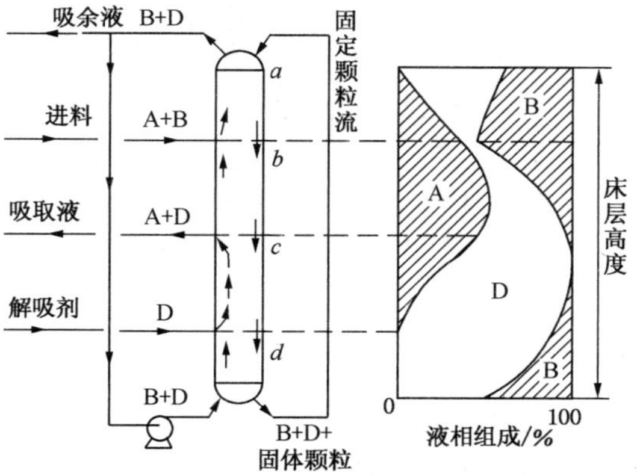

图 2－3－4　模拟移动床吸附原理示意图

在 B 解吸区，从此区顶部下降的含 A＋B＋D 的吸附剂，与从此区底部上升的含有 A＋D 的液体物料接触，因 A 比 B 有更强的吸附力，故 B 被解吸出来，下降的吸附剂中只含有 A＋D。

A 解吸区的作用是将 A 全部从吸附剂表面解吸出来。解吸剂 D 自此区底部进入，与本区顶部下降的含 A＋D 的吸附剂逆流接触，解吸剂 D 把 A 组分完全解吸出来，从该区顶部放出吸余液 A＋D。

D 部分解吸区用于回收部分解吸剂 D，从而减少解吸剂的循环量。从本区顶部下降的只含有D的吸附剂与从塔顶循环返回塔底的液体物料B+D逆流接触，按吸附平衡关系，B组分被吸附剂吸附，而使吸附相中的D被部分置换出来。此时吸附相只有B+D，而从此区顶部出去的吸余相基本上是D。

(4)流化床

如图2-3-5所示，在流化床吸附设备中，原水由底部向上流动通过床层，吸附剂由上部向下移动。由于吸附剂保持膨胀流化状态，与原水的接触面积增大，因此设备体积小而处理能力大，基建费用相对较低。与固定吸附床相比，流化床可使用粒度均匀的小颗粒吸附剂，对原水的预处理要求低，但对操作控制要求高。为了防止吸附剂全塔混层，以充分利用其吸附容量并保证处理效果，塔内吸附剂采用分层流化。所需层数根据吸附剂的静活性、原水水质水量、出水要求等来决定。分隔每层的多孔板的孔径、孔分布形式、孔数及下降管的大小等，都是影响多层流化床运转的因素。活性炭吸附法在进行石油化工污水的深度处理时应用较多，日本富士石油(Fuji Oil)的袖浦炼油厂使用11段ϕ5.1m×13.5m的活性炭流化床吸附塔(2塔并联使用)，处理能力为400m^3/h。

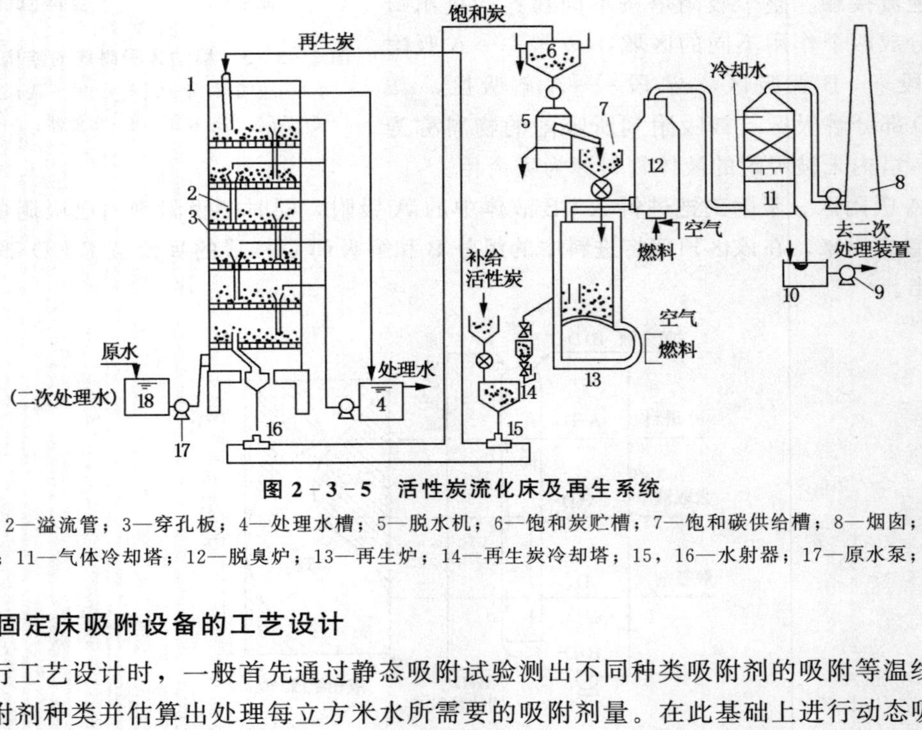

图2-3-5 活性炭流化床及再生系统

1—吸附塔；2—溢流管；3—穿孔板；4—处理水槽；5—脱水机；6—饱和炭贮槽；7—饱和碳供给槽；8—烟囱；9—排水泵；10—废水槽；11—气体冷却塔；12—脱臭炉；13—再生炉；14—再生炭冷却塔；15，16—水射器；17—原水泵；18—原水槽

2. 固定床吸附设备的工艺设计

进行工艺设计时，一般首先通过静态吸附试验测出不同种类吸附剂的吸附等温线，从而选择吸附剂种类并估算出处理每立方米水所需要的吸附剂量。在此基础上进行动态吸附柱试验，确定各设计参数，如吸附柱形式、吸附柱串联级数、通水倍数(m^3水/kg吸附剂)、最佳空塔速度、接触时间、吸附柱设计容量、吸附剂用量及再生设备容量、每米填料层水头损失、反冲洗频率及强度、设备投资及处理费用等。

(1)固定床吸附的工作规律——穿透曲线

固定床吸附的整个工作过程如图2-3-6所示。当吸附质浓度为c_0的污水自上方进入吸附柱后，首先与第一层吸附剂接触；降低了浓度的污水接着进入第二层吸附剂，又使其浓度进一步降低。污水依次流下，当流到某一深度时，其中的吸附质全部被吸附，该层出水中吸附质的浓度$c=0$，在此深度以下的吸附剂暂未发挥作用。由于污水连续不断地流过吸附剂层，随着运行时间的增加，上部吸附剂层中的吸附质浓度将逐渐增高，到某一时刻就达到饱和，从而失去继续吸附的能力。实际发挥吸附作用的吸附剂层高度 h 称为吸附带，随着运行时间的推移，吸附带逐步下移。当运行到某一时刻，吸附带 h 的前沿达到柱内整个吸附剂层的下端，此时出水浓度不再保持 $c=0$，开始出现污染物质，这一时刻就称为吸附柱工作的穿透点 c_B。此后，如果污水仍继续通过，吸附带仍将往下移动，直到吸附带上端达到吸附剂层的下端。这时全部吸附剂都达到饱和，出水浓度与进水浓度相等($c=c_0$)，吸附柱即全部丧失工作能力。

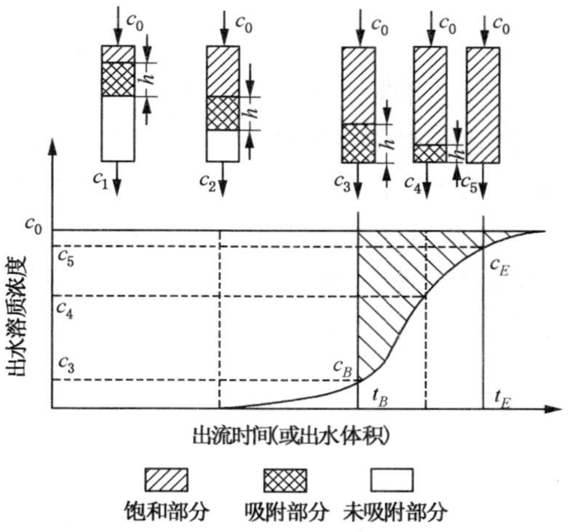

图 2-3-6　吸附柱的工作过程示意图

在实际操作中，吸附柱不可能达到完全饱和(即出水浓度达到与进水浓度相等)。出水浓度 c 只能接近于进水浓度 c_0，两者保持一个很小的浓度差值，通常 $c=(0.90\sim0.95)c_0$，这一点称为吸附剂吸附容量的耗竭点或吸附终点 c_E。在从 t_E-t_B 这段时间 Δt 内，吸附带所移动的距离即为吸附带的高度 h。显然，若活性炭柱的总深度小于吸附带的高度，则出水中的溶质浓度从一开始就不合格。

由图 2-3-6 可看出，如果只用单柱吸附操作，处理水量只有 V_B；如果采用多柱串联操作，使活性炭的吸附量达到饱和，则多柱的处理水量可增到 V_E，通水倍数就由 V_B/M(M 为炭的重量)增加到 V_E/M(m^3 水/kg 炭)。达到吸附终点 E 时，去除的吸附质总量相当于穿透曲线与过 c_0 水平线之间的面积，可用图解积分法计算。

(2)工艺设计计算

吸附柱的工艺设计计算方法有许多种，例如韦伯(Weber)的穿透曲线法、弗华特-哈金斯(Fornwalt - Hutchins)的数学图解法以及经验法等。下面介绍可以用于工业规模设计计算的博哈特-亚当斯(Bohart - Adams)法。

1)Bohart - Adams 方程

Bohart - Adams 方法的基本原理，是基于假设吸附速率取决于吸附质和吸附剂剩余吸附容量之间的表面二级反应理论，推导出如下的动态吸附剂层性能数学表达式

$$\ln\left[\frac{c_0}{c_B}-1\right]=\ln\left[\exp\left(\frac{Kq_0H}{v}\right)-1\right]-Kc_0t \qquad (2-3-7)$$

式中　c_0——进水吸附质浓度，kg/m^3；

c_B——出水吸附质允许浓度，kg/m^3，即达到穿透点的限度；

K——吸附速率常数，$m^3/(kg\cdot h)$；

q_0——吸附剂饱和吸附容量，kg/m^3；

H——吸附剂层高度，m；

v——进水线速度(空柱流速)，m/h；

t——一个周期的工作时间(即吸附达到穿透点的运行时间)，h。

式中，数字项 1 与 $\exp\left(\frac{Kq_0H}{v}\right)$ 相比可以忽略不计，于是可得出吸附工作时间 t 的计算式

$$t=\frac{q_0}{vc_0}H-\frac{1}{Kc_0}\ln\left(\frac{c_0}{c_B}-1\right) \tag{2-3-8}$$

2)确定吸附剂床层临界高度

在运行刚开始之前，即吸附剂床层即将出水的时候，足以防止出水污染物的浓度超过 c_B 值的吸附床层理论高度，称为吸附剂床层临界高度 H_0。

为了确定上式中的 q_0、K，根据式(2-3-8)中 t 与 H 为直线关系，先通过模型试验(一般采用3根柱串联，取4个速度，每个速度下取4个层高)，把实验数据以 t 对 H 作图(见图2-3-7)。由直线的斜率 k 和截距 b，便可按以下公式分别计算参数 q_0 和 K 及 H_0

$$q_0=kc_0v \tag{2-3-9}$$

$$K=\frac{1}{bc_0}\ln\left(\frac{c_0}{c_B}-1\right) \tag{2-3-10}$$

$$H_0=\frac{v}{Kq_0}\ln\left(\frac{c_0}{c_B}-1\right) \tag{2-3-11}$$

然后，以 K、q_0、H_0 等参数对速度 v 作图，于是就可得到可供实际吸附柱设计计算用的图解图，如图2-3-8所示。

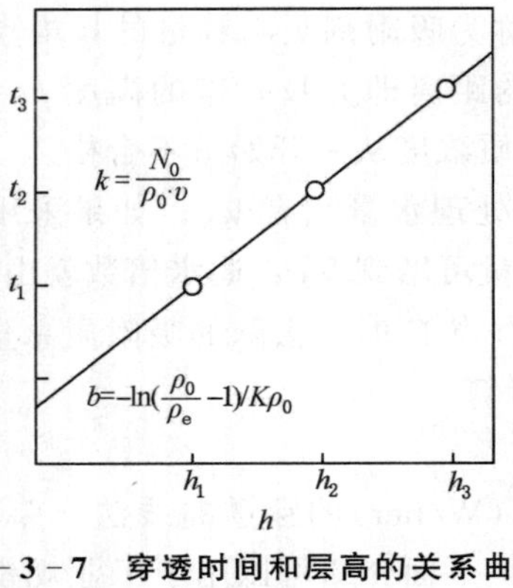

图2-3-7　穿透时间和层高的关系曲线

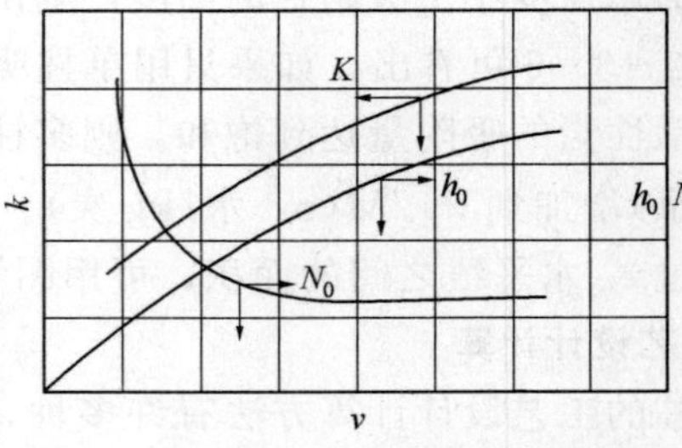

图2-3-8　K、q_0、H_0 与 v 的关系曲线

3)吸附柱的设计

根据模型试验得到的上述参数，进行工业生产规模吸附柱的设计计算。已知条件为：吸附柱的直径 D、吸附柱的有效高度 H、原水浓度 c_0、要求出水浓度 c_B、污水处理量 Q。

①工作时间 t 的计算。空塔流速

$$v=\frac{Q}{A},\ A=\frac{1}{4}\pi D^2 \tag{2-3-12}$$

按计算出的或由图2-3-8查出的 K、q_0、H_0，通过式(2-3-8)可计算出工作时间 t。

②计算一年吸附剂需更换的次数

$$n=\frac{365\times 24}{t}(次/a) \tag{2-3-13}$$

③计算一年吸附剂需用量 V

$$V=\frac{n\pi D^2 H}{4}\ (m^3) \tag{2-3-14}$$

④污染物(吸附质)的年去除量 G

由于每一运行周期出水浓度是从0增加到 c_B，因此出水浓度应该按平均浓度计算，但

为了简便起见，

$$G=\frac{nQt(c_0-c_B)}{1000}(\text{kg/a}) \tag{2-3-15}$$

⑤计算吸附效率 E（即去除率，%）

$$E=\frac{H-H_0}{H}\times 100\% \tag{2-3-16}$$

四、粉状活性炭应用及其投加设备

1. 粉状活性炭在水质工程领域的应用

粉状活性炭(PAC)可以直接干投或湿投于水中，也可以与其他一些技术联用。在给水工程领域，粉状活性炭适用于处理污染组分浓度变化较大或因季节性变化致使污染物突然增加的原水，处理后水体中污染物含量一般可满足规范要求。例如，某些地区并不需要常年对饮用水源水进行处理，臭味、气味和毒性的出现主要取决于湖泊或水库水源区的生物活性，因此节省成本的有效做法是在需要进行处理的时间段暂时或间歇性地向水中加入活性炭，此时因不需要固定床过滤设备而倾向于使用粉状活性炭，将适量的粉状活性炭直接加入已有絮凝反应池中，可以获得期望的臭味、气味和毒性去除率。在排水工程领域，可以将粉状活性炭直接加入生化曝气池中，使生物氧化与物理吸附同时进行，以便在提高处理能力的同时又能改善处理水质，典型代表是德国 Siemens Energy 公司推出的 PACT®(Powdered Activated Carbon Treatment)工艺。如图 2-3-9 所示，PACT 工艺将活性炭的吸附作用与已有的好氧活性污泥处理工艺相结合，能够降低难降解有机污染物的浓度，在水质水量发生变化时提高系统的抗冲击负荷能力。不仅对色度和氨氮的去除效果都非常好，而且后续活性污泥的沉降性能也能得到改善。

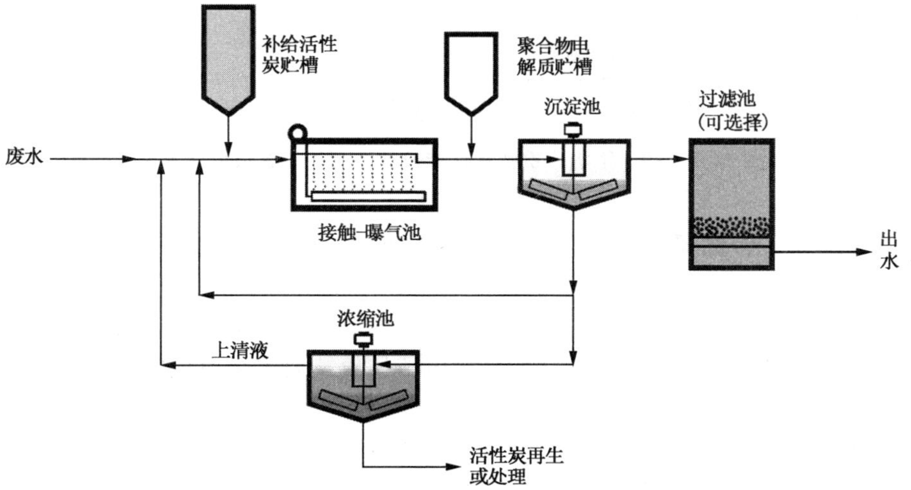

图 2-3-9　PACT 的工艺流程示意图

粉状活性炭再生的常用方法为§2.2 中提到的湿式氧化法(Wet Oxidation，WO)，将从曝气池中取出的饱和粉状活性炭用高压泵经换热器和水蒸气加热后送入氧化反应器，在压力 53MPa、温度 211℃下，反应器内被活性炭吸附的有机物与空气中的氧发生反应，进行氧化分解，使粉状活性炭得到再生，在反应器底部积聚的灰分定期排出。再生后的粉状活性炭经热交换器冷却后，通过压力控制阀送入再生活性炭贮槽。此外，将粉状活性炭与膜生物反应器(MBR)相结合的 PAC－MBR 工艺这里暂不涉及，具体可参见 § 3.7。

2. 粉状活性炭投加设备

使用粉状活性炭时为避免炭粉飞扬，大多采用负压投料、湿式投加，需要配套排尘式风机、炭浆拌制、浆液投加和输送等设备。某水厂粉状活性炭投加系统的工艺流程如图 2－3－10 所示，其搅拌投加过程大致为：①先向封闭炭浆池中注入清水，当水位达 1/3～1/2 时停止，启动中央置入的搅拌机开始搅拌，同时启动排尘风机，使炭浆池内的气相空间区域产生负压；②将定量粉状活性炭逐袋(25kg/袋)人工或吊运至炭浆池投料口，投料口内装有割袋刀排，粉袋以重力投入时即自行割袋卸粉入池，扬起的炭尘被风机吸入，送至粉尘吸收装置内，含尘空气经阶梯环填料层并被喷淋吸收成炭浆液，返回搅拌池；③每个炭浆池中的定量炭粉被拌制成含水率 50％的炭浆液时，边搅拌边注水直至有效水深，此时炭浆液的含水率约为 90％，风机停运，为避免炭浆液的沉淀速度过快，搅拌机需要不停顿地运行；④炭浆液由螺杆泵输送，用调节回流阀门或调速的方法，控制电磁流量计显示投加量，多余炭浆液返回炭浆池；⑤为防止编织袋碎片堵塞管道和仪表，在管道上设置过滤器(滤网为 10 目不锈钢丝网)，当流动不畅时可用压力冲洗水清洗。

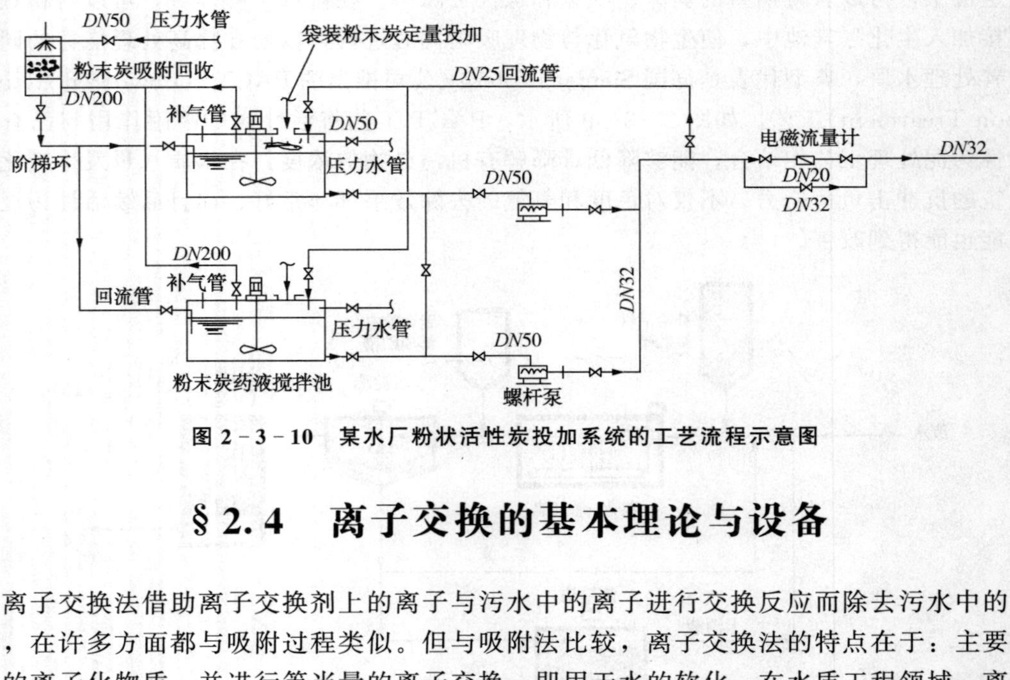

图 2－3－10　某水厂粉状活性炭投加系统的工艺流程示意图

§ 2.4　离子交换的基本理论与设备

离子交换法借助离子交换剂上的离子与污水中的离子进行交换反应而除去污水中的有害离子，在许多方面都与吸附过程类似。但与吸附法比较，离子交换法的特点在于：主要吸附水中的离子化物质，并进行等当量的离子交换，即用于水的软化。在水质工程领域，离子交换主要用于回收和去除水中的金、银、铜、镉、铬、锌等金属离子，即离子交换除盐；此外，对于净化放射性废水及有机废水也有应用。

一、离子交换法的基本知识

1. 离子交换剂

离子交换剂分为无机和有机两大类。无机离子交换剂有天然沸石和人工合成沸石，沸石既可用作阳离子交换剂，也能用作吸附剂。有机离子交换剂有磺化煤和各种离子交换树脂，目前前者已经逐渐被后者取代。

离子交换树脂不溶于水也不溶于电解质溶液，其结构可分为不溶性的树脂本体（又称母体）和具有活性的交换基团（也叫活性基团）两个部分。树脂母体为有机化合物和交联剂组成的高分子共聚物，交联剂的作用是使树脂母体形成立体的网状结构。最常用的树脂母体是苯乙烯聚合物，外形为疏松、具有多孔结构、透明或半透明的固体球形颗粒，颜色有黄色、白色、深褐色等，粒径一般为 0.6～1.2mm（大粒径树脂）、0.3～0.6mm（中粒径树脂）、0.02～0.1mm（小粒径树脂）。树脂母体本身不是离子化合物，并无离子交换能力，需经适当处理加上活性基团后，才能成为离子化合物而具有离子交换能力。活性基团由固定离子和活动离子（或称交换离子）组成，固定离子固定在树脂的网状骨架上，活动离子则依靠静电引力与固定离子结合在一起，两者电性相反、电荷相等。

离子交换树脂按树脂类型和孔隙结构的不同，可分为凝胶型树脂、均孔型树脂、大孔型树脂、巨孔型（MR 型）树脂和高巨孔型（超 MR 型）树脂等；按活性基团的不同，可分为含有酸性基团的阳离子交换树脂、含有碱性基团的阴离子交换树脂、含有胺羧基团等的螯合树脂、含有氧化-还原基团的氧化-还原树脂及两性树脂等。其中，阳、阴离子交换树脂按照活性基团电离的强弱程度，又分为强酸性（离子性基团为—SO_3H）、弱酸性（离子性基团为—COOH）、强碱性（离子性基团为 ═NOH）、弱碱性（离子性基团为—NH_3OH、═NH_2OH、≡NHOH）等。阳离子交换树脂内的活性基团为酸性，能够与溶液中的阳离子进行交换；阴离子交换树脂内的活性基团为碱性，能够与溶液中的阴离子进行交换，如 R－NH_2 活性基团水合后形成含有可离解的氢氧根离子。阳离子交换树脂中的氢离子可用钠离子代替，故有氢型、钠型之分；阴离子交换树脂中的氢氧根离子可以用氯离子代替，故有氢氧型和氯型之分。典型的阳离子交换树脂结构如图 2－4－1 所示。

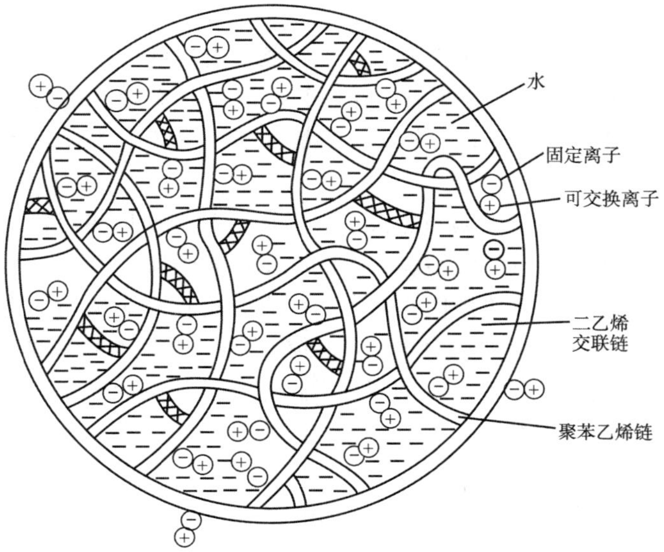

图 2－4－1 典型的阳离子交换树脂结构示意图

2. 离子交换树脂的性质

(1)物理性能指标

物理性能指标主要有树脂的粒度、密度、含水率、溶胀性、耐热性和机械强度等。

①溶胀性。树脂由于吸水或转型等条件改变，而引起的体积变化现象称为溶胀性。树脂由干变湿的膨胀度称绝对溶胀度，由一种可交换离子变为另一种可交换离子时的体积变化称为相对溶胀度，相对溶胀度的大小与可交换离子水合半径的大小有关。强酸性阳离子树脂由钠型转为氢型、强碱性阴离子树脂由氯型转为氢氧型时，体积均会增加5%～10%，反之则体积缩小。树脂在交换和再生过程中都会发生离子转型，因而体积有胀缩，多次反复胀缩就会使树脂颗粒碎裂。

②耐热性。各种树脂都有一定的耐热性，一般阳离子树脂可以耐受100℃或更高的温度，阴离子树脂可耐受60～80℃的温度。过高的温度易使树脂的活性基团分解，影响交换性能；温度过低(如0℃)，会使树脂的孔隙水分结冰而冻裂。

③机械强度。树脂在使用过程中，由于受到摩擦、碰撞等机械作用和胀缩影响，会产生碎裂现象而损耗。因此，树脂应具有一定的机械强度。树脂颗粒的机械强度主要取决于交联度，交联度大机械强度就高。水质工程领域一般要求树脂的机械强度应能保证每年使用的损耗量不超过7%。

(2)化学性能指标

化学性能指标主要有树脂的交联度、酸碱性、离子交换选择性和交换容量等。

①交联度。树脂在合成时交联剂(如二乙烯苯)的用量直接影响树脂分子的交联度，交联度对树脂的许多性能有决定性影响。交联度较高的树脂，孔隙率较低，密度较大，离子扩散速率较低，对半径较大离子的交换量较小；浸泡在水中时，溶胀性较低，比较稳定，不易碎裂。水处理中使用的离子交换树脂，交联度常为8%～12%。

②酸碱性和有效pH范围。离子交换树脂可被视为一种具有不溶性固态本体的酸或碱，其活性基团在水中可离解出H^+或OH^-。根据活性基团离解能力的大小，树脂可分为强酸性、弱酸性、强碱性和弱碱性。强酸性、强碱性交换树脂的活性基团离解能力强，其交换能力基本上不受pH值的影响，在pH值为1～14的范围内均可应用。弱酸性交换树脂在水的pH值低时不电离或仅部分电离，故其只能在碱性溶液中才有较高的交换能力，有效pH值范围为5～14。弱碱性交换树脂则正好相反，只能在酸性溶液中才有较高的交换能力，有效pH值范围为1～7。

③离子交换选择性。离子交换是可逆反应，对同一种交换树脂而言，交换反应的平衡常数(k)随交换离子M而异，k值的大小表明溶液中交换离子取代树脂上可交换离子的难易程度。k值能够定量反映离子交换选择性的大小，故有时也称其为树脂的选择性系数，k值越大越有利于取代反应。离子交换树脂对水中不同离子的选择性与树脂的交联度、活性基团、交换离子的性质、水中离子的浓度、水的温度等因素有关。一般优先交换电荷高的离子，相同电荷离子中优先交换原子序数大、水合半径小的离子。树脂在常温、低浓度水溶液中，对常见离子的选择性交换顺序如下：

强酸性阳离子交换树脂　$Fe^{3+} > Al^{3+} > Ca^{2+} > Mg^{2+} > K^+ > Na^+ > H^+$

弱酸性阳离子交换树脂　$H^+ > Fe^{3+} > Al^{3+} > Ca^{2+} > Mg^{2+} > K^+ > Na^+$

强碱性阴离子交换树脂　$SO_4^{2-} > NO_3^- > Cl^- > OH^- > F^- > HCO_3^- > HSiO_3^-$

弱碱性阴离子交换树脂　$OH^- > SO_4^{2-} > NO_3^- > Cl^- > HCO_3^- > HSiO_3^-$

3. 离子交换工艺

为保证离子交换设备的正常工作，原水在进入前必须先经过适当的预处理，预处理应包括去除悬浮固体、有机物、残余氯、氯胺、铁等，预处理所需达到的要求视采用的离子交换剂类型而有所不同。离子交换操作在装有离子交换剂的交换柱中以过滤方式进行，整个工艺过程一般包括过滤、反洗、再生和清洗等4个阶段，这4个阶段依次进行，形成不断循环的工作周期。

(1)交换阶段

交换阶段是利用离子交换树脂的交换能力，从水中分离脱除需要去除离子的操作过程。如以树脂RA处理含离子B的原水(图2-4-2)，当原水进入交换柱后，首先与顶层的树脂接触并进行交换，B离子被吸着而A离子被交换下来。原水继续流过下层树脂时，水中B离子的浓度逐渐降低，而A离子的浓度逐渐升高。当原水流经厚度为Z的一段滤层之后，全部B离子都被交换成A离子，再往下便无变化地流过剩余滤层，此时出水中B离子的浓度$C_B=0$。通常把厚度Z称为工作层或交换层。交换柱中树脂的实际装填高度远远大于工作层厚度Z，因此当原水不断地流过树脂层时，工作层便不断地下移。这样，交换柱在工作过程中，整个树脂层就形成了上部饱和层(失效层)、中部工作层、下部新料层三个部分。进行到某一时刻，工作层的前沿达到交换柱树脂底层的下端，于是出水中开始出现B离子，这个临界点称为“穿透点”。达到“穿透点”时，最后一个工作层的树脂尚有一定的交换能力，若继续通入原水，仍能除去一定量的B离子，不过出水中的B离子浓度会越来越高，直到出水和进水中的B离子浓度相等，这时整个柱的交换能力耗尽，也就是说达到了饱和点。

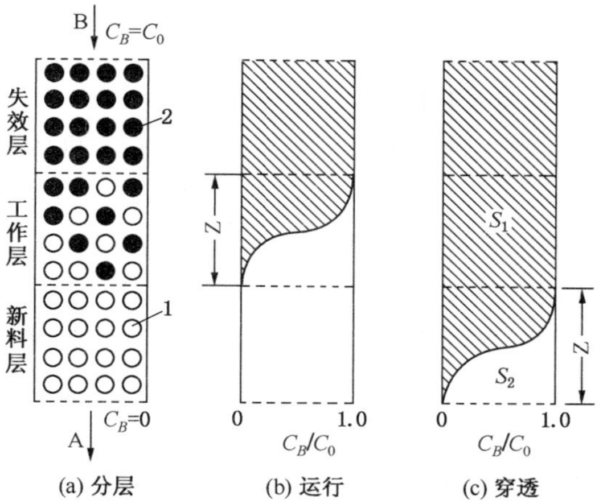

(a) 分层　(b) 运行　(c) 穿透

图2-4-2　离子交换柱的工作过程示意图

1—新鲜树脂；2—失效树脂

在水处理中一般交换柱到“穿透点”时就停止工作，要进行树脂再生。但为了充分利用树脂的交换能力，可采用所谓“串联柱全饱和工艺”：当交换柱达到穿透点时仍继续工作，只是把该柱的出水引入另一个已再生后投入工作的交换柱，以便保证出水水质符合要求，该交换柱则工作到全部树脂都达到饱和后再进行再生。

在图2-4-2(c)中，阴影面积S_1代表工作交换容量，S_2代表到达穿透点时尚未利用的交换容量，则树脂的利用率η为

$$\eta=\frac{S_1}{S_1+S_2}\times 100\% \qquad (2-4-1)$$

一个交换柱中的树脂利用率主要决定于工作层的厚度和整个树脂层的高径比。显然，当交换柱尺寸一定时，工作层厚度Z越小，树脂利用率越高。工作层的厚度随工作条件而变化，主要取决于离子供应速度和离子交换速度的相互关系。所谓离子供应速度，就是单位时间内通过某一树脂层的离子数量，它又决定于过滤速度。过滤速度大，离子供应速度也大。所谓离子交换速度，就是单位时间内能完成交换历程的离子数量。对于给定的树脂和原水，交换柱的离子交换速度基本上为一个定值。显然，离子供应速度小于或等于离子交换速度时，工作层厚度就小，树脂的利用率就高。

从上面讨论可知，离子交换的过滤速度是一个重要的工艺参数。过滤速度与进出水水质

及阻力损失等因素有关，对一定的进出水水质而言，往往有一个较优的滤速值。根据原水性质和处理条件的不同，滤速一般为 10～30m/h，最好是通过实验加以确定。

(2)反冲洗阶段

反冲洗的目的有两个：一是松动树脂层，使再生液能均匀渗入层中，与交换剂颗粒充分接触；二是把过滤过程中产生的破碎粒子和截留的污物冲走。为了达到这两个目的，树脂层在反冲洗时要膨胀 30%～40%。冲洗水可用自来水或废再生液。

(3)再生阶段

①再生的推动力。离子交换树脂的再生是离子交换的逆过程，其反应式为

$$R_n^- A_n^+ + nB^+ \Leftrightarrow nR^- B^+ + A_n^+ \tag{2-4-2}$$

该反应可逆，只要正确掌握平衡条件，就能使之向右移动。如果急剧增加 B^+，在浓差的作用下，大量的 B^+ 离子进入树脂层与固定离子建立平衡，从而松动了对 A_n^+ 离子的束缚力，使之脱离固定离子，并扩散进入外溶液相。由此可见，再生的推动力主要是反应系统的离子浓度差。此外，对弱酸、弱碱树脂而言，除浓度差作用外，还由于它们分别对 H^+ 和 OH^- 离子的亲和力较强，所以用酸或碱再生时，比强酸、强碱树脂更容易再生，所使用的再生剂浓度也较低。

②再生剂用量与再生程度。从理论上讲，再生剂使用的有效总当量数应该与树脂的工作交换容量总当量数相等。但实际上，为了使再生进行得更快、更彻底，使用了高浓度再生液。当再生程度达到要求后又需将其排出，并用净水将黏附在树脂上的再生剂残液清洗掉，这样就造成了再生剂用量 2～3 倍增加。由此可见，离子交换系统的运行费用中再生费占主要部分，这是应用离子交换技术需考虑的主要经济因素。

另外，交换树脂的再生程度(再生率)与再生剂的用量并非线性关系。当再生程度达到一定数值后，即使再增加再生剂用量，也不能显著提高再生程度。因此，为使得运行成本经济合理，一般把再生程度控制在 60%～80%以下。水质工程领域常用离子交换树脂的再生剂及其用量如表 2-4-1 所示。氢型阳离子树脂可用 HCl 或 H_2SO_4 再生，但由于用 H_2SO_4 再生时会产生溶解度小的 $CaSO_4$ 而沾污树脂、堵塞滤层，因此当原水含 Ca^{2+} 高时最好采用 HCl 作再生剂。即使当原水含 Ca^{2+} 浓度低时，所使用的 H_2SO_4 浓度也不宜高，一般采用 1%～2%。

表 2-4-1 水质工程领域常用树脂的再生剂用量

离子交换树脂		再生剂		
种类	离子形式	名称	浓度/%	理论用量倍数
强酸性	H^+ 型	HCl	3～9	3～5
	Na^+ 型	NaCl	8～10	3～5
弱酸性	H^+ 型	HCl	4～10	1.5～2
	Na^+ 型	NaOH	4～6	1.5～2
强碱性	OH^- 型	NaOH	4～6	4～5
	Cl^- 型	HCl	8～12	4～5
弱碱性	OH^- 型	NaOH、NH_4OH	3～5	1.5～2
	Cl^- 型	HCl	8～12	1.5～2

再生液的流速一般为：顺流再生 2～5m/h；逆流再生不大于 1.5m/h。再生的方法有一

次再生法和二次再生法两种，强酸性、强碱性树脂大多采用一次再生；弱酸性、弱碱性树脂则大多采用两次再生：一次洗脱再生，一次转型再生。由于弱酸性、弱碱性树脂的交换容量大，再生容易，再生剂用量少，所以含金属离子的原水常用弱酸(碱)性树脂来处理。由交换顺序可知，弱酸性树脂对 H^+ 离子的结合力最强，对 Na^+ 离子最弱；弱碱性树脂对 OH^- 离子的结合力最强，对 Cl^- 离子最弱。因此，这两种树脂在使用前应分别转换为钠型和氯型；在过滤阶段吸着了金属离子后，又要分别用强酸和强碱进行洗脱再生，回收这些金属。在洗脱过程中，树脂已经分别再生为氢型和氢氧型状态。为了使树脂转换成正常工作的离子型式，在洗脱再生之后还得进行一次转型再生。

(4)清洗阶段

清洗的目的是洗涤残留的再生液和再生时可能出现的反应产物。通常清洗的水流方向与过滤时的水流方向一致，所以又称为正洗。清洗的水流速度应先小后大。清洗过程后期应特别注意掌握清洗终点的 pH 值(尤其是弱碱性树脂转型之后的清洗)，避免重新消耗树脂的交换容量。一般而言，淋洗用水为树脂体积的 4～13 倍，淋洗水流速为 2～4m/h。

二、离子交换设备

工程实际中，水的离子交换处理在离子交换器(或称离子交换床)中进行。离子交换器的种类很多，最常用的有固定床、移动床和流动床三种。

1. 固定床离子交换设备(fixed - bed ion exchanger)

固定床离子交换设备是将离子交换树脂装在一个立式容器内，按批量运行。其特点是每台离子交换器都有一个“固定→膨胀→再生→冲洗”顺次运行的周期，之后才能再次恢复到原来状态，准备开始一个新的周期，因而此类设备为间歇式运行。按照水和再生液的流动方向分为顺流再生式、逆流再生式(包括逆流再生离子交换器和浮床式离子交换器)和分流再生式；按交换器内树脂的状态分为单层床、双层床、双室双层床、双室双层浮动床以及混合床；按设备的功能分为阳离子交换器(包括钠离子交换器和氢离子交换器)、阴离子交换器和混合离子交换器。

(1)顺流再生离子交换器

顺流再生离子交换器在工作时，水流自上而下流过离子交换树脂层；再生时，工作水流和再生溶液呈同向流动(并流)，其工艺特点如图 2－4－3 所示，一个完整的运行周期通常分为工作(制水)、反洗、再生、正洗等主要步骤。

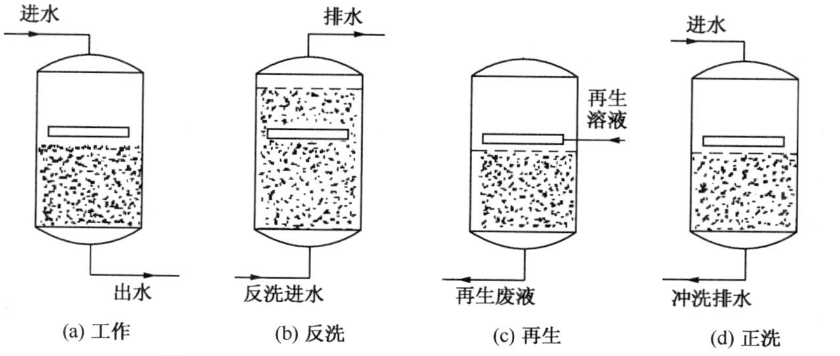

图 2－4－3　顺流再生离子交换器的工艺特点

图 2-4-4 为顺流再生离子交换器的内部结构示意图，交换器的主体为一个密闭圆柱状压力容器，壳体上开设有树脂装卸口和用以观察树脂状态的观察孔，同时设有进水口、排水口和再生液分配器。离子交换器中装有一定高度的树脂层，树脂层上面留有一定的反洗空间。图 2-4-5 为顺流再生离子交换器的外部管路系统示意图。

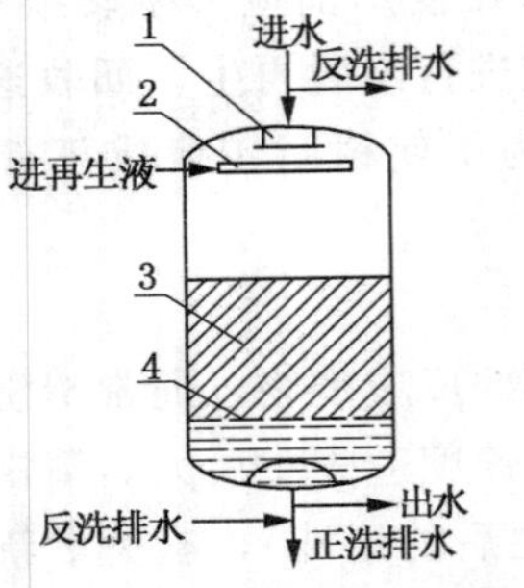

图 2-4-4 顺流再生离子交换器的内部结构示意图

1—进水组件；2—再生液分配组件；3—树脂层；4—排水组件

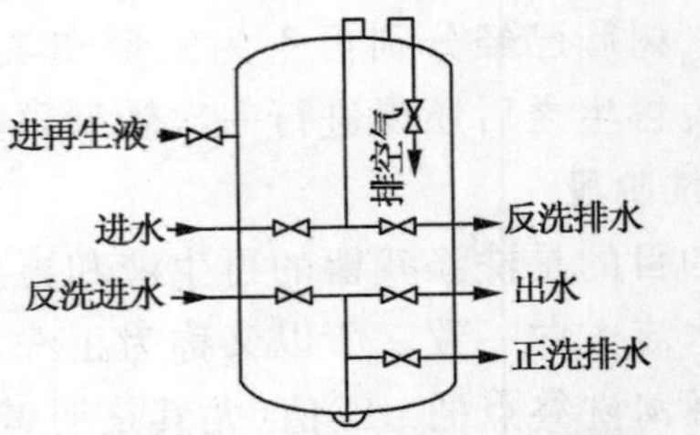

图 2-4-5 顺流再生离子交换器的管路系统示意图

顺流再生离子交换器的结构简单，运行操作方便，工艺控制容易，对进水中悬浮固体含量的要求不很严格（浊度≤5NTU）。通常适用于下述情况：①对经济性要求不高的小容量除盐；②原水水质较好以及 Na^+ 值较低的水质；③采用弱酸性树脂或弱碱性树脂。

(2)逆流再生离子交换器

为了克服顺流再生工艺中出水端树脂再生度较低的缺点，目前逆流再生工艺使用较多，即运行时水流方向与再生时再生液的流动方向相反。由于逆流再生工艺中再生液及置换水都是自下而上流动，流速稍大时，就会发生与反洗那样使树脂层扰动的现象，因此在采用逆流再生工艺时，必须从设备结构和运行操作上采取相应措施。

如图 2-4-6、图 2-4-7 所示，逆流再生离子交换器的结构和管路系统与顺流再生离子交换器基本类似，不同之处是在树脂层上表面设有中间排液系统，以及在树脂层上面加设压脂层。中间排液系统的主要作用是使向上流动的再生液和清洗水能均匀排走，不会因为有水流流向树脂层上面的空间而扰动树脂层，其次还兼作对压脂层进行小反洗的进水组件和小正洗的排水组件。在中间排液系统上，常有一层厚 150～200mm 的惰性树脂（如聚苯乙烯白球）作压脂层，压脂层材料的密度小于树脂而略大于水。设置压脂层的目的是在溶液向上流动时树脂不乱层，但实际上压脂层所产生的压力很小，并不能靠其起到压脂作用。压脂层的真正作用在于，一是过滤掉水中的悬浮固体，使其不能进入下部树脂层中，这样便于将其洗去而又不影响下部树脂层；二是可以使顶压空气或水通过压脂层均匀作用于整个树脂层表面，从而起到防止树脂层向上窜动的作用。

在逆流再生离子交换器的运行操作中，制水过程与顺流式没有区别，再生操作随防止乱层措施的不同而异，一般采用压缩空气顶压或水顶压。图 2-4-8 为采用压缩空气顶压防止乱层时的操作过程示意图，整个运行周期包括小反洗、放水、顶压、进再生液、逆流清洗、小正洗、正洗 7 个步骤。

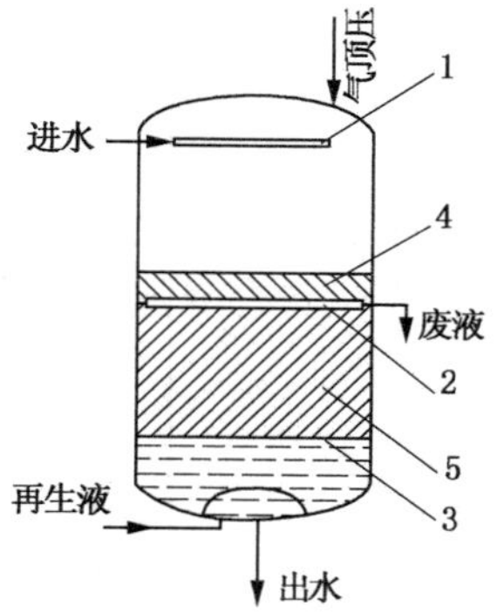

图 2-4-6 逆流再生离子交换器的结构示意图

1—进水组件；2—中间排液组件；3—排水组件；4—压脂层；5—树脂层

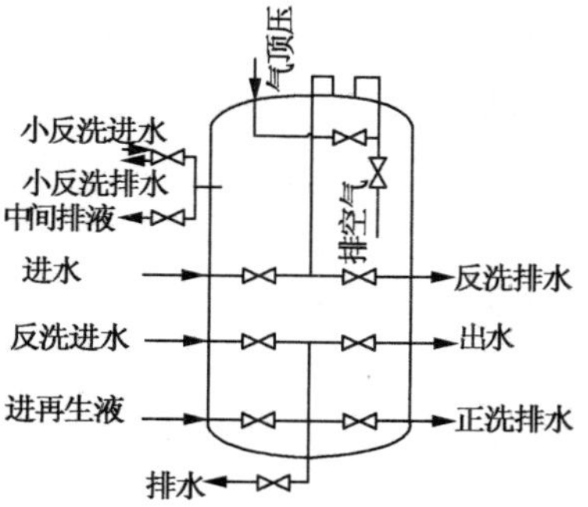

图 2-4-7 气顶压逆流再生离子交换器的管路示意图

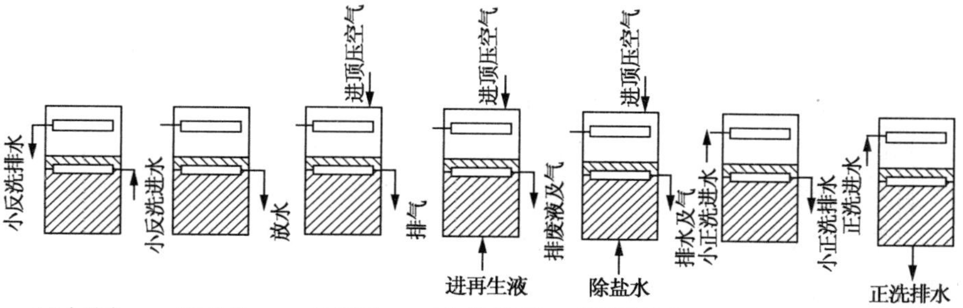

图 2-4-8 逆流再生离子交换器的操作过程示意图(压缩空气顶压)

采用压缩空气顶压或水顶压防止乱层时，不仅增加了一套顶压设备和系统，而且操作也比较麻烦。研究表明，如果将中间排液系统上的孔开得足够大，使这些孔的水流阻力较小，并且在中间排液系统以上仍装有一定厚度的压脂层，那么在无顶压情况下逆流再生操作时就不会出现水面超过压脂层的现象，树脂层就不会发生扰动，这就是无顶压逆流再生。

与顺流再生离子交换器相比，逆流再生离子交换器具有对水质适应性强、出水水质好、再生剂比耗低、自用水率低等优点。但要求再生及运行过程中树脂床层不乱，因此每次再生前不能从底部进行大反洗，而只能从再生排废液管处进水，对排废液管上部的压脂层进行小反洗，使得反洗往往不太彻底。

(3)浮动床离子交换器

浮动床离子交换器相对较新，可在水质软化、水质除盐、高纯水制取等场合得到广泛应用。该产品的运行流速高(35～45m/h)、每米树脂层的阻力降较低(0.04～0.06MPa)，相同运行工况的出水水质、再生比耗等均优于逆流再生固定床。浮动床在整个树脂层被托起的状态下(简称成床)运行，离子交换反应是在水自下而上流动过程中完成。树脂失效后，停止进水，使得整个树脂层下落(简称落床)，于是可进行自上而下的再生。一个完整的运行过程包括：上流制水→落床→进再生液→置换→下向流清洗→成床→上向流清洗→制水。

①上流制水。原水自下而上穿过树脂层，树脂层可按一定配比在设备下部形成沸腾层，在设备上部形成浮动层(压紧层)；沸腾层和浮动层之间形成水垫层，而将两者严格分开。被

处理水中各种离子首先与沸腾状态的树脂交换，增大了交换接触面积，充分发挥了树脂交换能力，大部分离子可被沸腾状态的树脂交换除去，剩余的离子再经浮动层(压紧层)树脂交换，相当于起精制作用，从而达到最佳的交换效果和最好的出水水质。另一方面，原水经过沸腾层时，由于树脂自由浮动，穿透阻力小，相应降低了整个床层的运行阻力。

②落床。当运行至出水水质达到失效标准时，停止制水，靠树脂自身重力从上部逐层下落，同时起到疏松树脂层、排除气泡的作用。

③下流进再生液。再生液自上而下流经树脂层，过量的新鲜再生液首先与上部压紧层、强酸(碱)性树脂层接触，使保证出水水质的树脂层得到充分再生；再生废液再流经弱酸(碱)性树脂层，使其得到充分利用。另外，再生产物及杂物由上而下易排除，可节约清洗水量。

④置换。待再生液进完后，关闭计量箱出口阀门，继续按再生流速和流向进行置换，置换水量为树脂体积的 1.5～2 倍。

⑤下向流清洗。置换结束后，打开清洗水阀门，调整流速至 10～15m/h 进行下向流清洗，一般需要耗时 15～30min。

⑥成床、上流清洗。用 20～30m/h 的较高流速进水，将树脂层托起，并进行上向流清洗，直至出水水质达到标准时，即可转入制水。

⑦体外反洗。随着运行周期的增加，形成的细小树脂和从原水中洗出的污物逐渐增多，当阻力降超过正常运行阻力降 0.04～0.06MPa 时，需要进行清洗。由于浮动床内基本上装满了树脂，没有反洗空间，因此无法进行体内反洗，需要将部分或全部树脂转移到专用树脂清洗器(反洗塔)内进行清洗，然后送回到交换器进行下一个周期的运行。清洗的方法有水力清洗法和气-水清洗法。

2. 移动床和流动床离子交换设备

如前所述，固定床离子交换器属于间歇式运行，树脂工作层厚度一般只有数厘米至十几厘米，但是容器内须装填 1.5～2.5m 甚至更高的树脂层，因此存在树脂用量多、设备投资高、运行阻力大、运行流速低和间歇供水等缺点。为了克服这些缺点，人们发展完善了连续或半连续式运行的离子交换器，移动床和流动床是其中主要的两种类型。

(1)移动床

移动床离子交换器是指交换器中的离子交换树脂在运行中周期性移动，即定期排出一部分已经失效的树脂和补充等量再生好的树脂，被排出的失效树脂在另一设备中进行再生。

据不完全统计，国内使用过的移动床工艺有数十种，归纳起来有单塔单周期再生、双塔单周期再生、双塔连续再生、双塔多周期再生、三塔多周期再生等。如图 2-4-9 所示，开始运行时，原水从塔下部进入交换塔，将配水系统以上的树脂托起，即为成床。成床后进行离子交换，处理后的水从出水管排出，并自动关闭浮球阀。运行一段时间后停止进水，并进行排水，使塔中的压力下降，此时水向塔底方向流动，使塔内树脂分层下落，即为落床。与此同时，交换塔浮球阀自动打开，上部漏斗中的新鲜树脂落入交换塔树脂层上，同时排水过程将失效树脂排出塔底部。即在落床过程中同时完成新树脂补充和失效树脂排出。两次落床之间交换塔的运行时间即为移动床的一个大周期。

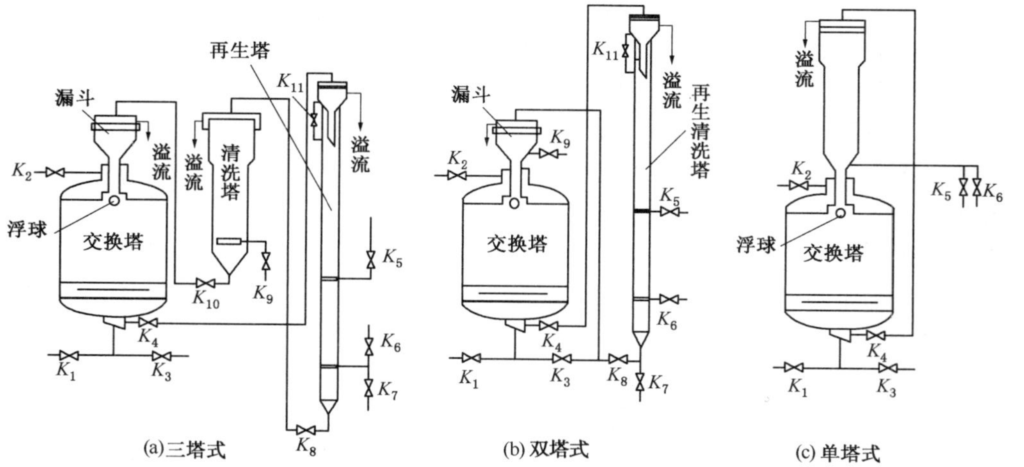

图 2-4-9　三种移动塔的结构和管路示意图

K_1—进水阀；K_2—出水阀；K_3—排水阀；K_4—失效树脂输出阀；K_5—进再生液阀；K_6—进置换水或清洗水阀；K_7—排水阀；K_8—再生后树脂输出阀；K_9—进清水阀；K_{10}—清洗好树脂输出阀；K_{11}—连通阀

再生时，再生液在再生塔内由下而上流动进行再生，排出的再生废液经连通管进入上部漏斗，对漏斗中失效树脂进行预再生，这样充分利用再生液，而后将再生液排出塔外。当再生进行一段时间后，停止进水和停止进再生液并进行排水泄压，使再生塔内的树脂层下落；与此同时，再生塔内的浮球阀打开，使漏斗中的失效树脂进入再生塔。再生好的下部树脂落入再生塔的输送段，并依靠进水水流不断地将其输送到清洗塔中。两次排放再生好树脂的间隔时间即为一个小周期。将交换塔一个大周期中排放的失效树脂分成几次再生的方式，称为多周期再生。若对一次输入的失效树脂进行一次再生，则称为单周期再生。

清洗过程在清洗塔内进行，清洗水由下而上流经树脂层，清洗好的树脂送至交换塔中。

移动床的运行流速较高，树脂用量少且利用率高，而且还具有占地面积小、能连续供水以及减少设备用量等优点。但是，其自动化程度要求高，因此故障较多，维护工作量大。实践证明，移动床再生液的比耗低于顺流再生固定床，但比逆流再生固定床高。

(2)流动床

流动床离子交换设备有压力式和重力式两种，目前所用的大多为重力式流动床，重力式流动床按结构又可分为双塔式(交换塔和再生清洗塔)和三塔式(交换塔、再生塔、清洗塔)两类。

以重力式双塔流动床为例，其工艺流程如图 2-4-10 所示。原水从交换塔底部进入，经过布水管均匀分布在整个断面上，穿过塔板上的过水单元和悬浮状态的树脂层接触，在交换塔的几个分区中与树脂进行离子交换反应，使原水得到净化，软化水经塔上部的溢水堰输走；从再生清洗塔来的新鲜树脂则通过塔上部进入交换塔，呈悬浮状态向下移动，并经浮球阀进入下面的交换区域，交换饱和后的失效树脂，经设于塔底的排树脂管由水射器输送到再生清洗塔中。在失效树脂输送管进入再生塔的入口处，设置有漂浮调节阀，可自动调节进入再生塔的树脂量。进入再生塔的多余树脂经回流管回流到交换塔底部的交换区，以保证树脂量的平衡。需要再生的树脂，沿再生清洗塔自上而下降落，在塔上部再生段与再生液接触，使树脂得到再生；然后进入塔下部的清洗置换段，与自下而上的清洗水接触，使树脂得以清洗。清洗后的树脂下降到塔底部的输送段，依靠再生清洗塔与交换塔之间的液位差，被输送至交换塔。

流动床结构简单，操作方便，对原水浊度要求比固定床低；重力式流动床为常压设备，再生清洗塔可用塑料等非金属材料制作。但流动床交换、再生清洗过程都是在液固两相相对流动状态下进行，稳定运行较难控制，而且要求树脂颗粒均匀，水流速度也不能过大。另外，树脂磨损较为严重，对其机械强度的要求相对较高。

目前，流动床在国内只用于软化水处理，出水可满足低压锅炉给水要求，但与固定床、移动床相比，残余硬度较高。

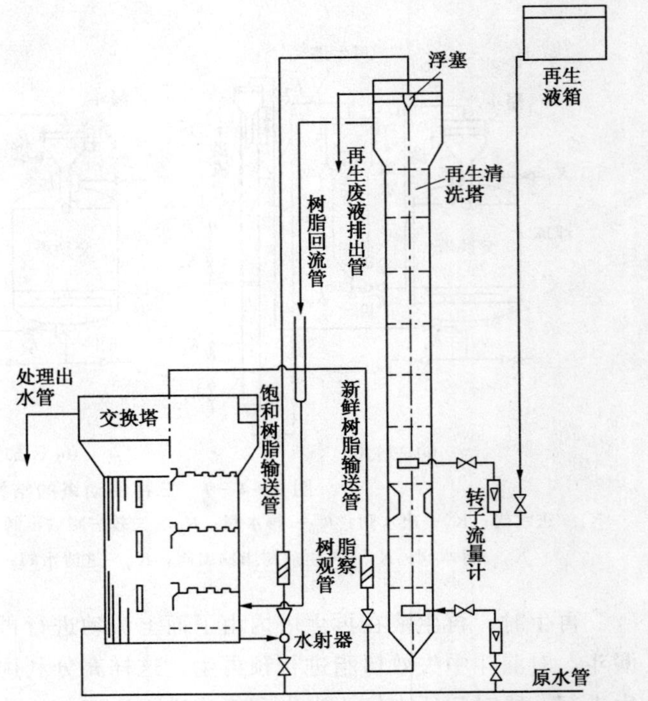

图 2－4－10　流动床离子交换设备的工艺流程示意图

三、离子交换系统的设计

1. 离子交换系统的设计步骤

(1)根据排放标准或出水的去向和用途，确定处理后的水质要求。

(2)根据原水水量、水质及处理的要求，选择交换器的类型，设计系统布置方案，确定合理的处理流程。

(3)选用离子交换树脂、再生剂种类，确定树脂的交换容量和再生剂用量。在选择中必须综合考虑技术与经济因素。

(4)确定合理的工艺参数，首先选定合适的过滤速度及工作周期，污染物浓度较高时滤速应小一些，反之则大一些。人工操作时，过滤周期需考虑长一些，一般为 8～24h 或更长。自动操作时，可以采用较高的流速和较短的工作周期，这样可缩小离子交换设备的尺寸，节省投资。

(5)进行有关计算。

2. 固定床的设计计算

(1)树脂用量的初步计算

①选定交换周期 T(h)，并按下式计算一个交换周期内应去除的污染物总量 N

$$N=Q(c_0-c)T(\mathrm{mol}) \tag{2-4-3}$$

式中　Q——原水平均流量，m^3/h；

c_0、c——分别为原水初始浓度和出水残留浓度，mol/m^3。

②根据选定的树脂工作交换容量 $N(mol/m^3)$，计算所需的树脂体积 V_R

$$V_R=\frac{N}{E}(m^3) \tag{2-4-4}$$

③根据树脂的湿视密度 $\rho(t/m^3)$，按下式计算树脂重量 M

$$M=V_R\rho(t) \tag{2-4-5}$$

(2)树脂层主要尺寸的计算

先选定离子交换树脂层的高度 H_R（一般为 0.70～1.50m），再根据 V_R 和 H_R 计算立式容器的直径 D(m)。离子交换树脂层的总高度 H 按下式计算

$$H=(1.8-2.0)H_R\ (m) \tag{2-4-6}$$

(3)核算过滤速度

$$v=\frac{Q}{F}=\frac{4Q}{\pi D^2}(m/s) \tag{2-4-7}$$

如果计算出的滤速 v 与一般经验值相差太大，就得重新计算。此外，也可先选定滤速，按式(2-4-7)计算离子交换树脂层的直径。

3. 流动床的设计计算

计算方法的要点是先利用实验资料绘制出交换反应的平衡曲线和运行曲线，由曲线查得有关的数据后，根据交换动力学方程式计算树脂用量，然后选定一个合适的上升流速来计算交换塔的主要尺寸。流动床交换动力学方程式为

$$Q\frac{dc}{dM}=\frac{K_0a(c-c_e)}{\rho_p\rho_l} \tag{2-4-8}$$

式中 Q——原水流量；

c、c_e——分别为离子交换树脂层中任一截面处的溶液浓度和平衡浓度；

M——立式容器中的树脂量；

K_0——总传质系数；

a——单位体积树脂层的表面积；

ρ_p、ρ_l——树脂装填密度和原水密度。

将式(2-4-8)改写并以进水浓度 c_1 和出水浓度 c_2 为积分边界值，即可得出柱中的稳定树脂需要量

$$M=\frac{Q\rho_p\rho_l}{aK_0}\int_{c_1}^{c_2}(c-c_e)^{-1}dc \tag{2-4-9}$$

§2.5 膜分离技术与设备

膜分离(或称膜滤)是以渗透选择性膜为分离介质，在其两侧施加某种推动力，使原料侧组分选择性透过膜，从而达到分离或提纯的目的，推动力可以是压力差、温度差、电位差或浓度差。水质工程领域的压力驱动型膜分离技术有微滤(Microfiltration，MF)、超滤(Ultrafiltration，UF)、纳滤(Nanofiltration，NF)、反渗透(Reverse Osmosis，RO)等，电位差驱动型膜分离技术主要有电渗析(Electrodialysis，ED)，浓度差驱动型膜分离技术主要包括扩散渗析(Diffusion Dialysis，DD)、正渗透(Forward Osmosis，FO)等。

一、压力驱动型膜分离的作用机理

膜本身是由均质单相或由两相以上凝聚物质所构成的复合体，厚度在 0.5mm 以下。不管膜本身薄到何等程度，至少要具有两个界面分别与两侧的流体发生接触。膜可以是全透

性，也可以是半透性，此外还必须具有高度的渗透选择性。微滤、超滤、纳滤、反渗透等压力驱动型膜分离技术是指在介质压力作用下，小于孔径的小分子溶质随溶剂分子(水)一起透过膜上的微孔，大于孔径的大分子溶质则被截留。

1. 微滤

微滤使过滤从一般比较粗糙的相对性质，过渡到精密的绝对性质，其基本原理属于§1.5中的微孔过滤。微滤膜的孔径分布范围一般为 0.025～14μm，微滤膜的各种截留作用如图 2-5-1 所示。

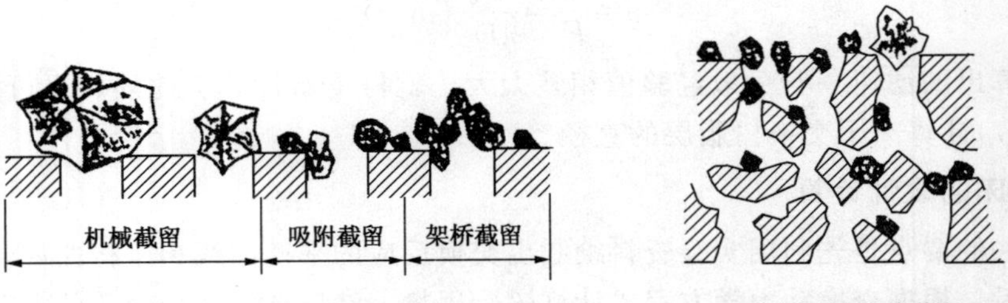

(a) 膜的表面层截留　　(b) 膜内部的网络中截留

图 2-5-1　微滤膜各种截留作用的示意图

2. 超滤

超滤膜的孔径分布范围一般为 0.001～0.02μm，其具有选择性的主要原因是形成了具有一定大小和形状的孔，而膜表面的化学性质对分离特性影响不大，因此可用细孔模型表示超滤的传递过程。但也有人认为，除了膜孔结构外，膜表面的化学性质也是影响分离特性的重要因素，并认为反渗透理论可以作为研究超滤的基础。

3. 纳滤与反渗透

(1)渗透与反渗透

如图 2-5-2 所示，一个容器中间用一张可透过溶剂(水)但不能透过溶质的膜(也称半透膜)隔开，两侧分别加入含溶质的稀溶液(或纯溶剂)和浓溶液。渗透是指在压力相同($p_1=p_2$)的条件下，溶剂(水)通过膜从稀溶液(或纯溶剂)进入浓溶液的扩散现象。溶剂(水)的扩散是从高自由能处向低自由能处移动，即从溶质浓度低处向溶质浓度高处移动。当两侧的化学位相等达到平衡状态时，溶液两侧液面的静水压差称为渗透压。如果在浓溶液液面上施加大于渗透压的压力，浓溶液中的水就会流向稀溶液侧，这种现象称为反渗透。在反渗透过程中，稀溶液的浓度逐渐增高，故反渗透设备的工作压力必须超过与浓溶液出口处浓度相应的渗透压，而不能自发进行；同时由于温度升高，渗透压增高，所以溶液温度的任何增高都必须通过增加工作压力予以补偿。一般反渗透的操作压力常达到几十个大气压。

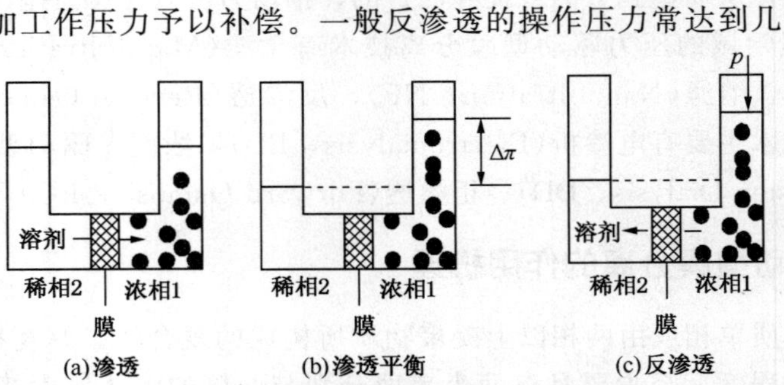

(a)渗透　　(b)渗透平衡　　(c)反渗透

图 2-5-2　渗透和反渗透的工作原理示意图

自20世纪50年代末以来，先后提出了多种不对称反渗透膜的透过机理和模型，如氢键理论、优先吸附-毛细孔流理论、溶液扩散理论等。优先吸附-毛细孔流理论认为反渗透膜是一种多孔膜，当溶液与这种膜接触时，由于界面现象和吸附作用，对溶剂(水)优先吸附或对溶质优先排斥，在膜面上形成一纯水层，然后以水流形式通过膜的毛细管并被连续排出，因此反渗透过程是界面现象和在压力作用下流体通过毛细管的综合结果。

(2)纳滤

纳滤是一种介于反渗透和超滤之间的压力驱动膜分离过程，纳滤膜大多从反渗透膜衍化而来，孔径分布平均为2nm(反渗透膜的孔径范围为0.0001～0.001μm)。关于纳滤膜的分离机理，有空间位阻-孔道模型、溶解扩散模型、空间电荷模型、固定电荷模型、静电排斥和立体位阻模型、Donnan平衡模型等，通常用筛分作用和荷电效应来解释。筛分作用是指纳滤膜能截留易透过超滤膜的那部分溶质，同时又可使被反渗透膜所截留的盐透过；荷电效应是由于纳滤膜上或膜中常带有荷电基团，通过静电相互作用可实现不同价态离子的分离，故有时也称“选择性”反渗透(Selective RO)。

由于纳滤膜工作过程中所施加的跨膜压差比用反渗透膜达到同样渗透能量所需施加的跨膜压差低，有时也将纳滤称为“低压反渗透”。

根据《膜分离法污水处理工程技术规范》(HJ 579)，压力驱动型膜分离技术的功能适宜性如表2-5-1所示。

表2-5-1 压力驱动型膜分离技术的功能适宜性

膜单元种类	过滤精度/μm	截留相对分子质量	功能	主要用途
微滤(MF)	0.1～10	>100000	去除悬浮颗粒、细菌、部分病毒及大尺度胶体	饮用水去浊，中水回用，纳滤或反渗透系统预处理
超滤(UF)	0.002～0.1	10000～100000	去除胶体、蛋白质、微生物和大分子有机物	饮用水净化，中水回用，纳滤或反渗透系统预处理
纳滤(NF)	0.001～0.003	200～1000	去除多价离子、部分一价离子和相对分子质量200～1000的有机物	脱除井水的硬度、色度及放射性镭，部分去除溶解性盐。工艺物料浓缩等
反渗透(RO)	0.0004～0.0006	>100	去除溶解性盐及相对分子质量大于100的有机物	海水及苦咸水淡水，锅炉给水、工业纯水制备，废水处理及特种分离等

二、压力驱动型膜材料与膜组件

从构型来看，膜可分为平板膜和管状膜两大类。管状膜又可细分为管式、毛细管式和中空纤维式，差别主要在于直径不同：直径>ϕ10mm的为管式膜；直径在ϕ0.5～10mm之间的为毛细管式膜；直径<ϕ0.5mm的为中空纤维膜。管状膜直径越小，单位体积膜的表面积越大。无论在实验室或工业规模的生产中，膜往往被设计加工成一定形式的组件。膜组件是由膜、固定膜的支撑体、间隔物(Spacer)以及装填这些部件之容器所构成的一个单元，商业化应用的膜组件主要有平板式、螺旋卷式、圆管式和中空纤维式等类型。原加拿大ZENON Environmental、日本东丽集团(Toray Industries)、日本久保田(Kubota)、日本旭化

成(Asahi Kasei)、日本三菱丽阳(Mitsubishi Rayon)、美国滨特尔(Pentair)、新加坡美能材料科技(Memstar Technology)等的膜组件技术较为领先。北京碧水源、天津膜天膜等是国内膜组件市场的重要供应商。

1. 膜材料概述

总体而言，膜可以分为天然膜(生命膜)和人工膜两大类，天然膜由天然物质改性或再生而成；人工膜可以由天然高分子材料、合成高分子材料和无机材料加工制造而成，又可分为无机膜材料和有机膜(高聚物膜)材料两大类，高分子材料基本上都属于有机材料。

(1)天然高分子膜材料

天然高分子膜材料主要包括改性纤维素及其衍生物类、壳聚糖类，如醋酸纤维、硝酸纤维和再生纤维素等，其中醋酸纤维膜的截盐能力强，常用作反渗透膜，也可用作微滤膜和超滤膜，但其最高使用温度和 pH 值范围有限(温度低于 45～50℃、pH 值为 3～8)；再生纤维素可用作透析膜和微滤膜。此外，海藻酸钠(Sodium Alginate，SA)类也是天然分离膜原料。

(2)合成高分子膜材料

合成高分子膜材料主要包括聚烯烃类、聚酰胺类、聚砜类、含氟类、有机硅类、芳杂环类等，聚烯烃类材料有聚乙烯(PE)、聚丙烯(PP)、聚乙烯醇(PVA)、聚氯乙烯(PVC)、聚丙烯腈(PAN)、聚丙烯酰胺(PAM)等。聚酰胺膜的耐压能力较强，对温度和 pH 都有很好的稳定性，使用寿命较长，常用于反渗透。聚砜(Polysulfone，简称 PSF 或 PSU)是分子主链中含有砜基($-SO_2-$)和亚芳基的热塑性树脂，有普通双酚 A 型 PSF(即通常所说的聚砜)、聚芳砜和聚醚砜(PES)三种。聚砜膜的特点是耐高温(一般为 70～80℃，有些可高达 125℃)，适用 pH 范围广(1～13)，耐氯能力强，可调节孔径范围宽(1～20nm)；但聚砜膜耐压能力较低，一般平板膜的操作力极限为 0.5～1.0MPa。聚偏二氟乙烯(Polyvinylidene fluoride，PVDF)是一种高度非反应性的热塑性含氟聚合物，可通过 1,1-二氟乙烯的聚合反应合成，机械强度高、耐化学性能和耐热性能好，耐气候、耐紫外光辐射等抗老化性能优良，可用于制作密封圈、电容器、涂料、绝缘材料和离子交换膜材料等，尤其是在制备平板膜、中空纤维膜和管式膜方面表现出很好的工艺特性。虽然目前 PVDF 已成为水处理超滤膜的关键材料，在某些应用领域甚至明显处于市场领先地位，但由于 PVDF 被认为属于全氟和多氟烷基物质(PFAS)，因此自欧盟五国(丹麦、德国、荷兰、挪威和瑞典)2023 年 1 月 13 日向欧洲化学品管理局(ECHA)提交在欧洲境内全面限制 PFAS(超过 1 万种物质)生产、投放、使用的提案以来，使得生产和在水处理产品中使用 PFAS 的前景并不乐观，可能无法满足某些豁免条件。

(3)无机膜材料

无机膜材料的优点是机械强度高、耐高温、耐化学试剂和耐有机溶剂，缺点是不易加工、造价较高，因此应用大都局限于微滤和超滤领域。无机膜材料主要有无机致密膜和微孔膜两大类，无机致密膜主要有致密金属材料和致密固体氧化物电解质材料。致密金属材料的分离作用是通过溶解—扩散或者离子传递机理进行，所以致密膜金属材料具有较好的选择性，主要用于气体分离；致密固体氧化物电解质材料对氧具有很高的选择性，但因其通量较低而使应用受到限制；钙钛型超导材料对氧有较高的渗透通量，在无机膜反应器中应用前景良好。此外，以钢为支撑体、分子筛为表皮的组合膜已经实现了商业化。分子筛具有与分子大小相当且均匀一致的孔径，是理想的无机致密分离膜和无机催化膜材料。微孔膜材料主要有多孔金属、多孔陶瓷、多孔玻璃和活性炭等，与致密无机膜相比，多孔无机膜的应用范围更广。目前采用 Al_2O_3 为支撑体，Al_2O_3、ZrO_2、TiO_2 为表皮材料的组合无机膜已经商业化；沸石膜具有非常小的孔，可用于气体分离与渗透汽化。

2. 平板式膜组件

平板式膜组件也被称为板框式膜组件(Plate - and - frame Membrane Module)，是最早问世的一种膜组件，采用平板状膜仿照板框式压滤机间隔重叠加工组装而成。结构上主要包括拉杆、端部法兰、间隔盘、支撑盘和膜片等，支撑盘的两侧表面有孔隙，其内腔有供透过液流动的通道，表面与膜片经黏结密封而构成平板状膜；两个相邻的平板状膜之间衬设间隔盘。图 2-5-3 为平板式膜组件的结构示意图，图 2-5-4 为系紧螺栓平板式反渗透膜组件的结构示意图。平板型膜组件的典型代表是碟管式膜组件(Disc Tube Module)，也被简称为 DT 膜组件，是一种专门针对高浓度料液过滤分离而开发的专利型膜分离组件，分为 DTRO(碟管式反渗透)、DTNF(碟管式纳滤)、DTUF(碟管式超滤)三大类。

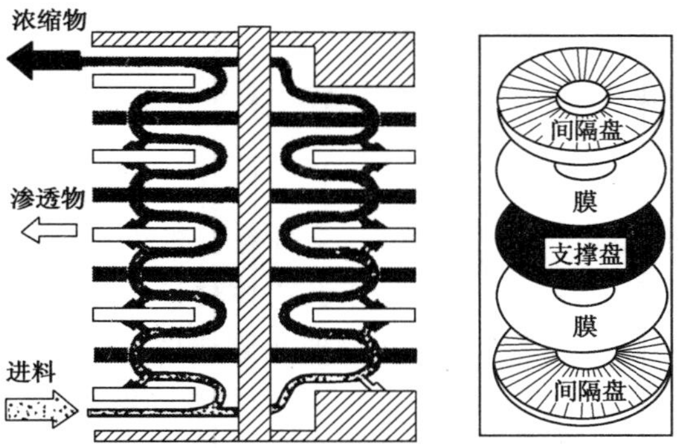

图 2-5-3　平板式膜组件的结构示意图

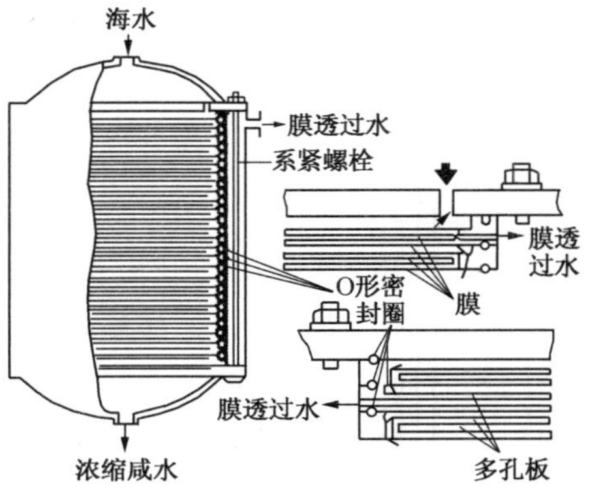

图 2-5-4　系紧螺栓平板式反渗透膜组件的结构示意图

以 DTRO(碟管式反渗透)膜组件为例，主要由反渗透膜片(RO 膜片)、水力导流盘、中心拉杆、外壳、两端法兰、各种密封件及联接螺栓等部件组成。把过滤膜片和导流盘叠放在一起，用中心拉杆和端盖法兰进行固定，然后置入耐压套管中，就形成一个碟管式反渗透膜组件。美国 PALL 公司 DTRO 膜组件的结构组成和工作原理如图 2-5-5 所示，工作时料液通过膜堆与外壳之间的间隙，经导流通道进入底部导流盘中，被处理的液体以最短距离快速流经滤膜，然后 180°逆转到另一膜面，再流入下一个过滤膜片，从而在膜表面形成由“导流盘圆周到圆中心→再到圆周→再到圆中心”的切向流过滤，浓缩液最后从进料端法兰处流出。料液流经过滤膜的同时，透过液通过中心收集管不断排出，浓缩液与透过液通过安装于导流盘上的 O 形密封圈隔离。

DTRO 膜组件采用开放式流道设计，料液有效流道宽，避免了物理堵塞；采用带凸点支撑的导流盘，料液在过滤过程中形成湍流状态，最大限度上减少了膜表面结垢、污染及浓差极化现象的产生；碟管的特殊结构和水力学设计使膜组件易于清洗，清洗后通量恢复性较好，从而延长了膜片寿命。膜组件采用标准化设计，易于拆卸维护，可以检查维护甚至单独更换任一膜片及其他部件；当零部件数量不够时，甚至允许少装一些膜片和导流盘而不影响整个膜组件的使用。典型应用场景是垃圾渗滤液处理，不需要任何形式的预处理，处理效果也不依赖渗滤液的可生化性，已成为保证垃圾渗滤液出水稳定的成熟技术。

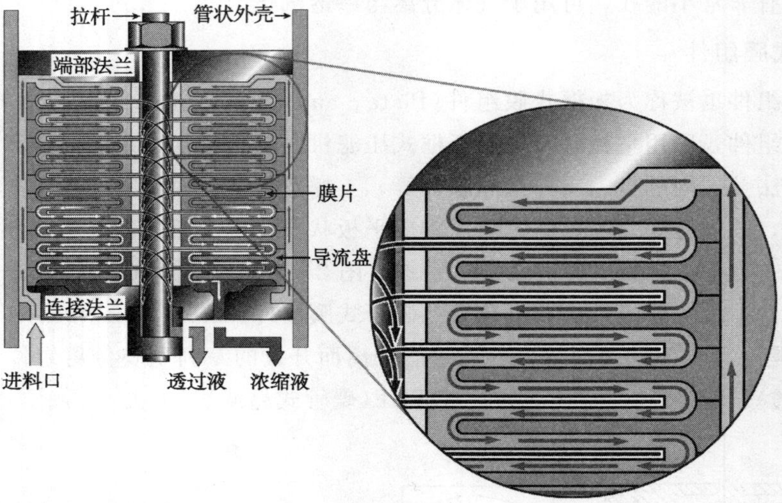

图 2-5-5　美国 PALL 公司 DTRO 膜组件的结构组成和工作原理示意图

3. 螺旋卷式膜组件

螺旋卷式(简称卷式)膜组件(Spiral Wound Membrane Module)在结构上与螺旋板换热器类似，如图 2-5-6 所示。螺旋卷式膜组件在两片膜中夹入一层多孔支撑材料，将两片膜的三个边密封而黏结成膜袋，另一个开放的边沿与一根多孔的透过液收集管连接。在膜袋外部的原料液侧再垫一层网眼型间隔材料(隔网)，即“膜-多孔支撑体-原料液侧隔网”依次叠合，绕中心管紧密地卷在一起，形成一个膜卷，再装进圆柱形压力容器内，构成一个螺旋卷式膜组件。使用时，原料液沿着与中心管平行的方向在隔网中流动，与膜接触，透过膜的透过液沿着螺旋方向在膜袋内的多孔支撑体中流动，最后汇集到中心管中而被导出，浓缩液由压力容器的另一端引出。

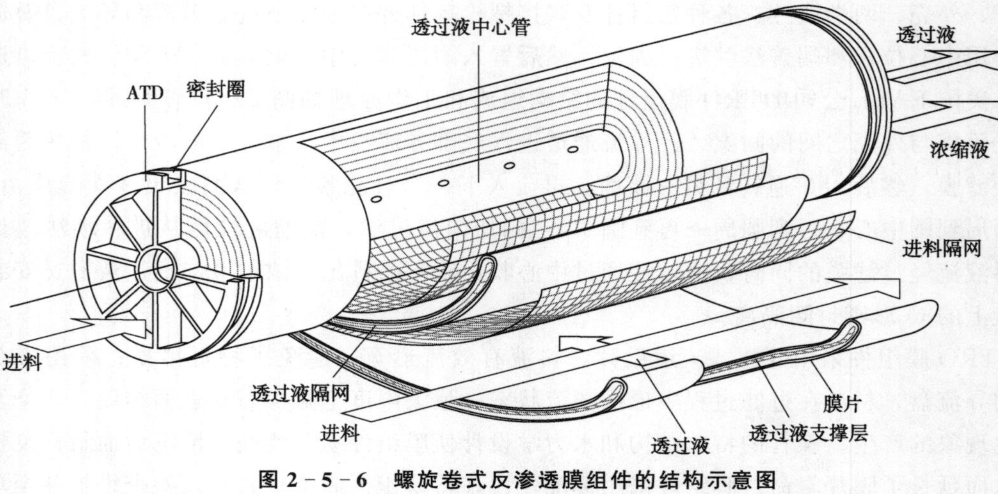

图 2-5-6　螺旋卷式反渗透膜组件的结构示意图

螺旋卷式膜组件的优点是结构紧凑、单位体积内的有效膜面积大，透液量大，设备费用低。缺点是易堵塞，不易清洗，换膜困难，制造工艺和技术复杂，不宜在高压下操作。

4. 圆管式膜组件

按照料液流动方向，圆管式膜组件（Tubular Membrane Module）可分为内压式、外压式两种。如图 2-5-7 所示，外压圆管式膜组件是将膜装在耐压多孔管外，或将铸膜液涂刮在耐压微孔塑料管外，带压料液从管外透过膜进入管内；由于需要耐高压的外壳，且进水流动状况又差，一般使用较少。内压式与外压式相反，将膜装在多孔管内壁，带压料液从管内流过，在管外侧收集透过液。按照工作过程中多个膜管的串并联方式，可分为单管式和管束式两种，图 2-5-8(a)、(b)分别为内压单管式、内压管束式圆管膜组件的结构示意图。圆管式膜组件的优点是内径较大、结构简单，适合处理悬浮固体含量较高的料液，分离操作完成后的清洗比较容易；缺点是单位体积的过滤表面积(即比表面积)在各种膜组件中最小。

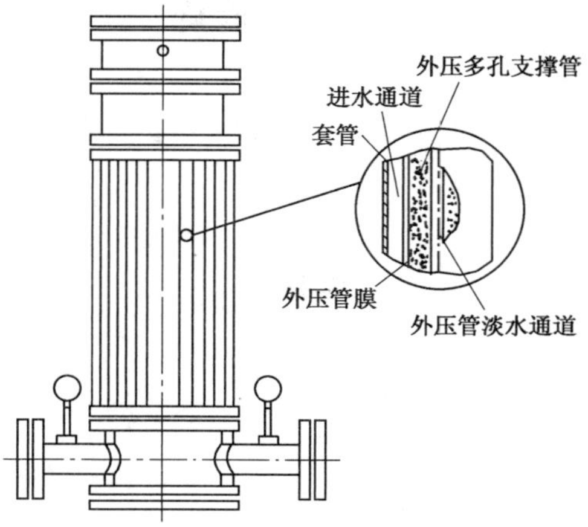

图 2-5-7　外压圆管式膜组件的结构示意图

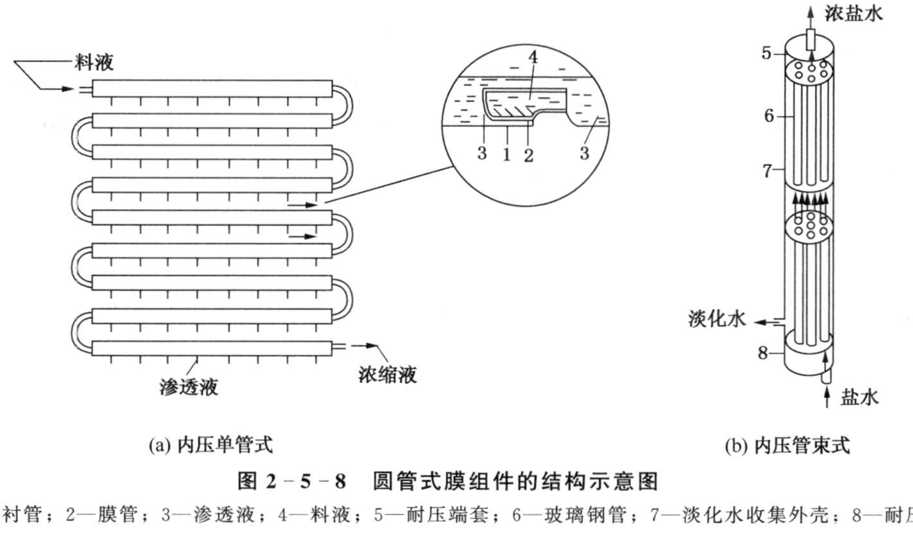

图 2-5-8　圆管式膜组件的结构示意图

1—孔外衬管；2—膜管；3—渗透液；4—料液；5—耐压端套；6—玻璃钢管；7—淡化水收集外壳；8—耐压端套

5. 中空纤维式膜组件

20 世纪 60 年代末，美国杜邦公司、美国陶氏化学、日本东洋纺公司相继制成了中空纤维式反渗透膜及相应的膜组件（Hollow Fiber Membrane Module），结构类似于一端封死的热交换器。中空纤维膜的外形呈纤维状，具有自支撑作用，属于非对称膜的一种；内径一般为 $\phi 25 \sim 350 \mu m$，外径一般为 $\phi 80 \sim 1000 \mu m$，致密层可位于纤维外表面(如反渗透膜)，也可位于纤维内表面(如微滤膜、纳滤膜和超滤膜)。如图 2-5-9 所示，中空纤维式膜组件是把大量(有时几十万或更多)的中空纤维膜装入圆筒状耐压容器内，通常将纤维束的一端封住，另一端固定在用环氧树脂浇铸成的管板上，操作压力一般为 0.7～7kPa。

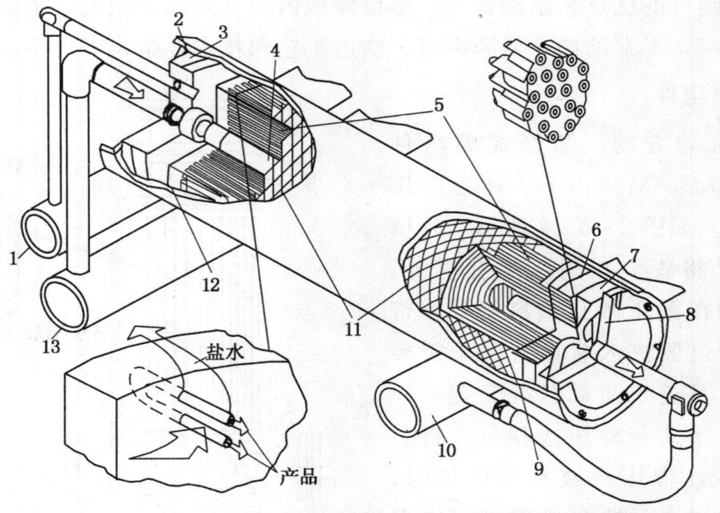

图 2-5-9　美国杜邦公司中空纤维式反渗透膜组件的结构示意图

1—盐水收集管；2，6—O 形圈；3—盖板(料液端)；4—进料管；5—中空纤维；
7—多孔支撑板；8—盖板(产品端)；9—环氧树脂管板；10—产品收集器；
11—网筛；12—环氧树脂封管；13—料液总管

中空纤维式膜组件的优点是单位体积内的膜面积大，不需要支撑材料。采用外压操作时(料液走壳方)，流动容易形成沟流效应，凝胶吸附层的控制比较困难；采用内压操作时(料液走腔内)，为防止堵塞，需对料液进行预处理，除去其中的微粒。

表 2-5-2 给出了几种压力驱动型膜组件的主要特点和适用范围。常用超滤膜组件、反渗透膜组件的一般特征比较分别如表 2-5-3、表 2-5-4 所示，膜组件的选用应对膜装填密度、流层高度、流道长度、膜支撑体结构、操作压力以及膜的抗污染能力、膜成本进行综合考虑，当然还需满足相关的产品技术要求。

表 2-5-2　各种压力驱动型膜组件的特点

膜组件类型	主要优点	主要缺点	适用范围
板框式	结构紧凑，密封牢固，能承受高压，成膜工艺简单，膜更换方便，较易清洗，有一张膜损坏不影响整个组件	装置成本高，水流状态不好，易堵塞，支撑体结构复杂	适用于中小处理规模，要求进水水质较好
管式	膜的更换方便，进水预处理要求低，适用于悬浮固体和黏度较高的溶液。内压管式水力条件好，很容易清洗	膜装填密度小，设备成本高，占地面积大，外压管式不易清洗	适用于中小处理规模，尤其适用于废水处理
螺旋卷式	膜的装填密度大，单位体积产水量高，结构紧凑，运行稳定，价格低廉	制造膜组件的工艺较复杂，组件易堵塞且不易清洗，预处理要求高	适用于大处理规模，进水水质较高
中空纤维式	膜的装填密度最大，单位体积产水量高，不要支撑体，浓差极化可以忽略，价格低廉	成膜工艺复杂，预处理要求最高，很易堵塞，且很难清洗	适用于大处理规模，且进水水质很好

表 2-5-3　常用超滤膜组件的一般特征比较

膜组件类型	螺旋卷式	中空纤维式	圆管式	板框式
膜装填密度/(m^2/m^3)	600	1200	60	300
原料流速/[m^3/(m^2·s)]	0.2～1.0	0.5～3.5	3.0～6.0	0.7～2.0
原料流道高度/mm	0.5～1.0	1.0～2.5	10～25	0.3～1.0
雷诺数 Re	100～1000	10～1000	10000～30000	100～6000
容纳体积	低	很低	高	一般
膜成本	低	一般	高	低

表 2-5-4　常用反渗透膜组件的一般特征比较

膜组件类型	螺旋卷式	中空纤维式	圆管式	板框式
膜装填密度/(m^2/m^3)	800	6000	70	500
需要的原料流速/[m^3/(m^2·s)]	0.25～0.50	0.005	1～5	0.25～0.50
操作压力/MPa	5.6	2.7	5.6① 7.0②	5.6
原料侧压降/MPa	0.3～0.6	0.01～0.03	0.2～0.3	0.3～0.6
单位体积透水量/[m^3/(m^2·d)]	670	670	335① 220②	502
透水率/[m^3/(m^2·d)]③	1	0.073	100① 0.61②	1
膜沾污性能	高	高	低	一般
容易清洗	差到好	差	很好	好
对原液过滤的要求/μm	10～20	5～10	不需要	10～25
相对费用	低	低	高	高

注：①内压管式；②外压管式；③指原液(5000×10^{-6} NaCl)脱盐率达 92%～96%时的透水率。

三、压力驱动型膜分离污水处理系统的设计

传统膜分离方式为死端过滤(Dead-end filtration)：料液一进一出，因滤材表面被堵塞，而导致过滤速度迅速降低。当前膜分离系统大多采用错流过滤或交叉流过滤(Cross-flow filtration)：流体一进二出，料液流经膜面时产生的剪切力把其上滞留的颗粒带走，从而使污染层保持在一个较薄的水平。在系统设计时，应根据原水水量、水质及产水水质要求、回收率等资料，经技术经济比较后选用合适的膜分离工艺，并综合考虑预处理、自动控制、在线检测、浓水(或称浓排尾水)处理、膜污染与清洗等问题。

1. 预处理

为防止膜降解和膜堵塞，须对进水中的悬浮固体、尖锐颗粒、微溶盐、微生物、氧化剂、有机物、油脂等污染物进行预处理，预处理的深度应根据膜材料、膜组件结构、原水水质、产水质量要求及回收率确定。

(1)微滤/超滤的预处理

中空纤维微滤、超滤膜系统的进水水质应符合表 2-5-5 的要求。去除进水中悬浮颗粒

物和胶体物，可采取“混凝-沉淀-过滤”工艺，加入有利于提高膜通量、并与膜材料有兼容性的絮凝剂。微滤、超滤系统之前宜安装细格栅及滤布转盘过滤器。在内压式膜分离系统之前，滤布转盘过滤器的过滤精度应小于 100μm；在外压式膜分离系统之前，滤布转盘过滤器的过滤精度应小于 300μm。当进水的矿物油含量超过表中数值或动植物油的含量超过 50mg/L 时，应增加除油工艺。

表 2-5-5　中空纤维微滤/超滤膜系统的进水参考值

膜材质		参考值		
		浊度/NTU	SS/(mg/L)	矿物油含量/(mg/L)
内压式	聚偏二氟乙烯(PVDF)	≤20	≤30	≤3
	聚乙烯(PE)	<30	≤50	≤3
	聚丙烯(PP)	≤20	≤50	≤5
	聚丙烯腈(PAN)	≤30	(颗粒物粒径<5μm)	不允许
	聚氯乙烯(PVC)	<200	≤30	≤8
	聚醚砜(PES)	<200	<150	≤30
外压式	聚偏二氟乙烯(PVDF)	≤50	≤300	≤3
	聚丙烯(PP)	≤30	≤100	≤5

(2)纳滤/反渗透的预处理

纳滤/反渗透系统的进水水质应符合表 2-5-6 的要求，预处理包括防止膜化学损伤、预防胶体和颗粒污堵、预防微生物污染、控制结垢等。在防止膜化学损伤方面，采用活性炭吸附或在进水中添加还原剂(如亚硫酸氢钠 $NaHSO_3$)，去除余氯或其他氧化剂，控制余氯含量≤0.1mg/L。预防铁、铝腐蚀物形成的胶体、黏泥和颗粒污堵，可采用以无烟煤和石英砂为过滤介质的双介质过滤器去除。在预防微生物污染方面，可对进水进行物理法或化学法杀菌消毒处理。照射波长 254nm 左右的紫外光有物理杀菌作用，化学杀菌一般在介质过滤器之前投加次氯酸钠(NaClO)。在控制结垢方面，加酸可有效控制碳酸盐结垢；投加阻垢剂或强酸阳离子树脂软化，可有效控制硫酸盐结垢。

表 2-5-6　纳滤/反渗透膜系统的进水限值

膜材质	限值		
	浊度/NTU	SDI	余氯/(mg/L)
聚酰胺复合膜(PA)	≤1	≤5	≤0.1
醋酸纤维膜(CA/CTA)	≤1	≤5	≤0.5

应该指出的是，微滤或超滤能除去所有的悬浮固体、胶体粒子及部分有机物，出水达到淤泥密度指数(Silting Density Index，SDI)≤3、浊度≤1NTU，可有效预防胶体和颗粒物污染和堵塞膜组件。

2. 微滤/超滤膜分离系统设计

设计参数包括料液流速、操作压力、反洗周期和时间、进料浓度、膜通量等。在湍流体系中一般流速为 1～3m/s，在层流体系中流速通常小于 1m/s；超滤膜实际操作应在临界透过量附近进行，此时操作压力约为 0.5～0.6MPa；操作时间依据不同的膜组件而定。超滤膜在操作压力 0.1～0.7MPa、温度 60℃以下时，膜通量应在 100～500L/(m^2·h)为宜，实际应用中一般为 1～100L/(m^2·h)。由于不同超滤膜应用中允许达到的最高进料浓度不同，因此必须进行控制。

微滤/超滤膜分离系统的运行方式可分为间歇式和连续式；组件排列形式宜为一级一段，并联安装。推荐的基本工艺流程如图 2-5-10 所示。

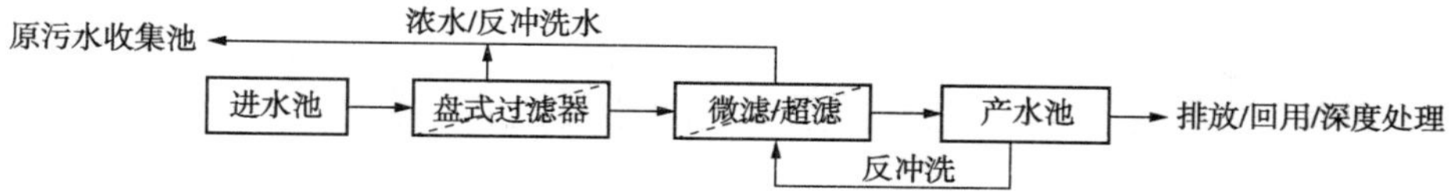

图 2-5-10　微滤/超滤膜分离系统的基本工艺流程示意图

一般情况下，超滤膜分离系统的透水量随着运行时间延长而逐渐减少，当下降到一定程度后会有一个相对稳定期，在此期间虽然透水量仍有下降的趋势，但经过清洗后基本上可以恢复到一个稳定值，此值为稳定透水量 Q_s。稳定透水量占初始透水量的比率，称作稳定系数 S_m。每个膜组件实际透水量占标称透水量的比率，称作组装系数 C_m。

3. 纳滤/反渗透膜分离系统设计

工艺流程可分为一级流程和多级流程，前者又可分为一级一段流程和一级多段流程。在反渗透膜分离过程中，溶剂(水)在压力驱动下透过膜，而溶质被膜截留，其浓度在膜表面处升高，同时发生从膜表面边界层向主体流的回流扩散，当这两种传质过程达到动态平衡时，膜表面处的溶质浓度高于主体流溶质浓度，这种现象称为浓差极化。浓差极化的危害包括：①膜表面溶质浓度增高，渗透压增大，从而减小传质驱动力；②膜表面沉积层或凝胶层的形成会改变膜分离特性；③局部浓度的增高通常会促使溶液中部分溶质饱和结晶析出，将膜孔堵死，从而减少膜的有效面积；④当溶质在膜表面达到一定浓度后，有可能使膜发生溶胀或溶解恶化膜的性能。

(1)一级一段和一级多段流程

一级一段流程是指在有效横截面积保持不变的情况下，原水一次通过纳滤/反渗透膜分离系统便能达到产水要求，具体有一级一段批处理式、一级一段连续式，工艺流程分别如图 2-5-11(a)、(b)所示。

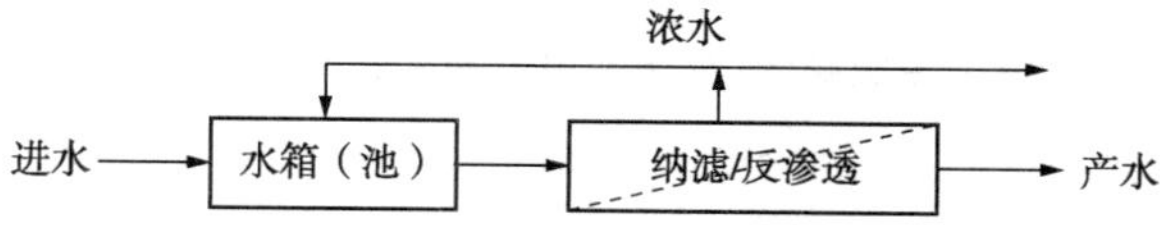

(a) 批处理式

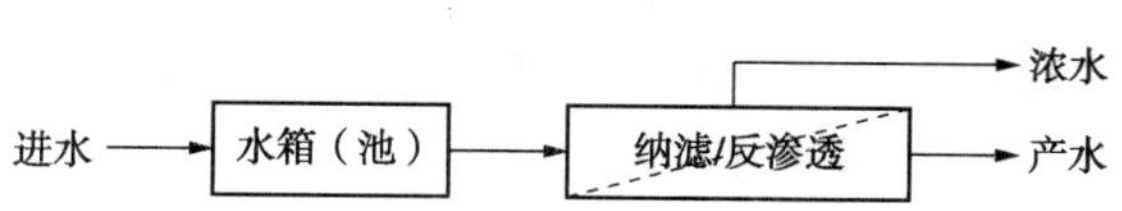

(b) 连续式

图 2-5-11　一级一段纳滤/反渗透膜分离系统的工艺流程示意图

如果一次分离产水量达不到回收率要求，可采用多段串联工艺，每段的有效横截面积递减，推荐的基本工艺流程有一级多段循环式、一级多段连续式和一级多段塔形排列，工艺流程分别如图 2-5-12(a)、(b)、(c)所示。

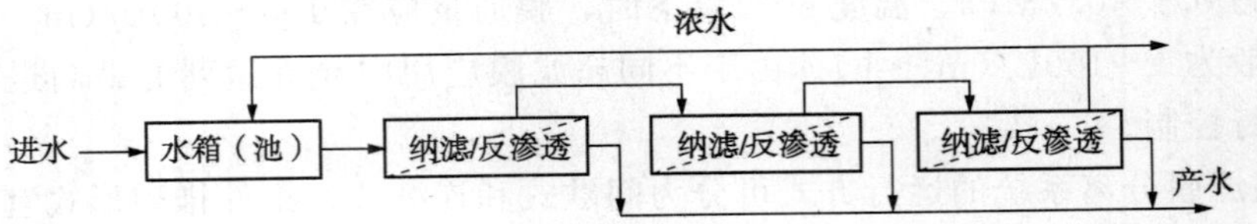

（a）一级多段循环式

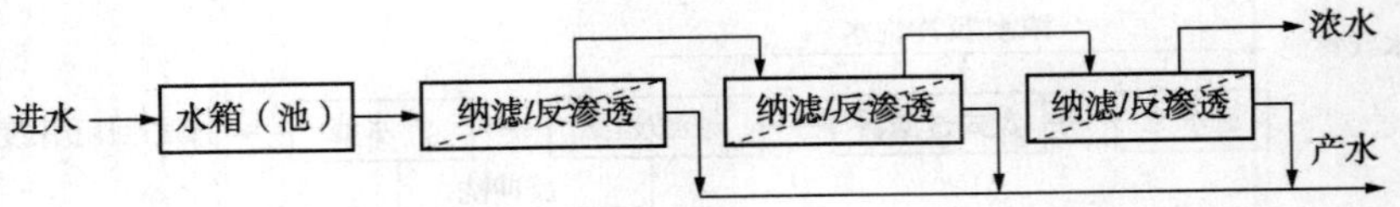

（b）一级多段连续式

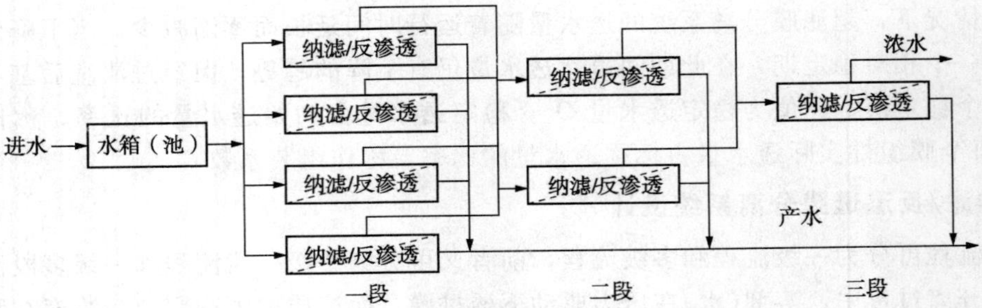

（c）一级多段塔形排列

图 2-5-12　一级多段纳滤/反渗透膜分离系统的工艺流程示意图

(2)多级流程

若一级流程不能达到出水水质要求，可将一级系统的产水再送入另一个反渗透系统，继续分离直至得到合格产水，推荐的基本工艺流程如图 2-5-13 所示。膜组件的排列形式可分为串联式和并联式。

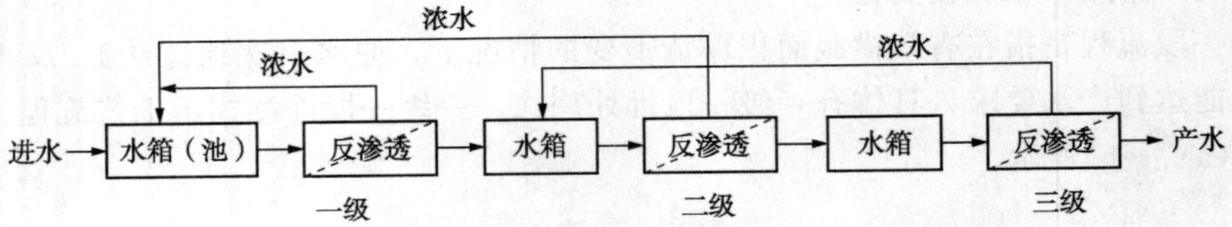

图 2-5-13　多级纳滤/反渗透膜分离系统的工艺流程示意图

4. 浓水的处理

膜分离过程产生的浓水可并入污水生化处理系统，也可与化学清洗废水、深层介质过滤器的反冲洗废水等一并进行收集处理。浓水处理排放应符合国家或地方污水排放标准的规定，推荐的处理工艺流程如图 2-5-14 所示。

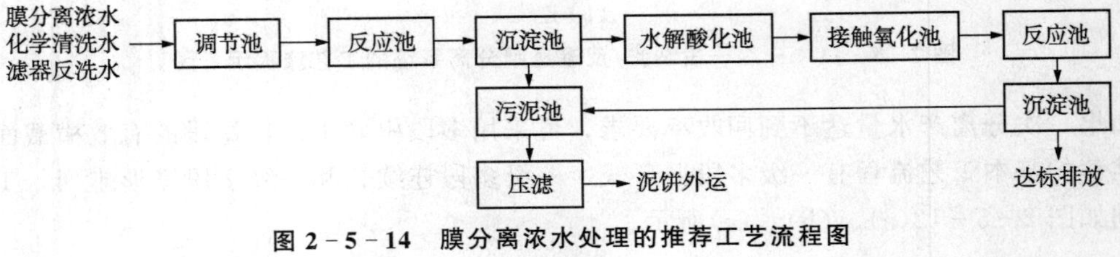

图 2-5-14　膜分离浓水处理的推荐工艺流程图

5. 膜污染与防治

膜污染是指污水中的微粒、胶体粒子或溶质分子与膜发生物理化学相互作用或因浓差极化，使某些溶质在膜表面的浓度超过其溶解度，进而引起在膜表面或膜孔内吸附、沉积，造成膜孔径变小或堵塞，使膜产生透过流量与分离特性不可逆变化的现象。初期的膜污染宜采用物理清洗，当膜污染比较严重、仅采用物理清洗不能使通量得以有效恢复时，就必须采用化学清洗。物理清洗主要包括水力清洗、超声波清洗和机械刮除，常见的水力清洗有低压高速清洗、脉冲曝气式水力冲刷、反冲洗等。中空纤维膜通常采用反冲洗的效果较好，负压抽吸清洗与反冲洗有一定的相似性，在某些情况下清洗效果更好。

为了有效减轻膜污染、延缓膜通量衰减，延长清洗间隔周期，除了采用常规错流过滤运行模式外，还可以采取动态错流过滤(Dynamic Crossflow Filtration，DCF)方式，即将膜组件旋转或在膜片表面设置旋转激湍物，使流体在膜表面产生较高的流动剪切力，从而抑制滤饼层增长，可提高过滤通量 4～10 倍。目前，主要的旋转膜组件有旋转板式膜和旋转管式膜两种，前者的代表性产品为奥地利 ANTRIDZ 集团的 Krauss - Maffei 动态错流过滤器。近几年来，德国 Keramische Folien 公司、Novoflow 公司分别推出了 KERAFOL、Novoflow 轴盘旋转陶瓷膜动态错流过滤器。如图 2 - 5 - 15 所示，国内也将单个陶瓷膜片称为碟式陶瓷膜，最大结构特点是：①具有飞碟式的外部形状且内部含有螺旋形的渗透通道，具有分离功能的膜层在碟式外表面；②将旋转主轴设计成中空结构，从而形成“碟式陶瓷膜表面→盘片内部螺旋形流道→旋转主轴中心流道”的滤液流动路径。工作过程中，利用旋转运动产生的离心力、水力剪切力以及滤液的强烈湍流，可以高效清除膜表面滤层，消除膜表面浓度极

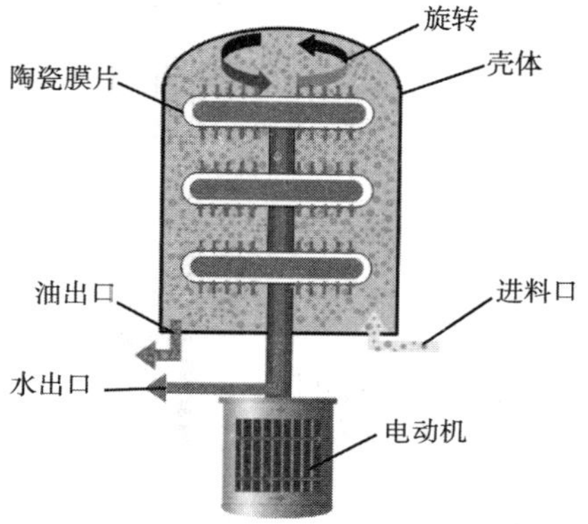

(a) 多个陶瓷膜盘片的组装结构

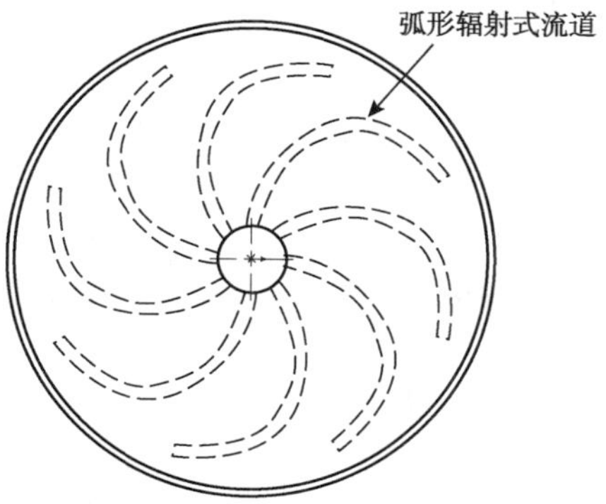

(b) 单个陶瓷膜盘片的平面图

(c) 多个膜片同轴组装结构

图 2 - 5 - 15 轴盘旋转陶瓷膜动态错流过滤器的结构和工作原理示意图

差。当碟式陶瓷膜片和中空轴以顺时针方向转动时，所形成的流体动压效应有助于透过盘片表面膜孔的水相经弧形辐射式流道向中心汇集，进而通过中空旋转轴排出。

四、电位差驱动型膜分离技术(电渗析)

1. 电渗析原理

电渗析是在直流电场作用下，以电位差为推动力，利用离子交换膜的选择渗透性，与膜电荷相反的离子透过膜，与膜电荷相同的离子则被膜截留，从而使料液中的离子发生定向移动，以达到脱除或富集电解质的目的。由于电荷有正、负两种，离子交换膜也有两种，只允许阳离子通过的膜称为阳膜，只允许阴离子通过的膜称为阴膜。

在常规的电渗析器内两种膜成对交替平行排列，膜间空间构成一个个小室，两端加上电极，施加电场，电场方向与膜平面垂直。如图 2-5-16 所示，以去除工业污水中的盐(NaCl)为例，最初含盐料液均匀分布于各室中，在电场作用下料液中的离子发生迁移。

常规电渗析器有两种隔室，分别产生不同的离子迁移效果。第一种隔室左边为阳膜，右边为阴膜。设电场方向从左向右，在此情况下，该隔室内的阳离子便向阴极移动，遇到右边的阴膜而被截留；阴离子往阳极移动，遇到左边的阳膜也被截留。对于其相邻的两侧隔室而言，左侧隔室内的阳离子可以通过阳膜进入中间隔室，右侧隔室内的阴离子也可以通过阴膜进入中间隔室，这样中间隔室内的离子浓度增加，故称为浓缩室。第二种隔室左边为阴膜，右边为阳膜，在此室外的阴、阳离子都可以分别通过阴、阳膜进入相邻隔室，而其相邻隔室内的离子则不能进入此室。这样室内离子浓度降低，故称为淡化室。由于两种膜交替排列，浓缩室和淡化室交替存在。若将两股物流分别引出，故为电渗析的两种产品。

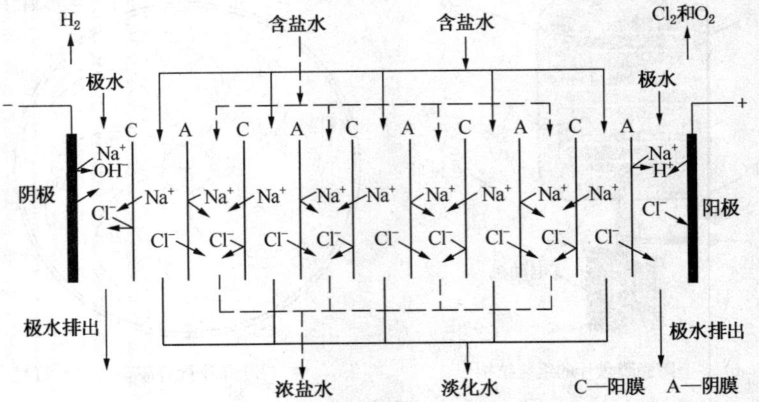

图 2-5-16 电渗析脱盐原理示意图

2. 电渗析器的结构组成

电渗析器是利用电渗析原理进行脱盐或净化水质的设备，如图 2-5-17 所示，主要由膜堆、极区和夹紧机构三大部分构成。一对阴、阳极膜和一对浓、淡水隔板交替排列组成最基本的脱盐单元，称为膜对。电极(包括共电极)之间由若干组膜对堆叠一起即为膜堆。隔板上有进出水孔、配水槽和集水槽、流水道及过水道，放在阴、阳极膜之间，起着分隔和支撑阴、阳极膜的作用，构成浓、淡室，并形成水流通道，并起配水和集水的作用。隔板常和隔网配合黏结在一起使用，隔板材料有聚氯乙烯、聚丙烯、合成橡胶等，厚 1～2mm。隔网起着扰流作用，以增加液流的紊流程度，常用隔网有鱼鳞网、编织网、冲膜式网等。如图 2－5－18 所示，隔板流水道分为有回路式和无回路式两种。有回路式隔板流程长、流速高、电流效率高、一次除盐效果好，适用于流量较小而除盐率要求较高的场合；无回路式隔板流程短、流速低，要求隔网搅动作用强，水流分布均匀，适用于流量较大的除盐系统。

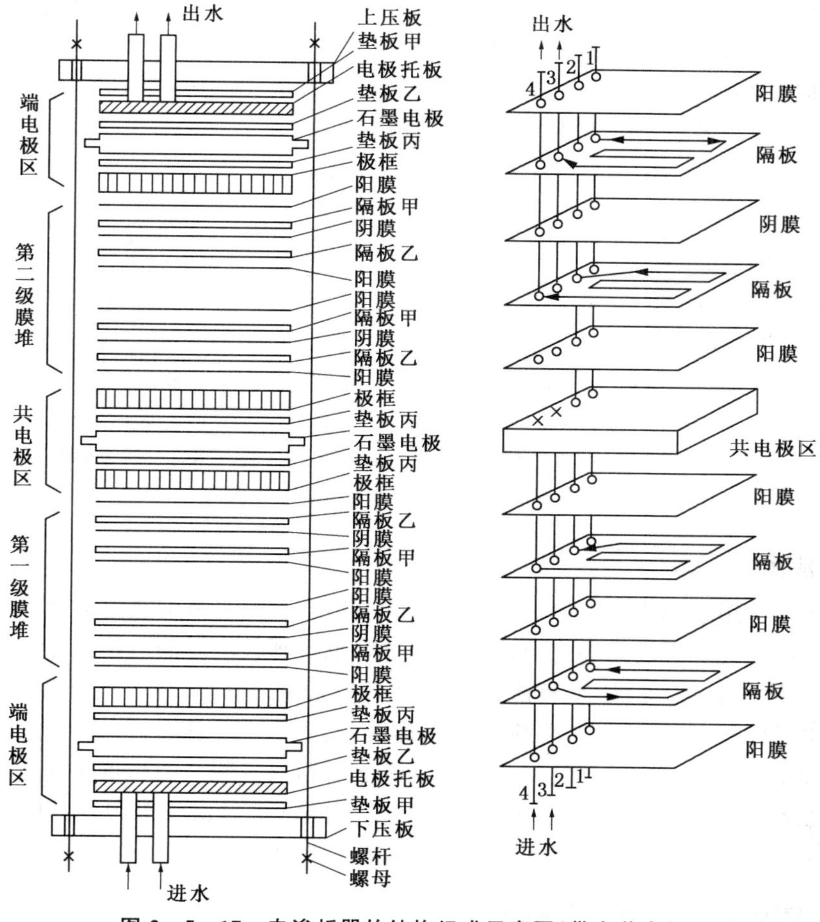

图 2－5－17　电渗析器的结构组成示意图(带有共电极)

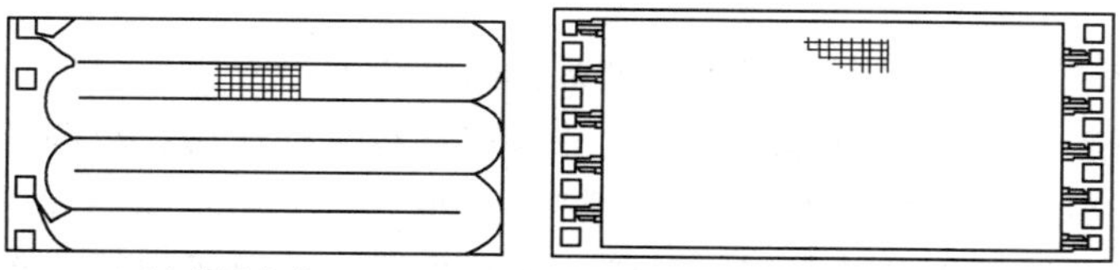

(a)有回路式　　(b)无回路式

图 2－5－18　电渗析器中隔板的结构示意图

极区的主要作用是为电渗析器供给直流电，将原水导入膜堆的配水孔，将淡水和浓水排出电渗析器，并通入和排出极水。极区由托板、电极、极框和弹性垫板组成。托板的作用是加固极板和安装进出水接管，常用厚的硬聚氯乙烯板制成。电极的作用是接通内外电路，在电渗析器内形成均匀的直流电场。阳极常用石墨、铅、铁丝涂钉等材料，阴极可用不锈钢等材料。极框用来在极板和膜堆之间保持一定距离，构成极室，也是极水的通道。极框常用厚

5～7mm 的粗网多水道式塑料板制成。垫板起防止漏水和调整厚度不均的作用，常用橡胶或软聚氯乙烯板制成。夹紧机构的作用是把极区和膜堆均匀夹紧，组成不漏水的电渗析器整体，可采用压板-螺栓拉紧或采用液压压紧。

电渗析器的组装方式有串联、并联、串联-并联相结合，通常用“级”“段”“系列”等术语来区别各种组装形式。电渗析器内电极对的数目称为“级”，凡是设置一对电极的叫作一级，两对电极的叫作二级，依此类推。电渗析器内，进水和出水方向一致的膜堆部分称为“一段”，水流方向每改变一次，“段”的数目就增加 1。如图 2－5－19 所示，一台电渗析器的组装方式有一级一段、多级一段、一级多段和多级多段等。

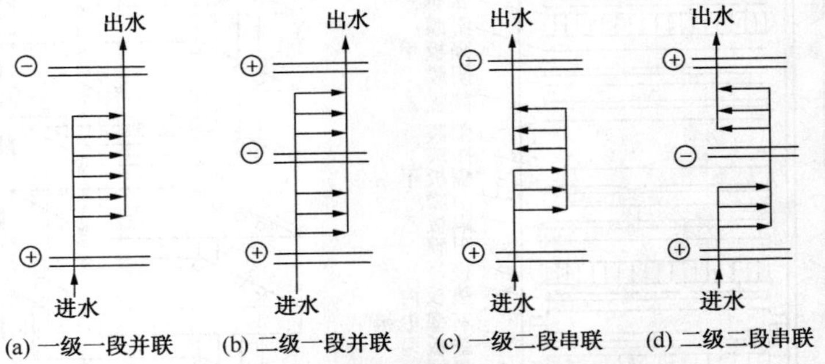

图 2－5－19　电渗析器的基本组装形式

3. 工程应用

电渗析法最先用于海水淡化制取饮用水和工业用水、海水浓缩制取食盐，以及与其他单元技术组合制取高纯水，后来在工业污水处理领域也得到较广泛的应用。在工业污水处理领域的典型工程应用包括：①处理碱法造纸废液，从浓液中回收碱，从淡液中回收木质素；②从含金属离子的污水中分离和浓缩重金属离子，然后对浓缩液进一步处理或回收利用；③从放射性污水中分离放射性元素；④从酸洗废液中制取硫酸及沉积重金属离子；⑤处理电镀污水和废液等，含 Cu^{2+}、Zn^{2+}、Ni^{2+} 等金属离子的污水都适合采用，其中应用较广泛的是从镀镍废液中回收镍，许多工厂实践表明用该法可以实现闭路循环。

五、浓度差驱动型膜分离技术

1. 扩散渗析

扩散渗析是使高浓度溶液中的溶质透过薄膜向低浓度溶液中迁移的过程，推动力是薄膜两侧的浓度差。因起渗析作用的薄膜对溶质的渗透性有选择作用，故叫作半透膜。半透膜的渗析作用有三种类型：一是依靠薄膜中“孔道”的大小分离大小不同的分子或粒子；二是依靠薄膜的离子结构分离性质不同的离子，如阳离子交换膜、阴离子交换膜等；三是依靠薄膜的选择性分离某些溶解性物质。目前水处理中最常用的半透膜是离子交换膜，离子交换膜扩散渗析器除了没有电极以外，其他构造与电渗析器基本相同。

图 2－5－20 为回收酸洗钢铁污水中硫酸的扩散渗析器，在渗析槽中装设一系列间隔很近的耐酸阴离子交换膜，把整个槽子分隔成两组相互为邻的小室；阴膜之间放置隔板，根据流量确定并联的隔板数目。一组小室流入污水，一组小室流入清水，流向相反。由于扩散作用，污水中的氢离子、铁离子和硫酸根离子向清水中扩散，但由于阴离子交换膜的选择透过性，只有硫酸根离子较多透过阴膜，进入清水。虽然当硫酸根离子透过薄膜时也挟带少量铁

离子，但仍能使污水中的硫酸亚铁在一定程度上得到分离。

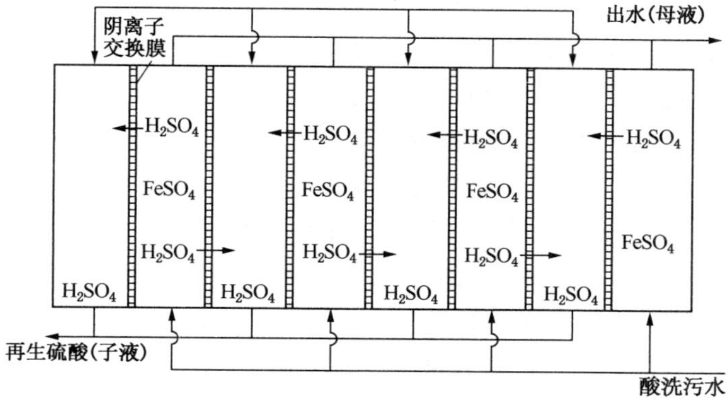

图 2-5-20　扩散渗析法回收酸洗钢铁污水中的硫酸示意图

扩散渗析的渗析速度与膜两侧溶液的浓度差成正比。只有当原液中硫酸的浓度不小于10%时，扩散渗析的回收效果才显著，才有实用价值。为了提高膜两侧的浓度差，水与原液在阴膜的两侧相向而流。为了在便于操作的同时，兼顾安全和节能，一般均采用高位液槽重力流。扩散渗析的特点是：渗析过程不耗电，运转费用省，但分离效率低，设备投资较大。

2. 正渗透

正渗透是近年来发展起来的一种浓度驱动型膜分离技术，依靠选择性渗透膜两侧的渗透压差为驱动力自发实现水传递。由于操作过程不需提供外压或操作过程中只存在很低的压头，相较其他压力驱动型膜分离过程，正渗透具有能耗较低、产水率高、污染小等优点，有可能被广泛应用于海水淡化、工业污水处理、污水中氮磷类营养物质富集回用、压力阻尼渗透发电等领域。

反渗透(RO)、正渗透(FO)和减压渗透(Pressure Retarded Osmosis，PRO)过程的工作原理如图 2-5-21 所示。在 RO 过程中，水在外加压力作用下从低化学势侧通过渗透膜扩散至高化学势侧溶液中($\Delta\pi<\Delta p$)，达到脱盐目的；正渗透过程刚好相反，水在渗透压作用下从高化学势侧自发扩散到低化学势侧；减压渗透可认为是反渗透和正渗透的中间过程，水压作用于渗透压梯度的反方向，水的净通量仍然向着浓缩液方向。正渗透分离系统工作时，正渗透膜两侧分别为待处理液和汲取液，待处理液中的水分子在渗透压差驱动下通过半透膜进入汲取液，获得浓缩的待处理液和稀释的汲取液，最后将溶质从稀释的汲取液中分离出来，得到最终产水。

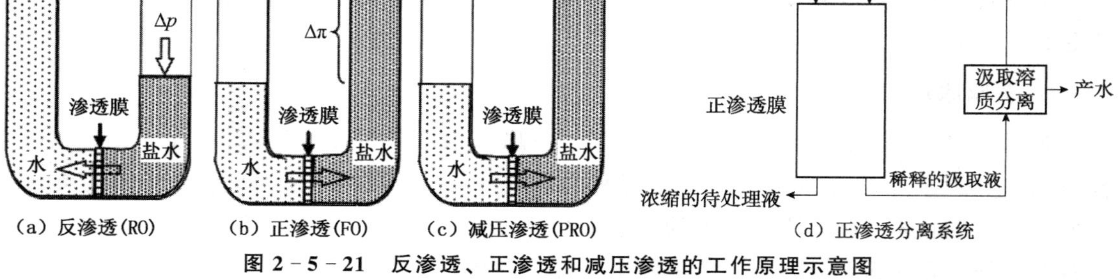

图 2-5-21　反渗透、正渗透和减压渗透的工作原理示意图

正渗透膜主要包括醋酸纤维素类膜和聚酰胺薄膜复合膜两大类，分别采用相转化法和界面聚合法制备，此外还有层层组装复合膜、双皮层膜、仿生膜等。理想的正渗透膜材料应具备的基本特征包括：拥有对溶质有高截留率的致密皮层；较好的亲水性，水通量高且耐污染；支撑层尽量薄；机械强度高；耐酸、碱、盐等腐蚀的能力强。

美国 Oasys Water 公司推出的正渗透膜 ClearFlo MBC 系统可使海水淡化产水率从现行技术的 40%提升至 85%，淡化后产生的高浓度海水可以提炼出经济价值极高的溴、镁、钾等元素，减少高盐海水对环境造成的污染，而能耗仅为现行技术的 70%。加拿大 Forward Water Technologies 公司采用两相汲取液，低温时汲取液的渗透压可达 21MPa，可以作为正渗透驱动力。然后利用废热加热使汲取液气化，可将盐转换成 CO_2 和 TMA(三甲胺)，实现汲取液和清水分离，气化的汲取液进入再生罐循环利用。国内燃煤电厂脱硫污水处理大多采用“三联箱”技术(即混凝澄清综合处理)，难以实现真正的“零排放”。将石灰混凝澄清技术和正渗透膜处理技术结合，不仅可以 100%回用污水，而且水中污染物全部以结晶盐和污泥的形式分离，实现了真正“零排放”；不仅结晶器的规模大大减小，而且运行中蒸汽耗量、电耗量、药品耗量都大幅降低，可减少企业约 20%的资金投入和约 30%的运行成本。杭州水处理技术研究开发中心依托国家科技支撑计划“正渗透海水淡化关键技术研究与示范”，2017 年率先建立全球首套 $500m^3/d$ 正渗透海水淡化示范工程。

此外，将正渗透膜与其他工艺相结合能够有效提高水处理效率、降低系统能耗。例如，FO 与 RO 耦合工艺能实现低成本污水资源化，正渗透利用浓盐水的渗透压，使污水侧的水分子透过正渗透膜进入盐侧而分离水和污染物，再将盐水通过反渗透脱盐实现水资源回收。由于正渗透工艺无需外界压力，能有效截留污水中的有机污染物，同时可以减少 RO 膜污染、降低能耗。

§2.6 其他物化法处理技术与设备

除前面介绍的吸附、离子交换、膜分离等方法之外，物理化学法水处理还包括萃取、结晶、吹脱或气提、汽提、电化学处理等方法。本节将进行补充性介绍。

一、萃取法的原理与设备

萃取操作属于两液相间的液-液传质过程，通过利用溶质在原溶剂中溶解度与在新加入溶剂(萃取剂)中溶解度的差异，将溶质从溶液中分离。主要用于从废渣、污泥及烟尘浸出液和废液中提取、回收各种有用组分或去除有害组分，以达到消除污染、综合利用资源的目的。在多数情况下，若被提取组分在废渣和废液中是低浓度或微量的，此时萃取技术的优越性更加突出。

1. 萃取原理

如图 2-6-1 所示，原料液中含有溶质 A 和溶剂 B，为使 A 与 B 尽可能完全分离，需合理选择一种溶剂(即萃取剂 S)。萃取过程的基本条件是萃取剂 S 应对原料液中的溶质 A 有尽可能大的溶解度，而与原料液中的溶剂 B 互不相溶或仅少量互溶。因此，当萃取剂 S 与原料液充分混合并静置分离后就成为两个液相，其中一个以萃取剂 S 和溶质 A 为主的液相称为萃取相 E，而另一以溶剂 B 为主的液相称为萃余相 R。当萃取相 E 和萃余相 R 达到相平衡时，则为一个理论级。经过一个或多个理论级处理，就可以使 A 和 B 得到较好的分离。再经蒸馏、蒸发等办法处理萃取相 E，就可以得到产品 A 并回收萃取剂 S。当被萃物为溶液时称为液液萃取，当被萃物为固体时称为固体萃取(浸取)。

工业污水处理中的萃取工艺过程如图 2－6－2 所示，整个过程包括三个工序：①混合——把萃取剂 S 与废水进行充分接触，使溶质 A 从污水中转移到萃取剂中去；②分离——使萃取相 E 与萃余相 R 分别分离；③回收——从萃取相 E 中回收萃取剂 S 和溶质 A。

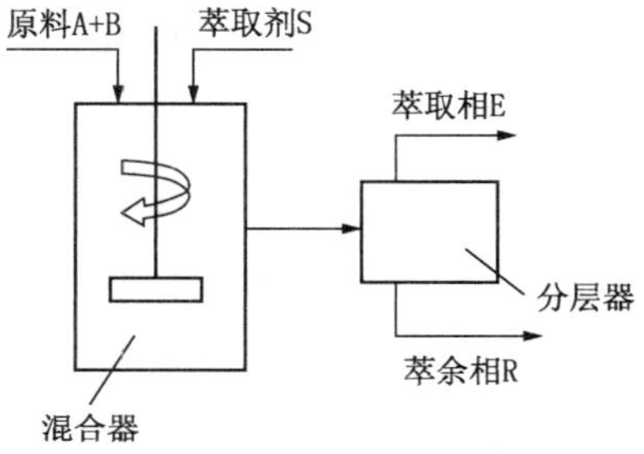

图 2－6－1　萃取过程原理示意图

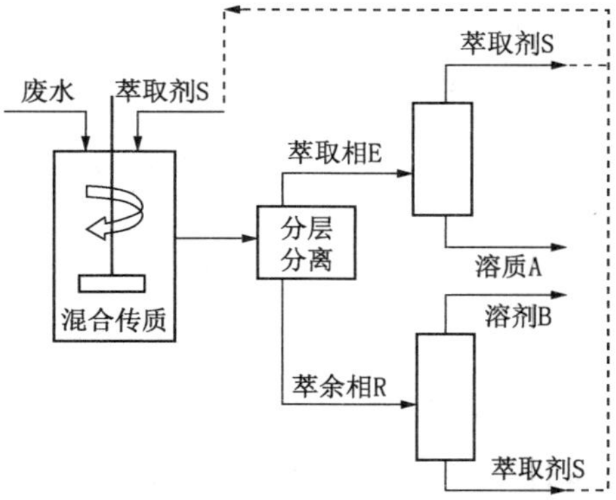

图 2－6－2　萃取工艺过程示意图

根据萃取机理的不同，萃取过程大致分为简单分子萃取、中性溶剂络合萃取、离子缔合萃取(或螯合萃取)和协同萃取等类型；根据萃取剂 S 与污水接触方式的不同，萃取作业可分为间歇式和连续式两种；根据两相接触次数的不同，萃取流程可分为单级萃取和多级萃取两种，后者又分为“错流”与“逆流”两种方式。

最常用的是多级逆流萃取流程，该过程将多次萃取操作串联起来，实现污水与萃取剂 S 的逆流操作。在萃取过程中，污水和萃取剂 S 分别由第一级和最后一级加入，萃取相 E 和萃余相 R 逆向流动，逐级接触传质，最终萃取相 E 由进水端排出、萃余相 R 从萃取剂 S 加入端排出。多级逆流萃取只在最后一级使用新鲜的萃取剂 S，其余各级都是与后一级使用过的萃取剂 S 接触，因此能够充分利用萃取剂 S 的萃取能力，充分体现了逆流萃取传质推动力大、分离程度高、萃取剂用量少的特点，因此也称为多级多效萃取，简称多效萃取。

2. 常规萃取设备及其选择

液液萃取设备的基本条件是：必须使两相间具有很大的接触面积；分散两相必须进行相对流动以实现两相逆流和液滴聚合与两相分层。常规萃取设备的类型很多，其分类如表 2－6－1 所示，最典型的分类方式是按两液相的接触方式分为逐级接触式和连续接触式(或微分接触)，按照构造特点和形状分为组件式和塔式，按照产生逆流的方式分为重力式、离心力式。连续接触式萃取设备(Differential contact extractor)要求分散相在连续相中通过时有良好的两相接触，但一直到接触的最后才进行分层，因而在接触区减少返混成为重要的考虑因素。连续接触式萃取设备有喷淋塔、填料萃取塔、脉冲填料柱、脉冲筛板塔、振动筛板塔(Karr 萃取塔)、转盘塔、离心萃取机等多种类型，这里进行简要介绍。

表 2-6-1　常规萃取设备的分类

产生逆流的方式	相分散的方法	逐级接触设备	连续接触设备
重力	重力	筛板塔	喷淋塔、填料萃取塔、挡板萃取塔
	旋转搅拌	逐级混合澄清槽、立式混合澄清槽、偏心转盘塔(ARDC)	转盘萃取塔(RDC)、带搅拌的填料萃取塔(Scheibel 萃取塔)、带搅拌的挡板萃取塔(Oldshue Rushton 萃取塔)、带搅拌的多孔板萃取塔(Kühni 转盘萃取塔)、淋雨桶式萃取器
	往复搅拌	—	往复筛板塔
	机械振动	—	振动筛板塔(Karr 萃取塔)、带溢流口的振动筛板塔、反向振动筛板塔
	脉冲	空气脉冲混合澄清槽	脉冲填料塔、脉冲筛板塔、控制循环脉冲筛板塔
	其他	—	静态混合器、超声波萃取器、管道萃取器、参数泵萃取器
离心力	离心力	转筒式单级离心萃取机、LX-168N 型多级离心萃取机	卢威式离心萃取机、波德(POD)式离心萃取机

(1)喷淋塔

喷淋塔又称喷洒塔，是最简单的萃取塔，轻、重两相分别从塔的底部和顶部进入。图 2-6-3(a)是以重相为分散相，则重相经塔顶的分布组件分散为液滴进入连续相，在下流过程中与轻相接触进行传质，降至塔底分离段处凝聚形成重液层排出组件。连续相即轻相，由下部进入，上升到塔顶，与重相分离后由塔顶排出。图 2-6-3(b)是以轻相为分散相，则轻相经塔底的分布组件分散为液滴进入连续相，在上升中与重相接触进行传质，轻相升至塔顶分离段处凝聚形成轻液层排出组件。连续相即重相，由上部进入，沿轴向下流与轻相液滴接触，至塔底与轻相分离后排出。

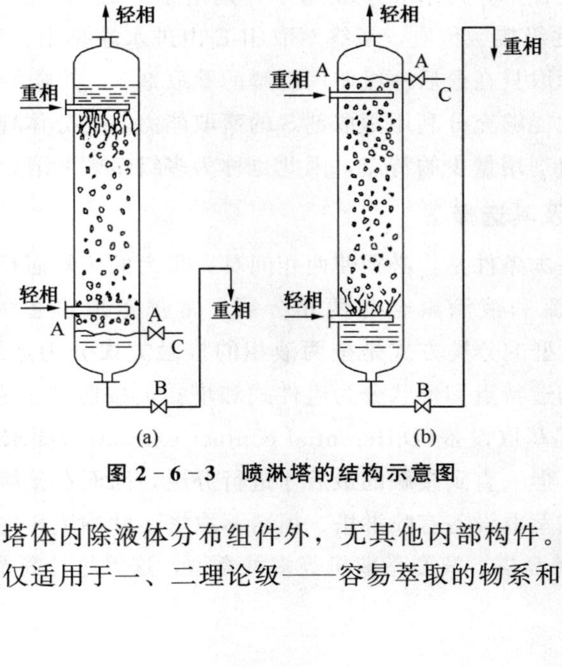

图 2-6-3　喷淋塔的结构示意图

喷淋塔结构简单，塔体内除液体分布组件外，无其他内部构件。缺点是轴向返混严重，传质效率极低，因而仅仅适用于一、二理论级——容易萃取的物系和分离要求不高的场合。

(2)填料萃取塔

填料萃取塔的结构与气-液传质所用的填料塔基本相同。如图 2－6－4 所示，塔内装有适宜的填料，轻相由底部进入，顶部排出；重相由顶部进入，底部排出。萃取操作时，连续相充满整个塔中，分散相由分布器分散成液滴进入填料层，在与连续相逆流接触中进行传质。

填料层的作用除了使液滴不断发生凝聚与再分散以促进液滴表面更新之外，还可以减少轴向返混。常用的填料有拉西环和弧鞍填料。

填料萃取塔结构简单，操作方便，适合于处理腐蚀性料液，缺点是传质效率低，不适合处理有悬浮固体的料液。一般用于所需理论级数较少的场合(如 3 个萃取理论级)。

(3)脉冲筛板塔

脉冲筛板塔也称液体脉动筛板塔，借助外力作用使液体在塔内产生脉动运动，结构与气-液传质过程中无降液管的筛板塔类似。如图 2－6－5 所示，其结构分成三部分：上下两端直径较大部分分别为上澄清段和下澄清段，是轻、重液相分层的地方，从上部排出轻液，从下部排出重液；中间部分为两相传质段，其内上下排列着若干块穿孔筛板。

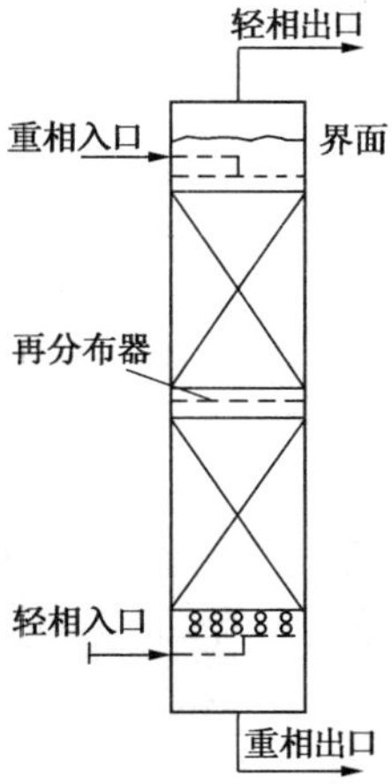

图 2－6－4　填料萃取塔的结构示意图

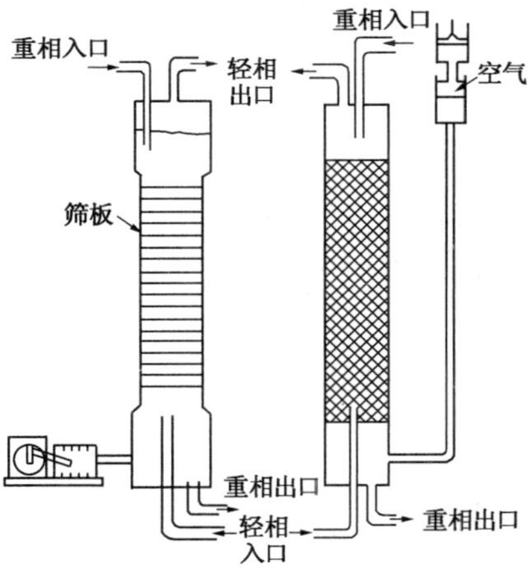

图 2－6－5　脉冲筛板塔的结构示意图

在塔的下澄清段装有脉冲管，萃取操作时通过脉冲发生器(可以是往复活塞型、膜片型、风箱型、空气脉冲波型等)，使塔中物料产生频率较高($30\sim250min^{-1}$)、冲程较小($6\sim25mm$)的上下往复脉动。凭借此脉动，迫使液体经过筛板上的小孔，使分散相破碎成较小的液滴分散在连续相中，并形成强烈的湍动，使两相充分接触、混合，增大了传质界面和传质系数，因此分离效率较高。筛板脉动频率和脉动振幅的大小一般由试验确定，如果频率过高、振幅过大，搅拌过于剧烈，则萃取剂被打得过碎，不能很好地与萃取相分离，也会影响正常操作。反之，如果脉动频率过低、脉动振幅过小，则萃取剂与料液混合不够充分，也会影响传质效率。无溢流脉冲筛板塔的板间距一般较小($50\sim70mm$)，孔径只有 $\phi1.2\sim3mm$，开孔率为 20％～25％；一般脉冲振幅的范围为 $9\sim50mm$，频率为 $30\sim200min^{-1}$。

脉冲筛板塔的突出优点在于塔内无需专门设置机械搅动或往复运动的构件，而脉冲的发生可以离开塔身，这样就易于解决防腐和放射问题，因此在原子能工业中应用较多。脉冲方式引入的外能可以促进两相接触传质，但使生产能力变低，消耗功率也较大，轴向混合也比无脉冲时有所加剧。

(4)往复筛板塔

如图 2－6－6 所示，往复筛板塔是将多层筛板按一定间距固定在中心轴上，筛板上不设溢流管，不与塔体相连。中心轴由塔顶的传动机构作往复运动，产生机械搅拌作用。筛板的孔径比筛板萃取塔的孔径略大，一般为 $\phi 7 \sim 16mm$。当筛板向上运动时，筛板上侧的液体经筛孔向下喷射；反之，当筛板向下运动时，筛板下侧的液体向上喷射。为防止液体沿筛板与塔壁之间的环形缝隙走短路，应每隔若干块筛板在塔内壁设置一块环形挡板。

往复筛板塔可较大幅度增加相际接触面积和提高液体湍动程度，传质效率高，流体阻力小，操作方便，生产能力大，是一种性能较好的萃取设备。在生产中的应用日益广泛，但由于机械传动方面的原因，塔径受到一定限制，目前还不适应大型工业生产的需要。

(5)转盘萃取塔

转盘萃取塔也是一种具有外加能量的萃取塔，基本结构如图 2－6－7 所示，在塔体内壁安装有许多间距相等、固定在塔体上的环形挡板，称为固定环。固定环将塔内分隔成若干个小空间。在每一对固定环形挡板的中间位置，均有一块固定在中央旋转轴上的圆盘，称为转盘。转盘直径一般均比固定环的开孔直径稍小，以便于拆卸。

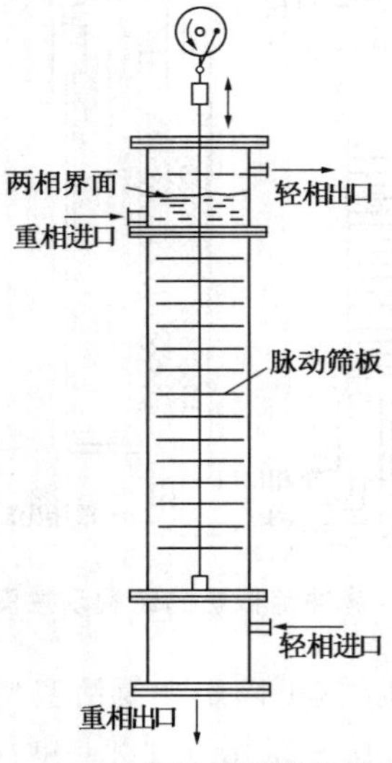

图 2－6－6　往复筛板塔的结构示意图

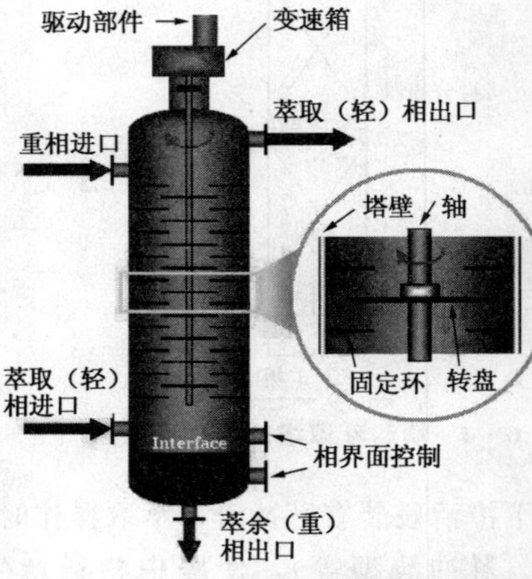

图 2－6－7　转盘萃取塔的结构示意图

萃取操作时，转盘随中心轴高速旋转，带动连续相和分散相一起转动，液流中产生高的速度梯度和剪应力。剪应力一方面使连续相产生强烈漩涡，另一方面使分散相破裂成许多小液滴。这样就增加了分散相的截流量和相际接触面积。同时，由于转盘和固定环薄而光滑，所以在液体中没有局部的高剪应力点，液滴大小比较均匀，有利于两相分离。由于塔内被固定环分为各个区间，转盘带动引起的漩涡大体上被限于此区间，从而减小了轴向返混，因此具有较高的分离效率。

转盘萃取塔有许多结构和操作参数会影响分离效率和生产能力，对于具体生产条件必须进行合理调整。这些参数中最重要的是转盘转速，它直接涉及输入的能量，应该进行细心调节。部分结构参数通常在下列范围内选择：塔径/转盘直径为 1.5～2.5，塔径/固定环开孔直径为 1.3～1.6，固定环开孔直径/转盘直径为 1.15～1.5，塔径/盘间距为 2～8。一般认为，凡是溶质不难以萃取、在萃取要求不太高而处理量又较大的情况下，采用转盘塔较为有利。

(6)离心萃取机

离心萃取技术是借助离心力场实现液-液两相的接触传质和相分离，具有设备结构紧凑、处理能力大、运转平稳、功耗低、清洗维护方便等特点，被广泛应用于核工业、废水处理、生物化工、制药、稀土分离和湿法冶金等领域。早期开发的离心萃取器存在结构复杂、加工要求高、制造成本高、维修清洗不方便等缺点，因此应用具有一定局限性。美国阿贡国家实验室(Argonne National Laboratory，ANL)开发出的环隙式离心萃取器(也称为圆筒式离心萃取器)，从加工制造和操作运行方面都被公认是迄今最简单、研究最多的一种离心萃取器。如图 2-6-8 所示，环隙式离心萃取器是基于泰勒涡流和离心分离流原理的一体式液-液萃取设备，主要包含混合室、转鼓、控制堰、驱动机构等，为了带动转鼓内混合液的旋转，转鼓内通常设有一定数量的径向叶片。工作过程中，互不相溶的两相介质从各自入口进入环隙，通过离心力作用，转鼓内的两相介质在沿着竖直方向流动时逐渐实现两相分离，重相被甩至转鼓内壁面处，从重相堰流出；轻相则被挤压至转鼓中心处，从轻相堰流出。当转鼓转速高于某一临界值后，环形混合区内的液-液流动发生失稳，并沿着轴线方向产生一系列正反交替、有序排列的环形涡，这种二次流动即泰勒涡流，萃取剂和待萃溶液正是通过泰勒涡流完成两相混合。混合液通过转鼓和相分离堰的配合作用，完成两相分离，最终实现液-液萃取分离过程。

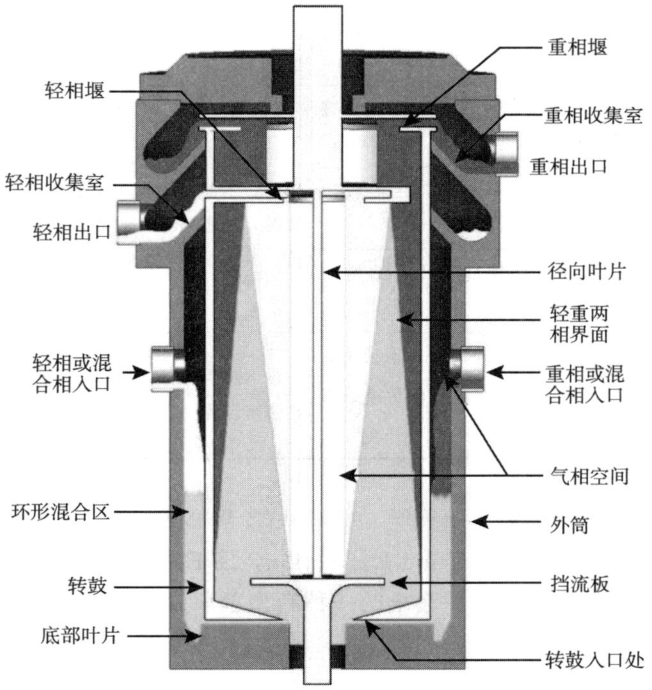

图 2-6-8　环隙式离心萃取器的结构示意图

实际应用中，可以根据工艺要求把多台离心萃取机串联起来，形成多级萃取，经常使用的串联方式是级间连接管式。如图 2-6-9 所示，除首末两级外，中间每一级的轻重相出口分别通过级间连接管流进与其相邻离心萃取机的轻重相入口。首末两级各有一相液体离开串联系统，同时也各有一相液体进入串联系统，这种串联方式的优点是外壳制造简单。

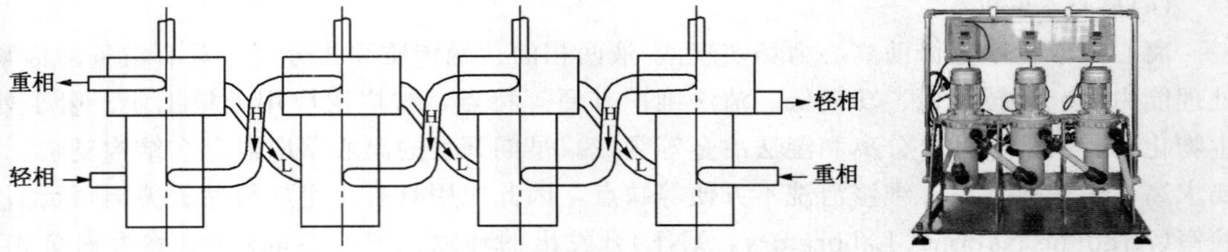

图 2-6-9　离心萃取机的串联方式(级间连接管式)示意图

表 2-6-2 总结了几类萃取设备的主要优点和应用领域。在选用萃取设备时，应该全面对比考量处理能力和传质效率等指标，并且只有在体系、溶液浓度、分散相的选择和相比等条件相同时，这种比较才有意义。

表 2-6-2　几类萃取设备的优缺点和应用领域

设备分类		优点	缺点	应用领域
混合澄清槽		两相接触好，级效率高，处理能力大，操作弹性好；在很宽的范围内均可稳定操作；放大设计方法比较可靠	滞留量大，需要的厂房面积大；投资较大；级间可能需要用泵输送流体	核化工、湿法冶金、化肥工业
无机械搅拌的萃取塔		结构最简单，设备费用低；操作和维护费用低；容易处理腐蚀性物料	传质效率低，需要高的厂房；对密度差小的体系处理能力低；不能处理流动比很高的情况	石油化工、化学工业
机械搅拌萃取塔	脉冲萃取塔	理论级当量高度(HETS)低，处理能力大，柱内无运动部件，工作可靠	对密度差小的体系处理能力较低；不能处理流动比很高的情况，处理易乳化的体系有困难，放大设计方法比较复杂	核化工、湿法冶金、石油化工
	转盘塔	处理量大，效率较高，结构较简单，操作和维修费用较低		石油化工、湿法冶金、制药工业
	振动筛板塔	HETS 低，处理能力大，结构简单，操作弹性好		制药工业、石油化工、湿法冶金、化学工业
离心萃取机		能处理两相密度差小的体系，接触时间短，传质效率高；滞留量小，溶剂积压量小	设备费用大，操作费用高，维修费用大	制药工业、核化工、石油化工

3. 超临界萃取技术与设备

超临界流体萃取(Supercritical Fluid Extraction，SFE)，简称超临界萃取，利用超临界流体作为萃取剂，是近年来迅速发展起来的一种新型萃取分离技术。

(1)过程特征

物质通常以气、液、固 3 种相态形式中的一种存在，且在不同压力和温度下可以实现相态转化。若在温度高于某一数值时，任何大的压力均不能使该物质由气相转化为液相，相应的温度值即被称为临界温度 T_c；而在临界温度 T_c 下，气体能被液化的最低压力值称为临界压力 p_c。当物质所处的温度高于临界温度 T_c、压力大于临界压力 p_c 时，该物质处于超临界状态。超临界流体(Supercritical Fluid，SF)是一种既非气态又非液态的物态，不仅具有与液态相近的密度，而且黏度与气态相近，因此扩散系数为相应液态的 10～100 倍，因此对许多物质有较好的渗透性和较强的溶解能力，且溶解能力随压力的增加而增大。例如，

CO_2 在 45℃、7.6MPa 时不能溶解萘，但当压力达到 15.2MPa 时，每升可溶解萘 50g。因此，利用超临界流体作为萃取剂，在高于临界温度和临界压力的条件下，从目标物中萃取预期成分，然后提高温度或降低压力，溶解在超临界流体中的成分就会立即与超临界流体分开。可以选作 SF 的物质很多，与被萃取流体的化学性质越相似，对其溶解能力越大。一般选用化学性质稳定、无腐蚀性、临界温度 T_c 不过高或过低的物质作为超临界流体，常见的超临界流体有 CO_2、NH_3、C_2H_4、C_3H_3、H_2O 等。由于 CO_2 的临界温度（T_c＝31.3℃）接近室温、临界压力为 7.4MPa，萃取条件较为温和，且无色、无毒、无味、不燃烧爆炸，与大部分物质不反应，成本不昂贵，易制成高纯度气体，不会造成溶剂残留，因此被称为“绿色溶剂”，目前使用最广。

（2）典型工艺流程

超临界流体萃取过程包括萃取阶段和分离阶段。在萃取阶段，超临界流体将所需组分从原料中提取出来；在分离阶段，通过变化温度或压力等参数，或通过其他方法，使萃取组分从超临界流体中分离出来，并使萃取剂循环使用。如图 2－6－10 所示，根据分离方法的不同，可以把超临界萃取流程分为等温法、等压法和吸附法。

等温法是通过变化压力使萃取组分（溶质）从超临界流体中分离出来，含有萃取组分的超临界流体经过膨胀阀后压力下降，其对萃取组分的溶解度下降，萃取组分析出，由分离槽底部取出，充当萃取剂的气体则经压缩机送回萃取器循环使用。等压法是利用温度的变化来实现萃取组分与超临界流体的分离，经加热升温使萃取组分与超临界流体分离，由分离槽下放取出萃取组分。作为萃取剂的超临界流体经降温后成为气态送回萃取器使用。吸附法采用可吸附萃取组分而不吸附超临界流体的吸附剂分离萃取组分。

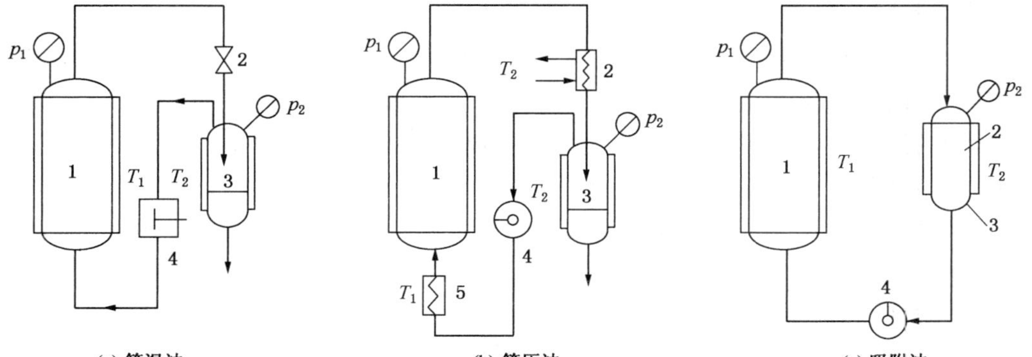

(a) 等温法
$T_1=T_2, p_1>p_2$
1—萃取器；2—膨胀阀；
3—分离槽；4—压缩机

(b) 等压法
$T_1<T_2, p_1=p_2$
1—萃取器；2—加热器；
3—分离槽；4—泵；5—冷却器

(c) 吸附法
$T_1=T_2, p_1=p_2$
1—萃取器；2—吸附剂；
3—分离槽；4—泵

图 2－6－10　超临界流体萃取的典型工艺流程示意图

（3）应用情况

从 20 世纪 50 年代初起，SFE 先后在石油化工、煤化工、精细化工等领域得到应用，在石油化工领域主要用于渣油脱沥青、重烃油加氢转化、废油回收利用等。SFE－CO_2 技术在食品、医药工业中的应用发展迅速，如啤酒花有效成分萃取、从天然香料植物或果蔬中提取天然香精/色素及风味物质、从动植物中提取动植物油脂、从咖啡豆或茶叶中脱除咖啡因、烟草脱尼古丁、奶脂脱胆固醇、食品脱臭等；利用 SFE－CO_2 技术从蛇床子、黄连、苍术、茵陈蒿、桑白皮、甘草和紫草等药用植物中提取有效成分，产率高于传统溶剂法。

将 SFE 技术应用于环境保护特别是“三废”处理及环境监测中有很大潜力，针对污染物处理过程的不同，有直接采用 SFE 萃取污染物的一步法；有先用活性炭或离子交换树脂等吸附剂吸附污染物，再用超临界流体再生吸附剂的二步法；也有通过超临界化学反应直接将污染物分解成小分子无毒组分的反应分离法。一步法萃取的物质有高级脂肪醇、芳香族化合物、有机氯化物甚至重金属物质等，处理的物料不仅有气体、液体，也有固体。

二、吹脱/汽提法的原理与设备

1. 基本原理

吹脱法和汽提法都用于脱除水中的溶解气体和某些挥发性物质，即将气体(载气)通入水中，使之相互充分接触，使水中的溶解气体和挥发性物质穿过气液界面，向气相转移。常用空气作载气，简称为吹脱或气提(Air stripping)；当用水蒸气作载气时，简称为汽提(Stream stripping)。

吹脱和汽提过程的理论依据是气-液相平衡和传质速度理论。根据相平衡原理，一定温度下溶解有某气体组分的液体混合物中，每一组分都有一个平衡分压；当与液相接触的气相中该气体组分的平衡分压趋于零时，由于气相平衡分压远远小于液相平衡分压，则原本溶解的气体组分将由液相转入气相。吹脱和汽提过程属于气-液界面传质过程，其推动力为污水中某溶解气体的实际浓度与平衡状态下该组分气体气相分压对应的液相浓度(溶解度)之差，可通过提高水温、使用新鲜载气或负压操作、增大气-液接触面积和延长接触时间等手段来增大传质速度。

2. 吹脱设备及其工程应用

污水中常常含有大量有毒有害的溶解气体，如 CO_2、H_2S、HCN、CS_2 等，有的损害人体健康，有的腐蚀管道、设备，为了脱除上述气体而常使用吹脱法。吹脱法既可以脱除原存于污水中的溶解气体，也可以脱除化学转化形成的溶解气体，此时称为转化吹脱法。如污水中的硫化钠和氰化钠是固态盐在水中的溶解物，首先将其在酸性条件下转化为 H_2S 和 HCN，然后经过曝气吹脱将其以气体形式脱除。吹脱法处理污水过程中，污染物不断地由液相转入气相，易引起二次污染，为此可用以下三类方法进行预防：①将中等浓度的有害气体导入炉内燃烧；②将高浓度的有害气体回收利用；③符合排放标准时直接向大气排放。吹脱设备的类型很多，经常使用的是吹脱池、吹脱塔。

(1)吹脱池

吹脱池可分为自然吹脱池、强化吹脱池，后者较为常用。自然吹脱池是指依靠池面液体与新鲜空气自然接触而脱除污水中的溶解气体，当水温较高、所含溶解气体极易挥发，在风速较大、开阔地段和不产生二次污染的场合下可以使用。强化吹脱池是指为了强化吹脱过程，采用向池内鼓入新鲜空气或在池面以上安装喷水管。鼓气式吹脱池(鼓泡池)是典型的强化吹脱池，一般在池底部安设曝气管，使污水中的溶解气体如 CO_2 等向气相转移，从而得以脱除。

鼓泡池的使用效果可以用某维尼纶厂的实例加以说明，该厂吹脱处理的污水是含有大量 CO_2 气体的滤液(来自石灰中和酸性污水)，pH=4.2～4.5。鼓泡池水深 1.5m，采用的曝气强度为 25～30$m^3/(m^2 \cdot h)$，气水比为 5，吹脱时间为 30～40min；采用穿孔管曝气，孔眼直径为 ϕ10mm，间距为 50mm。鼓泡池采用三廊道结构，在每个廊道(宽 1m，长 6m)一侧的底部安装曝气管。处理后污水中 CO_2 的含量由 700mg/L 降到 120～140mg/L，pH 值由 4.2～4.5 上升至 6.0～6.5。

(2)吹脱塔

为提高吹脱效率，回收有用气体，防止二次污染，常采用填料塔、板式塔等塔式吹脱设备(简称吹脱塔)，这里仅简单介绍填料塔。

填料塔内装设有一定高度的填料层，填料可分为散堆填料、规整填料和毛细管填料。工作过程中液体从塔顶喷下，在填料表面呈膜状向下流动；气体由塔底送入，自下而上与液膜逆流接触，完成传质过程。填料塔的结构如图 2－6－11 所示，有关其内部的详细结构请参见本书§6.1。填料塔的优点是结构简单，空气阻力小；缺点是传质效率不够高，设备比较庞大，当污水中悬浮固体含量高时填料容易堵塞。对于具体的污水处理工程而言，填料塔的设计计算一般应通过小型试验以取得必要的设计数据。

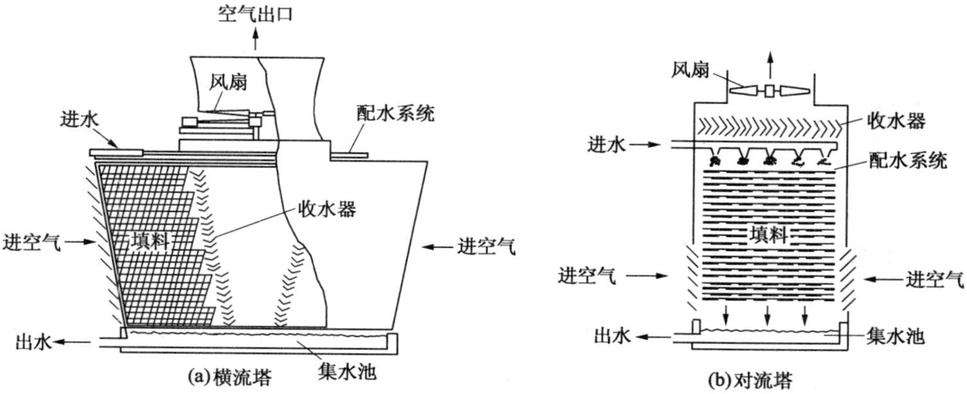

图 2－6－11　氨气吹脱用填料塔的结构示意图

(3)工程应用

吹脱法处理工业污水的实例较多，例如：石灰石中和硫酸污水时出水中 CO_2 的去除、地下水或工业污水中 VOCs 的去除、化肥厂污水/垃圾渗滤液/炼油化工企业含氨氮污水(高浓度)处理等，都可用吹脱法。吹脱法去除污水中 VOCs 的工艺流程如图 2－6－12 所示，采用铝或不锈钢材质的填料塔，通常双塔并联，以备维护或清洗时交替使用。污水通过分布器从塔顶进入，由鼓风机出来的空气由塔底进入，塔顶有一个除雾器，以防止水被空气带出。塔顶被空气带出的 VOCs 去废气处理系统，一般用燃烧法、活性炭吸附法、高温分解法处理。

在具体工程应用中，可以设法将载气气流细化成微小气泡，然后在高效混合反应器中与待处理污水混合，从而大幅度提高溶解气体的脱除速率。成功案例是油田高含 CO_2 酸性采出水的空气预氧化处理，CO_2 脱除率大于 65%，还可同时解决污水水质改性、预氧化脱硫脱铁等问题。

3. 汽提设备及其工程应用

汽提法处理工艺视污染物的性质而异，一般可归纳为简单蒸馏和蒸汽蒸馏两种。对于与水互溶的挥发性污染物，利用其在气-液平衡条件下，在气相中的浓度大于在液相中的浓度这一特性，通过蒸汽直接加热，使其在沸点下(水与挥发物两沸点之间的某一温度)，按一定比例富集于气相，这便是简单蒸馏。对于与水互不相溶或几乎不溶的挥发性污染物，利用混合液的沸点低于两组分沸点这一特性，可将高沸点挥发性污染物在较低温度下加以分离脱除，这便是蒸汽蒸馏。例如：污水中的松节油、苯胺、酚、硝基苯等物质在低于100℃时，应用蒸汽蒸馏法可将其分离。

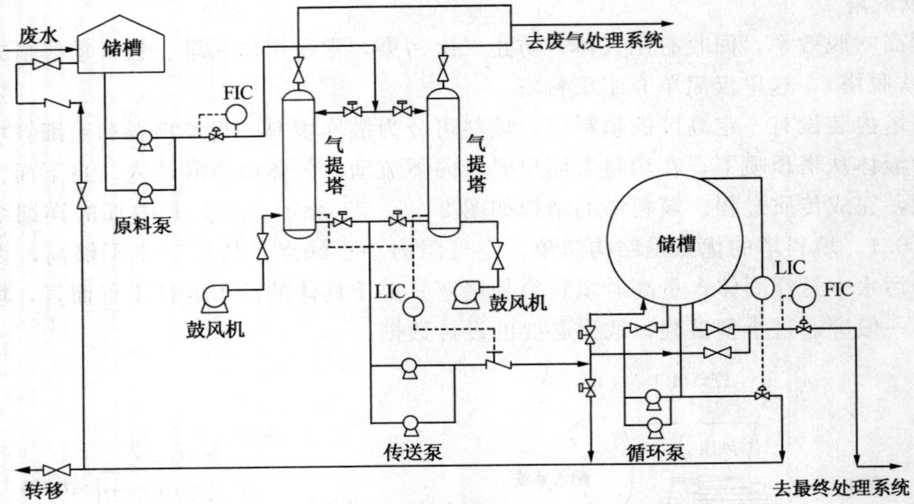

图 2-6-12　吹脱法去除污水中 VOCs 的工艺流程示意图

LIC—液位控制阀；FIC—流量控制阀

(1)汽提设备

常用的汽提设备主要有填料塔和板式塔两大类，这里仅简单介绍板式塔。板式塔是一种传质效率比填料塔更高的设备，关键部件是塔板。根据塔板结构的不同，又可分为泡罩塔、浮阀塔、筛板塔、舌形塔和浮动喷射塔等，其中前三种应用较广。

泡罩塔的塔板结构如图 2-6-13 所示，其特点是操作稳定、弹性大、塔板效率高、能避免脏污和阻塞；缺点是气流阻力大、板面液流落差大、布气不均匀、泡罩结构复杂、造价高等。

浮阀塔的塔板结构如图 2-6-14 所示，由于生产能力高、构造简单、造价低、塔板效率高、操作弹性大等优点而得到广泛应用。

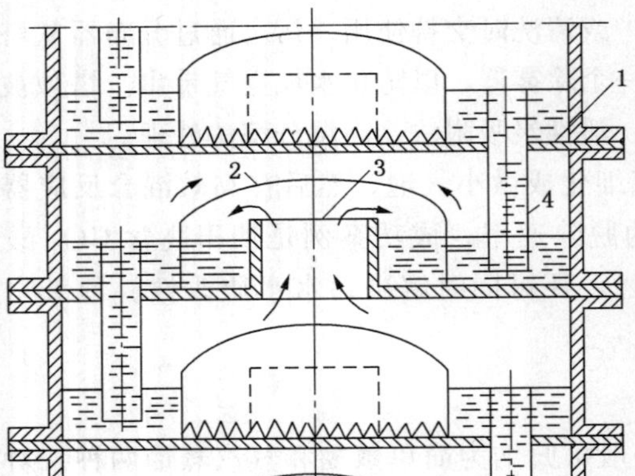

图 2-6-13　泡罩塔的塔板结构示意图

1—塔板；2—泡罩；3—蒸气通道；4—降液管

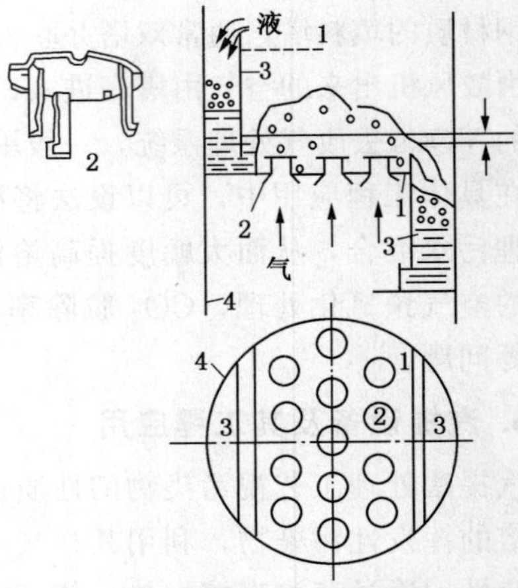

图 2-6-14　浮阀塔的塔板结构示意图

1—塔板；2—浮阀；3—降液管；4—塔体

筛板塔是在塔内设一定数量带有孔眼的塔板，水从上往下喷淋，穿过筛孔流下，气体则从下往上流动。气体以鼓泡方式穿过筛板上的液层时，互相接触而进行气-液传质。通常筛孔孔径为 ϕ6～8mm，筛板间距为 200～300mm。筛板塔的优点是结构简单、制造方便、成本低；造价约为泡罩塔的 60%，为浮阀塔的 80%左右。此外，压降小，处理量比泡罩塔大 20%左右。主要缺点是操作弹性小，筛孔容易阻塞。详细结构可参见本书§6.1。

(2)工程应用

汽提法最早用于从含酚污水中回收挥发性酚，后来开始用于处理含氨氮污水、高含硫污水、含氰污水、家畜尿便污水等。以高浓度含氨氮污水的蒸汽汽提法处理为例，将原水先加碱调节 pH 值≥12 后，由泵提升进入换热器，污水与蒸氨塔塔底高温出水换热升温后进入蒸氨塔塔顶，水向下流动，与直接通入塔底的高温蒸汽逆流接触；在碱性、高温条件和动力作用下使水中氨含量逐渐降低，在蒸氨塔底部得到氨含量低于 15mg/L 的脱氨水。从蒸氨塔顶部逸出的含氨气体进入冷凝器，部分含氨气体被冷凝后进入气液分离罐，再由回流泵送入蒸氨塔回流。冷凝器逸出的含氨气体进入洗氨回收塔，尾气经洗氨回收塔循环吸收冷却回收氨水，净化后余气经洗氨回收塔内新鲜水液封吸收后排放，洗氨回收塔塔顶逸出的不凝气达标高空排放。得到的氨水统一送入氨水储罐，蒸氨塔塔底高温出水与污水换热降温后进入 pH 回调池，加稀硫酸回调 pH 后排入贮水池达标排放。

三、电絮凝技术与设备

1. 作用机理

电絮凝（Electrocoagulation，EC）是集混凝、气浮、电化学于一体的水处理技术，如图 2-6-15 所示，其净水机理通常可以描述为：铝、铁等金属电极在直流电场作用下被溶蚀而产生 Al^{3+}、Fe^{3+} 等阳离子，阳离子经过水解、聚合形成各种羟基络合物、多核羟基络合物以及氢氧化物，这些产物的吸附能力很强，能起到凝聚、吸附等作用，使污水中的胶态杂质、悬浮杂质凝聚沉淀而分离；与此同时，还伴随着电解气浮作用，阳极和阴极上产生的氧气和氢气微细气泡黏附性能很强，在其上浮过程中将悬浮物带到水面上；此外，在电流作用下还会发生电解氧化还原反应，对油水乳化液还存在电场破乳效应。

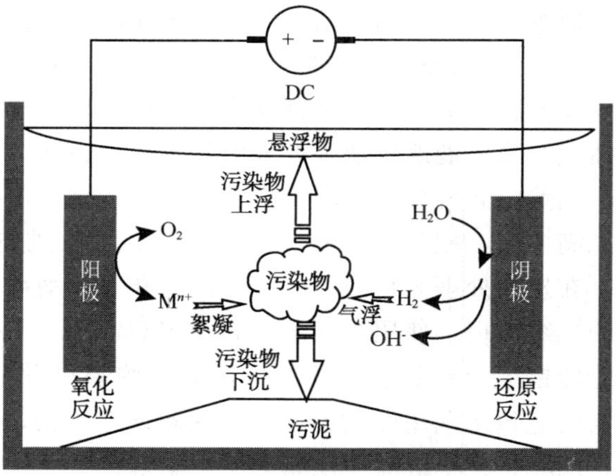

图 2-6-15 电絮凝净水原理示意图

影响电絮凝处理效果的因素主要包括电极材料、电流密度、反应时间、极板间距、原水 pH 值等。与化学混凝/絮凝使用金属盐或聚合物电解质等化学混凝剂/絮凝剂相比，电絮凝中的混凝剂通过电解氧化适当的阳极材料生成，从而产生更少的污泥。

2. 电絮凝设备

完整的电絮凝设备通常包括计量调节单元、电絮凝反应器、分离单元、供电电源和控制系统等，计量调节单元用于计量和调节进入电絮凝反应器的水流量，电絮凝反应器由电极板组、固定支撑组件和壳体组成，合建或分建的分离单元则为水中污染物通过絮凝气浮作用等进行分离提供了场所，供电电源为电解反应提供足够功率密度的电流，控制系统实现整套设备的协调、稳定和自动化运行。

按照电极板两侧的电极极性分，电絮凝反应器可分为单极式、双极式和组合式三类。对于单极式电絮凝反应器，电势高低交错，电流总是从某一阳极流向相邻的阴极，而不可能绕过几块极板流向其他阴极，每块极板表现出一种电性且相邻电极表现为不同的电性，这类电絮凝反应器不存在电流的泄漏问题；双极式与组合式的情况则有所不同，部分电流可以绕过几块极板，从靠近电源正极的一些极板直接流向靠近电源负极的一些极板，除了与电源两极相连的极板外，每块极板表现出不同的电性，双极式和组合式都存在着电流泄漏的现象。

3. 应用与发展

由于电絮凝过程中不需要投加任何氧化剂或还原剂，因此对环境不产生或很少产生污染，是一种环境友好的水处理技术。1906 年，A. E. Dietrich 取得了第一个电絮凝技术的专利，开启了应用于水处理领域的研究开发工作；1909 年，美国的 J. T. Harries 取得电解法处理污水的专利，利用自由离子的作用和铁/铝作为阳极；1956 年，英国的 W. S. Holden 利用铁作为电极来处理河水；1976 年，苏联的 Asovov 等人利用电絮凝处理石化污水；1977 年，苏联的 V. D. Osipenko 等人利用电絮凝处理含铬污水；1983 年，美国的 M. H. Weintraub 等人利用电絮凝处理含油污水。目前，电絮凝既可用于去除电镀、化工、印染、制药、制革、造纸、油气钻井等多种工业污水中的重金属离子、色度、有机物等，也可用于给水和生活污水处理，尤其是在高浓度、难生化降解、要求高氨氮去除率的工业污水处理中更具优势。由于电絮凝在处理油水乳化液方面的独特效果，在洗车污水、油气田采出水、非常规油气开采压裂返排液等处理中日益受到青睐。

虽然电絮凝技术已有不少成功应用案例，但扩大处理规模并满足长期连续稳定运行要求仍充满挑战，相关技术发展趋势包括：①改进电源技术，使用低压高频脉冲直流电源等供电，在提高处理效果的同时降低能耗和电极消耗；②采用新型电极，如使用三维电极代替传统的二维电极，使用掺硼金刚石薄膜(Boron - Doped Diamond，BDD)作为电极材料；③采用旋转错流和智能倒极等技术，消除浓差极化的影响，并及时冲刷极板表面以避免结垢；④与其他技术联用以拓展应用范围和处理效果，如臭氧＋电絮凝、超声波协同电絮凝、电絮凝＋超滤、化学混凝＋电絮凝＋吸附等。

第三章　生化法水处理工艺与设备

生化处理法就是利用自然界广泛存在的、以有机物为营养物质的微生物来降解或分解污水中溶解状态和胶体状态的有机污染物，并将其转化为 CO_2 和 H_2O 等稳定无机物的方法，也称为生物处理法。从 1916 年开始到现在，生化处理技术经历了从简单到复杂、从单一功能到多种功能、从低效率到较高效率的纵向发展阶段；从英国到世界各地，污水生化处理技术经历了由点到面、由生活污水处理到各种工业废水处理的横向发展阶段。目前 COD_{Cr} 去除率达 80%～92%，处理出水含量可降至 60～120mg/L；BOD_5 去除率达 85%～98%，处理出水含量可降至 10～30mg/L，一般可达到排放水体的水质标准。由于生化法处理污水效率高、成本低、投资省、操作简单，因此已经成为城市污水和工业废水净化的主要工艺，在世界各国的水污染治理中发挥了巨大作用。

污水生化处理工艺构成多种多样，可分成活性污泥法、生物膜法、生物稳定塘法和土地处理法等四大类。根据生化反应中的微生物细菌是否需要氧气，可分为好氧菌、兼性厌氧菌和厌氧菌。主要依赖好氧菌和兼性厌氧菌的生化作用来完成处理过程的工艺，称为好氧生物处理法；主要依赖厌氧菌和兼性厌氧菌的生化作用来完成处理过程的工艺，称为厌氧生物处理法。由于受氧传递速度的限制，进行好氧生物处理时有机物浓度不能太高，所以有机固体废弃物、有机污泥、有机废液及高浓度有机污水的生化处理，多在厌氧条件下完成。

生化法水处理设备包括反应设备和附属设备两大类，前者直接为微生物提供生长环境，以保证适当的温度、水流状态等；后者为保证前者正常运行提供所需的各种条件，如好氧曝气设备、搅拌设备、加热设备等。

§3.1　常规活性污泥工艺与主体构筑物

在活性污泥法中起主要作用的活性污泥由具有活性的微生物、微生物自身氧化的残留物以及不能被微生物降解的有机物和无机物组成，形状像絮凝后的矾花。活性污泥法中占主导地位的好氧生物处理法，采用人工曝气，使活性污泥均匀分散于反应器中，与污水充分接触，并在有溶解氧的条件下对污水中所含的有机底物进行合成和分解代谢。

一、活性污泥法工艺简述

1. 常规工艺流程

20 世纪 80 年代以前，我国污水处理厂通常采用常规活性污泥法二级处理工艺，如图 3－1－1 所示，主要由初沉池、生化曝气池、二沉池、曝气系统以及污泥回流、污泥消化系统等组成，主要构筑物是曝气池和二沉池，污水经初沉池后与二沉池底部回流污泥一起进入生化曝气池，通过鼓风曝气，活性污泥呈悬浮状态，并与污水充分接触。污水中的悬浮固体和胶状物质被活性污泥吸附，而污水中的可溶性有机物被活性污泥中的微生物用作自身繁殖的营养，在生物酶作用下进行代谢，转化为生物细胞，并氧化为最终产物(主要是 CO_2)；非溶解性有机物需先转化成溶解性有机物，然后才被代谢和利用。净化后的污水和活性污泥在二沉池内沉降分离，上层出水排放或进入三级处理；分离浓缩后的污泥大部分返回生化曝气池，使池内的活性污泥保持一定浓度，剩余污泥被提升至污泥浓缩池进行后续处理。

活性污泥微生物从污水中连续去除有机物的过程包括以下几个阶段：①初期去除与吸附作用；②微生物的代谢作用；③絮凝体的形成与凝聚沉淀。活性污泥、有机物、溶解氧(DO)是构成活性污泥法的三个基本要素，此外 BOD 污泥负荷率、水温、pH 值、有毒物质等因素也都会影响处理效果。

常规活性污泥法二级处理工艺采用中等污泥负荷，生化曝气池为连续推流式，适于进水水质较稳定而处理程度要求较高的情况，但存在以下缺点：①进水有机物浓度尤其是抑制物浓度不能太高，对水质水量变化的适应能力低，运行效果易受水质水量变化的影响。②生化曝气池的需氧量前大后小，而水下曝气头曝气供氧一般均匀布设，因此曝气池前段供氧不足或缺氧，后段供氧过多造成浪费。③由于活性污泥微生物在生化曝气池内经历了整个生长周期，微生物周围的营养物质始终处于较大的变动之中，微生物时饱时饥，其活性不能充分发挥；再加上为防止池首过度缺氧，进水有机负荷不宜过高，存在生化曝气池池体庞大、曝气时间长(6～8h)、基建费用高、占地面积大等缺点。

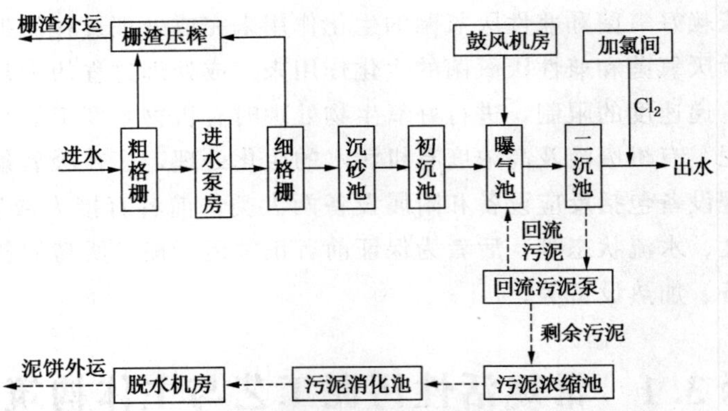

图 3-1-1　传统活性污泥法的典型工艺流程示意图

2. 常规活性污泥法的改进工艺

活性污泥法工艺及其实施方式的组成包括如下 4 个要素：①处理系统的泥龄(或污泥负荷)；②电子受体的供给方式(即厌氧、缺氧和好氧状态)及其分布；③整个生化曝气池内的流态组成及分布；④各种设备和构筑物，尤其是曝气设备。不同泥龄、不同流态和不同曝气设备的组合构成了各种各样的常规活性污泥法改进工艺，例如：渐减曝气法、阶段曝气法、生物吸附(吸附再生或接触稳定)法、完全混合法、延时曝气法、深井曝气、氧气曝气、AB 法等以去除有机物为主要目标的改进工艺，以及缺氧-好氧法(A/O)、厌氧-缺氧-好氧法(A^2/O)、UCT 等以同时去除有机物和磷(氮)为主要目标的改进工艺。几种代表性常规活性污泥法改进工艺的构成与实施方式如表 3-1-1 所示，因篇幅所限，这里仅介绍 A/O 工艺和 A^2/O 工艺。

表 3-1-1 代表性常规活性污泥法改进工艺的构成与实施方式

污泥处理技术的商业名称	主要去除污染物目标	典型泥龄/d	电子受体	反应池的流态及分布	典型曝气设备	固液分离构筑物
常规活性污泥法	有机物	3～6	好氧	推流	鼓风曝气	二沉池
完全混合活性污泥法	有机物	3～6	好氧	完全混合	表面机械曝气	二沉池
AB 工艺 A 段	有机物	0.5～1	好氧或兼氧	推流	鼓风曝气	沉淀池
AB 工艺 B 段	有机物(及氮)	3～6 10～15	好氧或缺氧/好氧	推流或循环流	鼓风或机械曝气	二沉池
常规 A/O	有机物及磷	3～6	厌氧/好氧空间交替	推流	底部鼓风曝气	二沉池
常规 A^2/O	有机物及氮磷	10～15	厌氧/缺氧/好氧空间交替，内回流，进水分流	推流为主，局部完全混合	底部鼓风曝气	二沉池
改良 A^2/O	有机物及氮磷	10～15	缺氧/厌氧/缺氧/好氧空间交替，内回流，进水分流	推流为主，局部完全混合	底部鼓风曝气	二沉池
倒置 A^2/O	有机物及氮磷	7～12	缺氧/厌氧/好氧空间交替，进水分流	推流为主，局部完全混合	底部鼓风曝气	二沉池
UCT 系列	有机物及氮磷	10～20	厌氧/缺氧/缺氧/好氧空间交替	完全混合池串联	机械或鼓风曝气	二沉池

(1)A/O 工艺

A/O 工艺有两种，一是用于脱氮的缺氧-好氧(Anoxic - Oxic)工艺，二是用于除磷的厌氧-好氧(Anaerobic - Oxic)工艺。

1)用于脱氮的 A/O 工艺

1932 年开发的 Wuhrmann 工艺是最早的脱氮工艺，流程遵循硝化、反硝化的顺序而设置，如图 3-1-2 所示。由于反硝化过程需要碳源，而这种后置反硝化工艺以微生物的内源代谢物质作为碳源，能量释放速率很低，因而脱氮速率也很低。此外污水进入系统的第一级就进行好氧反应，能耗太高；如果原水的含氮量较高，就会导致好氧池容积太大，致使实际上不能满足硝化作用的条件，尤其是温度在 15℃以下时更是如此；在缺氧段，由于微生物死亡释放出有机氮和氨，其中一些随水流出，从而减少了系统中总氮的去除。因此该工艺在工程上不实用，但为以后脱氮除磷工艺的发展奠定了基础。

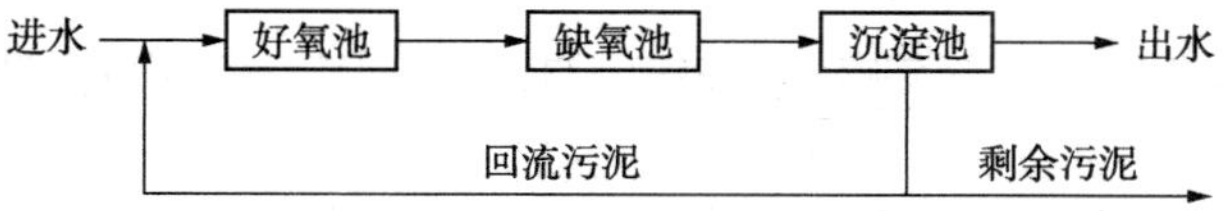

图 3-1-2 Wuhrmann 脱氮工艺的流程示意图

1962 年，Ludzack 和 Ettinger 提出利用进水中的可生物降解物质作为脱氮碳源的前置反硝化工艺，以解决碳源不足的问题。1973 年，南非的 Barnard 提出改良型 Ludzack - Ettinger 脱氮工艺，即广泛应用的 A/O 工艺。如图 3-1-3 所示，A/O 工艺的缺氧段和好氧段可以分建也可以合建。

在分建式 A/O 脱氮工艺中，原水、回流污泥同时进入系统之首的缺氧池(A)进行反硝化反应，该缺氧池也被称为反硝化反应器；之后，混合液进入好氧池(O)，硝化菌把污水中的氨氮氧化成硝酸盐。与此同时，好氧池内已进行充分反应的部分硝化液也回流至缺氧池(称硝化液回流或内循环)，缺氧池内的反硝化菌以原水中的有机底物为电子供体，以回流液中的硝酸盐(或亚硝酸盐)为电子受体进行“无氧呼吸”，将回流液中的硝态氮还原成氮气释放出来，完成反硝化过程。缺氧段、好氧段微生物互不相混，各自始终处于最佳生态环境中。

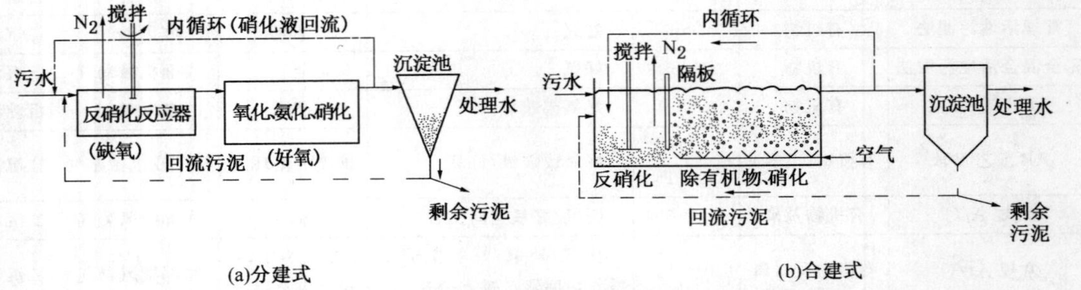

图 3-1-3 缺氧-好氧(A/O)活性污泥法的脱氮工艺流程示意图

合建式 A/O 脱氮工艺将反硝化、硝化及 BOD 去除三个过程放在同一个反应器内进行，但中间隔以挡板，可以由现有的推流式曝气池改造而成。经预处理后的污水和回流的混合液，从缺氧区(A 段)首端进入曝气池，缺氧区溶解氧浓度控制在 0.3～0.5mg/L，混合液回流比一般为 100%～500%，回流量较大，入流污水中 BOD_5 作为反硝化的补充碳源。为避免污泥在缺氧段产生沉淀，缺氧区应安装推流式搅拌机。缺氧区长度根据计算确定，一般水在缺氧区停留 1～2h。好氧区溶解氧浓度为 2mg/L，曝气时间为 4～8h，污泥负荷为 0.2～0.4kg BOD_5/(kgMLSS·d)，污泥回流比为 50%～100%，MLSS 为 2000～3000mg/L。为使污水中的氨氮在好氧区完全硝化，好氧区宜采用较低的污泥负荷。

A/O 工艺在国内外被普遍采用，优点是流程简单，无需外加碳源，故基建费及运行费用较低；缺点是出水中含一定浓度的硝酸盐，在二沉池中有可能发生反硝化反应，造成污泥上浮而影响出水水质。为了克服 A/O 工艺的不足，Barnard 于 1973 年把 A/O 工艺与 Wuhrmann 工艺结合起来，提出了 Bardenpho 工艺。1976 年，Barnard 通过对 Bardenpho 工艺进行中试研究后提出，在 Bardenpho 工艺的初级缺氧反应器前加一厌氧反应器就能有效除磷，该工艺在南非被称为 Phoredox 工艺，在美国称为改良型 Bardenpho 工艺，其工艺流程如图 3-1-4 所示。

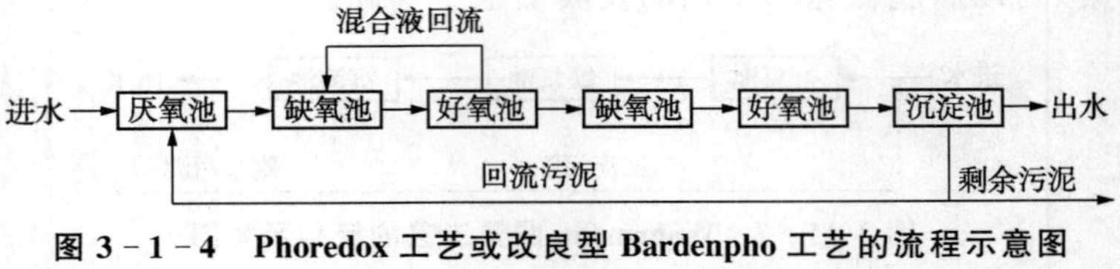

图 3-1-4 Phoredox 工艺或改良型 Bardenpho 工艺的流程示意图

2)用于除磷的 A/O 工艺

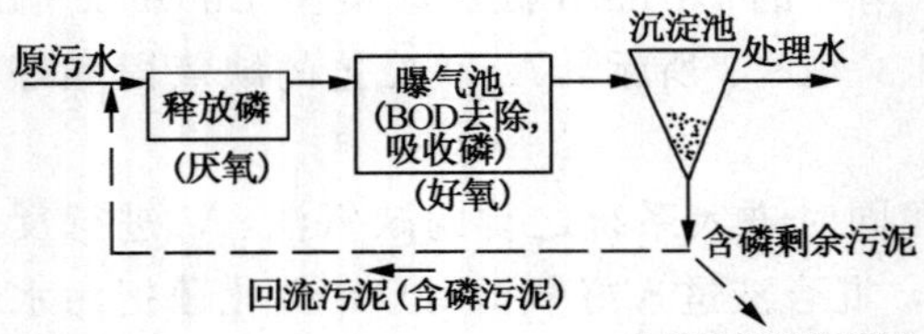

图 3-1-5 厌氧-好氧(A/O)除磷工艺的流程示意图

如图 3-1-5 所示，污水与含磷回流污泥(含聚磷菌)同步进入厌氧池(A)，聚磷菌在厌氧环境条件下将菌体内贮积的磷分解、释放，并摄取有机物。然后，泥水混合液进入曝气池(O)，聚磷菌在好氧条件下可过量吸磷，同时污水中大部分有机物也在该池内得到氧化降解。BOD 的去除率大致与一般的活性污泥系统相同，磷的去除率较高。

A/O 除磷活性污泥法工艺流程简单，既不需投药，也无需考虑内循环，故建设费用及运行费用都较低，而且由于无内循环的影响，厌氧反应器能够保持良好的厌氧状态。当然，运行实践表明，该工艺的除磷率难以进一步提高，同时在沉淀池内容易产生磷的释放现象，应注意及时排泥和回流。

(2)同步脱氮除磷工艺

1)常规 A^2/O 脱氮除磷工艺

厌氧/缺氧/好氧活性除磷工艺(A/A/O 或 Anaerobic/Anoxic/Oxic)是 20 世纪 70 年代基于 A/O 脱氮工艺而开发，目的是实现同步脱氮除磷。1980 年，Rabinowitz 和 Marais 在对 Phoredox 工艺的研究中，提出 3 阶段的 Phoredox 工艺，即为传统的 A^2/O 工艺。同年，美国 Air Products 公司申请了 A^2/O 工艺的专利权。由于该工艺兼有脱氮除磷的功能，加上其工艺流程的简单性，沉砂池后可以不设初沉池，一直备受污水处理行业研究者和设计者的青睐。

如图 3－1－6 所示，该工艺是在 A/O 除磷工艺的基础上增设一个缺氧池(A)，并使好氧池中的混合液回流至缺氧池，使之反硝化脱氮，这样就构成了具有同步脱氮除磷功能。

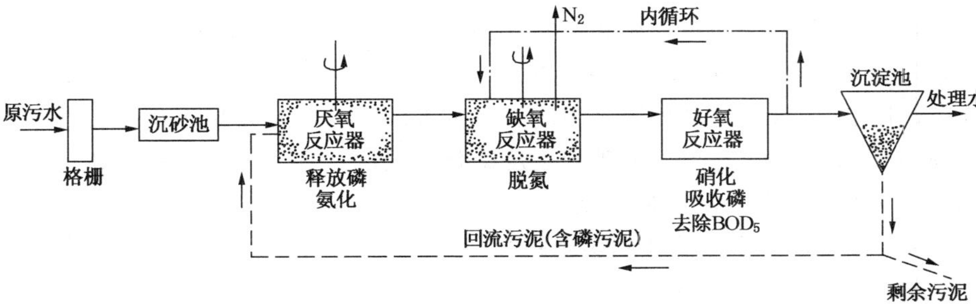

图 3－1－6　常规 A^2/O 同步脱氮除磷的工艺流程示意图

该工艺的主要特点有：①流程简单，总水力停留时间较短；②厌氧、缺氧、好氧交替运行，不利于丝状菌繁殖，污泥膨胀可能性极小；③无需投药和外加碳源，运行费用低；④沉淀池污泥停留时间不宜太短；⑤当进水氮、磷浓度较高时，脱氮、除磷的矛盾突出，两者难以同时达标排放。

2)UCT 同步脱氮除磷工艺

随着对污水脱氮除磷机理研究的不断深入，A^2/O 工艺得以不断发展和完善，涌现出一大批改良型的 A^2/O 工艺，如倒置 A^2/O、UCT、MUCT、VIP、OWASA、JHB 等。

南非开普敦大学(University of Cape Town，UCT)的学者于 1983 年提出了 UCT 工艺。如图 3－1－7 所示，其主要特征是二沉池的污泥不回流到厌氧池(磷释放池)，而是回流到其后的缺氧池(反硝化池)，使污泥中的硝酸盐在缺氧池中进行反硝化脱氮；再将缺氧混合液回流到厌氧池(磷释放池)与原水混合，以避免回流污泥中硝酸盐对厌氧池的干扰和影响。

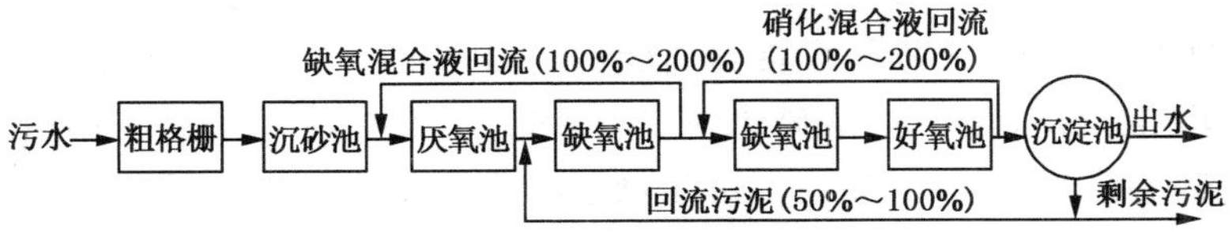

图 3－1－7　UCT 工艺的流程示意图

各工艺反应单元的功能与工艺特征如下：①厌氧反应器的功能是释放磷，进入本单元的除原污水外，还有沉淀池排出的回流活性污泥；②缺氧反应器的首要功能是脱氮，由好氧反应器送出的内循环量为200%；③好氧反应器是多功能的，在此去除BOD，进行硝化和吸收磷等反应；④厌氧、缺氧、好氧交替运行，丝状菌不易增殖繁衍，无污泥膨胀之虞，水力停留时间也较短。

3. 短程生物脱氮工艺

传统污水生物脱氮工艺是：①正常硝化——先将氨态氮(NH_4^+)转化为亚硝态氮(NO_2^-)，再将亚硝态氮氧化为硝态氮(NO_3^-)；②正常反硝化——硝态氮(NO_3^-)在缺氧条件下，生产亚硝态氮(NO_2^-)，再进一步产生氮气从水体中排出。传统工艺存在两方面的不足：首先是能耗大，因为硝化过程不仅是一个好氧过程，同时该过程的发生必须在有利于自养型硝化菌生长的低有机底物浓度(一般为$BOD_5/TKN \leqslant 3$)条件下才能得以实现，因而供氧能耗较多；前置反硝化系统需设置回流比较大的混合液内回流，这也增加了能耗。其次，反硝化反应要有碳源作为电子供体，若污水中碳源不足(C/N过低)，则需投加甲醇等有机碳，增加了运行费用和运行管理难度。显然，如果把氨态氮(NH_4^+)变为亚硝态氮(NO_2^-)而不再产生硝态氮(NO_3^-)——即短程硝化；直接由亚硝态氮(NO_2^-)还原变成氮气——即短程反硝化，就能大大节能减碳并提高污水处理效率。

1975年，J. P. Voets等在处理高浓度氨氮废水的研究中，发现了硝化过程中亚硝态氮(NO_2^-)积累的现象，首次提出了短程硝化反硝化脱氮的概念。然而难度在于，从亚硝态氮到硝态氮的反应速度非常快，如果要及时阻止这一反应的发生，就要控制好反应时间、温度、溶解氧浓度等很多因素，要找到实现路径却并不容易，在常温与低温城市污水中实现稳定的短程硝化是一项全球性挑战。

1995年，A. Mulder和荷兰代尔夫特理工大学(Technische Universiteit Delft，TU Delft)研究人员首次在厌氧或缺氧条件下以亚硝态氮(NO_2^-)为电子受体，利用厌氧氨氧化细菌(Anaerobic Ammonia Oxidation Bacteria，AnAOB)将氨态氮(NH_4^+)直接氧化为氮气，极大地改变了人们对于地球无机氮循环的认识。2002年，荷兰Paques公司与荷兰代尔夫特理工大学以及荷兰奈梅亨(Nijmegen)大学合作研发了厌氧氨氧化工艺(ANAMMOX®)，该工艺节约硝化反应曝气能源，无需外加碳源，且由于AnAOB属自养型微生物，生长缓慢，因此可大大减少工艺的污泥产量，全球目前已经陆续建设了很多工程项目。随着对脱氮工艺运行及微生物学研究的不断深入，又相继出现了短程硝化-厌氧氨氧化、短程反硝化-厌氧氨氧化等多种新型生物脱氮工艺，如SHARON、OLAND、SHARON－ANAMMOX、DeAmmon、AOA工艺等，这些工艺的共同特点都是力求缩短N元素的转化过程。SHARON工艺是在同一个反应器内，先在有氧条件下利用亚硝化细菌将氨态氮(NH_4^+)氧化成为亚硝态氮(NO_2^-)；然后在缺氧条件下以有机物为电子供体，将亚硝态氮(NO_2^-)反硝化，生成氮气。SHARON－ANAMMOX组合工艺在工程上能够实现氨氮的最短途径转化，这就意味着在生物脱氮过程中完全可能实现能源与资源消耗量的最小化。我国学者提出的AOA工艺，即厌氧反应(A)—好氧硝化(O)—缺氧反硝化(A)，通过短程反硝化耦合厌氧氨氧化途径进一步脱氮。与AAO相比，由于微生物生化反应机理大不相同，AOA工艺污水处理脱氮效率大幅提高：对比提标改造前，同一项目日平均处理水量增长17%，吨水污泥产生量减少26%，出水总氮浓度降低42%左右。

二、活性污泥工艺的转型升级

1987年，世界环境与发展委员会发表《我们共同的未来》，正式提出“既能满足当代人的需要，又不对后代人满足其需要的能力构成危害”的可持续发展理念。1992年联合国环境与发展大会签署《联合国气候变化框架公约》，标志全球治理进入可持续发展阶段，污水处理行业进一步向物质循环、能源回收和再生水回用的方向升级转型。2003年，全球第一座NeWater再生水厂在新加坡建成，污水再生回用达到饮用水标准。2005年，奥地利Strass污水处理厂在全球首次实现能量自给自足，仅依靠回收污水中化学能即可满足污水处理的能量消耗。2016年，瑞士立法强制从污水(污泥)、动物粪尿等污染物中回收不可再生的磷资源。此外，厌氧氨氧化自养脱氮、好氧颗粒污泥、热水解高级厌氧消化等一系列绿色低碳污水处理技术逐步得到推广应用。荷兰污水处理界提出要将污水处理厂转变为物质循环、能源回收和再生水回用三位一体的可持续污水处理设施(资源厂、能量厂、再生水厂)，从而构建可持续社会的长期愿景。

国内方面，由于《城镇污水处理厂污染物排放标准》(GB 18918)中设置了氮磷排放限值，倒逼具有较高氮磷去除效率的污水处理工艺在国内得到普遍应用，如氧化沟法、A/O、A^2/O、序批式活性污泥法(SBR)、膜生物反应器法(MBR)、曝气生物滤池法(BAF)等。据统计，目前我国城镇污水处理以A^2/O工艺应用范围最广，占比33%；其次是氧化沟工艺和SBR工艺，分别占29%和19%；A/O工艺占4%；MBR工艺占3%；其余为其他工艺。《关于推进污水处理减污降碳协同增效的实施意见》(发改环资〔2023〕1714号)提出，要建设能源资源高效循环利用的污水处理绿色低碳标杆厂，践行“水质永续、能源自给、资源循环、环境友好”等理念。现有污水处理厂不少因存在不合理之处而亟须进行系统优化和工艺低碳升级改造，例如：①好氧区过长，曝气量过大，能耗较高；②缺氧区很短，增加碳源消耗；③预处理标准过低，大量渣砂尤其是细渣细砂等无机组分进入生物处理系统，导致活性污泥活性降低，整个系统低效运行。

污水处理厂作为公认的温室气体(Greenhouse gas，GHG)主要排放源之一，正在从“达标排放”向可持续污水处理的方向革新转变，碳中和运行已成为未来污水处理的核心内容。传统污水处理工艺“以能消能”“污染转嫁”，处理过程能耗高且排放大量CO_2、N_2O等温室气体，因此需要在污水处理厂采取碳中和运行的技术措施，实现能源的开源和节流。开源方面，可以开发污水中的化学能和物理热能，还可以综合利用场地空间实施“自发自用、余量上网”的“水光CP”模式，积极推进“水-光-储”一体化绿色能源系统在水务行业落地应用；节能方面，可以应用低能耗的碳氮两段法(新型AB工艺)、深水净氮AOA工艺，也可以提高设备性能尤其是能效指标，还可以通过智能控制实现设备运行的供需平衡等。

三、常规生化曝气池的设计

常规生化曝气池是一个好氧生化反应器，是活性污泥法污水处理工程的核心构筑物，其池型与所需反应器的水力特征密切相关。生化曝气池的设计应该包括工艺设计和结构设计两部分。

1. 工艺设计

(1)处理效率 E 的计算

$$E=\frac{L_a-L_e}{L_a}\times 100\%=\frac{L_r}{L_a}\times 100\% \tag{3-1-1}$$

式中 L_a——进水的BOD浓度，mg/L；

L_e——出水的 BOD 浓度，mg/L；

L_r——去除的 BOD 浓度，mg/L。

(2)曝气池容积的计算

曝气池容积可以按照活性污泥负荷率(简称污泥负荷)F 或曝气区容积负荷率(简称容积负荷)F_r、水力停留时间两种方法计算。

①按污泥负荷率 F 或容积负荷 F_r 计算曝气池容积 V

$$V=\frac{QL_a}{N'F}=\frac{QL_a}{F_r}\ (\mathrm{m}^3) \tag{3-1-2}$$

$$N'=fN \tag{3-1-3}$$

$$F_r=N'F \tag{3-1-4}$$

式中 Q——进水设计流量，m^3/d；

N'——混合液挥发性悬浮固体(Mixed Liquor Volatile Suspended Solids，MLVSS)浓度，$\mathrm{kg/m}^3$；

f——系数，一般取 0.7～0.8；

F——污泥负荷，kg BOD_5/(kgMLSS · d)；

F_r——容积负荷，kg BOD_5/(m^3 · d)；

N——混合液悬浮固体(Mixed Liquor Suspended Solids，MLSS)浓度，$\mathrm{kg/m}^3$。

污泥负荷 F 可以根据经验来确定，对于城市生活污水可参照表 3-1-2 选取，对于工业废水则应通过相应的试验研究来确定。

表 3-1-2 活性污泥法不同运行方式基本参数建议值

运行方式	污泥龄/d	污泥负荷 F/[kg BOD_5/(kg MLSS · d)]	容积负荷 F_r/[kg BOD_5/(m^3 · d)]	MLSS/(mg/L)	水力停留时间/h	回流比 R/%	去除率/%
传统法	3～5	0.2～0.4	0.3～0.6	1500～3000	4～8	25～40	85～95
渐减曝气	3～5	0.2～0.4	0.3～0.6	1500～3000	4～8	25～50	—
完全混合	3～5	0.2～0.6	0.8～2.0	3000～6000	3～5	25～100	85～95
分段曝气	3～5	0.2～0.4	0.6～1.0	2000～3500	3～5	25～75	85～95
接触稳定	3～5	0.2～0.6	1.0～1.2	1000～3000 4000～10000	0.5～1.0 3～6	25～100	—
延时曝气	20～30	0.05～0.15	0.1～0.4	3000～6000	18～36	75～150	75～95
AB 法	0.3～1(A 级) 15～20(B 级)	>2 0.1～0.3	—	2000～3000 2000～5000	0.5 1.2～4	50～80 5～80	—
SBR 法	5～15	—	—	2000～5000	—	—	—
纯氧曝气	8～20	0.25～1.0	1.6～3.3	6000～8000	1～3	25～50	85～95

混合液悬浮固体(MLSS)浓度 N 是指曝气池内的平均污泥浓度，设计时采用较高的污泥浓度可减小曝气池容积，但也不能过高，选用时还应考虑如下因素：供氧的经济性与可能性；沉淀池与污泥回流设备的造价；活性污泥的凝聚沉淀性能。曝气池中混合液悬浮固体(MLSS)浓度 N 可按下式计算

$$N=\frac{N_0+RN_R}{1+R} \tag{3-1-5}$$

式中　N_0——曝气池进水中的悬浮固体浓度，mg/L；

R——污泥回流比；

N_R——回流污泥中的悬浮固体浓度，mg/L。

国内外不同运行方式活性污泥法常用的混合液悬浮固体(MLSS)浓度 N 值如表 3-1-3 所示。

表 3-1-3　国内外不同运行方式活性污泥法的 N 值　mg/L

国家	传统曝气池	阶段曝气池	生物吸附曝气池	曝气沉淀池	延时曝气池	高速曝气池
中国	2000～3000	—	4000～6000	4000～6000	2000～4000	—
美国	1500～2500	3500	1500	—	5000～7000	320～110
日本	1500～2000	1500～2000	—	—	5000～8000	400～600
英国	—	1600～4000	—	—	1600～6400	300～800

②按水力停留时间计算曝气池容积的计算公式为

$$V=Qt\ (m^3) \tag{3-1-6}$$

式中　t——污水在曝气池中的停留时间，d；其余各量的物理意义同上。

(3)曝气池需氧量的计算

需氧量是指单位时间内活性污泥微生物在曝气池中进行新陈代谢所需要的氧量，其值等于单位时间内污水所去除的 BOD_5 量(kg BOD_5)与去除单位质量 BOD_5 所需氧气量(kg O_2/kg BOD_5)的乘积。活性污泥法处理系统的需氧量与污泥平均停留时间有关，一般而言，平均停留时间越长，需氧量就越大。需氧量的计算有估算法和公式计算法两种。

在微生物的代谢过程中，需要将污水中的一部分有机物氧化分解，并自身氧化一部分细胞物质，为新细胞的合成以及维持其生命活动提供能源，这两部分氧化所需要的氧量 W_{O_2} 可用下式表示

$$W_{O_2}=a'QL_r+b'VN'\ (kg\ O_2/d) \tag{3-1-7}$$

式中　a'——代谢每 kg BOD_5 所需氧气量，kg O_2/kg BOD_5，一般为 0.42～0.53；

b'——污泥自身氧化需氧率，1/d，亦即 kg O_2/(kg MLVSS · d)，一般为 0.188～0.11。

生活污水和几种工业废水的 a'、b'值，可参照表 3-1-4。

表 3-1-4　生活污水和几种工业废水的 a'、b'值

污水名称	a'	b'	污水名称	a'	b'
生活污水	0.42～0.53	0.188～0.11	炼油污水	0.5	0.12
石油化工污水	0.75	0.16	酿造污水	0.44	—
含酚污水	0.56	—	制药污水	0.35	0.354
合成纤维污水	0.55	0.142	亚硫酸浆粕污水	0.40	0.185
漂染污水	0.50～0.60	0.065	制浆造纸污水	0.38	0.092

(4)污泥产量的计算

系统每日排出的剩余污泥量 X_V、污泥龄(亦称污泥停留时间 SRT)t_s 为

$$X_V=aQL_r-bVN\ (kg/d) \tag{3-1-8}$$

$$t_s=\frac{1}{aF-b}\ (d) \tag{3-1-9}$$

式中　a——污泥增殖系数，一般为 0.5～0.7；

b——污泥自身氧化率，L/d，一般为 0.04～0.1。

(5)活性污泥法的动态模型与仿真软件

为了仿真模拟污水处理厂的运行，给运行控制和工艺改造提供依据，人们建立了活性污泥法动态模型。迄今主要包括黑箱机理模型、时间序列模型和语言模型三大类，语言模型主要指专家系统，其研究尚处于初始阶段；时间序列模型又称为辨识模型，对监测控制系统的要求较高；黑箱机理模型为目前的主要应用模型，主要有 Andrews 模型、WRc 模型、国际水协会(IWA)系列模型。国际水协会(IWA)自从推出活性污泥模型(ASM)以来，在得到广泛应用的同时也在不断发展和完善，目前包括 ASM1、ASM2、ASM2d 和 ASM3。不仅有可以描述碳氧化、硝化、反硝化、生物除磷在内的宏观活性污泥模型，而且还可以从微观角度描述生物除磷过程的代谢模型及多维生物膜结构模型。

目前用于活性污泥法污水处理厂运行仿真模拟的代表性商业软件有：美国 Clemson 大学基于 ASM1 开发的 SSSP 软件、加拿大 Hydromantis 公司的 GPS-X、比利时 MOSTforWATER 公司(原 HEMMIS 公司)和 DHI 合作开发的 WEST、EFORApS 公司开发的 EFOR 2X、荷兰 Delft 大学生物除磷代谢模型(含反硝化除磷) AQUASIM 2.0 等。我国在污水处理厂工艺设计与运行管理中仍普遍采用传统的经验法，难免存在滞后性和机械性等不足。

2. 结构设计

生化曝气池一般不应少于 2 组，并按同时运行设计。随着活性污泥法工艺的不断发展，曝气池的构造型式越来越多样化。根据曝气池内的流态，可以分为推流式、完全混合式和循环混合式等 3 种；根据曝气方式，可分为鼓风曝气池、机械曝气池以及二者联合使用的机械-鼓风曝气池；根据曝气池的形状，可分为长方廊道形、圆形、方形和环状跑道形；根据曝气池和二沉淀池之间的关系，可分为分建式和合建式。这里主要介绍推流式和完全混合式曝气池。

(1)推流式曝气池

从曝气池的池首到池尾，污泥负荷、微生物的组成与数量、基质的组成与数量等都在连续变化，有机物的降解速率、耗氧速率等也都连续变化，活性污泥在曝气池内按增殖曲线的一个线段增长。推流式曝气池的优点是：BOD 降解菌为优势菌，可避免产生污泥膨胀现象；运行灵活，可采用多种运行方式；运行方式适当调整能够增加净化功能，如脱氮、除磷等。

①平面设计。推流式曝气池为长条形，水从池的一端进入，从另一端推流而出。进水一般采用淹没式进水口，进水流速宜为 0.2～0.4m/s，出水方式一般采用溢流堰或出水孔形式。池长可达 100m，但以 50～70m 为宜，长宽比(L/B)一般为 5～10。当场地有限制时，可以在其内加隔墙形成廊道进行导流，以满足长宽比的要求，如图 3-1-15 所示。例如，北京小红门污水处理厂 A^2/O 工艺用的曝气池共有 4 个系列，每个系列共有 4 组曝气池，每组瀑气池 3 个廊道；廊道宽 9m、长 95m，有效水深 6.5m；水力停留时间 10.67h，设计污泥负荷 0.172kg BOD_5/(kg MLSS·d)，污泥内回流比 100%～200%，污泥回流比 100%。

②横断面设计。曝气池的宽深比 B/H(有效水深)一般采用 1～2，有效水深最小为 3m，最大不超过 9m(池深与造价和动力消耗有密切关系)。设计中常根据土建构造和池子的功能要求，有效池深在 3～5m 的范围内选定。曝气池的超高宜取 0.5m(在防风和防冻情况下选值可适当加大)；采用表面曝气时，机械平台宜高出水面 1m 左右。

③曝气方式。多采用鼓风曝气，根据曝气池横断面上的水流状态，又分为平流推移式和旋转推流式两种类型。一般而言，平流推移式曝气池底部铺满曝气器，池中的水流只沿池长

方向移动，设计时其宽深比可以大些(如图 3－1－8 所示)。对用于脱氮除磷工艺的平流推移式曝气池而言，往往会根据实际的进水水质情况和运行工艺需要，或者在厌氧段的池底不铺设曝气器；或者同样铺设曝气器，但有控制地开启其中的一部分。

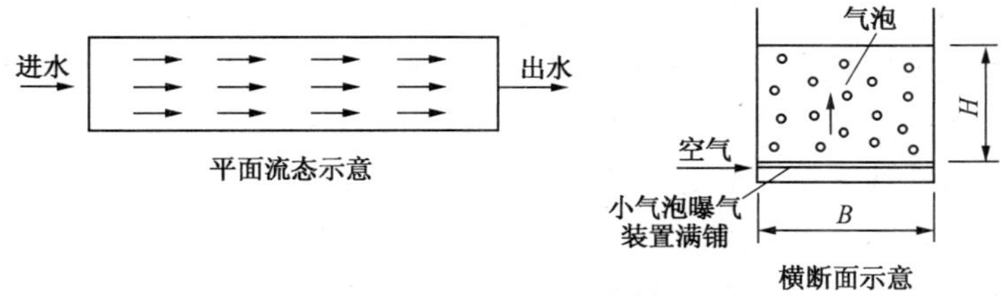

图 3－1－8 平移推流式曝气池示意图

还可以将曝气器布置在池底的一侧，这样可以使水流因曝气气泡形成的密度差而在沿池长方向流动时产生旋流，这种曝气池被称为旋转推流式曝气池。按曝气器在竖向安装位置的不同，旋转推流式曝气池可分为底层曝气、中层曝气和浅层曝气。采用底层曝气的池深决定于鼓风机提供的风压，目前曝气池的有效水深一般为 3～4.5m(如图 3－1－9 所示)；浅层曝气的曝气器装于水面以下 0.8～0.9m 的浅层，常采用 1.2m 以下风压的鼓风机。虽然风压较小，但风量较大，故仍能造成足够的密度差产生旋转推流，曝气池的有效水深一般为 3～4m(如图 3－1－10 所示)；中层曝气的曝气器装于池深中部，与底层曝气相比，在相同的鼓风条件和处理效果时，池深一般可以加大到 7～8m，最大可达 9m，从而节省曝气池的用地。中层曝气也可将曝气器安装在池子中央，形成两侧流，池形可采用较大的深宽比，适用于大型曝气池(如图 3－1－11 所示)。

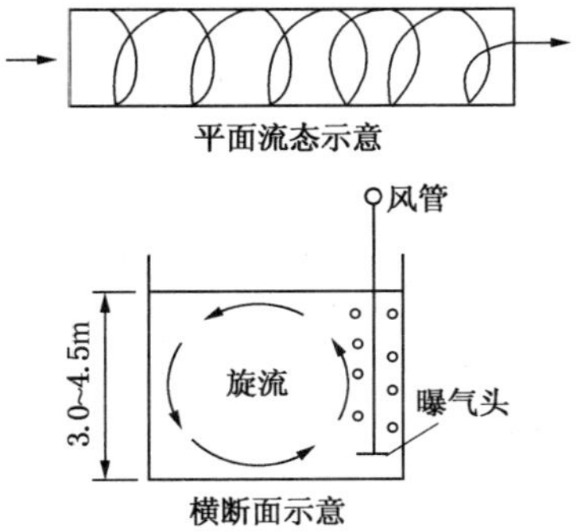

图 3－1－9 旋转推流式曝气池示意图

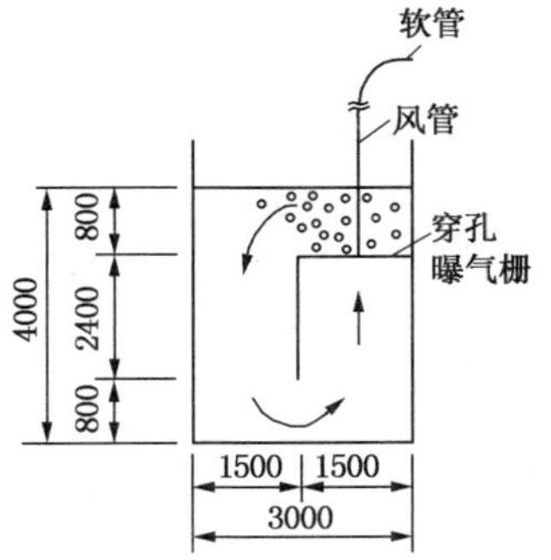

图 3－1－10 浅层曝气示意图

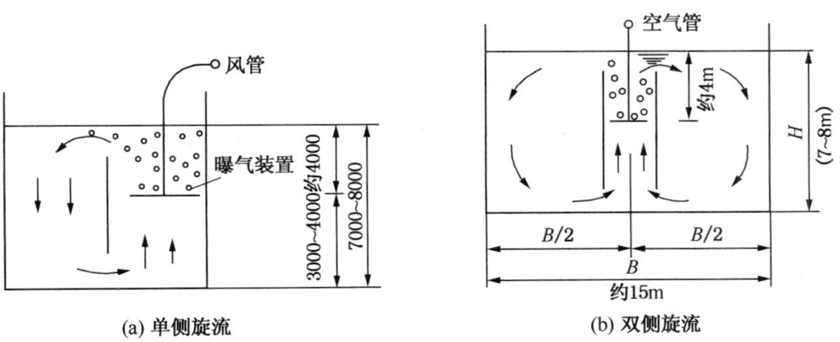

图 3－1－11 中层曝气池示意图

④底部设计。距池底 1/2 或 1/3 处宜设中位放水管，以备培养活性污泥时使用；同时在池底还应考虑排空措施，按照纵向 2/1000 的坡度，在池底设置 ϕ80～100mm 的放空管。

(2)完全混合式曝气池

污水进入完全混合式曝气池后，立即与池内原有的混合液充分混合、循环流动，进行吸附和代谢活动。曝气池内各点混合液的组成、污泥负荷(F/M)值、微生物群的量和质等完全均匀一致；有机物的降解速率、耗氧速率等在池内各部位都不变；微生物在曝气池内的增殖速率一定，在增殖曲线上的位置是一个点。完全混合式曝气池的特点是：承受冲击负荷的能力强，池内混合液能对污水起稀释作用，对高峰负荷起削弱作用；由于全池需氧要求相同，能够节省动力。完全混合式曝气池的缺点是：连续进水、出水可能造成短路，易引起污泥膨胀。完全混合式曝气池可以是圆形、方形或多边形，可以与二沉池分建或合建，因而可分为分建式和合建式两类。

①分建式完全混合曝气池。如图 3-1-12 所示，分建式完全混合曝气池可以使用机械曝气，也可以使用鼓风曝气，使用前者时曝气设备的选型应与池型构造设计相结合。当采用泵型叶轮表面曝气机时，线速度在 4～5m/s，曝气池直径和叶轮直径之比一般采用 4.5～7.5，水深和叶轮直径之比宜采用 2.4～4.5。若采用倒伞型叶轮表面曝气机和平板型叶轮表面曝气机，叶轮直径和曝气池的直径比一般采用 1/5～1/3。在圆形池中，要在水面处设置挡流板(一般用 4 块)，板宽与池径之比为 1/20～1/15，板高与池深之比为 1/5～1/4；在方型池中，可不设挡流板。

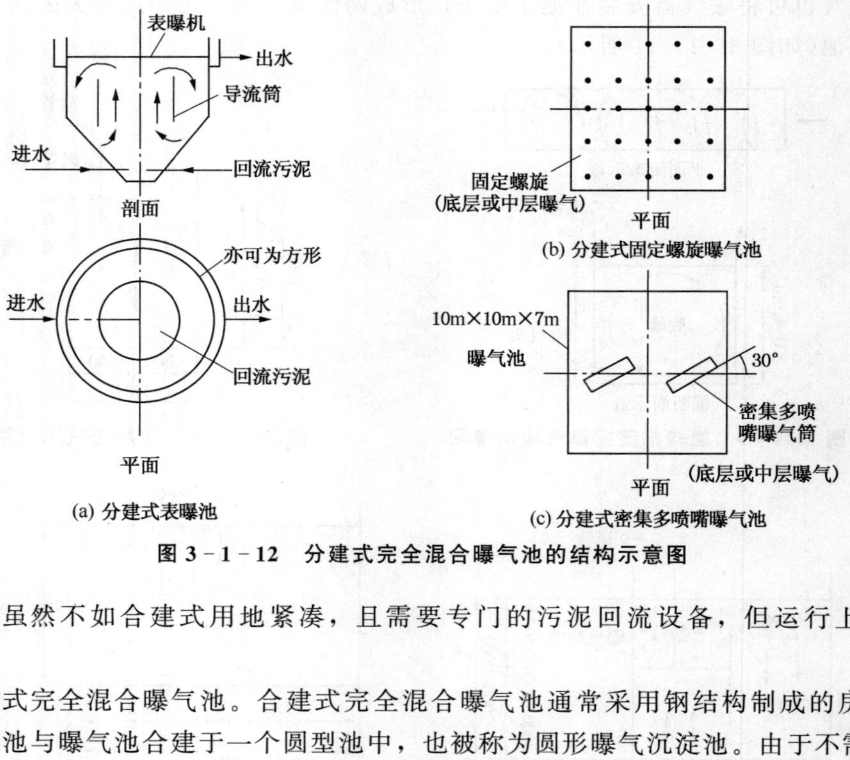

(a) 分建式表曝池　　(c) 分建式密集多喷嘴曝气池

图 3-1-12　分建式完全混合曝气池的结构示意图

分建式虽然不如合建式用地紧凑，且需要专门的污泥回流设备，但运行上便于调节控制。

②合建式完全混合曝气池。合建式完全混合曝气池通常采用钢结构制成的房屋式构筑物，将二沉池与曝气池合建于一个圆型池中，也被称为圆形曝气沉淀池。由于不需要单独设置污泥回流系统，有利于新鲜污泥及时回流，便于运行管理。

如图 3-1-13 所示，圆形曝气沉淀池的池体由曝气区、导流区、回流区、沉淀区几部分组成，锥形沉淀区设于外环，与曝气区底部有污泥回流缝连通；曝气设备通常采用叶轮表面曝气机，靠曝气机造成的水位差使回流污泥循环。

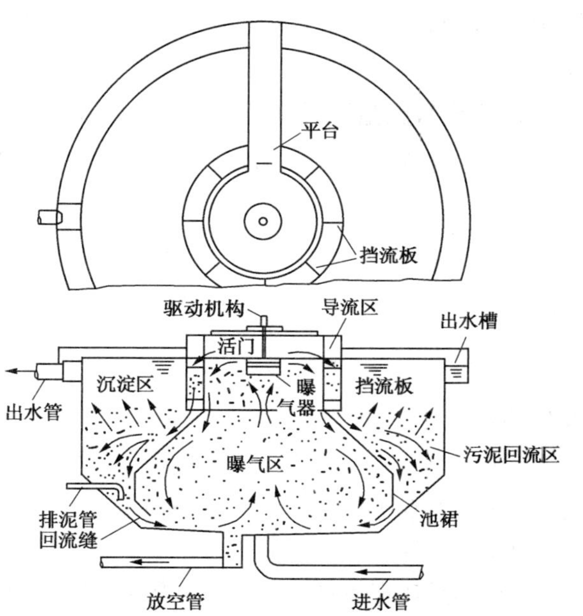

图 3-1-13　圆形曝气沉淀池的结构示意图

如图 3-1-14 所示，圆形曝气沉淀池的主要设计参数为：a)直径(D)≯20m，一般采用 ϕ15m，直径过大会对充氧能力和搅拌能力提出过高要求；b)水深(H)≯4～5m，水深过大池底容易积泥；c)沉淀区水深(h_1)≮1m，一般在 1～2m 之间，过小会影响上升水流的稳定，沉淀区最大上升流速宜采用 0.3～0.5m/s；d)曝气筒保护高度为 0.8～1.2m；e)回流窗孔流速为 0.1～0.2m/s，以确定回流窗的尺寸，回流窗调节高度经验值为 50～150mm，通过活门调节；f)导流区下降流速(v_2)为 0.015m/s 左右；g)曝气筒直壁段高度(h_2)应大于沉淀区水深(h_1)，使导流区出口流速(v_3)小于导流区下降流速(v_2)，否则会影响污泥沉淀和浓缩，一般$(h_2-h_1)\geqslant 0.414B$，$B$ 为导流区宽度；h)回流缝流速取 0.03～0.04m/s，以确定回流缝宽度(b)，缝宽一般为 150～300mm，回流缝处所设顺流圈长度(L)为 0.4～0.6m，直径(D_4)应略大于池底直径(D_3)，以便污泥下滑回流到曝气区；i)池底斜壁与水平方向呈 45°倾角；j)曝气池结构容积系数(由于曝气筒、导流室等墙体厚度所增加的容积百分数)宜为 3%～5%。

当合建式完全混合曝气池的平面设计成方形或长方形时，沉淀区仅在曝气区的一边设置，如图 3-1-15 所示。

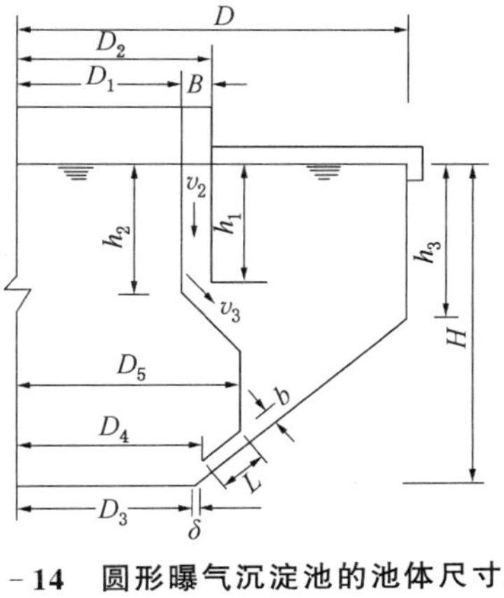

图 3-1-14　圆形曝气沉淀池的池体尺寸示意图

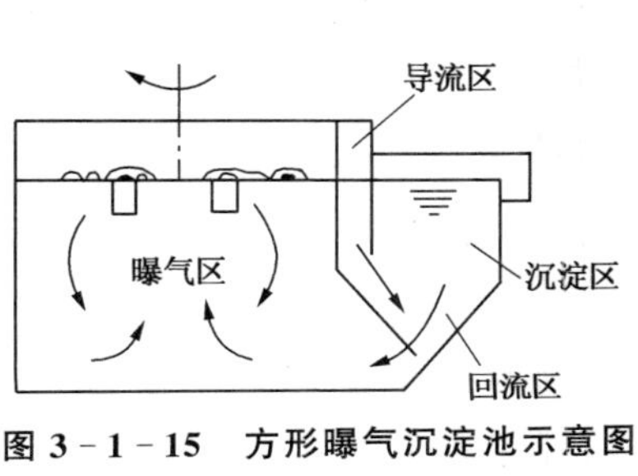

图 3-1-15　方形曝气沉淀池示意图

四、二沉池及污泥回流系统设计

在曝气池和二沉池分建的活性污泥系统中，二沉池的作用是固液分离，同时需将部分活性污泥回流到曝气池。污泥回流系统设计包括回流污泥量的计算、提升设备设计和管道系统设计。

1. 回流污泥量的计算

剩余污泥量 q、回流污泥量 Q_R 可按下式计算

$$q=\frac{VR}{(1+R)t_s}\ (m^3/d) \tag{3-1-10}$$

$$Q_R=RQ\ (m^3/d) \tag{3-1-11}$$

$$R=\frac{X}{X_R-X} \tag{3-1-12}$$

式中 Q——污水流量，m^3/d；

R——回流比，也可以根据处理工艺查表 3-1-2；

X——混合液污泥浓度，mg/L；

X_R——回流污泥浓度，mg/L。

二沉池的污泥浓度与污泥沉淀性能及其在池中的停留时间有关，一般混合液在量筒中沉淀 30min 后形成的污泥，基本上可以代表混合液在二沉池中沉淀所形成的污泥。因此回流污泥的浓度为

$$X_R=\frac{10^6}{SVI}\cdot r \tag{3-1-13}$$

式中 r——与污泥在二沉池中停留时间、池深、污泥厚度有关的系数，一般取 1.2 左右。

2. 二沉池的设计

二沉池的容积计算常以上升流速(一般不大于 0.3～0.5mm/s)或表面水力负荷作为设计参数，以沉淀时间进行校核。采用静水压力排泥的二沉池，静水压头不应小于 0.9m，其污泥斗底坡与水平夹角不应小于 50°。对分建式沉淀池，污泥斗的贮泥时间一般取 2h。

分建式二沉池的构造与初沉池相似，可以采用平流式、辐流式和竖流式，但其工作情况要比初沉池复杂得多，因此应注意：①进液要分布均匀，利于污泥絮体长大；②限制单位长度溢流堰的出流量不超过 $10m^3/(m\cdot h)$，防止挟带走污泥絮体；③污泥斗要考虑污泥浓缩要求，但停留时间不超过 2h，以防止缺氧时间过长而产生反硝化，造成污泥上浮。所以较常采用的沉淀时间为 1.5～2.0h，表面水力负荷为 $1.1\sim1.8m^3/(m^2\cdot h)$，污泥浓度高时用低值。一般按沉淀时间计算容积，然后确定池水深度。如果采用平流式沉淀池，水平流速最大值比初沉池小一半，原因是异重流导致有效过水断面减小。

3. 污泥回流设备

在分建式曝气池中，活性污泥从二沉池回流到曝气池时需设置污泥回流设备。常用的污泥回流设备为螺旋泵或单螺杆泵；对于鼓风曝气池，也可选用空气提升器。有关污泥回流设备的系统介绍请参见本书§4.2。

4. 污泥回流系统管道设计

污泥回流系统管道的管径大小取决于回流污泥流量和污泥流速，由于活性污泥密度小、含水率高达 99.2%～99.7%，故流速可采用≥0.7m/s，最小管径不得小于 ϕ200mm。

§3.2 曝气原理与水下曝气、推流式搅拌设备

一、概述

曝气是采用一定的技术措施，使气相中的氧向液相中转移，成为液相中的溶解氧。曝气除了维持混合液中溶解氧浓度在需要值之外，还起搅拌、混合作用，使活性污泥处于悬浮状态，保证与污水密切接触、充分混合，以利于微生物对污水中有机物的吸附和降解。工程实际中，通常将曝气方式分为水下曝气器曝气、水下曝气机曝气、表面机械曝气等三大类。水下曝气器曝气和水下曝气机曝气都是设备在水体底层或中层以不同方式充入空气，完成氧从气相到液相的转移。表面曝气机曝气则是设备在水体表面旋转时产生水跃，把大量水滴和片状水幕抛向空中，水与空气充分接触，完成氧从气相到液相的转移；同时在曝气机转动的推流作用下，将池底含氧量少的水体提升向上环流，进一步完成氧的转移。

1. 氧转移原理

气相中的氧转移为液相中的溶解氧，是通过流体运动形成气液接触界面来完成。这既是一个物质扩散过程，更是一个传质过程。

(1)扩散过程

扩散过程的推动力是物质在界面两侧的浓度差，物质分子从浓度较高的一侧向着较低的一侧扩散、转移。扩散过程的基本规律可以用菲克(Adolf Eugen Fick)定律加以概括，该定律描述了分子扩散过程中传质通量与浓度梯度之间关系，表明物质的扩散速率与浓度梯度成正比关系。

$$V_d=-D_L\frac{\mathrm{d}C}{\mathrm{d}\delta}=-D_L\frac{C_S-C_L}{\delta_L} \tag{3-2-1}$$

式中 V_d——物质的扩散速率，即单位时间内单位断面上通过的物质的量；

D_L——扩散系数，表示物质在某种介质中的扩散能力，主要取决于扩散物质和介质的特性及温度；

C——物质的浓度；

C_S——界面处气相氧分压下溶解氧的饱和浓度值，mg/L；

C_L——与曝气时间相对应的液体内溶解氧的实际浓度，mg/L。

δ——扩散过程的长度；

$\mathrm{d}C/\mathrm{d}\delta$——浓度梯度，即单位长度上的浓度变化值。

如果用 M 来表示单位时间 t 内通过界面扩散的物质的量，用 A 来表示这个界面的面积，则扩散速率 V_d 可以表示如下

$$\frac{\mathrm{d}M}{\mathrm{d}t}=-D_LA\frac{\mathrm{d}C}{\mathrm{d}\delta} \tag{3-2-2}$$

(2)传质过程

曝气过程中，氧分子通过气、液界面由气相转移到液相，可以视为一种建立在气液传质基础上的气体吸收，详细内容请参见本书§6.1。如图3-2-1所示，可采用W. K. Lewis和W. G. Whitman于1923年提出的“双膜理论”(滞留膜理论)(The two-film theory)来解释曝气过程中气液传质的机理，即氧分子通过气、液界面由气相转移到液相，在界面上存在

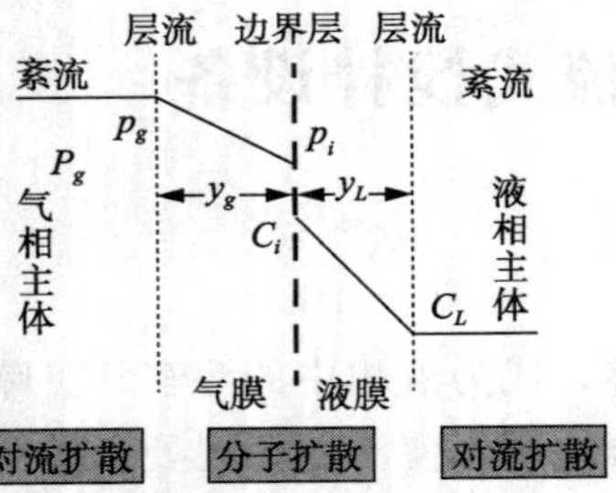

图 3-2-1 气泡中的氧向水中传递过程所用"双膜理论"的示意图

着处于层流状态的双层膜(气膜和液膜)。如果我们将气泡和曝气池中的混合液分别放大，将气泡看作气相主体、将混合液看作液相主体，那么氧的传递过程就是气相主体中的氧透过气液交界面两侧的气膜和液膜向液相主体传递的过程。一旦氧气进入液相主体，那么就成为混合液中的溶解氧。由于气相主体和液相主体均处于紊流状态，物质浓度基本均匀，其中不存在浓度差和传质阻力，因此气体分子从气相主体传递到液相主体的阻力仅存在于层流状态的双层膜中。气膜中存在的氧分压梯度和液膜中存在的氧浓度梯度都是氧转移的推动力，但由于通常情况下气膜的厚度很小，因此气膜中的氧分压梯度也很小，可以认为 $p_g=p_i$，"双膜理论"就可以简化为"单膜理论"，氧转移过程中的传质推动力就可以认为主要是在界面上的饱和溶解氧浓度 C_S 与液相主体中溶解氧浓度 C_L 的差。

若气体的溶解度低，则阻力主要来自液膜。氧难溶于水，氧转移的决定性阻力集中在液膜上，故氧分子通过液膜是氧转移过程的控制性步骤。根据该理论，液膜内氧传递的微分方程式可以用下式计算

$$\frac{\mathrm{d}C}{\mathrm{d}t}=K_L\frac{A}{V}(C_S-C_L) \tag{3-2-3}$$

式中 $\mathrm{d}C/\mathrm{d}t$——液相主体中溶解氧浓度变化速率(或氧转移速率)，$\mathrm{kg\ O_2/(m^3\cdot h)}$；

t——曝气时间，h；

K_L——液膜中氧分子的传质系数，m/h；

A——气、液两相接触界面面积，m^2；

V——液相主体的容积，m^3；

C_S——界面处气相氧分压下溶解氧的饱和浓度值，mg/L；

C_L——与曝气时间相对应的液体内溶解氧的实际浓度，mg/L。

由于气相界面的面积通常难以计算，所以通常会用氧的总转移系数 K_{La} 来代替公式中的 $K_L(A/V)$，

$$\frac{\mathrm{d}C}{\mathrm{d}t}=K_L\frac{A}{V}(C_S-C_L)=K_{La}(C_S-C_L) \tag{3-2-4}$$

其积分形式为

$$\ln(C_S-C_L)=\ln C_S-K_{La}t \tag{3-2-5}$$

式中 K_{La}——氧的总转移系数，h^{-1}。

氧的总转移系数 K_{La} 表示在曝气过程中氧的总传递特性，当传递过程中阻力增大时，则 K_{La} 值低，反之则 K_{La} 高；K_{La} 的倒数 $1/K_{La}$ 表示溶解氧浓度从 C_L 提高到饱和值 C_S 所需要的时间。当 K_{La} 值低时，$1/K_{La}$ 值高，使混合液内溶解氧浓度从 C_L 提高到饱和值 C_S 所需要的时间长，说明氧转移速率慢，反之则氧的传递速率快，所需时间短。K_{La} 是计算氧转移速率 $\mathrm{d}C/\mathrm{d}t$ 的基本参数，也是评价曝气器供氧能力的重要参数，可以通过试验确定。

2. 氧转移的影响因素

水质情况、温度高低、氧分压大小、曝气设备类型、运行方式、水体紊流程度、气液接

触面积都会影响氧的总转移系数 K_{La} 与氧传递速率。可以采取多种措施来提高 K_{La} 值，如：增大曝气量来增大气液接触面积；在曝气量不变时减小气泡尺度；加强液相主体的紊流程度，降低液膜厚度；加速气液接触界面的更新；等等。此外，还可以提高气相中氧气的含量或分压以提高 C_S 值，如采用纯氧曝气、深井曝气、避免水温过高等措施，来提高溶解氧的饱和浓度 C_S 值。下面予以代表性分析。

(1)污水水质

与清水不同，污水中含有污染物，在界面处会形成一层分子薄膜；另外，混合液中含有大量活性污泥，扩散阻力比清水大。曝气设备在混合液中曝气时，氧传递速率应修正为

$$\left.\begin{aligned}&\frac{dC}{dt}=\alpha K_{La}(\beta C_S-C_L)\\&\alpha=\frac{K_{La}(\text{污水})}{K_{La}(\text{清水})}\\&\beta=\frac{C_S(\text{污水})}{C_S(\text{清水})}\end{aligned}\right\}\tag{3-2-6}$$

式中 α——因混合液含污泥颗粒而降低总转移系数的修正值(<1)；

β——污水中饱和溶解氧浓度的修正值(<1)。

可通过对污水和清水的曝气充氧试验测定，水下曝气设备和表面机械曝气设备的 α 取值有所不同。

(2)温度

温度影响 C_S 和 K_{La} 值。温度上升，液相主体的黏度下降，膜厚度减小，K_{La} 上升。温度不同，氧传递系数应修正为

$$K_{La(T)}=K_{La(20)}\cdot 1.024^{(T-20)}\tag{3-2-7}$$

式中 $K_{La(T)}$、$K_{La(20)}$——水温分别为 T℃、20℃时的总氧传递系数；

1.024——温度系数。

温度上升，C_S 值下降，K_{La} 上升，对氧转移有两种相反的影响，二者不能完全抵消。但总的来看，温度降低利于氧传递，活性污泥法温度多在10～30℃之间。

(3)氧分压

溶解氧饱和度与氧分压、含盐量及温度有关，氧分压增大则 C_S 增加。当实际气压 p_d 不是1个标准大气压(1atm=1.013×10^5 Pa)时，C_S 应乘以修正系数 ρ

$$\rho=\frac{p_d}{1.013\times10^5}\tag{3-2-8}$$

对于水下曝气而言，曝气设备出口处的氧分压最大，C_S 最大；气泡上升至水面，压力渐低至大气压，且部分氧已转移溶解至水中，因此氧分压更低。一般取曝气池中的 C_S 为曝气设备出口及水面处的平均值

$$\overline{C}_S=\frac{1}{2}(C_{S1}+C_{S2})=\frac{1}{2}\left(\frac{p_d}{1.013\times10^5}C_S+\frac{\varphi_0}{21}C_S\right)=C_S\left(\frac{p_d}{2.026\times10^5}+\frac{\varphi_0}{42}\right)\tag{3-2-9}$$

式中 p_d——水下曝气设备出口处的绝对压力，$p_d=p+9.8\times10^3H$；

φ_0——气泡离开水面时其内氧的体积分数，$\varphi_0=\frac{21(1-E_A)}{79+21(1-E_A)}\times100\%$；

21%——标准压力下氧的体积分数；

H——水下曝气设备的安装深度，水下曝气器一般距池底0.3m；

E_A——水下曝气设备的氧转移效率，小气泡曝气设备取6%～12%，微气泡曝气设备取15%～25%。

对于深井曝气而言，虽然仍采用空气作为气源，但采用的是提高空气总压的方式。当采用高纯度的氧直接作为气源进行曝气时，纯氧中的氧含量远高于空气中的氧含量，相应液相中的饱和溶解氧浓度 C_S 也会大幅提高。

(4)气泡尺度

气液传质是许多化工单元和生化反应过程的限速性步骤，其速度和效率通常与气泡尺度(粒径)成反比，气泡粒径越小气液传质过程的优势往往越明显。当气泡粒径较小时，气泡-液相界面处的表面张力对内部气体产生压缩作用，使气泡在上升过程中不断收缩并表现出自身增压效应。由于气泡的比表面积和内部气压不断增大，导致更多气体穿过气液界面溶解到液相中，使气液接触界面处的传质效率得到持续增强。随着气泡粒径减小，表面张力的作用效果越来越明显，最终内部压力达到一定极限值而导致气泡界面破裂消失。当前工程实际中气液传质反应体系的气泡界面尺度大多为毫米-厘米级(1～10mm)，通过微米级(1μm～1mm)气泡实现宏观多相反应体系的微界面强化(Microinterface Intensification)是当前的研究热点，在以米为尺寸计量单位的多相反应体系或平台上如何构建尺度为微米级的微界面体系及其特殊效应研究则是关键所在。

此外，物质在溶剂里溶解性的大小往往受环境温度和压力的影响而存在饱和溶解度。例如，20℃、100kPa下氧气在水中的饱和溶解度大约为9mg/L，若不采用强化手段显然难以突破该饱和溶解度值。由于微纳米气泡具有自身收缩增压效应等特点，其在水中缓慢上升时往往会逐步缩小乃至消减湮灭，因此在曝气充氧等气液传质过程中若能形成微纳米气泡，必然会大幅提高气体(空气、O_2、O_3、CO_2 等)在水中的溶解度而有望达到过饱和状态。当然，尽管气泡尺寸越小越好，但如何低成本、少能耗、高通量地产生微米乃至纳米级气泡并实现自主调控并非易事。

3. 曝气设备性能的技术指标

曝气设备是给水生化预处理、污水生化处理的关键设备，其运行费用占整个好氧工艺污水处理厂运行费用的45%以上。反映曝气设备充氧性能好坏的技术指标主要有动力效率(E_p)、氧的利用率或氧的转移效率(E_A)、充氧能力(E_L)等3项。

(1)动力效率(E_p)

又称标准曝气效率(Standard Aeration Efficiency，SAE)。指在标准条件下(20℃、1.01325×10^5Pa)，每消耗1kW·h电能转移到混合液中的氧量，单位为kg O_2/(kW·h)。

(2)氧的利用率或氧的转移效率(E_A)

单位时间内供给曝气池中混合液的氧量称为供氧量，供氧量只有一部分直接转移到水中，称为吸氧量。吸氧量与供氧量之间的百分比称为氧的利用率或氧的转移效率 E_A，外文文献中常常采用标准氧转移效率(Standard Oxygen Transfer Efficiency，SOTE)的说法。

(3)充氧能力(E_L)

在标准条件下(20℃、1.01325×10^5Pa)，单位时间内转移到混合液中的氧气量，单位为

kg O_2/h。一般表示一台机械曝气设备的充氧能力。

对于鼓风曝气系统而言，其工作性能常用 E_p、E_A 来评定。将各种空气扩散设备安装于水深 1m 处，以含氧量 1mg/L 时的 E_A 值作为互相比较的指标，E_A 值越高，空气扩散器的效率越高。

对于机械曝气系统而言，其工作性能常用 E_p、E_L 来评定，而无法用 E_A 来评定。在实际应用中，往往还采用推动力或推动容量来评价，是指水平轴式表面机械曝气设备使沟内混合液达到 0.3m/s 的平均流速时，每米有效长度所能推动的水的容积。

二、水下曝气器

水下曝气器曝气系统由空气加压设备、空气净化器、空气输配管路、水下曝气器[或称水下曝气头、空气扩散器(Air Diffuser)]等组成，最大特点是水下曝气器单体体积较小且不带潜水电动机、泵等动力设备。空气加压设备包括空气净化器、鼓风机或空压机，其风量要满足生化反应所需氧量和保持活性污泥混合液呈悬浮状态，风压则要满足克服鼓风机-水下曝气器管道系统的摩阻损耗、水下曝气器自身的水头损失和上部的静水压力；空气净化器的作用是改善整个曝气系统的运行状态和防止水下曝气器阻塞；空气输配管路包括输气管、曝气池上的管网，管网包括干管和支管，干管常架设于相邻两廊道的公用墙上，向两侧廊道引出支管。这里主要介绍水下曝气器，空气加压设备的相关论述请参见本书§7.3。

根据所产生的气泡粒径大小，水下曝气器可分为粗/大气泡型、中/小气泡型、微/细气泡型等几类。常用的粗/大气泡型水下曝气器包括曝气竖管、穿孔管、网状膜空气扩散器、旋混曝气器等，常用的中/小气泡型水下曝气器包括普通扩散板(扩散盘/扩散管)、倒盆型空气扩散器、固定螺旋曝气器、动力散流型曝气器、动力扩散旋混式曝气器、弹跳孔曝气器、旋流剪切曝气器等。随着材料成形和加工制造技术的不断进步，产生微米乃至纳米级气泡的难度和成本逐渐降低，因此除少数特殊曝气用途之外，粗/大气泡型、中/小气泡型水下曝气器都逐步让位于微/细气泡型水下曝气器。根据气泡产生的机理，水下曝气器可分为微孔介质散流型、水力剪切散流型等。水力剪切散流型又可细分为升流分散、静态混合、旋流剪切型等目前还出现了发挥微孔介质散流型和水力剪切散流型协同作用的气泡产生新技术。本书主要介绍微孔介质曝气器和旋流曝气器。

1. 微孔介质曝气器

微孔介质曝气器的工作原理是使带压气体透过微孔介质层并从表面微孔中逸出，形成气泡扩散到水中。微孔介质层材质可以是刚玉或陶瓷类、高密度聚乙烯类、金属粉末烧结类、橡胶膜材质类等，外形可以加工制作成圆盘形、圆管形、平板形等多种。

(1)刚玉或陶瓷类材质

按照形状可分为钟罩形、圆拱形、球形、平板形等四种。钟罩形、圆拱形、球形刚玉微孔曝气器的外形尺寸如图 3-2-2、图 3-2-3、图 3-2-4 所示，相应的主要性能参数如表 3-2-1 所示。

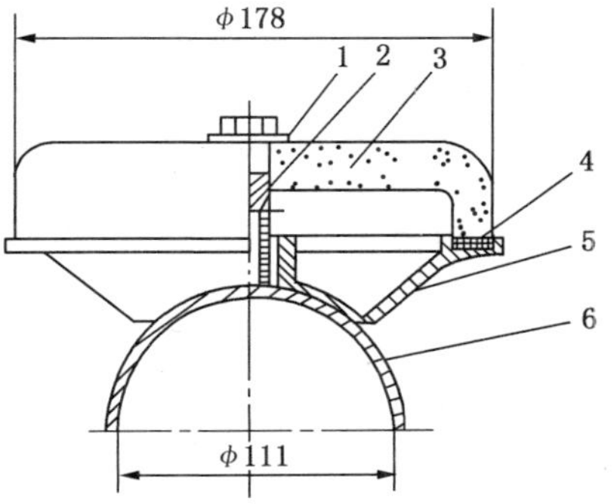

图 3-2-2 钟罩形刚玉微孔介质曝气器的结构示意图

1—橡胶垫；2—通气螺杆；3—刚玉曝气板；4—密封圈；5—底座；6—进气管

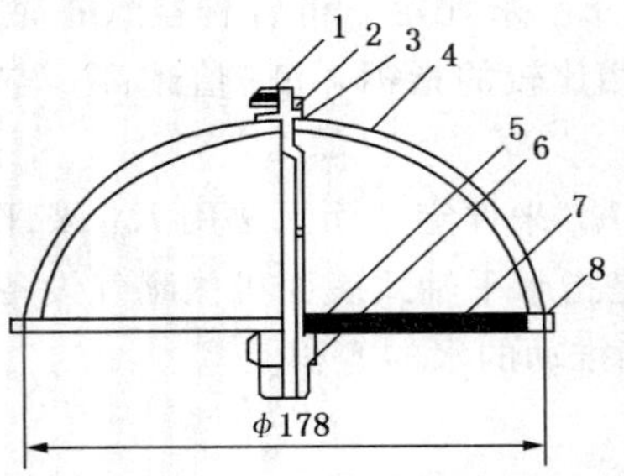

图 3-2-3　圆拱形刚玉微孔介质曝气器的结构示意图

1—M14 紧固螺母；2—垫片；3，5，8—密封圈；4—刚玉曝气壳；6—通气螺杆；7—底盘

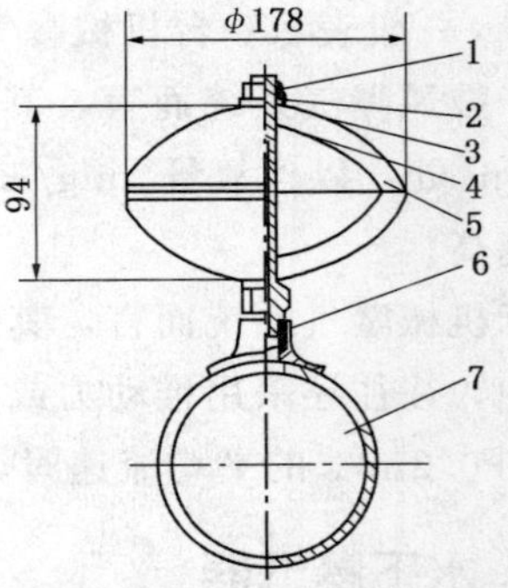

图 3-2-4　球形刚玉微孔介质曝气器的结构示意图

1—螺母；2—垫圈；3—橡胶垫；4—通气螺杆；5—刚玉曝气壳；6—连接座；7—布气管

表 3-2-1　刚玉曝气器的主要性能参数

形状	水深/m	供气量/[m^3/(h·个)]	服务面积/(m^2/个)	充氧能力/(kg/h)	氧利用率/%	理论动力效率/[kg/(kW·h)]	阻力损失/Pa
钟罩形	4～5	2～3	0.30～0.60	0.149～0.286	21.2～28.6	6.12～7.10	3840～4050
圆拱形	4～5	2～3	0.36～0.60	0.22～0.28	20.0～25.0	4.50～7.50	<3000
球形	4～5	2～3	0.30～0.60	0.190～0.325	25.7～34.3	7.34～8.10	⩽3000

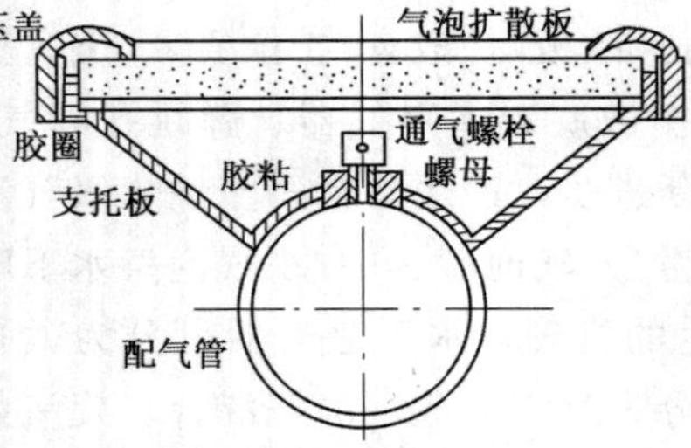

图 3-2-5　平板形刚玉微孔介质曝气器的结构示意图

平板形微孔介质曝气器如图 3-2-5 所示，主要组成包括圆形气泡扩散板、通气螺栓、配气管、三通短管、橡胶密封圈和压盖等。

(2)高密度聚乙烯类材质

一般主要由高密度聚乙烯(HDPE)曝气壳、底盘、橡胶垫圈、压紧圈、连接座、布气管组成，大多采用图 3-2-6 所示的钟罩形。主要性能参数如表 3-2-2 所示，所用高密度聚乙烯的材质特性为：密度为 0.93g/cm^3、拉伸强度为 29MPa、热变形温度为 85℃。

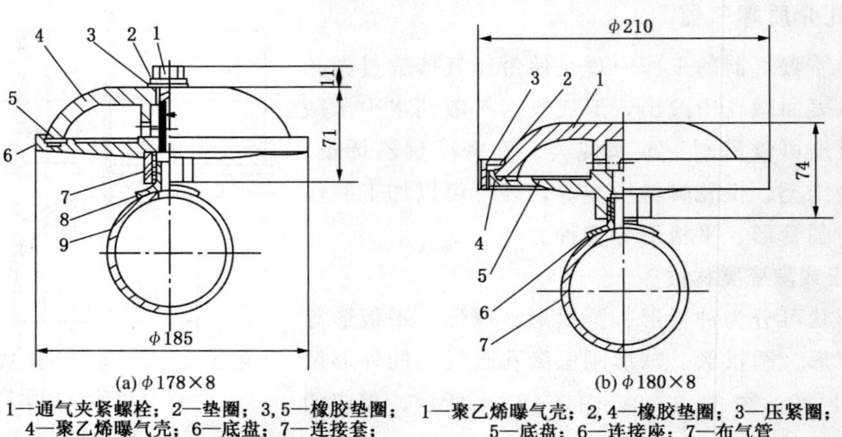

(a) φ178×8

1—通气夹紧螺栓；2—垫圈；3，5—橡胶垫圈；4—聚乙烯曝气壳；6—底盘；7—连接套；8—连接座；9—布气管

(b) φ180×8

1—聚乙烯曝气壳；2，4—橡胶垫圈；3—压紧圈；5—底盘；6—连接座；7—布气管

图 3-2-6　高密度聚乙烯钟罩形微孔介质曝气器的外形尺寸示意图

表 3-2-2 某型号高密度聚乙烯覆盘形微孔曝气器的主要性能参数

孔隙率/%	水深/m	供气量/[m^3/(h·个)]	服务面积/(m^2/个)	充氧能力/(kg O_2/h)	氧利用率/%	动力效率/[kg O_2/(kW·h)]	阻力损失/Pa
42	5	2	0.5	0.193	28.30	6.89	2300
		3	0.5	0.275	26.78	6.38	2920

(3)金属粉末烧结类材质

金属粉末烧结类微孔介质曝气器是以工业钛粉或陶瓷为主要原料，经高温高真空烧结而成，从外形上分为球面式或平板式曝气头、曝气管(滤芯)等，具有耐酸碱度高、耐氧化性强(可用作臭氧扩散曝气)、使用寿命长等优点，连接丝扣可采用内螺纹也可采用外螺纹，这里不再赘述。

刚玉、陶瓷、高密度聚乙烯、粉末冶金烧结等刚性材质微孔介质曝气器的缺点是：进入曝气器的空气需要经过较严格的除尘净化，曝气器的孔眼易被污泥堵塞等。

(4)橡胶膜材质

将带有一定数量、按一定规则排列开闭式孔眼的合成橡胶膜(聚酯等材料)敷设在支撑基体上，当带压气体进入支撑基体与合成橡胶膜之间时，弹性孔眼张开而切割气流，在水流作用下产生微细气泡。当支撑基体与合成橡胶膜之间的气体压力减小时，孔眼会不同程度地闭合。支撑基体从外形上看可分为圆盘形、球冠形、圆管形、平板形等四种。

①圆盘形或球冠形橡胶膜微孔介质曝气器。图 3-2-7 为圆盘形橡胶膜微孔介质曝气器的结构示意图，主要由上盖、圆盘形合成橡胶膜、支撑架、底座、密封垫等组成，圆盘形合成橡胶膜上的孔眼数目有 2100～2500 个。空气由布气支管进入曝气器单向阀，经单向阀橡胶膜上的通气孔进入曝气器内腔，再经支撑架中心孔进入圆盘形合成橡胶膜与支撑架的间隙中。在气体压力作用下膜片微微鼓起，孔眼张开，空气从孔眼中扩散出去，形成微气泡，实现向水中充氧的功能。停止曝气时，在水压和合成橡胶的回弹性作用下，曝气孔闭合、将圆盘形合成橡胶膜与支撑架压紧、单向阀自动闭合，从而形成三道屏障，避免污水倒流和微孔堵塞。

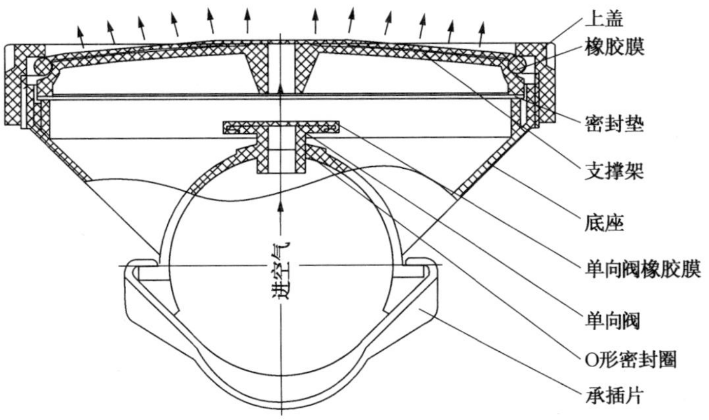

图 3-2-7 圆盘形橡胶膜微孔介质曝气器的结构示意图

在安装曝气器时，先将卡扣的上部直接插入布气支管上的孔内，并用下卡扣推进卡紧。然后将固定托架(亦称水平调节器)按设计位置用膨胀螺栓固定在池底上，用以调节管道的水平，以保证全部曝气器的布气均匀性。然后装上布气支管，安装完毕并将尘土碎屑完全吹净后方可安装曝气器，安装时全池曝气器的表面高差应不得超过±5mm。曝气器安装完毕后，要在池内放水超过曝气器表面50mm左右进行检查，当每个曝气器的供气量为1.5～2.0m^3/(h·个)时，查看所有接口是否漏气，布气是否均匀。部分代表性圆盘形橡胶膜微孔介质曝气器的主要性能参数如表3-2-3所示。

表3-2-3　圆盘形橡胶膜微孔介质曝气器的主要性能参数

型号	规格/mm	水深/m	供气量/[m^3/(h·个)]	充氧能力/(kg O_2/h)	氧利用率/%	动力效率/[kg O_2/(kW·h)]	阻力损失/Pa	质量/(kg/个)
BZ.PJ-I	ϕ215	4～5	0.30～0.60	0.155～0.250	20.8～30.6	5.53～7.15	2820～3440	—
KKI	ϕ215	4	—	—	21.7～23.5	—	3800～4700	—
KKR/KRF	ϕ300	4	—	—	23.8～27.0	—	2700～3200	—
ZBK-A	ϕ220	4～5	—	0.155～0.227	20.8～32.8	5.53～8.11	1800～2400	0.770
KBB	ϕ215	4～5	0.50	0.083～0.296	20.9～31.0	5.87～8.15	1200～2300	1.044
BZ.PJJ	ϕ215	4	0.50	≥0.13	≥25	≥4.5	≤3000	—

②圆管形橡胶膜微孔介质曝气器。空气通过表面布满微孔的橡胶膜微孔曝气管，在水流作用下产生气泡。可以根据实际需要将曝气管定制加工成相应长度，还可将曝气软管加工制造成数十米长，然后辅助以刚性托架，根据实际需要绕成圆柱状甚至是圆锥状的曝气盘。除了池底固定式安装外，还可将系统设计成可提升刚性悬挂式、可提升柔性悬挂式，采用两根、四根、八根管式曝气器组合等。图3-2-8所示为可提升刚性悬挂式圆管形橡胶膜微孔介质曝气器，美国Parkson公司在20世纪80年代开发的Biolac®（百乐克）延时曝气系统，就是主要由BioFlex®移动曝气链和附属的BioFuser®微气泡曝气管组成。某国产型号可提升管式微孔介质曝气器的主要技术参数如表3-2-4所示。

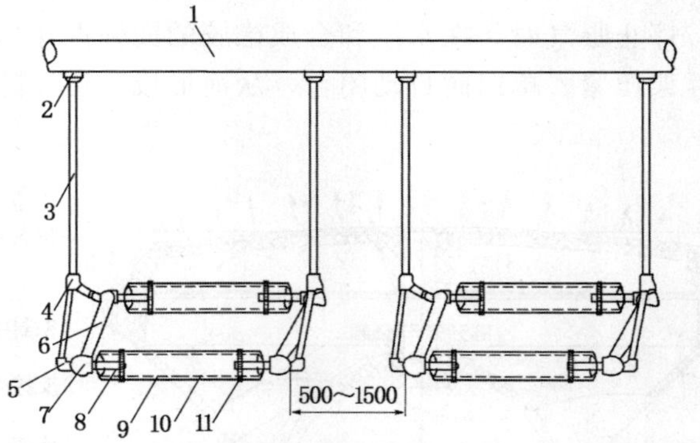

图3-2-8　可提升刚性悬挂式圆管形橡胶膜微孔介质曝气器

1—进气分管；2—三通；3—进气软支管；4—进气分支三通；5—进气活接弯头；6—横向固定管；7—活接三通；8—气流分布器；9—EPDM橡胶管；10—支撑管；11—不锈钢卡箍

表3-2-4　某型号可提升管式微孔曝气器的主要技术参数

水深/m	服务面积/(m^2/m)	供气量/[m^3/(m·h)]	氧利用率/%	动力效率/[kg O_2/(kW·h)]	充氧能力/(kg O_2/h)	阻力损失/Pa	气孔密度/(个/m)
4.5	2	8	30.36	6.24	0.68	3600	14000～15000

③板条式橡胶膜微孔介质曝气器。板条式橡胶膜微孔介质曝气器是在一个面积较大的矩形支撑底板上覆盖以微孔橡胶膜，并通过特殊加工手段形成多个相互分隔而又连通的窄条气体通道，带压气体进入窄条通道并通过橡胶膜的微孔，最终产生微细气泡。优点是在曝气池底的安装铺设非常方便，运行维护较为简单，且矩形和圆形曝气池都能够适用。美国 Parkson 公司的 HiO_x® UltraFlex 曝气板、美国 Ovivo 公司的 AEROSTRIP® 曝气板是典型代表，前者采用高强度聚酯膜，在曝气池底的敷设面积为 45%～55%。

2. 旋流曝气器

旋流曝气器(Swirl Aerator)由日本 OHR 流体工学研究所率先推出。如图 3-2-9 所示，旋流曝气器大体上可分为气液入口段、气液起旋混合段、气液旋流切割段等部分，其中气液入口段的内部设有进气管与喷嘴，气液起旋混合段设有两个交叉安装的导流板，气液旋流切割段交错安装有众多蘑菇状切割头。工作过程中，经鼓风机将气流通过气液入口段的喷嘴进行高速喷射(可以是单喷嘴或双喷嘴)，空气在水中上升而将底部及周边的泥水卷吸入曝气器；泥水与空气在气液起旋混合段导流板的作用下，产生激烈漩涡而实现泥水和空气充分混合(第一次混合)形成泥水泡状流；泥水泡状流在气液旋流切割段被蘑菇头状切割器进一步破碎，强化泥水和空气的混合(第二次混合)，泥水泡状流最终从出口处向外扩散。旋流曝气器在 6m 深清水中的氧利用率为 18%～22%，动力效率约 5.8kg/(kW·h)。由于气泡被切割次数和在水中停留时间的差异较大，双喷嘴通常比单喷嘴旋流曝气器的氧利用率高出 15% 左右。不同型号品牌单喷嘴旋流曝气器的氧利用率也存在差异，主要原因在于切割头是否按照流体力学相关规律进行排布，以及喷嘴是否做变径处理以提升气流冲击力度，将气泡切割得更微小。旋流曝气器的常见材质为再生料、ABS、尼龙＋玻纤、纯尼龙、超高分子材料等。由于旋流曝气器自身高度近 60cm，因此不适合在 4m 以浅的水中使用。除了日本 OHR 流体工学研究所及其变形系列旋流曝气器外，Aeration Technologies 公司的 AerTube 静态管式曝气器等也属于此类，但气泡粒径粗大。

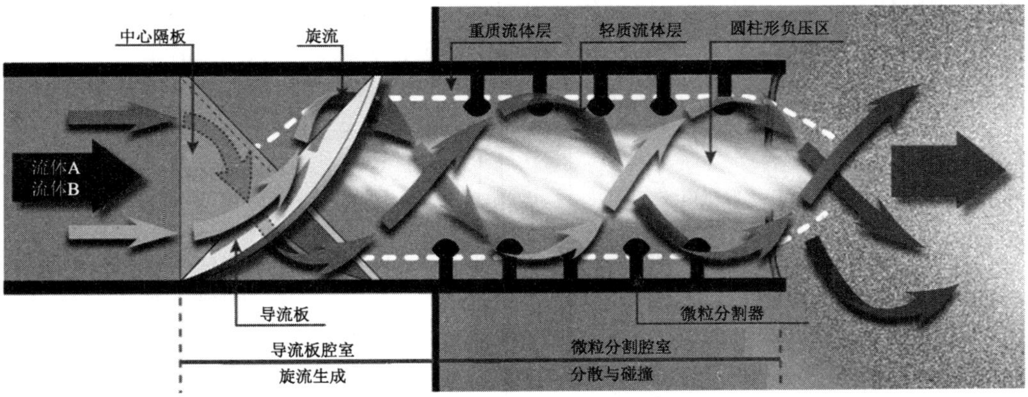

图 3-2-9　旋流曝气器的结构和工作原理示意图

旋流曝气器可以采用池顶吊装或池底安装，与水下微孔介质曝气器相比，具有不易堵塞、寿命达 10 年以上、能耗适中等优点。由于旋流曝气器的气流瞬间释放速度达 30m/s，存在高频振动，因此应采取有效固定措施，避免进气法兰受力和振动。

三、水下曝气机

水下曝气机或潜水曝气机置于被曝气水体的中层或底层，将空气送入水中与水体混合，完成氧由气相向液相转移的过程。水下曝气机的种类较多，按供气方式可分为自吸式(负压吸气)与鼓风式(压力供气)两大类。自吸式靠射流技术或叶轮离心力产生负压区，外接进气管吸入空气，适用水深范围为1～5m；鼓风式一般采用鼓风机或压缩机送气，适用水深范围为5～20m。与表面曝气方式相比，水下曝气机的突出优点是能够提高氧的转移速率，同时由于底边流速较快，可以在较大范围内防止污泥沉淀；此外，无泡沫飞溅和噪声，避免了二次污染；发达国家还有适用水深达30m的水下曝气机。

1. 潜水射流曝气机

除根据供气方式可分为自吸式(负压吸气)与鼓风式(压力供气)两大类之外，潜水射流曝气机根据工作压力还可分为高压型与低压型两种，高压型射流器的工作压力为0.2MPa，喷嘴流速为20m/s左右；低压型射流器的工作压力为0.07MPa，喷嘴流速为12m/s左右。低压型射流器理论上的能量消耗是高压型的1/3，而实际上可能还要少一些。根据结构可以分为单级和多级两类，单级又分为单喷嘴和多喷嘴两种形式；多级一般是两级，第一级吸气后，液气混合流在第二级再吸气，这样充分利用射流能量。根据安装方式可分为竖直安装(立式)和水平安装(卧式)，由于液、气两相的水平运动与垂直运动在流态上有较大差异，所以射流器的安装方式对其性能有一定影响。

(1)自吸式(负压吸气)潜水射流曝气机

如图3-2-10所示，自吸式(负压吸气)潜水射流曝气机(Submersible Self-Aspirating Jet Aerator)主要由潜水排污泵、文丘里喷嘴、扩散管、进气管及消声器等组成。潜水排污泵的高压出水经过文丘里喷嘴形成高速水射流，通过扩散管进口处的喉管时，在气水混合室内产生负压，自动将液面以上的空气由通向大气的导管吸入，形成液气混合流经扩散管排出，夹带许多气泡的水流在较大面积和深度的水域里涡旋搅拌，并在池内形成环流，完成曝气。

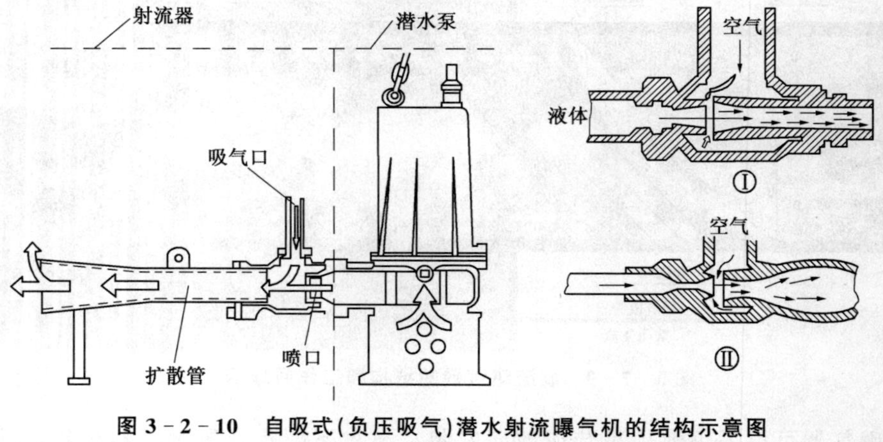

图3-2-10 自吸式(负压吸气)潜水射流曝气机的结构示意图

自吸式(负压吸气)潜水射流曝气机所产生的强有力的单向液流，能够造成有效的对流循环，且电动机负载(轴功率)随潜没深度的变化很小，安装简便，进气量可以调节。在进气管上一般装有消声器与调节阀，用于降低噪声与调节进气量。QSB型自吸式(负压吸气)潜水射流曝气机的规格和性能参数如表3-2-5所示。

表 3-2-5 QSB 型自吸式(负压吸气)潜水射流曝气机的规格和性能参数

型号	QSB0.75	QSB1.5	QSB2.2	QSB3	QSB4	QSB5.5	QSB7.5	QSB11	QSB15	QSB18.5	QSB22
功率/kW	0.75	1.5	2.2	3	4	5.5	7.5	11	15	18.5	22
额定电流/A	2.3	3.7	5.6	6.8	8.8	11.3	15	23.4	29.7	36.7	43.2
额定电压/V	380										
转速/(r/min)	2900				1470						
频率/Hz	50										
绝缘等级	F										
最大潜入深度/m	3	3.5	4	4	4.5	5	5.5	6	6	6	6
进气量/(m^3/h)	10	22	35	50	75	85	100	160	200	260	320
服务面积/m^2	3×2	4×3.5	5×4	6×4.5	7×5	7.5×6.5	9×7	10×8	11×9	12×10	13×11
充氧能力/(kg O_2/h)	0.50	1.26	2.30	2.80	3.75	6.00	7.90	—	—	—	—
进气管口径/mm	32	32	50	50	50	50	50	—	—	—	—

注：表中进气量及供氧能力是在标准试验条件下(20℃水温，气压 101.325kPa)，曝气机潜水深度 3m，试验介质为清水时的试验值。在中度污水中，供氧能力应乘以 0.85 后作为设计依据。

(2)鼓风式(压力供气)潜水射流曝气机

鼓风式(压力供气)潜水射流曝气机一般设置在曝气池或氧化沟底部，外接加压水管、压缩空气管。由于有机污水的高需氧量和新型生化污水处理设施高度的增加，通过鼓风机提供一定静压的压缩空气到射流器的吸入口，从能量角度而言能使射流器的效率更高，而且一个进气管可以同时供应多个射流器(喷嘴)。如图 3-2-11 所示，送入的压缩空气与加压水充分混合后向水平方向喷射，形成射流和混合搅拌区，对水体进行曝气充氧。

工程实际中常用的鼓风式(压力供气)潜水射流曝气机为密集多喷嘴曝气机，是为适应深水曝气需要而设计的曝气设备。喷嘴直径一般为 ϕ5～10mm，出口流速为 80～100m/s，动力效率 2.5～3.5kg O_2/(kW·h)，氧气利用率 8%～9%，且不易堵塞。

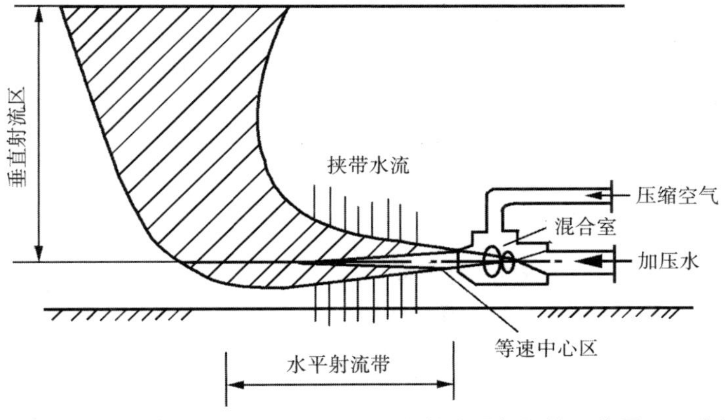

图 3-2-11 鼓风式(压力供气)潜水射流曝气机的工作原理示意图

就密集多喷嘴曝气器中的单个喷嘴而言，除了常用的单层结构之外，还有内外两层结构，VARI-CANT® 射流曝气系统是其中的典型代表。VARI-CANT® 内层喷嘴主要使污泥混合液产生高流速，压缩空气被引入外层喷嘴，在外层喷嘴空间发生剧烈剪切作用而产生大量微细气泡。一般安装在池底上部 0.76～1.2m 处，并向下倾斜 15°～30°。

2. 潜水离心曝气机

(1)自吸式(负压吸气)潜水离心曝气机

如图 3-2-12 所示，自吸式(负压吸气)潜水离心曝气机(Submersible Self-Aspirating Aerator)主要由潜水电动机、进气室、叶轮、混气盘、底盘、泵壳、密封件、供气管、消声器等部分组成，适用于潜水深度范围为 1～5m。叶轮与潜水电动机主轴直接连接，由于电动机的高速旋转，叶轮产生强大的离心力使进口处形成负压区，空气通过进气管被吸入。被吸入的空气和水在混气盘内混合，气水混合物沿叶轮的切线向圆周方向扩散，细碎的气泡与水充分接触，从而达到曝气充氧的效果；同时由于强大的搅拌对流，使活性污泥、污水、氧气充分混合。机体沉于水中运转，减少噪声；陆上供气管可加装消声器，增强消声效果。根据《潜水曝气机》(GB/T 27872—2001)的相关规定，QXB 系列自吸式(负压吸气)潜水离心曝气机的性能参数如表 3-2-6 所示。

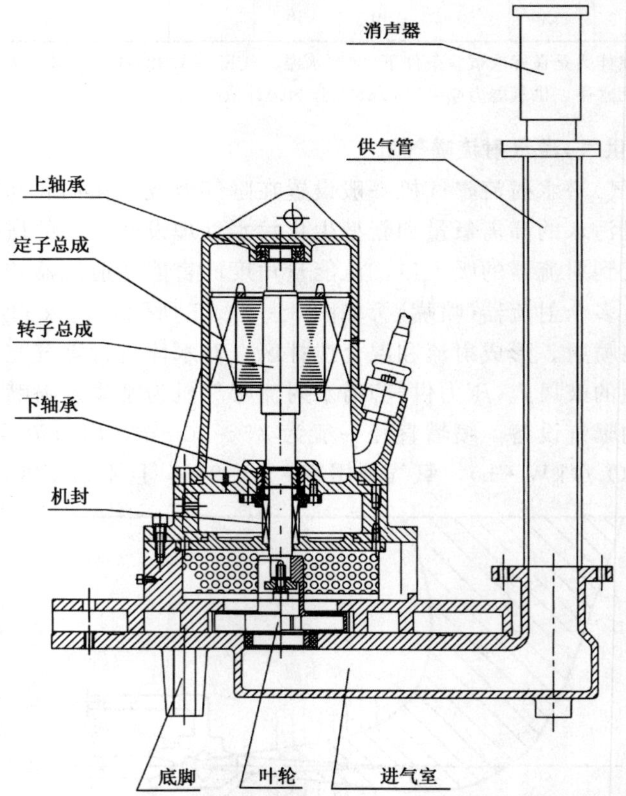

图 3-2-12 自吸式(负压吸气)潜水离心曝气机的结构示意图

表 3-2-6 QXB 系列自吸式(负压吸气)潜水离心曝气机的性能参数

型号	工作条件		性能参数			
	电机功率/kW	潜水深度*/m	进气量/(m^3/h)	充氧能力/(kg O_2/h)	气泡作用直径/m	动力效率/[kg O_2/(kW·h)]
QXB0.75-32	0.75	1.8	≥9.5	≥0.47	≥2.8	≥0.64

续表

型号	工作条件		性能参数			
	电机功率/kW	潜水深度* /m	进气量/(m^3/h)	充氧能力/(kg O_2/h)	气泡作用直径/m	动力效率/[kg O_2/(kW·h)]
QXB1.5-32	1.5	2.7	≥18	≥0.96	≥3.5	≥0.64
QXB2.2-50	2.2	3.2	≥28.5	≥1.5	≥4.8	≥0.68
QXB3-50	3		≥39	≥2.06	≥5.5	≥0.68
QXB4-50	4	3.6	≥53	≥2.8	≥6.5	≥0.7
QXB5.5-65	5.5		≥72	≥3.85	≥8.0	≥0.7
QXB7.5-65	7.5	4.0	≥102	≥5.7	≥10	≥0.76
QXB11-100	11	4.2	≥178	≥9.0	≥11.0	≥0.82
QXB15-100	15	4.5	≥248	≥12.4	≥12.0	≥0.83
QXB18.5-100	18.5	4.5	≥350	≥15.7	≥12.5	≥0.85
QXB22-100	22	4.5	≥430	≥18.7	≥13.5	≥0.85
QXB30-150	30	4.5	≥510	≥24.6	≥14.5	≥0.82
QXB37-150	37	4.5	≥570	≥26.6	≥15.0	≥0.72
QXB45-150	45	4.5	≥630	≥31.0	≥15.5	≥0.69
QXB55-150	55	4.5	≥820	≥38.0	≥16.0	≥0.69

* 表中潜水深度为推荐最合适的试验深度。

(2)鼓风式(压力供气)潜水离心曝气机

鼓风式(压力供气)潜水离心曝气机(Submersible aerator mixer)由潜水电动机、减速机构、进气室、叶轮、螺混气盘、底盘、泵壳、密封件、供气管、起吊链等组成，外设鼓风机和配气管，工作原理与自吸式(负压吸气)潜水离心曝气机大同小异，适用于潜水深度范围为5～20m。根据《潜水曝气机》(GB/T 27872)、环境保护产品技术要求《环境保护产品技术要求　鼓风式潜水曝气机》(HJ/T 260)等相关规定，QSB系列鼓风式(压力供气)潜水曝气机的性能参数如表3-2-7所示。

表3-2-7　QSB系列鼓风式(压力供气)潜水离心曝气机的性能参数

型号	工作条件		性能参数		
	电机功率/kW	潜水深度/m	进气量/(m^3/h)	充氧能力/(kg O_2/h)	动力效率/[kg O_2/(kW·h)]
QSB5.5	5.5	5～20	≥480	≥35	≥1.52
QSB7.5	7.5	5～20	≥900	≥58	≥1.52
QSB11	11	5～20	≥1080	≥74	≥1.52
QSB15	15	5～20	≥1500	≥90	≥1.52
QSB22	22	5～20	≥1800	≥115	≥1.52
QSB30	30	5～20	≥2400	≥156	≥1.52
QSB37	37	5～20	≥3000	≥198	≥1.52

较为先进的鼓风式(压力供气)潜水离心曝气机配置有同轴旋转的散气叶轮和螺旋叶轮，

为机械搅拌和气流搅拌组成的复合机械曝气设备。在散气叶轮工作区将鼓风机供给的空气破碎成许多微细气泡，再与上升的水流一起被螺旋叶轮吸入径向导流筒内进行气液完全混合。充分混合后的气液混合流从径向导流筒吐出，呈放射状强有力地向外喷出。由于叶轮的吸水、喷水、旋转作用，水流呈放射状做上、下循环运动，调动水量大，搅拌能力强，形成了一个周而复始的总体流动，使得气、液、固三相充分混合，既达到了高度充氧，又防止了活性污泥的沉淀。

3. 斜轴式螺旋推流曝气机

根据 JB/T 13745，斜轴式螺旋推流曝气机按进气方式可分为自吸式和鼓风式，按安装方式可分为固定式和漂浮式。如图 3-2-13 所示，斜轴式螺旋推流曝气机主要由主电动机、叶轮、叶轮驱动轴(主轴)、空气入口和外壳、机架等组成，斜轴式螺旋推流曝气机(鼓风式)还带有鼓风机和进气管线等。叶轮驱动轴上端与主电动机轴固定连接，下端与叶轮固定连接。叶轮结构可以为螺旋片式或桨叶式，材质可选用不锈钢或耐腐蚀合金铸件。叶轮驱动轴(主轴)尺寸较大时应选用不锈钢无缝钢管，机架应采用不锈钢材质。主电动机及鼓风机电动机的防护等级应符合 GB/T 4942.1 中 IP55 的规定，其能效等级应达到 GB 18613 中的 2 级。

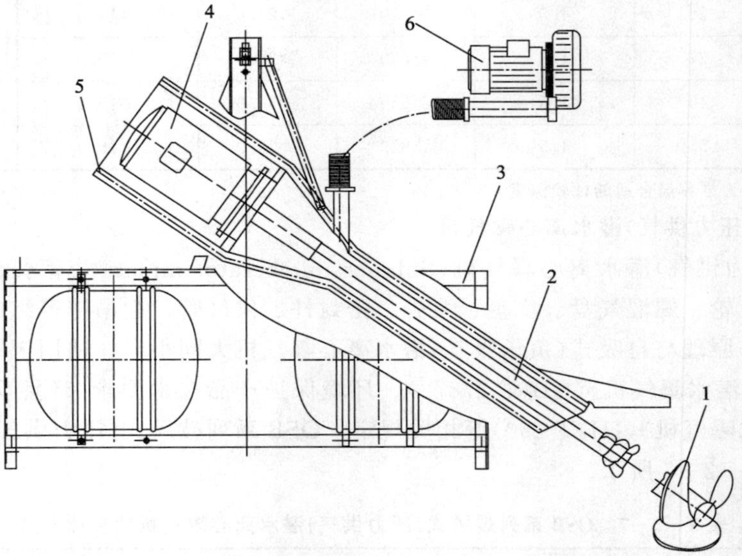

图 3-2-13 斜轴式螺旋推流曝气机(鼓风式)的结构示意图

1—叶轮；2—叶轮驱动轴；3—机架与浮筒；4—主电动机；5—外壳；6—鼓风机

工作过程中，叶轮在水下旋转推动水流的同时，将因产生负压而自动吸入的空气(自吸式)或压力送入的空气(鼓风式)剪切成微小气泡后随着水体快速扩散，取得良好的充氧、混合搅拌和推流效果，而且不会像表面曝气机那样产生水体表面的飞溅现象。斜轴式螺旋推流曝气机的浸没深度在 300～500mm 之间，可以提出水面直接维修；叶轮驱动轴(主轴)倾斜角度在 35°～55°之间，通常以 45°放置；主电动机额定功率通常在 1.5～45kW 之间，叶轮转速通常在 750～1500r/min 间调节；鼓风机的额定功率通常在 1.5～15kW 之间。斜轴式螺旋推流曝气机的动力效率应不小于 1.4kg/(kW·h)，负荷率应为 85%～95%，在 90%的额定功率下运行时所产生的噪声声压级应不大于 75dB(A)。

德国富克斯环保技术有限公司(FUCHS Enprotec GmbH)的 OxyStar® Aerator 是自吸

式螺旋推流曝气机的典型代表，国产 ZLB 系列自吸式螺旋推流曝气机的性能参数如表 3－2－8 所示，一般用于小型曝气系统，或者作为大中型氧化沟增强推流与曝气效果而增添的附属设施，动力效率为 1.9kg O_2/(kW·h)左右。

表 3－2－8　ZLB 系列斜轴式螺旋推流曝气机的性能参数

型号	电动机功率/kW	标准规格				适用水深/m	标准尺寸							质量/kg
		进气量/(m^3/min)	充氧能力/(kg O_2/h)	搅拌水量			A/mm	B/mm	C/mm	D/mm	E/mm	F/mm	H/mm	
				循环水路/m^3	矩形水池/m^3									
ZLB15	1.5	0.97	2.70	～225	～84	～2.5	1951	1576	530	420	604	446	300	65
ZLB22	2.2	1.42	3.96	～330	～123	～3.0	1951	1576	530	420	604	446	300	70
ZLB37	3.7	2.39	6.66	～555	～208	～3.5	1951	1576	530	420	604	446	300	80
ZLB55	5.5	3.56	9.90	～825	～309	～4.0	2046	1576	530	515	604	551	300	115
ZLB75	7.5	4.86	13.50	～1125	～421	～4.5	2530	1930	530	515	807	551	300	135
ZLB110	11	7.12	19.80	～1650	～618	～5.0	2530	1930	530	515	807	551	300	155
ZLBC55	5.5	2.50	9.90	～825	～309	～5.0	2046	1576	530	515	604	551	300	115
ZLBC75	7.5	3.42	13.50	～1125	～421	～5.5	2530	1930	530	515	807	551	300	135
ZLBC110	11	4.98	19.80	～1650	～618	～5.5	2530	1930	530	515	807	551	300	155
ZLBC150	15	5.84	27.00	～2250	～842	～6.0	2530	1930	630	515	707	551	400	170
ZLBC185	18.5	7.18	33.30	～2775	～1040	～6.5	2530	1935	627	515	710	591	400	220
ZLBC220	22	8.58	39.60	～3300	～1236	～7.0	2530	1935	627	515	710	591	400	230

4. 水体水质原位曝气改良技术与设备

给水工程领域，为了在水源地原位利用压缩空气增加深水水库溶解氧、抑制底泥污染物释放、破坏水体分层、控制藻类生长，国外从 20 世纪 60 年代就开始研究开发和应用同温层曝气(Hypolimnetic aeration)(又称深水曝气)、空气管混合、扬水筒混合、机械混合等技术，国内从 21 世纪初期开始自主研发扬水曝气器。同温层曝气是只向下层水体充氧，而不搅动水体、上下水层不产生混合、维持水体分层状态的一种曝气方式，国外学者在此方面研究较多。美国 Prince 湖和 Western Branch 水库采用完全提升型同温层曝气器增加下层水体溶解氧，取得了良好效果；利用部分提升型同温层曝气器给下层水体充氧，改善了底部水质。但是，同温层曝气对水体的循环范围较小，不利于充氧水体向四周扩散；只能解决局部范围的底泥污染物释放问题，不能解决富营养化问题。空气管混合是在水底水平敷设开孔的气管，通入压缩空气从孔眼释放到水中，气泡上升时将上下层水体混合。德国 Tegeler 湖和荷兰 Nieuwe Meer 湖用空气管混合上下水层，抑制了蓝藻繁殖，英国 Hanningfield 水库用空气管混合使浮游微生物下降了 66%。但空气管混合的强度较小，影响范围小，对于大范围水体存在能耗高、工程实施难度大等问题。扬水筒为一垂直安装于水中的直筒，利用压缩空气间歇性地向直筒中释放大气弹，推动下层水体向上流动，使上下层水体循环混合，达到破坏水体分层、控制藻类生长的目的。韩国 Daechung 湖采用扬水筒混合水体，控制湖泊浮游植物的生长。虽然扬水筒混合的脉动性强，破坏水体分层时影响范围大，但其本身基本不具备直接充氧功能。

扬水曝气技术在扬水筒技术基础上通过结构改进和优化而来，既具备扬水筒的功能，又结合了深水曝气向底层水体直接充氧的功能，具有混合上下水层、给下层水体充氧、抑制底泥污染物释放、迫使藻类向下层无光区迁移而抑制其生长甚至死亡等作用。扬水曝气系统由扬水曝气器、空气压缩系统和供气管路组成，扬水曝气器由上升筒、水密舱、曝气室、气室、回流室、微孔曝气器、进气管和锚固墩等组成，内部结构如图 3-2-14 所示，扬水曝气器在水密舱浮力的作用下竖直悬浮于水中，并通过锚固链固定在沉于水体底部的混凝土锚固礅上，上升筒上端接近水面，下端接近水体底部。系统运行时压缩空气先被送至扬水曝气器底部的进气管，经由气体释放器释放出来，在上升至曝气室的过程中给下层水体充氧；未溶解的残余气体会逐渐在气室累积，当气室内气体收集满后，气室内气体会迅速进入扬水曝气器的中间上升筒，形成大型气弹推动筒内水流向上流动，携带水体底层水上升至表层促使水体混合；曝气室内充氧后的水体会通过回流室直接回到底层水体，从而实现给下层水体直接充氧的功能。客观而言，虽然扬水曝气技术与设备目前取得了一定成效，但仍有较大提升空间。

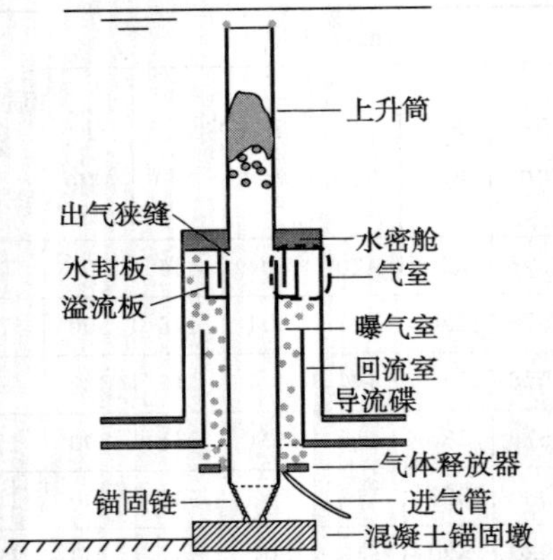

图 3-2-14 扬水曝气器的结构示意图

此外，Richard E. Speece 博士发明的锥式溶氧器或氧锥(Speece Cone)及相关改进近些年来受到了高度关注，美国 ECO Oxygen Technologies 公司、美国 Pentair AES 等为典型生产厂商。ECO Oxygen Technologies 公司的 ECO2 超饱和增氧(SuperOxygenation)系统问世 30 年来，除水产养殖行业外，还在多个水体污染治理或水质工程领域得到工程应用。

四、鼓风曝气系统的相关设计和测试

曝气系统的设计内容包括曝气池需氧量和供氧量的计算、曝气方法的选择、曝气系统的工艺设计和主要设备选型等。

1. 需氧量和供气量的计算

曝气的过程主要涉及需氧和供氧、供氧和供气、实际条件下的供氧与标准情况下的供氧这三个关键环节。

“需氧”就是混合液中的好氧微生物需要消耗氧(溶解氧)对污染物进行转化或降解，外界供氧速率显然应该与微生物的好氧速率保持平衡。“供氧”就是设法将空气(甚至是纯氧)以气泡的形式带入曝气池，使氧气溶解到混合液中，成为好氧微生物可以直接利用的溶解氧，因此供氧量应等于混合液的需氧量。标准状态(20℃、1atm)下氧在清水中的转移速率 R_0 可按下式计算

$$R_0=\frac{dC}{dt}=K_{La(20)}(C_{S(20)}-C_L)=K_{La(20)}C_{S(20)} \tag{3-2-10}$$

式中 C_L——标准状态下清水中实际含有的溶解氧浓度，mg/L，对于脱氧清水 $C_L=0$；

$C_{S(20)}$——标准状态下清水中溶解氧的饱和浓度，mg/L；

R_0——标准状态下氧在清水中的转移速率，一般为 kg O_2/(m^3 · h)。

K_{La}——氧的总转移系数，h^{-1}；

工程实际中通常采用空气作为氧气的来源，因此还需要计算出为了达到供氧要求(供氧

量），应该供多少空气(供气量)。另一方面，市场上曝气设备的性能指标往往都在同一个标准条件(20℃、1atm、脱氧后的清水)下进行测定，如果要保证曝气设备能在实际面临的条件下达标，就需要进行“实际条件”向“标准条件”的转换，即需要考虑当地的大气压、曝气设备安装水深、实际水温、污水水质等外部条件。由于实际状态与标准状态对于气泡中氧气向水中的传递或溶解，有着很大的差别，因此需要重点针对水质、水温、气压引入相应的修正系数。

温度为 T℃条件下的实际氧转移速率 R 应等于混合液中微生物的需氧速率 R_r

$$R=\frac{\mathrm{d}C}{\mathrm{d}t}\alpha K_{La(20)}\cdot 1.024^{(T-20)}(\beta\cdot\rho\cdot C_{Sb(T)}-C_L)=R_r \tag{3-2-11}$$

$$C_{Sb(T)}=C_{S(T)}\left(\frac{p_d}{2.026\times10^5}+\frac{\varphi_0}{42}\right) \tag{3-2-12}$$

式中 $C_{Sb(T)}$——曝气池内混合液在大气压力下、实际温度 T℃时溶解氧饱和浓度的平均值，mg/L；

$C_{S(T)}$——在大气压力下、实际温度 T℃时溶解氧的饱和浓度，mg/L。

T、α、β、ρ、φ_0、p_d 的物理意义同前。修正系数 α、β 值均可通过混合液、清水的曝气充氧试验予以确定，则标准状态下的氧转移速率 R_0 与温度为 T℃条件下的实际氧转移速率 R 之比为

$$\frac{R_0}{R}=\frac{C_{S(20)}}{\alpha[\beta\cdot\rho\cdot C_{Sb(T)}-C_L]\times1.024^{(T-20)}} \tag{3-2-13}$$

这样，如果已经计算确定了实际的需氧量或供氧速率，或者氧转移速率 R，就可以计算出标准条件下的供氧速率 R_0，以 R_0 为基准进行设计选购。通常取 $R_0/R=1.33\sim1.61$，多出来的余量用以充分保证日常运行过程中的供氧要求。

为了正确选择风机，还需要在所得标准供氧速率 R_0 的基础上，计算出具体的供气量，这就涉及氧转移效率 E_A

$$E_A=\frac{V_{R_0}}{O_c}\times100\%=\frac{V_{R_0}}{G_S\times0.21\times1.43}\times100\%=\frac{V_{R_0}}{0.3G_S}\times100\% \tag{3-2-14}$$

式中 O_c——供氧量，kg/h；

G_S——供气量，m^3/h；

0.21——氧在空气中所占的比例；

1.43——氧的密度，kg/m^3。

为此，根据式(3-2-14)有

$$R_0=\frac{R_{C_{S(20)}}}{\alpha[\beta\cdot\rho\cdot C_{Sb(T)}-C_L]\times1.024^{(T-20)}} \tag{3-2-15}$$

混合液中溶解氧的浓度 C_L，一般按 2mg/L 计算。各种水下曝气设备在标准状态下的 E_A 值可以由厂商通过脱氧清水的曝气试验测定提供，因此供气量 G_S 可以通过上式确定为

$$G_S=\frac{V_{R_0}}{0.3E_A}\times100\% \tag{3-2-16}$$

2. 鼓风曝气系统的设计

(1)水下曝气设备的选择及其布置

本节所介绍的水下曝气器、鼓风式潜水射流曝气机、鼓风式潜水离心曝气机、斜轴式螺旋推流曝气机(鼓风式)等水下曝气设备，都涉及鼓风机的选择和相应供气管路的设计。考虑

到基于水下曝气器的鼓风曝气系统相对较为复杂，因此下面予以重点介绍。

从氧传递的角度来看，微/细气泡型水下曝气器优于粗/大、中/小气泡型水下曝气器。水下曝气器的池底格形布置优于使水流呈螺旋状前进的池侧单壁布置，推流式优于多点进水式。

(2)空气管的布置与管径计算

首先根据曝气池的实际情况进行空气管的布置。以三廊道式曝气池为例，可以采用图 3-2-15 所示的空气管布置方式，在两个相邻廊道设置一条配气干管，共设三条，每条干管设若干对竖管(支管)。

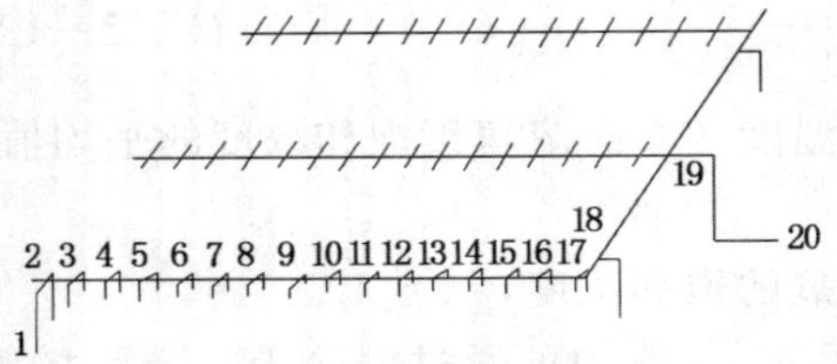

图 3-2-15　空气管的布置与管径计算草图

空气干管的经济流速宜采用 10～15m/s，通向水下曝气器支管的经济流速可取 4～5m/s，根据经济流速和所通过的空气量即可初步确定管径。在借鉴参考同类工程或调研对比相关厂家水下曝气器充氧能力、氧利用率或氧转移效率、动力效率等技术指标的基础上，选择确定合适规格型号的水下曝气器。水下曝气器个数可根据厂家所提供的单个有效服务面积值来计算，也可根据单个曝气器的充氧能力值(kg O_2/h)来计算，最终合理确定布置个数。鼓风曝气系统的总压力损失为空气管道系统的压力损失与所有水下曝气器的压力损失之和，其中空气管道系统的压力损失包括沿程阻力损失(h_1)和局部阻力损失(h_2)两项，相关计算方法可参见本书§7.5。水下曝气器在使用过程中容易堵塞，故在设计中规定空气通过水下曝气器的阻力损失一般为 4.9～9.8kPa，更为合理的做法是依据水下曝气器生产厂家提供的阻力损失值。

(3)鼓风机的选型

供气量在前述计算中已经得出，空气压力 p(即风压)则可按下式估算，

$$p = p_{atm} + 980 \times H \ (\mathrm{Pa}) \qquad (3-2-17)$$

式中　p_{atm}——大气压，$p_{atm}=1.013\times10^5$ Pa；

H——水下曝气器距水面深度，m。

以计算得到的供气量和风压为基本依据，同时参考对照前述计算得到的鼓风曝气系统总压力损失，在此基础上综合考虑能耗、噪声及价格等因素进行鼓风机的选型，同时视情况不同设置空气过滤器和空气预热器。必须指出的是，虽然鼓风曝气系统刚投入运行时压力一般都能保持在设计范围内，但随着使用时间的推移，由于水下曝气器的堵塞或损坏、管道阀门的锈蚀，大量污泥流入管道并沉积，会使管道流通面积减小，从而使得系统阻力大幅增加。因此为了适应负荷的变化，使运行具有灵活性，鼓风机的工作台数一般应不少于 2 台，总台数不宜少于 3 台。

3. 曝气设备的性能测试

曝气设备的性能测试可以由设备生产厂家在特定清水池中进行，也可以在曝气池竣工后用清水进行，还可以在曝气池投产运行后进行，旨在验证设备是否符合设计要求。

清水中测试最通用的方法是用还原剂亚硫酸钠消毒，为了加快消氧过程可用氯化钴作为催化剂。当溶解氧的浓度逐渐趋于零后，启动曝气设备，水中的溶解氧会逐渐上升，按一定的时间间隔用溶氧仪测定溶解氧浓度，得到一系列溶解氧浓度随时间变化的数据，最后根据

这些数据计算氧总转移系数和充氧能力。

运行条件下的测定可分为非稳定状态和稳定状态，前者混合液中的溶解氧随时间变化，而后者混合液中的溶解氧不随时间而变化。

五、潜水推流式搅拌设备

潜水推流式搅拌设备扩展了污水处理工艺设计的空间，并为一些新工艺的开发提供了条件。目前潜水推流式搅拌设备在污水处理领域主要有搅拌、混合、推流功能，且应有防缠绕功能。例如，在污水生化处理的厌氧池、缺氧池以及氧化沟、SBR 反应池等构筑物中，采用潜水推流式搅拌设备提供必要的循环流速，保持池内混合液呈悬浮状态，高效节能；在许多受污染水体和污水处理用深度处理塘中，往往会遇到因水深较大、水流滞缓、水体表面覆氧不能保证深水区溶氧要求等问题，采用潜水推流式搅拌设备可以为深水区复氧，改善水体水质。根据工作转速的高低，潜水推流式搅拌设备可以分为低速潜水推流式搅拌机和高速潜水推流式搅拌机两大类。

1. 低速潜水推流式搅拌机

低速潜水推流式搅拌机的典型结构如图 3－2－16 所示，采用潜水电动机与全密封减速器(如摆线针轮减速器)直联，驱动大直径两叶式推流叶轮匀速旋转，除了推流和创建水流的作用外，还兼具有搅拌功能。叶轮由聚氨脂材料、玻璃钢和铝合金材料铸成，强度高，耐腐蚀性强。QJT 系列低速潜水推流式搅拌机的主要性能参数如表 3－2－9 所示。

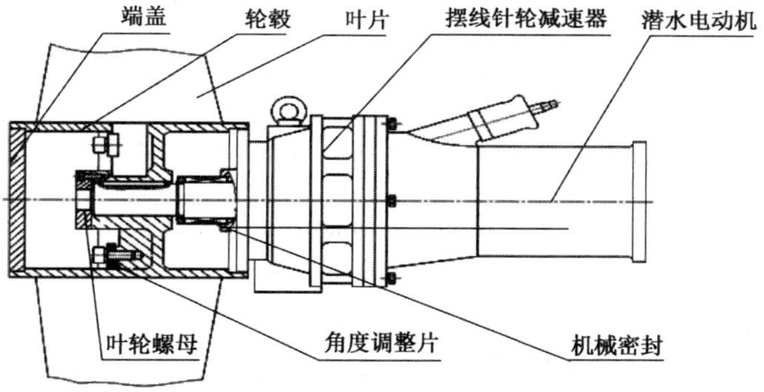

图 3－2－16　典型低速潜水推流式搅拌机的结构示意图

表 3－2－9　QJT 系列低速潜水推流式搅拌机的主要性能参数

型号	电机功率/kW	额定电流/A	叶轮转速/(r/min)	叶轮直径/mm	推力/N
QJT030－1100	3.0	7.4	115	1100	2410
QJT022－1400	2.2	4.9	42	1400	954
QJT030－1400	3.0	7.4	52	1400	1610
QJT040－1400	4.0	9.2	63	1400	2000
QJT030－1800	3.0	7.4	52	1800	2365
QJT040－1800	4.0	9.2	63	1800	2750
QJT030－2100	3.0	7.4	35	2100	1459
QJT040－2100	4.0	9.2	52	2100	1942
QJT055－2100	5.5	12.5	63	2100	2590

续表

型号	电机功率/kW	额定电流/A	叶轮转速/(r/min)	叶轮直径/mm	推力/N
QJT040－2500	4.0	9.2	42	2500	2850
QJT055－2500	5.5	12.5	52	2500	3090
QJT075－2500	7.5	15	63	2500	4275

2. 高速潜水推流式搅拌机

如图 3－2－17 所示，典型的高速潜水推流式搅拌机主要由潜水电动机、减速器、叶轮、导流罩、电控和监测系统等组成，多采用三叶后掠式叶轮。可以安装在一个简易的垂直导轨系统上，在 20m 深度范围内都可以任意上下升降或者转向，垂直导轨系统有靠墙式和桥梁式两种安装方式。

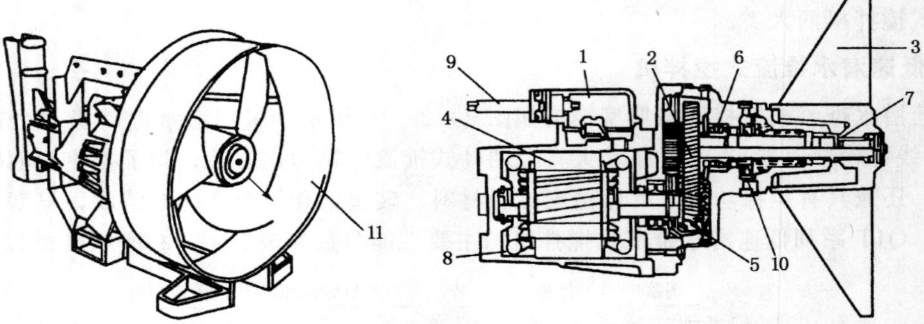

图 3－2－17　高速潜水推流式搅拌机的外形和结构示意图

1—接线盒；2—齿轮；3—叶轮；4—潜水电动机；5—油箱；6—轴承；7—轴密封；8—监测系统；9—温度继电器；10—渗水传感器；11—导流罩

国外的代表性产品有丹麦 Lind Jensens Maskinfabrik A/S 公司的 OMPG 系列、美国 Xylem(赛莱默)公司的 ITT－FLYGT(飞力)系列、瑞士苏尔寿(Sulzer)公司的 ABS RW 系列等，德国 ABS(艾博斯)泵业 2011 年 11 月被瑞士苏尔寿(Sulzer)收购。国内的代表性产品有 GQT 系列、QJB 系列、MS 系列等，其中 QJB 系列高速潜水推流式搅拌机的主要技术参数如表 3－2－10 所示。

表 3－2－10　QJB 系列高速潜水推流式搅拌机的主要技术参数

型号	电机功率/kW	额定电流/A	叶轮转速/(r/min)	叶轮直径/mm	推力/N
QJB008－260	0.85	3.1	710	260	156
QJB015－260	1.5	4.0	980	260	219
QJB022－320	2.2	7.9	740	320	582
QJB040－320	4	10.3	980	320	609
QJB025－400	2.5	8.6	740	400	800
QJB030－400	3	9.5	740	400	920
QJB040－400	4.0	12	980	400	1200
QJB040－615	4.0	14	480	615	1100
QJB055－615	5.5	18.4	480	615	1800

续表

型号	电机功率/kW	额定电流/A	叶轮转速/(r/min)	叶轮直径/mm	推力/N
QJB075－615	7.5	27	480	615	2600
QJB100－615	10	32	480	615	2900

3. 潜水推流式搅拌机的设计要点

潜水推流式搅拌机的结构设计要点主要包括潜水电动机、减速器、叶轮、密封、监控系统及其布置方式等。潜水深度一般不超过 20m，无故障运行时间不小于 4000h。

(1)潜水电动机

为适合水下 20m 左右水深的工作需要，一般选用高绝缘等级的标准定子和转子组件，组装到设计紧凑的壳体内。《环境保护产品技术要求　推流式潜水搅拌机》(HJ/T 279—2006)中规定，电控设备应符合 GB/T 3797 的规定，采用户外箱式防护，等级应符合 GB/T 4942.2 中 IP55 的规定。潜水电动机的机械密封性能应良好，无渗漏，防护等级应符合 GB/T 4942.2 中 IP68 级的规定，绝缘等级应符合 GB/T 12785 中 F 级的规定。可在电动机定子线圈上粘贴热敏元件，采用温度继电器作为过热元件，当定子线圈温度高达 105℃时，温度继电器常闭触点断开，切断电源中断工作，同时控制系统中指示灯亮并报警。

(2)减速器

主要由一对斜齿轮、轴承和油箱组成，采用内装式机械密封及渗水报警单元，以确保减速器可靠的密封性和安全性。驱动齿轮采用硬齿面，安装在电动机输出轴上，被动齿轮装在搅拌机主轴上，材料一般选用优质合金钢，设计寿命为 75000h。在电动机输出轴的初始端和搅拌机主轴的末尾端均设有单列向心球轴承支承，而在电动机输出轴的末尾端和搅拌机主轴的初始端则采用单列圆锥滚子轴承，以承受轴向推力，轴承设计寿命不低于 50000h。油箱除存放传动齿轮、轴承和润滑/冷却油外，在设计中采用 O 形橡胶圈将油箱分成两部分，当发生异常渗水现象时，让水先进入第一油箱，箱内水量为油量的 10％时渗水传感器接通，同时控制系统指示灯亮、蜂鸣器报警，延迟 4min 后切断电源、中断工作，确保第二油箱中的齿轮等零部件正常安全运转。

(3)叶轮

要求叶轮强度高、重量轻、耐腐蚀性强，因此叶轮多采用高强度耐腐蚀合金铝、不锈钢通过精铸或冲压成型。三叶后掠式叶轮还需考虑防止水草或异物缠绕桨叶，为了获得远流程的流场要求，可加设导流罩。可以采用船舶螺旋桨水力推进理论，对叶轮流线进行计算流体动力学(CFD)优化设计，以有效传递电动机输出的最大功率，获得最佳的水流推力。制造完毕后尚需进行静平衡校验。

搅拌机长期在水下工作，因此其中的密封很重要。静密封均采用 O 形橡胶圈，如轴承与电动机机壳、电器接线盒与电动机机壳、电器接线盒与外界介质、电动机机壳与传动齿轮；搅拌机主轴端轴的动密封采用内装单端面大弹簧非平衡型机械密封，动、静环材料为碳化钨。机械密封性能应良好，内腔应能承受 0.2MPa 的压力且历时 10min 无渗漏。

(4)布置方式与水力学性能检测

当采用多台潜水推流式搅拌机时，其平面布置方式如图 3－2－18 所示，一般要求有效工作区内的流速大于 0.3m/s。

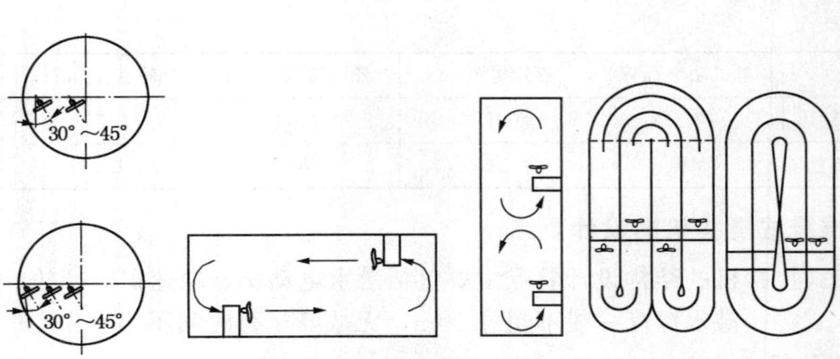

图 3-2-18　潜水推流式搅拌机的平面布置方式示意图

对设备生产厂家而言，每种规格的潜水推流式搅拌机都应进行水力学性能试验，并依据试验结果给出该规格潜水推流式搅拌机的特定流场图，进而得到对水体截面产生扰动的有效半径(简称水体截面有效扰动半径 R_y)、沿轴向对水体推动的有效距离(简称轴向有效推进距离 L_y)等性能参数。此外，《污水处理用潜水推流式搅拌机能效限定值及能效等级》(GB 37485)规定了适用于由潜水电动机直接驱动或由潜水电动机直联齿轮减速机减速驱动的潜水推流式搅拌机的能效等级、技术要求及测试方法。潜水推流式搅拌机能效等级分为 3 级，其中 1 级能效最高。潜水推流式搅拌机选用的电动机不应低于 GB 18613 规定的 2 级能效，选用的减速机应是传动效率不低于 95％的星轮减速、环齿减速、少齿差减速或平行轴齿轮传动减速装置。

§3.3　氧化沟系列工艺与表面曝气机

近几十年来，活性污泥法在净化功能方面取得了显著进展，改变了过去以去除有机污染物为主要功能的传统模式，开创了多种旨在提高充氧能力、增加混合液污泥浓度、强化活性污泥微生物代谢功能的高效处理工艺，如氧化沟、SBR 及其变型工艺、BioDopp 工艺等。从环保设备的角度来看，一种新型处理工艺的问世往往伴随着一批专用设备投向市场，活性污泥法作为近百年来城市污水处理的主体工艺更是体现了这一点。例如，单沟式氧化沟工艺推出了曝气转刷和自动调节出水堰门；Carroussel 氧化沟工艺推出了立轴式表面曝气机；Orbal 氧化沟工艺推出了水平轴式表面曝气机；SBR 工艺推出了滗水器；等等。工艺技术的先进性提供了专用设备的竞争力和市场占有率，专用设备所获得的利润又投入工艺技术的研究开发。如此良性循环，不断推动工艺创新和设备开发的同步发展。

一、氧化沟系列工艺

1920 年，英国 Sheffield 污水处理厂首次建成了采用立轴旋转桨板式曝气机充氧的沟渠形构筑物，虽然曝气效果不理想，但被认为是现代氧化沟工艺的先驱。1950 年，氧化沟(Oxidation ditch)工艺由荷兰国家应用科学研究院(The Netherlands Organization For Applied Scientific Research，TNO)卫生工程研究所首次研究成功。第一座氧化沟污水处理厂由 TNO 的帕斯维尔(A. Pasveer)博士于 1954 年在荷兰的伏肖汀(Voorschoten)建造，服务人口仅为 360 人，由于帕斯维尔博士的贡献而又被称为“帕斯维尔沟”。“帕斯维尔沟”间歇流运行，白天进水曝气，夜间用作沉淀池。处理获得了极大成功，BOD_5 的去除率高达 97％，帕斯维尔博士在观察了曝气不充分的系统之后，又对氨和硝酸盐的去除进行了试验。后来，为了适应流量和有机负荷的增加，出现了连续流“帕斯维尔沟”。通过增加沉淀池，使曝气和沉淀分别在两个区域进行，可以连续进水、连续出水。但受当时曝气设备的限制，氧化沟的设计有效水深一般在1.5m以下。氧化沟技术一问世就引起了各国环保界的极大兴趣，到20世纪60年代已经遍及欧洲各地，并在大洋洲、北美和南非等地迅速得到推广应用，工艺上和构造上也有了很大的发展和改进。我国从20世纪80年代以来也较多地开展了对氧化沟工艺的研究，并在广州、昆明、上海、长沙等地设计建造了一批氧化沟工艺污水处理厂。目前，氧化沟工艺已经被广泛应用于城镇污水、工业污水(包括炼油化工、化工、造纸、印染、食品加工等行业)的处理场合。

1. 基本原理

如图3－3－1所示，原水经预处理后直接进入氧化沟，与活性污泥混合后在环形沟渠内循环流动。氧化沟工艺没有初沉池，但需另设二沉池和污泥回流设备。因为污水和活性污泥的混合液在沟渠中不断循环流动，且循环流量远远大于进水流量，故氧化沟又被称为连续循环曝气池(Closed Loop Reactor，CLR)。从本质上看，常规氧化沟工艺是传统活性污泥工艺的一种变形，所以工作原理本质上与活性污泥法相同，但运行方式不同。

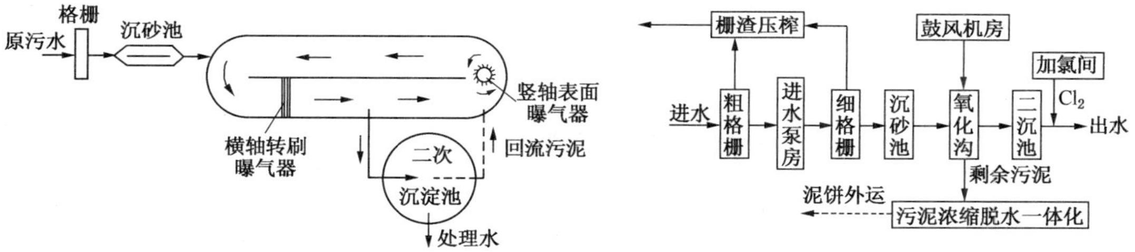

图3－3－1　常规氧化沟系统的工艺流程和平面示意图

常规氧化沟工艺综合了完全混合式和推流式的优点：首先，污水一经进入池中，立即与池内的混合液完全混合，经数十甚至数百圈的循环后，各点的污染物浓度基本一致，这是氧化沟工艺抗冲击负荷能力强的主要因素；其次，单从循环一圈来看，氧化沟又具有推流的特征，因为污水在沟中要循环多圈，不像完全混合式那样容易发生短路。由于污水在沟渠内循环多圈，决定了水力停留时间和曝气时间充分延长，从而具有有机污染物负荷低、污泥龄长的特点，属于延时曝气法。在这样的条件下运行，不仅出水水质好，而且污泥在氧化沟中得以充分稳定，不需要再进行厌氧消化处理。此外，氧化沟中产生交替循环的好氧区和缺氧区，能够在不外加碳源的情况下，实现有机物和总氮的去除。

2. 氧化沟脱氮除磷工艺

由于在传统单沟式氧化沟中，好氧区与缺氧区的体积和溶解氧浓度很难准确控制，因此虽能脱氮但效果有限，对除磷则几乎不起作用。另外，在传统单沟式氧化沟的“好氧-缺氧-好氧”短暂频繁变化环境中，硝化菌群和反硝化菌群并非总是处于最佳的生长代谢环境中，由此也影响了单位体积构筑物的处理能力。

20世纪后50年，随着新型氧化沟的不断出现，氧化沟技术已经远远超出了早先的实践范围，其特有的技术经济优势与脱氮除磷的客观需要相结合已成为一种必然。卡鲁塞尔氧化沟(Carroussel Areation Basin)及其改进型、奥贝尔(Orbal)氧化沟、PI型氧化沟、一体化氧化沟等都具有一定的脱氮除磷能力，从运行方式上则可分为连续工作式、交替工作式和半交替工作式三大类。

(1)Carrousel 氧化沟

Carrousel 氧化沟又称平行多沟渠形氧化沟，由荷兰 DHV 公司（根据其创始人 Dwars, Heederik and Verhey 命名，2013 年与 Royal Haskoning 合并后更名为 Royal Haskoning-DHV）于 1967 年研制开发。目的是满足在较深的沟渠中使混合液充分混合，并能维持较高的传氧效率，以克服小型氧化沟沟深较浅、混合效果差等缺陷。在数十年的发展历程中，出现了 Carrousel 1000、Carrousel 2000、Carrousel 3000、AB－Carrousel、MBR－Carrousel 等变型工艺。

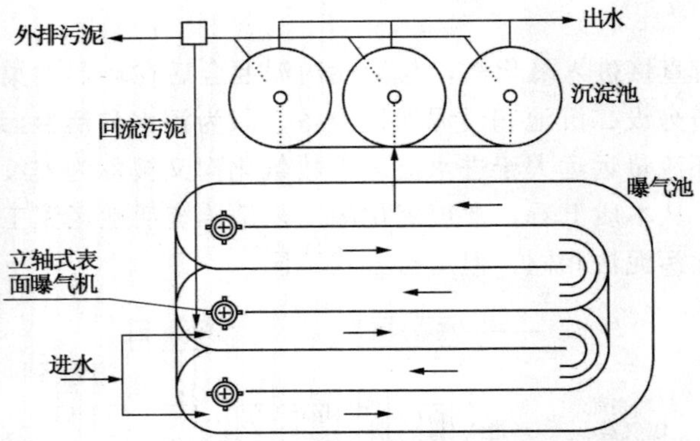

图 3－3－2　Carroussel 氧化沟系统的工艺流程示意图

①普通 Carrousel 氧化沟。如图 3－3－2 所示，普通 Carrousel 氧化沟是一个多沟串联系统，沟道被一堵纵向中心隔墙分开，在中心隔墙的末端安装有立轴式表面曝气机，每组沟渠安装一个，均安装在同一端。利用表面曝气机产生的径流作动力，进水与活性污泥混合后沿箭头方向在沟内不停地循环流动，由于曝气机和中心隔墙的作用而产生了一个螺旋状水流，带来了很好的混合效果。表面曝气机使混合液中溶解氧(DO)的浓度增加到 2～3mg/L，微生物得到足够的溶解氧来去除 BOD，同时氨也被氧化成硝酸盐和亚硝酸盐。在曝气机下游，水流由曝气区的湍流状态逐渐变成平流状态，并维持流速不低于 0.3m/s，以保证活性污泥处于悬浮状态。微生物氧化过程消耗了混合液中的溶解氧，直到 DO 值降为零，从而使混合液呈缺氧状态。经过缺氧区的反硝化作用后，混合液再次进入有氧区，完成一次循环。BOD 降解是一个连续过程，硝化作用和反硝化作用发生在同一池中。

普通 Carrousel 氧化沟配套使用的立轴式表面曝气机单机功率大，具有极强的耐冲击能力和混合搅拌能力，水深可达 5m 以上，使氧化沟占地面积减少、土建费用降低。当有机负荷较低时，可以停止运行某些表面曝气机，以节约能耗。广东省中山市 1996—1997 年间在国内首次从荷兰 DHV 公司在美国的专利特许公司 Eimco Water Technologies 公司（现被美国 Ovivo 公司兼并）引进了卡鲁塞尔氧化沟的工艺设计和曝气机，这是中国第一座引进国外技术和设备的 Carrousel 氧化沟项目。该工艺的 BOD 去除率可达 95%～99%，但脱氮除磷能力有限（约 50%）。

②Carrousel 2000 氧化沟系统及其变型组合。1990 年，在普通 Carrousel 氧化沟的基础上，荷兰 DHV 公司和 Eimco Water Technologies 公司联合开发了 Carrousel® 2000 氧化沟系统，在美国市场上也称为 Carrousel® denitIR® 氧化沟系统，实现了更高要求的生物脱氮和除磷功能。如图 3－3－3 所示，该系统结构上的主要改进是在普通 Carrousel 氧化沟前增加了一个缺氧区（又称预反硝化区），预反硝化区与氧化沟可以分建，也可以合建。对于合建式而言，预反硝化区体积约为氧化沟体积的 15%，进水在缺氧条件下与一定量的混合液混合（可通过内部回流控制阀调节）；剩余部分包括有氧和缺氧区（占氧化沟体积的 85%），用

于同时进行硝化、反硝化，也用于磷的富集吸收。每座 Carrousel 2000 氧化沟系统中配有相当数量的立轴式表面曝气机，实现沟内水体的推流、混合和充氧。系统的供氧量可以通过控制沟内表面曝气机的运行台数进行调节；每座氧化沟中还装有一定数量的推进器，以保证混合液具有一定的流速，并防止污泥在进水 BOD_5 含量低的情况下发生沉淀(例如在夜间只有1～2 台表面曝气机运行)。Carrousel® denitIR® 系统的内部循环流量较大(为处理量的 6～15 倍)，利用 Excell® 立轴式表面曝气机所产生的推力即可，而不需要额外消耗能量。可以通过使用自动控制的 EliminatIR™ 堰门，而在缺氧区产生厌氧循环，以便获得除磷效果，相应的系统也被称为 Carrousel® AlternatIR™ 系统。

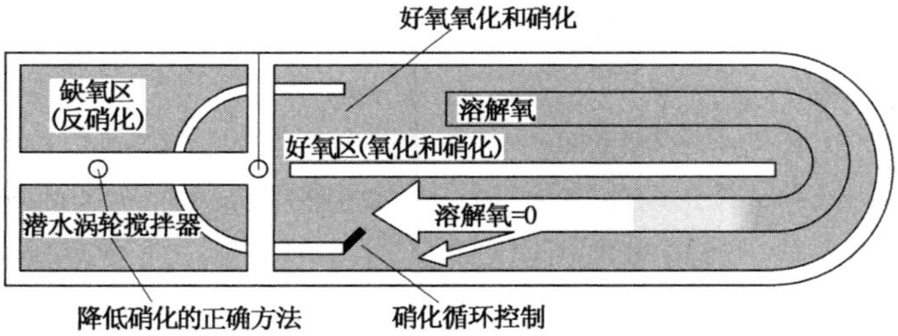

图 3-3-3　Carrousel 2000 氧化沟系统的结构示意图

Carrousel 2000 氧化沟系统的关键在于对曝气设备充氧量的控制，必须保证进入回流渠处的混合液处于缺氧状态，为反硝化创造良好环境。实际上，Carroussel 2000 氧化沟系统的脱氮除磷原理与 A^2/O 工艺一致，只是前者不需设置专门的混合液和污泥回流设备，因此比 A^2/O 工艺的运行费用略低，投资更省。从国内采用 Carrousel 2000 氧化沟系统污水处理厂的运行效果来看，BOD、COD、SS 的去除率均达到了 90%以上，TN 的去除率达到了 80%，TP 的去除率也达到了 90%。2007 年 6 月，北京市顺义区的 Carrousel 2000 氧化沟系统投入运行，污水处理量 $80000m^3/d$，荷兰 DHV 公司提供了工艺设计、设备供货、安装调试以及人员培训。

在 Carrousel 2000 氧化沟系统的基础上增加前置厌氧区，可以达到脱氮除磷的目的，被称为 Carrousel® A^2C™ 系统(如图 3-3-4 所示)。该系统将 A^2/O 工艺与氧化沟工艺结合在一起，利用氧化沟原有的渠道流速实现硝化液的高回流比，无需任何回流提升动力，达到了同时脱氮除磷之目的。

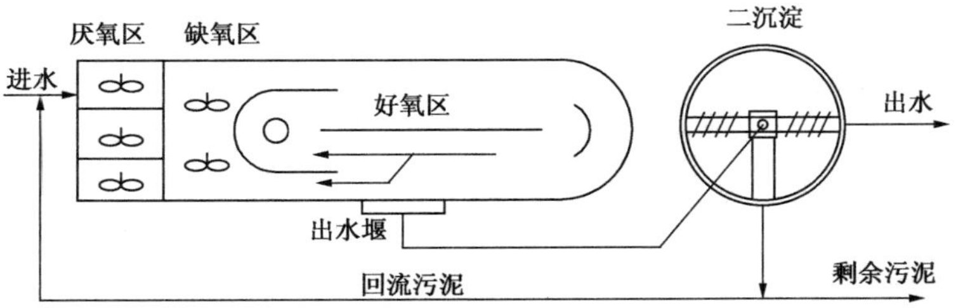

图 3-3-4　Carrousel® A^2C™ 氧化沟系统的工艺流程示意图

在 Carrousel 2000 氧化沟系统的下游增加第二缺氧池及再曝气池，就构成了四阶段 Carrousel-Bardenpho 系统，能够实现更高程度的脱氮。在 Carrousel® A^2C™ 氧化沟系统的下游增加第二缺氧池及再曝气池，就构成了五阶段 Carrousel-Bardenpho 系统(如图 3-3-5 所示)，大大提高了脱氮除磷的效果。

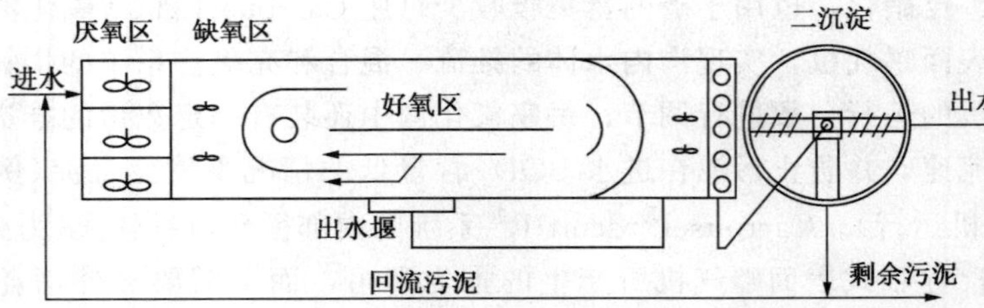

图 3-3-5　五阶段 Carrousel-Bardenpho 系统的工艺流程图

③Carrousel 3000 氧化沟系统。1997 年，荷兰 DHV 公司开发出了 Carrousel 3000 氧化沟系统，使得氧化沟往深度方向发展。1998 年开发出了 Carrousel 1000 氧化沟系统，使得氧化沟的造价更加低廉。

在 Carrousel 2000 氧化沟系统前加上一个生物选择区，就构成了 Carrousel 3000 氧化沟系统(也称为 Deep Carrousel)。该生物选择区是利用高有机负荷筛选菌种，抑制丝状菌的增长，提高污染物的去除率，其后的工艺原理同 Carrousel 2000 氧化沟系统。Carrousel 3000 氧化沟系统的较大提升表现在：a)增加了池深，可达 7.5～8m，同心圆式池壁共用，减少了占地面积，在降低造价的同时提高了耐低温能力(可达 7℃)；b)曝气设备的巧妙设计，表面曝气机下安装导流筒(draft tube)，抽吸缺氧的混合液，采用潜水推流器解决流速问题；c)使用了先进的、多变量控制模式的曝气控制器；d)采用一体化设计，自中心开始包括以下环状连续工艺单元：进水井和用于回流活性污泥的分水器，分别由四部分组成的选择池和厌氧池，这之外是三个曝气器和一个 Carrousel 2000 氧化沟系统；e)圆形一体化设计使得氧化沟无需额外管线，即可实现回流污泥在不同工艺单元之间的分配。

(2)Orbal 氧化沟

胥司曼(Huisman)于 1970 年在南非国家水研究所设计开发了使用水平轴碟片式表面曝气机(Rotary Disc Aerator)的 Orbal 氧化沟，后来该技术转让给美国 Envirex 公司，并做了一些改进，使该系统在中高浓度城市污水处理厂中具有相当明显的技术经济优势。Orbal 氧化沟是由若干同心沟道组成的多沟道氧化沟系统，沟道平面呈圆形或椭圆形，故又称同心沟型氧化沟。各沟道之间相通，设有单独的二沉池。

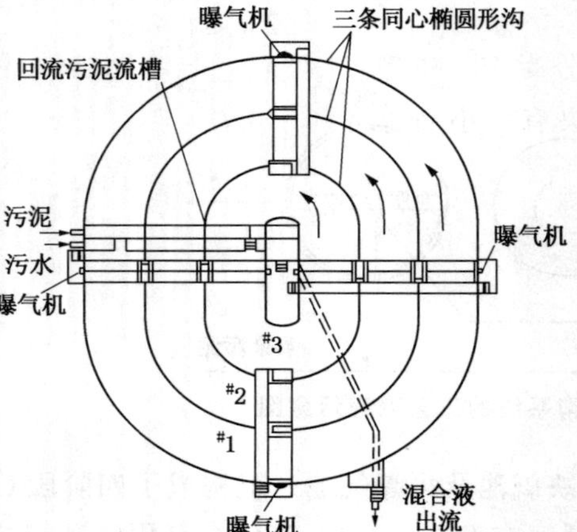

图 3-3-6　Orbal 氧化沟的结构示意图

如图 3-3-6 所示，典型的 Orbal 氧化沟通常由三个同心的沟道组成，分别为外沟、中沟和内沟(也称为 0-1-2 工艺)。沟道之间用隔墙分开，隔墙一般使用 100～150mm 厚的钢筋混凝土建造，隔墙下部设有通水窗口。各沟道宽度由工艺设计确定，一般不大于 9m；有效水深以 4～4.3m 为宜。原水和回流污泥可进入外、中、内三个沟道，通常先进入外沟道。混合液在外沟道中不断循环流动的同时，通过淹没式传输孔流入中沟，再以同样的方式流入内沟。当脱氮要求较高时，可增设内回流系统(由内沟道回流到外沟道)，以提高反硝化程度。污水在各沟道内的循环达数十至数百次，最后经中心岛的可调堰门流入单独的二沉池。Orbal 氧化沟具有如下特征：

①多沟串联圆形或椭圆形的沟道，沟道断面形状多为矩形或梯形，能够更好地利用水流惯性，减少水流短路现象，进而节省能耗。

②对于三沟同心式氧化沟而言，水深可达 3.5～4.5m。外沟容积为整个氧化沟总容积的 50%～55%，沟底流速 0.3～0.9m/s，沟内溶解氧浓度一般为 0～0.3mg/L，为碳源氧化、反硝化和磷释放创造条件，污水要在此流动 200～250 圈；中沟容积为整个氧化沟总容积的 25%～30%，溶解氧浓度为 1.0mg/L，这是内沟与外沟之间的缓冲地带，可进一步去除 BOD_5，完成一部分氨氮的硝化；内沟容积为整个氧化沟总容积的 15%～20%，溶解氧浓度为 2.0mg/L，混合液在此回流至外沟，完成反硝化作用。由于在三个沟道内形成了较大的溶解氧浓度差，故充氧率较高。

③耐冲击负荷能力强，易于适应多种进水情况和出水要求的变化，具有很强的灵活性。与传统的单沟式氧化沟相比，Orbal 氧化沟的需氧量可节省 20%～35%，从而大大降低了能耗，节约了运行成本，且操作控制简单、维护管理方便。

中国市政工程华北设计研究院对 Orbal 氧化沟系统在中国的应用情况、适应性、处理效果、工艺特性与机理等进行了全面、系统的研究，并进行了较大规模实际工程的工艺性能测试与研究工作。Orbal 氧化沟在山东潍坊污水处理厂、北京黄村污水处理厂、合肥王小郢污水处理厂、北京燕山石化牛口峪污水处理厂（60000m^3/d）、成都市天彭镇污水处理厂等得到应用。

Orbal 氧化沟的混合液悬浮固体（MLSS）浓度较高，运行中一般保持在 4～6g/L（或 kg/m^3），回流污泥必须有较高的含固率，因此对沉淀池和排泥设备有严格的要求。排泥设备必须确保足够的排泥浓度，通常需要特殊的工艺和结构设计，以保证实现 Orbal 氧化沟的整体工艺优势。

(3)PI 型氧化沟

PI 型氧化沟（Phased Isolation Ditch，PID）包括交替式和半交替式氧化沟，20 世纪 70 年代由丹麦 Krüger 公司研制开发，其中包括 V－R 型、DE 型和 T 型氧化沟，都使用水平轴转刷式表面曝气机。这三种 PI 型氧化沟脱氮除磷工艺都要求对转刷进行调速，活板门、出水堰的启闭切换频繁，对自动化要求高，转刷表面曝气机利用率低，故在经济欠发达地区受到很大限制。

①两沟交替式氧化沟。两沟交替式氧化沟又可分为 V－R 型、DE 型。如图 3－3－7 所示，V－R 型氧化沟的沟型宛如常规环形跑道，中央有一小岛，将沟道分成容积相当的 A、B 两部分，其间有单向活板门相连；通过定时改变转刷表面曝气机的旋转方向，以改变沟渠中的水流方向，使 A、B 两部分交替作为曝气区和沉淀区，因此无需设二沉池和污泥回流设备，简化流程，节省基建投资和运行费用，管理方便。

DE 型由 A、B 两个氧化沟组成，两个氧化沟相互连通、串联运行，可交替进出水、交替作为曝气池和沉淀池，同样无需设污泥回流设备。沟内转刷表面曝气机一般为双速，高速工作时曝气充氧，低速工作时只推动水流、不充氧。通过两沟内的转刷表面曝气机交替处于高速和低速运行，可使两沟交替处于好氧和缺氧状态，从而到达脱氮的目的。DE 型氧化沟硝化和反硝化的运行程序一般分为 4 个阶段，如图 3－3－8 所示，每 4 个阶段组成一个运行周期，每个周期历时 4h，具体运行程序如表 3－3－1 所示。

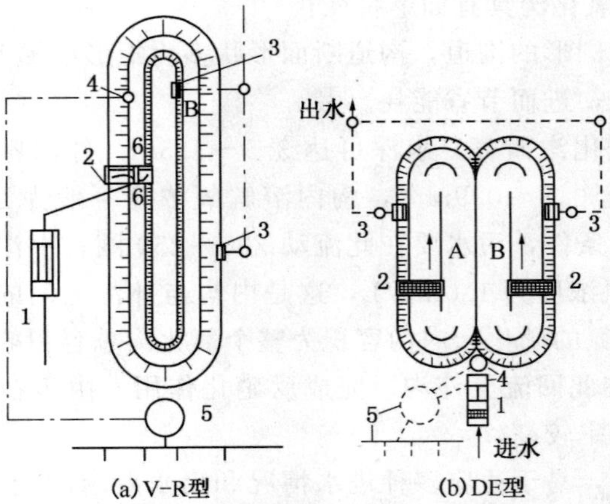

图 3-3-7 两沟交替式氧化沟的工艺流程示意图

1—沉砂池；2—转刷曝气机；3—出水堰；4—排泥管；5—污泥井；6—氧化沟

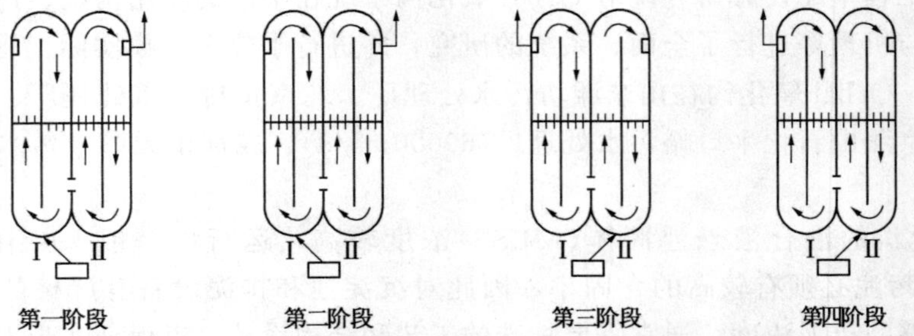

图 3-3-8 DE 型氧化沟的硝化和反硝化运行程序示意图

表 3-3-1 DE 型氧化沟的硝化和反硝化运行程序

沟号	阶段	1	2	3	4
	历时	1.5h	0.5h	1.5h	0.5h
沟Ⅰ	转刷状态	低速	高速	高速	高速
	出水堰	关	关	开	开
	是否进水	进	进	不进	不进
	工作状态	缺氧	好氧	好氧	好氧
沟Ⅱ	转刷状态	高速	高速	低速	低速
	出水堰	开	开	关	关
	是否进水	不进	不进	进	进
	工作状态	好氧	好氧	缺氧	好氧

交替式氧化沟主要是去除 BOD，缺点是转刷表面曝气机的利用率较低，仅为 37.5%。

②三沟交替式氧化沟。为了克服 DE 型系统的缺点，提高设备充氧利用率，Krüger 公司又开发了三沟交替式氧化沟(Triple Ditch，T-Ditch)。如图 3-3-9、图 3-3-10 所示，三沟交替式氧化沟由三个单沟平排组建在一起作为一个单元运行，两侧的 A、C 两沟交替作为曝气池和沉淀池，在缺氧、好氧和沉淀状态下交替工作；中间的 B 沟则一直充作曝气池，维持好氧状态。三沟互相串联，进水交替地引入两侧沟，而出水则相对应地从两侧沟引出，

从而省去了二沉池、污泥回流和混合液回流系统。整个系统提高了转刷表面曝气机的利用率（达到 58%），在取得良好 BOD 去除效果的同时，还具有生物脱氮功能。

三沟交替式氧化沟的脱氮通过双速电动机来实现，转刷表面曝气机能起到混合和曝气充氧的双重功能。当处于反硝化时，转刷以低转速运转，仅仅保持池中污泥悬浮，而池内处于缺氧状态。好氧和缺氧阶段，完全可由转刷转速的改变进行自控。三沟交替式氧化沟的运行方式如表 3－3－2 所示。

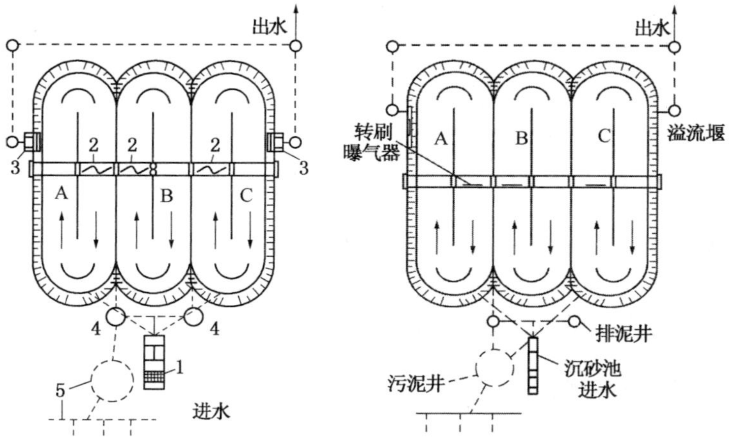

图 3－3－9　三沟交替式氧化沟的工艺流程示意图

1—沉砂池；2—曝气转刷；3—出水溢流堰；4—排泥管；5—污泥井

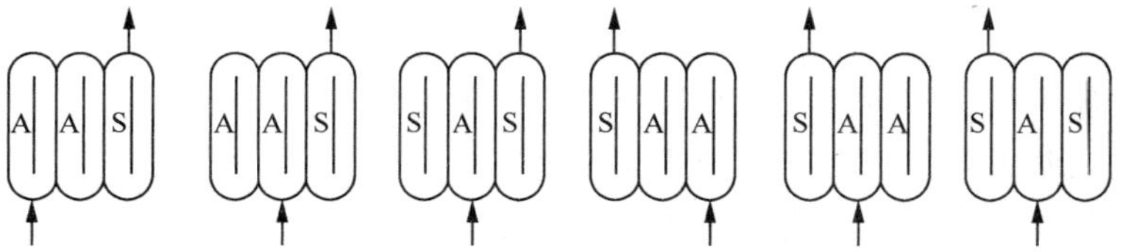

阶段	A	B	C	D	E	F
时间/h	2.5	0.5	1.0	2.5	0.5	1.0

图 3－3－10　三沟交替式氧化沟的运行方式

A—曝气，S—沉淀

表 3－3－2　三沟交替式氧化沟生物脱氮运行方式列表

运行分阶段	A			B			C			D			E			F		
沟别	Ⅰ沟	Ⅱ沟	Ⅲ沟	Ⅰ沟	Ⅱ沟	Ⅲ沟	Ⅰ沟	Ⅱ沟	Ⅲ沟	Ⅰ沟	Ⅱ沟	Ⅲ沟	Ⅰ沟	Ⅱ沟	Ⅲ沟	Ⅰ沟	Ⅱ沟	Ⅲ沟
各沟状态	反硝化	硝化	沉淀	硝化	硝化	沉淀	沉淀	硝化	沉淀	沉淀	硝化	硝化	沉淀	硝化	硝化	沉淀	硝化	沉淀
延续时间/h	2.5			0.5			1.0			2.5			0.5			1.0		

常规交替式氧化沟仅脱氮效果良好，但随着各国对污水处理厂出水氮、磷含量的要求越来越严，丹麦 Krüger 公司与 Denmark 技术学院合作开发了功能加强的 PI 型氧化沟，称为 BioDenitro 和 BioDenipho 工艺，这两种工艺都是根据 A/O 和 A^2/O 生物脱氮除磷原理，在氧化沟前设置相应的厌氧区或构筑物，或通过改变运行方式，创造缺氧/好氧、厌氧/缺氧/好氧的工艺环境，达到生物脱氮除磷的目的，其中 BioDenitro 工艺的运行方式如图 3－3－11

所示。西安市北石桥污水净化中心采用具有脱氮除磷的 DE 型氧化沟系统(前加厌氧池),一期工程处理能力为 15 万 m^3/d,对各阶段处理效果的实测结果表明,COD、TN、TP 的总去除效率分别达到 87.5%～91.6%、63.6%～66.9%、85.0%～93.4%,出水 TN 为 9.0～10.1mg/L、TP 为 0.42～0.45mg/L。

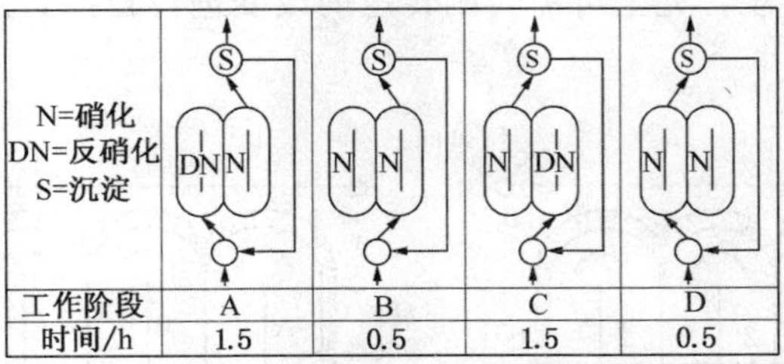

图 3-3-11　Bio-Denitro 工艺的运行方式示意图

此外,美国 WesTech Engineering 公司 21 世纪初期开发了 OxyStream^{TM} 氧化沟系统,核心设备是荷兰 Landustrie 公司的新一代低速表面曝气机(LANDY-7)。由于 LANDY 系列低速表面曝气机具有更高的动力效率,因此该氧化沟系统具有更好的脱氮除磷效果。

二、立轴式表面曝气机

曝气设备对氧化沟的处理效率、运行能耗和稳定性有重要影响,其作用主要表现在以下四个方面:向水中供氧;推进水流前进,使水流在池内作循环流动;保证沟内活性污泥处于悬浮状态;使氧、有机物、微生物充分混合。针对以上几个要求,曝气设备一直在不断改进和完善。目前多数氧化沟工艺都采用表面曝气机,与水下曝气器曝气相比,表面曝气机曝气不需要修建鼓风机房及设置大量布气管道和水下曝气器,设施简单、集中,具体可分为立轴式和水平轴式两大类。因为水平轴式表面曝气机与水平面呈垂直旋转工作,而且在氧化沟中呈接力式安装运行,与立轴式表面曝气机相比,其推流功能略占优势,曾在一段时间内得到了较为广泛的应用,但其在相同能耗条件下的曝气充氧能力较低。

20 世纪 60 年代末,荷兰 DHV 公司率先开发了立轴式表面曝气机,将其安装在氧化沟中心隔墙的末端。利用产生的径流作动力来推动沟渠中的液体,形成靠近曝气机下游的富氧区和曝气机上游及外环的缺氧区。除此之外,立轴式表面曝气机还被用于圆形完全混合式曝气池、纯氧曝气池、SBR 反应池、好氧曝气塘以及兼性曝气塘等场合。立轴式表面曝气机有很多规格类型,其机械传动结构大致相同,主要区别在于曝气叶轮的结构形式上,有倒伞型叶轮(D)、泵型叶轮(B)、皇冠型叶轮(H)、平板型叶轮(P)、其他型(Q)等。

1. 倒伞型叶轮表面曝气机

倒伞型(Cone-shape)叶轮表面曝气机在各种立轴式表面曝气机械中应用较多,早期 Carrousel 氧化沟两端圆环隔墙末端安装的就是小功率倒伞型叶轮表面曝气机,当时所需功率不超过 45kW。随着污水处理量的不断增加,20 世纪 80 年代末期以来,小直径高转速叶轮开始向大直径低转速叶轮发展,匹配功率也从 45kW 提高到 160kW。从倒伞型叶轮表面曝气机的研发历程来看,荷兰 DHV 公司持有自家品牌的专用曝气叶轮,如较早的 Oxyrator 和后来的 Oxyrator Star,配套德国弗兰德(FLENDER)减速器,美国 Eimco Water Technologies 公司(现已被美国 Ovivo 公司兼并)作为荷兰 DHV 公司在北美的特许授权公司,也使用 Oxyrator 倒伞型叶轮表面曝气机。与此同时，DHV 公司还测试和认证过其他几种倒伞型叶轮表面曝气机品牌：如荷兰 Landustrie 公司的 LANDY－F、荷兰 Hubert 公司 1960 年的 Simcar 和 1973 年的 Hubert－HB 等；荷兰 Spaans Babcock 公司 1970 年起开始生产 Spaans－A 倒伞型叶轮表面曝气机，1975 年对倒伞型叶轮的圆锥体锥角和叶片进行改进，推出了 Spaans－B 倒伞型叶轮表面曝气机，配套德国赛威（SEW）减速器。20 世纪 80 年代后，倒伞型叶轮的形状开始出现变异，如荷兰 Spaans Babcock 公司的 O_2Max，荷兰 Hubert 公司 1990 年研发的 Hubair 表面曝气机，声称理论动力效率达 2.0～3.2kg O_2/(kW·h)；1999 年，荷兰专业叶轮设计公司 D. ten Hove Consultancy 推出了 Astrumaer 和 Astrumaer－Pro 立轴式表面曝气机；荷兰 Landustrie 公司 2001 年研制出 LANDY－7 倒伞型叶轮表面曝气机，理论动力效率达 2.5～2.7kg O_2/(kW·h)。

目前国内外使用最多的倒伞型叶轮表面曝气机是 Oxyrator 型，其次是 Spaans－B 型，叶轮直径以 ϕ3500mm、ϕ3750mm 居多，功率有 90kW、110kW、132kW、160kW 等几种。虽然我国 20 世纪 70 年代开始引进倒伞型叶轮表面曝气机，并在 80 年代开始仿制荷兰 DHV 公司的产品，但由于自主设计研究工作不够深入，现场应用出现的共性问题为曝气充氧能力不满足设计需求，且能耗较高；又因 Orbal 氧化沟工艺的推广，国内污水处理厂纷纷倾向于使用水平轴式表面曝气机。1996—2002 年，我国建造的 16 座 Carrousel 2000 型氧化沟污水处理厂，进口使用叶轮直径 ϕ3500～3750mm、功率 90～160kW 的 Oxyrator® 倒伞型叶轮表面曝气机共 118 台。为了打破大功率倒伞型叶轮表面曝气机依靠进口的局面，原国家经贸委 1999 年启动了“大功率倒伞型表面曝气机技术开发”国家重点技术创新项目，2002 年开始自主生产 DS350、DS375 和 DS400 倒伞型叶轮表面曝气机，配套功率分别为 90kW、110kW 和 132kW；2005 年开始制订行业标准《倒伞型表面曝气机》(JB/T 10670)，目前国内存在的普遍问题是设备稳定性差。2019 年 4 月正式发布强制性国家标准《污水处理用旋转曝气机能效限定值及能效等级》(GB 37483—2019)，这是我国首批两个污水处理用环保设备能效标准之一。

(1)总体构成与分类

倒伞型叶轮表面曝气机一般由电动机、联轴器、减速器、倒伞型叶轮等组成。根据整机布置方式有固定式和浮动式两类，根据电动机输出轴的轴线位置可分为卧式安装与立式安装两类。卧式安装时电动机输出轴呈水平状，减速器输入轴线与输出轴线夹角呈 90°，采用螺旋锥齿轮、圆柱斜齿轮二级传动；卧式安装带有叶轮升降机构，通过调节手轮带动齿轮和蜗轮蜗杆二级传动，使倒伞轴套上的齿条上下移动，从而调节叶轮的浸没深度。立式安装时电动机输出轴呈竖直状，同时取消了升降机构，如图 3－3－12 所示。国内早期采用卧式安装居多，但因其占地面积大、升降机构复杂，后来很多厂家又将早期卧式安装改为立式安装。

(2)叶轮结构及工作原理

叶轮结构分为常规倒伞状叶轮、螺旋式倒伞状叶轮和直式叶片叶轮。叶轮一般采用低碳钢制造，表面涂防腐涂料，当用于腐蚀性较强的污水中时可采用耐腐蚀金属制造。叶轮在制造过程中从下料到焊接均需经过严格的质量控制，并在焊接完毕后进行平衡试验，整体平衡误差不超过±5mm。

螺旋式倒伞状叶轮的结构如图 3－3－13(a)所示，叶片数量一般为 8 个，直立在倒置浅锥体外侧的叶片，自轴伸顶端的外缘以切线方向对周边放射，其尾端均布在圆锥体边缘水平板上，并外伸一小段，与轴垂直。

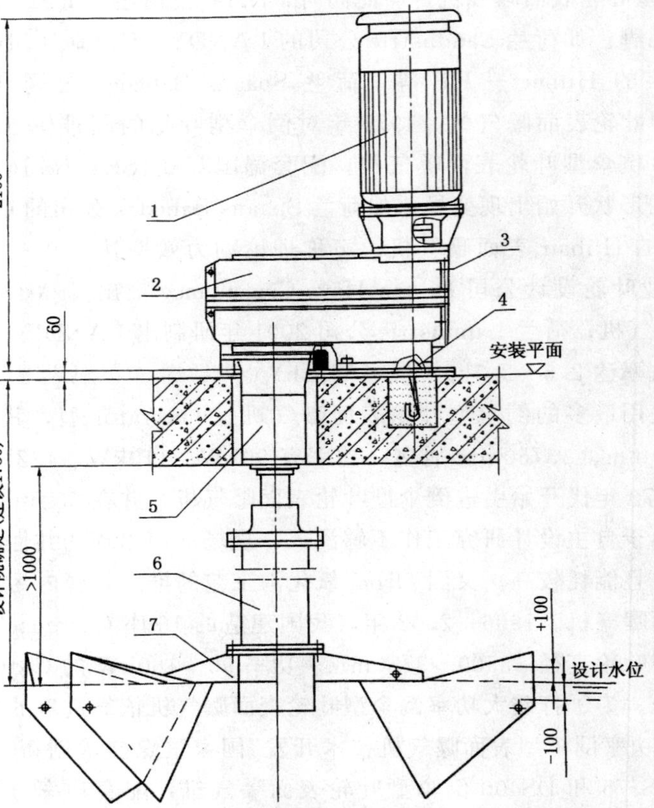

图 3-3-12　立式倒伞型叶轮表面曝气机的结构示意图

1—电动机；2—减速器；3—润滑系统；4—安装平板；5—倒伞座；6—倒伞连接轴；7—叶轮

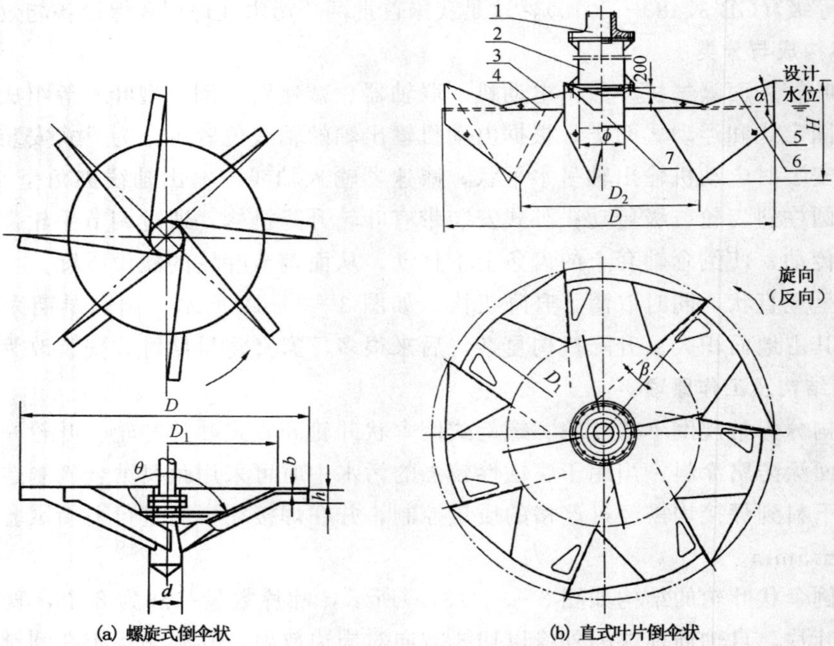

(a) 螺旋式倒伞状　　(b) 直式叶片倒伞状

图 3-3-13　两种叶轮的结构示意图

1—锥孔法兰；2—连接轴；3—筋板；4—中心板；5—叶片；6—压水板；7—叶轮轴

采用直式叶片结构是倒伞型叶轮表面曝气机的发展趋势，原来沿着倒伞面分布的叶片被挤到边缘，成为边缘叶片(rim－blade)，如图 3－3－13(b)所示。7 个叶片与叶轮轴呈放射性均布，并按叶轮旋转方向呈一定的后倾角 β 与中心板连接。每个叶片和压水板构成呈 α 斜度的抛水口，根据叶轮直径与转速设定抛水口面积和斜度，调节搅起水体的流量和扬程。在每个叶片与中心板一定的位置开设气流孔，利用抛水时产生的局部负压，更多地使空气通过气流孔导入水体中。这种变化带来的直接好处是：①提高曝气动力效率 10%左右，有的甚至更高，有利于降低曝气能耗；②叶轮工作径向冲击力降低一个量级，从几十 kN 到十几 kN 甚至几 kN，有利于降低土建要求和延长减速机轴承寿命；③新型叶轮通常可在水面以下适当深度工作，有利于增加池深。荷兰 Landustrie 公司 2001 年研制出 LANDY－7 立轴式表面曝气机便是采用直式叶片结构，最大叶轮直径达 ϕ4200mm，最大功率达 200kW，动力效率由原 2.1kg O_2/(kW·h)提高到 2.5～2.7kg O_2/(kW·h)。

倒伞型叶轮按直径(mm)分为 600、1200、1650、2250、2550、2850、3000、3250、3500、3750、4000 等规格，其叶轮各部分尺寸关系如表 3－3－3 所示。国产 DSC 型倒伞型叶轮的设计关键参数为：叶轮直径 D、叶轮边缘线速度 v、叶轮高度 H 和电动机功率 N 之间的匹配，叶轮直径 D 的确定根据适用场合(如氧化沟沟宽)；根据大量实测数据表明，叶轮边缘线速度 v 在 4.2～5.3m/s 之间，叶轮边缘线速度对充氧能力至关重要；在一定功率条件下，叶轮高度 H 与叶轮边缘线速度 v 成反比。H 值越大，搅动的水体体积越大，形成的水体含氧梯度越大，利于氧的迅速传递。

表 3－3－3　倒伞型叶轮各部分尺寸关系(D 为叶轮直径，mm)

代号	D_1		d	b	h	θ	叶片数
常规型	(7/9)D		(10.75/90)D	(4.75/90)D	(4/90)D	130°	8 个
代号	D_1	D_2	H	ϕ	α	β	叶片数
DSC 型	0.90D	0.53D	0.25～0.30D	0.13D	18°～24°	7°～12°	7 个

倒伞型叶轮表面曝气机具有曝气、混合、推流三合一功能，其工作原理是：①在叶轮的强力推进作用下，水呈水幕状自叶轮边缘甩出，裹进大量空气；②由于水体上下循环，不断更新液面，污水大面积与空气接触；③叶轮旋转带动水体流动，形成负压区，吸入空气，空气中的氧气迅速溶入污水中，完成对污水的充氧作用；④强大的动力驱动，搅动大量水体流动，从而实现混合和推流作用，在氧化沟内使水体产生螺旋式推进效应。有些倒伞型叶轮上钻有吸气孔，可以提高叶轮的充气量。由于电动机负荷随叶轮转速的提高和浸没深度的增加而增大，因此选择适当的叶轮转速、确定适当的浸没深度对电动机负荷影响很大。国产 DS 系列立式倒伞型曝气机的性能参数如表 3－3－4 所示。

表 3－3－4　DS 系列立式倒伞型表面曝气机的性能参数

型　号	电机功率/kW	叶轮直径 D/mm	充氧能力/(kg O_2/h)	最大服务沟宽/m	最大服务水深/m	整机质量*/kg	动载荷/kN	适用场合
DSS325	55	3250	116	8.5	4.0	≈3800	78	立式布置，宽沟型氧化沟
DSS325	75	3250	160	8.5	4.2	≈4000	80	
DSS350	90	3500	195	9.5	4.4	≈6000	110	
DSS350	110	3500	238	9.5	4.6	≈6400	120	
DSS375	132	3750	284	10.0	4.8	≈6800	140	

续表

型　号	电机功率/kW	叶轮直径 D/mm	充氧能力/(kg O_2/h)	最大服务沟宽/m	最大服务水深/m	整机质量*/kg	动载荷/kN	适用场合
DSC240	37	2400	82	6.8	3.5	≈3400	68	立式布置，深沟型氧化沟
DSC260	45	2600	104	7.5	4.0	≈3560	71	
DSC280	55	2800	126	8.0	4.2	≈3560	71	
DSC300	75	3000	168	8.0	4.4	≈3900	78	
DSC300	90	3000	210	8.5	4.5	≈5790	110	
DSC325		3250	215	9.0	4.6	≈6100	115	
DSC300	110	3000	250	9.0	4.6	≈6400	120	
DSC325		3250	256	9.5	4.8	≈6700	125	
DSC325	132	3250	310	9.5	5.2	≈6800	132	
DSC325	160	3250	368	10.5	5.4	≈7500	150	
DSD220	37	2200	78	6.0	4.0	≈3700	68	
DSD240	45	2400	95	6.5	4.3	≈3900	78	
DSD260	55	2600	116	7.0	4.5	≈4200	85	
DSD280	75	2800	158	7.5	4.8	≈4500	90	
DSD300	90	3000	195	8.0	5.2	≈6500	120	
DSD320	110	3200	235	8.5	5.5	≈7000	140	

* 上述质量不包括电器控制柜的质量。

(3)倒伞型叶轮轴功率及吸气孔的计算

倒伞型叶轮的轴功率 $N_{轴}$ 按下式进行计算

$$N_{轴}=N_{慢}\left(\frac{n_{实}}{n_{慢}}\right)^{X}\ (\mathrm{kW}) \tag{3-3-1}$$

式中 $N_{慢}$——相对慢转速功率，$N_{慢}=0.353D^3$，kW；

$n_{实}$——叶轮实际转速，r/min；

$n_{快}$——相对快转速，$n_{快}=(873/D)^{2/3}$，r/min；

$n_{慢}$——相对慢转速，$n_{慢}=(436/D)^{2/3}$，r/min；

X——功率指数，$X=\lg N'/\lg n'$，其中 $N'=N_{快}/N_{慢}$、$n'=n_{快}/n_{慢}$；

$N_{快}$——相对快转速功率，$N_{快}=1.95D^3$，kW。

为了提高倒伞型叶轮的充氧能力，在叶轮锥体上开有一定数量的吸气孔，吸气孔布置在叶片的转向后方(即负压区)。最低吸气孔位置的确定可按下式计算

$$h_r=h'+h'' \tag{3-3-2}$$

由于 $h_r=\frac{v_{吸}^2}{2g}=\frac{1}{2g}(\frac{n\pi D_2}{60})^2$、$h'=\frac{D_1-D_2}{2}\tan\alpha$，则

$$\left(\frac{n\pi}{60}\right)^2\frac{1}{2g}D_2^2=\frac{D_1-D_2}{2}\tan\alpha+h'' \tag{3-3-3}$$

即得最低吸气孔位置的直径 D_2 为，

$$D_2=\frac{-\tan\alpha+\sqrt{\tan^2\alpha+1.117\times10^{-6}(2h''+D_1\tan\alpha)n^2}}{5.58\times10^{-7}n^2}\ (\mathrm{mm}) \tag{3-3-4}$$

式中 $v_{吸}$——最低吸气孔线速，mm/s；

h_r——相对速头，mm；

h'——最低吸气孔离叶轮顶边的距离，mm；

h''——叶轮浸没深度，一般取 100mm；

g——重力加速度，mm/s^2；

D_1——锥体顶部直径，mm；

α——锥体斜边与锥体顶边的夹角。

目前尚未就吸气孔总面积 A 进行测定以获取最佳数值，可按下式计算

$$A=\frac{\text{锥体上底面积}}{130\sim150} \tag{3-3-5}$$

国产 DSC 倒伞型叶轮的输入功率 N 可按下列经验公式计算

$$N=0.243D^{2.356}v^{2.053}(\text{kW}) \tag{3-3-6}$$

式中　v——叶轮边缘线速度，m/s。

(4)使用安装注意事项

倒伞型叶轮表面曝气机应用于氧化沟时，氧化沟宽为叶轮直径的 2.2～2.4 倍(直径大取小值)，取中值时沟深为沟宽的 0.5 倍，按单位搅拌功率 15～20W/m^3 进行设计。沟内不宜设立柱，如必须设置立柱，立柱至叶轮边缘距离应大于叶轮直径且为圆柱，基础平台底面(或梁底面)至水面净距离应大于 700mm。氧化沟中间隔墙至叶轮缘间距以 0.05～0.1 倍叶轮直径为宜，如无导流墙时，叶轮中心宜向出水侧偏移，偏距为 0.1 倍叶轮直径，以利于水的流动。倒伞型叶轮表面曝气机应用于方形曝气池或圆形曝气池中时，池直径或边长为叶轮直径的 4.5 倍，池深为叶轮直径的 1.15～1.20 倍。

2. 泵型叶轮表面曝气机

(1)结构分类

泵型叶轮表面曝气机由电动机、联轴器、减速器、叶轮升降机构、曝气叶轮等组成。根据整机安装方式有固定式与浮置式两类，固定式是整机安装在构筑物上部；浮置式是整机安装于浮筒上，主要用于液面高度变动较大的氧化塘、氧化沟等场合，根据需要还可以在一定范围内水平移动。

根据电动机输出轴的空间位置可分为卧式安装与立式安装两类。如图 3-3-14 所示，卧式安装时电动机输出轴呈水平状，减速器输入轴线与输出轴线夹角呈 90°，采用螺旋锥齿轮、圆柱斜齿轮二级硬齿面传动；叶轮升降机构装于减速器侧面，可在额定范围内随意调节叶轮浸没深度，从而调节充氧量。立式安装时电动机输出轴呈竖直状，减速器采用圆柱斜齿轮三级硬齿面传动；采用平板式叶轮升降机构，通过螺杆调节升降平台来调节叶轮浸没深度。

根据叶轮浸没深度是否可调分为可调式和不可调式两类，不可调式无调节机构。可调式用调节手轮通过调节机构调节叶轮浸没深度，另一种调节方式是采用螺旋调节器调整整机高度，达到调整叶轮浸没深度、以提高或降低充氧量的目的，同时也能弥补土建施工误差，但调节过程相对较为复杂；整机调整完毕后，必须采取锁定措施，防止运行振动产生的移位。

按调速要求分为无级变速、多速和定速三种。调速适用于进水水质和水量变化较大，要求改变曝气叶轮的线速度以满足不同充氧量的工况，但设备结构复杂，费用随调速技术要求的提高而有不同程度的增加。

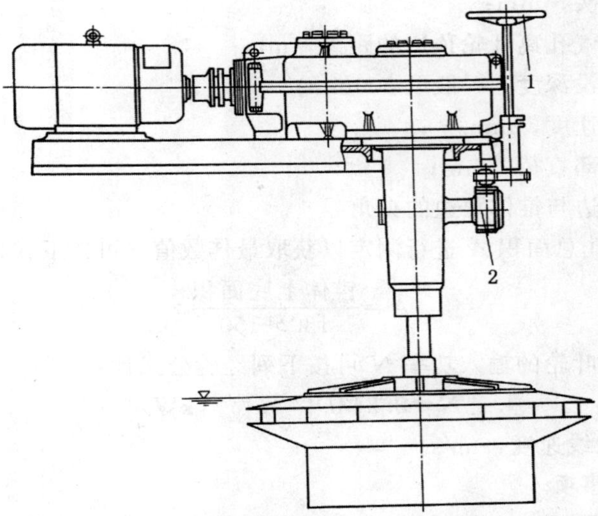

图 3-3-14　浸没度可调泵型叶轮表面曝气机的结构示意图

1—浸没度调节手轮；2—浸没度调节机构

(2)叶轮结构与作用原理

泵型叶轮是我国自行研制的高效表面曝气叶轮，如图 3-3-15(a)所示，一般由平板、叶片、上压罩、下压罩、导流锥和进水口等构成。泵型叶轮充氧量及动力效率较高，提升能力强，但制造稍复杂，且易被堵塞。泵型叶轮的结构尺寸如图 3-3-15(b)所示，叶轮各部分尺寸与叶轮直径 D 之间的比例关系可以参考相关设计手册，同时对推荐比例可作局部修改以使制造放样更加合理、方便。

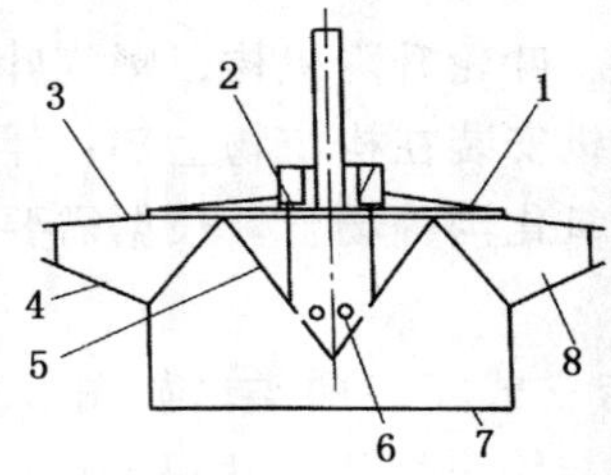

叶轮直径/mm	叶片数/个
600	8
900	12
1200	15
1500	18
1800	22
2100	24

(a) 叶轮构造

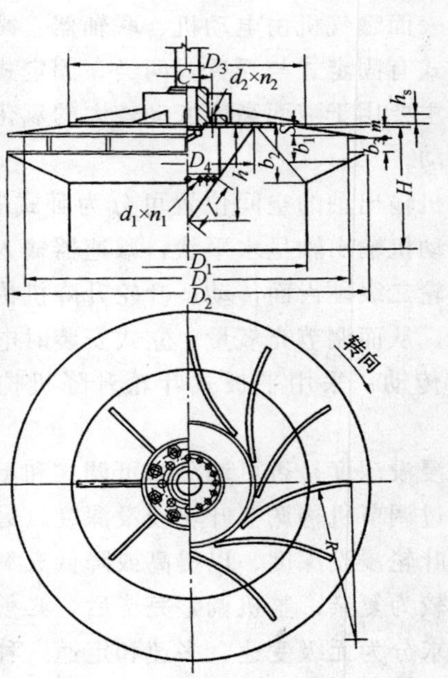

(b) 叶轮的结构尺寸

图 3-3-15　泵型叶轮的结构示意图

1—上平板；2—进气孔；3—上压罩；4—下压罩；5—导流锥顶；6—引气孔；7—进水口；8—叶片

工作时，浸没在水面下的泵型叶轮通过水跃、负压区吸氧、液面更新三种作用，对污水、活性污泥进行充氧及混合。水在转动叶轮的作用下，不断地从叶轮周边呈水幕状被抛向水面，形成水跃，使水面产生波动水花，裹进大量空气，使空气中的氧迅速溶解于水中；污水快速流经叶轮内部的导流锥顶时，产生负压区，从引气孔中吸入空气，进一步提高了充氧量，并降低了能耗；由于叶轮的离心抛射和提升作用，水体快速上下循环产生强大的回流，液面不断更新，以充分接触空气充氧。

(3)叶轮的充氧量及轴功率

泵型叶轮在标准条件下(水温 20℃、1 个大气压)和清水中的充氧量 Q_s 和轴功率 $N_{轴}$ 可分别按下列两个经验公式进行计算

$$Q_s = 0.379K_1v^{2.8}D^{1.88}\ (\text{kg O}_2/\text{h}) \tag{3-3-7}$$

$$N_{轴} = 0.0804K_2v^3D^{2.08}(\text{kW}) \tag{3-3-8}$$

式中 v——叶轮周边线速度，m/s；

D——叶轮公称直径，m；

K_1——池型结构对充氧量的修正系数；

K_2——池型结构对轴功率的修正系数。

K_1、K_2 之值可参见表 3-3-5。此外，对于分建式圆形曝气池，若池壁光滑无凸缘、池壁四面有挡流板、池内无立柱，则 $K_1=K_2=1$。对于合建式加速曝气池，若采用多角形导流筒、池壁有凸缘和支承、池内无立柱、回流窗关闭、回流缝堵死，则 $K_1=0.85\sim0.98$、$K_2=0.85\sim0.87$；若回流窗全开、回流缝通畅，则 $K_1=1.11$、$K_2=1.14$。对于方池，若池壁光滑无凸缘、池内无立柱，则 $K_1=0.89$、$K_2=0.96$。

表 3-3-5 池型结构修正系数 K_1、K_2 的取值

修正系数	池型结构			
	圆池	正方池	长方池	曝气池
K_1	1	0.64	0.90	0.85～0.98
K_2	1	0.81	1.34	0.85～0.87

注：①圆池内设四块挡板，正方池和长方池不设挡板；②表中的曝气池指曝气与沉淀合建式水池。

(4)设计与选型原则

泵型叶轮直径与曝气池直径或正方形边长之比应在 1/7.5～1/4.5 之间，与曝气池水深之比应在 1/4.5～1/2.5 之间。当叶轮直径与曝气池水深之比<1/3.5 时，应考虑设置导流筒，以保证曝气液体完全混合，有利于提高处理效果；否则不必设置导流筒，以免增加功率消耗。

泵型叶轮最佳外缘线速度应在 4.5～5.0m/s 范围内，如果线速度小于 4m/s，在曝气池中有可能引起污泥沉积。运转时应保证叶轮有一定的浸没度，虽然浸没度大小对电动机输入功率无太大影响，但浸没度过深影响水跃，使充氧量下降；过浅则容易引起叶轮“脱水”，使运转不稳定。一般浸没 40mm 为宜。此外，叶轮不能反转，反转会使充氧量下降。

叶轮叶片数过少、过多都会影响充氧，一般叶片数以保持叶片外缘间距 250mm 左右为宜。表 3-3-6 所列为根据叶轮直径大小选用叶片数的推荐值，表 3-3-7 为泵型叶轮表面曝气机的性能参数列表。

表 3-3-6　根据叶轮直径大小采用叶片数的推荐值

叶轮直径/m	0.6	0.9～1	1.2	1.5	1.8	2.1
叶片数/个	8	12	15	18	22	24

表 3-3-7　泵型叶轮表面曝气机的性能参数

型号	安装方式	叶轮直径 D/mm	电机功率/kW	转速/(r/min)	充氧能力/(kg O_2/h)	提升力/kN	叶轮升降行程/mm	质量/kg
PE100H	卧式	1000	11	84.8	27	5.51	±140	2200
PE100B			15	67～197	14～39	2.69～8.25		2220
PE124H		1240	18.5	70	43.5	9.16		2800
PE124B			22	54～79.5	21～62.5	4.18～13.47		2810
PE150H		1500	22	55	54.5	11.68		3000
PE150B			30	44.5～63.9	30～82.5	6.18～18.28		3080
PE172H		1720	30	49	74	16.26	+180 −100	3800
PE172B			45	39～57.2	38～102	8.19～26.16		3930
PE193H		1930	45	44.4	96	21.9		4000
PE193B			55	34.5～51.6	48～130	10.37～29.93		4100
PE172LH	立式	1720	30	49	74	16.26	±100	3400
PE172LB			45	39～57.2	38～102	8.19～26.16		3530
PE193LH		1930	45	44.4	96	21.9		3600
PE193LB			55	34.5～51.6	48～130	10.37～29.93		3700

注：动载荷＝质量＋提升力。

3. 平板型叶轮表面曝气机

叶轮外形除了“边缘化”的发展趋势外，叶轮的“平板化”也成为新的设计特征。与倒伞型叶轮、泵型叶轮等相比，平板型叶轮的结构更为简单，是在一个圆形平板的底端面上焊接固定 10 个左右呈径向放射布置的直板叶片。独特的水力结构设计使其在曝气充氧、混合推流的同时充当了一个稳定器，降低了齿轮减速器所承受的径向载荷和轴向载荷，从而延长了使用寿命。需要指出的是，荷兰 Spaans Babcock BV 公司的 Andries Visser 在 1999 年推出了 O_2Max 平板型叶轮表面曝气机，取代了此前的 Spaans-B 倒伞型表面曝气机，动力效率可达 2.4kg O_2/(kW·h)，并通过了荷兰 DHV 公司的 Carrousel® 系统认证。Dick ten Hove 1991 年加入荷兰 Hubert 公司，1992 年推出了第一代平板型立轴式低速 Hubair 表面曝气机，取代了此前的倒伞型 Hubert-HB 表面曝气机；1999 年自己成立 D. ten Hove Consultancy 公司，2003 年去世后由 Andries Visser 接管公司业务。2005 年，D. ten Hove Consultancy 公司推出了第三代（也是最新一代）平板型叶轮表面曝气机 Astrumaer®。此外，荷兰 DHV 公司的 Oxyrator Star 立轴式表面曝气机等也都采用了平板型叶轮。

按照工作过程中传动轴空间位置的变化情况来分，立轴式表面曝气机主要有固定式和浮动式两大类。前面介绍的主要是固定式，浮动式立轴表面曝气机整体安装在浮体上，用防水电缆接电，可在一定范围内移动，这里不再赘述。

三、水平轴式表面曝气机

水平轴式表面曝气机主要由电动机、减速器、联轴器、转轴、曝气组件（转刷或转碟）、轴承座、防护组件等组成，根据曝气组件为转刷或转碟，分别对应转刷式表面曝气机（Rotary brush surface aerator）或转碟式表面曝气机（Rotary disc surface aerators）。按电动机输出轴的位置分卧式与立式安装，电动机一般采用立式户外型，占地省，而且受曝气组件激起的水雾影响小。按减速器输出轴和转轴的布局型式分为单向单轴、单向双轴和双向双轴。减速器采用硬齿面齿轮减速，承载压力大，结构紧凑。按整机安装方式可分固定式和浮筒式，后者整机安装在浮筒上，浮筒内充填泡沫聚氨酯，采用上部配重调整浸没深度。按曝气组件顶部是否设置防护罩而分为敞开式和半封闭式。由于曝气组件与水平面呈垂直旋转工作，而且在氧化沟中呈接力式安装运行，因此与立轴式表面曝气机相比，水平轴式表面曝气机的推流功能略占优势。转轴多采用厚壁热轧无缝钢管或不锈钢管加工而成，经调质处理后外表镀锌或刷沥青清漆防腐处理。

1. 转刷式表面曝气机

(1)曝气转刷

代表性转刷式表面曝气机的总体结构如图 3－3－16 所示，曝气转刷是在转轴上安装有组合式箍紧的窄条片(称为刷片)，为转刷式表面曝气机的核心部件。

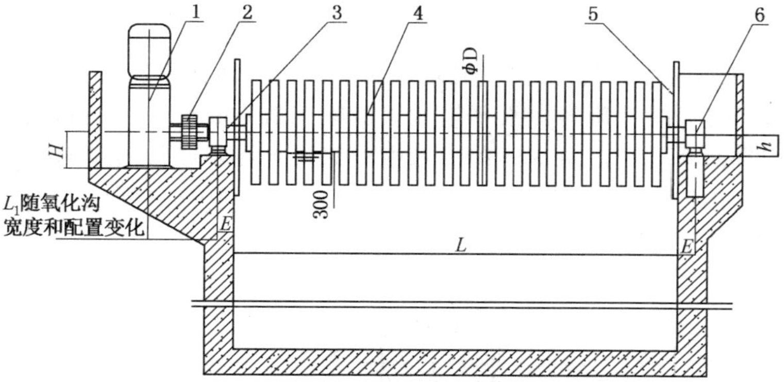

图 3－3－16　转刷式表面曝气机的总体结构示意图

1—电动机＋减速器；2—弹性柱销联轴器；3—首部轴承座；4—转刷体；5—防溅板；6—尾部轴承座

国外早期产品主要有 Kessener 转刷、笼型转刷和大马氏(Mammoth)转刷三种，其他产品均为其派生型。1925 年开始研制转刷式表面曝气机，这种在水平转轴上装有许多放射性短而硬毛发的转刷被称为 Kessener 转刷。A. Pasveer 博士 1954 年将其应用于 Voorschoten 的氧化沟中，动力效率可达 2.0kg O_2/(kW・h)。1959 年，TNO 的 Baars 和 Muskat 应用了笼形转刷(又称 TNO 转刷)，是 Kessener 转刷的改进型，在水平转轴轴上装有许多径向分布的 T 形钢或角钢，动力效率可达 2.5kg O_2/(kW・h)。这两种转刷仅适用于水深≤1.5m 的氧化沟，在实际应用中占地面积较大。为了增加单位长度的推动力和充氧能力，在德国开发了 Mammoth 曝气转刷(现被称为 Mammutrotor)，最大直径为 ϕ1000mm。叶片呈螺旋状分布，旋转过程中刷片顺序进入水中并顺序露出水面，以保证运行的稳定性并减少噪声。转刷式表面曝气机在国内始见于 20 世纪 70 年代，武汉钢铁公司冷轧废水处理厂引进德国 Passavant 公司 ϕ500mm 的 Mammoth 转刷，用于矩形曝气反应池。目前国内已有很多厂家自主生产转刷式表面曝气机，转刷直径多为 ϕ700mm 和 ϕ1000mm，转速为 70～80r/min，浸没深度为 0.3m 左右，有效水深多为 3.0～3.5m。水平轴跨度可达 9.0m，充氧能力可达 8.0kg O_2/(m・h)，动力效率在 1.5～2.5kg O_2/(kW・h)之间。

按照刷片在转轴上的安装排列形式，曝气转刷可分为螺旋式和错列式两种。螺旋式安装排列是刷片沿转轴轴向螺旋式排列，每圈叶片呈放射状径向均布。圈与圈之间留有间距，以增大水与空气的混合空间。对直径 ϕ1000mm 的转刷，每圈 12 片，每米 6～7 圈。错列式是转刷叶片沿轴向呈直线错列状排列，叶片分布密度与前相同。在上述叶片数和圈间留有间距的条件下，相邻叶片在轴上排列时的错位角为 15°，周向相邻叶片夹角为 30°；当每圈转刷叶片数为 6 片时，相邻叶片间的错位角为 30°，周向相邻叶片夹角为 60°。

刷片由多条冲压成型或注塑成型的叶片用螺栓连接组合而成，叶片多采用镀锌碳素钢、不锈钢、玻璃钢、聚氨酯等材料制作，特殊情况下采用钛合金板材加工。叶片形状有矩形、T 形、W 形、齿形、穿孔叶片等，目前设计中应用最多的为矩形窄条状冲压叶片，宽度一般在 50～76mm 之间，厚度一般为 2～3mm。转轴一般采用厚壁热轧无缝钢管或不锈钢管加工而成。

为了减小运转时的转动惯量，有时将刷片长度的 4/5 做成带槽的截面，既保证叶片击水时有一定抗弯强度，又富有弹性。对较大直径转刷靠近根部处，再用拉筋加固。刷片在传动轴上的定位箍紧力，由根部贴轴处凸圈产生的弹性变形进行调整，并应大于刷片击水时在轴上的扭转力。

(2)作用原理

水平轴式表面曝气机的旋转方向一般确定如下：从转轴往减速器方向看为顺时针旋转，用户需要时也可制成逆时针旋转。水平轴式表面曝气机在氧化沟中的作用原理如图 3-3-17 所示，其作用有两个：一是向待处理污水中充氧，水在不断旋转的转刷叶片作用下，切向呈水滴飞溅状抛出水面与裹入的空气强烈混合，完成空气中的氧向水中转移；二是推动混合液以一定的流速在氧化沟中循环流动。

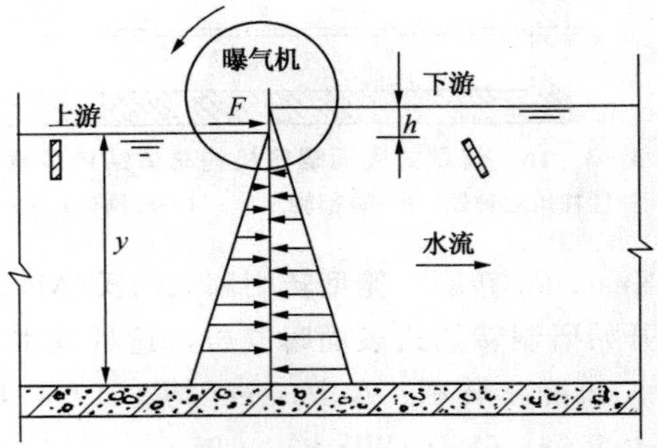

图 3-3-17　水平轴式表面曝气机的运转示意图

水平轴式表面曝气机运转时，其下游水位被抬高。在稳定状态下，通过转轴中心线垂直断面上力的平衡，可以近似得出水平轴式表面曝气机单位轴向长度上推动力 F 的计算公式(表示氧化沟内混合液达到 0.3m/s 的平均流速时，单位轴向长度所能推动的混合液体积，单位为 m^3/m，一般在 200～250m^3/m 之间)。

$$F=\rho g y h \text{ (N/m)} \tag{3-3-9}$$

式中　ρ——混合液密度，约为 1000kg/m^3；

g——重力加速度，9.81m/s^2；

y——氧化沟上游水深，m；

h——水平轴式表面曝气机的推流水头或提升高度，m。

对于几何尺寸一定的氧化沟，水平轴式表面曝气机推动力的大小，决定所产生的推流水头或提升高度 h 值，这与曝气机的性能、运转方式有关。对于转刷式表面曝气机而言，推

流水头或提升高度 h 与转刷浸没深度(I)、转刷旋转线速度(V_r)之间有如下经验关系式。

$$h=k\frac{I^m}{y}V_r^n(\mathrm{m}) \tag{3-3-10}$$

式中　I——转刷浸没深度，m；

V_r——转刷旋转线速度，m/s；

k、m、n——试验常数。

据研究，增大曝气转刷的浸没深度 I 和线速度 V_r 在一定范围内有助于增大提升水头 h，但过大的浸没深度 I 和转速 V_r 会导致水平流速的下降。由以上公式看出，曝气转刷的提升水头 h 与氧化沟上游水深 y 成反比。若对曝气转刷水平轴线的上下游断面列能量方程，则曝气转刷的提升水头 h 等于混合液循环一周的水头损失。若有多个曝气转刷，则其提升水头 h 为混合液流至下一台曝气转刷的水头损失(计算沿程阻力损失时，钢筋混凝土沟壁的粗糙系数 n 取 0.013)。在设计时应根据曝气转刷的推动力确定水深，水深太大会降低沟底流速，容易造成悬浮固体的沉淀，一般应确保沟底流速不小于 0.2m/s。

(3)充氧能力和动力效率

转刷式表面曝气机的性能指标有氧传质速率(充氧能力)、曝气效率(动力效率)，在标准状态(水温 20℃、1atm)下、在设定的沟池内，用溶解氧浓度为零的清水进行试验测定。充氧能力和动力效率的主要影响因素有：转刷直径、转刷转速、转刷浸没深度。转刷浸没深度的调节是在保证正常浸没深度的前提下，利用氧化沟的出水堰门或堰板控制调整液位来实现，从而在曝气机转速一定的情况下，实现充氧能力及推流能力的变化调整。表 3-3-8 总结列出了国内外部分转刷式表面曝气机的性能参数。

表 3-3-8　国内外部分转刷式表面曝气机的性能参数

类型	Mammoth 转刷			MaxiRotor KD31 转刷	叶片式转刷	Mammoth 转刷	BZS 系列转刷
国家	德国			丹麦	日本	英国	中国
直径/mm	500	700	1000	1000	1000	970～1070	—
转速/(r/min)	90	85	72	78	60	—	—
浸没深度/m	0.04～0.16	0.24	0.30	0.12～0.28	0.17	0.10～0.32	0.2～0.3
充氧能力/[kg O_2/(m·h)]	0.4～1.9	3.75	8.3	3.0～9.0	3.75	2.0～9.0	3.1～9.0
动力效率/[kg O_2/(kW·h)]	2.5～2.7	2.2	1.98	1.6～1.9	2.7	—	—
转刷有效长度/m	—	1.0，1.5，2.5，3.0	3.0，4.5，6.0，7.5，9.0	4.5，6.0，7.5，9.0	—	—	3.0，4.5，6.0，7.5，9.0
氧化沟设计水深/m	—	—	2.0～4.0	1.0～3.5	2.9	3.0～3.6	—

转刷式表面曝气机的特性曲线可以反映出不同规格直径的曝气转刷，在转速和浸没深度一定时的充氧能力、动力效率及电动机输入功率(也称轴功率)。单位长度上的电动机输入功率可以作为类比和估算设计参考，同时应结合特定氧化沟的尺寸参数及工艺要求综合考虑，使整机动力匹配合理。图 3-3-18 所示为德国 Aqseptence 集团 Passavant® Surface Aerator Mammutrotor® 转刷式表面曝气机的特性曲线(单位转子长度上的充氧能力和功率消耗)，测

试条件为：转刷外径 ϕ1000mm、转速 72r/min，根据浸没深度的不同可以考虑加装导流板。

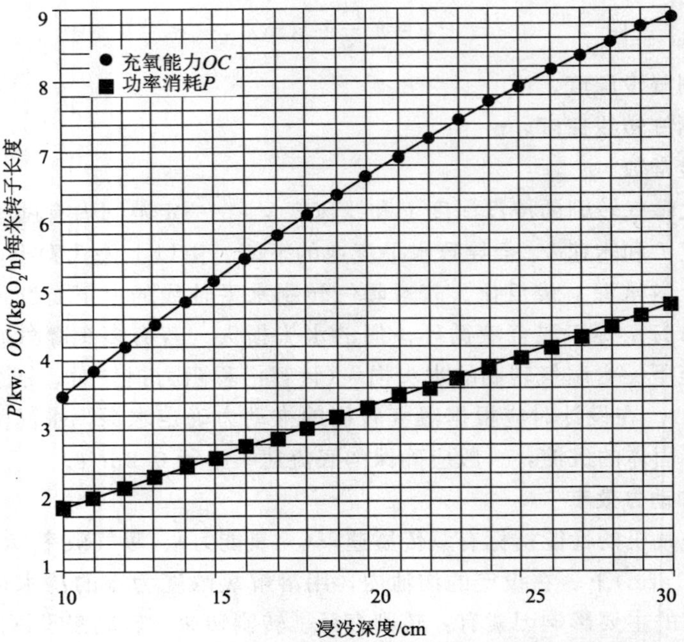

图 3－3－18　德国 Passavant® Mammutrotor® 转刷式表面曝气机的特性曲线

2. 转碟式表面曝气机

(1)转碟(碟片或转盘)

转碟式表面曝气机又称转盘式表面曝气机，代表性结构如图 3－3－19 所示。碟片是转碟式表面曝气机的核心部件，采用聚丙烯、聚苯乙烯等耐腐蚀、强度高、质量轻的材料制造。常见碟片形式有如下两种：一是自盘面中心向圆周有若干呈放射线状规则排列的、符合水力特性的凸块，形成许多条螺旋线，其间密布着大量的圆形凹穴(称为曝气孔或充氧孔)；二是凸块和圆形凹穴沿径向呈直线排列。凸块为带垂直面的非对称几何体，若以通过碟片中心的径向辐射线为基准，其垂直面与径向线重合，该垂直面一般作为迎水面。也可以将每个凸块的迎水面设计为凹曲面形状，这样在碟片转动时，带水量和进气量都大大增加，增大了水气混合量。

碟片被设计成中线对开剖分式，以半法兰形式用螺栓对夹紧固于转轴上，碟片与转轴间安装有耐腐蚀的防滑条，构成转碟整体。任意两半片之间的质量差应不大于 0.2kg，这种对夹安装方式给转碟拆卸及安装密度的调整带来了方便。碟片应在转轴有效长度内等距离安装，相邻两碟片间距偏差应不大于±1mm，累积误差应不大于±10mm。目前国内厂家生产的曝气碟片直径多在 ϕ1400mm 以下，厚度 10～12.5mm，圆形凹穴直径 ϕ12.5mm，适用于水深 3.5～4.5m 的氧化沟。

(2)作用原理

转碟式表面曝气机在氧化沟中运行时有向污水混合液中充氧和推动混合液以一定流速在氧化沟中循环流动两种作用。

碟片旋转时，盘面及凸块与水体接触部分产生摩擦，由于液体的附壁效应，使露出的碟片上部盘面形成帘状水幕；同时由于凸块垂直面的切向抛射作用，液面上形成飞溅分散的水跃，将圆形凹穴中载入和裹进的空气与水进行混合，使空气中的氧向水中迅速转移溶解，完成充氧过程。与此同时，按照水平推流的原理，运转的碟片式表面曝气机以转轴中心线划分的上游及下游液面，同样存在着液面高差(即推流水头)。转碟式表面曝气机单位轴向长度上推动力 F 的计算方法与转刷式表面曝气机相同，都可用式(3-3-1)估算。

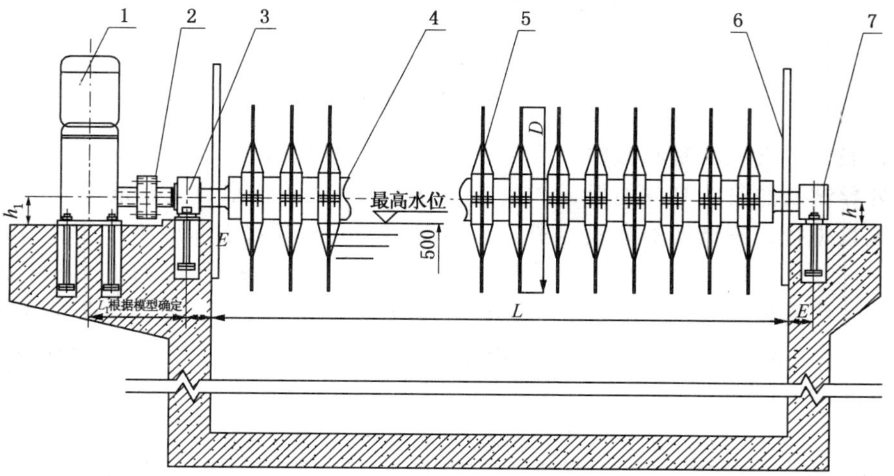

图 3-3-19　转碟式表面曝气机的安装结构示意图(单沟驱动形式)

1—电动机+减速器；2—弹性联轴器；3—首部轴承座；4—转轴；5—碟片；6—防溅板；7—尾部轴承座

(3)充氧能力和动力效率

转碟式表面曝气机的性能指标同样有氧传质速率(充氧能力)、曝气效率(动力效率)。一般而言，碟片的充氧能力可通过改变碟片转速、改变碟片浸没深度、增加或减少碟片数目、设置导流板等方式来调节。

从碟片转速对充氧能力影响的角度来看，目前直径 ϕ1372～1400mm 碟片的工作转速一般为 43～55r/min，对转速调节多采用电动机无级变速的方法。碟片的浸没水深一定时，转速增高，充氧能力[kg O_2/(盘·h)]随之升高，二者之间呈线性关系，即充氧量与转速呈线性关系。但当转速超过 55r/min 时，充氧量并无明显增加，会出现较多的水带回上游侧，即回水现象。浸没深度的变化是影响碟片充氧能力的敏感因素，在转速和工作水深一定的条件下，充氧能力均随碟片浸没深度的增加而提高。当浸没深度达到一定值时，充氧能力提高十分迅速；但超过一定的上限值时，充氧能力基本保持稳定，这一上限值因碟片几何尺寸的差异而变化。目前所用曝气碟片的浸没深度宜为 0.23～0.53m。

从碟片安装密度对充氧能力影响的角度来看，在同一浸没深度下，碟片的安装密度对单个碟片充氧能力的影响很小。按照碟片结构尺寸，虽然每米轴长可以装设 5 盘，但为了减小安装、拆卸的工作难度，一般以每米轴长装设 4 盘左右为宜。

在 Orbal 氧化沟中加装上、下游导流板是改善沟内流速分布、提高充氧能力的有效措施，不同工艺、不同水深、不同水质均会影响导流板的安装位置。如图 3-3-20 所示，上游导流板(也称前导流板)安装在距碟片轴心 4.0m 处(上游)，导流板高度为水深的 1/6～1/5，并垂直于水面安装，主要起整流、均布上下流速和加大氧化沟底部流速的作用。下游导流板(也称后导流板)安装在距碟片轴心(1.5～3.0m)处，与水平面夹角 60°，可将刚刚经过充氧并受曝气机推动的混合液引向氧化沟底部，强化气水混合，延长气泡在混合液中的停留时间，改善溶解氧浓度和流速的竖向分布。导流板的材料可以用金属或玻璃钢，以玻璃钢为佳。

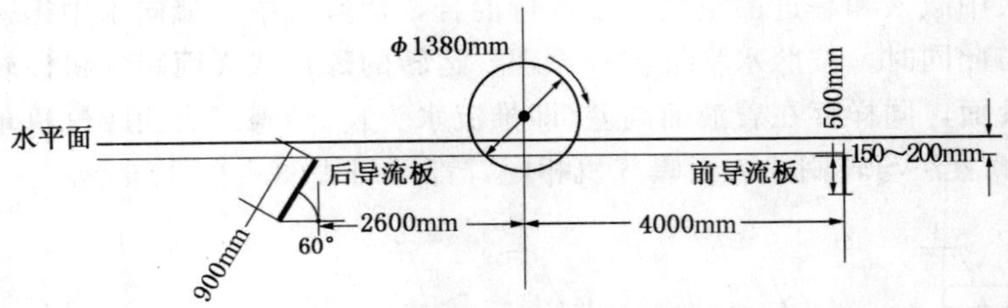

图 3-3-20　氧化沟中导流板的安装示意图

转碟式表面曝气机的基本参数应符合表 3-3-9 的规定。测试池的最小池容、直线段长度、弯道处导流墙的设置等应能保证产品性能的测试是在较佳水力流态条件下，模拟工程氧化沟水力流态进行。测试池的有效容积应不小于 300m^3，有效水深应不小于 4.0m，沟道宽度应不小于 2.0m，直线段长度应不小于 10.0m。测试设备设置于沟道的直线段上可设置一组或二组，每组转碟不宜少于 5 片。测定点位置应选择在水流平稳处，不应选择在曝气转碟下游 3m 和上游 2m 范围内。应至少同时设置 3 个测试断面，每个断面的水下中间位置(水平与垂直方向)为测定点。

表 3-3-9　转碟式表面曝气机的基本参数

直径/mm	转速/(r/min)	浸没深度/mm	氧化沟宽度/m	曝气机单碟氧传质性能			
				测试浸没深度/mm	转速/(r/min)	充氧能力/(kg/h)	动力效率/[kg O_2/(kW·h)]
1400	30～60	230～530	≤9	400	55	≥0.80	≥1.50
1500	30～60	300～550	≤9	500	55	≥1.08	≥1.50

四、表面机械曝气系统的设计

表面机械曝气系统一般由电动机、机械传动部分和曝气部分组成，系统设计应保证曝气机在正常情况下连续安全运转，满足污水处理对需氧量、转速和浸没深度调节的要求；同时要求表面曝气机的传动效率高，以降低污水处理的耗电量。

1. 表面机械曝气设备选型

表面机械曝气设备的选型首先应该满足具体工艺的要求，不同工艺所需充氧量和供气量的计算这里不再赘述。例如，Carrousel 氧化沟、合建式完全混合曝气沉淀池采用立轴式表面曝气机，Orbal 氧化沟则采用水平轴式表面曝气机。

对于水平轴式表面曝气机，曝气转刷的浸没深度一般为 250～300mm，曝气碟片的浸没深度一般为 480～530mm，对应 Orbal 氧化沟的水深一般为 3.0～3.6m。可以根据不同厂家水平轴式表面曝气机的特性曲线，进行相关设备的选型。

对于立轴式表面曝气机，应该依据叶轮的氧利用率或氧转移效率 E_A(15%～25%)、动力效率 E_p[2.5～3.5kg O_2/(kW·h)]和加工条件等因素选择曝气叶轮的形式，叶轮直径的选择主要依据曝气池混合液的需氧量和曝气池结构。然后直接根据设备性能图表与充氧量的对应关系，来确定表面机械曝气设备的具体型号。

2. 传动设计

根据曝气池或氧化沟对表面曝气机的运行要求，转速调节有无级调速、有级调速和定速三种。无级调速适用于污水处理要求较高，水质水量不稳定的场合；有级调速时表面曝气机按几个固定转速运转，适用于污水处理要求稍低的场合；定速即指曝气机只能以一种速度运转，用于污水处理比较成熟及负荷条件较稳定的情况。

(1)电动机选择

电动机的输出功率 N 可按如下公式计算

$$N=\frac{kN_{轴}}{\eta}\ (\mathrm{kW}) \tag{3-3-11}$$

式中 k——电动机的功率备用系数，立轴式曝气叶轮一般在 1.15～1.25 之间取值，水平轴式曝气叶轮一般在 1.05～1.10 之间取值；

$N_{轴}$——表面曝气机的轴功率，kW；

η——机械传动总效率。

如果已有同类型的曝气机投入运行，可根据实测资料分析决定电动机的额定功率，选用时应接近或略大于计算的 N 值，在此基础上选择电动机类型。电机选用户外型三相异步电机，轴端带有防雨、水、风扇罩，防护等级 IP65，适合露天安装，绝缘等级 F 级。

(2)机械传动部分

①减速器。无论是立轴式表面曝气机还是水平轴式表面曝气机，目前的应用要求都低于 100r/min，因此在电动机和负载之间都需要设置减速器。设计时应尽量配套选择标准通用型减速器，例如二合一式的带电动机行星摆线针轮减速器等，其电动机与减速器之间直联，整体性强，体积小，安装方便。

对于输入轴与输出轴呈 90°变向传动的表面曝气机配套用减速器，宜采用圆锥-圆柱齿轮组合传动，其中圆锥齿轮应置于首级以减小组合尺寸。圆锥齿轮尤以弧齿锥齿轮承载能力高，运转平稳，噪声小。齿轮材质宜采用优质合金钢，加工后经氮化处理成硬齿面，以保减速器连续安全运转。

当采用非标准通用型减速器时，设计制造的基本要求如下：a)减速器传动齿轮精度高，传动效率 η_c 应不低于 94%；b)在全速、满载连续运转时，有足够的强度和寿命；c)构造简单，便于维护；d)为减少机械传动损失，传动级数不宜超过两级；e)尽量减少对环境的二次污染，运行噪声小，密封性能好，不漏油。

②立轴式表面曝气机叶轮轴的连接设计。连接设计可以采用两种形式：一是减速器输出轴与叶轮轴通过刚性联轴器直联，叶轮轴轴端不设轴承；这种形式构造简单，但安装、检修较困难。二是叶轮轴与减速器输出轴通过浮动盘联轴器传递转矩，另设轴承以支承叶轮。这种形式构造较复杂，但安装、维修方便。由于叶轮轴和减速器轴之间为过渡连接，在检修减速器时可不涉及叶轮，因而减少了维修工作量。

为节约电能，简化传动机构，提高机械传动效率，立轴式表面曝气机多采用定速电动机拖动和无叶轮升降机构的立式减速器传动形式。

对于倒伞型叶轮表面曝气机而言，主轴采用优质无缝钢管制成。管材加工前先进行超声波探伤，检查有无裂纹等轧制缺陷；无缝钢管内壁与外界完全隔离，外表面采用加强级防腐处理，确保轴的质量和使用寿命。主轴两端焊有法兰盘，分别与减速器输出轴和倒伞型叶轮相连接，焊后整体加工，保证了主轴的同轴度等精度要求。

3. 水平轴式表面曝气机的转轴设计和范例

曝气机无故障工作时间应不小于 6000h，正常使用寿命应不小于 10 年。电动机应采用户外型立式安装，其性能应符合 GB/T 755 的规定，其能效等级应达到 GB 18613 规定的 2 级标准。联轴器宜采用挠性联轴器，运行时减速器油池温升应不大于 60℃。

(1)轴的强度计算

转刷或碟片安装于转轴上的工作状况是，推动混合液在渠道内以一定流速流动，轴主要承受扭矩而受到的弯矩较小。因此可按扭转强度计算确定轴的直径 d

实心轴

$$d=17.2\sqrt[3]{\frac{T}{[\tau]}}\ (\mathrm{mm}) \tag{3-3-12}$$

空心轴

$$d=17.2\sqrt[3]{\frac{T}{[\tau](1-\beta^4)}}\ (\mathrm{mm}) \tag{3-3-13}$$

$$T=9550\,\frac{N_{轴}}{n} \tag{3-3-14}$$

式中 T——轴所传递的扭矩，N·m；

$N_{轴}$——轴所传递的功率，kW；

n——轴的工作转速，r/min；

$[\tau]$——许用扭转剪应力，N/mm^2(根据轴的材料，按相关设计手册中的数据选取)；

β——空心轴内径 d_1 与外径 d 比值，$\beta=d_1/d$。

为了减轻整机质量，转轴一般应采用厚壁无缝钢管加工，端部为实心钢阶梯轴身，表面镀锌或沥青清漆防腐，以适应与污水接触和腐蚀性的运行环境，确保运行寿命及精度。转轴的其材质性能不应低于 GB/T 3087 或 GB/T 8162 中 20 号钢，一般有三种型号 $\phi325\times(16\sim22)$，$\phi245\times(14\sim16)$，$\phi152\times(14\sim16)$，并可以根据用户要求加工成各种长度，满足大、中、小型氧化沟对曝气机的需求。转轴两轴颈的同轴度误差应不大于 $\phi0.1$mm；转轴应进行静平衡测试，每米不平衡矩应不大于 4N·m。

(2)轴的刚度计算

转轴在静态条件下挠度应不大于 $1/1000L$(L 为轴承座间距离)，即许用最大挠度$[f]=0.1\%$，据此可以对转轴的安装跨度进行计算、校核。考虑氧化沟宽度因素，转轴有一定长度，由于温度造成的涨缩现象，设计中应采取补偿措施。

(3)联轴器的选择

对于多支点、分段的转轴，轴间联轴器宜采用结构简单、外形尺寸及转动惯量均小、能在一定程度上补偿两轴相对偏移、具有减振和缓冲性能的挠性联轴器，如鼓形齿联轴器等。

(4)支承轴承的选择与校核

轴承宜采用调心滚子轴承、双向密封结构，采用锂基润滑脂润滑，转轴末端支承应采用轴向可游动的滚动轴承座。轴承座采用球墨铸铁制造，不应有裂纹冷隔缩孔夹渣等缺陷，并进行防腐处理。

【例 3-3-1】设计如图 3-3-21 所示多轴碟片式表面曝气机的传动轴。已知氧化沟净宽为 7000mm、轴承座间距离为 $L=6818$mm，单盘轴功率为 0.63kW(浸没深度 530mm)，转速 $n_{max}=55$r/min，单盘质量 30kg，每段碟片数量：轴Ⅰ=25、轴Ⅱ=25、轴Ⅲ=25，碟片直径 $D=1372$mm。

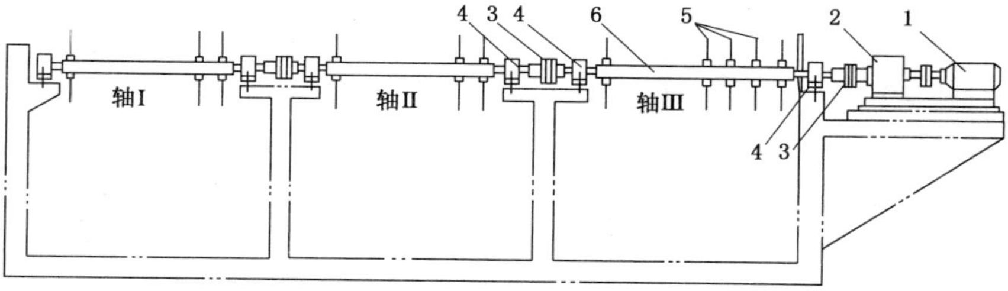

图 3-3-21　多轴式碟片式表面曝气机的安装结构示意图

1—电动机；2—减速器；3—联轴器；4—轴承座；5—碟片；6—传动轴

解：

(1)轴功率及电动机功率确定

①碟片总数量为 25×3=75，所需轴功率为

$$N_{轴}=0.63\times75=47.25\text{kW}$$

②考虑传动效率及负载因素，取电动机功率备用系数 $k=1.05$，总传动效率 η 对于一轴式、二轴式、三轴式结构分别取 0.95、0.92、0.90，则所需电动机的功率为

$$N=\frac{kN_{轴}}{\eta}=\frac{1.05\times47.25}{0.9}=55\text{kW}$$

选用 Y280M-6 型电动机，其 $N_{额}=55\text{kW}$，转速 $n_1=980\text{r/min}$。

(2)减速器的确定

当碟片最大转速为 55r/min、电动机 $n_1=980\text{r/min}$ 时，传动比 i 为

$$i=\frac{n_1}{n_{\max}}=\frac{980}{55}=17.8$$

选用标准减速器 ZLY180D，传动比为 18。于是传动轴的实际转速为

$$n=\frac{n_1}{i}=\frac{980}{18}=54.4\text{r/min}$$

(3)传动轴的轴径计算

轴径应根据电动机所传递的扭矩来确定，按水平轴式表面曝气机传动轴的设计要求，轴采用标准无缝钢管加工，以节省费用。初步决定选择材料为 20 号钢的标准无缝钢管，查相关手册可知材料的许用扭转剪应力$[\tau]$为 15N/mm^2；试选空心轴内外径比值 $\beta=d_1/d=0.85$，计算轴的外径如下

$$d=17.2\sqrt[3]{\frac{T}{[\tau](1-\beta^4)}}=17.2\times\sqrt[3]{\frac{9550\times47.25}{15\times(1-0.85^4)\times55}}\approx182\text{mm}$$

查型材标准，选无缝钢管 $\phi219\times18$，扣除腐蚀裕量 2mm 后，轴内径 $d_1=219-2\times18=183\text{mm}$、轴外径 $d=219-2\times2=215\text{mm}$，核算 $\beta=d_1/d=183/215=0.85$，与试选值一致，计算与选型合乎要求。

(4)传动轴的强度校核

传动轴的轴径校核尺寸为 $\phi215\times16$，对于三轴结构而言，轴Ⅲ靠近联轴器端所受应力最大，属于最危险截面，应该对该截面进行校核。这里主要根据下式进行疲劳强度安全系数校核。

$$S=\frac{\sigma_{-1}}{\sqrt{\left(\lambda_\sigma \frac{M}{Z}\right)^2+0.75\left[(\lambda_\tau+\psi_\tau)\frac{T}{Z_p}\right]^2}}\geqslant [S] \tag{3-3-15}$$

式中 σ_{-1}——材料弯曲疲劳极限，载荷平稳、无冲击，对于 20 号钢而言，其 $\sigma_{-1}=170\text{N/mm}^2$；

λ_σ、λ_τ——换算系数，取 $\lambda_\sigma=2.95$，$\lambda_\tau=2.17$；

ψ_τ——等效系数，取 $\psi_\tau=0.1$；

Z——抗弯截面模数，$Z=\frac{\pi d^3}{32}(1-\beta^4)=\frac{\pi\times 21.5^3}{32}(1-0.85^4)=466\text{cm}^3$；

Z_p——抗扭截面模数，$Z_p=2Z=2\times 466=932\text{cm}^3$；

T——轴所传递的最大扭矩，$T_{\max}=9550\frac{N}{n}=9550\times\frac{55}{54.4}=9655\text{N}\cdot\text{m}$；

$[S]$——疲劳强度许用安全系数，取 $[S]=1.5\sim1.8$。

为了简化计算，将轴Ⅲ上全部碟片所传递的扭矩(可由单盘轴功率换算得到)等效转化为集中力 P，如图 3-3-22 所示。为保证碟片的充氧能力和设计上安全可靠，力臂 l 的取值略大于碟片中心到浸没深度一半的距离。对于不同尺寸的碟片，需要采用实验或其他方法确定。

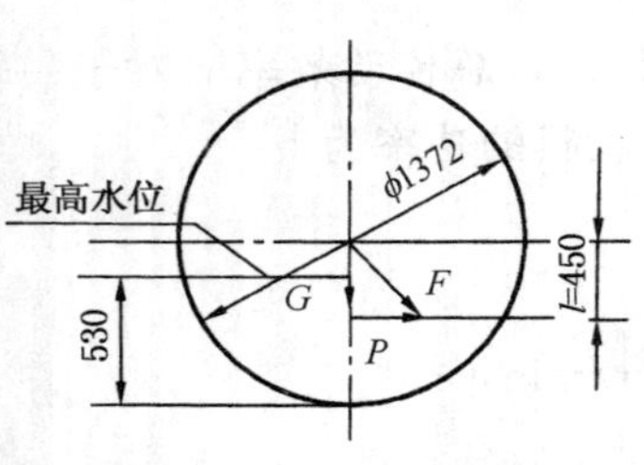

图 3-3-22 轴Ⅲ上单个转盘的整体受力示意图

轴Ⅲ上单个碟片受到的等效转化的集中力

$$P_1=\frac{M_1}{l}=\frac{9550\times 0.63/54.4}{0.45}=246\text{N}$$

式中 M_1——单盘工作时的扭矩，N·m。

轴Ⅲ上全部碟片等效转化的总集中力为 $P=25\text{P}_1=25\times 246=6150\text{N}$；轴Ⅲ的自重可以根据轴承座间距离 L、无缝钢管的尺寸规格 $\phi 219\times 18$ 和钢材密度计算得到，最终得到轴Ⅲ的自重为 $G_1=6080\text{N}$(计算过程从略)；轴Ⅲ上全部碟片的重力(近似取重力加速度为 10m/s^2 以方便计算)为 $G_2=30\times 25\times 10=7500\text{N}$。由此可得轴Ⅲ上所受到的合力为

$$F=\sqrt{P^2+(G_1+G_2)^2}=\sqrt{6150^2+(6080+7500)^2}=14908\text{N}$$

轴Ⅲ单位长度上的载荷为

$$W=\frac{F}{L}=\frac{14908}{6.818}=2187\text{N/m}$$

轴Ⅲ所受到的最大弯矩

$$M=\frac{WL^2}{8}=\frac{2187\times 6.818^2}{8}=12708\text{N}\cdot\text{m}$$

将以上结果代入前面的疲劳强度安全系数校核公式，可得

$$S=\frac{170}{\sqrt{(2.95\times 12708/466)^2+0.75\left[(2.17+0.1)\times 9655/932\right]^2}}\approx 2.05>[S]$$

由此可知，轴Ⅲ的疲劳强度合格。

(5)传动轴的刚度校核

①轴Ⅲ的扭转刚度校核

$$\text{扭转角}\ \varphi=7350\frac{T}{d^4(1-\beta^4)}=7350\times\frac{9655}{215^4\times(1-0.85^4)}=0.069°/\text{m}<[\varphi]$$

对于一般传动轴 $[\varphi]=(0.5°\sim1°)/m$，计算结果表明轴Ⅲ的扭转刚度合格。

②轴Ⅲ的弯曲刚度校核

轴Ⅲ的惯性矩 $I=\frac{\pi}{64}(d^4-d_1^4)=\frac{\pi}{64}(21.5^4-18.3^4)=4984cm^4$，轴Ⅲ单位长度上的载荷为 W＝21.87N/cm；材料的弹性模量 $E=206GPa=206\times10^5N/cm^2$。轴Ⅲ的挠度最大值应该出现在跨中，可以计算如下

$$f_{max}=\frac{5WL^4}{384EI}=\frac{5\times21.87\times681.8^4}{384\times206\times10^5\times4984}\approx0.60cm$$

$$f_{max}/L=0.60/681.8\approx9\times10^{-4}<0.1\%$$

由此可知，按最大跨度考虑，轴Ⅲ的弯曲刚度合格。

③轴Ⅲ在支承处的偏转角校核

$$\theta=\frac{WL^3}{24EI}\times\frac{180}{\pi}=\frac{21.87\times681.8^3\times180}{24\times206\times10^5\times4984\times3.14159}=0.16°<[\theta]$$

对于调心滚子轴承而言，允许轴对外圈的偏转角 $[\theta]=0.5°\sim2°$，偏转角也小于浮动联轴器的许用补偿量（≤0.5°），所以偏转角合格。

(6)其余校核

这里不再赘述，从略。

4. 立轴式表面曝气机的使用安装和设计范例

立轴式表面曝气机的安装位置由其在氧化沟内产生的流场特点所决定，安装数量一般为1台/沟，置于反应池的一端。其中变频立轴式表面曝气机一般位于氧化沟出水口一侧的上游，以便控制出水水质。为防止变频立轴式表面曝气机低速运行时推流能力不够，在其下游需配置推流器，防止活性污泥沉淀。由于氧化沟弯道处的水流阻力最大，直段上的沿程水头损失非常小，所以推流器一般位于变频立轴式表面曝气机一侧的弯道处并远离出水口。氧化沟的进水口一般位于恒速立轴式表面曝气机附近的下游点，并远离出水口以避免短流（见图3－3－23）。表面曝气机与推流器的间距、氧化沟其他位置处是否增设推流器，应按生产厂家提供的推流性能参数确定，目前还缺乏倒伞型叶轮立轴式表面曝气机在不同转速下与推流距离关系的性能数据和研究。

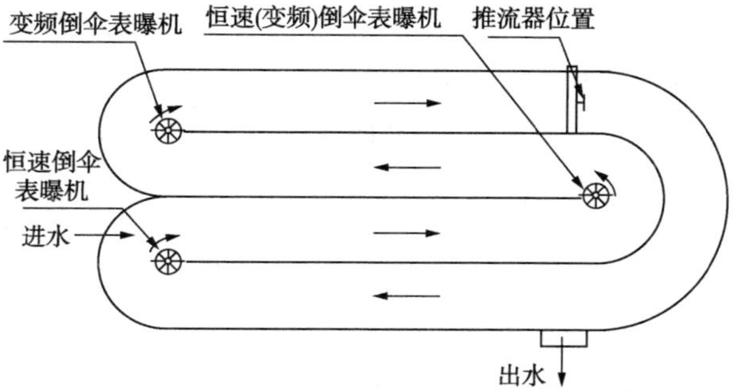

图3－3－23　恒速(变频)立轴式表面曝气机、推流器与氧化沟(进)出水口位置的关系示意图

从立轴式表面曝气机的水流特点可以看出，一方面表曝机在氧化沟内存在着流速分布不均的问题，另一方面表面曝气机附近是氧化沟内的高能区，还产生了与主流方向相反的、不利于主体流动的流场。如图3－3－24所示，为了保证氧化沟内的水体流态处于最佳状态，

适当利用氧化沟中间隔墙的反射作用，应使立轴式表面曝气机安装中心位置向出水方向偏移(0.08～0.1)D 的距离，这将有利于能量向出水方向偏移；同时，氧化沟的中间隔墙与表面曝气机叶轮之间要留有(0.04～0.08)D 的间距以减少不利的功率消耗，间距太大时产生的回流量会有所增加。

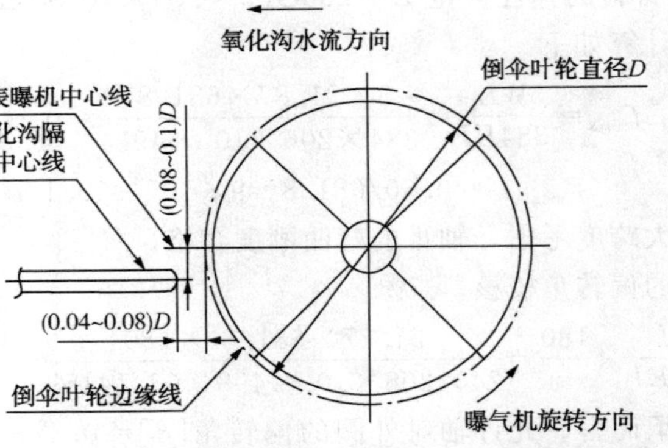

图 3-3-24　立轴式表面曝气机与隔墙的位置关系示意图

此外，在安装和使用立轴式表面曝气机时，工作平台桥架的高度应大于叶轮抛起的水花高度，要保证水花或水幕的自由跌落，以保证良好的充氧性能。不同直径和转速的叶轮所形成的水花高度会有所差别，设备生产厂家大多通过直接观测来获取，提供给设计单位以作参考。一般要求曝气机工作平台下梁底面至设计水面的空间高度＞800mm。

【例 3-3-2】已知叶轮直径 $\phi 3000$mm，叶轮外缘线速度 5m/s，池型为矩形，内壁无挡板。试设计常规倒伞型叶轮表面曝气机。

解：

(1)确定叶轮转速 $n_{叶}$ 和叶轮实际转速 $n_{实}$

$$n_{叶}=\frac{v}{\pi D}=\frac{5\times 60}{\pi\times 3}=31.83\text{r/min}$$

选用减速比 $i=29$ 的立式行星摆线针轮减速器，配用电动机转速 $n_{电}=980$r/min。计算叶轮实际转速，并保证 $n_{实}$ 尽可能接近 $n_{叶}$

$$n_{实}=\frac{n_{电}}{i}=\frac{980}{29}=33.79\text{r/min}$$

(2)确定叶轮轴功率 $N_{轴}$ 和电动机功率

相对快转速功率 $N_{快}=1.95D^3=1.95\times 3^3=52.65$kW，相对慢转速功率 $N_{慢}=0.353D^3=0.353\times 3^3=9.53$kW，$N'=\frac{N_{快}}{N_{慢}}=5.525$；相对快转速 $n_{快}=\left(\frac{873}{3}\right)^{2/3}=43.91$r/min、相对慢转速 $n_{慢}=\left(\frac{436}{3}\right)^{2/3}=27.64$r/min，$n'=\frac{n_{快}}{n_{慢}}=\frac{43.91}{27.64}=1.589$。于是功率指数 X 为

$$X=\frac{\lg N'}{\lg n'}=\frac{\lg 5.525}{\lg 1.589}=\frac{0.7423}{0.2010}=3.69$$

故叶轮轴功率 $N_{轴}$ 为

$$N_{轴}=N_{慢}\left(\frac{n_{实}}{n_{慢}}\right)^{X}=9.53\left(\frac{33.79}{27.64}\right)^{3.69}=20\text{kW}$$

根据功率备用系数 $k=1.25$，机械传动总效率 $\eta=0.9$，则可由公式 $N=kN_{轴}/\eta$ 计算出

电动机功率 $N=27.78\text{kW}$。据此选用 Y225M－6W 型 30kW 电动机和 BLD－55－40－29 立式行星摆线针轮减速器。

(3)叶轮几何尺寸计算

如图 3－3－25 所示，$D=3000\text{mm}$，锥体直径 $D_1=7D/9=2333\text{mm}$，锥底直径 $d=10.75D/90=358\text{mm}$，叶片宽 $b=4.75D/90=158\text{mm}$；叶片高 $h=4D/90=133\text{mm}$，锥体夹角 $\theta=130°$，叶片数 $Z=8$ 个。

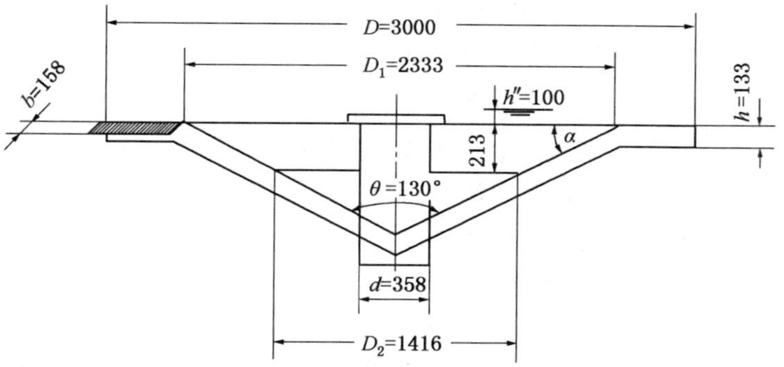

图 3－3－25　倒伞型叶轮的几何尺寸示意图

(4)转轴直径的确定

①扭矩的计算

$$M_n=9550\frac{N\eta}{n_{实}}=9550\times\frac{27.78\times0.90}{33.79}=7066\text{N}\cdot\text{m}$$

②轴径的强度计算

$$\tau=\frac{M_n}{W}\leqslant[\tau]$$

式中　M_n——扭矩，N·m；

W——抗扭截面模量，$W=\pi d^3/16$，cm^3；

d——轴径，cm；

$$d=\sqrt[3]{\frac{16M_n}{\pi[\tau]}}=\sqrt[3]{\frac{16\times706600}{\pi\times7000}}=8\text{cm}$$

$[\tau]$——许用剪应力，45 号钢取$[\tau]=70\text{N/mm}^2$。

③轴的扭转刚度计算

$$\theta=\frac{M_nl}{IG}\leqslant[\theta]$$

式中　$[\theta]$——许用扭转角，取值为 0.5°/m；

l——单位轴长，1m；

G——材料的剪切弹性模量，$G=79.4\text{GPa}$；

I——断面极惯性矩，$I=\pi d^4/32$，cm^4。

于是可得转轴直径最小值的计算表达式如下

$$d\geqslant\sqrt[4]{\frac{M_nl\times32}{\pi G[\theta]}}=\sqrt[4]{\frac{7066\times1\times32}{\pi\times79.4\times10^9\times\pi/180}}=0.08489\text{m}=8.49\text{cm}$$

应根据扭转刚度决定转轴直径，考虑键槽影响，将轴径增大 8%，故轴径 d 应为 9.2cm。

五、氧化沟工艺与设备的发展

随着氧化沟工艺对曝气设备的要求越来越高，以及能源的日趋紧张，新型高效节能曝气设备及相关技术的研究已经成为推动氧化沟工艺发展和节能降耗的重要因素。《污水处理用旋转曝气机能效限定值及能效等级》(GB 37483)规定了电动机驱动的立轴式旋转曝气机、卧轴式旋转曝气机和自吸式叶轮曝气机的能效等级、技术要求及测试方法。

1. 基于水平轴式表面曝气机的发展组合

(1)水平轴式表面曝气机＋低速潜水推流器

对于水深大于 3.5m 的氧化沟，在水平轴式表面曝气机的基础上附加低速潜水推流器，可以使有效工作水深达到 8m。除了连续运转外，在长期或短期高含氧量交替缺氧期间可作间歇性运转，使反应池中的污水保持一定流速，避免沉积。

(2)水平轴式表面曝气机＋射流曝气机

1967 年，美国人勒孔特(Le Compt)和曼特(Mandt)首次把淹没式曝气推流系统用于氧化沟，他们用一套以回流混合液为动力的射流器和压缩空气配合，沿水流途径喷射，从而提供必要的充氧和推进作用，这种技术后来被称为射流曝气沟(Jet Aeration Channel，JAC)。JAC 的优点是氧化沟的宽度和水深不受限制，且氧的利用率高，目前最大的 JAC 在奥地利林茨，处理流量为 17.2 万 t/d，水深 7.5m。美国 Fluidyne 公司的 Jet MCR™ 工艺堪称其中的典型代表。

2. 微孔曝气器＋低速潜水推流器或立式转角推进器

这种组合方式是在氧化沟的直段池底平铺微孔曝气器，弯道处设置低速潜水推流器，构成鼓风曝气型氧化沟。由于采用两个完全独立的设备进行充氧及搅拌，因此可分别控制流速及溶解氧，并能够高效简单地运行操作。另外，寒冷地区基于表面机械曝气设备直接曝气充氧时，低温空气会导致水温降低；而微孔曝气器＋低速潜水推流器的组合方式利用机械压缩空气进行充氧，可防止水温降低，保证处理工艺在冬季也能够稳定运转。

该工艺也可满足氧化沟脱氮除磷的要求，且只需污泥回流而不需混合液回流，适用于小型污水处理厂。我国广东省开平市迳头污水处理厂、广东省韶关第一污水处理厂都采用了"厌氧池＋鼓风曝气型氧化沟工艺"，单位水处理成本分别为 0.32 元/m^3、0.33 元/m^3。有的 Carroussel 2000 系统也采用这种模式，且根据沟内具体位置的不同，曝气器的数目也有所差异，目的是使氧化沟的不同阶段分别形成好氧和缺氧环境。

此外，还可采用"池底微孔曝气器＋立式转角推进器"的组合方式，将立式转角推进器安装于氧化沟沟渠水头损失最大的转角处，产生无死角的均匀层流、连续流，有效提升曝气系统效率。整机运行高效，水下无易损件，易于维护，克服常规低速潜水推流器的诸多弊端。

3. 双叶轮表面曝气机及其自控技术

原美国 Eimco Water Technologies 公司在 Oxyrator® 倒伞型叶轮表面曝气机的基础上，推出了 Excell® 平板型叶轮表面曝气机以及双叶轮表面曝气机(Dual Impeller Aerator)。双叶轮表面曝气机是在常规叶轮表面曝气机下部靠近沟底附近，同轴连接一个特殊的叶轮(涡轮)，从而更好地保持沟底混合液的流速。低位叶轮为搅拌和推进而设计，其驱动功率占曝气机电机功率的 10%左右。一般而言，在不使用其他辅助搅拌机和推进器的情况下，大功率双叶轮表曝机的池深可轻易达到 6m 以上。测试表明，与使用单叶轮表面曝气机相比，沟底流速提高了 30%左右。由于水质水量往往会随时变化，理论上表面曝气机的动力输出也应该根据出水端的溶解氧水平加以调节(如通过变频)。常规表面曝气机的调节范围最多只能做到满负荷的 25%～100%，双叶轮设计则可做到 10%～100%。2007 年推出了第二代双叶轮表面曝气机 Excell®，高位曝气叶轮采用了结构更新、效率更高的 Astrumaer®，低位搅拌推进叶轮几乎没有变化，仅仅是导流系统得到了更新和优化。

基于 Excell®表面曝气机、EliminatIR™ 堰门等专利技术，原美国 Eimco Water Technologies 公司推出了 ACE™ 控制系统、EWT™ Oculus™ 控制系统等，大大降低了运行能耗。ACE™(Automated Control of Energy，ACE)控制系统组件包括：NEMA 4X 封装、变频驱动(VFD)、定制的操作算法、溶解氧电极、溶解氧分析、可编程控制器(PLC)。使用 ACE™ 控制系统能够降低能量消耗、全程优化氧化沟系统的水力效率、增强脱氮除磷效果，并对表面曝气机的运行状态进行实时监控。通过自动调整表面曝气机的电能，使其与经常变化的进水负荷相匹配，能够降低能量消耗高达 30%。例如，在表面曝气机功率为 100hp 的 Carrousel 系统中，实时能量优化能够使年平均能源费用从＄46000 下降到＄31000；在表面曝气机功率为 300hp 的典型 Carrousel 系统中，能够使年平均能源费用从＄137000 下降到仅为＄94000。在此基础上，该公司还推出了 PACE(Peak Protection and Automatic Control of Energy)控制系统，能够在峰值流量情况下避免活性污泥被冲出氧化沟系统。

4. 立环氧化沟工艺

普通氧化沟内的污水在水平回路中循环流动，立环氧化沟(Vertical Loop Reactor，VLR)中的污水则在绕着水平隔板的竖向回路中循环流动，该工艺最早由原美国 US Filter 公司于 1986 年开发成功。

如图 3－3－26 所示，立环氧化沟被一个沿着沟渠长度方向设置的水平隔板分为上、下两层，污水绕着该水平隔板作竖向循环流动。大多数 VLR 系统反应器的深度应大于 6.1m，水平隔板一般位于反应器深度方向的正中部。反应器上层仍然采用曝气转碟作为较低负荷时的主要曝气设备，在满足充氧需求的同时，使污水以 0.3～0.45m/s 的速度连续循环流动。反应器下层池底设有粗气泡扩散器作为辅助曝气混合设备，在较高流量或较高负荷时也可作为主要的供氧源，扩散器的供氧量易于调整。反应器中另设固定的穿孔空气释放板，以提高氧的利用及氧转移的效率。立环氧化沟将两种曝气方式引入同一个反应系统中，使充氧能力大大提高，其池深可达 8.5m。另外，由于其外形规则，便于与其他系统组合，可节省占地。只要现有的矩形反应池长度不低于 12.2m、深度不低于 3.6m，就可以将其改装为 VLR 系统。

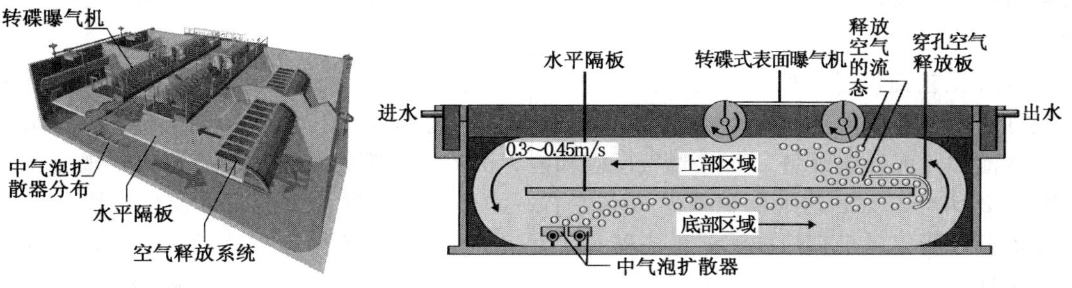

(a)斜二侧视图　　(b)纵剖面图

图 3－3－26　立环氧化沟的结构示意图

§3.4 SBR系列工艺与专用滗水器

虽然1914年就在英国曼彻斯特Davyhulme污水处理厂同时进行了间歇流和连续流活性污泥法污水处理技术的放大试验，并于同年率先在Salford进行了间歇流活性污泥法污水处理厂规模的测试，但受当时自动控制技术和设备条件的限制，客观上存在运行管理极不方便的弊端。在人们没有认识到该工艺独特优越性的情况下，随着后来水处理规模的日趋扩大，间歇流活性污泥法逐渐被连续流活性污泥法所取代。20世纪70年代以来，随着计算机和工业自动控制技术的日趋成熟，大量具有自控系统的阀门、流量计、液位传感器、定时控制设备在污水处理工程中得到了应用；滗水器和防堵塞曝气设备也得以成功开发。间歇式活性污泥法工艺在早期工程应用上的问题得以解决，该工艺的优势逐步得到充分发挥，在污水处理工程中逐步得到推广应用。

一、经典SBR工艺及其变型工艺

1. 经典SBR工艺概述

序批式活性污泥法(Sequencing Batch Reactor，简称SBR)属于间歇流活性污泥法。20世纪60年代后半期至70年代初，美国圣母大学(University of Notre Dame)的Robert L. Irvine教授采用实验室规模装置对SBR工艺进行了系统深入的研究，并于1980年在美国国家环境保护局(EPA)的资助下，在印第安纳州的Culwer城改建并投产了世界上第一个SBR工艺污水处理厂。20世纪80年代以来，SBR工艺在处理间歇排放、水质水量变化很大的工业废水及中小水量生活污水等方面取得了很大成功。迄今为止，世界各地已陆续建成SBR工艺污水处理厂近10000座，其在中型和大型污水处理厂的应用也日益增多。

SBR工艺的反应机制以及污染物的去除原理与传统活性污泥法基本相同，仅运行操作方式不同。如图3-4-1所示，有机污水首先经格栅除去悬浮杂质，进入沉砂池去除无机砂粒(若沉砂池除砂作用发挥较好则其后可以不设初沉池)，然后由泵提升至SBR反应池。一般在工程实际中至少同时修建两个SBR反应池，单个反应池可以为方形池或圆形池。如图3-4-2所示，单个SBR反应池中的工作过程由进水、曝气、沉淀、滗水(排放)、闲置(排泥)五个阶段组成，从污水流入开始到闲置(排泥)时间结束算一个周期。其循环周期和各阶段的时间可以按照进水水质和出水要求拟定，并在调试过程中优化。SBR工艺可以根据开始曝气的时间与充水过程时序的不同，分成三种不同的曝气方式：①非限制曝气——一边充水一边曝气；②限制曝气——充水完毕后再开始曝气；③半限制曝气——充水阶段的后期开始曝气。

SBR工艺提供了一种间歇流时间顺序的污水处理方法，而不是连续流空间顺序的污水处理方法。与连续流活性污泥法相比，经典SRB工艺具有以下优势：①可不设初沉池、无需二沉池和污泥回流设备，而且曝气反应和静置沉淀时间都较短，基建投资比常规活性污泥法节省20%～25%，占地面积减少40%左右；②由于时间进程上的不可逆性，根本不存在返混现象，所以属于理想推流式反应器；③在沉淀过程中没有进水的扰动，属于理想沉淀状态；④好氧、缺氧、厌氧交替出现，能同时具有脱氮(80%～90%)和除磷(80%)的功能，BOD_5去除率达95%，且产泥量少；⑤反应池中的溶解氧浓度在0～2mg/L之间变化，在同时完成脱氮除磷情况下的能耗也仅相当于传统活性污泥法；⑥污水处理设备较少，自控运行，管理简便。

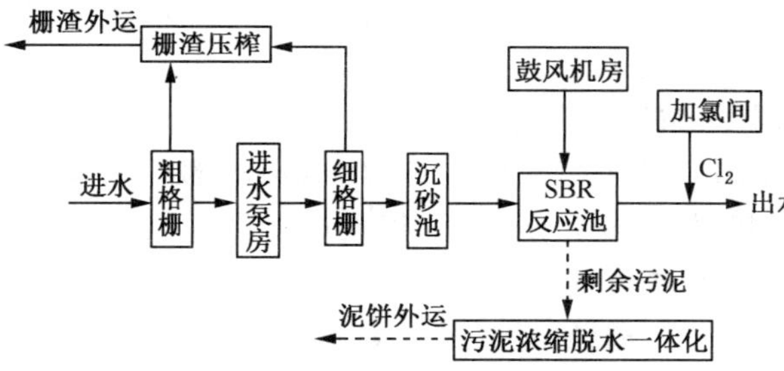

(a)基本流程

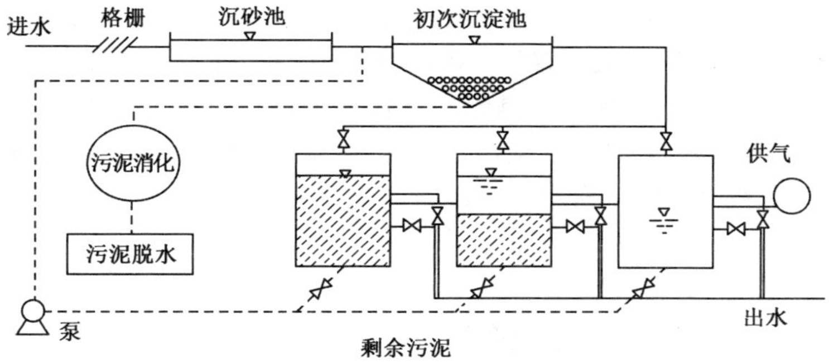

(b)处理生活污水的三池SBR系统

图 3-4-1　SBR 工艺流程示意图

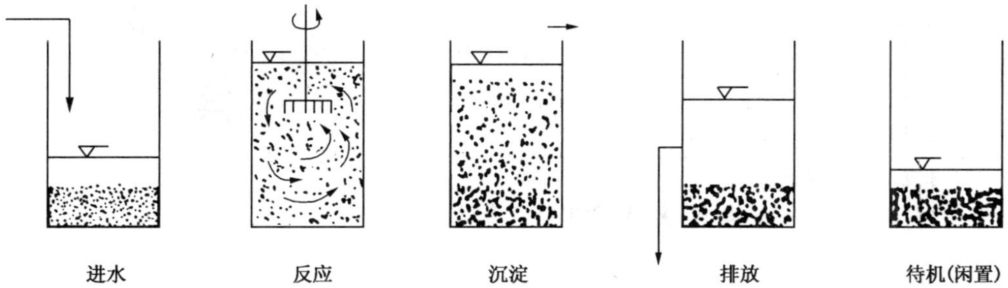

图 3-4-2　经典 SBR 反应器运行过程的五个阶段

经典 SBR 工艺的缺点是：①连续进水时，对于单一 SBR 反应器需要在前面设置一个较大的调节池；②对于多个 SBR 反应器，其进水和排水的阀门自动切换频繁，容易损坏；③无法达到大型污水处理项目连续进水、出水的要求；④设备的闲置率较高；⑤污水提升水头损失较大；⑥如果需要后处理，则需要在后面设置较大容积的调节池。

2. SBR 变型工艺

自 20 世纪 70 年代以来，序批式活性污泥法的机理和应用得到了大量研究开发，工艺技术和设备不断完善，出现了各种 SBR 变型工艺，如 ICEAS、C - Tech、CASS、UNITANK、IDEA(Intermittent Decanted Extended Aeration，间歇排水延时曝气，即国内所谓澳大利亚的“澳涤”工艺)、IBCASP(Intermittent Bi - directional Cyclic Activated Sludge Process，间歇式双向周期循环活性污泥法)、BCS(Biological Combined System，生物组合工艺)、MSBR(Modified SBR，改良型 SBR)、DAT - IAT 等。尤其是在以 SBR 工艺著称的

澳大利亚，近 20 年来更是先后推出了第三代 IDEA 系统 UNIFED™ 工艺(即国内所谓的“优飞”工艺)，后者完全不同于 UNITANK，可以经济全面地去除生物营养物。

(1) ICEAS

ICEAS 的全称是间歇式循环延时曝气系统(Intermittent Cycle Extended Aeration System)。澳大利亚新南威尔士大学的 Mervyn C. Goronszy 教授与美国 ABJ 公司(现与 Sanitaire 等一起隶属于 ITT 集团)合作，于 1976 年建成了世界上第一座 ICEAS 工艺污水处理厂，1984 年又研究出利用不同负荷条件下微生物的生长速率和污水生物脱氮除磷工艺。1986 年，美国国家环境保护局(EPA)正式批准 ICEAS 工艺为革新代用技术。

如图 3－4－3 所示，ICEAS 的基本单元是两个矩形池为一组的反应器，每个矩形池分预反应区和主反应区两部分。污水在预反应区内连续进入，并可根据污水性质进行曝气或缺氧搅拌。预反应区和主反应区之间的隔墙底部有预留孔洞相连，污水以很低的流速(0.03～0.05m/min)从预反应区进入主反应区。主反应区是曝气反应的主体，依次进行曝气和搅拌、沉淀、滗水、排水等过程，周期性循环运行，使污水在交替的好氧-厌氧和缺氧-好氧条件下实现一定的脱氮除磷功能。如图 3－4－4 所示，ICEAS 工艺在工作过程中一直处于连续进水状态。

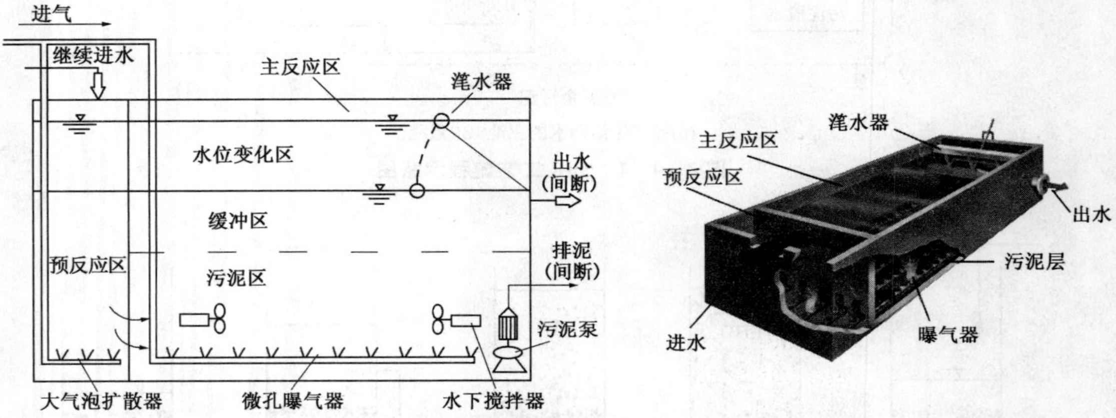

图 3－4－3　ICEAS 工艺矩形池的结构示意图

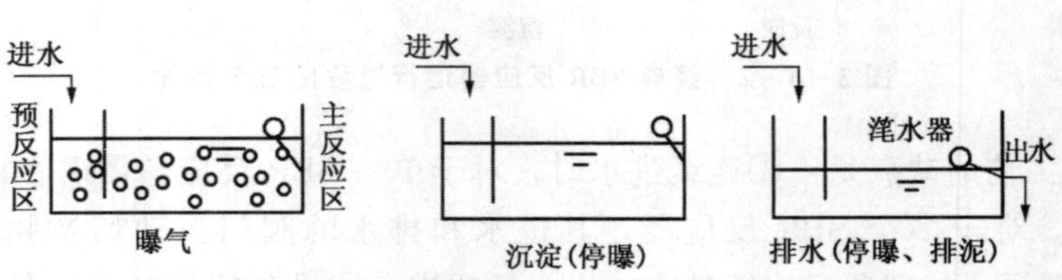

图 3－4－4　ICEAS 工艺矩形池的立面结构及阶段过程示意图

ICEAS 工艺的优点如下：①当主反应区处于停曝搅拌状态进行反硝化时，连续进入的污水可提供反硝化所需的碳源，从而提高了脱氮效率；②当主反应区处于沉淀或滗水阶段，连续进入的污水为厌氧污泥层中的聚磷菌释放磷提供所必需的碳源，因而提高了脱磷效果；③采用连续进水系统，配水稳定，减少了运行操作的复杂性，适于较大规模污水处理；④现有的 SBR 处理系统较容易改造成这种运行方式。ICEAS 工艺的缺点如下：进水贯穿于整个运行周期的各个阶段，沉淀期的进水在主反应区底部造成水力紊动，从而影响泥水分离效果；容积利用率低，一般不超过 60%；脱氮除磷效果一般。

(2)C－Tech 工艺

C－Tech 工艺是循环式活性污泥技术(Cyclic Activated Sludge Technology)的简称，由 Mervyn C. Goronszy 教授与奥地利 SFC 集团联合在 20 世纪 70 年代开始研究开发和应用，特指使用了生物选择器(Biological selector)和生化速率控制(Biorate control)的变容积序批式活性污泥处理工艺。

如图 3－4－5 所示，C－Tech 反应池分为生物选择器、主反应区两个区域，此外还包括污泥回流与剩余污泥排除系统、滗水器等。每组 C－Tech 反应池的进水端设有生物选择器，主反应区的活性污泥回流至生物选择器并与进水混合接触，回流比一般仅为日平均流量的 20%。生物选择器的平均水力停留时间为 1.0h 左右(包括回流量)，可以恒定容积或变容积运行，最基本功能是防止污泥膨胀，污泥回流液中所含有的硝酸盐可在其中得以反硝化。主反应区主要完成降解有机物和同步硝化/反硝化过程，在沉淀阶段结束后将剩余污泥排出，剩余污泥浓度一般为 10g/L 左右；处理出水通过主反应区末端的电动升降式滗水器来完成。

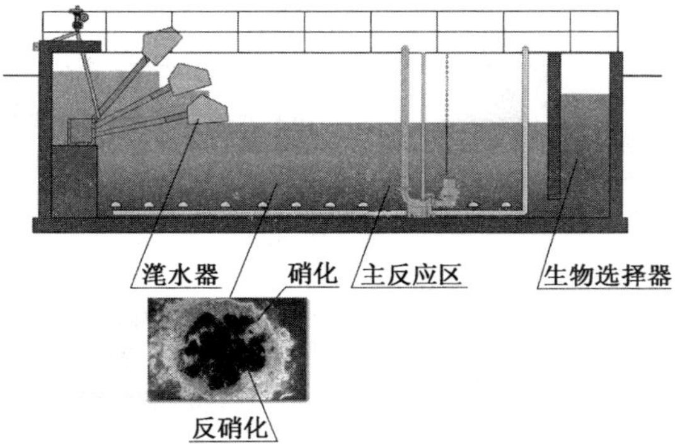

图 3－4－5 C－Tech 工艺反应池的结构示意图

图 3－4－6 表示单池或多池 C－Tech 系统的工艺循环操作过程，每一循环具体可划分为进水/曝气、沉淀、滗水、闲置等 4 个阶段。在曝气阶段，反应池同时进水，其中的污泥呈均匀分布状态。在沉淀阶段，系统停止曝气和进水，此时进水可直接转换到另一个反应池。在沉淀阶段开始时，反应池中的泥水混合液尚有部分残余能量，污泥颗粒利用这部分残余能量进行絮凝。在残余能量消耗完后，污泥形成一边界层，并以成层沉淀的方式进行沉淀。由于在沉淀阶段无水力干扰因素存在，因而可以在池子中形成有利于沉淀的条件，沉降速度主要取决于沉降开始时的污泥浓度、反应池深度、反应池表面积以及污泥的沉降性能。在滗水阶段，滗水所需的时间往往小于理论设计最短时间，故滗水完成后的剩余时间即可作为闲置阶段，此阶段可以进行进水(不曝气)或其他反应过程。

该工艺将可变容积活性污泥法和生物选择器原理有机结合，简单地按曝气和非曝气阶段运行，通过时间开关加以控制，每一循环的出水量是变化的。在操作循环的曝气阶段(同时进水)一步完成生物降解过程(包括降解有机物、硝化/反硝化、生物除磷等过程)，在非曝气阶段完成泥水分离。在 C－Tech 系统中一般至少设两个反应池，在第一个反应池处于沉淀和滗水阶段，第二个反应池处于进水和曝气阶段，反之亦然。为避免反应池进水因短流而影响出水质量，在反应池自身处于沉淀、撇水阶段时，一般需中断进水。在设有 4 个反应池的系统中，通过合理选择各个反应池的循环流程，可以实现连续均匀的进水和出水。根据运行经验，在旱季流量条件下，C－Tech 系统以 4h 循环周期能达到最佳的处理效果(2h 曝气，

2h 非曝气）。在负荷较低时，可以调整循环周期内各个阶段的时间分配以适应此时的进水负荷。如果实际进水负荷仅为设计负荷的 50%，则在 4h 循环周期中，可采用 1h 曝气、3h 关闭曝气的方式运行。另外，还可考虑 6h 和 8h 的循环周期，这种根据进水负荷来调整运行状态所展现的灵活性是其他连续流系统所无法比拟的。

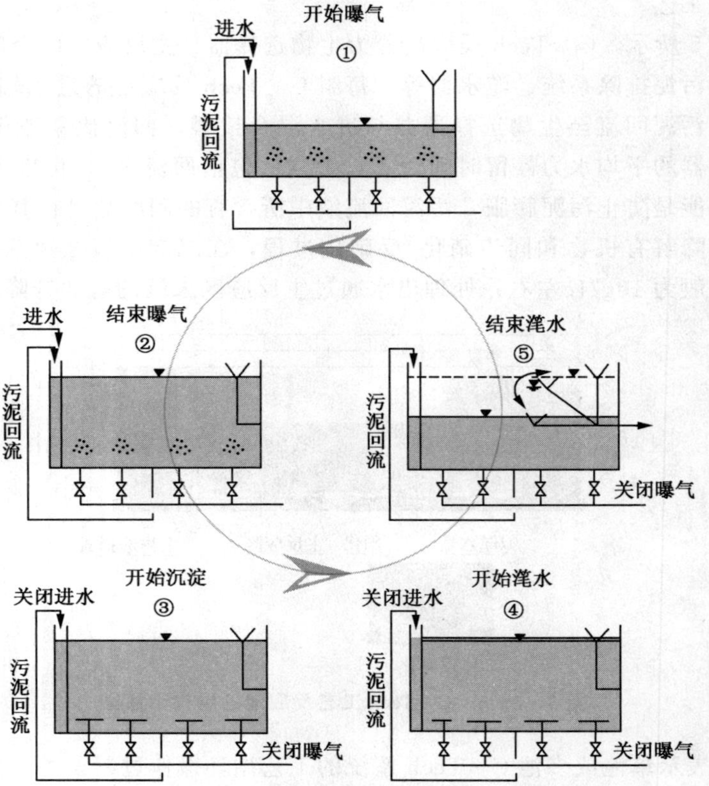

图 3-4-6　C-Tech 工艺的操作循环过程示意图

迄今为止，循环周期为 4h 的 C-Tech 系统已成功应用于 120～210000m^3/d 规模的污水处理厂。澳大利亚 Quakers Hill 污水处理厂比较具有代表性，该厂设计时采用模块化布置方案，根据进水水量情况逐步建成，全部建成后共有 5 组 C-Tech 反应池，每组 C-Tech 反应池的长度为 131m，宽度为 76m，反应池表面积达 9956m^2。生物选择器的平均水力停留时间为 1.0h（包括回流量），采用管式橡胶膜曝气器，曝气时间为 2h，滗水速率为 13mm/min。

(3)CASS 工艺

CASS(Cyclic Activated Sludge System/Process/Technology，CASS/CASP/CAST，循环式活性污泥法)工艺是由 Mervyn C. Goronszy 教授在 ICEAS 工艺的基础上开发而成，于 1984 年、1989 年分别在美国和加拿大取得专利。该工艺按曝气与不曝气交替运行，将生物反应过程与泥水分离过程集中在一个反应池中完成，污水按照一定的周期和阶段得到处理。根据生物反应动力学原理，使污水在反应池内的流动呈现出整体推流而在不同区域内为完全混合的复杂流态，从而保证处理效果的稳定。

如图 3-4-7 所示，CASS 反应池一般分为第一区（生物选择器）、第二区（预反应区）和第三区（主反应区）三个部分，对于典型的生活污水处理而言，三者的容积比一般为 1：2：17，具体数值根据试验确定。生物选择器设置在 CASS 反应池的前端，原污水与从主反应区回流来的污泥在此混合。此区内的水力停留时间一般在 0.5～1.0h 之间，通常在厌氧或缺氧条件下运行，基本功能是防止产生污泥膨胀，同时还具有促进磷的进一步释放和强化反硝化的作用；另外在该区内的难降解大分子物质易发生水解作用，这对提高有机物的去除率具有一定的促进作用。第二区在部分缺氧条件下运行，还具有对进水水质水量变化的缓冲作用。第三区（主反应区）则是最终去除有机污染物的主要场所，运行过程中，通常控制曝气强度以使该区内的主体混合液处于好氧状态，完成有机物的降解过程。第三区（主反应区）底部的活性污泥则基本处于缺氧状态，部分污泥通过潜水泵不断从主反应区抽送至生物选择器中。

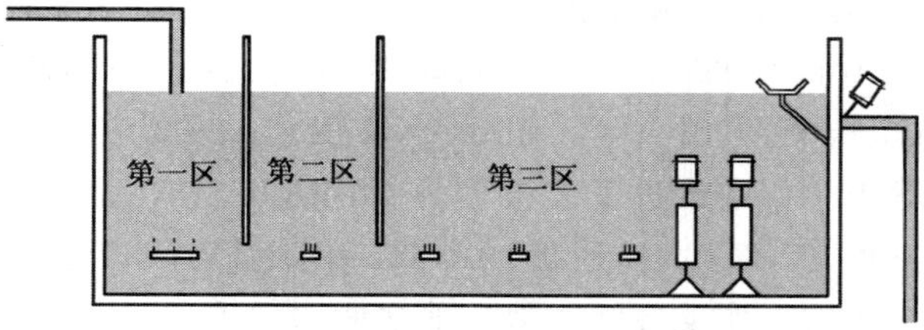

图 3-4-7　CASS 反应池的结构示意图

如图 3-4-8 所示，CASS 工艺的每一操作循环周期由四个阶段组成：进水-曝气、进水-沉淀、滗水、闲置（视具体运行条件而定）。在曝气阶段和沉淀阶段都不停止进水，而在滗水阶段停止进水；污泥回流一直不停止。

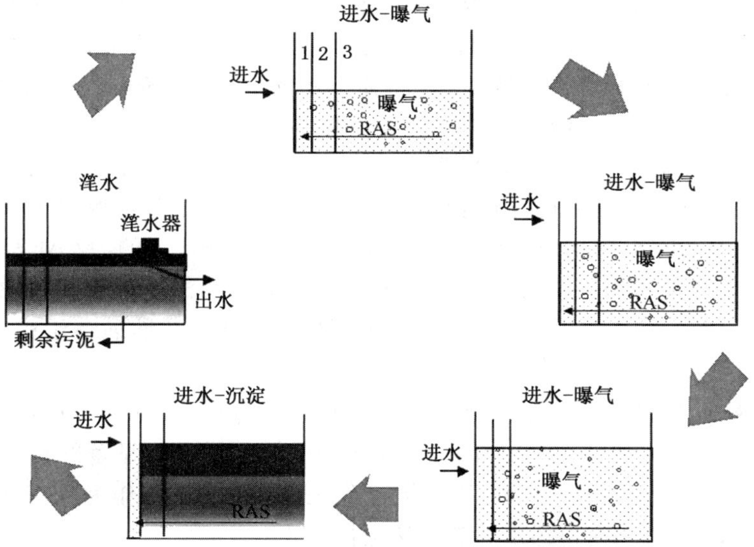

图 3-4-8　CASS 工艺的操作循环过程示意图（RAS＝回流活性污泥）

CASS 生物选择器和缺氧区的设置以及污泥回流措施，保证了活性污泥不断地在生物选择器中经历一个高絮体负荷（S_0/X_0）阶段，从而有利于系统中絮凝性细菌的生长，进一步有效抑制丝状菌的生长和繁殖，并可以起到控制污泥膨胀、增强有机物去除率和脱氮除磷的作用。系统以推流方式运行，而各反应区则以完全混合方式运行，以实现同步碳化和硝化/反硝化（脱氮除磷）功能，其本质与 A^2/O 工艺类似。CASS 工艺与 ICEAS 工艺的主要区别是污泥负荷不同：ICEAS 工艺属于周期循环延时曝气范畴，污泥负荷通常控制在 0.04～0.05kg BOD_5/（kgMLSS·d）之间，但以此负荷进行设计，其工程投资与其他生化处理方法相比几乎没有优势；CASS 工艺的污泥负荷为 0.1～0.2kg BOD_5/（kgMLSS·d）或再高一些，仍能达到与 ICEAS 工艺相当的去除效果，而且有利于形成絮凝性能好的污泥。污泥负荷的提高使 CASS 工艺的投资比 ICEAS 工艺节省 25％以上。

(4)UNITANK 工艺

20 世纪 90 年代，比利时西格斯工程公司(Seghers Engineering NV，现属于 Képpel Seghers 集团)开发了 UNITANK 工艺，该工艺是在欧洲注册的工艺名称，而在美国、加拿大等国类似的改进工艺被称为 MSBR/CSBR 工艺。2003 年，Keppel Seghers 集团又推出了第三代 UNITANK 系统(Advanced UNITANK)。UNITANK 系统的主体是一个被间隔成数个单元的矩形反应池，池与池之间水力连通，每个池都设有独立的曝气系统，可以采用鼓风曝气或表面曝气。如图 3-4-9 所示，典型的是三格矩形反应池，外侧两个矩形反应池的容积较大，设有固定出水堰及剩余污泥排放口，两池交替作为曝气池和沉淀池，污水可以交替进入三池中任意一个；中间一个矩形反应池只作为曝气池。通过程序调节污水可以进入三个矩形反应池中的任意一个，采用连续进水，周期交替运行。在自动控制下使各矩形反应池处于好氧、缺氧及厌氧状态，以完成有机物和氮、磷的去除。

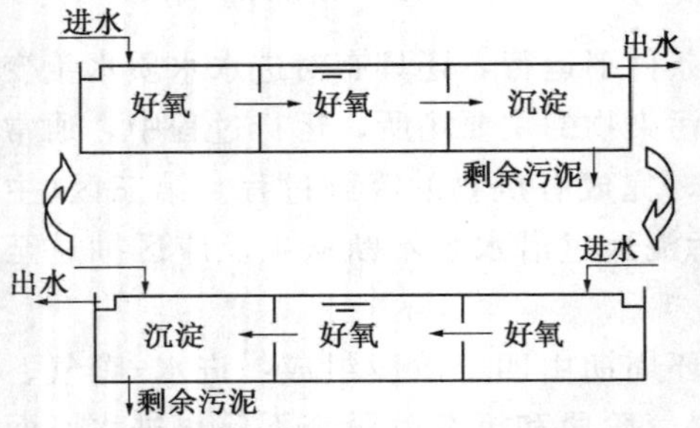

图 3-4-9　UNITANK 工艺主体反应池示意图

与普通活性污泥法相比，UNITANK 工艺不需要另设二次沉淀池、混合液回流及污泥回流设备；一般情况下也可不设调节池，初沉池是否设置可根据具体情况而定。该系统在恒定水位下交替运行，出水采用固定堰而非滗水器。在任一时刻总有一个矩形反应池作为沉淀池，该沉淀池相当于平流式沉淀池，故在设计上需要满足功能要求。UNITANK 工艺集合了 SBR 和传统活性污泥法的优点，已成为一种高效、经济、自动化程度高的污水处理工艺。自 UNITANK 工艺成功应用于澳门凼仔污水处理厂后，国内也曾经掀起了一股 UNITANK 工艺热潮，上海和广州分别建有规模为 40 万 m^3/d 和 22 万 m^3/d 的污水处理厂。

UNITANK 工艺的最根本问题是：由于中池和边池的地位不一致，致使边池总有一段时间兼作沉淀池，而中池总是作为曝气池，造成边池污泥浓度远远高于中池。因此 UNITANK 工艺的发明人在离开 Képpel Seghers 公司之后，提出了变型工艺——LUCAS 工艺(Leuven University Cyclic Activated Sludge system 和 Low-cost Unobtrusive Compact Advanced Sustainable)。如图 3-4-10 所示，LUCAS 工艺最为显著的特点是 4 个反应池(也可以采用 2 个或 3 个反应池)的作用完全对等，采用轮换方式作为曝气池和沉淀池。此外，4 个反应池串联运行，使得污水的流态接近推流式。

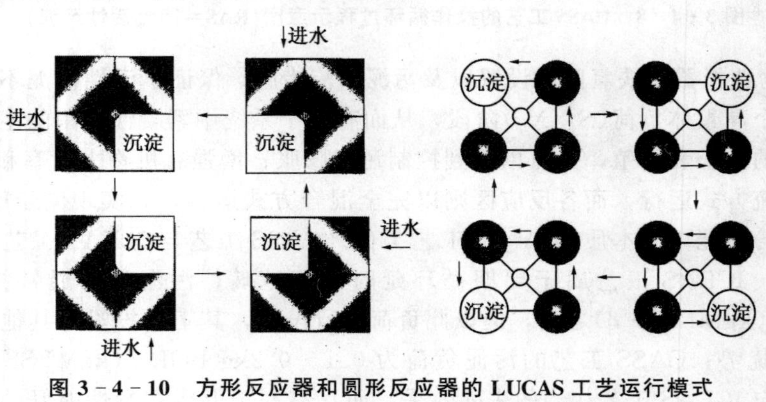

图 3-4-10　方形反应器和圆形反应器的 LUCAS 工艺运行模式

二、滗水器的分类与结构

滗水器(Water decanter，或称撇水机、滗析器、移动式出水堰)是常规 SBR 及其变型工艺中最常用的关键设备，用于在沉淀阶段结束后，将与活性污泥分离开来的上清液排除，而表面浮渣被有效地截留在反应池内。滗水器的主要功能应满足：①追随水位连续排水，为取得分离后澄清的上清液，集水部分应靠近水面，在排出上清液的同时能随反应池水位的变化而变化，具有连续排水的能力；②定量排水，运作时既能不扰动沉淀的污泥，又能不带出池中的浮渣，按规定的流量排放；③有高可靠性，滗水器在排水或停止排水的运行中，有序的动作应正确平稳、安全可靠、耗能小、使用寿命长。

滗水器的形式随工艺条件和反应池池形的不同而有所不同，目前在用滗水器的形式多样，分类标准各不相同。表 3－4－1 从不同的角度对滗水器进行了归纳分类，下面予以代表性介绍。

表 3－4－1　滗水器的结构分类

<table>
<tr><th>形式</th><th colspan="4">分类</th><th>说明</th></tr>
<tr><td rowspan="5">固定式</td><td rowspan="5">按排水方式分</td><td colspan="3">虹吸式</td><td>靠虹吸原理完成排水工作</td></tr>
<tr><td rowspan="4">重力流式</td><td rowspan="3">固定管式</td><td>单层</td><td rowspan="3">靠固定的穿孔管集水，由阀门控制排水。优点是结构简单，无需浮动或浸没式运动机械组件以及水下阀门，维护方便，能够较为精确地在最低液位处停止滗水</td></tr>
<tr><td>双层</td></tr>
<tr><td>多层</td></tr>
<tr><td colspan="2">短管式</td><td>靠喇叭管集水，由阀门控制排水</td></tr>
<tr><td rowspan="19">升降式</td><td rowspan="8">按集水方式分</td><td rowspan="3">堰槽式</td><td colspan="2">圆形堰</td><td>堰槽为环形，堰式进流</td></tr>
<tr><td colspan="2">单面矩形堰</td><td>堰槽单面开口，堰式进流</td></tr>
<tr><td colspan="2">多面矩形堰</td><td>堰槽 2 面、3 面或 4 面开口，堰式进流</td></tr>
<tr><td rowspan="2">穿孔管式</td><td colspan="2">单管</td><td>以单根管道集水</td></tr>
<tr><td colspan="2">多管</td><td>以 2 根以上管道集水</td></tr>
<tr><td rowspan="2">吸口式</td><td colspan="2">虹吸</td><td>靠水下虹吸口滗水</td></tr>
<tr><td colspan="2">泵吸</td><td>一般靠泵类设备完成滗水动作</td></tr>
<tr><td colspan="3">堰门式</td><td>类似给排水工程中的堰门，靠门板的上下移动，完成闲置与滗水</td></tr>
<tr><td rowspan="3">按排水管性质分</td><td>柔性管</td><td colspan="2">波纹管</td><td>以浮力和柔性管的可变性，作为追随水位变化的主要方法</td></tr>
<tr><td rowspan="2">刚性管</td><td colspan="2">可伸缩套筒</td><td>以可伸缩的套筒作为追随水位变化的手段</td></tr>
<tr><td colspan="2">旋臂直管</td><td>以刚性直管的转动作为追随水位变化的主要方法</td></tr>
<tr><td rowspan="5">按追随水位变化的力分</td><td rowspan="2">浮筒力</td><td rowspan="2">变浮力</td><td>注气</td><td>给浮筒注气并排出浮筒内的水，使集水管上浮，完成闲置；反之则完成滗水</td></tr>
<tr><td>压筒</td><td>将浮筒下压，使集水口抬高，闲置；反之则滗水</td></tr>
<tr><td rowspan="3">机械力</td><td colspan="2">钢索传动</td><td>以钢丝绳牵引，使集水口抬出水面而闲置；重力下放滗水</td></tr>
<tr><td colspan="2">螺杆传动</td><td>以螺杆的转动，在机构作用带动下完成闲置和滗水动作</td></tr>
<tr><td colspan="2">电动推杆传动</td><td>以电动推杆的动作，在机构作用带动下完成闲置和滗水动作</td></tr>
<tr><td rowspan="3">按自动化程度分</td><td colspan="3">手动</td><td>定期、定时以手动操作使之滗水或闲置</td></tr>
<tr><td colspan="3">半自动</td><td>以水位和时间作为条件，连续控制滗水或闲置</td></tr>
<tr><td colspan="3">全自动</td><td>对水质、水位进行连续监测与控制，实施周期性滗水或闲置</td></tr>
</table>

1. 固定式滗水器

固定式滗水器一般都由固定不变的排水管组成，不随水位的变化而运动，因此仅适用于不追随水位变化的场合，具体包括固定管式、虹吸式滗水器等结构形式。

(1)固定管式滗水器

也称为固定深度滗水器(Fixed - depth decanter)，一般有单层固定管式、双层固定管式滗水器两种类型，如图 3 - 4 - 11 所示。该类滗水器在系统设计时需要考虑两个问题，一是在曝气阶段避免污水进入滗水器管路内，二是在滗水阶段避免浮渣进入集水口。可以采用电磁阀调节控制出水流量使之尽量平稳，同时采用气动机构操控集水口开度大小以避免浮渣进入。

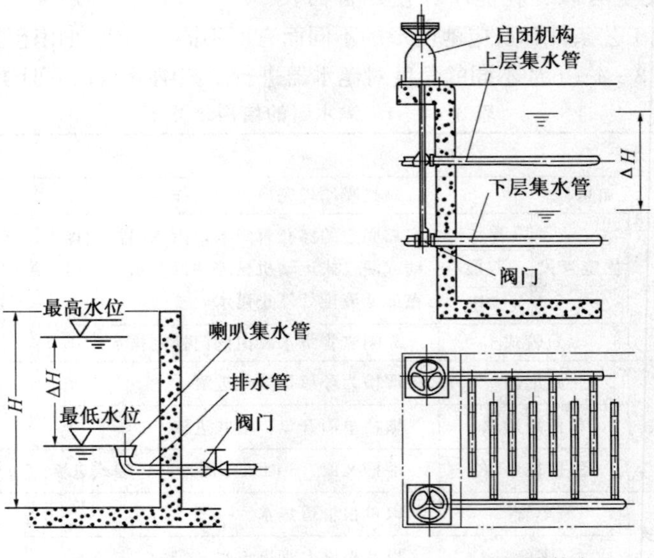

(a)单层固定管式　　(b) 双层固定管式

图 3 - 4 - 11　固定管式滗水器的结构示意图

(2)虹吸式滗水器

虹吸式滗水器的结构简单，操作控制方便，无运动部件，控制阀门仅是一个小口径的真空破坏阀(一般采用 $DN50$)，因此尽管存在占据曝气池容积较大、安装后难以调整位置等缺点，但应用仍然较为普遍。常用气锁式虹吸滗水器(Gas Locked Siphon Decanter)的滗水深度为 0.5～1.0m，滗水负荷为 1.5～2.0L/(m・s)，如图 3 - 4 - 12 所示，该滗水器主要由滗水短管(也称吸水竖管)、排水支管、排水总管(也称水平堰臂)、U 形管、进/排气电磁阀等组成。吸水竖管上端与排水支管连接，吸口向下且直径应大于 ϕ80mm，每 1～1.2m^2 均匀布置一吸口；吸口末端可在其内液面上升高度 h 的基础上，增加 10cm 左右的余量，应尽量减少进口流速使排水均匀，防止搅动沉泥。每一排水支管设置吸水竖管数不多于 6～8 个，每一排水总管布置 8～12 根排水支管。U 形管中部分充满水以形成水封，U 形管最低部位一般低于最低水位 10cm，其一侧与低于反应池最低水位的出水管相连以排出上清液，在与出水管连接侧的上端还设有溢流管；在另一

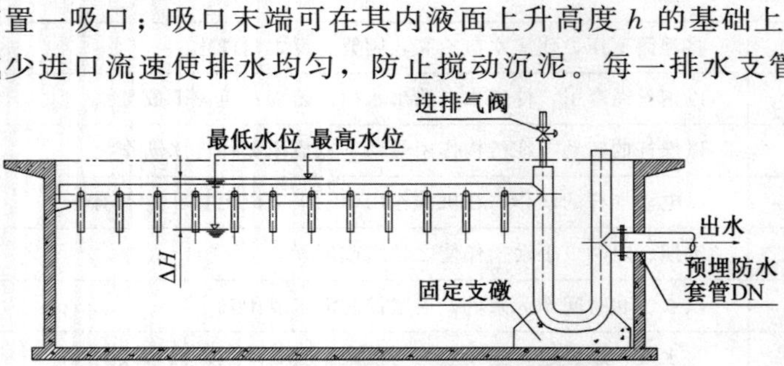

图 3 - 4 - 12　虹吸式滗水器的结构示意图

侧与排水总管连接的端口设有进/排气电磁阀与大气相通，利用阀门的启闭以形成或破坏虹吸状态。在进水、曝气阶段，进/排气电磁阀关闭，反应器中的水位不断上升，此时空气被阻留在滗水器管路中，短管中的空气被水头压向上方。由于U形存水弯的存在，空气的压力被U形存水弯内造成的水位差所平衡，只能滞留在管路中，气阻使反应器中的水不能流出。为防止由于反应器内静水压过高，破坏上述平衡而使污水溢流出反应器，设置最高滗水液位(TWL)开关，并在此时将进水阀门关闭。曝气反应及沉淀阶段结束后，打开进/排气电磁阀，放出部分被封的空气，滗水阶段开始，上清液在静水压头的作用下开始出流；当水位降到与排水总管平齐时，关闭进/排气电磁阀，此时出水流进入虹吸状态。当液位降至最低滗水液位(BWL)开关位置处时，打开进/排气电磁阀，随着空气的进入，虹吸被破坏，停止排水；当排水完全停止后，进/排气电磁阀再次关闭，形成气锁，并开始新一轮的进水、曝气循环。

2. 柔性管滗水器

柔性管滗水器属于升降式滗水器，一般由集水组件、排水管、柔性连接管(一段或两段)、导轨(或导杆)以及支架等组成，追随水位变化的力可以是恒浮力，也可以是变浮力或机械力。导轨(或导杆)主要与集水组件配合使用，起导引其运动方向的作用；支架主要用于在反应池处于排空期时支撑集水组件。该类滗水器最显著的结构特点是，通过柔性连接管将集水组件与排水管相连。柔性连接管可以采用高强度橡胶软管或柔性波纹管，考虑到管子越粗柔性越差，故滗水量一般不宜过大。

(1)注气式柔性管滗水器

依靠给浮筒或浮箱内通入压缩空气，排除其内的水，使集水堰槽上浮完成闲置；反之进行滗水。由于追随水位变化的力是浮力，故通常也称为浮筒式或浮箱式滗水器。图3-4-13为

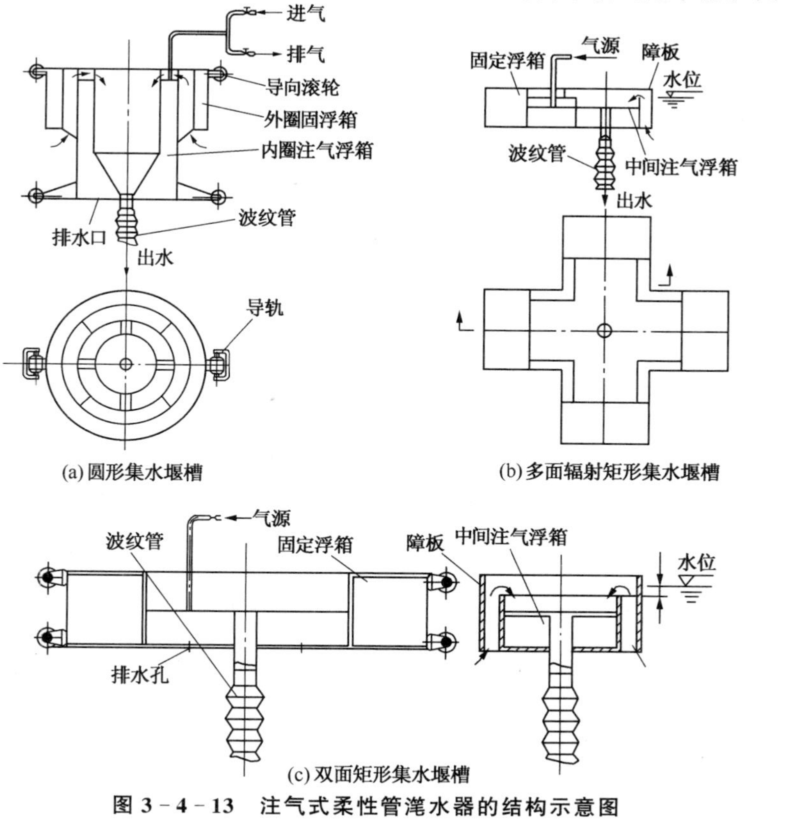

图3-4-13 注气式柔性管滗水器的结构示意图

采用不同集水堰槽的注气式柔性管滗水器，主要由外部固定浮箱、内部注气浮箱、柔性伸缩管、排水弯管、控制电磁阀、输气软管、导轨等组成，一般排水量 150～200m^3/h。需排水时(水位一般在最高位置)，进气电磁阀自动关闭，排气电磁阀自动打开，注气浮箱内的空气排出，浮箱下沉淹没进水口，开始排水。排水经注气浮箱中心管进入柔性伸缩管及排水弯管排出池外，注气浮箱随水位下降而下降，柔性伸缩管相应逐渐压缩。当下降至最低水位时，水位信号器发出信号，排气电磁阀自动关闭，进气电磁阀自动打开，向注气浮箱内通入压缩空气，排除其内的水而使之上浮，集水堰槽进水口离开水面，停止排水，多余空气自排气管排出。注气浮箱随池内水位上升而上升，直至最高位置，进入下一循环。滗水器操作所用的压缩空气，可自曝气池空气干管上直接引接，不必另备气源。

(2)钢索式柔性管滗水器

如图 3－4－14 所示，其滗水靠自重与钢丝绳控制下降速度进行，到设定最低水位时停止下降，回位靠钢丝绳牵引。一般采用电动绞车来收放钢丝绳。

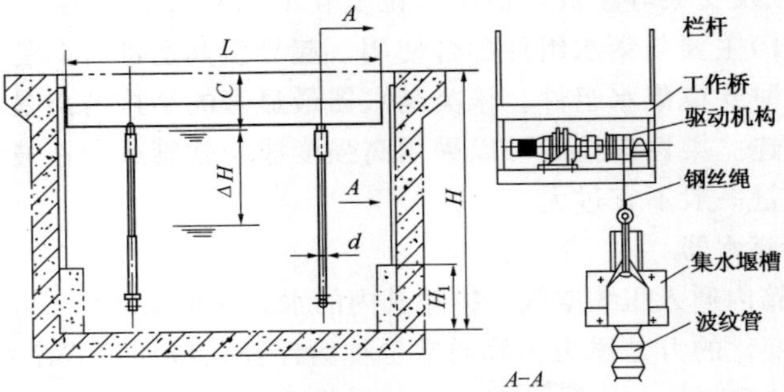

图 3－4－14　钢索式柔性管滗水器的结构示意图

(3)可调节柔性管式滗水器

该滗水器的集水组件由浮筒及进水头组成，后者由气缸、推杆、曲轴、闸门等组成。由于浮筒的浮力，使进水头可随水面的变化而变化，并设法保证水面上的浮渣不进入排水管内。开始排水时，通入压缩空气至气缸，使气缸内的推杆前伸带动曲轴打开闸门，进水头开始集水；停止排水时，只需将输气软管中的空气排出，气缸内的推杆后缩通过曲轴将闸门关闭；滗水器不工作时，闸门处于常闭状态。KBS 型可调节柔性管式滗水器的结构如图 3－4－15 所示。

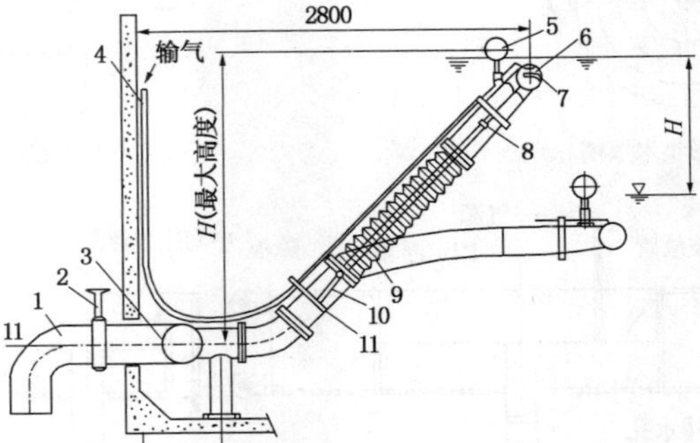

图 3－4－15　KBS 型可调柔性管式滗水器的结构示意图

1—出水弯管；2—闸门安装与自定位；3—T 形管；4—气管；5—浮筒；6—浮动进水头；7—闸门；8—导杆；9—波纹管；10—支撑杆；11—限位板

3. 套筒式滗水器

套筒式滗水器属于升降式滗水器中的刚性管滗水器，其总体结构由可升降的集水堰槽和可伸缩的套筒等部件组成，按照传动方式有丝杠式和钢丝绳式两种。前者在一个固定的平台上通过电动机带动丝杠螺母机构，螺母旋转而丝杠往复直线运动，进而带动集水堰槽上下运动；后者通过电动机带动滚筒上的钢丝绳，进而带动集水堰槽上下运动。集水堰槽的下端固定连接有若干条一定长度的直管，直管套在带有橡胶密封的套筒上，套筒末端固定在反应池底的穿墙出水管上。上清液由集水堰槽流入，经套筒导入出水管后，排出反应池。在堰口上有一个拦浮渣和泡沫用的浮箱，采用剪刀式铰链和堰口连接，以适应堰口淹没深度的微小变化。

套筒式滗水器的滗水高度 0.8～1.2m、滗水负荷 10～12L/(m·s)，缺点是滗水深度受外套管容纳内套筒长度的限制，不能满足某些滗水深度大于 2/5 池内水深的工艺要求。图 3-4-16 为双吊点丝杠螺母传动套筒式滗水器的结构示意图。

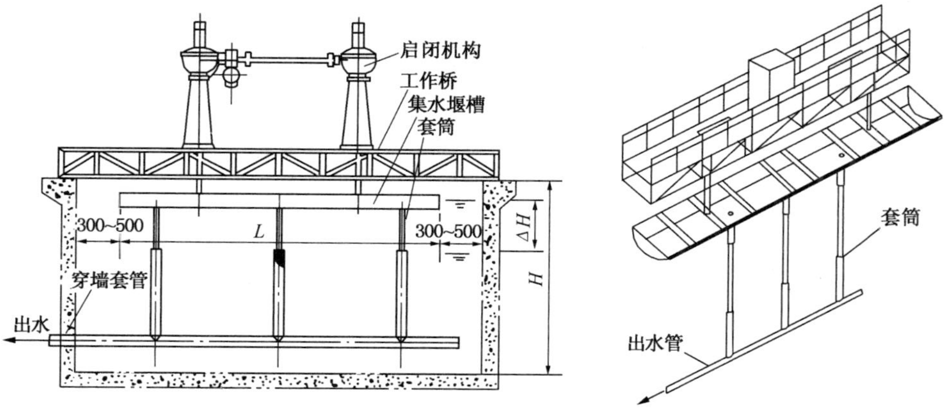

图 3-4-16 双吊点丝杠螺母传动套筒式滗水器的结构示意图

4. 旋转式滗水器

旋转式滗水器或悬臂直管式滗水器属于升降式滗水器中的刚性管滗水器，目前在较大规模 SBR 水处理工程中应用较为广泛，其滗水深度一般可至 3m 左右。主要由集水管或集水堰槽、排水支管、排水总管、回转接头、出水总管、回转支座、旋转动力机构、控制系统等组成。工作过程中，集水堰槽绕出水总管做旋转运动，滗出上清液，液位也随之同步下降。旋转式滗水器一般采用重力自流，当滗水器降至最低位置时，堰槽内最低水位与池外水位(或出水总管中心)之差 ΔH 一般为 500mm 左右，集水堰槽长度一般不超过 20m，滗水深度不宜小于 1m。旋转式滗水器通过密封接头来连接排水总管和出水总管，以保证集水堰槽的上下运动并实现可靠排水，由于既要承受来自排水总管的各种作用力，又要能够在各个角度下可靠地连接排水总管和出水总管，回转接头的设计显得尤为重要。

根据所采用旋转动力机构的不同，旋转式滗水器可分为压筒旋转式、注气旋转式、绳索牵引旋转式、螺杆传动旋转式、电动推杆旋转式等几类。

(1)压筒旋转式滗水器

如图 3-4-17(a)所示，该滗水器主要由浮筒(或浮箱)、滗水堰槽(或集水管)、排水支管、排水总管、回转接头、回转支座、气缸等组成。工作过程中靠浮筒的浮力追随水位的变化，排水支管与排水总管固定连接在一起，都可绕回转接头转动。当需要停止滗水时，由气源供气，气缸内的推杆前伸，将浮筒(或浮箱)下压而抬高集水管口，从而使滗水器处于闲置状态；当需要滗水时，气源向气缸另一端供气，气缸内的推杆后缩，浮筒(或浮箱)处于上浮状态。集水管排气，使池内的上清液不断流入集水管，经排水支管和排水总管顺利排出，从而完成滗水动作。

(2)注气旋转式滗水器

如图 3-4-17(b)所示，该滗水器滗水时，使浮箱泄气进水，从而使集水管下沉，排出一定的气体后开始滗水，直到滗水结束；启动空压机，使浮箱内进气，置换排出浮箱内的水，浮力增加将集水管抬起而高出水面，停止滗水，滗水器处于闲置等待状态；池内水位升高时，浮箱带动集水管一起上浮，直到下一个循环。由于滗水过程中不同角度的重力不同，故应允许流量稍有变化。若要实现恒流量，在设计时保证浮力的应变是关键，必须使浮力的应变量应始终等于重力的增加量。

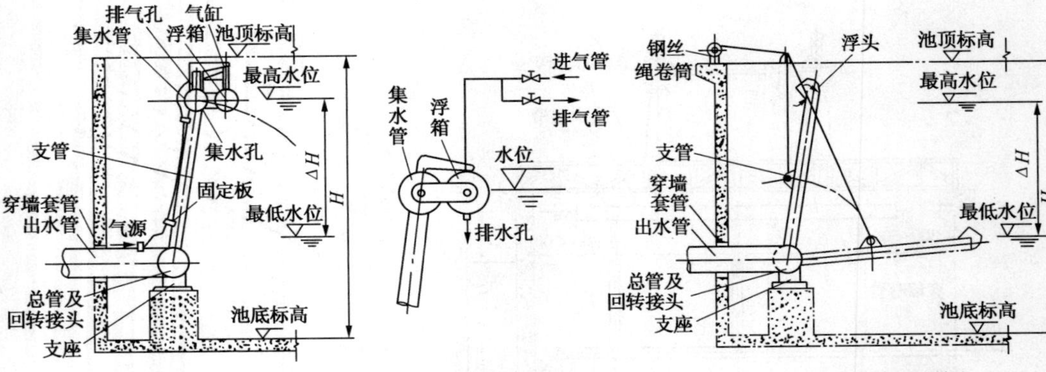

(a)压筒旋转式　　(b)注气旋转式　　(c)绳索牵引旋转式

图 3-4-17　旋转式滗水器的结构示意图

(3)绳索牵引旋转式滗水器

如图 3-4-17(c)所示，绳索牵引旋转式滗水器主要由电动机＋减速器、钢丝绳卷筒、滗水堰槽(或集水管)排水支管、排水总管、出水总管、回转接头、回转支座等组成。闲置时，由钢丝绳卷筒将集水管吊离水面。滗水时，钢丝绳卷筒放松，由于相对于排水总管及回转接头中心的重力力矩大于浮力和各部摩擦力产生的力矩之和，因此集水管降至水面开始排水。

(4)螺杆传动旋转式滗水器

如图 3-4-18 所示，螺杆传动旋转式滗水器主要由滗水堰槽、排水支管、排水总管、出水总管、回转接头、回转支座、导轨与支杆、连杆及丝杠螺母传动副等组成，丝杠下端适当部位或螺母与连杆之间以铰链转动副连接。从机构运动学的角度来看，实际上相当于搭建了一个曲柄滑块机构。早期多采用手动传动，目前多采用电动机＋减速器驱动。当需要排水时，控制元件给出信号，电动机＋减速器带动螺母或丝杠原位旋转，则丝杠或螺母匀速下降，驱使连杆按照一定的轨迹作平面运动，推动固定连接的排水支管和排水总管一起，绕着排水总管中心线作定轴变角速度旋转运动。可以通过合理设计搭配结构尺寸参数，使滗水堰槽按设定速度等速下移，完全均量滗水，池面液位相应随滗水堰槽同步下降。可由液位控制仪给出最低极限信号，当滗水结束后，电动机＋减速器带动螺母或丝杠原位反向旋转，则丝杠或螺母均速上升，通过连杆最终牵引集水堰槽旋转上移，快速回程到预定位置，超出高水位的最高点后停在待机位置闲置，等待下一个循环，如此周而复始。

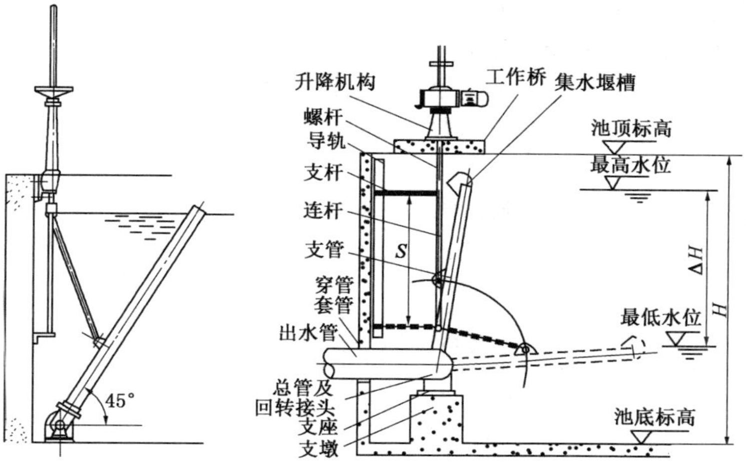

(a)手动螺杆传动　　(b)电动螺杆传动

图 3－4－18　螺杆传动旋转式滗水器的结构示意图

在反应池进水水位的上升速度大于滗水堰槽的上升速度时，一种办法可以考虑将常规恒速电动机改为变频电动机，使滗水堰槽的复位速度加快；另外一种办法是采用开合螺母，当滗水堰槽上移时开合螺母脱开，使滗水堰槽依靠浮力上移。后一种办法的优点是可实现随机控制，缺点是传动机构变得复杂，且滗水前传动螺杆必须克服滗水堰槽较大的浮力。

(5)电动推杆旋转式滗水器

如图 3－4－19 所示，电动推杆旋转式滗水器主要由电动推杆、滗水堰槽、排水支管、排水总管、出水总管、回转接头、回转支座等组成。电动推杆主要由电动机、齿轮减速机构、丝杠、铜螺母、导向套、推杆、滑座、弹簧、缸筒座、连接叉微动控制开关等组成，目前已经成为一种标准部件，结构紧凑、一体化程度较高。电动机通过一级或二级齿轮减速后，带动丝杠螺母传动副，最终把电动机输出轴的旋转运动变为推杆的直线运动，利用电动机的正反转实现推杆的往复直线动作，而且输出推拉力基本相等。因结构简单紧凑，目前该类滗水器的使用日趋广泛，已经远超螺杆传动旋转式滗水器。

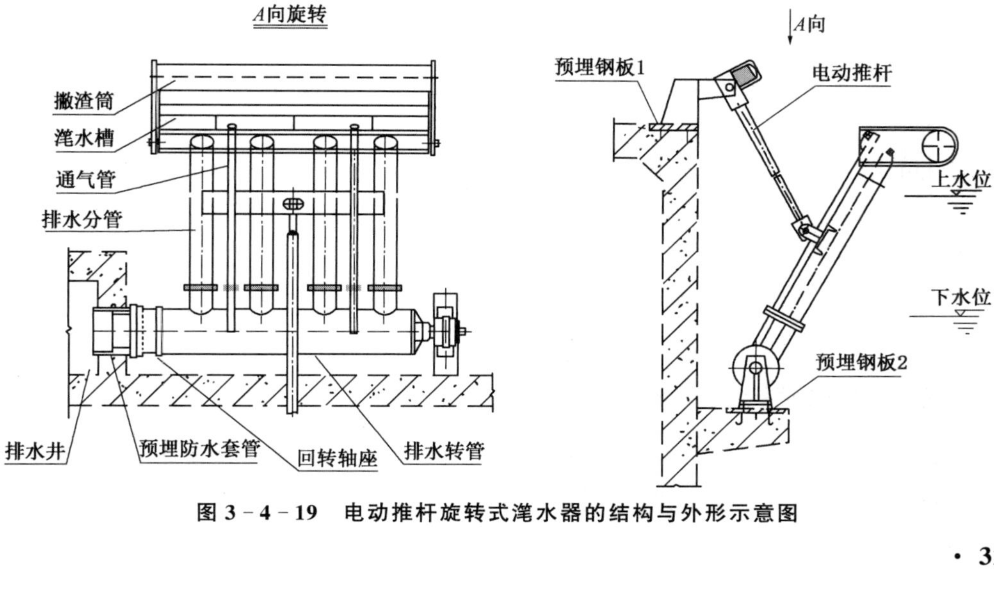

图 3－4－19　电动推杆旋转式滗水器的结构与外形示意图

电动推杆旋转式滗水器是将整个电动推杆通过铰链转动副安装在池体或机架上，使之能够整体发生小弧度的定轴摇动，同时将推杆的工作前端与排水支管区域某处以铰链转动副连接。从机构运动学的角度来看，实际上相当于搭建了一个曲柄摇块机构。工作过程中，由推杆的往复直线运动和整个电动推杆的定轴摇动复合叠加成一个较为复杂的平面运动，最终推动排水支管围绕排水总管中心线作变速圆弧旋转运动，进而实现与螺杆传动式滗水器相同的功能。

PS－1型电动推杆旋转式滗水器的规格参数如表3－4－2所示。控制柜由可编程控制器(PLC)等元器件构成，可以同时控制滗水、曝气、清除污泥、预警事故等动作，实现自动化运行。

表3－4－2　PS－1型电动推杆旋转式滗水器的规格参数列表

型号	PS80A/B	PS120A/B	PS200A/B	PS300A/B	PS450A/B	PS600A/B	PS800A/B	PS1000A/B
最大滗水行程/mm	2000	2000	2000	2000	2000	2500	2500	2500
推荐滗水行程/mm	1500～1800	1500～1800	1500～1800	1500～1800	1500～1800	1600～2200	1600～2200	1600～2200
滗水堰槽宽度/mm	1000	1500	2000	2500	3000	3500	4000	5000
排水支管管径×数量	DN150×1	DN200×1	DN200×1	DN200×1	DN200×2	DN200×2	DN200×3	DN2000×4
滗水量/(m^3/h)	80	120	200	300	450	600	800	1000
单程滗水时间/h	≥0.5	≥0.5	≥0.5	≥0.5	≥0.5	≥0.5	≥0.5	≥0.5
电机功率/kW	0.37	0.37	0.37	0.37	0.37	0.55	0.75	1.1

注：A型机全部采用不锈钢制造，B型机全部采用碳钢制造。

5. 堰门式滗水器

堰门式滗水器(也称电动旋转可调堰门、旋转式调节堰门、可调式出水堰)，采用门板绕铰接座转动而改变堰口高度，用来配水、排水及控制水位的高低，进而达到调节水位、水量的目的。在氧化沟工艺中可与转刷(碟)曝气设备配套使用。

普通堰门式滗水器与堰门相同，只是比普通堰门多一挡渣板，其滗水深度有一定的局限性。图3－4－20为电动旋转可调堰门的结构示意图，调节螺杆在电动执行机构的旋转带动下作上下垂直运动，连杆的两端呈铰支式，堰门体底部为旋转轴支承，在螺杆及连杆的带动下堰门体围绕底部销轴做定轴旋转运动，堰门达到的不同角度可以控制水位的不同。驱动部分采用设有电动、手动两种形式的阀门电动机构，电动机构内设有行程控制及过力矩保护；螺杆采用T形螺纹；堰门体与堰门支架之间、堰门板与侧板之间均设有橡胶密封板，橡胶密封板材料采用丁腈橡胶。

需要指出的是，目前还出现了集曝气、混合、滗水为一体的设备，如美国Aqua－Aerobic Systems公司的Aqua CAM－D®等。

三、螺杆传动旋转式滗水器的设计

设计滗水器时应兼顾以下因素：①为保证出水水质和单位时间的流量，应根据工艺要求确定合理的滗水范围(或滗水深度)、滗水速度和滗水时间；②由于排水管道通常是空管，进水时会发生气阻，设计中排水管道采用满流或接近满流排水时，应采取必要的排气措施；③对介于气、液二相之间的滗水部件应考虑材料的适应性；④当对滗水速度有较高要求时，可优先考虑机械与动力配合；⑤当滗水器在曝气阶段有污水进入时，在操作过程中应考虑滗水前将污水排出；⑥设计时应着重考虑浮力与重力之间的平衡问题，进而使所耗用的功率最小；⑦依靠恒定浮力作用的滗水器，滗水时的浮力应始终大于重力，并有足够的裕度，避免在滗水过程中发生下沉现象；⑧在考虑滗水堰槽或集水管的结构形式时，应注重浮渣挡板的设计，避免浮渣进入。

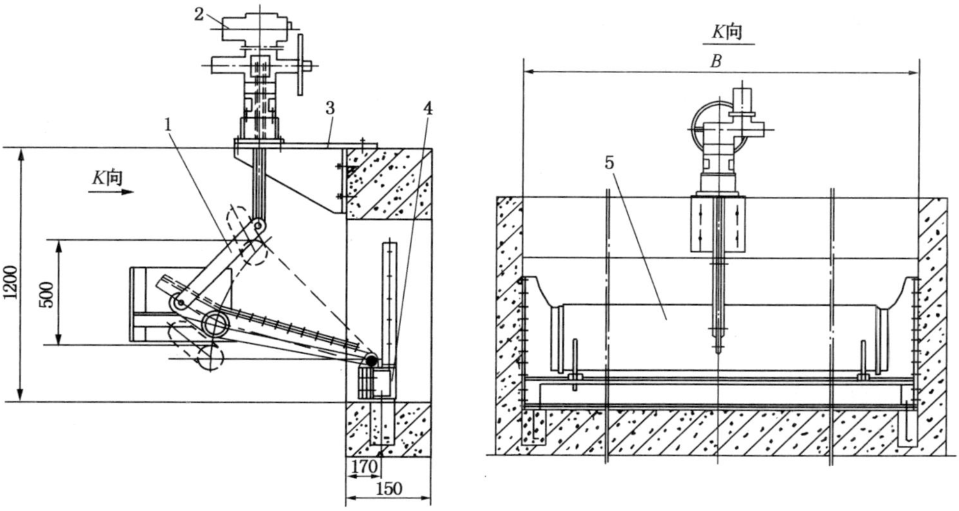

图 3-4-20　电动旋转可调堰门的结构示意图

1—连杆升降机构；2—驱动部分；3—支架；4—底座；5—堰门

1. 适用条件

当传动螺杆以定速驱动滗水堰槽下降时，堰槽口的运行轨迹为圆周运动，随着下降过程中角度的变化，其圆周切向速度为匀速，而水平运行分速度与垂直下行分速度则是一组变量，且越接近水平位置时水平运行分速度越慢而垂直下行分速度越快。由于越接近滗水的最低水位，也就越接近于池底部的活性污泥区，因而此时按工艺设计要求滗水速度应以缓慢为宜，否则会将池底的沉淀污泥翻起与上清液一并排除，使出水水质受到严重破坏，故保证垂直下行分速度为匀速十分重要。

根据图 3-4-21 所示，当 $e=0$、$L_1=L_2$ 时，可以导出 $\Delta x=\Delta y$。若记 a 点上升速度（螺杆移动速度）为 v_a、b 点上升速度为 v_b，则在 Δt 时间内有

$$v_a=\frac{\Delta x+\Delta y}{\Delta t}=2v_b \quad (3-4-1)$$

要使滗水堰口等速率运行，当 $\Delta x=\Delta y$ 时，d 点上升速度 v_d 必须有

$$v_d=v_bL_3/L_1=0.5v_aL_3/L_1 \quad (3-4-2)$$

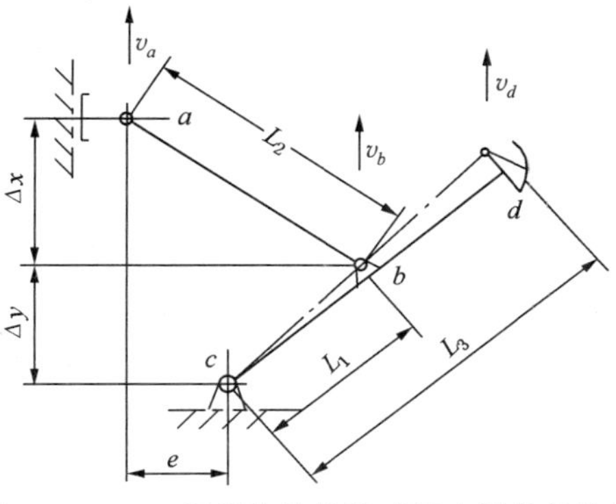

图 3-4-21　螺杆传动旋转式滗水器的结构简图

2. 结构尺寸计算

(1)滗水堰槽堰长 L 的计算

在恒定位移条件下，要使整个滗水过程状态稳定，最好是在滗水堰槽和排水支管之间添加旋转接头，但这种方法较为复杂。为防止滗水时浮渣影响水质，一般可采用图 3-4-22(a)所示固定钢板作为内外浮渣挡板的形式，也可以采用如图 3-4-22(b)所示以浮箱作为挡渣板的形式。前一种形式的滗水堰槽由内侧浮渣挡板、外侧浮渣挡板、滗水堰口和侧挡渣板等组成，上清液从内侧浮渣挡板与滗水堰口之间进入，经滗水堰口流入排水支管，液面上的浮渣始终被浮渣挡板隔开。SBR 反应池中曝气沉淀后的水面浮渣一般厚约 50mm，设计时考虑内侧浮渣挡板上端在最高水位时高于水面 100mm，下端在最低水位时低于水面 120mm，外侧浮渣挡板在最低水位时高于水面 100mm 即可。

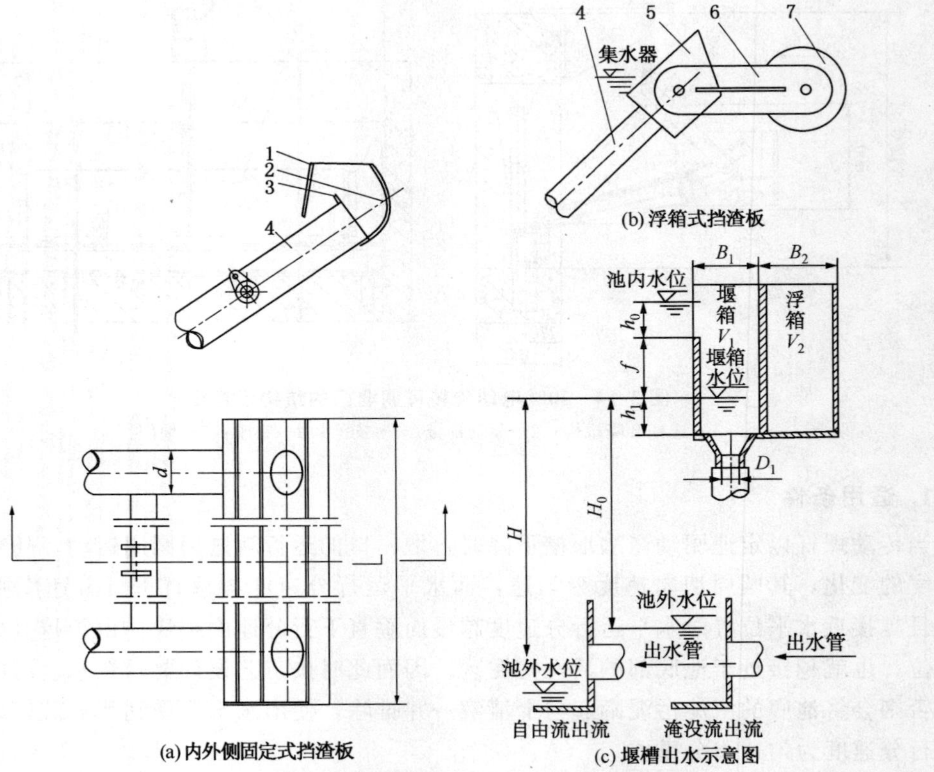

图 3-4-22 堰口挡渣板的结构示意图

1—内侧挡渣板；2—外侧挡渣板；3—滗水堰口；4—排水支管；5—滗水堰槽；6—挡渣连杆；7—挡渣浮箱

滗水堰槽的堰长 L 可按通用矩形平堰公式计算如下

$$L=\frac{Q}{\mu_1 h_0\sqrt{2gh_0}}\ (\mathrm{m}) \qquad (3-4-3)$$

式中 μ_1——矩形薄壁堰流量系数，可由 T. Rehbock 公式求出；

h_0——滗水堰口水位高度(又称壅水高度)，如图 3-4-22(c)所示。

也可采用简化公式计算如下

$$L=Q/3.6\mu\ (\mathrm{m}) \qquad (3-4-4)$$

式中 Q——单台滗水器流量，m^3/h；

μ——滗水堰口的堰流负荷，一般为 20～40L/(m·s)。

(2)排水总管管径 D 的计算

$$D=kQ^{0.5}g^{-0.25}H^{-0.25}\text{(m)} \qquad (3-4-5)$$

式中 H——当滗水器降至最低位置时，滗水堰槽内最低水位与池外水位(或出水口中心)差，取小值；

k——流速系数，与重力加速度及流量系数有关，与 H 成反比，一般为 1.06～1.42。

(3)排水支管直径 d 的计算

排水支管面积和排水总管面积相等时，会造成阻流现象，故应考虑一定的安全系数，排水支管直径 d 的计算公式如下

$$d=k_1n^{-0.5}D\text{ (m)} \qquad (3-4-6)$$

式中 k_1——支管面积安全裕度，与支管长度有关(一般为 1.05～1.1)；

n——支管数量。

(4)排水支管长度的计算

图 3-4-23 给出了旋转式滗水器的两个极限位置，从图中可以看出，旋转式滗水器的有效转动范围与滗水深度密切相关，ψ 角为挡住浮渣的最小角度。在上极限位置时，传动螺杆与集水槽之间有一定的安全角度 θ 以防止碰撞，一般取 3°～5°；在下极限位置时，也宜设计一定的起始角度 β，使滗水堰口的最低位置不应低于排水总管上口。滗水堰口至排水总管中心轴线长度 B 的计算公式如下

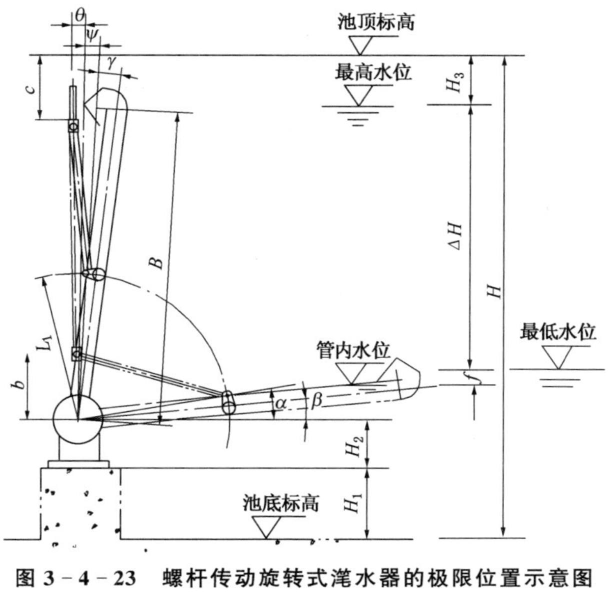

图 3-4-23 螺杆传动旋转式滗水器的极限位置示意图

$$B=\frac{\Delta H}{\cos(\theta+\psi)-\sin(\beta+\gamma)}\text{ (m)} \qquad (3-4-7)$$

式中 ΔH——滗水深度，m(采用旋转式滗水器一般最小滗水深度不宜小于 1m)；

$\theta+\psi$——滗水堰口上极限角，(°)；

$\beta+\gamma$——滗水堰口下极限角，(°)。

计算得到滗水堰口至排水总管中心轴线长度 B 后，就大致可以确定排水支管的长度。

一般而言，曲柄滑块机构中连杆的长度 L_1 与滑块上所受的作用力成反比，即 L_1 值越大，滑块上所受的作用力越小；L_1 值越小，各杆件受力越大，因此 L_1 宜取 $0.3 \sim 0.5B$。当 $L_1 > 0.5B$ 时也不宜超出图 3-4-23 中 c 值的范围(约 400mm)，否则需要相对抬高操作平台的高度。

(5)流量、滗水时间与滗水速度的计算

为保证整个工艺的连续出水，单个反应池中滗水器的台数、单台流量和滗水时间应根据工艺要求确定，滗水时间一般为 1h 左右。若滗水过程在沉淀过程之后，则滗水时间应尽量缩短；若滗水过程穿插在沉淀过程之中，则滗水时间不能小于沉淀时间。单台滗水器流量 Q、滗水时间 T、滗水深度 ΔH 三者之间的关系为

$$T=\frac{A\Delta H}{Qn'},\ v'=\frac{\Delta H}{T} \tag{3-4-8}$$

式中 Q——单台滗水器的流量，m^3/h；

n'——单个反应池中滗水器的数量；

A——单个反应池的面积，m^2；

v'——单个反应池的水位下降速度，m/h；

T——单个反应池的滗水时间，h。

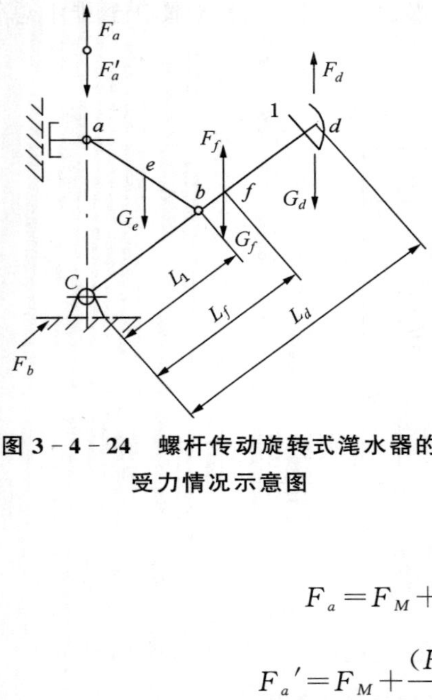

图 3-4-24 螺杆传动旋转式滗水器的受力情况示意图

单个反应池中多台滗水器滗水堰槽的垂直下降速度(滗水速度)按下式计算

$$v_d=\frac{Qn'}{A} \tag{3-4-9}$$

3. 各构件的受力分析计算

(1)传动螺杆作用力的计算

计算传动螺杆作用力前应先计算浮力，浮力的计算可分作两步考虑：①滗水前，浮力等于支管的有效容积加上集水槽的有效容积；②滗水时，浮力等于滗水前的浮力减去滗水时滗水器中所增加的水重。如图 3-4-24 所示，根据理论力学中力的平衡原理，可分别求得滗水前后传动螺杆拉动时最大作用力 F_a 和螺杆压动时最大作用力 F_a' 的表达式如下

$$F_a=F_M+\frac{G_eL_1+2G_dL_d+2G_fL_f+M}{4L_1}\text{(N)} \tag{3-4-10}$$

$$F_a'=F_M+\frac{(F_d-G_d)L_d+(F_f-G_f)L_f+M}{2L_1}\text{(N)} \tag{3-4-11}$$

式中 G_e——连杆组件的重力，N；

G_d——滗水堰槽组件的重力，N；

G_f——排水支管组件的重力，N；

F_d——滗水堰槽组件所受到的浮力，N；

F_f——排水支管组件所受到的浮力，N；

F_M——支杆组件在导轨中往复运动时所产生的摩擦阻力，与加工精度有关；

M——回转接头所产生的摩擦扭矩，N·m，与加工精度、密封材料和回转接头的直

径有关。

由上述公式可以看出，在整个工作过程中，传动螺杆的作用力与转动角度无关。螺杆压动时最大作用力 F_a' 的计算公式为近似计算式，一般作验算用，当排水支管和滗水堰槽的浮力远大于其重力而致使 F_a' 大于 F_a 时，应按 F_a' 的大小确定功率和计算构件刚度。

(2)连杆与支杆的受力计算

连杆承受的力为

$$F'=\frac{F_a}{\sin\alpha} \tag{3-4-12}$$

支杆承受的力

$$F''=\frac{F_a}{\tan\alpha} \tag{3-4-13}$$

上述公式表明，连杆和支杆的受力随 α 角的变化而不同，设计时应根据 F' 和 F'' 的最大值进行强度校核；刚度校核时，上式 F_a 值应以 F_a' 代入，同样取其最大值。

(3)排水总管支承的受力计算

如图 3-4-25 所示，排水总管与排水支管之间通常为利用法兰固定连接的分散式结构。排水总管支承置于排水总管的中间部位，结构应为半圆板对夹式。排水总管支承的另一种结构是设置在排水总管两端部位，此时排水总管与排水支管之间可以直接采用焊接连接。排水总管支承的受力计算公式如下

$$F_c=\frac{F_a\cos2\alpha}{\sin\alpha}\ (\mathrm{N}) \tag{3-4-14}$$

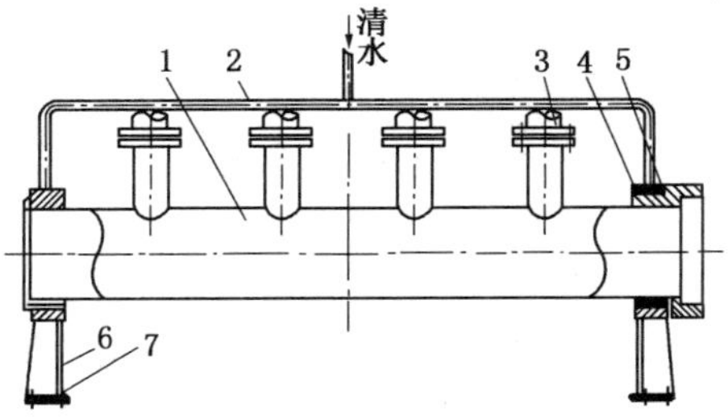

图 3-4-25 排水总管支承的结构示意图

1—排水总管；2—润滑水管；3—排水支管；4—衬套；5—轴瓦；6—支承座体；7—连接螺栓

4. 其他设计

(1)传动部分与传动功率

主要由电动机、减速器、丝杠螺母机构、过力矩保护机构、上下行程限位开关(两套)等组成。变速主要采用电磁调速电机或变频调速电机。选用成品电动机时，应考虑其连续工作时间。电动机功率 N 的计算公式如下

$$N=\frac{F_{\max}v_a}{\eta_n}\ (\mathrm{kW}) \tag{3-4-15}$$

式中 η_n——机械传动总效率，$\eta_n=\eta_1\eta_2\eta_3$，其中 η_1 为减速器传动效率、η_2 为轴承传动总效率、η_3 为丝杠螺母机构传动效率；

$F_{\max}$——传动螺杆的最大作用力，在 F_a、F_a' 中选取，kN；

v_a——传动螺杆的移动速度，m/s。

(2)回转接头

如图 3-4-26 所示，回转接头采用填料加压盖密封，与旋转套筒接头类似。

(3)导轨与支杆

图 3-4-27 所示，导轨与支杆采用滚轮摩擦副，导槽内设置耐磨条。也可采用滑块式结构，具体可参照机械设计手册的相关内容。

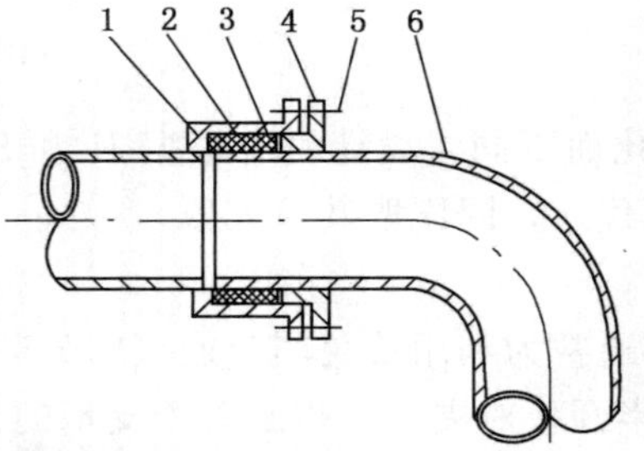

图 3-4-26　旋转接头的结构示意图

1—填料箱；2—填料；3—垫板；4—填料压盖；5—螺栓；6—弯头

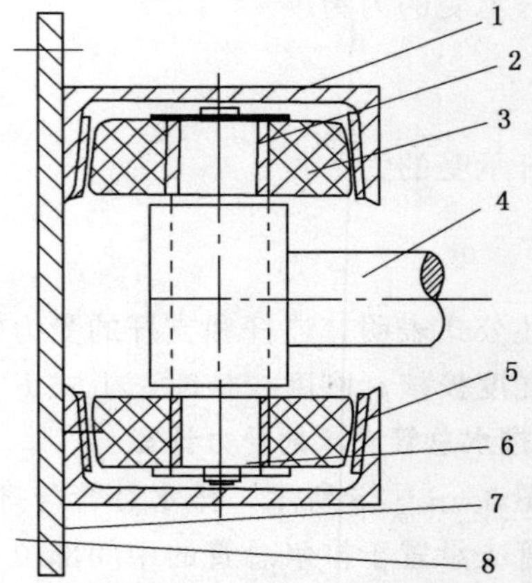

图 3-4-27 滚轮摩擦副的结构示意图

1—导槽；2—衬套；3—滚轮；4—支杆；5—耐磨条；6—销轴；7—连接板；8—连接螺栓

(4)自动控制

SBR 工艺对自动化水平要求较高，一般应设置滗水器专用控制装置。要求控制单元具有自动调整滗水速度、返程速度、停置时间、开车、停车、过载保护等功能，也可根据用户需求留有 PLC 接口，以具备现场操作与中央控制室联网控制的功能，实现 SBR 工艺的全程自动化。

一般而言，滗水行程极限信号除由时间继电器、液位计、泥水界面计或 OPR 测定仪等元件给出外，也可由上下行程限位开关给出，以避免产生故障和造成事故。上下行程限位开关的位置应该可调，以适应不同滗水深度的要求。为使滗水堰口垂直下行的分速度能够始终保持匀速，在设计中可采用将 PLC 与变频器、变频电动机组合的方案，通过改变电动机转速使滗水堰口垂直下行的分速度始终为匀速；同时要求滗水器回程的上行速度必须大于反应池进水上升速度，否则未经处理的原水将溢出池外。此外，如果将滗水过程安排在沉淀过程中，首先应该考虑滗水范围(也称滗水区域)的问题，确定滗水堰槽的下移速度。应该结合污泥下沉速度，在确保滗水的同时不影响污泥沉淀，这样才能真正节省循环时间，提高效益。总之，设计时应该根据具体条件和自动化程度，先进行总体设计。

§3.5　好氧生物膜法系列工艺与设备

生物膜法是指使原水流过生长在固定或悬浮载体表面上的生物膜，利用生化作用和各相间的物质交换，降解水中有机污染物的方法。生物膜法可以分为生物滤池、生物转盘、生物接触氧化、流动床生物膜反应器等几大类，大多用于好氧生化处理，也可用于厌氧生化处理。本节侧重于介绍好氧生物膜法，首先可从生物膜的形成、成熟、投用、更新与脱落等几个方面来阐述其共同之处。①生物膜的形成：生物膜法的前提条件是有起支撑作用的固态载体——填料或滤料，含有机物、N、P、其他营养物质以及接种微生物的污水在固态载体表面流动，经过一定时间后，接种微生物会附着在载体表面增殖和生长，形成一薄层生物膜。②生物膜的成熟：生物膜从开始形成到成熟需要一定时间，市政污水在20℃条件下一般需要30d左右，此时生物膜上由细菌和其他微生物组成的生态系统以及生物膜对有机物的降解功能达到平衡和稳定状态；生物膜高度亲水，表面存在附着水层；高度密集的微生物主要起去除水中有机污染物的作用，形成有机污染物-细菌-原生微生物(后生微生物)的食物链。③生物膜的投用：由于生物膜表面附着水层中的有机污染物已经被生物膜氧化分解，致使其浓度要比原水低得多，当原水从生物膜表面流过时，原水中的有机污染物就会转移到附着在生物膜表面的水层中，并进一步被生物膜吸附，溶解氧也进入生物膜表面附着水层并向内部转移；生物膜上的好氧微生物对有机污染物进行分解且自身存在新陈代谢，产生的二氧化碳等无机物又沿着相反的方向转移，从而使出水中的有机污染物含量减少，原水得到净化。④生物膜的更新与脱落：随着生物膜厚度的不断增加，氧气不能透入的生物膜内部深处将转变为厌氧状态，因此成熟的生物膜一般都由厌氧膜和好氧膜组成，好氧膜是有机污染物降解的主要场所，厚度一般为2mm；厌氧的代谢产物增多，导致厌氧膜与好氧膜之间的平衡被破坏；气态产物的不断逸出减弱了生物膜在填料上的附着能力，生物膜老化后净化功能较差，且易于脱落。好氧生物膜法的运行原则是：①减缓生物膜的老化进程；②控制厌氧膜的厚度；③加快好氧膜的更新；④尽量控制使生物膜不集中脱落。

一、生物滤池

生物滤池是以土壤自净原理为依据，在污水灌溉实践的基础上，经较原始的间歇砂滤池和接触滤池发展起来的生化处理设备。图3-5-1所示为生物滤池的基本工艺流程，为了防止悬浮固体、油脂等堵塞滤料，原水必须通过初次沉淀等预处理后再进入生物滤池，稳定后的处理水(含脱落生物膜)也须进入二沉池进行固液分离。一般的生活污水在15～20℃条件下，约50d滤料表面上的生物膜即可培养成熟。

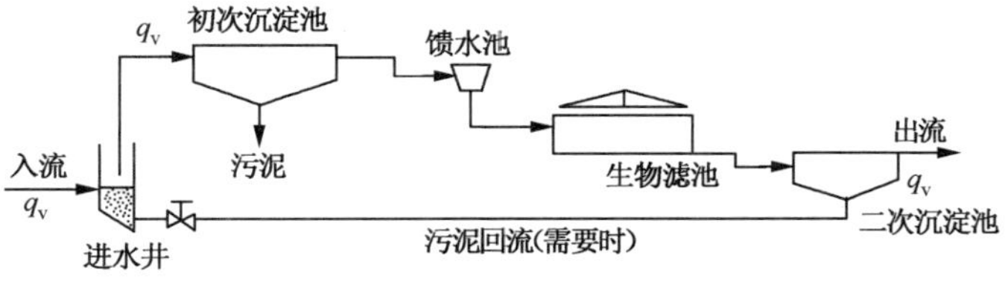

图3-5-1　生物滤池的基本工艺流程图

生物滤池按负荷高低，可分为低负荷生物滤池(又称普通生物滤池或滴滤池)、高负荷生物滤池和塔式生物滤池(塔滤，Biological tower filter)三种类型。

1. 普通生物滤池

普通生物滤池或滴滤池被称为第一代生物滤池，也是生物滤池最初的雏形，适用于处理污水量不大于1000m^3/d的生活污水和有机工业污水。如图3-5-2所示，普通生物滤池主要由池体、滤料、布水系统和排水系统等组成。池体的平面形状多呈方形、矩形或圆形。池壁多用砖、毛石、混凝土或预制板砌块等筑成，一般应高出滤池表面0.5～0.9m，具有围护滤料的作用，同时减少风力对池表面均匀布水的影响。池底一般具有1%～2%的坡度，其作用是支撑滤料和排出处理后的污水；池底四周设有通风孔，其表面积不小于滤池表面积的1%。

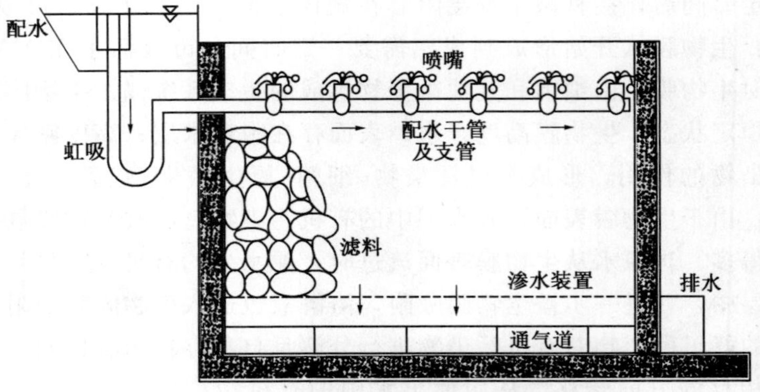

图 3-5-2　普通生物滤池的结构示意图

(1)滤床

滤床由滤料组成，可以采用碎石、卵石、炉渣或焦炭等实心粒状无机滤料，也可以采用由聚氯乙烯、聚苯乙烯和聚酰胺等材料制成的波纹板状、多孔筛状或蜂窝状人工有机滤料，后者更具有比表面积大($100\sim200m^2/m^3$)、空隙率高(80%～95%)等优势。滤料层一般由承托层(厚 0.2m，无机滤料粒径 60～100mm)、工作层(厚 1.3～1.8m，无机滤料粒径 30～50mm)两层填充而成。

(2)布水系统

布水系统的作用是将污水均匀分配到整个滤池表面，并应具有适应水量变化、不易堵塞和易于清通等特点。布水系统有固定式和可动式两种，经常分别采用固定喷嘴式布水系统、旋转式布水器。

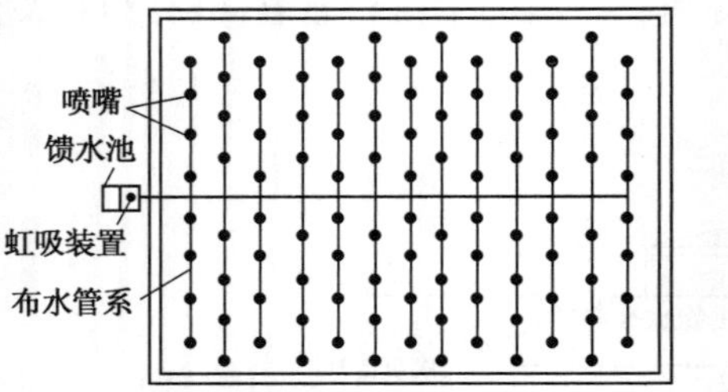

图 3-5-3　固定式喷嘴布水系统的示意图

如图 3-5-3 所示，固定喷嘴式间歇喷洒布水系统主要由馈水池、虹吸装置、布水管和喷嘴等组成，污水进入馈水池达到一定水位高度后，虹吸装置开始工作，污水进入布水管路。布水管敷设在滤料层表面下 0.5～0.8m，并设有一定坡度以便放空。喷嘴安装在布水管上，伸出滤料表面 0.15～0.20m，喷嘴的口径一般为 15～20mm。当水从喷嘴喷出，受到喷嘴上部设置的倒锥体阻挡，使水流向四周分散，形成水花，均匀喷洒在滤料上。当馈水池水位降到一定程度时，虹吸被破坏，喷水停止。这种布水系统的优点是运行方便，易于管理和受气候影响较小，缺点是需要的水头较大($20mH_2O$)。

(3)排水系统

排水系统位于滤池底部，包括渗水组件、集水渠和总排水渠等。渗水组件常使用钢筋混凝土板式结构，排水孔隙的总表面积不低于滤池总表面积的 20%，与池底之间的距离不小于 0.4m，其主要作用在于支撑滤料，排除滤池处理后的污水，并保证通风良好；池底以

1%～2%的坡度斜向集水渠(0.15m，间距 2.5～4.0m)；集水渠再以 0.5%～10%的坡度斜向总排水渠，总排水渠的坡度不小于 0.5%，其过水断面面积应小于总断面积的 50%，沟内流速应大于 0.7m/s，以免发生沉积和堵塞。

在普通生物滤池中，为了提供微生物生存所需的氧气，一般在滤池下部设有通风孔，依靠自然通风供氧。由于采用自然通风供氧，易造成运行过程中整个滤池高度上供气气压分布不均，形成沟流或短流，同时在滤池中容易形成气泡，造成局部气堵现象；而且供氧状况的好坏受制于池内温度与气温之差、滤池高度、滤料空隙率及风力等，较难给滤池提供较稳定、均匀的通风量。普通生物滤池负荷低、净化效果好(BOD 去除率可达 90%～95%)、污泥量少，但占地面积大、滤料易堵塞、易产生滤池蝇，一般适用于处理量不高于 $1000m^3/d$ 的生活污水和有机性工业污水。

2. 高负荷生物滤池

高负荷生物滤池(High - rate filter)是生物滤池的第二代工艺，其 BOD 容积负荷率高出普通生物滤池 6～8 倍，水力负荷率则高出 10 倍。高负荷生物滤池的进水 BOD_5 值必须小于 200mg/L，否则应采取处理出水部分回流措施。图 3 - 5 - 4 所示为部分回流式高负荷生物滤池，其构造与普通生物滤池基本相同，不同之处有：池体在平面上多呈圆形；粒状滤料的粒径一般为 40～100mm，空隙率较高，并广泛采用由聚氯乙烯、聚苯乙烯和聚酰胺制成的人工合成滤料；多采用连续工作的旋转式布水器。

如图 3 - 5 - 5 所示，旋转式布水器由固定不动的中心进水竖管和可旋转的布水横管组成。中心进水竖管通过轴承和外部配水短管相连，布水横管上开有布水小孔，可用电力或水力驱动旋转。目前应用最多的是水力驱动，它是在布水横管的一侧水平开设布水小孔，当原水以一定速度从小孔喷出时，在未开孔的管壁上产生反向压力，迫使布水横管绕中心进水竖管反向转动。布水横管的数目常取 2～4 根，多者可达 8 根。当池子很大时，为了满足布水的最大需要，也可在布水横管上再设分叉支管。布水小孔的直径为 ϕ10～15mm。由于喷洒面积随着与水池中心距离的增大而增大，因而孔间距应随着与池中心距离的增大而减小，以满足布水量的要求。为了布水均匀，相邻两根布水横管上的小孔位置在水平方向上应错开。布水横管距滤料表面的高度为 0.15～0.25m，喷水旋转所需的水头为 2.5～10 kPa。旋转式布水器的优点是布水比较均匀，淋水周期短，水力冲刷作用强；缺点是喷水孔易堵，低温时要采用防冻措施，仅适用于圆形滤池。

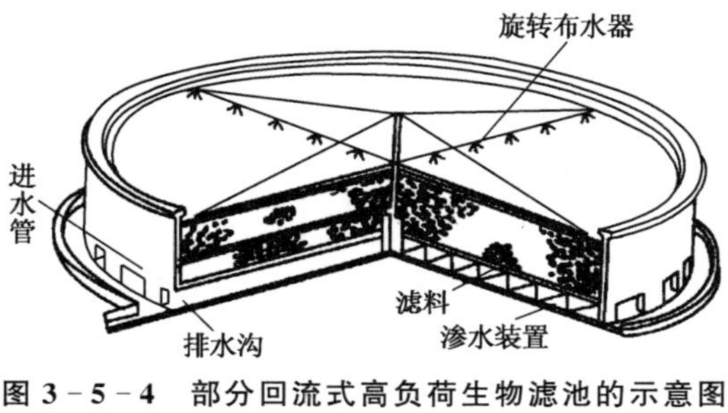

图 3 - 5 - 4　部分回流式高负荷生物滤池的示意图

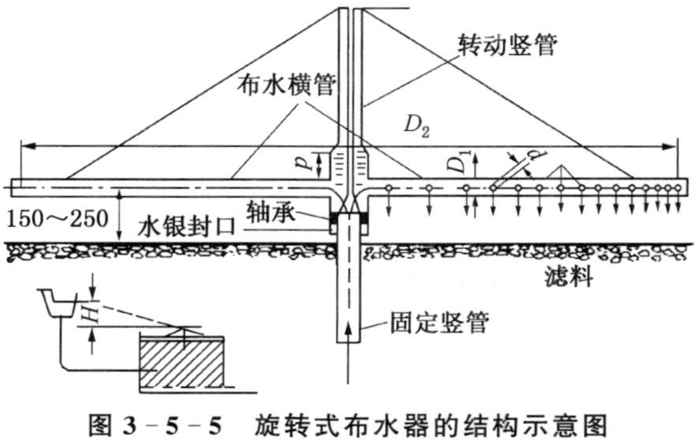

图 3 - 5 - 5　旋转式布水器的结构示意图

3. 塔式生物滤池

塔式生物滤池(Tower Filter)是 20 世纪 50 年代初期，吸取化工设备气体填料洗涤塔的特点而发展起来的高负荷生物滤池，也属于第二代生物滤池。如图 3-5-6 所示，主要由塔身、滤料、布水系统、通风以及排水系统等组成，塔体横截面多呈圆形。滤料层的总高度一般为 8～24m，直径 $\phi 1$～3.5m，直径与高度之比为 1∶8～1∶6。滤池内部能形成较强的拔风状态，污水自上而下滴流，水流紊动剧烈，通风良好；污水、空气、生物膜三者可以获得充分接触，加快传质速度和生物膜的更新速度。

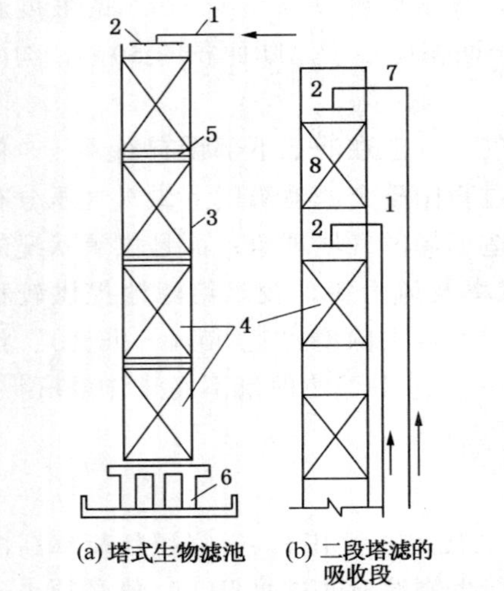

(a) 塔式生物滤池　(b) 二段塔滤的吸收段

图 3-5-6　塔式生物滤池的结构示意图

1—进水管；2—布水管；3—塔身；4—滤料；5—填料支撑；6—塔身底座；7—吸收段进水管；8—吸收段填料

塔身主要起围挡滤料的作用，一般可用砖砌筑，也可以在现场浇筑钢筋混凝土或采用钢筋混凝土预制板构件在现场组装；还可以采用钢制框架结构，四周用塑料板或金属板围嵌，以减轻整个塔体的重量。塔身沿高度常分数层建造，以每层高度以不大于 2.5m 为宜，在分层处设有格栅，格栅承托在塔身上，这样可以使滤料荷重分层负担，但各层之间的间隔应尽量减小，以防止已在滤料表面上均匀分布的污水重新汇集起来。每层还应设检修孔、测温孔和观察孔。塔顶上缘应高出最上层滤料表面 0.5m 左右，以免风吹影响污水的分布。塔式生物滤池的设计过程如下。

(1)滤料体积设计计算

①按水力负荷求滤料体积 V

$$V=\frac{Q_1+Q_2}{q_V}\ (\mathrm{m}^3) \tag{3-5-1}$$

式中　Q_1——污水流量，$\mathrm{m^3/d}$；

Q_2——气体净化器的淋水量，$\mathrm{m^3/d}$，一般 $Q_2=(\frac{1}{11}\sim\frac{1}{4})Q_1$；

q_V——体积水力负荷，即单位体积滤料每天流过的污水量（包括回流量），$\mathrm{m^3/(m^3 \cdot d)}$。

②按有机负荷校核滤料体积 V'

$$V'=\frac{(Q_1+Q_2)L_a}{N}\ (\mathrm{m}^3) \tag{3-5-2}$$

式中　L_a——进水 BOD_5 浓度值，mg/L；

N——有机负荷，指每天供给单位体积滤料的有机物量，kg BOD_5/[m^3(滤料)·d]。

如果 $V\approx V'$，则说明设计合理，否则应选择参数值进行计算。

(2)塔式生物滤池高度设计计算

塔式生物滤池的高度由塔底通风口高度 h_1、格栅高度 h_2、滤料高度 h_3、布水器高度 h_4、有毒气体净化器高度 h_5 等部分组成。

①塔底通风口高度 h_1

为了减少空气进塔阻力，通风口风速不宜过大，可与塔内风速相同，因而设计时取通风口总面积 $A\geqslant\frac{\pi D^2}{4nB}$，于是

$$h_1=\frac{\pi D^2}{4nB}\ (\mathrm{m}) \tag{3-5-3}$$

式中　n——通风口个数；

　　B——通风口宽度，m。

②格栅高度 h_2

各层滤料之间的格栅用于支承上层滤料，其高度一般取 0.25～0.40m，随滤料高度、分层数以及格栅的具体形式而有所不同。滤料分层时每层不宜大于 2m，而且每层均应设检修孔、测温孔以及观察孔。

③滤料高度 h_3

滤料高度与处理效率有关，塔高加大，可增加水与微生物新陈代谢及有毒物质的氧化降解。塔式生物滤池中滤料高度与进水有机浓度(BOD_{20})呈线性关系，可依据下式进行计算

$$h_3=0.04BOD_{20}-2\ (\mathrm{m}) \tag{3-5-4}$$

式中　BOD_{20}——20d 的生化需氧量，mg/L。

④布水器高度 h_4

随布水器形式而不同，一般可取 0.5m。

⑤有毒气体净化器高度 h_5

$$h_5=\frac{4V\times 0.05}{\pi D^2}\ (\mathrm{m}) \tag{3-5-5}$$

式中　V——滤料体积，m^3；

　　D——塔式生物滤池的内径，m。

另外，为了防止风力对塔式生物滤池内污水均匀分布的影响，塔顶应比滤料层高 0.5m 左右，所以塔式生物滤池的总高度为

$$H=h_1+h_2+h_3+h_4+h_5+0.5 \tag{3-5-6}$$

(3)塔式生物滤池内径 D 的确定

$$D=\sqrt{\frac{4V}{\pi h_3}}\ (\mathrm{m}) \tag{3-5-7}$$

式中　V——填料体积，m^3；

　　h_3——填料高度，m。

塔式生物滤池的主要优点：①对冲击负荷有较强的适应能力，其水力负荷率可达 80～200m^3(污水)/(m^2(滤池)·d)，为一般高负荷生物滤池的 2～10 倍；BOD_5 容积负荷率一般可达 0.5～2.5kg BOD_5/(m^3(滤料)·d)，为一般高负荷生物滤池的 2～3 倍，因此占地面积小，运行费用低。②由于塔内微生物存在着分层的特点，所以能承受较大的有机物和有毒物质的冲击负荷。③由于塔身较高，自然通风良好，空气供给充足，电耗较活性污泥法省，产泥量较普通活性污泥法少。塔式生物滤池的主要缺点：①当进水 BOD 浓度较高时，生物膜生长过速并频繁地脱落，易引起滤料堵塞，所以最好将进水 BOD 浓度控制在 500mg/L 以下，否则必须采用处理后的水回流稀释措施；②在地形平坦处需要消耗较多的污水抽提动力费用，并且由于塔身高使得运行管理不太方便。

4. 曝气生物滤池

曝气生物滤池(Biological Aerated Filter，BAF)是 20 世纪 80 年代后期开发的污水处理工艺，1990 年法国 OTV 公司建造了世界第一座曝气生物滤池，称为淹没式固定生物膜曝气

滤池。曝气生物滤池在普通生物滤池、高负荷生物滤池、塔式生物滤池、生物接触氧化法等生物膜法的基础上发展而来，被称为“第三代生物滤池”。采用人工强制曝气代替自然通风；采用粒径小、比表面积大的滤料，显著提高了微生物浓度；采用生化处理与过滤处理一体化运行，省去了二次沉淀池；采用反冲洗免去了堵塞的可能，同时提高了生物膜的活性；体现了现代污水处理技术向复合化发展的趋势。

(1)类型与基本结构

根据进水方式、填料等不同，曝气生物滤池可分为 BIOCARBONE、BIOSTYR、BIOFOR、BIOSMEDI、BIOPUR、B2A 等类型，其中 BIOCARBONE、BIOSTYR 由法国 OTV 公司研制开发，BIOFOR 由原法国 Degrémont 公司研制开发。根据污水过滤方向的不同，曝气生物滤池可分为上向流和下向流，二者的池型结构基本相同。早期的曝气生物滤池多采用下向流，如法国 OTV 公司研制开发的 BIOCARBONE 工艺。现在多采用上向流曝气生物滤池(简称 UBAF)，使布水、布气更加均匀；同时在水、气上升过程中可把底部截留的悬浮固体带入滤池中上部，增加了滤池的纳污能力，延长了工作周期。目前，UBAF 有 BIOSTYR、BIOFOR、BIOPUR 等多种形式，这里主要介绍 BIOFOR 工艺。

如图 3－5－7 所示，曝气生物滤池通常采用小阻力配水系统，滤池的底部为气水混合室，其上依次为滤板和专用长柄滤头、承托层、滤料层，曝气器位于承托层内，提供微生物新陈代谢所需的氧。滤板起着固定长柄滤头、承载生物滤料、间隔配水(气)室和反应池的作用，滤板、滤梁的设计施工要求与给水 V 形滤池相同。整个气、水反冲洗过程都通过专用长柄滤头完成，其结构与一般过滤用长柄滤头相同，但较长一些，约 355mm。BIOFOR 与 BIOSTYR 的结构、运行方式、功能等基本相同，不同之处在于：前者采用密度大于水的滤料自然堆积，滤板和专用长柄滤头在滤料层下部；而 BIOSTYR 中的滤板和滤头在滤料层顶部，以克服滤料层的浮力。

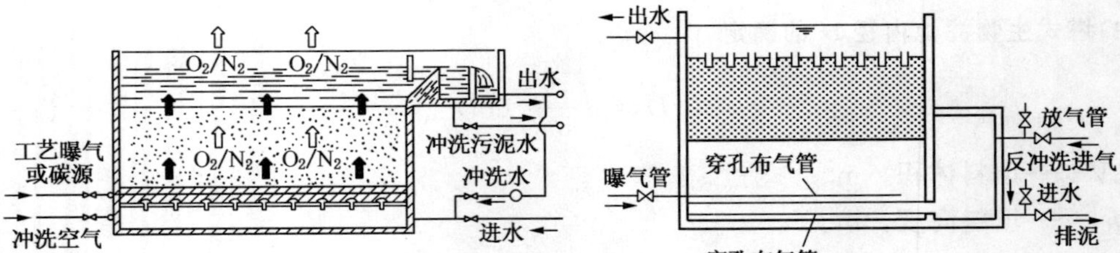

图 3－5－7　BIOFOR 滤池的结构示意图

原水由进水管流入缓冲配水区，在向上流过滤料层时，利用滤料高比表面积带来的高浓度生物膜的氧化降解能力快速净化污水，此为生物氧化降解过程；同时，污水流经呈压实状态的滤料层时，利用滤料粒径较小的特点及生物膜的生物絮凝作用，截留污水中的悬浮固体，且保证脱落的生物膜不会随水漂出，此为截留作用。处理后的水从出水区和出水槽由管道排出，运行一定时间后，出水中会有部分脱落的微生物膜而使出水水质变差，同时水头损失增加，此时就需对滤池进行反冲洗，以释放截留的悬浮固体以及更新生物膜。反冲洗水使用处理后的达标水，从滤池底部进入、从上部流出，反冲空气来自底部单独的反冲洗进气管。水气交替单独反冲，最后用水漂洗。滤层有轻微的膨胀，在流体对滤料的冲刷和滤料间相互摩擦作用下，老化的生物膜以及被截留的悬浮固体与滤料分离，在漂洗阶段被冲出滤池，反冲洗污水则返回到预处理构筑物。

在 BIOFOR 滤池中，有机物被微生物氧化分解，NH_3-N 被氧化成 NO_3-N；另外由于在生物膜的内部存在厌氧/缺氧环境，在硝化的同时实现部分反硝化。在无脱氮要求的情况下，滤池底部的出水可直接达标排放，一部分留作反冲洗之用；如果有脱氮要求，出水需进入下一级后置反硝化池。总的来看，根据曝气生物滤池在污水处理过程中去除污染物或营养物质的不同，可分为除碳型(BIOFOR®-C)、硝化型(BIOFOR®-N)、除碳-硝化型(BIOFOR®-C+N)、反硝化型(BIOFOR®-DN)等。功能的调整通过对曝气管道位置的设置(即好氧区及厌氧区的分配)，来控制硝化反应和反硝化反应的程度(也可以单独进行硝化反应或反硝化反应)，从而实现相应的功能。此外，也可由进水水质调控得以实现，如出水回流、进水投加除磷混凝剂等。

以图 3-5-8 所示的工艺流程为例，污水通过格栅、沉砂池除去粗大漂浮物和泥砂后，进入初沉池进行 SS、COD_{Cr}、BOD_5 和油脂的初步去除，出水从底部进入一级 BIOFOR 滤池(BIOFOR C/N)进行 COD_{Cr}、BOD_5 的降解及部分氨氮的氧化；上向流出水后，再从底部进入二级 BIOFOR 滤池(BIOFOR N)，进行剩余 COD_{Cr}、BOD_5 的降解及氨氮的完全氧化；如有除磷要求，再从底部进入三级 BIOFOR 滤池(BIPFOR DN)，通过在进水端投加碳源(如甲醇等)和化学除磷剂(如 $FeCl_3$)进行反硝化脱氮和化学除磷，最终达到排放标准。C/N 曝气生物滤池的供氧量包括去除污水中 BOD 的需氧量和氨氮部分硝化的需氧量两部分。N 曝气生物滤池主要用来对 C/N 曝气生物滤池出水中的氨氮进行硝化和反硝化，从而达到脱氮的目的。虽然二者的处理功能不同，但其结构完全相同，曝气系统一般都设置在滤池底部。可以根据不同出水水质标准，对 BIOFOR 的级数进行取舍。

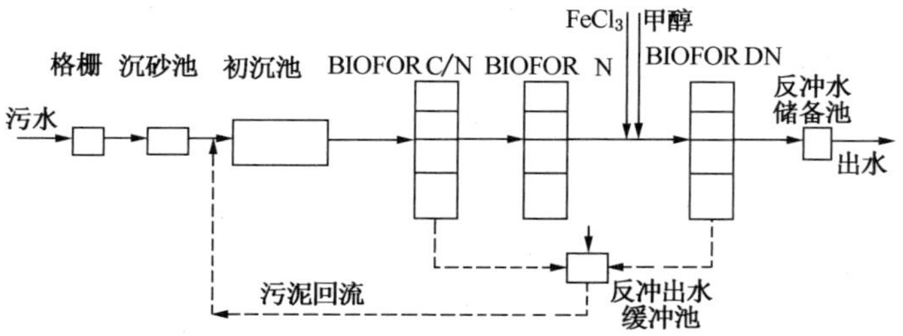

图 3-5-8　BIOFOR 曝气生物滤池的工艺流程示意图

BIOFOR 工艺中需另外建造两个池子，一为反冲洗水储备水池(可考虑与消毒池合并)，二为反冲洗出水缓冲池。BIOFOR 滤池每运行一定周期(24～48h)即进行反冲洗，反冲洗出水先进入缓冲池，再慢慢回流入初沉池，避免反冲洗水对初沉池造成冲击负荷；BIOFOR 反冲洗水具有较强的活性，有利于原水中 SS 的沉降及 COD_{Cr} 的去除。

BOIFOR 的主要工艺参数为：①水力负荷 $6\sim8m^3/(m^2\cdot h)$；②容积负荷与出水水质要求相关，一般为有机负荷 $2\sim6kg\ BOD_5/(m^3\cdot d)$，硝化处理或脱氮时负荷为 $0.5\sim2kg\ NH_3-N/(m^3\cdot d)$，反硝化时负荷为 $0.8\sim5.0NH_3-N/(m^3\cdot d)$；③生化处理停留时间约 3h(单独碳氧化处理时 0.5～2h，硝化处理或脱氮时 1.5～3h)；④气水比：BIOFOR C/N (1～3)：1，BIOFOR N (2～3)：1；⑤填料高度 2～3m；⑥滤料粒径 $\phi3\sim6mm$；⑦反冲洗周期 24～48h；⑧反冲洗强度：水为 10～30m/h；气为 30～50m/h；⑨反冲洗时间：15～20min(先气冲 5min；后气水联合冲 5min；再水冲 5min)。

(2)滤料层与曝气器

BIOFOR 曝气生物滤池的滤料层一般采用轻质圆形陶粒，是以天然陶土、黏土、粉煤灰等为原料，加入适量辅料后，经球磨、成形、烧成、筛分等工序加工而成。主要特点如下：①强度大、孔隙率大、比表面积大、化学和物理稳定性好；②形状规则，粒径可大可小，密度适宜，克服了不规则滤料水流阻力大、易结球并引起滤池堵塞、反冲洗强度大、易冲刷破碎的缺点；③在制作过程中通过控制适当的配料和烧成工艺，可改变陶粒的密度，且使其表面粗糙、多微孔、不结釉。BAF 的承托层主要是为了支承滤料，防止滤料流失和堵塞滤头，同时还可以保持反冲洗稳定进行。承托层粒径比所选长柄滤头的孔径要大 4 倍以上，具体根据滤料粒径不同来选取粒径大小和铺设高度，滤料直接填装在承托层上，承托层下面是滤头和承托板。原法国 Degrémont 公司 BIOLITE(膨胀硅铝酸盐)专用滤料的有效粒径为 1～6mm，实现了孔隙、密度、硬度和耐磨损度的有机结合，由此获得较高的微生物浓度及较强的滞留能力，并延长了过滤工作周期。

BIOFOR 曝气生物滤池常用的单孔膜曝气器主要由供气管道、管道夹、紧固圈、单孔硅橡胶膜片、筒形出气口等组成。除单孔膜片以优质橡胶为原材料外，其余部分均采用 ABS 工程塑料制造。管道夹分成上下两个半圆形瓦片，紧固圈为左右各一个。上瓦片外侧中间位置设计为可以防止膜片被滤料挤压的筒形出气口，沿出口内侧有环形凹槽；下瓦片内侧正对上瓦片筒形出气口中心位置设有定销；圆形的橡胶膜一面有环形圈，另一面是平面膜，平面中心有一气孔。首先将供气管道按设计要求均匀钻孔作为空气出气口，并在管道下方外圆柱面与出气口对应的位置钻一盲孔，以与下瓦片定位销进行定位配合。安装时，先将橡胶膜片嵌入上瓦片(膜片的环形圈嵌入上瓦片内侧的环形凹槽)，再将上下瓦片夹紧供气管道，并使管道气孔对准膜片孔，定位销坐入管道盲孔，使瓦片不产生偏移；然后将左右紧固圈套在扩散器两端，并拧转一定角度后锁紧固定。单孔膜曝气器按一定的间隔安装在空气管道上，空气管道又被固定在承托板上。曝气器一般都设计安装在承托层里，距承托板约 0.1m。这种曝气器的另一个特点是不容易堵塞，即使堵塞也可以用水进行冲洗。原法国 Degrémont 公司通过专用空气扩散器 OXAZUR 进行曝气，溶解氧利用率较高，从而使整个曝气过程的能量消耗降到最小。OXAZUR 的另一特点是能用水进行冲洗，能将生长出来的无用菌以及其他杂质冲洗掉，从而保证运行效率。

BIOFOR 曝气生物滤池在国内外已有不少应用案例。大连马栏河污水处理厂是该工艺在国内的首次应用，2001 年投产运行，随后很快在全国得到推广。该工艺可有效去除悬浮固体、BOD_5 和 COD，并能脱氮，出水水质好，占地少，易于与其他工艺进行组合，比较适合城镇污水处理厂的改、扩建。例如，原法国 Dégremont 公司推出了“DENSADEG＋BIOFOR”工艺，而“臭氧(催化)氧化＋BAF”工艺近些年在国内也颇受关注。

二、生物转盘

生物转盘(Rotating Biological Contactor，RBC)的概念起源于 20 世纪 20 年代的德国，原联邦德国斯图加特工业大学 Popel 教授和 Hartman 教授对该技术的商业化进行了大量理论和实验研究工作，70 年代仅在欧洲就已经有 1000 多座生物转盘，我国则从 70 年代开始研究。图 3－5－9 所示为生物转盘水处理的基本工艺流程，污水经过格栅、沉砂池和初沉池后，自流或经泵提升进入生物转盘；经过生物转盘处理的污水和脱落下来的生物膜均进入二沉池进行泥水分离，出水经消毒杀菌后排放或进一步处理，生物污泥另行处理。

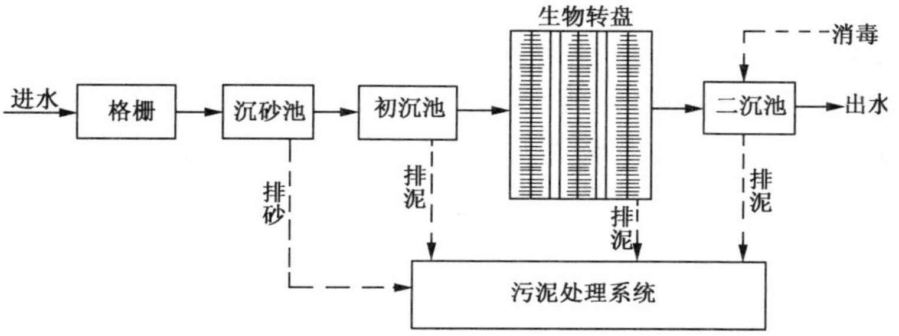

图 3-5-9　生物转盘水处理的基本工艺流程示意图

1. 结构与工作原理

如图 3-5-10 所示，生物转盘主要由盘体、转轴和驱动机构、接触反应槽(也称氧化槽)、支承轴承座等几部分组成。盘体由垂直固定在水平转轴上的一组间距很近的盘片组成，盘片数目有数十片至近百片；盘片用转轴贯串，平放在一个断面呈半圆形的条形槽面上(简称为氧化槽)。盘片直径多为 ϕ1～4m，盘片厚约 2～10mm，槽径比盘径约大几厘米。转轴一般高出水面 10～25cm，下半部约 40%～45%的盘片(转轴以下的部分)浸没在水中，其余敞露在大气中。在决定盘间距时，要考虑不为生物膜增厚所堵塞，并保证良好的通风。盘片间距的标准值为 30mm；如果利用转盘繁殖藻类，盘间距可加大到 60mm 以使光线能照到盘中心。转轴长度通常小于 7.6m，如果盘片面积要求较大时可分组安装，一组称为一级，串联运行。

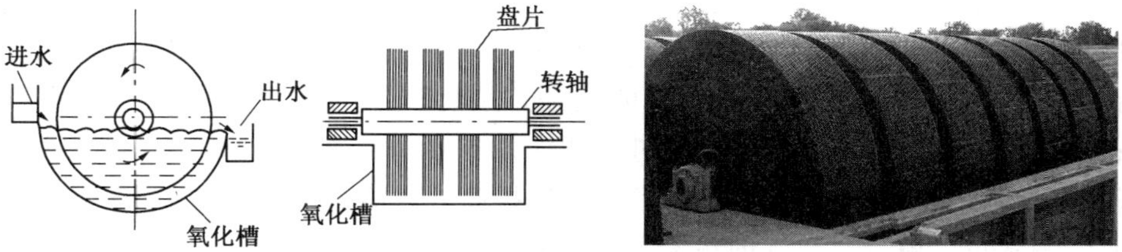

图 3-5-10　生物转盘的结构示意图

盘片是生物转盘的主要部件，其材料选择对使用寿命、维修和投资影响最大，应该满足质轻、价廉、耐腐蚀、易于取得、便于加工、有一定的强度、保持不变形等要求，目前大多采用聚苯乙烯泡沫塑料、硬质聚氯乙烯塑料、高密度聚乙烯、有机玻璃、酚醛树脂玻璃钢、环氧树脂玻璃钢甚至活性炭纤维等；甚至有研究尝试采用以聚丙烯塑料板为基体，采用化学氧化-铁离子覆盖技术制备活性炭生物转盘盘片。盘片的形状多以圆形或正多边形平板为主，为了提高单位体积盘片的表面积，有采用正多边形和表面呈同心圆状波纹或放射状波纹的盘片，也有采用波纹盘片和平板相间组合的模式。

如图 3-5-11 所示，工作之前首先应使转盘表面“挂膜”，工作时电动机+减速器驱动转轴，带动盘片以 0.3～3.0r/min 的速度缓慢回转，具体取决于盘片直径，使其周边线速度为 10～20m/min。原水在氧化槽中流过时，盘片上浸入水中部分的生物膜吸附有机污染物；当转出水面时，盘片表面形成的薄薄水膜从空气中吸氧，溶解氧浓度升高，同时被吸附的有机物在好氧微生物酶的作用下进行氧化分解。当这部分盘片再回到氧化槽内时，使槽内污水中的溶解氧浓度增加。这样，盘片每转动一周，即进行一次吸附-吸氧-氧化分解过程，如此反复循环，使得有机污染物不断被氧化分解。此外，由于盘片的搅动造成紊流，把大气中的氧带入氧化槽中，反应器的混合作用使空气分散，使得水中溶解氧的浓度相对均匀。在运行过程中，当生物膜逐渐增厚到一定程度(1.5～3.0mm)时，在自身老化和圆盘转动剪切力的条件下，生物膜不断剥落，脱落的生物膜由二次沉淀池沉降去除。在气动生物转盘中，微生物代谢所需的溶解氧通过设在生物转盘下侧的曝气管供给。转盘表面覆有空气罩，从曝气管中释放出的压缩空气驱动空气罩使转盘转动。

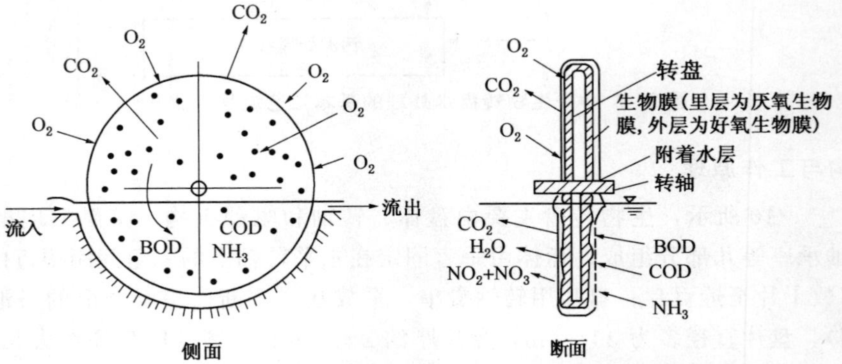

图 3-5-11　生物转盘净化反应过程与物质传递示意图

2. 生物转盘的布置形式

生物转盘的布置形式分为单轴单级、单轴多级和多轴多级三种，一般根据污水水质、水量、净化要求以及场地条件等因素来选择。实践证明，对同一污水，如盘片面积不变，将转盘分为多级串联运行，能够避免水流短路、改进停留时间分配、提高出水水质和水中溶解氧含量。由于受到有机污染物浓度的限制，转盘的分级不宜过多，一般不超过四级。

根据进水方向和转盘旋转方向之间的关系，生物转盘的进水方式分为三种：①相同；②相反；③进水方向垂直于盘片。三种进水方式各有千秋，为了取长补短，宜采取前二、三级并联底部进水或第一级前端底部分散进水，以提高处理能力，改善出水水质，而且对于易挥发的有毒废水可以减少对空气的污染。对于高浓度废水，扩大第一级的盘片数或者一、二级并联后与第三级串联，可提高水力负荷和耐冲击负荷，保证第一级有最大的工作面积和足够的溶解氧。

图 3-5-12 为 6 台生物转盘并联的处理系统工艺流程图，污水经泵房、沉砂池，再流入 6 个生物转盘氧化膜，出水经斜板沉淀池沉淀后排放，回用于农田。图 3-5-13 所示流程主要适用于高浓度污水处理，将 BOD 从 3000～4000mg/L 降到 10mg/L 以下，在第一段转盘和第二段转盘之间设置中间沉淀池，可除去水中悬浮固体以降低第二段生物转盘的负荷。

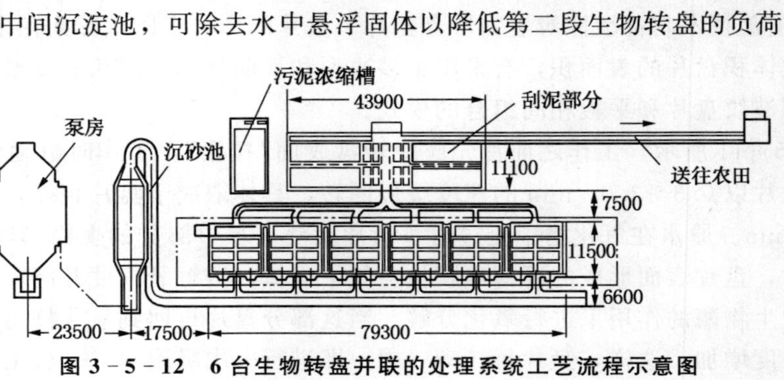

图 3-5-12　6 台生物转盘并联的处理系统工艺流程示意图

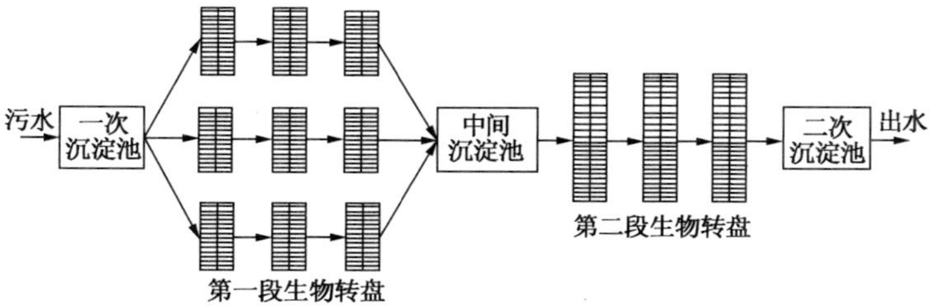

图 3－5－13 设有中间沉淀池的生物转盘处理系统工艺流程示意图

3. 生物转盘的设计

(1)表面负荷

表面负荷通常有三种表示方式：①水力负荷，表示单位时间单位盘片表面积所能处理的污水量，单位是 $m^3/(m^2 \cdot d)$。②有机负荷，表示单位时间内单位盘片表面积所能降解的有机物量，单位是 $g/(m^2 \cdot d)$；由于有机物量常以 BOD 或 COD 来表示，因此有机负荷也被称为 BOD 负荷或 COD 负荷。③毒物负荷，表示单位时间单位盘片表面积所能容许(降解)的毒物量，单位是 $g/(m^2 \cdot d)$；当毒物为氰、酚、丙烯腈等时，则毒物负荷分别称为氰负荷、酚负荷、丙烯腈负荷。

究竟选用哪种负荷来设计，取决于水质情况。悬浮和胶体状的有机物经吸附和絮凝作用后可以很快被去除；溶解的有机物质则需要有较长的接触时间才能被去除，所以对溶解性 BOD 含量较高的生活污水或性质接近的工业污水而言，采用水力负荷设计较好；对悬浮性 BOD 含量较高的生活污水，则采用有机负荷设计较好。对于成分复杂的各种工业污水，除采用水力负荷外，尚应考虑有机负荷和毒物负荷。随着负荷的提高，生物转盘的氧化能力提高，但处理效果下降，出水水质变差，所以应根据实际需要选择最佳的负荷范围。转盘单位面积 BOD 负荷与 BOD 去除率的关系见表 3－5－1。在同一水质情况下，转盘面积是处理效果高低的主要因素。

表 3－5－1 单位面积 BOD 负荷与去除率的关系

单位面积负荷/[kg BOD/($m^2 \cdot d$)]	6	10	25	30	60
BOD 去除率/%	93	92	90	81	60

对于水质复杂的工业污水，一般通过小型试验求出相应的设计参数，如水力负荷、有机负荷、停留时间等，然后再按这些参数进行设计。

(2)盘片总面积 *F*

确定转盘总面积通常根据选定或通过实验确定的 BOD 面积负荷(或水力负荷)来计算，也可以根据经验公式计算

$$F=\frac{Q(L_a-L_e)}{N_F}\ (m^2) \tag{3-5-8}$$

$$F=\frac{Q}{q_F}\ (m^2) \tag{3-5-9}$$

式中 N_F——面积有机负荷，kg $BOD_5/(m^2 \cdot d)$；

Q——污水量，m^3/d；

L_a——进水 BOD 浓度，mg/L；

L_e——出水 BOD 浓度，mg/L；

q_F——面积水力负荷，此处指单位面积盘片每天流过的水量(包括回流量)，$m^3/(m^2 \cdot d)$。

(3)转盘片数 *m*

$$m=\frac{F}{2\times\frac{\pi}{4}D^2}=\frac{4F}{2\pi D^2} \tag{3-5-10}$$

式中 D——转盘直径，m。

(4)氧化槽有效长度(即转动轴的有效长度)*L*

$$L=K(a+b)m \ (\mathrm{m}) \tag{3-5-11}$$

式中 a——盘片厚度，依材料强度而定，m；

b——盘片净间距，m，通常进水端 25～35mm，出水端 10～20mm；

K——安全系数，一般取 $K=1.2$。

(5)氧化槽总有效容积 *V*

$$V=(0.29+0.355)(D+2\delta)^2L \ (\mathrm{m^3}) \tag{3-5-12}$$

氧化槽的净有效容积 V'

$$V=(0.294+0.355)(D+2\delta)^2(L-ma) \ (\mathrm{m^3}) \tag{3-5-13}$$

式中 δ——盘片与氧化槽内壁的净距离，一般取 20～40mm。

如图 3-5-14 所示，r 为转盘轴到氧化槽内水面的垂直高度，当 $r/D=0.1$ 时，系数取 0.294；当 $r/D=0.06$ 时，系数取 0.355。

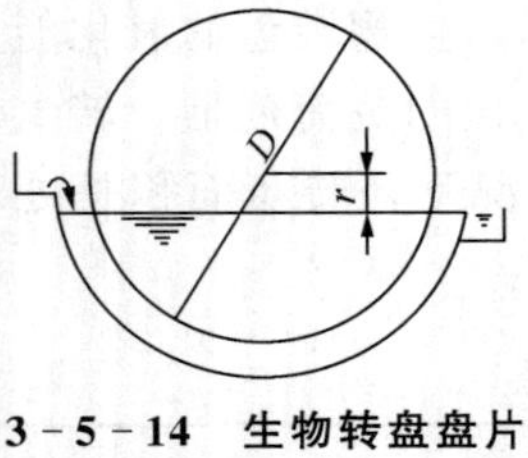

图 3-5-14 生物转盘盘片的结构尺寸示意图

(6)转盘的转速 n_0

$$n_0=\frac{6.37}{D}\left(0.9-\frac{V'}{Q}\right) \ (\mathrm{r/min}) \tag{3-5-14}$$

增加转速可以增加生物膜、原水、空气三者的接触机会，利于有机物的分解氧化，而且增大线速度，利于生物膜更新。但是，转速过高增加电耗，而且可能会使生物膜过早剥离。由于各级氧化槽中对溶解氧含量的需求随级数的增加而降低，常采取多轴、不同线速度的方法，把前一、二级的线速度提高，例如某生物转盘法水处理设计中，转盘直径 ϕ3.47m，第一、二级线速度为 35m/min，第三、四级线速度为 27m/min。转盘驱动机构常以 0.3～3r/min 的速度带动盘片缓慢回转，盘片线速度一般为 10～20m/min。

(7)氧化槽内的水力停留时间 *t*

水力停留时间是指原水在氧化槽有效容积内的停留时间。一般情况下，水力停留时间长，原水与生物膜接触的机会就多，有利于提升处理效果。但水力停留时间的延长会导致水力负荷降低，所以应根据实际要求通过试验来确定，一般为 0.25～2.0h。

$$t=V'/Q(\mathrm{t}) \tag{3-5-15}$$

(8)电动机功率 N_p

$$N_p=\frac{3.85R^4\cdot n_o^2}{b\times10^6}m_1\cdot\alpha\cdot\beta \ (\mathrm{kW}) \tag{3-5-16}$$

式中 R——转盘半径，m；

m_1——单根轴上的盘片数，片；

α——同一电动机带动的轴数；

β——生物膜的厚度系数，一般取 2～4。

生物转盘一般用于处理水量不大的场合。与生物滤池相比，生物转盘法中污水与生物膜的接触时间比较长，而且有一定的可控性。如果生物转盘产生臭味，可以采用钢架反吊膜、悬索反吊膜或无骨架密封罩给污水池加盖，通过负压抽吸收集臭气，经过处理达标后排放。

三、生物接触氧化法

1. 工艺流程及特点

生物接触氧化法又称淹没式生物滤池或固定床活性污泥法，是在生化反应池内填充一定密度的填料，从池下通入空气进行曝气，污水浸没全部填料并与填料上的生物膜广泛接触，在生物膜与悬浮活性污泥中微生物的共同作用下，污水中的有机污染物得以去除，使水质得到净化。19 世纪末，德国开始把生物接触氧化法用于水处理，但因当时没有合适的填料而未能广泛应用。进入 20 世纪 70 年代后，合成塑料工业迅速发展，轻质蜂窝状填料问世，日本、美国等开始研究和应用生物接触氧化法。中国在 20 世纪 70 年代中期开始研究用该法处理市政污水和工业污水。

生物接触氧化法是一种介于活性污泥法与生物滤池之间的生化处理技术，在一定意义上兼有二者的优点。典型流程(又称一段处理流程)如图 3－5－15 所示，一般生物接触氧化池前要设初沉池，以去除悬浮固体，减轻生物接触氧化池的负荷；生物接触氧化池后要设二沉池，进行固液分离。

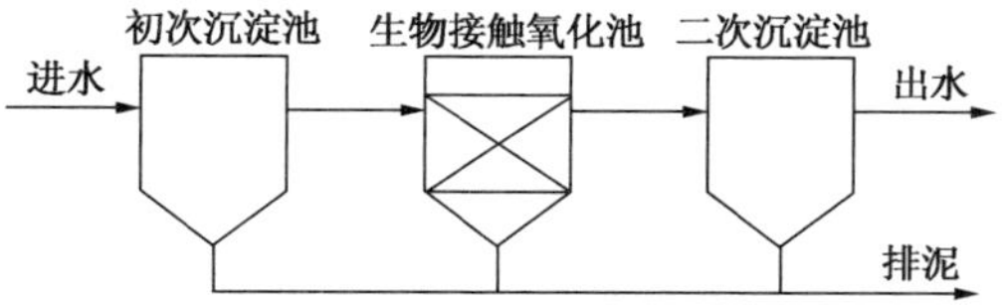

图 3－5－15　生物接触氧化法的典型工艺流程示意图

此外，还有二段处理流程(图 3－5－16)和多段处理流程。二段处理流程中第一级为高负荷段，第二级为低负荷段，更能适应污水水质的变化，出水水质较好且稳定。多段处理流程将高负荷段、中负荷段与低负荷段明显分开，利于提高总体处理效率，而且具有硝化、脱氮的功能。

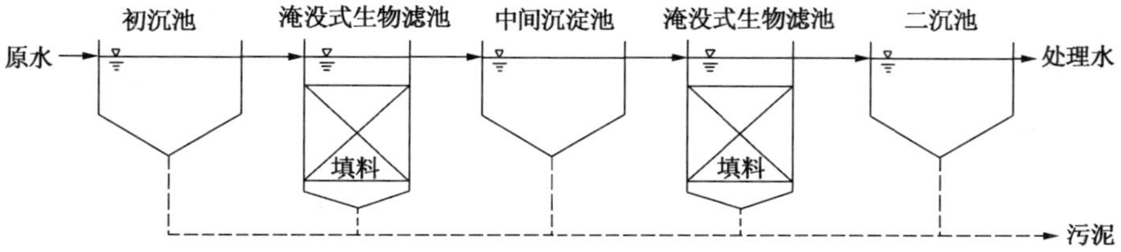

图 3－5－16　二段生物接触氧化法的工艺流程示意图

虽然生物接触氧化法因具有高效节能、占地面积小、耐冲击负荷、运行管理方便等优点而被广泛应用于各行各业的污水处理，但由于缺乏经久耐用和价格低廉的填料、大型池均匀布水布气尚有困难等原因，在大中型市政污水处理厂中没有得到应用。

2. 生物接触氧化池结构与分类

生物接触氧化法工艺的核心处理构筑物是生物接触氧化池，如图 3－5－17 所示，主要由池体、填料、填料支架、曝气单元、进出水单元、排泥管道等组成。池体采用钢板焊接或用钢筋混凝土建造，横截面采用圆形、矩形或方形。由于池内流速较低，从填料上脱落的残膜总有一部分沉积在池底，因此池底一般做成多斗式或设置集泥设备，以便于排泥。

(1)曝气单元

曝气单元是生物接触氧化池的重要组成部分，有充氧、充分搅动以形成紊流、防止填料堵塞促进生物膜更新等作用。目前国内使用较多的曝气方式是鼓风曝气，曝气单元以微孔曝气器和穿孔管居多；按曝气位置的不同，可以分为分流式(也称内循环式)和直流式两大类。

分流式生物接触氧化池包括中心曝气式和单侧曝气式，中心曝气式又有中心表面曝气机曝气和中心鼓风曝气两种，分别如图 3－5－18、图 3－5－19 所示；单侧曝气式是曝气装置设在池的一侧，填料设在另一侧，污水在池内循环，如图 3－5－20 所示。

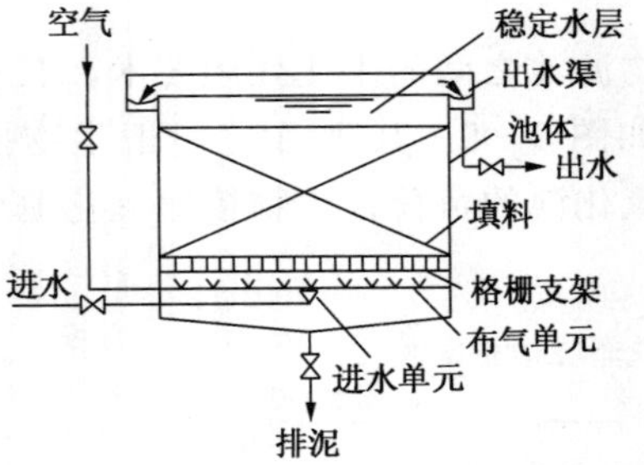

图 3－5－17　生物接触氧化池的结构示意图

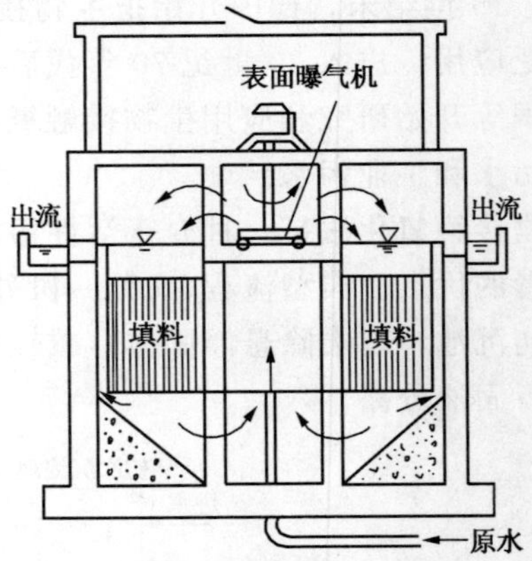

图 3－5－18　中心表面曝气型接触氧化池

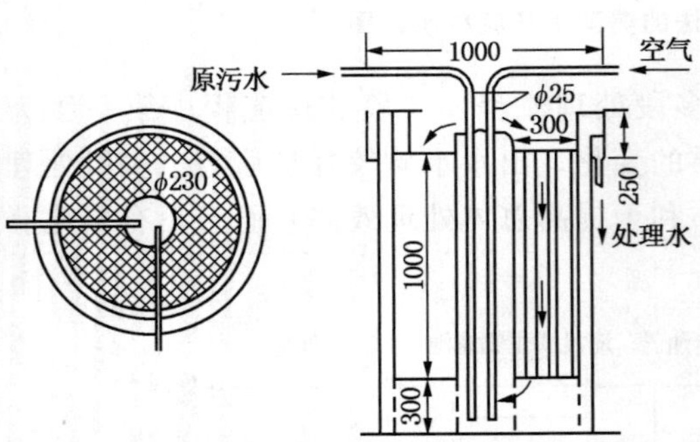

图 3－5－19　中心鼓风曝气型接触氧化池

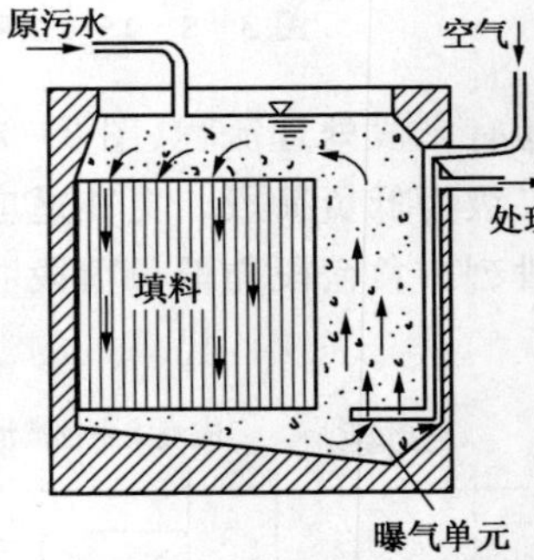

图 3－5－20　单侧鼓风曝气型接触氧化池

直流式生物接触氧化池又称全面曝气式接触氧化池，如图 3－5－21 所示，是在填料下直接曝气，目前国内多采用这种形式，其特点是在填料上产生向上气流，生物膜受到气流的冲击、搅动，加速脱落、更新，使生物膜经常保持较高的活性，而且能够避免堵塞现象发生。此外，上升气流不断与填料撞击，使气泡反复切割，粒径减小，增加了气泡与污水的接触面积，提高了氧气的转移速率。

(2)填料

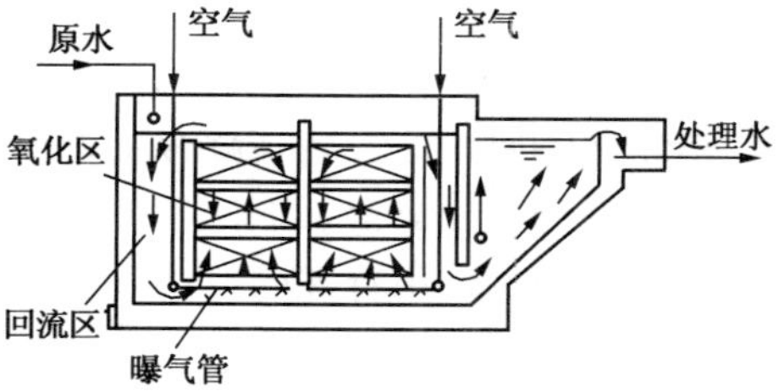

图 3-5-21 直流鼓风曝气型接触氧化池

生物接触氧化池的填料应选用对微生物无毒害、易挂膜、比表面积较大、空隙率较高、氧转移性能好、经久耐用、价格低廉的材料。目前得到应用的填料可分为软性填料、半软性填料、纤维束组合填料、弹性立体填料、悬浮填料等几类。如图 3-5-22 所示，纤维软填料的组装形式一般为梅花式和方格式。

半软性纤维填料如图 3-5-23 所示，由变性聚乙烯塑料制成，既有一定的刚性，又有一定的柔性和一定的变形能力。其优点是重新布水布气能力强、传质效果好、耐腐蚀、不易堵塞、安装方便、有机物去除率高(相同条件下较软性填料的 COD 去除率可提高 10%左右，溶解氧可提高 10%～20%)。

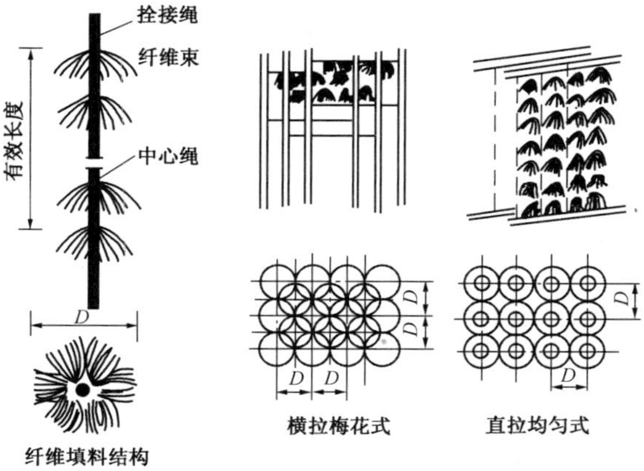

图 3-5-22 软性纤维填料示意图

图 3-5-23 半软性纤维填料示意图

弹性立体填料选用耐腐蚀、耐高温、耐老化的丙烯配以亲水、吸附、抗热氧等助剂的混合共聚物为原料，经拉丝工艺制成兼具柔韧性和适度刚性的弹性丝条，然后巧妙地将丝条穿插固定在耐腐蚀、高强度的尼龙绳(中心绳)上。由于拉丝过程中运用了特殊工艺，弹性丝条表面呈波纹状并带毛刺，藉此提高其比表面积并有利于微生物附着。丝条以中心绳为轴呈螺旋形辐射状排列，在水中充分伸展，故立体分布均匀。具有一定刚性的弹性丝条可对充氧气泡进行多层次的碰撞切割，提高氧的转移率与充氧动力效率，同时丝条受气、水流的冲击，产生轻微的颤动而引成紊流，增加了水(有机物)、气(氧)与微生物的接触，提高了传质效应，促进了微生物的新陈代谢，从而强化了处理效率。

自由摆动弹性填料是对弹性立体填料的改进，无需固定支架，填料下端固定在池底，上端系于浮球上，随池中水位升降浮动。

(3)填料支架

填料支架有格栅支架、悬挂支架和框式支架三种形式。格栅支架是在池底设置格栅以支撑填料，格栅多用 4～6mm 厚的扁钢焊接而成，单块单元格栅尺寸常选为 500×1000mm，蜂窝状填料、立体波纹状填料常采用格栅支架。悬挂支架是用绳索或电线把填料固定在处理池上下二层支架上，支架可用圆钢、钢管或塑料管焊接而成，结构简单、制作方便，广泛应用于软性、半软性、盾式等填料。框式支架多采用全塑可提升式，由聚乙烯管和板组合而成，具有重量轻（12～15kg/m^3）、耐腐蚀、易提升、安装维修方便等特点，多用于填装软性填料和半软性填料，只是价格稍高。

弹性立体填料的安装布置有正方形、等边三角形等形式，框架有钢结构与软绳结构等形式。安装时分别制成上、下两层，两层之间的距离即为填料的有效长度；每根填料的两端都留有缚扎用绳子，用特殊的打结方法将填料固定于上下两层框架上即可。该填料所配套的填料框架费用较高，一般为填料本身的1～2倍；施工期长，施工繁杂且长期浸泡在水中，钢材易腐，维修困难，并易造成二次污染。

3. 生物接触氧化池的设计计算

生物接触氧化池的设计计算参数如表3-5-2所示，其体积按容积负荷计算，并以水力停留时间进行校核，设计流量按平均日污水量设计。

表3-5-2　生物接触氧化池的设计参数

名　　称	设计参数	说　　明
池子个数/个	≥2	按平均日污水量计算
BOD容积负荷/[g BOD_5/(m^3·d)]	1000～1800	一般应通过试验确定
进水BOD_5浓度/(mg/L)	100～250	否则应采用处理水回流稀释
有效接触时间/h	1～2	—
滤层总高度/m	≥3	当采用蜂窝填料时，应分层填装，每层高1m，蜂窝内孔径≥25mm
气水比	10～15∶1	应按满足池中溶解氧维持在2.5～3.5mg/L之间
单格池面积/m^2	≤25	

(1)有效容积 V

$$V=\frac{Q(L_a-L_e)}{F_V}\ (m^3) \tag{3-5-17}$$

式中　Q——平均日污水流量，m^3/d；

L_a、L_e——进水、出水的BOD_5值，g/m^3；

F_V——容积负荷，g BOD_5/(m^3·d)。

(2)水力停留时间 t

$$t=V/Q\ (h) \tag{3-5-18}$$

如果$t>$2h，则校核合格。否则应重新选择容积负荷值进行设计计算。

(3)总面积 A

$$A=W/H\ (m^2) \tag{3-5-19}$$

式中　H——填料层高度，m。

生物接触氧化池每个池(格)的平面形状宜采用矩形，沿水流方向池长不宜大于10m，长宽比宜采用1∶2～1∶1，有效面积不宜大于100m^2。进水端宜设导流槽，其宽度不宜小于0.8m。导流槽与生物接触氧化池应采用导流墙分隔。导流墙下缘至填料底面的距离宜为0.3～0.5m，至池底的距离宜不小于0.4m。

(4)总高度 H_0

生物接触氧化池由下至上应包括构造层、填料层、稳水层和超高，其中构造层宜采用0.6～1.2m，填料层高宜采用2.5～3.5m，稳水层高宜采用0.4～0.5m，超高不宜小于 0.5m。

$$H_0 = H + h_1 + h_2 + (m-1)h_3 + h_4 \text{(m)} \tag{3-5-20}$$

式中 h_1——超高，m，h_1 一般为 0.5～0.6m；

h_2——填料层上部水深，一般为 0.4～0.5m；

h_3——填料层间隙高，一般为 0.2～0.3m；

m——填料层数；

h_4——配水区高度，m，当不考虑检修时取 0.5m，当考虑进入检修时取 1.5m。

(5)氧化池格数

$$n = \frac{A}{f} \tag{3-5-21}$$

式中 n——氧化池格数，一般 $n \geqslant 2$；

f——每格氧化池面积，一般 $f \leqslant 25\text{m}^2$。

(6)供气量 Q_{air} 和空气管道系统

$$Q_{air} = kQ \ (\text{m}^3/\text{d}) \tag{3-5-22}$$

式中 K——气水比，即降解每单位体积污水所需的空气量，m^3/m^3。

空气管路系统的设计计算可以参考活性污泥法曝气管路系统，这里不再赘述。

四、流动床生物膜反应器

流动床生物膜反应器也被称为悬浮载体生物膜反应器，是指生物膜载体在高速水(气)流或机械搅拌作用下而不断运动(搅动、膨胀、流化、紊动或循环等)的生物膜反应器，主要包括生物流化床反应器(Fluidized Bed Bio-Reactor，FBBR)、移动床生物膜反应器(Moving Bed Bio-film Reactor，MBBR)、循环床生物膜反应器(Circulating Bed Bio-Film Reactor，CBBR)等多种类型。然而，当前国际上各种流动床生物膜反应器的命名并非按照统一的标准进行，有些概念彼此有相互覆盖重叠之处，如有些学者将三相内循环生物流化床反应器归入流化床反应器，而有些学者则将其归入循环床反应器。

1. 生物流化床反应器

生物流化床反应器是 20 世纪 70 年代根据化工领域的流化床技术而开发，不仅能用于好氧生物处理，还能用于生物脱氮和厌氧生物处理。根据载体循环动力的不同，可分为以液流为动力的两相生物流化床反应器和以气流为动力的三相生物流化床反应器；根据所采用填料密度的大小，又可分为填料密度大于水的上向流生物流化床反应器、填料密度小于水的下向流生物流化床反应器。

(1)基本结构与工作原理

如图 3-5-24 所示，生物流化床反应器由床体、填料、布水单元、曝气单元和脱膜单元等部分组成。床体多呈圆形，由钢板焊接而成，需要时也可由钢筋混凝土浇筑而成。填料填充于床体之中，多采用粒径小于 1mm 而相对密度略大于 1 的砂、焦炭、陶粒、活性炭等细小颗粒材料。布水单元一般位于滤床底部，起均匀布水和承托填料颗粒的作用；充氧的污水自下而上流动，使填料流态化。脱膜单元用于及时脱除老化的生物膜，使生物膜经常保持一定的活性。由于填料粒径小，比表面积高达 $2000 \sim 3000\text{m}^2/\text{m}^3$，能够维持较高浓度的生物量，折算成 MLSS 可达 10～15g/L 以上。

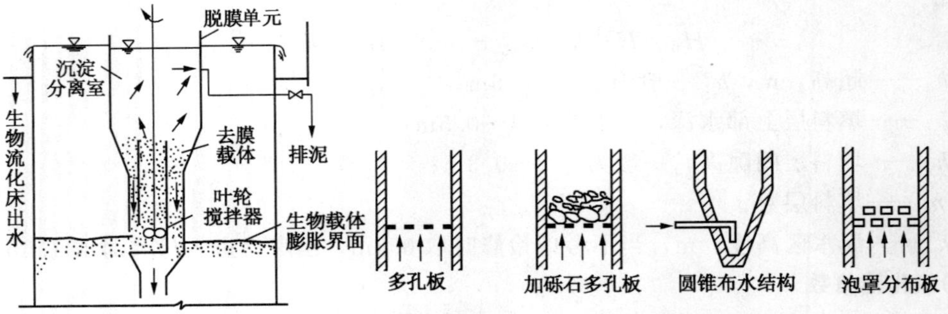

图 3-5-24　生物流化床反应器及其布水单元的结构示意图

流化床中的填料因液体流速的不同，一般呈现固定、流化、流失三种状态。

①固定状态。上升水流速度较小时，填料颗粒处于静止状态，床层处于固定状态。此时，液体流经流化床的压力损失 Δp 随空塔速度上升而增加。

②流化状态。当水流上升速度达到一定值时，填料颗粒被托起而呈悬浮状态，并在床层内朝各个方向流动。床层高度随上流速度增大而增大，压力损失则基本不受流速的影响，此时为流化状态。达到流态化的起始速度称为临界流态化速度 $v_{\min}$，与填料颗粒尺寸、密度以及液体的物理性质有关。流化床床层的膨胀程度通常以膨胀率 K 或膨胀比 R 表示。在相同速度下，生物流化床的膨胀率随填料表面生物膜厚度的增大而增大，一般 K 取 50%～200%。

$$K=\left(\frac{V_e}{V}-1\right)\times 100\% \tag{3-5-23}$$

$$R=\frac{h_e}{h} \tag{3-5-24}$$

式中　V、V_e——固定床层和流化床层的体积，m^3；

　　　h、h_e——固定床层和流化床层的高度，m。

③流失状态。如果水流上升流速再增大，床层顶部的界面就会消失，填料颗粒随水流一起流出流化床，即为流失状态，此时在水处理中常称为流动床。达到流失状态的起始速度称为颗粒带出速度或最大流化速度 $v_{\max}$，流化床在正常运行时的水流上升流速应控制在 $v_{\min}$ 和 $v_{\max}$ 之间。

(2)两相生物流化床

如图 3-5-25 所示，两相生物流化床也称液流动力流化床，是在生物流化床外设置曝气充氧设备和脱膜设备，为微生物充氧并脱除载体表面的生物膜，在床体内只有液、固两

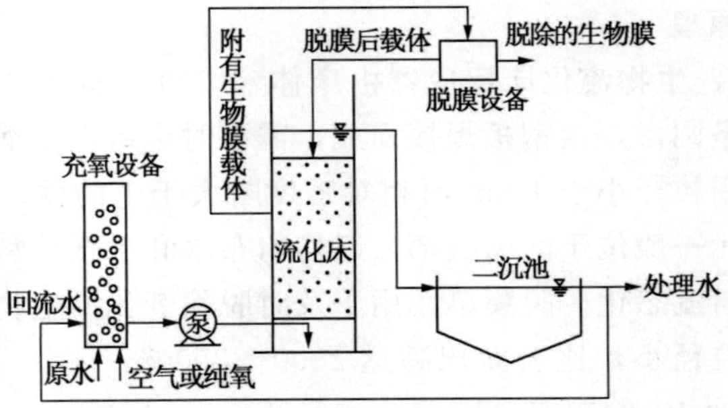

图 3-5-25　两相生物流化床示意图

相。进入反应器之前，充氧后水中的DO浓度可达8～9 mg/L(以纯氧为气源时，可达30～40mg/L)。如果一次充氧不能满足微生物生命活动所需，可以将处理水回流。回流比r的计算公式为

$$r=\frac{(L_a-L_t)K}{O_i-O_e}-1 \tag{3-5-25}$$

式中 L_a、L_t——进水、出水的BOD_5浓度，mg/L；

O_i、O_e——进水、出水的溶解氧浓度，mg/L；

K——去除每kg BOD_5的耗氧量，kg O_2/kg BOD_5，对于城市污水一般取1.2～1.4。

(3)三相生物流化床

三相生物流化床也称气流动力流化床，工作过程中直接向反应器内充氧，不外设曝气充氧设备和脱膜设备，在床体内气、固、液三相共存，气体剧烈搅动，填料颗粒间相互摩擦而使生物膜脱落。常用的充氧方式有减压释放式和射流曝气式两种，设计时应注意防止小气泡合并成大气泡而影响充氧效果。将填料(含污泥)回流是因为有时会有少量载体流失。三相生物流化床设备简单、管理方便、能耗低，应用较为广泛。

内循环式三相生物流化床的结构如图3-5-26所示，主要由反应区、脱气区和沉淀区等组成，反应区由内、外两个同心圆柱筒组成，曝气单元设在内筒底部，反应区内填充生物填料。压缩空气由曝气单元释放进入内筒，使水与填料颗粒混合液的密度减小而向上流动(内筒也被称为升流筒)，达到分离区顶部后大气泡逸出，含有小气泡的水与填料颗粒则流入内、外筒之间的环形空间。由于水与填料颗粒混合液中的含气量相对减少，导致其密度增大，因此在内、外筒之间的环形空间向下流动(外筒也被称为降流筒)，从而构成了完整的内循环。

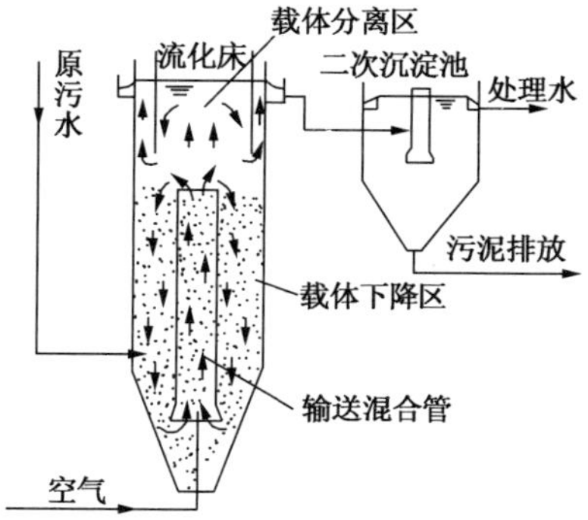

图3-5-26 内循环式三相生物流化床示意图

三相生物流化床所采用的载体多为密度较大的矿石颗粒、陶粒或粒状活性炭(GAC)等，主要优点在于不需要采用专门设备来控制生物膜的厚度，国内外已有应用三相生物流化床处理较高浓度工业污水的工程实例。但是，三相生物流化床也存在床体膨胀率和流体均匀性难以控制等缺点，使其难以应用于处理水量较大的情况。

(4)生物流化床反应器的设计及其要点

生物流化床反应器一般设计成圆柱状，高径比取(3～4)：1。对于内循环三相生物流化床，反应器升流区截面积和降流区截面积之比宜为1：1左右。布水单元对于两相生物流化床非常重要；三相生物流化床有气体的搅拌，布水单元不是很关键。脱膜设备一般只在两相

生物流化床系统中设有，主要有振动筛、叶轮脱膜、刷式脱膜等几种形式。

生物流化床反应器具有如下特点：①生物固体浓度高(10～20g/L)，容积负荷较高[7～8kg BOD_5/(m^3·d)以上]，水力停留时间较短，占地面积和基建费用较小，是一种高效的生物处理构筑物；②床内载体颗粒剧烈运动，气-固-液界面不断更新，故传质效率高、耐冲击负荷能力强，利于加快生化反应速率；③滤料不会堵塞，没有污泥膨胀；④生物颗粒相互碰撞和摩擦致使生物膜较薄(一般<0.2μm)且均匀，生物膜呼吸率高(同等条件下为活性污泥的2倍)，微生物活性强，这正是其负荷率较高的原因之一；⑤设备磨损较为严重，载体颗粒也会被磨损变小；⑥在我国应用较少因而生产运行经验也较少，在进行放大设计时存在如何防堵塞、曝气方法选择、布水单元选用、生物颗粒流失等问题。

2. 移动床生物膜反应器

移动床生物膜反应器(MBBR)所采用的生物膜载体尺寸一般较大，从十几毫米到几十毫米不等，而且载体的密度一般比水的小或者与水的接近，以降低驱动载体流动所需的能耗。根据微生物附着形态，主要分为纯膜MBBR工艺和泥膜复合MBBR工艺两种形式。在纯膜MBBR系统中，微生物主要以附着态生物膜形式存在，系统不富集活性污泥，不设置污泥回流，属于不需要反冲洗的连续流生物膜法。MBBR工艺诞生之初为纯膜MBBR工艺形式，首个以MBBR为概念的专利1991年成功申请，同年第一座应用MBBR工艺的Lardal污水处理厂在挪威顺利投入使用，掀开了MBBR工艺全球推广的序幕。挪威利勒哈默尔市的Lillehammer污水处理厂采用多级AO纯膜MBBR工艺处理市政污水，可实现出水TN<3mg/L，HRT仅为3.2h；挪威奥斯陆机场的Gardermoen污水处理厂采用多级AO纯膜MBBR工艺，在冬季水温为6～7℃条件下，出水NH_4^+-N和TN分别仅为0.26mg/L和2.16mg/L；Phillips Petroleum Borger污水处理厂采用纯膜MBBR进行升级改造，改造后出水TN由1～9mg/L降至稳定低于1mg/L。纯膜MBBR工艺2015年后才在国内逐步得到推广应用，主要用于微污染水、工业水处理中，市政污水处理项目2020年在广东肇庆落地。在泥膜复合MBBR工艺中，附着生物膜与悬浮相活性污泥共同发挥作用，属于传统活性污泥工艺和生物膜工艺结合而成的双生长型生化反应器。泥膜复合MBBR工艺的主要优点是进水及预处理系统简单，原水可不经初沉池而直接进行处理，且可以将悬浮载体系统生化段原池镶嵌，改造灵活、处理效果稳定。泥膜复合MBBR工艺于2000年初引入国内，开展了一系列工艺研究及小规模工程实践，但由于工程经验不足，工艺落地推广受阻。国内首个大型MBBR项目2008年在无锡芦村污水厂成功实施，标志着悬浮载体流化与拦截等工程难题得以解决。随后泥膜复合MBBR工艺在国内发展迅速，目前总处理规模已超过2000万t/d，在工业污水处理、给水预处理、河道水净化、农村点源治理等领域广泛应用。实际应用的MBBR工艺主要有Captor工艺、LINPOR工艺、AnoxKaldnes™工艺、IFAS工艺、FlooBed®工艺等，法国Veoila集团以AnoxKaldnes™ MBBR为基础的BAS™工艺、Hybas™工艺和Hybas Fusion™工艺就属于活性污泥和MBBR工艺相结合进行脱氮处理的污水处理工艺。这里仅介绍LINPOR工艺。

(1)工艺原理

LINPOR工艺由德国Linde公司的Manfred R. Morper博士于20世纪70年代末开始开发研究，并于20世纪80年代初首次提出。该工艺是传统活性污泥法的改进，经改进后的曝气池称为LINPOR反应器。在反应器运行初期，可分批将填料投入曝气池，使之形成一层悬浮层并得到润湿，填料堆积体积通常占反应器有效容积的10%～30%。所投加的填料为Linde公司的专利产品，具有通透性好、耐磨损、易挂生物膜等优点。多孔性泡沫海绵或泡沫塑料是最常用的两种填料，其大小一般为12mm×12mm×12mm、孔隙率为90%。进入孔隙的微生物并不完全处于附着生长状态，部分也处于悬浮生长状态，这两种生长状态不断交换。为保证微生物有充足的氧，在池底铺设微孔曝气器。总体来看，LINPOR反应器中的微生物由两部分组成：一部分附着生长于多孔塑料泡沫填料上，另一部分悬浮于活性污泥中。表面生长了微生物的填料密度略大于水，其在静水中的沉降速度为2～10cm/s。由于曝气所产生的紊动作用及气泡在孔隙内外的传质，填料在池中呈流化态，促使微生物保持较好的活性并避免发生结团现象。在出水区设置一道特制的穿孔不锈钢格栅，以防止填料随处理出水流失。悬浮活性污泥可穿过格栅流出曝气池，在二沉池中进行泥水分离，然后进行必要的污泥回流。对于窄长形的LINPOR反应器而言，为防止填料在出水区过多积聚，需要用气体举升泵将部分填料从出水区回送至进水区。通过池内水流紊动作用产生的水力剪切以及污泥回流量，进行悬浮状态微生物量的调控。LINPOR工艺具体可分为LINPOR－C、LINPOR－C/N、LINPOR－N三种。

(2)LINPOR－C工艺

图3－5－27为LINPOR－C工艺的流程示意图，主要用于去除水中的有机污染物，工艺流程与典型活性污泥法工艺基本相同，由曝气池、二沉池、污泥回流系统等组成。反应器中填料材料表面及空隙内的微生物量通常可达10～18g/L，最大可达30g/L。附着于载体表面生长的微生物具有良好的污泥体积指数(SVI)值，利于污泥沉降性能的改善。反应器中处于悬浮状态的微生物量一般为4～7g/L。

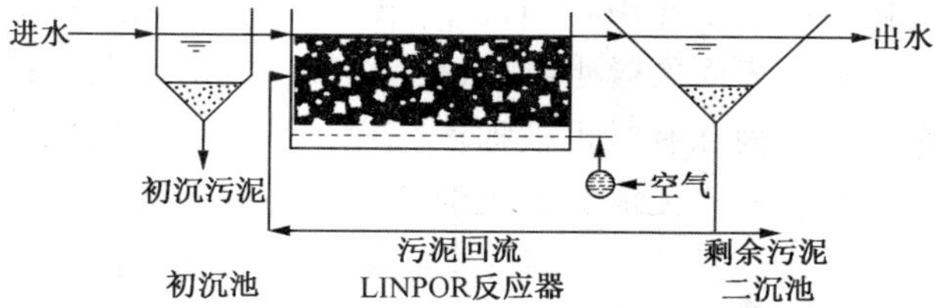

图3－5－27　LINPOR－C工艺的流程示意图

LINPOR－C工艺几乎适用于所有形式的曝气池，特别适用于对超负荷运行市政污水和工业污水活性污泥法处理厂的改造，可在不增加原有生化曝气池容积和不变动其他处理单元的前提下，提高处理能力、处理效果及运行稳定性。

LINPOR－C工艺在欧洲已经得到较为广泛的应用。如德国慕尼黑市Groβlappen纸板厂污水处理原来采用传统的活性污泥法工艺，曝气池的总容积为39300m^3，分3组独立运行，每组又分为9个并联运行的曝气池，每个曝气池的容积为1500m^3。该厂在运行过程中，由于水量增加而存在处理出水水质超标问题，为此将其中两组改造成为LINPOR－C工艺，在两组曝气池中分别投加30%的多孔性泡沫塑料填料。改造后，尽管有机负荷大大超过设计值[如BOD_5设计负荷为2166kg/(m^3·d)，实际为4104kg/(m^3·d)]，但24h连续采样监测结果表明，处理出水水质得到了明显改善，以优于设计指标而达标排放。

(3)LINPOR－C/N工艺

LINPOR－C/N工艺具有同时去除水中C和N的双重功能，由于在反应器中存在较大数量的附着生长型硝化细菌，因此可以获得优良的硝化作用；此外，还可以同时获得良好的反硝化效果，脱氮效率可达50%以上，这是因为塑料泡沫的多孔性使得载体填料内部形成了无数个微型的反硝化反应器。图3-5-28为LINPOR-C/N工艺的一种工艺组成及运行方式，在较低的负荷下运行时，不仅具有良好的除碳和硝化作用，而且在同一个反应器中同时发生碳化、硝化和反硝化的作用。

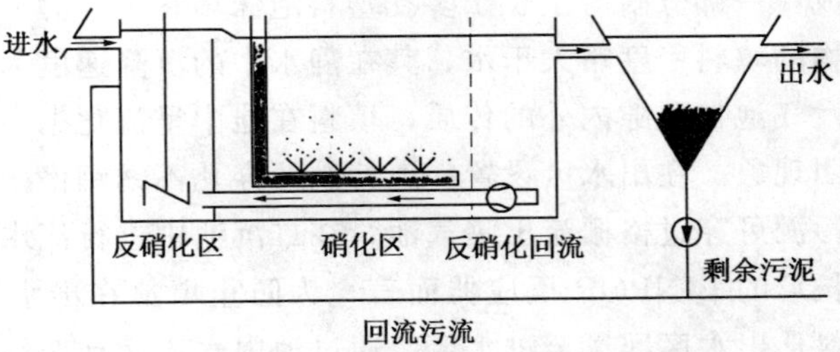

图3-5-28 LINPOR-C/N工艺的流程示意图

日本Bisai市一家纺织厂采用该工艺对原有传统工艺进行了改造(投加填料10%)，处理效果得到明显改善，其中COD_{Cr}去除率由原来的50%提高到72%、TN去除率由原来的54%提高到75%。

(4)LINPOR-N工艺

LINPOR-N工艺在水处理中的应用1987年首次见诸文献报道，可在极低甚至不存在有机底物的情况下实现良好的脱氮效果，常用于对经二级处理后工业污水和市政污水的深度处理。传统处理工艺出水中的有机物浓度通常比较低，具有适合硝化菌生长的良好环境条件，不存在异养菌与硝化菌的竞争作用，因此LINPOR-N工艺几乎不存在处于悬浮生长的微生物，只有那些附着于填料表面的微生物才能生长繁殖。由于运行过程中可以清楚地观察到反应器中载体的工作状况，因此有时也被称作“清水反应器”。LINPOR-N工艺中，所有的微生物都附着生长于填料表面，无需泥水沉淀分离和污泥回流，因此是一种经济的深度处理工艺。图3-5-29为LINPOR-N工艺的一种组成和运行方式，砂滤池保证无固体物质随水排出，出水中的磷含量可以通过使用适当的化学药剂予以降低。

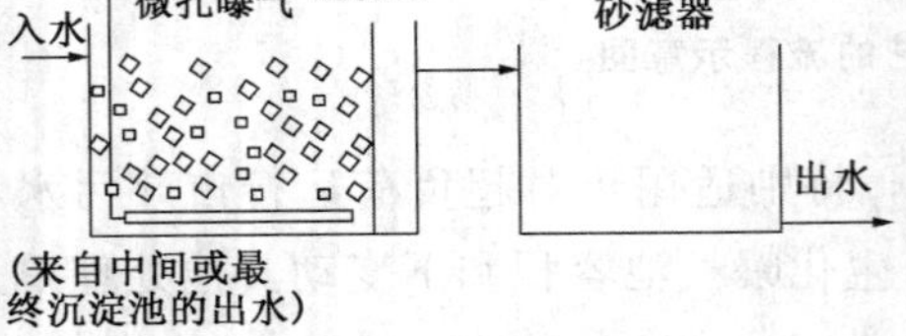

图3-5-29 LINPOR-N工艺的流程示意图

1991年，德国制定了氨氮和总氮的出水排放标准：在温度不低于12℃的情况下，处理后出水中的氨氮和总氮分别不得超过10mg/L和15mg/L。为此，德国有不少的污水处理厂纷纷采用LINPOR-N工艺(填料投量30%)进行改造或直接采用新工艺。以Aachen市最大的LINPOR-N工艺污水处理厂为例，其设计污染物负荷为46万人口当量，反应器容积为5200m^3，处理出水的TKN浓度低于110mg/L；德国北部的Hohenlockstedt污水处理厂将该工艺运用于好氧塘出水后，处理出水中氨氮的浓度始终低于10mg/L，在温度低于6℃时亦不例外；澳大利亚Kembla污水处理厂采用LINPOR-N工艺处理经传统生物工艺处理的炼焦炉废水，亦获得了明显的脱氮效果。

3. 循环床生物膜反应器

循环床生物膜反应器的突出特点是具有很好的混合和传质效果，因而反应器内应该具有良好的水力特征，并能维持较高浓度和活性的微生物，以保证处理能力和处理效率。按照载体循环的驱动力，可以将循环床生物膜反应器分为气提循环、机械搅拌循环和水力驱动循环等三类。

在污水处理中应用过的气提循环床生物膜反应器主要有两种：①BAS 反应器(Biofilm air – lifted suspension reactor)，由瑞典 Gist – Brocades 公司 20 世纪 90 年代初期开发成功，并由荷兰 Paques 公司改进为 CIRCOX® 工艺，在实际污水处理中得到推广应用；②Turbo N 反应器，由原法国 Degrémont Technologies 公司开发，采用轻质载体，主要用于污水的硝化作用。

机械搅拌循环和水力驱动循环床生物膜反应器则主要用于污水的厌氧生化处理和反硝化过程，例如：原法国 Degrémont Technologies 公司开发的 Mixazur 反应器，采用粒径为 0.1～0.2mm 的黏土颗粒作为生物膜载体，投加量一般在 5%左右。如图 3 – 5 – 30 所示，该反应器内分为反应室和固液分离室两部分，中央接近于床底部安装有叶片搅拌机，由安装在池面上的电机驱动，以带动载体运移，使其呈现流化悬浮状态。该流化床内充填的载体粒径为 0.1～0.4mm 的砂、焦炭或活性炭，粒径小于一般的载体；采用一般的水下空气扩散器充氧。在不外加碳源的情况下，反硝化速率可达 0.6kgNO_3^- – N/(m^3 · h)。

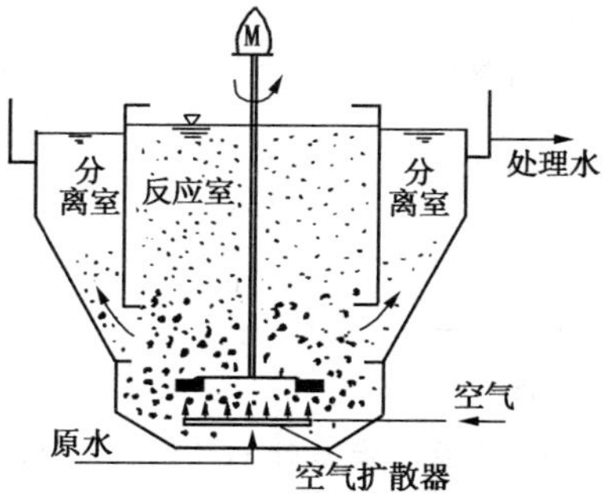

图 3 – 5 – 30　机械搅动循环床生物膜反应器的结构示意图

五、膜曝气生物膜反应器

膜曝气生物膜反应器(Membrane Aerated Biofilm Reactor，MABR)又称膜传氧生物膜反应器、强化耦合生物膜反应器(EHBR)，是一种有机融合了气体分离膜技术和生物膜法水处理技术的新型水处理技术。MABR 膜既提供曝气又兼做生物膜生长的载体，从外形来看通常分为中空纤维膜、管式膜和板式膜。中空纤维膜组件比表面积较大，能够附着的生物量更多，实际工程中常采用此类膜组件来达到减小构筑物占地面积的目的；而且中空纤维膜组件可以模块化设计，安装简单，造价低，因此目前成为 MABR 的主流选择，管式膜与板式膜仅出现在一些 MABR 机理研究的报道中。MABR 膜材料分为微孔膜和致密膜，微孔膜以聚偏氟乙烯(PVDF)、聚丙烯(PP)、聚乙烯(PE)等疏水材料制成，氧分子经由微孔传递；致密膜采用硅胶等致密材料，氧气直接通过分子扩散过膜。

置于膜曝气生物膜反应器内的中空纤维膜组件，其作用的发挥主要依靠自身的选择性透氧膜和附着生长型生物膜来完成。选择性透氧膜可以为微生物直接传输氧气，其外表面还可以作为微生物附着生长的载体。当膜内气体分压低于膜材料的泡点压力时，在压差驱动作用下自内向外透过膜的氧气通过扩散作用进入附着生长在其外表面的生物膜内，即无泡曝气充氧过程。在中空纤维膜丝外表面形成附着生长型生物膜后，水体中的污染物在浓差驱动和生物膜吸附作用下进入生物膜内，通过微生物的新陈代谢与生长繁殖过程被降解去除。在传统生物脱氮工艺中，硝化和反硝化过程的不同环境与条件要求，使得两个过程在时间和空间上难以统一，从而导致生物脱氮工艺流程长、水力时间较长、需要较大的曝气池、投资和运行费用高。如图 3－5－31 所示，MABR 生物膜中的氧气和污染物分别从生物膜内侧和外侧进行反向扩散，生物膜内侧区域的氧气浓度高，在该区域形成好氧层。由于有机碳的分子量一般比较大，扩散至该区域的速度较慢，故该区域的有机碳浓度低；而分子量较小的氨氮分子则容易通过扩散作用进入该区域，利用充足的氧气进行硝化作用。生物膜外侧区域的情况则刚好相反，氧气在扩散过程中被微生物逐渐消耗，依次形成由内到外的兼氧区和厌氧区，而该区域的污染物浓度最高，碳源充足，有利于反硝化过程的进行。此外，在生物膜外侧区域，结构复杂、分子量大的有机物可以通过水解酸化反应被分解成小分子有机物，有利于有机物的进一步降解。总的来看，MABR 具有同步脱氮除碳和同步硝化反硝化(SND)的特点，具有占地面积小、土建施工少、氧气利用率高、能耗低、处理效率高、产生污泥少等优点。

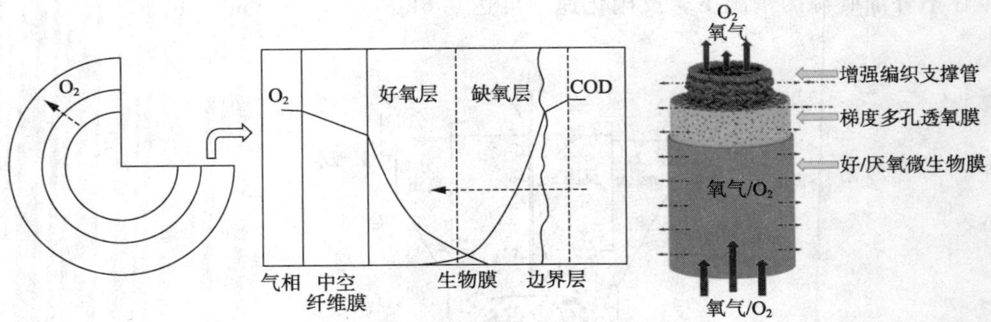

图 3－5－31　中空纤维膜 MABR 的工作原理示意图

人们先后对影响 MABR 运行效果的气体传质、物质传递及微生物群落结构等因素进行了深入探索，在工艺控制与优化、反应器设计与改进、脱氮工艺过程模型开发与模拟等方面取得了较大进展。随着膜材料的不断改进，MABR 技术可广泛应用于河湖等流域水体净化、市政污水处理及污水处理厂提标增容、农村污水处理、养殖水体净化、工业污水处理等领域。目前的代表性产品有法国 Veolia 水务的 Zeelung MABR、爱尔兰 Oxymem Limited 的 MABR、澳大利亚 Fluence Corporation Ltd 的 MABR 等，Zeelung MABR 的工作原理和工艺流程如图 3－5－32 所示，采用透氧膜将氧气传递至膜丝外表面附着的生物膜，同时氨和有机物等基质从污水扩散到生物膜中，安装在缺氧池中的 MABR 好氧生物膜(以硝化菌为优势菌)和在缺氧区悬浮增长的反硝化菌实现同步硝化反硝化来强化对污水中氨氮和总氮的去除。zeeDENSE 是 Veolia 的最新创新之一，通过将 ZeeLung MABR 与连续流致密化技术相结合，帮助活性污泥厂实现超级强化，能令细菌更快沉降，在现有澄清池中提高处理能力。国内方面，《膜曝气生物膜反应器(MABR)中空纤维膜组件》(GB/T 42281)已于 2023 年 7 月 1 日起实施，该推荐性国家标准规定了 MABR 中空纤维膜组件的型号、技术要求、试验方法、检验规则及标志、包装、运输和贮存。

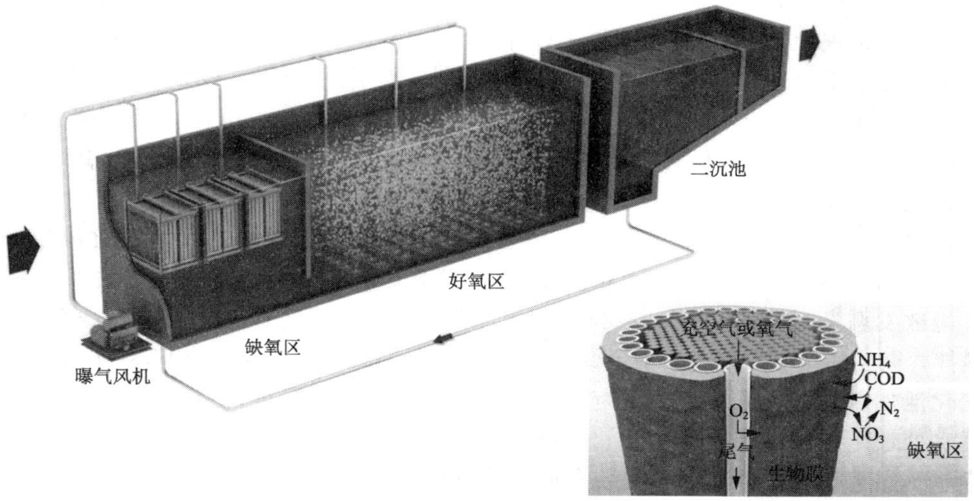

图 3－5－32　法国 Veolia 水务 Zeelung MABR 的工作原理和工艺流程示意图

§3.6　厌氧法系列工艺与设备

在不与空气接触的条件下，依赖兼性厌氧菌和专性厌氧菌对有机物进行生物降解的过程，称为厌氧生物处理或厌氧消化。若有机物的降解产物主要是有机酸，则将此过程称为不完全厌氧消化，简称酸发酵或酸化；若进一步将有机酸转化为以甲烷为主的生物质气，则将此全过程称为完全厌氧消化，简称甲烷发酵或沼气发酵。按照厌氧微生物载体的不同，也可分为厌氧活性污泥法和厌氧生物膜法，其中前者是由兼性厌氧菌和专性厌氧菌与污水中有机杂质形成的污泥颗粒。

在厌氧生物处理问世初期，因其存在处理效率低、需时长和受温度影响大等不足而未能在水处理领域得到推广。随着研究工作的不断深入，厌氧生物处理的有机污染物负荷大大提高，反应时间显著缩短，因此又重新应用于水处理。与好氧生物处理工艺相比，厌氧生物处理工艺的主要优点如下：①无须充氧，运行能耗大大降低，而且能将有机污染物转化成生物质气加以利用；②污泥产量很少，剩余污泥处理费用低，产酸菌污泥产率为 0.15～0.34kg VSS/kg COD、产甲烷菌污泥产率为 0.03kg VSS/kg COD 左右，而好氧微生物污泥产率可达 0.25～0.6kg VSS/kg COD；③适于处理难降解有机污水，或者作为高浓度难降解有机污水的预处理工艺，以提高污水可生化性和后续好氧工艺的处理效果；④厌氧过程和好氧过程串联配合使用，还可以起到脱氮除磷的作用。在全面提倡循环经济、关注资源化再生利用的背景下，厌氧生物处理势必会得到更多关注和发展应用。

一、厌氧生物反应器的发展历程

厌氧生物处理技术的反应器主体在过去一百多年里大体上可以划分为三代。20 世纪 80 年代末 90 年代初，堪称整个厌氧处理技术研发和运用的巅峰时代。

1. 第一代厌氧生物反应器

(1)早期发展

第一代厌氧生物反应器的时间跨度从 1881 年开始到 20 世纪中期。大约在 1860 年，法国工程师 Louis H. Mouras 采用厌氧方法处理污水中沉淀后的固体物质，即最早的化粪池(Septic Tank)或腐化池，1881 年获得了设计专利。1895 年，Donald Cameron 在英国 Exeter 建造了第一座用于处理生活污水的厌氧反应化粪池，所产生的沼气收集后用于照明和加热；1899 年，Harry W. Clark 设计了一个分离的消化器，先把污水沉淀后再厌氧发酵；1904 年，德国工程师 Karl Imhoff 对腐化池进行改进，设计了如图 3-6-1 所示的 Imhoff 双层沉淀池或腐化池(Imhoff Tank)，能在上部对污水进行沉淀处理，下部对污泥进行厌氧消化处理。1912 年，英国伯明翰市建造了一个用土堤围起来的露天敞开式厌氧消化池(Anaerobic Digester)，由于不加热，消化时间长约 100d；由于池子不加盖，污泥消化效果不好，并向周围环境散发恶臭。德国人 Kremer 随后提出加盖的密闭式消化池(被称作传统消化池)，由于没有搅拌，微生物与基质混合效果不好，处理效率低。1920 年，英国的 Waston 将 Kremer 的二级消化池加以改进，采用沼气作为动力用泵对消化池的污泥进行机械搅拌，应用于科尔-霍尔污水处理厂。1925 年德国的 Ruhrverbandn 在埃森市，1926 年美国多尔-奥利佛公司在威斯康星州安替哥市，都建成了安装有加热设备和集气装置的密闭式消化池。20 世纪 40 年代，在澳大利亚出现了连续搅拌的厌氧消化池，改善了厌氧污泥与污水的混合，提高了处理效率。但由于反应器内的完全混合状态导致污泥随出水流失，污泥在反应器中的停留时间(SRT)与污水停留时间(HRT)相同，因此反应器中污泥浓度很低，不能大量或者高负荷地处理污水，一般浓度较高的污水要得到较好的处理效果，往往需要在反应器中停留几天甚至几十天，因此该工艺主要应用于污泥消化，需要进一步发展。

1950 年，南非人 Stander 发现了在厌氧反应器中保持大量细菌的重要性，开发了一种处理酒厂和药厂废液的装置(称为厌氧澄清器)，这种装置把厌氧消化和沉淀合建在一起。其贡献在于，首次认识到固体(污泥)停留时间对于厌氧法污水处理的重要性，奠定了通过将污水停留时间(HRT)和固体(污泥)停留时间(SRT)分离而开发高效厌氧反应器的基础。

(2)厌氧接触法

1955 年，美国学者 George John Schroepfer 等人仿照好氧活性污泥法，开发了厌氧接触消化工艺(Anaerobic Contact Process，ACP)，通过在厌氧消化池后设置沉淀池和污泥回流，实现了污泥在反应器中的停留时间大于污水的停留时间，使厌氧消化池内可以维持较高的污泥浓度，有机负荷及其处理效率显著提高。如图 3-6-2 所示，厌氧接触消化工艺实质上是厌氧活性污泥法，只不过不需要曝气而需要脱气。其最大特点是通过增设污泥回流，反应器中的固体(污泥)停留时间(SRT)第一次大于污水停留时间(HRT)，使得污泥浓度增大，处理效率和负荷显著提高。

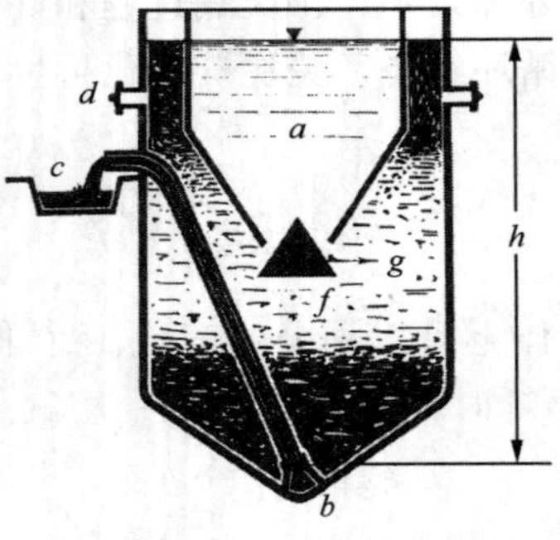

图 3-6-1　Imhoff 双层沉淀池或 Imhoff 腐化池

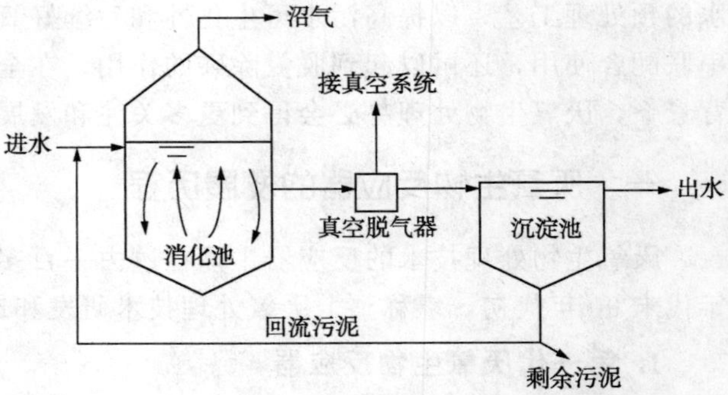

图 3-6-2　厌氧接触消化工艺的流程示意图

中温消化时厌氧接触工艺的有机负荷率为 2～5kg COD/(m^3·d)，仍属于低负荷或中负荷，但运行稳定、操作较为简单，且有较大的耐冲击负荷能力。主要问题是厌氧污泥上附着的小气泡使污泥易于上浮，而且沉淀池中的污泥仍具活性，会继续产生沼气而可能导致已下沉的污泥上浮。因此必须采取如图 3-6-3 所示的有效改进措施：①在消化池和沉淀池之间增设真空脱气设备(真空度为 500mm H_2O)；②在消化池和沉淀池之间增设热交换器冷却污泥，暂时抑制厌氧污泥的活性。

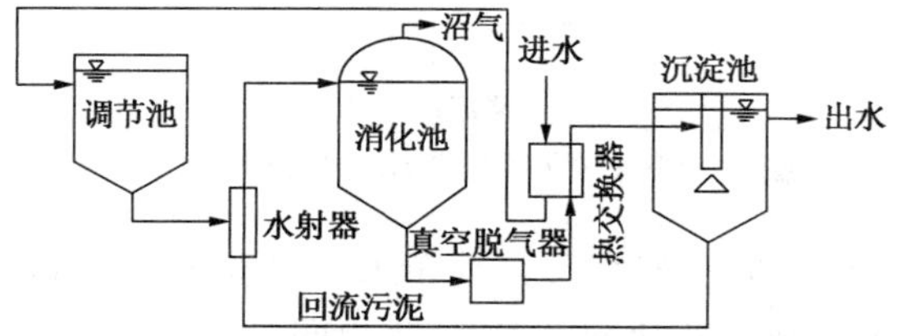

图 3-6-3　改进后的厌氧接触消化工艺流程示意图

2. 第二代厌氧生物反应器

高效厌氧处理系统必须满足两个条件：一是反应器内能够保持大量的活性厌氧污泥；二是进水与污泥保持良好接触。依据上述原则，20 世纪 60 年代末至 80 年代中期，陆续出现了厌氧滤池(Anaerobic Filter，AF)、上流式厌氧污泥床(Upflow Anaerobic Sludge Blanket，UASB)、厌氧固定膜膨胀床反应器、厌氧生物转盘和厌氧挡板反应器(或称厌氧垂直折流式反应器)。为了进一步提高厌氧反应器的处理效果，加拿大学者 S. R. Guiot 和 L. van den Berg 在 1984 年提出了上流式厌氧污泥床和上流式厌氧滤池结合型新工艺(An Upflow Anaerobic Reactor Combining A Sludge Blanket and A Filter)，即上流式厌氧污泥床过滤器工艺。后人将上述几种反应器统称为第二代厌氧反应器。

(1)厌氧滤池

1969 年，美国斯坦福大学 Perry L. McCarty 教授的学生 James C. Young 基于 J. M. Coulter 等人 1958 年的研究工作，推出了第一个基于微生物固定化原理的高速厌氧反应器——厌氧滤池(Anaerobic Filter，AF)。厌氧滤池是装填有滤料的厌氧生物反应器，但池顶密封；在滤料表面有以生物膜形态生长的微生物群体，在滤料空隙中截留了大量悬浮生长的厌氧微生物，原水通过滤料层时，其中的有机物被截留、吸附及分解转化为 CH_4 和 CO_2 等。微生物由于附着生长在滤料表面，免于水力冲刷而得到保留，通过巧妙地将污水停留时间(HRT)与固体(污泥)停留时间(SRT)相分离，后者可以长达上百天而提高了厌氧微生物浓度，强化了传质作用，这就使得厌氧生物处理高浓度污水停留时间(HRT)从过去的几天或几十天缩短到几小时或几天。1972 年，厌氧滤池首次较大规模地应用于小麦淀粉污水处理。后来，M. P. Bryant 教授提出了厌氧处理的"水解酸化、发酵产酸、产甲烷"三阶段理论，至此奠定了现代厌氧处理的技术和理论基础。

如图 3-6-4 所示，按原水在其中的流向，厌氧滤池分为升流式、降流式和升流式混合型三种。升流式厌氧滤池的布水系统设于滤池底部，原水由布水系统引入滤池后均匀向上流动，通过滤料层与其上的生物膜接触，净化后的出水从池顶引出池外，池顶还设有沼气收集管。目前正在运行的大多数厌氧滤池都属于升流式，断面呈圆形，直径为 ϕ6～26m，高度为 3～13m。由于结构上的原因，升流式厌氧滤池的底部易于堵塞且污泥在深度方向上的分布均匀。

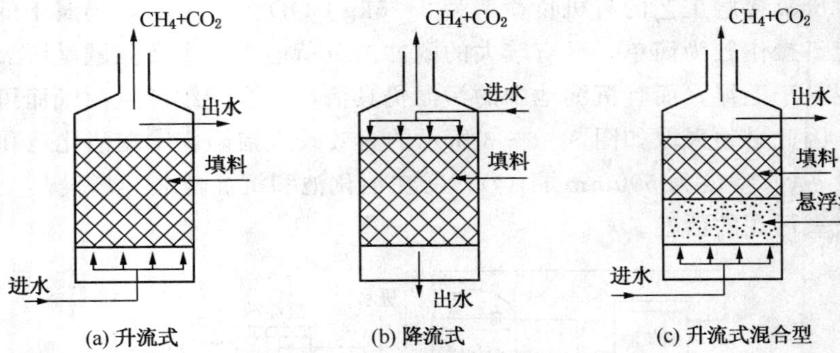

图 3-6-4 几种厌氧滤池的结构示意图

降流式厌氧滤池的水流方向正好相反，其布水系统设于滤料层上部，出水排放系统设于滤池底部，沼气收集系统与升流式厌氧生物滤池相同，因布水系统在滤料上部而相对不易堵塞。

升流式混合型厌氧滤池的特点是减小了滤料层厚度，在布水系统与滤料层之间留出了一定的空间，以便悬浮状态的颗粒污泥能够在其中生长、累积。当原水依次通过悬浮颗粒污泥层和滤料层时，其中的有机物将与颗粒污泥及生物膜上的微生物接触并得到稳定。试验及运行结果均表明，升流式混合型厌氧滤池具有以下优点：①与升流式厌氧滤池相比，减小了滤料层高度；②与升流式厌氧污泥床相比，可不设三相分离器，因此节省基建费用；③可增加反应器中总的生物固体量，并减小滤池被堵塞的可能性。升流式混合型厌氧滤池中滤料层高度与滤池总高度相比，以采用 2/3 为宜。

(2) UASB 反应器

1971 年，荷兰瓦赫宁根大学(Wageningen University)的 Gatze Lettinga 教授通过物理结构设计，利用重力场对不同密度物质作用的差异，发明了三相分离器。通过使污水停留时间(HRT)与固体(污泥)停留时间(SRT)分离，形成了上流式厌氧污泥床(Upflow Anaerobic Sludge Blanket，UASB)反应器的雏型。1974 年，荷兰甜菜糖厂(CSM Suiker)在用 $6m^3$ 反应器处理甜菜制糖污水时，发现了活性污泥自身固定化机制形成的生物聚体结构，即颗粒污泥。颗粒污泥的出现，直接促进了以 UASB 为代表的第二代厌氧反应器的应用和发展，而且还为第三代厌氧反应器的诞生奠定了基础。时至今日，UASB 技术在国内外仍得到广泛应用。

如图 3-6-5 所示，UASB 反应器主要由进水配水系统、反应区、三相分离器、出水系统、气室、浮渣收集系统、排泥系统等组成，反应器上部设置有三相分离器，下部为厌氧污泥悬浮区和厌氧污泥床区。在工作过程中，原水从厌氧污泥床底部流入，与高浓度的污泥混合接触，污泥中的厌氧微生物分解污水中的有机污染物，转化为沼气。沼气以微小气泡的形式不断放出，在上升过程中不断聚并形成较大气泡；由于沼气搅动和气泡对污泥的吸附作用，在厌氧污泥床区上方形成了一个厌氧污泥悬浮区。污泥浓度较稀薄的气(沼气)-液(污水)-固(污泥)三相流向上通过三相分离器分步进行分离：首先是含沼气的混合液在上升过程中随着气泡聚并而密度降低，不断向上流动，碰到三相分离器底部的反射板时，气泡折流而上与固、液相分离，上升到液面并释放到气室中，汇集在气室的沼气用导管导出；气体释放后的泥水混合液经过反射，通过三相分离器的导流区进入中心沉降区，失去气泡搅动作用的污泥发生絮凝，颗粒逐渐增大而在重力作用下沉降，沉降浓缩后的污泥密度大于三相分离器下部的气（沼气）-液（污水）-固（污泥）三相流密度，因此由回流缝滑回污泥悬浮区，维持高生物浓度；与污泥分离后的上清液从沉淀区溢流堰上部溢出，最终排出反应器。

能形成沉降性能良好、活性高的颗粒污泥是保证 UASB 反应器高效稳定运行的关键。颗粒污泥的粒径一般为 0.1～0.2cm，密度为 1.04～1.08g/cm^3，具有良好的沉降性能和很高的产甲烷活性。一般情况下，UASB 反应器培养出高浓度高活性的颗粒污泥需要 1～3 个月，分为启动期、颗粒污泥形成期和颗粒污泥成熟期三个阶段。与厌氧接触工艺和厌氧滤池工艺相比，UASB 工艺具有以下特点：①污泥的颗粒化使反应器内的平均污泥浓度达 50gVSS/L 以上，污泥龄可达 30d 以上；②反应器的污水停留时间（HRT）较短，容积负荷较高；③反应器集生化反应和沉淀分离于一体，结构紧凑，操作运行方便；④反应器中无需设置填料，容积利用率高、费用低；⑤反应器中的上升水流和沼气气流能起到搅拌作用，一般无需设置搅拌设备；⑥运行温度在 30～35℃之间，COD 去除率达 70%～90%，BOD 去除率＞85%，适合于处理高、中浓度的工业有机污水和低浓度的城市污水。

(3)厌氧膨胀床和厌氧流化床

1980 年，美国的 M. S. Switzenbaum 和 W. J. Jewell 推出厌氧附着膜膨胀床（Anaerobic Attached Film Expanded Bed，AAFEB）反应器和厌氧流化床（Anaerobic Fluidized Bed，AFB）反应器。如图 3-6-6 所示，床内填充细小的固体颗粒载体，常用的有石英砂、无烟煤、活性炭、陶粒和沸石等，粒径一般为 0.2～1.0mm。污水从床底部进入向上流动，采用循环泵将部分出水回流，使载体颗粒在反应器内膨胀或形成流化状态。一般认为，膨胀床反应器是床内载体略有松动，载体间空隙增加但仍保持相互接触的反应器，膨胀率一般为 10%～20%；流化床反应器是上升流速增大到能使载体在床内自由运动而互不接触的反应器，膨胀率一般为 20%～70%。

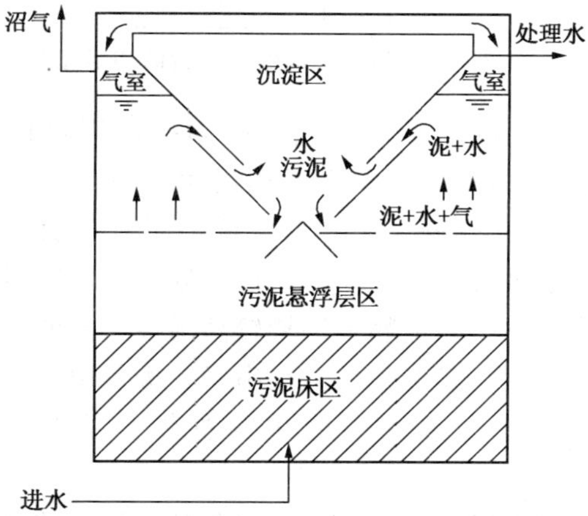

图 3-6-5 UASB 反应器的工作原理示意图

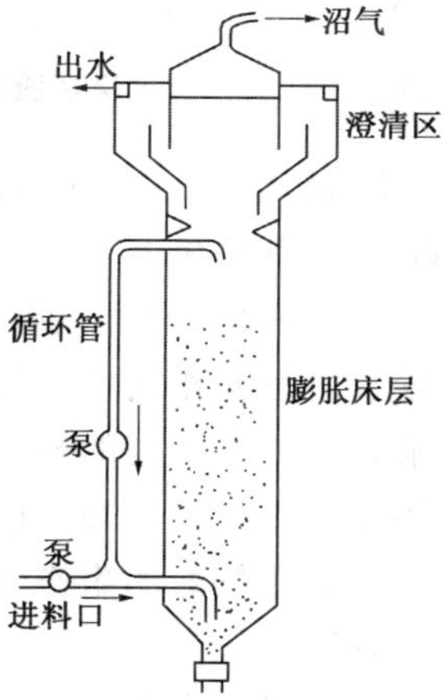

图 3-6-6 厌氧膨胀床和流化床的工作原理示意图

厌氧膨胀床或厌氧流化床中的微生物浓度与载体粒径、载体密度、上升流速、生物膜厚度和孔隙率等因素有关。例如，颗粒粒径过大时，颗粒自由沉降速度大，必须增加流化床高度以保证一定的接触时间；水流剪切力大，生物膜易于脱落；比表面积较小，则容积负荷低。

厌氧膨胀床和厌氧流化床的主要特点：①细颗粒载体比表面积大，床内微生物浓度很高

(一般可达30g VSS/L左右)，故有机容积负荷较高[10～40kg COD/(m^3·d)]，污水停留时间(HRT)较短，耐冲击负荷能力较强，运行较稳定；②载体处于膨胀或流化状态，堵塞的可能性很小；③床内生物固体停留时间较长，剩余污泥量较少；④处理高浓度有机污水和低浓度城市污水均能取得较好的效果。膨胀床或流化床的主要缺点是：载体选择不当时流化或膨胀耗能较大，对系统设计运行要求较高。

美国早期用于大豆加工污水处理的厌氧流化床工艺流程如图3-6-7所示，其特点是在流化床外有脱膜器，载体采用粒径0.5mm的石英砂，空塔线速度采用31 m/h，厌氧流化床上部无三相分离器。

(4)厌氧生物转盘

如图3-6-8所示，厌氧生物转盘(Anaerobic Rotating Biological Contactor，ARBC)的构造与好氧生物转盘基本类似，同样由盘片、反应槽、转轴、驱动机构、支承轴承座等组成，区别在于厌氧生物转盘上部加盖密封，以收集沼气和防止液面上的空间有氧存在，同时所有转盘盘片完全浸没在水中。盘片分为固定盘片(挡片)和转动盘片两种，相间排列，以防止盘片间生物膜黏连堵塞；转动盘片串联，中心穿以转轴，轴安装在反应器两端的支承轴承座上。对水的净化靠盘片表面生物膜和悬浮在反应槽中的厌氧菌完成。由于盘片转动，作用在生物膜上的剪力可将老化的生物膜剥落，剥落下的生物膜在水中呈悬浮状态，随水流出槽外；沼气从反应槽顶排出。

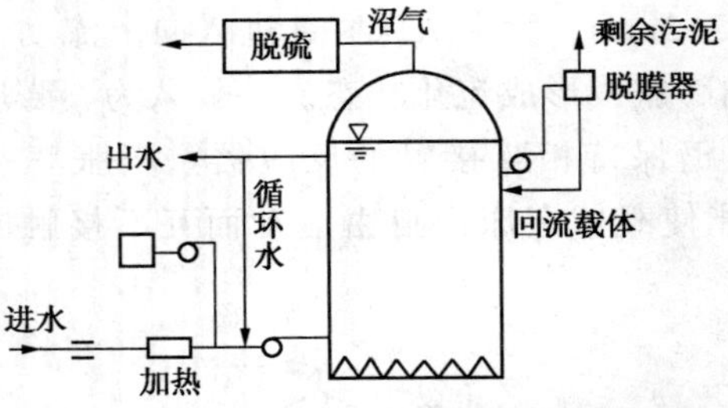

图3-6-7 大豆加工污水厌氧流化床工艺流程

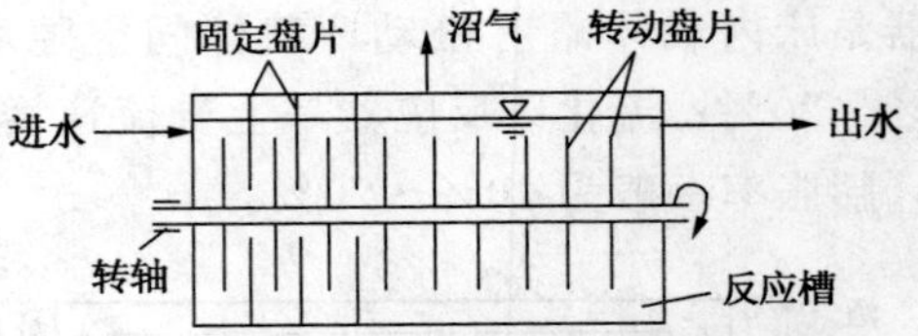

图3-6-8 厌氧生物转盘结构示意图

厌氧生物转盘的主要特点是：①生物浓度高，有机负荷率高，中温条件下可以达到0.04kg COD/(m^2盘片·d)，污水停留时间(HRT)短；②污水在槽内沿水平方向流动，反应槽高度小，比厌氧滤池和升流式厌氧污泥床(UASB)进水提升高度低，同时一般不需回流，所以比较节能且操作简单；③不会像厌氧滤池等发生堵塞问题，适合处理含较高悬浮固体的有机污水；④由于转盘的转动混合作用，使盘片上的生物膜保持较高活性，并使污水与生物膜充分接触，提高了耐冲击能力和处理的稳定性；⑤多采用多级串联，厌氧微生物也分级，各级微生物处于较好的生态环境中，处理效果好(去除率可达90%左右)。主要缺点是盘片及整套设备造价较高。

厌氧生物转盘目前主要处于小试研究阶段，国内对于玉米淀粉污水和酵母污水的研究结果表明，其COD去除率能达到70%～90%，有机负荷率可达30～70g COD/(m^3·d)。国外对于厌氧生物转盘处理牛奶生产污水、生活污水等的研究结果表明，在进水TOC为110～6000mg/L的条件下，其TOC的去除率可以达到60%～80%，有机负荷率可以达到20g TOC/(m^3·d)。

(5)厌氧挡板反应器

厌氧挡板反应器(Anaerobic Baffled Reactor，ABR)的结构如图3-6-9所示，通过设

置多个垂直挡板，将反应器分隔为数个上向流和下向流的小室，使原水循序流过这些小室，泥水混合液得以充分混合、反应。上向流室较宽，以利于污泥聚集；下向流室较窄，通往上向流室的挡板下部边缘处加 50°的导流板，以利于混合液能流至上向流室的中心。实质上，厌氧挡板反应器相当于多个 UASB 反应器的串联。如果原水浓度过高，宜将处理出水回流以达到稀释的目的。

厌氧挡板反应器的主要特点是：①无转动部件、三相分离器和混合搅拌部件，结构简单、能耗低；②反应器启动时间较短，无污泥堵塞问题，运行较稳定。Perry L. McCarty 教授关于厌氧挡板反应器的研究结果表明，在进水 COD 为 7.3～8.3g/L、水力负荷率为 0.5～1.3m^3/(m^3·d)、回流比为 0.4～2.0、有机物负荷率为 3.5～10.6kg COD/(m^3·d)的条件下，COD 的去除率可达 78%～91%，产气量在 2.3～6.9m^3/(m^3·d)之间。美国夏威夷大学对平流式厌氧挡板反应器处理养猪污水的研究结果表明，在温度为 30℃、进水 COD 为 1190～4580 mg/L、有机负荷率为 2.5～8.5kg COD/(m^3·d)、污水停留时间(HRT)为 0.25～5d 的条件下，COD 的去除率可达 80%。

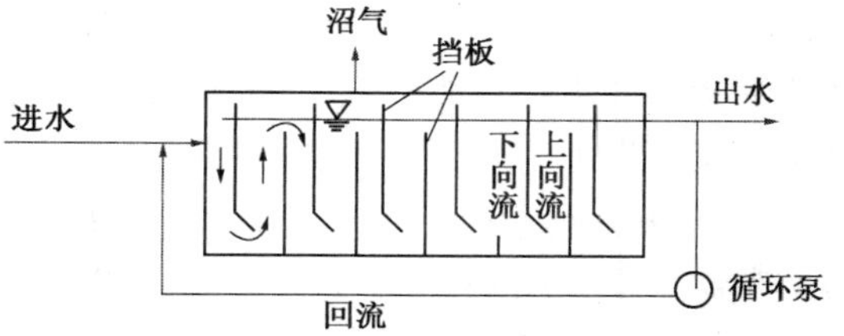

图 3-6-9　厌氧挡板反应器的结构示意图

(6)两相厌氧处理工艺

根据厌氧消化过程中产酸和产甲烷两个阶段起作用的微生物群在组成和生理生化特性方面的差异，采用两个独立的反应器串联运行，称为两相厌氧处理工艺。反应器的结构形式可以采用前面任何一种，二者可以相同也可以不同。第一个反应器称为产酸反应器，第二个反应器称为产甲烷反应器，两个反应器分别培养产酸菌和产甲烷菌，并控制不同的运行参数，使其分别满足两类不同细菌的最佳生长条件。两相厌氧处理工艺克服了单相厌氧消化工艺中两类微生物协调和平衡之间的矛盾，提高了反应器的处理能力。相关的工作机理在§4.4 中污泥两相厌氧消化部分还将提及。

以厌氧接触法为产酸相、UASB 反应器为产甲烷相的工艺流程如图 3-6-10 所示。荷兰酵母发酵污水处理用两相厌氧流化床的流程如图 3-6-11 所示，厌氧流化床采用树脂强化玻璃和聚氯乙烯衬里，两个流化床独立用循环泵调节上升速度，流化床上部各自分设三相分离器，载体用 0.1～0.3mm 的石英砂，流化速度为 3～20m/h，产气量为 500m^3/t(COD)。

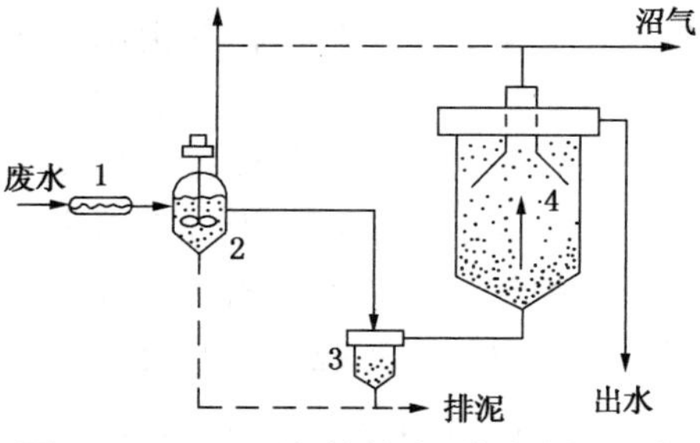

图 3-6-10　厌氧接触法-升流式污泥床两相厌氧处理工艺流程图

1—热交换器；2—水解产酸罐；3—沉淀分离罐；4—产甲烷罐

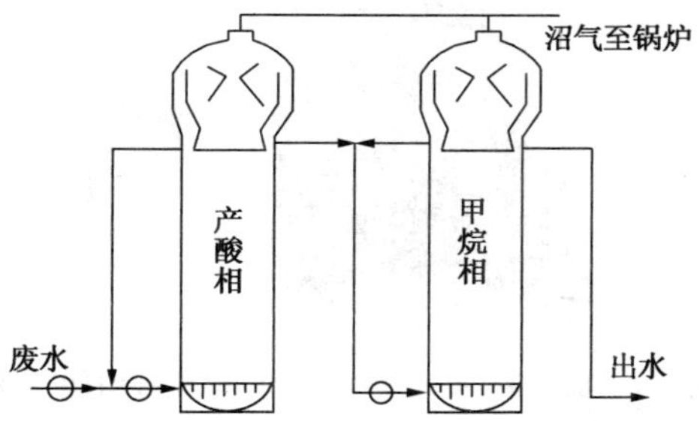

图 3-6-11　酵母发酵污水处理用两相厌氧流化床工艺流程图

与单相厌氧处理工艺相比，两相厌氧处理工艺的主要特点是：①有机负荷率高，运行稳定，耐冲击负荷的能力较强；②能够为两相微生物创造各自最佳的生长条件，使反应速率、处理效率和产气量都得到提高；③减轻污水中 SO_4^{2-} 等抑制物质对产甲烷菌的影响。

3. 第三代厌氧生物反应器

虽然 UASB 反应器利用颗粒污泥实现了污水停留时间（HRT）与固体（污泥）停留时间（SRT）的分离，延长了污泥龄，保持了较高的污泥浓度，但在如何保持进水和污泥之间的良好接触状态、强化传质过程、进一步加快生化反应速率等方面却存在不足，例如反应器容易出现短流，当进水中悬浮固体浓度较高时会引起堵塞等。第三代厌氧生物反应器则利用自身特点较好地弥补了以上问题，减少了由于高水力负荷率产生的污泥流失问题。第三代厌氧生物反应器始于 20 世纪 80 年代中期，以厌氧内循环（Internal Circulation）反应器（IC 反应器）、厌氧膨胀颗粒污泥床（Expanded Granular Sludge Blanket，EGSB）为代表，其设计能确保布水均匀性，避免产生短流和死角等现象，还能利用塔式反应器结构和出水回流提高进水流速而获得良好的搅拌强度。

(1)厌氧内循环反应器

为克服 UASB 反应器有机负荷率不能太高的不足，荷兰 Paques 公司于 1985 年建立了第一个 IC 反应器中试装置，1988 年第一座生产规模的 IC 反应器 BIOPAQ® IC 投入运行。目前，IC 反应器已成功应用于啤酒生产、造纸、食品加工等行业的污水处理中。

图 3-6-12　IC 反应器的结构示意图（BIOPAQ® IC）

1—原水入口；2—第一厌氧反应室；3—第一级三相分离器；4—气泥水提升管；5—气液分离器；6—泥水回流管；7—第二厌氧反应室；8—第二级三相分离器；9—净化水出口；10—沼气出口

如图 3-6-12 所示，IC 反应器由两个 UASB 反应器上下叠加串联构成，高度可达 16～25m，高径比一般为 4～8，主要由进水混合区、第一厌氧反应室、第二厌氧反应室、内循环系统和出水区等五个基本部分组成。其中内循环系统是 IC 工艺的核心，由第一级三相分离器、气泥水提升管、气液分离器和泥水回流管等组成。经过调节 pH 和温度的原水首先通过布水器进入反应器底部的混合区，与来自下降管的内循环泥水混合液充分混合后，进入第一厌氧反应室，在高浓度污泥作用下，大部分进水 COD 在此处被降解，产生大量沼气，沼气由第一级三相分离器收集。由于沼气气泡形成过程中对液体所作的膨胀功产生了气体提升作用，使得沼气、污泥和水的混合物沿提升管上升至反应器顶部的气液分离器，沼气在该处与泥水分离并被导出处理系统；泥水混合物沿泥水回流管直接滑落到第一厌氧反应室底部的混合区，并与底部的颗粒污泥和进水充分混合，实现了混合液的内循环。很高的升流速度使第一厌氧反应室内的颗粒污泥完全达到流化状态，因此具有很高的传质速率。经第一厌氧反应室处理后的水除一部分参与内循环外，其余通过一级三相分离器进入第二厌氧反应室的颗粒污泥床区，进行剩余COD降解与产沼气过程。由于大部分COD已被降解，所以第二厌氧反应室的COD负荷较低，沼气产生量也较小，对第二厌氧反应室的扰动很小，这也为污泥停留提供了有利条件。沼气由第二级三相分离器收集后，通过沼气管进入顶部的气液分离器；泥水混合物在第二级三相分离器进行固液分离，上清液经过出水堰离开IC反应器自流进入后续处理构筑物，颗粒污泥则返回第二厌氧反应室的颗粒污泥床区。IC反应器的主要特点如下：

①内循环使IC反应器的传质效果好，进水有机负荷率比UASB反应器高出3倍左右。当进水COD_{Cr}为10000～15000mg/L时，COD_{Cr}有机负荷率可达30～40kg/(m^3·d)；当COD_{Cr}为2000～3000mg/L时，进水COD_{Cr}有机负荷率可达20～25kg/(m^3·d)，污水停留时间(HRT)仅为2～3h，COD_{Cr}的去除率可达80%；上升流速可达10～20m/h。

②IC反应器的体积为UASB反应器的1/4～1/3左右，有很大的高径比，占地面积小；系统全封闭运行，无异味排放。

③处理低浓度污水时，循环流量可达进水流量的2～3倍；处理高浓度污水时，循环流量可达进水流量的10～20倍。循环水与进水在第一厌氧反应室内充分混合，使原水中的有害物质得到充分稀释，提高了反应器的抗冲击负荷能力。

④沼气提升实现内循环，不必外加动力，无运转部件；IC反应器相当于两级UASB串联，两级处理一般比单级处理的稳定性好，出水水质较为稳定。

⑤内部结构较复杂，对工艺设计和运行管理的要求较高。

IC反应器的典型应用场合有土豆加工污水、奶酪污水、菊糖污水、食品加工污水、啤酒污水等，表3-6-1给出了IC反应器和UASB反应器处理啤酒污水的运行结果对比。

表3-6-1 IC反应器和UASB反应器处理啤酒废水的运行结果

厂名	反应器类型	厌氧反应器		进水			COD容积负荷/[kg/(m^3/d)]	HRT/h	η_{COD}/%	反应温度/℃
		容积/m^3	高/m	COD/(g/L)	SS/(g/L)	pH				
上海富仕达啤酒厂	IC	400	20.5	2	0.1～0.6	4～10	15	2	*	
沈阳华润雪花啤酒有限公司	IC	70	16	4.3	0.29	4.5～6.5	25～30	4.2	80	中温
国外啤酒厂甲	IC	162	20	2	0.3～0.5		24	2.1	80	31
国外啤酒厂乙	IC	50	22	1.6	0.4～0.6		20	2.3	85	24～28
北京啤酒厂	UASB	2000		2	0.5		4.3	11.2	>80	常温
荷兰BaraviaB. V.啤酒厂	UASB	1400	6.5	1.0～1.5	0.2～0.3	6～10	4.5～7	3.4～8	75～80	

注：*为该厂厌氧反应器后接好氧处理系统，总出水COD质量浓度为75mg/L，COD的去除率为96.3%。

在IC反应器的基础上，人们还设计研制了双循环(DIC)厌氧反应器。DIC厌氧反应器由罐体、内循环系统、多点布水系统组成，特点是罐体内采用独特的内循环结构，利用进水和沼气产生的上升力在罐体内产生压力差，形成多层次内循环系统，原水分层次进入反应器后，在上流过程中与不同内循环层面、不同菌落的活性污泥接触、吸附、消化，使污水和微生物之间的传质得到加强，使污染物处理得更彻底、更迅速。当然，将荷兰Paques公司的BIOPAQ®IC反应器与该公司的封闭式空气提升好氧反应器(CIRCOX®)前后串联使用，更能体现占地面积小、无臭气排放、污泥量少和处理效率高的工艺优点。1994 年，Paques 公司在荷兰 Grolsche 啤酒厂建成一套处理能力 $3000m^3/d$ 的 BIOPAQ® IC - CIRCOX® 项目，运行结果表明，污泥产量、占地面积分别仅为传统厌氧-好氧法的 10% 和 20%。此外，Paques 公司推出的 BIOPAQ® ICX 最新一代高速厌氧反应器技术，无需三相分离器，通过对一级气水分离、二级泥水分离的创新设计，进一步提升了反应器的单位体积负荷率，提高了生物质的截留效率。

(2)厌氧膨胀颗粒污泥床(EGSB)反应器

EGSB 反应器是在 UASB 反应器基础上开发的高效厌氧反应器。Gatze Lettinga 教授等 1976 年研究发现，UASB 反应器处理效率不高是因污水与污泥未得到足够充分的混合接触，从而影响了反应速率。于是相应进行了改进：通过设计较大高径比(≥20)的反应器，同时将出水加以循环，以提高反应器内的液体上升流速，使颗粒污泥床层充分膨胀，保证污泥与污水充分混合，同时使颗粒污泥床中絮状剩余污泥的积累减少，这样便开发了 EGSB 反应器。EGSB 反应器与 UASB 反应器的本质区别在于反应器内液体上升流速不同：UASB 反应器中的水力上升流速一般小于 1m/h，污泥床更像一个静止床；而 EGSB 反应器中的水力上升流速可达 5～10m/h，整个污泥床呈膨胀状态。此外，反应器较高的高径比和容积负荷，减少了反应器的体积。

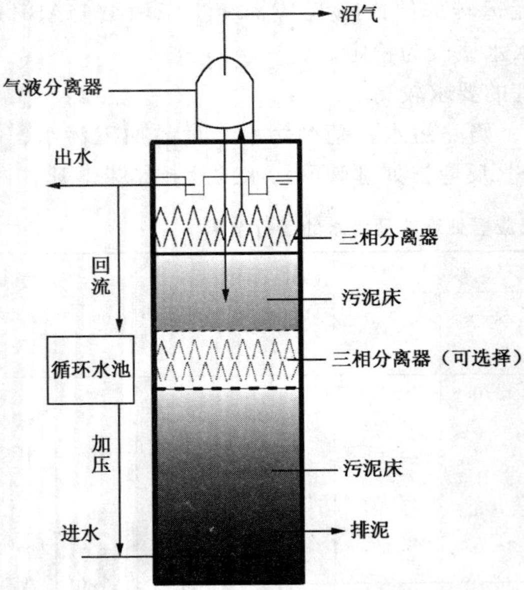

图 3-6-13　EGSB 反应器的结构示意图

如图 3-6-13 所示，EGSB 反应器主要包括罐体、布水系统、三相分离器、出水收集系统、循环系统、气液分离器、排泥系统、加热和保温系统等。布水系统将原水均匀分配到整个反应器底部，并产生一个上升流速。由于 EGSB 反应器内的液体上升流速比 UASB 反应器大得多，所以必须对三相分离器进行改进：①增设一个可以旋转的叶片，在三相分离器底部产生一股向下水流，以利于污泥回流；②采用筛管或细格栅，以截留细小颗粒污泥；③在反应器内设置搅拌器，以利于气泡与颗粒污泥分离；④在出水堰处设置挡板，截留颗粒污泥。出水循环能提高反应器内的液体上升流速，充分膨胀颗粒污泥床层并加强传质效果，还能避免反应器内出现死角和短流现象。

除了上面所介绍的各种厌氧反应器单体之外，目前还出现了复合(Hybrid)厌氧法，即将几种厌氧反应器复合集成在一个设备中。目前已经开发出将 UASB 反应器与厌氧滤池复合而成的升流式厌氧污泥过滤器，该反应器下部保持高浓度的污泥层，上部的纤维填料又有大量的生物膜。

二、UASB 反应器的设计计算

设计计算的主要内容包括：①池型选择、有效容积以及各主要部位尺寸的确定；②进水配水系统、出水系统、三相分离器等主要设备的设计计算；③排泥和排渣系统的设计计算。

1. 反应器容积及主要尺寸的确定

(1)反应器有效容积

UASB反应器的有效容积V一般包括沉淀区和反应区的总容积，不包括三相分离器的容积。一般情况下，对于中等浓度和高浓度有机污水，有机有机负荷率是限制因素，反应器的容积与污水量、污水浓度和允许的有机物容积负荷去除率有关。根据实际污水情况，取容积负荷和COD去除率一定值，则UASB反应器的有效容积为

$$V_{有效}=\frac{Q(C_0-C_e)}{N_v} \tag{3-6-1}$$

式中 Q——设计处理量，m^3/d；

C_0、C_e——进、出水的COD浓度，kg COD/m^3；

N_v——COD有机负荷率，kg COD/(m^3·d)。

UASB反应器有机负荷率的选取应考虑到反应温度、污水性质和浓度以及是否能够在反应器内形成颗粒污泥等多种因素，对于食品工业污水或性质与之相近的污水(一般认为能形成颗粒污泥)而言，不同反应温度下有机负荷率的选择可参考表3-6-2。对于不能形成颗粒污泥而形成絮状污泥的污水来说，其有机负荷率一般不宜超过5kg COD/(m^3·d)；处理中低浓度(1500～2000 mg COD/L)污水时，其有机负荷率一般控制在5～8kg COD/(m^3·d)之间，以免水流上升速度过大而使厌氧污泥流失；而处理高浓度(5000～9000 mg COD/L)污水时，其有机负荷率一般控制在10～20kg COD/(m^3·d)之间，以免产气负荷过高导致厌氧污泥的流失。反应器有效高度多取4～6m，浓度低时选值可小些。

表3-6-2 食品工业等污水的有机负荷率设计取值

温度/℃	高温(55～65)	中温(35～38)	常温(20～25)	低温(10～15)
容积负荷率/[kg COD/(m^3·d)]	20～30	10～20	5～10	2～5

(2)UASB反应器的形状和尺寸

UASB反应器的断面形状一般有矩形、方形和圆形，圆形断面的反应器虽然具有结构较稳定的特点，但建造配套用三相分离器要比矩形和方形反应器复杂得多，因此大型UASB反应器多选用矩形断面；在设计小型UASB反应器时常采用圆形断面。UASB反应器的底部呈锥形或圆弧形，高度一般为3～8m，其中污泥床1～2m，污泥悬浮层2～4m。主体结构采用钢或钢筋混凝土，三相分离器可由多个单元组合而成，如图3-6-14所示。

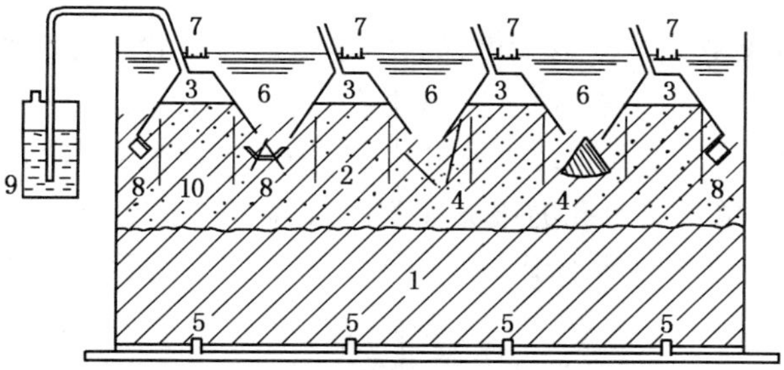

图3-6-14 UASB反应器的结构示意图

1—污泥床；2—悬浮污泥层；3—气室；4—气体挡板；5—配水系统；6—沉降区；7—出水槽；8—集气罩；9—水封

UASB 反应器有效高度 h 的取值确定后，则横截面面积为

$$S=\frac{V_{有效}}{h} \tag{3-6-2}$$

从布水均匀性和经济性的角度来考虑，矩形池长宽比在 2∶1 左右较为合适，据此可计算出反应器的长宽值；圆形池则可相应计算出内径值。一般应用时，反应器的装液量为 70%～90%，工程中设计一般反应器总高 $H=h+1.5\text{m}$，其中超高 0.5m。

(3)污水停留时间(HRT)和水力负荷率

$$t_{HRT}=\frac{V_{有效}}{Q}\ (\text{h}) \tag{3-6-3}$$

$$V_t=\frac{Q}{S}[\text{m}^3/(\text{m}^2\cdot\text{h})] \tag{3-6-4}$$

对于颗粒污泥，水力负荷率 V_t 在 0.1～0.9$\text{m}^3/(\text{m}^2\cdot\text{h})$之间符合要求。

2. 进水配水系统的设计

(1)布水点的设置

进水配水系统的主要作用是将原水均匀分配到整个反应器底部，并进行水力搅拌。进水方式的选择应根据进水流量而定，通常采用连续均匀进水。布水点的数量可选择一管一点或一管多点的布水方式，布水点数量与原水的流量、进水浓度、容积负荷等因素有关。

Gatze Lettinga 教授等推荐 UASB 反应器中布水点的设置标准如表 3-6-3 所示。反应器中共设置 n 个布水点，则每个布水点的负荷面积为

$$S_i=\frac{S}{n} \tag{3-6-5}$$

表 3-6-3 UASB 反应器中布水点的设置标准

污泥性质	进水容积负荷率/[kg COD/(m³·d)]	每个布水点负荷面积/m²	污泥性质	进水容积负荷率/[kg COD/((m³·d)]	每个布水点负荷面积/m²
密实的絮体污泥浓度>40kg TSS/m³	<1 1～2 >2	0.5～1 1～2 2～3	颗粒污泥	2 2～4 >4	0.5～1 0.5～2 >2
疏松的絮体污泥浓度20～40kg TSS/m³	1～2 3	1～2 2～5	—	—	—

(2)配水系统形式

UASB 反应器的进水分配系统形式多样，主要有树枝管式、穿孔管式、多管多点式和上给式四种，设计中多使用一管多孔式的 U 形穿孔管大阻力配水。为配水均匀，配水管的中心距和出水孔距均采用 1.0～2.0 m，出水孔孔径一般为 ϕ10～20mm，常取 ϕ15mm，孔口向下或与垂线呈 45°角，单个出水孔的服务面积一般为 2～4m²。配水管中心线距池底一般为 200～250mm，配水管直径最好不小于 ϕ100mm。为了使穿孔管各孔出水均匀，要求孔口流速不小于 2m/s。

假设共设置布水孔 n 个，出水流速 u 一般在 2.0～2.5 m/s 之间，则孔径 $d_{孔}$ 为

$$d_{孔}=\sqrt{\frac{4Q}{3600nu\pi}} \tag{3-6-6}$$

多采用连续进水方式，布水孔孔口向下，有利于避免孔口堵塞，而且由于 UASB 反应

器底部反射散布作用，有利于布水均匀。为了增强污泥和原水之间的接触，减少底部进水口的堵塞，建议进水点距反应器池底 200～300mm。

(3)上升水流速度和气流速度

根据接种污泥的不同，选择不同的空塔水流和气流速度。如采用厌氧消化污泥接种，需满足空塔水流速度 $u_k \leqslant 1.0$ m/h，空塔沼气上升速度 $u_g \leqslant 1.0$ m/h；如采用颗粒污泥接种，水流速度可以提高至 1m/h $\leqslant u_k \leqslant$ 4.0m/h。根据以下公式计算，以验证空塔水流和气流速度是否符合上述要求

$$u_k = \frac{Q}{S} \tag{3-6-7}$$

$$u_g = \frac{QC_O \eta E}{S} \tag{3-6-8}$$

式中 η——产气率，m^3/kg COD，例如可以采用每去除 1kg COD 产生 0.5m^3 沼气；

E——COD 去除率，一般取 80%。

3. 三相分离器的设计

三相分离器的结构形式多种多样，但无论哪一种结构，都必须具备气泡分离、固液分离和污泥回流三个主要功能。不同结构的三相分离器均由集气室、沉降室、混合液入流口、污泥回流口和反射锥或阻气板组成。三相分离器要实现良好分离效果，应满足：①水和污泥的混合物进入沉淀区之前，气泡必须分离；②污泥在沉淀区的停留时间要短，以避免在沉淀区中产气；③沉淀区内表面负荷采用较小值，使污泥有效沉降。单个三相分离器的主要设计控制参数如下：①沉淀区斜壁角度约 50°，使沉淀在斜底上的污泥不积聚，尽快滑回反应区内；②沉淀区的表面负荷率应在 0.7m^3/(m^2·h)以下，混合液进入沉淀区前，通过入流孔道(缝隙)的流速不大于 2m/h；③应防止气泡进入沉淀区影响沉淀；④应防止气室产生大量泡沫，并控制好气室的高度，防止浮渣堵塞出气管，保证气室出气管通畅无阻。从工程实际情况来看，气室水面上总是有一层浮渣，其厚度与水质有关。因此，在设计气室高度时应考虑浮渣层的高度，此外还需考虑浮渣的排放。

单个三相分离器的结构如图 3-6-15 所示，图(a)所示的三相分离器较为简单，但泥水分离的情况不够理想，因为回流缝同时存在上升和下降两种流体，互相有干扰；图(c)也有类似的情况；图(b)三相分离器的构造虽然较为复杂，但污泥回流和水流上升互相不干扰，污泥回流通畅，泥水分离效果较好，气体分离效果也较好。具体设计过程这里不再赘述。

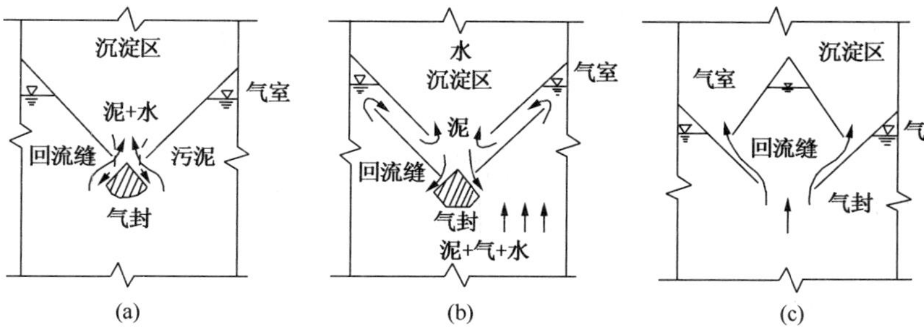

图 3-6-15 单个三相分离器的基本结构示意图

4. 排泥系统的设计

由于厌氧消化过程中微生物的不断生长或进水中不可降解悬浮固体的不断积累，必须在

污泥床区定期排出剩余污泥，所以 UASB 反应器的设计应包括剩余污泥排出系统。

(1)污泥总量的计算

高效工作的 UASB 反应器内，反应区的污泥沿高程呈两种分布状态，下部约 1/3～1/2 的高度范围内，密集堆积着絮状污泥和颗粒污泥。污泥颗粒虽呈一定的悬浮状态，但相互之间的距离很近，几乎呈搭接之势。这个区域内的污泥固体浓度高达 40～80g VSS/L 或 60～120g SS/L，通常称为污泥床层。污泥床层以上占反应区总高度的 1/3～1/2 的区域范围内，悬浮着颗粒较小的絮状污泥和游离污泥，絮体之间保持着较大的距离。污泥固体的浓度较小，平均约为 5～25g VSS/L 或 5～30g SS/L，这个高度范围通常称为污泥悬浮层。

反应器内的污泥总量为

$$M=Sh_1\rho_1+Sh_2\rho_2+Sh_3\rho_3 \tag{3-6-9}$$

式中 h_1、ρ_1——沉淀区的高(m)和污泥浓度(g SS/L)；

h_2、ρ_2——悬浮区的高(m)和污泥浓度(g SS/L)；

h_3、ρ_3——污泥床的高(m)和污泥浓度(g SS/L)。

(2)BOD 污泥负荷

污泥负荷表示反应器内单位质量的活性污泥在单位时间内承受的有机质质量

$$\frac{F}{M}=\frac{S_{BOD_5}Q}{M} \tag{3-6-10}$$

(3)产泥量计算

剩余污泥量的确定与每天去除的有机物量有关，当没有相关的动力学常数时，可根据经验数据确定。一般情况下，污泥产率 X 可按每去除 1kg COD 产生 0.05～0.10kg VSS 计算，则挥发性活性产泥量为

$$\Delta X=XQS_r \tag{3-6-11}$$

式中 Q——设计处理量，m^3/d；

S_r——去除的 COD 浓度，kg COD/m^3；

X——污泥产率，kg VSS/kg COD。

对于不同的污水类型和处理规模，其 VSS/SS 之比 R 不同，一般在 0.5～1.0 之间，根据经验或实测数据选取。则污泥产量为

$$\Delta X'=\frac{\Delta X}{R} \tag{3-6-12}$$

污泥含水率 P 为 98%，因含水率>95%，常取污泥密度 $\rho_s=1000kg/m^3$，则污泥产量为

$$Q_s=\frac{\Delta X'}{\rho_s(1-p)} \tag{3-6-13}$$

(4)污泥龄的计算

污泥龄计算公式为

$$\theta_c=\frac{M}{\Delta X} \tag{3-6-14}$$

(5)排泥系统设计

一般认为，排出剩余污泥的位置在反应器 1/2 高度处，但大部分设计者推荐把排泥设备安装在靠近反应器底部，也有在三相分离器下 0.5m 处设计排泥管以排除污泥床上面部分的

剩余絮状污泥，而不会把颗粒污泥带走。对 UASB 反应器排泥系统，必须同时考虑在上、中、下不同位置设排泥设备，应根据生产运行中的具体情况考虑实际排泥要求，进而确定排泥位置。由于反应器的占地面积较大，所以必须进行均布多点排泥，建议每 $10m^2$ 设一个排泥点。专设排泥管管径不应小于 ϕ200mm，以防堵塞。USAB 反应器一般每 3 个月排泥 2 次，污泥排入集泥池，再由污泥泵送入污泥浓缩池。

5. 出水系统的设计计算

(1)溢流堰设计计算

为了保持出水均匀，沉淀区的出水系统通常采用出水渠。一般每个三相分离器单元的沉淀区设一条出水渠，而出水渠每隔一定距离设三角出水堰。溢流出水槽的分布如图 3－6－16 所示。

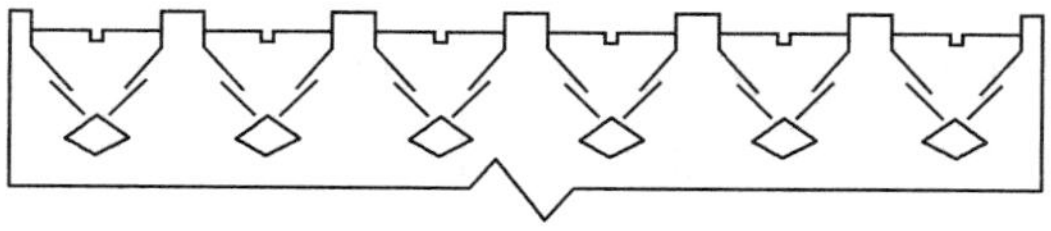

图 3－6－16　溢流出水槽的分布示意图

如前所述，池中共设有 $m-1$ 个三相分离器单元，则出水槽共有 $m-1$ 条，出水槽溢流堰为 $2(m-1)$条，槽宽常取 $b_c=0.2$m。

反应器流量不同单位转换公式为

$$q=\frac{Q}{24\times60\times60}(\mathrm{m^3/s}) \tag{3-6-15}$$

一般设出水槽槽口附近水流速度 $v_c=0.3$m/s，则槽口附近水深

$$h_{cf}=\frac{q}{v_c b_c} \tag{3-6-16}$$

按槽口附近水槽深 $h_c>h_{cf}$ 取 h_c 值，出水槽坡度为 0.01。一般设计 90°三角堰，堰高 50mm，堰口宽 100mm，则堰口水面宽 $b'=50$mm，溢流负荷 f 在 1～2L/(m·s)之间取值，则堰上水面总长为

$$L=\frac{q}{f} \tag{3-6-17}$$

三角堰的总数量为

$$n_{三角堰}=\frac{L}{b'} \tag{3-6-18}$$

则每条溢流堰三角堰的数量为$\frac{n_{三角堰}}{2(m-1)}$。

每个堰的出流率为

$$q'=\frac{q}{n_{三角堰}} \tag{3-6-19}$$

按 90°三角堰计算公式 $q'=1.43h^{2.5}$，则堰上水头为

$$h=\left(\frac{q'}{1.43}\right)^{0.4} \tag{3-6-20}$$

(2)出水渠设计计算

UASB 反应器沿长边设一条水平布置的矩形出水渠，$m-1$ 条出水槽的出流汇集到出水

渠，最终由一个出水口排出。

出水渠宽 $b_Q=0.8\text{m}$，坡度 0.01，设出水渠渠口附近的水流速度 $v_Q=0.3\text{m/s}$，则渠口附近水深为

$$h_{qf}=\frac{q}{v_Q b_Q} \tag{3-6-21}$$

考虑到渠深应以出水槽槽口为基准计算，所以出水渠的渠深

$$h_q=h_c+h_{qf} \tag{3-6-22}$$

(3)出水管设计计算

一般采用钢管排水，管道流速约为 0.82m/s，取充满度为 0.60、坡度为 0.001，以此计算并选取管径。

6. 沼气收集系统的设计计算

根据不同的污水处理对象，UASB 反应器主要有开敞式和封闭式两种，如图 3-6-17 所示。开敞式 UASB 反应器的顶部不加密封，出水水面开放或仅加一层不太密封的盖板，结构简单，易于施工和维修，多用于处理中低浓度的有机污水或市政污水。中低浓度污水经 UASB 反应器处理后，出水中的有机物浓度已较低，所以在沉淀区产生的沼气数量很少，一般不再收集。封闭式 UASB 反应器的顶部加盖(池盖也可为浮动式)，能在反应器内的液面与池顶之间形成气室，可以同时收集反应区和沉淀区产生的沼气并进行利用，多用于高浓度有机污水或含硫酸盐较高有机污水的处理。

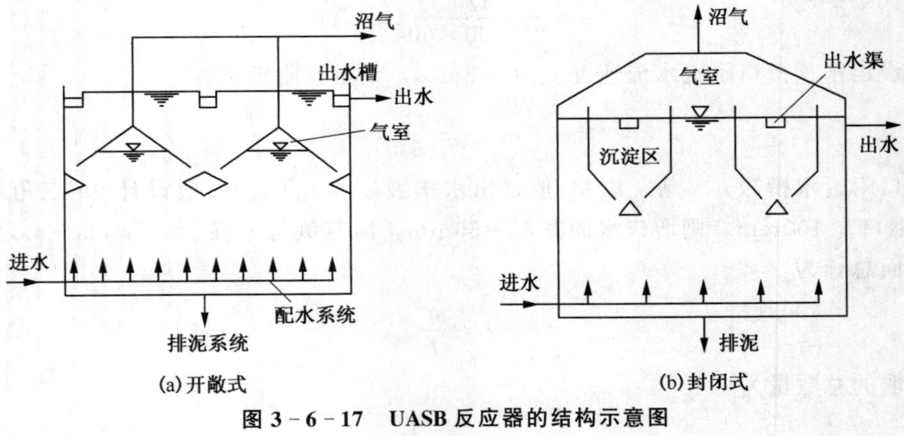

图 3-6-17　UASB 反应器的结构示意图

(1)沼气集气系统布置

由于有机负荷率较高，产气量大，因此设置一个水封罐，水封罐出来的沼气先通入气水分离器，然后再进入沼气贮柜。每日产气量 Q_g 可按下式计算

$$Q_g=Q(C_0-C_e)\eta E \tag{3-6-23}$$

(2)集气室沼气出气管

每个集气罩的沼气用一根集气管收集，采用钢管。每根集气管内最大气流量为

$$g_{\max}=\frac{Q_g}{n_{沼气管}} \tag{3-6-24}$$

集气室沼气出气管的最小直径为 $DN100$，且尽量设置不短于 300mm 的立管出气。若采用横管出气，其长度不宜小于 150mm。

(3)沼气主管

集气室沼气出气管先汇入沼气主管。沼气主管采用钢管，管道坡度为0.5%，主管内的最大气流量为

$$q_g=\frac{Q_g}{86400} \tag{3-6-25}$$

主管直径 d 与主管内沼气流量的关系式为

$$q_g=\frac{a\pi d^2 v}{4} \tag{3-6-26}$$

式中 a——充满度，取0.6；

v——主管内合理的沼气流速。

(4)水封罐的设计计算

水封罐的作用是控制三相分离器集气室中气液两相的界面高度，保证集气室沼气出气管在反应器运行过程中不被淹没，能将沼气及时排出反应器，以防发生浮渣堵塞等问题。

设计水封高度的计算原理如图3-6-18所示，其计算式为

$$H=H_1-H_2=(h_1+h_2)-H_2 \tag{3-6-27}$$

式中 H——水封有效高度；

H_1——集气室液面至出水(反应器最高水面)的高度；

H_2——水封后面的阻力，包括计量设备、管道系统的水头损失和沼气用户所要求的贮气柜压力；

h_1——集气室顶部到出水水面的高度；

h_2——集气室高度，其值的选择应保证气室出气管在反应器运行中不被淹没，能通畅地将沼气排出池体，防止浮渣堵塞。

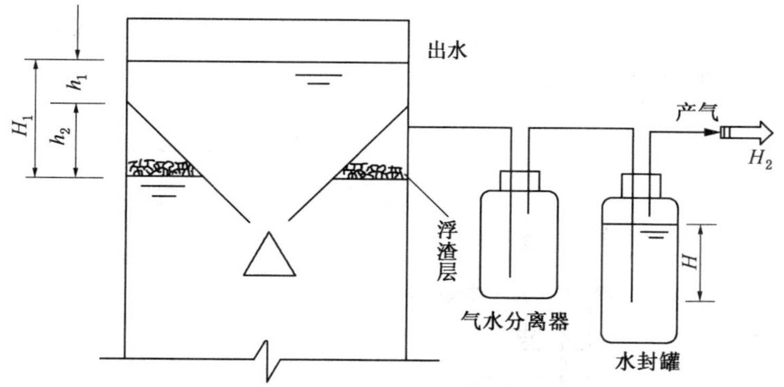

图3-6-18 水封高度的计算示意图

经验表明，水封罐中将会积累冷凝水，因此设有一个排出冷凝水的出口，以保持罐中的水位。

若水封罐进气管的直径为 $d_{沼气}$，水封高度常取1.5m，水封罐面积一般为进气管面积的4倍，则水封罐面积为

$$S_{水封罐}=\frac{1}{4}\pi d_{沼气}^2\times 4 \tag{3-6-28}$$

然后确定水封罐直径。

(5)气水分离器

气水分离器起干燥沼气的作用。选用钢制气水分离器，其中预装钢丝填料；在气水分离器前设置过滤器以净化沼气，在分离器出气管上装设流量计及压力表。

(6)贮气柜容积的确定

贮气柜的容积应该按照3h产气量的体积来确定，多选用钢板水槽内导轨湿式贮气柜。

三、厌氧水处理其他关联技术

1. 厌氧膜生物反应器

厌氧膜生物反应器(Aanaerobic Membrane Bioreactor，AnMBR)最早于20世纪70年代提出，虽然后来沉寂了较长一段时间，但目前已广泛应用于处理高COD、高可生化性污水，如食品污水、乳制品污水、麦芽糖厂污水、屠宰污水、垃圾渗滤液等。AnMBR将厌氧消化与膜分离技术有机结合，不仅实现了系统中功能微生物的长时间赋存，还克服了高水力负荷条件下污泥流失问题，具有污染物去除效率高、占地面积小、运行稳定性强等优点。更重要的是，AnMBR中不需要额外的空气，减少动力消耗，还可以将污水中的COD大部分转化为沼气(其中甲烷占70%～90%、CO_2 占30%～50%、N_2 占0～15%)。

AnMBR的膜组件主要为超滤(UF)膜和微滤(MF)膜，常用的厌氧生物反应器为连续搅拌反应器系统(CSTR)，上流式厌氧污泥床(UASB)、厌氧膨胀颗粒污泥床(EGSB)、厌氧流化床(AFB)、厌氧生物滤池(AF)、厌氧挡板反应器(ABR)也逐渐得到应用。根据厌氧消化系统与膜组件放置的结构差异，AnMBR可分为内压外置式、吸引浸没式(图3-6-19)、吸引外置-浸没式三种类型。厌氧消化仍是AnMBR的技术核心，不同类型装置的基本原理均遵循厌氧消化基本规律。相较于其他厌氧消化反应器，AnMBR中膜组件的存在能有效避免产甲烷菌的流失，维持相对稳定的反应环境和较长的污泥龄，在一定程度上提升了AnMBR的产甲烷效率。厌氧生物反应器的设计必须保证有足够的固体(污泥)停留时间(SRT)，这样可以在很大程度上减少悬浮生物质与膜组件的接触时间，避免膜组件污染。

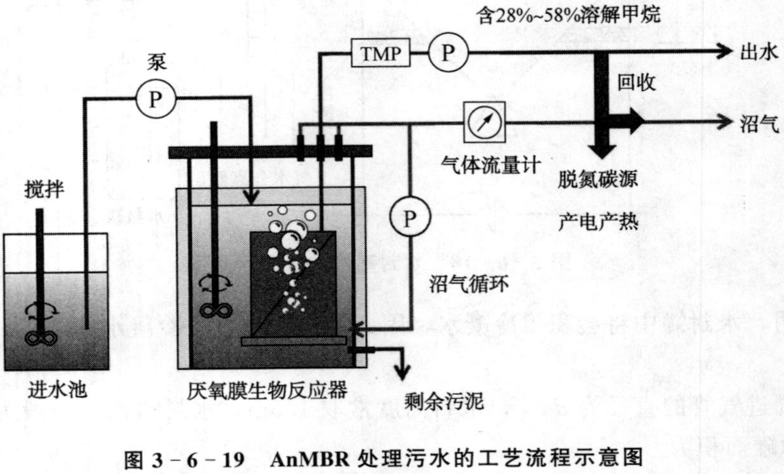

图3-6-19 AnMBR处理污水的工艺流程示意图

目前，日本久保田(Kubota)、法国Veolia水务、被懿华(Evoqua) Water Technologies公司收购的ADI® Systems等都已经将AnMBR系统运用于工业污水处理。越来越多的研究者开始探索将其用于市政污水处理的可行性，并在不同规模试验中取得了一定进展。

2. 溶解性甲烷回收

厌氧处理出水中含有相当数量的溶解性甲烷，例如某给定厌氧处理出水中溶解性甲烷的浓度为 21g/m^3(25℃)，这些溶解性甲烷排放到环境中将大大降低能源回收的潜力，而且产生严重的温室效应，其增温潜势在 20 年尺度范围内是 CO_2 的 84 倍，因此在污水处理行业逐渐从传统“高能耗和高碳排放型”转向“资源回收和能源节约型”的大背景下，需要制定处理出水中溶解甲烷的回收策略，将其转化为产电能源或脱氮碳源原位利用。

溶解性甲烷回收是指将溶解在液相中的甲烷转移至气相后进行收集和提纯，传统回收技术包括曝气、气提、膜技术等。曝气技术包括喷雾曝气器、盘式曝气器等，通过在溶液中引入载气气泡从而创造传质区，具有操作简便和减少硫化物产生等优点，但存在难以扩展和控制、回收效率低等不足。气提回收原理与曝气类似，反应柱中的填料提供了更大传质面积，但仍存在液泛和发泡的问题。膜技术是使用有更大单位体积通量的膜接触器(Membrane Contractors，MC)来收集甲烷，如脱气膜、液-液膜接触器等，具有易于操作和扩展的优点。由于 AnMBR 出水中的悬浮颗粒浓度较低，不容易造成膜接触器膜污染、膜堵塞等问题，因此使用膜接触器回收 AnMBR 出水中的溶解性甲烷是目前的研究热点。

3. 污水厌氧处理新技术

微生物电化学系统(Microbial Electrochemical System，MES)是污水处理领域一种相对较新但备受关注的厌氧生物技术。不同于传统以产甲烷为主的厌氧消化工艺，MES 直接利用污水产生电能或氢气。与甲烷相比，电能和氢能是一种附加值更高且更清洁的能源，且不存在甲烷溶解的问题。在 MES 中，有机物在阳极室中被厌氧分解，产生的电子可以存储或者直接以电能形式被合适的电子器件所利用。如果给予足够长的处理时间，MES 还可以达到与好氧处理相当的出水水质。尽管 MES 在实验室研究中取得了成功，但想要成为一种适用于实际污水处理的技术，需要考虑放大过程中经济、技术等诸多问题。

除此以外，学者还积极探索以出水中溶解性甲烷为电子供体的生物处理方式，例如反硝化厌氧甲烷氧化(Denitrifying Anaerobic Methane Oxidation，DAMO)技术和微生物燃料电池(Microbial Fuel Cell，MFC)技术，以实现更高的资源回收和能源利用效能。

§3.7 组合式污水处理和再生水处理设备

凡不能或暂时不能纳入市政污水管网系统，末端未设集中污水处理厂的场合，按规定都应配置小型污水处理设备。另外，随着水资源日趋紧缺和环保要求不断提高，污水资源化利用越来越受重视。污水资源化利用是指污水经无害化处理达到特定水质标准，作为再生水(Reclaimed Water)替代常规水资源，用于工业生产、居民生活、生态补水、农业灌溉等，以及从污水中提取其他资源和能源。具备条件的缺水地区可以采用分散式、小型化的处理回用设施，对市政管网未覆盖的住宅小区、学校、企事业单位的生活污水进行达标处理后实现就近回用；应该推广工程和生态相结合的模块化工艺技术，推动农村生活污水就近就地资源化利用。对于上述场合，组合式或一体化污水处理设备将发挥重要作用，该类设备可以放置在地上、采取地埋式或放置在简易地下室内。箱体和管道可以采用彩色不锈钢制作(使用寿命可达 40 年以上)；或采用优质钢板与无缝钢管制作，内外涂刷氯磺化聚乙烯等防腐涂料

（一般使用寿命可达 15 年以上）；亦可采用全玻璃钢、玻璃钢-钢板复合结构、混凝土结构甚至是 PVC 结构。

一、常规组合式污水处理设备

1. 以生物接触氧化为主体

(1)无须考虑脱氮功能

图 3－7－1 所示为 WSZ－A 型地埋式生活污水生化处理设备，主要由粗格栅、调节池、污泥池、接触氧化池、二沉池、消毒池等组成。调节池为竖流式沉淀池，起到初沉池的作用，污水在其中的上升流速为 0.6～0.7mm/s，初沉后的水自流进入生物接触氧化池进行生化处理；当处理量较小时，污水直接进入生物接触氧化池。生物接触氧化池分为三级，总的水力停留时间为 4h 以上，加强型设备的接触氧化时间可达 6h，填料采用梯形填料，易结膜，不堵塞，填料比表面积为 $160m^2/m^3$，气水比在 12∶1 左右。生化处理后的混合液进入二沉池，二沉池为两座竖流式沉淀池并联运行，上升流速为 0.3～0.4mm/s。消毒池的水力停留时间按室外排水设计规范确定为 30min，对医院污水可增加水力停留时间至 1～1.5h，采用固体氯片接触溶解的消毒方式。初沉池、二沉池产生的所有污泥均用空气提升法提至污泥池内进行好氧消化，污泥池的上清液回流至生物接触氧化池内进行再处理，消化后剩余污泥很少，一般 1～2 年清理一次。风机房设在消毒池的上方，进口采用双层隔音，进风口有消声器、风机过滤器，因此运行时基本无噪声。风机采用二台 L 型罗茨鼓风机，能自动交替运行，单台风机运行寿命为 30000h 左右。

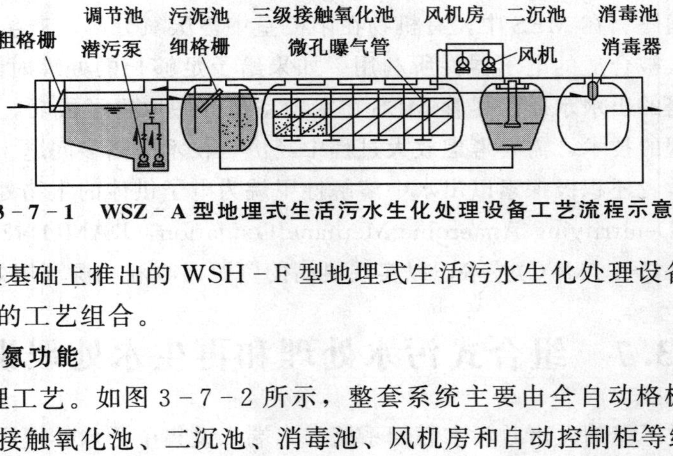

图 3－7－1　WSZ－A 型地埋式生活污水生化处理设备工艺流程示意图

在 WSZ－A 型基础上推出的 WSH－F 型地埋式生活污水生化处理设备，采用了以玻璃钢为主要结构材料的工艺组合。

(2)需要考虑脱氮功能

采用 A/O 处理工艺。如图 3－7－2 所示，整套系统主要由全自动格栅、调节池、污泥池、缺氧池、生物接触氧化池、二沉池、消毒池、风机房和自动控制柜等组成。调节池为平流式沉淀池，起到初沉池的作用，表面水力负荷为 $1.5m^3/(m^2 \cdot h)$，水力停留时间为 6h；污水在 A 级缺氧池、O 级生物接触氧化池内的水力停留时间分别为 2.7h、3.0h。填料为弹性立体填料，填料比表面积为 $200m^2/m^3$。二沉池为竖流式沉淀池，表面水力负荷为 $1.0m^3/(m^2 \cdot h)$，水力停留时间为 2.1h；消毒池为旋流反应池，水力停留时间为 30min 左右；污泥池与初沉池的泥斗储泥量按 90d 设计，浓缩污泥由市政运泥车抽走或定期外运。

也可以采取图 3－7－3 所示的结构布局，污水经过格栅拦截漂浮物和较大的悬浮固体之后，在调节池内进行水质水量的调节（6～10h），先后进入缺氧池、好氧池，采用生物接触氧化法，使污水中的有机污染物通过好氧菌、兼性菌的代谢作用而去除；污水中的氨氮、有机氮通过水解作用、硝化作用及反硝化作用而去除，从而达到净化处理的目的。从好氧池至缺氧池的混合液回流量为200%，从沉淀池至缺氧池的污泥回流量为30%～50%。生化处理后的水经沉淀池、消毒池进行沉淀、消毒，使出水达到排放标准。

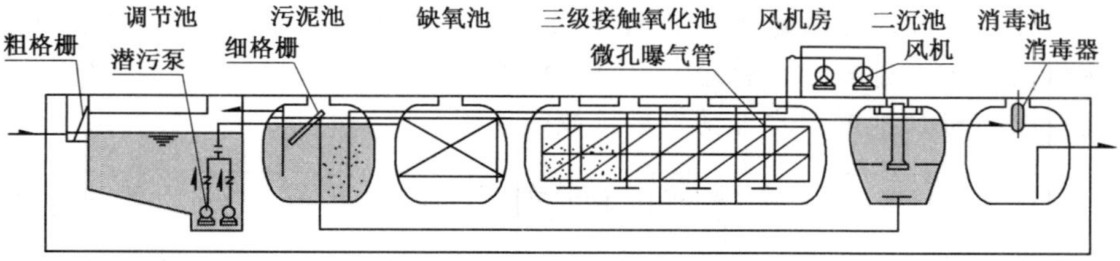

图 3-7-2　基于A/O工艺的MHW-Ⅲ-WSZ-AO型地埋式污水处理设备流程示意图

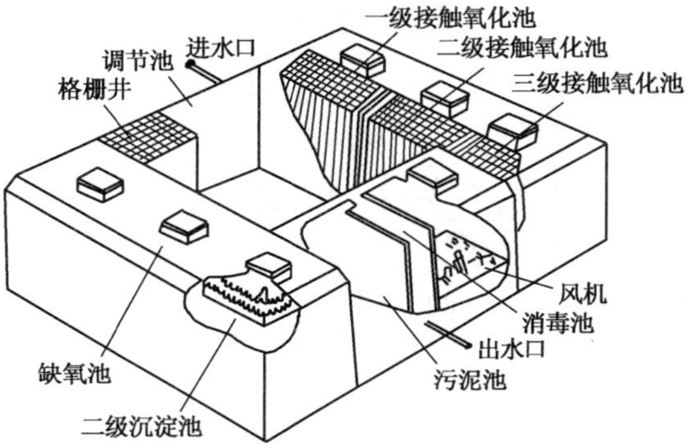

图 3-7-3　A/O法组合式生活污水处理设备的布局示意图

2. 以生物滤池为主体

如图3-7-4所示，经原水泵提升的污水由自动细格栅分离悬浮固体后，流入流量调节池。细格栅分离的悬浮固体经导臂自动进入污泥浓缩池，保证了后续处理设备不被堵塞。流量调节池将污水的峰值流量调整到1.2以下，以减缓峰值流量对生化处理的冲击。定量分配器使进入生物过滤塔(塔式生物滤池)的流量基本恒定，确保生化处理的稳定性。生物过滤塔的出水在处理水池中消毒后排放。生物过滤塔的反冲洗时间与条件由计算机控制执行，采用处理水池中的水进行反冲洗，反冲洗排水进入污泥浓缩池，上清液返回流量调节池。浓缩池中的污泥积累一定时间后需排出。

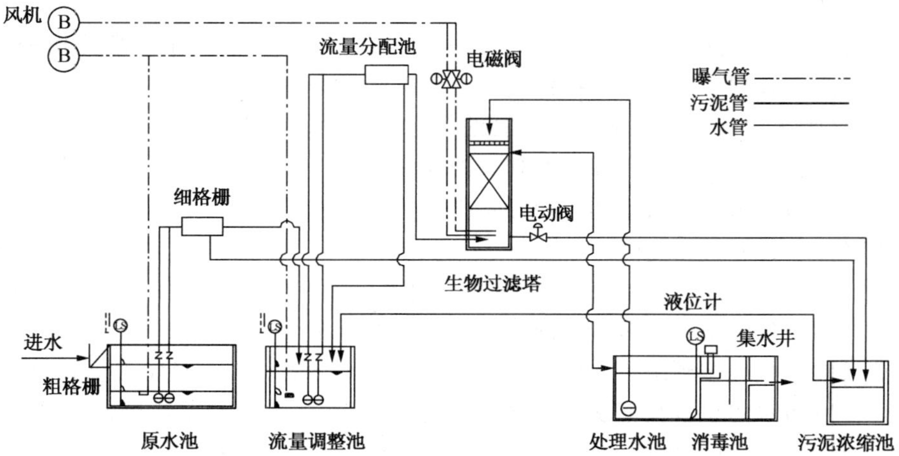

图 3-7-4　生物滤池法处理设备的工艺流程示意图

3. 组合式 SBR 污水处理设备

组合式 SBR 污水处理设备的工艺流程及设备布局分别如图 3-7-5、图 3-7-6 所示。污水经过粗格栅和沉砂池除去粗大的颗粒物后进入调节池，以适应水质水量变化的冲击负荷。然后污水由泵经计量槽计量后进入 SBR 池，通过曝气、沉淀、滗水等过程达到去除有机污染物的目的。SBR 池的出水经消毒后排放或回用。

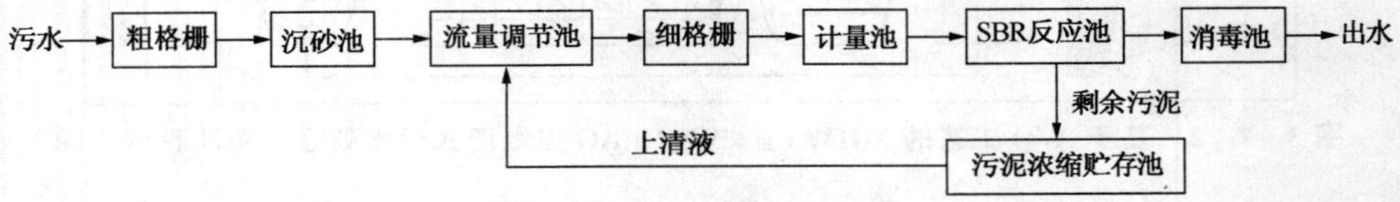

图 3-7-5 组合式 SBR 污水处理的工艺流程示意图

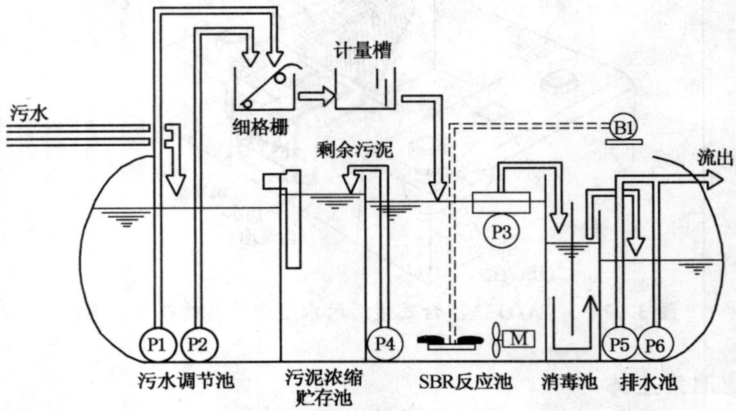

图 3-7-6 组合式 SBR 污水处理设备的布局示意图

二、日本的净化槽

净化槽(Johkasou)作为分散式生活污水处理的有效手段，起源于日本、发展于日本。特点是占地小、见效快、操作管理方便，尤其适用于居住分散、管网收集难度高的山区家庭生活污水处理。

1. 净化槽的分类

根据处理规模的不同，净化槽可分为处理 5～50 人生活污水的小型净化槽和处理 51 至几千人生活污水的大型净化槽；根据制造方法的不同，净化槽可分为在工厂批量生产、现场安装的 FRP 材质净化槽和现场施工的钢筋混凝土净化槽；根据处理方式的不同，净化槽可分为单独处理式、合并处理式和深度处理式净化槽。单独处理式净化槽只能处理粪便污水；合并处理式净化槽对厨房、浴室和粪便污水都可进行处理；深度处理式净化槽不仅能有效降低 COD 和 BOD，还能脱氮除磷。

20 世纪 50 年中期到 70 年代，日本国民为了追求更加舒适的生活方式，在居室中大量安装冲水马桶等设备，由于很多偏远地区居民家中的下水道没有与城市下水管网连通，产生的各种生活污水直接外排到附近水体，造成了严重的水污染。在这种情况下，日本国内出现了用于处理厕所污水的单独处理式净化槽，对于解决当时的农村水污染问题作出了很大贡献。从 1975 年开始，日本国内开发了多种适合家庭使用的小规模合并处理式净化槽，以便对各种生活污水合并处理，主要是去除水中的有机物和悬浮固体、杀灭病菌。根据日本国内的使用经验，合并处理式净化槽的出水 BOD_5 可以稳定小于 20mg/L，但对于营养物质 N 和 P 的去除效果不佳。深度处理式净化槽在合并处理式净化槽的基础上，增加了去除 N、P 等营养物质的措施以及消毒杀菌功能，出水水质进一步提高且可以回用。目前，日本的深度处理式净化槽已经非常成熟，可以实现出水 BOD_5＜10mg/L、TN＜10mg/L、TP＜1mg/L。

2. 技术原理和特点

净化槽作为一种比较笼统的名称，本质上是由一系列单元处理工艺所构成的技术组合。如图 3－7－7 所示，净化槽内一般包括预处理、生物处理、沉淀、消毒、污泥处理等五个单元，通过合理的空间设计高度集成于一体。日本各厂家净化槽主要采用的生物处理工艺包括厌氧滤池、接触氧化、活性污泥、膜生物反应器（MBR）等，也有一些在生化反应单元内投加有效微生物（EM）菌液，用强化系统内微生物作用的方式来增强处理效果。

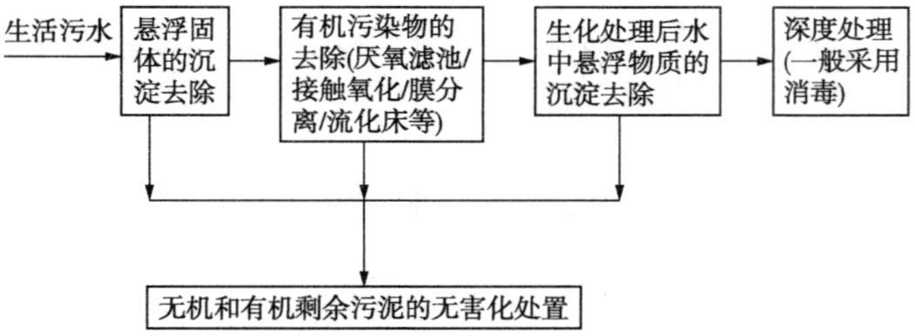

图 3－7－7　典型净化槽的工艺流程示意图

图 3－7－8 为采用沉淀和生物接触氧化工艺的大型净化槽内部结构示意图。图 3－7－9 为采用厌氧滤池和生物接触氧化工艺的小型净化槽内部结构示意图，运行过程中，污水从净化槽的一端进入，沉淀分离室对污水起预处理作用，主要沉淀无机固体、寄生虫卵及去除污水中一些比重较大的颗粒状无机物和相当部分悬浮有机物，以减轻后继生物处理工艺的负荷。经过沉淀分离后的污水可以进入厌氧滤池，也可以直接进入好氧生物处理室。厌氧滤池内装有各种不同类型的塑料滤料，滤料上生长厌氧生物膜，通过对污水进行水解酸化作用来去除可溶性有机物，提高污水的可生化性。好氧生化处理单元目前多采用生物接触氧化法来实现，集曝气、高滤速、截留悬浮固体和定期反冲洗等特点于一体，依靠生物膜中微生物的氧化分解、填料及生物膜的吸附阻留作用和沿水流方向形成的食物链分级捕食作用，进一步降低污染物的浓度。处理后的污水经过沉淀槽进行沉淀，末端消毒盒内部填装有固体含氯消毒剂，完成对污水的消毒作用后外排，也有一些厂家在末端采用自动计量投加化学药剂或者采取电絮凝技术进行强化除磷。产生的无机和有机污泥经过浓缩后，运送至填埋场进行填埋或焚烧，达到污泥减量化和无害化的目的。

深度处理式净化槽的典型代表为膜式净化槽，采用膜生物反应器（Membrane Biological Reactor，MBR）工艺，能有效去除污水中的有机物、氮、磷和悬浮固体等。日本久保田生产的膜式净化槽由流量调节池、反硝化池、硝化池、处理水池、出水泵池、加药罐和 PLC 控制系统组成，采用活性污泥-膜分离法组合工艺，工艺流程如图 3－7－10 所示。系统构成如图 3－7－11 所示，平板膜组件直接安置在生物反应器中，通过工艺泵的负压抽吸作用得到膜过滤出水。整个系统通过 PLC 自动控制实现间歇运行，在提高出水稳定率的同时实现节能降耗。净化槽的流量调节池、反硝化池、硝化池（膜分离池）和出水泵池中设定水位处安装有浮球阀，用来控制格栅、泵等的启停。膜式净化槽需要定期对平板膜进行清洗，为了及时发现异常问题，应定期对机械设备的运转情况进行检查，并作相应记录。

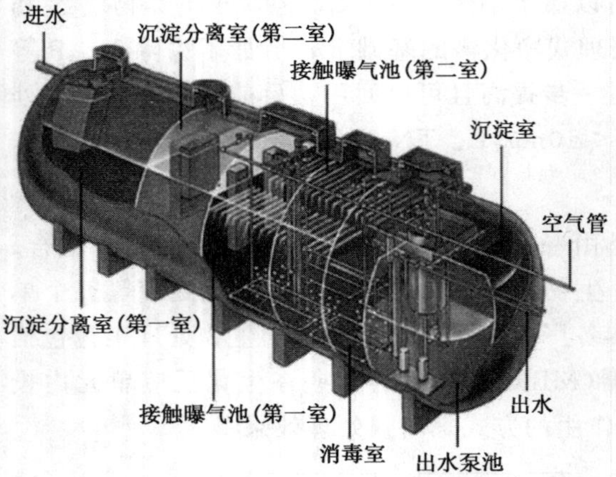

图 3－7－8　采用沉淀和接触氧化工艺的大型净化槽内部结构示意图

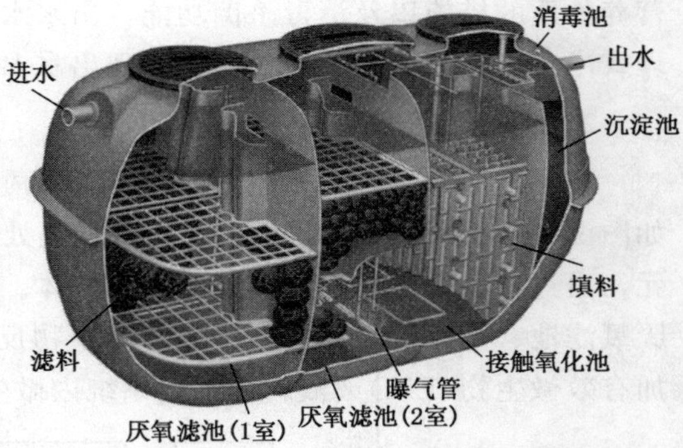

图 3－7－9　采用厌氧滤池和接触氧化工艺的小型净化槽内部结构示意图

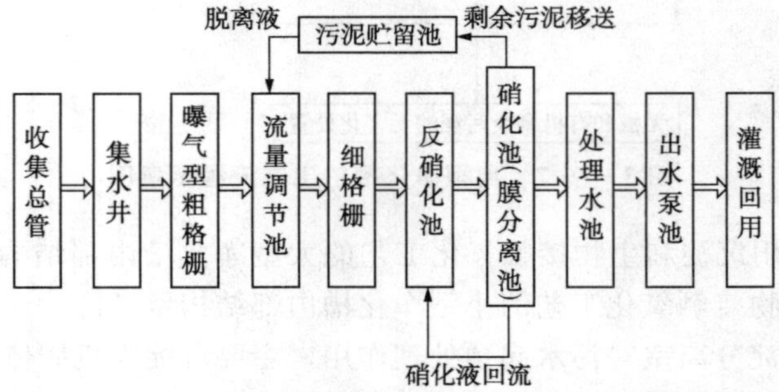

图 3－7－10　膜式净化槽处理系统的工艺流程示意图

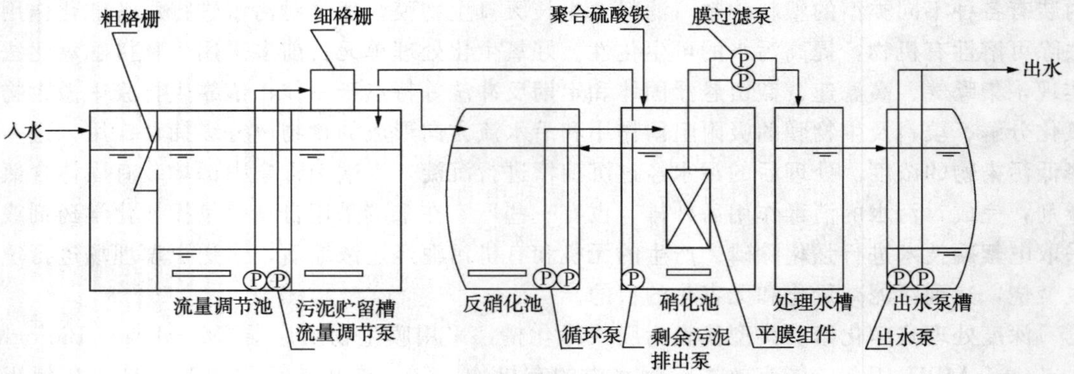

图 3－7－11　膜式净化槽处理系统的构成示意图

3. 净化槽的维护管理

日本在净化槽发展过程中，逐步建立了一套全国统一的法律法规体系和管理制度，主要包括《净化槽法》《建筑标准法》《废扫法》《净化槽构造标准及解说》等，涵盖了净化槽加工制造、安装、维护、管理等方面的内容，明确了净化槽产业中企业和个人的责任与义务，同时建立了净化槽技术人员资格认定制度。

根据这些法律法规，净化槽在正式生产之前必须取得日本全国合并处理净化槽协会(简称全净协)的生产许可，新型净化槽要取得生产许可，必须经过初步试验，并在至少3个地区进行不少于规定时间的实地试验，在取得实际运行数据后向全净协提出申请，由全净协负责对净化槽的工艺流程、运行效果进行数次实地审查。审查合格后，由建设大臣颁发许可证，厂家方可生产。在埋设安装净化槽时，建设单位首先向当地行政部门提出申请，得到批准后由政府认可的净化槽管理士(日本的一种职业资格，相当于工程监理)负责监督安装士建设和安装净化槽。在净化槽开始投入运行之后，由净化槽管理士定期对净化槽进行维护管理以确保处理效果。日本环境整备教育中心(Japan Education Center of Environmental Sanitation，JECES)每年都定期举办净化槽管理士、安装士、清扫工程师、检查员、清扫技工等各种培训班，通过这些系统深入的人员培训，为日本各地的净化槽运行管理提供了有力保障。除了相关法律法规的约束外，为推动净化槽的普及，日本自1987年开始推行净化槽辅助金制度，即由国家或者地方政府对净化槽的安装和更换给予一定的补助金，部分城市和地区还对净化槽检修维护、污泥处理等环节产生的费用进行补贴。这种全国性的净化槽管理和运行制度，在规范日本国内净化槽发展和推动净化槽工程应用方面发挥了巨大作用。

需要强调指出的是，美国乡村广泛应用的现场污水处理系统(Onsite Wastewater Treatment Systems，OWTS)或现场污水处理设施(On-Site Sewage Facility，OSSF)，其目的是针对没有公共污水处理基础设施的地区，在产生污水的同一场所对其进行处理和处置。主要由化粪池和地下污水渗透系统(SWIS)组成，污水流入化粪池经厌氧分解后，去除部分有机物和悬浮固体；然后流入污水坑，经土壤渗滤层的渗滤、吸附、生物降解等净化作用后流入潜水层。除少量蒸发、植物吸收外，地下水是处理后出水的最终去向。虽然现场污水处理系统为美国农村地区水环境质量改善作出了重要贡献，但发生故障的化粪池2000年左右已被EPA确定为地下水污染的潜在来源之一。

三、再生水利用处理工艺与典型设备

再生水(Reclaimed Water)主要是指城市污水或生活污水、工业污水经过净化处理后达到一定的水质标准，可在一定范围内重复使用的非饮用水。可以将再生水系统定义为非传统的供水工程。我国非常重视污水再生利用和再生水的利用，早在1988年国务院出台的《城市节约用水管理规定》就提出鼓励污水的再生利用，其后在相关五年规划及节水行动计划中多次提及。2021年发布的《关于推进污水资源化利用的指导意见》是我国首次以污水资源化利用作为单一内容来发布的文件，标志着水务行业进入污水资源化利用的新阶段。

1. 再生水利用模式

再生水的利用模式一般可分为四种：①集中式利用系统，即在下游集中收集污水，建设大型污水处理厂，以城镇污水处理厂出水或污水为水源，进行集中处理，再将再生水通过输配管网输送到上游用户。目前我国大部分再生水利用系统采用这种模式，水质可靠性及保障能力较强，适用于人口密集的城市和地区，但也存在管网建设工程大、输配能耗高的缺点。②分散式利用系统，即将一个小区或一栋楼的污水收集处理后就地回用，也叫中水利用。但实践证明，分散式利用系统因运行不易稳定、难运营、难监管等缺点，面临较大管理挑战。③分布式利用系统，介于分散式和集中式之间，即在一定区域内建设若干污水厂(再生水厂)，生产的再生水就近利用。其优点是管网建设距离短，但需要考虑规模效应、用地等影响因素。④区域再生水循环利用系统，即在一定区域内通过生态利用、自然储存（水银行）、输配调度等手段，将再生水用于生产、生活和生态。区域再生水循环利用的优势非常明显，一是可以促进城市水体的长效运营管理，再生水功能定位向“城市第二水源”拓展，以此提高管理主动性和积极性；二是促进“三水”统筹治理，水环境、水生态、水资源协同发展，从被动控制向主动利用转变；三是促进处理标准制定，破解“污水排放标准”面临的多方面制约，以用定质、以质定管，推动水环境精准治理、科学施策，实现“一地一水一策”。

2. 再生水利用处理工艺

《城市污水再生利用分类》（GB/T 18919）将再生水利用途径分为农、林、牧、渔业用水，城市杂用水，工业用水，环境用水及补充水源水五大类。目前已经制定了与不同应用场景对应的再生水处理和水质标准，如《城市污水再生利用农田灌溉用水水质》（GB 20922）、《城市污水再生利用绿地灌溉水质》（GB 25499）、《城市污水再生利用城市杂用水水质》（GB/T 18920）、《城市污水再生利用工业用水水质》（GB/T 19923）、《城市污水再生利用景观环境用水水质》（GB/T 18921）等。此外，还有《水回用导则 污水再生处理技术与工艺评价方法》（GB/T 41017）、《水回用导则 再生水分级》（GB/T 41018）、《水回用导则 再生水厂水质管理》（GB/T 41016）以及《城镇污水再生利用工程设计规范》（GB 50335）等。为实现科学利用、以污代清，再生水处理工艺可以采用化学处理工艺、双膜法工艺、二级 RO 工艺、以 MBR 为主体的工艺、曝气生物滤池（BAF）工艺等。

(1)化学处理工艺

化学处理工艺属于传统处理工艺，其使用时间最长、处理工艺最成熟。采用混凝、沉淀（或澄清或微絮凝）、过滤和消毒方式对污水处理厂的二级出水进行处理，达到回用要求。例如，北京方庄再生水厂坐落在污水处理厂旁边，污水处理厂排出的水马上进入再生水厂，经过混凝、沉淀、过滤、消毒后，水质能够达到地表Ⅳ类水标准，2011 年左右主要用于周围小区冲厕及洗车等。

(2)双膜法工艺

双膜法是膜分离法污水回用工艺中的主流工艺，通常是指“预过滤＋超滤膜（UF）＋反渗透膜（RO）”的工艺流程。预过滤设备主要采用自清洗过滤器或者多介质过滤器，主要去除部分悬浮固体、胶体等，以保障超滤设备正常运行；超滤膜的典型孔径在 0.01～0.1μm 之间，对于细菌和大多数病菌、胶体、淤泥等具有极高的去除率，可以延长反渗透膜的清洗周期和寿命，降低总体运行成本；反渗透膜可去除 97%（25℃）的盐离子，去除硬度，同时对 COD、色度也具有极高的去除作用，从而确保回用水水质。国内相关专业公司还研制了嵌入增强型超滤（UF）膜材料和超低压反渗透膜（DFRO），开发了以“超/微滤膜-超低压反渗透膜”（U/MF－DFRO）双膜法为核心的成套技术与装备。DFRO 膜的操作压力低于 0.4MPa，与传统 RO 膜和纳滤（NF）膜相比分别下降 50%和 30%左右，在降低运行成本方面具有优势和潜力；DFRO 膜的脱盐率更低，适用于不以脱盐为目的的水处理。我国城镇污水厂出水的 TDS 浓度一般为 200～400mg/L，不需要脱盐，因此关键是深度去除水中的有机污染物，U/MF DFRO 成套技术与装备可将劣Ⅴ类水处理至Ⅲ类以上。

(3)两级 RO 工艺

两级 RO 工艺是指在“UF＋RO”双膜法工艺的基础上，再添加一级反渗透（RO）膜设备，即通过过滤和紫外消毒后，经过微滤（MF）、一级 RO、调节 pH、二级 RO、加氯消毒等一系列步骤后得到再生水。如果对水质有较高要求，可以采用更多级 RO 叠加的处理工艺，处理后水质可以达到生活饮用水的标准。两级 RO 工艺系统在日常运行过程中，应按照正确的操作流程和保养方法对 RO 膜进行清洗和维护，减少对膜组件的更换以降低运行成本。

(4)以 MBR 为主体的工艺

以膜生物反应器(Membrane Biological Reactor，MBR)为主体的典型工艺流程如图 3-7-12 所示，该工艺水质较为稳定，不受进水水质变化的影响，当上游由于生物过程的冲击负荷导致悬浮固体浓度突变时，具有较高的耐受性，能高效去除水中大部分污染物，除无法满足地下水回灌标准外(COD、氨氮)，其余再生水回用标准均可满足。2006 年 6 月建成投运的北京市密云县再生水厂取水自原污水厂的二沉池出水，经格栅-曝气池-膜生物反应器(MBR)-紫外消毒-最终出水，出水水质完全达到《城市污水再生利用景观环境用水水质》标准，排放至潮白河。

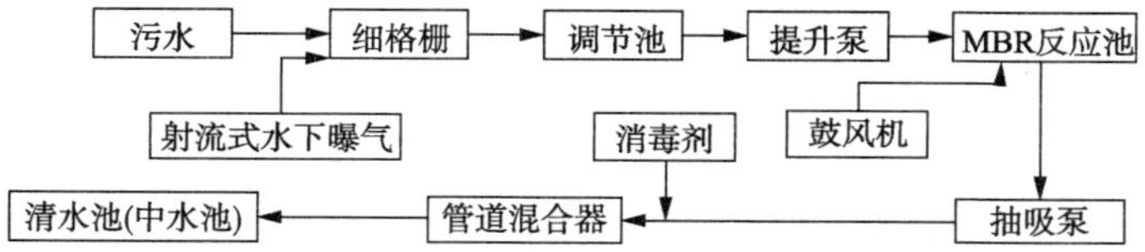

图 3-7-12　以膜生物反应器(MBR)为主体的典型处理工艺流程示意图

还可基于上述工艺流程增加其他处理单元以进一步提升出水水质。例如，宁波市北区污水处理厂对 6×10^4 m^3/d 再生水进行脱盐处理，为周边化工企业提供再生水作为工业用水，由于部分企业对再生水中氯含量要求较高，因此采用“膜生物反应器(MBR)+反渗透(RO)设备”主体工艺进行污水处理，总出水水质中氯化物含量可降低至 70mg/L。该项目在建设规划时采用了柱式、帘式两种膜，充分利用已有建筑并利用地下空间，在节约土地资源的同时达到用户用水需求。2020 年 4 月正式投运的密云新城再生水厂一期设计、建设规模 6.5 万 t/d，主体采用“多段 AO+膜生物反应器(MBR)+催化氧化”工艺，出水水质指标执行北京市《城镇污水处理厂水污染物排放标准》(DB 11/890)表 1 中 A 标准。

(5)生物滤池工艺

北京市卢沟桥再生水厂及再生水利用工程项目以卢沟桥污水处理厂二级处理出水为水源，采用“预处理+曝气生物滤池(BAF)”处理工艺，其中 BAF 采用专利技术“ABAF/OBAF 前置生物膜脱氮污水处理工艺”，处理后排放水质满足景观环境用水水质及城市杂用水水质要求，主要指标达到地表Ⅳ类水体的水质标准。

3. 膜生物反应器

膜生物反应器(MBR)是一种将活性污泥法与膜分离相结合的水处理技术，其应用始于 20 世纪 70 年代美国家庭生活污水处理，80 年代在日本、欧洲得到推广；进入 90 年代中后期，越来越多的欧洲国家将 MBR 用于生活污水和工业污水处理。MBR 利用膜分离设备代替二沉池，不仅大大提高了固液分离效率，而且由于曝气池中活性污泥浓度的增大和污泥中特效菌(特别是优势菌群)的出现，提高了生化反应速率；另外，被膜所截留活性污泥混合液中的微生物絮体和较大分子量的有机物又重新回流至生物反应器内，使反应器内获得高浓度的微生物量，延长了微生物的平均停留时间，提高了微生物对有机物的氧化速率，减少了剩余污泥产生量(甚至为零)。根据膜组件与生物反应器安放位置的不同，MBR 可分为分置式、一体式和复合式；根据生物反应器供氧与否，可分为好氧型和厌氧型，通常所说的 MBR 都是指好氧型；根据操作压力提供方式的不同，可分为有压式和负压抽吸式；根据膜孔径的大小，可分为微滤(MF)膜、超滤(UF)膜和纳滤(NF)膜三类，其中微滤膜和超滤膜被广泛应用于 MBR 市政污水处理工艺中，膜孔径在 0.02～0.4μm 之间，膜材料以 PVDF 为主；从膜组件的构型来看，主要采用管式膜、中空纤维膜(又称帘式膜)、平板膜。

(1)分置式 MBR

分置式 MBR(Recirculated MBR，RMBR)属于第一代 MBR，有时也被称为错流式 MBR 或横向流 MBR。膜组件以管式、平板式居多，置于生物反应器外部而相对独立，膜组件与生物反应器通过泵与管路相连接。如图 3-7-13 所示，加压泵将生物反应器中的混合液送至膜分离单元，由膜组件进行固液分离，膜滤后水排出系统，浓缩液回流至生物反应器。

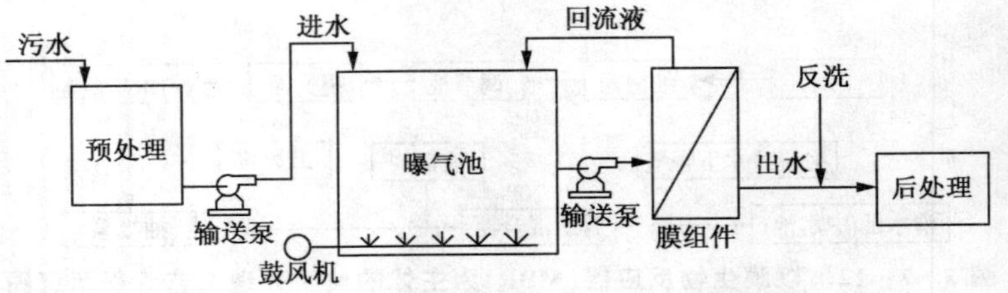

图 3-7-13　分置式 MBR 的工艺流程示意图

RMBR 系统具有如下特点：膜组件和生物反应器之间的相互影响较小，易于调节控制，膜组件更易于清洗、更换及增设；膜组件在有压条件下工作，膜通量较大，且加压泵产生的工作压力在膜组件承受压力范围内可以调节，从而根据需要增加膜的渗透率。但是，为了减少污染物在膜表面的沉积，延长膜的清洗周期，一般需要用循环泵提供较高的膜面错流流速，水流循环量大、动力费用高，而且循环泵产生的剪切压力会降低生物反应器内的生物活性；结构略显复杂，占地面积也稍大。

(2)一体式 MBR

一体式 MBR 属于第二代 MBR，有时又称为浸没式或淹没式 MBR(Submerged MBR，SMBR)。如图 3-7-14 所示，将无外壳的膜组件直接安装浸没于生物反应器内部，微生物在曝气池中降解有机物，依靠重力或水泵抽吸产生的负压或真空泵将渗透液移出。

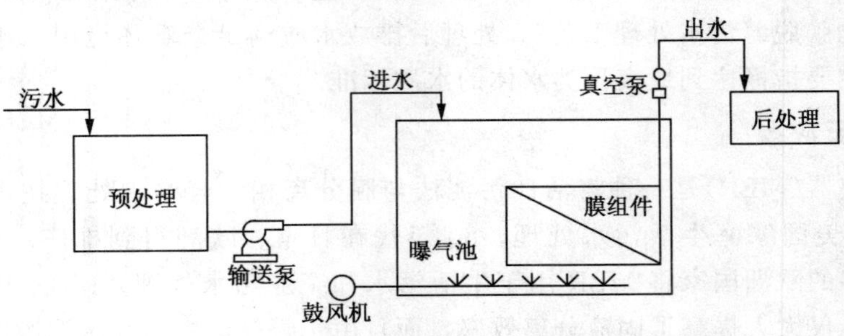

图 3-7-14　一体式 MBR 的工艺流程示意图

一体式 MBR 解决了第一代 MBR 能耗高的问题，每吨出水的动力消耗为 0.2～0.4kW·h，约为分置式 MBR 的 1/10。由于不使用加压泵，故可避免微生物菌体受到剪切而失活。其不足之处在于，膜组件浸没在生物反应器的混合液中，污染较快，而且清洗时需要将膜组件从反应器中取出，较为麻烦；此外，一体式的膜通量低于分置式。为了有效防止一体式 MBR 的膜污染问题，人们研究了多种方法，例如在膜组件下方进行高强度曝气，靠空气和水流的搅动来延缓膜污染，等等。

(3)复合式 MBR

复合式 MBR 从型式上看也属于一体式 MBR，也是将膜组件置于生物反应器之中，通过重力或负压出水，所不同的是生物反应器的型式。复合式 MBR 是在生物反应器中安装填料，形成复合式处理系统，其工艺流程如图 3－7－15 所示。在复合式 MBR 中安装填料的目的有两个：一是提高处理系统的抗冲击负荷能力，保证系统的处理效果；二是降低生物反应器中悬浮性活性污泥的浓度，减小膜污染程度，保证较高的膜通量。

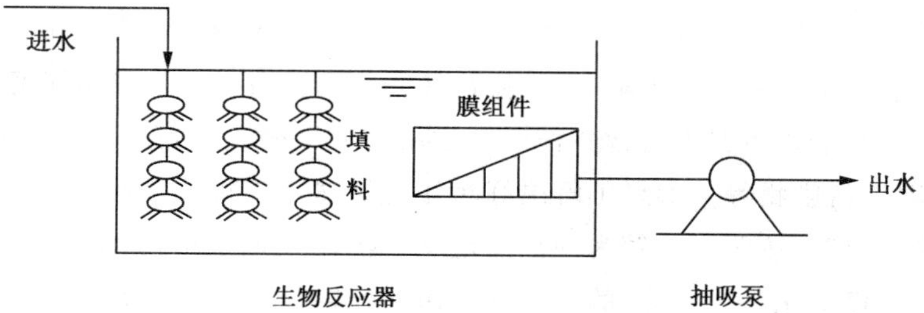

图 3－7－15　复合式 MBR 的工艺流程示意图

需要强调指出的是，除了常规 MBR 外，§3.5 中介绍的膜曝气生物膜反应器(MABR)、§3.6 中介绍的厌氧生物膜反应器(AnMBR)也都可以酌情采纳实施。

4. PAC－MBR 工艺

在迄今研究的各种减缓膜组件污染技术中，添加活性颗粒物质(聚合物、树脂、PAC、沸石)的效果较好。研究发现，无论 MBR 中混合液是否与所投加的颗粒发生反应，都能提升膜组件的过滤性能。PAC－MBR 工艺的优势：MBR 混合液中的微生物和有机质会被所投加的 PAC 吸附，形成生物活性炭(Biological Activated Carbon，BAC)，BAC 上生物膜生态系统中微生物的固定、驯化和演替可对先前被 PAC 吸附的污染物进行生物降解，加强对有机物特别是难降解有机物的去除，同时提高混合液和活性污泥的滤水性以及活性污泥承受冲击负荷的能力。PAC－MBR 工艺的长期运行将改变微生物群落结构，从而影响溶解性微生物产物(Soluble Microbial Products，SMP)的产生，因此通过投加 PAC 可以缓解 MBR 工艺中膜组件的污染问题使出水水质更高。典型代表是德国 Siemens Energy 公司推出的 PACT® MBR 系统，配套使用过日本明电舍株式会社(Meidensha Corporation)的陶瓷平板膜组件。

第四章 污泥集输处理技术与设备

污泥按照来源可分为化学污泥(混凝沉淀工艺)、初次沉淀污泥、腐殖污泥(生物膜法)、剩余污泥(活性污泥法)、消化污泥(消化稳定工艺)等。污泥量通常为污水处理量的0.3%~0.5%(体积)或者1%~2%(质量),含水率为99.5%左右;如果采用深度处理工艺,污泥量会增加0.5~1.0倍。污泥中富含各种污染物质,如致病菌、寄生虫、重金属以及有机物和氮、磷等营养性污染物等,如果不解决好污泥的处理处置问题,就会因污染转移而使污水处理效果“事倍功半”。按照当前较为规范的定义,污泥处理是指污泥经过单元工艺组合处理,达到“减量化、稳定化、无害化”的全过程;污泥处置是指将处理后的污泥弃置于自然环境中(地面、地下、水中)或再利用,能够达到长期稳定并对生态环境无不良影响的最终消纳方式。国内外污泥的最终处置方式主要分为综合利用、填埋、投海三大类,综合利用将是今后污泥处置的主要方式,充分体现了资源化和循环经济理念。一般而言,在对污泥进行处置之前要进行处理或预处理,通常包括收集、浓缩、消化稳定、脱水、存储与输送、计量等。

20世纪60年代,由于我国污水处理厂较少且处理量不大,污泥量不多且成分简单,可简单处理作为农肥。从20世纪80年代至21世纪初期,我国市政污水处理事业获得了跳跃性发展,但重点主要集中在污水处理厂的建设上,未能对污泥处理处置进行详细的规划和设计。2002年12月颁布的《城镇污水处理厂污染物排放标准》(GB 18918),首次对污泥脱水、污泥稳定提出了控制指标,对农用污泥中重金属和有机污染物提出了限值。2009年2月,国家住房和城乡建设部、环境保护部、科学技术部联合发布《城镇污水处理厂污泥处理处置及污染防治技术政策》;2013年10月发布的中华人民共和国国务院令第641号《城镇排水与污水处理条例》第三十条指出,城镇污水处理设施维护运营单位或者污泥处理处置单位应当安全处理处置污泥,保证处理处置后的污泥符合国家有关标准;2016年12月,国家发展改革委和住房城乡建设部联合发布《“十三五”全国城镇污水处理及再生利用设施建设规划》;2021年6月,国家发展改革委和住房城乡建设部联合发布《“十四五”城镇污水处理及资源化利用发展规划》。上述一系列标准规范和政策文件的出台,促进了污泥处理处置市场的快速、规范发展。

在污水处理厂的工程设计中,污泥集运、处理设备的选型是保证处理效果与投资合理性,降低运行成本的关键,同时也直接影响着污水处理厂的运行管理水平、工作环境卫生和社会效益的发挥。污泥集运、处理设备的选型设计,不仅要在明确处理目标要求、准确计算污泥产量、充分认识污泥性质特点的基础上进行,还应该对污泥处理设备的分类、性能特点、适用条件、技术指标、材质选用、工作原理、运行要求等有一定深度的了解和掌握。目前污水处理厂常用污泥集输处理设备的分类情况如表4-0-1所示。

表 4-0-1　污水处理厂常用污泥集输处理设备的分类

工艺单元	处理构筑物		处理设备		配套设备
	名称	型式	类别	名称	
污泥收集	初次沉淀池	—	—	静压排泥或机械排泥设备(吸泥机、刮泥机等)	污泥泵
	二次沉淀池	—	—	静压排泥或机械排泥设备(吸泥机、刮泥机等)	
	机械搅拌澄清池	—	—	静压排泥或机械排泥设备(刮泥机)	
	其他反应器	—	—	—	
污泥输送	污泥输送	—	泵送	螺旋泵、单螺杆泵、转子泵、柱塞泵等	
		—	管道	长距离管道	污泥泵
		—	链带	链带输送机	
污泥浓缩	重力浓缩池	圆形	浓缩池刮泥机	中心传动浓缩刮泥机、周边传动浓缩刮泥机	
		床形	重力带式浓缩机		
	气浮浓缩池	—	刮泥撇渣机	链板式	
	机械浓缩	—	—	滚筒式浓缩机、转鼓式离心浓缩机、笼形离心浓缩机、螺压式浓缩机	
污泥消化	污泥消化池	厌氧	搅拌设备	机械搅拌、沼气搅拌等，前者有泵搅拌、泵加水射器搅拌、专用搅拌机搅拌等	
			加热设备	池内盘管间接加热设备、管式热交换设备、螺旋板式热交换设备、池外蒸汽直接加热设备等	
	污泥控制间 沼气压缩机房 沼气发电机房	—	沼气利用设备	沼气鼓风机、沼气压缩机、沼气发动机、沼气发电机、沼气锅炉、沼气净化脱硫设备、余热锅炉等	
污泥脱水	污泥脱水间	—	真空过滤	转鼓真空过滤机	加药装置、空压机、清洗泵、污泥输送
			压滤机	带式压滤机、板框压滤机、厢式压滤机	
			离心脱水	卧式螺旋离心脱水机	
			挤压式	螺旋挤压机、滚压脱水机	
	机动使用	—		车载式污泥脱水设备	
污泥热干化	污泥热干化车间	—	污泥热干化设备	转鼓式污泥热干化设备、立式污泥热干化设备、盘式污泥热干化设备、流化床(带)式污泥热干化设备、涡旋式污泥热干化设备等	
污泥焚烧	污泥焚烧车间	—	污泥焚烧设备	立式多段焚烧炉、回转式焚烧炉、立式焚烧炉、流化床焚烧炉等	

§4.1　沉淀池排泥设备及其设计

沉淀是水质工程领域的重要环节之一，及时收集并排除沉淀池底部的污泥，是使生化反应过程继续正常进行、保证出水水质的一项重要措施。沉淀池的污泥量是根据进水中固体悬浮物的含量与固体悬浮物去除百分率的乘积作为计算依据，然后按照污泥含水率换算成实际排出的污泥量。常用的排泥方式可分为机械排泥和静压排泥两大类，静压排泥主要靠沉淀池的净水压力来排除池底污泥。图 4-1-1 为多斗式平流沉淀池的断面结构示意图，这种沉淀池在每个贮泥斗底部单独设排泥管，各自独立靠净水压力排泥，互不干扰，能够保证污泥浓度。缺点是对沉淀池构筑物的高程或落差要求严苛，目前使用较少。

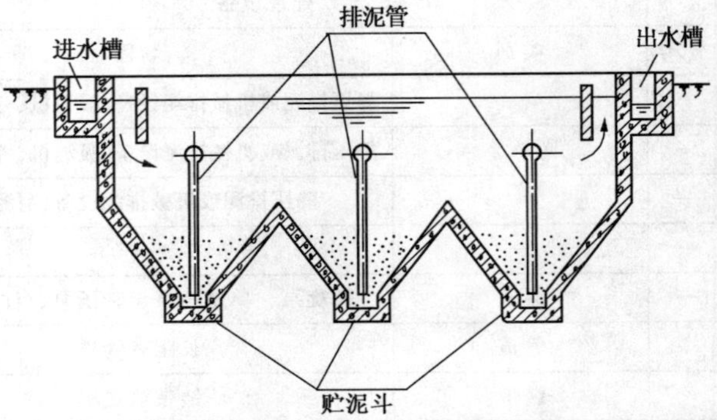

图 4-1-1　多斗式平流沉淀池的断面结构示意图

机械排泥设备有时也被通俗地称为沉淀池内的泥水分离设备，基本分类如表 4-1-1 所示。吸泥机和刮泥机是最常用的机械排泥设备，前者将污泥刮集至池心(边)的坑(沟)内，适用于前端不设泥斗的沉淀池；后者通过砂泵、泥槽及中心出泥管或虹吸排至池外，适用于前端带有泥斗的沉淀池。在污水处理厂中，由于固体悬浮物性质、污泥含量及池型的不同，各种机械排泥设备都存在着一定的局限性。

表 4-1-1　机械排泥设备的基本分类

沉淀池池型	排泥形式			设备名称	
平流式	行车式		吸泥机	泵吸式	行车多管并列泵吸式吸泥机
					行车单管扫描泵吸式吸泥机
				虹吸式	行车虹吸式吸泥机
				泵/虹吸式	行车泵/虹吸式吸泥机
			刮泥机	抬耙式(翻板式)刮泥机	
				行车式提板刮泥机	
	链板式			单列链牵引链板式刮泥机	
				双列链牵引链板式刮泥机(包括塑料链条)	
	螺旋输送式			水平(倾斜)螺旋输送式刮泥机	
	钢丝绳牵引式			双钢丝绳牵引刮泥机	
	液压式			液压往复式刮泥机	
辐流式	中心传动	垂架式	刮泥机	垂架式中心传动刮泥机(双刮臂/四刮臂式)	
				垂架式中心传动刮泥机(方形池扫角式)	
			吸泥机	垂架式中心传动单(双)管吸泥机(水位差自吸式)	
				垂架式中心传动多管吸泥机(水位差自吸式)	
		悬挂式	刮泥机	悬挂式中心传动刮泥机	
			吸泥机	悬挂式中心传动吸泥机	
	周边传动(全/半桥)		刮(吸)泥机	周边传动刮泥机	
				周边传动刮(吸)泥机	
			吸泥机	周边传动多管吸泥机(水位差自吸式)	
				周边传动多管吸泥机(虹吸式)	
竖流式	沉淀污泥靠重力排除，无机械排泥设备				

一、平流式沉淀池用行车式吸泥机

行车式吸泥机适用于平流式(矩形)沉淀池，池宽一般不超过 30m。如图 4-1-2 所示，一般主要由行车钢结构(行车架)、驱动机构(包括车轮、钢轨及端头立柱)、吸泥系统、排泥管、配电及行程控制系统等组成。在电气控制系统的指令下，行车架行走轮由驱动机构驱动，带动池底集泥部件、吸泥管、排泥管沿轨道直线往复运行。可边行走边吸泥，并依据泥量的多少来确定排泥次数，排泥效率高，操作方便。

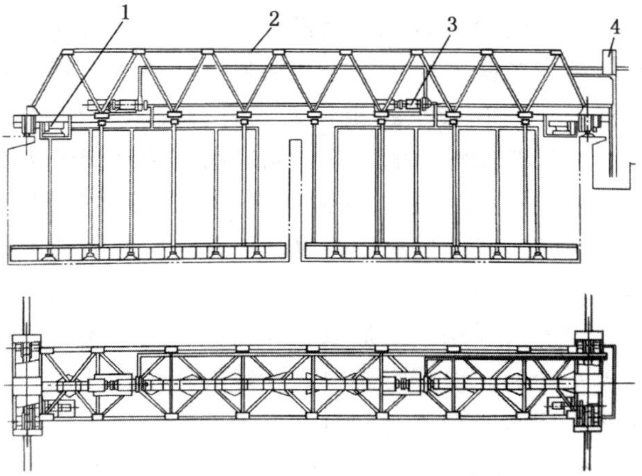

图 4-1-2 平流式沉淀池用行车式吸泥机的总体结构示意图(泵吸式)

1—驱动机构；2—桁架；3—泵；4—配电箱

1. 行车机构

吸泥机的行车架为钢结构，由主梁、端梁、水平桁架及其他构件焊接而成。主梁通常分为型钢梁、板式梁、箱形梁、L 形梁和组合梁等五种类型，主要承受吸泥机的自重及活载(包括人员和所携带的工具器材等)所产生的垂直载荷。水平桁架作为工作走道、吸泥管路和驱动机构的支架，同时承受吸泥机行驶时所受的惯性、风载及集泥阻力等水平载荷。具体计算时需要应用材料力学的知识进行梁的强度(许用弯曲应力)、刚度计算以及桁架的内力计算，其中刚度计算是主梁设计的首要任务。计算载荷原则上按照静荷载考虑，其中钢架结构自重为均布静荷载，驱动机构等重量为集中静荷载。从排泥设备总体来看，都按均布荷载计算影响不大。主梁由均布载荷产生的最大挠度为

$$y=\frac{5(W_1+W_2+W_3+W_4)L^3}{384EI}\leqslant[y] \tag{4-1-1}$$

式中 W_1——钢结构重力(单侧主梁自重+1/2 水平桁架重+1/2 工作走道等重)，N；

W_2——其他设备重力(驱动机构、吸泥管及管内泥水重力，不包括行车车轮的重力)，N；

W_3——活载(一般取 1500N/m)，N；

W_4——由刮板泥水阻力对主梁所产生的力矩而转化成主梁上的载荷，N；

L——主梁跨距，m；

E——材料的杨氏弹性模量，N/m^2；

I——惯性矩，m^4；

$[y]$——主梁的许用挠度，应小于 $L/700$，m。

吸泥机行车的车轮跨距 L 与主从动轮前后轮距 B 应根据沉淀池的池宽来确定，池宽 $L_{池}$ 一般为 8～30m；车轮跨距 L 一般应比池宽 $L_{池}$ 大 400～600mm，即单边各大 200～300mm。主从动轮的轮距 B 与行车跨距 L 之比为 $B/L=1/8\sim1/6$，行车跨距较小时通常可取较大的比值，跨距较大时应取小的比值。

2. 驱动机构

(1)基本结构

行车驱动机构是指行车车轮的驱动，一般有分别驱动(双边驱动)和集中驱动(长轴驱动)两种布置方式。分别驱动是行车两侧的驱动轮分别独立驱动，两侧驱动部分均以相同的机件组成，并且要求同步运行，一般在行车跨距较大或者行驶阻力较大时采用。与集中驱动相比，因省去传动长轴而减轻了驱动机构的自重，同时给安装维修带来了方便。集中驱动在行车式吸泥机中应用得较为普遍，通常由电动机、减速器、传动长轴、轴承座和联轴器等组成。驱动机构传递的扭矩应位于长轴的跨中位置，以保证两侧驱动轴的扭转角相同，避免车轮走偏。传动长轴轴径、轴承间距的确定主要根据传动长轴的许用扭转角$[\theta]$进行计算。

行车式吸泥机的车轮踏面可采用圆柱形双轮缘铸钢车轮或无轮缘铁芯实心橡胶车轮两种类型。使用有轮缘的铸钢车轮时，应配置钢轨。轮缘的作用是导向和防止脱轨，使用单轮缘车轮时，当两侧车轮运行不同步时还可起到自动调偏的安全保护作用。铸钢车轮的直径按工作轮压来计算；考虑到车轮的安装误差与行车受温差影响，车轮凸缘的内净间距与轨顶宽度间留有适当间隙，其值为 15～20mm。使用无轮缘铁芯实心橡胶车轮时，应在行车式吸泥机两侧的前、后设置水平橡胶靠轮，沿池壁滚动时起到限位导向作用。无轮缘铁芯实心橡胶车轮有压配式、螺栓连接式和固定式三种。对于实心轮胎的配方，目前大多数还是以天然橡胶为主，配入适量的炭黑。由于天然橡胶制作的实心轮胎承载能力较低，与同直径的铸钢车轮相比，许用荷载量要小得多，因此为了提高实心橡胶轮胎的承载能力，已开始应用聚氨酯材料加工制造。为了增强轮辋表面与橡胶的粘合力，轮辋表面可制成带有矩形、梯形或燕尾形断面的沟槽。

轨道的选择同车轮的轮压有关，同时也受土建基础的影响，通常选用轻型钢轨作为行车式吸泥机的轨道，并对接触应力进行计算。

(2)设计计算

设计计算内容主要包括驱动功率的确定、行车式吸泥机倾覆力矩的确定、驱动车轮打滑验算等。

驱动功率的确定应按吸泥机在工作时所受的各项阻力来计算，如车轮行驶阻力 $P_{驶}$、道面坡度阻力 $P_{坡}$、风压阻力 $P_{风}$、集泥阻力 $P_{泥}$、水下拖曳阻力 $P_{曳}$等。由于水与淹没体之间的相对速度较低，水下拖曳力可忽略不计。上述各项阻力计算后，可按下式确定驱动功率 N

$$N=\frac{\sum Pv_{机}}{60000\eta m}=\frac{(P_{驶}+P_{坡}+P_{风}+P_{泥}+P_{曳})v_{机}}{60000\eta m}\ (\mathrm{kW}) \qquad (4-1-2)$$

式中 $v_{机}$——吸泥机行驶速度，m/min；

η——总机械效率，%；

m——电动机台数，在采用分别驱动时应除以电动机的台数。

行车式吸泥机在工作时，由于受到污泥的阻力，对吸泥机行车产生倾覆力矩，因此由吸泥机重力对前进车轮为支点产生的力矩必须大于倾覆力矩，才能保证吸泥机行车不致倾覆，据此可以验算确定吸泥机的最小防倾覆重力值。

吸泥机的行驶靠驱动车轮与轨道之间的摩擦力工作，如果作为驱动轮的铸钢车轮与钢轨之间或橡胶轮与混凝土面之间的摩擦力不够，则会出现驱动轮的打滑现象。因此，当摩擦力不足时，应在车轮承压条件许可的前提下增加压重，或采取其他增加摩擦系数的措施。驱动轮打滑验算应在仅吸泥机总重力(不包括活载)工况，且处于驱动阻力最大的条件下进行。

3. 排泥管路系统设计

吸泥机的排泥方式主要有虹吸、泵吸和空气提升三种，在行车式吸泥机中主要采用虹吸排泥与泵吸排泥，这两种方式都有各自的优点。由于虹吸式吸泥机纯粹利用静水压差来排泥，因此流速偏小，在有些情况下会出现吸泥不尽，造成沉淀池泛泥的现象，对出水水质产生负面影响，故目前在选择排泥方式时偏重于泵吸式。

(1)虹吸排泥

吸泥机的虹吸管路一般由吸口、直管、弯头、阀门等管配件组成，图 4-1-3 为虹吸排泥中吸泥管路的走向。运行前先把水位以上排泥管内的空气用“真空泵＋气水分离罐”“潜水泵＋水射器”抽吸或用压力水倒灌等方法排除，从而在大气压力作用下使泥水充满管道，开启排泥阀后形成虹吸式连续排泥。当要求停止排泥时，可打开断流阀，大量空气进入输泥管道，虹吸破坏，中断排泥。

1)吸泥管与吸泥数量的确定

为了便于虹吸管路的检修和避免多口吸泥时相互干扰，从吸泥口至排泥口均以单管自成系统，如图 4-1-4 所示。吸泥口的数量应视沉淀池的断面尺寸确定，通常间距为 1～1.5m，管材可选用镀锌水煤气钢管，管径由计算确定，但不小于 25mm。

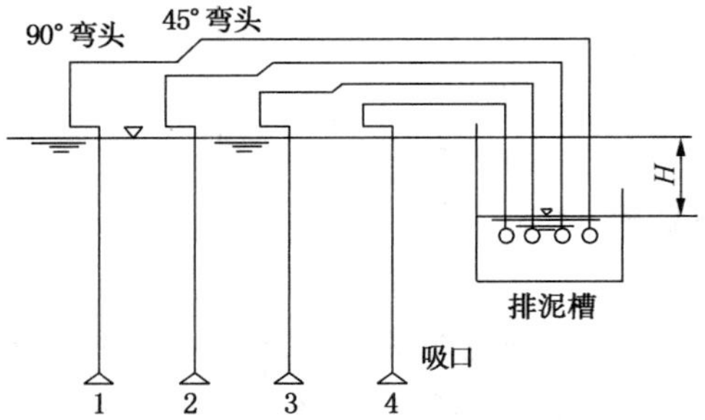

图 4-1-3 虹吸排泥中吸泥管的布置示意图

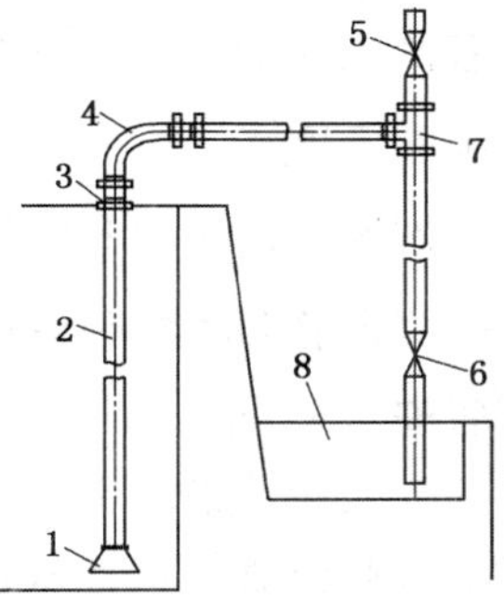

图 4-1-4 虹吸管结构示意图

1—吸口；2—排泥管；3—活接头；4—90°弯头；5，6—阀；7—三通接头；8—排泥槽

2)管径的确定

吸泥管管径的确定主要取决于排出污泥量 Q_{ξ}、管内泥水流速 v 以及吸泥管排列的根数 Z。吸泥管内泥水流速一般不超过 2m/s，管内径 D 的计算公式如下

$$\text{间歇式吸泥 } D=0.258\sqrt{\frac{Q_{\xi}Tv_{机}\times10^{6}}{\pi vZl}}\ (\text{mm}) \tag{4-1-3}$$

$$\text{连续式吸泥 } D=0.033\sqrt{\frac{Q_{\xi}\times10^{6}}{\pi vZ}}\ (\text{mm}) \tag{4-1-4}$$

式中 Q_ξ——含水率为ξ%时的污泥量，m^3/h；

$v_{机}$——吸泥机行驶速度，m/min；

v——吸泥管内泥水流速，m/min；

Z——吸泥管排列的根数；

l——吸泥机在沉淀池纵向往返行程，m；

T——吸泥间隔时间，$T=24$/吸泥次数，h。

3)摩擦水头损失

由于吸泥时泥水在管内产生摩擦而造成水头损失，因此沉淀池内水位与排泥管出口之间应保持一定的落差，使泥水畅流。摩擦水头损失主要分为吸泥管内的沿程摩擦水头损失 h_f 和管配件内的局部摩擦水头损失 $h_{配}$ 两大类。吸泥管内的流动状态一般为紊流，沿程摩擦水头损失大致上与流速成正比。常用的计算公式如下

$$h_f=\lambda\frac{L}{D}\frac{v^2}{2g}\ (\mathrm{m}) \tag{4-1-5}$$

$$h_{配}=f\frac{v^2}{2g}\ (\mathrm{m}) \tag{4-1-6}$$

式中 v——吸泥管内的泥水流速，m/s；

L——吸泥管管段的长度，m；

D——吸泥管管段的内径，m/s；

λ——沿程摩擦损失系数，在紊流状态时，$\lambda=0.020+\frac{0.0005}{D}$；

f——各种管配件的局部摩擦损失系数，m。

具体计算中可根据虹吸管路的实际组成和布局情况，从手册中查取相关系数后逐段计算而得，然后予以累加。

4)吸泥管内流速的调节与复核

$$v=\sqrt{2g\left(H-\sum h\right)}\ (\mathrm{m/s}) \tag{4-1-7}$$

式中 H——沉淀池内水位与排泥槽水位之间的水头差，m；

$\sum h$——吸泥管与管配件摩擦水头损失的总和，m。

5)吸泥管安装要求

吸泥管的安装应注意下列三点：①吸泥口至沉淀池底的距离可与吸泥管的直径相等；②在虹吸管的最高位置处设置截止阀或电磁阀，用来抽吸真空或破坏虹吸；③虹吸管出泥口伸入悬吊在吸泥机机架上的水封槽内排出，水封槽止于排泥沟内。

6)吸泥口与集泥刮板

①吸泥口。吸泥口有扁嘴吸口和圆形吸口两种，为了尽可能提高吸泥的浓度，一般都将吸口做成长形扁口的形状，然后以变截面过渡到圆管形断面，圆管断面积与吸口的断面积相等，并以管螺纹与吸泥管连接，如图 4－1－5 所示。为了制造方便，都用铸铁浇铸，铸铁的牌号为 HT150。

②集泥刮板。由于吸口与吸口之间相隔 1m 左右的距离，在间距内的污泥就必须借助于集泥刮板推向吸口。集泥刮板的形状如图 4－1－6 所示，刮板高约 250～300mm，采用 3～4mm 厚的钢板制作。刮板长边与长轴之间的夹角为 30°～45°。图 4－1－7 为吸口与集泥刮板的排列示意图，吸口与集泥刮板间隔设置，呈一字形横向排列，并与池宽相适应。安装在池边的集泥

刮板边口与水池内壁(包括凸缘)的距离为50mm，集泥刮板离池底的距离为30～50mm。

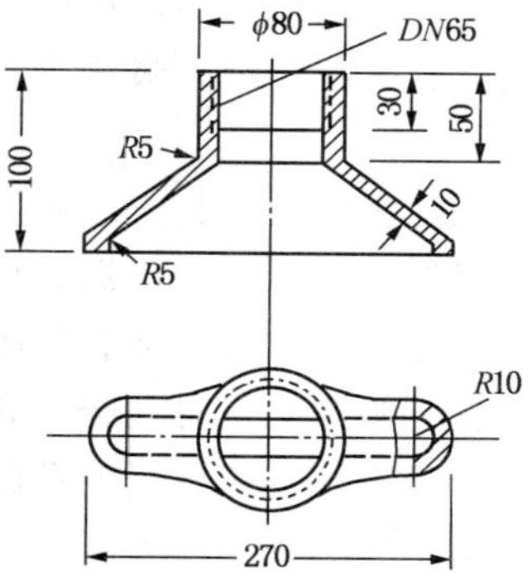

图4-1-5　吸泥口的结构示意图

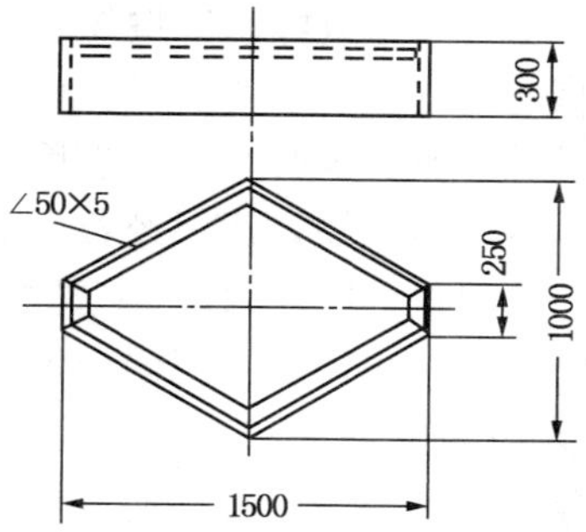

图4-1-6　集泥刮板的结构示意图

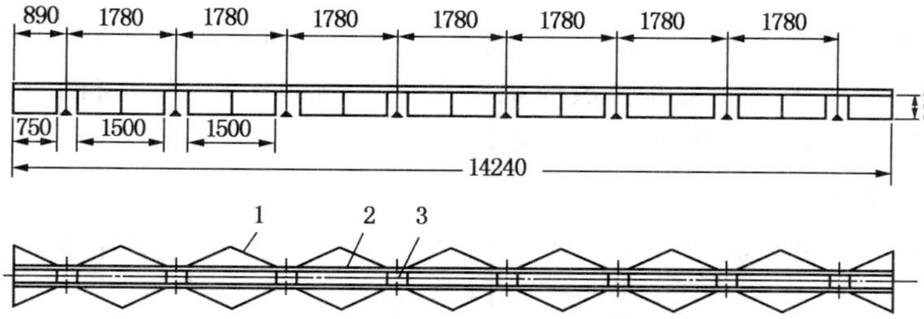

图4-1-7　吸口与集泥刮板的排列示意图

1—集泥刮板；2—支架；3—吸泥管

7)吸泥管的固定

吸泥管的固定方式随水池的类型而定。如果池内无障碍物，钢支架可直接悬入池内，作为固定吸泥管和集泥刮板之用。对于斜管(板)平流式沉淀池而言，因池内设置许多间隔较小的平行倾斜板或孔径较小的平行倾斜蜂窝状管，吸泥管从池边下垂伸入越过斜板(管)后，再分别固定在悬挂于水下的钢支架上。

(2)泵吸排泥

泵吸排泥管路主要由泵和吸泥管组成，有一泵单吸口和一泵多吸口两种。如图4-1-8所示，一泵多吸口与虹吸式的差别是各根吸泥管在水下(或水上)相互连通后再由总管接入水泵，通过水泵的抽吸将污泥输出池外。对于具有虹吸条件的沉淀池(出水堰与排泥口位差不小于3m)而言，在潜污泵启动排污后切断电源，排泥方式即可由泵吸切换为虹吸。

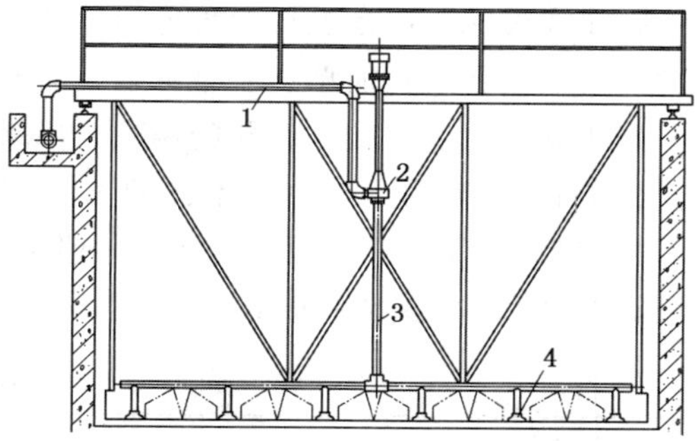

图4-1-8　泵吸式吸泥管路布置示意图

1—出泥管；2—吸泥泵；3—进泥管；4—吸口

1)管路设计

泵吸管路的摩擦水头损失计算、吸泥口和集泥刮板等要求与虹吸管路相同，管材也采用镀锌水煤气钢管，吸口间距为1.0～1.5m。在一台吸泥泵系统内，各吸泥支管管径断面积之和应略小于吸泥泵的进水管断面积。在泵吸式多管吸泥机中，污泥的吸入系统由多个吸口、与吸口一一对应的多根吸泥管和集泥部件组成，结构较复杂，安装维修都不太方便；吸口一般较大，有的采用喇叭形，容易将池底的一些大杂物吸入吸泥管内，造成吸泥管路的堵塞和泵的损坏；随着运行时间的增加，集泥部件的磨损会越来越严重，吸泥不尽的现象也必然越来越严重。

目前已经设计研发了行车式泵吸单管吸泥机，污泥从池底经由小孔进入吸泥管，行走系统启动时同步启动污泥泵，污泥经若干个小孔进入单根吸泥管，然后经排泥管排出池外。行车泵吸式单管吸泥机的吸泥效果(主要指标是吸泥均匀性)取决于单根吸泥管上吸泥孔的大小及其分布，为了提高吸泥机吸泥的均匀性，有三种方式：①吸泥孔为等孔径等孔距分布，改变配孔比(吸泥孔开孔总面积与吸泥管横截面积之比)；②吸泥孔为等孔径变孔距分布；③吸泥孔为变孔径等孔距分布。相对而言，第二种方式设计加工较为简单，实际应用效果较好。

2)选泵

吸泥泵常用卧式离心污水泵、立式液下泵和潜水污泥泵等，其中卧式离心泵要用引水装置；立式液下泵的叶轮部分必须没于水下，橡胶轴承易磨损；潜水污泥泵的泵体及电动机都潜于水下，防护等级为IP68。泵的台数应根据吸泥管路的布局和所需的排泥量决定，吸泥泵的吸高 $H_{吸}$ 应大于管路及配件的总摩擦水头损失 1.0～1.5m。

3)真空引水的抽气量计算

使用卧式离心污水泵吸泥时，需真空引水，抽气量 $Q_{气}$ 可按下式计算

$$Q_{气} \geqslant C\frac{Q_1+Q_2+Q_3}{t}\ (\mathrm{m^3/h}) \tag{4-1-8}$$

式中 Q_1——水面以上引水管内的空气容积，m^3；

Q_2——泵壳内的空气容积(泵入口至出水阀门的容积)，m^3；

Q_3——真空管路的容积，m^3；

C——漏气系数，1.05～1.1；

t——抽气时间，h。

根据求得的抽气量 $Q_{气}$，选用合适的抽气设备(如真空泵、水射器等)。

4. 集电组件及端头立柱

行车式吸泥机或刮泥机的集电组件常有安全形封闭式滑触线和移动式悬挂电缆集电组件两种形式，前者结构简单、安全可靠，后者结构简单、使用方便，但跨度大时垂度较大。

端头立柱固定连接在钢轨的两端，用来防止发生吸泥机终端开关失灵而掉轨的事故，端头立柱的高度 H 约为车轮半径 R 的 1.1～1.2 倍。

根据《环境保护产品技术要求——吸泥机》(HJ/T 266)的规定，行车式吸泥机(或称 XHJ 式吸泥机)的基本参数如表 4-1-2 所示。

表 4-1-2　XHJ 式吸泥机的基本参数

池宽/m		4	6	8	10	12	14	16	18	20	22	25	30
功率/kW≤	驱动机构	0.37	2×0.37				2×0.55			2×0.75			
	污泥泵	3.0	2×3.0					3×0.55		4×3.0			
	真空泵	1.5								2.2			
行走速度/(m/min)		0.6～1.2											

二、平流式沉淀池用刮泥机

平流式沉淀池用刮泥机(Sludge scraper)主要有行车式提板刮泥机和链条牵引式刮泥机两大类，适用于前端带有泥斗的平流式沉淀池。由于污泥等固体颗粒多沉于沉淀池的前部，因此在池的前部设置贮泥斗(集泥槽)，贮泥斗底部装有排泥管，利用静水压头将污泥排出池外。池底一般设 0.01～0.02 的坡度，坡向贮泥斗，利用机械刮泥设备将沉入池底的污泥刮入泥斗内。

1. 行车式提板刮泥机

如图 4－1－9 所示，行车式提板刮泥机(或行车式抬耙刮泥机)主要由行车桁架、驱动机构、刮泥板、撇渣板与刮泥板升降机构、程序控制及限位机构等部分组成，根据不同的要求可将集泥槽、集渣槽设置在沉淀池的同一端或分两端。

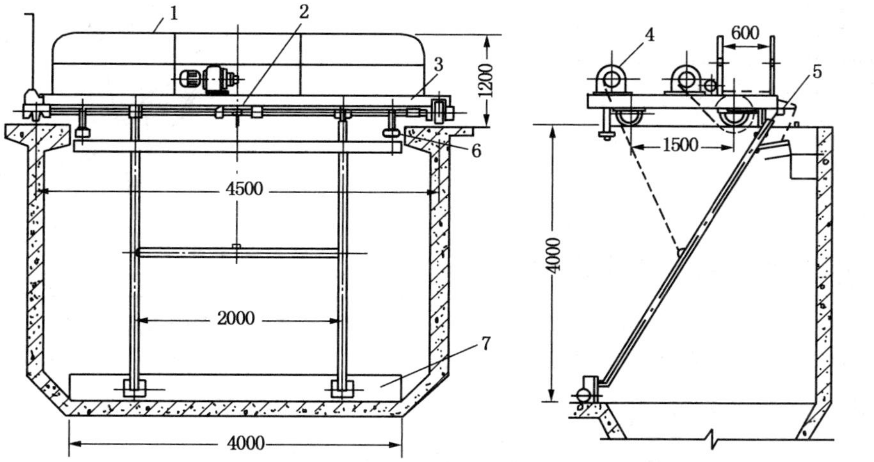

图 4－1－9　行车式提板刮泥机的结构示意图

1—栏杆；2—驱动机构；3—行车架；4—卷扬提板机构；5—行程开关；6—导向靠轮；7—刮泥板

(1)行车与刮泥部分的结构

行车一般采用桁架结构，小跨度的可用梁式结构，为了便于检修和管理，在行车上应设宽 600～800mm 的工作走道。驱动机构采用两端出轴的长轴集中传动形式或双边分别驱动的形式，跨距 4～8m 时采用集中驱动，10～25m 时采用两端同步驱动。驱动功率主要根据刮泥机在工作时所受的刮泥阻力、行驶阻力、风阻力和道面坡度等阻力总和计算确定。供电方式有电缆支架、滑导线、悬挂钢丝绳三种。

(2)撇渣板与刮泥板的升降机构

刮泥部分主要由铰链式刮臂、刮泥板、支承托轮、撇渣板及刮泥板提升机构等组成。为便于更换钢丝绳或刮泥板等易损零件，还可设置刮臂的挂钩装置。刮臂的一端铰接在行车的桁架上，另一端装有刮泥板及托轮，吊点最好设在刮臂的重心位置。当刮泥板放至池底时，刮臂与池底的夹角为 60°～65°。刮泥板高度为 400～500mm，撇渣板高度为 120～150mm。刮泥板提升机构有钢丝绳卷扬式、螺杆式和液压推杆式三种，其中钢丝绳卷扬式因其结构简单、制造容易而最为常用。最好选用耐蚀性好的 1Cr18Ni9Ti 不锈钢丝绳，钢丝绳的安全系数应不小于 5。刮臂通过钢丝绳的卷扬来完成提升和下降的动作，提升功率根据起吊力及起吊速度确定。卷筒直径应大于20倍钢丝绳直径，在刮泥板放至池底时，卷筒上还应至少保留有3圈钢丝绳。

撇渣板与刮泥板的升降机构可以有两种布置形式：第一种形式如图4-1-10所示，刮泥板与撇渣板同向工作及升降，即刮泥机运行时，撇渣板与刮泥板同时进行撇渣与刮泥，回程时撇渣板与刮泥板又同时提出水面；第二种形式如图4-1-11所示，撇渣板与刮泥板逆向工作与升降，即刮泥板刮泥时撇渣板提出水面，而撇渣板工作时刮泥板提离池底。刮泥机的行驶与刮泥板升降采用两套独立的驱动机构，通过电气控制能互相转换交替动作。

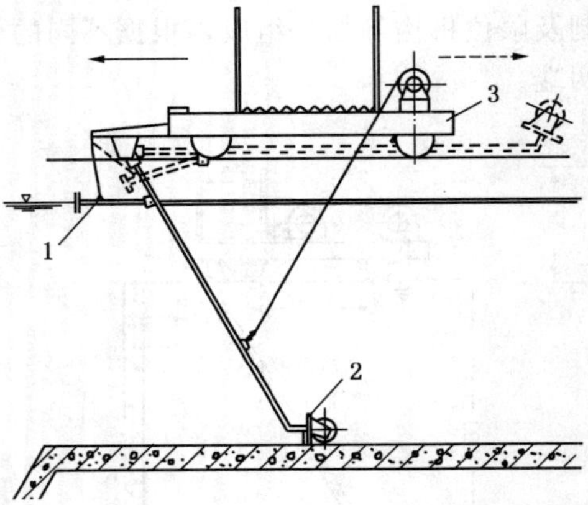

图4-1-10 同向撇渣与刮泥的形式示意图

1—撇渣板；2—刮泥板；3—行车

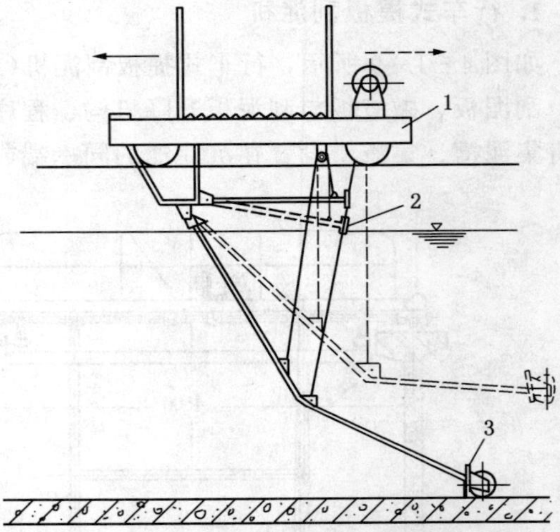

图4-1-11 逆向撇渣与刮泥的形式示意图

1—行车；2—撇渣板；3—刮泥板

(3)排泥量与刮泥能力计算

排泥量主要根据所去除进水中的悬浮固体含量，再换算成含水率ξ(%)的沉淀污泥量来计算。含水率为ξ(%)时沉淀污泥量Q_ξ的计算公式如下

$$Q_\xi=\frac{V}{t}SS_1\varepsilon\times\frac{100\times10^{-6}}{100-\xi}=\frac{V}{t}(SS_1-SS_2)\times\frac{100\times10^{-6}}{100-\xi}\ (\mathrm{m^3/h}) \qquad (4-1-9)$$

式中 V——沉淀池的有效容积，m^3；

t——沉淀时间，h；

SS_1——沉淀池进水中的悬浮固体含量，mg/L；

SS_2——沉淀池出水中的悬浮固体含量，mg/L；

ε——悬浮固体去除百分率，%；

ξ——去除污泥的含水率，%。

设沉入池底的污泥含水率为98%，刮泥机往返一次的刮泥量$Q_{次}$可按下式计算

$$Q_{次}=\frac{bh^2\gamma}{2\tan\alpha}\ (\mathrm{t/次}) \qquad (4-1-10)$$

式中 h——刮泥板在竖直方向的投影高度，m；

b——刮泥板的宽度，m；

α——刮泥时污泥的堆积坡角(度)，一般初沉池污泥取5°；

γ——污泥表观密度，t/m^3，一般取1.03 t/m^3。

刮泥机每小时的平均刮泥能力 $Q_{时}$ 可按下式计算

$$Q_{时} = Q_{次} \times \frac{60}{t} = \frac{60Q_{次}}{t} \text{ (t/h)} \tag{4-1-11}$$

式中　t——刮泥机往返一次所需要的时间，min。

每小时的平均刮泥能力 $Q_{时}$ 与沉淀污泥量 Q_{ξ} 之比 n，可按下式计算

$$n = \frac{Q_{时}}{\gamma Q_{\xi}} \tag{4-1-12}$$

式中　Q_{ξ}——含水率 ξ 时的污泥量，t/h。

根据以上计算可以确定刮泥机每天的刮泥次数。通常初沉池每天刮泥 3～4 次，高峰负荷时可以增加刮泥次数。

(4)驱动功率计算

驱动功率主要根据刮泥机在工作时所受的刮泥阻力 $P_{刮}$、车轮行驶阻力 $P_{驶}$、风压阻力 $P_{风}$ 和道面坡度阻力 $P_{坡}$ 等阻力总和计算确定。$P_{驶}$、$P_{风}$、$P_{坡}$ 以及驱动功率 N 的计算方法都与行车式吸泥机相同，刮泥板每次刮泥时所受的阻力 $P_{刮}$ 可按下式计算

$$P_{刮} = 1000 Q_{次}\, g\mu \text{ (N)} \tag{4-1-13}$$

式中　μ——污泥与池底的摩擦系数，沉砂池取 0.5、给水厂沉淀池取 0.2～0.5、污水处理厂初沉池取 0.1、污水处理厂二沉池取 0.035；

g——重力加速度，取 9.81m/s^2。

(5)电气控制系统

提板式刮泥机使用行驶和升降两组行程开关，根据编排的程序自动转换，来控制刮泥机的动作。图 4－1－12 为提板式刮泥机的动作程序示例，设 A 点为刮泥机的起始位置，此处刮板露出水面，一个动作周期的程序如下：①合上电源，刮泥机后退，行至 B 点位置时，刮泥机停驶，并使刮泥板下降。②当刮泥板降至 C 点时，升降机构停止，并使刮泥机继续后退。③当后退至 D 点时，刮泥机停驶，接着又使刮泥板继续下降至池底 E。④当刮泥板下降至池底 E 时，撇渣板也通过联动机构浸入水面，并立即发出刮泥机向前动作的指令。⑤刮泥机开始刮泥及撇渣工作，一直行驶到 A' 为止，此时污泥及浮渣均分别排入污泥斗和集渣槽内，然后再次将刮泥板提出水面，回到原来的起始位置。根据沉泥量多少，确定重复循环的次数，当然也可根据需要另编程序。各行程控制元件可采用密封式行程开关，一般都安装在刮泥机上，安装时应密封防潮。

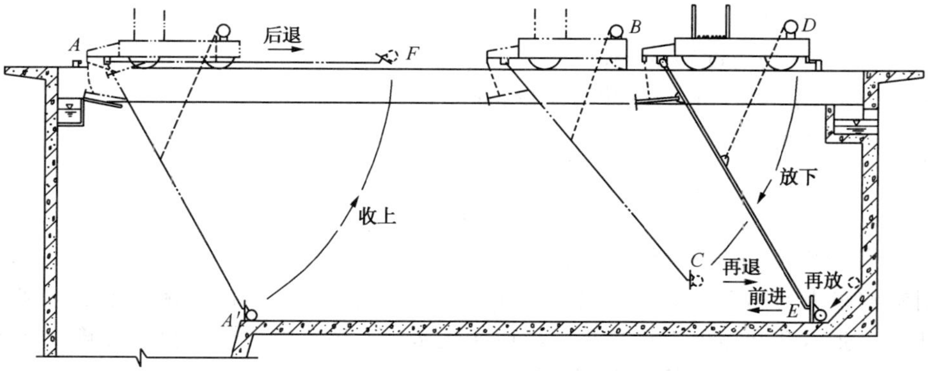

图 4－1－12　提板式刮泥机的动作程序示例

2. 链条牵引式刮泥机

链条牵引式刮泥机适用于自来水厂沉淀池或污水处理厂的沉砂池、初沉池、二沉池、隔油池等矩形池的排砂、排泥和除油(渣)，对于有浮渣的沉淀池可在底部刮泥的同时在池面撇渣。分为单列、双列链条牵引式两种，多采用双列链条牵引形式。

(1)结构

如图 4-1-13 所示，双列链条牵引式刮泥机主要由驱动机构、传动链与链轮、牵引链与链轮、刮泥板、导向轮、张紧机构、链轮轴和导轨等组成，应该采用不锈钢链条、链轮以防止链节的生锈。在设备的两条牵引链上，每隔 2m 左右装有刮泥板，在主动链轮上装有安全销进行过载保护。减速驱动机构通过传动链将动力传递于两条牵引链，带动刮泥板作定向回转连续运行，在池底部链带缓缓地沿与水流相反的方向滑动，在滑动中将池底沉泥推入贮泥斗中；在其移到水面时，又将浮渣推到出口，从排渣管排出池外。

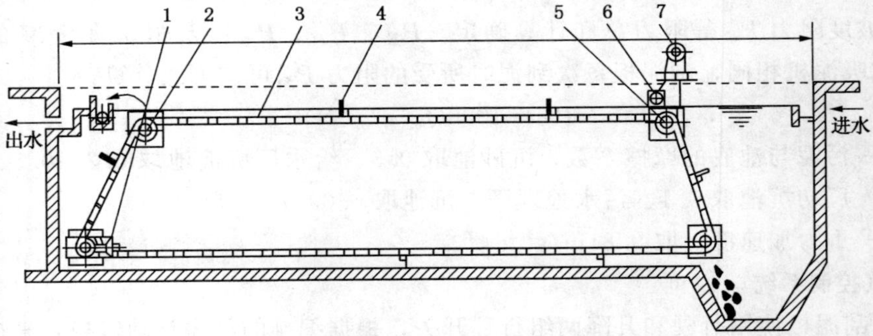

图 4-1-13　双列链条牵引式刮泥机的结构示意图

1—张紧机构；2—从动轮；3—牵引链；4—刮泥板；5—主动轮；6—张紧轮；7—驱动机构

链条牵引式刮泥机的特点是：刮泥板移动速度可以根据不同工艺要求(不产生污泥上浮或紊流)调节；由于牵引链、刮泥板的循环动作，使刮泥保持连续，故排泥效率较高。使用时应特别注意双侧牵引链条需保持同步牵引；链条必须张紧，以保证刮泥效果和可靠性。

(2)刮泥能力及每天运行时间的计算

①刮泥能力 Q 的计算

$$Q=60hlv \geqslant Q_{\xi}\ (\mathrm{m^3/h}) \tag{4-1-14}$$

式中　h——刮板高度，m；

l——刮板长度，m；

v——刮板移动速度，m/min；

Q_{ξ}——含水率为 ξ% 时的沉淀污泥量，$\mathrm{m^3/h}$。

②每天运行时间 t

$$t=\frac{24Q_{\xi}}{Q}\ (\mathrm{h}) \tag{4-1-15}$$

(3)牵引链与传动链的设计计算

牵引链的张力与驱动功率随池内有水和无水而有所不同。一般有水时链条与刮泥板受到浮力的作用，张力和摩擦阻力均较小，故应按无水状态进行链传动的设计计算。具体设计计算参见相关设计手册，关键是计算刮泥板牵引链的最大张力 $T_{\max}$ 和驱动链轮松弛侧的水平张力 $T_{\min}$，牵引链的设计张力 $T'_{\max}$ 需要在 $T_{\max}$ 的基础上再乘以使用系数(一般为 1.4 左右)，以考虑链条在污泥腐蚀性环境中运转的实际情况。传动链的张力可以由牵引链的设计张力 T'_{max} 换算而得，牵引链驱动功率的计算可按下式进行

$$N=\frac{2(T_{max}-T_{min})v}{60000\eta}\ (kW) \tag{4-1-16}$$

式中 v——刮泥板移动速度，m/min；

η——机械效率，可取 0.7 左右。

牵引链一般采用扁节链，链条中有图 4-1-14 所示的主链节和图 4-1-15 所示的装刮板链节两种形式。各链节用销轴连接，销轴一端为 T 形头，另一端钻有销孔。销轴装在链节上后，再插入开口销，以防销钉脱落。各链节上还设有销轴止转槽，使销轴和链节不产生相对转动，以避免销轴与销孔的磨损。链节上的圆筒部分与链轮的轮齿相啮合，接触啮合表面、圆筒孔内表面以及销轴外表面的硬度对链条的使用寿命有很大影响，因此链节各部分的硬度应按一定的要求设计(链节本体 HB200～230、滚筒表面 HB≥415、销轴表面 HB200～210)。生活污水若 pH 值在 6.5～8 之间，链条的腐蚀损耗很小，链条的寿命主要取决于机械磨损。链节的磨损量以圆筒部分最大，圆筒孔与销轴的磨损量均较小。链节的制造一般为精密铸造一次成形，表面粗糙度 6.3μm 以上。对于 pH 值在 6.5～8 之间的生活污水，链节材料可选用珠光体可锻铸铁、球墨铸铁或镍铬不锈钢；对 pH 值在 5 以下的酸性污水、氯离子含量 3000mg/L 以上或硫化物含量较多的污水，应使用特制的热塑性工程塑料链节。

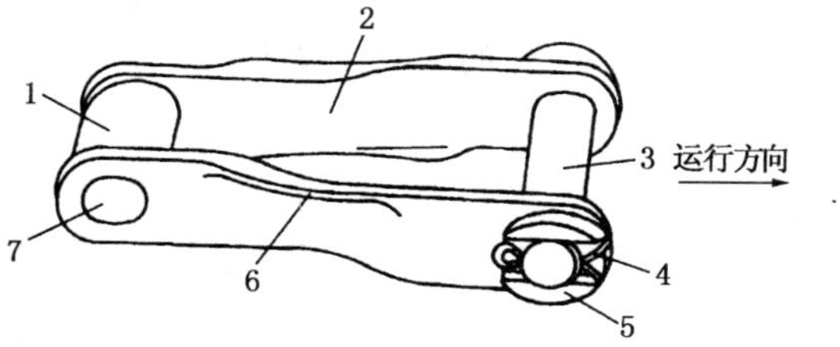

图 4-1-14　扁节链链节的结构示意图

1—圆筒；2—链板；3—销轴；4—开口销；5—止转动槽；6—耐磨靴；7—筒孔

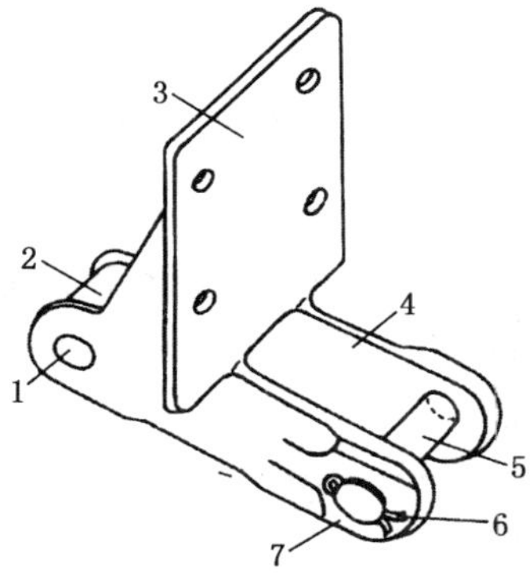

图 4-1-15　装刮泥板扁节链链节的结构示意图

1—筒孔；2—圆筒；3—刮板座；4—链侧板；5—销轴；6—开口销；7—止转动槽

链条的磨损程度除与链节选材及其表面硬度有关之外，还与链节间相对转动的角度有关，即与链轮的齿数成反比。齿数过少磨损加快，而齿数多就会增大链轮的直径，不够经济。为了兼顾两种不同要求，链轮齿数以 11 个为宜。同时，为了延长链轮的使用寿命，还可利用扁节链节距较大的特点，在节圆直径不变的情况下，由链齿的节距间再增加一个链齿，增加后的齿数 n=(2×原链轮齿数±1)。由于设计的链轮齿数为单数，所以每回转两次才会重复到原来的啮合位置，实际上也是等于延长了 1 倍寿命。链轮材料一般为球墨铸铁，齿面高频淬火以提高耐磨性，齿面硬度与链节的圆筒表面相同。导向轮用于支承链条或使链条换向，常做成双边凸缘的滚筒形式，使链节侧板的耐磨靴与滚筒筒面接触，以减少链节的圆筒磨损，延长链条的使用寿命。导向轮材料为球墨铸铁或珠光体可锻铸铁，滚筒表面的硬度为 HRC40～45。

图 4-1-16 为全塑料双列链条牵引式刮泥机的总体结构示意图，塑料零部件包括

NCS－720—S(15.24cm 或 6″齿距)链条、玻璃纤维刮泥板(标准/高强度/超强度三种)、磨损鞋、NES－720—S 驱动和空转链轮、NH－78 驱动和驱动母链轮、高强度玻璃纤维加强塑料套筒、管子驱动轴、空转和驱动铸尼龙的短轴组合带，可更换自润滑套筒轴承、玻璃纤维轨道及铸尼龙-6 的托墙支架和高分子聚乙烯(UHMW－PE)轨道及地面的磨损条。

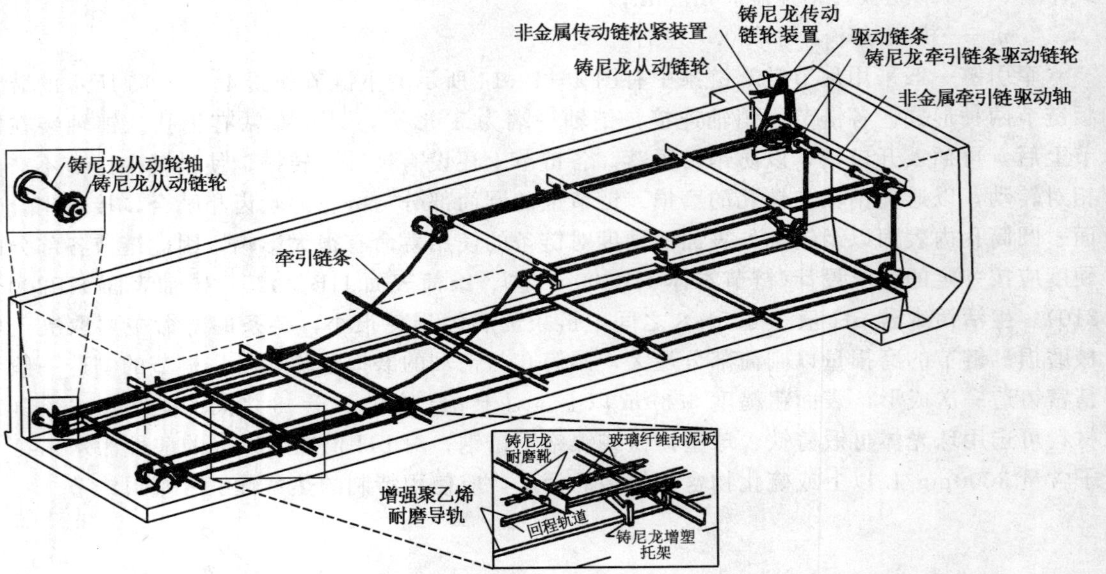

图 4－1－16　全塑料双列链条牵引式刮泥机的总体结构示意图

根据《环境保护产品技术要求 — 刮泥机》(HJ/T 265)，行车式、链条传动式刮泥机的基本参数如表 4－1－3 所示。沉淀池的宽度范围为 2～30m，行车式的刮板速度为 0.6～1.2m/s，链条传动式的刮泥板速度为 0.4～0.6m/s。

表 4－1－3　行车式、链条传动式刮泥机的基本参数

型号		GH2	GH4	GH6	GH8	GH10	GH12	GH14	GH16	GH18	GH20	GH22	GH25	GH30
		GL6	GL7	GL8	GL9	GL10	GL12							
沉淀池宽度/m		2	4	6	8	10	12	14	16	18	20	22	25	30
行走电动机功率/kW		≤0.37			≤0.55			≤0.75			≤1.1			
刮板速度/(m/min)	行车式	0.6～1.2												
	链传动式	0.4～0.6												

注：电动机功率适用于城市污水处理和类似水质的工业废水处理。

三、辐流式沉淀池用中心传动刮(吸)泥机

中心传动(Center Drive)刮(吸)泥机一般适用于直径不大于 ϕ60m 的辐流式沉淀池，在池周边与池中心之间架设有固定不动的工作桥，通常采用半桥式，也可以采用全桥式(Full Bridge)。驱动机构固定安装在池中心位置，带动下部连接的刮臂桁架和(或)吸泥管，完成刮集泥和(或)吸泥工作。采用吸泥方式是为了克服活性污泥含水率高、难以刮集的困难，但吸泥之前的局部刮集泥仍不可少。由于主架部分几乎全部在水中，水面以上没有较大的迎风面，因而风载的作用很小，在设计中可不考虑，但对刮臂桁架的对称性和平衡性要求很高，

具体分为垂架式和悬挂式两种。代表性设备有垂架式中心传动刮泥机、垂架式中心传动单(双)管吸泥机、垂架式中心传动多管吸泥机、悬挂式中心传动刮泥机。

1. 垂架式中心传动刮泥机

图 4-1-17 为中心进水周边出水沉淀池配套用垂架式中心传动刮泥机的总体结构示意图，主要由工作桥、中心支墩(上部固定安装中心立式柱管)、中心传动竖架、驱动机构、刮臂桁架、刮泥板、小刮泥板、撇渣板、集渣斗、控制箱等组成。工作桥通常为半桥式钢结构，一端架在池壁顶上，另一端固定在中心支座上部平台上。通过刮臂桁架和刮泥板的运动将污泥刮集至池底中心的集泥槽，然后排出池外。虽然在有些场合还使用了拉杆或拉索悬挂协助承担载荷，但总体上仍然属于垂架式结构。

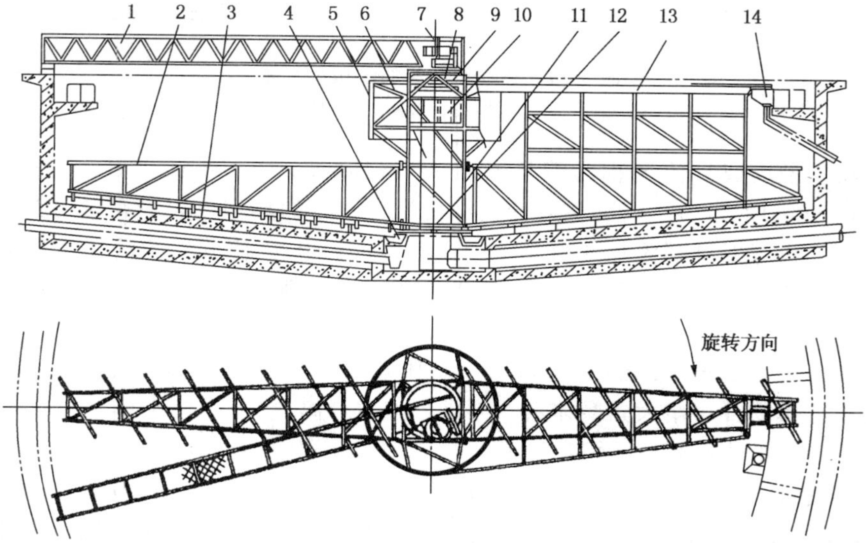

图 4-1-17 垂架式中心传动刮泥机的总体结构示意图(中心进水周边出水沉淀池配套用)

1—工作桥；2—刮臂桁架；3—刮泥板；4—小刮泥板；5—扩散筒或导流筒；6—中心支墩(上部固定中心立式柱管)；7—摆线针轮减速器；8—蜗轮蜗杆减速器；9—滚动轴承式旋转支承；10—出水口；11—中心传动竖架；12—水下轴承；13—撇渣板；14—排渣斗

(1)配水系统

对于中心进水周边出水的大中型辐流式沉淀池而言，一般在池中央的中心支墩上部固定安装中心立式柱管，兼作进水管道。中心立式柱管上口封闭，管壁四周开孔出水。中心支墩大多为钢筋混凝土结构，中心立式柱管则采用钢材制作。由于刮泥机的重量和旋转扭矩均由中心支墩和中心立式柱管承受，也被称为支柱式中心传动刮泥机。原水由进水管进入沉淀池后，从中心立式柱管流出。当池径大于 ϕ21m 时，为了避免中心配水时的径向流速过高造成短路而影响沉淀效果，一般在中心立式柱管的出水口外周增加设置同轴心线的扩散筒或导流筒以改变出水流向，使原水沿径向以逐渐减小的流速向周边出流。如图 4-1-18 所示，扩散筒或导流筒的水平横截面积约为池体横截面积的 3%，其与中心立式柱管之间形成的圆环面积略大于中心立式柱管的断面积；筒体高度比中心立式柱管的矩形出水口长度大 100mm；筒体下端面上安装封板，封板的位置略低于中心立式柱管的矩形出水口，且与中心立式柱管之间存在间隙。在扩散筒或导流筒的筒体上开设多个纵向长槽口，沿槽口设置导流板，使原水从筒体内流出后，沿水平切线方向旋流，以此改善沉淀效果。因为桁架结构的要求，扩散筒或导流筒必须固定在刮泥机主架上，并随主架的转动而转动，给整机增加了一定的负荷。

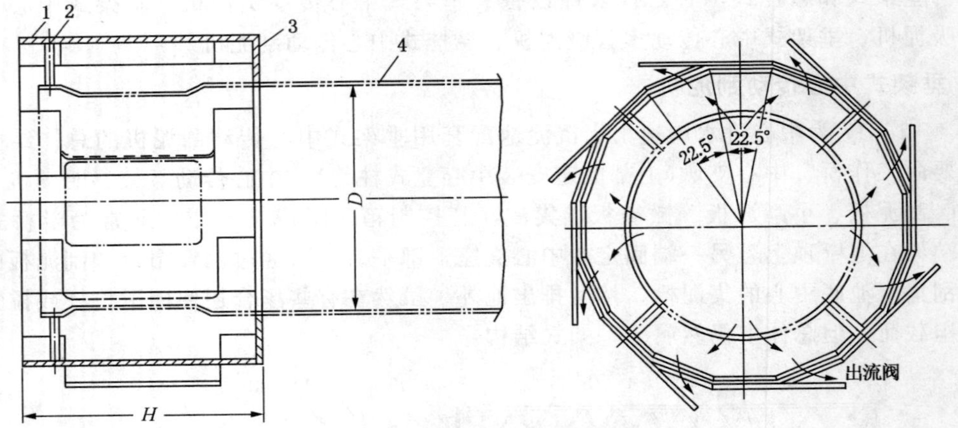

图 4-1-18　扩散筒的结构示意图

1—扩散筒；2—支撑；3—封板；4—中心立式柱管

国外也将扩散筒或导流筒称为能量耗散入口(Energy Dispersing Inlets，EDIs)，美国Ovivo公司的EquaFlo 360™是先进导流筒结构设计技术的典型代表。有时还在扩散筒或导流筒的外周同心设置絮凝剂添加井(Flocculation Feedwell)，使分散的活性污泥颗粒和破碎的活性污泥絮体在固液分离前先进行絮凝，以提高活性污泥的沉淀效率，达到降低二沉池出水中悬浮固体(SS)的目的。美国WesTech Engineering公司专门开发有沉淀池优化设计软件包(Clarifier Optimization Package，COP™)，其絮凝澄清池(Flocculating Clarifier)就是使混合液在池中心絮凝井中增大絮凝体后，再进行澄清分离。

对于中心进水的小型辐流式沉淀池而言，通常不设立中心支墩，采用在池中心上部和底部定位的钢制传动立轴来承载，进水管道直接与上部导流筒连通。对于周边进水中心(或周边)出水的辐流式沉淀池而言，由于池中心无需考虑扩散筒或导流筒等问题，因此结构相对较为简单。

(2)中心传动竖架

中心传动竖架(也被称为转笼，Torque Cage)是垂架式中心传动刮泥机传递扭矩的主要部件之一。刮泥机的转速非常缓慢，由于在恒功率条件下扭矩与转速之间成反比，因此中心传动竖架传递的扭矩较大，例如直径ϕ30m初沉池刮泥机的扭矩可达40790N·m。为方便安装，中心传动竖架一般设计成横截面为正方形的垂挂式桁架结构，上端用螺栓固定连接在滚动轴承式回转支承的转动齿圈上，下部两侧装有对称的刮臂桁架。为保持回转时的平稳性，可以在中心传动竖架下端安装4个轴瓦式滑动轴承作径向支承，与中心立式柱管外圆环圈之间发生相对运动，以保证回转精度。

滚动轴承式回转支承可以参考《回转支承》(JB/T 2300)等机械行业标准，选用外齿式或内齿式双排异径球式回转支承。

(3)驱动机构

垂架式中心传动刮泥机适用的池径范围为ϕ14～60m，由于刮泥机旋转的角速度受限于刮臂外缘的线速度，因此驱动机构的减速比随池径的增大而增大。如以电动机转速为1440r/min、刮臂外缘线速为3m/min计算，总减速比高达21000～90500，需要采用多级减速传动，对各级传动零部件的强度计算也要高度重视。驱动机构主要有外啮合式传动和内啮合式传动两种方案。

①外啮合式滚动轴承支座传动方案。结构比较简单，适用的池径范围较小(ϕ14～20m)。如图 4－1－19 所示，主要由户外式电动机直联的立式二级摆线针轮减速器、链条联轴器、安全销、传动轴、轴承座、小齿轮及带外齿圈的滚动轴承式回转支承等组成。为了防止扭矩过载，在链条联轴器上设置安全销保护；安全销的材料为 35 号钢，硬度为 HRC40～45。立式二级摆线针轮减速器安装在静止的工作桥上，将带外齿圈的滚动轴承式回转支承安装在中心支墩(中心进水时含上部固定安装的中心立式柱管)的上部平台上，使减速器输出轴的小齿轮与外齿圈保持啮合位置。通过传动，连接在外齿圈上的中心传动竖架就随外齿圈一起旋转。回转支承也叫旋转支承、回旋支承或回转轴承(Slew Bearing)，主要由内圈、外圈、滚动体、密封圈等组成，是一种能够承受综合载荷的大型轴承，可以同时承受较大的轴向、径向负荷和倾覆力矩，多用于支撑重载但转速较慢或缓慢振荡的装置，例如塔式吊车、风力涡轮机或者物料处理夹具等。回转支承有单排四点接触球式、单排交叉滚柱式、双排异径球式、三排滚柱式、球柱联合式、双列球式等结构形式，可以采取座式安装、悬挂式安装和垂直安装，通过在内圈或外圈上带有齿轮而驱动平台相对于底座旋转。

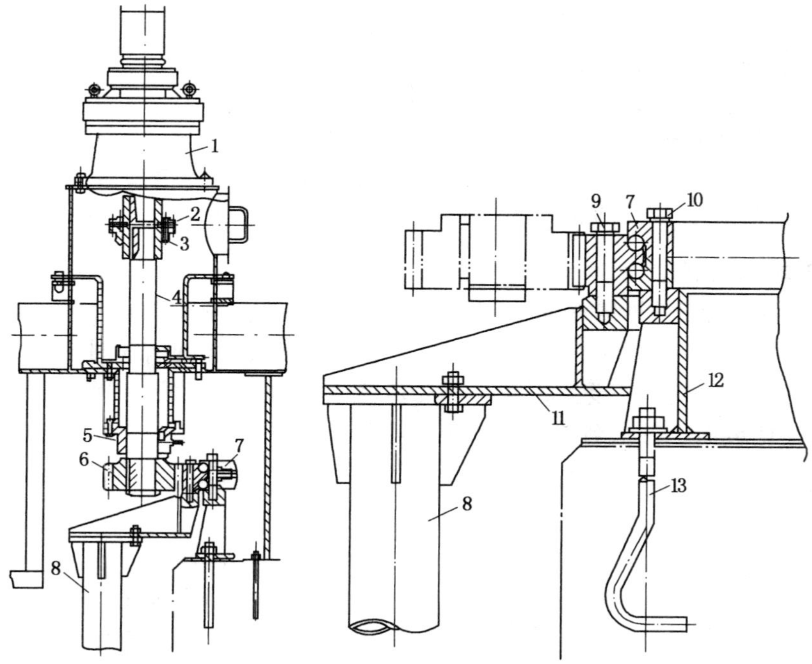

图 4－1－19　中心传动竖架与外齿圈连接的结构示意图

1—立式二级摆线针轮减速器；2—链条联轴器；3—安全销；4—传动轴；5—轴承座；6—小齿轮；7—外啮合滚动轴承式回转支承；8—中心传动竖架；9，10—螺钉；11—旋转支座；12—固定基座；13—基础螺栓(沉淀池周边进水时)

②内啮合式滚动轴承支座传动方案。适用的池径范围较大。如图 4－1－20 所示，由户外式电动机直联的卧式二级摆线针轮减速器、链轮链条、蜗轮蜗杆减速器、带内齿圈的滚动轴承式回转支承等依次传递扭矩，使悬挂在内齿圈上的中心传动竖架相应旋转。为了防止扭矩过载，在蜗轮蜗杆减速器的蜗杆端部设置压簧式过力矩保护机构，同时在主动链轮上设置安全销保护。此时工作桥的一端固定在中心驱动机构的机座上，另一端在沉淀池的池壁顶上。工作桥仅作为检修管理的通道，不安装机械设备。

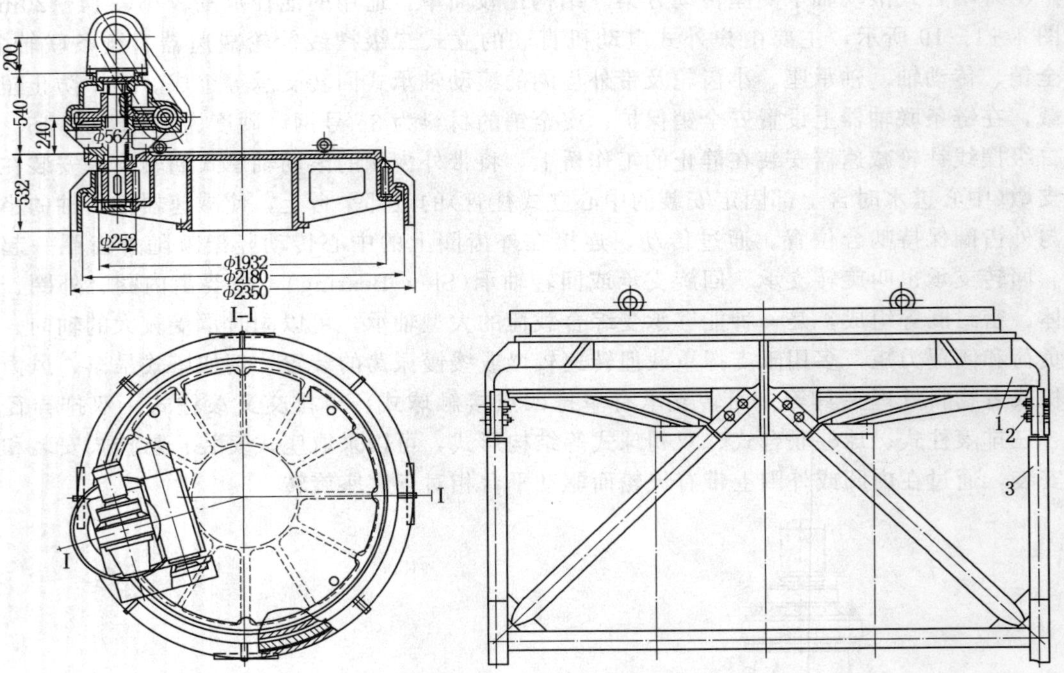

图 4－1－20　中心传动竖架与内齿圈连接的结构示意图

1—内齿圈组件；2—连接螺栓；3—中心传动竖架

(4)刮臂桁架与刮泥板

垂架式中心传动刮泥机刮臂桁架的结构形式有悬臂三棱柱桁架和悬臂变截面矩形桁架两种，前者用于小直径的垂架式中心传动刮泥机，后者用于大直径垂架式中心传动刮泥机。为了便于刮泥板的排列、安装和受力平衡，通常多以对称形式布置两个刮臂桁架，同时刮臂桁架的底弦应与池底坡面平行。刮臂桁架受刮泥阻力和刮臂桁架、刮泥板等自重的作用，对悬臂式的刮臂桁架而言，既承受水平方向由刮泥阻力所产生的力矩，又承受竖直方向由刮臂桁架自重所引起的弯矩。

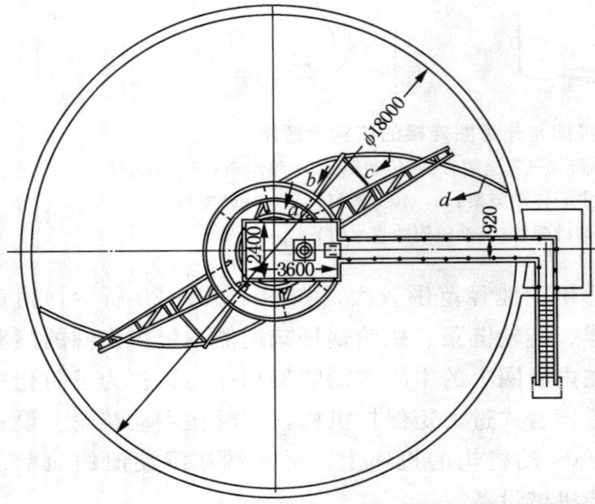

图 4－1－21　污泥的刮移示意图(对数螺旋线)

①刮泥板的形状设计。沉淀池的集泥槽位于池中心，当刮泥板旋转时，如图 4－1－21 所示 a、b、c、d 各点触及沉淀污泥后，使污泥受到刮泥板法向的推力和沿着刮泥板的摩擦力作用而向池中心移动。对于中心进水的沉淀池来说，积泥大多集中在靠近中心扩散筒或导流筒的池底上，为提高刮泥效率，最好是将刮泥板的形状设计成对数螺旋线(Spiral Blade Scraper Clarifier)。小直径刮泥机可以设计安装两条对称排列的整体对数螺旋线形刮泥板；大直径刮泥机由于整体对数螺旋线刮泥板存在安装困难，往往将螺旋线分成若干段，平行

安装在刮臂上。但在工程实际中，由于对数螺旋线为变曲率曲线，刮泥板制造比较困难，因而在设计中多数简化成直线刮泥板的形式，刮泥板与刮臂桁架中心线的夹角为 45°，相互平行排列。

②刮泥板的数量与长度。刮泥板的数量和长度与刮臂的结构有关，每条刮臂上刮泥板的数量应该满足刮泥的连续性。当刮泥板较长时，则要求刮臂桁架底弦有较大的宽度，同时还要求刮臂有足够的结构强度和刚度。因此在结构允许的情况下，尽量设计较宽的刮臂底弦长。

设置刮泥板时，可先从距池边 0.3～0.5m 处开始。如采用分块安装，则除第一块起始刮泥板的长度按实际需要设计外，其余均应有一定的前伸量，以保证邻近的刮泥板在刮臂轴心线上的投影彼此重叠，重叠度为刮泥板长度投影的 10%～15%，一般为 150～250mm。这样连续重叠下去，直到最后一块刮泥板的末端伸过中心集泥槽的外周 0.1～0.15m 为止。刮泥板的长度随桁架结构形式而变，通常由池边向中心布置，长度逐渐加大。

③刮泥板的高度。刮泥板的高度取决于所要刮送污泥层的厚度。通常设计的刮泥板高度应比污泥层厚度高出一个固定值。但沉淀池的污泥含水率较高，相对密度与水接近，具有一定的流动性，污泥层高度较难确定，通常各块刮泥板取同一高度(约 250mm)，刮泥板下缘距池底为 20mm。

此外，还有一种较为特殊的垂架式中心传动刮泥机——中心传动扫角式刮泥机。如图 4－1－22 所示，中心传动扫角式刮泥机适用于方形沉淀池，进水和出水流量可以通过选择适当的溢流槽、进水井和扫角组件来调节，通过带坡度砂浆的圆角可以有效处理积聚在池角的固体，刮耙臂可以伸缩。

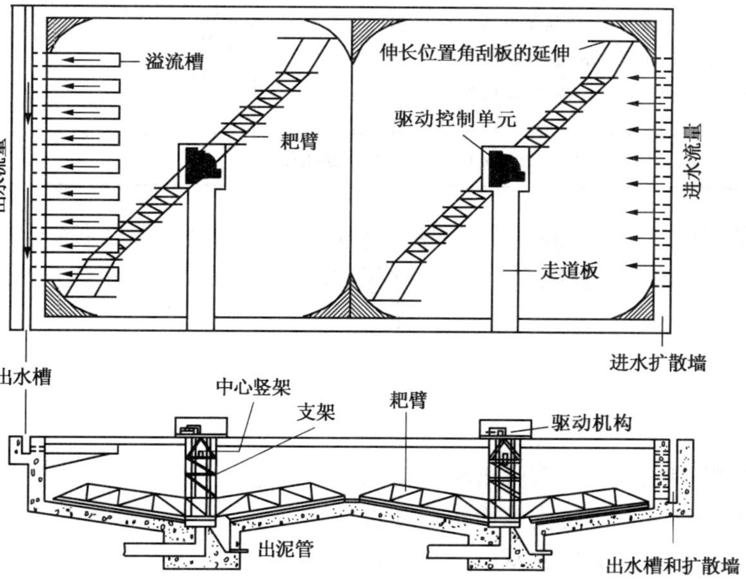

图 4－1－22　中心传动扫角式刮泥机的结构示意图

(5)驱动功率的确定

中心传动刮泥机由于转动力臂长，会产生较大的扭矩，因此对设计提出了较高要求，必须对扭矩、齿轮和轴的刚度和强度进行反复计算与校验。驱动功率主要由刮泥机的刮泥功率和滚动摩擦功率两大部分组成。刮泥功率的计算方法有三种：一是按刮泥时作用在刮臂桁架上的扭矩 M_n 计算；二是按刮泥板每刮泥一周所消耗的动力来确定；三是按刮泥板每转一周克服泥砂与池底以及泥砂与刮泥板之间的摩擦所消耗的总功率确定。三种计算公式的比较及其应用场合如表 4－1－4 所示。

表 4－1－4　刮泥机刮泥功率的计算公式比较

类别	计算公式	比较	应用场合
按刮泥时作用在刮臂桁架上的扭矩计算	若 D 为刮泥板的外缘直径(m)，K 为载荷系数(N/m)，则对称双刮臂桁架的扭矩 $M_n=0.25D^2K$(N·m)；垂直四刮臂桁架的扭矩 $M_n=0.25\left[D^2+\left(\frac{D}{3}\right)^2\right]K$(N·m)。若刮臂桁架的转速为 n(r/min)，则刮泥功率 $N_1=M_n n/9550$(kW)	a)载荷系数由污泥的性质确定； b)公式中对刮泥板外缘线速、池底斜度等都作了限定； c)驱动转矩按双臂的扭矩计； d)刮泥板高度一般为 254mm	初沉池、二沉池的刮泥
按刮泥板每刮泥一周所消耗的动力来确定	若含水率 ξ 的污泥量为 Q_ξ(m^3)，则 t 小时(转动一周所需的时间)内的积泥量 $Q_t=Q_\xi t=\pi Q_\xi D/60n$ (m^3)；若 μ 为污泥与池底的摩擦系数，γ 为污泥的表观密度(1.03t/m^3)，g 为重力加速度(9.81m/s^2)，则刮泥时的阻力 $P=1000gQ_t\mu\gamma$(N)。若刮泥板线速度(可考虑在池径 2/3 处的速度)为 v(m/min)，则刮泥功率 $N_1=Pv/60000$(kW)	a)刮泥阻力由污泥量的多少及污泥对池底的摩擦系数确定； b)刮泥的速度按圆池直径 2/3 处刮泥板的线速度计算	—
按刮泥板每转一周克服泥砂与池底以及泥砂与刮泥板之间摩擦所消耗的总功率来确定	为刮泥一周刮泥板克服污泥与池底之间摩擦所做的功 $A_1=P_1S_1$(N·m)，P_1 为污泥与混凝土池底之间的摩擦力(N)，S_1 为污泥沿池底行走的路程(m)；污泥与刮泥板摩擦所做的功 $A_2=P_1\mu_1(R-R_1)$(N·m)(直线形刮泥板，其他形状刮泥板略有不同)，R 为刮臂桁架长度(m)，R_1 为池中心集泥坑的半径。t 为刮泥一周所需的时间(min)，则刮泥功率 $N_1=(A_1+A_2)/60000t$(kW)	a)按刮泥的阻力及泥砂行走的距离所做的功来确定； b)公式中也考虑了泥浆对刮泥板在相对滑动时所作的功； c)为简化计算，不考虑池底坡度产生的下滑力	积泥量较大而且大部分沉降于池周的机械搅拌澄清池刮泥

中心传动刮泥机的阻力计算，除刮泥阻力外，尚有转动部件的总重量(即竖向载荷)在中心传动竖架上所产生的滚动摩擦阻力。滚动摩擦阻力 P 和滚动摩擦功率 N_2 的计算公式分别如下

$$P=\frac{W}{d}2Kn\ (\text{N}) \tag{4-1-17}$$

$$N_2=\frac{Pv}{60000}\ (\text{kW}) \tag{4-1-18}$$

式中　W——旋转钢架结构、刮臂桁架、刮泥板等的重力，N；

d——滚动轴承式旋转支承中钢球的直径，cm；

K——滚动轴承式旋转支承的摩擦力臂，cm；

n——载荷系数，一般取 3；

v——滚动轴承式旋转支承中心圆(滚道平均直径)的圆周线速度，m/min。

驱动功率的计算公式如下

$$N=\frac{N_1+N_2}{\sum\eta}\ (\text{kW}) \tag{4-1-19}$$

式中　$\sum\eta$——总机械效率，%。

根据《环境保护产品技术要求——刮泥机》(HJ/T 265)，辐流式沉淀池用中心传动刮泥机的基本参数如表 4-1-5 所示。

表 4-1-5 辐流式沉淀池用中心传动刮泥机的基本参数

型号	GZ6	GZ7	GZ8	GZ9	GZ10	GZ12	GZ14	GZ16	GZ18	GZ20	GZ22
沉淀池直径或边长/m	6	7	8	9	10	12	14	16	18	20	22
电动机功率/kW	≤0.75						≤1.1				
刮泥板外缘线速度/(m/min)	1～3										
型　　号	GZ24	GZ26	GZ28	GZ30	GZ32	GZ35	GZ40	GZ45	GZ50	GZ55	GZ60
沉淀池直径或边长/m	24	26	28	30	32	35	40	45	50	55	60
电动机功率/kW	≤1.5						≤2.2				
刮泥板外缘线速度/(m/min)	1～3										

注：电动机功率适用于城市污水处理和类似水质的工业废水处理。

2. 垂架式中心传动单(双)管吸泥机

(1)结构描述

垂架式中心传动单(双)管吸泥机(Suction Header Clarifier)主要由工作桥(静止)、驱动机构、中心支承柱、中心传动竖架、旋转桁架、异型吸泥管、拉杆或拉索、池底中心泥缸、撇渣机构以及进出水附件等组成。异型吸泥管(Suction Duct)的结构较为紧凑，污泥在吸泥管内流动时水头损失小，排泥效果良好，运行稳定。

当沉淀池内径不大于 ϕ42m 时，一般采用单根异型吸泥管。如图 4-1-23 所示，异型吸泥管与带刮板的刮臂桁架对称布置于中心传动竖架两侧，通过驱动机构带动中心传动竖架旋转而运转。利用沉淀池内外水位差自吸或采用安装于池外排泥管上污泥泵抽吸的方式，将池底污泥由吸泥孔经异型吸泥管引导至池底中心泥缸，然后由排泥总管排出池外。驱动机构、撇渣机构等与垂架式中心传动刮泥机相同。

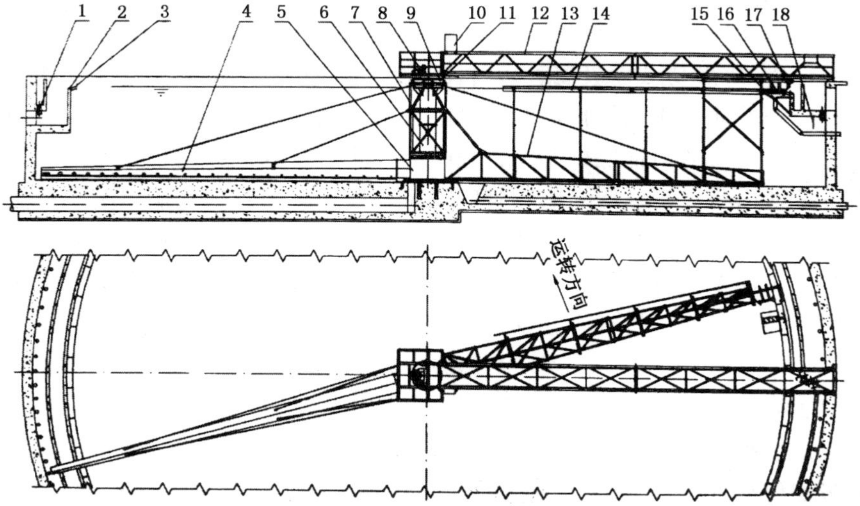

图 4-1-23 垂架式中心传动单管吸泥机的结构示意图

1—布水孔管；2—出水堰板；3—浮渣挡板；4—异型吸泥管；5—池底中心泥缸；6—中心立柱；7—中心传动竖架；8—驱动机构；9—检修平台及护栏；10—电控柜；11—回转支承；12—工作桥；13—旋转桁架；14—刮渣板；15—排渣斗；16—刮渣耙；17—冲洗水阀；18—挡水裙板

当沉淀池内径大于 ϕ42m 时，一般采用对称布置的两根异型吸泥管，称为双管吸泥机，其结构如图 4－1－24 所示。

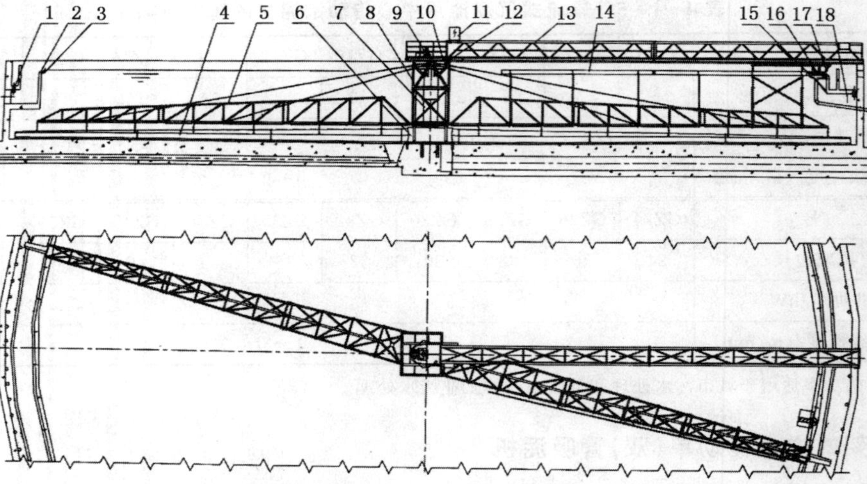

图 4－1－24　垂架式中心传动双管吸泥机的结构示意图

1—布水孔管；2—出水堰板；3—浮渣挡板；4—异型吸泥管；5—旋转桁架；6—池底中心泥缸；7—中心立柱；8—中心传动竖架；9—驱动机构；10—检修平台及护栏；11—电控柜；12—回转支承；13—工作桥；14—刮渣板；15—排渣斗；16—刮渣耙；17—冲洗水阀；18—挡水裙板

(2)驱动扭矩及驱动功率

垂架式中心传动单(双)管吸泥机适用池径范围较大，为 ϕ20～60m。吸泥机的转速取决于异型吸泥管外缘的线速度，以电动机转速 1440r/min、异型吸泥管外缘线速度 1.8～3.5m/min 计算，则驱动机构的总减速比为 50260～77500，一般需采用多级减速的传动方式。吸泥机的驱动扭矩则取决于池径的大小和污泥性质。

(3)异型吸泥管的设计计算与安装

垂架式中心传动单(双)管吸泥机在沉淀池内运转过程中，依靠与沉淀池底面呈 45°倾斜安装的异型吸泥管(矩形变截面吸泥管)，将污泥从池底通过异型吸泥管前下部的吸泥口排到池底中心泥缸中，并通过排泥管排出沉淀池。对于沉淀池内径不大于 ϕ42m 的单管吸泥机，异型吸泥管出口端用法兰与池底中心泥缸连接后，再以拉杆或拉索将其与中心传动竖架上部连接。对于沉淀池内径大于 ϕ42m 的双管吸泥机，异型吸泥管出口端用法兰与池底中心泥缸连接后，其管体以调节螺栓固定于桁架下，高度可调；桁架再以拉杆或拉索将其与中心传动竖架上部连接。为便于运行和安装，吸泥管可分段制作，相互间以矩形法兰连接并密封。

吸泥管的管径为渐变式设计，根部的最大过流面积 A 可按下式计算

$$A=Q/V\ (\mathrm{m^2}) \tag{4-1-20}$$

式中　Q——单座沉淀池设计处理量，$\mathrm{m/s^2}$；

　　　V——吸泥管内污泥平均流速，取 0.8～1.0m/s。

若异型吸泥管根部横截面为正方形的话，根据最大过流面积 A 即可计算出边长尺寸。吸泥管上的吸泥孔可以采用“变孔径＋变孔距”“变孔径＋等孔距”“等孔径＋等孔距”三种结构布局形式，如图 4－1－25 所示，一般采用“变孔径＋等孔距”结构布局形式。设定孔距为 L，因此每个吸泥孔都分管一个半径为 L 的环形区域的排泥，即理论上认为每个半径差为 L 的

环形区域的污泥由其对应的吸泥孔排入吸泥管。另外，所有环形区域的面积总和等于整个沉淀池的沉淀面积，为保证排泥流速稳定，所有吸泥孔过流面积的总和应等于吸泥管根部的过流面积，这样就出现了以下比例关系

$$\frac{\text{单个吸泥孔的面积}}{\text{异型吸泥管的最大口径}}=\frac{\text{吸泥孔所在的环形区域面积}A_2}{\text{整个污泥沉淀面积}A_1}$$

于是，自沉淀池中心数起第 i 个孔孔径 d_i(m)的计算关系式如下

$$\frac{\pi d_i^2}{4A}=\frac{\pi(r+iL)^2-\pi[r+(i-1)L]^2}{\pi R^2-\pi r^2} \quad (4-1-21)$$

式中 r——池底中心泥缸的半径，根据工艺和土建结构确定，一般为1000～1500mm，在此区域内无沉淀污泥；

R——沉淀池的半径，mm。

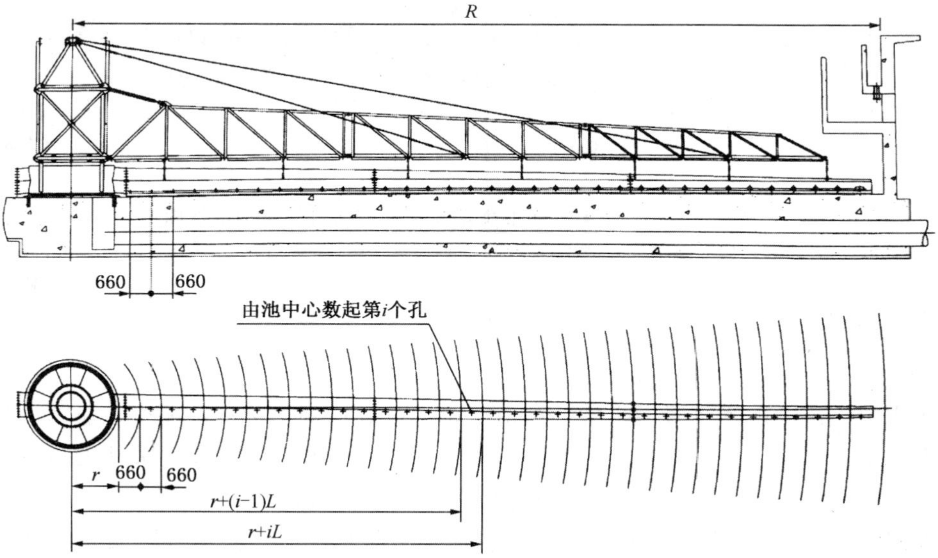

图 4-1-25 异型吸泥管吸泥孔口及排泥环形区域的示意图

各吸泥孔的孔径可以此类推，考虑到水头损失等各种因素，可对孔径尤其是最后一个吸泥孔的孔径进行适当修正。

3. 垂架式中心传动多管吸泥机

(1)结构描述

垂架式中心传动多管吸泥机(Suction Pipe Clarifier，Pipe Organ Clarifier)有时也被称为垂架式中心传动多管刮吸泥机，旨在强调向上吸泥之前池底有刮泥板的刮集泥动作。如图 4-1-26 所示，主要由工作桥(静止)、驱动机构、中心立式柱管、中心传动竖架、刮臂桁架、刮泥板、吸泥管、中心高架集泥槽、撇渣机构等组成。沿两侧刮臂对称排列多根吸泥管，每根吸泥管自成系统，互不干扰，从吸口起直接通入中心高架集泥槽。通过刮臂的旋转，由集泥板把污泥引导到吸泥管口，只要池内液位与吸泥管出口保持一定的高差，就可以利用水位差自吸的方式边转边吸。吸入的污泥汇集于中心高架集泥槽后，再经中心排泥管排出池外。水面上的浮渣则由撇渣板撇入池边的集渣斗。

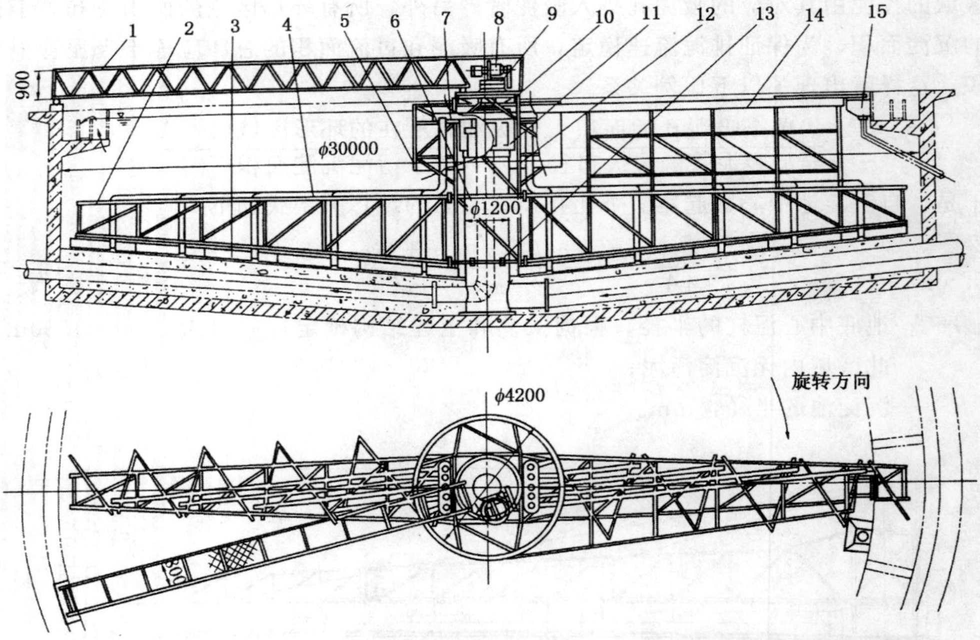

图 4-1-26　垂架式中心传动多管刮吸泥机的结构示意图

1—工作桥；2—刮臂桁架；3—刮泥板；4—吸泥管；5—扩散筒或导流筒；6—中心立式柱管；7—中心高架集泥槽；8—摆线针轮减速器；9—蜗轮蜗杆减速器；10—旋转支承；11—矩形出水口；12—中心传动竖架；13—水下轴承；14—撇渣板；15—集渣斗

(2)结构设计

垂架式中心传动多管刮吸泥机构、撇渣机构的设计同周边传动刮泥机，驱动机构、刮臂桁架、中心传动竖架、水下轴瓦等设计同垂架式中心传动刮泥机。需要关注的地方在于吸泥管的布置、吸泥管内流速的计算、吸泥量调流机构、中心高架集泥槽等。

①吸泥管的布置。如图 4-1-27 所示，通常根据池径尺寸作不等距布置，并以刮臂桁架作为支架沿线固定。吸泥管的一端与中心高架集泥槽相接，另一端设置吸泥口，并在吸口两侧安装 V 字形刮泥板，将污泥引向吸口，吸口与池底的距离为管径的 75%～100%。由于每根吸泥管各自从吸口起直接通入中心高架集泥槽，因此可以采用等高平行布置和竖向层叠布置两种排布形式。

②吸泥管内流速的计算与校验。当总吸出污泥量和吸泥管根数已知时，可以计算出每根吸泥管内污泥的流量。二沉池吸泥管的管径一般不得小于 ϕ150mm，在管径确定后，就可以根据每根吸泥管的流量计算出相应的流速 v；吸泥管总水头损失 $\sum h$ (m)的计算可以参见行车式吸泥机。如果沉淀池水位与中心高架集泥槽内的水位差为 H(m)，则吸泥管的实际流速可以按 $v'=\sqrt{2g(H-\sum h)}$ (m/s)验算，如果 v'值超过由流量与管径所确定的流速 v 时，则可在水位差 H 不变的条件下，将管内流速下调到原设计值 v。

③吸泥量调流机构。由于各吸泥管沿沉淀池径向分布，各吸口的流量分配应根据其位置进行合理调节，必须设置分配调节阀。老机型的分配调节阀是锥形塞，通过螺旋调节塞与座间的间隙调整，当间隙小时易于堵塞，甚至不排泥。目前通常可用调节吸泥管出流孔口断面大小的方式，图 4-1-28 为套筒式调流机构，由出流短管、调节套管等组成，结构简单。

在出流短管和调节套管上分别开设相同直角梯形的出流孔，只要拧转套管，使短管上的孔口与套管上的孔口错位就可改变出流孔断面的大小，达到调节流量的目的。

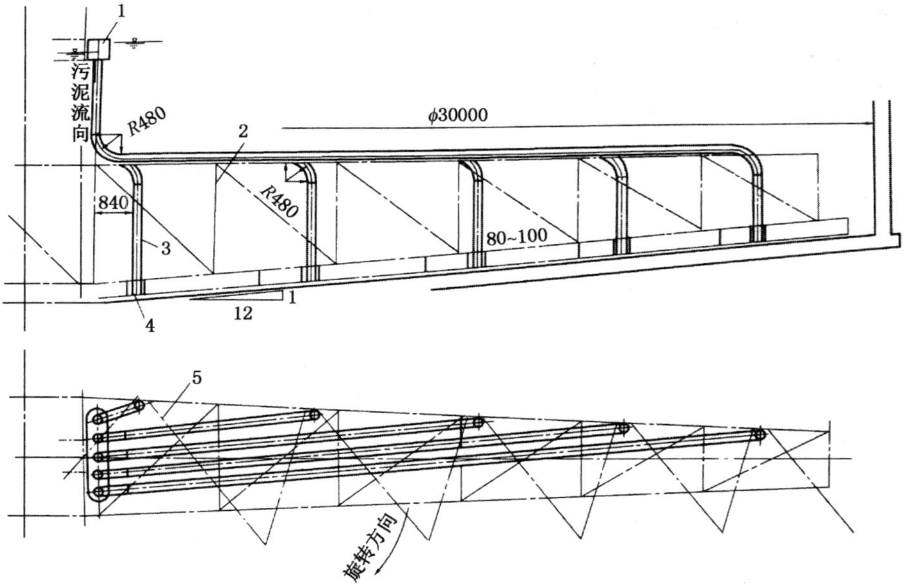

图 4-1-27　吸泥管的布置示意图

1—中心高架集泥槽；2—刮臂；3—吸泥管；4—吸口；5—集泥刮板

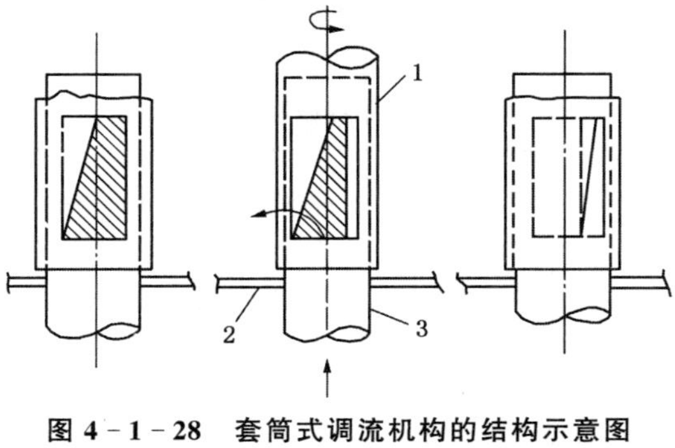

图 4-1-28　套筒式调流机构的结构示意图

1—调节套管；2—固定板；3—出流短管

④中心高架排泥槽。污泥由吸泥管调节器出流孔溢出，经中心高架排泥槽汇流后进入中心泥缸，再从中心排泥管排出池外。如图 4-1-29 所示，中心高架排泥槽与刮臂同样对称布置在中心传动竖架两侧，并固定在竖架上连同吸泥管一起随之转动。为防止沉淀池的污水灌入中心高架排泥槽内，应将槽顶高出沉淀池水位 50～70mm。由于中心高架排泥槽旋转而中心泥缸(和中心排泥管)固定，必须在两者的回转间隙中设置动密封，一般采用填料函密封，以防止污水渗入排泥槽。当然，也可以采用吸泥管从侧面沿径向水平进入中心高架排泥槽的结构布局模式，这里不再赘述。

根据《环境保护产品技术要求　吸泥机》(HJ/T 266)的规定，中心传动吸泥机(或称 XZX 式吸泥机)的基本参数如表 4-1-6 所示。

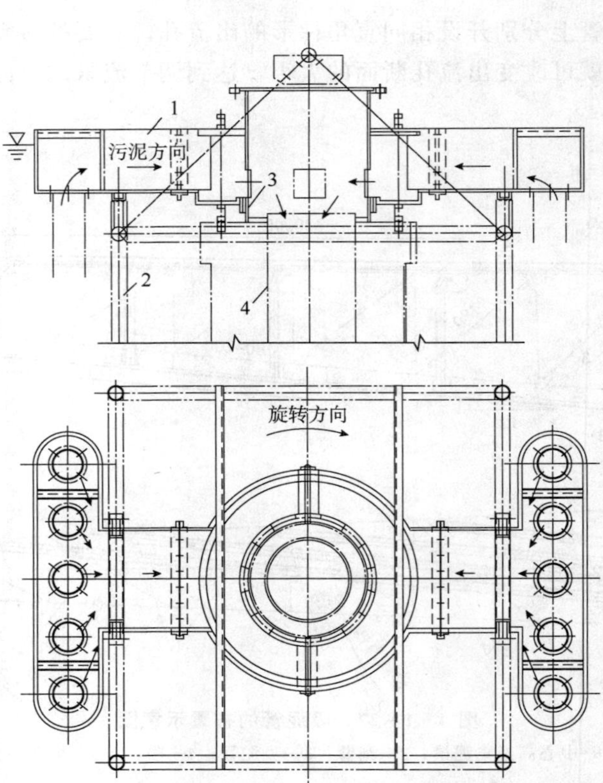

图 4-1-29　中心高架排泥系统的结构示意图

1—中心高架排泥槽；2—中心旋转竖架；3—填料密封函；4—中心排泥管(位于中心泥缸下部)

表 4-1-6　XZX 式吸泥机的基本参数

池径/m	10	12	15	18	20	22	25	28	30	35	40	45	50	55	60
电动机功率/kW	0.75			1.1			1.5						2.2		
周边线速度/(m/min)	1.0～1.8														

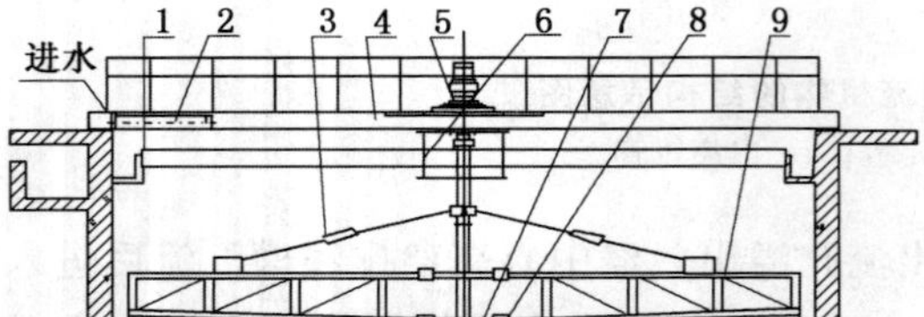

图 4-1-30　悬挂式中心传动刮泥机(全桥式)结构示意图

1—出水堰板；2—进水管；3—拉紧机构；4—工作桥；5—驱动机构；6—导流筒；7—小刮泥板；8—水下轴承总成；9—刮臂桁架

4. 悬挂式中心传动刮泥机

悬挂式中心传动刮泥机一般用于小型圆形沉淀池。通常不设立中心支墩，而是通过在池中心上部和池中心底部定位的钢制传动立轴来承载，进水管道直接与上部导流筒连通。如图 4-1-30 所示，主要由全直径工作桥(静止)、传动立轴、导流筒、驱动机构、拉紧机构、刮臂桁架、小刮泥板、水下轴承总成、出水堰板等组成，采用拉杆或拉索将刮臂桁架的载荷传递到池中心适当位置，驱动机构位于池中心上部区域。污水经中心导流筒布水后流向周边溢流堰，随着流速的降低，污水中的固体悬浮物被分离而沉降于池底；旋转刮臂桁架上的刮泥板将沉积在池底的污泥刮集到中心集泥槽后，依靠静水压力将其从污泥管中排出。

(1)驱动机构

悬挂式中心传动刮泥机位于池中心的驱动机构主要有基于立式三级摆线针轮减速器和基于卧式二级摆线针轮减速器两种布置形式。图 4－1－31 为立式三级摆线针轮减速器的直联传动，布局较紧凑；摆线针轮减速器的输出轴用联轴器与中间轴连接，再由中间轴与传动立轴相接而传递扭矩；图中序号 4 为联轴器上设置的安全销，作为过载保护，当刮泥板阻力过大而超过额定的扭矩时，作用在安全销上的剪力就会将销剪断，起到机械保护作用。图 4－1－32 为采用卧式二级摆线针轮减速器、链传动与立式蜗轮蜗杆减速器的组合式中心驱动机构，目前应用较广。立式蜗轮蜗杆减速器的蜗杆端部设有过力矩自动停机的安全部件，过力矩安全部件的结构如图 4－1－33 所示，在工作力矩正常时，套在蜗杆轴上键连接的蜗杆与蜗轮保持正常啮合位置。过载时，蜗杆的轴向力超过压簧额定作用力，使蜗杆与蜗杆端相连的压簧座一起作轴向位移，装在箱体上的顶杆被压簧座的斜面推移上升，触动限位开关，达到自动切断电源，实现机械过力矩保护作用。

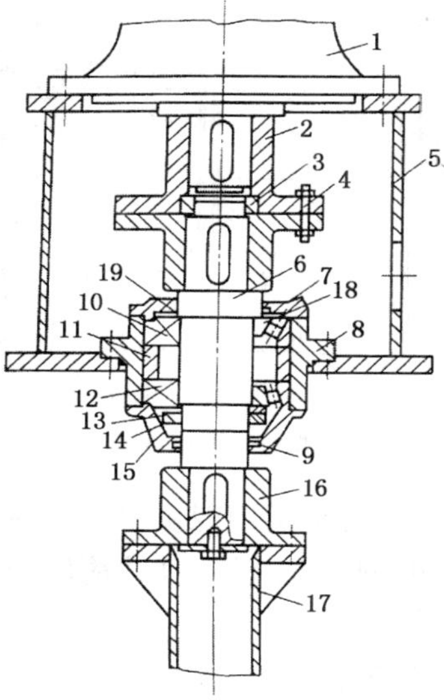

图 4－1－31　直联式中心驱动机构的结构示意图

1—立式三级摆线针轮减速器；2—联轴器；3—衬圈；4—安全销；5—减速机座；6—中间轴；7，15—压盖；8—轴承箱；9，19—油封；10—轴承；11—挡圈；12—轴承；13—止推垫圈；14—圆螺母；16—刚性联轴器；17—传动立轴；18—油杯

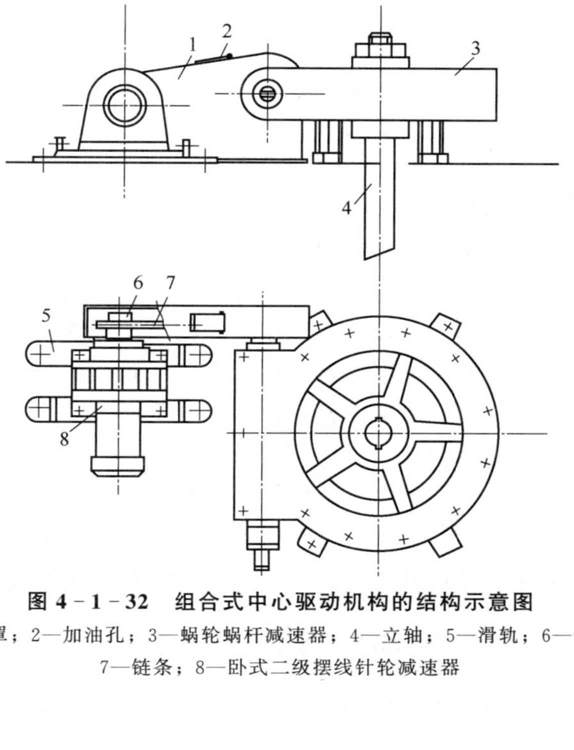

图 4－1－32　组合式中心驱动机构的结构示意图

1—护罩；2—加油孔；3—蜗轮蜗杆减速器；4—立轴；5—滑轨；6—链轮；7—链条；8—卧式二级摆线针轮减速器

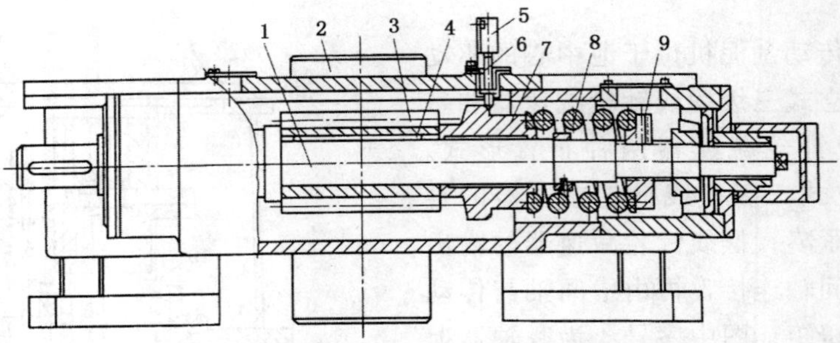

图 4-1-33　过力矩安全部件的结构示意图

1—蜗杆轴；2—蜗轮；3—空套蜗杆；4—平键；5—行程开关；6—顶杆；7—挡圈；8—压簧；9—调整螺母

悬挂式中心传动刮泥机驱动功率的计算，主要根据刮泥时产生的阻力和刮泥机自身回转时作用在中心轴承上的悬挂载荷所产生的滚动摩擦力进行，计算公式可以参见垂架式中心传动刮泥机。

(2)传动立轴

传动立轴主要传递扭矩和承受刮臂、刮泥板的重量。水池较深时，立轴可分段制造后用法兰联轴器连接，但必须保证同轴度。在设计中为减轻立轴的自重，节约钢板，也可采用空心轴形式。轴径根据扭转强度及扭转刚度的计算确定(选取二者中的大值)。

(3)刮臂和刮泥板

悬挂式中心传动刮泥机适用于中小型沉淀池刮泥，刮臂的悬臂长度不宜过长，常用对称设置的圆管。为改善圆管刮臂的受力条件，一般都借助斜拉杆支承。拉杆的形式为两端叉形接头的圆钢杆，中间用索具螺旋扣调节，杆的一端与刮臂的悬臂端相接，杆的另一端固定在中心的立轴上。对于稍长的刮臂尚需再增设一对短臂，与两长臂成十字形，然后在臂端之间相互用水平拉杆相连。

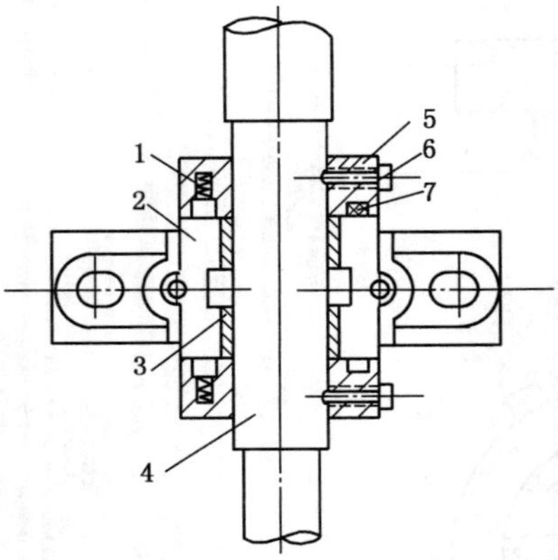

图 4-1-34　水下轴承的结构示意图

1—压簧；2—滑动轴承座；3—轴瓦；4—立轴；5—挡圈；6—螺钉；7—密封圈

刮泥板的形式可采用多块平行排列的直线形刮泥板或整体形对数螺旋线刮泥板，具体的设计形式可参见垂架式中心传动刮泥机。

(4)水下轴承

图 4-1-34 为水下轴承的结构示意图。水下轴承的作用是使刮泥板在旋转时能径向定位。由于水下轴承不承受轴向荷载，一般都选用剖分式滑动轴承，但水下轴承的工作条件较差，泥砂极易侵入，而且立轴的垂直度允差可达 0.5mm/m，轴与轴承的间隙较大，所以轴承的密封设计十分重要。

(5)工作桥

工作桥应横跨在水池上，宽度 1.2m 左右，须承受整台刮泥机的重量、负载及刮泥阻力所产生的扭矩，大多采用钢架结构，也有采用钢筋混凝土结构，设计时应满足一定的强度和刚度。

四、辐流式沉淀池用周边传动刮(吸)泥机

周边传动刮(吸)泥机的驱动机构设在池体周边，适用于池径较大(ϕ12～100m)的辐流式

沉淀池，按旋转桁架结构可分为半跨式(半桥型)和全跨式(全桥型)两种。通常把主梁放置在中心支墩与池周边滚轮之间，位于水面以上，上部制作成工作桥供人行走，下部与旋转桁架连接为一体。工作过程中主梁、旋转桁架一起缓慢转动，完成池底的刮(吸)泥和集泥工作。中心传动刮(吸)泥机的主要重量都作用在中心支墩上，除中心支墩外对土建的精度要求不太严格；而周边传动刮(吸)泥机的重量作用在池周边滚轮和中心支墩等受力点上，因而对土建及主梁都有较高的精度要求。总体上可以分为周边传动刮泥机和周边传动多管吸泥机两大类。

1. 周边传动刮泥机

周边传动刮泥机主要由主梁、中心支墩、旋转支座、旋转桁架(或刮臂桁架)、刮泥板、撇渣机构、集电器、驱动机构及轨道等组成，结构比较简单。如图 4-1-35 所示，全跨式周边传动刮泥机具有横跨池径的主梁，主梁池周边两端各有一套驱动机构，旋转桁架相应为对称的双臂式桁架，并具有对称的刮泥板布置。如图 4-1-36 所示，半跨式周边传动刮泥机主梁的一端与中心支墩上的旋转支座相接，另一端安装驱动机构和滚轮，通过传动使滚轮在池周走道平台上圆周运动，同时刮泥板将污泥刮向池中心的集泥槽内。

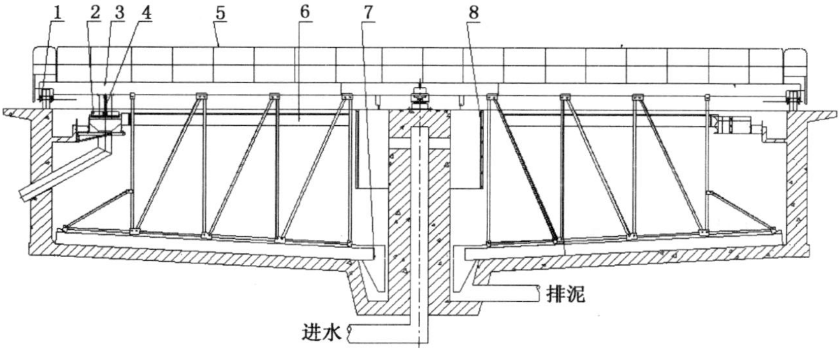

图 4-1-35 全跨式(全桥型)周边传动刮泥机的总体结构示意图

1—驱动机构；2—浮渣漏斗；3—工作桥；4—浮渣耙板；5—栏杆；6—刮集部件；7—小刮刀；8—稳流筒

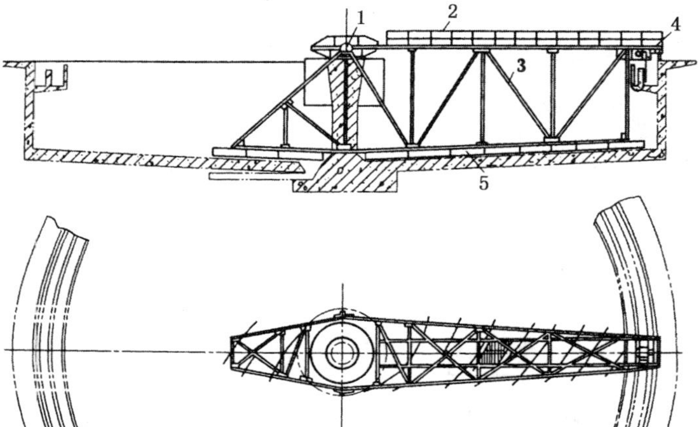

图 4-1-36 半跨式(半桥型)周边传动刮泥机(旋转桁架式)的总体结构示意图

1—旋转支座；2—栏杆；3—刮臂桁架；4—驱动机构；5—刮泥板

(1)旋转支座

中心支墩上的旋转支座是周边传动刮泥机的重要部件之一，由固定支承座、转动套、滚动轴承和集电环等组成。如图 4－1－37 所示的旋转支座通过其下部的固定支承座安装在中心支墩平台上，中心支墩大多采用钢筋混凝土结构，兼作进水管。滚动轴承主要承受轴向荷载，径向荷载较小。但若周边驱动滚轮的走向偏离正常轨迹或钢轨圆心与中心轴承不同心，在中心轴承上将产生严重的径向力，因此必须保证车轮的安装精度。刮臂桁架与旋转支座以铰接连接，刮泥时产生的扭矩作用于旋转支座时即转化为中心旋转轴承的圆周摩擦力，因而受力条件较好，这与以中心传递扭矩的中心传动刮泥机有很大的不同。

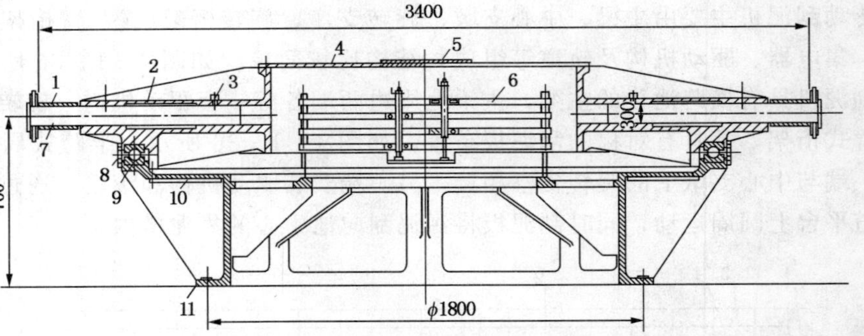

图 4－1－37　周边传动刮泥机旋转支座的结构示意图之一

1—挡圈；2—旋臂；3—螺钉；4—压盖；5—检修孔盖；6—集电环；7—销轴；8—防尘罩；9—推力轴承；10—盖；11—固定支承座

图 4－1－38 为周边传动刮泥机旋转支座的另一种形式，刮臂桁架与旋转支座仍采用销轴刚性连接，以保持刮臂桁架运行过程中良好的受力状态。同时为了改善刮臂桁架的受力条件，也有将其与刮泥板的刚性连接改为铰接连接，如图 4－1－39 所示。当污泥阻力对铰点产生的力矩大于刮泥板自重对铰点的力矩时，刮泥板会自行绕铰点转动，从而避免将力传递至刮臂桁架。

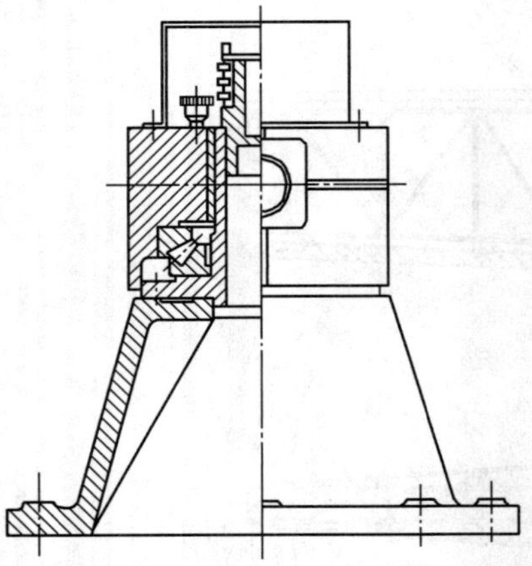

图 4－1－38　周边传动刮泥机旋转支座的结构示意图之二

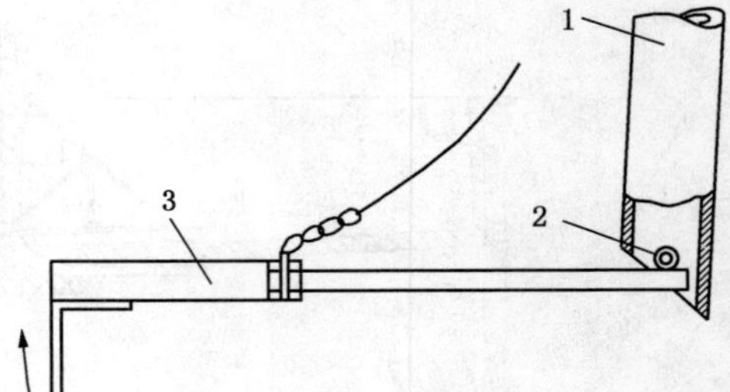

图 4－1－39　铰链式刮板结构示意图

1—柱管；2—铰轴；3—刮臂；4—刮泥板

(2)驱动机构

如图 4－1－40 所示，驱动机构通常由户外式电动机、卧式摆线针轮减速器、链条链轮、滚轮等部件组成。由于圆形池刮泥时，周边线速度限于 3m/min 以下，滚轮总是以一定的旋向和线速度在池周行驶，因此无论池径大小如何，减速比均相同，驱动机构较易做到系列化。

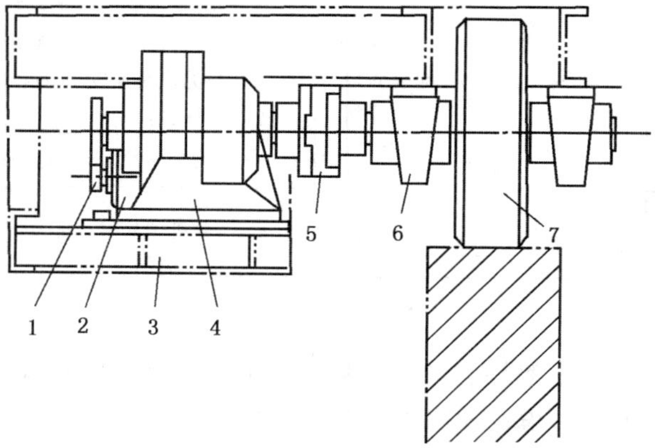

图 4-1-40 周边传动刮泥机驱动机构的结构示意图

1—链传动；2—电动机；3—机座；4—二级摆线针轮减速器；5—联轴器；6—滚动轴承支座；7—橡胶滚轮

滚轮的转速，可按下式计算

$$n=\frac{v}{nD}(\mathrm{r/min}) \tag{4-1-22}$$

式中 v——驱动滚轮行驶速度，一般取 1～3m/min；

D——滚轮直径，mm。

周边滚轮的轮压应按实际承受的载荷来确定，根据需要可用另一个滚轮或两个滚轮。安装两个滚轮时，载荷由主动滚轮与从动滚轮共同承受。常用的滚轮与铸钢滚轮和实心橡胶轮，设计时与行车式吸泥机相同。刮臂桁架的驱动力主要以驱动滚轮与钢轨之间，或实心橡胶轮与混凝土面之间的摩擦系数乘以驱动轮轮压所产生的摩擦力确定。驱动阻力大于摩擦力时，滚轮产生打滑现象，这与行车式吸泥机所介绍的情况一样。因此，必须注意驱动力和摩擦力的关系，设计时需进行防滑验算。如果摩擦力不足时，应采取增加压重或采用带齿轮的滚轮在带齿条的轨道上滚动等措施，以满足驱动力要求。驱动功率可按表 4-1-7 中的公式进行计算。

表 4-1-7 周边传动刮泥机驱动功率的计算

序号	计算项目	计算公式	符号说明及设计数据
1	中心轴承的旋转阻力 $P_{旋}$ 与旋转功率 $N_{旋}$	$P_{旋}=\frac{W_{中}}{d_1}2f(\mathrm{N})$ $N_{旋}=P_{旋}v_1/60000(\mathrm{kW})$	$W_{中}$——作用在中心旋转支承上的载荷，N； d_1——滚动轴承的钢球直径，cm； f——滚动轴承的摩擦力臂，cm； v_1——轴承中心圆的圆周速度，m/min
2	周边滚轮的行驶阻力 $P_{行}$ 与行驶功率 $N_{行}$	$P_{行}=1.3W_{周}\frac{2K+\mu d_2}{D}(\mathrm{N})$ $N_{行}=P_{行}v_2/60000(\mathrm{kW})$	$W_{周}$——作用在周边滚轮上的载荷，N； K——摩擦系数，橡胶滚轮-混凝土摩擦副取 0.4～0.8，铸钢滚轮-钢轨摩擦副取 0.2～0.4； d_2——轮轴直径，cm； D——滚轮直径，cm； v_2——滚轮行驶速度，m/min

续表

序号	计算项目	计算公式	符号说明及设计数据
3	刮泥阻力 $P_{刮}$ 与刮泥功率 $N_{刮}$	$P_{刮}=Q_t\times\gamma\times\mu\times g\times1000(N)$ $N_{刮}=P_{刮}v_3/60000(kW)$	Q_t——刮泥机每转一周的时间内所沉淀的污泥量，m^3； μ——污泥与池底的摩擦系数； γ——沉淀污泥的表观密度，一般取 $1.03t/m^3$； v_3——刮泥板线速度(m/min)，一般按刮臂 2/3 直径处的线速度计算； g——重力加速度，$g=9.81m/s^2$
4	总驱动功率	$N_{总}=\dfrac{N_{旋}+N_{行}+N_{刮}}{\sum\eta}(kW)$	$\sum\eta$——总机械效率，%

(3)刮臂桁架

主要的计算载荷为刮臂桁架自重重力、刮泥板重力、驱动机构重力及活载等，支承条件为简支梁。水平方向主要是考虑刮泥阻力对桁架的水平推力。

刮臂桁架与中心支座转套之间的连接采用销轴铰接，当行走滚轮端因轨面不平而起伏时，刮臂桁架能绕销轴作些许转动而避免桁架受扭转变形，销轴的轴径大小应按抗剪强度验算确定。

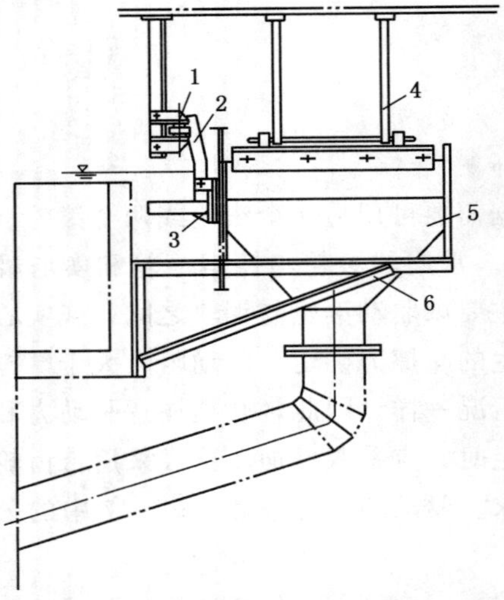

图 4-1-41　周边传动刮泥机撇渣机构结构示意图

1—压轮；2—杠杆；3—冲水阀；4—抹渣板；5—排渣斗；6—支架

(4)撇渣机构及刮泥板布置

在沉淀池中，特别是初沉池和二沉池的液面上浮有较多的泥渣和泡沫等杂质，如果不及时撇除，就会影响出水水质，因此需要设置撇渣机构。图 4-1-41 为撇渣机构的一例，主要由撇渣板、排渣斗及冲洗机构等部件组成。撇渣板固定在旋转桁架的前方，与桁架的中心线成一角度，使浮渣沿撇渣板推向池周，撇渣板高约 300mm，安装高度应有 100mm 的可调位置，以使撇渣板的一半露出水面。排渣斗和冲洗机构固定在池周，桁架旋转到排渣斗的位置时，将浮渣撇入斗内。与此同时，设在桁架上的压轮正好压下冲洗阀门的杠杆，使阀门开启，并利用沉淀池的出水，回流入斗进行冲洗，将积在斗内的浮渣排出。当压轮移过阀门的杠杆后，靠杠杆的自重将阀门重新关上。

周边传动刮泥机的刮泥板设计与中心传动刮泥机的要求相同，根据刮臂桁架的结构形式确定全跨布置或半跨布置。一般而言，池底刮泥板安装后应与池底坡度相吻合，钢板与池底距离为 50～100mm，橡胶刮泥板与池底的距离不应大于 10mm。分段刮泥板的运行轨迹应彼此重合，重叠量为 150～250mm。

(5)集电器

由于周边传动刮泥机的驱动机构随刮臂桁架作圆周运动，因此通常采用滑环式集电器。集电环安装在旋转支座的固定机座中，动力电缆由池底进入中心支墩，各股线端分别接在铸造黄铜的几个滑环引出节点上固定不动。另外，将人字形的电刷架装在旋转支座的转动套上，电刷靠弹簧的压缩反弹力与相应的滑环保持接触，通过从电刷架上引出的导线将电输送到电动机。

根据《环境保护产品技术要求——刮泥机》(HJ/T 265)，辐流式沉淀池用周边传动刮泥机的基本参数如表 4-1-8 所示。

表 4-1-8 辐流式沉淀池用周边传动刮泥机的基本参数

型号	GA12	GA14	GA16	GA18	GA20	GA22	GA24	GA26	GA28	GA30	GA32
沉淀池直径/m	12	14	16	18	20	22	24	26	28	30	32
电动机功率/kW	≤0.75			≤1.1			≤1.5				
刮板外缘线速度/(m/min)	1～3										

型号	GA35	GA40	GA45	GA50	GA55	GA60	GA70	GA80	GA90	GA100
沉淀池直径/m	35	40	45	50	55	60	70	80	90	100
电动机功率/kW	≤1.5			≤2.2				≤3.0		
刮板外缘线速度/(m/min)	1～3									

注：电动机功率适用于城市污水处理和类似水质的工业废水处理的半桥式刮泥机。

2. 周边传动多管吸泥机

周边传动多管吸泥机特别适用于排除密度较小的生物污泥，对水流扰动极小，排泥效果好。该机主要由周边驱动机构、工作桥(主梁)、吸泥管及其调流机构、位于中心支墩上的旋转支座、高架中心泥缸(也称中心泥罐)、浮渣收集和排出机构、出水堰板、堰槽清扫机构、集电器、控制柜等组成。工作桥(主梁)可以是全跨式(全桥型)或半跨式(半桥型)。

(1)主梁

半跨式(半桥型)周边传动多管吸泥机属于两支点连续梁，结构强度设计较为简单。传统全跨式(全桥型)周边传动多管吸泥机属于静不定三支点连续梁，旋转支座的支反力和两端轮压根据变形协调的假设计算。当池周轨面不平度较大或池体不均匀沉降，致使旋转支座与池周边的高差增大时，主梁将出现附加的应力和应变，旋转支座、行走轮必将承受附加负荷，情况严重时会加速轮缘和轨道的磨损而不能正常运行。为了在结构设计上排除三点支承情况下的“静不定”因素，同时适应一定范围内由于池体不均匀沉降而造成的池顶高程偏差，近年来全桥式主流机型的主梁几乎都改成双支点支承的半桥静定梁，具体做法是：主梁分两段或多段制作，池心侧分别与旋转支座铰接连接，另两侧分别连接于端梁上。主梁整件宽度一般为 1000mm、高度为 800mm，一般采用 Q235A 普通碳钢板材及型材焊接而成，甚至可以采用铝合金或不锈钢以减轻重量或提高防腐性能，且外表美观明亮，同时也减轻了日常表面维护工作量。

(2)周边驱动机构

周边驱动机构主要由端梁、电动机、减速器、行走轮、过载保护等组成，端梁一般采用 Q235A 普通碳钢制作。传统机型采用行星摆线针轮减速器通过联轴器与轮轴连接，尺寸、重量大，需用螺栓固定机座，安装时必须仔细调节以保证其输出轴与轮轴同轴度的要求，比较麻烦。目前大多采用轴装式斜齿轮减速器，只要套在轮轴上就自行对中，无需调整，不要联轴器，安装十分方便，通过力矩臂及压缩弹簧过载保护部件固定于端梁上。当吸泥机的工作扭矩超出减速器的额定输出扭矩时，减速器输出端的力矩臂动作，并促使过载保护部件内的弹簧压缩，压杆接近平面式无接触感应开关的感应距离而瞬间切断电源，同时发出故障信号，以达到保护设备不受损坏的目的。端梁与行走轮支架采用不锈钢螺栓连接，行走轮安装方向可现场调整，确保其在周边沿切线轨迹上运行。

(3)旋转支座

中心至墩上的旋转支座主要由旋转转盘、固定座、滚动轴承、中心集电环和炭刷等组成，旋转体的上部分别设置耳座与主梁采用销轴铰接，底座与池中心平台用螺栓连接。旋转支座主要承受吸泥机的全部轴向载荷及刮集吸泥时产生的部分径向载荷，滚动轴承采用稀油油浴润滑。

(4)吸泥系统

吸泥系统可以采用各个吸泥管独立、互不干扰分别进入高架中心泥缸的结构布局模式，如图 4－1－42 所示的半跨式(半桥型)周边传动多管吸泥机；但更多地采用吸泥管先汇入相应侧高架排泥槽，然后再进入高架中心泥缸的结构布局模式，如图 4－1－43 所示的全跨式(全桥型)周边传动多管吸泥机。运行时主梁带动吸泥系统绕池中心旋转，由刮泥板把污泥引导到吸泥管口，污泥在水位差(即池内主体液面与高架中心泥缸液面之间)作用下经吸泥管、调流机构上升，进入高架中心泥缸后由中心排泥管排放至集泥井。每个吸泥管上端设有调流机构，以调节吸泥量和浓度。液面上的浮渣在浮渣刮板和周边挡渣堰形成的渐缩区域集中，由浮渣极刮到集渣斗，排出池外。

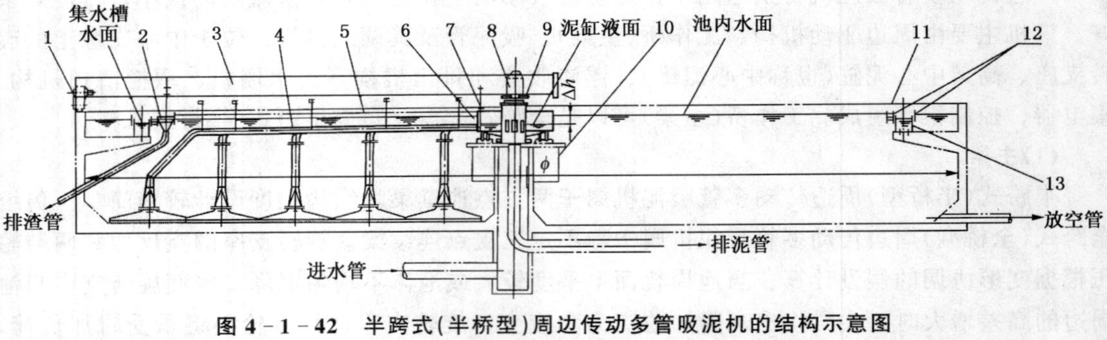

图 4－1－42　半跨式(半桥型)周边传动多管吸泥机的结构示意图

1—驱动机构；2—集渣斗；3—钢梁；4—吸泥管；5—浮渣刮板；6—高架中心泥缸；7—调流机构；8—旋转支座；9—中心筒；10—稳流筒；11—浮渣挡板；12—环型三角堰；13—集水槽

对于图 4－1－43 所示的全跨式(全桥型)周边传动多管吸泥机而言，污泥在水位差作用下经吸泥管、调流机构先汇集到高架排泥槽，再通过高架中心泥缸、中心排泥管排放至集泥井。由于高架排泥槽旋转而高架中心泥缸固定，必须在两者的回转间隙中设置动密封(两圈翻边橡胶)，当动密封损坏后将造成上清液短流，其结果是回流污泥浓度不够，严重时将影响生化池处理效果。目前的主流机型都将高架排泥槽和高架中心泥缸隔断，利用大断面单根或多根虹吸管连通高架排泥槽和高架中心泥缸，这样就无需动密封，大大提升了工作可靠性。尽管应增设真空抽气系统以便形成虹吸，不过一旦形成虹吸，除非停池放水或有意进气破坏虹吸，抽气系统长期处于停歇状态而无需操作。主流半桥式(半桥型)周边传动多管吸泥机的结构如图 4－1－44 所示，其规格和性能参数如表 4－1－9 所示。

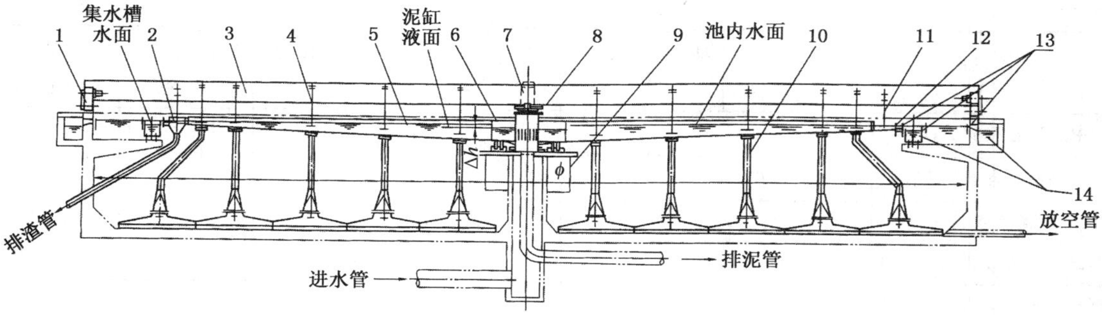

图 4-1-43　全跨式(全桥型)周边传动多管吸泥机的结构示意图

1—驱动机构；2—排渣斗；3—钢梁；4—调流机构；5—高架排泥槽；6—高架中心泥缸；7—旋转支座；8—中心筒；9—稳流筒；10—吸泥管；11—浮渣刮板；12—浮渣挡板；13—环型三角堰；14—集水槽

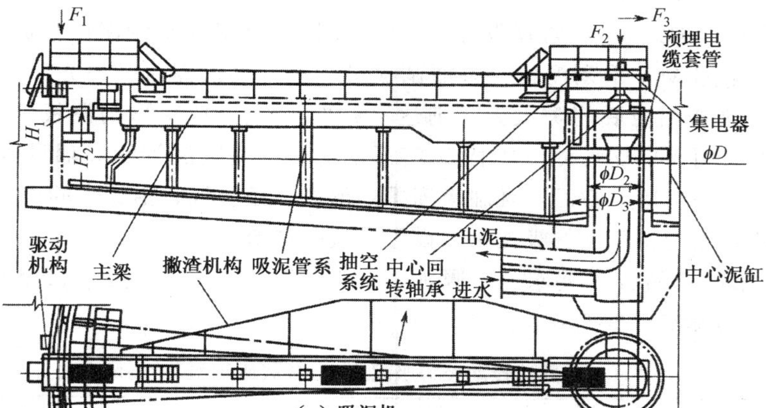

(a) 吸泥机

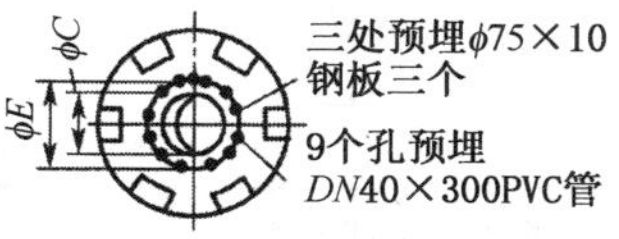

(b) 中心回转轴承预埋件及孔洞布置图

图 4-1-44　主流半桥式(半桥型)周边传动多管吸泥机的结构示意图

表 4-1-9　主流半桥式(半桥型)周边传动多管吸泥机的规格和性能参数

型号	ZBXN 18	ZBXN 20	ZBXN 22	ZBXN 24	ZBXN 26	ZBXN 28	ZBXN 30	ZBXN 32	ZBXN 34	ZBXN 36	ZBXN 38	ZBXN 40
池直径 D/m	18	20	22	24	26	28	30	32	34	36	38	40
中心泥缸直径 D_2/mm	1.25			1.55			1.90			2.10		
D_3/mm	2300			2600			2950			3150		
C/mm	470				570				670			
E/mm	770				870				970			
池边深度 H_1/m	2.4			2.6			2.8			3.1		
池顶超高 H_2/m	0.45						0.55					
排泥管直径/m	0.4			0.5			0.6			0.7		
滚动面载荷 2×F_1/kN	2×6			2×14			2×20			2×28		

续表

型号	ZBXN 18	ZBXN 20	ZBXN 22	ZBXN 24	ZBXN 26	ZBXN 28	ZBXN 30	ZBXN 32	ZBXN 34	ZBXN 36	ZBXN 38	ZBXN 40
中心泥缸载荷 F_2/kN	16			22				33		44		
中心泥缸径向载荷 F_3/kN	6			11				17		28		
滚道宽度 L/m	0.45				0.5				0.55			
驱动机构电动机功率/kW	0.37											
真空系统电动机功率/kW	0.30											

此外，吸泥机的传统做法是依靠V字形刮泥板向吸泥口推泥，为防止板底与池底直接剧烈擦刮，V字形刮泥板底设有橡皮，长期工作(一般一年)后橡皮磨损甚至脱落，池底死泥层将增厚。另外从工艺上分析，二沉池的沉积污染物比较轻，含水率高(一般在99.4%左右)，且呈絮凝状而难以刮集，常规设计中吸泥管间距(即V字形刮泥板的宽度)≯3000mm。实际经验表明：采用V字形刮泥板一方面刮板可能会搅动污泥，另一方面刮板安装难度较大，如V字形刮泥板离池底间隙太大，则达不到把泥刮至V字形刮泥板中央的预期效果。为此，目前开始采用大扁嘴吸泥口代替V字形刮泥板，在吸泥管的底部设置扁吸嘴，把吸泥的接触面放大为一个矩形断面，且扁吸嘴排列形成一条直线，由原来的点状吸泥变成线状吸泥。为了调整扁嘴全宽度上的吸泥量，设置了流阻调节板。

根据《环境保护产品技术要求——吸泥机》(HJ/T 266)的规定，周边传动多管吸泥机(XZB式吸泥机)的基本参数如表4-1-10所示。

表4-1-10 周边传动多管吸泥机(XZB式吸泥机)的基本参数

池径/m	18	20	22	25	28	30	35	40	45	50	55	60	70	80	90	100
电动机功率/kW ≤	2×0.75				2×1.5								2×2.2			
周边线速度/(m/min)	1.0～1.8															

注：电动机功率指全桥式周边传动多管吸泥机的电动机功率。

§4.2 污泥输送设备

在水质工程领域，无论是水质净化处理还是后续污泥处理，均会涉及污泥的流动和输送问题。污泥输送按压力形式的不同可分为无压输送和有压输送，无压输送主要有螺旋输送机、皮带输送机、抓斗、挖掘机等，有压输送即泵+管道输送系统。另外，含水率小于85%的脱水污泥一般可以直接通过皮带输送机、抓斗等方式传送到转运车辆上，进而送往后续处理或处置设施。但含水率较高的污泥输送问题则相对较为复杂，所涉及输送设备的种类也较多。

一、流动污泥的性质

污泥的性质表征指标包括：含水率与含固率、挥发性固体和灰分、相对密度、可消化程度、过滤比阻、毛细吸水时间、肥分含量和燃烧值等。一般初沉池污泥的含水率为96%～98%，其中有机成分占55%～70%、pH值一般在5.5～7.5之间；二沉池剩余活性污泥的含水率为 99.2%～99.5%，其中有机成分占 70%～85%、pH 值一般在 6.5～7.5 之间。污泥的水力特性主要指流动性和混合性，流动性系指污泥在管道内的流动阻力和可泵性(是否可以用泵输送和提升)；当用过滤法分离污泥的水分时，常用比阻(r)评价污泥脱水性能。

从力学性质的角度来看，污泥是一种两相流体，在含水率较高(高于 99%)的状态下，属于牛顿流体，流动特性接近于水。随着固体浓度的增加，污泥的流动显示出非牛顿流体的特性，在除砂的情况下，一般可视为均质非牛顿流体中的伪塑性体，有时也呈 Bingham 体性状，其流变特性的本构方程如下

$$\tau = \tau_0 + \frac{\mu_g}{g} \cdot \frac{du}{dy} \tag{4-2-1}$$

式中 τ——剪切应力，kgf/m^2；

τ_0——屈服剪切应力，kgf/m^2，如表 4-2-1 所示；

g——重力加速度，m/s^2；

μ_g——塑性黏度，kgf/(m·s)，如表 4-2-1 所示；

du/dy——速度梯度，1/s。

表 4-2-1 污泥的 τ_0 和 μ_g 值列表

物　料	温度/℃	浓度/%	τ_0/(kgf/m^2)	μ_g/[kgf/(m·s)]
水	20	0	0	0.001
初次沉淀生污泥	12	6.7	4.386	0.028
消化污泥	17	10	1.530	0.092
		14	2.958	0.101
		18	6.222	0.118
活性污泥	20	0.4	0.0102	0.006
		0.2	0.0204	0.007

当然，也有基于流变学测试实验的研究表明，污泥属于屈服-胀塑性流体，具有剪切变稠特征，符合 Herschel-Bulkley 模型。对于含固量大于 1%的污泥，当在管道内流速较低时(1.0～1.5m/s)，其阻力比污水大；当在管道内的流速大于 1.5m/s 时，其阻力比污水小。在层流条件下，由于 τ_0 的存在，污泥流动的阻力很大，因此污泥管道输送常采用较高流速，使之处于紊流状态。污泥压力管道的最小设计流速为 1.0～2.0m/s，一般应控制在 1.5m/s 以上。必须强调的是，污泥的流变特性在厌氧消化工艺设计运行中同污泥的生物、化学特性一样重要，它从介观尺度解释了搅拌方式、搅拌强度与反应器内污泥流态之间的关系，并通过其与物化、生化指标的关联，为污泥厌氧消化池的优化设计和高效运行提供理论依据。从流变特性的角度出发，除了可对给定的污泥厌氧消化池和搅拌方式进行最佳运行工况估算，还可对于给定的污泥基质，明确其最优工艺流程、池体形式和结构尺寸。

自 20 世纪 50 年代开始用泵进行市政污泥的输送以来，污泥泵送系统得到了越来越广泛的应用。对于污泥输送设备而言，在构造上必须满足不易被堵塞与磨损、不易受腐蚀等基本条件。当含固量超过 6%时，污泥的可泵性很差，能够有效进行污泥泵送提升的设备包括三大类：①螺旋输送设备(螺旋排泥机、螺旋泵)；②容积式输送泵(单螺杆泵、旋转凸轮泵、往复式柱塞泵)；③螺旋离心泵。

二、螺旋输送设备

1. 螺旋排泥机

(1)结构与工作原理

螺旋排泥机(也常称作螺旋输送机)是一种无挠性牵引的排泥设备，在输送过程中可对泥砂起搅拌和浓缩作用。如图 4-2-1、图 4-2-2 所示，螺旋排泥机适用于中小型沉淀池、沉砂池(矩形和圆形)的排泥除砂，对各种斜管(板)沉淀池、沉砂池更为适宜。螺旋排泥机可单独使用，也可与行车式刮泥机、链条牵引式刮泥机等配合使用。螺旋输送物料的有效流通断面较小，故适宜输送较小颗粒泥砂，不宜输送大颗粒石块，也不宜输送黏性大易结块的物体或细长织物。

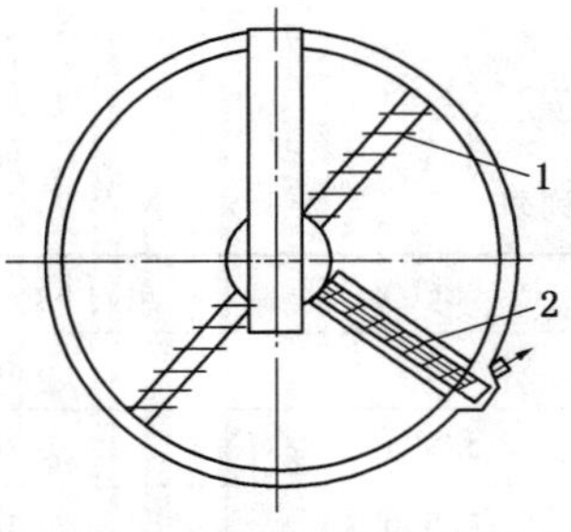

图 4-2-1　圆池用螺旋排泥机的结构示意图

1—刮泥机；2—螺旋排泥机

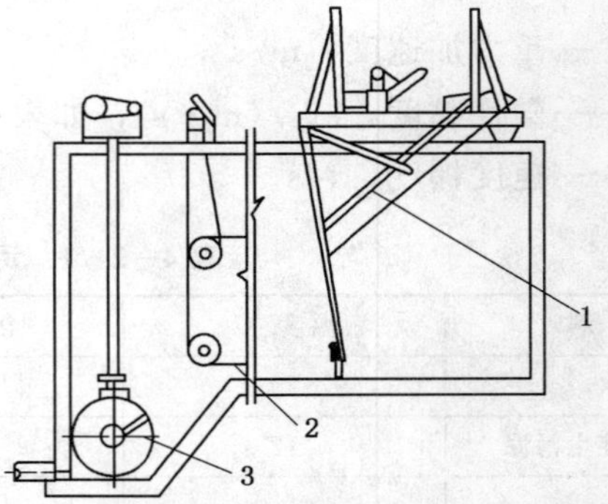

图 4-2-2　矩形池用螺旋排泥机的结构示意图

1—行车式刮泥机；2—链板式刮泥机；3—螺旋排泥机

螺旋排泥机的常用形式为有轴式和无轴式两类，有轴螺旋排泥机通常由螺旋轴、首轴承座、尾轴承座、悬挂轴承、穿墙密封组件、导槽、驱动机构等组成。螺旋轴以空心轴上焊螺旋形叶片而成，由首、尾轴承座和悬挂轴承支承，首轴承座安装在池外，悬挂轴承安装在池内，尾轴承座安装在池内或池外。当螺旋轴与池外的驱动机构连接时，需经过穿墙管，并采用填料密封；导槽一般由钢板或钢板和混凝土制造，下半部呈半圆形，设有排泥口，倾斜布置时设有进泥口；驱动机构由电动机、减速器、联轴器及皮带传动等组成，螺旋转速为定速。

无轴螺旋排泥机通常由无轴螺旋体、带凸缘的短轴、导槽(嵌入耐磨衬)、轴承函、驱动机构等组成。为了便于加工、安装和运输，无轴螺旋体通常由数段无轴螺旋焊接而成，并与其端部的传动凸缘焊成一个整体。螺旋为单头，旋向应尽量制成使螺旋处于受拉状态，当水平安装时螺旋导程可较大，倾斜安装时则较小。导槽是螺旋体的支承，并引导物料的输出，导槽的形状有 U 形或管形，槽内壁嵌入耐磨衬瓦(条)；当应用于边输送、边沥水的场合，导槽卸水段应设置泄水孔，槽外加设排水罩。无轴螺旋体在耐磨衬上旋转，依靠导槽支持，因此仅单侧设置轴承，承受螺旋运行时产生的径向载荷和轴向载荷。驱动机构由电动机、减速器、联轴器等组成，为使安装简单，对中容易，可采用轴装式减速器，直接与无轴螺旋体的凸缘端连接。目前，单台单螺旋输送机的输送能力可达 $40m^3/h$，单台双螺旋输送机的输送能力可达 $120m^3/h$。

有轴和无轴螺旋排泥机水平布置时的输送距离小于 20m，倾斜布置时的输送距离小于

10m。安装形式一般为水平布置，倾斜布置时的倾角应该小于 30°。工作环境温度应该在 −10～50℃之间。一般为连续工作，在一定条件下也可间断运行。

(2)螺旋叶片的设计计算

输送黏度小、粉状和小颗粒的泥砂时，宜采用如图 4-2-3 所示的实体面型螺旋，其结构简单、效率高，是常用的叶片形式。螺旋旋向有左旋和右旋，通常用右旋。设计计算内容包括螺旋参数的选定(叶片面型/头数/节距/叶片厚度)、螺旋叶片外径 D、螺旋轴直径 d'和长度、螺旋排泥机的倾角、螺旋转速、螺旋轴所需功率、轴承座、穿墙密封和导槽、驱动机构功率和选型等。

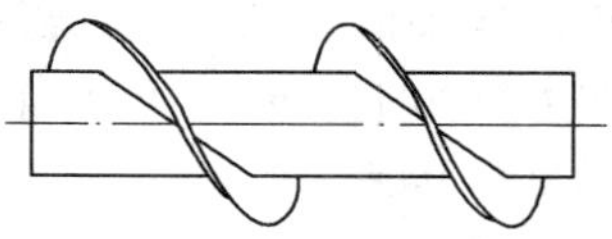

图 4-2-3 实体螺旋面的结构示意图

基于保证足够螺旋有效断面以满足输泥量的原则，可以根据相关公式确定实体面型螺旋的外径 D'。因螺旋外圆需要加工，所以螺旋叶片外径 D 往往比 D'要增大 3～6mm，作为加工裕量，以保证螺旋外圆与两端轴径的同轴度。螺旋叶片内径焊接时需要调整，故叶片内径需增大 1～3mm，螺旋长度短或直径小时取小值。

当无中间悬挂轴承时，螺旋轴直径 d'一般为 $d'/D'=0.35\sim0.70$，当螺旋轴跨度短或螺旋外径 D'值较小时取小值，当螺旋轴跨度大时取大值。在满足输泥量的条件下，可适当增大螺旋轴直径 d'，然后按允许挠度进行校核。螺旋轴一般采用无缝钢管制造，壁厚为 4～15mm。轴上焊有叶片，两端焊接实心轴端，螺旋叶片与导槽间隙为 5～10mm。螺旋轴每段长度为 2～4m，各段螺旋轴用法兰或套筒将螺旋连成整体。

考虑到叶片内径焊接时需要进行调整，故叶片内径 d 需要比螺旋轴直径 d'增大 1～3mm，螺旋长度短或直径小时取小值。当实体面型螺旋水平布置时，螺距 S 常取$(0.6\sim1.0)D$；当倾斜布置时，螺距 S 常取$(0.6\sim0.8)D$，倾角大时取小值。实体面型叶片的展开图如图 4-2-4 所示，在已知螺旋叶片外径 D、螺旋叶片内径 d、叶片高度 c、螺距 S 等参数的前提下，螺旋叶片的计算参数包括螺旋叶片外周长 l_1、螺旋叶片内周长 l_2、叶片展开外圆半径 R、叶片高度 c、叶片展开内圆半径 r、叶片圆周角 θ、叶片数量 n_0、每个整圆叶片的螺旋长度 S_1；螺旋叶片的厚度随直径而异，一般为 5～15mm；一般采用单头右旋。叶片与螺旋轴的焊接，要双面焊连续缝；各叶片连接焊缝须错开，并为节省材料，常把每个叶片做成接近整圆(即圆心角 $\alpha\approx359°$)，折合为整圆的叶片数。实体面型叶片用钢板制造，通常选用优质钢或将叶片边缘部分淬火硬化以提高耐磨性。

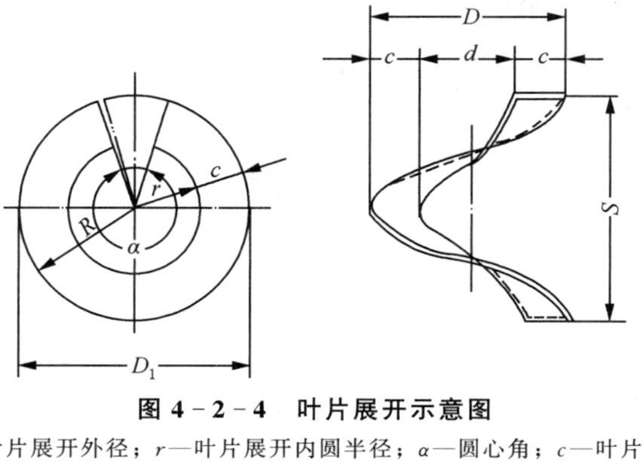

图 4-2-4 叶片展开示意图

D_1—叶片展开外径；r—叶片展开内圆半径；α—圆心角；c—叶片高度；
R—叶片展开外圆半径；D—螺旋叶片外径；d—螺旋叶片内径；S—螺距

螺旋输送设备的转速随输送量、螺旋直径和输送泥砂的特性而变化，为了在保证一定输送量的情况下，不使物料受切向力太大而抛起，以至于不能向前输送，因此最大转速(或极限转速)以泥砂不上浮为限。螺旋输送设备的转速一般为 10～40r/min，当螺旋直径较大时转速取小值、螺旋直径较小时转速取大值；当输送泥砂量较小而计算得到的极限转速很高或在大倾角输送时，可适当提高螺旋转速。由于泥砂成分复杂，使用条件不同，可通过试验取得最佳转速。

需要强调的是，螺旋排泥机在输送污泥时会发生剧烈搅拌，引起的气水混合作用会提高回流污泥中的溶解氧含量，故在需要有厌氧或缺氧工况的工艺中应慎重选用。

2. 螺旋泵

(1)结构与工作原理

螺旋泵(Screw pump)也被称为螺旋提升泵，源自 2000 多年前的阿基米德式螺旋抽水机或阿基米德螺旋泵(Archimedes Screw)，其工作原理不同于叶片泵和容积泵，是一种特殊形式的提升设备。当电动机带动泵轴转动时，螺杆一方面绕本身的轴线旋转，另一方面又沿衬套内表面滚动，于是形成泵的密封腔室。螺杆每转一周，密封腔内的液体向前推进一个螺距，随着螺杆的连续转动，液体螺旋形方式从一个密封腔压向另一个密封腔，最后挤出泵体。

螺旋泵的安装形式可分为附壁式和支座式，LXBF 型支座式螺旋泵的结构如图 4-2-5 所示，主要由驱动机构、泵轴、螺旋叶片、上轴承支座(首轴承座)、下轴承支座(尾端轴承座)、泵槽、挡水板等组成，下轴承支座浸没于污水或污泥中，有时还可加装中间悬挂轴承。工作过程中，螺旋叶片一般以 30～120r/min 的速度旋转，与泵槽形成一个个不断上升的封液区，达到使污泥或污水提升的目的。

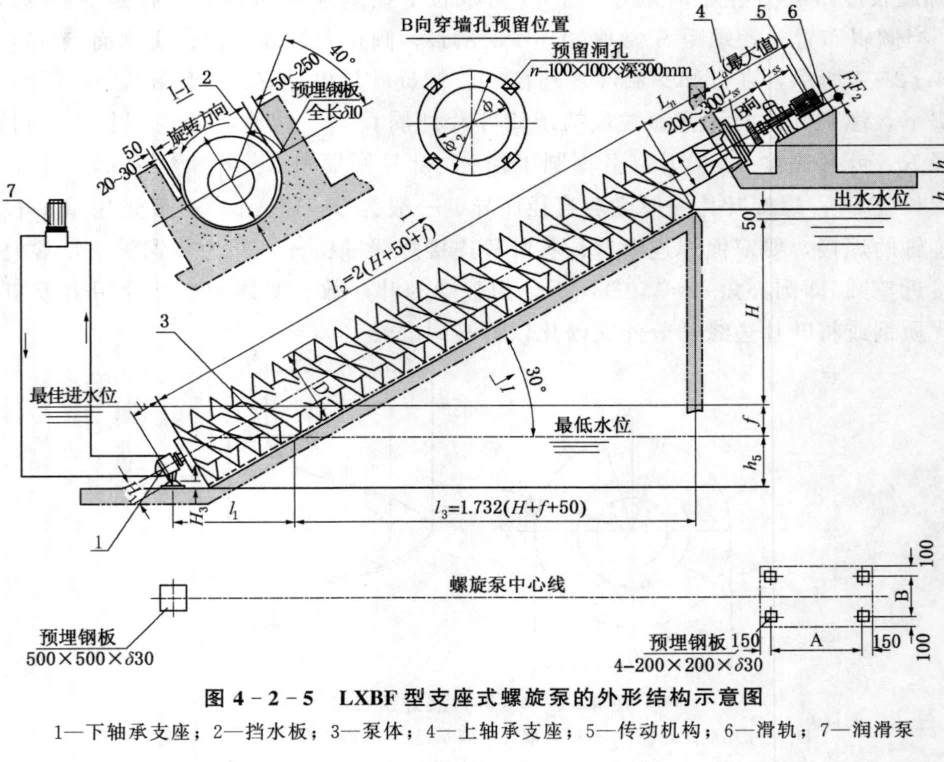

图 4-2-5 LXBF 型支座式螺旋泵的外形结构示意图

1—下轴承支座；2—挡水板；3—泵体；4—上轴承支座；5—传动机构；6—滑轨；7—润滑泵

(2)设计计算

螺旋泵可以水平放置或倾斜放置(一般螺旋倾角＜10°为宜，最大倾角≤30°)，输送能力随倾角增大而降低，不同厂家对其产品在不同布置时的输送距离都有相应要求。螺旋泵的基本参数如表4-2-2所示，若螺旋泵的外缘直径为D(m)，则其最佳转速n_j的计算公式如下

$$n_j = \frac{50}{\sqrt[3]{D^2}} \ (\text{r/min}) \tag{4-2-2}$$

螺旋泵的工作转速n应该在下列范围内确定

$$0.6n_j < n < 1.1n_j \ (\text{r/min}) \tag{4-2-3}$$

表4-2-2 螺旋泵的基本参数

螺旋泵外缘直径/mm	转速/(r/min)	流量/(L/s)	
		安装角30°时(标准)	安装角38°时(最大)
300	112	14	10.5
400	92	26	20
500	79	46	34
600	70	69	52
800	58	135	100
1000	50	235	175
1200	44	350	260
1400	40	525	370
1600	36	700	522
1800	34	990	675
2000	32	1200	850
2200	30	1500	1100
2400	28	1860	1370
2600	26	2220	1600
2800	25	2600	1900
3000	24	3100	2300
3200	23	3550	2640
3500	22	4300	3200
4000	20	6000	4450

注：(1)扬程H每250为1个级差，“Ⅰ”粗实线为最大扬程，超出“Ⅰ”流量相应减少，特殊订货；(2)当$D \leqslant \phi 1200$时表中数据均在安装角度30°、泵叶头数为2、介质相对密度为1～1.5状态下。

螺旋部分是螺旋泵的主体，一般在泵轴(直径较大时也可采用钢管)外焊接钢叶片组成，通常泵轴的直径为螺旋叶片外径的1/2左右，螺旋叶片的外径可高达5m。螺旋叶片三头螺旋或双头螺旋，叶片厚度为5～10mm，可使用不锈钢材质以防腐。上、下轴承支座内装有滚动轴承或滑动轴承(滚动轴承居多)，为了兼顾因泵轴温差变化而引起的轴向移动，上轴承支座往往设计成轴向滑移式。轴承设计寿命应不低于100000h(液下轴承寿命应不低于50000h)，轴承支座壳体内一般充满润滑脂且采用非强制润滑，水下轴承也可采用强制润

滑；并采用密封垫和填料函以防止污水及泥砂渗入，也可采用机械密封结构。驱动机构一般由电动机、减速器联轴器等组成，电动机功率的确定一般需要考虑螺旋泵的提升功率、泵轴密封的摩擦损失、驱动机构传动损失、螺旋泵泄漏损失等，功率储备系数应不小于1.15。螺旋泵应采用弹性联轴器，并与输出轴的最大扭矩和转速相适应。

螺旋与各支承轴承应在同一轴线上，螺旋转动需灵活。空载试车时，悬挂轴承和尾轴承温升不应超过20℃，否则应调整轴承位置。水下轴承采用清水润滑时，设备在启动前应预注压力水润滑，运转中严格禁止停水。泥砂堆积高度当水平布置时以不超过螺旋顶部为宜，倾斜布置时也不得堆积过高，否则必须清池，待采用其他措施排出泥砂后才允许开车。

螺旋泵的优点是：由于工作转速低而不会出现高速泵的汽蚀现象，机械磨损小，吸入侧流态对水力性能影响甚微。螺旋泵的缺点是：扬程和效率较低，体积和占地面积较大，受机械加工条件限制而使泵轴不能太长。此外需要强调的是，螺旋泵只改变流体的位能，不同于叶片式水泵可以将机械能转换为输送液体的位能和动能，因此排出端不能配压力管道，只能是明渠或重力流管道，而且槽体敞开、容易挥发臭气。

三、容积式输送泵

1. 单螺杆泵

单螺杆泵(Progressive Cavity Pump)是一种内啮合偏心回转容积式输送泵，也被称为渐进式容积泵。法国人René Moineau于1930年左右根据对阿基米德螺旋泵的研究设计了单头单螺杆泵，因而单螺杆泵也被称为Moineau泵；1932年，René Moineau与Robert Bienaimé先生一起成立了PCM POMPES公司。

虽然单螺杆泵同双螺杆泵、三螺杆泵、五螺杆泵等一起属于螺杆式水力机械，但其工作机理及适用场合有很大不同。

(1)基本结构与工作原理

单螺杆泵只有一根螺杆，主要零件构成是一个钢制螺杆(转子)和一个具有内螺旋表面的橡胶衬套(定子)，在德国也被称为偏心螺杆泵。转子-定子副(也叫螺杆-衬套副)利用摆线的多等效动点效应，在空间形成封闭腔室，并且当转子和定子做相对转动时，封闭腔室能够发生轴向移动。螺杆-衬套副的空间共轭问题可转化为平面共轭曲线副的相对运动问题，可用于多头单螺杆泵线型设计的摆线主要有普通内摆线、短幅内摆线和短幅外摆线，其中普通内摆线的主要缺点是骨线共轭副上存在着曲率半径为零的点，形成的等距曲线不可避免地存在不同程度的打扣现象，致使共轭副的接触状况不好，磨损较快，造成多头单螺杆泵的使用寿命下降。因此目前转子、定子端面(横截面)的齿形类型主要有以下两种：①以短幅外摆线的内等距线作为螺杆的原始齿形曲线，其共轭曲线作为衬套定子的齿形曲线；②以短幅内摆线的外等距线作为衬套的原始齿形曲线，其共轭曲线作为螺杆转子的齿形曲线。单螺杆泵转子、定子线型的“头”数(Lobe，又称线数)之比有1∶2、2∶3、3∶4、4∶5等几种，对应的单螺杆泵也可分为单头和多头单螺杆泵。虽然2∶3型双头单螺杆泵在油田机械采油中的应用已经较为普遍，但1∶2型单头单螺杆泵在环保等行业的应用仍然最为普遍，下面全部以其为主进行介绍。

在每个单头单螺杆泵的螺杆-衬套副中，螺杆是单线螺旋面，衬套内表面是双线螺旋面，两者旋向相同(即同为左旋或右旋)。螺杆的任一断面都是半径为R的圆，整个螺杆的形状可以视为由很多半径为R的圆片组成，这些圆片的中心以偏心距e绕着螺杆自身整体的轴线一边旋转，一边按照一定的螺距 t 向前移动。换言之，转子的外轮廓面可视为半径为 R 的圆片沿着螺距为 t、偏心距为 e 的空间螺旋线连续移动所形成的轨迹。衬套的断面轮廓为长圆形，两端是半径为 R 的半圆(等于螺杆断面的半径)，中间为两条长为 $4e$ 的直线段(因为螺杆断面中心与其轴心线存在一偏心距 e，而螺杆轴心线又与定子轴心线存在一偏心距 e，所以两个半圆的中心距为 $4e$)。衬套的双头内螺旋面就是由上述长圆形断面在绕定子轴心线旋转的同时，按照一定导程($T=2t$)向前移动而形成。如图 4－2－6 所示，将螺杆置于衬套内，当螺杆断面在衬套长圆形断面的两端时，螺杆与衬套之间为半圆弧线接触；在其他位置时螺杆与衬套之间仅有两点接触，而且不同横截面上的接触点不同。这些接触点在螺杆-衬套副的有效长度范围内构成了空间密封线，在衬套的一个导程 T 内形成一个完整的封闭腔室。于是，沿着单螺杆泵的全长，在螺杆的外螺旋表面和衬套的内螺旋表面之间就形成了一个一个的封闭腔室。

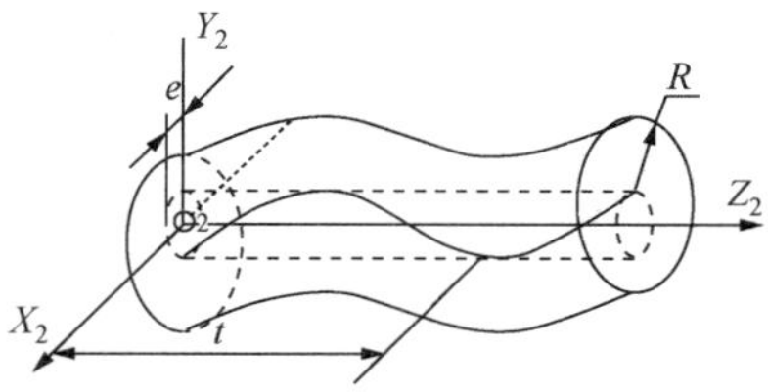

(a) 转子型线

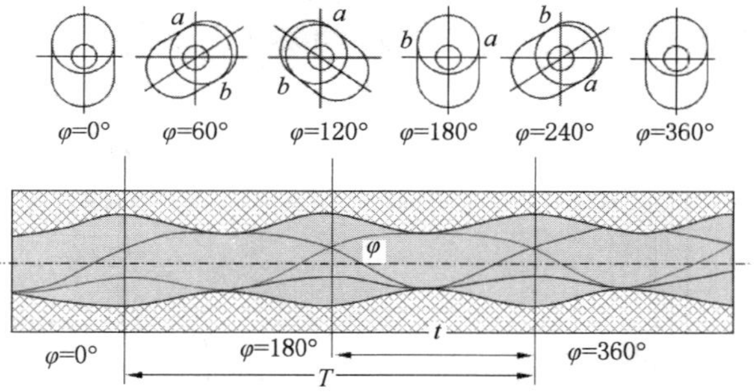

(b) 转子与定子的啮合接触

图 4－2－6　单螺杆泵的结构和工作原理示意图

当螺杆转动时，螺杆-衬套副中靠近吸入端第一个腔室的容积增加，在它和吸入端压力差的作用下，物料便进入第一个腔室；随着螺杆的转动，该腔室开始封闭，并沿轴向朝排出端移动。封闭腔室在排出端消失，同时在吸入端开始形成新的封闭腔室。由于封闭腔室的不断形成、推移和消失，使物料通过一个个封闭腔室，从吸入端运移到排出端，而且压力不断升高，这就是螺杆泵的活塞泵特性。在螺杆的螺旋旋向(左旋或右旋)、螺杆的转向(顺时针或逆时针)、物料的流向这三个因素之间，任意两个因素的组合就确定了第三个因素，只是将常规左、右手定则所得出的结论反用即可。定、转子啮合点之间无间隙(即 $\delta=0$)时，漏失量为零，封闭腔室完全密封；由于啮合线处的间隙 δ 由压力差 Δp 产生，所以增加定、转子间的过盈量会有效减少间隙，从而达到减小漏失的作用；提高工作转速 n 会有效补偿漏失，这就是螺杆泵的离心泵特性。

从工作原理可以看出，单螺杆泵综合了活塞泵和离心泵的优点：①排出压力高(压力范围为 0～4.8MPa，流量范围为 0.01～300m^3/h)，输送距离可达 200m；②自吸性能好，吸入可靠，可吸入高黏度的介质，输送介质最大黏度可达 0.27m^2/s；③定子为橡胶件，富有弹性，非常适合输送含固体颗粒的浆料；④由于螺杆转速一定时封闭腔室的推移速度恒定，因此在不同压头条件下的流量改变很小，流量非常均匀；⑤只有单螺杆一个运动件，流道短而且简单，过流面积大。

(2)单螺杆泵的设计

单螺杆泵中一个完整封闭腔室的总面积为 $A=4eD+\pi R^2-\pi R^2=4eD$，则衬套定子单个

导程 T 内所形成的一个完整封闭腔室的总体积为 $V=AT=4eDT$。于是，单螺杆泵的理论排量 $Q_{理}$ 由下式确定

$$Q_{理}=5.76\times10^{-6}eDTn(m^3/d) \quad (4-2-4)$$

式中　e——单螺杆转子的偏心距，mm，现有结构单螺杆泵中偏心距的变化范围多为 1～8mm；

D——单螺杆转子截圆的直径，mm，$D=2R$；

T——定子的导程，mm，$T=2t$；

n——单螺杆转子的转速，r/min。

单螺杆泵的实际排量 Q 为

$$Q=Q_{理}\cdot\eta_V \quad (4-2-5)$$

式中　η_V——容积效率，初步计算时，对于具有过盈值的螺杆-衬套副，取 0.8～0.85；对于具有间隙值的螺杆-衬套副，取 0.7。

定义 $k=T/D$、$m=T/e$，并将 k、m 代入上式，换算后得

$$\left.\begin{aligned}e&=\sqrt[3]{\frac{15kQ}{m^2n\eta_V}}\\D&=\sqrt[3]{\frac{15mQ}{k^2n\eta_V}}\\T&=\sqrt[3]{\frac{15mQ}{\pi\eta_V}}\end{aligned}\right\} \quad (4-2-6)$$

为保证单螺杆泵满足一定排量 Q 的要求，首先应该确定 e、D、T 3 个参数值。对于小流量、高压头单螺杆泵，一般取 $k=2$～2.5、$m=28$～32。因此，一般将螺杆断面直径 D 作为计算的基础，确定螺杆断面直径 D 后，再计算螺杆的偏心距 e 和衬套的导程 T。

根据泵流量 Q 的要求确定出 e、D、T 三个参数后，再根据单螺杆泵应该满足的压头 H 和衬套单个导程的压力增加值 Δp，确定螺杆-衬套副的长度或衬套工作部分的长度 L，计算公式如下

$$L=\frac{T\rho gH}{\Delta p} \quad (4-2-7)$$

单螺杆泵的排出压力取决于泵排出管路系统的特性，改变螺杆直径和转速不能改变泵的排出压力。排出压力为衬套定子单个导程 T 的压力增加值 Δp 与导程数 T 的乘积，亦即单螺杆泵的排出压力沿衬套长度方向几乎呈直线上升。Δp 的正确选择直接影响螺杆-衬套副的效率和寿命，一般可取 $\Delta p=0.3$～0.6MPa。为了满足形成一个完整封闭腔室的要求，衬套定子的最小长度必须大于一个导程 T，实际衬套定子的长度(或导程数)往往受制造工艺条件的限制。单螺杆泵的转速还可以根据被送流体在泵工作腔内的轴向流动速度 v_{gm}（亦称转子、定子间的相对平均滑动速度)来确定，特别是在输送含有固体颗粒的流体而可能对泵的转子或定子产生磨损时，必须以 v_{gm} 值确定泵的转速，详见《单螺杆泵》(JB/T 8644)。

(3)单螺杆泵的加工制造

单螺杆泵的转子一般由合金钢棒料经过精车、镀铬并抛光加工而成，可以采用实心转子，也可以采用空心转子；目前甚至出现了陶瓷涂层转子，极大地提高了耐磨性。定子一般由钢制外套和橡胶衬套组成，将橡胶衬套浇铸粘接在钢体外套内而形成。橡胶材料可以采用天然橡胶(用于输送污水、泥浆、有机涂料等)；丁腈橡胶(用于输送油类、医药、食品、化

妆品等)；氟橡胶(用于输送烃、苯、烷溶剂等)；氯磺化聚乙烯橡胶(用于输送酸、碱、油化纤浆液等)及聚氨酯橡胶等。

为了提高螺杆-衬套副的效率和使用寿命，衬套橡胶材料的硬度、螺杆-衬套副初始过盈量的合理选择至关重要。过盈量一般通过试验确定，在达到要求的泵效和举升扬程条件下，过盈量要合理，这样有助于减少转子、定子之间的摩擦阻力，延长工作寿命。此外，还要采取专门措施以改善沿衬套长度方向的接触压力分布，目前甚至还出现了金属定子单螺杆泵。

图 4-2-7 为德国 NETZSCH(耐驰)集团 NEMO® 单螺杆泵的基本结构示意图，其输送介质动力黏度可达 50000mPa·s，含固量可达 60%(在污水处理厂使用时，污泥含固率一般不超过 8%)；由于流量和转速成正比，因此可以借助调速器可实现流量的自动调节。

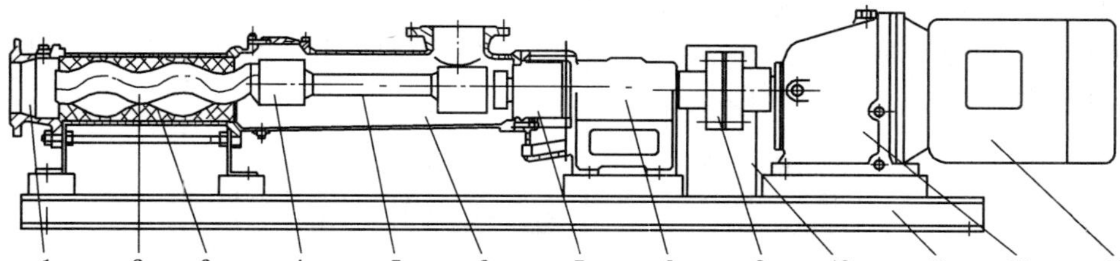

图 4-2-7　德国 NETZSCH 集团 NEMO® 单螺杆泵的基本结构示意图

1—排出体；2—转子；3—定子；4—联轴节；5—连杆轴；6—吸入室；7—轴封；8—轴承架；9—联轴器；10—联轴器罩；11—底座；12—减速器；13—电动机

(4)在污泥输送中的应用

单螺杆泵有卧式和立式两种结构形式。卧式结构应用较多，泵的吸液管口和吸入室在泵的轴封端，此时泵轴封的密封压力为吸入压力，密封压力较低可减少泄漏的可能性。当被输送流体的流动性较差时，可采用尺寸较大的矩形吸液口，并在吸入室内增设螺旋进料器，用以将被送流体推入泵工作腔，帮助泵吸入液体。

由于单螺杆泵体积小，出泥管道可架空，占地面积小。必要时还可在螺杆泵的吸入口加一螺旋进料器，将污泥强制推入螺杆泵的吸入口，再由螺杆泵将污泥吸入并将污泥排出。螺旋进料器加装在单螺杆泵和电动机之间，同轴安装、共用一台电动机。在与环保领域密切相关的单螺杆泵产品开发方面，德国 Seepex(西派克)公司等位居世界领先水平，其 T 系列单螺杆泵可直接用于输送含固率 50%以上的市政污泥。目前已经用于经板框式压滤机脱水后含水率 80%以上的矿泥饼；还可用于 CaO 与生化固体的混合，以满足 EPA 的要求。图 4-2-8 为该公司 BTQ 型单螺杆泵的结构示意图，输送能力为 50 L/h～100m³/h。除了万向节护套、干运行保护器(TSE)等特色技术之外，德国 Seepex 公司还推出了“Smart 输送技术”，由于采用 Smart 定子分体技术，可以在最短时间内更换定子。

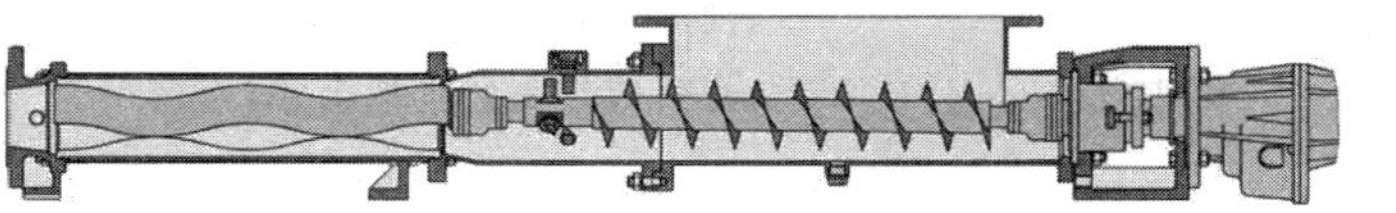

图 4-2-8　德国 Seepex 公司 BTQ 型(BTQ Range)单螺杆泵的结构示意图

图 4-2-9 为德国 Seepex 公司 6～10L 单螺杆泵的性能曲线，可以根据期望的流量、扬程和运行速度选择相应驱动电机的功率。应用单螺杆泵输送污泥时还应注意下列问题：

①螺杆泵的出口压力。出口压力要大于管道中的压力损失，并且要有充分的余量。管道

中的压力损失分沿程压力损失和局部压力损失(弯头、阀门)两种，压力损失的大小要根据管道长度、管径、流量和污泥黏度来计算确定。

②单螺杆泵的流量。流量要根据最大产泥量来确定，也要考虑一定的余量。

③单螺杆泵的转速。脱水后的污泥黏度大，流动性差，并且污泥中含有许多细小的颗粒物质，泵的转速越高越容易引起转子和定子的磨损，因此在满足流量和压力要求的前提下转速要尽可能选低一些，最好要用变频调速，以适应脱水设备产泥量的变化。在脱水设备产泥量较少时，要尽量降低泵的转速，以减少转子和定子的磨损，提高泵的使用寿命。

④单螺杆泵的操作。严禁单螺杆泵干运转，也不能无液启动，否则会损坏定子。首次启动或再次启动长期封存的泵，应先往进料斗中注入部分水，再点动几下，然后投入使用。如泵的出口装有阀门，泵启动前应将泵的出口阀打开。如果泵长期停止使用，要用水将泵和输送管道内的污泥冲洗干净，防止堵塞管道，避免再次启动时过载。室外输送管道需保温，防止冬天结冰冻结。

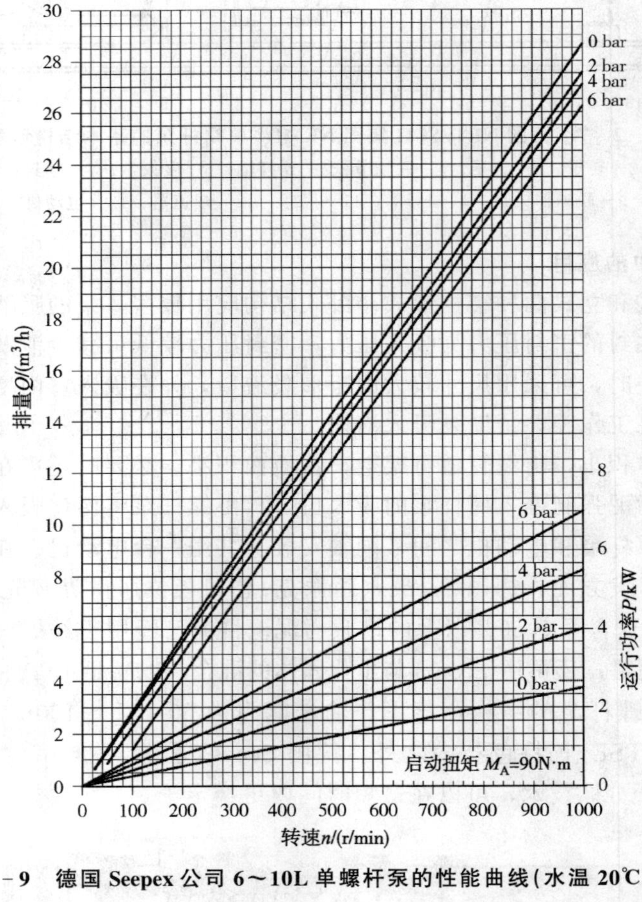

图 4-2-9 德国 Seepex 公司 6～10L 单螺杆泵的性能曲线(水温 20℃下测得)

2. 旋转凸轮泵

旋转凸轮泵(Rotary Lobe Pump)也被称为凸轮转子泵，从转子的端面叶形来看，有单叶式、双叶式、三叶式、四叶式和六叶式；从转子的轴向形状来看，有直齿型和螺旋型两种类型。工作原理与罗茨鼓风机类似，两个转子分别在两个平行轴的驱动下相对反向转动，转子和泵壳体之间形成一个个连续密封腔，填充在腔体内的介质不断地被转子由进口端推向出口端推进，从而完成介质的输送。如三叶转子工作时，每转动一周，完成三次吸入、排出过程。旋转凸轮泵的特点包括：①可以输送各种黏稠或含有颗粒物的介质；②输送过程中对介质的剪切力小；③泵结构紧凑，运行平稳、振动小；④可以实现大流量输送，在一定压力下，流量与转速呈严格线性关系。德国 Börger(博格)公司是旋转凸轮泵的代表性生产厂家，德国 NETZSCH(耐驰)集团的 TORNADO® 系列旋转凸轮泵、瑞典 Alfa Laval 公司的 SRU 系列旋转凸轮泵也得到了较为广泛的应用。国内近几年基于国外全套图纸和技术，且关键核心部件由外方直供，实现了整泵在中国的生产组装和市场销售。相比较而言，成立于 1975 年的博格公司是世界上最大、最为领先的弹性体包覆旋转凸轮泵生产商，目前有 AL 系列、PL 系列、CL 系列、FL 系列等多种规格的旋转凸轮泵产品，工作流量为 1.0～1000m^3/h，自吸扬程达 8m，最高排出扬程达 120m(即最大排出压力 1.2MPa)，这里主要结合其进行介绍。

(1)基本结构

博格旋转凸轮泵由传送腔、隔离腔、传动腔、密封、壳体、快速安装盖等零部件组成，可以采用电动机驱动、固定安装，也可以采取借助其他动力的移动式解决方案。

如图 4-2-10 所示，博格旋转凸轮泵的传动腔内有一对润滑良好的同步齿轮，分别驱动传送腔内的一对两叶式或三叶式转子，使之反向旋转而将介质排走。转子工作时不像齿轮泵那样需要啮合，也不像单螺杆泵那样有很长的接触线，因而传送路径很短，功率消耗仅相当于一般同类泵的 50%～70%；转子轴向采用螺旋形设计，从而使得无压力脉动。转子工作转速为 150～400r/min，还可以采用变频调速控制改变其工作流量；同时介质输送方向也可以通过改变转子转向而简单地加以改变。此外，由于转子之间的空间大、出入口之间的距离较短，因此对所输送介质的剪切程度较低。

博格旋转凸轮泵的传动腔和传送腔是分离的，除了采用结实耐用的机械密封(另有双重机械密封和填料密封可供选择)之外，在传动腔和传送腔之间还设计了一个隔离腔，密封位于中间隔离腔的两侧。当密封损坏时，所泄漏液体流入中间隔离腔中，以避免对所传送介质造成污染；同时中间隔离腔中装有报警装置，泄漏一到中间隔离腔时随即报警，以调控密封。

博格旋转凸轮泵的最大特点是能够实施就地维修(Maintenance In Place，MIP)，维修时只需打开快速安装盖，露出整个泵腔，就能非常方便地进行密封调控或其他工作。与之相反，一般的泵需将其从管路系统中卸下后才能进行维护，然后再重新装入系统。

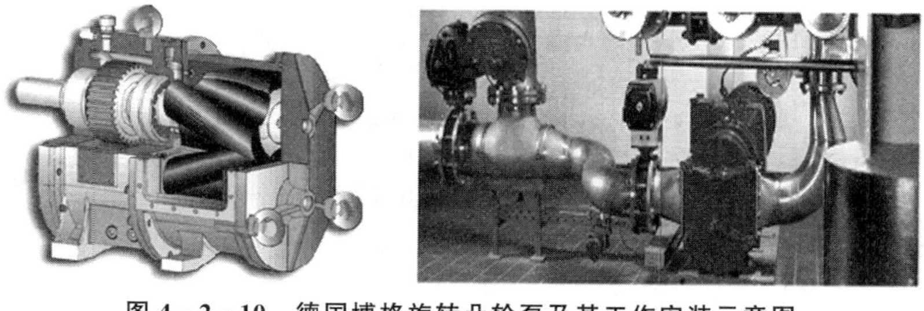

图 4-2-10 德国博格旋转凸轮泵及其工作安装示意图

(2)提高工作性能的措施

转子部分作为运动件容易发生磨损，而且损坏往往发生在转子的尖部，致使内泄加剧而无法继续工作。为此，在博格旋转凸轮泵上采用了两种措施：

①采用外包各种抗腐蚀弹性橡胶类聚合物（如天然橡胶、人造橡胶、PTFE等）的铸铁转子和不锈钢转子。在金属与聚合物之间有一楔块，可以使转子本体得到延伸，补偿了转子尖部由于磨损而造成的损坏，延长其使用寿命。

②对于相对较大的转子，其尖部采用一种可拆卸加以调换的结构。因此当转子磨损时，只需将其尖部换掉，而无须将整个转子扔掉。

此外，为了提高泵壳内腔的耐磨性，对泵壳采取了激光硬化处理；同时在泵体与转子间的径向和周向上镶嵌了硬化钢衬板，磨损到一定程度后更换新衬板，使泵体又恢复到磨损前的状态。

3. 往复式柱塞泵

在各种形式的容积泵中，往复式柱塞泵（简称柱塞泵）或往复式活塞泵在高压下输送高黏度、大密度、高含砂量物料的特性最为突出，被广泛用作钻井泥浆泵、建筑混凝土泵等。柱塞泵一般由动力端和液力端两大部分组成，主要依靠柱塞在缸体中往复运动，使密封工作腔的容积发生变化而吸入或压出物料，驱动方式可以是机械传动或液压驱动。柱塞泵按照缸套的数量可分为单缸、双缸和多缸，按照作用方式可分为单作用和双作用，从而构成了单缸单作用、单缸双作用、双缸双作用、三缸单作用等泵型。

由于脱水污泥的含固率较高（≥20%），已经不具备流动性，难以采用常规泵送系统进行输送，在污水处理厂对环境要求较高或污泥后处理位置距脱水泥饼产出地较近时，液压驱动柱塞泵即可发挥作用。如图4-2-11所示，常用的柱塞式污泥泵是一种双缸推进结构，两液压主缸活塞杆通过中间连接机构分别与两输送缸活塞连接，摆缸机构驱使S摆管轮流与输送缸接合并形成送料通道。液压推动液压主缸工作腔，驱使输送缸活塞做往复直线运动，完成吸料与泵料的工作过程。污泥泵送过程就是把液压主泵的输出压力 p、输出流量 Q 转换成污泥泵的输送压力 p_d、污泥输出排量 Q_d。

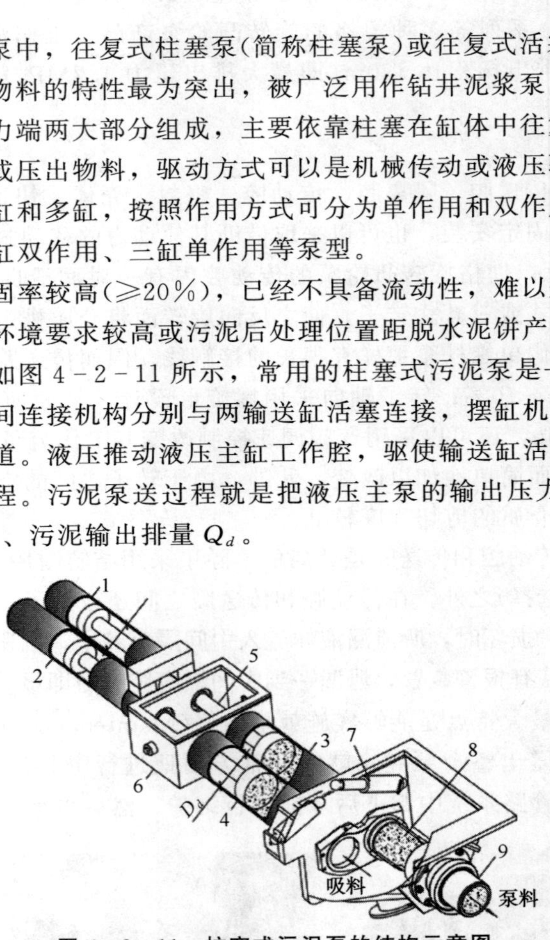

图4-2-11　柱塞式污泥泵的结构示意图

1—液压主缸 A；2—液压主缸 B；3—输送缸 A；4—输送缸 B；5—中间连接机构；6—冷却水箱；7—摆缸机构；8—S摆管机构；9—出泥口

柱塞泵每小时的泵泥量与输送缸单次泵送效率有关，即

$$Q_d = \sum_i Q_i = \sum_i 60n \frac{\pi D_d^2}{4} L\eta_i \tag{4-2-8}$$

式中　Q_d——柱塞式污泥泵的单位时间泵送量，即污泥排量；

n——柱塞式污泥泵的输送缸的工作频次，min^{-1}；

D_d——输送缸内径，一般有 0.15m、0.20m、0.23m、0.25m 四种；

L——污泥输送缸的有效冲程，取 1m；

η_i——单次泵送过程中输送缸的容积效率，取平均值为 70%。

由于在柱塞泵中污泥的吸入和排出过程交替进行，且活塞在位移过程中的速度又在不断变化，因此柱塞泵的瞬时流量是脉动的，导致污泥在管道中的流动速度会不断变化，但由于缸体体积一定且每次推完花费的时间一样，因此平均流量恒定。由于污泥的高浓稠、高腐蚀特性，提高 S 摆管的换向频次将引起高发热量和严重的腐蚀磨损，降低使用寿命，因此柱塞泵的冲程次数一般不超过 34 次/min。为了提高液压驱动污泥柱塞泵的运行自动化程度和工作可靠性，应该实时显示并通过电脑控制当前的工作压力、设定压力、设定流量等参数，并配备过压保护、流量校正系统；还可以通过液压油压管线布局优化设计实现超低噪声运转，通过油压波形监测系统实现最佳管理。此外，由于运行过程中污泥中的气体会在柱塞泵缸体内堆积，导致柱塞泵流量降低，因此需要将气体释放出来。

德国普茨迈斯特股份有限公司(Putzmeister，2012 年被三一重工收购)、德国施维英(Schwing)等都以生产输送高含固量的液压驱动柱塞泵而著称。2003 年 9 月，北京市高碑店污水处理厂购买了一台德国普茨迈斯特公司的 KOS 1470 型柱塞泵，用于将 7 台新增带式压滤机产生的脱水泥饼直接输送至原有的污泥堆置棚。泵的排量为 $30m^3/h$，低下输送管线长达 420m，在寒冷的冬季运行也十分理想。

通常双缸液压柱塞泵送污泥的含固率范围为 10%～80%，与单螺杆泵相比，柱塞泵经常表现为初始成本较高，但操作和维护成本较低。

应该指出，当采用容积式输送泵时，为避免污泥中纤维或大块杂物对泵体的损坏，在使用时一般应考虑配套设置污泥破碎机或切碎机，常用污泥切碎机的结构如图 4-2-12 所示。德国 NETZSCH(耐驰)集团的切碎机可分为 M-Ovas® 通用切碎机和 N. Mac® 双轴强力切碎机两类。刀盘由耐磨的特殊合金制成，刀盘接触面经过硬化处理，刀头装有硬质合金切削刃。刀盘磨损时可以反向运行，拆卸迅速直接，节省时间和成本。

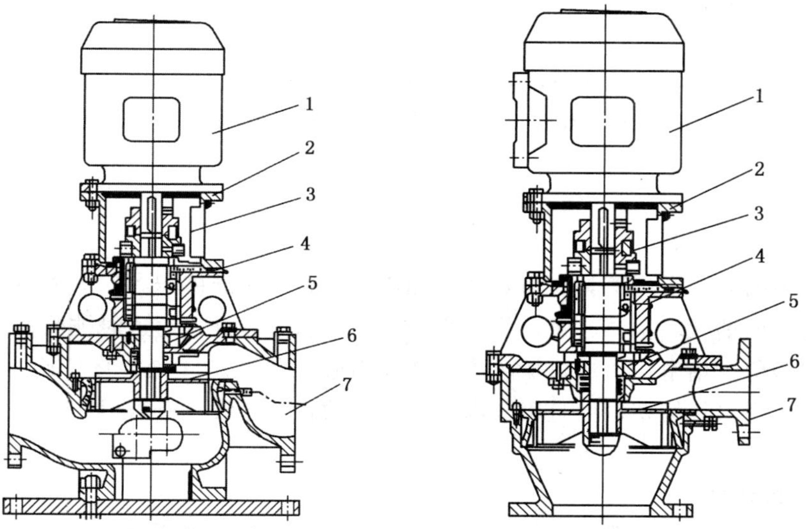

(a) 直通式　　　(b) 转角式

图 4-2-12　污泥切割机的结构示意图

1—电动机；2—联轴器座；3—联轴器；4—轴承座；5—机械密封；6—刀头总成；7—管道法兰

四、螺旋离心泵

位于秘鲁首都利马的 Hidrostal SA 公司于 1953 年成立，其拥有人马丁·斯坦勒(Martin Stähle)先生于 1960 年发明了螺旋式离心叶轮(Screw-type Centrifugal Impeller)，先后获得秘鲁、美国和西德等国的专利。马丁·斯坦勒于 1965 年在瑞士 Neunkirch 注册成立了 Hidrostal AG(海斯特股份有限公司)，并相继在世界各地建立了分公司或代理机构；1999 年 10 月，海斯特(青岛)泵业有限公司成立。英国 Sigmund Pulsometer Pumps、日本荏原制作所(Ebara)、日本久保田(Kubota)、日本石川岛播磨重工业(Ishikawajima-Harima Heavy Industries)等公司也开发有该类泵的系列产品。

1. 基本结构

螺旋离心泵(Screw Centrifugal Pump，Screw Impeller Pump)是一种具有三元螺旋式单叶片的无堵塞泵，主要由叶轮、吸口、蜗壳、转轴、轴承框架、耐磨内衬等部件组成。该泵兼有普通离心泵和螺旋泵两者的优点，如图 4-2-13 所示，其叶轮由两部分组成：螺旋部分具有正排泥作用，能提供良好的自吸能力和较低的净吸压头要求；离心部分可以将叶轮能量在蜗壳内转换成向外的压力能。

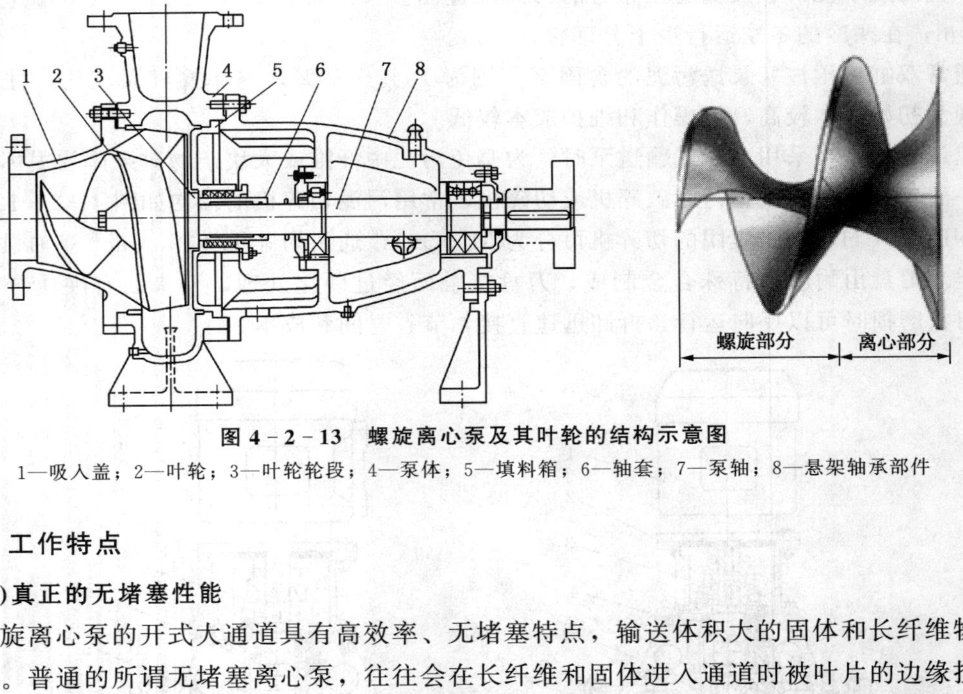

图 4-2-13 螺旋离心泵及其叶轮的结构示意图

1—吸入盖；2—叶轮；3—叶轮轮毂；4—泵体；5—填料箱；6—轴套；7—泵轴；8—悬架轴承部件

2. 工作特点

(1)真正的无堵塞性能

螺旋离心泵的开式大通道具有高效率、无堵塞特点，输送体积大的固体和长纤维物质更为容易。普通的所谓无堵塞离心泵，往往会在长纤维和固体进入通道时被叶片的边缘挂住或在进出口之间滞留、堵塞，造成机械故障。螺旋离心泵的螺旋叶轮会自行旋入软质固体中，使填充物不能在进口处堵塞，而且吸口内壁和叶轮的背部还设计有可以防止纤维积聚的反向螺纹槽。

(2)柔和输送介质

“柔和输送”是指输送过程中固体物质随流而过，不撞击泵内任何部位。这一优点适用于输送活性松散物质、乳液中的油、悬浮纤维、易碎(脆弱)的物品如西红柿、活鱼等，不会被损坏。

此外，螺旋离心泵效率高、运行成本低，无过载区域、高固含量介质处理能力；采用可调耐磨内衬：当发生磨损之后，只需更换一个内衬即可，无须更换整个外壳，既方便又经济。

瑞士海斯特股份有限公司螺旋离心泵的部分技术参数如表 4－2－3 所示，国产 LLW 系列高浓高效无堵螺旋离心浆料泵的规格型号及性能参数如表 4－2－4 所示。

表 4－2－3　瑞士海斯特股份有限公司螺旋离心泵的参数(节选)

序号	型号	吸水口径 D_1/mm	出水口径 D_2/mm	通径 D/mm	效率 η/%	电动机参数		推荐流量范围/(L/s)	推荐扬程范围/m
						标称功率 PN/kW	转速 n/(r/min)		
1	A2QR4	50	50	50	56	0.5	1360	1.5～5	12～4
2	B065－R	65	65	50	54	0.9	1470	1～6	3～0.6
3	A2QR2	50	50	50	51	1.1	2835	2～8	2～1
4	B050－M	80	50	30	58	0.9	2900	2.5～9	23～5
5	A2QS2	50	50	50	57	1.5	2730	3～10	3～1.5
6	C080－MH	100	80	60	61	1.1	1460	7～14	5～3
7	B065－T	65	65	50	65	0.9	1375	3～10	10～3
8	D080－LL	100	80	35	58	1.5	1460	4～12	9～1.5
9	A2QE2	50	50	50	57	1.5	2130	3～12	4～2
10	B065－E	65	65	50	67	2.2	2840	5～15	16～7
11	B050－H	80	50	40	67	0.9	2900	5～15	22～10
12	C080－HH	100	80	60	65	1.1	1460	6～17	7～2.5
13	B065－T	65	65	50	62	3.0	2820	6～19	20～7
14	E05Q－HL	200	125	100	75	4.0	970	18～74	7～2
15	E05Q－ML	200	125	100	73	9.0	1460	35～95	11～4.5
16	H05K－MH	250	150	95	74	11.0	730	20～80	10～3
17	F06K－S	200	150	115	75	15.0	970	54～120	12～7

表 4－2－4　国产 LLW 系列高浓高效无堵螺旋离心浆料泵的规格型号及性能参数

规格型号	流量/(m^3/h)	扬程/m	转速/(r/min)	效率/%	配套功率/kW	进出口径/mm	输出浓度/%
80LLW－6	40～60	7.5～5	960	74	2.2	ϕ100/ϕ80	12
80LLW－4	40～80	15～11	1450	70	5.5	ϕ100/ϕ80	12
100LLW－4	120～140	18～15	1440	75	11	ϕ150/ϕ100	12
100LLW－6	120～160	9～7	960	75	5.5	ϕ150/ϕ100	12

螺旋离心泵的缺点是输送力不强，推力很弱，限制了其应用范围。有人提出在螺旋离心泵的进口处直接安装一台流体喷射泵，将螺旋离心泵的强推力与喷射泵的强吸力结合在一起，以克服各自的缺点，发挥两者无堵塞性能优越的共同优势，扩大泵的使用范围。流体喷射泵既可以是水力喷射泵，用水泵作动力，也可以是气动喷射泵，用空压机作动力。

五、污泥回流输送与远距离输送

1. 污泥回流设备

在分建式生化曝气池中，活性污泥从二沉池回流到生化曝气池时需设置污泥回流设备或污泥提升设备。常用的污泥回流设备可以为离心泵，最好选用螺旋泵或单螺杆泵；对于鼓风曝气池，也可选用空气提升器。空气提升器常附设在二沉池的排泥井中或曝气池的进泥口处，图 4-2-14 为其示意图，图中 h_1 为淹没水深，h_2 为提升高度；一般 $h_1/(h_1+h_2)\geqslant 0.5$，空气用量为最大回流量的 3～5 倍，需要在小的回流比情况下工作时，可调节进气阀门。

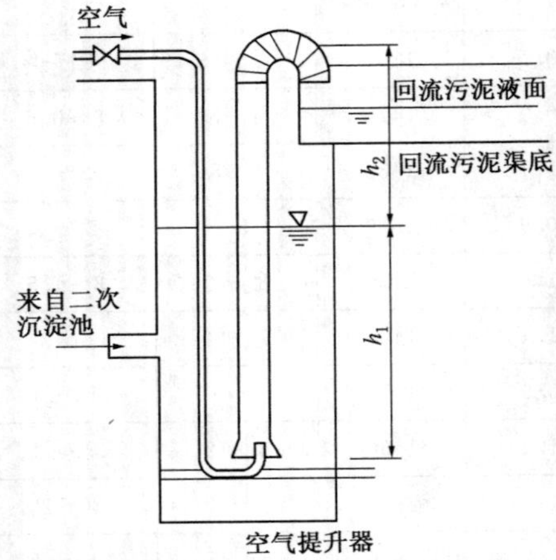

图 4-2-14　空气提升器示意图

进行污泥回流时，常把二沉池来的回流污泥集中抽送到一个或数个回流污泥井，然后分配给各个生化曝气池。污泥泵的台数视污水处理厂的大小而定，中小型处理厂一般采用 2～3 台，以适应水质水量波动工况。空气提升器结构简单、管理方便，且所消耗的空气可以向活性污泥补充溶解氧，但空气提升器的效率不如叶片泵。

瑞士 Sulzer 公司的 ABS RCP 系列潜水污泥回流泵（Submersible Recirculation Pump）主要用于大流量、低扬程回流污泥输送场合；电动机功率为 1.5～25kW，防护等级为 IP68，绝缘等级为 F，具有泄漏报警等功能；流量 Q 可达 4500m^3/h，扬程 H 可达 2.3m，出口尺寸为 DN250～800mm。ABS RCP 系列潜水污泥回流泵提供 EC 铸铁型（经济型）和 CR 不锈钢型（防腐蚀型）两种标准材质型号，EC 铸铁型（经济型）的电动机壳和支架材质为 GG-25/GGG-40，叶轮和电动机的紧固件材质为不锈钢。RCP 400、RCP 500 和 RCP 800 型电动机壳采用 1.4571 不锈钢材质，叶轮采用 1.4571 不锈钢，紧固件为 1.4401 不锈钢，不锈钢支架；RCP 250 型叶轮采用 1.4460 不锈钢材质。与传统轴流泵相比，使用时无需导流室和大型提升管，不需要有构件放在池中，只需将泵沿导管慢慢放下，即可自动对接安装在污泥输送管上。

2. 污泥的远距离输送

尽管目前污水处理和污泥处理处置合建的方式仍占很大比例，但将污泥处理处置设于郊区或山谷的分建方式日渐增加，因此污泥长距离输送技术发展很快。污泥的长距离输送方式有脱水污泥的卡车或驳船运输、浓缩污泥的槽车运输和生污泥的管道运输等几种。日本曾对三种输送方式进行了经济性比较，结果发现：当污水处理量小于 15～20 万 m^3/d 时，用卡车运送脱水污泥费用较少，即对小型城市及工业区污水处理厂，卡车运输污泥较便宜；用槽车运送浓缩污泥对任何规模的污水处理厂都不经济；管道运送生污泥在 20 万 m^3/d 以上大中型污水处理厂较为合适。如果分建多座小型污泥处置设施，总投资和经营费用都比大型厂要高得多，因此管道运输对当前规模日益扩大的污水处理厂最为有利，在国内外已经受到了很大关注。

(1) 管道

根据含水率选择无缝钢管或超低摩阻耐磨复合管，后者如有衬里的球墨铸铁管等。管道输送设计应符合下列规定：①管道选线应以最短距离、最少弯头为原则；②管道尽量平直，转弯时宜采用 45°弯头，转弯半径不低于 5 倍直径；③管道应考虑疏通、清洗及排气；④与污泥泵连接段应预留设备检修空间，必要时设置高压伸缩节连接阀件；⑤依据污泥的黏度进行管道损失计算；⑥脱水污泥设计流速采用 0.16～0.06m/s，对长距离管道用低值。管径应不小于 ϕ150mm，压力摩阻损失约为清水损失的 1.5～4 倍。要求管线尽可能顺直，同时应注意合理设置隔断阀、排泥阀和排气阀。

长距离压力输泥管道的水头损失主要是沿程阻力损失 h_f，局部水头损失 h_i 可以忽略不计。压力管道的沿程阻力损失可采用 Hazen－Williams 紊流公式来计算

$$h_f=6.82\left(\frac{L}{D^{1.17}}\right)\left(\frac{v}{C_H}\right)^{1.85}\ (\mathrm{m}) \tag{4-2-9}$$

式中 L——输泥管长度，m；

D——输泥管直径，m；

v——污泥流速，m/s；

C_H——Hazen－Williams 系数，其值可根据污泥浓度查表 4－2－5 得到。

表 4－2－5 污泥浓度与 C_H 之间的关系

污泥浓度/%	C_H 值	污泥浓度/%	C_H 值
0.0	100	6.0	45
2.0	81	8.5	32
4.0	61	10.1	25

管道长距离输送生污泥、浓缩污泥时，物料中可能含有油或较高浓度的固体，长时间运行时会因管壁被油脂黏附或发生管底固相沉积，致使水头损失增大。为运行可靠起见，将用 Hazen－Williams 紊流公式计算出的水头损失值，再乘以一个大于 1 的水头损失系数 K，K 的具体取值可参见相关图形。

对于污水处理厂内部的输泥管道，因输送距离短而必须计算局部水头损失 h_i，相应的计算公式为

$$h_i=\xi\frac{v^2}{2g}\ (\mathrm{m}) \tag{4-2-10}$$

式中 ξ——局部阻力系数，如表 4－2－6 所示；

v——污泥管内的污泥流速，m/s；

g——重力加速度，9.81m/s^2。

表 4－2－6 局部阻力系数 ξ 取值

配件名称	ξ 值	90%污泥含水率/%
承插接头	0.4	0.43
三通	0.8	0.73
90°弯头	1.46(管道充满度 $h/d=0.9$)	1.14(管道充满度 $h/d=0.8$)
四通	—	—

续表

配件名称		ξ值	90%污泥含水率/%
闸门开度	0.9	0.03	0.04
	0.8	0.05	0.12
	0.7	0.20	0.32
	0.6	0.70	0.90
	0.5	2.03	2.57
	0.4	5.27	6.30
	0.3	11.42	13.00
	0.2	28.70	29.70

(2)输送泵

污泥输送可以采用离心泵、螺杆泵或柱塞泵，一般都应设有备用泵。浓度为1%～4%的污泥输送可采用离心泵。对于初沉池排出的生污泥，由于夹有砂粒、布片等杂物，宜采用叶片数少或无叶片型的容积式泵。需要强调的是，污泥的黏稠性使其与固体壁面间的黏附力显著增大，管道泵送阻力明显提高，而且其流动稳定性也较差。人们针对污泥降黏方法开展了不少研究，包括水热法、化学试剂法、机械法和微生物发酵法等，这些方法各有优缺点；此外，人们还开展了水膜减阻、油膜减阻、气体减阻管道输送等方面的研究。德国Seepex公司的长距离污泥低压智能空气辅助泵送系统(Smart Air Injection，SAI)，通过将螺杆泵和压缩空气输送创新组合，利用压缩空气和周边注射，可将20%～40%干物质含量的污泥在低压力水平下输送1000m。通过SAI控制器对所有功能进行控制和监测，并可轻松集成到自动化系统和控制系统中，输送流量在0.5～25m^3/h之间，螺杆泵出口压力低至2～4bar。系统采用封闭式设计，并集成清洁功能；与传统输送技术相比，总能耗可降低72%。

(3)污泥贮槽

污泥贮槽主要起调节和缓冲作用，由于当污泥在其中的停留时间较长时会厌氧发酵而产生泡沫，因此应采用中压鼓风除泡器，此外还要设置搅拌器以避免污泥沉淀。贮槽应至少设置2台，以便维修时倒用。

(4)其他设施

污泥管道输送中的主要安全问题是堵塞和泄漏。应设置手孔以清除堵塞杂物，并设置冲洗管；应使备用泵有串联的可能，以便堵塞时通过备用泵串联增压，从排泥阀中清除堵塞物。认真搞好定期检修则是防止泄漏的重要措施。

§4.3 污泥浓缩设备

一、概述

水处理系统所产生污泥的含水率很高，运输、处理或处置都不方便。污泥处理的主要目的是减少水分，为输送和后续处理创造条件；同时消除污染环境的有毒有害物质，回收能源和资源。

污泥处理的方法取决于污水的含水率和最终处置的方式，典型的处理方法有浓缩、消化、脱水、干化及焚烧等。例如，含水率大于98%的污泥，一般要考虑浓缩，使含水率降至96%左右，以减少污泥体积，并有利于后续处理；为了便于污泥最终处置时的运输，则要进行污泥脱水，使含水率降至80%以下，才能装车运输。污泥中的水分及其处理方法概括如表4-3-1所示。

表4-3-1　污泥中的水分及其处理方法

<table>
<tr><th>类别</th><th>存在的位置</th><th>约占总水分的比例</th><th>处理方法描述</th><th>备注</th></tr>
<tr><td>游离水或间隙水</td><td>污泥颗粒之间</td><td>65%～85%</td><td>通过污泥浓缩可将其大部分分离出来</td><td rowspan="4">吸附水和结合水只有通过高温加热或焚烧等方法，才能将这两部分水分离出来</td></tr>
<tr><td>毛细水</td><td>污泥颗粒间的毛细管内</td><td>15%～20%</td><td>必须采用机械脱水或自然干化进行分离</td></tr>
<tr><td>吸附水</td><td>吸附在污泥颗粒上</td><td rowspan="2">10%</td><td>由于污泥颗粒小，具有较强的表面吸附力，因而浓缩或机械脱水方法均难以使吸附水从污泥颗粒中分离</td></tr>
<tr><td>结合水</td><td>污泥颗粒内部(包括细胞内部水)</td><td>只有改变污泥颗粒的内部结构才能将其分离</td></tr>
</table>

污泥浓缩(Thickening)是降低污泥含水率、降低污泥后续处理费用的有效方法，处理对象是污泥中的游离水(或称间隙水)。污泥经浓缩之后的含水率仍在94%以上，呈流动状、体积很大。污泥的体积、重量及污泥所含固体物浓度之间的关系，可用下式表示

$$\frac{V_1}{V_2}=\frac{W_1}{W_2}=\frac{100-p_2}{100-p_1}=\frac{C_2}{C_1}\ (m^3) \tag{4-3-1}$$

式中　V_1、W_1、C_1——含水率为 p_1 时污泥体积、重量与固体浓度(以污泥中干固体质量分数%计)；

V_2、W_2、C_2——含水率为 p_2 时污泥体积、重量与固体浓度(以污泥中干固体质量分数%计)。

从上式可以简单推算得知，若污泥从含水率99.5%浓缩至98.5%，体积可减少到原来的1/2左右；浓缩至95%时，体积仅为原来的1/5，大幅减量化为后续处理创造了条件。如后续处理是厌氧消化，消化池的容积、加热量、搅拌能耗都可大大降低；如后续处理为机械脱水，则污泥调质(或调理)的混凝剂用量、脱水设备的容量可大大减小。常见的污泥浓缩方法有重力浓缩、气浮浓缩、转筒筛浓缩、离心浓缩和过滤式螺压式浓缩等，应根据具体情况选择使用。初沉池污泥用重力浓缩，含水率一般可从97%～98%降至95%以下；剩余污泥一般不宜单独进行重力浓缩；初沉污泥与剩余活性污泥混合后进行重力浓缩，含水率可由96%～98.5%降至95%以下。转筛浓缩、离心浓缩和过滤式螺压浓缩一般可将剩余污泥的含水率从99.2%～99.5%降至94%～96%。

二、重力浓缩

重力浓缩是污泥在重力场作用下的自然沉降，是一个物理过程，不需要外加能量，是一种最节能的污泥浓缩方法。重力浓缩沉降可以分为四种形态：自由沉降、干涉沉降、区域沉降和压缩沉降。重力浓缩既可以在浓缩池中进行，也可以在带式浓缩机上进行。

1. 重力浓缩池

重力浓缩池的池径一般为 ϕ6～20m，按运行方式可分为连续式和间歇式两种，前者主要用于大、中型污水处理厂，后者主要用于小型污水处理厂。在其他条件相同的情况下，一般固体与水的密度差越大，重力浓缩的效果越好。初沉污泥的相对密度为 1.02～1.03，污泥颗粒本身的相对密度为 1.3～1.5，因此易于实现重力浓缩。但在污水处理厂中一般将初沉污泥和二沉污泥混合后采用重力浓缩，这样可以提高重力浓缩池的浓缩效果。

(1)连续式重力浓缩池

连续式重力浓缩池多采用辐流式结构，可分为带污泥浓缩机、不带污泥浓缩机以及多层浓缩池(带刮泥机)三种。带污泥浓缩机浓缩池的池底坡度一般为(1∶6)～(1∶4)，刮板外缘线速度≤3.5m/min。刮板安装后应与池底坡度相吻合，钢刮板与池底距离为 50～100mm，橡胶刮板与池底距离不大于 10mm；分段刮板的运行轨迹应彼此重叠，重叠量为 150～250mm。污泥浓缩机在刮臂上安装有垂直排列的栅条，在刮泥的同时起缓速搅拌的作用，以提高浓缩效果。刮泥机转动过程中每个栅条后面可形成微小涡流，有助于颗粒之间的絮凝，使颗粒逐渐变大；并可造成空穴，促使污泥颗粒的空隙水与气泡逸出；同时能为水提供从污泥中逸出的通道，浓缩效果可提高 20%以上。栅条高度一般为刮臂下弦至配水筒下口，约占有效水深的 2/3，栅条间距一般为 300mm。

污泥浓缩机有悬挂式中心传动浓缩机、垂架式中心传动浓缩机和垂架式周边传动浓缩机三种，悬挂式中心传动浓缩机适用于池径 ϕ14m 以下的浓缩池，垂架式中心传动浓缩机适用于池径大于 ϕ14m 的浓缩池，垂架式周边传动浓缩机适用的池径为 ϕ16～30m。

悬挂式中心传动浓缩机主要由驱动机构(电动机＋减速器)、过扭矩保护机构、提升机构、主轴、刮臂、刮板、栅条、刮浮渣机构、下轴承、稳流筒和工作桥等组成，按驱动机构不同基本上分为直联式和组合式两种。如图 4－3－1 所示，直联式应用立式三级摆线针轮减速器直联传动，并采用安全销联轴器或其他型式的过扭矩保护机构；组合式由卧式两级摆线针轮减速器、链传动、立式蜗轮蜗杆减速器和提升机构组成，立式蜗轮蜗杆减速器上应设有过扭矩保护机构。工作桥的容许挠度不得大于跨度的 1/800，桥上走道宽度应大于 1m，中央部分应有操作检修的空间。提升机构应灵活轻便，提升高度不小于 200mm。表 4－3－2 为 STC 系列中心传动浓缩刮泥机的技术参数列表，分为半桥垂架式和悬挂式两种类型。

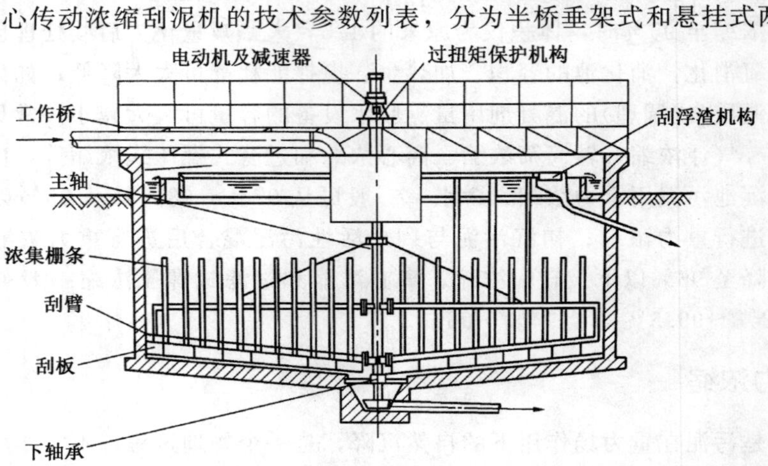

图 4－3－1　悬挂式中心传动浓缩机的结构示意图

表 4-3-2　STC 系列中心传动浓缩刮泥机的技术参数

型号		池径 D/m	池深 H/m	周边线速度/(m/min)	驱动功率/kW
STC-14 Ⅰ	半桥垂架式	14	2.5～3.5	～1.3	1.1
STC-16 Ⅰ		16		～1.4	1.1
STC-18 Ⅰ		18		～1.5	1.5
STC-20 Ⅰ		20		～1.6	1.5
STC-22 Ⅰ		22		～1.6	1.5
STC-25 Ⅰ		25		～1.8	2.2
STC-30 Ⅰ		30		～2.0	2.2
STC-6 Ⅱ	悬挂式	6	3.0～4.0	～1.0	0.37
STC-8 Ⅱ		8	3.5～4.5	～1.5	0.37
STC-10 Ⅱ		10	3.5～4.5	～1.5	0.37
STC-12 Ⅱ		12	4.0～5.0	～1.5	0.75
STC-14 Ⅱ		14	4.0～5.0	～2.0	0.75
STC-16 Ⅱ		16	4.0～5.0	～2.0	0.75

垂架式周边传动浓缩机主要由中心支座、主梁、栅条、桁架、驱动机构、刮板等组成，如图 4-3-2 所示。驱动机构推动主梁沿池壁顶平面圆周运行，底部的刮板将分布于池底的污泥逐渐刮至池中心的集泥槽中，使污泥通过中心排泥管排出。表 4-3-3 为 STP 系列周边传动浓缩机的技术参数。

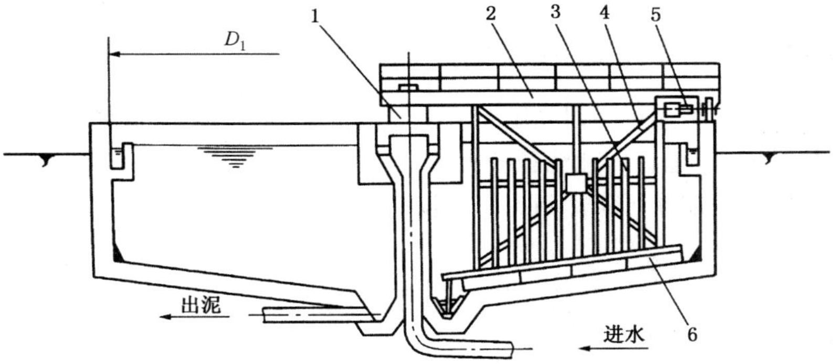

图 4-3-2　周边传动浓缩机的结构示意图

1—中心支座；2—主梁；3—栅条；4—桁架；5—驱动机构；6—刮板

表 4-3-3　STP 系列周边传动浓缩机的技术参数

型号	池径 D/m	池深 H/m	周边线速度/(m/min)	驱动功率/kW
STP 8	8	3.0～5.0	～2	0.37(×2)
STP 10	10	3.0～5.0	～2	0.37(×2)
STP 12	12	3.5～5.0	～2	0.37(×2)
STP 14	14	3.5～5.0	～2	0.37(×2)
STP 16	16	3.5～5.0	～2	0.37(×2)

续表

型号	池径 D/m	池深 H/m	周边线速度/(m/min)	驱动功率/kW
STP 18	18	3.5～5.0	～2	0.37～0.55(×2)
STP 20	20	3.5～5.0	～2	0.37～0.55(×2)
STP 22	22	3.5～5.0	～2	0.55(×2)
STP 25	25	3.5～5.0	～2	0.55～0.75(×2)

当用地受到限制时，可采用如图 4-3-3 所示的多层辐射式浓缩池；在处理污泥量较少时也可采用如图 4-3-4 所示的连续竖流式浓缩池。

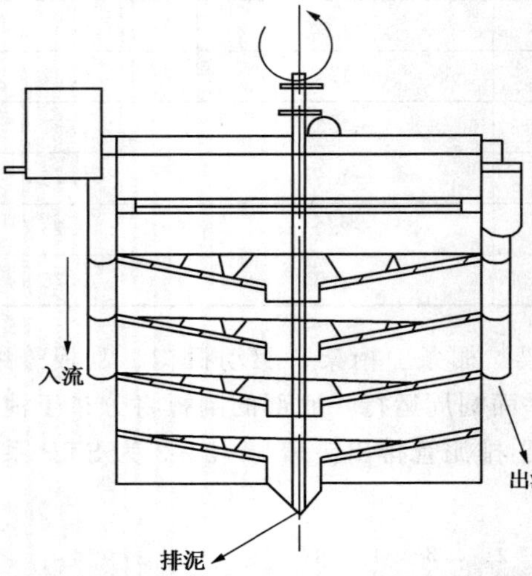

图 4-3-3　多层辐射式浓缩池的结构示意图

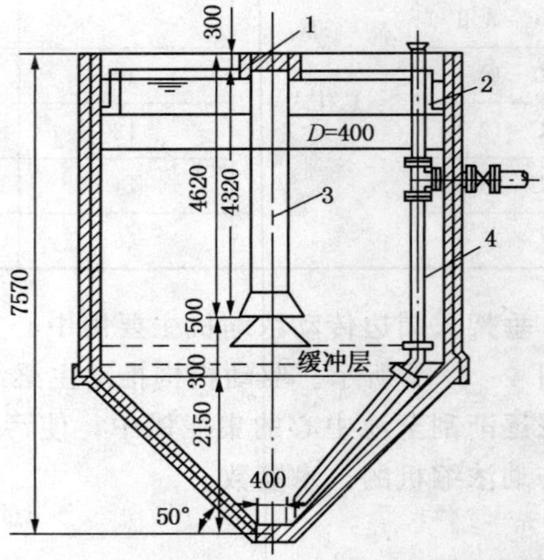

图 4-3-4　连续竖流式污泥浓缩池的结构示意图

如果不用刮泥机，则还可采用如图 4-3-5 所示的多斗连续式浓缩池，依靠重力排泥，斗的锥角应保持在 55°以上，因此池径较大。由于锥体属于三向压缩，有利于污泥浓缩过程的进行。小型连续式浓缩池可不用刮泥机，设一个泥斗即能满足要求。

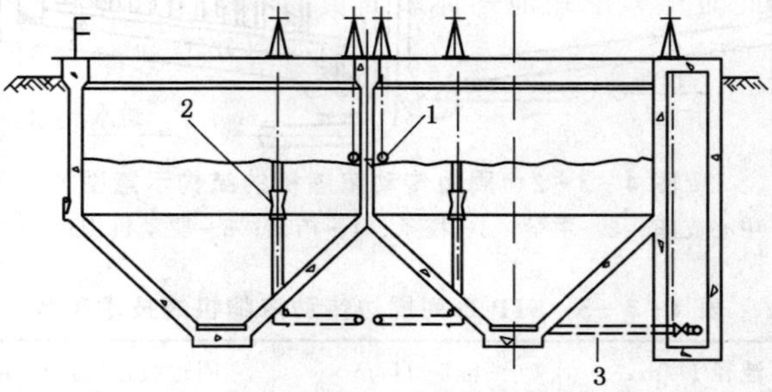

图 4-3-5　多斗连续式浓缩池的结构示意图

1—进口；2—可升降的上清液排除管；3—排泥管

连续式浓缩池的主要设计参数是固体通量和水力负荷，设计中最主要的是确定水平断面面积，计算该面积的理论与公式很多。重力浓缩池也可按现有的数据进行设计计算，但其合理设计与运行取决于对污泥特性的正确掌握；对于工业废水而言，由于污泥来源不同而造成污泥特性差别很大，因此在有条件的情况下，还是应该经过试验来掌握污泥特性，得出各设计参数。运行过程中应该连续进泥连续排泥，使污泥层保持稳定，对浓缩效果有利。因为初沉池一般只能用间歇排泥，使浓缩池无法连续运行，在这种情况下，应尽量提高进泥排泥次数，使运行趋于连续。浓缩池排泥要及时，每次排泥一定不能过量，否则排泥速度会超过浓缩速度，使排出的污泥浓度降低，同时也破坏污泥层，影响浓缩效果。

(2)间歇式重力浓缩池

如图 4－3－6 所示，间歇式重力浓缩池的设计原理与连续式相同。运行时应先排除浓缩池中的上清液，腾出池容，再投入待浓缩的污泥，为此应在浓缩池的不同深度上设置上清液排除管。浓缩时间一般不小于 12h，浓缩后的污泥含水率为 97％～98％。

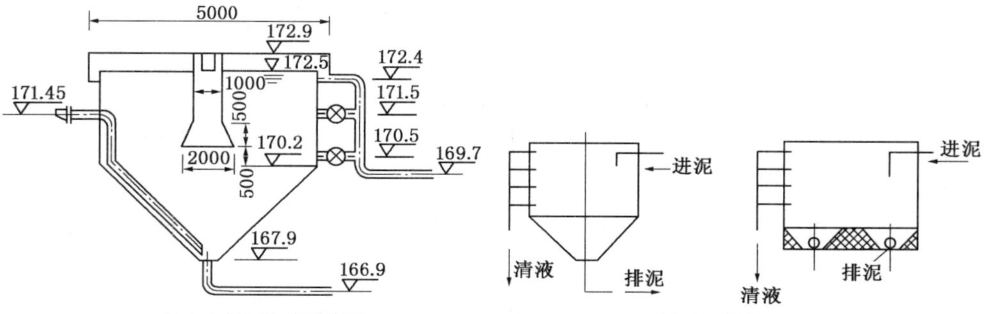

(a)带中心管间歇式浓缩池　　(b)不带中心管间歇式浓缩池

图 4－3－6　间歇式重力浓缩池的结构示意图

浓缩池内的状态可分为三个区：几乎不含固体颗粒的澄清区、污泥进行沉淀的沉降区、沉降污泥承受压密作用的底部压缩区。从工艺控制的角度来说，沉降区与水面保持合适的距离具有重要意义。如果沉降区升高，污泥停留时间增长，压密作用增大，污泥浓度便能提高。但如果沉降区过高，污泥停留时间过长，则污泥易腐败而上浮，使溢流水水质恶化；反之，若沉降区过低，则达不到处理要求。重力浓缩池一般采用固体表面负荷进行设计，初沉污泥的固体表面负荷一般采用 90～150kg/(m^2·d)，二沉污泥的固体表面负荷一般采用 10～30kg/(m^2·d)。在污水处理厂中一般将初沉污泥和二沉污泥混合后采用重力浓缩，这样可以提高浓缩效果，此时重力浓缩池固体表面负荷取决于二种污泥的比例。在重力浓缩池的具体结构设计方面，美国 WesTech Engineering 公司在上部 EvenFlo™ 进泥井、池内空气提升污泥稀释系统、池底污泥控制系统等方面进行了较为深入的研究，并开发了污泥浓缩池优化设计软件包。

污泥浓缩时发生膨胀是一个很棘手的问题。由于污泥膨胀，往往无法重力浓缩而使固体物大量流失；膨胀严重时，甚至不得不把池内的污泥全部放空，冲洗后重新投入运行。如果浓缩池中出现了污泥膨胀，一般的解决方法有生物法、化学法和物理法。生物法是解决浓缩池中污泥膨胀的根本方法，主要是协调细菌的营养，当碳氮比例失调时，可在入流污泥中投加碳源(如尿素、碳酸氨、氯化铵或消化池的上清液)。

2. 重力带式浓缩机

重力带式浓缩机(Gravity Belt Thickener，GBT)是根据带式压滤机前半段即重力脱水段的原理，并结合污泥含水率较高特点而设计的一种污泥浓缩设备。如图 4－3－7 所示，主要由框架、污泥配料机构、滤布、调整辊和犁耙组成。絮凝后的污泥进入重力脱水段，由于污泥层有一定厚度，且含水率高、透水性不好，为此设置了很多犁耙，将均铺在滤带上的污泥耙起很多垄沟，垄背上污泥脱出的水分通过垄沟能顺利透过滤带而分离。重力带式浓缩机通常具备很强的可调节性，其进泥量、滤布走速、泥耙夹角和高度均可进行有效调节，以达到预期的浓缩效果。

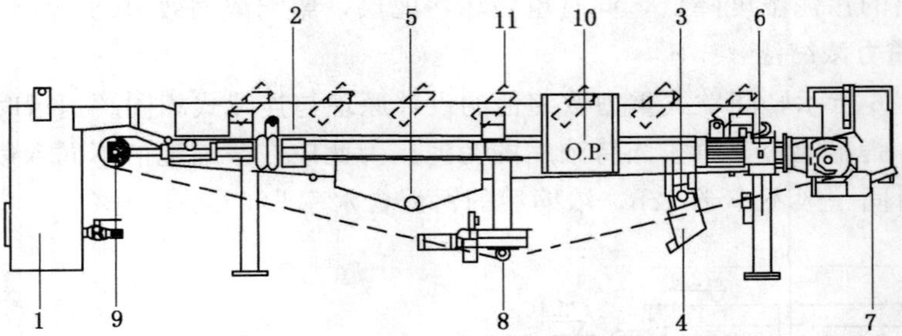

图 4-3-7　重力带式浓缩机的结构示意图

1—絮凝反应器；2—重力脱水段；3—冲洗水进口；4—冲洗水箱；5—过滤水排出口；6—驱动机构；7—卸料口；8—调整辊；9—张紧辊；10—气动控制箱；11—犁耙

重力带式浓缩机的主要性能参数及其对不同类型污泥的处理效果分别如表 4-3-4、表 4-3-5 所示。

表 4-3-4　重力带式浓缩机的主要性能参数

型号		1200	2000	3000
功率/kW		2.2	2.2	4
流量/(m^3/h)		100	200	300
滤带宽度/mm		1300	2200	3200
滤带速度/(m/min)		3～17	3～17	3～17
电源	电压/V	380	380	380
	频率/Hz	50	50	50
质量/kg		1850	2400	3100
外形尺寸(长×宽×高)/mm		5500×2490×1210	5500×3460×1210	6400×4400×1250

表 4-3-5　重力带式浓缩机对不同类型污泥的处理效果

污泥类型	进机污泥含固率/%	出机污泥含固率/%	高分子絮凝剂投加量/(kg/t 干泥)
初次沉淀池污泥	2.0～4.9	4.1～9.3	0.7～0.9
剩余活性污泥	0.3～0.7	5.0～6.6	2.0～6.5
混合污泥	2.8～4.0	6.2～8.0	1.6～3.5
生物膜法污泥	2.0～2.7	4.0～6.5	4.7～6.5
氧化沟污泥	0.75	8.1	—
消化污泥	1.6～2.0	5.0～10.5	2.5～8.5
给水厂污泥	0.65	4.9	—

重力带式浓缩机进泥含水率可达 99.2%，浓缩处理后含水率可降至 95%～97%。德国 Passavant-Geiger 公司的 FluX-Drain、奥地利 Andritz 集团的 PowerDrain Belt Thickener PD、美国 BDP Industries 的 Gravity Belt Thickener(GBT)、德国 Huber 公司的 Drainbelt DB 等是重力

带式浓缩机的典型产品。设备厂商通常会根据具体的泥质情况提供水力负荷或固体负荷的建议值，但不同厂商设备之间的水力负荷值可以相差很大，质量一般的只有 20～30m^3/(m 带宽・h)，好的可以做到 50～60m^3/(m 带宽・h)甚至更高，设备带宽最大为 3.0m。当没有详细的泥质分析资料时，设计选型的水力负荷可按 40～45m^3/(m 带宽・h)考虑。

此外值得一提的是，德国 Huber 公司推出的倾斜盘式浓缩机(ROTAMAT® Disc Thickener RoS 2S 或 S－DISC)，利用一个倾斜安装且缓慢旋转的滤盘来对污泥进行浓缩。除了结构布局上将重力带式浓缩机的矩形平面滤网改为倾斜圆盘滤网之外，工作原理基本类似。倾斜圆盘滤网分为浓缩区和滤液收集区两大部分，滤网的网格间隙为 0.3～0.45mm；通过喷嘴利用滤液对滤网进行间歇性清洗。每台设备可以处理高达 20m^3/h 的稀污泥，体积减量大于 85%，浓缩后污泥的含固率大于 6%。

三、气浮浓缩

气浮浓缩(Flotation Thickening)主要用于初沉污泥、初沉污泥与剩余活性污泥的混合污泥，特别适用于浓缩过程中易发生污泥膨胀、易发酵的剩余活性污泥和生物膜法污泥。活性污泥的相对密度约在 1.004～1.008 之间，当其处于膨胀状态时的相对密度甚至小于 1，故密度过低的活性污泥一般不易实现重力浓缩而比较适合气浮浓缩。目前，加压溶气气浮(DAF)已广泛应用于剩余活性污泥的浓缩处理，生物气浮工艺浓缩活性污泥也已有应用。

1. 加压溶气气浮浓缩

自 1957 年第一个 DAF 污泥浓缩装置在美国纽约 Bay Park 污水处理厂成功投运以来，DAF 污泥浓缩技术在许多国家的污水处理厂得到应用，如挪威 Gross 污水处理厂采用 DAF 浓缩生物脱氮除磷工艺产生的剩余活性污泥，取得了满意结果。不投加调理剂时浓缩后污泥的含固率可达 3%以上，投加调理剂时浓缩后污泥的含固率可达 4%以上。

有回流平流式加压溶气气浮浓缩设备的结构如图 4－3－8 所示，矩形池体大致分为进水室、分离室、浮渣室三部分。在矩形池的一端设置进水室，污泥和加压溶气水在此混合，从加压溶气水中释放出来的微气泡附着在污泥絮体上，然后从上方以平流方式流入分离室，在分离室中固体与澄清液分离。用刮泥机将上浮到表面的污泥絮体刮送到浮渣室。澄清液则通过设置在池底部的集水管汇集，越过溢流堰，经处理水管排出。分离室中少量沉淀下来的污泥被刮集在污泥斗中，然后排出。上浮物刮集机可采用绳索牵引式撇渣机、链条牵引式撇渣机等，具体可参见§1.4。

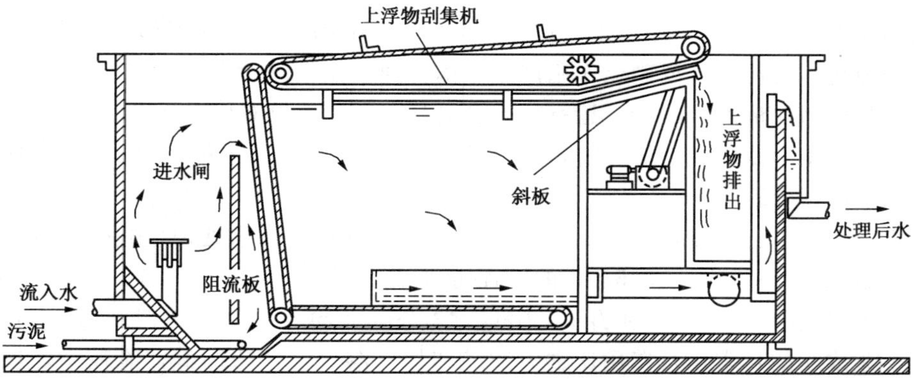

图 4－3－8 有回流平流式加压溶气气浮浓缩设备的结构示意图

竖流式加压溶气气浮浓缩设备的结构如图 4-3-9 所示，在圆形或方形槽的中间设置圆形进泥室，以衰减流入污泥悬浮液具有的能量，并起到均化作用。加压溶气水同时进入，释放出的微气泡附着在污泥絮凝体上一起上浮，然后借助刮泥板将浮渣收集排出。未上浮而沉淀下来的污泥，依靠旋转耙收集后从排泥管排出，澄清液则从底部收集后排出。刮泥板、进泥室和旋转耙等都连接安装在中心轴上，依靠中心轴的旋转使其以同样的速度旋转。

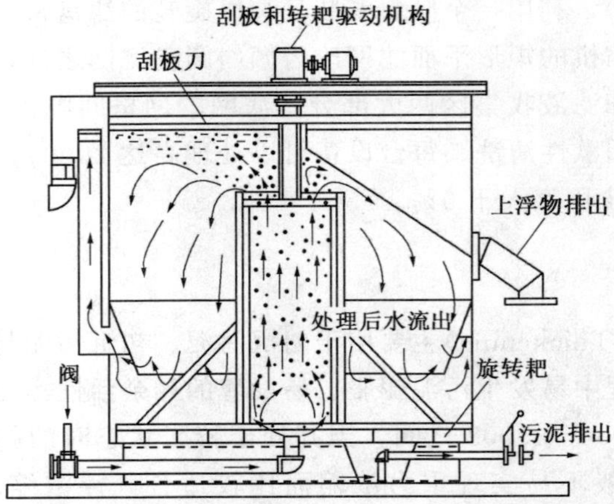

图 4-3-9　竖流式加压溶气气浮浓缩设备的结构示意图(剖面图，圆形)

气浮浓缩池的主要设计参数是气固比、水力负荷和浓缩时间。我国 20 世纪 80 年代对 DAF 浓缩城市污水处理厂剩余活性污泥的效果进行过研究，结果认为沉降压缩性能较好的活性污泥，其气浮浓缩性能也较好，固体负荷是影响浮泥浓度的主要因素。成都市三瓦窑污水处理厂浓缩来自二沉池的剩余活性污泥，设计进泥含水率为 99.4%，出泥含水率为 96%，溶气压力为 0.5MPa，气固比为 0.015，固体负荷为 50kg/(m^2·d)，水力负荷为 1.1m^3/(m^2·h)。可以投加铝盐、铁盐、活性二氧化硅、有机高分子聚合物[如聚丙烯酰胺(PAM)]等，形成易于吸附或俘获空气泡的表面及构架，提高气浮浓缩效果。具体使用何种混凝剂及其剂量，宜通过实验测定。当气浮浓缩后的污泥需要回流到生化曝气池时，则不宜采用混凝剂。

加压溶气气浮污泥浓缩工艺具有占地面积小、卫生条件好、在浓缩过程中充氧可避免富磷污泥磷的释放等优点，但动力消耗、操作要求高于重力浓缩。

2. 生物气浮浓缩

1983 年，瑞典 Simoma Cizinska 开发了生物气浮浓缩工艺，利用污泥自身的反硝化能力，加入硝酸盐，污泥进行反硝化作用产生气体，使污泥上浮而进行浓缩。硝酸盐浓度、温度、碳源、初始污泥浓度、泥龄、运行时间等对污泥浓缩效果有较大影响。生物气浮浓缩工艺的浮泥浓度是重力浓缩的 1.3～3 倍，对膨胀污泥也有较好的浓缩效果，且浮泥中所含气体少，有利于后续处理。

生物气浮浓缩工艺在瑞典 Pisek、Milevsko、Bjornlunda 污水处理厂进行了生产性试验，MLSS 为 6.2g/L、10.7g/L、3.5g/L 的污泥分别浓缩到 59.4g/L、59.7g/L、66.7g/L，每浓缩 1g MLSS 消耗的 NO_3^- 分别为 17.2mg、16.7mg、29.7mg，浓缩时间为 4～24h。

生物气浮浓缩的日常运行费用比重力浓缩和加压溶气气浮浓缩低，能耗小，设备简单，操作管理方便，但水力停留时间(HRT)比加压溶气气浮浓缩长，且需投加硝酸盐。

四、转筛式浓缩机

当操作空间有限或对污泥浓缩处理性能的要求较低时，可以考虑采用转筛式浓缩机(Sieve Drum Concentrator，SDC；Rotary Screen Thickener，RST)，也被称为转筒式浓缩机(Rotary Drum Thickener，RDT；Rotary Drum Concentrator，RDC)。主要特点是在水平放置的转筛(或转筒)内壁衬有滤布或滤网，污泥中的自由水在重力作用下透过滤布或滤网外流。转筛既可以通过中心转轴支撑在钢架上，也可以通过其外圆柱面底部的支撑辊轴以类似摩擦轮的方式来传动，工作过程中转筛以 5～20r/min 的速度缓慢旋转。由于污泥滤饼可能会堵塞滤布或滤网，需要定期冲洗。目前国际市场上转筛式浓缩机的代表性产品包括：瑞典 Alfa Laval 公司的 ALDRUM 污泥浓缩系统、德国 Bilfinger 公司的 ROEFILT 转筛式浓缩机、美国 Parkson 公司的 Hycor® ThickTech、日本富国工业株式会社(Fukoku Kogyo Company，FKC)公司的 RST 转筛式浓缩机等。

1. ALDRUM 污泥浓缩系统

经絮凝处理后的污泥通过低速旋转的转筛进行固-液分离，污泥中的液体透过滤网流出，截流下来的污泥得到浓缩，污泥浓缩浓度可随污泥的进料流量、转筛的倾角及旋转速度的变化而改变。ALDRUM 转筛浓缩系统还配有水力喷射的滤网清洗系统，由于对滤网采取间歇式清洗，清洗水可使用污水厂终端排放水或经过处理的浓缩机滤出液，水的消耗量较小。如图 4－3－10 所示，ALDRUM 絮凝反应器由常压反应器及专门设计的螺旋搅拌器组成，为确保污泥的完全絮凝，螺旋搅拌器能使絮凝剂和污泥充分混合，并与污泥中的固体发生絮凝反应。螺旋搅拌器表面清洁光滑，避免搅拌时破坏絮质。ALDRUM 污泥浓缩系统有 Mini、Midi、Maxi、Mega 以及 Mega Duo 等几种，与含水率 99%剩余污泥对应的处理能力分别为 $7m^3/h$、$15m^3/h$、$30m^3/h$、$60m^3/h$、$2\times60m^3/h$。

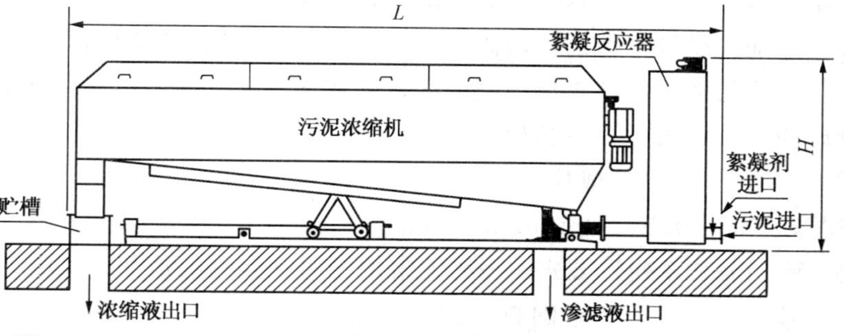

图 4－3－10　ALDRUM 污泥浓缩和絮凝反应器的结构布局示意图

2. FKC 公司的 RST 转筛式浓缩机

日本 FKC 公司开发的常规转筛式浓缩机(Conventional Rotary Screen Thickener，RST)如图 4－3－11 所示，转筛通过其外圆柱面底部的支撑辊轴以类似摩擦轮的方式来传动。在转筛外圆柱面顶部设有冲洗喷头以定期冲洗转筛内壁的污泥饼，转筛缓慢旋转的目的主要是使整个圆柱面得到较为均匀的冲洗，而不是利用离心力来达到泥水分离的目的。

对于常规系列而言，单转筛结构的转筛直径有 ϕ315mm、ϕ480mm、ϕ630mm、ϕ775mm 四种规格，转筛长度有 1000mm、2000mm、3000mm、3600mm 四种规格。推荐冲洗水的压力为 0.20～0.28MPa，出口污泥的含水率一般在 92%～96%之间。

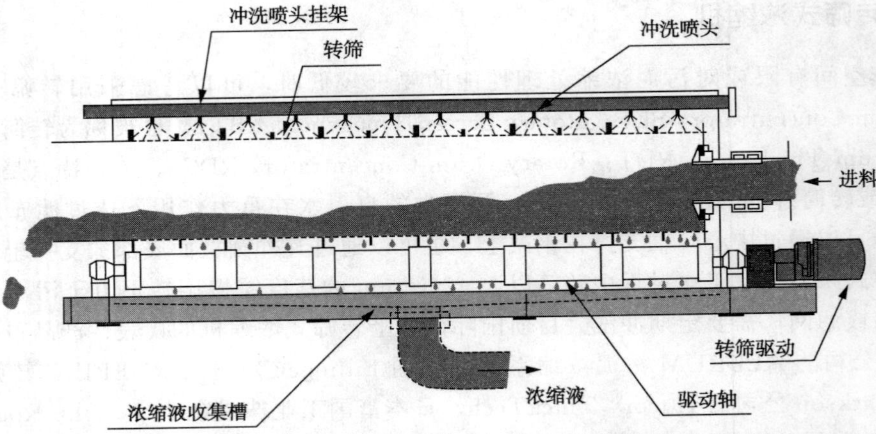

图 4-3-11　日本 FKC 公司常规转筛式浓缩机的结构示意图

五、离心浓缩设备

离心浓缩占地小，不会产生恶臭，对于富磷污泥可以避免磷的二次释放，提高了污泥处理系统总的除磷率，但运行费用和机械维修费用高，一般很少仅仅用于污泥浓缩，但对于难以浓缩的剩余活性污泥可以考虑使用。离心浓缩工艺最早始于 20 世纪 20 年代初，当时采用原始的筐式离心机，现在普遍采用转鼓式和转笼形结构，其中转鼓式结构相对较为普遍。

1. 转鼓式离心浓缩机

与转鼓式离心脱水一样，转鼓式离心浓缩也采用卧式螺旋卸料沉降离心机(简称卧螺沉降离心机)。由于没有滤网，因而不存在滤网堵塞问题；由于离心加速度大，活性污泥不需形成很大絮团就能分离，因此絮凝剂的投加量相对较少。只有当需要污泥的含固率大于 6% 时，离心浓缩才加入少量絮凝剂，而离心脱水则要求必须加入絮凝剂进行调质。离心浓缩的主要参数有：入流污泥浓度、排出污泥浓度、固体回收率、高分子絮凝剂的投加量等，离心浓缩的设计较为困难，通常参考相似工程实例。

转鼓式离心浓缩机的典型代表为德国 Flottweg 公司的 OSE 系列转鼓式污泥浓缩机(OSE DECANTER，OSE＝Optimum Sludge Thickening)和日本 Tsukishima Kikai 公司的 Centri Hope 等。OSE 系列转鼓式污泥浓缩机用于对来自曝气池和二沉池的活性污泥进行浓缩，能够 24h 连续工作，处理范围 20～250m^3/h。采用封闭结构以避免臭气外溢，所有与湿污泥接触的部件都采用高等级的不锈钢制造；采用内部清洗以避免喷射散溢。相关性能参数如表 4-3-6 所示。

表 4-3-6　德国 Flottweg 公司 OSE 系列转鼓式污泥浓缩机的主要性能参数

类　型		Z4E-4	Z5E-4	Z6E-4	Z73-4	Z92-4
结构材料		所有与湿污泥接触的部件都采用高等级的不锈钢制造，诸如 1.4463(Duplex 离心铸造)，1.4571(AISI316Ti)等				
尺寸/mm	*L*	3500	4200	4800	4815	5740
	W	1000	1600	1705	2350	2780
	H	1200	1150	1500	1500	1730

续表

类　　型	Z4E－4	Z5E－4	Z6E－4	Z73－4	Z92－4
总重/kg	3000	6200	9230	11000	16200
转鼓驱动电动机的功率/kW	22～30	45～75	55～90	75～110	110～200
螺旋驱动电动机(SIMP－DRIVE®)的功率/kW	4	5.5	5.5	5.5	7.5
典型的进料量/(m^3/h)	20～40	35～70	50～90	80～130	120～250
可选择的驱动方式	对转鼓和螺旋推进器采用液压马达驱动				

2. 转笼形离心浓缩机

转笼形离心浓缩机为日本Nishihara环境技术公司(西原环境技术公司)的产品，也称为离心式过滤污泥浓缩机(Centrifugal Filtration Sludge Thickener)，属于§1.6中的立式离心力卸料过滤离心机。如图4－3－12所示，圆锥形笼框内侧铺上滤布，电动机通过旋转轴带动笼框旋转，离心加速度为(100～300)g。污泥从笼框底部流入，其中的水分穿过滤布进入滤液室，然后排出。污泥中的悬浮固体被滤布截流实现固液分离，污泥被浓缩。浓缩的污泥沿笼框壁徐徐向上，从上端进入浓缩室再排出。当滤布被污泥滤饼堵塞而使得滤液透过能力大幅度下降时，停止泵入污泥，用水泵泵入带压冲洗水，通过洗涤喷嘴在笼框旋转的同时冲洗滤布。

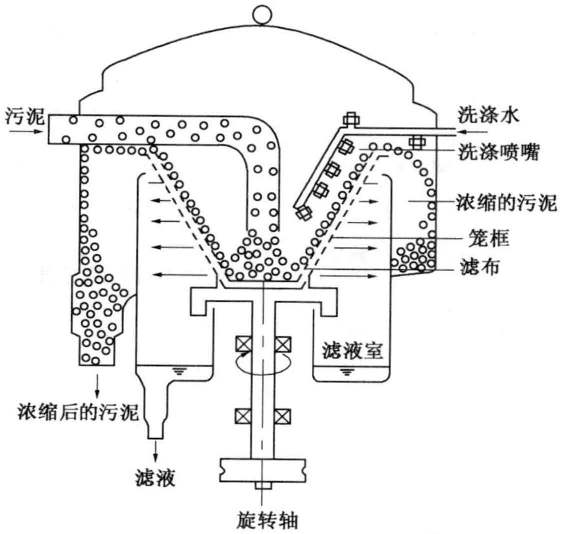

图4－3－12　转笼形立式离心浓缩机的结构示意图

这种离心浓缩机由于具有离心和过滤双重作用，大大提高了过滤效率；实现了浓缩设备的小型化，大大减少了占地面积。该设备的运行转速低(900r/min左右)、操作安全方便、臭气散发少。当剩余活性污泥的含水率在0.5%～0.9%之间时，浓缩后活性污泥的含水率为2.5%～4.5%，SS回收率为85%～94%。

六、过滤式螺压浓缩机

过滤式螺压浓缩机结构上的最大特点就是在筒状滤网的中心轴线上设置有螺旋输送器，由于螺旋输送器的推挤压榨作用，使污泥内部受到的挤压力大于重力式浓缩设备，同时过滤过程也由重力过滤转变为压力过滤。根据筒状滤网和螺旋输送器轴心线的空间方位，过滤式螺压浓缩机可以分为水平轴和倾斜轴两大类。日本富国工业株式会社(Fukoku Kogyo Company，FKC)公司的HC－RST系列过滤式螺压浓缩机、德国Huber公司的STRAINPRESS® Sludgecleaner SP、英国海卓国际旋流技术公司(Hydro International)的Hydro－Sludge Screen等都属于水平轴类，德国Huber公司RoS2型过滤式螺压浓缩机则是倾斜轴类的典型代表。筒状滤网可以旋转，也可以固定而不旋转。

1. 日本 FKC 公司的 HC－RST 系列过滤式螺压浓缩机

除常规系列转筛式浓缩机之外，日本 FKC 公司还开发有高密实度(High Consistency)的过滤式螺压浓缩机(HC－RST)。如图 4－3－13 所示，HC－RST 系列过滤式螺压浓缩机的螺旋输送器安装在由滤网组成的圆筒(简称滤筒或转筛)中心轴线上，螺旋输送器轴向为圆柱-圆锥组合式结构，从原料入口至出口方向直径逐渐变粗。待浓缩的污泥从螺旋输送器圆柱段外侧端部沿中心轴线进料，在圆柱段适当部位进入转筛，开始浓缩过程。随着螺旋叶片之间的容积逐渐变小，污泥逐渐被推挤压榨而发生固-液分离。滤液通过转筛的网孔被排出，流向脱水机下方的滤液收集槽后排至机器外部，浓缩后的污泥在螺旋叶片的挤压推动下从圆锥段大端排出。转筛和螺旋输送器由带有减速器的两个驱动单元分别驱动并使其逆向旋转，通过调节转筛和螺旋输送器的转速，改变污泥的滞留时间和过滤面积，从而能够任意改变出口浓度。

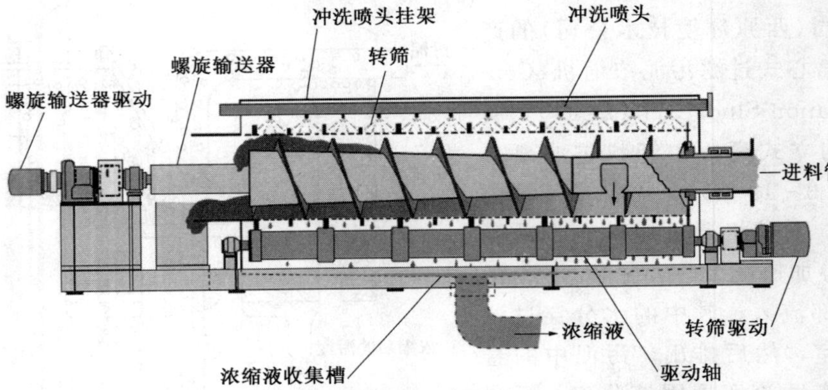

图 4－3－13　HC－RST 系列过滤式螺压浓缩机的结构示意图

客户能够根据不同的规格要求决定转筛的直径和长度；同时能够根据处理量的大小，选择使用单转筛或双转筛的结构布局。单、双转筛结构的转筛直径都只有 ϕ630mm、ϕ775mm 两种规格，转筛长度也都只有 3000mm、3600mm 两种规格。推荐冲洗水的压力为 0.20～0.28MPa(30～40 psi)，出口污泥的含水率一般在 80%～92%之间。

2. 德国 Huber 公司的 S－DRUM 型过滤式螺压浓缩机

如图 4－3－14 所示，德国 Huber 公司的 S－DRUM 型过滤式螺压浓缩机(Rotary Screw Thickener S－DRUM)由圆柱-圆锥组合楔形不锈钢滤网和具有自清洗功能、合理梯度变化的变螺距变轴径螺旋输送器组成，机身和滤网完全由不锈钢制造，经过酸洗钝化处理，防腐能力强。该设备的最大特点是整机倾斜安装(倾斜角度为 30°)、顶部出料；筒状滤网不旋转，仅仅是与其同轴心线的螺旋输送器旋转；整个浓缩处理过程全封闭进行。

稀污泥由泵送至絮凝反应器前，由流量仪和浓度仪检测后，指令絮凝剂投加设备定量投入粉状或液状(投加浓度可预先设定)高分子絮凝剂。通过混合器混合后进入絮凝反应器内，经缓慢反应并搅拌均匀后连续进入过滤式螺压浓缩机。污泥在筒状滤网内由螺旋输送器从低端缓慢提升到高端，在此过程中污泥被挤压浓缩，浓缩后的污泥卸入集泥斗，浓缩液通过滤网外排。污泥浓缩的程度通过改变螺旋输送器的转速或调整污泥排出口处堰板的高度来实现。楔形不锈钢滤网的清洗由一个自动清洗系统来完成，该系统实际上通过电动机带动小齿轮与圆筒滤网外侧的大齿圈啮合，进而带动多个喷嘴架在一定范围内正反转动，每个喷嘴架上固定安装有多个喷嘴，在污泥浓缩过程中对筒状滤网外圆柱面进行周期性喷射冲洗。

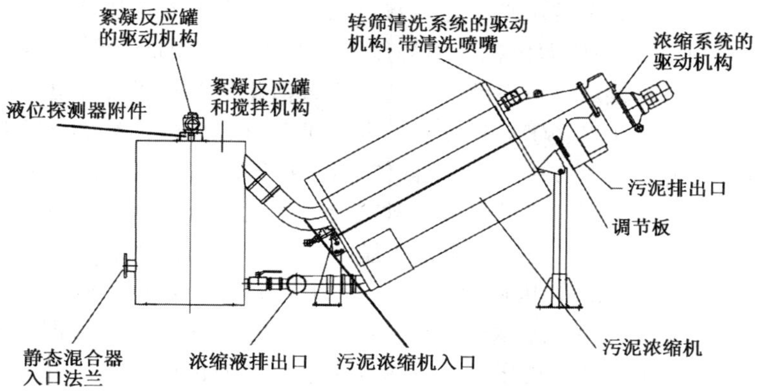

图 4－3－14　S－DRUM 型过滤式螺压浓缩机处理污泥的工艺流程示意图

S－DRUM 型过滤式螺压浓缩机的主要性能参数如表 4－3－7 所示，其主要特点如下：①含固率 0.5%的稀污泥经浓缩处理后含固率可提高到 6%～12%，污泥体积减量化高达 90%，絮凝剂的消耗量为 0.19%～0.29%(相当于 1900～2900mg/L)；②设备适用范围广，当进泥含固率在 0.7%～1.2%之间变化时，通过改变螺旋输送器的转速或调整污泥排出口处堰板(或调节板)的高度，即可适应稀污泥中含固率的变化，使絮凝剂得到充分利用，反应完全；③设备体积小、占地少、能耗低、效率高，由于螺旋输送器在<12r/min 的低转速下运行，无振动和噪声，使用寿命长。

表 4－3－7　S－DRUM 型过滤式螺压浓缩机的主要性能参数

型号	处理量/(m^3/h)	螺旋输送器配套电动机		螺旋输送器转速/(r/min)	反应器功率/kW	搅拌器转速/(r/min)	清洗系统的电动机功率/kW	系统管径/mm	运行质量/kg
		功率/kW	电压/V						
S－DRUM 2.1	8～15	0.55	380	0～12	0.55	0～23.5	0.04	80/100	3300
S－DRUM 2.2	18～30	1.10	380	0～9.1	0.55	0～23.5	0.04	100/125	3400
S－DRUM 2.3	35～50	2.20	380	0～9.7	0.55	0～23.5	0.04	100/150	4700
S－DRUM 2.4	60～100	4.40	380	0～7.5	0.55	0～9.9	0.04	200/150	9000

§4.4　污泥消化稳定设备

污泥稳定的目的在于降低有机物含量或使其暂时不产生分解，《城镇污水处理厂污染物排放标准》(GB 18918)规定，污泥稳定化控制指标中有机物降解率应大于 40%。污泥稳定的方法有化学法和生物法，化学稳定就是采用化学药剂杀死微生物，使有机物在短期内不致腐败；生物稳定就是在人工条件下加速微生物对有机物的分解，使之变成稳定的无机物或不易被生物降解的有机物。污泥的生物稳定包括好氧消化和厌氧消化两种形式，好氧消化的缺点是动力消耗大、运行费用高。厌氧消化是指污泥在无氧条件下，由兼性菌和专性厌氧菌降解污泥中的有机物，并进行稳定的多阶段生化反应。大约在 1860 年，法国工程师 Louis H. Mouras 在 Vesoul 设计建成了用于分离和发酵生活污水中固体物质的厌氧消化器(Mouras automatic scaverager)，无加温与搅拌设备；20 世纪初，随着对厌氧微生物研究的深入，出现了带加温与搅拌功能的厌氧污泥反应器。由于时间长、管理较为复杂，直到 20 世纪中期，厌氧工艺在环境工程领域仅仅被用来稳定污水污泥。第二次世界大战以后，全球环境不断恶化，加上20世纪以来出现的能源危机，能耗低又可产生生物质能(沼气)的厌氧工艺重新受到重视，并在污水处理中得到迅速发展。目前，厌氧消化是对有机污泥进行稳定处理的主要手段，其功能主要有以下几点：①通过减少污泥中可分解、易腐化有机物的含量，消化污泥的体积较消化前一般可减少1/2～1/3，而且使污泥性质稳定；②未消化的污泥呈黏性胶状结构而不易脱水，消化使污泥中的胶体物质被气化、液化或分解，水分与固体易分离，进而提高污泥的脱水效果；③污泥在厌氧消化过程中产生沼气，虽然沼气中包括CH_4、CO_2、H_2S等气体，但CH_4约占2/3，因此可作为燃料用来发电、烧锅炉等；④污泥在厌氧消化过程中，H_2S分离出硫分子或与铁结合成为硫化铁，因此消化后的污泥不会再发出恶臭；⑤污泥在厌氧消化过程中，产生的甲烷菌可杀死大部分病原菌以及其他有害微生物，提高了污泥的卫生质量。

一、污泥的厌氧消化

1. 厌氧消化的工艺简介

目前对厌氧消化原理较为全面的阐述为M. P. Bryant于1979年提出的“三阶段理论”和J. G. Zeikus于1979年第一届国际厌氧消化会议上提出的“四种群理论”。“三阶段理论”认为，整个厌氧消化过程分为水解酸化、产氢产乙酸和产甲烷三个阶段。有机物首先通过水解发酵细菌的作用生成挥发性脂肪酸、醇类和乳酸等，接着由产氢产乙酸菌的降解作用而被转化为乙酸、H_2和CO_2，然后再被产甲烷菌利用，最终转化为CH_4和CO_2。“四种群理论”在三阶段理论基础上增加了第二阶段同型产乙酸菌群，该菌群的代谢特点是能将H_2与CO_2合成为乙酸。但研究结果表明，这部分乙酸产量很少，一般可忽略不计，因此厌氧消化机理阐述现阶段仍以“三阶段理论”为主。一般情况下，产甲烷阶段是整个厌氧消化的控制阶段，为使厌氧消化过程完整进行就必须首先满足产甲烷细菌的生长条件，如维持一定温度、增加反应时间等，特别是对难降解或有毒污水需要长时间的驯化才能适应。

(1)厌氧消化工艺的分类

①按照操作温度的不同，可分为低温消化(0～20℃)、中温消化(20～42℃，Mesophilic Digestion)和高温消化(42～75℃，Thermophilic Digestion)3类。温度对产酸过程的影响不是很大，对产甲烷过程的影响则较大。在35℃以下时，细菌的活性和生长速率每降低10℃就减少一半。高温消化具有消化速度快、处理负荷高、反应时间短和反应器容积小等优点；此外，高温条件对有机物的降解和病原菌的杀灭非常有效，对寄生虫卵的杀灭率可达90%以上，尤其当污泥进一步作土地利用时高温处理更为必要。但高温消化加热污泥所消耗热量大、能耗高，只有在卫生要求严格或对污泥气产生量要求较高时才选用。

②按反应器运行方式的不同，可分为连续式和序批式。

③按消化效率的不同，可分为低负荷率消化(普通消化、常规消化或低速消化)和高负荷率消化(高效消化或高速消化)。低负荷率消化如图4-4-1(a)所示，一般在消化池内不设加热和搅拌设备。经过浓缩、均质后的污泥(含水率94%～97%)不经预热，直接进入消化池中进行厌氧消化，污泥投配率(每日投加新鲜污泥体积占消化池有效容积的百分数)以5%～8%为宜，进出流一般为间歇式。该工艺的特点是消化速率较慢，产气率低，由于搅拌作用不充分，池内污泥有分层现象，在形成的浮渣层、上清液层(悬浮层)、消化活跃层、熟污泥层(经稳定的污泥)中，只有消化活跃层才进行有效的厌氧反应。稳定后的污泥由池底周期性

排出，上层和中层的污泥则在每次进料时一并排出，上清液直接或经预处理后返回到污水处理设施中。普通消化工艺因微生物与有机物不能充分接触，所以只有50%的容积得到有效利用，有机负荷率低[1.6～6.4kg VSS/(m^3·d)]，消化反应速率很低，水力停留时间(HRT)一般为30～60d，故仅适用于小规模的污水处理厂。从1927年开始，研究人员先后在普通消化池中加上了加热和搅拌设备，逐步形成了如图4-4-1(b)所示的高负荷率消化，并成为目前污泥厌氧消化处理的主导工艺，有机物降解率可达40%～50%，对寄生虫(卵)的杀灭率可达99%，水力停留时间(HRT)一般为10～15d，有机负荷率达1.6～6.4kg VSS/(m^3·d)或更高。缺点当然是运行能耗较大，系统稳定性较差。

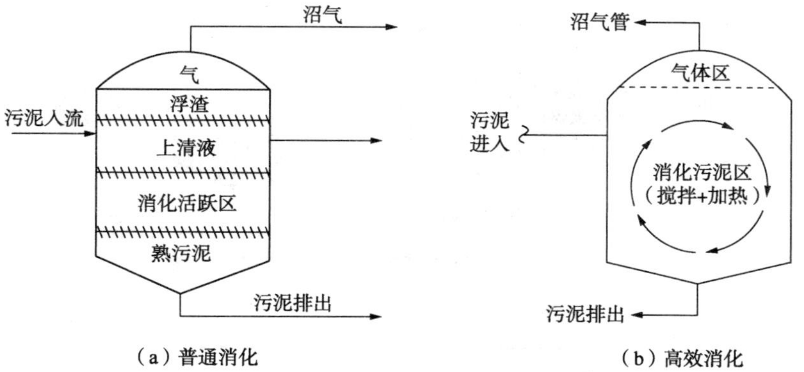

图4-4-1　普通消化与高速消化的工作示意图

(2)两级厌氧消化与两相厌氧消化

污泥厌氧消化按消化池的串联使用数量分为单级厌氧消化和两级厌氧消化，具体有单级中温厌氧消化、单级高温厌氧消化、两级厌氧消化、两相厌氧消化(Two-Phase Anaerobic Digestion，TPAD)等四种。

单级厌氧消化只设置一个消化池，污泥在一个池中完成全部消化过程，土建费用较省。但单级中温厌氧消化时污泥中有机物的降解率仅为45%～55%，消化污泥排入干化厂后将继续分解，产生的气体逸散后既污染环境又损失能源。两级厌氧消化是为了节省污泥加温与搅拌所需能量，根据消化时间与产气量关系而建立的运行方式，如图4-4-2所示，第一级消化池有加热和搅拌设备，污泥在该池内被降解后，送入第二级消化池。第二级消化池不设加热和搅拌设备，依靠污泥的余热继续消化。由于不搅拌，第二级消化池还兼有污泥浓缩(固液分离)的功能，并降低污泥含水率。虽然在第二级消化池中污泥有机质消化减量和产气很少，但能使总出泥体积减小很多，且有效控制了污泥消化过程中的短流现象，进一步提高了杀菌效果，还为污泥储存和操作弹性的加大创造条件。当然，必要时也可将第二级消化池按第一级消化条件运行，以提供附加的消化容积。

传统设计应用中的产酸菌和产甲烷菌都在一个反应器中，由于在生理学、营养需求、生长速度及其对环境敏感程度等方面存在较大差异，因此这两类菌群之间的平衡比较脆弱，所遇到的稳定性和控制问题迫使研究人员寻找新的解决途径。1971年左右，美国学者F. G. Pohland和S. K. Ghosh根据厌氧生物分解机理和微生物种群理论，提出了污泥两相厌氧消化的概念。两相厌氧消化把污泥消化过程的第1/2阶段、第3阶段分别安排在2个消化池中进行(分别对应产酸相和产甲烷相)，即将产酸菌的水解酸化和产氢产乙酸、产甲烷菌的产甲烷分别置于2个串联的反应器内，并提供各自所需的最佳条件(温度、pH值、水力停留时间等）。从微生物学的角度来看，第一级消化池中一般仅存在产酸发酵细菌；第二级消化池中不但存在产甲烷细菌，而且不同程度地存在产酸发酵细菌。这样不仅有利于使两类细菌都能发挥其最大活性，而且提高了处理效果，达到了提高容积负荷率、减少消化池容积、增加系统运行稳定性的目的。此外，两相厌氧消化可以克服污泥丝状菌膨胀和浮渣问题，处理后污泥的稳定性好，污泥量也明显减少；同时可以减小消化池总体积，但基建和操作费用会有所增加。如图 4-4-3 所示，两相厌氧消化处理系统的本质特征是产酸相和产甲烷相的分离，一般而言，所有相分离的方法都是根据两大类菌群的生理生化特征差异来实现的。

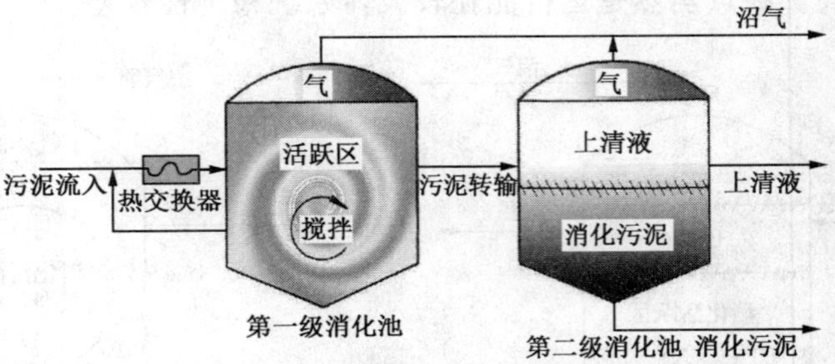

图 4-4-2　污泥两级厌氧消化的工艺流程示意图

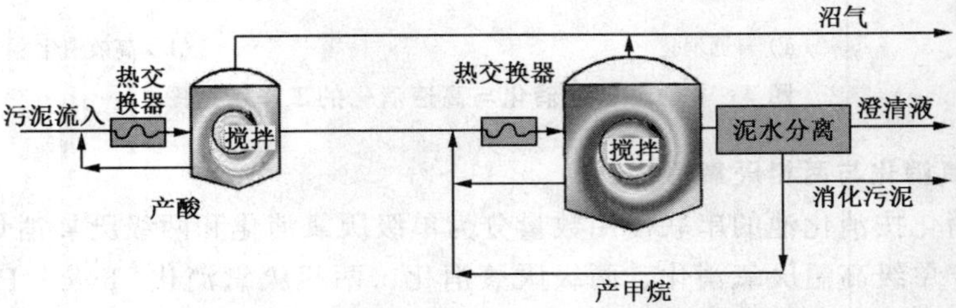

图 4-4-3　污泥两相厌氧消化系统的工艺流程示意图

污泥两相厌氧消化过程的每个阶段也可采用中温或高温环境，因此一般有高温-高温系统、中温-中温系统、高温-中温系统和中温-高温系统等组合。图 4-4-4 为原法国 Degrémont 公司污泥两相厌氧消化系统（简称 2PAD™ 系统）的工艺流程示意图，污泥先在第一级消化池中进行高温消化（温度为 55℃），经过 2d 旺盛的厌氧消化反应后，排出的污泥送入第二级消化池。第二级消化池中不设加温设备而设有搅拌设备，依靠来自第一级消化池污泥的余热继续消化，属于中温消化（温度为 37℃），气量约占总产气量的 20%。最终能够得到符合 EPA's 40 CFR 第 503 部分规定的农用 A 级生物固体。

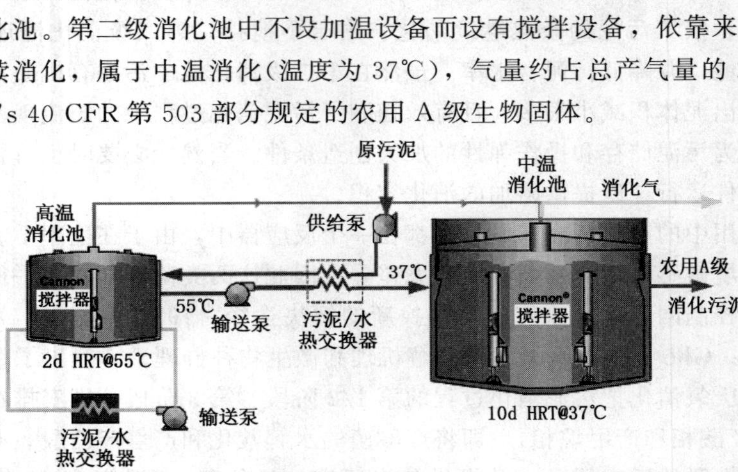

图 4-4-4　Degrémont 公司污泥两相厌氧消化系统的工艺流程示意图

2. 厌氧消化池的池体构型与工艺设计

(1)池体构型

厌氧消化池一般由池底、池体和池顶等3部分组成，按容积大小可分为小型池（1000～2500m^3）、中型池（2500～5000m^3）和大型池（5000～10000m^3）3类。常用钢筋混凝土结构，构型有龟甲形、传统圆柱形、卵形和平底圆柱形等几种，对应的代表性结构如图4-4-5所示。

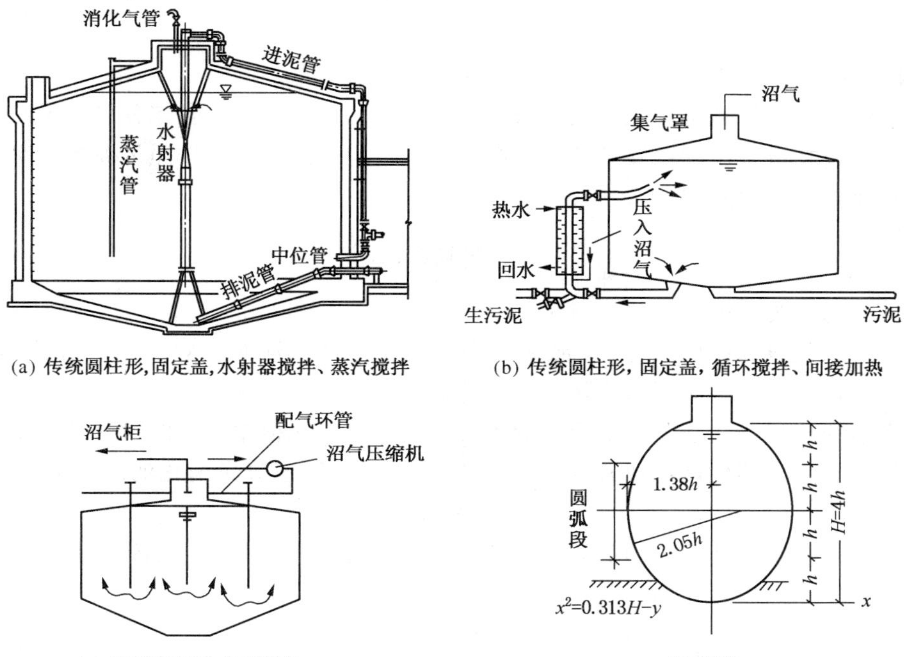

(a) 传统圆柱形，固定盖，水射器搅拌、蒸汽搅拌　(b) 传统圆柱形，固定盖，循环搅拌、间接加热

(c) 传统圆柱形，沼气搅拌　(d) 卵形

图4-4-5　厌氧消化池的结构示意图

龟甲形消化池在英、美等国家采用较多，优点是土建造价低、结构设计简单，但要求搅拌设备具有较好的防止和消除沉积物能力，因此配套设备的投资和运行费用较高。

传统圆柱形通常是指“圆柱状中部＋圆锥形底部和顶部”的池形，优点是热量损失比龟甲形小，便于选择配套搅拌设备，但底部面积大，易造成粗砂的堆积，因此需要定期停池清理。更重要的是，由于在形状变化部分存在尖角，应力很容易聚集在这些区域，使结构处理较困难；底部和顶部的圆锥部分在土建施工浇筑时混凝土难密实，易产生渗漏。

卵形消化池在德国从1956年开始采用，并作为一种主要形式得到普遍推广，其优点包括：①池形能促进混合搅拌均匀，单位面积内可获得较多的微生物，用较小能量即可达到良好的混合效果；②池形有效消除了粗砂和浮渣的堆积，池内一般不产生死角，可保证生产的稳定性和连续性(德国有连续运行50年而未进行清理的案例)；③池体表面积小，耗热量较低，容易保持系统温度；④生化效果好，分解率高；⑤上部面积小，不易产生浮渣，即便生成也容易去除；⑥壳体形状使池体结构受力分布均匀，利于单池池容的大型化结构设计，容积可以做到10000m^3以上；⑦池形美观。缺点是土建施工费用比传统消化池高，但因卵形消化池运行上的优点而直接提高了处理过程效率，能够节约运行成本。如果需要设置2个以上的卵形消化池，节省的运行费用很容易弥补造价上的差额，对大容积消化池采用卵形更能体现其优点。

平底圆柱形是一种土建成本较低的池形，圆柱部分的高度/直径≥1，在欧洲已成功用于不同规模的污水处理厂。要求池形与装备、功能之间有很好的相互协调，当前可配套使用的搅拌设备较少，大多采用可在池内多点安装的悬挂喷入式沼气搅拌技术。

此外，按池顶结构形式的不同，厌氧消化池可分为固定盖、浮动盖、柔性膜等几种。固定盖池顶有弧形穹顶或截头圆锥形，池顶中央安装集气罩；浮动盖池顶为钢结构，盖体可随池内液面变化或沼气贮量变化而自由升降，以保持池内压力稳定，防止池内形成负压或过高的正压。

(2)厌氧消化池的工艺设计

工艺设计包括池体结构选型、池子数量和单池容积确定、池体各部分尺寸确定、加热保温系统设计、搅拌设备设计以及各种管道布置等。目前，国内一般按照污泥投配率或有机负荷率计算消化池的有效容积 V

$$V=\frac{V'}{P}\times 100\ (\mathrm{m^3}) \tag{4-4-1}$$

式中 V'——每天处理的污泥量，$\mathrm{m^3}$；

P——污泥投配率(即每天投加新鲜污泥体积占消化池有效容积的百分比)，当高速消化池处理生活污水污泥的消化温度为30～50℃时可取6%～18%。

考虑到事故或检修，消化池数量一般不得少于2座。在根据运行的灵活性、结构和地基基础情况，考虑确定消化池单池有效容积 $V_0(\mathrm{m^3})$后，即可以确定消化池的数量 n

$$n=V/V_0 \tag{4-4-2}$$

国外常按单位容积消化池的固体负荷率 N_S[kg VSS/($\mathrm{m^3}$ · d)]来计算消化池的有效容积 V

$$V=\frac{G_S}{N_S}(\mathrm{m^3}) \tag{4-4-3}$$

式中 G_S——每日要处理的污泥干固体质量，kg(VSS)/d。

N_S 的取值与污泥的含固率、温度有关，表4-4-1所列数据可作参考。

表4-4-1 单位容积消化池的固体负荷率

污泥固体含量/%	固体负荷率 N_S/[kg VSS/($\mathrm{m^3}$ · d)]				备注
	24℃	29℃	33℃	35℃	
4	1.53	2.04	2.55	3.06	VSS/SS=0.75
5	1.91	2.55	3.19	3.83	
6	2.30	3.06	3.83	1.59	
7	2.68	3.57	4.46	5.36	

确定消化池的单池有效容积后，就可以计算消化池各部分的结构尺寸。圆柱形池体直径一般为 ϕ6～35m，柱体高径之比宜为1∶2，池总高与直径之比宜为0.8～1.0；池底坡度一般取0.08，池底、池盖倾角一般取15°～20°；池顶集气罩直径取 ϕ2～5m，高1～3m；池顶至少应设两个 ϕ700mm 的人孔，池顶部距污泥面的高度大于1.5m。

3. 厌氧消化池的附属设备

厌氧消化池的附属设备主要包括污泥投配、排泥及溢流系统、加热设备、搅拌设备、沼气收集存储与利用系统等。污泥厌氧消化的运行能耗主要用于维持厌氧反应温度，维持污泥泵/污水泵(进出料系统)、搅拌设备和沼气压缩机等运转，因此能耗水平取决于厌氧消化的加热和搅拌方式。

(1)污泥投配、排泥及溢流系统

消化池附设的管道有污泥管、排上清液管、溢流管和取样管等，污泥管包括进泥管、出泥管和循环搅拌管。污泥管的最小直径为 ϕ150mm；取样管一般设置在池顶，长度最少应伸入最低泥位以下 0.5m，最小管径为 ϕ100mm。消化池的排泥管设在池底，依靠池内静水压力将熟污泥排至后续处理设备。工程上经常采取的运行模式是，每日将新鲜污泥(生污泥)定量投配到消化池内的熟污泥中，进行混合消化，这样既能使产甲烷菌迅速接种，又可以保证消化池处于碱性消化状态，使产甲烷菌在最佳条件下发挥分解功能，以缩短消化时间，减小消化池容积。目前大多数设计未采用连续进料方式，而是允许一天之内多次进料。消化池的进料一般靠手动阀控制或手动泵操作，但近年来自动控制逐渐受到重视，通过计时器或污泥质量流量相应控制自动阀门。

一般经浓缩处理后的污泥含水率在 96%左右，由于污泥介质的特殊性，其计量存在困难。可以采用污泥高位投配池达到计量的目的，也可以采用单螺杆泵配以橡胶捏阀达到计量的目的。污泥高位投配池一般为矩形，至少设置 2 个，池容根据新鲜污泥量及投配方式确定，常按 12h 储泥量设计。投配池应加盖、设排气管和溢流管；若采用消化池外加热新鲜污泥的方式，则投配池可兼作污泥加热池。橡胶捏阀的外壳采用铸铁制作，用于承受管道压力；内层为高强度橡胶衬里，能承受 0.6MPa 以上的压力。若在内衬中充入压缩空气，可使橡胶衬里扩张并紧紧相贴以阻断管道流体；由于橡胶衬里接触面积较大，因此纤维和颗粒不致影响该阀的密闭性。当释放阀体内衬中的气体压力时，管路内的流体可正常通行。

消化池中污泥投配过量、排泥不及时或沼气产量与用气量不平衡等情况发生时，沼气室内的沼气受压缩，气压增加甚至可能压破池顶盖，因此必须设置污泥溢流组件及时溢流，以保持沼气室内的压力恒定。溢流组件必须绝对避免池内集气与大气相通，常用形式有倒虹吸管式、大气压式及水封式等三种，结构如图 4－4－6 所示。对于倒虹吸管式溢流组件而言，倒虹吸管的池内端必须插入设计污泥面以下，保持淹没状态，池外端插入排水槽也保持淹没状态。当池内污泥面上升，沼气受压，污泥或上清液可以从倒虹吸管排出。对于大气压式溢流组件而言，当池内沼气受压，压力超过 Δh(Δh 为“U”形管内水层高度)时，即产生溢流。水封式溢流组件由溢流管、水封管与下流管组成，溢流管从消化池盖插入设计污泥面以下，水封管上端与大气相通，下流管的上端水平轴线标高高于设计污泥面，下端接入排水槽。当沼气受压时，污泥或上清液通过溢流管经水封管、下流管排入排水槽。

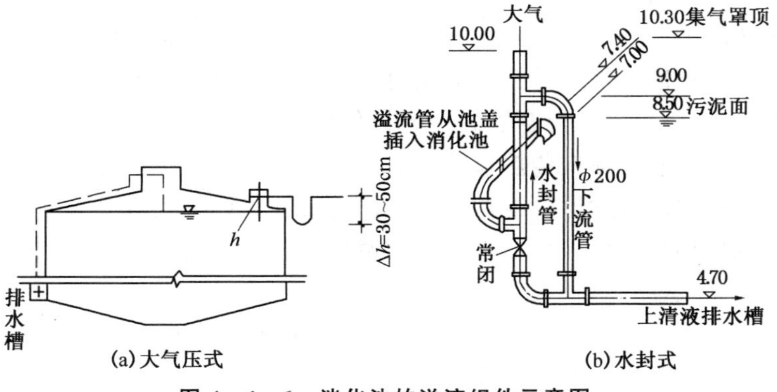

图 4－4－6　消化池的溢流组件示意图

溢流管的最小管径为 ϕ200mm，大型消化池通常要求采用 ϕ300mm 以上的溢流管，并尽量减少弯头数和其他影响流速的管件。

(2)加热设备

由于新鲜污泥(生污泥)的温度一般都比较低，即使维持中温消化(20～42℃)所需的温度，也通常需要采用人工加热措施；高温消化(42～75℃)更是依赖于人工加热。加热方式分为池内加热和池外加热两大类，前者包括池内盘管间接加热、池内蒸汽直接加热等，后者包括池外间接加热和池外蒸汽直接加热等。

如图 4-4-7 所示，池内蒸汽直接加热设备简单，但可能会造成局部污泥过热而影响厌氧微生物的正常代谢功能，而且蒸汽会增加污泥含水率，从而增加消化池容积。池外加热是把部分污泥预热后再投加到消化池中，其优点是所需预热污泥量少、易于控制、预热温度较高利于杀灭虫卵、不影响厌氧微生物新陈代谢，但设备较复杂。

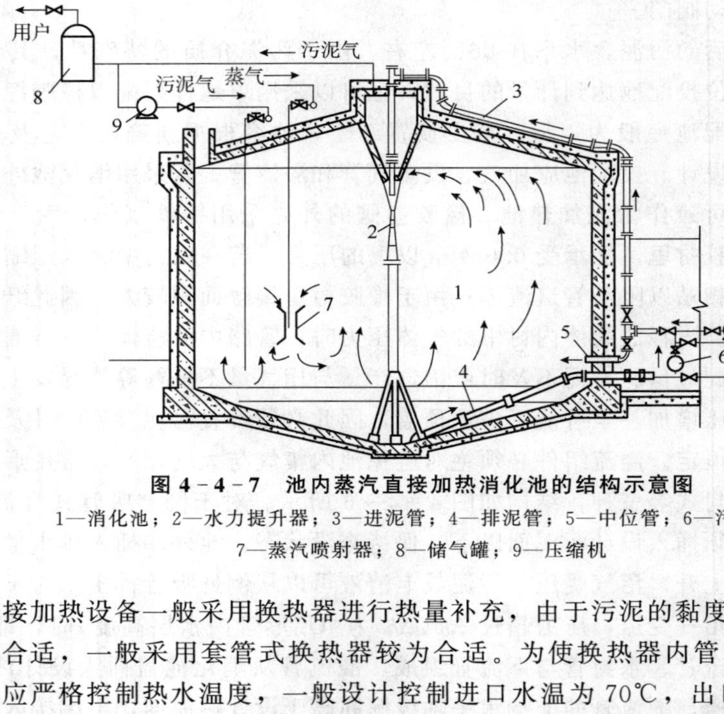

图 4-4-7　池内蒸汽直接加热消化池的结构示意图

1—消化池；2—水力提升器；3—进泥管；4—排泥管；5—中位管；6—污泥泵；7—蒸汽喷射器；8—储气罐；9—压缩机

池外间接加热设备一般采用换热器进行热量补充，由于污泥的黏度较大，常规管壳式热交换器并不合适，一般采用套管式换热器较为合适。为使换热器内管中的污泥不致形成结块，运行中应严格控制热水温度，一般设计控制进口水温为 70℃，出口水温为 60℃，此时热水流量应满足要求。每台换热器的热水循环可由统一调配的热水泵完成，每台换热器都通过安装在进水管上的三通调节阀控制，通过调节进水流量以控制水温。污泥循环与控制是维持换热器正常运转的另一个重要因素，每台换热器配备 1 台污泥循环泵。污泥通过换热器加热升温后，再返回消化池，将热量带回消化池内，以保证消化池内的污泥温度。有时还可通过在内管加装 Hi-Pass™ 静态混合器之类的组件，以增大管内污泥的紊流程度，消除管道边壁附近的速度梯度，从而提升传热系数。如图 4-4-8 所示，在池外间接加热的热循环系统中，数台并联工作的沼气发电机组和并联工作的沼气锅炉组成供热源单元，由换热器、热水循环泵及热污泥循环泵组成循环加热系统。通过对温度控制点的检测，由计算机进行统一控制，保证系统处在最佳状态下工作。

目前，ProSonix LLC、Komax Systems 等公司还推出了池外蒸汽直接加热技术，通过在消化池外的污泥输送管道中在线安装蒸汽注入组件，高压蒸汽一边注入，一边与流动污泥发生混合，据称该方法的热效率较热交换器要提高20%～25%。

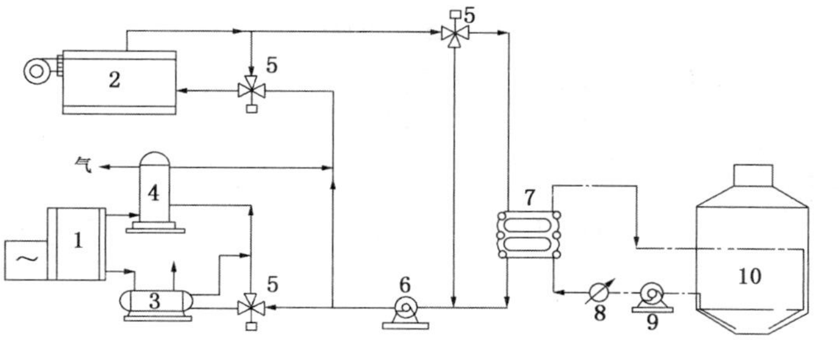

图 4-4-8　污泥池外间接加热系统的工艺流程示意图

1—沼气发电机组；2—沼气锅炉；3—水-水换热器；4—气-水换热器；5—三通调节阀；6—热水循环泵；7—泥-水换热器；8—污泥流量计；9—热污泥循环泵；10—消化池

(3)搅拌设备

搅拌设备是高速消化池的重要组成部分，搅拌强度通常为3～5 W/m^3。搅拌的作用包括：①使新鲜污泥(生污泥)与消化污泥充分接触，提高细菌接种效果；②调整污泥固体与水分的相互关系，使中间产物与代谢产物在消化池内均匀分布；③有效促进气体分离，使气体溢出液面；④使池内的温度和pH值保持均匀，为消化菌发挥作用创造良好条件；⑤防止消化池内产生浮渣。搅拌混合的均匀程度可以用消化池内污泥的流速方差均值来量化描述，该值越大越均匀；也可以采用消化池内各处污泥浓度相差不超过10%作为衡量指标。搅拌方法目前一般分为沼气搅拌、机械搅拌两大类，沼气搅拌20世纪50年代初被研究开发，总体而言目前应用较多。

①沼气搅拌。常常采用消化池自身产生的部分沼气，经压缩机加压后送入池内，达到混合搅拌的目的，具体形式有气提式、竖管式、气体扩散式和射流器抽吸式等多种。如图4-4-9(a)所示，气提式搅拌是将沼气压入设在消化池中导流筒(Draft Tube)的底部，使沼气与消化污泥混合，含气泡的污泥即沿导流筒上升，起提升作用，使池内消化污泥不断循环搅拌，达到混合的目的；如图4-4-9(b)所示，竖管式搅拌是根据消化池直径的大小，在池内均匀布置若干根竖管，经过加压的沼气通过配气总管分配到各根竖管，从竖管下端吹出，起到搅拌作用；如图4-4-9(c)所示，气体扩散式搅拌是使经过压缩的沼气通过气体扩散器与消化池内的污泥混合，起到搅拌作用；如图4-4-9(d)所示，射流器抽吸式搅拌是使用污泥泵从消化池直筒壁高的2/3处抽吸污泥，污泥抽出后压入射流器，当污泥进入射流器的喉管时，形成很大的负压，经过射流器抽吸池顶的沼气，然后将混合污泥与沼气射入消化池底，形成一个循环搅拌。

原法国Degrémont公司的沼气搅拌器(Cannon® Mixer)系统，采用不锈钢钢管由厌氧消化池顶部进入消化池底部，每个搅拌器形成直径$\phi3.65m$的搅拌圆环。该搅拌器吃水深度大、气体压力大，能形成较强的上升速度，搅拌效果显著。每台搅拌器在消化池顶以上部分均安装了通气工作指示浮球，一旦发生故障，浮球就会落下，提醒检修。可在工作的同时检修搅拌器，在控制室中安装了1台流量为$2m^3/h$、扬程为3MPa的多级离心泵，通过管道将高压水送到各消化池池顶，可对各搅拌管进行高压清洗，排除阻塞故障。

为保障沼气压缩机的工作安全，在其进口设置过滤器，在其出口管路上安装气体温控阀、压力阀、过滤罐及凝水器。

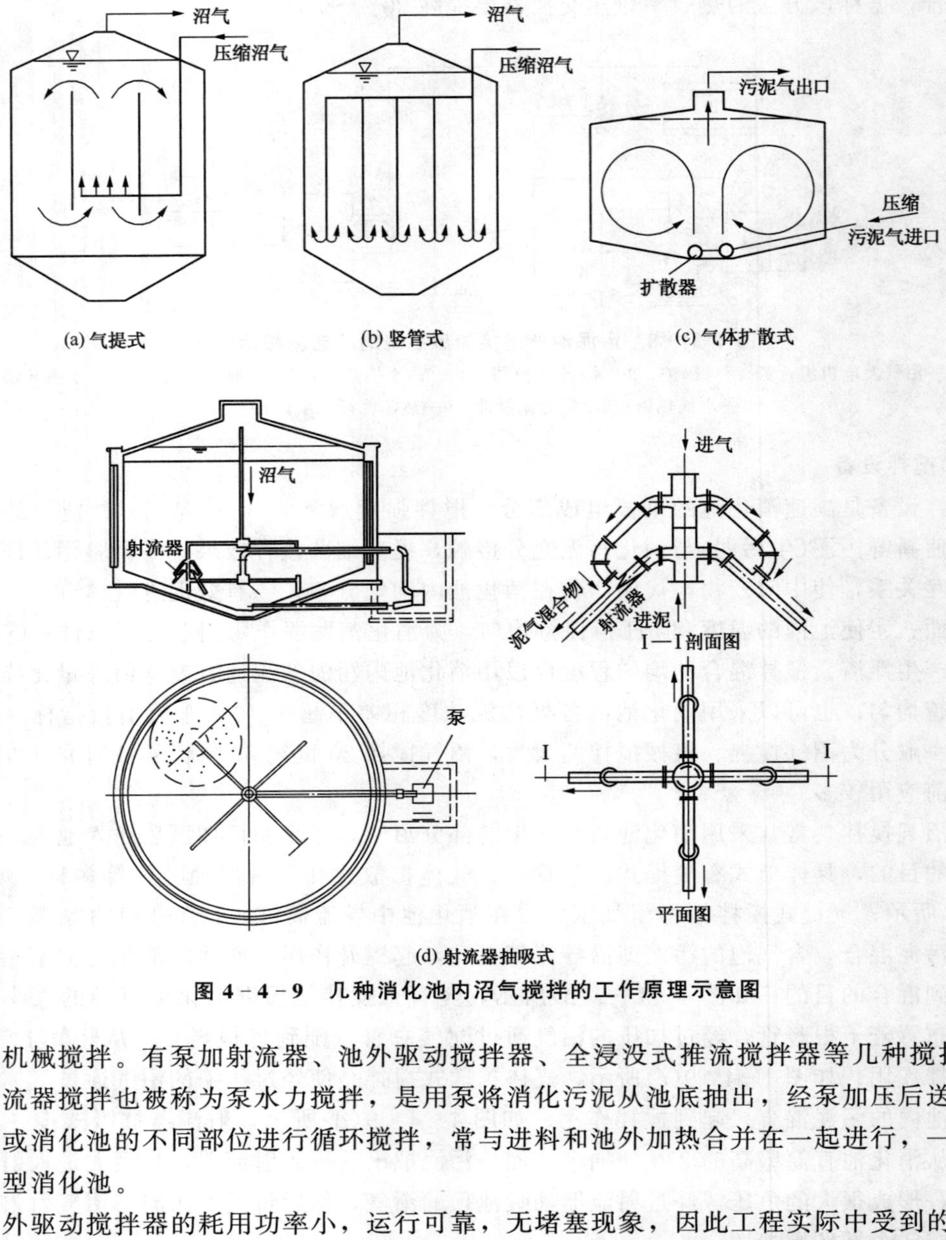

图 4-4-9　几种消化池内沼气搅拌的工作原理示意图

②机械搅拌。有泵加射流器、池外驱动搅拌器、全浸没式推流搅拌器等几种搅拌形式。泵加射流器搅拌也被称为泵水力搅拌，是用泵将消化污泥从池底抽出，经泵加压后送至浮渣层表面或消化池的不同部位进行循环搅拌，常与进料和池外加热合并在一起进行，一般只适用于小型消化池。

池外驱动搅拌器的耗用功率小，运行可靠，无堵塞现象，因此工程实际中受到的关注较多。常规池外驱动搅拌器主要由工作部分(搅拌轴/搅拌叶片)、支承部分(轴承/机座)、驱动部分(防爆电动机/减速器)及密封部分等组成。一般选用直径 ϕ400～500mm 的推进式搅拌器，污泥流经搅拌器的流速按经验取 0.3～0.4m/s。消化池直径较小时可在池中心布置 1 台搅拌器，当消化池直径较大时可均匀布置 3～4 台搅拌器。消化池中污泥厌氧发酵后将产生沼气，为防止其从搅拌轴与池顶间的缝隙中逸出，应采用可靠有效的密封，常用密封方式有填料密封和液封两大类。填料密封结构简单，填料更换方便，但填料寿命短，往往有微量泄漏。液封主要指水封，因其结构简单、维护方便、密封效果好而应用较为广泛。

目前池外驱动搅拌器搅拌的主流是使用“导流筒＋推进式螺旋桨叶”组合，放置在导流筒内的推进式螺旋桨叶可以正转或反转，从而使污泥在导流筒内上升或下降，并在池体内形成循环，达到污泥混合的目的，特别适用于卵形或带陡峭锥底的圆柱形消化池。如图 4-4-10 所示，导流筒(连同推进式螺旋桨叶)可以安装在池外，也可以安装在池内并采用池顶外驱动。代表性产品包括原德国斯特林流体系统(Sterling Fluid Systems)公司(现归属德国 Flowserve SIHI 集团 Halberg Maschinenbau GmbH)的 MFS 型螺旋桨式导流筒机械搅拌器、美国 Ovivo 集团的 Eimix® 叶轮搅拌器、美国 WesTech Engineering 公司的 Extreme Duty™ 搅拌器等，特别适用于污泥消化池直径较大的场合。

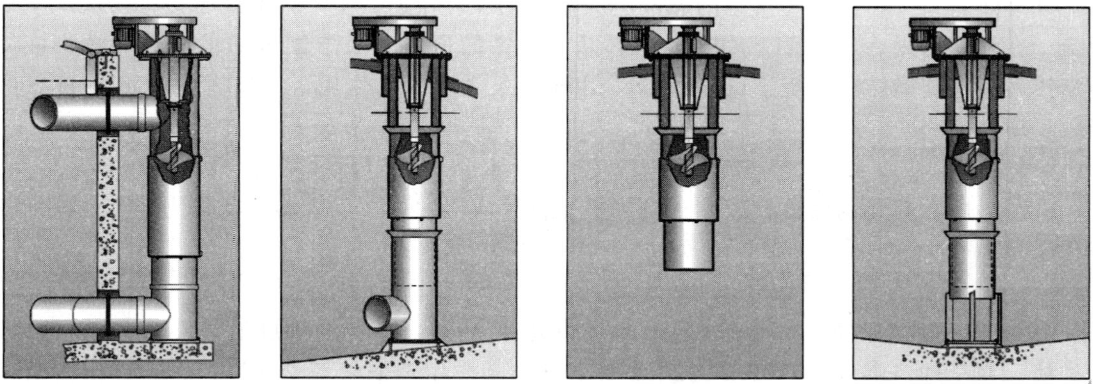

(a) 池外导流筒　(b) 池内导流筒池顶安装Ⅰ型　(c) 池内导流筒池顶安装Ⅱ型　(d) 池内导流筒池顶安装Ⅲ型

图 4-4-10 "导流筒＋推进式螺旋桨叶"组合的不同安装方式示意图

此外，目前还在开发新型的池外驱动搅拌设备，如 LM™ 直线运动搅拌器等。至于全浸没式搅拌器污泥搅拌，则可以选用 § 3.2 中介绍的低速或高速潜水推流式搅拌器。

(4)沼气收集存储与利用系统

图 4-4-11 为污泥厌氧消化沼气收集存储与利用系统示意图，一般分为沼气净化设备、沼气存储设备、沼气安全利用设备。

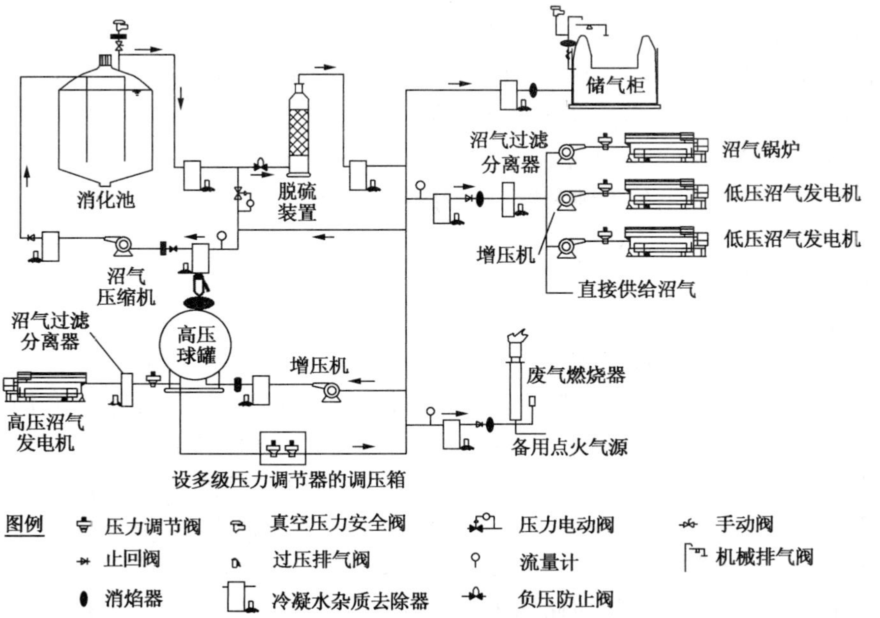

图 4-4-11 污泥厌氧消化沼气收集存储与利用系统示意图

①沼气净化设备。沼气作为能源利用时，H_2S 含量不得超过 0.015%(0.188g/m^3)，污水处理厂的沼气含 H_2S 达 0.1%～0.4%(1.25～5.0g/m^3)，因此必须进行脱硫处理，以免腐蚀设备与管道。脱硫的方法有干式脱硫、湿式脱硫及水喷淋洗脱等。撬装集中式沼气净化器一般包括除沫分离器、干式脱硫器、沼气增压泵和缓冲罐四类设备，分别完成脱硫、除尘、增压、脱水四大处理步骤。

荷兰 Paques 公司的 THIOPAQ® 涤气塔就是一种碱洗涤气塔，可用于含有 H_2S 气体的净化处理，其最大特点在于所用的碱液由厌氧生化反应器连续生产，因此也被称为厌氧生物脱硫。在涤气塔中，不含 H_2S 的碱性液体从涤气塔的顶部进入，含 H_2S 的气体与洗涤液体逆流接触。在弱碱性的环境下(pH8～9)，由于氢氧根离子的作用，涤气塔中会发生 H_2S 的吸收反应

$$H_2S_{气相}+OH^- \longrightarrow HS^-_{液相}+H_2O \tag{4-4-4}$$

洗涤后的含硫化物液体直接输送到厌氧生化反应器中，在反应器中硫化物被无色硫细菌氧化成单质硫

$$HS^- + \tfrac{1}{2}\,O_2 \longrightarrow S+OH^- \tag{4-4-5}$$

THIOPAQ® 涤气塔的 H_2S 去除效果可以超过 99%，少量的排放液体不含硫，可以安全排放。在全球范围内，THIOPAQ® 涤气塔已成功应用于造纸厂、酿酒厂、生活污泥消化厂以及化学工业，用于处理流量在 200～2500Nm^3/h 的气体；此外还可用于垃圾填埋场气、含硫天然气与炼油厂酸性气体的脱硫处理。Paques 公司与壳牌(Shell)合作成立了 Paqell 公司，专门面向油气行业酸性气脱除、硫回收或尾气处理场合推出了 THIOPAQ O&G 厌氧生物气体脱硫工艺，单质硫回收量可高达 150t/d，远超壳牌(Shell)Sulferox 工艺的回收量。此外，基于厌氧生物处理技术，Paques 公司和 Gatze Lettinga 教授还合作开发了 SULFATEQ™ 工艺，能将硫酸盐还原成为单质硫，实现硫回收；开发了 THIOTEQ™ Metal 工艺，能将重金属以硫化物的形式沉淀回收。

此外，还应关注膜法沼气脱碳提纯技术。德国赢创工业集团(Evonik Industries AG) 2011 年推出的 SEPURAN® Green 中空纤维膜由其特别研发的高性能聚合物制成，除了具有很强的抗压性和耐温性外，CO_2 - CH_4 混合气的渗透速率比(即选择性)为 50，能将 CO_2 和 CH_4 进行有效分离，得到符合天然气标准的高纯度生物甲烷。2012 年，德国沼气技术公司 EnviTec Biogas AG 和赢创工业集团在德国 Sachsendorf 建立了首套工业规模 SEPURAN® Green 中空纤维膜沼气提纯装置，获得当年德国新能源创新奖。目前，在世界各地已经建成或正在建设的 SEPURAN® Green 中空纤维膜沼气提纯项目超过 60 个，处理规模从 200～5000m^3/h 不等。

②沼气存储设备。主要用于对产气量与用气体量之间的不平衡进行调节，其有效容积可按日平均产气量的 25%～40%来计算，相当于 6～10h 的平均产气量确定。大型污泥消化系统取低限，小型污泥消化系统取高限。沼气产率是指每单位体积生污泥所产生的沼气量，单位是 m^3 沼气/m^3 生污泥，例如在生污泥含水率为 96%、中温消化、投配率为 6%～8%的条件下，产气率约为 10～12m^3 沼气/m^3 生污泥。对于圆柱形消化池，可以采用与消化池一体的集气罩收集沼气(具有一定的存储调节作用)；对于卵形消化池，因其可用作产气存储的调节空间很小，必须安装外部气体存储设备，沼气通过集气管输送到储气柜。储气柜通常有浮动式、固定式、膜式三种，按照储气压力的高低可分为低压式(1.96～3.92kPa)和中压式(392.3～588.4kPa)两种；按照切断沼气的方式分为有水式和无水式两种，有水式使用水切

断沼气，无水式使用橡胶等密封来切断沼气。

③沼气安全利用设备。包括沼气鼓风机、沼气压缩机、沼气发动机、沼气发电机、沼气锅炉等，是回收污水处理厂生物质能源、减少污水处理能耗、降低运行费用的关键装备。例如，美国 WesTech Engineering 公司的 Cleanergy GasBox™ 可利用沼气发电或产热，基本不需对气体进行净化处理，当沼气中的甲烷含量低于 18%时仍可运行，从而克服了大型污水处理厂需要辅助天然气才能燃烧这类沼气的问题。必须指出，空气中沼气含量达到一定浓度后具有毒性，沼气与空气以 1：(8.6～20.8)(体积比)混合时，如遇明火就会引起爆炸，因此必须对安全问题予以高度重视。沼气安全设备包括消焰器(Flame Catcher)、安全阀、废沼气燃烧器、滴漏阀、气压指示表、冷凝液和沉渣储存器、引火燃烧室和低压逆止阀等。

沼气可以被提纯精制为生物甲烷，并以液态(生物液化天然气，Bio－LNG)的形式作为一种环境友好型燃料就地使用，缩短燃料的运输距离，降低运输成本，从而实现绿色能源的就地生产、就近消纳。作为一种环境友好型燃料，生物甲烷的环境效益显而易见。比如，Bio－LNG 燃料汽车与柴油车和汽油车相比，二氧化碳排放量减少约 90%，颗粒物(PM)排放量减少约 99%，氮氧化物排放减少约 90%；与柴油车相比，噪声降低 50%左右。德国沼气技术公司 EnviTec Biogas AG 在德国居斯特罗运营着德国最大的沼气处理园区，自 2022 年秋季起该工厂将每年供应 9000t 生物甲烷。

4. 工程案例和新发展

(1)工程案例

虽然我国在污泥厌氧消化方面的研究起步较早，但工程应用技术发展较慢，与发达国家仍然存在较大差距。目前在北京、上海、天津、重庆、青岛、石家庄、郑州等城市的数十座污水处理厂采用了污泥厌氧消化工艺，仅约 20 座正常运行，如上海白龙港污泥厌氧消化工程、大连东泰夏家河污泥处理工程、青岛麦岛中温厌氧消化工程等；北京高碑店污水处理厂污泥厌氧消化工程、小红门污水处理厂污泥厌氧消化早期工程也都先后停运。除了政策法规强制性不足的原因外，综合运行成本较高不得不依靠政府补贴、市政污泥有机质含量较低造成产气量少、工艺操作复杂、消防安全隐患较多等，是导致污泥厌氧消化遭遇困境掣肘的主要原因。

北京高碑店污水处理厂一期工程 1993 年底通水运行、二期工程 1999 年 9 月通水运行，污水总处理能力为 $100\times10^4 m^3/d$，早期采用中温两级污泥厌氧消化工艺，初沉污泥和剩余污泥各约占 50%，经重力浓缩后送入一级消化池(12 座，单池容积 $8000m^3$)；二级消化池共有 4 座，单池容积 $8000m^3$；两级消化后的污泥经机械脱水形成泥饼外运。消化池中产生的沼气供沼气发电机发电，可解决全厂 1/3 的用电量。虽然该污泥厌氧消化工程是我国建设最早、规模最大、设计配套最完整、运行时间长达 10 年的项目，但在 2008 年奥运会前停止了运行。上海白龙港污水处理厂污泥厌氧消化工程采用 8 座卵形结构消化池，单池容积 $12400m^3$，池体最大直径 $\phi25m$，垂直高度为 44m(地上部分高度 32m＋地下埋深 12m)。8 座消化池池体的合计散热量冬季 813kW、夏季 287kW，年均 461kW。设计污泥停留时间为 24.3d，沼气产量为 $44512Nm^3/d$，有机负荷为 $1.21kgVSS/(m^3/d)$，消化温度为 35℃。污泥搅拌采用“导流筒＋推进式螺旋桨叶”组合，搅拌功率为 58kW。产生的沼气供污泥消化、干化系统加热利用(消化热水锅炉、干化导热油锅炉)，干化系统为流化床干化工艺，采用沼气锅炉导热油干化污泥。

(2)污泥厌氧消化的新发展

随着对可再生能源及经济效益的追求，污泥高级厌氧消化成为污泥处理领域内一个热点发展方向。所谓高级厌氧消化是指相对传统中温厌氧消化而言，能够显著提高挥发性固体负荷降解率(VSR)的厌氧消化技术，除了前面已经介绍的高温厌氧消化、两相厌氧消化外，高级厌氧消化技术还包括延时消化(Recuperative thickening)、协同厌氧消化等。

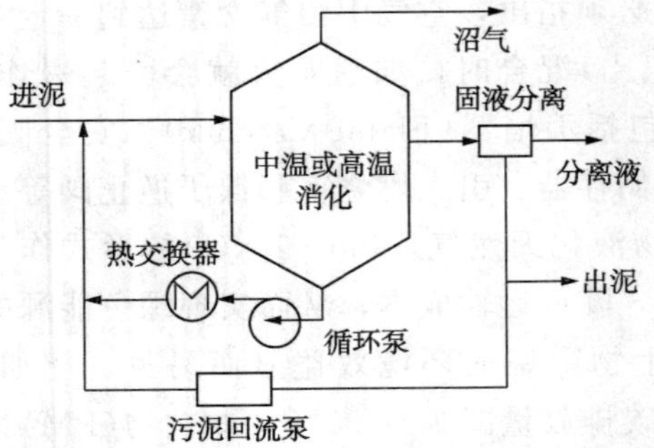

图 4-4-12　污泥延时厌氧消化的工艺流程示意图

延时厌氧消化是将污泥厌氧消化的水力停留时间(HRT)与固体(污泥)停留时间(SRT)分离。如图 4-4-12 所示，通常是将消化池出泥进行固液分离后，与新鲜污泥(生污泥)混合后再进入消化池，避免了传统厌氧消化池完全混合式短流、固体(污泥)停留时间(SRT)更长等弊端。延时消化的优点在于将更多的细菌回流到消化池内进一步分解有机物，提高产气率。实际上，将水力停留时间(HRT)与固体(污泥)停留时间(SRT)予以分离的想法在 20 世纪 60 年代由美国纽约卫生局的工程师 Wilbur N. Torpey 率先提出，因此有时也被称为 Torpey 工艺(Torpey Process)。当时主要是通过重力沉降的方法来分离固液，后来一些地方开始尝试离心分离和气浮分离。延时厌氧消化的主要优点包括池容减小、VSS 分解率更高、脱水絮凝剂量降低、消化池固体含量提高等；缺点是增加的固液分离设备可能会抵消因消化池减小所致的占地面积减小，另外人们还担心在固液分离阶段厌氧菌是否会受到明显影响。在澳大利亚和美国的几个生产性厌氧消化工程运行结果显示，固液分离的短暂好氧阶段不会对厌氧菌造成明显影响。但一些报告显示，在某些污水处理厂应用这种技术后存在换热器堵塞严重的问题。

协同厌氧消化是指污水处理厂污泥与其他有机废物共同进入消化池进行消化，这些有机废物包括油脂、餐厨废物等。协同厌氧消化在欧美发展非常迅速，很多污水处理厂都在应用这一技术，美国加州 EBMUD(East Bay Municipal Utility District)污水处理厂由于采用协同厌氧消化食品废物而成为美国能量自给污水处理厂的典范。

(3)强化厌氧消化预处理技术

强化厌氧消化预处理技术主要包括热水解预处理、生物强化预处理、超声波预处理、碱预处理、高压喷射预处理、微波预处理等。

①热水解预处理。热水解(Thermal Hydrolysis)是采用高温(110～190℃)高压蒸汽对污泥进行蒸煮和瞬时卸压汽爆闪蒸，使污泥中的细胞破壁，胞外聚合物水解，以提高污泥的流动性，也称为热调质。热调质过程改变了污泥中水与固体颗粒的结合形态，胞内水、毛细水、结合水和表面吸附水被大量释放，从而改善污泥的脱水性能。热调质过程还改变了污泥中有机物的形态：首先污泥中的固体有机物不断溶解、液化；其次部分溶解性大分子有机物还水解变成小分子物质，有效解决了后续厌氧消化过程中固体有机物水解限速的问题，有利于提高污泥厌氧消化效率。1978 年，美国学者 R. T. Haug 等将热水解作为污泥预处理手段，并将热水解预处理和传统厌氧消化工艺相结合来提高污泥处理效率，日本、德国、丹麦等国学者随后对热水解预处理开展了系列研究。1995 年，挪威 Cambi(康碧)公司将其开发的“污泥热水解预处理＋高级厌氧消化”专利工艺(称为 Cambi 工艺，CambiTHP™)首次用于挪威 Hias 污水处理厂；1999 年，泰晤士水务的 Chertsey 污水处理厂率先在英国应用污泥

热水解技术，此后在英国和爱尔兰有数十个项目应用该技术。与传统厌氧消化工艺相比，Cambi(康碧)公司的“污泥热水解预处理＋高级厌氧消化”工艺不仅可以使消化池的体积减半以上、提高消化产率，而且可以提高能效和封闭消毒，完全杀灭病原菌；沼气量能够增加50%以上，并产出高品质生物固体肥料。

北京排水集团联合普拉克环保系统(北京)有限公司和挪威Cambi(康碧)公司，主推“浓缩→预脱水→CambiTHP™热水解→高级厌氧消化→板框压滤高干度脱水(40%以上)”的污泥处理处置技术路线，以期实现沼气能源利用、沼渣土地利用的资源良性循环。北京小红门污水处理厂设计污水总处理能力$90\times10^4m^3/d$，其中一期建设处理能力$60\times10^4m^3/d$，2005年11月通水运行。配套建设的污泥厌氧消化工程采用单级中温厌氧消化工艺(35℃)，共有卵形消化池5座和中控塔1座，池体高45m、最大直径ϕ27m，单池容积$12300m^3$，总容积$61500m^3$。初沉污泥和剩余污泥分别单独浓缩后进入储泥池，然后用污泥泵打入消化池。进排泥方式为顶部进泥、底部静压排泥，所排污泥进入消化污泥储泥池，最终进行脱水处理，脱水后泥饼含水率80%。按水力停留时间20d计算，平均每座消化池每天的进泥量为$600m^3$(即每小时$25m^3$)，5座消化池每天共产生沼气量约为$31680m^3$。所产沼气进入流量$1320m^3/h$、工作压力150mbar的湿式脱硫塔，利用Na_2CO_3喷淋吸收沼气中的H_2S；然后进入流量$1320m^3/h$、工作压力40mbar的串联干式脱硫塔。脱硫处理后将沼气储存在3座体积为$4000m^3$的膜式沼气柜中，主要应用于厂内沼气锅炉和沼气拖动鼓风机(沼气发动机＋鼓风机)，剩余沼气采用流量$800m^3/h$、工作压力40mbar的废气燃烧器燃烧。沼气拖动鼓风机将沼气发动机和鼓风机结合为一体，沼气发动机将沼气燃烧所产生的热能转化成机械能后直接驱动鼓风机工作，2009年3月中旬正式投入试运行。2016年污泥厌氧消化工程实施升级改造，成为国内第一个采用“CambiTHP™热水解→厌氧消化”的泥区升级改造项目。改造后保留利用原有卵形消化池4座、沼气柜，更新沼气搅拌用压缩机，新增3条热水解生产线(单线处理量为60tDS/d，单线最大处理量为90tDS/d)、1座板框脱水机房、1座蒸汽锅炉房等。改造后的污泥消化系统设计处理能力900t/d(以含水率80%的泥饼计)，沼气产量$45000m^3/d$，有机物分解率≥40%，消化池运行温度39～41℃。全部热水解污泥消化后，板框脱水含水率≤60%，板框脱水滤液经厌氧氨氧化系统处理后，尾水排到污水处理厂的进水泵前池。改造后的小红门泥区主要以处理本厂污泥为主，还少量处理车载外接污泥。本厂污泥全部经过预脱水后，与外接污泥在料仓混合，一起采用改造后工艺处理。

除了CambiTHP™热水解工艺之外，还有法国Veolia水务的Biothelys™、Exelys™以及荷兰Sustec Consulting & Contracting公司开发的TurboTec®等热水解技术。实现热水解反应器核心设备的本地化，降低投资成本，是国内下一步关注的重点。

②其他预处理技术。生物强化预处理主要利用高效厌氧水解菌，在较高温度下对污泥进行强化水解；或利用好氧或微氧嗜热溶胞菌，在较高温下对污泥进行强化溶胞和水解。超声波预处理利用超声波“空穴”产生的水力和声化作用破坏细胞，导致细胞内物质释放，提高污泥的有机物降解率和产气率。碱预处理主要通过调节pH值，强化污泥水解过程，从而提高有机物去除效率。化学氧化预处理通过臭氧等氧化剂，以直接或间接反应方式破坏污泥中微生物的细胞壁，使细胞质进入溶液中，增加污泥中溶解性有机物浓度，提高污泥的厌氧消化性能。高压喷射预处理利用高压泵产生的机械力来破坏污泥内微生物细胞的结构，使得胞内物质被释放，从而提高污泥中有机物的含量，强化水解效果。微波预处理是一种快速细胞水解方法，在微波加热过程中表面会产生许多“热点”，破坏污泥微生物细胞壁，使胞内物质溶

出，从而达到分解污泥的目的。

二、污泥的好氧消化

污泥好氧消化（Aerobic Digestion）的发展源自延时曝气活性污泥法，目的在于稳定污泥、减轻污泥对环境和土壤的危害，同时减少污泥的最终处理量。污泥好氧消化法具有稳定和灭菌、投资少、运行管理方便、基建费用低、最终产物无臭以及上清液 BOD_5 浓度低等优点，特别适用于中小型污水处理厂。污泥好氧消化法 20 世纪 60～70 年代初非常盛行，美国、日本、加拿大等国家都有不少中小型污水处理厂采用，丹麦大约有 40%的污泥使用该法进行稳定化处理。污泥好氧消化的缺点是动力消耗大，运行费用高。

1. 基本原理

污泥好氧消化是在不投加其他底物的情况下，对污泥进行较长时间的曝气，促使活性污泥进入内源呼吸阶段（约 80%的细胞组织能被氧化），通过其自身氧化降低污泥的有机物含量，从而达到稳定化的目的。

在初沉污泥的好氧消化过程中，污泥中的有机物合成转化为细菌的细胞质，使挥发性固体的总浓度变化很小。因此要达到细菌的细胞质破坏占优势阶段，需要极长的停留时间。对二沉污泥而言，好氧消化过程中的主要反应是氧化作用和使细胞组分破坏的细胞溶解和自身氧化呼吸。微生物的细胞壁由多糖类物质组成，具有相当大的耐分解能力，使好氧消化法排出物中仍有挥发性悬浮固体存在，而这一残留挥发物很稳定，对此后的污泥处理处置不会产生影响。

2. 工艺类型

(1)传统好氧消化工艺

传统好氧消化工艺主要通过曝气使微生物在进入内源呼吸期后进行自身氧化，从而使污泥减量，常用工艺流程主要有连续进泥和间歇进泥两种。连续进泥适用于较大规模污水处理厂，运行方式与活性污泥法的生化曝气池类似，但污泥停留时间更长；消化池后设置浓缩池，浓缩污泥部分回流至消化池，其余部分被排走并进行最终处置；浓缩池的上清液并入污水处理厂的进水口，与污水一同处理。间歇进泥适用于较小规模污水处理厂，可省去浓缩池，降低了运行费用。如图 4－4－13 所示，传统好氧污泥消化池的构型与活性污泥法中的完全混合式曝气池相似，主要构造包括好氧消化室（进行污泥消化）、泥液分离室（使污泥沉淀回流并把上清液排放）、消化污泥排放管、曝气系统（由压缩空气管和中心导流筒组成，提供氧气并起到搅拌作用）等。英国 WPL 公司的 Robust Aerobic Digestion System（RADS）就是一种污泥好氧消化系统，具有结构紧凑、占地面积小、方便安装等优点。

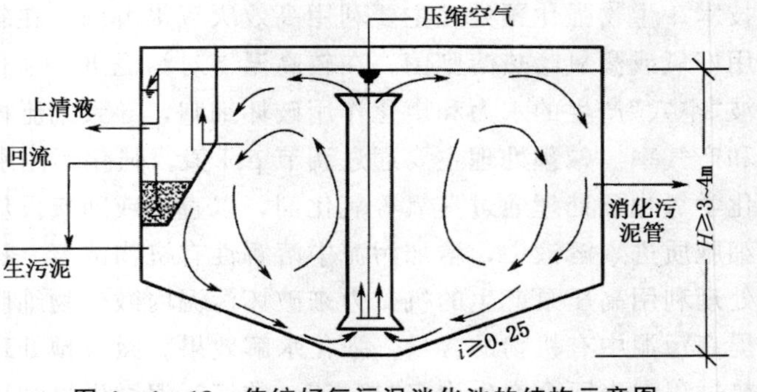

图 4－4－13　传统好氧污泥消化池的结构示意图

传统好氧污泥消化工艺具有工艺成熟、机械设备简单、操作运行简单、基建费用低等优点，但需氧量很大，需长时间连续曝气，所以运行费用较高；而且易受气温影响，在低温时对病原菌的灭活能力较低；另外会发生硝化反应，消耗碱度，使得 pH 值下降。

(2)缺氧/好氧消化工艺

污泥缺氧/好氧消化(Anoxic/Aerobic Digestion，A/AD)工艺是在常规污泥好氧消化工艺的前端加一段缺氧区，利用污泥在该段发生反硝化反应时产生的碱度来补偿硝化反应中所消耗的碱度，因此不必另行投碱，即可使 pH 值保持在 7.0 左右；此外，该工艺的耗氧量比常规污泥好氧消化工艺大约减少 18%。

国内学者还开展了污泥超声波预处理与缺氧/好氧消化联合工艺的研究，自主设计了容积为 30L 的污泥超声波-缺氧/好氧消化中试系统，超声波预处理参数为：超声波频率 28kHz、声能密度 0.15W/mL、超声时间 10min、超声间隔 12h、污泥超声比例 30%。结果表明，引入超声波预处理后，污泥消化 10d 就能达到稳定标准，比未引入超声波预处理时缩短 12d，而 MLVSS 最大去除率提高 11%，达到 55.10%；而且超声波引入对污泥缺氧/好氧消化系统中污泥上清液溶解性 COD(SCOD)的变化趋势影响比较明显，对上清液 pH 值和氨氮、TP 的变化趋势没有明显影响。

(3)污泥自热高温好氧消化(ATAD)工艺

污泥自热高温好氧消化(Autothermal Thermophilic Aerobic Digestion，ATAD)工艺的研究始于 20 世纪 60 年代的美国，设计思想产生于堆肥工艺，因此又被称为液态堆肥。该工艺利用污泥中有机物生物分解释放出的热量，来提高和维持污泥消化反应体系的温度，进而由高温加速微生物对有机物的代谢并使污泥快速稳定，具有消化速度快、单位污泥处理占地小、病原体灭活效果好、能抗秋冬低温冲击等优点，比较适合占地紧张中小型城镇污水处理厂的污泥稳定化处理。自从欧美各国对处理后污泥中病原菌的数量有严格法律规定后，污泥高温好氧消化工艺因其较高的灭菌能力而受到重视。ATAD 工艺自 20 世纪 80 年代后期第一次在德国获得成功应用以来，已在西欧、北美等发达国家得到较快推广，应用范围从污水处理厂污泥处理逐步扩展到食品、医药等污水处理产生的污泥及禽畜养殖场粪便的处理。

典型的 ATAD 工艺系统一般采用间歇操作，至少两个反应器串联运行：第一段温度通常为 45℃左右，一般不超过 55℃；第二段温度通常为 50～60℃，一般不超过 70℃。同时要将进泥浓缩至 TSS 浓度为$(4\sim6)\times10^4$mg/L 或 VSS 浓度最少为 2.5×10^4mg/L，这样才能产生足够的热量；反应器要采用封闭式(加盖)，外壁需采取隔热措施以减少热量损失。另外，还需采用高效氧转移设备以减少蒸发热损失，有时甚至采用纯氧曝气。通过采取上述措施，可使反应器温度达到 45～65℃，甚至在冬季外界温度为-10℃、进泥温度为 0℃情况下也不需要外加热源。在两段式 ATAD 工艺的基础上，人们还提出了单段式消化工艺。

加拿大诺曼工程和建设者有限公司(NORAM Engineering and Constructors Ltd.)推出了 VERTAD™ 污泥自热高温好氧消化工艺，初沉污泥及剩余活性污泥经该工艺处理后，可转化成美国国家环保局(EPA)CFR-503 条规定的 A 级生物固体，可直接用作土壤肥料。该工艺的核心是深埋于地下的井式高压反应器，一般深 110m，井的直径通常为 ϕ0.5～3m，井式反应器从上至下依次是氧化区、混合区和深度氧化区。以 100000m^3/d 规模的城市污水处理厂为例，采用常规钻井技术，只需在原有污泥处理系统中增加占地 260m^2 即可，建成后污泥性质大为好转，周边环境大为改善，同时可实现无人操作自动控制。如图 4-4-14 所示，VERTAD™ 工艺与其他高温消化系统相比的不同之处在于，将三个独立的功能区放在一个反应器中进行。反应器的上部是一级反应区，包括一个同心循环管路和用于混合污泥循环的循环区；一级反应区的下部为混合区，位于整个反应器的1/2深度处，空气由此处注入，通过空气提升作用为内部循环提供动力；反应器底部为深度氧化区，能够提供杀死沙门氏菌和大肠杆菌等病菌所需要的65℃高温及水力停留时间，从而保证消化污泥的质量。工作过程中，污泥被送入混合区后与已部分消化的循环污泥混合，同时将压缩空气连续不断引入混合区下部为微生物提供氧气，由于反应器内液压高，使氧的浓度及氧转移速率相应提高；小气泡沿井外环上升，进入顶部气液分离罐后实现气液分离；部分污泥进入反应器底部的深度反应区，此处温度高、停留时间长，能满足获得A级生物固体所需的反应温度与时间要求。底部经消化后的A级生物固体快速上升，进入消化产物储罐，因上升速度快而确保其中的砂砾不沉积于反应器底部；在消化污泥向产物罐上升的过程中，由于压力迅速降低，气浮作用促使固液分离，并获得含固率约10%的A级生物固体。与常规ATAD工艺相比，VERTAD™ 工艺在能耗、曝气量、杀菌率、水力停留时间和平均氧转移效率等方面都具有较为明显的优势。

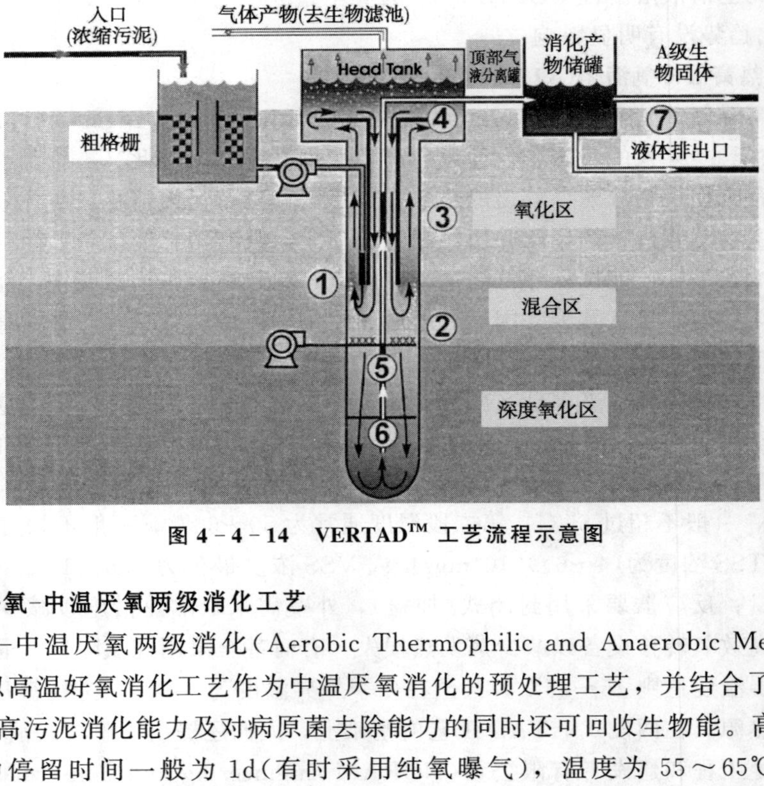

图4-4-14　VERTAD™ 工艺流程示意图

(4)高温好氧-中温厌氧两级消化工艺

高温好氧-中温厌氧两级消化(Aerobic Thermophilic and Anaerobic Mesophilic，AerTAnM)工艺以高温好氧消化工艺作为中温厌氧消化的预处理工艺，并结合了两种消化工艺的特点，在提高污泥消化能力及对病原菌去除能力的同时还可回收生物能。高温好氧消化预处理段的水力停留时间一般为1d(有时采用纯氧曝气)，温度为55～65℃，DO维持在(1.0±0.2)mg/L。后续中温厌氧消化段的温度为(37±1)℃。该工艺将快速产酸反应阶段和较慢的产甲烷反应阶段分离在两个的不同反应器内进行，有效提高了两段的反应速率。同时，可利用高温好氧消化产生的热量来维持中温厌氧消化的温度，进一步减少了能源浪费。

§4.5　污泥机械脱水设备

污泥经过浓缩、消化稳定后，含水率仍然较高，不便于运输和使用，需要进一步对其进行脱水甚至干化处理。污泥脱水主要通过将污泥颗粒间的毛细水和污泥颗粒表面的吸附水分离出来，使含水率降低到 80%～85%以下，体积大幅度减少。脱水后的污泥呈泥块状，能装车运输，便于最终处置利用；将脱水污泥的含水率进一步降低到 50%～65%以下（最低达 10%）的操作叫干化（或称干燥）。经过脱水处理的污泥量占全部污泥量的比例，在欧洲大部分国家达 70%以上，日本则高达 80%以上。

污泥脱水可分为自然脱水和机械脱水两大类。污泥干化床（也叫干化场或晒泥场）、真空干化床、袋装脱水等都属于自然脱水的范畴，其机理是自然蒸发与渗透。一般经过自然脱水处理后的污泥含水率可达 65%左右，但该法脱水效率较低，占地面积较大，不适合大型污水处理厂。鉴于依靠自身重力或静压力无法分离出污泥中的毛细水和污泥颗粒表面的吸附水，因此需要通过外加机械力（挤压力或离心力等）作用，强制使其与固体颗粒发生分离，这就是所谓的机械脱水。胞外聚合物（Extracellular polymeric substances，EPS）是污泥的重要组成部分，也是决定污泥脱水性能的关键因素之一。这是因为紧密包覆于污泥颗粒表面的 EPS 主要由含有大量亲水基团的蛋白质和多糖组成，两者的含量及比例与污泥脱水性能密切相关。由于调理能够显著改变污泥絮体的沉降性能及可压缩性能，因此是强化污泥脱水的关键。调理过程主要通过向污泥中外加能量或化学试剂等手段，破坏污泥絮体表面 EPS 亲水性结构，从而改变胞内及胞外水分子的赋存形态，进而降低污泥含水率。调理方法通常可分为物理法（骨架建构剂、超声、电渗析、热水解等）以及化学法（絮凝、氧化法等）和生物法（生物沥浸、酶等）三大类，其中絮凝调理因投加设备简单、操作简便、经济高效等优势而得到广泛应用。絮凝剂根据来源和性质可分为无机絮凝剂、有机高分子絮凝剂、微生物絮凝剂：无机絮凝剂主要包括常用的铝盐、铁盐和新型的钛盐、钠盐等；有机高分子絮凝剂主要为天然或人工合成的有机高分子物质，包括聚丙烯酰胺（PAM）、聚乙烯亚胺（PEI）等；微生物絮凝剂由微生物或其分泌产生的代谢产物组成，主要是利用微生物技术制备而成的具有生物分解性和安全性的絮凝剂。无机絮凝剂和人工合成有机高分子絮凝剂是目前最常用的絮凝剂，前者虽然廉价易得，且脱水效率、反应速度尚可，但存在适用程度低、环境毒性大等问题；人工合成有机高分子絮凝剂在反应速率、脱水效率等方面具有显著优势，但其运行成本较高且毒性较大。

从目前国内外市场上污泥机械脱水设备的工作原理来看，大体上可分为过滤分离、离心沉降分离两大类。在此基础上可进一步分类如下：①设法营造负压环境，将污泥中的水分"吸引"通过静止过滤介质结构，对应转鼓真空过滤机、真空带式过滤机，前者目前使用较少；②设法营造正压环境，将污泥中的水分挤压通过静止过滤介质结构，对应板框压滤机（Plate & Frame Filter Press）、厢式压滤机（Chamber Filter Press）、带式压滤机（Belt Filter Press）、过滤式螺压脱水机（Screw Press）、滚压式污泥脱水机（Rotary press）；③设法营造正压环境，将污泥中的水分挤压通过游动过滤介质结构，对应叠螺式脱水机（Multi - disc Screw Press）；④营造离心力场，使污泥中的水分与固体颗粒在超重力场中发生沉降分离，对应离心脱水机。污泥脱水用静止过滤介质结构所涉及的过滤机理，都是基于§1.5 中所提到的表面过滤，这里不再赘述。此外，除用于浓缩和消化稳定处理后污泥的机械脱水外，部分设备还可直接用于未经浓缩污泥的处理，即具备浓缩脱水一体化功能，如滚压式污泥脱水机、叠螺式脱水机等。

一、压滤机

压滤法与真空过滤法的液-固分离机理基本相同，只是前者的推动力为正压而后者为负压。压滤法的压力可达 0.4～0.8MPa，故推动力远大于真空过滤法。常用的压滤机主要有板框压滤机和带式压滤机两大类，板框压滤机的关键部件为滤板，按照滤板结构不同可分为板框式压滤机、厢式压滤机(Chamber Filter Press)、隔膜式压滤机(Membrane Filter Press)。

1. 板框式压滤机

板框式压滤机是最早应用于污泥脱水的机械，具有对物料适应性强、过滤压力较高、滤饼含湿率低、固相回收率高、结构简单、操作维修方便、使用寿命长等特点。板框压滤脱水进泥含水率要求一般为 97%以下，出泥含水率一般可达 65%～75%。

(1)结构与工作原理

如图 4-5-1 所示，板框式压滤机主要由止推板(固定压板)、滤框、滤板、压紧板(活动压板)、横梁、压紧机构、集液槽、物料进出管线和阀门、机架等组成，两根水平平行放置的横梁把止推板和压紧机构连在一起，机架上靠近压紧机构的一端放置压紧板，在压紧板和止推板之间依次相间交替排列着滤板和滤框。滤板和滤框通常为正方形，滤板和滤框之间夹着过滤介质(准确而言在滤板两侧覆有滤布)。压紧机构推动压紧板，将所有滤板和滤框压紧在机架中，使滤板和滤板之间构成压滤室，达到额定压紧力后即可进行过滤。滤框是接纳污泥的部件；滤板的两侧端面上的凸起和凹槽相间，凸起承托滤布，凹槽接纳滤液，凹槽与水平方向的底槽相连，把滤液引向出口。

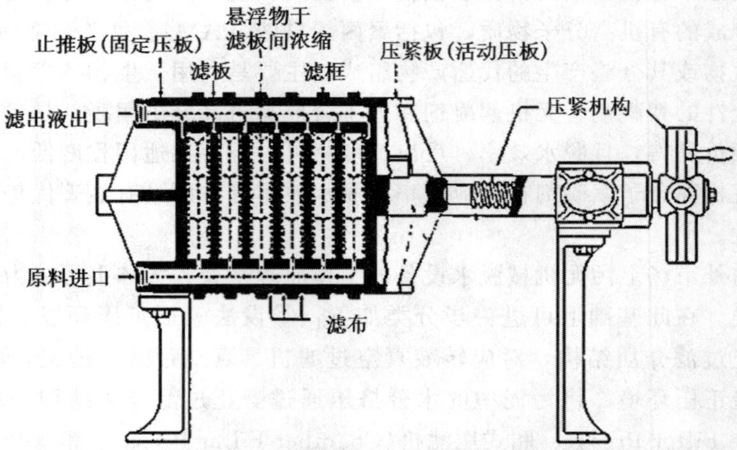

图 4-5-1　板框式压滤机的基本结构示意图

滤板和滤框的构造如图 4-5-2 所示，滤框是中空的方形框，其右上角的圆孔是料液通道，此通道与框内相通，使料液流进框内；其左上角的圆孔是洗水通道。滤板两侧表面做成纵横交错的沟槽，从而形成凹凸不平的表面，凸面用来支撑滤布，凹槽是滤液的流道。滤板右上角的圆孔是料液通道，左上角的圆孔是洗水通道。滤板有两种，一种是左上角的洗水通道与两侧表面的凹槽相通，使洗水流进凹槽，这种滤板称为洗涤板；另一种是洗水通道与两侧表面的凹槽不相通，称为非洗涤板。为了避免这两种滤板与滤框的安装次序出错，在铸造时常在板与框的外侧面分别铸有一个、两个或三个小钮。非洗涤板为一钮板，滤框带两个钮，洗涤板为三钮板。

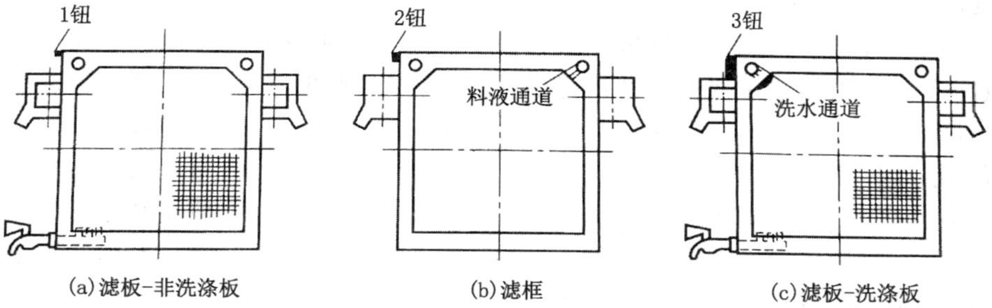

图 4－5－2　板框式压滤机滤板和滤框的结构示意图

板框式压滤机的过滤和洗涤过程如图 4－5－3 所示。过滤时，用泵把料液送进右上角的料液通道，由通道流进每个滤框里。滤液穿过滤布，沿滤板的凹槽流至每个滤板下角的阀门排出，固体颗粒积存在滤框内形成滤饼，直到框内充满滤饼为止。若需要洗涤滤饼，则由过滤阶段转入洗涤阶段。如果洗水沿料液通道进入滤框，由于框中已积满了滤饼，洗水将只通过上部滤饼而流至滤板的凹槽中，造成洗水短路，不能把全部滤饼洗净。因此，在洗涤阶段将洗水送入洗水通道，经洗涤板左上角的洗水进口进入板两侧表面的凹槽中，然后洗水横穿滤布和滤饼，最后由非洗涤板下角的滤液出口排出。在此阶段中，洗涤板下角的滤液出口阀门关闭。洗涤阶段结束后，有时还通入压缩空气，除去剩余的洗涤液。然后打开板框，卸出滤饼，洗涤滤布、滤板和滤框，然后重新组装，进行下一次操作循环。压滤机的出液有明流和暗流 2 种方式，滤液从每块滤板的出液孔直接排出机外，则称为明流式，便于监视每块滤板的过滤情况，若发现某滤板滤液不纯即可关闭该板的出液口；若各块滤板的滤液汇合，从一条出液管道排出机外，则称为暗流式，用于滤液易挥发或滤液对人体有毒有害悬浮液的过滤。

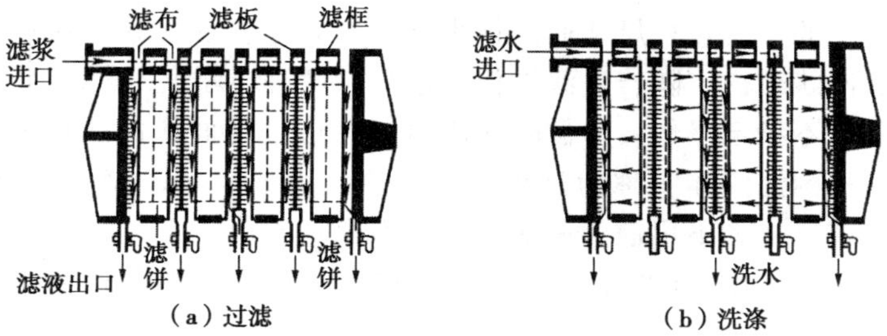

图 4－5－3　板框式压滤机的过滤和洗涤过程示意图

板框式压滤机的滤板和滤框可用木材、铸铁、铸钢、不锈钢、聚丙烯和橡胶等材料制造，对于滤渣压缩性大或近于不可压缩的悬浮液都能适用，适合的悬浮液固体颗粒浓度一般为 10％以下，操作压力一般为 0.3～0.6MPa，特殊的可达 3MPa 或更高。滤布的选型对过滤效果好坏很重要，常用的滤布有涤纶、维纶、丙纶、锦纶等几种。洗涤滤布可用自来水，清洗水泵选用柱塞泵，在市政污泥脱水时有效洗涤滤布的压力应不小于 0.8MPa。我国制定的板框式压滤机系列规格：滤框的内边长为 320～2000mm，滤框厚度为 16～80mm，滤框面积从 300mm×300mm 到 1400mm×1200mm，每台由 10～60 对或更多的滤板与滤框组成，因此可以适用于不同规模的污水处理厂。空压机主要提供压滤机的配套仪器仪表用气，以及吹扫剩余洗涤液等，为了保证有足够压力的干净气源，一般情况下压滤机要配备 1～1.5m^3/min 的空压机和一只 3m^3 的储气罐。

(2)压紧方式

板框式压滤机有手动压紧、机械压紧和液压压紧等3种形式。手动压紧是螺旋千斤顶推动压紧板压紧。机械压紧机构由电动机(配置先进的过载保护器)、减速器、齿轮副、丝杆和固定螺母等组成。需要压紧时电动机正转，带动减速器、齿轮副，使丝杆边在固定螺母中转动边前行，推动压紧板将滤板、滤框压紧。当压紧力越来越大时，电动机负载电流增大，当达到保护器设定的电流值时，达到最大压紧力，电动机切断电源，停止转动，由于丝杆和固定螺母有可靠的自锁螺旋角，能保证工作过程中的压紧状态。需要退回时电动机反转，当压紧板上的压块触压到行程开关时退回停止。

液压压紧机构由液压站、油缸、活塞、活塞杆以及活塞杆与压紧板连接的半环法兰卡片等组成，液压站包括电动机、油泵、溢流阀(调节压力)、换向阀、压力表、油路、液压油等。工作时，由液压站供高压油，油缸与活塞构成的腔室充满油液，当压力大于压紧板运行的摩擦阻力时，压紧板缓慢压紧滤板，当压紧力达到溢流阀设定的压力值时，滤板、滤框被压紧，溢流阀开始卸荷，此时切断电动机电源，压紧动作完成；退回时，换向阀换向，压力油进入油缸的有杆腔，当油压能克服压紧板的摩擦阻力时，压紧板开始退回。液压压紧为自动保压时，压紧力由电接点压力表控制，将压力表的上限和下限设定在工艺要求的数值。当压紧力达到压力表的上限时，电源切断，油泵停止供油；由于油路系统可能产生的内漏和外漏造成压紧力下降，当下降到压力表的下限时，电源接通，油泵开始供油。这样自动循环，以达到过滤物料过程中的压紧力保持效果。

压滤机在清洗结束后，建议不要立即开启自动压紧操作，而应先手动将滤板、滤框恢复到紧密接触位置，检查每块滤板间无异物脱落、滤布平整无褶皱、滤布孔与滤板孔位置对应，最后再启动机械压紧或液压压紧系统，将滤板压紧。

(3)过滤速率

由于构成滤饼层的污泥颗粒尺寸通常很小，形成的滤液通道不仅细小曲折，而且互相交联，形成不规则的网状结构。随着过滤操作的进行，滤饼层厚度不断增加而使流动阻力逐渐加大，因而过滤属于不稳定操作。单位时间内通过单位过滤面积的滤液体积称为过滤速度，而将单位时间内获得的滤液体积称为过滤速率，单位为 m^3/s 或 m^3/h。过滤速度是单位过滤面积上的过滤速率，二者不可混为一谈。对于不稳定流动，任一瞬间的过滤速率可以采用基于 Carman - Kozeny(卡曼-康采尼)或 Kozeny - Carman 方程的公式来计算

$$\frac{t}{V}=\frac{\mu\omega r}{2pA^2}V+\frac{\mu R_f}{pA} \tag{4-5-1}$$

式中 V——滤液体积，m^3；

t——过滤时间，s；

p——过滤压力，kgf/m^2；

A——过滤面积，m^2；

μ——滤液的动力黏滞系数，$kg\cdot s/m^2$；

ω——单位体积的滤液在过滤介质上截留的干固体质量，kg/m^3；

r——污泥比阻，m/kg，单位过滤面积上单位干重滤饼所具有的阻力；

R_f——过滤介质的阻抗，$1/m^2$。

过滤的操作方式有两种，即恒压过滤和恒速过滤。有时为了避免过滤初期因压力差过高而引起滤液浑浊或滤布堵塞，可采用先恒速后恒压的复合操作方式，过滤开始时以较低的恒定速度操作，当表压升至给定数值后，再转入恒压操作。当然，工业上也有既非恒速亦非恒

压的过滤操作，如用离心泵向压滤机送料浆即属此例。

(4)板框式压滤机生产能力的计算

板框式压滤机为间歇操作的过滤设备，其单位过滤面积的生产能力 q 可按下式计算

$$q=\frac{v}{t+t_1+t_2}[\mathrm{m^3/(m^2 \cdot s)}] \tag{4-5-2}$$

式中 t——过滤操作时间，s；

t_1——滤饼洗涤时间，s，(对于污泥脱水，滤饼一般不洗涤，故 $t_1=0$)；

t_2——包括卸渣、滤布清洗、吹干、压紧等辅助操作时间，s；

v——每个操作周期内单位过滤面积上所获得的滤液量，$\mathrm{m^3/m^2}$。

若假设板框式压滤机的操作在恒压条件下进行，则有

$$v^2=Kt \tag{4-5-3}$$

式中 K——恒压过滤系数，$\mathrm{m^2/s}$(通常可由实验测得)。

由物料平衡可得单位过滤面积上滤饼质量 $w(\mathrm{kg/m^2})$的计算表达式如下

$$w=v\rho c/(1-mc) \tag{4-5-4}$$

式中 ρ——滤液的密度，$\mathrm{kg/m^3}$；

c——料浆中固体物质的质量分率；

m——滤饼的干湿质量比。

滤饼厚度 b(m)与单位过滤面积上滤饼质量 $w(\mathrm{kg/m^2})$之间的关系如下

$$b=w/r_c \tag{4-5-5}$$

式中 r_c——滤饼的堆密度，$\mathrm{kg/m^3}$。

最终可得过滤时间 t(s)和滤饼厚度的关系式如下

$$t=v^2/K=\left[\frac{br_c(1-mc)}{\rho c}\right]^2/K \tag{4-5-6}$$

一般而言，当选定了板框式压滤机的规格型号后，其滤框厚度也相应选定，通常由于一个滤框的两面都在进行过滤，以滤框厚度的一半作为滤饼厚度代入上式，即可计算板框式压滤机的过滤时间。再根据所选板框式压滤机的规格型号，确定辅助操作时间 t_2。该设备的生产能力 Q 为

$$Q=Aq=\frac{Av}{t+t_2}\ (\mathrm{m^3/s}) \tag{4-5-7}$$

式中 A——压滤机的过滤面积，$\mathrm{m^2}$。

(5)板框式压滤机选型设计简化方法

进行污泥脱水用板框式压滤机的选型设计时需要考虑如下两点：一是污泥加药类型，是投加无机絮凝剂，还是投加高分子絮凝剂，或者二者兼有；二是压滤机的自动化程度，常规自动化应该包括自动液压闭合、自动拉板、自动卸饼、自动集水盘、泵和管路阀门仪表自动控制等。选型计算过程如下：

①确定每天的干固量 Q(如果投加大量无机絮凝剂，则需将增加的干固量加到待处理的污泥中)，确定压滤机每天的工作时间 T、一个循环的工作时间 C、滤饼的相对密度 ρ'(一般污水处理厂取 1.1kg/L，自来水厂取 1.2kg/L)、滤饼的含固率 S(需根据过滤和挤压试验确定)；

②压滤机每天的循环数为 T/C，每个循环的干固量为 $Q/(T/C)$；

③压滤机一个循环的滤饼体积为$[Q/(T/C)]/S/\rho'$；

④根据滤板的标准有效容积和面积，确定压滤机需要的滤板数量。

2. 厢式压滤机(含隔膜式压滤机)

(1)常规厢式压滤机

厢式压滤机也属于间歇操作的过滤设备，可有效过滤固相粒径 5μm 以上、固相浓度 0.1%～60%的悬浮液，以及粒度大或成胶体状的难过滤物料。厢式压滤机与板框式压滤机的主体构成大致相同，主要区别在于：板框式压滤机的滤室空间由交替布置的滤板和滤框组成，采用角进料的形式；厢式压滤机的单个滤板比板框式滤板厚，滤室空间由两个相同的滤板组成，采用中间进料的形式。厢式滤板两面内凹，并且中部表面有凸起，滤板中央原液物料通孔处用短套将两侧面的开孔滤布缝合起来。若干个厢式滤板重叠起来之后，相邻厢式滤板之间形成一个个滤室。加压的原液物料从厢式滤板中部的通孔处充满每个滤室并过滤，滤液穿过滤布，从凹板棱状凸起下的沟槽经厢式滤板下方的滤液小孔排出。滤饼留在滤室里，过滤结束后开机卸出。由于厢式压滤机的原液物料通孔设在厢式滤板中央或中央附近，口径较大而不易发生堵塞，在某种程度上可以认为厢式压滤机是板框式压滤机的升级，在过滤效果和自动化程度上都更好一些。

厢式压滤机的选用主要根据污泥量、压滤机的过滤能力确定所需面积和压滤机台数，再进行设备布置。部分厢式压滤机的产品性能如表 4－5－1 所示。XAJZ60/1000－30 型自动厢式压滤机的工艺流程如图 4－5－4 所示。

表 4－5－1　厢式压滤机的产品性能列表

型　号	过滤面积/m^2	滤板内边尺寸/(mm×mm)	滤室容积/m^3	滤板厚度/mm	滤板数量/块	压榨板数量/块	过滤压力/MPa	压榨压力/MPa	压紧力/MPa	电动机功率/kW	外形尺寸(长×宽×高)/(mm×mm×mm)	质量/kg
XAJZ60/1000－30	64	1000×1000	1	30	15	16	≤0.4	≤0.6	—	11	4567×1510×1475	12000
XMZ60F/1000－30	64	1000×1000	0.96	30	15	16	—	—	12～14	7	4785×1500×1355	15000
XAGZ120/1000－30	120	1000×1000	—	30	31	32	—	—	—	11	8900×2200×3720	30000
XMYZ340/1500－61	340	1500×1500	—	60	94	95	—	—	<14	5.5	10000×2300×1727	63000
XMYZ500/1500－60	500	1500×1500	—	60	137	138	—	—	<14	5.5	12020×2330×1727	73000
XM10/450－U	10	450×450	0.125	25	26	26	0.4	—	7.5	2.2	2550×970×1240	1600
XM20/630－U	20	630×630	0.25	25	26	26	0.4	—	8.0	2.2	2682×1110×1060	2500
XM30/630－U	30	630×630	0.375	25	38	38	0.4	—	8.0	2.2	3296×1110×1360	2800

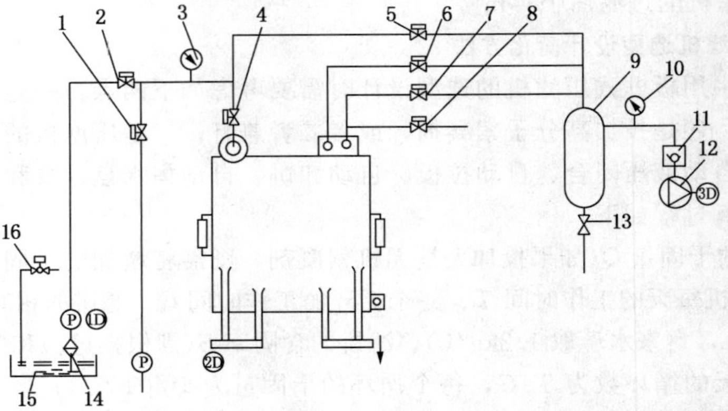

图 4－5－4　XAJZ60/1000－30 型自动厢式压滤机的工艺流程示意图

1，2，4～8，13—阀门；3，10—压力表；9—储气缸；11—止回阀；12—空气压缩机；14—过滤器；15—物料槽；16—压力调节阀

(2)隔膜压滤机

如果除厢式滤板外还使用有隔膜滤板，此时的厢式压滤机又被称为隔膜压滤机。隔膜滤板的基板两侧包覆着橡胶隔膜，隔膜外边包覆着滤布。隔膜压滤机中滤板的排放次序为：止推板、防腐板、隔膜滤板、厢式滤板、隔膜滤板、厢式滤板、……、隔膜滤板、防腐板、压紧板。工作循环可以大体描述为：松开→取拉板→压紧→保压→进料→过滤→压榨→反吹→松开卸料→清洗滤布。大型隔膜压滤机还可以采用两端进料，使物料迅速进入过滤腔室，缩短进料时间；还可实现洗涤滤饼的功能，回收滤饼内的可溶物质，通过交叉进水做到全方位洗涤以取得最佳洗涤效果。隔膜压滤机的进料压力一般根据物料性质具体确定，一般为0.3～1.5MPa。由于压榨力较过滤压力高，因此滤饼的含水率较低，也较稳定，设备的操作弹性好。

近年来，国内环保领域出现了一些使用隔膜压滤机进行污泥机械脱水的典型案例。例如，北京排水集团小红门污水处理厂使用国产800平方压滤机12台，热水解消化后的污泥含固率5.5%左右，单次循环时间3h，滤饼含水率53%，滤饼97%以上自动脱落。北京高碑店污水处理厂使用相同的800平方压滤机18台，热水解消化后的污泥含固率5%左右，泥饼含水率55%以下，单次循环时间3.5h。

基于隔膜压滤机，目前还出现了集机械过滤与热力干燥于一体的热压干燥脱水技术，实现了悬浮液过滤、结饼、机械压榨和热压干燥的全过程。通过在隔膜压滤机的厢式滤板和隔膜滤板之间加入干燥板而将过滤室一分为二，在滤室内完成悬浮液热压过滤阶段后即进入热压干燥阶段，热压干燥阶段包括三种作业：①向干燥板内通入热介质(如饱和蒸汽或导热油)，将干燥板加热，靠近干燥板的滤饼毛细管水开始传导受热而蒸发，所变成的蒸汽急剧膨胀，驱使其外侧毛细管水涌出滤饼表面；②隔膜压榨，强化原压滤机的机械脱水功能；③滤室抽真空，降低其内细粒滤饼所含液体的汽化温度和抽出其内产生的蒸汽。

3. 带式压滤机

带式压滤机又被称为带式压榨过滤机，工作过程中物料被夹在两条各自封闭的滤带之间，并随滤带在一系列辊筒间运动，物料受挤压和剪切作用而使液体透过滤带排出，滤饼在两条滤带分开后卸除。西德1963年率先研制成功带式压榨过滤技术，奥地利安德里茨(Andritz)集团在引进西德原型机的基础上，于1978年推出了CPF21001型带式压滤机，并在浮选尾煤脱水中成功应用。带式压滤机具有结构简单、脱水效率高、处理量大、能耗少、噪声低、自动化程度高、可以连续作业、易于维护等优点。一般要求进泥含水率在97.5%以下，出泥含水率低于82%。

(1)基本结构

带式压滤机目前在我国有普通型(DY型)、压滤段隔膜挤压型(DYG型)、压滤段高压带压榨型(DYD型)、相对压榨型(DYX型)及真空预脱水型(DYZ型)等5个系列，主要区别在于压榨脱水区压榨辊的布置与组合不同。如图4-5-5所示，带式压滤机主要由机架、驱动机构、辊筒、滤带、滤带张紧与纠偏机构、滤带冲洗机构和安全保护部件等组成，配套使用的辅助设备有加药系统、污泥泵、冲洗水泵、加药计量泵等。

①驱动机构。由电动机、联轴器、调速器、链条、传动辊筒等转动及传动部件组成，电动机的动力输出通过链条传动传递给上部传动辊筒，下部传动辊筒与上部传动辊筒之间用同步齿轮或同步带(链)传动以保持相同的转速。就单条滤带而言，其传动本质仍然属于带传动。

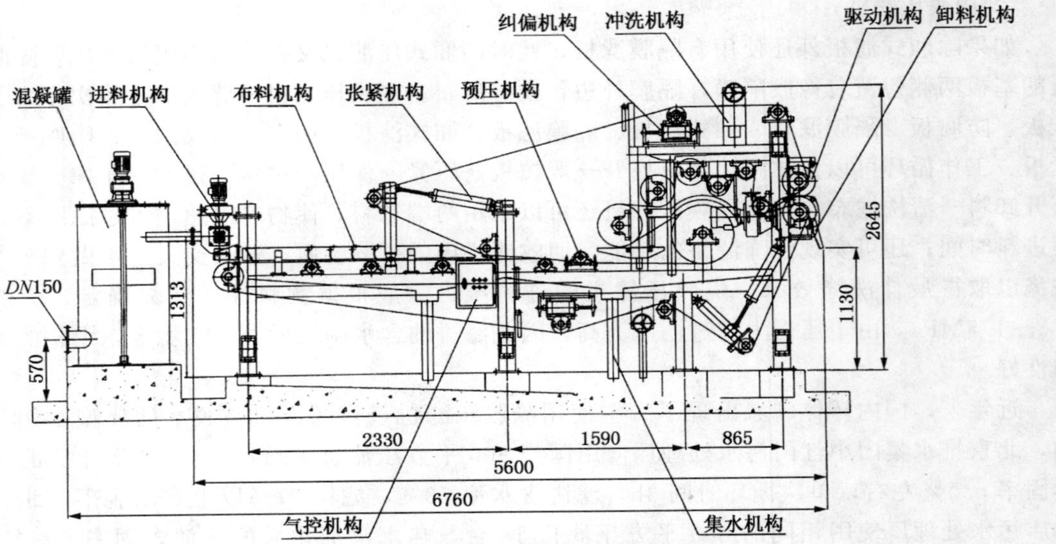

图 4-5-5　带式压滤机的结构示意图

一般采用无级调速，滤带线速度范围为 0.3～10m/min，对于处理生活污水污泥以及有机成分较高的不易脱水污泥取低速，对于消化污泥及含有无机成分较高的易脱水污泥取高值。

②辊筒。根据功能的不同，辊筒可分为传动辊筒、压榨辊筒和纠偏辊筒。压榨辊筒一般采用无缝钢管，两端焊接轴头一次加工而成；在低压脱水段所用直径大于 ϕ500mm 的压榨辊筒，用钢板卷制而成。常在压榨辊筒表面钻孔或开凹槽，以便于压榨出来的水及时排走。压榨辊筒表面需特殊处理，并涂以均匀、牢固、耐磨、耐蚀的涂层；或采用不锈钢材质。为增大摩擦力，一般在传动辊筒和纠偏辊筒外表面衬胶(包一层橡胶)，胶层与金属表面应紧密贴合、牢固，不得脱落。

为了保持滤带在运行中的平稳性，设备安装后所有辊筒轴线之间的平行度不得低于《形状和位置公差》(GB/T 1184)中未注明公差规定的 10 级精度。对于直径大于 ϕ300mm 的辊筒，在加工制造时应使用重心平衡法进行静平衡检验，辊筒安装后要求在任何位置都处于静止状态。

③滤带。滤带不但起过滤介质的主要作用，同时具有传递压榨力和输送滤渣的作用，因此必须具有良好的过滤性能和滤饼的剥离性。由于滤带要不断经过过滤、滤饼剥离、清洗的循环过程，因此滤带还必须具有良好的再生性能。此外，滤带还必须具有足够的强度、耐磨性和变形量小等性能。常用的滤带材料为聚酯和尼龙，编织方法常用单丝编织。为提高滤带的脱水性能和捕集性能，可以采用一层半和双层网(图 4-5-6 所示)。上层由丝径较细、结构较紧密、起捕集作用的材料构成，下层由丝径较粗、强度高的材料构成。滤带连接接口形式分为无端接口、螺旋环接口和销接环接口等；无端接口滤带的使用寿命长、强度高，但

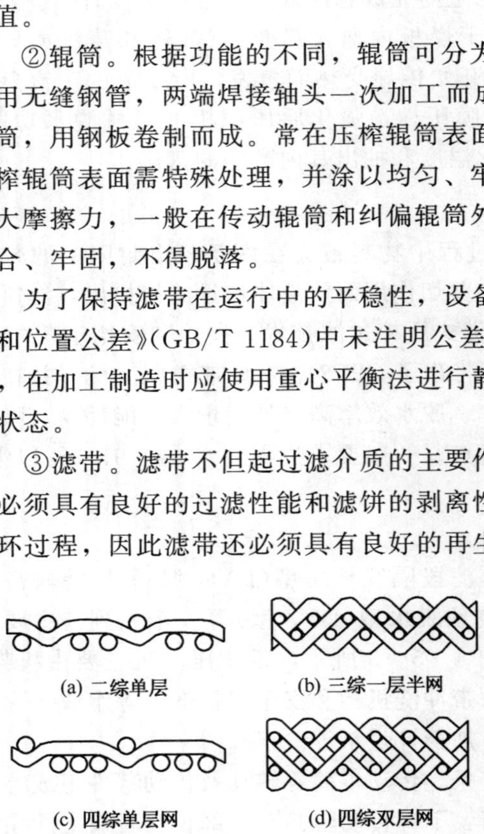

图 4-5-6　滤网编织方法示意图

安装不方便，目前常用销接环接口。《带式压榨过滤机》(JB/T 8102)规定，滤带宽度取值一般为 500mm、1000mm、1500mm、2000mm、2500mm、3000mm。除此之外，目前还出现了“方向性立毛纤维”滤带。

带式压滤机的主要区别在于压榨辊筒的布置方式，一般分为对列辊筒式和错列辊筒式两大类，有时也分别被称为 P 形布置和 S 形布置。如图 4－5－7 所示，对列辊筒式布置由上下两组近乎平行且同向移动的封闭回转带组成，上、下回转带分别采用金属丝网和滤布，主要靠对列压榨辊筒之间产生的挤压力来脱水。由于滤带与压榨辊筒之间的接触面积小、压榨时间短，一般只作为重力或低真空脱水之后的加压预脱水用。错列辊筒式布置如图 4－5－8 所示，滤带与压榨辊筒之间接触区域的弯曲方向反复多变，工作过程中利用滤带的张紧力，对相互错开的压榨辊筒曲面施加压榨力来使两条滤带之间的污泥脱水，由于滤带与压榨辊筒之间的接触面积大，具有压榨力方向多变、压榨时间长等特点。

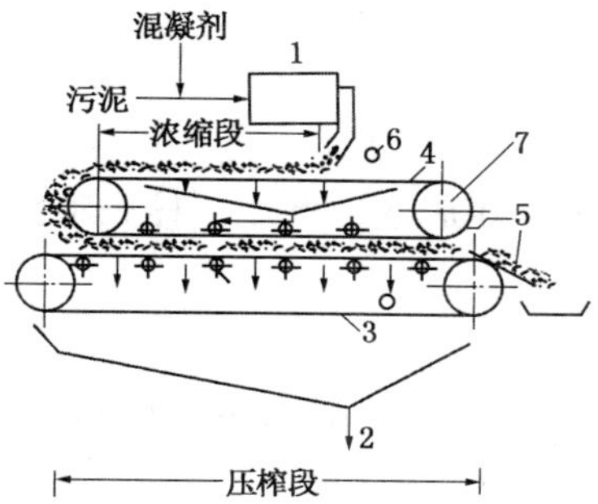

图 4－5－7　压榨辊筒对列辊筒式布置方式示意图

1—混合槽；2—滤液与冲水排出；3—涤纶滤布；4—金属丝网；5—刮刀；6—洗涤水；7—压榨辊筒

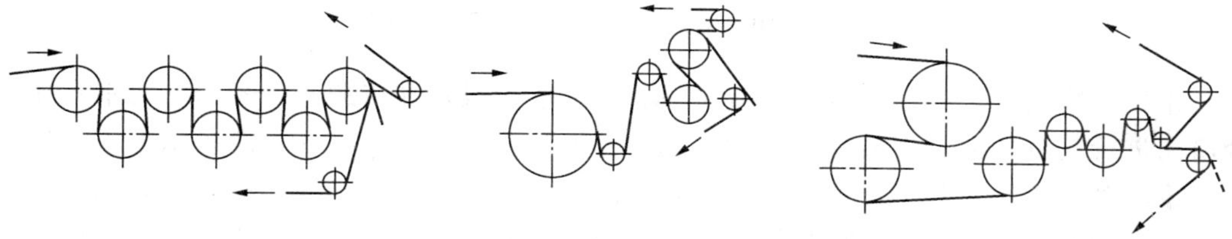

(a)　(b)　(c)

图 4－5－8　压榨辊筒错列辊筒式布置方式示意图

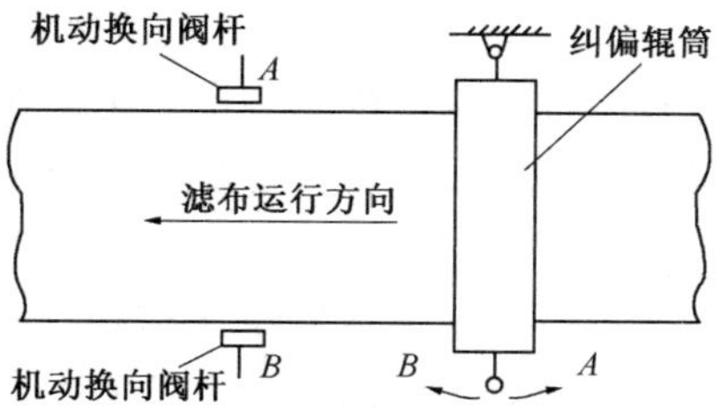

图 4－5－9　滤布纠偏机构的结构示意图

④滤带张紧与纠偏机构。张紧机构的作用是拉紧并调节滤带的张紧力，以便适应不同性质的污泥处理，滤带张紧力一般控制在 0.3～0.7MPa 之间。常用气缸或液压缸来拉紧滤带，通过改变气压或液压即可调整滤带的拉力。滤带气动纠偏机构的结构如图 4－5－9 所示，在上部、下部滤带的两侧设有机动换向阀，当滤带脱离正常位置时，将触动换向阀杆，接通阀内气路，使纠偏气缸带动纠偏辊筒运动，在纠偏辊筒的作用下使滤带恢复原位。正常工作时，允许滤带偏离中心线两边 10～15mm，超过 15mm 时滤带矫正机构开始工作，调整滤带的运行。如果纠偏机构工作失灵，滤带得不到调整，当滤带偏离中心位置超过 40mm 时，应使机器自动停止运行。

⑤滤带冲洗机构。滤带经卸料机构卸去滤饼后必须清洗干净，以保持滤带的透水性，利于脱水工作连续进行。当污泥的黏性较大时，常堵塞在滤带的缝隙中不易清除，故冲洗水压必须大于 0.5MPa。清洗水管上要装有等距离的喷嘴，喷出的水呈扇形，有利于减小水的压力损失。有的清洗水管内设置铜刷，用于洗刷喷嘴，避免堵塞。

⑥安全保护部件。安全保护部件在下列情况下应自动停机并报警：a)冲洗水压低于0.4MPa，滤带不能被冲洗干净会影响循环使用；b)气动式滤带张紧机构的气源压力小于0.5MPa，致使滤带的张紧力不足；c)运行中滤带偏离中心，超过40mm无法纠偏时。自动停机的含义为：主电动机、污泥泵、加药泵停止转动，但冲洗水泵、空压机不停。

(2)工作原理

如图4－5－10所示，可将压榨辊筒S形布置带式压滤机的脱水过程分为预处理、重力脱水、楔形预压脱水、低压压榨脱水及高压压榨脱水等5个主要阶段。

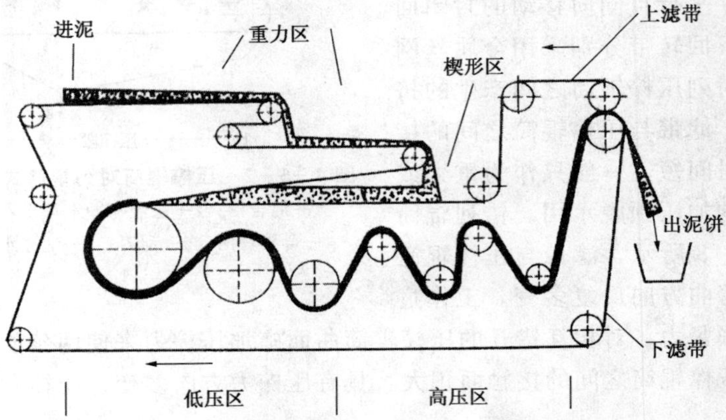

图4－5－10　带式压滤机的工作原理示意图

①预处理阶段：也称污泥絮凝反应阶段。将絮凝剂投加在待脱水处理的污泥中，在污泥混合筒内进行充分的混合絮凝反应，使固相粒子发生凝聚，为污泥的过滤脱水准备条件。

②重力脱水阶段：絮凝反应后的污泥在压滤之前需经过一水平段，即重力脱水段。污泥中50％～70％的水分(大部分为游离水)靠重力脱掉，使污泥的含固量增加7％～10％，便于后面的挤压。从设计方面考虑这一段应尽可能延长，但长度增加会使机器外形尺寸加大，故此段长度一般为2.5～4.5m。在重力脱水区内设有分料耙和分料辊，可将污泥疏散并均匀分布在滤带表面，使脱水效果更好。

③楔形预压脱水阶段：楔形区是一个三角形空间，两条滤带在该区逐渐靠拢，污泥在两条滤带之间逐步开始受到挤压。在该段内污泥的含固量进一步提高，并由半固态向固态转变，为顺利进入压榨脱水区创造好条件。

④低压压榨脱水阶段：污泥经楔形预压脱水区后，被夹在两条滤带之间绕压榨辊筒作S形弯曲移动，在此过程中承受反复的压榨与剪切作用。施加到污泥层上的压榨力取决于滤带张力和压榨辊筒直径，在滤带张力一定时，压榨辊筒直径越大，压榨力越小。带式压滤机前面三个压榨辊筒的直径较大，一般为ϕ500～800mm，施加到泥层上的压榨力较小，因此称为低压区。污泥经低压区后的含固量会进一步提高，为接受高压进一步脱水做好准备。

⑤高压压榨脱水阶段：污泥进入高压区后受到的压榨力逐渐增大，其原因是压榨辊筒的直径越来越小，高压区压榨辊筒的直径一般为ϕ200～300mm。污泥经高压脱水后，含固量会进一步提高，然后以块状泥饼脱落到压榨脱水外。

常见带式压滤机压榨辊筒的数目为4～11个，压榨辊筒直径为ϕ150～1200mm。经带式压滤机脱水后的污泥含水率一般为70％～80％，可用输送机输送至堆放场或直接装车送出厂外。

(3)典型产品与设计选型

典型的带式压滤机产品有德国 Aqseptence 集团的 FluX－Combi 带式压滤机、德国 Huber 公司的 Bogenpress B－PRESS 带式压滤机、奥地利 Andritz 集团的 SME－Q、SMX－Q、PowerPress G 带式压滤机、瑞典阿法拉伐(Alfa Laval)公司的 AS－H Belt Press KPZ 带式压滤机等。

带式压滤机在应用中所涉及的技术经济指标主要有处理能力、泥饼含水率、化学药剂投加量、动力消耗、冲洗水耗量等，其中处理能力是评价带式压滤机综合性能的首要指标，一般以每米带宽每小时分离出的干物质质量(kg)或处理的污泥体积(m^3)计。带式压滤机用于城镇污水处理厂时，性能指标应符合表 4－5－2 的规定；应根据不同的污泥性质和不同的带机构造进行模拟试验，以确定处理能力和其他运行参数，也可根据同类设备处理同类污泥的数据参考使用。工程实际中进行设计选型时，一般根据处理能力、待处理污泥量来确定所需带式压滤机的宽度和台数，并绘制设备布置图。

表 4－5－2　带式压滤机用于城镇污水处理厂污泥脱水时的性能指标

污泥种类	进泥含水率/%	干泥产量/[kg/(m・h)]	滤饼含水率/%	消耗干药量/(kg/t 干泥)
初沉污泥	96～97	120～300	75～80	1～5
活性污泥	97～98	80～150		
混合污泥	96～97.5	120～300		
消化后混合污泥	96～97.5	110～300		

二、离心脱水机

德国 1902 年首次将一台类似于目前有筛孔转鼓的过滤式离心机用于污泥脱水，但效果不理想。后来改进成无孔转鼓，1903 年在城市污水处理厂应用，分离效果较好，排出泥饼含水率降至 71%。自 20 世纪 60 年代以来，离心脱水机广泛应用于污泥脱水，展现出结构紧凑、自动化程度高、单机处理能力大、使用寿命长、密闭运行二次污染少、对污泥适应性强、脱水效果好等优点。虽然目前已普遍使用全封闭连续运行的卧式螺旋卸料沉降离心机(简称卧螺沉降离心机)进行污泥脱水，但普通卧螺沉降离心机的缺点是脱水污泥含湿量比带式压滤机高，为此可从提高分离因数、增加机械挤压强度、延长停留时间等 3 个方面加以改进。目前采用最多的改进措施是，通过开发低速大长径比机型，增大机械挤压强度和延长停留时间。卧螺沉降离心机的转差一般以 2～5r/min 为宜(约占转鼓转速的 0.2%～3%)；分离因数一般为 2000～3000，可通过离心模拟试验或直接对离心机调试得出；转鼓直径为 ϕ200～1200mm，长径比为 $L/D=4\sim5$。此外，目前还推出了具备污泥浓缩脱水一体化处理能力的卧螺沉降离心机。

1. 工艺流程

用离心机进行污泥脱水时，大多数情况下需要首先对污泥进行调理，化学调理时应掌握污泥形状和絮凝剂的特性，经试验筛选后确定配伍。图 4－5－11 为卧螺沉降离心机污泥脱水的工艺流程示意图。经污泥浓度计测得相应信号，启动螺杆泵，将污泥送至卧螺沉降离心机。在螺杆泵的吸入管路上安装有污泥切割机，以便切碎污泥中携带的固体杂物(如木头、塑料、玻璃、石块等)。借助浓度计和流量计信号，计算确定絮凝剂的投加量(投加浓度预先设定)，使污泥能结成粗大的絮凝团，促进泥水分离。分离后的污泥堆集外运；分离排水必须符合相关要求，或引入污水处理厂的进水渠。卧螺沉降离心机一般要求进泥含水率为95%～99.5%，出泥含水率一般可达75%～80%。与带式压滤机相比，卧螺沉降离心机用于污泥脱水时絮凝剂的投加量较少，一般为4kg/t干泥；卧螺沉降离心机、带式压滤机每立方米污泥脱水的耗电分别为1.2kW·h、0.8kW·h左右。

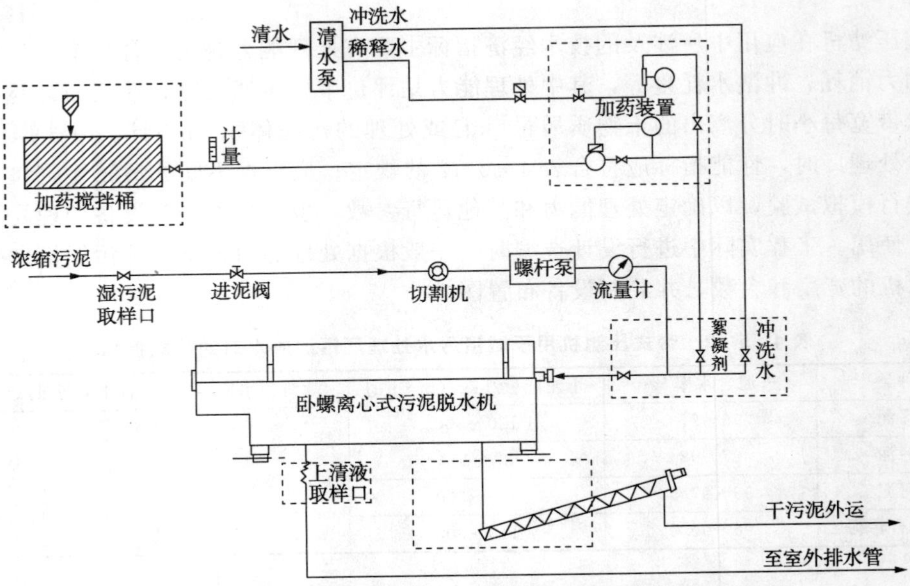

图4-5-11 卧螺沉降离心机污泥脱水的工艺流程示意图

2. 典型产品介绍

目前国外知名的污泥脱水用卧螺沉降离心机生产厂家有德国福乐伟(Flottweg)、德国基伊埃韦斯伐里亚(GEA Westfalia)、德国Hiller separation & process、德国SIEBTECHNIK TEMA、奥地利Andritz集团、瑞典Alfa Laval、英国Thomas Broadbent & Sons等。差速器也由最初不可调速的机械差速器，发展为可调的双电机驱动机械差速器和液压差速器。国内的代表性厂家有重庆江北机械有限责任公司、海申机电总厂(宁波)、上海市离心机械研究所有限公司(SCI)、成都智楷分离科技有限公司、河北冠能石油机械制造有限公司等，相关的生产、检验标准为《螺旋沉降卸料离心机》(JB/T 502)。

(1)HTS型高干度离心脱水机

图4-5-12所示为HTS型高干度离心脱水机，由德国Flottweg公司的高速卧螺沉降离心机发展而来，主要由中心进料机构、转鼓、锥柱形输料螺旋等组成。高速旋转的转鼓使固液发生沉降分离，沉降在转鼓壁上的固体被与转鼓在较小差转速下运转的输料螺旋推至锥形筒端部，从固体排料口排出；澄清后的液体反向流出排液口。按照物料在转鼓沉降区内的流动方式来看，属于§1.6中所述的逆流式卧螺沉降离心机，相应的其规格和性能如表4-5-3所示。

污泥脱水用卧螺沉降离心机安装时必须采取橡胶隔振措施，以免振动传至独立机架；同时必须安装隔声罩，在距离隔声罩1m处的噪声不得大于85dB(A)。此外，尚需配置监控系统及絮凝剂配制系统、加料泵、流量计、干泥输送、脱水机电控等辅助设备。

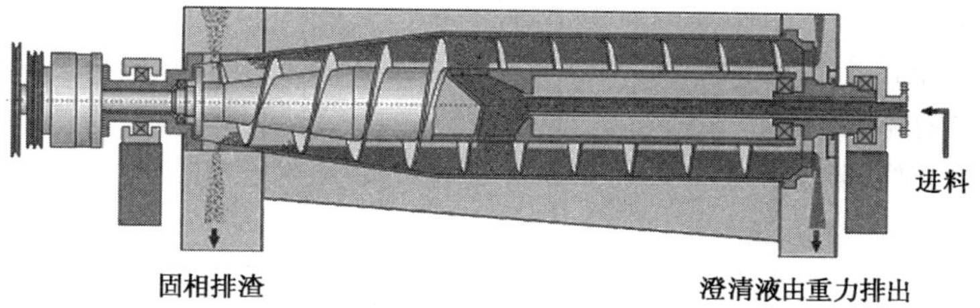

图 4-5-12　HTS 型高干度离心脱水机的结构示意图

表 4-5-3　HTS 型高干度离心脱水机的规格和性能

类型		Z4E-3	Z4E-4	Z5E-4	Z6E-4	Z73-4	Z92-4
结构材料		所有与湿污泥接触的部件都采用高等级的合金钢，诸如 1.4463(Duplex 离心铸造)、1.4571(AISI316Ti)等					
尺寸/mm	L	2980	3500	4200	4800	4815	5740
	W	1000	1000	1600	1705	2350	2780
	H	1200	1200	1150	1500	1500	1730
总重/kg		2600	3000	6200	9230	11000	16200
转鼓驱动电动机的功率/kW		15～22	22～37	45～80	75～110	90～132	160～250
输料螺旋驱动电动机(SIMP-DRIVE®)的功率/kW		4～7.5	7.5	7.5～15	15～22	22～30	30～45
典型的进料量/(m^3/h)		5～18	15～30	25～50	40～70	50～110	80～150
可选择的驱动方式		对转鼓和螺旋推进器采用液压驱动					

(2)ALDEC 高效卧螺沉降离心机

瑞典 Alfa Laval 公司生产的 ALDEC 系列高效卧螺沉降离心机有 400、500、550、600、700、1000 等型号，处理能力在 3～25m^3/h 之间。可以单独使用，也可与 ALDRUM 浓缩机组合使用。以 ALDEC506 型为例，转鼓直径 ϕ450mm、长 1910mm，转鼓内液池容量的大小取决于溢池深度或液体半径 R 值(R 值是转鼓中心轴线到溢流板上堰的距离)。转鼓大端均匀布置 4 个 ϕ92mm 的溢流孔，溢流孔外设有溢流板，如图 4-5-13 所示。转鼓的转速可调，最高转速为 3250r/min，相应的分离因数 K_C 高达 2657，转鼓半锥角设计为 8.5°，总有效沉降面积为 4126m^2。输料螺旋采用单头螺旋叶片(厚度 6mm)，倾角与中心线垂直，螺距 1×140mm，配套的进料管长 1150mm，进料区外半径 117mm；输料螺旋在转鼓内同心安装，同向旋转。该设备的主要特点如下。

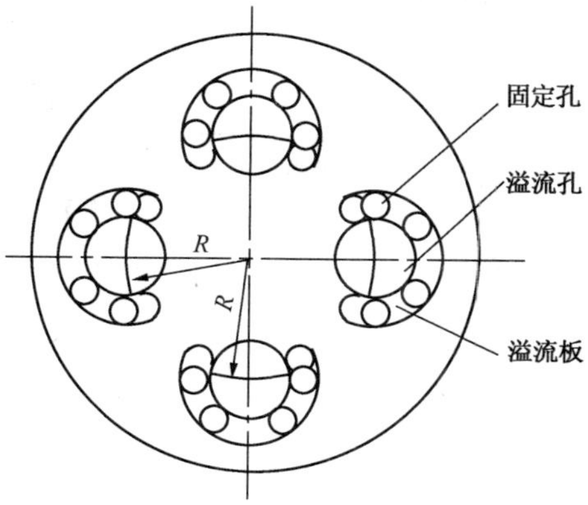

图 4-5-13　ALDEC506 型高效卧螺沉降离心机转鼓大端溢流孔及溢流板结构示意图

①采用电子控制的电磁涡轮差速器，具有控制精确、节能和维护方便等突出优点。

②转鼓、输料螺旋、进/出料管及其他与污泥接触的部件均采用 316、317 不锈钢或双相不锈钢离心浇铸，质地致密，强度和耐腐蚀性能优良。离心机罩壳用 304 不锈钢制成；机座

为碳钢件，表面涂有环氧基树脂底漆和面漆加以保护，采用腈类橡胶进行密封。转鼓内表面设有纵向筋条，使覆盖在转鼓内表面的污泥与转鼓壁之间无相对滑动，从而保护转鼓壁不受磨损；基座底部设有减振组件。

③发展了一整套降低料浆剪应力的技术，创造了卸料螺旋加装 BD 隔板结构，使脱水过程的絮凝剂(PAM)消耗量明显降低。

④排渣口、输料螺旋推料面和进料区均采用高耐磨碳化钨(WC)硬质合金，耐磨时间比喷涂普通 WC 延长 4～5 倍。

⑤选用较低的转速和较小的分离因数，耗电量更低，在脱水效率、絮凝剂消耗量等指标上达到更佳效果。

(3)国产离心脱水机

原国家经贸委于 1998 年将“卧螺离心脱水机与污泥浓缩机一体化”作为城市污水处理关键设备技术开发项目予以支持，首台 LWY520×1924－N 卧螺沉降离心机 2000 年 6 月由重庆江北机械有限责任公司研制成功。从技术方案上来看，①对流场型式和螺旋结构形式进行研究，选择了逆流压榨型带状螺旋叶片结构；②采用压榨螺旋结构，在螺旋出料口和转鼓出渣口处堆焊硬质合金，在螺旋叶片上镶嵌 WC 硬质合金；③对差速器的可靠性进行研究，选用了大传动比摆线针轮行星差速器($i=87$)；④采用双电动机双变频驱动，可以方便调节差转速，实现辅电动机能量反馈，降低整机消耗，并进行了过载保护及自动控制系统的设计，如图 4－5－14 所示的差转速/扭矩自适应控制系统能够根据螺旋输渣扭矩大小自动调整差转速，满足正常运转需要；⑤采用便携式现场整机动平衡仪作动平衡检测，根据检测结果分别在转鼓和螺旋的两端配重。该机同年 9 月安装在深圳市南山污水处理厂，平均絮凝剂消耗量 4.2kg/t DS，泥饼平均含水率 71.54%，分离液平均含固量 0.26%，固体平均回收率 94.43%。

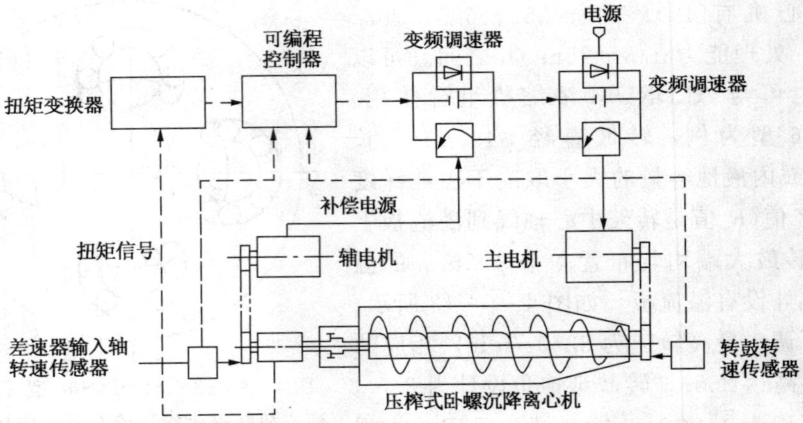

图 4－5－14　LWY 型卧螺沉降离心机的差转速扭矩自适应控制系统示意图

目前国产污泥脱水用卧螺沉降离心机的主要技术参数如表 4－5－4 所示，表中前六种为上海市离心机械研究所有限公司(SCI)基于引进液压差速器技术研制开发的 LW 系列大长径比卧螺沉降离心机。深圳市南山污水处理厂 2002 年安装该所生产的 LW530NY 污泥离心脱水成套设备，当进料含水率为 93.5%～96.0%时，脱后污泥含水率≤70%，最大处理量可达 50m^3/h；东莞市市区污水处理厂使用该所生产的 LW450×1940NY 污泥离心脱水成套设备，当进料含水率为99.25%～99.60%时，脱后污泥含水率69%～72%，处理量≤45m^3/h，成套功耗28kW。

表4-5-4　部分国产污泥脱水用卧螺沉降离心机的主要技术参数

型号	转鼓直径/mm	最高转速/(r/min)	转鼓长度/mm	长径比	分离因数	生产能力/(m^3/h)	最大排渣能力/(m^3/h)	电动机功率/kW	重量/kg	外形尺寸/mm ($L\times W\times H$)
LW220×930	220	4800	930	4.2	2800	0.5～5	0.4	11	1000	1790×1080×640
LW300×1300	300	4200	1300	4.3	3000	1～15	0.8	11～15	1500	2470×1230×850
LW350×1550	350	3700	1550	4.4	2600	2～20	1.2	15～22	2000	2790×1300×880
LW400×1750	400	3400	1750	4.4	2590	3～30	2.0	18.5～30	2400	2950×1400×850
LW450×1940	450	3000	1940	4.3	2270	4～45	2.5	22～37	2800	3300×1500×920
LW500×2150	500	2900	2150	4.3	2350	5～60	4.0	30～45	4000	3650×1500×1000
LW530×2270	530	2700	2270	4.3	2160	6～75	5.0	30～45	4500	3730×1600×1100
LW580×2500	580	2600	2500	4.3	2200	8～85	6.0	45～55	6000	4000×1750×1200
LW650×2800	650	2400	2800	4.3	2090	9～105	8.0	37～75	7200	4300×1900×1350
LW760×3040	760	2150	3040	4.0	2000	10～140	12.0	55～110	9500	5000×2500×1500
LW900×3600	900	2000	3600	4.0	2000	20～190	18.0	75～135	16000	6000×2700×1500
LWD430W-Ⅱ	430	3200	—	4.10	2466	25～30	海申机电总厂(宁波)：差转速2～20r/min			
LW450	450	3000	—	4.02	2266	10～18	合肥通用机械研究院：差转速0～15r/min			
LWY430	430	3250	—	4.20	2543	10～30	重庆江北机械有限责任公司：差转速3～15r/min			

三、过滤式螺压脱水机

过滤式螺压脱水机(Screw Press)又被称为螺旋压榨式脱水机、螺旋挤浆机、螺旋压滤机，20世纪60年代首先出现在德国，随后苏联、瑞典、美国、日本等国家也相继制造，最早应用在榨油、鱼肉磨碎物料的压榨脱水、鱼虾废料过滤中，近年来在污泥脱水和其他流程工业脱水领域得到广泛应用。该设备主要利用有轴输料螺旋在输送污泥过程中的剪切挤压作用来达到脱水目的，滤液通过孔眼式筒状滤网排出。从结构组成上来看，主要分为入料部分、卸料口压力控制机构、滤网、有轴输料螺旋、驱动机构等。入料部分主要有有轴输料螺旋中心入料、直接输送物料至螺旋叶片位置入料、U形挡板入料等几种；卸料口压力控制机构旨在给物料一个反作用力，只有卸料口物料达到一定浓度时才能克服此压力卸料，大致可分为自重式、弹簧式、气缸推动式、双开门挡板式等几种。滤网可分为楔形网、板网等，有轴输料螺旋通常可分为单头螺旋、双头螺旋、变螺距螺旋、间断螺旋。根据有轴输料螺旋轴心线位置的不同，可分为水平放置和倾斜放置两种，日本FKC公司的螺旋压榨机、日本石垣环境机械的ISGK螺旋压榨机、美国Vincent Corporation的螺旋压榨机等属于前者，后者的典型代表为德国Huber公司的ROTAMAT® Screw Press S-PRESS(RoS3)型螺压脱水机。

1. 水平放置

日本石垣环境机械ISGK螺旋压榨机系统的工艺流程如图4-5-15所示，主要由有轴输料螺旋、圆柱体筛网、卸料口压力控制机构、驱动机构、清洗机构、支撑轴承、进料口、出料口、机座等组成。卸料口压力控制机构和驱动机构都位于输料螺旋的大端，通过两个气缸来调节和控制气动泥饼压力锥(pneumatic cake pressure cone)；圆柱体筛网静止不动而仅有输料螺旋低速转动；清洗机构由数个圆环形框架组成，每个圆环形框架上均布安装多个清洗喷嘴，每个圆环形框架都可以在导轨支架上沿着输料螺旋轴线方向往复移动，从而对圆柱体筛网实施全方位有效清洗。工作过程中，污泥与高分子絮凝剂在反应槽中形成良好的胶羽后，进入螺压脱水机的第一段，该段为污泥浓缩段，筛网孔径为 ϕ1.5mm；第二段为滤出段，筛网孔径为 ϕ1.0mm；第三段为挤压段，筛网孔径为 ϕ0.5mm。运行一段时间后对筛网喷水清洗，清洗时间约 10min。有轴输料螺旋的转速低(约 0～2r/min)，动力消耗低，而且可以通过调节旋转速度调节泥饼含固率和处理量；清洗水用量省，每日仅 0.25～1.4m^3，完成一次操作只需要 5～10min 的清洗时间，95%以上的固体被回收；全密闭设计，防止臭味溢出；机械故障问题少，体积紧凑。典型工作性能数据如表 4-5-5 所示。

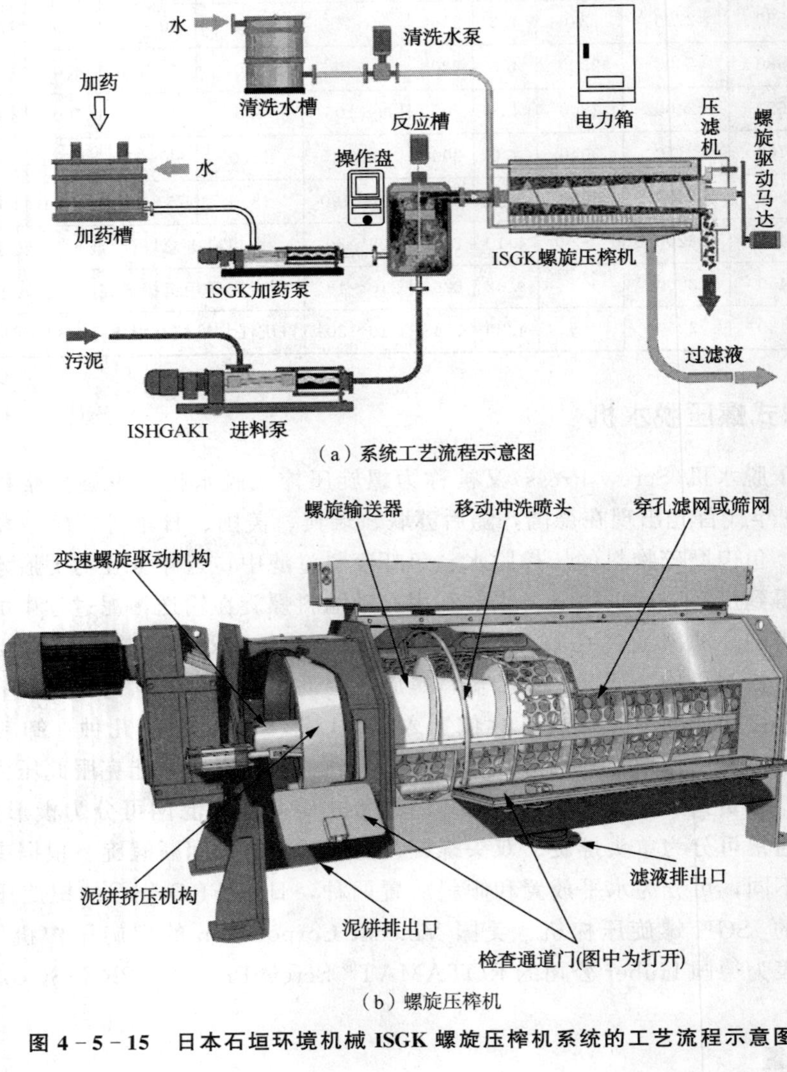

（a）系统工艺流程示意图

（b）螺旋压榨机

图 4-5-15　日本石垣环境机械 ISGK 螺旋压榨机系统的工艺流程示意图

表 4-5-5　ISGK 螺旋压榨机的典型工作性能参数

污泥类型	浓度/%	有机聚合体	药剂含量/%	泥饼含水率/%	过滤速度 $\phi(300)/(kg\ DS/h)$	行业
浮渣	9～10	阳离子	0.3	45	60～75	油脂厂
污水厂污泥	4.5～5.5	阳离子	0.7	74	75～90	汽车
碱性污泥	3～3.5	阳离子	0.4	65	35～40	炼钢厂
工业废水	3～3.5	阳离子	2.5	3	45～55	工业废水
养殖场污泥	2～2.5	阳离子	1.8	77	25～30	养殖
纸浆污泥	8～11	阳离子	0.2	52	55～60	纸厂
凝结污泥	6～9	阳离子	0.4	66	30～40	油脂厂
无机凝结污泥	13～17	阳离子	0.2	70	140～160	医学
种植污泥	0.7～1.2	阳离子	1.7	83	13～20	化工
下水道污泥	2.5～3.0	阳离子	0.7	76	45～60	下水道

在日本富国工业株式会社(Fukoku Kogyo Company，FKC)公司的螺旋压榨机中，还采用蒸汽对有轴输料螺旋进行加热调理，从而提高污泥的脱水性能。

2. 倾斜放置

德国 Huber 公司 S-PRESS 型过滤式螺压脱水机(Screw Press)对应着该公司原来的 ROTAMAT® RoS 3 Screw Press，其完整的系统工艺流程如图 4-5-16 所示。主要组成如下：①过滤式螺压脱水机主机；②三腔式粉料全自动加药设备、药液投加泵等组成的絮凝剂药液制备与投加部分；③四点式管道加药混合器、直管式絮凝反应器等组成混合及絮凝反应部分；④由供水泵、管道过滤器等组成的净水供应部分；⑤各部分连接配套管路及阀门、仪表、PLC 电控组件等。

为使药液在加入污泥管时能够瞬间均匀扩散，采用四点式管道加药混合器，加药主管分成 4 个支管从 4 个方向垂直进入污泥管，在污泥管截面上均匀分布的 4 个点上投加药液，这种方式药液扩散均匀，对混合后污泥的搅动小。加药后的污泥直接进入直管式絮凝反应器，直管式絮凝反应器主要由上部直管段和底部锥形管焊接构成，一般立式安装，直管段直径为污泥管径的 4～5 倍。加药污泥在管道压力作用下从底部锥形管中心进入并上升，直管周边已经长大的絮体则在重力作用下缓慢下沉，这样就形成一个中间上升周边下降的循环流，使污泥得到充分而均匀的絮凝，难以下沉的絮体被推举上升，从上部侧面的出液口管道自流进入脱水机的进料口。直管式絮凝反应器顶部设有液位开关，信号与污泥泵联锁，防止进出液不平衡时发生冒顶。一般情况下，污泥在直管式絮凝反应器内的设计停留时间应在 1min 以内。直管式絮凝反应器与四点式管道加药混合器的安装距离应为 2.5～3.5m，两者之间安装一个压力可调式逆止阀，防止污泥泵停止时污泥倒流。除了立式安装的直管式絮凝反应器，德国 Huber 公司目前已经展示了卧式安装的直管式絮凝反应器，结构更为简单紧凑。

过滤式螺压脱水机主机由楔型变径不锈钢滤网(间隙为 0.25mm)栅筐、变直径变螺距有轴输料螺旋、旋转喷射冲洗机构、气动压力锥、壳体以及运动部件相应的驱动机构等组成，滤网栅筐呈 25°角倾斜设计和安装，底部进料、顶部出料，固体滤渣直接排入卸料斗。与 S-DRUM 过滤式螺压浓缩机的电动机全部放置在滤网栅筐上部不同，S-PRESS 型过滤式螺压脱水机有轴输料螺旋的驱动电动机放置在滤网栅筐下部。经絮凝反应形成的稀浆絮体从脱水机进料口流至滤网栅筐内的下部预脱水区，稀浆絮体在该区域得到有效的絮体和澄清液分离，即产生稀浆预脱水效应；更多的待脱水稀浆絮体进入滤网栅筐内的主压榨区域，被进一步挤压过滤脱水，通过低速变直径变螺距有轴输料螺旋的作用，稀浆絮体被连续压缩过滤，含水率越来越低；脱水后的泥饼被提升至出料口处卸除，滤液从主机底部回流到滤液池。滤网栅筐内的过滤压力通过位于污泥排出端的气动压力锥(Pressure cone)进行调节。为避免楔形金属滤网在工作过程中发生堵塞而影响脱水效率，在有轴输料螺旋叶片外沿固定有刷状组件，从内向外清理栅筐滤网的过滤间隙；同时采用旋转喷射冲洗机构根据 PLC 控制系统设定的时间，自外向内冲洗栅筐滤网的过滤间隙。

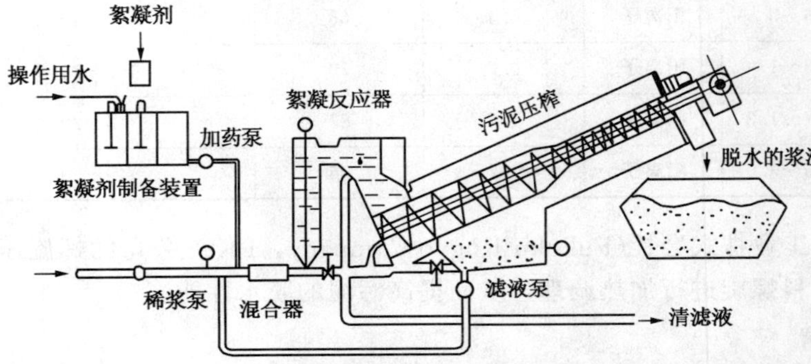

图 4-5-16　S-PRESS 型过滤式螺压脱水机系统的工艺流程示意图

S-PRESS 型过滤式螺压脱水机的主要性能参数如表 4-5-6 所示，主要特点如下：①采用 V 形断面不锈钢加固滤网，具有良好的耐压、耐腐和通水性，采用变直径变螺距有轴输料螺旋及变径栅筐，可以获得含水率很低的泥饼；②系统运行节能环保，处理量 $10m^3/h$ 设备的主机功率小于 5kW，通过主机壳体实现密闭运行，防止浆液及气味污染环境；③有轴输料螺旋以低于 5r/min 的转速运行，无振动和噪声、磨损小、易损件少，维修维护简便，费用低；④主机和加药设备全部采用不锈钢制作，耐腐蚀性好，使用寿命长；⑤污泥泵和加药泵均采用变频电动机调速，在污泥管路和加药管路上分别设置电磁流量计，流量调整及监测方便准确，使污泥和药液保持合适比例，以达到最佳的絮凝效果；⑥系统采用 PLC 控制，自动化程度高，可实现无人操作，安全性好，适用长期连续运行；⑦脱水过程中污泥同时受到挤压和输送剪切作用，对药剂及调理后污泥絮体的要求相对较高。S-PRESS 型过滤式螺压脱水机进泥含水率要求一般为 95%～99.5%，出泥含水率一般可降低至 75%～80%。

表 4-5-6　S-PRESS 型过滤式螺压脱水机的主要性能参数

型号	处理量/(m^3/h)	有轴输料螺旋驱动电动机		有轴输料螺旋转速/(r/min)	旋转喷射冲洗机构驱动电动机功率/kW	系统管径 *DN*/mm	运行质量/kg
		功率/kW	电压/V				
RoS3.1	2～5	3	380	0～5	0.04	100/100	2500
RoS3.2	5～10	4.4	380	0～6	0.04	100/100	3700
RoS3.3	10～20	8.8	380	0～6	0.08	100/100	7400

四、污泥浓缩脱水一体化设备

传统的污泥浓缩脱水工艺一般将浓缩、脱水两道工序分开，浓缩过程一般通过设置单独的污泥浓缩池来完成，脱水段单独设置脱水机房，这样就造成了污泥浓缩脱水的基建投资比较大。另一方面，目前由传统的活性污泥法派生出了许多新工艺，重力浓缩池已不再适合用来进行某些工艺所产生污泥的浓缩。如 A^2/O 工艺产生的污泥内含有大量的磷，这种富磷污泥在重力浓缩池的缺氧或厌氧环境中可能形成磷的二次释放，然后通过上清液重新进入污水处理系统中，使上游生物脱磷的努力在重力浓缩池中化为乌有。

针对传统污泥浓缩脱水工艺存在的缺陷，污泥浓缩脱水一体化设备应运而生。国外 20 世纪 70 年代投入研制，国内 90 年代中后期开始在个别污水处理厂使用，目前已得到广泛应用。不仅具有处理工艺流程短、运行连续、控制操作简便、工作过程可调节和减少恶臭类无组织排放等优点，而且在一定程度上节省了基建投资。需要强调指出的是，污泥浓缩脱水一体化设备并非前述污泥浓缩单体设备和脱水污泥单体设备的简单串联。典型的污泥浓缩脱水一体化设备主要包括：带式浓缩＋带式压滤脱水一体机、转筛浓缩＋带式压滤脱水一体机、转筛式浓缩机＋过滤式螺压脱水机、浓缩脱水用卧螺沉降离心机、过滤式螺压浓缩脱水机、滚压式脱水机(Rotary Press)、叠螺式脱水机等，这里进行代表性介绍。

1. 带式浓缩＋带式压滤脱水一体机

带式浓缩＋带式压滤脱水一体机简称带式浓缩压滤一体机，污泥浓缩段和污泥脱水段有各自独立的应力控制和滤布纠偏系统，但共用一套压缩空气源或液压动力源；污泥浓缩段和污泥脱水段均具备滤布反冲洗功能，且共用同一反冲洗水泵。

向高含水率污泥中加入絮凝剂并经混合搅拌后形成絮体，絮体首先进入一体机的重力脱水滤带上，在重力作用下浓缩脱出大部分的游离水。为提高重力浓缩脱水效果，将滤带设计有轻微的倾斜角度，污泥向前移动，水向下、向后流；并在这一阶段布置一系列犁耙，在污泥向前移动的同时对污泥进行搅动，从而利于游离水的排出。浓缩后的污泥通过卸料机构进入压滤机的重力脱水区，然后落到压滤机的两条滤带之间(楔形预压区)，此时污泥已经失去流动性，但含水率仍然较高。污泥在两条滤带之间受到的夹持力逐渐增大，从而使污泥水分进一步降低。经楔形预压脱水后的污泥进入压榨脱水区，污泥在此阶段受到一系列压辊的反复作用，压榨力逐渐增大，将其中的水分压榨到较低程度，从而获得含水率更低的泥饼，最后由卸料口排出。

带式浓缩压滤一体机与普通带式压滤机虽然在外形上有相似之处，但在机体结构上存在本质区别。由于污泥浓缩段与污泥脱水段之间的水力负荷相差很大，浓缩段的水力负荷很高，而这一段的固体又非常难于分离和控制，因此浓缩段的设计是带式浓缩压滤一体机的关键。

德国 Passavant Geiger 公司 FluX2 - Press 带式浓缩压滤一体机主要是 FluX - Drain Belt Thickener(带式重力浓缩机)与 FluX - Press Belt Filter Press(带式压滤机的组合)，也被称为 FluX - Combi。美国 BDP Industries 公司的 3DP 型带式浓缩压滤一体机如图 4 - 5 - 17 所示，主要性能参数如表 4 - 5 - 7 所示，其平均水力负荷为 $40m^3/(m \cdot h)$，平均固体负荷为 $360 \sim 560kg/(m \cdot h)$。实际运行时，既可实现浓缩脱水与压榨脱水同时进行优化选择，也可实现浓缩、脱水单机运行。4.26m 有效长度的浓缩环节可取代传统的重力浓缩池，缩短污泥浓缩的停留时间，减少机械磨损消耗，提高浓缩效果。

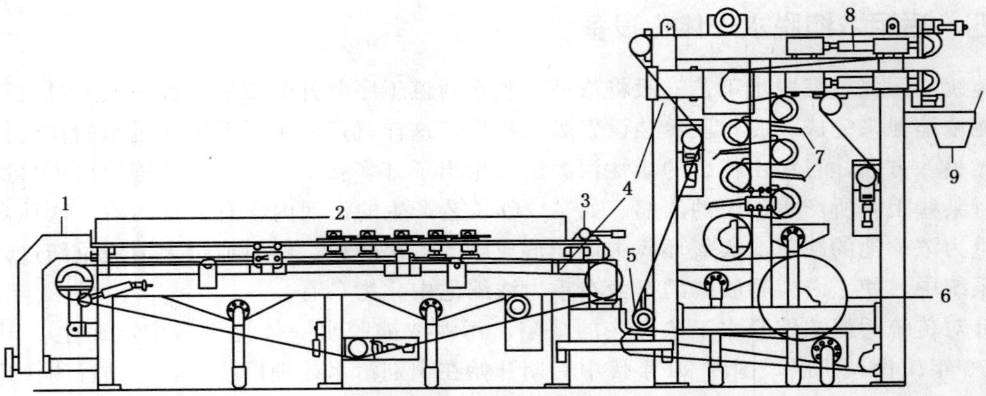

图 4-5-17　3DP 型带式浓缩压滤一体机的结构示意图

1—上流式进料；2—14 英尺有效长度浓缩机；3—污泥耙；4—独立的重力及压力脱水区；5—可调楔形装置；6—压辊(8 个)；7—压力区滴液盘；8—张紧装置；9—泥饼收集斗

表 4-5-7　美国 3DP 型带式浓缩压滤一体机的主要性能参数

项目	带宽/m			
	1.0	1.5	2.0	2.5
浓缩段总面积/m^2	3.72	5.57	7.43	9.29
压滤段面积/m^2	4.66	6.97	9.29	11.61
总长/m	6.88	6.88	6.88	6.88
总宽/m	2.03	2.54	3.05	3.56
总高/m	3.00	3.00	3.00	3.00
压力控制系统功率/kW	2.2	2.2	2.2	2.2
压滤段主电动机功率/kW	2.2	2.2	3.75	3.75
浓缩段电动机功率/kW	1.5	1.5	2.2	2.2
水压力 0.8237MPa 下的耗水量/(m^3/h)	9.08	12.26	16.35	19.76
质量/kg	6804	8618	10432	12247

国产 DNY 型带式浓缩压滤一体机的技术性能参数如表 4-5-8 所示，压滤后的泥饼含水率一般性质污泥为 70%～80%，但要视进泥性质、浓度的变化而改变。

表 4-5-8　DNY 型带式浓缩压滤一体机的技术性能参数

型号	DNY-500	DNY-750	DNY-1000	DNY-1500	DNY-2000	DNY-2500	DNY-3000
滤带宽度/mm	500	750	1000	1500	2000	2500	3000
处理量/(m^3/h)	≤15	≤22.5	≤30	≤45	≤60	≤75	≤90
浓缩段带速/(m/min)	2.8～14.0						
压滤机带速/(m/min)	2.0～10.0						
浓缩段功率/kW	0.55	0.55	0.75	1.1	1.1	1.1	1.5
压滤段功率/kW	0.75	0.75	1.1	1.5	2.0	3.0	3.0

续表

型号	DNY－500	DNY－750	DNY－1000	DNY－1500	DNY－2000	DNY－2500	DNY－3000
冲洗水消耗量/(m^3/h)	4.5	6.75	9.0	13.5	18.0	22.5	27.0
冲洗水压/(MPa)	≥0.5						
气压/(MPa)	0.3～0.7						
泥饼含水率/(%)	70～80						
长度/mm	4950	4950	4950	5450	5450	5450	6750
宽度/mm	1150	1400	1650	2150	2650	3150	3750
高度/mm	2320	2320	2320	2720	2720	2720	3230
重量/kg	3000	3500	4000	5000	6000	7000	11500

2. 转筛浓缩＋带式压滤脱水一体机

该机的浓缩段一般采用转筛式浓缩机或类似设备，脱水段仍为普通带式压滤机或结构经过改进的带式压滤机。絮凝污泥进入缓慢旋转的浓缩转筛(或转筒)时，游离水通过从转筛内衬的滤网流出到集水池中；转筛上部设有反冲洗系统，对转筛进行清洗再生。浓缩后的污泥在转筛内螺旋导流板的作用下，从出口处流到带式压滤机的滤带上，经带式压滤机处理后形成泥饼。

图 4－5－18 所示为德国 ROEPRESS 转筛浓缩＋带式压滤脱水一体机的结构示意图，污泥在混合搅拌器中与絮凝剂溶液完全混合，在污泥给料管道中絮凝后，进入缓慢旋转且衬有滤布的转筒。当污泥由旋转螺旋导流板作用通过转筛时，大部分水通过滤布排出。经预脱水的污泥在转筛末端沿一斜槽滑下，首先到带式压滤机的上过滤带上，然后翻转到下过滤带上，絮凝剂中剩余的游离水在此被排出。过滤带上的污泥层能明显地展示出絮凝结构，从而帮助仅有很少经验的操作人员合理控制与调整投药量。污泥随后被夹在过滤带中间，传送通过压滤区(低压区)和剪切区(高压区)，在此期间水被逐渐增加的压力和剪切力挤出，脱水后的污泥最终被排出系统外。预脱水转筛产生的滤液被收集到清水槽内，并被循环加压输送到

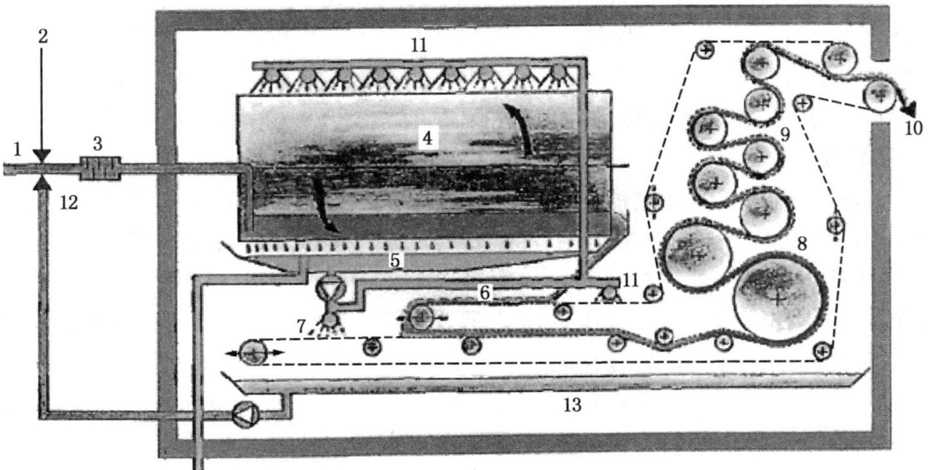

图 4－5－18 ROEPRESS 转筛浓缩＋带式压滤脱水一体机的结构示意图

1—污泥；2—絮凝剂溶液；3—混合搅拌器；4—转筒；5—清水槽；6—上过滤带；7—下过滤带；8—压滤区(低压区)；9—剪切区(高压区)；10—泥饼出口；11—冲洗头；12—污泥进料口；13—底槽

冲洗头，用来清洗滤布。收集到底槽内的压滤水和清洗水含污染物较多，可将其输送到污泥进料口，在预脱水转筛中重新过滤。ROEPRESS转筛预浓缩+带式压滤脱水一体机的相关技术参数如表4-5-9所示。

表4-5-9 ROEPRESS转筛预浓缩+带式压滤脱水一体机的技术参数

型　号	11.4	16.4	22.4
处理能力/(m^3/h)	8～12	14～20	25～40
机器长度 L/mm	4900	4900	5300
机器宽度 B/mm	2000	2500	3100
机器高度 H/mm	2730	2730	2730
污泥卸料高度 A/mm	2150	2150	2150
转筒数量	1	1	1
转筒驱动功率/kW	0.55	0.55	0.55
滤带宽度 B_1/mm	1100	1600	2200
滤带驱动功率/kW	1.10	1.50	2.20
喷洗水泵功率/kW	5.50	5.50	7.50
空压机功率/kW	1.50	1.50	1.50
滤液再循环泵(可选)功率/kW	1.10	1.10	1.10
自重/kg	≈3500	≈5000	≈7000
工作重量/kg	≈4000	≈5800	≈8300

3. 过滤式螺压浓缩脱水机

属于过滤式螺压脱水机的性能改进提升产品，在入口污泥含水率和处理量相同的情况下，过滤式螺压浓缩脱水机的轴向长度大于过滤式螺压脱水机，依次完成浓缩脱水和机械挤压脱水过程。根据筒状滤网和有轴输料螺旋轴心线的空间方位，可以分为水平放置和倾斜放置两大类。日本FINE公司的高效差动过滤式螺压浓缩脱水机(High-efficiency Differential Rotation Screw Press)、日本石垣株式会社(ISHIGAKI)的ISGK-A螺压浓缩脱水机(screw press)、奥地利Andritz集团的C-Press系列螺压脱水机等属于水平放置，德国Huber公司的Screw Press Q-PRESS®(曾被称为Screw Press RoS 3Q)等属于倾斜放置。

(1)水平放置

日本FINE公司高效差动过滤式螺压浓缩脱水机(High-efficiency Differential Rotation Screw Press)的结构如图4-5-19所示，主要由机架、有轴输料螺旋及其驱动机构、圆筒型旋转滤网及其驱动机构、沿轴线方向布置的清洗架杆、挤压头和污泥背压调节机构等组成。有轴输料螺旋安装在滤网中心轴线上，从原料入口至出口方向螺杆基体直径逐渐变粗、螺距逐渐减小，因此其与圆筒型旋转滤网之间的径向间隙逐渐减小，从而将整个工作区沿轴向方向分为过滤浓缩、过滤脱水、挤压脱水等3个区域。之所以称为“差动”，是因为圆筒型旋转滤网也可以一定速度缓慢旋转。工作过程中，高含水污泥从输料螺旋小直径段外侧端部沿中心轴线进料，在过滤浓缩区中前部进入圆筒型旋转滤网，然后依次进入过滤脱水区和挤压脱水区，随着螺旋叶片之间的容积逐渐变小，污泥逐渐被推挤压榨而发生固-液分离。滤液通过圆筒型旋转滤网的网孔被排出，流向脱水机下方的滤液收集槽后排至机器外部，浓缩后的污泥从输料螺旋的大端排出。通过两个气缸的轴向伸缩来调节挤压头附近污泥出口开度的大小，同时通过调节输料螺旋的转速改变污泥在圆筒型旋转滤网内的滞留时间，从而改变出口浓度。即使对于难脱水污泥，也能实现实施低能耗和有效脱水，从而得到低含水率泥饼。当需要对圆筒型旋转滤网实施清洗时，由清洗架杆上的多个均布清洗喷头冲洗圆筒型旋转滤网的外圆柱面。与此同时，在螺旋叶片的径向边缘外侧固定有毛刷状材料，不仅可以清理圆筒型旋转滤网内表面，而且可以避免污泥从螺旋叶片外侧与圆筒型旋转滤网内表面之间的径向间隙发生短路流动。

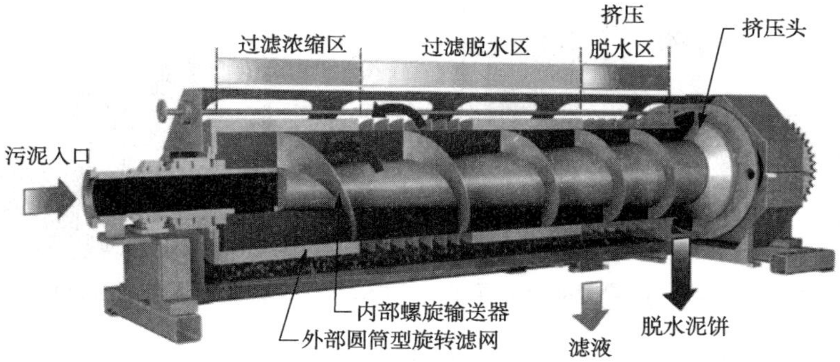

图 4-5-19　日本 FINE 公司高效差动过滤式螺压浓缩脱水机的结构示意图

电动机＋减速器通过带(链)传动使圆筒型旋转滤网缓慢旋转，意味着在浓缩区能够始终保持“新鲜”过滤表面而实现高过滤性能，进而允许在短距离内实现高效浓缩。更为重要的是，能够在圆筒型旋转滤网内表面形成均匀而密实的滤饼层，与固定圆筒型滤网相比，出口污泥的含水率更低。目前，日本 FINE 公司高效差动过滤式螺压浓缩脱水机有 SP30、SP40、SP50、SP60、SP70、SP80、SP90、SP100、SP110、SP120 等类型，对应圆筒型旋转滤网的内径分别为 300～1200mm、驱动功率为 1.15～11.2kW，最小处理能力为 35kg DS/h，最大处理能力为 710kg DS/h。日本石垣株式会社(ISHIGAKI)的 ISGK-A 螺压浓缩脱水机(Screw press)、三菱化工機株式会社(Mitsubishi Kakoki Kasha)与日本 FINE 公司的产品类似，这里不再赘述。

(2)倾斜放置

如图 4-5-20 所示，德国 Huber 公司 Q-PRESS® 过滤式螺压浓缩脱水机的工作原理与 HUBER Screw Press S-PRESS(RoS 3)基本类似，但改进强化了浓缩脱水性能。Q-PRESS® 过滤式螺压浓缩脱水机内部配置一个圆筒型的压榨过滤筛筐，包括三个区域：进料和驱动区、三节浓缩脱水区、压榨区配置气动压榨锥体(调压锥)。工作过程中，在通过进料泵形成的微小压力下，清液可在第一节的浓缩脱水区快速通过大型过滤面积排走。安装在进料区域的压力探头可调节进料区压力，保证高效脱水。在筛网的第二节，筛缝比第一节要小得多，锥体型有轴输料螺旋叶片之间的空间逐渐缩小，污泥被连续挤压脱水，液体从筛缝中被排出。在筛网的第三节，脱水污泥通过螺旋输送、经过气动压榨锥体压榨后到排泥区。通过调节有轴输料螺旋的转速，调整污泥在脱水机内的停留时间和过滤时间，以满足不同要求。

Q-PRESS® 过滤式螺压浓缩脱水机的主要性能参数如表 4-5-10 所示，主要特点如下：①含固率 0.5% 的稀污泥经浓缩处理后含固率可提高到 6%～12%，体积减量化高达 90%，絮凝剂的消耗量为 0.19%～0.29%(相当于 1900～2900mg/L)；②设备适用范围广，当进泥含固率在0.7%～1.2%之间变化时，通过改变有轴输料螺旋的转速或调整污泥排出口处堰板(或调节板)的高度，即可适应稀污泥中含固率的变化，反应完全使絮凝剂得到充分利用；③设备体积小、占地少、能耗低、效率高，由于有轴输料螺旋在＜12r/min的低转速下运行，无振动和噪声，使用寿命长。

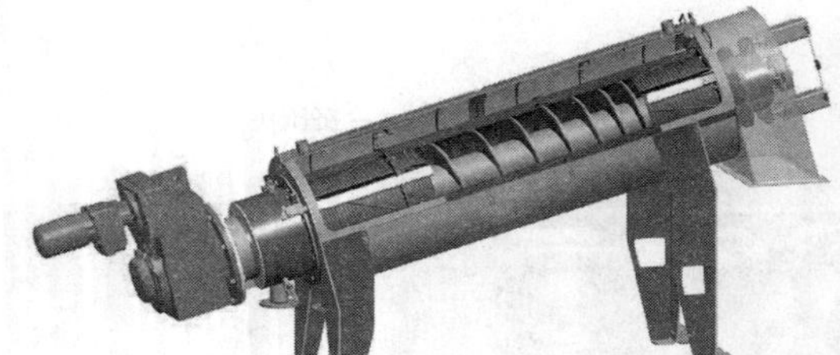

图4-5-20　德国Huber公司的Q-PRESS®过滤式螺压浓缩脱水机

表4-5-10　Q-PRESS®过滤式螺压浓缩脱水机的主要性能参数

型号	处理量/(m^3/h)	有轴输料螺旋驱动电动机		有轴输料螺旋转速/(r/min)	反应器功率/kW	搅拌器转速/(r/min)	清洗系统的驱动电动机功率/kW	系统管径/mm	运行质量/kg
		功率/kW	电压/V						
Q-PRESS 2.1	8～15	0.55	380	0～12	0.55	0～23.5	0.04	80/100	3300
Q-PRESS 2.2	18～30	1.10	380	0～9.1	0.55	0～23.5	0.04	100/125	3400
Q-PRESS 2.3	35～50	2.20	380	0～9.7	0.55	0～23.5	0.04	100/150	4700
Q-PRESS 2.4	60～100	4.40	380	0～7.5	0.55	0～9.9	0.04	200/150	9000

4. 滚压式脱水机

(1)基本脱水模型

滚压式污泥脱水机(Rotary press)又称旋转挤压式污泥脱水机，由加拿大魁北克省富尼耶工业(Fournier Industries)公司发明。技术起源于加拿大魁北克省工业研究中心有关污泥脱水通道的一个授权专利，通道设有一个进口、一个出口；通道的上壁面固定不动，其他三个壁面可以沿通道的轴线向前移动，但移动速度不同；四个壁面中至少有一个壁面开孔以保证被挤压出来的液相通过开孔排出。混合物以一定压力被压入通道，在挤压过程中混合物和通道的下壁面均向前移动，但两者间存在相对运动，这样就在混合物和通道壁面之间产生一定的动摩擦力，从而在二者的接触边缘形成一个压力区，该区的压力低于混合物中心的压力(由进料装置提供)，产生的压力差就源源不断地将混合物中的液相沿其流动垂直方向挤压出去。由于混合物在被挤压过程中越来越干燥，其与各通道壁面上的动摩擦力越来越大，而且混合物与各通道壁面上的动摩擦力不同，因此在流动方向上混合物中心处的压力越来越高(在出口处达到最大值)，含水率在出口处达到最小值。这个专利为后来滚压式污泥脱水机的发展奠定了理论基础，类似脱水设备的脱水通道模型均由此专利发展演化而来。

(2)结构与工作原理

Fournier Industries 公司滚压式污泥脱水机主要由电动机、减速器、进料口、脱水圆盘、环形滤网、内间隔盘、旋转主轴、气动(或液动)挡门、刮刀导向板、外间隔板、泥饼出口、壳体、密封罩、机座等组成，主要技术参数如表 4-5-11 所示。一对脱水圆盘通过螺栓与内间隔盘固定连接在一起，工作时通过旋转主轴带动旋转，转动方向与污泥移动方向相同。每个脱水圆盘表面开有若干圆形或椭圆形孔，供挤压出来的液相排出，每个半径上的开孔数目一致。在脱水圆盘上覆盖有环形滤网，一方面用来阻挡污泥固体颗粒随着液相通过过滤孔排出，另一方面作为支撑，增强挤压过滤效果以形成滤饼。环形滤网的内边缘有内环固定件、外边缘有外环固定件，通过内环固定件和外环固定件与脱水圆盘固定。刮刀导向板由导向块、刮刀和孔板条三部分组成，用沉头螺钉、销钉连接后与机壳固定。刮刀导向板将物料入口与滤饼出口隔开，形成一个约为 270°的 C 形通道，刮刀对脱水圆盘上的滤网进行刮料挤压，保持其清洁度以提高生产率。

表 4-5-11　加拿大 Fournier Industries 公司滚压式污泥脱水机的主要技术参数

型　号	污泥道数目	脱水圆盘直径/mm	环形滤网的面积/m^2	大小/mm			重量/kg	主电动机/kW
				长	宽	高		
1-900/1000CV	1	900	1.00	1785	1830	1028	2068	3.7
2-900/2000CV	2	900	2.00	1969	1830	1646	3614	5.6
3-900/3000CV	3	900	3.00	2007	1830	2180	4594	7.5
4-900/4000CV	4	900	4.00	2320	1915	2580	5614	11.1
5-900/5000CV	5	900	5.00	2358	1915	3124	6614	15.0
6-900/6000CV	6	900	6.00	2358	1915	3668	7564	15.0

工作过程中，湿态污泥及混凝剂分别由污泥泵和加药泵打入装有搅拌器的混凝混合槽内，絮凝后的污泥(含 0.5%～5%DS)进入滚压式污泥脱水机的污泥通道。如图 4-5-21 所示，污泥通道由两个相邻脱水圆盘侧表面、内间隔盘外表面以及机壳内表面组成，脱水圆盘、环形滤网、内间隔圆盘一起以 0.5～2.5r/min 的速度转动，机壳内表面静止不动。由于污泥通道中转动表面的速度大于污泥入口速度，故进口污泥与污泥通道的四个壁面之间发生相对运动，使污泥和通道壁面之间产生动摩擦力，这样就在污泥边缘形成一个压力区。由于边缘区的压力低于污泥中心的压力，于是就形成了过滤的基本条件——压差，使污泥中的液相沿其流动垂直方向通过脱水圆盘和环形滤网的小孔流出，汇集后从脱水机下的污水槽排出。污泥通道又可细分为过滤区、挤压区、限制区等 3 个区。初始阶段为污泥含水率很高的过滤区，此时只需考虑流体充满通道时对脱水圆盘的压力即可。脱水通道中间段为挤压区，污泥中固相物质的含量慢慢增大，污泥流动性变差，受到的挤压力也越来越大，在传输过程中由于摩擦力和推送速度的不同而产生剪断力，促进脱水。脱水圆盘受到固相摩擦力和液相压力的共同作用，且摩擦力随着固相物质的含量增多而增大，液相压力则反而慢慢减小。脱水通道的终端为污泥已形成滤饼的限制区，在出口处受气动(或液动)挡门的限制，由此形成背压对滤饼进行压榨脱水，达到优良的脱水效果，最终在摩擦力作用下排出，挡门的开合度可以通过计算机控制。

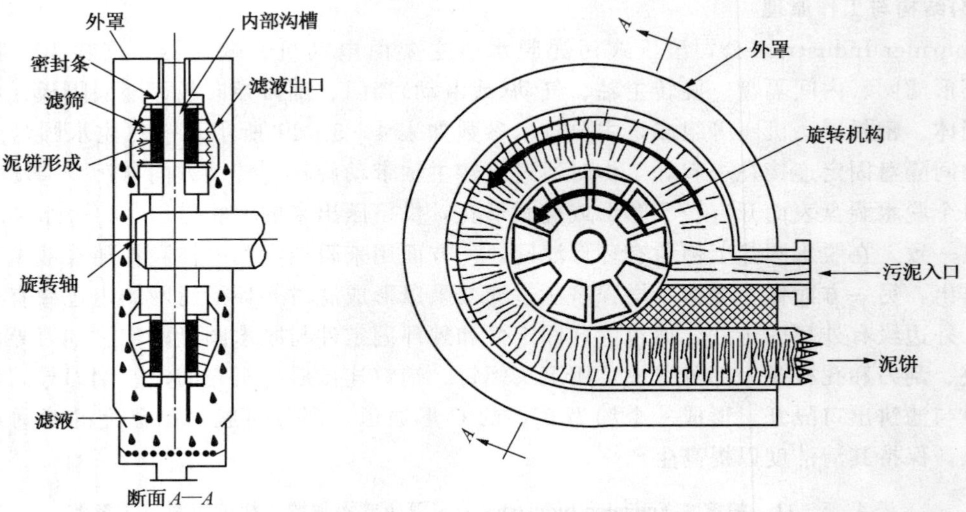

图 4-5-21 加拿大 Fournier Industries 公司滚压式污泥脱水机的结构示意图

(3)优缺点

滚压式污泥脱水机的优点有：①脱水率高，脱后污泥含固率为 20%～40%DS；②大部分污泥颗粒保留在泥饼中，不会随液相流走而造成二次污染；③能够连续长时间工作，不像板框式压滤机、带式压滤机等需更换滤布或停机清洗；④全密封操作，臭味及有害污泥微粒不会逸出，无需增添除臭通风设备；⑤具有浓缩脱水一体化功能；⑥活动部件少，转速慢，零件极少损坏，运行稳定，更新和维修费低；⑦自动化程度高，可采用全自动或半自动电脑操作系统综合控制。技术和性能缺陷有：①脱水圆盘上滤水孔的数量受结构强度限制，使有效滤水面积减少，进而影响脱水效率；②湿态污泥压力只能在一定范围内调整，压力过大就会造成脱水圆盘变形，压力小则泥饼产量低；③脱水圆盘固定在转鼓上，而转鼓在转动过程中常常偏离水平，从而造成脱水圆盘倾斜，使其与相邻部件之间产生碰撞、摩擦和损伤，增加了设备维修量，缩短了使用寿命，同时增大了能耗。

Fournier Industries 公司滚压式污泥脱水机最早在上海龙华污水厂分别对混合污泥、粪便污泥、稀释 3 倍体积水混合污泥、初沉污泥、二沉污泥进行了脱水试验，测试数据表明，在进泥浓度很低的情况下仍可以取得较低的含水率(76.33%)，显示了浓缩脱水一体化的优势，尤其对纤维含量高的粪便污泥处理效果最好，泥饼含水率可达 52.6%，干固体产率也较高(约 100kg/h)，且絮凝剂的投加量不高(5.4kg/t DS)；运行噪声值为 L_p＝83.5dBA，在距离脱水机 5m 外几乎不对环境产生影响；耗电量约为 6.65～18.84kW·h/t DS，低于带式压滤机和离心脱水机。目前，美国 Evoqua Water Technologies 公司也推出了滚压式污泥脱水机，转速小于 1r/min，圆盘直径有 ϕ61mm、ϕ91.4mm、ϕ121.9mm 三种，通道数量可达 4 个。日本巴工业株式会社(TOMOE Engineering Co.)的 Rotary Snail 也属于此类产品。相比之下，虽然国内已经设计研制了滚压式污泥脱水机，但总体技术水平和运行可靠性与原装进口产品相比尚有差距。

5. 叠螺式脱水机

随着螺旋压滤技术的发展，为了避免出现传统孔眼式筒状滤网的堵塞问题，20 世纪 70 年代在德国等欧洲国家出现了栅条滤网、动-定环过滤等新型滤网结构。其中动-定环结构滤网就是在螺旋轴上套装多重固定环片和游动环片，两种环片间隔排布。通过固定环片和游动环片间物料的摩擦，提高物料的过滤分离效果，避免高黏物料堵塞。德国达姆施塔特工业大学、FAN Separator 公司以及美国 Lyco Manufacturing 公司生产动-定环滤网结构螺旋压滤设备——叠片螺旋式污泥脱水机(简称叠螺式脱水机)的雏形开始推出，并在渔业、食品业发达的日本、韩国等国家开始得到推广。

(1)基本结构

如图 4-5-22 所示，叠螺式脱水机(Multi-disc Screw Press，或 Volute Screw Press)主要由机架、固定环片、游动环片、变螺距有轴输料螺旋(也称变螺距螺旋轴)、驱动机构、背压板、边盖以及壳体等组成，叠螺主体既可水平安装，也可倾斜安装；叠螺主体两边有边盖，防止泥水溅出。固定环片和游动环片相互交替层叠安装，并由定位杆穿过固定环片上的安装孔对其实施固定，游动环片则没有固定；固定环片的内径稍大于变螺距螺旋轴桨叶的外径，而游动环片的内径稍小于变螺距螺旋轴桨叶的外径；游动环片的轴向厚度略小于两个固定环片端面之间的轴向间隙，亦即固定环片与游动环片之间存在一定的端面间隙，该端面间隙充当滤液排出通道(简称滤缝)。如此装配后，固定环片和游动环片的内径组合成一个封闭的圆柱形腔体，腔体内有一变螺距螺旋轴桨叶。

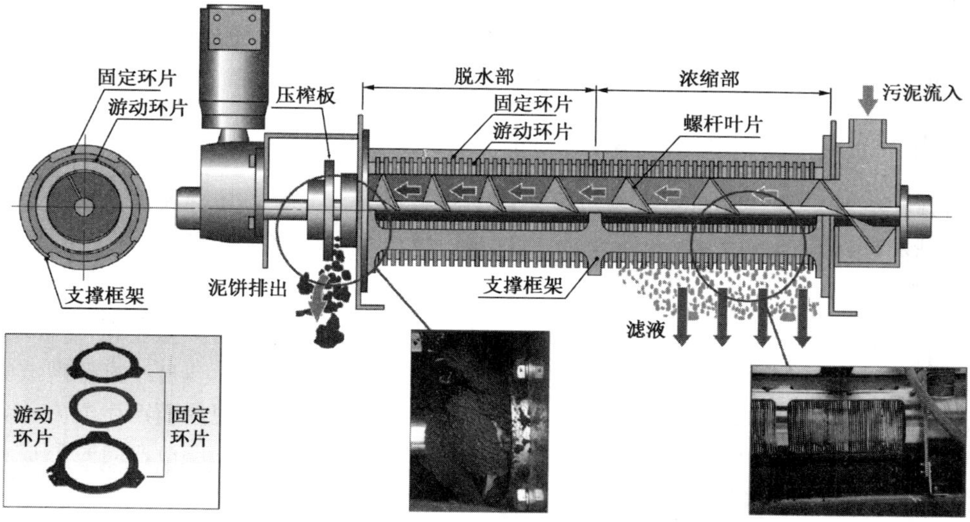

图 4-5-22　叠螺式脱水机的结构与工作原理示意图

(2)工作原理

工作过程中，驱动机构带动变螺距螺旋轴旋转，推动污泥前进，随着螺旋轴螺距的逐渐变小，腔体内部空间不断缩小；在出口处背压板的作用下，内压逐渐增强，达到充分压榨脱水的目的。在正常运行状态下，滤液从固定环片和游动环片轴向端面之间形成的滤缝中排出，脱水污泥以泥饼的形式从背压板附近排出。当变螺距螺旋轴旋转时，螺旋轴桨叶的外缘会将游动环片依次向四周顶压而产生几毫米的径向位移，使游动环片在同一竖直平面内相对于固定环片沿径向平移运动，及时清扫夹在滤缝里的污泥，因此具有自清能力，能够防止滤缝堵塞而保持滤液排出通道畅通。可以通过变频器调节螺旋轴的转速，进而调节污泥在机内的滞留时间和排出泥饼的含水率；也可以通过调整背压板与最外侧固定环片之间的轴向间隙，调节排出泥饼的含水率和产量。叠螺主体上方还可设置喷淋机构，在自动运行状态下根据设定时间开启或关闭电磁阀，进行不定期喷淋。

目前国内外已有多家企业研制销售叠螺式脱水机，实际运行中存在的共性问题就是游动环片与变螺距螺旋轴桨叶外缘之间的磨损较为严重。由于桨叶外缘在顶挤游动环片的内圆时为点接触，接触压强非常大，而桨叶和游动环片材料一般都为不锈钢，硬度较低，高副接触顶挤极易造成双方的变形和磨损。而且随着运行时间的延长，游动环片和桨叶的变形和磨损日趋严重，游动环片的位移量将会减小，滤液外流将会受到严重影响。为此，部分企业致力于从游动环片径向平移运动的驱动方式上进行改进，推出了号称无磨损的叠螺式脱水机。例如，韩国 ARK 公司的多重圆盘脱水机(KS－RT TYPE)采用齿轮-凸轮传动机构使游动环片径向游动，国内则有公司提出采用四杆机构、在螺旋传动轴上设置偏心环等方式驱使游动环片径向游动。日本 AMCON 公司 2021 年推出 VOLUTE DUO™ 叠螺式脱水机(国内称为串螺® 污泥脱水机)，有效克服了常规 VOLUTE™ 叠螺式脱水机每 5000h 便需进行维护更换的弊端。串螺® 污泥脱水机由固定环片和游动环片相互层叠，两根平行的螺旋轴贯穿其中，螺旋轴在推动污泥前进的同时，通过脱水机本体上的外部驱动及导向机构，使游动环片在上端上下直线运动的同时，下端发生钟摆运动。通过特殊的环片与螺旋轴结构，既可以确保游动环片能够有效地与固定环片错位，产生通畅的滤缝而防止堵塞，又可以确保游动环片不与螺旋轴发生接触磨损，使整机没有易损件；两根螺旋轴相互刮卷，在有效防止本体内出现污泥抱轴、板结、堵塞故障的同时，又能够最大限度地剪切污泥，推进污泥前进并降低泥饼含水率。污泥在前进过程中，随着滤缝及螺距的逐渐变小，容积被逐渐压缩；此外，设置在出泥口处的背压板产生反向阻力，导致脱水本体的内腔压力持续增加，从而实现污泥充分脱水。

五、污泥脱水技术的新进展

随着污泥处理处置在水质工程领域重要性的日益提升，其受关注程度也日益增强，相应出现了一些新的污泥脱水技术，如微波脱水、超声波脱水、电渗析脱水等。

1. 超声波脱水

超声波是指频率从 20kHz 到 10MHz 的声波，超出了人耳听觉的一般上限(20kHz)。不同波段的超声波在污泥中可以产生不同的作用，低频范围内(20～100kHz)的超声波尤其适合处理污泥。污泥在超声波作用下不断被压缩和膨胀，因空化汽蚀现象而产生气穴泡，气穴泡不断成长并最终共振“内爆”，内爆产生超高温(5000℃)、高压(500bar)，同时形成强力喷射流而产生巨大的水力剪切，这些都对污泥絮体结构与污泥中的微生物细胞壁造成巨大破坏，使细胞质和酶从细胞中溶出，使污泥的物理、化学和生物性质发生不同程度的改变，从而有益于脱水处理。

超声波对污泥脱水的作用效果受超声强度、超声作用时间和超声频率的影响。经高强度、短时间(几十秒～几分钟)超声处理后，污泥颗粒粒径约 80μm 左右，脱水性能提高，沉降性能变好；经高强度、长时间(几个小时)超声处理后，污泥颗粒粒径约 5μm 左右，表面积大大增加，但周围吸附了大量的自由水，反而使污泥的脱水性能降低，污泥颗粒相互粘联成松散的絮状，难以沉降。高频($>$1000 kHz)超声波的化学效应较强，低频($<$100 kHz)超声波的物理效应较强，鉴于利用超声波处理污泥主要是要破坏菌胶团的物理结构，因此低频超声波的处理效果较好。

2. 电渗析脱水

机械脱水方法只能把污泥颗粒表面的吸附水和毛细水除去，很难将内部水(结合水)和空隙水除去；而且污泥絮体相互靠拢压密的方向与水的排出方向一致，压力愈大，压密愈甚，从而堵塞了水分流动的通路。W. A. Barton 等人采用核磁共振(NMR)的方法，测定发现污泥机械脱水泥饼的极限含水率为60%，而工程实际中采用压滤脱水得到的泥饼实际含水率多为70%～76%。

(1)作用原理

图4－5－23为电渗析脱水(Electroosmotic Dewaering或Electrodialysis Dewaering，EOD)的模型示意图，污泥颗粒中含有大量的自由水和结合水(细胞水)，通常污泥颗粒带负电，而自由水和结合水带正电。通过给污泥施加一定的直流电压，利用电泳理论，使污泥颗粒和水分子各自向相反极性方向移动而分离脱水，没有必要施加过高的压力。从图中可知，水的流动方向与污泥絮体的移动方向相反，水分可不经过泥饼的空隙通道而与污泥分离，因此不受污泥压密引起通道堵塞或阻力增大的影响，脱水效率高。污泥电渗析脱水将固液分离技术和基于污泥自身电化学性质的物理化学处理技术有机结合，具有多种脱水处理技术所没有的许多特点。在已经设置了其他脱水设备时，只要使电渗析脱水部分独立，一般可以进一步提高脱水效率10%～20%，可使活性剩余污泥的最终含水率降低到60%以下。

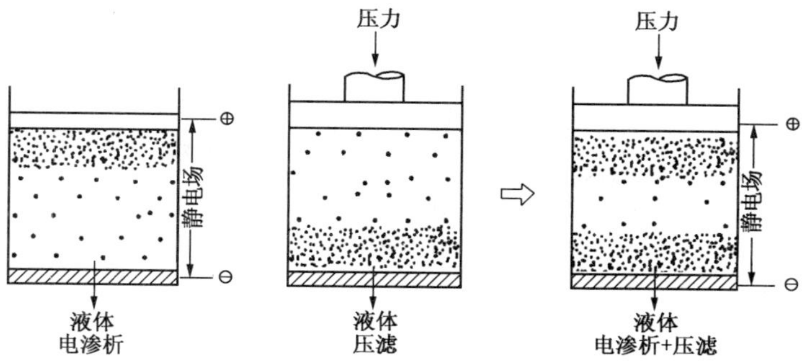

图4－5－23 电渗析脱水的模型示意图

(2)设备结构

在实际应用中，电渗析脱水大多是在传统的机械脱水工艺中引入直流电场，同时利用机械压榨力和电场作用力来进行脱水，较为成熟的方法有串联式和叠加式。串联式是先将污泥经机械脱水后，再将脱水絮体加直流电进行电渗析脱水，如图4－5－24所示；叠加式是将机械压力与电场作用力同时作用于污泥上进行脱水，如图4－5－25所示。串联式电渗析脱水设备一般包括主机、机架、滤布、阴极滤盘、阳极板、自动清洗、自动接液、整流电源等部分。较高含水率的污泥饼被阴极滤盘、滤布和阳极板夹持，通直流电后形成均布电场。在电场作用下，带负电荷的污泥颗粒向阳极移动，带正电荷的水分子向阴极移动；与此同时，阴极滤盘在动力作用下向阳极移动，使污泥腔室容积缩小；移向阴极滤盘的水分得以透过滤布排出，污泥颗粒则留在腔室内，最终形成较低含水率的泥饼。在电渗析脱水中，污泥可视为一种电阻或电容器，其理化性质随着脱水过程的进行而发生变化。

污泥电渗析脱水的代表性产品为法国威立雅水务(Veolia Water)的DESELEC™高干度电透析脱水机(Electro－Filter Plates Sludge Dryer)，通过在常规板框式压滤机的每个板框两边分别加装阴极和阳极，阳极材料采用具有涂层的钛合金，阴极采用304不锈钢。在外加直流电场引发电场力的作用下，带不同性质电荷的水和污泥颗粒发生定向移动，分别向装有阳极和阴极的污泥板框腔体聚集。与此同时，设备仍保持对板框的挤压并逐渐升高板框腔体内的污泥压力。在高压力和电泳作用下，水和污泥颗粒达到更佳的分离，从而使污泥进一步脱水干化，实现泥饼的高干度(DS≥40%)。2015年，国内成功研发了电渗析污泥高干脱水技术，通过耦合“电渗析”和“板框压滤”技术，可将城市污泥含水率从80%～85%降至

40%～60%，在不投加任何化学药剂的情况下，总电耗 80～120kW·h/t。

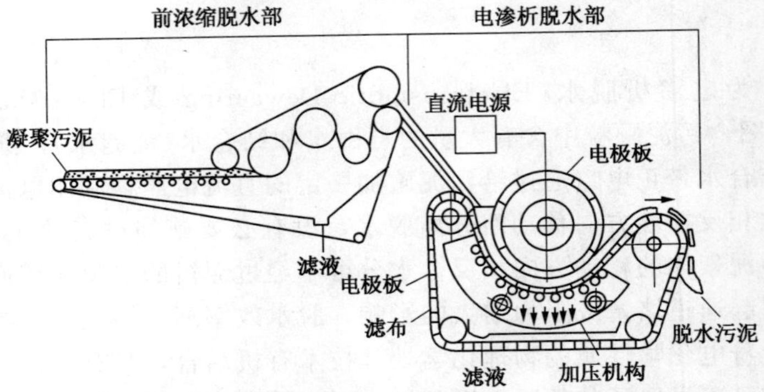

图 4-5-24　串联式电渗析带式压滤设备的构造示意图

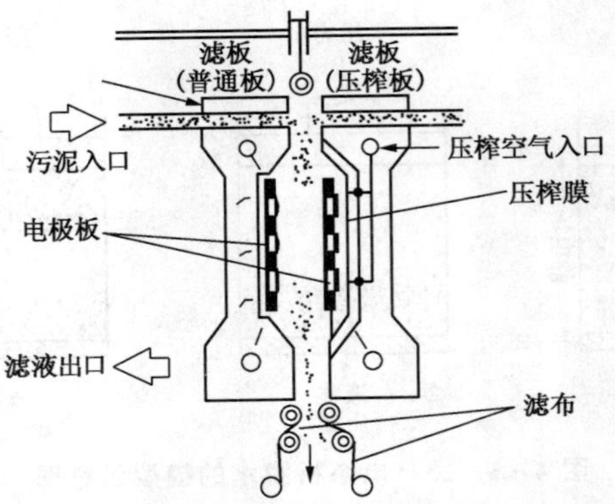

图 4-5-25　叠加式电渗析脱水设备的内部构造示意图

§4.6　污泥干化、热化学处理技术与设备

污泥经浓缩和机械脱水后的含水率仍在 80%左右，具有表观体积大、不利于运输、性质不稳定等特点，在进行最终处置之前一般还需要对其进行干化处理。污泥干化处理方法主要分为热干化(Thermal Drying)和生物干化(Biodrying)两大类，前者利用外部热量使污泥中的水分吸热变为水蒸气而散失；后者利用高温好氧发酵过程中有机物降解所产生的生物热能，通过过程调控手段促进水分蒸发而快速降低含水率。另一方面，在污泥干化后堆肥土地利用、干化后焚烧等常规技术路线的基础上，热解、气化等污泥燃料化技术路线备受青睐。从反应机理的角度来看，焚烧、熔融(化)、热解、气化等都可以归结为热化学处理技术。

一、污泥热干化设备

1. 工作原理和设备分类

污泥中水分的热干化去除需要经历两个主要过程，一是蒸发过程：物料表面的水分汽化，使表面水蒸气压高于外部环境介质(气体)中的水蒸气分压，物料表面的水蒸气转移到外部环境介质；二是扩散过程：因物料表面的水分被蒸发而使表面湿度低于内部湿度，此时需要热量的推动力将水分从物料内部转移到表面。上述两个过程持续、交替进行，基本上反映了热干化的机理。污泥经过自然干化后的含水率为70%～80%，而经过热干化处理后的含水率为10%～40%。污泥热干化系统的温度通常超过70℃，根据细菌去除程度的需要，可以在干化设备内停留30min或更长时间。热干化系统内气相空间的含氧率一般应控制在低于10%，通常还会充加惰性气体进行保护，以防止粉尘爆炸。

完整的污泥热干化系统一般包括储运、热干化设备、尾气净化处理、电气仪表控制等部分，基于以下考虑，污泥热干化系统一般应抽取气体形成微负压工作环境：①污泥中的某些物质被热解而产生不可凝可燃性气体，这类气体不断在回路中积聚，最终可能达到饱和状态而降低系统内粉尘的爆炸下限，影响干化系统的安全性，因此必须避免不可凝可燃性气体在回路中的积聚饱和；②如果因不可凝可燃性气体积聚而使系统内形成正压，就有可能通过缝隙、密封泄漏处等逸出回路，不仅形成臭气散逸污染环境，而且还会影响安全，因此必须通过引风机维持微负压工作环境，并将排出的气体送往生物过滤器或燃烧设备予以有效处理。

污泥热干化设备均来源于传统的化工干燥领域，虽然可以完成干燥任务的技术方案较多，但真正能够实现低成本、高安全性、高效率运行的污泥热干化工艺并不多。热量传递的方式不外乎有传导、对流和辐射3种，按照热流体工质与污泥接触的方式，污泥热干化设备可分为直接加热式、间接加热式、直接-间接加热联合式、辐射加热式等。如图4-6-1所示，直接加热式的原理为对流传热，是将干燥介质(如热空气)直接与湿污泥接触混合；间接加热式的原理为热传导或接触加热，是将干燥介质(如蒸汽、导热油等)所具有的热量间壁传递给另一侧的湿污泥。按照进料方式和产品形态，污泥热干化设备大致可以分为两类，一类是采用干料返混系统，湿污泥在进料前与一定比例的干污泥混合，然后再进入热干化设备，产品为球状颗粒，是热干化、造粒结合为一体的工艺；另一类是湿污泥直接进料，产品多为粉末状。按照设备的主体结构形式，污泥热干化设备可分为转筒式、带式、转碟式、圆盘式、桨叶式、螺旋式、离心式、喷雾式、流化床式、多重盘管式、薄膜式等。当然，根据污泥热干化过程是否连续，还可分为连续式、间歇式(或序批式)两大类。

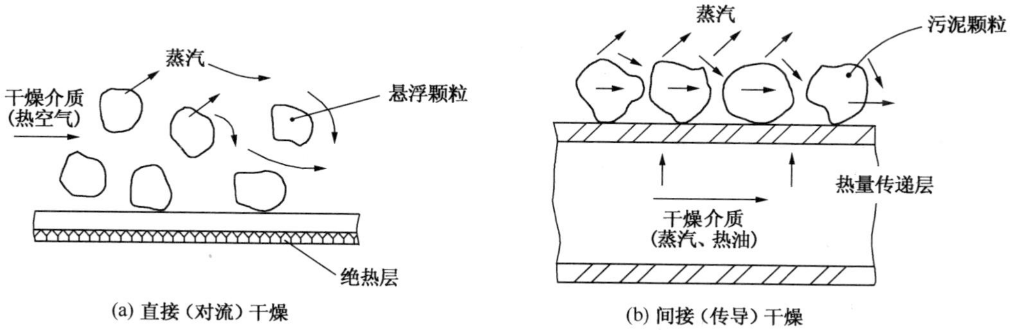

图4-6-1　直接与间接干燥过程示意图

评价热干化系统的第一步，是在同等产品干燥度条件下(如物料含固率都从20%干燥到90%)，比较处理每吨物料的热量损耗。一个污泥热干化系统的热量损耗应在80～230cal/L水蒸发量之间，这部分能量损失包括了热源设备与热干化设备之间的换热损失，同时还有热干化设备内部因除去蒸发水分而需要对热介质进行洗涤的损失等。

2. 直接加热干化技术

(1)转筒式干化

直接加热转筒干燥器(转筒干燥机或转鼓干燥机，Rotary Drum Dryer)是传统干燥设备之一，自20世纪40年代以来就被用于污泥热干化。普通转筒干燥机主要由转筒或转鼓、支承机构、传动机构、进出料部件及端头密封等组成，转筒或转鼓整体上略微倾斜放置，其内部既进行传热、传质过程，又起移动输送物料的作用；支承机构由滚圈、托轮、挡轮组成，整个筒体重量通过滚圈传递给托轮，而滚圈在托轮上滚动，挡轮起阻挡筒体轴向窜动的作用。工作过程中，湿物料从转筒或转鼓高端上部加入，与通过筒体内的载热气体或内筒壁面进行有效接触而被干燥；物料借助于转筒的缓慢转动，在重力作用下从转筒较高位端向较低位端移动，干燥后的产品从转筒较低位端下部收集。转筒内壁上装有抄板，不断地把物料抄起又洒下，撒落过程中与热气流接触，物料中的水分吸收热量后蒸发，并促使物料向前移动。抄板特性和转筒转速是影响物料撒落运动时间的关键因素，提高转筒内物料撒落运动时间，增加物料与热气流的接触，才能减少热量损耗而提高干燥效率。转筒干燥机主要依靠热对流，湿物料与载热气体的流向可分为并流、逆流及逆并流合用3种，载热气体一般为热空气、烟道气等，流量必须满足携带热量的全部需要。载热气体经过干燥器后，一般需要使用旋风除尘器将其所携带的粉尘物料捕集下来；若需进一步减少尾气含尘量，还应使用袋式除尘器。早期的转筒干燥机都使用一次通过性载热气体系统，热量利用效率低，且产生大量需要除臭的气体。后来，大部分采用封闭循环式载热气体系统，既节省了热量，又减少了尾气排放量。

如图4-6-2所示的污泥干化用三通道式转筒干燥机，其内部有三个同轴圆筒状转鼓。通过对流作用，不饱和的载热气体分布在污泥表面，提供水分蒸发所需的热量。根据转鼓直径的不同，转速一般在5～25r/min之间，物料投加量占整个转鼓体积的10%～20%，停留时间为10～25min。

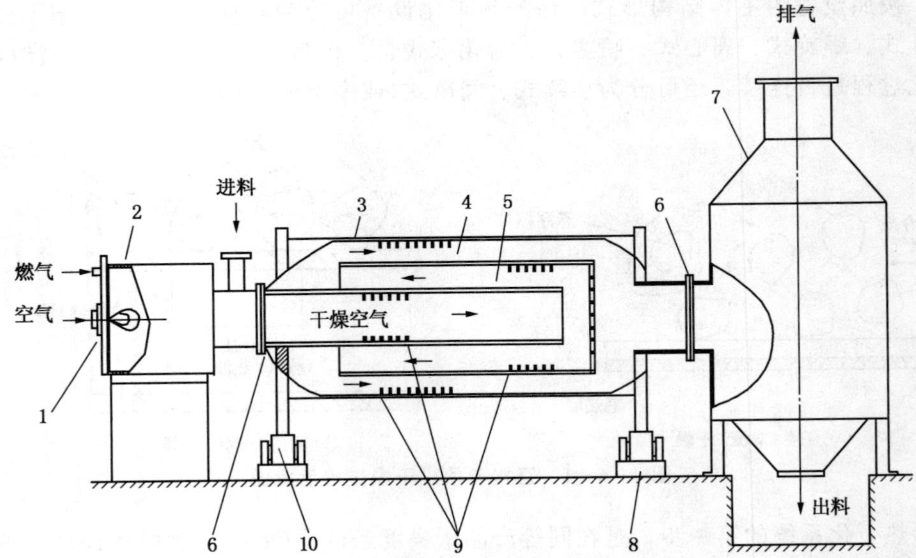

图4-6-2　三通道式转筒干燥机的结构示意图

1—燃烧器喷嘴；2—加热炉；3—绝热隔套外层；4—二级转鼓；5—内层转鼓；6—密封垫圈；7—气固分离器；8，10—支撑滚轴支座；9—抄板

国际知名转筒干燥机的供应商包括奥地利Andritz集团、丹麦霍斯利(Haarslev) AS(兼并了Atlas-Stord，Hetland，Sværtek，Tremesa等干燥厂家)、瑞士Swiss Combi集团和日本Okawara MFG.公司(即大川原制作所)等。日本大川原制作所的转筒干燥机在转鼓内采

用高速刮刀刮泥饼，从而形成可随意移动的产物；其余各厂家在干化前，均需用干物料与湿污泥混合，形成含固率达60%～70%的小球状物，这样可以产生在转鼓内随意转动的球状小颗粒。图4－6－3为奥地利Andritz集团开发的密闭式、带返料、直接加热转筒式干化系统的工艺流程示意图。脱水污泥从污泥漏斗进入混合器，与部分已经被热干化的污泥按比例充分混合，使干湿混合污泥的含固率达50%～60%，然后经螺旋输送机运到三通道式转筒干燥机中。在转鼓内与同一端进入的流速为1.2～1.3m/s、温度为700℃左右的载热气体接触，加热时间为25min左右，烘干后的污泥被带计量元件的螺旋输送机送到分离器。分离器将干燥的污泥和湿热气体进行分离，通过冷凝器将湿热气体中的热量予以回收利用。冷凝器所用冷却水的入口温度为20℃，出水温度为55℃；被冷却的气体大部分循环回用，少部分经生物过滤器处理后达标排放。从分离器中排出干污泥的颗粒度可控制在1～4mm，再经过筛分器将满足粒径要求的干污泥颗粒送到贮存仓等候处理，其他污泥压碎后通过螺旋输送器与脱水污泥混合。载热气体由燃烧器产生，可以使用沼气、天然气或热油等作为燃料。该干化系统的特点是：在无氧环境中密闭操作，不产生环境灰尘；干化污泥呈颗粒状，含固率可达85%～95%，可用作肥料或园林绿化；采用气体循环回用设计，减少了尾气处理成本。

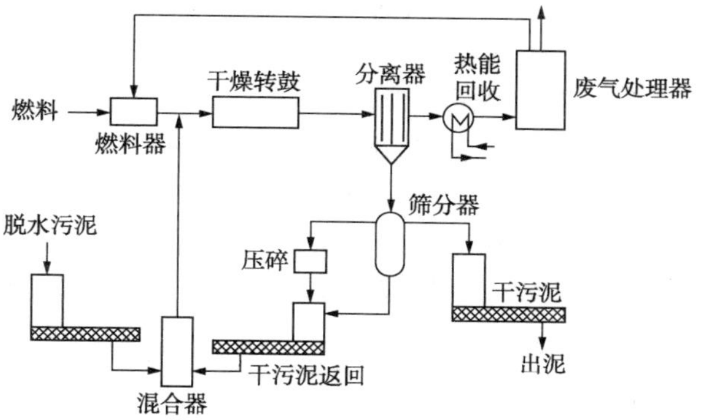

图4－6－3　密闭式带返料、直接加热转筒式干化系统的工艺流程示意图

(2)带式干化

一般采用低温和中温两种带式烘干设备。低温烘干主要利用自然风的吸水能力对脱水污泥进行风干处理，温度一般为环境温度～65℃；单机蒸发水量一般小于1000kg/h，单机污泥处理能力一般小于30t/d(含水率以80%计)，只适用于小型污水处理厂。中温烘干的温度一般为110～130℃，必须额外注入热量和载热气体；单机蒸发水量可达5000kg/h，单机污泥处理能力最高可达150t/d(含水率以80%计)，可用于大中型污水处理厂。

中温带式烘干设备一般由若干个独立的单元段或模块组成，每个单元段包括保护罩、循环风机、网带、传动机构、传感控制、单独或公用的新鲜空气抽入和尾气排出等。物料由加料器均匀铺在网带上，网带一般采用不锈钢丝网制作，由传动机构拖动在保护罩内移动。每一单元段的载热气体独立循环，部分尾气由专门的排湿风机排出，尾气由调节阀控制；通过循环风机使载热气体由下往上或由上往下地穿过铺在网带上的物料，并在各单元段内循环流动进行烘干处理，同时带走水分。载热气体采用循环封闭回路，以便回收热量降低能耗。网带缓慢移动，运行速度可根据物料温度自由调节，干燥后的成品连续落入收料器中。有时还在带式烘干设备前端配置切碎机，将污泥制成直径为ϕ6～10mm的面条状，然后均匀铺设在网带上。

不同厂商所提供带式烘干设备的主要区别在于：①有无干泥返混或挤压造粒；②载热气体温度；③换热器内置或外置；④网带材质、带宽、层数等。带式干化机的优点有：①烘干过程中污泥相对静止，粉尘含量低，无需防爆措施；②机械结构和操作方式简单，低速运行，磨损部件少，维护成本较低；③可以利用多种热源，并通过调整输入污泥量、网带移动速度和输入的热能，获得期望的出泥含固率。带式烘干设备的缺点包括：①占地面积较大；②单位蒸发水量的能耗较高；③臭气量较大，硫化氢等污染物及不可凝可燃性气体的浓度较高，回收有一定难度。1994 年 3 月 23 日，欧盟颁布了“潜在爆炸环境用的设备及保护系统”(ATEX 94/9/EC)指令，该指令于 2003 年 7 月 1 日生效，规定了拟用于潜在爆炸性环境设备的技术要求——基本健康与安全要求和设备在其使用范围内投放到欧洲市场前必须采用的合格评定程序。这使当时居于世界热干化主流地位的高温热干化工艺一时陷入了困境，带式干化技术则得到了一批期望“避免防爆安全问题”的用户青睐。2016 年 4 月 20 日，欧盟颁布 2014/34/EU 以替代 94/9/EC。

(3)喷雾干化

喷雾干化是利用雾化器(Atomizer)将物料液分散为雾滴，并用载热气体直接加热干燥雾滴。物料液可以是溶液、乳浊液、悬浮液或糊状液，干燥产品根据需要可制成粉状、颗粒状、空心球或团粒状。以图 4－6－4 所示的旋转式喷雾干化系统为例，焚烧炉产生的载热气体进入干燥塔顶部的气体分配器，然后呈螺旋状均匀进入干燥室。进料池中的污泥在进料泵作用下，经干燥塔顶部的高速离心雾化器(旋转)喷雾，形成细微的雾状液滴与载热气体并流接触，在短时间内即可干化为成品。干化后的细污泥颗粒由干燥塔底部连续输出；由于排气口排出的废气(尾气)携带有粉尘，使用旋风分离器进行气固分离，粉尘由灰斗排出与细污泥颗粒汇合，废气由风机排空。脱水污泥经雾化器雾化后，液滴粒径在 30～150μm 之间。

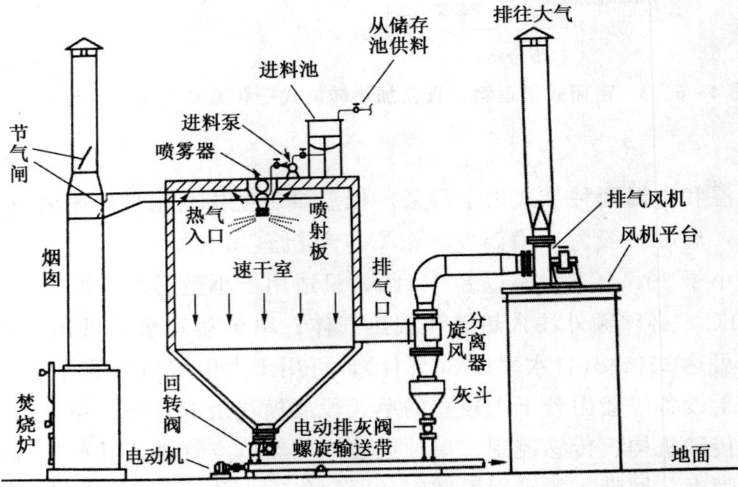

图 4－6－4　旋转式喷雾干化系统的工艺流程示意图

图 4－6－5 所示为反向喷射式干化系统的工艺流程示意图，总体上可分为两段，下段是有反向喷射单元的污泥干燥室，上段则是产物/气体处理设备。脱水污泥由皮带运输机传送，通过双轴螺旋进料机进入反向喷射单元，该单元设计成两个水平喷射管同轴嵌入一根竖管中。干燥过程包括细颗粒干污泥的再循环、进料湿污泥的返回、空气喷射装置中干污泥的排放。脱水污泥在双轴螺旋进料机中与一部分干污泥混合，使得干燥室的进料在组成和水分含

量上均匀，强化干燥过程。在干燥过程中，污泥颗粒在热气流中形成气态悬浮物。喷射碰撞产生振动，增大了干燥区的污泥浓度。干燥介质以足够高的速度将污泥磨成粉，总的热质传递表面积增大。上段的气流分离器主要实施废气和干污泥颗粒的分离，同时增加了干燥介质与污泥的接触时间。干污泥产品自干污泥管进入储料斗，携带有粉尘的废气(尾气)经过水洗塔净化后排放至大气。

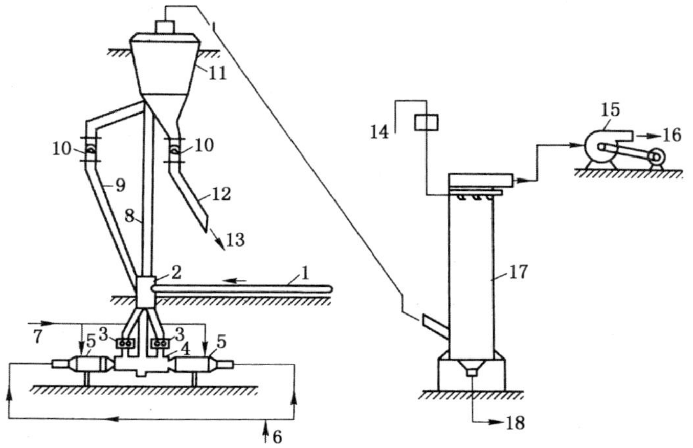

图 4-6-5　反向喷射式干化系统的工艺流程示意图

1—污泥进料皮带运输机；2—接收管；3—双轴螺旋进料机；4—带喷射管的干燥室；5—燃烧室；6—进气；7—燃料(气)；8—储水塔；9—回水管；10—旋转门；11—气流分离器；12—干污泥管；13—去干污泥产品储料斗；14—给水；15—引风设备；16—净化气体排放；17—水洗塔；18—泥水排出

喷雾干化技术的优点包括：①工艺流程简单，易实现机械化、自动化；②热效率高，物料干燥时间很短(以秒记)；③表面湿润的物料温度不超过干燥介质的湿球温度，特别适用于热敏性物料。该技术的缺点是：产生的废气(尾气)中粉尘含量高，有恶臭，需要进行除尘、除臭、脱白处理。

我国已建立多个“污泥喷雾干化＋焚烧”技术工程的应用结果表明，尽管喷雾干化过程中污泥颗粒的表面温度能够达到 500℃，但因其表面湿度达到 50％～60％、内部含有水分，不会破坏内部结构，因此能够实现在高温状态下不产生 VOCs。通过对喷雾干化塔内粉尘浓度、氧浓度、烟尘温度及 VOCs 浓度的实时监控，能够保障系统的安全性；通过控制二燃室温度＞850℃，且使烟气停留时间为 2.5s，破坏了二噁英的形成环境；将烟气从 500℃到 200℃的冷却降温时间控制在小于 1.0s(实际稳定在 0.6s)，以防止该过程中产生二噁英。通过两级湿式、洗涤＋活性碳吸附的方法，达到废气(尾气)超低排放的要求；对具有臭味的硫化物和氮化物，通过臭氧氧化以及与紫外协同产生羟基自由基氧化的方法，实现臭味去除；臭氧与紫外的协同还具有脱硫脱氮功能，同时将不易溶于水的 NO 等氧化成易溶于水的高价态 NO_2、NO_3，后续通过洗涤达到去除目的；采用气-气介质脱白工艺，能够达到更高的排放要求。

(4)流化床干化

流化床干化系统(Fluid Bed Drying System，FDS)是将循环气体送入流化床干燥机内，通过保证循环气体的合适流速而使物料颗粒在床内流态化，循环气体与物料湍动混合发生强烈热对流，且不断流过物料层。根据循环气体所能获得的热量和床内的温度场分布，能够确定相应的水分蒸发量。奥地利 Andritz 集团 2004 年收购了瓦特克瓦巴格(VA Tech Wabag)

公司位于德国拉文斯堡(Ravensburg)的干燥技术部，从而拥有了世界领先的流化床污泥干化系统，迄今已经有超过1300多个工程案例、干化污泥100多种。

图4-6-6为流化床污泥干化系统的典型工艺流程示意图。工作过程中，含固率在20%～37%之间的脱水污泥被送入污泥仓计量贮存，污泥泵将脱水污泥从污泥仓直接送入流化床干燥机的进料口，在进料前由专门的污泥切割机将污泥切成细小颗粒，与流化气体一同进入保持不停运动的干燥颗粒床中，细小污泥颗粒被循环气流流态化并产生激烈混合。流化床干燥机从底部到顶部主要由三部分组成：①位于最下面的风箱，用于将气体分送到流化床的不同区域，流化床底部装有一块特殊的气体分布板，用来分送流化气体，保持干颗粒均匀浮动。②中间段：热交换器内置于该段，使污泥中水分蒸发所需的全部热量均通过热交换器送入，通常采用蒸汽或导热油作为热交换介质循环使用。③抽吸罩：作为分离的第一步，用来使流态化的细小污泥颗粒脱离循环气体主流，部分气体携带着细小污泥颗粒、粉尘和蒸发水分离开干燥机。流化床干燥机内的干燥温度为85℃，被气体带出的细小污泥颗粒通过旋转气锁阀送至流化冷床冷却器，冷却到低于40℃，然后输送至产品料仓。部分细小污泥颗粒、粉尘、蒸发水分与气体通过旋风分离器进行气固分离，分离出来的细微污泥颗粒和粉尘通过计量螺旋输送机，从灰仓输送到螺旋混合器，与脱水污泥混合后通过螺旋输送机再返回到流化床干燥机。旋风分离器分离出来的气体(带蒸发水分)进入冷凝洗涤器内，采用直接逆流喷水方式进行冷凝，使蒸发水分等气体的温度从85℃左右下降到60℃，喷淋水和冷凝水从洗涤器底部排放到污水处理区，净化冷却后的流化气体通过风机循环至流化床干燥机内，确保干燥机和冷却器的气体在一个封闭回路内循环。

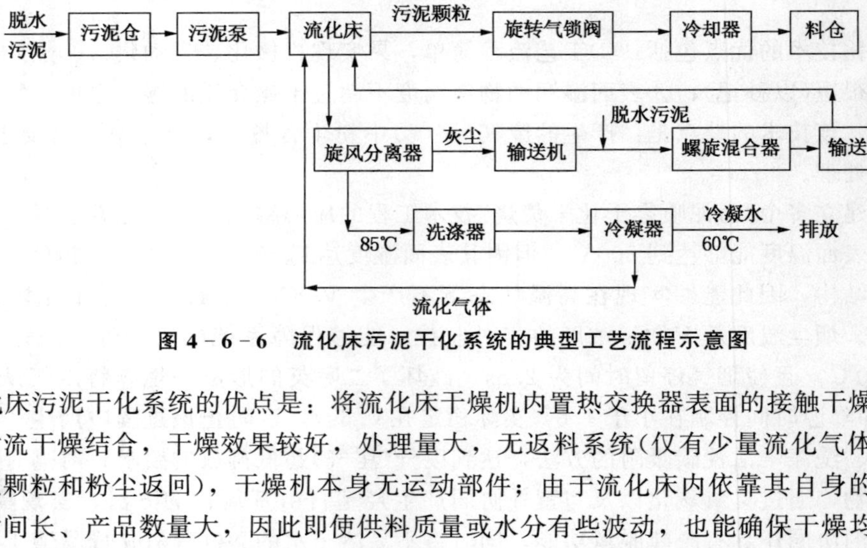

图4-6-6　流化床污泥干化系统的典型工艺流程示意图

流化床污泥干化系统的优点是：将流化床干燥机内置热交换器表面的接触干燥和循环气体的直接对流干燥结合，干燥效果较好，处理量大，无返料系统(仅有少量流化气体中分离出的细微污泥颗粒和粉尘返回)，干燥机本身无运动部件；由于流化床内依靠其自身的热容量，物料滞留时间长、产品数量大，因此即使供料质量或水分有些波动，也能确保干燥均匀。流化床污泥干化系统的缺点是：干化污泥颗粒的粒径为$\phi 1$～5mm，但粒径无法控制；间接加热需要单独的热媒系统，循环气体流量较大，除尘、冷却等处理设备复杂，规模大。此外必须指出的是，流化床污泥干化工艺在所有工艺中气量需求最大，大气量、高气速均可能导致更多的粉尘，因此对氧含量的要求更为严格，正常运行条件下的最低氧含量可能小于2%。

3. 间接加热干化技术

(1)转碟式干燥机

转碟式干燥机或圆盘干燥机(Disc Dryer)由瑞典Stord Bartz公司1956年发明，丹麦

Haarslev(霍斯利)公司、挪威 Fjell Technology 集团是代表性生产厂家，二者都继承了原世界顶级转碟式干化设备供应商丹麦 Atlas - Stord 公司的设计和加工制造技术；德国 Huber 公司与丹麦 Oestergaard 公司合作，推出了 RotaDry® 污泥部分干化用转碟式干燥机，与流化床焚烧炉配套使用。如图 4 - 6 - 7 所示，转碟式干燥机由圆筒形壳体、两端的端盖、一根空心主轴及一组焊接固定在其上的中空圆盘或中空转碟、通有热介质的旋转接头、金属软管以及驱动机构等组成，传动机构包括电动机、联轴器、带传动或链传动等。空心主轴内布设有热流体工质进出的两根独立管线，其直径一般为圆盘直径的 1/4～1/3，根据空心主轴长度、物料特性和工作过程中承受的应力情况而定；物料黏性越强，主轴越粗。每个圆盘由两个对扣的圆盘结合成密闭整体，耐压强度依靠类似迷宫的机械咬合或柱状铆焊来实现，可以采用低碳钢、不锈钢或特殊合金钢制造；圆盘厚 9～14mm，采用碳钢时一般选择 12～14mm，采用不锈钢时因热导率问题而选择 9～12mm；圆盘焊接在空心主轴上，标准间距为 140mm(最低 130mm)。圆盘内通入高温热流体工质，排出低温流体工质或其冷凝液。圆盘本体与空心主轴垂直，不承担切割疏松物料和推进物料的作用，磨损程度较轻，其两轴向侧面均用于与物料接触换热。在每个圆盘外缘以螺栓连接或焊接固定有多个金属推料板，推料板与圆盘之间成一定夹角，且各个圆盘上的推料板交错布置，起推进输送物料和搅拌混合物料的作用。在每两个圆盘之间安装有刮刀，刮刀固定在壳体内壁上，径向伸入两个圆盘之间，搅拌疏松转碟之间的物料，防止物料黏附在圆盘上，并使物料蒸汽快速离开。圆筒形壳体一般采用厚 19mm 的碳钢或厚 12mm 的不锈钢制造，可设夹套，有保温。壳体上开设有正面观察孔、底部排料孔、底部清除孔等，用于观察、清洗、检查和维护。壳体两端的端盖采用法兰安装，便于检修，同时也用于固定支撑主轴轴承。

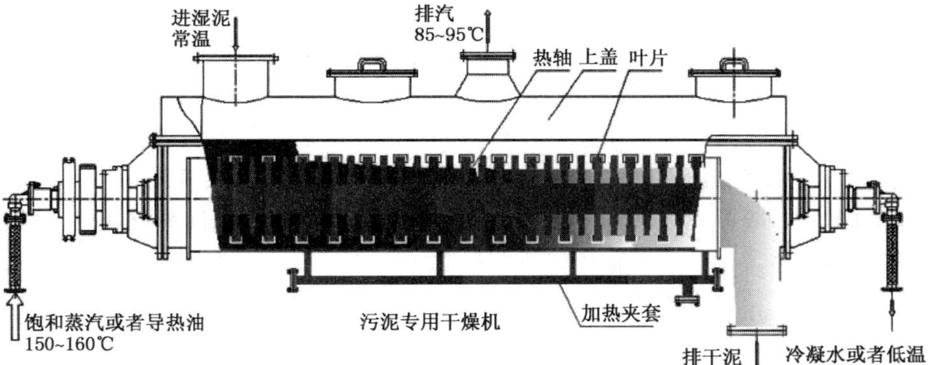

图 4 - 6 - 7　转碟式干燥机的结构示意图

转碟式干燥机属于纯粹的热传导型干燥器，污泥从一侧进入干燥机后，经过约 60～240min 的处理，从另一侧底部凭重力排出(也有改进为侧置溢流堰)。热介质从中空圆盘组流过，主要依靠圆盘与物料接触传导换热。在圆盘与壳体之间通过的物料，受圆盘热传导的加热而蒸发水分，形成的水蒸气聚集在壳体上方的穹顶里，最后被带出干燥机。转碟式干燥机利用每个圆盘的双面传热，可以在小空间里提供很大的换热面积，从而使得干燥机结构紧凑。当热流体工质为饱和蒸汽时，加热系统由蒸汽锅炉、泵、旋转接头、金属软管、疏水器、截止阀、球阀、视孔、汽水分离筒等组成，向干燥机内供应蒸汽，蒸汽冷凝在圆盘腔内壁面上，形成的冷凝水被导入空心主轴内的管线中，最终排出冷凝水和蒸汽的混合物。当工质为导热油时，加热系统由导热油炉、燃烧器、循环泵、填注油泵、除气罐、旋转接头、金属软管、阀、电控系统等组成。工质有时也可以采用热水，但这将大幅度降低干燥器的性能。饱和蒸汽或导热油等热流体工质的选择，直接决定了主体设备在耐压能力方面的设计制造参数。当采用蒸汽作为热流体工质时，设备入口压力最高为 9bar(设计值 10bar)，该压力下的蒸汽饱和温度约 170℃。当采用导热油作为热流体工质时，在承压方面的要求低(仅 3～4bar)，但由于金属形变的原因，所应用的导热油温度不能太高，一般为 160～200℃。此外，由于工质的进出都通过旋转接头进行，因此存在动密封问题。

用于污泥干化的转碟式干燥机还需配套除尘冷凝、干泥返混、进料、出料冷却、工质冷却、安全保护(连续称重、过载安全销)等附属系统，这里不再赘述。

(2)空心浆叶式干化机

空心浆叶式干化机的代表性生产厂家包括日本奈良(Nara)机械制作所(Nara Paddle Dryer，NPD)和奥地利 Andritz 集团(Gouda Paddle Dryer，GPD)等。如图 4-6-8 所示，空心浆叶式干化机主要由带夹套的壳体、上盖、空心主轴、空心浆叶、两端的端盖、通有热流体工质的旋转接头、金属软管以及驱动机构等组成，传动机构包括电动机、联轴器、带传动或链传动等，核心部件是空心主轴(可分为单、双、四根)和焊接固定在空心主轴上且呈交错布置的空心浆叶。在污泥干化工艺中一般采用双主轴结构布局，此时两根空心主轴的旋转方向相反。空心浆叶形状为楔形的空心半圆，两主要轴向传热侧面呈斜面。位于空心浆叶顶端的刮板与浆叶呈 90°布置，能起到径向抄起和搅拌物料的作用。干化机的上部穹顶不加热，用于开设检查窗，连接风道、管线等。在顶盖的中部设置抽气口，以微负压方式抽取蒸发的水蒸气，此时会流入少量的环境空气，气体与物料运动方向形成错流，物料在干燥器内的停留时间较长。

空心浆叶式干化机在工作过程中连续运行，主轴旋转线速度低于 2m/s。由于空心主轴具有多种功能(空心浆叶支撑、传递扭矩、热流体传输、传导换热等)，工作过程中需要克服物料的黏滞力、物料与浆叶间的摩擦以及物料本身对主轴表面的磨损等，因此设计时要兼顾机械强度、换热性能和表面耐磨性。从空心主轴上密封部件及其自身受力变形的角度考虑，热流体工质的温度一般不超过 200℃。由于蒸汽释放潜热而导热油仅释放显热，故一般选择蒸汽作为热流体工质，此时所需输送热流体的管线直径相对最小，易于布置。典型的饱和蒸汽温度为 150～200℃，压力 5～7bar，最高可达 14bar。当然，若将热流体工质改为冷却水，空心浆叶式干化机还可以充当粉体冷却设备。

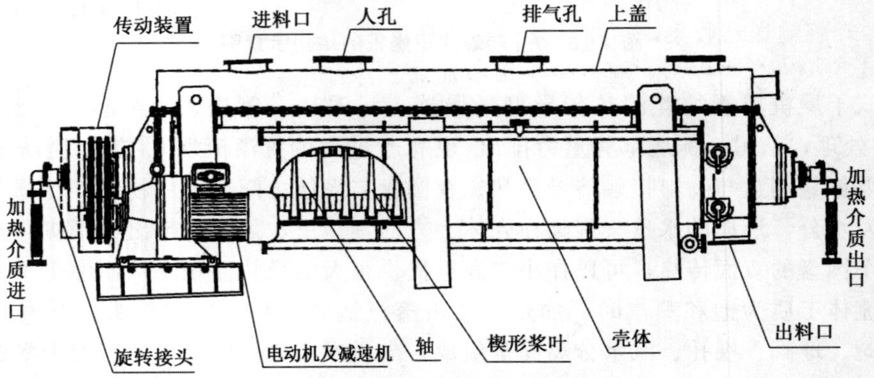

图 4-6-8　空心桨叶式干化机的结构示意图

空心桨叶式干化机采用卧式布置，带有一定的倾斜角度，工作过程中物料的前移主要靠重力移动，由一侧进料、另一侧出料。当物料与空心桨叶的斜面接触时，随着叶片的旋转，颗粒很快就从斜面滑开，使传热表面不断更新。由于空心桨叶本身的斜面不具有轴向推动作用，位于其顶端的刮板仅能起到径向抄起和搅拌作用，因此物料的向前推进需要依靠干化机的倾斜角度来完成。物料在空心桨叶干化机内的停留时间可以通过加料速率、主轴转速、存料量等调节，常常在干化机尾部、干泥出料口上方设置能够阻挡物料的溢流堰，以维持工艺所需的物料高度和存料量。

虽然从理论上讲，互相啮合的空心桨叶具有自清洁作用，可以完成各种含固率污泥的半干化和全干化，无需进行干泥返混，但由于空心桨叶之间的间隙往往较大，难以完全靠机械啮合清理死区，必须依靠金属表面与物料之间以及物料与物料之间的摩擦剪切力来实现空心桨叶表面的自清洁和更新。因此，工程实际中均考虑进行干泥返混，具体做法是对干泥进行筛分，将细小的干化污泥与湿泥进行预混合。

(3)立式多级圆盘干化机

比利时吉宝西格斯(Keppel Seghers)公司开发的污泥热干化硬颗粒造粒工艺或珍珠造粒工艺(Pearl Process®)是立式圆盘干化技术的典型代表，在欧洲和北美得到较为广泛的应用，其核心设备是污泥涂层机(也称为预混合机)和立式多级圆盘干化机(多盘干燥器或造粒机)。立式多级圆盘干化机的多个中空圆盘纵向排列在圆柱形壳体内，呈立式布置、多级分布，采用导热油密闭循环间接加热(230～260℃)。由于蒸汽在上部空间容易达到饱和，而在下部空间易形成高温、高粉尘浓度的氛围，因此气体流量决定了工艺的安全性和粉尘分布。

如图4-6-9所示，机械脱水后的污泥(含固率25%～30%)送入污泥仓，然后通过污泥泵输送至位于顶部的涂层机。在涂层机中，再循环的干化污泥颗粒(含固率>90%)与进料的湿污泥混合，使干化污泥颗粒外表面涂上一层湿污泥。涂覆了湿污泥的污泥颗粒被送到造粒机上部，均匀散落在顶层圆盘上。借助与中心转轴相连、转速为6r/min旋转耙臂的推动作用，污泥颗粒在顶层圆盘中作缓慢的圆周运动，逐渐从圆盘中心区域被扫到圆盘外沿，接着散落到下部第二层圆盘上；此时连续转动的耙臂将污泥颗粒从外沿逐渐扫到开口的中心区域，再散落到下部第三层圆盘上。污泥颗粒就这样逐级运移至造粒机的最底部圆盘上，在此过程中污泥中的水分蒸发，产生的水蒸气通过排气风机抽出；随着污泥颗粒粒径的逐盘增大，其表面也逐渐变得坚实。干燥后的污泥颗粒表面温度为90℃左右，粒径为ϕ1～4mm。由于该过程类似于蚌中珍珠的形成过程，因此也被称为珍珠造粒工艺。污泥颗粒离开造粒机后由底部的螺旋输送器收集，再由斗式提升机向上输送至分离料斗。部分循环使用的污泥颗粒进入涂层机，其余部分送入颗粒流化床冷却器，冷却至40℃后送入颗粒储料仓。流化床冷却器排出的有轻微气味的热空气经过布袋除尘器除尘后，送入生物除臭器，处理后达标排放。从涂层机和造粒机排出的接近115℃的蒸汽经冷凝器冷凝后，成为温度为50～60℃的热水。

污泥热干化硬颗粒造粒工艺系统的特点为：①干燥和造粒过程的氧含量小于2%，避免了着火和爆炸的危险性；②颗粒呈圆形、坚实、无灰尘且粒径均匀，具有较高的热值，可以作为燃料使用；③尾气经冷凝、水洗后送回燃烧炉，将产生臭味的化合物彻底分解，能够满足严格的排放标准。

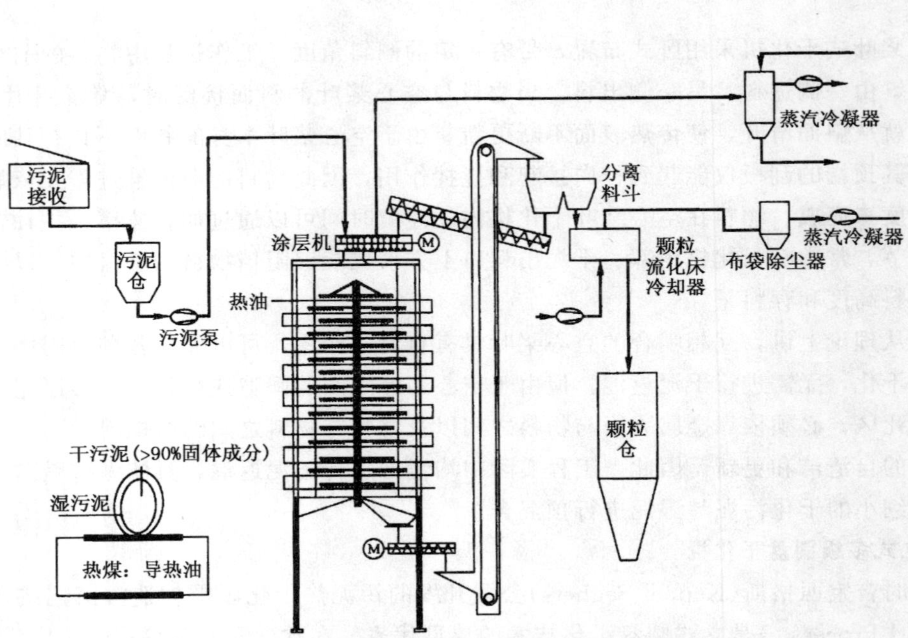

图 4-6-9 Keppel Seghers 公司珍珠造粒工艺的系统流程示意图

(4)真空耙式干化机

真空耙式干化机或干燥机主要由带夹套的壳体、旋转主轴以及焊接固定在其上的耙齿组成，旋转主轴通过“电动机＋减速器＋皮带或链条”驱动。与空心桨叶式干化机不同，真空耙式干化机的旋转主轴和耙齿不作为加热面，而仅起搅动物料和更新表面的作用。工作过程中，首先将湿物料加入壳体内(填充率 30%～80%)，夹套内通入 0.1～0.3MPa 的热流体介质(一般为水蒸气或热水，也可用导热油)，然后启动真空泵抽出气体，到规定的真空度(50～90kPa)后再启动旋转主轴驱动机构。主轴的转速为 7～8r/min，同时采用自动转向机构，使主轴的转向每隔 5～8min 改变一次，从而改变耙齿的转动方向。物料在耙齿作用下，先往两端移动，然后再往中间移动，这样可以保证在整个干化过程中，物料一直处于均匀地被搅拌状态。也可以在耙齿间放置不锈钢棒(用无缝钢管制成)，在主轴转动过程中振动黏结在壳体上的物料或将结块的物料粉碎。通过这些措施，可以保证传热表面及时更新，从而加速热质传递速率。物料干燥到规定水分后停止加热，关闭真空系统，取出干燥好的物料，完成一个周期的操作。真空耙式干化机的耙齿有左向和右向两种基本形式，且都可采用桨叶型或异型。安装时相邻耙齿之间相差 90°方位，轴的两端安装异型耙齿，其余安装桨叶型耙齿。

在真空干化过程中用真空泵抽出水蒸气和不凝气体，水分蒸发强度随物料性质、湿度、加热蒸汽压力及真空度等的不同而异。例如，在真空度为 700mmHg、加热蒸汽压力为 0.2MPa(表压)时，将马铃薯淀粉从含水 40%干燥到含水 20%，干燥机的水分蒸发强度为 5～7kg/(m^2·h)。

(5)薄层干化机

薄层干化机也被称为薄膜干燥器(Thin Film Dryer)，其工作原理较好地结合了薄层理论、泡态沸腾或核态沸腾(Nucleate Boiling)理论。在核态沸腾中，大量汽泡在热壁面上形成、成长，并跃离到液相主体中运动，一方面使液相快速蒸发而带走了潜热，另一方面对液相进行剧烈扰动，增强了热壁面与液相之间的对流传热。因此，核态沸腾一般只需要很小的温差，但具有很高的传热强度。更为重要的是，由于液相温度高于饱和温度，汽泡跃离加热壁面到液相主体中后，不但不消失，反而一边运动一边长大，在液相自由表面将有大量蒸汽出现，此类沸腾又称主体沸腾(Bulk Boiling)。薄层干化机的代表性生产厂家为德国 Buss - SMS - Canzler 公司、意大利涡龙设备与工艺有限公司(VOMM Impianti e Processi S. p. A.)等。

德国 Buss - SMS - Canzler 公司的薄层干化机有单体立式、单体卧式、单体立式和卧式组合 3 种结构布局，干燥对温度不敏感的物料时推荐选用单体卧式结构。薄层干化机主要由外壳、带叶片的转子、转子驱动机构 3 大部分组成，外壳为压力容器，壳体夹套间可注入蒸汽或导热油作为热流体工质，材质为耐高温锅炉钢 P265gh；内筒壁作为与污泥接触的传热部分，提供主要的换热面积以及形成污泥薄层的载体，可以选用 Naxtra M700 淬火回火特种结构钢，与污泥接触部分采用 DIN1.4404 等材料涂覆；转子为一根整体空心轴，材质为 316L 不锈钢，特殊的加工工艺可以确保转子在受热和高速转动时不产生挠度，始终使叶片与内筒壁面之间的距离保持在 5～10mm。在整个筒体圆周径向方向共平均布置 18 列叶片，叶片分传输叶片和摊开叶片两种类型。筒体进料端的每列安装 4 个摊开刮刀叶片，与列线呈 45°角安装，实现物料进入筒体后立即被摊附在热壁表面且向出料端输送，合计 72 片。出料端每列安装 2 个端盖摊开刮刀叶片，与进料端的摊开刮刀叶片呈斜反 45°角安装，目的是缓冲产品出料时的惯性力，实现重力自由出料，合计 36 片。每个叶片都由螺栓固定，便于调整以适应污泥性质和处理量的变化。传输叶片分布在转子的中间区域，每列上安装 40 片，合计 720 片。不同类型的叶片从功能上综合实现了污泥在热壁表面的布料、摊附、刮浆、搅拌、返混、自清洁、输送等重要功能。当湿污泥从薄层干化机进料端进入后，不停转动的转子使其连续分布于热壁表面形成物料薄层，叶片在对热壁表面分布的湿污泥薄层进行不断翻滚的同时，带有导角功能的输送叶片伴随着转子的圆周转动，使污泥薄层和干化过程中生成的半干污泥颗粒以一定的线速度轴向运移，最后从向前运动到出料端。湿污泥在薄层干化机内的停留时间为 10～15min，在此过程中湿污泥被蒸汽热壁均匀加热，水分被蒸发。薄层干化机可实现快速启停和排空，对设备工艺操作、调整控制非常迅速。从出料端排出的干化污泥进入冷却器，与低温水进行间壁换热冷却。当污泥干化与焚烧、热解等工艺结合时，则可直接将高温污泥送入焚烧、热解系统。工作过程中产生的水蒸气、逃逸粉尘、恶臭气体等混合载气，与筒内污泥逆向运动，由污泥进料端上方的废气箱通过管道排入冷凝器(直接喷淋式冷凝器)，在冷凝器中洗涤降温(大约从 105℃降低到 45℃)，水分从混合载气中冷凝下来，通过板式换热器和冷却塔对喷淋水进行散热；不凝气体(少量蒸汽、氮气、空气、污泥挥发物)经过除雾器分离液滴，由尾气引风机(高压离心式风机)排出干化系统至除臭装置。整个工艺的废气量相对较少，通常仅为系统蒸发量的 5%～10%，载气引风机使整个干化系统处于微负压状态，以避免恶臭气体和粉尘的溢出。运行过程中，薄层干化机内严格控制气体氧含量，当在线氧含量分析仪检测到机内气体氧含量超过安全设定值时，将通过惰性化气体入口向干化机内补充氮气或饱和蒸汽，以迅速降低氧含量至安全值，确保运行安全。薄层干化机的污泥进口设置气动刀闸阀，该刀闸阀与进料泵、给料螺旋、薄层干化机的安全保护等设备及检测仪表的逻辑控制参数互为联锁。

德国 Buss - SMS - Canzler 公司的污泥薄层干化机通常采用单体卧式结构，专门开发的 Combi - Dryer 则采用单体立式和卧式组合结构布局。在以分离自由水为主的污泥半干化方面，可以采用如图 4－6－10 所示的一段式薄层干化工艺，产出污泥的含水率约 30%～40%。当需要对污泥实施全干化时，可以采用二段式薄层干化工艺，此时在卧式薄层干化机之后串联增加线性干化器，产出污泥的含水率约 10%～30%。线性干化后的污泥温度约为 95℃，先通过冷却螺旋进行降温冷却至 45℃，再通过干泥输送设备输送至干泥料仓暂存并供后续处置。线性干化器采用 U 形螺旋输送机型式，传输桨叶特殊设计加工和低线速度（<1m/s），避免对污泥颗粒造成挤压和剪切，有效减少粉尘产生及设备机体磨损；壳体和转轴为加热部件，壳体的外壳可以拆卸。除加热部件外，线性干化器与污泥接触部分采用 316L 不锈钢或同等材质，其他部件采用碳钢。对经离心机、带式或板框压滤机等机械脱水设备产生的污泥，可采取螺杆泵、柱塞泵或螺旋输送机等灵活多变的给料方式。德国 Buss－SMS－Canzler 公司的污泥薄层干化机在国内的典型工程应用案例包括：成都市第一城市污水污泥处理厂污泥干化焚烧系统、天津津南污泥处理厂循环经济示范工程、中国石油哈尔滨石化公司污泥干化设施完善工程、西安市长安区污泥处理处置中心工程污泥干化系统、竹园片区污泥处理处置扩建工程污泥干化项目等。

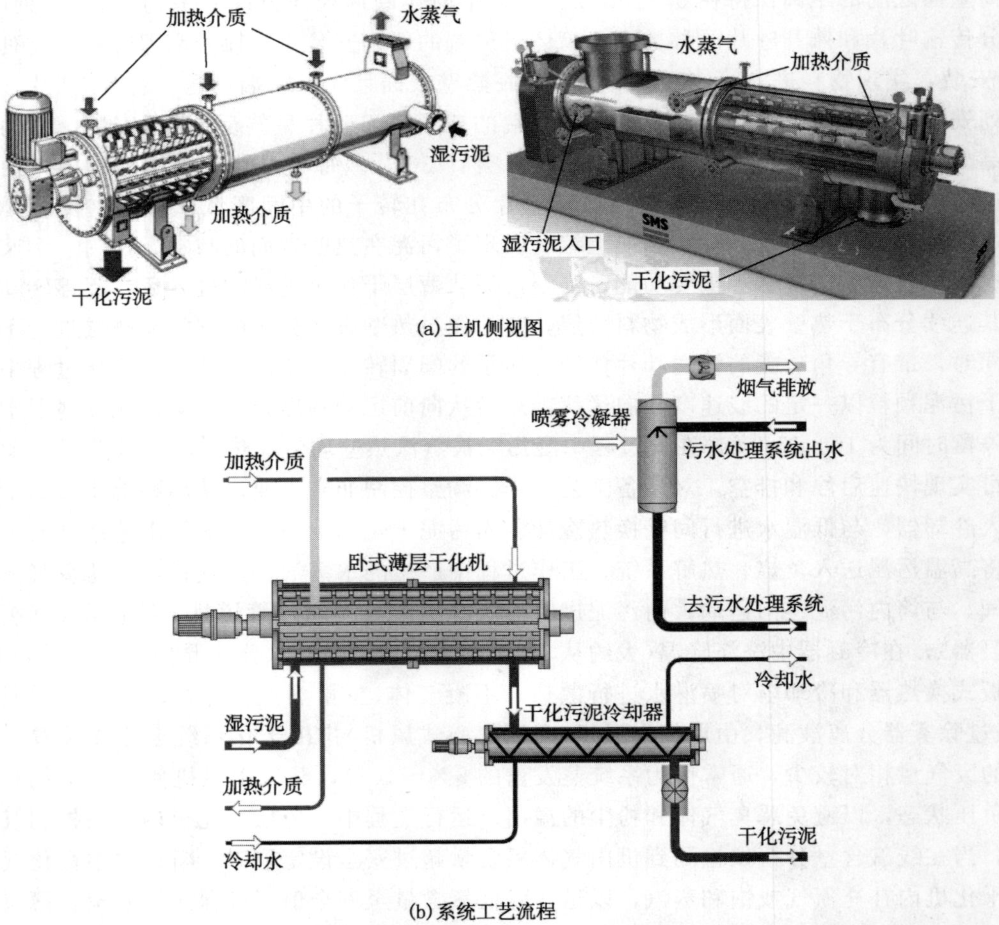

(a) 主机侧视图

(b) 系统工艺流程

图 4－6－10　德国 Buss－SMS－Canzler 公司的污泥薄层干化机的主体结构与系统工艺流程

意大利涡龙设备与工艺有限公司薄层干化机（或称涡轮污泥干化机，Turbo Sludge Dryer）同时采用涡轮径向转动和工艺循环气体轴向流动，使进入干燥室的湿污泥迅速被破碎颗粒化，形成了气、固混合湍流薄层，流态化的污泥颗粒在 2～3min 内，迅速从干燥室内壁和工艺循环气体中获得足够热能，在安全、可控的惰性化环境中持续得到干化。流态化、颗粒化的湍流工况有利于通过简单、传统的传感手段精准控制干燥室出口污泥的温度、湿度，即使入口污泥含水率发生变化，也能保持输出污泥的干度恒定，全过程实现智能调控、自动生产。在国内的应用案例包括北京水泥厂有限责任公司处置市政污泥工程、天津石化污泥干化装置等。

图 4－6－11 为原法国 Degrémont 公司的 Innodry® 2E 两段式污泥干化系统的工艺流程，采用间接加热干化和直接加热干化串联组合运行模式，蒸发能力为 0.5～4t H_2O/h。第一段采用基于薄层干化技术的间接加热干化，将污泥含水率减少到 45％左右；第二段采用基于带式干化机的直接加热干化，干化温度保持在 80℃左右，然后冷却到 35℃，出料口污泥颗粒含水率在 10％～30％之间可调可控，并据此确定合理的带式干化机尺寸。不需要进行干污泥返混，无粉尘产生；加热介质可采用饱和蒸汽，也可采用导热油。得益于集成式热回收系统专利技术，Innodry® 2E 蒸发每吨水的功率消耗小于 725kW・h，节能 30％～40％。国内的典型应用案例包括：①处理规模为 240t/d(脱水污泥)的重庆唐家坨污泥干化项目，将消化脱水后含水率为 75％的污泥，干化后污泥颗粒含水率为 10％；②处理规模为 300t/d(脱水污泥)的苏州工业园区污泥干化项目，项目实现了污水处理和热电联产的产业协同；③处理规模为 18 万 t/a(脱水污泥)的扬州污泥干化项目，产生的干污泥送至电厂焚烧发电，实现有机生物质回用，每年可节约标煤 1.1 万 t，减少 CO_2 排放 2.9 万 t。原法国 Suez 环境集团兼并 Degrémont 公司后，在 Innodry® 2E 两段式污泥干化工艺的基础上推出了 Evaporis™ LE 两段式污泥干化工艺，与常规污泥干化系统相比节能 30％，污泥减量 20％～30％。

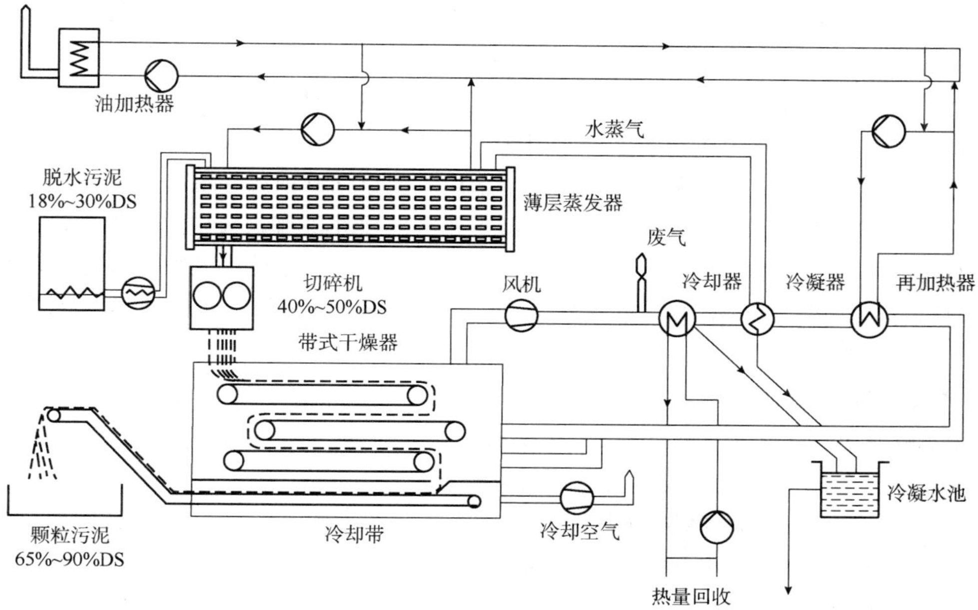

图 4－6－11　原法国 Degrémont 公司 Innodry ® 2E 两段式污泥干化系统的工艺流程示意图

4. 其他干化技术

(1)太阳能干化技术

将待干化的污泥放置在温室大棚内，借助太阳能辐射加热，使污泥中的水分蒸发；利用通风系统排出室内湿气；当污泥含水率减至40%～60%时，可以采用污泥好氧发酵加速干化。与传统热干化技术相比，太阳能干化技术的主要优点是：能耗小，运行管理费用低；低温干化，农用价值高；运行稳定安全，灰尘少；操作维护简单；清洁能源，符合可持续发展需要。当然，太阳能干化技术的缺点也较为突出：占地面积大；在大多情况下有臭气产生；处理效果受天气和季节影响较大。

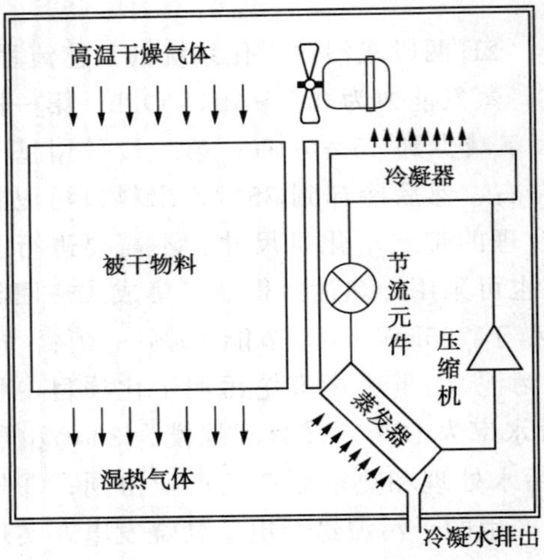

图 4-6-12　太阳能热泵联合干化系统的组成示意图

为了克服太阳能干化技术的缺点，同时利用温室大棚的密闭性，可引入热泵技术，形成太阳能热泵联合干化系统。如图 4-6-12 所示，热泵系统由压缩机、冷凝器、节流元件和蒸发器组成。系统内运行的低压液态工质在蒸发器中吸取湿热空气中的热量，蒸发成低压工质蒸汽，经压缩机增压成为高温/高压工质蒸汽；高温/高压工质蒸汽在冷凝器中冷凝释放热量，干燥气体，工质自身变成高压液体，流过节流元件后变回低压/低温液体，再进入蒸发器中。如此反复循环，将低温热量输送到高温介质中去，形成热泵循环。在热量传递的同时，干化室内的相对湿度因冷凝水排出而不断降低，从而去除物料中的水分。热泵干化系统的工作温度为 50～85℃，没有湿热空气排放，通过 2 个密闭循环系统，物料中的水分最终以液态水排除，既节约能源，又不污染环境。热泵性能系数 K_{COP}（=冷凝器供热量/压缩机功耗）=4～5，即热泵提高热量是电耗热量的 4～5 倍；热泵比脱水率 η_{WPE}（=脱水量/热泵能耗）=5～6，即每 kW·h 的电可脱水 5～6kg。干化过程中产生的有害臭气可以做到不外泄，能够在居民点附近进行干化操作。

热泵技术能有效克服天气和季节对太阳能干化的影响，同时解决了污泥堆晒产生臭气的问题，并且能耗低。太阳能热泵联合干化技术采用大流量强制通风系统，并附加气体收集和除臭装置；半自动或全自动翻泥机经常性翻新污泥蒸发面并供氧，采用空气集热和热泵系统以适应不同天气和不同季节下的干化作业，实现了太阳能污泥干化的高效连续运行。在无除臭系统的条件下，蒸发 1t 水的耗电量仅为 25～30kW·h，而传统热干化技术则为 800～1060kW·h，节能显著。

(2)微波加热干化技术

美国 Burch Biowave 公司的 Burch BioWave® 微波干化设备实现了污泥连续干化处理，系统采用不锈钢材质履带、标准的铝质辐射屏蔽材料、100kW 微波发射器，完全自动化运行，能将污泥含水率从 85%降至 10%。通过改变进料方式或停留时间，实现污泥的全干化或半干化。电能消耗占总能耗的 90%，使用干料返混工艺时的能效可达 80%。测试结果表明，干化污泥中 100%的病原菌被杀灭，而营养成分没有改变。由于微波干燥效果可控，干燥速度快，产品质量好，能效高，能够实现完全自动化，因此将会得到越来越多的研究和应用。

5. 污泥干化工艺的安全性

由于污泥在含固率＞80%时一般呈微细颗粒状，粒径较小，因此物料与物料之间、物料和干燥器之间、物料和介质之间的摩擦、碰撞，使干化环境中可能产生大量粒径低于150μm的细颗粒——粉尘，而高有机质含量的粉尘在一定氧气、温度和点燃能量条件下可能发生燃烧和爆炸。一般认为，有机质粉尘的爆炸浓度下限为20～60g/m^3，市政污泥的大约为40～60g/m^3。污泥粉尘产生燃烧的另一个基本条件是必须具有一定氧气，在一定粉尘浓度和点燃能量下、能够引起燃烧的最低氧气含量称为“最低含氧量”(LOC)。研究表明，根据保护气体类型的不同，最低氧含量值分别约为5%(氮气)、6%(二氧化碳)、10%(蒸汽)。此外，污泥粉尘产生燃烧和爆炸必须具备一定的点燃能量。由于一般市政污泥干化系统的典型运行温度为85～125℃，相应的点燃能量往往降低至101～102mJ，故可认为污泥干化系统事实上无法在运行维护过程中彻底避免点燃源的存在。由于湿度能够提高干化系统的粉尘浓度下限、提高点燃能量、降低含氧量，因此保持蒸发所产生的湿度是提高整体系统安全性的一个重要手段。

二、污泥热化学处理设备

由于污泥的碳氢(C/H)比高于其他许多有机物，因此可以作为热化学处理或热化学转化的有机质原料。生物质热化学转化过程的类型较多，目前各种分类方法之间存在着一定程度的交叉重叠。可以简要分为燃烧或焚烧(Combustion/Incineration)、熔融或熔化、热解(Pyrolysis)、气化(Gasification)、液化(Liquefaction)等类型，其中燃烧或焚烧一般在过氧氛围下进行，热解一般在缺氧或低氧氛围下进行，气化一般在部分氧氛围条件下进行。

1. 污泥焚烧技术与设备

污泥焚烧的初期研究由美国Noack(1959年)、Schlesinger等人(1960年)在匹兹堡能源中心(Pittsburg Energy Center)肇始，共同特点是以回收能源为目的。脱水污泥的热值低(约为7500～15000kJ/kg)，焚烧过程中必需添加辅助燃料，因此应该设计辅助燃料最少的流程。1973年，美国联邦法案《40 CFR Part60》首次对污泥掺烧比及污染物排放限值提出具体要求；1993年颁布的《40 CFR Part503》法案，提出了土地利用、焚烧、填埋的优先序，并针对焚烧提出了具体要求；2011年对该法案进行修订，针对流化床及多炉膛焚烧炉提出了更加严格而具体的指标要求。日本自20世纪60年代开始污泥焚烧，80年代左右流化床焚烧炉成为主流设备，90年代后开始采用污泥熔融炉实现污泥燃料化。据统计，日本焚烧污泥比例超过68%，熔融量超过10%，堆肥达到11%，填埋量则逐年减少。欧盟方面，德国1962年率先建设运行欧洲第一座污泥焚烧厂，之后污泥焚烧在英国、法国、卢森堡、丹麦、德国、奥地利、荷兰等国家广泛应用，焚烧污泥占各国比例一般为20%～40%，荷兰、德国则已超过40%。

一般认为，当污泥含水率低于50%时才适合焚烧，焚烧工艺主要有单独焚烧、污泥与垃圾在水泥窑中掺烧、污泥与燃煤锅炉混烧3种。《生活垃圾焚烧污染控制标准》(GB 18485)要求，掺加生活垃圾质量超过入炉(窑)物料总质量30%的工业窑炉，以及生活污水处理设施产生污泥、一般工业固体废物专用焚烧炉的污染控制，参照生活垃圾焚烧炉排放标准。污泥焚烧产生的污染物主要包括四类：第一类是粉尘、SO_2和NO_x等传统污染物，第二类是二噁英/呋喃等，第三类是臭气，第四类为重金属。前两类污染物的处理方法基本一致，第三类和第四类则有所差异。影响污泥焚烧的因素有焚烧温度、焚烧时间、空气量、污泥组分、污泥掺混比等，污泥焚烧的能耗、碳排放、污染物产生是该工艺目前受到质疑的关键。常见的焚烧设备有回转窑式焚烧炉、立式多段焚烧炉、流化床焚烧炉等。

(1)回转窑式焚烧炉

如图 4-6-13 所示，回转窑式焚烧炉(Rotary Kiln Incinerators)的结构与转筒干燥器相似，炉体是一种具有耐火内衬的长圆筒，轴心线略微向下倾斜，炉体绕着轴心线缓慢旋转。废物和辅助燃料从圆筒端部高处加入；空气从废物给料口附近的圆筒端部高处注入，也可以从圆筒端部用几个喷射嘴注入；气态排放物和灰分在圆筒另一端的底部进行收集。通过控制圆筒的旋转速度和倾斜角度，使废物与空气充分混合，并使其以一定速度向灰分和残渣收集系统移动。圆筒尾部末端可以安装一个挡板以增加炉内固体停留时间，有时还在窑壁上悬挂链状物以防止废物结块。在窑式燃烧室后面的排放气流处，还有一个类似液体喷射单元的复燃烧器。回转窑中的热量传递主要依靠辐射作用和窑壁传导。因此，在注入废物之前需要用辅助燃料将窑壁加热至运行温度。此外，常常让固体废物与燃料或液体废物共同燃烧，以保证足够的燃烧温度。

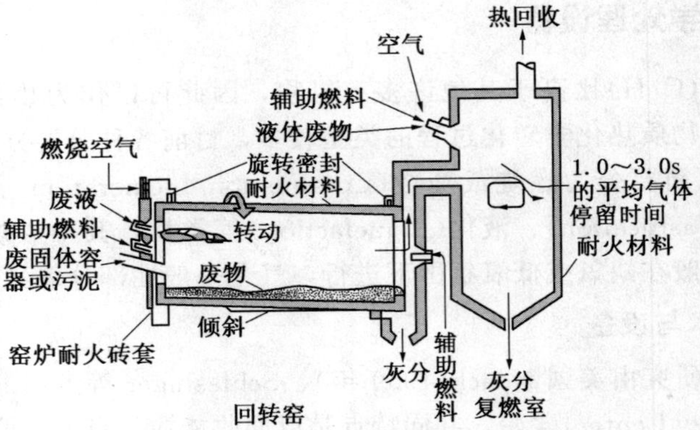

图 4-6-13　回转窑式焚烧炉的结构示意图

典型回转窑焚烧炉的炉体直径为 ϕ1.5～5m，长度为 3～15m，长径比为 2：1～10：1。炉体圆筒前部约 1/3 长度为干燥段，污泥与热气体的温度大约为 160℃，并逐步达到着火点；炉体圆筒后部约 2/3 长度为燃烧段，温度可达 820～1600℃。炉内固体停留时间为 20～60min，若设置有挡板则会超过 1h。

(2)立式多段焚烧炉

如图 4-6-14 所示，立式多段焚烧炉的立式炉体为一个内衬耐火材料的钢制圆筒，一般分为 6～12 层。各层都从一根中心旋转轴向四周辐射分布，并有用耐高温铬钢加工制作的旋转齿耙。泥饼被加入最上面的炉体中，然后在齿耙作用下自上向下逐层下落，顶部温度在 500℃以上，为干燥段；中部温度在 1000℃左右，为焚烧段；底部为污泥冷却和空气预热段，温度在 300℃左右。废气由立式炉体的顶部排出，灰分残渣从立式炉体的底部清除。热传递主要通过每个炉膛表面的辐射和传导作用，以及空气的对流作用。

立式多段焚烧炉以逆流方式运行，热效率很高。污泥焚烧不像一般城市垃圾焚烧一样采用炉排式燃烧，主要是因为污泥一般都很黏稠，点燃后易结成饼或表面灰化覆盖在燃烧物表面，使火焰熄灭。因此需要不断搅拌，反复更新燃烧表面，方能使污泥得以充分燃烧。在立式多段焚烧炉内的各段均设有搅拌面，只有保证物料在炉内停留足够时间才能使污泥完全燃烧。为避免工艺出现故障，除焚烧炉外还需辅助添置污泥破碎器、多点鼓风系统、热量回收设备(当设二次燃烧设备时，尤其要注意此点)、辅助热源(启动燃烧器)和除灰设备等。立式多段焚烧炉存在的主要问题是：机械设备较多，维修保养较为麻烦；耗能相对较高，热效率较低；为减少燃烧排放的烟气污染，需要增设二次燃烧设备。

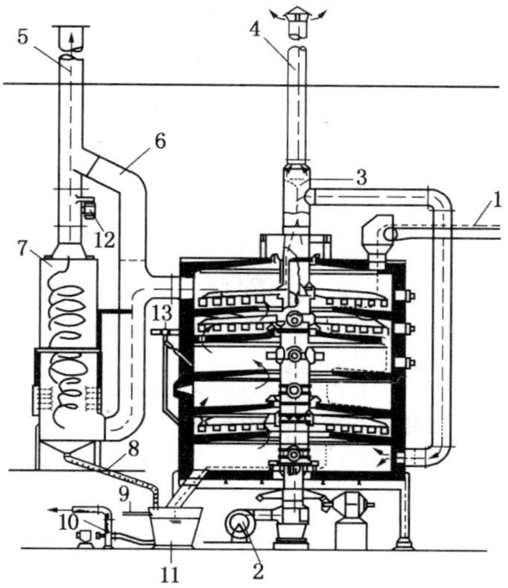

图 4－6－14　立式多段焚烧炉的结构示意图

1—泥饼；2—冷却空气鼓风机；3—浮动风门；4—废冷却气；5—清洁气体；6—无水时旁通风道；7—旋风喷射洗涤器；8—灰浆；9—分离水；10—砂浆；11—灰桶；12—感应鼓风架；13—轻油

(3)流化床焚烧炉

流态化技术产生于 20 世纪 20 年代的德国，广泛应用于化工和冶金业。广义上讲，是设法将气体或液体通过固体颗粒床层而使固体颗粒处于悬浮运动状态，并进行气-固非均相反应过程或液-固非均相反应过程的反应器。在立式圆筒内的中下部架设一块流体分布板(可以透过气体或液体，但不允许固体颗粒通过)，板上堆积一定高度的固体颗粒，流体自下而上依次穿过分布板和固体颗粒床层。当操作流速(亦称表观流速，U_f)小于固体颗粒床层的最小流态化速度(U_{mf})时，人们将这个设备称为固定床；而当 U_f 大于 U_{mf} 时，人们将这个设备称为流化床。根据 U_f 的不同，流化床可分为鼓泡流化床(Bubbling Fluidized Bed，BFB)、湍动流化床、循环流化床(Circulating Fluidized Bed，CFB)、快速流化床、密相输送床、稀相输送床等；按运行压力不同，流化床又可分为常压流化床和增压流化床。

将流化床技术应用于煤燃烧的研究始于 20 世纪 60 年代，对于污泥焚烧而言，鼓泡式流化床和循环流化床较为常用，世界上首套污泥流化床焚烧炉(Fluidized－bed Incinerator)1962 年建于美国 Lynnword Washington。如图 4－6－15 所示，鼓泡流化床焚烧炉炉体的主要部分是具有耐火内衬的燃烧室，燃烧室内含有砂子等惰性颗粒状物质，颗粒状物质可以在从燃烧室底部吹入空气的推动下发生流动和扩散，从而有利于反应器内物料的湍流混合，并为辐射型和传导型传热提供大的表面积。注入焚烧炉的废物和空气与流化态材料混合并被加热，大的废物颗粒会一直在流化态材料中保持悬浮状态，直至完全燃烧，灰分和废气一起从炉体顶部排出。实际运行过程中，需要使用辅助燃料对惰性颗粒状物质和耐火内衬进行预加热。对于循环流化床而言，高温固体颗粒状物质会被吹出炉膛，然后通过旋风分离器和返料器被送回炉膛，以保持炉内物料的平衡。流化床内气固混合强烈，待焚烧的物料入炉后与炽热的床料迅速混合，然后被充分加热、干燥、燃烬。

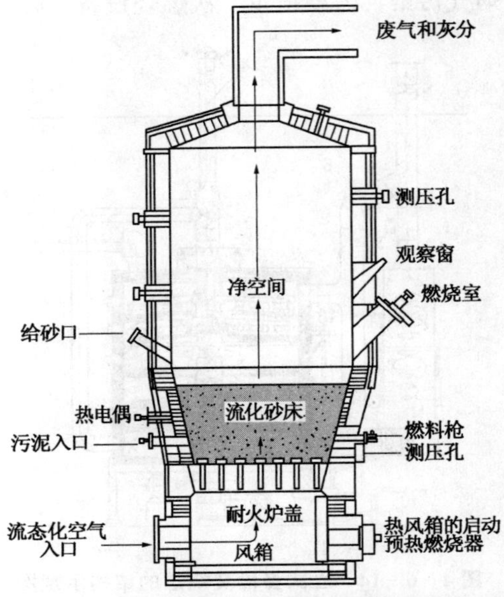

图 4-6-15　鼓泡流化床焚烧炉的结构示意图

流化床焚烧炉的典型运行温度为 750～850℃，如果温度超过 900℃，硅砂床体就会熔化。如果需要更高的温度，可以用碾碎的耐火材料代替硅砂，其他重要的设计参数还包括供气速度(一般 1.5～2.4m/s)、床体直径(一般 ϕ2.5～7.5m)、床深(一般 0.4～1.0m)、废物停留时间(一般液态废物为 5～8s，固态废物为 1～10s)。德国 Stuttgart-Mühlhausen 污水处理厂的污泥焚烧系统的工艺流程如图 4-6-16 所示，污泥经过离心脱水、半干化后从流化床焚烧炉上部进入，焚烧后的烟气经余热锅炉回收热量，回收的热能用于污泥半干化；尾气处理系统包括静电除尘、洗涤等。

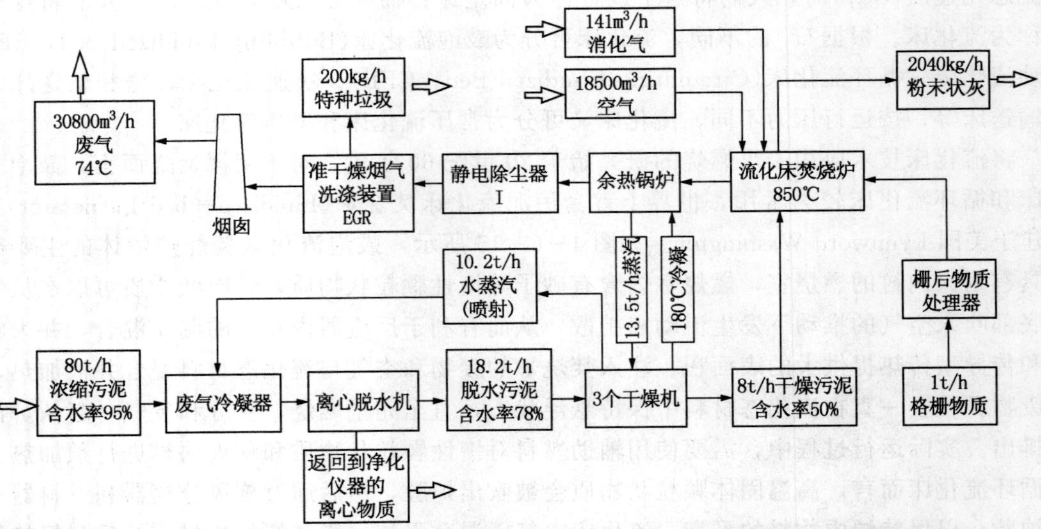

图 4-6-16　德国 Stuttgart-Mühlhausen 污水处理厂污泥焚烧系统的工艺流程示意图

法国 Veolia 水务的 Pyrofluid™ 鼓泡流化床焚烧炉、Thermylis® 高温流化床(High Temperature Fluid Bed，HTFB)热氧化系统、Thermylis 2S 半干化＋流化床污泥焚烧，日

本三菱重工(MHI)的鼓泡流化床焚烧炉和循环流化床焚烧炉等，目前处于污泥流化床焚烧设备的前列。以 Thermylis® 鼓泡式高温流化床热氧化系统为例，系统工艺流程如图 4-6-17 所示，将含水率 65%～85%的脱水污泥以 1∶5～1∶10 的比例与城市生活垃圾混合后，投入最低温度为 850℃的焚烧炉中，迅速将有机物燃烧成无机灰烬。具有适应范围广、运行费用低、污泥喷嘴无堵塞、系统灵活可调节、操作简单、系统自动化运行等优点，适合于污泥非农业使用、污泥和垃圾混合集中处理等场合，在上海浦东新区污水厂污泥处理处置工程、成都市第一城市污水污泥处理厂三期工程、深圳上洋大型污泥集中处置项目等得到了成功应用。上海浦东新区污水厂污泥处理处置工程的技术路线为：污泥接受＋干化＋Thermylis® 鼓泡高温流化床焚烧炉＋烟气处理系统，设置两条并列处理线，具体包括污泥接收、污泥贮存、污泥干化、污泥焚烧、余热利用、尾气处理等系统，此外还包括碱液制备、离子除臭、气力输灰、砂循环、压缩空气、冷却水循环等辅助系统。每天直接焚烧 1600t 市政脱水污泥的加拿大 LAKEVIEW 污泥焚烧项目，2006 年投产以来实现了能源自足，无需投加辅助燃料，减少了温室气体排放。

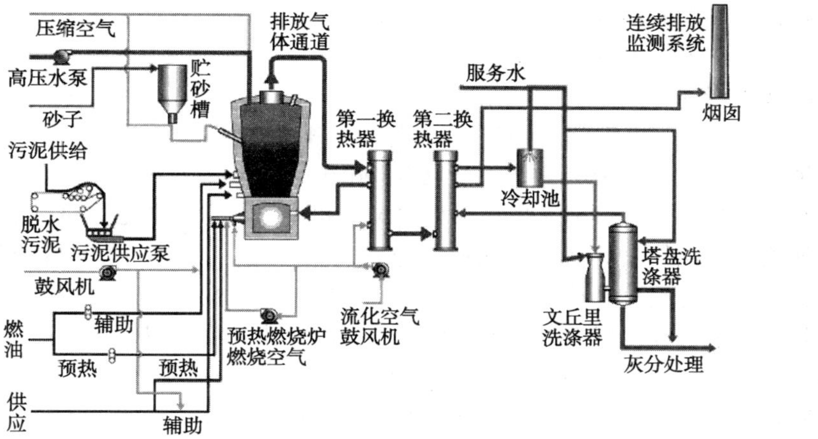

图 4-6-17　法国 Veolia 水务 Thermylis® 高温流化床热氧化系统的工艺流程示意图

法国 Veolia 水务的 PYROMIX™ 工艺可以借助垃圾处理厂的垃圾焚烧炉协同处理市政污泥，通过插入在焚烧炉炉壁上的污泥喷枪或喷射器，在压缩空气作用下直接将污泥喷入垃圾焚烧炉中。通过调整压缩空气压力和流量，可以确保污泥以细小液滴的形式均匀散布在生活垃圾上。喷入污泥的含水率为 75%～85%，无需干化处理，喷入量最多可达生活垃圾总量的 20%(wt)。该工艺的优点包括：不影响炉底灰分的性质、不改变焚烧炉的热容量、不会增加烟气处理产生的灰渣、操作简便(促进热稳定性)、污泥喷射器适合各种类型焚烧炉炉壁、适合各种生活垃圾的协同焚烧、将污泥转化能量回收、降低投资成本。

2. 污泥熔融(化)技术与设备

该技术是将干化污泥在超过污泥焚烧灰熔点的温度(通常为 1300～1500℃)下燃烧，完全分解污泥中的有机物，并使灰分在熔化状态下输出炉外，经自然冷却而固化成火山岩状的熔渣。由于熔渣密度比灰渣密度大 2/3，能够显著减少燃烧产物的体积。该技术的有机质分解率接近 100%(包括耐热分解的有机物)；无机熔渣的化学性质稳定，其中的重金属几乎完全失去可溶出性，因此比一般焚烧处理有更为安全的环境特性。缺点是操作温度很高，一次性投资及运行成本高于焚烧法，在一定程度上阻碍了该技术的推广应用。

污泥灰分的主要成分有 Si、Al、Fe、P、Ca 和 Mg 等，决定熔点高低的因素是灰分的成分比，尤其是 CaO 和 SiO_2 的含量比(也被称为碱度)。污泥机械脱水一般要添加絮凝剂(化学调理剂)，如果使用的絮凝剂为有机质，灰分的碱度为 0.2～0.5g/g，熔点为 1200～1300℃；如果使用氯化铁和石灰作为絮凝剂，灰分的碱度大，熔点也高。因此熔化炉必须保持 1300℃以上的高温，而且必须使灰分在炉内始终处于熔化状态，满足上述要求的熔化炉有底焦熔化炉、表面熔化炉、旋转熔化炉等几种。底焦熔化炉是把干化污泥和焦炭交替投入炉内，使底焦起到炉排的作用，并用燃烧提供的足够能量维持炉内必要的高温；表面熔化炉是由内筒和外筒构成的竖型炉，通过外筒的旋转定量供给污泥，污泥在倒圆锥空间内被燃烧，在炉顶和倒锥面之间形成反射炉方式，以维持高温熔化；旋转熔化炉是在竖式圆筒形炉内，使燃烧空气夹带着经干燥、粉化的污泥进入炉内，引起强旋气流，促进完全燃烧。

3. 污泥热解技术与设备

热解被用于生产焦炭和化学品已有上千年的历史，热解产物的具体组成除与污泥自身性质密切相关外，还与热解反应操作条件(温度、压力、热解时间等)密切相关，污泥炭化和热解制油是两种代表性的热解技术。鉴于在减量化、无害化基础上的资源化已成为研究重点和发展趋势，污泥热解技术将较污泥焚烧技术更受关注。

(1)污泥炭化技术

污泥炭化技术分为高温炭化(650～1000℃)、中温炭化(400～550℃)和低温炭化(250～300℃)三种，低温炭化又被称为水热炭化(Hydrothermal Carbonization，HTC)。高温炭化是首先将污泥干化，然后再进入高温炭化炉炭化和造粒。高温炭化炉的作用是将污泥加温但不燃烧，加温后污泥产生热解气，热解气进入燃烧回路，产生可燃气后的污泥已经较为干燥，可以造粒。中温炭化是首先将污泥干化，然后再进入炭化炉加温，使污泥在无氧条件下产生热解气，热解气经冷凝后可以得到焦油。低温炭化是将污泥直接加温加压，炭化过程只裂解细胞，不产生气体；裂解后的污泥呈液体状，再用普通脱水设备将污泥中大部分水分(75%)去除，污泥中的碳值基本上都被保留。除用作燃料外，污泥制备生物炭的目的还包括把氮磷钾等营养元素保留在污泥炭中，用于园林绿化、作物种植等方面。研究表明，随着热解温度的升高，污泥生物炭中的总氮含量随着降低，在 600℃下氮含量降低到 60%(wt)，且氮的存在形态也随热解温度而变化；磷在热解过程中基本上没有损耗，仍然保留在污泥生物炭中，只是存在形态有所改变；钾和磷比较相似，在 600℃以下基本上都保留在污泥生物炭中。通过脱水和热解后，污泥中的重金属 Cu、Zn、Cr、Ni、Pb 主要富集在生物炭中，而且以残渣态和氧化态为主，浸出性很低，安全性好；环丙沙星、土霉素、磺胺二甲嘧啶等抗生素完全分解所需的温度必须在 600℃左右。污泥炭化炉(反应器)主要包括间接加热螺旋推进炭化炉、直接加热螺旋推进炭化炉、间接加热回转窑炭化炉、直接加热回转窑炭化炉和多膛炉等形式。

典型的污泥低温炭化技术为美国 EnerTech Environmental 公司推出的 Slurrycarb™ 污泥低温炭化工艺，该工艺于 20 世纪 90 年代开始研发，1999 年得到了美国能源部(DOE)的支持，基本工艺流程为“污泥预处理(使含水率减少到 80%左右)→污泥加压(至 6～10MPa)→污泥加热(至 204～232℃)→污泥降温脱水→污泥燃烧＋脱出水净化循环”，最终目标产物为“E－Fuel”可再生燃料。世界上首座 Slurrycarb™ 连续式低温炭化系统 2009 年在美国加州启动，年处理 27 万 t 湿污泥，为南加州地区提供 6 万 t 可再生燃料。由于 EnerTech Environmental 公司未能实际履行 2006 年签订污泥处置协议时所做的承诺，2012 年 6 月 27 日被政府管理部门(OCSD)单方面宣布终止协议并立即生效，Rialto厂进入停运状态。

日本三菱重工(MHI)开发的市政污泥炭化技术属于高温炭化，其工艺流程如图4-6-18所示，主要包括炭化、热解气燃烧废热回收、烟气净化处理等三大部分。回转式污泥干化装置首先将含水率76%左右的脱水污泥加热干化至含水率25%，500℃左右的干化污泥被置于间接加热回转窑炭化炉(热解炉)中，在低氧环境下被950～1100℃的高温气体间接加热炭化。热解生物炭被冷却输送器逐渐冷却，然后适度湿润以避免自燃着火，最终被处理成生物炭燃料。污泥炭化热解气被空气吹扫进一个独立的热解气焚烧炉中，在燃料辅助和950℃的高温下燃烧。热解气焚烧炉的高温烟气(800～850℃)作为热源直接加热干化污泥，随着污泥逐渐得到干化，所产生烟气的温度也逐渐降低到200℃左右，连同燃烧室的烟气，一起进入尾气处理塔，废热通过换热器进行回收。2007年，三菱重工(MHI)在东京东部污泥处理厂建成了污泥处理量为99000t/a的工业化装置，每年可制得8700t热解炭。热解炭热值较高、质量稳定，用作热电厂燃料替代化石燃料。系统配套有尾气处理装置，N_2O排放水平远低于常用污泥流化床焚烧炉，有效减少了温室气体排放。日本巴工业株式会社(TOMOE Engineering Co.，Ltd.)的污泥连续式高温炭化系统主要由卧式旋转干燥机、多段螺旋式炭化炉以及排气处理设备构成，在湖北省武汉市汤逊湖污水处理厂10t/d污泥炭化示范工程、鄂州市60t/d污泥炭化工程等得到应用。卧式旋转干燥机上安装有搅拌破碎机构，可以将脱水污泥的含水率造粒干燥至30%。炭化炉是一种炉内贯穿有上下四段螺旋输送机构的间接加热螺旋推进炭化炉，干燥污泥首先会被输送到最上段的螺旋输送器中，然后按照上段、中段、下段的顺序被输送到各个螺旋输送器内，由设置在炭化炉下部的加热器将各段螺旋输送器间接加热到600～700℃。炭化时间为15min，干化污泥在无氧状态下被热解成碳化物。各段螺旋输送器内产生的热解气在焚烧炉内被燃烧，作为热源被再次利用。

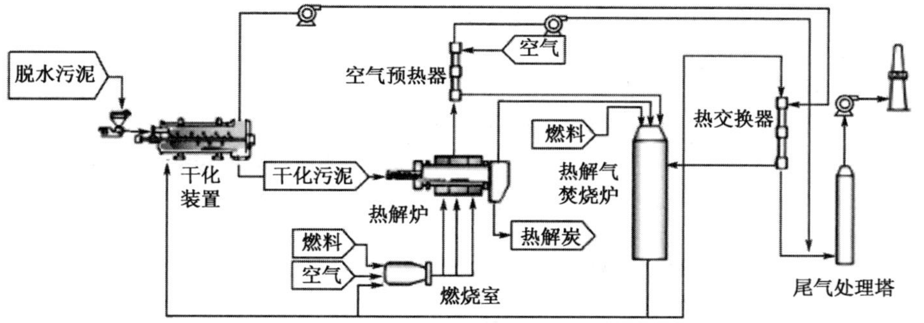

图4-6-18 日本三菱重工(MHI)的市政污泥炭化工艺流程示意图

天津市青凝侯淤泥填埋场生态修复项目的污泥处理处置采用"机械脱水+干化+高温热解炭化"的技术路线，处置产生的生物炭用于园林绿化营养土。在填埋场西侧建设了1条污泥炭化工艺生产线(合同约定为4条)，处理量为300t/d(80%含水率)，当时系国内最大的污泥炭化项目。2018年4月建成投运后由于运行成本过高等原因长期闲置，累计处理污泥量不到4000t，沦为摆设。2020年9月，中央第二生态环境保护督察组根据群众举报，对其开展下沉督察发现，该项目既少建生产线，又擅自改变淤泥处置工艺，并违法转包工程，且未按合同约定对处置后淤泥用于生态修复使用。

(2)污泥热解制油技术

目前常用的污泥热解制油技术主要包括低温热解制油和热化学液化(Thermochemical Liquefaction，简称"热液化")制油。

①低温热解制油。德国图宾根大学(University of Tübingen)有机化学研究所的 Ernst Bayer 教授 1982 年率先开始污泥低温热解制油的实验室研究，在缺氧、微正压(1～5kPa)、250～500℃条件下，污泥中的有机物(主要是脂类、蛋白质类)通过蒸馏、热分解过程转化为油，油中的主要成分与渣油燃料相似。图宾根大学将上述技术出售给加拿大政府环保局，1989 年又转卖给澳大利亚 Environmental Solutions International Ltd(ESI)公司。ESI 公司随后与 Ernst Bayer 教授紧密合作，推出了 Enersludge™ 技术。1996 年开始为西澳大利亚州首府珀斯(Perth)Subiaco 污水处理厂设计、建造、开车和运行污泥低温热解制油商业化示范装置，1999 年 8 月成功试运行。Enersludge™ 技术的工艺流程如图 4-6-19 所示，主要包括污泥离心脱水、污泥干化、污泥热解转化、能量回收利用和尾气净化等环节，整套装置完全封闭。主要处理初沉污泥和浓缩剩余活性污泥的混合物，设计干污泥处理量高达 25t/d。采用两个反应器进行污泥热解，第一个反应器为挥发区(450℃)，第二个反应器为反应区，反应器通过壁面间接加热污泥。干化污泥送入第一个反应器后，污泥中的有机质受热挥发，随后热解气和热解固体残渣经过管路进入第二个反应器发生催化反应，产生的合成气经冷凝器后得到生物油。生物油用作工业燃料或燃烧发电，不凝性气体、焦炭、反应水进入热燃气发生器，产生的热空气用来干化污泥，灰分收集后可以用来作为建材。尾气处理能够满足德国 TA-Luft 排放标准，二噁英排放低于标准 300 倍。利用该工艺每吨干污泥可以产生 200～300L 的生物油(热值大约为 35MJ/kg)和 0.5t 焦炭，燃烧产生的热量完全可以满足整个过程中干燥和热解所需。

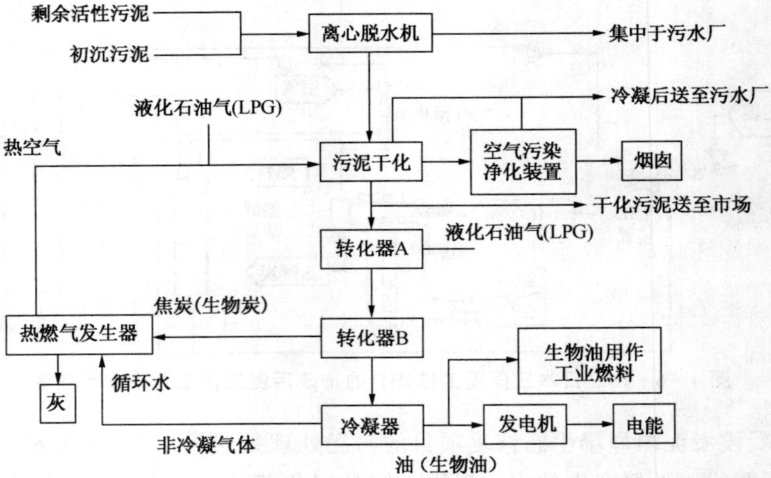

图 4-6-19　Subiaco 污水处理厂 Enersludge™ 污泥热解制油的工艺流程示意图

按照热解过程中受热方式的不同，可以将低温热解制油反应器分为机械接触式反应器、间接式反应器、混合式反应器、真空热解反应器等类型。机械接触式反应器包括旋转锥反应器(Rotating Cone)、烧蚀涡流反应器、回转窑反应器、立式搅拌反应器、螺旋反应器、奥格热解反应器(Auger reactor)等；间接式反应器主要通过辐射方式加热生物质，如红外辐射反应器、微波加热器、高温光源和高温壁面等；混合式反应器包括流化床反应器(如鼓泡流化床反应器)、快速引射反应器、循环流化床反应器等；真空热解反应器的典型应用是 Pyrovac 真空热蒸馏工艺。基于鼓泡流化床、循环流化床和旋转锥反应器的热解工艺目前较为成功，虽然都依靠热载体(一般为石英砂)实现向生物质颗粒的高效传热，但工作原理完全不同。在流化床反应器中，生物质颗粒和热载体主要依靠气体运动所产生的曳力进行碰撞和混合，实现动量和热量的交换。优点主要是不含运动部件、结构较为简单、工作可靠性大、运行寿命长等；缺点是流化气体的引入提高了系统运行能耗，因为这部分外加气体也会经历加热和冷却的工艺过程。在旋转锥反应器中，生物质颗粒和热载体主要依靠自身的位移运动进行碰撞和混合，实现动量和热量的交换；优点是不需要外加气体，因而降低了系统运行能耗，避免了可燃气体稀释；缺点是反应器含有运动构件(如旋转锥等)，且需要在高温和高粉尘环境下作悬臂旋转，对材料和轴承的耐热性、耐磨性、密封性等要求相当高。

②热液化制油。污泥热液化制油时，污泥中大分子有机物的长碳链首先断裂生成不稳定的中间体，然后中间体与溶液中断裂的氢键结合，最后形成低分子的油类产物，经历了反复聚合、水解、脱氢、环化等一系列反应过程，具体包括直接热液化(Direct Liquefaction)、水热液化(Hydrothermal Liquefaction，HTL)、共液化等技术。

直接热液化是通过热化学反应制备生物油的常用方法，通常在一定温度(200～400℃)、压强(5.0～25MPa)和反应时间(2min～数小时)以及存在催化剂的条件下进行。该技术具有以下优势：①与低温热解相比能够处理湿生物质，在原料方面表现出极大的灵活性；②反应发生在封闭的容器中，产生的有毒气体较少，造成环境二次污染的可能性较小。但是，直接热液化需要在较高温和高压下进行反应，对设备的投资和维护成本较高，产物在分离和加工过程中的难闻气味也较难解决。

水热液化是将水或其他溶剂升温、加压至超临界状态，利用具有高溶解性和高扩散力的超临界流体作为反应介质，将污泥中的蛋白质、脂质和糖类等大分子有机物转化为固相、液相和不可凝气相的热化学转化过程，也被称为超临界液化。超临界流体具有气体和液体的双重特性，选择适当的溶剂可降低生物质液化所需的最佳温度，并且提供更多用于稳定热解反应中间体的活性氢，从而进一步提升油产率。水作为一种特殊溶剂，在亚/超临界状态下都具有特殊的性质。污泥在水热液化过程中，首先在较低温度下发生水解，将大分子有机物转化成小分子单体，即可溶性中间体，如氨基酸和脂肪酸等。其次小分子单体通过裂解、脱氨、脱羧基等作用转化成不稳定小分子活性碎片。氨基酸通过脱羧和去氨基反应分别形成胺类和酮类；酮酸类经过脱羧形成酮类；脂肪酸经历脱羧反应形成脂肪烃或者与醇类反应形成脂肪酸酯；蛋白质和多糖在 190℃左右开始发生水解；半纤维素和木质素在 220℃左右时溶解到液体中，脂质则裂解成甘油和脂肪酸。最后，小分子活性碎片通过浓缩、环化和聚合作用重整生成生物油组分。但是，生物油中含有的 8%～20%氧元素和 0.3%～8%氮元素会导致较低的热值、较高的黏度与腐蚀性，需要进一步优化工艺条件，调整实验参数。有学者研究表明，水的临界温度为 374.3℃，在 350～500℃之间，随着温度的升高，产油量先上升后下降，在 375℃达到超临界水状态时油产率获得最大值 39.73%。还有研究人员尝试更换溶剂类型，以达到更加温和的临界条件。

共液化技术是将污泥与其他生物质混合进行热液化，主要目的是通过改变混合原料中化学成分的比例，获得更多的生物油和缓解单独液化反应中造成的环境污染。共液化虽然能够在一定程度上促进液化反应，但增加了原料的复杂性，在去除某些杂原子的同时可能会带来新的污染，而且还增加了对生物油成分分析和形成机理的研究难度。

4. 污泥气化技术与设备

生物质的气化(Gasification)分为低压有氧气化、高压有氧气化、低压间接气化、高压间接气化等，核心设备为气化炉，按生物质在气化炉内的运动方式分为固定床(移动床)、沸腾床和气流床等形式，按气化操作压力分常压气化和加压气化，按进料方式分固体进料和浆液进料，按排渣方式分固体排渣和熔融排渣等。

气化技术最早用于生产城市煤气，应用至今已经有200多年的历史。以水煤浆气化反应为例，水煤浆和氧气喷入气化炉后瞬间经历煤浆升温及水分蒸发、煤热解挥发、残炭气化和气体间的化学反应等过程，最终生成以CO、H_2为主要组分的粗煤气(或称水煤气、合成气)。粗煤气中有效成分($CO+H_2$)含量可达80%左右，净化处理后如果实施甲烷化反应，即可在催化剂作用下使H_2还原CO和CO_2生成CH_4和H_2O。20世纪80年代鲁南化肥厂引进第一套美国德士古公司投煤量(干基)318t/d水煤浆加压(3.0MPa)气化技术，水煤浆气化技术应用不断在扩大。

污泥气化技术起步相对较晚，是指在一定的温度和压力条件下，以空气、氧气或水蒸气作为气化剂，在还原性气氛下，通过一系列热化学反应，将污泥中的有机物转化为含有H_2、CH_4、CO、CO_2等组分气体、焦油和灰渣的过程。污泥气化的主要目的之一是获得热值更高、产率更大的可燃气体，整个过程经历了污泥热解和污泥热解产物气化两个阶段，影响因素主要有气化温度、反应时间、气化剂、空气当量比、催化剂、污水处理工艺和气化床类型等。根据气化剂类型的不同，污泥气化可分为CO_2气化、H_2O气化、空气气化、O_2气化和混合气体气化等。污泥的超临界水气化、等离子气化和催化气化以及与煤或生物质的共气化，由于对污泥的能量利用率更高亦引起研究人员的兴趣，尤其是微波辐射加热和电磁感应加热等为污泥气化工艺的实际应用提供了新途径。微波辐射加热利用微波迅速提升污泥温度而省去了干化工序，从而提高热解效率，节省能量，降低成本。通过混入石墨、木炭(包括污泥炭)等吸波介质，污泥可以发生高效闪速热解，能量利用效率大幅提高。微波热解气的H_2和CO含量较大、热值较高，液态产物中有毒物质(如PAHs)含量得到有效降低，所得污泥炭对重金属等有毒物质固定化效果更佳。

2005年，德国Balingen污水处理厂将污泥干化、气化与热电联产工艺组合，充分利用污泥中的能量，使得能源损失降到最低，满足了当地5万居民的用电需求。随着中国对生物质能和生物质耦合燃煤发电等的高度重视，需要开发成熟可靠的生物质耦合燃煤发电技术，目前已经自主开发了生物质循环流化床气化技术。

三、污泥生物干化工艺与设备

生物干化(Biodrying)的概念由美国学者1984年在研究牛粪生物干燥的运行参数时提出，也称为生物干燥。污泥生物干化是在好氧发酵的基础上，利用可降解有机物分解代谢作用时产生的生物热量，外加通风、翻堆等过程控制手段，促使污泥中的水分快速散失，最终生成具有较低含水率的干化污泥。经生物干化处理后的污泥除了卫生填埋外，也可以作为衍生燃料(Refuse Derived Fuel，RDF)实现资源化利用。K. Wiemer等的研究表明，城市垃圾经生物干化处理后，含水率明显下降，能使热值提高30%～40%。德国、意大利、希腊等多个国家现都已建成生物干化工程，被认为是一种经济、节能、环保的污泥处理技术，应用前景良好。污泥生物干化与好氧堆肥的本质区别在于：生物干化的主要目的是快速散发污泥中的水分，快速降低含水率，并使物料保持较高的热值，便于焚烧或作为肥料等后续利用，对稳定化、腐熟化指标没有明确要求；好氧堆肥则是以污泥中有机质的腐熟化和稳定化为主要目标，评价指标也存在差异。基于目标的不同，生物干化在控制参数方面表现为：发酵周期更短，有机物降解更少，通风量更大，翻堆频次更高。

1. 污泥生物干化工艺

生物干化是多种因素和变量相互影响和作用的复杂理化过程，其影响因素包括物料性质、温度、含水率、调理剂、通风、机械翻堆等，各影响因素之间存在一定的耦合效应。按照物料堆放形式，目前采用的主要生物干化工艺可分为条垛式和仓式两类。按照物料进、出料方式，槽式污泥好氧发酵工艺分为“整槽进料整槽出料”和“连续进料连续出料”两种方式；按照曝气方式，可分为“正压鼓风曝气”和“负压抽风曝气”两种方式。综合比较而言，“连续进料连续出料”+“负压抽风曝气”工艺路线的优势明显。

(1)条垛式生物干化

条垛式生物干化是一种常见的好氧发酵方法，一般为露天发酵。将原料混合物堆成长条垛，横断面为梯形或三角形。条垛横断面积太大，中心易产生厌氧区，翻垛时产生臭气；条垛横断面积太小，散热迅速，难以保证杀灭病原体和杂草种子。按照有无机械翻堆设备，该工艺又可以分为静态发酵和动态发酵两种。

①强制通风静态条垛式生物干化。发酵物料在经整理后的地面和通风管道系统上，通过强制供气或强制抽气来保持发酵过程所需的氧气浓度，堆体表面覆盖约 30cm 的腐熟堆料，以减少臭味扩散及保证堆体内较高的温度。整个发酵周期≥30d。

②动态条垛式生物干化。采用轮式或履带式翻堆设备，在发酵周期内定时不断翻倒堆垛，使堆料与空气接触而保持发酵过程所需的氧气浓度。无曝气典型动态发酵过程周期约需 40d，加设曝气系统后发酵周期约为 21d。

(2)仓式生物干化

仓式生物干化是在发酵仓(一般为卧式或立式)中进行，物料堆深可以随时调整，自动控制水平较高。按照有无机械翻堆设备，同样可以分为静态发酵和动态发酵。

①静态仓式生物干化。发酵物料在发酵仓内通风管道系统上，通过强制供气或强制抽气来保持发酵过程所需的氧气浓度，通过发酵前混合添加适当的调理剂物质，来保证发酵过程中具备足够的空隙率，以保证发酵充分及堆体内较高的温度。整个发酵周期大于 21d。

②动态仓式生物干化。与静态仓式生物干化相同，发酵物料在发酵仓内通风管道系统上，同时通过翻堆设备将物料顺次由进料端向出料端运送。在这一过程中保证物料的空隙率和水分散发，发酵仓尺寸根据物料量多少及所选用的翻堆设备来决定。发酵仓底部通风管道系统通过强制通风来保证发酵过程所需的氧气。发酵物料入槽后 3d 即可达到 45℃，在槽内要求温度 55℃以上持续 7d 左右，发酵周期为 10～15d，挥发性有机物降解 50%以上。

从我国市政污泥处理量大、二次污染控制要求较高等特点来看，动态条垛式生物干化和动态仓式生物干化是发展的主线，尤其后者是城市污泥集中处理项目较好的备选工艺。德国 Siemens 的 IPS 好氧发酵系统(IPS composting system)是一种结合了强制曝气、槽内翻堆的自动好氧发酵系统，通过精确的工艺控制，利用机械化生物处理技术对有机固体废物进行稳定处理，并把有机废物转变成高品质的可用产品；机科发展科技股份有限公司的 SACT 污泥快速堆肥工艺在中国具有代表性。

2. 污泥生物干化的核心设备

“连续进料连续出料”的工作模式为：每个发酵槽每天进一次料；位移翻抛，每天翻抛一次；每次翻抛物料前进"一格"，当一批物料到发酵槽出口时必须出料；单个发酵槽就能顺利生产，发酵槽数量随处理规模的增加而增多。"连续进料连续出料"的工作模式对翻抛机或翻堆机(Turner)的可靠性要求很高，翻抛机出现故障则立即停产，因此是污泥生物干化的核心设备，其能力和要求决定附属设备和系统的设计、配置，也决定土建构筑物的尺寸、占地面积和土建投资。

(1)滚筒式翻堆机

通过一个与发酵槽同宽的旋转筒来翻动发酵物料，滚筒周边安装若干刀片以搅拌破碎物料。优点是可以实现物料的上下和横向左右翻动，如果可以加载换槽换向系统，就可以用于多槽式好氧发酵工艺。

(2)螺旋式翻堆机

用一个螺杆来搅拌发酵物料，可以实现物料的上下和纵向前后翻动，优点是螺杆轴可以制作成中空下端封闭的轴，实现自行充氧，大大节约充氧能耗；缺点是螺杆还要横向左右移动，适应比较窄发酵槽物料的搅拌，效率相对较低。

(3)链板式翻堆机

用翻堆带逐步挖掘并将肥料翻送至翻堆装置后方，优点是翻堆时接触面积大、耗能小、翻堆比较彻底，适应于大部分堆积物。缺点是不容易实现换槽，不适合多槽好氧发酵系统。

(4)翻倒轮式翻堆机

由一个旋转轮把发酵物料向后抛出，使物料与空气充分接触，发酵更加均匀。缺点是翻倒轮要左右横向移动，效率相对较低，而且不能实现物料横向混合搅拌。

第二篇　大气污染控制技术与设备

随着社会经济的不断发展，工业生产以及城市运转等环节产生的粉尘和有害气体也随之增加，大气污染已经成为当前突出的环境污染问题之一。根据污染物的状态，大气污染可分为固态、液态、气态三种类型，相应的专用治理设备分别被称为除尘设备、除雾设备、有害气体治理设备。鉴于工程实际中往往是两种或三种状态的污染物质同时存在，如燃煤烟气同时含有固态烟尘和气态硫氧化物(SO_x)、氮氧化物(NO_x)，因此需要依据运行可靠、高效低耗、经济合理、次污染少等原则，组合采用多种污染物脱除技术。

鉴于火电、钢铁、建材、石化等行业是大气污染的主要排放源，为推动行业高质量发展、促进产业转型升级、助力打赢蓝天保卫战，我国自 2015 年以来先后大力推进烟气超低排放改造，通过使用先进技术与设备，显著降低了 SO_x、NO_x 和颗粒物的排放量。经济社会发展为排放标准限值的不断升级提供了基础性支撑，排放标准限值的逐步趋严也反过来促进了烟气治理技术创新。以火电行业为例，随着烟气治理设备的不断增加，总体上经历了从“除尘”到“除尘＋脱硫”、再到“脱硝＋除尘＋脱硫(＋湿电)”的演变。图 5－0－1 为钢铁行业烧结烟气的典型处理工艺流程示意图，不仅“静电除尘＋半干法脱硫＋袋式除尘＋SCR 脱硝”是多设备相互配合的系统工程，而且脱硫废水具有含盐量较高和成分复杂等特点，也会影响零排放的实现。

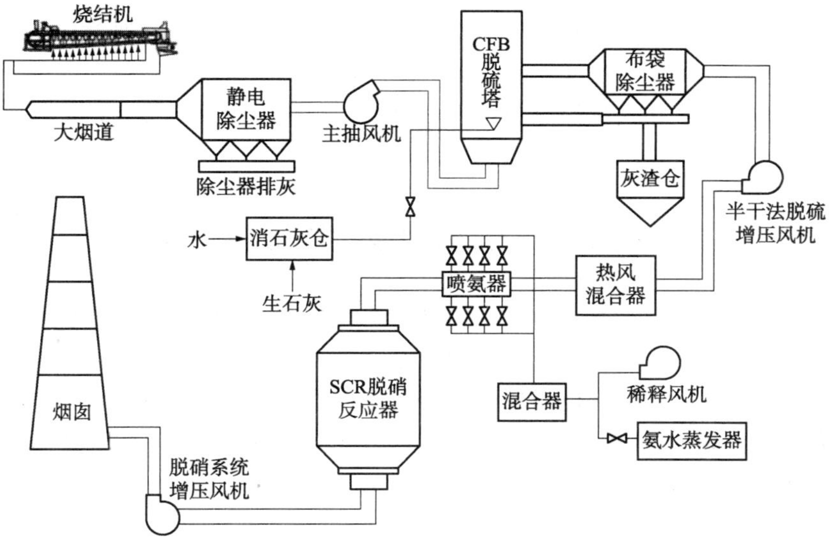

图 5－0－1　钢铁行业烧结烟气的典型处理工艺流程示意图

与此同时，在“双碳”目标背景下，为推动“能耗双控”(能源消费总量和能源消费强度)逐步转向“碳排放双控”(温室气体排放总量和强度)，必须推动减污降碳协同增效，提升末端治理设施的智能控制、能效水平和灵活性水平，并实现二氧化碳捕集利用与封存(Carbon Capture, Utilization and Storage, CCUS)技术的产业化、规模化应用。这就要求从业人员不仅要主动培养自身解决复杂工程问题的能力，而且要牢固树立跨学科思维意识和系统观念。

第五章　尘粒污染物控制技术与设备

通常所说的含尘(Dust)气体是指悬浮有固体微粒或液体雾滴的气体介质，也被统称为尘粒污染物。一般情况下，由于气体介质的流动作用和扩散作用(分子扩散和紊流扩散等)以及微粒间的布朗运动、静电效应和各种外力作用，悬浮在气体介质中的微粒往往呈碰撞、凝聚、沉降等状态。依据颗粒空气动力学当量直径(d_p)大小以及沉积在人体呼吸系统部位的不同，将空气动力学当量直径为0～100μm、可长时间悬浮在空气中能被观察、测量的固体或液体微粒称为总悬浮颗粒(Total Suspended Particles，TSP)，其中空气动力学当量直径0～10μm的微粒为可吸入颗粒物(PM_{10})，空气动力学当量直径0～2.5μm的微粒为可入肺颗粒物($PM_{2.5}$)或细颗粒物(Fine Particles)，空气动力学当量直径≤0.1μm的微粒为超细颗粒物($PM_{0.1}$，Ultrafine Particles，UFPs)。颗粒物的粒径大小决定了其在空气中的稳定性，如d_p大于10μm的固体颗粒物因其自身重力作用能很快沉降下来，小于这一直径的粉尘可长时间飘浮在大气中。尘粒污染主要是现代工业规模化生产导致的危害现象，鉴于其严重影响空气质量和人体健康，世界各国都非常重视。

通过各种技术途径和设备创造一定的外力，使悬浮在气体介质中的固体微粒或液体雾滴从气体介质中分离出来的过程称为除尘过程，相应的气-固分离设备或气-液分离设备统称为除尘器(或除雾器)。当然，通常所说的除尘过程既包括对含尘气体的净化过程，如对工业锅炉和各种窑炉排放含尘气体的净化；也包括工业生产中对有价值粉状物料的回收过程，如对水泥、面粉、催化剂、有色金属粉末等的回收。除尘器的种类繁多，通常根据捕集分离尘粒的机理归纳成机械式除尘器、过滤式除尘器、湿式除尘器、电除尘器等四大类，在选型时必须进行环境、技术、经济和安全等综合评价。因篇幅所限，本章主要介绍常规除尘器的基本结构、工艺设计以及除尘技术的代表性发展。

§5.1　机械式除尘器(一)

机械式除尘器通常利用质量力(重力、惯性力和离心力等)的作用而使尘粒物质与气体分离，主要包括重力沉降室、惯性除尘器和旋风除尘器。

重力沉降室和惯性除尘器是应用较早的两种除尘器，虽然与其他除尘器相比除尘效率较低，但其结构简单、造价低廉。到目前为止，这两种除尘器仍在一些对除尘效率要求不高的情况下应用，有时也用作前置预除尘器。

一、重力沉降室

1. 重力沉降除尘机理

重力沉降室是通过重力作用使尘粒从气流中沉降分离的除尘装置。如图5-1-1所示的水平气流重力沉降室，含尘气体在风机作用下进入沉降室，由于沉降室内气流通过的横截面积突然增大，使含尘气体在沉降室内的流速比在输送管道内的流速小得多。尽管开始时尘粒和气流具有相同速度v，但气流中质量和粒径较大的尘粒在重力场作用下会向下运动，随着运动速度的增加，其所受周围气流的阻力也随之增加，当阻力与重力达到平衡时，尘粒获得一个向下的沉降末速度。假定尘粒瞬间达到力平衡状态，每个尘粒以各自的沉降末速度 v_c 独立向灰斗沉降，经过一段时间之后降落至灰斗内，从而达到除尘的目的。尘粒的受力分析和重力沉降情况分析可参见§1.3。

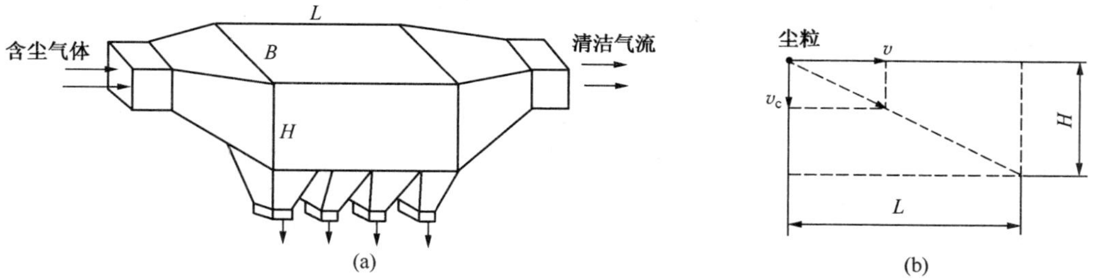

图 5-1-1 简易重力沉降室的结构示意图

2. 重力沉降室的结构

重力沉降室可分为水平气流沉降室和垂直气流沉降室两种。

如图 5-1-2 所示，水平气流沉降室在实际运行过程中，都要在室内加设各种挡尘板，以提高除尘效率。实验测试结果表明，采用人字形挡板和平行隔板结构形式时的除尘效率较高，这是因为人字形挡板能使刚进入沉降室的气体很快扩散并均匀充满整个沉降室，而平行隔板可减少沉降室高度，使粉尘降落时间减少，致使相同沉降室的除尘效率一般比空沉降室提高 15%左右。沉降室也可采用喷嘴喷水来提高除尘效率，例如以电场锅炉烟尘为试样，在进口气速为 0.538m/s 时的除尘效率为 77.6%，增设喷水机构后的除尘效率可达 88.3%。

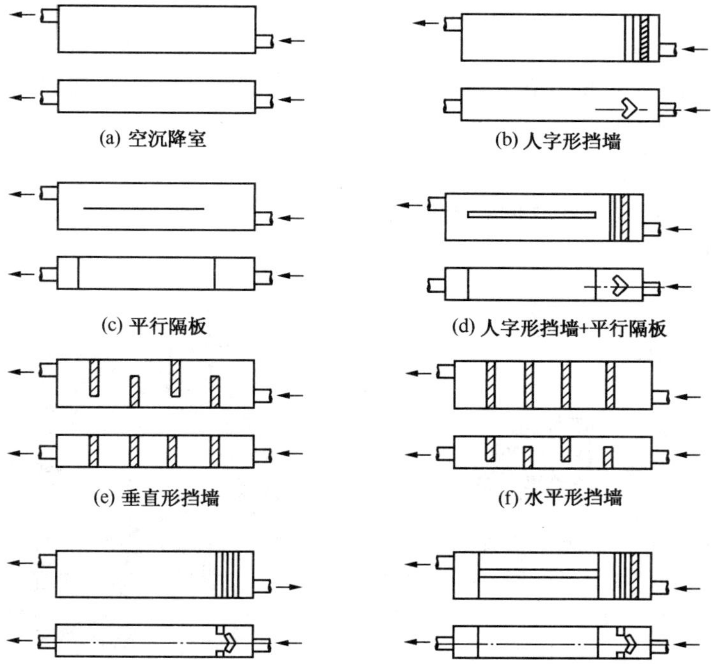

图 5-1-2 重力沉降室的结构形式示意图

上述简易结构的水平气流重力沉降室作为一种除尘设备，净化效率较为有限，大多数只能除去粒径大于 43μm 的尘粒。为提高除尘效率，可在沉降室内设置多层隔板，形成一层层气流通道，降低粉尘沉降高度，就是多层沉降室。图 5-1-3、图 5-1-4 为霍华德(Howard)多盘式沉降室和斜隔板多层沉降室，其作用在于缩小沉降室的高度，使尘粒能较快降落到沉降室底部。沉降室分层越多，除尘效果越好，但必须使各层隔板之间的气流分布均匀。同时，分层越多，清理积灰越困难。

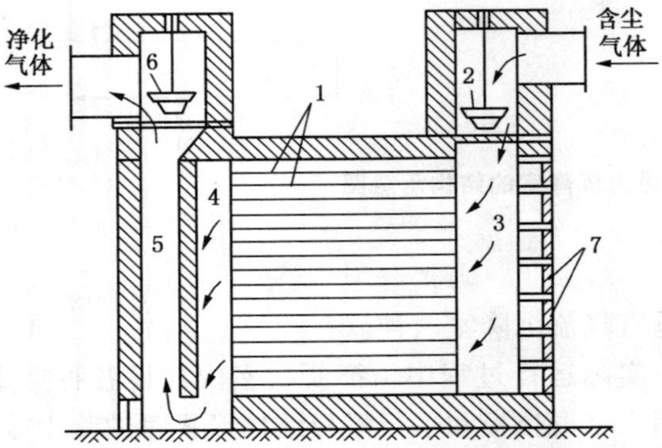

图 5-1-3 Howard 多盘式沉降室的结构示意图

1—隔板；2，6—调节闸阀；3—气体分配器；
4—气体聚集道；5—气道；7—清灰口

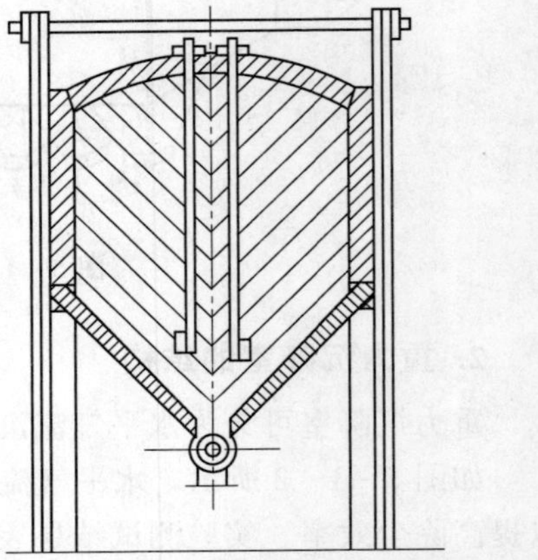

图 5-1-4 斜隔板多层沉降室的结构示意图

除了上述水平沉降室，还经常采用垂直气流沉降室。常见的垂直气流沉降室有三种结构形式：屋顶式沉降室、扩大烟管式沉降室、带有锥形导流器的扩大烟管式沉降室。

1932 年成立的美国 Forsberg 公司建造了世界上第一台重力沉降器，目前该公司在分离工业领域世界闻名，其主要设备就是真空和压力工作条件的重力沉降器。图 5-1-5 为 Forsberg 真空重力沉降器，主要结合了气流流动、机械振动及颗粒分选过程。含尘气体进入沉降器，粉尘首先在重力作用下沉降，沉降下来的粉尘根据密度不同进行高密度到轻密度颗粒的精确分选，通过底部叶片的无级控制对重颗粒、中等颗粒及轻颗粒产品进行收集，未被收集的残渣排出。

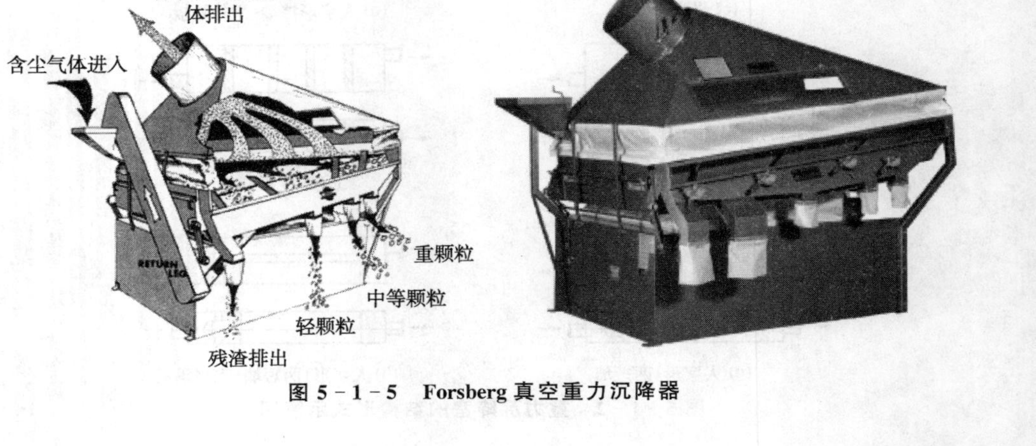

图 5-1-5 Forsberg 真空重力沉降器

3. 重力沉降室的设计计算

一般在已知处理流量、所需捕集尘粒粒径和密度的前提下，进行除尘器的结构设计，确定沉降室的结构尺寸，并计算所设计沉降室的除尘效率和阻力损失。以水平气流沉降室为例，设计模式有层流模式和湍流模式两种，目前大多采用层流模式。

(1)沉降室结构尺寸的确定

计算以如下假设为基础：初始通过沉降室断面的水平气流和粉尘流速一致为 v，气流流速与尘粒及尘粒分布均匀，并呈层流状态。尘粒的运动由两个分速度组成，一个是在气流流动方向上，尘粒与气流具有相同的水平速度 v；另一个是在垂直于气流流动方向上，每个尘粒以速度 v_c 独立沉降。与此同时，如果忽略含尘气体的浮力而仅考虑重力和气体阻力的作用，则只要尘粒能在气流通过沉降室的时间内降至底部，就可以从气流中完全分离出来。气流通过沉降室的时间必须大于等于尘粒从沉降室顶部降至底部所需要的时间，这就是沉降室设计和操作的基本原则，即

$$\frac{L}{v} \geqslant \frac{H}{v_c} \tag{5-1-1}$$

式中 H——沉降室的高度，m；

L——沉降室的长度，m。

气体在沉降室内的水平流速 v 为

$$v = \frac{Q}{BH} \text{ (m/s)} \tag{5-1-2}$$

式中 B——沉降室的宽度，m；

Q——含尘气体通过沉降室的流量，即沉降室的处理量，m^3/s。

将式(5-1-2)代入式(5-1-1)中，整理得出

$$Q \leqslant BLv_c \tag{5-1-3}$$

由此可见，沉降室的理论处理能力只与其宽度 B 和长度 L 有关，而与高度 H 无关，因此应将沉降室设计成为扁平结构。

设计重力沉降室时，首先要用到含尘气体流速 v 的临界值(即临界流速) v_L，可由下式计算

$$v_L = \sqrt{\frac{kgd_p\rho_p}{6\rho}} \text{ (m/s)} \tag{5-1-4}$$

式中 k——流线系数，取 10～20，取值随尘粒直径减小而递增；

ρ——含尘气体的密度，kg/m^3；其余各量的物理意义同§1.3。

含尘气体在沉降室断面上的流速 v 为临界流速 v_L 的 0.5～0.75 倍，一般在 0.3～3m/s 范围内选取。

同时利用 Stokes 公式计算尘粒的沉降速度 v_c，由于常压下气体介质的密度远小于尘粒的密度，因此可采用以下简化公式来计算沉降速度 v_c

$$v_c = \sqrt{\frac{4gd_p\rho_p}{3\zeta\rho}} = \frac{g\rho_p d_p^2}{18\mu} \tag{5-1-5}$$

式中 μ——气体介质阻力的黏度，Pa·s；其余各量的物理意义同前。

然后根据所设计沉降室的处理能力 Q，由下式近似确定其结构尺寸

$$F = \frac{Q}{v} = BH \tag{5-1-6}$$

$$H=(0.5\sim1)\sqrt{F} \tag{5-1-7}$$

$$L=\frac{Hv}{v_c} \tag{5-1-8}$$

式中　F——重力沉降室的截面积，m^2。

(2)除尘效率 η 的计算

从理论上讲，当沉降室的结构一定后，沉降速度 $v_c \geqslant \frac{Hv}{L}$ 的尘粒都能沉降下来；当沉降速度 $v_c < \frac{Hv}{L}$ 时，尘粒分级除尘效率 η_i 可按下式求出

$$\eta_i=\frac{Lv_c}{Hv}=\frac{v_c LB}{Q}=\frac{g\rho_p d_p^2 L}{18\mu v H} \tag{5-1-9}$$

当沉降室的结构尺寸和气体流量确定之后，可通过 Stokes 公式确定能捕集的最小尘粒直径 $d_{\min}$

$$d_{\min}=\sqrt{\frac{18\mu v H}{(\rho_p-\rho)gL}}=\sqrt{\frac{18\mu v_c}{(\rho_p-\rho)g}}=\sqrt{\frac{18\mu Q}{(\rho_p-\rho)gBL}} \tag{5-1-10}$$

应该注意，应用 Stokes 公式的前提条件是假设沉降在层流区，因此要对实际的雷诺数 Re 进行校核。从上式可见，降低沉降室高度 H 和气流速度 v，或者增加沉降室长度 L，都可以提高沉降室的除尘效率。设计时气流速度 v 一般取 0.2～2m/s，使气流处于层流状态。但沉降室长度 L 过长，会提高造价和增大占地面积，因此设计沉降室时应结合技术经济和现场情况综合考虑。通常实用的方法是降低沉降室的高度，即在总高度 H 不变的情况下，在沉降室内增设几块水平隔板而形成多层沉降室。如图 5-1-6 所示，若用 n 层隔板将高度为 H 的重力沉降室分为 $n+1$ 个通道，则尘粒的分级效率可参照式(5-1-9)推导如下

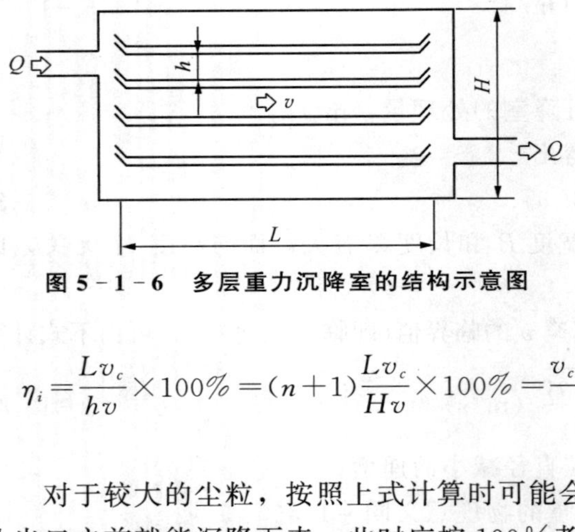

图 5-1-6　多层重力沉降室的结构示意图

$$\eta_i=\frac{Lv_c}{hv}\times100\%=(n+1)\frac{Lv_c}{Hv}\times100\%=\frac{v_c LB(n+1)}{Q}\times100\%=\frac{g\rho_p d_p^2 L}{18\mu v H}(n+1)\times100\% \tag{5-1-11}$$

对于较大的尘粒，按照上式计算时可能会出现效率大于 100% 的情况，这表明该尘粒到达出口之前就能沉降下来，此时应按 100% 考虑。

在设计多层重力沉降室时，按照要求捕集的最小尘粒直径，令其除尘效率为 100%，利用上式计算出重力沉降室的尺寸。显然，当多层重力沉降室的结构尺寸和气体流量确定后，也可通过 Stokes 公式求出可捕集的最小尘粒直径 $d_{\min}$

$$d_{\min}=\sqrt{\frac{18\mu v_c}{(n+1)(\rho_p-\rho)g}}=\sqrt{\frac{18\mu Q}{(n+1)(\rho_p-\rho)gBL}} \tag{5-1-12}$$

由于 $\rho << \rho_p$，故上式可简化为

$$d_{\min}\approx\sqrt{\frac{18\mu v_c}{(n+1)\rho_p g}}=\sqrt{\frac{18\mu Q}{(n+1)\rho_p gBL}} \tag{5-1-13}$$

在给出重力沉降室入口尘粒的粒径分布函数(各粒径尘粒占全部尘粒的质量分数)时，可

通过下式计算出沉降室的总除尘效率 η

$$\eta=\sum_{i=1}^{n}f_i\eta_i \tag{5-1-14}$$

式中 η_i——某一粒径尘粒的分级效率；

f_i——入口处某一粒径尘粒占全部尘粒的质量分数(即粒径频率分布)；

n——尘粒粒径的分段数。

采用多层重力沉降室时还应注意下列问题：①多层重力沉降室的缺点是清灰比较困难，为此不宜处理高浓度的含尘气体，并且需设置清扫刷定期扫灰或用水冲洗；②隔板之间的间距很小时，易引起二次扬尘，以不小于 25mm 为宜；③在处理高温烟气时，应考虑防止隔板的变形。

(3)压力损失的计算

在重力沉降室的设计中，除设备的材质之外，一般不需考虑压力和温度的限制。压力损失等于各种流动阻力(包括进口管扩张局部阻力、沉降室摩擦阻力、出口收缩局部阻力等)之和，可按下式计算

$$\Delta p=\frac{(v_1^2+1.5v_2^2)\rho}{2g} \tag{5-1-15}$$

式中 Δp——含尘气体通过重力沉降室的压力损失，Pa；

v_1——重力沉降室入口处含尘气体的速度，m/s；

v_2——重力沉降室出口处含尘气体的速度，m/s。

一般含尘气体通过重力沉降室的压力损失只有 50～100Pa。

(4)湍流式重力沉降室

实际应用中的重力沉降室几乎都不是层流式，因此讨论湍流状态下的重力沉降室很有必要。湍流式假定沉降室中的气体为湍流状态，在垂直于含尘气体流动方向的每个横截面上尘粒完全混合，即各种粒径的尘粒都均匀分布在气流中；在靠近底板表面处有一厚度为 dy 的边界层，进入此边界层的所有粒子均被捕集。

图 5-1-7 为湍流式重力沉降内的尘粒分离示意图。考虑宽度为 B、高度为 H 和长度为 dx 的捕集元，在气体流过距离 dx 的时间 $dt=dx/v$ 内，在边界层中尘粒的沉降距离为

$$dy=v_t dt=\frac{v_t dx}{v} \tag{5-1-16}$$

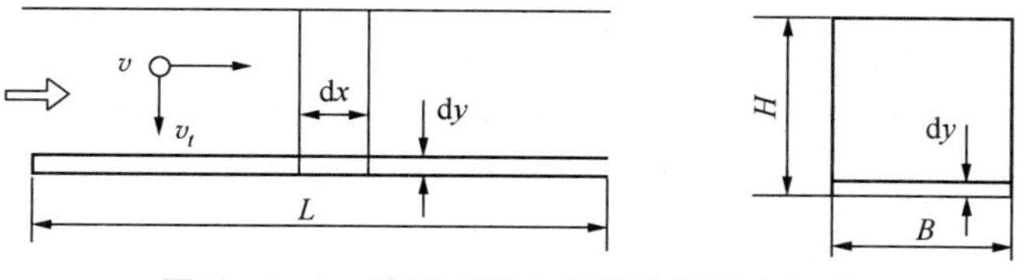

图 5-1-7 湍流式重力沉降室的分离机理

由于各断面上尘粒的浓度均匀，在微元体内粒子的减少量等于在边界层内的捕集量，即

$$\frac{-dc}{c}=\frac{dy}{H}=\frac{v_t dx}{vH} \tag{5-1-17}$$

将浓度从 $c_i\rightarrow c$、长度从 $0\rightarrow L$，对上式进行积分可得

$$\frac{c_i}{c}=\exp(-\frac{v_t L}{vH}) \tag{5-1-18}$$

由效率定义可得

$$\eta_i=1-\frac{c_i}{c}=1-\exp\left(-\frac{v_t L}{vH}\right)=1-\exp\left(-\frac{v_t LB}{Q}\right) \tag{5-1-19}$$

式(5-1-19)比式(5-1-9)更符合实际。根据分级除尘效率即可求得重力沉降室的总除尘效率。

【例 5-1-1】某单位拟采用重力沉降室回收常压锅炉烟气中所含球形固体颗粒，有关参数为：含尘气体密度为 0.75kg/m^3；固体尘粒密度为 3000kg/m^3；黏度为 2.5×10^{-5}Pa·s；处理气量为 3.4m^3/s；g 取 9.81m/s^2。重力沉降室的尺寸为 $L=6$m，$B=3$m，$H=2$m。试求：①重力沉降室能捕集的最小尘粒直径；②计算粒径为 40μm 尘粒的除尘效率；③如欲使粒径为 20μm 的尘粒完全除去，在原重力沉降室内应设置几层水平隔板？

解：

①理论上能完全捕集下来的最小尘粒直径

该重力沉降室能够完全分离出来的最小尘粒的沉降速度可由式(5-1-3)求得，

$$v_c=\frac{Q}{BL}=\frac{3.4}{6\times3}=0.189(\text{m/s})$$

假设沉降在层流区，则可用式(5-1-12)求得最小尘粒的直径，即

$$d_{\min}=\sqrt{\frac{18\mu v_c}{(\rho_p-\rho)g}}\approx\sqrt{\frac{18\mu v_c}{\rho_p g}}=\sqrt{\frac{18\times2.5\times10^{-5}\times0.189}{3000\times9.81}}=53.75\times10^{-6}(\text{m})=53.75(\mu\text{m})$$

核算沉降流型

$$Re=\frac{d_p v_c \rho}{\mu}=\frac{53.75\times10^{-6}\times0.189\times0.75}{2.5\times10^{-5}}=0.3048<1$$

由此可见，沉降发生在层流区的假设正确，求得最小尘粒直径有效。

②计算粒径为 40μm 尘粒的除尘效率

由上面的计算可知，粒径为 40μm 尘粒的沉降也在层流区，其沉降速度 v_c 可用 Stokes 公式计算，即

$$v_c=\frac{d_p^2(\rho_p-\rho)g}{18\mu}\approx\frac{(40\times10^{-6})^2\times3000\times9.81}{18\times2.5\times10^{-5}}=0.1046(\text{m/s})$$

粒径为 40μm 尘粒的除尘效率，由式(5-1-8)计算为

$$\eta_i=\frac{v_c LB}{Q}\times100\%=\frac{6\times3\times0.1046}{3.4}\times100\%=55.38\%$$

除应用上式计算分级除尘效率外，也可利用上式推导出其他的计算公式。

③去除粒径为 20μm 的尘粒，需设置的水平隔板数

首先利用 Stokes 公式，求出粒径为 20μm 尘粒的沉降速度

$$v_c=\frac{d_p^2(\rho_p-\rho)g}{18\mu}\approx\frac{(20\times10^{-6})^2\times3000\times9.81}{18\times2.5\times10^{-5}}=0.0262(\text{m/s})$$

假设该多层重力沉降室的水平隔板数为 n，根据式(5-1-3)得出如下公式

$$Q\leqslant(n+1)BLv_c$$

进而可求出需设置的水平隔板数 n

$$n=\frac{Q}{BLv_c}-1=\frac{3.4}{3\times6\times0.0262}-1=6.21$$

计算结果取整数后，确定水平隔板数 n 为 7 层，验算隔板间距为

$$h=\frac{H}{n+1}=125(\mathrm{mm})$$

符合隔板间距不小于 25mm 的设计规范。

4. 重力沉降室设计与应用的注意事项

(1)在选取重力沉降室内的水平气体流速 v 时，应防止流速过高而引起二次扬尘，实际采用的速度为 0.3～3.0m/s。对于轻质粉尘(如炭黑)而言，水平气体流速 v 总体上还应低一些，有的资料推荐取 0.5～1.5m/s；如加喷雾等措施，可适当提高，但以不超过 1.5m/s 为限。对于某些代表性粉尘，重力沉降室内允许的最大流速列于表 5-1-1，可作为重力沉降室设计和选型的参考。

表 5-1-1 重力沉降室内允许的最大气流速度

粉尘类型	密度/(kg/m^3)	中位径/μm	最大允许速度 v/(m/s)
碎铝片	2720	335	4.3
石棉	2200	261	5.1
有色金属铸造粉尘	3020	117	5.6
氧化铅	8260	14.7	7.6
石灰石	2780	71	6.4
淀粉	1270	64	1.75
钢粒	6850	96	4.6
木屑	1180	1370	3.9
钢末	—	1400	6.7

(2)重力沉降室结构尺寸应以矮、宽、长为宜，过高会因顶部尘粒沉降到底部的时间过长，尘粒往往未能降到底部而被含尘气体带走。因此，流通截面决定后，宽度应增加，高度应降低。同时一般将进气管设计成渐扩管式，如果场地受到限制，进气管与重力沉降室无法直接连接时，可设导流板、扩散板等气流分布组件，具体设置方法可参阅相关的设计手册。

(3)为防止重力沉降在底部的尘粒可能被气流带走，可在重力沉降室底部设置水封池或喷雾等措施。但由于含尘气体中的 SO_2 溶于水而使水呈酸性，进而腐蚀金属管道和引风机，设计与应用时应采取相应的防护措施。废水经适当处理后可回用，或达到排放要求后再排放掉。

(4)重力沉降室用于净化高温烟气时，由于热压作用，排气口以下的空间有可能出现气流减弱，降低了容积利用率和除尘效率，此时沉降室的进、出口位置应低一些。

(5)重力沉降室适用于捕集密度大、粒径大的尘粒，特别是磨损性很强的尘粒，其优点主要有：结构简单、造价低、施工容易、维护管理方便、压力损失小(一般为 50～150Pa)、可处理较高温度的气体(最高烟气温度一般为 350～550℃)、无磨损问题、可回收干灰等。其缺点是除尘效率低(一般为 40%～50%)、占地面积大，因此一般局限于捕集分离 50～100μm 以上的尘粒，主要用作高效除尘装置的前置预除尘。

二、惯性除尘器

惯性除尘器是使含尘气流以冲击挡板等形式急剧改变方向，借助尘粒惯性作用大于气流惯性作用，将尘粒从气流中分离出来的一种设备。惯性除尘器的结构较重力沉降室复杂，但体积可大为减少，并能捕集粒径小到 20μm 的粉尘。

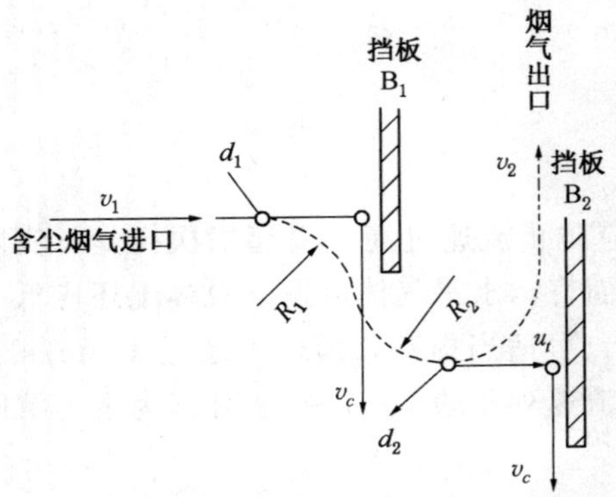

图 5-1-8　惯性除尘器的除尘机理示意图

1. 惯性除尘器除尘机理

图 5-1-8 为惯性除尘器的除尘机理示意图，当含尘气流以 v_1 冲击到挡板 B_1 上时，惯性力大的粗尘粒(d_1)碰撞挡板后速度变为零(假设不发生反弹)，在重力作用下将会首先沉降而被分离出来；余下的较细尘粒(d_2，$d_2<d_1$)随气流绕过挡板 B_1 继续向前流动，由于挡板 B_2 的阻挡，使气流方向再次转变，细尘粒借助离心力作用也被分离下来。若设该点气流的旋转半径为 R_2，切向速度为 u_t，则尘粒 d_2 所受离心力与 $d_2^3 \cdot \frac{u_t^2}{R_2}$ 成正比。显然，这种惯性除尘器除借助惯性力作用，还利用了离心力和重力作用。一般而言，惯性除尘器的气流速度越高，气流方向转变角度越大，挡板数量越多，间距越小，除尘效率越高，但压力损失也越大。

2. 除尘效率 η 的计算

惯性除尘器除尘效率 η_T(总效率)可按下式计算

$$\eta_T = 1 - \exp\left[-\left(\frac{A_c}{Q}\right)v_p\right] \tag{5-1-20}$$

式中　A_c——垂直于气流方向挡板的投影面积，m^2；

Q——气流量，m^3/s；

v_p——在离心力作用下粉尘的移动速度，可按下式计算

$$v_p = \frac{d_p^2 \rho_p v^2}{18\mu r_c} = St \cdot v \tag{5-1-21}$$

式中　St——Stokes 数，$St = \frac{d_p^2 \rho_p v}{18\mu r_c}$；

v——气流速度，m/s；

r_c——气流绕流时的曲率半径，m。

由此可得

$$\eta_T = 1 - \exp[-(A_c/A_0)St] \tag{5-1-22}$$

式中　A_0——除尘器的断面积，m^2。

3. 惯性除尘器的结构形式与特点

惯性除尘器的结构形式主要有两种：一种属于气流中尘粒冲击挡板捕集较粗尘粒的冲击式；另一种属于通过改变含尘气流流动方向来捕集较细尘粒的折转式，工程实际中多为这两种形式的综合。

图 5-1-9 为冲击式惯性除尘器的结构示意图，其中(a)为单级型，(b)为多级型。在这种设备中，沿气流方向设置一级或多级挡板，使气体中的尘粒冲撞挡板而被分离。图(c)为迷宫型，可以有效防止已被捕集的粉尘被气流冲刷而再次飞扬，同时这种除尘器中装有喷嘴，用来增加气体的冲撞次数，从而增大除尘效率。

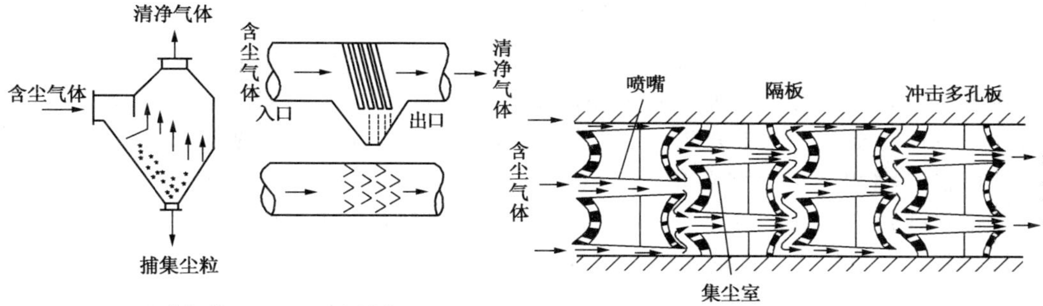

(a) 单级型　(b) 多级型　(c) 迷宫型

图 5－1－9　冲击式惯性除尘器的结构示意图

图 5－1－10 为折转式惯性除尘器的结构示意图。弯管型、百叶窗型惯性除尘器和冲击式惯性除尘器一样，常用于烟道除尘。百叶窗型除尘器的优点是外形尺寸小，且压力损失比旋风除尘器小，经常用作浓聚器，常与其他除尘器串联使用。一般 90％的含尘气流通过百叶之间的缝隙，急折转一定角度，粉尘由于惯性作用撞击到百叶的斜面上，并返回中心气流；粉尘在剩余 10％的气流中得到浓缩，并被引到下一级高效除尘器(如旋风除尘器)。提高冲击百叶板的流速可以提高除尘效率，但流速超过 10m/s 后效率增加缓慢；当流速超过 15m/s 后二次扬尘作用将使除尘效率下降。

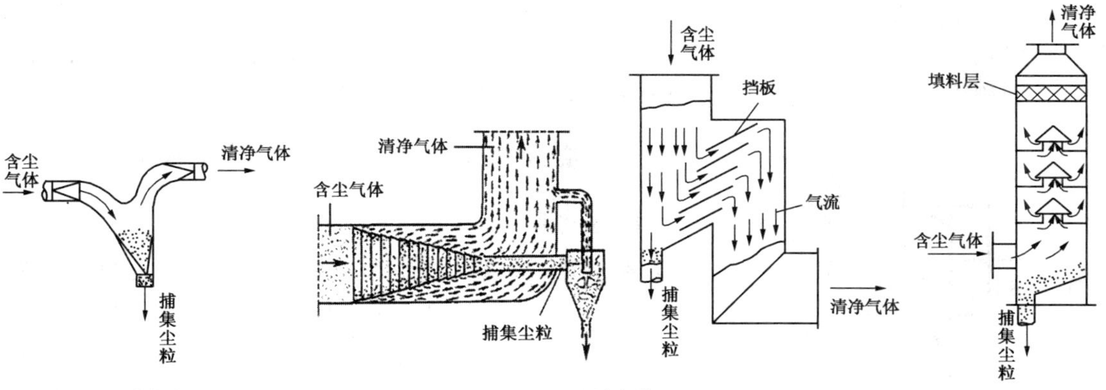

(a) 弯管型　(b) 百叶窗型　(c) 多层隔板塔型

图 5－1－10　折转式惯性除尘器的结构示意图

多层隔板塔型除尘器主要用于烟尘分离，能够捕集 10μm 以上的雾滴。为了进一步提高捕集更细小雾滴的效率，可在净化气体出口端——塔的顶部装设一层填料。根据填料层材质、形状及高度的不同，通常压力损失在 1000Pa 左右。在没有装设填料层的隔板塔中，空塔速度为 1～2m/s，压力损失为 200～300Pa。

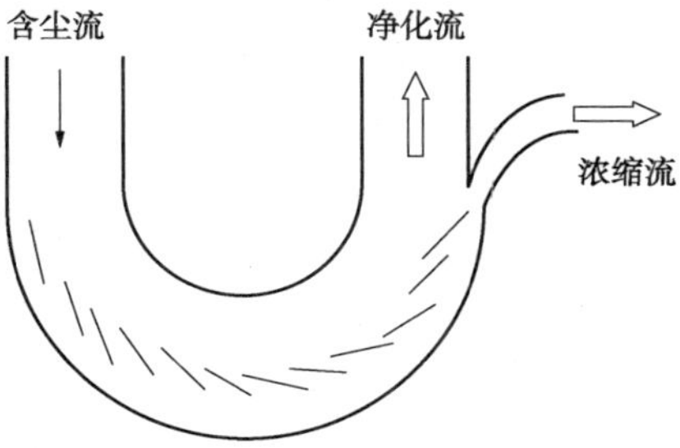

图 5－1－11　离心浓缩器的原理示意图

图 5－1－11 为离心浓缩器的原理示意图。烟尘分离过程中，靠近外壁的挡板用于防止已经甩到外侧壁面的颗粒返混入主流区。浓缩后的气流进入其他除尘器再次净化。

4. 惯性除尘器设计与应用中的几个问题

惯性除尘器用于净化密度和粒径较大的金属或矿物性粉尘时，除尘效率较高；对于黏结性和纤维性粉尘，则因易堵塞而不宜采用。相较于重力沉降室，惯性除尘器的结构繁简不一，除尘效率明显提升，适于分离 10～20μm 以上的尘粒，除尘效率约为 70%。

(1)气流速度对惯性除尘器性能影响较大。一般而言，惯性除尘器的气流速度越高、流动方向上的转变角度越大、转变次数越多，除尘效率就越高，压力损失也就越大。对于折转式惯性除尘器，气流转换方向的曲率半径越小，能分离的尘粒也就越小。

(2)惯性除尘器的压力损失与其结构形式关系密切，一般为 100～1000Pa。

(3)制约惯性除尘器效率提高的主要原因是“二次扬尘”现象，因此现有惯性除尘器的设计流速通常不超过 15m/s。

(4)惯性除尘器(或组合系统)的清灰问题有时也很重要。对于连续出灰的系统，应注意装设良好的锁气机构，以防止漏风；而采用湿法除尘时，则应注意含尘气体中的腐蚀性物质溶于水后，对除尘器的腐蚀以及废水处理问题。

§5.2　机械式除尘器(二)

旋风除尘器也称作离心力除尘器，是利用含尘气流做旋转运动产生的离心力将尘粒从气体中分离出来的机械式除尘器。旋风除尘器用于工业生产已有百余年的历史，是工业中应用较广泛的除尘设备之一。与重力沉降室和惯性除尘器相比，在处理同样风量时，旋风除尘器的占地面积小、设备结构紧凑、分离效率高，但压力损失也较大。

一、旋风除尘器的工作原理和分离理论

1. 工作原理

图 5-2-1 为一般结构形式的切向入口旋风除尘器，主要由进气口、圆筒体、圆锥体、顶盖、排气管及排灰口等组成。含尘气流由进气管切向进入除尘器后，绝大部分沿器壁以较高的速度(15～20m/s)呈螺旋形向下运动，同时有少量气体沿径向运动到中心区域。向下的旋转气流称为外旋流(或外涡旋)，由于离心力作用，密度大于气体的尘粒甩向器壁，尘粒一旦与器壁接触，便失去其惯性而沿壁面下滑，直至从排灰口排出。外旋流在到达圆锥体时，因圆锥形的收缩而向除尘器中心靠拢，根据“旋转矩”不变原理，其切向速度不断提高；当气流达到圆锥体下端某一位置时，即以同样的旋转方向折转，沿除尘器中心轴线由下向上继续做螺旋运动，形成内旋流(或内涡旋)，这股气流在向上做旋转运动的同时，也进行着径向的离心运动，最后经排气管排出除尘器外。

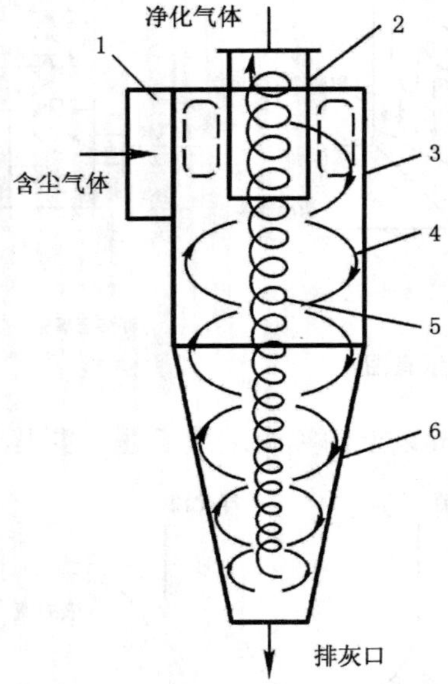

图 5-2-1　旋风除尘器的一般结构示意图

1—进气口；2—排气管；3—圆筒体；4—外涡旋；5—内涡旋；6—圆锥体

由外旋流(或外涡旋)转变为相同旋转方向内旋流(或内涡旋)的锥底附近区域称为回流区。旋风除尘器内除外旋流、内旋流两种主体气流，还存

在着上旋流、下旋流等局部旋流。上旋流是在旋风除尘器顶盖下、排气管插入部分外侧与筒体内壁之间的局部旋流。当气流从除尘器顶部向下旋转时，顶部压力下降，致使一部分气流带着微细尘粒沿筒体内壁旋转向上，到达顶盖后再沿排气管外壁旋转向下，最后达到排气管下端附近，然后被上升的内旋流带走，并从排气管排出，这股旋转气流即上旋流。下旋流是外旋流在运动到圆锥体下部向上折转时，产生的局部旋流。下旋流一直延伸到灰斗，会把灰斗中的粉尘特别是细粉尘搅起，被上升气流带走。上旋流造成的细尘逃逸问题与下旋流造成的二次返混问题等，都会影响除尘效率，因而在旋风除尘器结构设计时应予以注意。

2. 旋风除尘器内的速度场和压力场

了解旋风除尘器内部的速度分布和压力分布，有助于解释旋风除尘器的分离机理和预测旋风除尘器的工作性能。旋风除尘器内气流和尘粒的运动状态非常复杂，为研究方便，通常把内、外旋流的全速度分解为切向速度、径向速度和轴向速度三个速度分量，压力分布则用全压和静压沿径向变化等表征。

(1)切向速度 u_t

切向速度是决定气流速度大小的主要速度分量，对于粉尘尘粒的捕集与分离起着主导作用。图 5-2-2 中，排气管下任一截面上 u_t 沿半径的变化规律可分为三个区域：靠近壁面 u_t＝常数的Ⅰ区、由分离器中心到“最大切向速度面”的内涡旋区(或强制旋流区)Ⅲ、Ⅰ区与Ⅲ区之间的外涡旋区(半自由旋流区)Ⅱ。

根据“涡流”定律，外涡旋区的切向速度反比于旋转半径 r 的 n 次方，即

$$u_t r^n = \text{常数} \qquad (5-2-1)$$

式中，n——涡流指数，一般 $n=0.5\sim0.8$。实验表明，n 值可由下式进行估算

$$n = 1-(1-0.67D^{0.14})\left(\frac{T}{283}\right)^{0.3} \qquad (5-2-2)$$

式中 D——旋风除尘器筒体的直径，mm；

T——气体的绝对温度，K。

内涡旋区的切向速度正比于旋转半径 r，比例常数等于气流的旋转角速度 ω，即

$$u_t r^{-1} = \omega \qquad (5-2-3)$$

因此，在内、外涡旋交界圆柱面上，气流的切向速度最大。实验测量表明，“最大切向速度面”所对应的圆柱面直径 $d_0=(0.6-1.0)d_e$(d_e 为排出管的直径)。圆锥体部分的切向速度要比圆筒体部分大，所以圆锥体部分的除尘效率要比圆筒体部分好。

(2)径向速度 u_r

旋转气流的径向速度 u_r 因内、外旋流性质不同，其矢量方向亦存在不同：外涡旋的径向速度向内，而内涡旋的径向速度向外；外涡旋的径向速度沿除尘器高度的分布不均匀，上部断面较大，下部断面较小。u_r 的绝对量值远比 u_t 小得多，其值越大，旋风除尘器的分离能力越差。可以近似认为，外涡旋气流均匀地经过内、外涡旋交界圆柱面进入内涡旋，即近似认为，气流通过这个圆柱面时的平均速度 u_{r0} 就是涡旋气流的平均径向速度 $\overline{u_r}$，即

$$\overline{u_r} = u_{r0} = \frac{Q}{2\pi r_0 h_0} \qquad (5-2-4)$$

式中 Q——旋风除尘器处理气量，m^3/s；

r_0——内、外涡旋交界面的半径，m；

h_0——出口管底至锥体底部的高度，即内、外涡旋交界面的高度，m。

(3)轴向速度 u_j

如图 5-2-2 所示，轴向速度 u_j 与径向速度类似，视内、外涡旋而定。外涡旋的轴向速度向下，内涡旋的轴向速度向上。在内涡旋，随着气流逐渐上升，轴向速度不断增大，在排气管底部达到最大值。当气流由圆锥体底部上升时，容易将一部分已经除下来的微细粉尘重新扬起，产生返混现象。

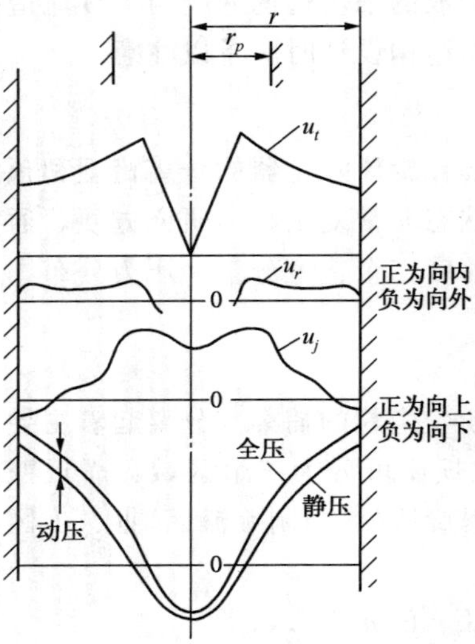

图 5-2-2　旋风除尘器内气流三维速度和压力分布图

(4)压力分布

如图 5-2-2 所示，旋风除尘器内全压和静压的径向变化非常显著，由外壁向轴心逐渐降低，轴心处静压为负值，在 900Pa 的正压条件下，负压一直延伸到圆锥体底部后达到负压最大值-300Pa。如果旋风除尘器在负压下工作，其底部的负压值会更大。所以，旋风除尘器底部一定要保持良好的密封，否则就会从底部吸入大量外部空气，形成一股上升气流，将已分离出来的一部分粉尘重新带出除尘器，使除尘效率大幅度降低。

3. 分割粒径 d_{C50} 与分离理论

旋风除尘器自 1885 年由美国 Knickerbocke 公司拥有人 John M. Finch 以“Dust Collector”的名称申请发明专利以来，至今已有 100 多年的历史。一直以来，人们对旋风除尘器的分离机理进行了大量的理论与实验研究，形成了多种理论模型。最具代表性的有沉降分离理论(转圈理论)、筛分理论、边界层分离理论、紊流扩散理论和传质理论五种，其中沉降分离理论(转圈理论)是 20 世纪 30 年代通过类比层流模式重力沉降室的沉降原理而发展起来，该理论认为尘粒在离心力作用下，沉降到除尘器壁面所需时间与其在分离区的停留时间相平衡。20 世纪 50 年代，斯泰尔曼(C. J. Stairmand)等人根据对旋风除尘器内部流场的测试结果，在分析内部流动规律的基础上，提出了平衡分离理论，又称假想圆筒学说或筛分理论。1972 年，雷思(Leith)和李希特(Licht)类比电除尘器的分离机理，提出了紊流连续径向混合的分离理论。这里主要介绍筛分理论的要点及其推论。

筛分理论的要点是：在旋风除尘器内存在涡流场、汇流场等，处于外涡旋的粉尘在径向方向同时受到两种力的作用，第一种是由涡旋流场产生的离心力 F_C，它将使粉尘向外移动；第二种是由汇流场(即径向向心流动)产生的径向阻力 F_D，它会使粉尘向内飘移。由于 $F_C \propto d_p^3$，而径向阻力 $F_D \propto d_p$，因而必定存在一个临界粒径 d_k，使得粉尘所受两种力的大小正好相等。于是就有：凡粉尘粒径 $d_p > d_k$ 者，向外推移作用大于向内飘移作用，粉尘将被推移到除尘器外壁进而得以分离；相反，粉尘粒径 $d_p < d_k$ 者，向外推移作用小于向内飘移作用，从而把粉尘带入上升的内涡旋中，从排气管排出除尘器。对于粒径为 d_k 的粉尘，因 $F_C = F_D$ 而将在交接面上不停地旋转。因为存在各种随机因素的影响，从概率统计的观点可以认为，处于此状态的粉尘有 50%的可能会被分离出去，同时又有 50%的可能进入内涡旋而被排出除尘器，即这种粒径粉尘的分离效率是 50%。通常情况下，当除尘器的分级效率等于 50%时的粒径被称为分割粒径，用 d_{C50} 表示。

粉尘在旋风除尘器内所受到的离心力为

$$F_C=\frac{\pi}{6}d_p^3\rho_p\frac{u_t^2}{r} \tag{5-2-5}$$

设向心径向流动处于层流状态，则径向阻力可用 Stokes 公式表示为

$$F_D=3\pi\mu d_p u_r \tag{5-2-6}$$

在内、外涡旋的交接面上，即当 $F_C = F_D$ 时，有

$$\frac{\pi}{6}d_p^3\rho_p\frac{u_t^2}{r}=3\pi\mu d_p u_r \tag{5-2-7}$$

所以分割粒径 d_{C50} 的表达式为

$$d_{C50}=\sqrt{\frac{18\mu u_r r_0}{\rho_p u_t^2}} \tag{5-2-8}$$

式中 μ——气体的动力黏度，Pa·s；

u_r——交界面上气流的径向速度，m/s；

r_0——交界面半径，m；

ρ_p——尘粒的密度，kg/m^3；

u_t——交界面上气流的切向速度，m/s。

按式(5-2-8)计算分割粒径 d_{C50} 时，必须先分别求得 u_t 和 u_r。d_{C50} 是反映旋风除尘器除尘性能的一项重要指标，d_{C50} 越小，说明除尘效率越高，性能越好。从式(5-2-8)可以看出，d_{C50} 随 u_r 和 r_0 的减小而减小，随 u_t 和 ρ_p 的增加而减小。即旋风除尘器的除尘效率随切向速度和粉尘密度的增加、径向速度和排气管直径的减小而增加，其中起主要作用的是切向速度。

当分割粒径 d_{C50} 确定后，旋风除尘器的分级除尘效率 η_i 与粒径的常用经验关系式为 Leith - Licht 除尘效率公式，即

$$\eta_i=1-\exp\left[-0.6931\times\left(\frac{d_p}{d_{C50}}\right)^{\frac{1}{n+1}}\right] \tag{5-2-9}$$

式中 n——涡流指数，可按式(5-2-2)求得。

通常情况下，可以按下式近似得到分级除尘效率 η_i，即

$$\eta_i=1-\exp\left[-0.6931\times\left(\frac{d_p}{d_{C50}}\right)\right] \tag{5-2-10}$$

总的来看，由于粉尘在旋风除尘器内的分离过程很复杂，很难用一个公式确切表述其分离过程。例如，在理论上不能捕集的细小粉尘，由于凝并或被大颗粒粉尘裹带至器壁，而可以被捕集分离出来；相反，由于局部涡流及返混的影响，有些理论上应该除去的大粉尘却因进入内涡旋而未能被捕集到。通常情况下，旋风除尘器能捕集 5μm 以上的尘粒，其除尘效率可达 90%以上。但在实际运行中，往往由于制造不良、安装使用不当或运行管理不善等原因，造成除尘效率急剧下降，一般为 50%～85%，有的甚至更低。因此，旋风除尘器的分离效率经常仍通过实测确定。

二、旋风除尘器的分类

由于理论和实验研究不断取得重大突破，使旋风分离器得到快速发展，结构形式不断推陈出新，可以根据不同的结构特点和工作要求进行分类。

1. 按除尘效率和处理风量分类

(1)高效旋风除尘器

筒体直径较小(很少大于 900mm),相对截面比(圆筒体截面面积与进气口截面面积之比)$K=6\sim13.5$,用来分离较细的粉尘,除尘效率在 95%以上。处理同样风量时,设备的钢材和能量消耗较高,因而投资也相应较大。

(2)高流量旋风除尘器

筒体直径较大(直径为 $\phi1.2\sim3.6$m 或更大),相对截面比 $K<3$,除尘效率为 50%~80%,处理气体流量很大,处理单位风量所消耗的钢材也少,造价也相应较低。

(3)通用旋风除尘器

介于上述两者之间,用于处理适当的中等气体流量,其 $K=3\sim6$,除尘效率为 80%~95%。

2. 按气流导入方式分类

按照气流导入方式有切向入口式(或切入式)和轴向入口式(或轴流式)两大类。

切入式旋风除尘器是最常用的,根据不同的进口形式又可分为蜗壳进口[或称渐开线进口,图 5-2-3(a)]、螺旋面进口[图 5-2-3(b)]和狭缝进口[图 5-2-3(c)]。狭缝进口为最普通的进口形式,其制造简单,除尘器外形尺寸紧凑,应用较多。螺旋面进口使气流以与水平面呈近似 10°的倾斜角进入除尘器,采用这种进口有利于气流向下作倾斜的螺旋运动。蜗壳进口型式使进口气流距筒体外壁更近,减小了尘粒向器壁的沉降距离,有利于尘粒的分离;此外,还减少了进气流与内旋气流的相互干扰,使进口压力降减小。渐开角有 180°、270°、360°三种。

轴流式旋风除尘器利用固定的导流叶片(或称静止起旋元件)诱导气流在除尘器内产生旋转,在相同压力损失下能够处理的气体流量大,且气流分布较均匀,但除尘效率低一些。由于多个除尘器单体并联时容易布置,主要用于多管旋风除尘器和处理气量大的场合。根据除尘净化后气流排出方式的不同,可分为轴流反转式[图 5-2-4(a)]、轴流直流式[图 5-2-4(b)]。

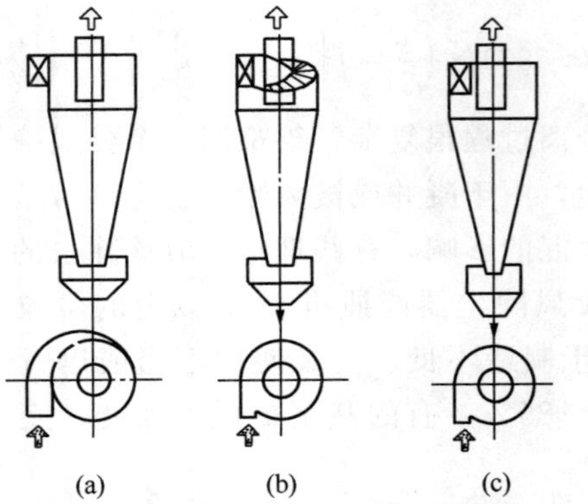

图 5-2-3　切向入口形式示意图

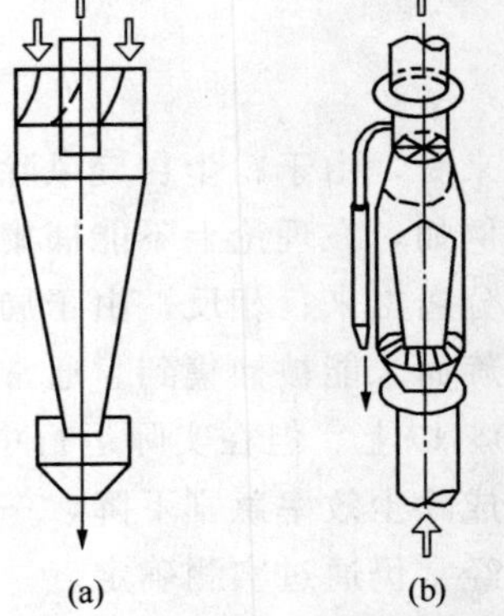

图 5-2-4　轴流式旋风除尘器

3. 按气流组织分类

从气流组织上来分,有回流式、平流式、直流式及旋流式等多种,工业锅炉运用较多的是回流式和直流式两种。

(1)回流式

如图 5-2-1 所示，含尘气体进入除尘器后，由一端进入，做旋转运动，然后把尘粒分离，净化后的气体又旋转返回，从与进气口相同端排出，主要有筒式、旁路式、扩散式等几种形式。因其分离路径长，所以除尘效率高，但阻力也较大。回流式是旋风除尘器的基本形式，使用最广。

(2)平流式

如图 5-2-5 所示，平流式的特点是气流仅做平面旋转运动。含尘气体高速进入，水平旋转约一周后，从排气管竖向开口进入排气管中并排出。由于其旋流路径短，效率和阻力也相应较低。

(3)直流式

如图 5-2-6 所示，直流式的特点是含尘气体由除尘器一端进入，经旋转分离后，从另一端排出。与回流式相比，因为没有上升的内旋流，所以没有返混和二次飞扬现象，除尘阻力损失较小，但因为分离运动的路径较短，分离效率较低。在设计时常采用合适的稳流芯棒，用来填充旋转气流的中心负压区，防止中心涡流和短路，从而减少阻力和提高效率。

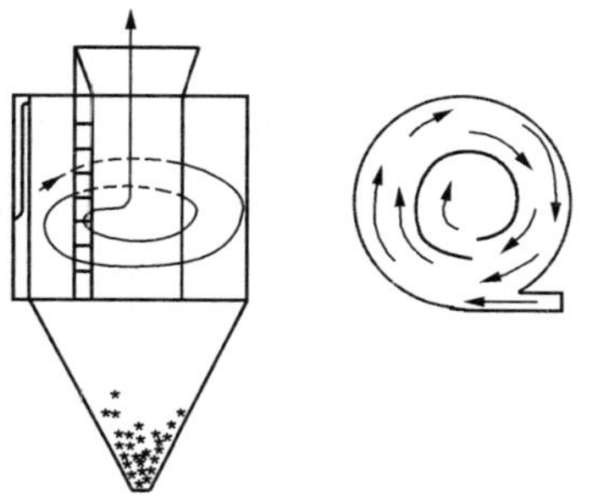

图 5-2-5　平流式旋风除尘器

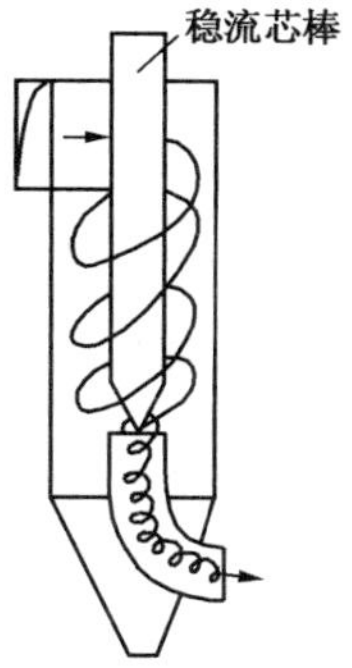

图 5-2-6　直流式旋风除尘器

4. 按清灰方式分类

按清灰方式可分为干式和湿式两种。粉尘被分离到除尘器筒体内壁上以后，若直接依靠重力和旋转气流的推力而落入灰斗中，则称为干式清灰；若通过喷水或淋水的方法，将内壁上的粉尘冲洗到灰斗中，则称为湿式清灰。属于湿式清灰的旋风除尘器有水膜除尘器、中心喷水旋风除尘器两种，由于消除了反弹、冲刷等引起的二次扬尘，因而除尘效率可显著提高。

5. 按组合安装情况分类

按组合安装情况可分为内置(安装在反应器或其他设备内部)或外置、立式或卧式、单筒或多管旋风除尘器等，这里重点介绍多管旋风除尘器。

与将数个旋风除尘器单体并联组合在一起运行而成为多体组合旋风分离器(Multi-clone Cyclone)不同，多管旋风除尘器(Multiple Tube Cyclone)是由多个(有时达数千个)相同构造形状和尺寸的小型旋风除尘器单体(又叫旋风子)组合在一个壳体内并联使用的除尘器组，当处理含尘气体量大时可采用这种组合形式。多管旋风除尘器采用直径较小的旋风子来组合，图 5-2-7 为常见立式多管旋风除尘器的结构示意图。含尘气体从入口进入配气室后，沿轴向进入各个旋风子，通过排气管外壁的导流叶片做旋转运动，净化后的气体经净气室排出。

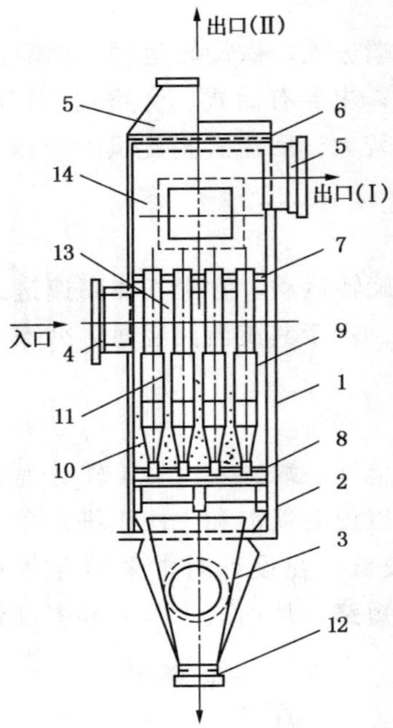

图 5-2-7　立式多管旋风除尘器的结构示意图

1—外壳；2—支撑部分；3—灰斗；
4—气体入口扩散管；5—出口收缩管；
6—顶盖；7、8—支撑花板；9—旋风子；
10—填料；11—导流叶片；12—排灰口；
13—配气室；14—净气室

壳体内通常并联几十个乃至上百个旋风子，使气流均匀分布是保证除尘效率的关键。为此，首先必须合理设计配气室和净化室，尽可能使通过各旋风子的气流阻力相等。为避免气流由一个旋风子串到另一个旋风子中，常在灰斗中每隔数列设置隔板，也可单设灰斗。旋风子直径较小时，不宜处理黏性大的粉尘，以防旋风子堵塞。旋风子的直径过小不仅会使结构尺寸难以准确保证，同时会增加旋风子的数量而使气体分布不均匀，还会增加旋风子之间在总灰斗内的串风等现象。因此，虽然多管旋风除尘器旋风子的直径有 ϕ100mm、ϕ150mm、ϕ200mm、ϕ250mm、ϕ300mm 等规格，且单个旋风子的除尘效率随直径减小而提高，但一般旋风子直径采用 ϕ250mm，管数有 9、12 和 16 三种。

在轴流式旋风子导流叶片的选择上，有花瓣形、螺旋形、圆弧形等多种形式。螺旋形导流叶片的压力损失较低，不易堵塞，但除尘效率比花瓣形要低；相应地，花瓣形易堵塞。导流叶片出口倾角有 20°、25°或 30°，倾角越小，越利于提高除尘效率，但压力损失也较大。一般高温、高压系统采用的倾角为 20°，常压系统为 25°或 30°。

多管除尘器的旋风管一般采用耐磨损、耐腐蚀的铸铁或陶瓷材料，能处理含尘浓度高的气体(可以高达 100g/m^3)，可有效分离 5～10μm 的粉尘。多管旋风除尘器的入口风速一般为 10～20m/s，设备压力损失为 500～800Pa。实践证明，在外形尺寸相当、压力损失相同的情况下，如果采用轴流式旋风子组成的多管旋风除尘器，则其处理风量约比切入式多管旋风除尘器大 2～3 倍，不足之处是金属用量较大。还可以采用陶瓷旋风子，并可处理 400℃以下的高温烟气。美国 Babcock & Wilcox Enterprises 公司的 Multiclone® 粉尘收集系统属于多管旋风除尘器的典型代表，外壳为上面四菱柱-下部四菱锥形组合。

美国 LDX Solutions 公司的旋风除尘器包括 Dustex® ST 系列高效单管旋风分离器、Dustex® PC 系列高负荷初级预清洁旋风分离器、Dustex® ST-10 系列钢质高效多管旋风分离器、Dustex® M-40A 系列铸铝多体组合旋风分离器、Dustex®系列铸铁多体组合旋风分离器。

三、旋风除尘器的设计计算

由于旋风除尘器的分离、捕集过程是一个极为复杂的三维、二相湍流运动，致使理论与实验研究难度较大，至今仍然无法全面掌握其内在规律，更不能从理论上建立一整套完整成熟的数学模型，这里仅对旋风除尘器压力损失和除尘效率的计算进行初步介绍。随着近些年来计算流体动力学(CFD)数值模拟手段的不断完善，为旋风除尘器分离性能预测和结构优化设计等提供了有力支持。

1. 旋风除尘器的压力损失

压力损失 Δp 关系到除尘器配套风机的合理选择和能量消耗，常用进口与出口全压之差来表示。主要包括：①进气管的摩擦损失；②气体进入除尘器内因膨胀或压缩造成的能量损失；③气体在除尘器中与器壁摩擦所引起的能量损失；④旋风除尘器内气体因旋转而产生的能量损耗；⑤排气管内的摩擦损失；⑥排气管内气体旋转时的动能转化为静压能损失等。旋风除尘器的压力损失与其构造和运行条件有关，难以通过理论计算获得，主要通过一些经验公式来确定，如美国教授 Louis Theodore 等提出的阻力公式等。但一般在实际中通过实测，如图 5-2-8 所示，由于出口气流动旋转效应，该测定方法数值偏大。压力损失 Δp 一般与气体入口速度的平方成正比，即

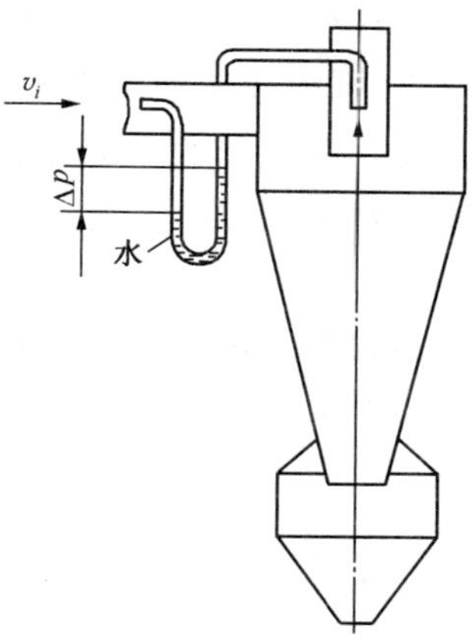

图 5-2-8 旋风除尘器的压力损失

$$\Delta p = \frac{1}{2}\xi\rho v_i^2 (\mathrm{Pa}) \quad (5-2-11)$$

式中 ρ——气体密度，kg/m^3；

v_i——气体入口速度，m/s；

ξ——局部阻力系数。

局部阻力系数 ξ 的计算公式很多，如 Shepherd-Lapple 公式、First 公式、Alexander 公式、Stairmand 公式、Barth 公式等，常用 Shepherd-Lapple 计算公式，即

$$\xi = K\frac{H_c B_c}{D_e^2} \quad (5-2-12)$$

式中 K——无量纲系数，标准切向进口 $K=16$，有进口叶片 $K=7.5$，螺旋面进口 $K=12$；

H_c——旋风除尘器进气口的高度，m；

B_c——旋风除尘器进气口的宽度，m；

D_e——排气管直径(结合图 5-2-1)，m。

从上式可见，除尘器的相对尺寸对压力损失影响较大，当结构形式相同时，几何相似的放大或缩小，压力损失基本不变。实验也表明，对于一定结构的旋风除尘器，ξ 是一个常数，故可以用 ξ 作为表示旋风除尘器性能的一个特征值。表 5-2-1 是几种旋风除尘器的局部阻力系数值，可供参考。

表 5-2-1 局部阻力系数值

旋风除尘器型号	XLT	XLT/A	XLP/A	XLP/B
ξ	5.3	6.5	8.0	5.8

在缺少实验数据和经验公式时，可以用下式进行估算

$$\xi = 16\frac{A}{D_e^2} \quad (5-2-13)$$

式中 A——旋风除尘器进气口的横断面积，m^2。

实际中，旋风除尘器的其他操作因素对压力损失也有影响。例如，随入口含尘浓度的增高，压力损失明显下降，这是由于旋转气流与粉尘摩擦导致旋转速度降低的缘故。除尘器内

部的叶片、突起和支持物同样可使气流的旋转速度降低，导致压力降减少。旋风除尘器操作运行中的压力损失，一般为500～2000Pa。

2. 旋风除尘器的除尘效率

旋风除尘器的除尘效率常用分级除尘效率 η_i 和总除尘效率 η_T 来表示，分级除尘效率 η_i 与粒径的常用经验关系式为 Leith - Licht 除尘效率公式[式(5-2-9)]。虽然该公式计算复杂，但因其几乎考虑了旋风除尘器的各个重要尺寸，故计算结果与实测值比较吻合。

若已知气流中所含尘粒的粒径分布函数 f_d，又知道任意粒径的分级除尘效率 η_p，则可按下式计算总效率 η_T，即

$$\eta_T = \sum_{i=1}^{n} f_{di}\eta_{pi} \tag{5-2-14}$$

式中 f_{di}——某一粒径的尘粒占全部尘粒的质量分数；

η_{pi}——对一定粒径尘粒的分级效率；

n——全部尘粒被划分的段数。

3. 旋风除尘器各部件的设计选型

(1)切向进口管的形式与位置

切向进口管通常有矩形和圆形两种形式，由于圆形切向进口管与旋风除尘器器壁只有一点相切，而矩形切向进口管在整个高度上均与筒壁相切，故一般多采用矩形切向进口管。矩形宽度和高度的比例要适当，通常长而窄的切向进口管与器壁有更大的接触面；宽度越小，临界粒径越小，除尘效率越高。但过长而窄的矩形切向进口也不利，因为进口太长时，为了保持一定的气体旋转圈数 N 就必须加长圆筒体，否则除尘效率仍不能提高。水平切向进口管的位置通常有两种，一种与顶盖相平，这有利于消除上旋流；另一种则与顶盖有一段距离，这可使细粉尘富集在顶盖下面的上旋流中，通过旁室将其送入主旋流进一步分离，以减少短路的机会。

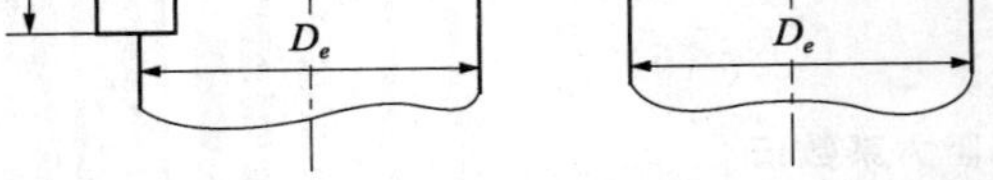

图 5-2-9 常见排气管形式

(2)排气管

常见的排气管有平直型和下端收缩型两种，如图5-2-9所示。在相同的排气管直径下，下端采用收缩形式，既不影响旋风除尘器的除尘效率，又可以降低阻力损失。

在一定范围内，排气管直径越小，旋风除尘器的除尘效率越高，压力损失也越大。一般当 $D/D_e=2.5\sim3$ 时，除尘效率和压降达到最经济点。如再增加 D/D_e(即减小排气管直径)，除尘效率提高缓慢，但阻力系数急剧上升。所以在进行旋风除尘器设计时，需控制 D/D_e 在一定范围内，即排气管直径不能取得过小，以控制除尘器能耗。一般取 $D_e=(0.3\sim0.5)D$。

由于旋流是发生在排气管与器壁之间的运动，因此排气管的插入深度直接影响旋风除尘器的性能，一般应≥0.8倍的矩形切向进口管高度。对于具有旁室的双旋流旋风除尘器，也有人提出插入深度最好在上下旋流界面处的观点。

为了降低旋风除尘器的压力损失，可在排气管下方安装不同形式的叶片。但叶片降低了气流的旋转速度，对旋风除尘器的分离性能不利。由于气体在排气管内处于剧烈的旋转状

态，若将排气管末端制成蜗壳形状，则既可以减少能量损耗，也不影响除尘效率，目前在设计中已广泛采用。

(3)灰斗

灰斗是旋风除尘器设计中最容易被忽视的部分，一般仅仅将其视为排除粉尘的元件。其实在旋风除尘器的锥底处，气流非常接近高速湍流，而粉尘也正由此排出，因此二次夹带的机会也就更多。此外，旋风除尘器核心为负压，如果设计不当，造成灰斗漏气，就会使粉尘的二次飞扬加剧，严重影响除尘效率。

表 5－2－2 为几种典型除尘器的几何尺寸。

表 5－2－2　几种典型旋风除尘器的相对几何尺寸

几何尺寸比例		圆筒直径/D	进口宽度/D	进口高度/D	排气管直径/D	排气管插入深度/D	圆筒高度/D	圆锥高度/D	排灰口直径/D	半锥角 α
通常型		1	0.20～0.25	0.40～0.75	0.30～0.50	0.30～0.75	—	—	—	13°～15°
高效旋风除尘器	Stairmand 旋风	1	0.20	0.50	0.50	0.50	—	—	—	14°
	Swift 旋风	1	0.21	0.44	0.40	0.50	—	—	—	—
	Buell 旋风	1	0.289	0.64	0.443	0.482	—	—	—	—
	Ducone(Ⅱ)旋风	1	0.275(2 级) 0.272(3 级)	0.635(2 级) 0.630(3 级)	0.464(2 级) 0.312(3 级)	0.488(2 级) 0.527(3 级)	1.29(3 级) 1.28(3 级)	1.32(2 级) 1.31(3 级)	0.413(2 级) 0.410(3 级)	12.7°
	扩散式旋风	1	0.26	1.00	0.50	1.10	2.00	3.00	1.65	—
	XLP/B 旋风	1	0.30	0.60	0.60	0.46	1.70	2.50	0.39	—
	长锥体旋风	1	0.176	0.736	0.48	0.636	0.736	2.84	0.274	—
通用旋风除尘器	Lapple 旋风	1	0.25	0.50	0.50	0.625	2.00	2.00	0.25	—
	Swift 旋风	1	0.25	0.50	0.50	0.60	1.75	2.00	0.40	—
高流量旋风除尘器	Stairmand 旋风	1	0.375	0.75	0.75	0.875	1.50	2.50	0.375	—
	Swift 旋风	1	0.35	0.80	0.75	0.85	1.70	2.00	0.40	—

四、旋风除尘器的选用及性能影响因素

1. 旋风除尘器的选用

旋风除尘器的性能包括 3 个技术性能（处理量 Q、压力损失 Δp、除尘效率 η）和 3 个经济指标（购置基建投资和运转管理费、占地面积、使用寿命）。在评价和选择旋风除尘器时，要结合实际气体性质（流量及波动范围、成分、温度、压力、腐蚀性等）、粉尘特性（浓度、粒径分布、黏附性、纤维性、爆炸性等）、粉尘的回收价值等情况。理想的旋风除尘器必须在技术上能满足生产工艺及环境保护对气体含尘的要求，在经济上能实现效益的最优化，具体选用步骤如下。

(1)选择旋风除尘器的结构形式

根据需要处理气体的含尘浓度、粒径分布、气体密度等烟气特征，以及净化后的出口浓度（或排放标准）、允许的压力损失和加工制造条件等因素，计算旋风除尘器需要达到的除尘效率，经过全面综合分析，合理选择旋风除尘器的结构形式。

(2)确定旋风除尘器的进口气流速度 v_i

如果知道旋风除尘器在各种温度下进口气流速度 v_i 与压力损失 Δp 之间的关系数据，则可根据使用时允许的压力损失，选定进口气流速度。如果没有上述数据，则根据允许的压力损失计算进口气流速度，该值一般控制在 12～25m/s。

(3)确定进气口截面积 A、进气口宽度 B_c 和高度 H_c

根据处理气量 Q，可由下式计算进口截面面积 A

$$A = B_c H_c = \frac{Q}{v_i} \ (\mathrm{m}^2) \tag{5-2-15}$$

(4)确定旋风除尘器的直径与型号规格

根据选择的旋风除尘器类型，由进气口截面积 A 求出除尘器的直径 D，然后从手册中查到所需旋风除尘器的具体型号规格。

2. 几何尺寸对性能的影响

旋风除尘器各部分几何尺寸对除尘器性能的影响列于表 5-2-3，其中圆筒直径、进气口、排气管是最重要的结构尺寸影响因素。

表 5-2-3　旋风除尘器结构尺寸对性能的影响

结构尺寸	压力损失 Δp	除尘效率 η	造　价
除尘器圆筒直径 D	降低	降低	增加
进气口面积 A(风量不变)	降低	降低	—
进气口面积 A(风速不变)	增加	增加	—
圆筒体长度 H_1	略有降低	增加	增加
圆锥体长度 H_2	略有降低	增加	增加
排灰口直径 D_o	略有降低	增加或降低	—
排气管直径 D_e	降低	降低	增加
排气管插入深度 s	增加	增加或降低	
排气管直径 D_e	降低	降低	增加
相似尺寸比例	几乎无影响	降低	—
半锥角 α	降低	10°～15°为宜	增加

在设计中应该注意，上述尺寸只能在一定范围内调整，当超过某一界限时，有利因素也可能转化成不利因素；另外，有些因素对提高除尘效率有利，但会增加压力损失，因而对各种因素的调整应该统筹兼顾。例如，国内石油炼制催化裂化工艺中常用的 PV™ 型旋风除尘器，根据中国石油大学时铭显院士提出的“旋风除尘器尺寸分类优化理论”，将尺寸参数分为三类：第一类尺寸只影响除尘效率 η，基本不影响压力损失 Δp，主要包括圆筒体长度 H_1、圆锥体长度 H_2、排气管插入深度 s 和排灰口直径 D_o；第二类尺寸对除尘效率 η 和压力损失 Δp 均有明显影响，主要包括除尘器圆筒直径 D、排气管直径 D_e、进气口高度和进气口宽度；第三类尺寸对除尘效率 η 和压力损失 Δp 的影响均不大，如料腿尺寸和灰斗尺寸等。

3. 操作条件对性能的影响

(1)进口气流速度 v_i

在一定范围内，除尘效率随着 v_i 的增大而提高，而达到某一速度后效率的提高比较缓慢。若进口气流速度太高，气流的湍动程度增加，二次夹带严重；同时尘粒与器壁之间的摩擦加剧，粗尘粒(>40μm)被粉碎，使细尘粒含量增加；过高的气速对具有凝聚性质的尘粒也会起分散作用。由于压力损失 Δp 与气体入口速度(v_i)的平方成正比，所以压力损失随着 v_i 的增加而迅速升高。因此在设计旋风除尘器的进口截面时，必须使 v_i 为一适宜值。这样既保证了除尘效率，又考虑到能量的消耗。同时 v_i 过大，也会加速旋风除尘器本体的磨损，降低使用寿命。一般取 $v_i=10\sim25\text{m/s}$，不宜超过 25m/s。

(2)气体流量 Q

气体流量 Q 对总除尘效率的影响可以近似用下式估算

$$\frac{100-\eta_a}{100-\eta_b}=\sqrt{\frac{Q_b}{Q_a}} \tag{5-2-16}$$

式中 η_a、η_b——分别为条件 a、b 情况下的总除尘效率，%；

Q_a、Q_b——分别为条件 a、b 情况下的气体体积流量，m^3/s。

气体流量变化时，可以在分级除尘效率曲线中，根据等除尘效率原则，按需求分级。除尘效率曲线上的粒径等于给定曲线的粒径乘以$\sqrt{\frac{\text{原气体流量}}{\text{新气体流量}}}$，从而得到需要的新分级除尘效率曲线。

(3)气体的密度 ρ、黏度 μ、压力 p 和温度 T

气体密度越大，临界粒径也越大，故除尘效率下降，压力损失也增加。但是，气体密度与固体密度相比，特别是在低压下几乎可以忽略不计，因此气体密度对除尘效率的影响较之固体密度而言可以忽略不计。

由临界粒径的计算公式可知，临界粒径与气体黏度的平方根成正比，所以除尘效率随着气体黏度的增加而降低。由于气体黏度随温度的升高而增加，因此当进口气速等保持不变时，温度升高则除尘效率略有降低。当气体流量一定时，除尘效率与气体黏度的关系为

$$\frac{100-\eta_a}{100-\eta_b}=\sqrt{\frac{\mu_a}{\mu_b}} \tag{5-2-17}$$

式中 μ_a、μ_b——分别为条件 a、b 两种状态下的黏度。

气体黏度变化时，可以在分级除尘效率曲线中，根据等除尘效率原则，按需求分级。除尘效率曲线上的粒径等于给定曲线的粒径乘以$\sqrt{\frac{\text{新气体黏度}}{\text{原气体黏度}}}$，从而得到需要的新分级除尘效率曲线。

气体温度 T 和压力 p 对除尘器压力损失 Δp 的影响可从下式看出

$$\Delta p=KQ^2p\rho/T\ (\text{Pa}) \tag{5-2-18}$$

式中 K——比例常数；

p——绝对压力，Pa；

T——绝对温度，K。

(4)气体含尘浓度

旋风除尘器的除尘效率随粉尘浓度增加而提高，这是因为含尘浓度大时，粉尘的凝聚与团聚性能提高，易使较小的尘粒凝聚在一起而被捕集。另外，在含尘浓度较大时，大尘粒向器壁移动而产生了一个空气曳力，也会将小尘粒夹带至器壁而被分离；大尘粒对小尘粒的撞击也会使小尘粒有可能被捕集。但应注意的是，含尘浓度增加后除尘效率虽有提高，可是经排气管排出粉尘的绝对量也会大大增加。总除尘效率随含尘浓度的变化可用下式估算

$$\frac{100-\eta_a}{100-\eta_b}=\left(\frac{c_a}{c_b}\right)^{0.182} \tag{5-2-19}$$

式中 c_a、c_b——分别为 a、b 状态下的含尘浓度，g/Nm^3。

含尘浓度对压力损失也有影响，处理含尘气体的压力损失要比处理清洁空气时小。当进

口粉尘浓度为 1～2g/Nm^3 时，压力损失可以降低到接近清洁空气的 60%；粉尘浓度增至 2～50g/Nm^3 时，压力损失下降缓慢；但当浓度超过 50g/Nm^3 时，压力损失又迅速下降。这是因为气体中即使含有少量尘粒，也会使气体的内摩擦力增加。分离到器壁的尘粒因产生摩擦而使旋流速度降低，减小了离心力，因而压力损失也就下降。含尘浓度变化对压力损失 Δp 的影响可以近似表示为

$$\Delta p=\frac{\Delta p_0}{0.013\sqrt{\dfrac{c}{2.29}}+1}\ (\mathrm{Pa}) \tag{5-2-20}$$

式中 Δp_0——清洁气体的压力损失，Pa；

c——进口的粉尘浓度，g/Nm^3。

(5)粉尘的物理性质

固体粉尘的物理性质主要指粉尘粒径大小 d_p、密度 ρ_p 与粉尘粒径分布 f_d，其中粉尘粒径大小和粉尘密度对旋风除尘器压力损失的影响很小，但对除尘效率的影响不可忽视。

较大粒径的粉尘在旋风除尘器中会产生较大的离心力，有利于分离，所以含尘气体中较大尘粒所占百分数越大，总除尘效率越高。由于粉尘产生的原因不同，致使不同粉尘的密度相差较大。粉尘密度越大，除尘效率越高；当粉尘密度达到一定值时，除尘效率的增加就不再显著；同时尘粒越小，粉尘密度的影响越大。粉尘密度改变时，除尘效率的换算可用下式进行估算

$$\frac{100-\eta_a}{100-\eta_b}=\sqrt{\frac{\rho_{pa}-\rho}{\rho_{pb}-\rho}} \tag{5-2-21}$$

式中 ρ_{pa}、ρ_{pb}——分别为 a、b 两种状态下的粉尘密度，g/Nm^3。

除了上述影响旋风除尘器性能的因素之外，除尘器内壁粗糙度也会影响旋风除尘器的性能。浓缩在壁面附近的粉尘微粒，可因粗糙的表面引起微涡旋，使一些粉尘微粒被抛入上升的气流中，进入排气管，从而降低除尘效率，所以在旋风除尘器的设计中应避免出现没有打光的焊缝、粗劣的法兰连接点、设计不当的进口等。

五、新型旋风除尘器

旋风除尘器在机械式除尘器中的除尘效率最高，但实际应用中存在着两个主要问题：一是旋风除尘器的磨损和二次扬尘；二是多管旋风除尘器的旋风子风压不平衡。为解决这两个问题，出现了一些新型的旋风除尘器，如高效耐磨旋风除尘器和母子式多管旋风除尘器。

1. 高效耐磨旋风除尘器

国内外对旋风除尘器磨损问题的解决方法，主要有以下 4 种：①选用耐磨材料(陶瓷或铸铁)作为旋风除尘器本体，但仅限于小直径旋风子；②采用耐磨胶结料内衬，但工艺复杂、成本高，应用受到限制；③使用新研制的化学防磨涂料，但价格高，同时还有待于应用证实；④在已磨损部位加耐磨衬块，这是目前国内外最常用的方法，但效果有限。

高效耐磨旋风除尘器的内部结构如图 5－2－10 所示，在器壁内侧焊接若干纵向阻流板条，在板条上设置环缝套圈，构成环缝内衬。环缝宽约 10mm，套圈与器壁间距视筒径大小而定，通常小于 40mm。在环缝套圈与旋风除尘器的器壁之间形成一接近静止的空气垫(低速气层)，粉尘在离心力的作用下向边壁运动，并顺环缝进入套圈与器壁之间的低速气层中，

然后缓慢落到锥体底部。环缝的存在使粉尘不能形成旋转灰环，不仅对内衬磨损小，而且对器壁无磨损，从而延长了旋风除尘器的使用寿命。气垫的形成可有效防止粉尘二次吹扬，提高了除尘效率。阻流板和环缝套圈采用钢板，仅占除尘器总质量的5%左右，所以成本很低。

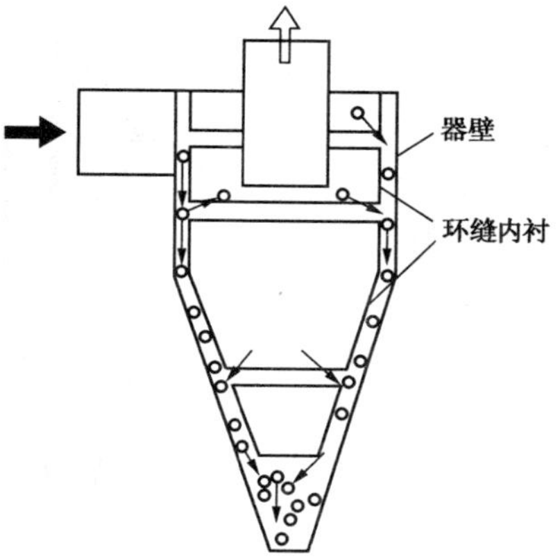

图 5-2-10 高效耐磨旋风除尘器的结构示意图

2. 母子式多管旋风除尘器

图 5-2-11 为母子式多管旋风除尘器的结构示意图，含尘气流进入旋风母，经过一次分离后，进入旋风母排气管；排气管上端封闭，四周均布旋风子进气管，从而保证各旋风子的风压平衡。一次净化后的气流进入各旋风子，气体经二次净化后，由旋风子排气管进入集气箱，然后由总排气管排出旋风除尘器。

母子式多管旋风除尘器的特点是：除尘效率高、结构紧凑、各旋风子进气量基本相等，但压力损失较大。为降低母子式多管旋风除尘器的压力损失，可采用如图 5-2-12 所示的捆绑式多管旋风除尘器。捆绑式多管旋风除尘器实际上是惯性除尘器和旋风子的复合，是在总进气管四周均布旋风子，使得其结构更加紧凑。

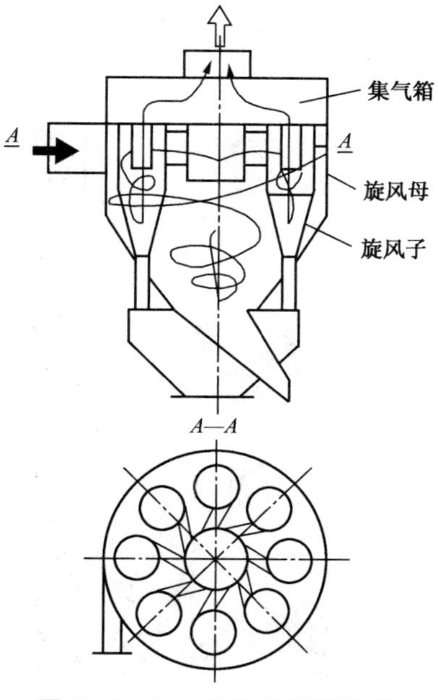

图 5-2-11 母子式多管旋风除尘器的结构示意图

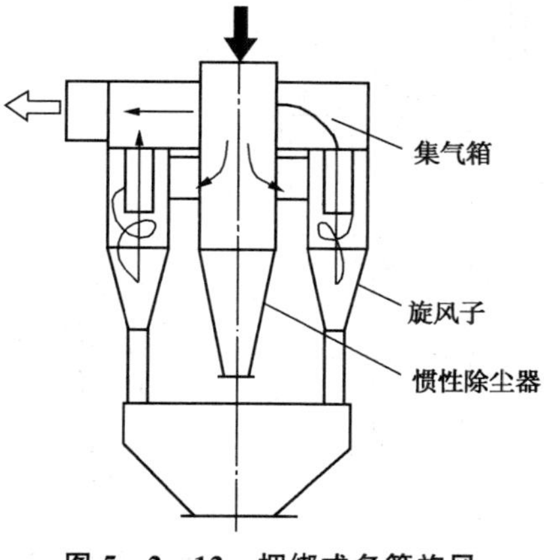

图 5-2-12 捆绑式多管旋风除尘器的结构示意图

多管旋风除尘器采用的旋风子形式多样。美国20世纪50年代在石油化工领域率先采用了由双涡式旋风子(Aerotec 型)组成的多管旋风除尘器；美国环球油品公司(UOP)研发了导向叶片式旋风子；原苏联石油设备设计局则开发了切向入口的旋风子。20世纪80年代初，时铭显等开发了直筒型导叶式系列旋风子的多管旋风除尘器。图 5-2-13 为典型的切向入口式(或切入式)旋风子和轴向入口式(或轴流式)旋风子(Axial Flow Cyclone)。

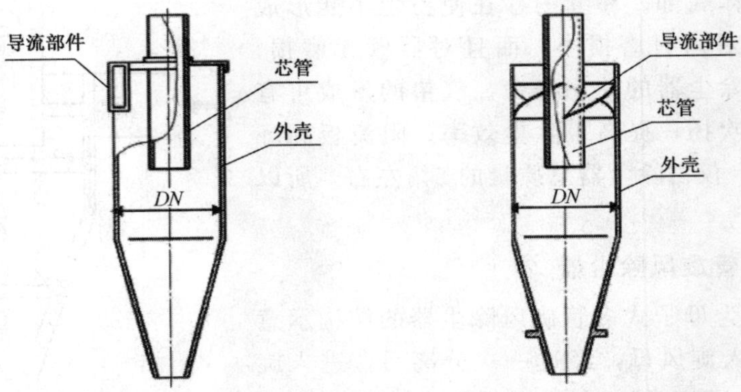

（a）切向入口式（或切入式）　　（b）轴向入口式（或轴流式）

图 5－2－13　两种典型旋风子的结构示意图

目前对天然气中夹带粉尘、砂粒和锈渣等固体颗粒的净化去除多采用多管旋风除尘器，国内自主研发的 PSC 系列旋风子与 PIM 多管旋风除尘器如图 5－2－14 所示，仅在 2004 年 10 月全线贯通的西气东输管道工程东段就使用了 96 台。美国环球油品公司(UOP)研发的新型直流式三级串联多管旋风除尘器 UOP TSS 如图 5－2－15 所示，已经应用于 FCC 再生器的烟气净化与催化剂回收，其内有一组平行安装的小直径、高效率旋风子。新型 UOP TSS 相比其他设计具有显著优势：上拱形隔板改为下拱形，隔板受力状况和稳定性大为改善；降低烟气出口高度，减少了净化气体至烟机的管线长度与压力损失；直径相对其他产品要小 40%。

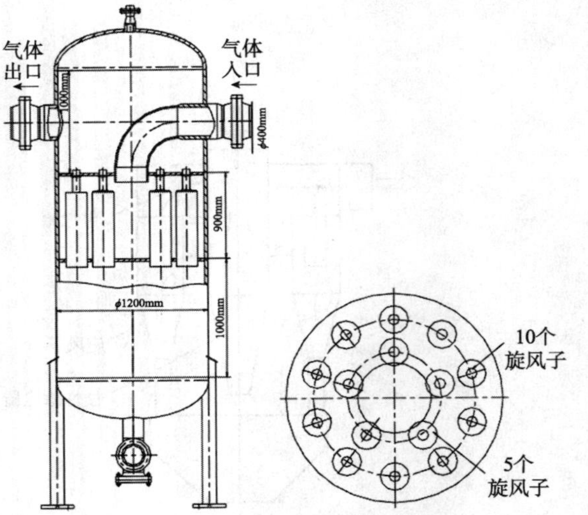

图 5－2－14　天然气除尘净化用多管旋风除尘器示意图

图 5－2－15　UOP TSS 多管旋风除尘器示意图

3. 机械式再循环旋风除尘器

常规旋风除尘器串联结构中，含尘气体逐级通过每个分离器，是一个开环的分离除尘过程。葡萄牙学者 Romualdo R. Salcedo 发明的机械式再循环旋风除尘器(RS_VHE 型)，改进了传统串联除尘器的级间连接方式，在串联结构中引入了循环分离过程，如图 5－2－16 所示。机械式再循环旋风除尘器由两级旋风除尘器组成，第一级是切向入口返转式旋风除尘器，第二级是轴向入口旋风除尘器(再循环器)。气体首先进入第一级切向入口式旋风除尘器，净化后流入第二级的轴向入口旋风除尘器再次除尘，二次净化后的气体直接排出，剩余的含尘气体经文丘里管结构重新引至第一级入口再次循环。设置再循环的主要目的是把气流中未被第二级旋风除尘器捕获的微细颗粒再循环进入第一级旋风除尘器，相当于增大了第一级入口含尘浓度，同时增加了微细颗粒碰撞和团聚的概率，有利于提升整个系统的除尘效率。机械式再循环旋风除尘器结构简单、不受温度限制、没有运动部件，与高性能 Stairmand 型除尘器相比，其颗粒跑损率可以降低 50%。该结构在工业上应用于磺胺酸颗粒的分离(中位粒径为 17μm)，获得了比普通高效型旋风分离器高很多的效率，并超过了串联脉冲袋式除尘器的效率。当进口粉尘浓度为 8g/m^3 时，循环气量达到 21%，效率达到 99.64%。

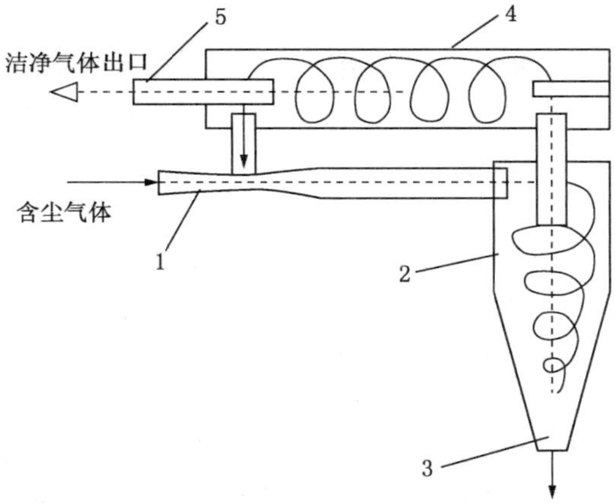

图 5-2-16　机械式再循环旋风除尘器(RS_VHE 型)的结构示意图

1—文丘里管；2—第一级旋风除尘器；3—排灰口；4—第二级旋风除尘器；5—清洁气体出口

§5.3　过滤式除尘器

过滤式除尘器是利用过滤材料将含尘气流内粉尘分离和捕获的一种高效除尘设备，目前常用的过滤式除尘器有空气过滤器、袋式除尘器、滤筒除尘器和颗粒层除尘器。采用滤纸或玻璃纤维等填充层作滤材的空气过滤器，主要用于通风及空气调节方面；采用纤维织物等作滤材的袋式除尘器，主要用于工业尾气除尘、原料气精制、固体粉尘回收等方面；滤筒除尘器则是解决袋式除尘器对超细粉尘收集难、过滤风速高、清灰效果差、滤袋易磨损破漏、运行成本高的最佳方案。采用廉价砂、砾、焦炭等颗粒物作为滤材的颗粒层(床)除尘器，主要用于去除工业排放尾气或烟气中的粉尘颗粒；随着过滤材料的发展，还出现了采用多孔陶瓷和金属微孔材料的过滤式除尘器，用于高温、腐蚀性等含尘气体的除尘净化。本节主要介绍袋式除尘器和颗粒层除尘器的结构及其设计，并对陶瓷过滤器和金属滤材过滤器进行简单的介绍。

一、袋式除尘器

袋式除尘器(Baghouse Filter 或 Baghouse Dust Collector)19 世纪 80 年代开始应用于工业生产，当时只是挂一些袋子，上口导入含尘气体，正压操作，定时人工拍打并在下口回收粉尘。1890 年以后普遍采用机械振动清灰袋式除尘器；1950 年出现气环反吹清灰袋式除尘器，实现了袋式除尘器除尘、清灰连续操作，大幅度提高了烟气处理量和滤袋压力稳定性；

1957 年出现了脉冲喷吹清灰袋式除尘器，不仅可以实现操作和清灰连续，保持滤袋压差趋于稳定，更为重要的是，内部无运动部件，机械结构更简单，滤布使用寿命更长。袋式除尘器因其高效、稳定和可靠，目前得到广泛应用，比电除尘器的结构简单、投资少、运行稳定，可以回收有用粉料；与文丘里洗涤器相比，动力消耗小，回收的干粉尘便于综合利用，不产生泥浆。对于细小而干燥的粉尘，采用袋式除尘器净化较为适宜。袋式除尘器的缺点为：不适用于净化黏结和吸湿性强的含尘气体，一般也不耐高温；占地面积较大，更换滤袋和检修不太方便。

1. 袋式除尘器的工作机理

图 5－3－1 为袋式除尘器的结构示意图，其工作过程包括过滤过程和清灰过程。过滤过程中，含尘气体进入袋式除尘器穿过滤布时，粉尘被阻留得以捕集，干净气体则透过滤布从除尘器出口排出。阻留在滤袋表面上的粉尘，可在机械振动、脉冲喷吹等作用下从滤材表面脱落，落入灰斗中。袋式除尘器的过滤机理是筛滤、惯性碰撞、扩散、黏附、静电和重力等效应的综合作用，其中以“筛滤效应”为主。

(1)筛滤作用

含尘气体通过滤袋时，由于滤材本身空隙较大(一般滤材为 20～50μm，表面起绒的滤材为 5～10μm)，只有粗大的粉尘(相对于网孔尺寸而言)能被截留下来，因此干净滤袋的除尘效率很低(图 5－3－2)。随着较大粉尘被阻留拦截，在网孔上产生“架桥”现象，使得较小粉尘很快在滤袋表面形成“粉尘初层”(图 5－3－3)。在以后的过滤过程中，“粉尘初层”便成了滤袋的主要过滤层，而滤材主要起支撑粉尘层的骨架作用。由于“粉尘初层”的作用，即使很细的粉尘也能获得较高的除尘效率，这也是袋式除尘器能够成为高效除尘器的一个重要原因。

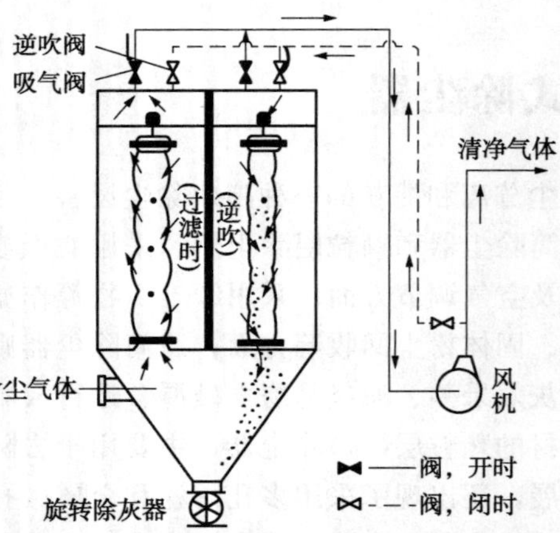

图 5－3－1　典型的袋式除尘器除尘原理示意图

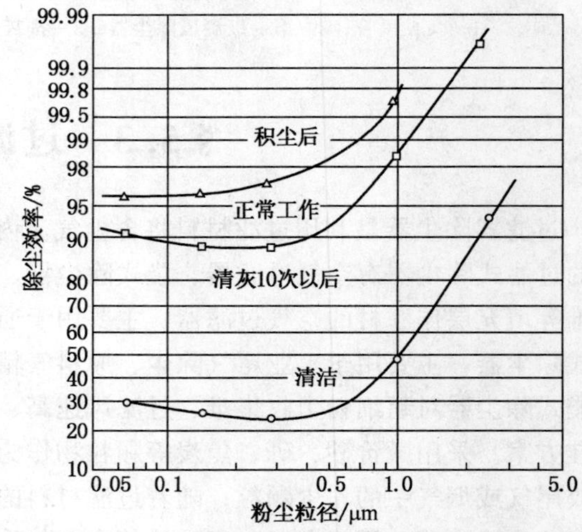

图 5－3－2　袋式除尘器的分级效率曲线

图 5－3－3　滤材上的粉尘层

(2)惯性碰撞作用

含尘气体通过滤材时，气流流线绕过滤材实体发生弯曲，而较大的粉尘(粒径为 1μm 以上)则因其惯性作用将不随流线的弯曲而偏离气体流线，仍保持原来的运动方向，撞击到滤材表面从而被捕集。惯性碰撞作用随粉尘粒径及气体流速的增大而增大。

(3)扩散作用

当粉尘粒径极为细小时(如粒径为 0.1μm 的亚微米级粉尘)，粉尘会在气体分子连续不断地撞击下脱离流线做不规则运动(也称布朗运动)，当与滤材接触时就会被捕集，这种作用称为扩散作用。粉尘越小，因扩散作用而被捕集的概率就越大。当粉尘粒径大于 1μm 时，扩散效应可以忽略。

(4)黏附作用

当含尘气体接近滤材时，细小的粉尘仍随气流一起绕流，若粉尘半径大于粉尘中心到滤材边缘的距离时，粉尘即因滤材黏附而被捕集。滤材表面的间隙越小，则黏附作用越显著。

(5)静电作用

气流冲刷滤材时，摩擦作用可使滤材产生电荷。而某些粉尘颗粒间相互碰撞会放出电子而产生静电，如果滤材为绝缘体，会使滤材带电。当粉尘和滤材所带的电荷相反时，粉尘就被吸附在滤材上，从而提高除尘效率，但粉尘较难被清除。反之，如果两者所带的电荷相同，则产生斥力，使除尘效率下降。所以，静电作用能改善或妨碍滤材的除尘效率。为了保证除尘效率，必须根据粉尘的电荷性质来选择滤材。一般只有在粉尘粒径小于 1μm 且过滤气速很低时静电作用才显示出来。如果有外加电场，则可强化静电作用，提高除尘效率。

(6)重力作用

当含尘气流进入除尘器后，粒径和密度较大的尘粒，可能因重力作用自然沉降下来。

总的来看，根据袋式除尘器结构特性和粉尘特性等实际情况的不同，以及滤材空隙、气流流速、粉尘粒径等工况变化，各种过滤机理对过滤性能的影响也不相同，如图 5-3-4 所示。实际上，新滤材在开始过滤时，除尘效率很低。当“粉尘初层”形成后，滤材的过滤效率不断提升，但过滤阻力也相应增大。当滤材两侧压力差很大时，会导致将已附着在滤材层上的细尘粒挤压过去，使除尘效率明显下降。因此，当过滤阻力达到一定值后要及时清灰，但清灰时不能破坏“粉尘初层”，以免降低除尘效率。

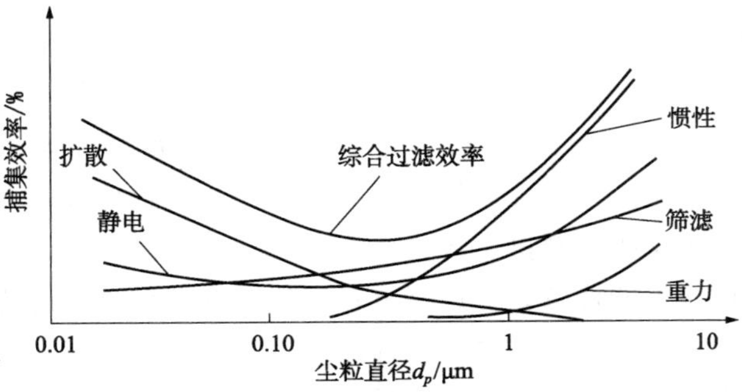

图 5-3-4 捕集效率与粉尘粒径的关系

2. 袋式除尘器的滤材和结构类型

滤材是制作滤袋用滤布的材料，其特性直接影响造价、性能和运行维护成本等。滤材成本一般占设备费用的 10%～20%。性能良好的滤材应具备耐温、耐磨、耐腐蚀、吸湿性小、尺寸稳定性好、容尘量大、捕尘效率高、阻力低、机械强度高、原料来源广、使用寿命长、价格低等特点。

(1)滤材种类及特性

滤材可分为天然纤维、无机纤维和合成纤维三大类。常用纤维滤材的主要性能如表 5-3-1 所示，可供选择滤材时参考。

表 5-3-1　常用纤维滤材的主要性能

品名	纤维种类	密度/(g/cm³)	直径/μm	拉伸强度/(N/mm)	伸长率/%	耐酸碱性能		耐温性能/℃	
						酸	碱	长期	最高
棉	植物短纤维	1.47～1.6	10～20	35～76.6	1～10	差	良	76～85	95
麻	植物长纤维	—	16～50	35	—	—	—	80	—
蚕丝	动物长纤维	—	18	44	—	—	—	80～90	100
羊毛	动物短纤维	1.32	5～15	14.1～25	25～35	良	差	80～90	100
玻璃	矿物纤维 有机硅处理	2.4～2.7	5～8	100～2943	3～35	良	良	260	350
维纶	聚乙烯醇类	1.39～1.44	—	—	12～25	良	良	40～50	65
尼龙	聚酰胺	1.13～1.15	—	53.1～84	25～45	中	良	75～85	95
耐热尼龙	芳香胺	1.40	—	—	—	—	良	200	260
腈纶	(纯)聚丙烯腈	1.40～1.17	—	30～65	15～30	良	良	125～135	150
涤纶	聚酯	1.38	—	—	40～55	良	良	140～160	170
特氟隆	聚四氟乙烯	2.30	—	33	10～25	优	优	200～250	—
杜拉纤维	—	—	—	—	—	优	优	80	115
玄武岩	陶瓷纤维	—	—	10～18	3～10	优	优	300～350	350

选择滤材时，必须综合考虑含尘气体的特性、耐酸碱性能、耐温性能和清灰方式。棉、毛等材质的天然纤维表面呈鳞片状或波纹状，具有透气性好、阻力小、容尘量大、易于清灰、价格低廉等优点，适合于净化无腐蚀性、温度在 70～90℃的含尘气体，但使用温度一般不能超过 100℃，难以满足现代工业对袋式除尘器的高标准高要求，现已较少采用。玻璃纤维等无机纤维具有耐高温、过滤性能好、阻力低、化学稳定性好、不吸潮、价格便宜等优点，但比较脆弱，经不起揉折和摩擦。合成纤维在强度、耐腐蚀性、耐温性及耐磨性等方面具有许多天然纤维无可比拟的优点，正逐渐取代天然纤维滤料，目前使用较多的是尼龙、锦纶、涤纶、聚丙烯等。陶瓷纤维是一种集传统绝热材料、耐火材料优良性能于一体的纤维状轻质耐火材料，主要成分是碳化硅、氧化铝或多铝硅酸盐，是继碳纤维、玻璃纤维和玄武岩纤维之后应用较为广泛的无机耐高温烟气过滤材料。陶瓷纤维按照微观结构形态可以分为玻璃态纤维和结晶质纤维；按照化学组成可分为非氧化物和氧化物陶瓷纤维；按照使用温度可以分为低档陶瓷纤维(800～1100℃)、中档陶瓷纤维(1200～1300℃)、高档陶瓷纤维(1300～1500℃)；按照材料的形态可分为散状陶瓷纤维、定形陶瓷纤维、不定形陶瓷纤维、混配(纺)陶瓷纤维。

高温烟气除尘用金属纤维滤袋的制作工艺如下：首先由耐高温、耐腐蚀性的金属丝经集束拉拔工艺加工成金属纤维丝，金属纤维丝再经无纺布铺制、高温烧结等工艺制作成金属纤维布(有些金属纤维布可以由金属纤维纱线经普通织机纺织而成)；再将不同孔径的金属纤维布层叠形成梯度三维多孔结构，且金属纤维布之间为焊接结构。滤材孔隙不易变形，耐受温度可达650℃、熔点高达1350℃，能有效避免因高温引起的滤袋寿命缩短问题，已在氧化铝焙烧、水泥制造、垃圾焚烧等行业中得到应用。

(2)滤材的结构及特点

滤材的结构形式对除尘性能有很大影响，按照滤材结构可将其分为有机织布、针刺毡、薄膜过滤材料和烧结材料等。

有机织布是由经纬线交织而成，按照经纬线交织方式的不同可分为平纹、斜纹和缎纹三种。为改善织布滤料的性能，往往采用纬二重或双层结构。针刺毡是纺布的一种，由于制作工艺不同，毡布较致密，在厚度上有多层孔隙，孔隙率可达70%～80%，阻力较大，容尘量小，但表面光滑平整而易于清灰，现已生产的毡布包括聚酰胺、聚丙烯、聚酯等。织物可分为编织物(交织布)和非编织物(无纺布)，其中编织物最为普遍。薄膜过滤材料是指颗粒(包括微细粉尘)几乎被阻留在表面而不能透入内部的滤料，一般为复合材料。例如，美国戈尔(GORE)生产的GORE－TEX薄膜材料是在常规滤料(底布)上复合一层经膨化处理的聚四氟乙烯(PTFE)薄膜，薄膜孔径小于0.5μm。薄膜过滤材料具有憎水性、清灰容易等特点，可以降低过滤能耗和清灰能耗，减少粉尘排放量，延长滤袋使用寿命，但价格昂贵。烧结材料是指将塑料、陶瓷、金属等烧结成具有一定几何形状和微小空隙的滤材。

3. 袋式除尘器的分类

袋式除尘器的结构形式多种多样，通常根据滤袋截面形状、进气口位置、过滤方式以及清灰方式等形式进行分类。

(1)按滤袋截面形状分类

滤袋的截面形状通常有圆筒形和扁平形两种，如图5－3－5所示的圆筒形滤袋应用最广，其结构和连接简单，易于清灰，且受力均匀，成批换袋容易。其直径一般为ϕ120～300mm，直径过小有可能造成堵灰，直径过大则有效空间的利用率较低，因此最大不超过ϕ600mm。滤袋长度一般取2～3.5m，也有的长达12m。滤袋长度和直径之比(长径比)一般为10～25，最大可达30～40，最佳长径比一般根据滤布的过滤性能、清灰方式及设备费用来确定。增加滤袋长度可节约占地面积，但滤袋过长会增加滤袋顶部的压力，易造成该处破损。

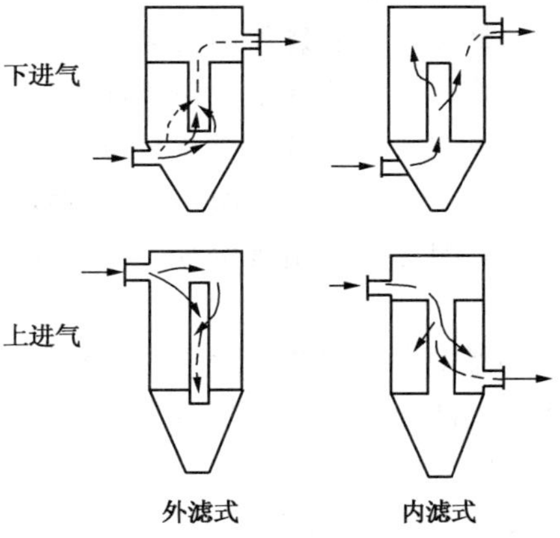

图5－3－5　圆筒形袋式除尘器的结构示意图

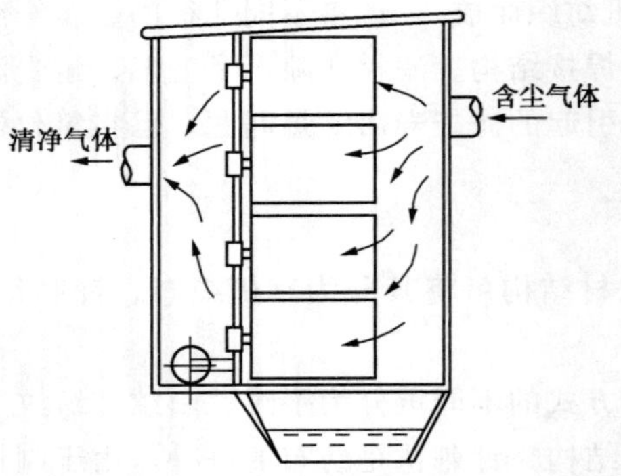

图5-3-6 扁袋除尘器的结构示意图

扁平形滤袋的断面形状有楔形、梯形和矩形等，如图5-3-6所示，特点是单位体积内布置的过滤面积大、结构紧凑。与圆筒形滤袋相比，同样体积的除尘器内可多布置20%～40%的过滤面积。但其结构较复杂，清灰和换袋比较困难，且制作要求高，滤袋之间易被粉尘堵塞，所以应用较少。

对于大中型袋式除尘器，一般都分成若干室，以便于清灰及维修。每台除尘器的室数，少则3～4室，多则16室以上。而滤袋的数量按每条滤袋的过滤面积、选用的过滤风速及处理烟气量来确定，每室袋数少则8～15只，多则200只。

(2)按进气口位置分类

根据进气口位置的不同，袋式除尘器可以分为上进气和下进气两类，如图5-3-5所示。

上进气时含尘气体从除尘器上部进入，在过滤室内粉尘沉降方向与气流流动方向一致，有利于粉尘沉降，并且能在滤袋上形成较均匀的粉尘层，过滤性能比较好。但为了使配气均匀，需要设置上、下两层固定滤袋用的花板，这样会增加除尘器高度、造价以及滤袋安装调节的复杂性，而且上花板易于积灰。上进气还会使灰斗滞留空气，增加结露的可能性。

下进气时含尘气体从除尘器下部进入，进气口一般都设在灰斗上部。含尘气体进入后，由于空间突然扩大，气流速度降低，使得烟气中较粗的尘粒有可能在灰斗中直接沉降下来，只有较细的微尘进入滤室与滤袋接触，从而减轻尘粒对滤袋的磨损，延长清灰周期，提高滤袋的使用寿命。其缺点是尘粒沉降方向与气流方向相反，不利于尘粒的沉降。尤其是在清灰时，会使被抖落或喷吹下来的细粉尘在完全落入灰斗之前，又随过滤气流重新附着在滤袋表面，从而降低了清灰效率。滤袋越长，这种影响越明显。与上进气相比，下进气方式设计合理、结构简单、设备安装及维护检修较简便，因此使用较多。

(3)按过滤方式分类

按照含尘气流通过滤袋的方式，除尘器通常可以分为内滤式和外滤式两种，如图5-3-5所示。

内滤式是含尘气体进入滤袋内部，尘粒被阻留于滤袋内表面，净化气体通过滤袋逸出袋外。其优点是滤袋不需要设支撑骨架，且滤袋外侧为净化后的干净气体，当处理常温和无毒烟尘时，可以不停车进行内部检修，从而改善了劳动条件。

外滤式是含尘气体由滤袋外部进入，尘粒在滤袋外表面被捕集，净化气体由袋内排出。外滤式除尘器的滤袋内部必须设置支撑骨架，以防止过滤时将滤袋吸瘪。但反吹清灰时由于滤袋的胀、瘪动作频繁，滤袋与骨架之间易出现磨损，增加更换滤袋次数与维修的工作量，而且维修较困难。

一般来说，下进气袋式除尘器多为内滤式，外滤式要根据清灰方式来确定。例如，采用脉冲清灰方式的圆袋形除尘器及大部分扁袋形除尘器多采用外滤式，而采用机械振动或气流反吹清灰的圆袋形除尘器多采用内滤式。

(4)按除尘器的密闭方式分类

按密闭方式的不同或按除尘器与风机连接部位的不同，袋式除尘器可分为密闭式和敞开式两种。

密闭式除尘器一般设在风机的吸入段，除尘器处于负压状态下运行，因而又称为负压式或吸入式。这种方式对风机叶轮的磨损小，可延长风机的使用寿命。为避免漏风，壳体必须严格密闭、保温，加工制造成本相应较高。在处理高温气体时，还要防止结露现象。

敞开式除尘器一般设在风机的压出段，除尘器处于正压状态下运行，通常又可称为正压式或压入式。当处理的气体和粉尘对环境无影响时，可以不密封，甚至可以敞开，从而可以节约投资。但这种方式会使风机受到粉尘的磨损，而且还需要保护滤袋不受风吹雨淋。

(5)按照清灰方式分类

堆积在“粉尘初层”上的粉尘层称为“二次粉尘层”。随着粉尘的积聚，过滤阻力越来越大，处理风量也越来越小，甚至会使一些已附着在滤布上的微细粉尘挤压过去，造成除尘效率降低。因此，当过滤阻力达到一定值之后，要及时进行清灰。清灰的对象是“二次粉尘层”，基本要求就是快速均匀地对其予以清除，同时又不能破坏“粉尘初层”，以免除尘效率下降过多，并且尽可能避免损伤滤袋和消耗较少的动力。清灰方式主要有人工拍打、机械振动、逆气流反吹、脉冲喷吹清灰以及联合清灰等，相应的除尘器产品被称为机械振动清灰袋式除尘器(Shake - Cleaning Baghouse，Shaker Dust Collector)、脉冲喷吹清灰袋式除尘器(Pulse Jet Baghouse，或 Pulse Jet Dust Collector)等。

①机械振动清灰。利用机械传动机构(电动、电磁或气动)的周期性振动来晃动悬吊滤袋的框架，使滤袋产生振动而将积附在滤袋上的粉尘抖落入灰斗中。根据振动方式不同，可以分为水平振动、垂直振动和扭转振动三种形式，如图 5 - 3 - 7 所示。水平振动清灰又可分为上部振动和腰部振动两种，该方式对滤袋损害较轻，但在滤袋全长上清灰效果不均匀；垂直振动清灰可采用定期提升滤袋框架，也可以采用偏心轮机构振打滤袋框架，从而进行清灰，这种方式虽然清灰效果较好，但对滤袋的损伤较大(特别是对滤袋下部)；扭转振动清灰是利用机械传动机构定期将滤袋扭转一定的角度，使滤袋变形而使粉尘脱落。

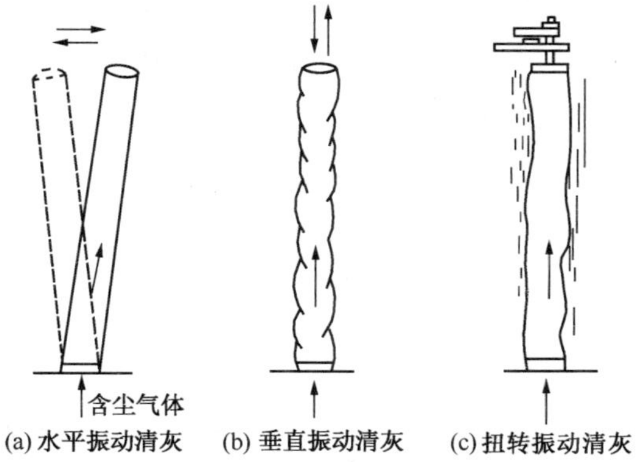

图 5 - 3 - 7　机械振动清灰的振动方式示意图

图 5 - 3 - 8 为利用偏心轮垂直振动清灰的袋式除尘器，振动机构由电动机驱动，并通过凸轮的作用，以一定的时间间隔逐一振打各除尘室的吊架，使滤袋得到垂直方向的振动；同时带动阀箱，使排气口关闭，并使料仓与大气接通，新鲜空气因负压而进入。在机械和反向气流的作用下，附着在滤袋内表面的粉尘落入灰斗中，随后由螺旋输送机和卸灰阀排出。振动机构的主要设计参数为频率(即每 min 的振动次数)、振幅(滤袋顶部的移动距离)和振动持续时间。

除此之外，也可将以上几种振动方式复合作用，例如通过一个可转动偏心轴和摇杆的作用，使滤袋做上下、左右摇动。这种摇动可以传至滤袋的下端，且不损伤滤袋，对于一般难以清落的烟雾状粉尘可取得较好的效果。

机械振动清灰机构构造简单、运转可靠，但清灰强度较弱，因此只允许较低的过滤风速

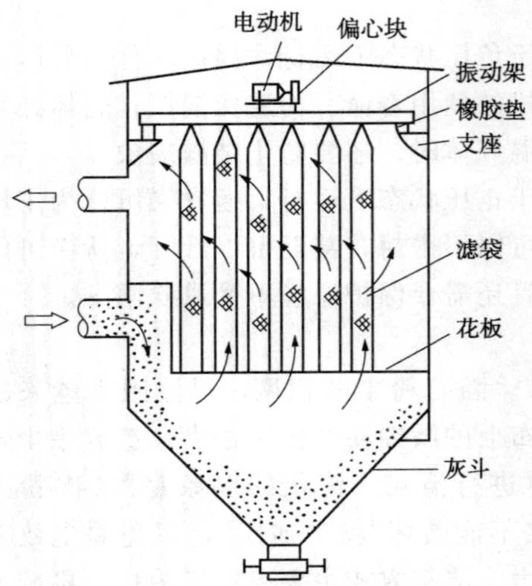

图 5-3-8 偏心轮垂直振动清灰袋式除尘器的结构示意图

(一般取 0.6～1.6m/min)。机械振动清灰时需要停止过滤，因此常需要将整个袋式除尘器分割成若干个袋室，顺次逐室清灰，以保证袋式除尘器连续运转。此外，这种方式对滤袋有一定的损伤，会增加维修和更换滤袋的工作量，因而已逐渐被其他清灰方式所取代。

②逆气流反吹清灰。利用反向气流使滤袋产生胀、缩变形导致粉尘层脱落，又分为分室反吹和气环反吹两种形式。

如图 5-3-9 所示，分室反吹清灰时通常需要关闭含尘气流，利用阀门自动调节逐室开启逆气流进行反吹风。此时滤袋将变形，使沉积在滤袋表面的粉尘层破坏、脱落，通过花板落入灰斗。安装在滤袋内的支撑环可以防止滤袋完全被压瘪。根据清灰气流在滤袋内的压力状况，可以采用正压反吹清灰或负压反吹清灰。当采用高压气流反吹清灰时，可以在过滤工作状态下进行清灰，清灰效果受反吹气流压力影响，此时常需要另设中压或高压风机。分室反吹清灰在整个滤袋上的气流分布比较均匀，振动不剧烈，因此对滤袋的损伤较小，适宜采用长滤袋(可达 15～18m)，而且一般都采用停风清灰。由于清灰强度小，过滤风速一般不宜过大。例如，处理粗大粉尘时一般为 1.5～2.0m/min，处理普通粉尘时取 1m/min，处理细粉尘(如电弧炼钢炉的烟尘)时通常为 0.50～0.75m/min。

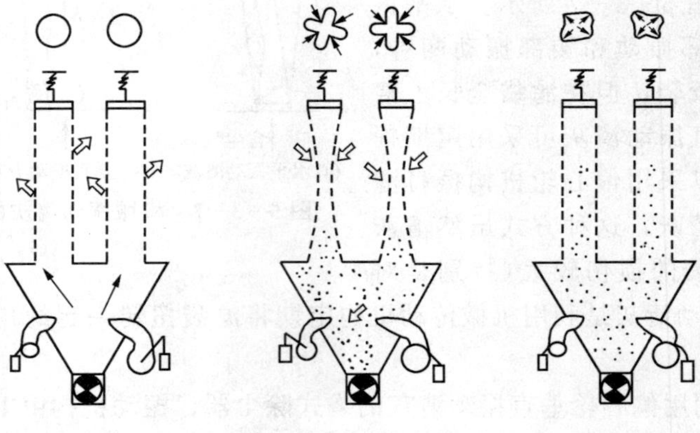

(a) 过滤　(b) 反吹　(c) 沉降

图 5-3-9 分室反吹清灰方式示意图

气环反吹清灰是以高速气体通过气环反吹滤袋，来达到清灰的目的，如图 5-3-10 所示。其特点是适用于高浓度、较潮湿的粉尘，也能适用于气流中含有水汽的场合；其缺点是滤袋容易被磨损。清灰过程中，气环箱紧套在滤袋外部，做上下往复运动，气环箱内紧贴滤袋处开有一条环缝(气环喷嘴)，滤袋内表面沉积的粉尘被气环喷嘴喷射出的高压气流吹掉。清灰所耗的反吹空气量为处理气量的 8%～10%。当处理潮湿的粉尘时，反吹气需要加热到 40～60℃。这种除尘器的过滤风速较高，一般为 4～6m/min，压力损失为 1000～1200Pa。

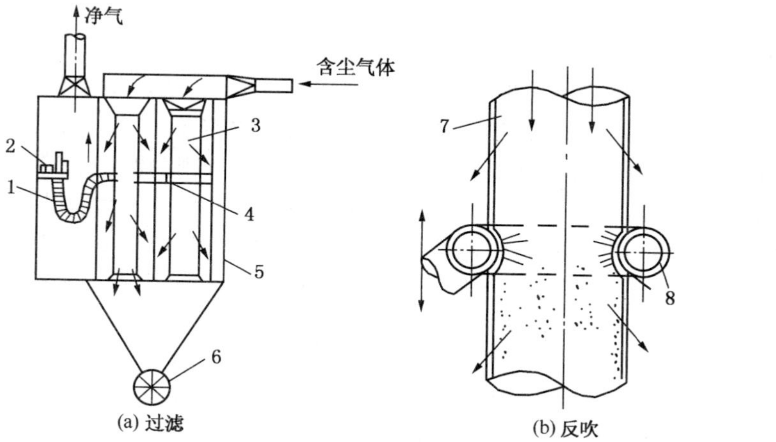

图 5-3-10　气环反吹袋式除尘器的结构示意图

1—软管；2—反吹风机；3—滤袋；4—气环箱；5—外壳体；6—卸灰阀；7—滤袋；8—气环箱

图 5-3-11 为回转(分室)反吹清灰扁袋除尘器的结构示意图，采用圆筒外壳，梯形扁袋沿圆筒呈辐射状布置。可根据所需的过滤面积，将滤袋布置成 1 圈、2 圈、3 圈甚至 4 圈。滤袋断面尺寸为(35/80)mm×290mm，袋长取 2～6m。含尘气体沿切向进入过滤室上部，大粒径粉尘和凝聚粉尘在离心力的作用下沿圆筒壁落入灰斗；小粒径粉尘则弥散在袋间空隙中，当含尘气体穿过滤袋，尘粒被阻留附着在滤袋外表面。净化后的气体经花板上的滤袋导口进入净气室，由排气口排出。对于黏性较大的细尘粒，过滤风速一般取 1～1.5m/min；而黏性较小的粗尘粒，过滤风速可取 2～2.5m/min。当过滤阻力增加到一定值时，反吹风机将高压空气自中心管送到顶部悬臂风管内，气流由悬臂风管垂直向下喷吹，将附着在滤袋外面的粉尘吹落。反吹风管沿圆筒外壳轴心线向上与悬臂风管连接，悬臂风管由专用电动机和减速器带动旋转(设计转速为 1～2r/min)。悬臂风管每转一圈，内外各圈上的每个滤袋均被喷吹一次。每只滤袋的喷吹时间约为 0.5s，喷吹周期约为 15min；反吹风机的风压约为 5kPa，反吹风量为过滤风量的 5%～10%。反吹空气可以取自大气(称为大气风)，也可取自自身净化的空气(称为循环风)。采用循环风可以不增加除尘器的风量负荷，处理高温烟气时可以防止冷风进入，从而避免结露和堵袋现象。但除尘器内的负压不能利用，因此用循环风时，反吹风机的风压要比用大气风时高。具体选用应根据处理气体的性质、能耗等因素综合考虑。回转反吹扁袋除尘器有以下特点：a)按旋风除尘器设计切向进口，能起局部旋风作用，减轻滤袋粉尘负荷；b)除尘器自带反吹风机，不受使用场合压缩空气源的限制；c)反吹风清灰作用距离大，可采用长滤袋，充分利用空间，占地面积小；d)结构紧凑，在同一个圆筒空间内采用梯形扁袋比圆袋多 32%的

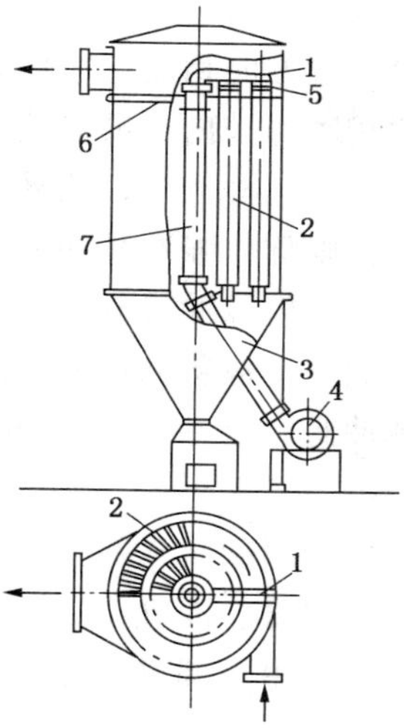

图 5-3-11　回转(分室)反吹清灰扁袋除尘器的结构示意图

1—悬臂风管；2—滤袋；3—灰斗；4—反吹风机；5—反吹风口；6—花板；7—反吹风管

过滤面积；e)圆筒外壳受力均匀，用于烟气净化可防止变形；f)滤袋易损坏，维修工作量大，由于传动机构较多，加工及安装要求较高。

③脉冲喷吹清灰。如图 5－3－12 所示，利用 4～7atm 的压缩空气为清灰动力，压缩空气(一次风)在极短的时间内高速喷入滤袋，同时诱导数倍于(一次风量的 5～7 倍)喷射气流的空气(二次风)形成空气波，使滤袋由袋口至底部产生急剧的膨胀和冲击振动，从而导致积附在滤袋上的粉尘层脱落。脉冲喷吹系统由脉冲控制仪、压缩空气包、排气阀、脉冲阀、喷吹管和文丘里管(文氏管)等组成，排气阀和脉冲阀是关键部件。常用的排气阀有电磁阀、气动阀、机械阀三种。常用的脉冲控制仪有机械控制仪、电动控制仪和气动控制仪三种，控制参数有脉动压力(喷吹作用的强度)、喷吹作用的频率、脉冲持续时间和清灰次序，都可以进行调节。

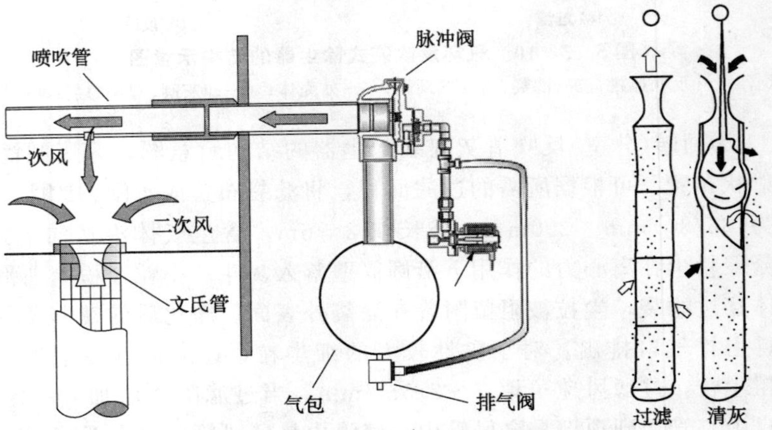

图 5－3－12　脉冲喷吹清灰示意图

根据脉冲喷吹气流与被净化气流流动方向的不同，可以分为逆喷和顺喷两种方式。逆喷式为两股气流方向相反，净化后的气流由袋口排出；顺喷式为两股气流方向一致，净化后的气流由滤袋底部排出。虽然被清灰的滤袋在喷吹时不起过滤作用，但由于喷吹时间很短，加上各滤袋依次逐排清灰，几乎可以将过滤过程视为连续，故可以不采用分室结构。如果做成分室结构，则称作强制脉冲喷吹清灰，特点是按顺序进行。清灰时关闭排气口阀门，从一侧向分室上部喷射脉冲气流，经分室进入各滤袋内进行清灰。每清灰一次，称作一个脉冲。全部滤袋完成一个清灰循环的时间称为脉冲周期，通常为 60s，可以使用脉冲控制仪调节脉冲周期。脉冲阀喷吹一次的时间即喷吹时间，称为每次脉冲持续时间或脉冲宽度，通常为 0.1～0.2s。

典型脉冲喷吹袋式除尘器的结构如图 5－3－13 所示，主要由进气口、袋式过滤室、箱体、滤袋及笼骨、净气室、脉冲喷吹系统、灰斗及输灰机构、风道等组成。滤尘过程大致为：含尘气体由下部进入除尘器中，粉尘阻留在滤袋外表面上，透过滤袋的洁净气体经文氏管进入上部箱体，从出气管排出。清灰过程大致为：当滤袋表面的粉尘负荷增加并达到一定阻力时，由脉冲控制仪发出指令，按顺序触发各控制阀，开启脉冲阀，使气包内的压缩空气从喷吹管的各喷孔中喷出一次空气流(其速度接近声速)，通过文氏管诱导二次气流一起喷入滤袋，造成滤袋急剧膨胀、振动、收缩，从而使附着在滤袋上的粉尘脱落。

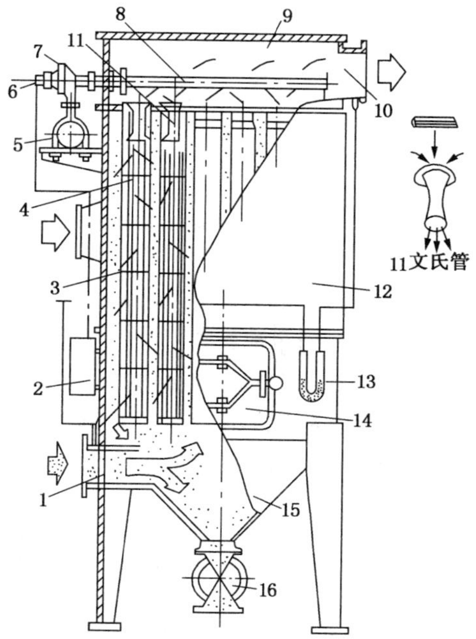

图 5-3-13　脉冲喷吹袋式除尘器的结构示意图

1—进气口；2—脉冲控制仪；3—滤袋；4—笼骨；5—压缩空气包；6—排气阀；7—脉冲阀；8—喷吹管；9—净气箱；10—净气出口；11—文丘里管(文氏管)；12—除尘箱；13—U形压力计；14—检修口；15—灰斗；16—卸灰阀

脉冲喷吹清灰的清灰效率在99%以上，因此一般允许采用较高的过滤负荷或过滤风速(通常取2～4m/min)，相应的压损为800～2000Pa。据实际经验，当袋式除尘器的过滤风速小于3m/min，进口含尘浓度为5～10g/m^3时的脉冲周期可以取60～120s，当含尘浓度小于5g/m^3时的脉冲周期可增加到180s。当袋式除尘器的过滤风速大于3m/min、进口含尘浓度大于10g/m^3时，脉冲周期可以取30～60s。脉冲宽度可按表5-3-2选取。美国LDX Solutions公司的Dustex®脉冲喷吹纤维袋式除尘器(Pulse-Jet Fabric Filter)是脉冲喷吹袋式除尘器的典型代表，采用计算流体动力学(CFD)数值模拟优化各分室内部流场分布和多项专利技术。美国Babcock & Wilcox Enterprises公司的脉冲喷吹纤维滤袋长度可达10m，与电除尘器联用可以实现对重金属Hg的控制。

表 5-3-2　喷吹压力与脉冲宽度的对应关系列表

喷吹压力/MPa	脉冲宽度/s
0.7	0.1～0.12
0.6	0.15～0.17
0.5	0.17～0.25

脉冲喷吹袋式除尘器的滤布磨损较轻，使用寿命较长，运行安全可靠。缺点包括脉冲控制系统较为复杂，维护管理水平要求较高，使用不慎有可能使滤袋清灰过度，进而使除尘效率降低；需要高压气源做清灰动力，电力用量消耗较大；当供给的压缩空气压力不能满足喷吹要求时，清灰效果会大大降；对高浓度、含湿量较大含尘气体的净化效果较低。此外，对于通常处理高温烟气的金属滤袋除尘器而言，使用脉冲喷吹清灰时喷入冷的压缩空气，冷热交替若达到露点温度，滤袋表面就会产生结露，黏附大量颗粒后发生糊袋现象。

④联合清灰。将两种或三种清灰方式同时采用在同一个袋式除尘器内，以达到最佳净化效率。例如，采用机械振动和反吹相结合的联合清灰袋式除尘器，可以适当提高过滤风速和清灰效果。联合清灰袋式除尘器的清灰时间为30～60s，时间间隔为3～8min，过滤风速一般取2～3m/min，压力损失为800～1000Pa，清灰效果好，净化效率约为98%。

4. 袋式除尘器的工作性能

袋式除尘器的工作性能主要涉及除尘效率、压力损失和过滤速度等方面。

(1)除尘效率

影响袋式除尘器除尘效率的因素有粉尘特性、滤布特性、气体参数、运行参数、清灰方式等，洁净滤布时的除尘效率对尘粒捕集的意义不大。对于带有粉尘滤布的除尘效率关系式有三种，一种是经理论推导的除尘效率与孤立粉尘捕集体综合捕集效率的计算式；另一种是根据实验数据而建立的半理论半经验关系式；第三种是实测关系式。Richard Dennis、Hans A. Klemm应用迭代算法，研究了玻璃纤维滤布捕集尘粒的过程，提出了如下一组半理论半经验除尘效率 η 的计算公式，

$$\eta=1-\left\{\left[P_n+(0.1-P_n)\mathrm{e}^{-\alpha m}\right]+\frac{C_R}{C_i}\right\} \tag{5-3-1}$$

$$P_n=1.5\times10^{-7}\exp\left[12.7\left(1-\mathrm{e}^{1.03v_f}\right)\right] \tag{5-3-2}$$

$$\alpha=3.6\times10^{-3}v_f^{-4}+0.094 \tag{5-3-3}$$

式中 P_n——无因次参数；

C_R——脱除浓度(常数)，g/m^3(对于玻璃纤维滤布Dennis取 $C_R=0.5\ mg/m^3$)；

C_i——进口粉尘浓度，g/m^3；

v_f——表面过滤速度(单位滤布面积上的平均过滤气流量)，m/min；

m——滤布上的粉尘负荷，g/m^2。

袋式除尘器是除尘效率很高的一种除尘器，几乎在各种情况下的除尘效率都可以达到99%以上。如果设计、制造、安装、运行得当，特别是维护管理适当，滤尘效率可达到99.9%。因此在选择除尘器时，一般不需计算除尘效率。在许多情况下，袋式除尘器的排尘浓度可达数十 mg/m^3，甚至 $0.1mg/m^3$ 以下。因此，有时可以将袋式除尘器的排气送回车间内部循环使用，节省了为补给空气加热或冷却的能耗和费用。

(2)压力损失

袋式除尘器的压力损失 Δp 不但决定其能耗，还决定除尘效率和清灰的时间间隔。压力损失主要由除尘器结构压力损失、清洁滤布压力损失和粉尘层压力损失三部分组成。目前主要通过实验确定，也可按下式进行推算，

$$\Delta p=\Delta p_c+\Delta p_o+\Delta p_d\ (\mathrm{Pa}) \tag{5-3-4}$$

式中 Δp_c——除尘器结构压力损失(主要是由气流经进、出口、灰斗内挡板等造成的压损)，在正常过滤风速下，一般为200～500Pa；

Δp_o——清洁滤布压力损失；

Δp_d——粉尘层压力损失。

Δp_o 与 Δp_d 之和一般又称为过滤阻力 Δp_f，可由下式推算，

$$\Delta p_f=\Delta p_o+\Delta p_d=\zeta\mu v_f=(\zeta_0+\alpha m)\mu v_f\ (\mathrm{Pa}) \tag{5-3-5}$$

式中 ζ——过滤层的总压损系数或阻力系数，m^{-1}；

ζ_0——清洁滤布的压损系数或阻力系数，m^{-1}；

μ——含尘气体的黏度，Pa·s；

v_f——过滤速度，m/s；

α——粉尘层的平均比阻力，m/kg；

m——堆积粉尘负荷(单位面积的尘量)，kg/m^2，普通运行袋式除尘器的堆积粉尘负荷范围为0.2～2.0kg/m^2。

由上式可见，过滤阻力与过滤速度和气体黏度成正比，与气体密度无关。这是因为滤速较小，通过滤层的气流呈层流状态，气流的动压可以忽略，这一特性与其他类型的除尘器完全不同。清洁滤布压损系数ζ_0的数量级为10^7～$10^8 m^{-1}$，其中例如玻璃丝布为$1.5\times10^7 m^{-1}$、涤纶为$7.2\times10^7 m^{-1}$、呢料为$3.6\times10^7 m^{-1}$，因此一般可以忽略不计。

粉尘层的平均比阻力α可用柯日尼-卡门(Karzeny－Carman)的理论公式推算，即

$$\alpha=\frac{180(1-\varepsilon)}{\rho_p d_p^2 \varepsilon^3} \tag{5-3-6}$$

式中 ε——粉尘层的平均空隙率，对于一般表面过滤方式，取0.8～0.95，也可由图5－3－14确定；

ρ_p——粉尘的真密度，kg/m^3；

d_p——粉尘的平均粒径，μm。

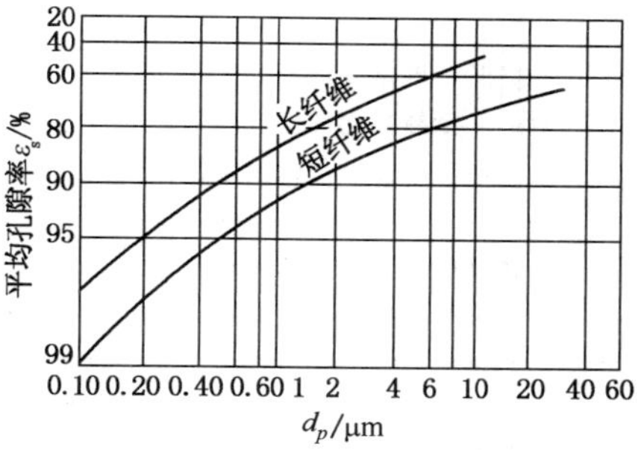

图5－3－14 粉尘层的平均空隙率

设C_i为入口气体含尘浓度(kg/m^3)，η为平均除尘效率，t为过滤时间(s)，则滤布上的堆积粉尘负荷m为

$$m=C_i\cdot v_f\cdot t\cdot\eta \tag{5-3-7}$$

将上式代入式(5－3－5)得

$$\Delta p_f=(\xi_0+\eta C_i t\cdot\alpha\cdot v_f)\mu\cdot v_f \tag{5-3-8}$$

袋式除尘器的过滤阻力Δp_f直接反映了除尘器的运行经济性，相应引起的动力消耗为

$$N=KQ\Delta p_f \tag{5-3-9}$$

式中 Q——除尘器的处理气体量，m^3/s；

K——常数。

当袋式除尘器的允许压力损失确定以后，过滤风速、进口含尘浓度和清灰时间间隔互相制约。当处理含尘浓度低的气体时，清灰时间间隔可以适当延长；当处理含尘浓度高的气体时，清灰时间间隔应尽量缩短，但这样会使清灰次数增多，缩短滤袋寿命。因此，进口浓度低、清灰时间间隔短、清灰效果好的除尘器可以选用较高的过滤风速；反之，则应选用较低的过滤风速。

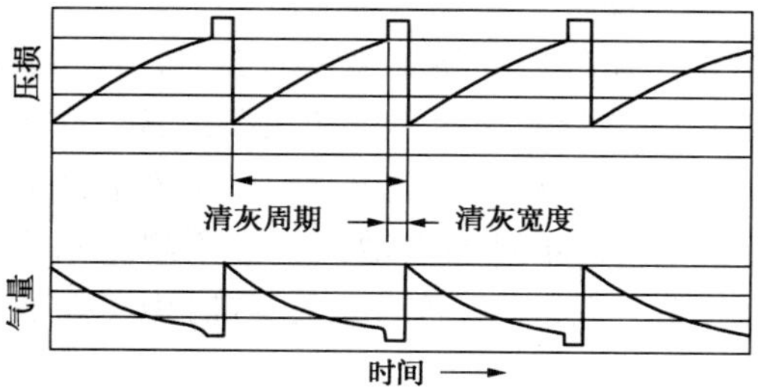

图5－3－15 袋式除尘器压力损失与气体流量随时间的变化

袋式除尘器正常工作时的压力损失应控制在800～2000Pa，正常工作时压力损失与气体流量随时间的变化关系如图5－3－15所示，图中所示的清灰宽度是指每次清灰的持续时间，清灰周期是指前后两次清灰的间隔时间。过滤时间越长，在滤布上积累的粉尘层越厚，压力损失也就越大，直到清灰为止。当滤层两侧压力差很大时，将会造成能量消耗过大和除尘效

率降低，清灰后情况好转。

(3)过滤速度

过滤速度是影响袋式除尘器性能的主要因素之一，也是表征处理气体能力的重要经济技术指标。速度过高会使积附在滤布上的粉尘层压实，过滤阻力急剧增大。由于滤布两侧的压差增加，使粉尘颗粒渗入滤布内部，甚至透过滤布，致使出口含尘浓度增加。这种现象在滤布刚结束清灰后更为明显。过滤速度高时还会导致滤布上迅速形成粉尘层，引起过于频繁的清灰。

在过滤速度较低的情况下，过滤阻力低，除尘效率高，然而需要过大的设备，占地面积也大。因此，过滤速度的选择要综合考虑粉尘性质、滤布种类、清灰方式等因素(见表5-3-3)。

表5-3-3　袋式除尘器推荐的过滤速度v_f　　m/min

等级	粉尘种类	清灰方式		
		振打与逆气流联合	脉冲喷吹	反吹风
1	炭黑、氧化硅(白炭黑)；铅、锌①的升华物，以及其他在气体中由于冷凝和化学反应而形成的气溶胶；化妆粉；去污粉；奶粉；活性炭；由水泥窑排出的水泥①	0.45～0.50	0.8～2.0	0.33～0.45
2	铁及铁合金的升华物；铸造尘；氧化铝；由水泥磨排出的水泥；碳化炉升华物；石灰；刚玉；安福粉及其他肥料；塑料；淀粉	0.50～0.75	1.5～2.5	0.45～0.55
3	滑石粉；煤；喷砂清理尘；飞灰；陶瓷生产中的粉尘；炭黑(二次加工)；颜料；高岭土；石灰石；矿尘；铝土矿、水泥(来自冷却器)；搪瓷	0.70～0.80	2.0～3.5	0.60～0.90
4	石棉；纤维尘；石膏；珠光石；橡胶生产中的粉尘；盐；面粉；研磨工艺中的粉尘	0.80～1.50	2.5～4.5	—
5	烟草；皮革粉；混合饲料；木材加工的粉尘；粗植物纤维(木麻、黄麻等)	0.90～2.00	2.5～6.6	—

① 指基本上为高温的粉尘，多采用反吹清灰袋式除尘器捕集。

5. 袋式除尘器的选型与设计

(1)选择除尘器型式及滤材

①选择除尘器型式。对除尘效率要求高、厂房面积受限、投资和设备定货皆有条件的情况，可以采用脉冲喷吹袋式除尘器，否则可采用机械振动清灰或逆气流清灰。

②选择滤材。综合考虑滤材捕集指定粉尘的性能、耐气体和粉尘腐蚀的能力、耐高温的能力、适当的机械强度、价格等，气体的温度和湿度是选择滤材时考虑的主要因素。由于很多高温烟气适合采用袋式除尘器捕尘，所以在烟气温度超过滤材耐温上限时，应在袋式除尘器前加设高温烟气预冷却系统。随着气体的逐渐冷却，其相对湿度增高，必须防止水汽凝结，以免造成粉尘在滤材上结块。一般要求气体温度高于露点温度30℃。有时为了防止气体进一步自然冷却，需要对袋式除尘器的外壳进行保温。

(2)确定过滤速度

根据粉尘性质、滤材种类、要求的除尘效率和选定的清灰方式等，即可确定过滤速度

v_f。参考表 5－3－2 的经验数据很重要，然后再结合其他条件即可确定过滤速度 v_f 的具体数值。

(3)确定总过滤面积 A_f

$$A_f=\frac{Q}{60v_f}(\mathrm{m}^2) \tag{5-3-10}$$

式中　Q——含尘气体处理流量，m^3/h；

v_f——过滤速度，m/min。

含尘气体处理流量 Q 由工艺提供或根据工艺参数计算确定，但要换算成除尘器进口状态(温度、压力和湿度)下的流量。此外，还要考虑以下三项附加值：①漏风附加，考虑到除尘系统的严密程度和漏风情况，一般应附加 10％～15％；②清灰附加，考虑到清灰时停止过滤的情况，应附加清灰时间占运行时间的百分比；③维修附加，考虑到更换部件、检查或维修的情况，应附加停止过滤的滤布面积占总面积的百分比。

(4)除尘器选型或自行设计

如果采用定型产品，根据含尘气体处理流量 Q 和总过滤面积 A 即可选定袋式除尘器的型号规格。如果需要自行设计，可按下列步骤进行。

①确定滤袋尺寸，即确定直径 D 和长度 L

滤袋直径一般取 D＝100～600mm，通常选择为 ϕ200～300mm。尽量使用同一规格，以便检修更换。滤袋长度对除尘效率和压力损失几乎无影响，一般取 2～6m。

②计算每只滤袋的面积 a

$$a=\pi DL\ (\mathrm{m}^2) \tag{5-3-11}$$

③计算滤袋数 n

$$n=\frac{A_f}{a} \tag{5-3-12}$$

④滤袋的布置及吊挂固定。需要滤袋数较多时，可根据清灰方式及运行条件，将滤袋分成若干个分隔室，每个室中可包含若干组滤袋，每组内两相邻滤袋的间距一般取 50～70mm。组与组之间以及滤袋与外壳之间的距离，应考虑更换滤袋和检修的需要。滤袋的固定和拉紧方法对其使用寿命影响很大，要考虑到换袋、维修、调节方便，防止固紧处磨损、断裂等。

⑤壳体设计。包括除尘器箱体(框架和外壁)，进、排气风管形式，灰斗结构，检修孔及操作平台等。

⑥粉尘清灰机构的设计和清灰制度的确定。

⑦粉尘输送、回收及综合利用系统的设计。

(5)估算除尘器的除尘效率、压力损失，确定过滤和清灰循环周期

过滤周期的长短应根据压力损失和流量的变化确定，这种变化随着滤布上粉尘层的不断增加而发生。这些都与除尘系统采用的风机特性和总能耗有关。

二、滤筒式除尘器

滤筒式除尘器(Cartridge Dust Collector)20 世纪 70 年代已经在日本和欧美国家出现，但由于设备容量小、难以组合成大风量设备、过滤风速偏低，因此仅在粮食、焊接等行业应用而未能大量推广。近年来，随着新材料技术等不断发展，对结构和滤料进行改进，使其成为过滤面积能够大于 2000m^2 的大型除尘器，被广泛应用于水泥、钢铁、电力、食品、冶金、化工、机制等工业领域，成为工业除尘器发展的新方向。

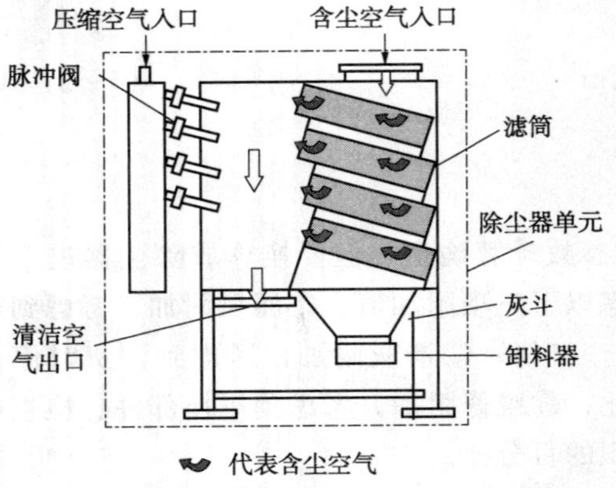

图 5-3-16　典型的滤筒式除尘器除尘原理示意图

1. 结构与工作原理

如图 5-3-16 所示，脉冲滤筒除尘器主要由进风口、滤筒、出风口、箱体、花板、气包、脉冲控制仪、喷吹阀、喷吹管、灰斗等组成，在进风口处安装有气流分布板。箱体内分成若干个室，用隔板隔开互不透气，每个室内均设有一个提升阀，以切换过滤气流。圆筒形滤筒下端封闭，上端开口正对喷吹管出口，花板将过滤室和气箱脉冲室分隔开，滤筒上下用顶盖和底座固定，且上端口与花板密封。滤筒的安装方式有斜插式、侧装式、吊装式、上装式等，类型有长纤维聚酯滤筒、复合纤维滤筒、防静电滤筒、阻燃滤筒、覆膜滤筒、纳米滤筒、纸质滤筒等。含尘气体由进风口进入除尘器后，由于流动断面突然扩大气流速度减慢，部分粗大颗粒脱离气流，从过滤室沉降到灰斗内。细微粉尘随气流穿过滤筒时被阻留在滤筒外表面，清洁气体由气箱脉冲室下部的出风口排出。当滤筒表面灰层较厚时，脉冲控制仪发出指令开启脉冲阀，气包内的压缩空气通过脉冲阀经喷吹管小孔高速喷出(从喷吹管喷出的气体称为一次风)，高速气流通过文氏管诱导数倍于一次风的周围空气(称为二次风)进入滤筒，造成滤筒内瞬时正压，从而将滤筒外表面阻留的粉尘吹下，从过滤室落入灰斗内。清灰各室依次进行，从第一室清灰开始至下一次清灰开始为一个清灰周期，灰斗中的粉尘通过卸料器排出。为确保过滤效果和过滤精度，必须定期对滤筒进行清洗或更换。

与袋式除尘器相比，滤筒式除尘器有如下主要特点：①除尘效率较高，对一般微米级粉尘的除尘效率可达 99.99%，部分处理能力较强的滤筒(如 Donaldson 系列 Ultra-Web 滤料)对粒径 0.5μm 粉尘也可达到此效率甚至更高；②过滤阻力较小，对于普通粉尘小于 1000Pa，对黏附力较强的粉尘一般最大 1500Pa 左右；③入口含尘浓度范围广，可达 250g/m^3；④过滤风速范围广，纸质滤筒过滤风速最小 0.3m/min，折叠式滤筒过滤风速最大 2.4m/min，而普遍袋式除尘器的过滤风速在 1m/min 左右；⑤过滤面积大，ϕ320mm(外径)×ϕ220mm(内径)×660mm(筒高)滤筒的过滤面积为 23m^2，而同体型布袋的过滤面积仅有 1m^2；⑥除纸质滤筒外，聚酯滤筒和覆膜滤筒一般都可以用水清洗，待晾干后即可重复使用。

2. 滤筒布置和箱体气流设计

根据滤筒布置和箱体气流设计方案，滤筒式除尘器可分为两类：一类是上流式或横流式，配有垂挂式滤筒，含尘气体入口位于滤材下方或侧面；另一类是早期沉流式或改进沉流式，配有水平放置的滤筒，含尘气体入口位于所有滤材上方。

20 世纪 70 年代，最初布置滤筒式除尘器时主要参考复制配有垂挂式滤袋的袋式除尘器，含尘气体通过滤筒下方进入除尘器，即如图 5-3-17(a)所示的上流式。该布置方案的局限性包括：①从清洁滤筒中排出的粉尘在进入灰斗前仍会接触含尘气流，从而导致滤材表面的二次扬尘，运行压降升高，滤筒使用寿命缩短；②维修滤筒时仍需操作人员通过大检修门打开含尘气室，耗时、脏乱且通常令人不悦。后来，人们通过安装侧面进气口，改进了除尘器设计，即如图 5-3-17(b)所示的横流式。操作人员可以通过滤筒旁而非下方进入除尘器，部分减少了滤材表面的二次扬尘。该布置方案的局限性包括：①从清洁滤筒中排出的粉尘仍然会受所进入含尘气体的影响；②滤筒更换过程仍会使操作人员和除尘器周围的环境暴露于通向含尘气室的开口。

20 世纪 80 年代，人们通过将滤筒由垂直方向改为水平方向安放，并将含尘气体入口置于所有滤筒上方，从而在设计方面取得了突破性进展，即如图 5-3-17(c)所示的早期沉流式，含尘气体的入口流态有助于将粉尘输送到底部灰斗。在此基础上，人们借助计算流体动力学(CFD)数值模拟，通过优化滤筒-滤筒间距以及滤筒-滤筒壁间距，进一步提升沉流式除尘器的处理能力。最新的 CFD 数值模拟研究表明，当含尘气体入口位于远离滤筒的下游方向时，重粉尘颗粒可以在不接触滤筒的情况下随气流落下，而且气流分布均匀，消除了可能会过早磨损滤材的高速“热点”，即如图 5-3-17(d)所示的改进沉流式。此外，通过控制脉冲清灰系统的压缩空气膨胀，并最大限度减少能量输送损失，可提供超过 27%的脉冲清洁能量，在提高过滤能力的同时降低压缩空气能耗。

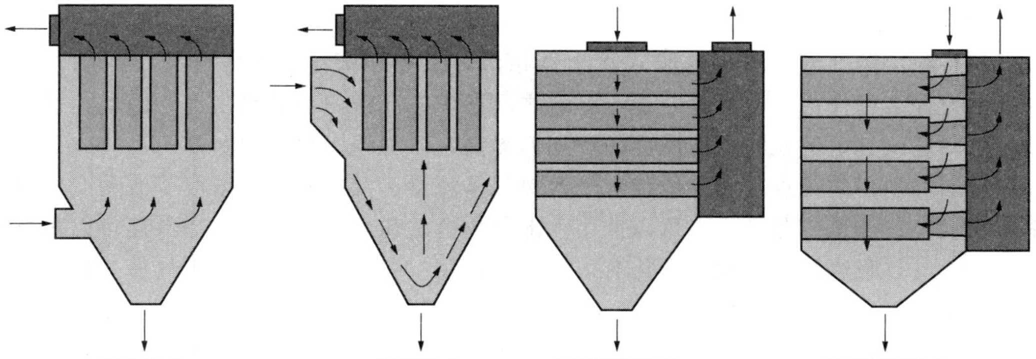

图 5-3-17　滤筒式除尘器根据滤筒布置和箱体气流设计

作为滤筒式除尘器的发明者，美国唐纳森(Donaldson)公司的相关产品包括：Torit® Downflo® Evolution(DFE)滤筒式除尘器、一体式 Downflo® Evolution(DFEP)滤筒式除尘器、一体式 DFEI 除尘器、Torit® Downflo® Oval(DFO)滤筒式除尘器、Torit® 一体式 Downflo® Oval(DFOE/DFOI)滤筒式除尘器、高真空滤筒式除尘器、Downflo® 除尘工作站、Vibra Shake™ 自净振动式滤筒式除尘器、Torit® Downdraft Bench 自给式滤筒式除尘器工作台等。该公司聚脂纤维滤材的厚度为 0.80mm，耐热最高温 80℃，空气渗透率 $220m^3/(m^2 \cdot /h)$，过滤精度 5～10μm，过滤阻力≤46Pa，过滤效率≥99.99%。

压铸、低压铸造及锻造是有色金属零部件制造的重要工序，压铸车间废气污染物主要来自压铸机的脱模剂，脱模剂的主要成分有硅油、水及其他混合溶液，因此压铸过程中会产生包括金属氧化物烟尘、润滑油燃烧烟气、热蒸汽、油雾等在内的细小颗粒烟雾(0.07～1.2μm 为主)，持久吸入会对人体造成极大的危害。意大利 Tama Aernova 公司的 HYPER-OIL 系列自洁净滤筒式油雾聚结过滤器(Oil Mist Coalescing Filter)适用于压铸车间的空气净化处理，采用沉流式模块化结构设计和自动清灰技术，抽风量 2500～45000m^3/h。褶状纤维素滤筒包裹在聚丙烯(PP)毡中，产生聚结效应，特别适用于烟雾废气浓度大等重负荷场合以及乳化油和石墨油等场合。整套设备可以安放在压铸机顶的抽风罩旁或压铸机旁的地面上，既提高抽气效率，又缩短管道布置。烟雾废气在风机负压作用下，从上方进入过滤器并被输送到过滤器底部。在油(水)收集箱中，废气反转流向，向上通过油滴分离器(第一级分离)，再到达金属预过滤器(第二级分离)，然后通过滤筒外部聚丙烯毡(第三级分离)和褶状纤维素滤筒(第四级分离)。过滤后的空气还可继续经过 HEPA 高效过滤器(可选)，抽吸风机(可选)位于整个过滤器的顶部。PULL JET 低压脉冲清灰专利技术连续进行清洁操作，将过滤后的油和烟尘排放到滤筒和聚丙烯毡外。对于平均尺寸 2μm 的颗粒，滤筒能够确保分离效率超过 98%。在选用 HEPA 高效过滤器的设备中，根据 EN 1822 标准可以实现 99.95MPPS(Most Penetrating Particle Size，最具穿透性的颗粒物粒径)的分离效率。滤后空气可直接排放到车间内而无须空气置换，冬天可以减少使用暖气而降低热能消耗。

三、颗粒层除尘器

颗粒层除尘器或颗粒床除尘器(Granular Bed Filter，GBF)是利用粒状颗粒物(如硅砂、砾石、矿渣或焦炭等)作为滤料，去除含尘气体中粉尘的设备。

1. 滤尘机理与特点

颗粒层除尘器的滤尘机理与袋式除尘器相似，主要靠筛滤、惯性碰撞、拦截、布朗运动、静电力等多种作用，使粉尘附着于滤料之间形成的孔道内及滤料表面。因此，过滤效率随颗粒层厚度及其上沉积粉尘层厚度的增加而提高，压力损失也随之增高。

颗粒层除尘器的优点：①性能稳定，入口气体流量、温度和含尘浓度等波动变化对除尘效率影响较小；②适应范围广，可以捕集大部分物性的粉尘，适当选取滤料还可以对有害气体(如 SO_2)进行吸收，同时起到净化有害气体的作用；③可净化高温含尘气体，选择适当的滤料如石英砂等，工作温度可达 350～450℃，而且不易燃烧和爆炸；④选择石英砂等耐腐蚀、耐磨损的滤料时，不仅来源丰富，价廉物美，而且使用数年也不用更换；⑤颗粒层除尘器为干式作业，工作过程中不需要用水，所以不存在二次污染。颗粒层除尘器的缺点：①对细微粉尘的除尘效率还不是很高；②清灰机构复杂，入口气体的含尘浓度不宜太高，否则将导致频繁清灰；③受过滤速度较小的限制，为保证设计过滤面积，致使设备庞大，占地面积较大。

2. 颗粒层除尘器的分类

虽然颗粒层除尘器 20 世纪 50 年代末才逐渐被应用于工业领域，但目前已有许多新的结构形式，可根据颗粒层位置、颗粒层运动状态、清灰方式和颗粒层数量进行分类。

(1)按颗粒层位置可分为垂直床和水平床

垂直床颗粒层除尘器是将颗粒滤料垂直放置，两侧用滤网或百叶片夹持，以防颗粒滤料飞出，而气流则水平通过。水平床颗粒层除尘器是将颗粒滤料置于水平筛网或筛板上，铺设均匀，保证一定的滤料层厚度；气流一般均由上而下，使床层处于固定状态，有利于提高除尘效率。

(2)按颗粒层运动状态可分为固定床、移动床和流化床

固定床是指过滤过程中颗粒层固定不动，通常水平床颗粒层除尘器中均采用固定床。移动床是指过滤过程中颗粒层不断移动，已黏附粉尘的滤料不断排出，新滤料同时补充进入除尘器，垂直床层颗粒层除尘器一般都采用移动床。当然，移动床又可分为间歇移动床和连续移动床。流化床是指过滤过程中颗粒层呈流化状态，应用较少。

(3)按清灰方式可分为不再生(或器外再生)、振动反吹、耙子反吹风清灰、沸腾反吹风清灰等

不再生的滤料用于移动床，将已黏附粉尘的滤料从除尘器内排出后，用作其他用途或废弃。在某种情况下，可将排出的滤料在除尘器外进行清灰，然后重新装入除尘器中使用。振动反吹是在反吹清灰过程中，启动清灰振动电动机将颗粒层振松，在反吹气流作用下，将沉积在滤料层中的粉尘清出，落入灰斗。耙子反吹风清灰是在反吹清灰过程中用耙子将颗粒层耙动，以便得到更好的清灰效果。沸腾颗粒层除尘器是控制反吹风的风速，使颗粒处于悬浮沸腾状态而互相摩擦，致使黏附于颗粒上的粉尘脱落。此外，也可用间断或连续淋水的方法进行清灰。

(4)按颗粒层的数量可分为单层和多层颗粒层除尘器

一般多为单层，多层设计主要是为了节约占地面积、增大处理气量。

3. 颗粒层除尘器的性能及其影响因素

颗粒层除尘器的性能主要包括除尘效率、压力损失等。

(1)除尘效率

除尘效率由滤料粒径、滤层厚度和过滤速度等因素决定，同时受滤料和粉尘性质、表面状态、滤料排列方式、气体温度与湿度、粉尘容含程度等影响。过滤开始后，颗粒层内积存的粉尘也有过滤作用。随着过滤时间的延长，除尘效率不断增加，但上升速度越来越慢。一般情况下，颗粒层除尘器的除尘效率均能达90%以上，最高可达98%～99%。

(2)压力损失

颗粒层对气流的阻力，由清洁滤料的阻力和过滤后黏附在颗粒上粉尘的阻力两部分组成，受过滤气速、滤料粒径、滤层厚度、滤料层容尘量等诸多因素的影响，且各因素的影响十分复杂。一般而言，随着过滤气速增加、滤料粒径减小、滤层厚度增加、滤料层容尘量增多，压力损失增大。

目前，对颗粒层除尘器提出了各种计算压力损失的经验公式。M. O. Abdullan 等通过试验得出的公式为

$$\frac{\Delta p}{h}=A\cdot v_0^B \tag{5-3-13}$$

式中　Δp——通过颗粒层的压力损失，Pa；

h——颗粒层厚度，cm；

v_0——迎面速度，cm/s；

A、B——由实验得出的常数(见表5-3-4)。

表5-3-4　实验常数 A、B 的值

实验常数	玻璃球	拉西环	塑料丝网	玻璃毛
A	0.008	0.006	0.001	0.003
B	1.814	1.775	1.685	1.516

(3)影响因素

颗粒层除尘器的性能取决于许多因素，其中主要有滤料理化性质、颗粒床层厚度、过滤

风速、滤层清灰方式等。

①滤料理化性质。对颗粒状滤料的要求是耐磨、耐腐蚀、价廉，对高温气体还要求耐热。可用作颗粒层除尘器的滤料很多，如石英砂、卵石、橡胶屑、玻璃屑、塑料、熟料等。一般选择 SiO_2 含量 99％以上的石英砂作为颗粒滤料，具有很高的耐磨性，在 300～400℃温度下可长期使用，化学稳定性好，价格也便宜。

②滤料粒径。一般而言，随着滤料粒径减小，除尘效率会提高，但阻力也上升。实际很少采用粒径完全均一的滤料，通常都由各种不同粒径的滤料组成，一般为 2～4.5mm。

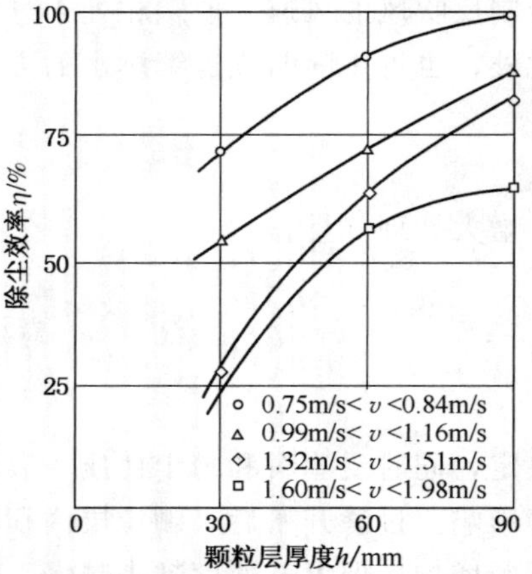

图 5－3－18　颗粒床层厚度与除尘效率关系

③床层厚度。较厚的颗粒床层可以获得较高的除尘效率，但压力损失也相应增加。由图 5－3－18 可以看出颗粒床层厚度、除尘效率和风速之间的关系，当颗粒床层厚度增加到某一数值以后，除尘效率的增加并不显著，而压力损失会急剧增加，因此应综合考虑除尘效率和压力损失二者之间的关系来选择床层厚度。一般采用的颗粒床层厚度为 60～150mm。

④过滤速度(或过滤风速)。过滤风速的变化对各种除尘机理的影响不完全一致。一般而言，过滤速度提高，拦截、布朗运动等效应都有所降低，而惯性效应提高。惯性碰撞效应仅对大尘粒才有效，而在高风速情况下，大尘粒的反弹和二次冲刷也将加剧，使除尘效率降低。因此总的来说，过滤速度增加会导致除尘效率降低和压力损失增加。在目前采用的压力损失范围内(1～1.5kPa)，过滤速度可取 0.3～0.8m/s。

4. 典型的颗粒层除尘器

(1)耙式旋风-颗粒层除尘器

由于颗粒层除尘器的容尘量较小，为了充分发挥其除尘效率高的特性，一般均在颗粒层除尘器前设置旋风筒，进行一级分离。同时，为增大处理含尘气流量，可以同时并联多台除尘器。图 5－3－19 为单层耙式旋风-颗粒层除尘器的常见结构形式，其筒体结构与旋风除尘器相似。图 5－3－19(a)所示为工作(过滤)状态，含尘气流由进气总管沿切线进入除尘器下部的旋风筒，大粒径粉尘颗粒在此沉降清除，气流则通过插入旋风筒内的中心管进入过滤室中，然后向下通过过滤床层进行最终净化。净化后的气体由干净气体室经换向阀进入干净气体总管，分离出的粉尘经下部卸灰阀排出。当阻力达到给定值时，除尘器开始清灰，如图 5－3－19(b)所示。此时换向阀门的阀杆轴推动阀板向下，将干净气体总管关闭，同时打开反吹风风口。由反吹风机提供的反吹气流先进入干净气体室，然后由下向上通过过滤床层，将积聚在颗粒之间空隙中的粉尘吹出，并通过中心管把反吹清灰的含尘气流再返回除尘器下部的旋风筒中，粉尘在此沉降到灰斗中排出。为了能更好地清除颗粒层内收集到的粉尘，在除尘器内设置了可旋转的梳耙。在反吹清灰过程中电机带动梳耙转动，一方面松动滤料颗粒，促进粉尘与颗粒分离；另一方面将滤料层表面耙平，便于气流均匀通过床层。耙式旋风-颗粒层除尘器的常用数据列于表 5－3－5，总除尘效率可达 95％以上。

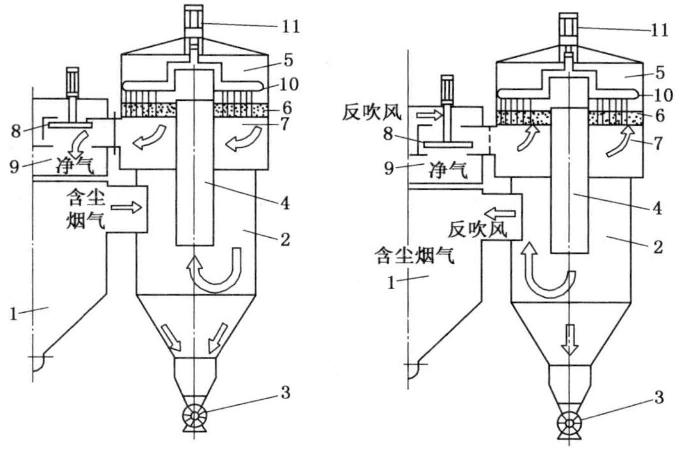

(a)过滤　　　　(b)清灰

图 5-3-19　单层耙式旋风-颗粒层除尘器的结构示意图

1—含尘气体总管；2—旋风筒；3—卸灰阀；4—插入中心管；5—过滤室；6—过滤层床；7—干净气体室；8—换向阀门；9—干净气体总管；10—耙子；11—电动机

表 5-3-5　耙式旋风-颗粒层除尘器的常用参数

常用参数	推荐数据	常用参数	推荐数据
除尘器直径/m	ϕ0.8～2.8	反吹风速/(m/min)	45～50
颗粒滤料层的数量	3～5	反吹压力/Pa	1000～1100
过滤风速/(m/min)	30～40	反吹时间/min	15
过滤滤料粒径/mm	2～4.5	反吹周期/min	30～40
单个颗粒滤料层的厚度/mm	100～150	耙子转速/(r/min)	11～13
颗粒层阻力/Pa	初阻力：400～600	耙子功率/kW	0.5～2.5
	终阻力：900～1100	—	—

耙式旋风-颗粒层除尘器能否正常运行，换向阀门起着重要作用，一方面要保证换向的灵活性(及时打开或关闭阀门)；另一方面要保证阀门的严密性，通常直接采用液压传动操纵。为增大烟气处理量，通常采用3～20个筒的多筒结构，并联排列成单行或多行。每个单筒可连续运行1～4h，单台除尘器的直径可达ϕ2800mm。为了减少占地面积，也可做成上下两层，下部合用一个旋风筒。

水平床颗粒层由于受到0.5～0.8m/s过滤风速的限制，为保证过滤面积达到设计要求，致使设备比较庞大。为了扩大过滤面积，提高处理气体流量，可以采用多层结构设计。图5-3-20所示为多层耙式旋风-颗粒层除尘器，一般采用不锈钢丝网支撑滤料。含尘气体经一级预除尘后，进入颗粒层上部，并自上而下通过颗粒层，粉尘被阻留在颗粒层内，净化后的烟气经排风机排出。颗粒层清灰时依靠每层

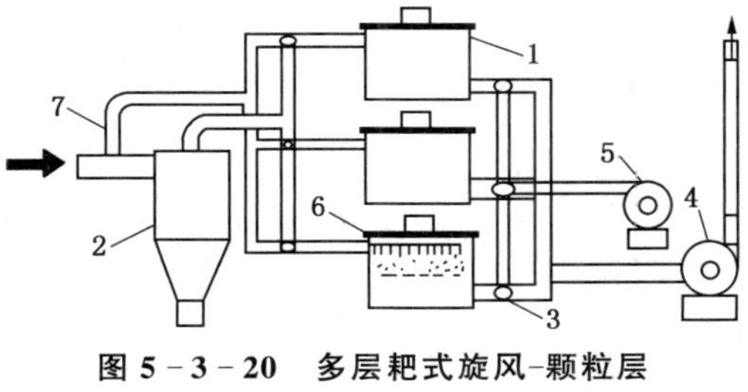

图 5-3-20　多层耙式旋风-颗粒层除尘器的结构示意图

1—颗粒层过滤器单体；2—一级预除尘器；2—三通换向阀；4—排风机；5—反吹风机；6—搅拌梳耙；7—反吹风回风管

搅拌梳耙同反吹风一起搅拌颗粒层，帮助清灰并将表面耙平。反吹出来的含尘气体经回风管进入预除尘器。

(2)沸腾颗粒层除尘器

沸腾颗粒层除尘器的主要特征是取消耙子及其传动机构，采用流态化鼓泡床理论，定期进行沸腾反吹清灰，将积于滤料颗粒层中的粉尘清除，具有结构紧凑、投资省等优点。

单排阀沸腾颗粒层除尘器的结构如图 5-3-21 所示。含尘气体由进气口进入，粗颗粒在沉降室中沉降，细尘粒经过滤室自上而下穿过滤料颗粒层，气体净化后经净气口排入大气。当滤料颗粒层容尘量达到一定值时，启动清灰机构，进行反吹清灰操作。控制反吹清灰风力的阀门可以采用气缸阀门或电动推杆阀门，还可使用可编程控制器(PLC)实现自动清灰。以气缸阀门为例，工作(过滤)状态时，反吹风口关闭，净化后的气体由开启的净气口排出；清灰时，气缸推动阀门开启反吹气口，关闭净气口，反吹气流由反吹气口进入，自下向上经下筛网进入滤料颗粒层，使滤料颗粒均匀沸腾呈流态化状态。滤料颗粒间相互搓动，上下翻腾，使沉积在滤料颗粒层中的粉尘分离出来。然后，气流夹带着凝聚的粗粉尘团进入沉降室沉积于灰斗内，细粉尘随气流进入其他滤料颗粒层净化，粉尘由排灰口定期排出。每一层由两个过滤室构成，两室之间用隔板隔开。根据处理气量，确定除尘器所需层数。

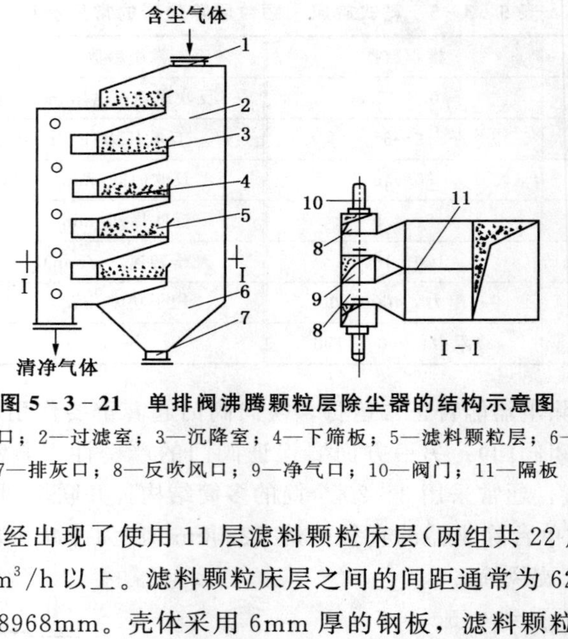

图 5-3-21 单排阀沸腾颗粒层除尘器的结构示意图

1—进风口；2—过滤室；3—沉降室；4—下筛板；5—滤料颗粒层；6—灰斗；
7—排灰口；8—反吹风口；9—净气口；10—阀门；11—隔板

目前工程实际中已经出现了使用 11 层滤料颗粒床层(两组共 22 层)的沸腾颗粒层除尘器，处理风量达 $25000m^3/h$ 以上。滤料颗粒床层之间的间距通常为 625mm，每层过滤面积 $1.0m^2$，除尘器总高为 8968mm。壳体采用 6mm 厚的钢板，滤料颗粒床层间采用法兰螺栓或组装后焊接而成。不同滤料颗粒床层数量沸腾颗粒层除尘器的处理气量如表 5-3-6 所示。

表 5-3-6 不同层数沸腾颗粒层除尘器的处理气量

滤料颗粒床层数量	6	10	14	18	22
处理气量/(m^3/h)	5400～9000	9000～15000	12600～21000	16200～27000	19800～33000

沸腾颗粒层除尘器的底部设有一个灰斗，灰斗下部装有星形阀，用以定期排灰。下筛板除了支撑其上的滤料颗粒形成过滤床层，还有另外的重要作用：当反吹清灰气流通过筛板时，一部分动压转化成静压，使反吹气流均匀地分布于整个断面上，而在筛板上形成一层均

匀的“气垫”，以形成良好的起始沸腾条件。筛板的开孔率及孔径大小，要根据滤料颗粒的种类、气流分布均匀程度及阻力来选择，开孔率可取5.6%～9%，孔径为ϕ1mm左右。

沸腾颗粒层除尘器不设旋转梳耙清灰，因此反吹风速较大(50～70m/min)，使滤料颗粒床层处于沸腾状态。要求反吹风速能把最大粒径的粉尘吹走，又能把最小粒径的滤料颗粒留下，因此其值应小于最小滤料颗粒的沉降速度，又要大于使滤料颗粒层达到流态化的最低反吹风速(称为临界流化速度)。由于颗粒层内的粉尘起着类似润滑剂的作用，实际应用时可以采用比滤料颗粒临界流化速度低的风速，使颗粒层流态化。

(3)移动床颗粒层除尘器

移动床颗粒层除尘器主要利用滤料颗粒在重力作用下向下移动，完成清灰和更换滤料，因此这种除尘器一般都采用垂直床层。根据气流方向与颗粒移动方向，可分为交叉流式(气流为水平方向与颗粒层垂直交叉)和水平流式(两者的方向平行)，目前交叉流式采用较多。

①交叉流式移动床颗粒层除尘器。图5-3-22为交叉流式移动床颗粒层除尘器的一种形式。干净的滤料装入上部料斗中，通过回转给料器送到滤料颗粒床层中，床层两侧为内、外滤网，滤料夹在其中形成过滤层。含尘气流由进气管进入，水平通过滤料颗粒床层，使气体得到净化。黏附有粉尘的滤料颗粒在重力作用下向下移动，通过下部回转给料器排出。

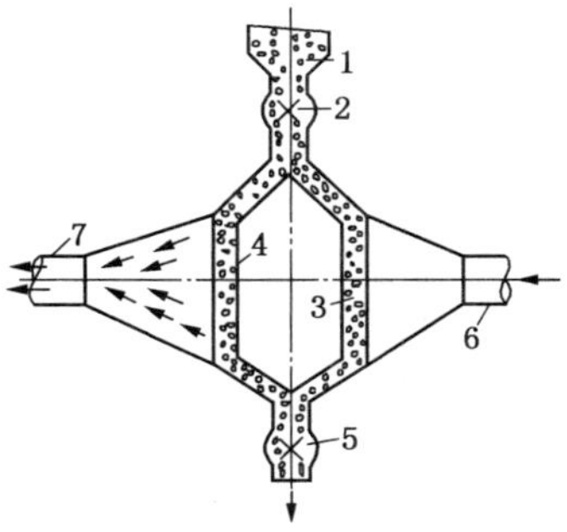

图5-3-22　交叉流式移动床颗粒层除尘器的结构示意图

1—料斗；2，5—回转给料器；3，4—颗粒床层；6—进气管；7—排气管

交叉流式移动床颗粒层除尘器的优点是结构简单、过滤层厚度均匀；其缺点是过滤层内沉积的粉尘不均匀，其下部积灰比较集中而上部几乎为新滤料，因而过滤层上部阻力小、除尘效率发挥低。此外，除尘器在工作过程中，过滤层还有可能形成“架桥”现象，使除尘效率大为降低。图5-3-23为另外一种交叉流式移动床颗粒层除尘器的结构示意图，带有传送带式排料器和滤料再生设备。

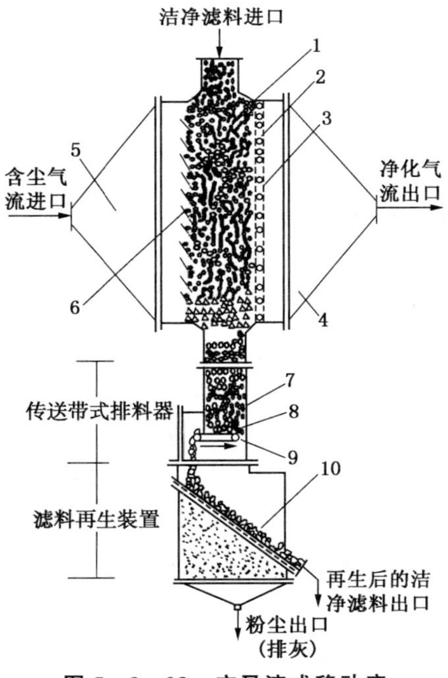

图5-3-23　交叉流式移动床颗粒层除尘器的结构示意图

1—颗粒滤料层；2—支撑轴；3—可移动式环状滤网；4—气流分布扩大斗(后侧)；5—气流分布扩大斗(前侧)；6—百叶窗式挡板；7—可调式挡板；8—传送带；9—转轴；10—过滤滤网

②平行流式移动床颗粒层除尘器。可以分为顺流式、逆流式以及混合流式，顺流式的气流与滤料颗粒移动的方向相同)；逆流式的气流由下而上，而滤料颗粒床层由上而下；混合流式同时具有顺流、逆流。

5. 颗粒层除尘器的新发展

虽然颗粒层除尘器被认为是一种性能良好的气体净化设备，但也存在一些问题。例如，固定床颗粒层过滤和清灰要依次进行，难以实现连续操作；移动床颗粒层除尘器在连续过滤过程中，一旦滤料流动出现滞留区，则除尘效率下降。为了解决以上问题，出现了一些新型的颗粒层除尘器。

(1)局部流化清灰固定床颗粒层除尘器

局部流化清灰固定床颗粒除尘器的设计思想为：将一个整体的固定床颗粒层除尘器划分为若干个单元，其中一些单元进行过滤操作，同时另一些单元进行流化清灰，而整个颗粒层除尘器进行周期性旋转运动，通过改变旋转周期来调节过滤性能。如图 5-3-24 所示，过滤系统主要由外壳、布风板、隔板、传动机构等组成。以滤料颗粒层底部布风板中心为基准，由径向隔板和同心圆隔板把圆柱型滤料颗粒层分成若干组扇形单元的子滤料颗粒层，不同子滤料颗粒层按照横截面分成过滤、密封和清灰三个功能区。其中 1 组子滤料颗粒层为清灰区，与其相邻的 2 组子滤料颗粒层为密封区，而其余的子滤料颗粒层为过滤区。过滤区为有效工作区，进行含尘气体过滤，而密封区和清灰区为辅助工作区，主要实现滤料颗粒层的局部流化清灰。

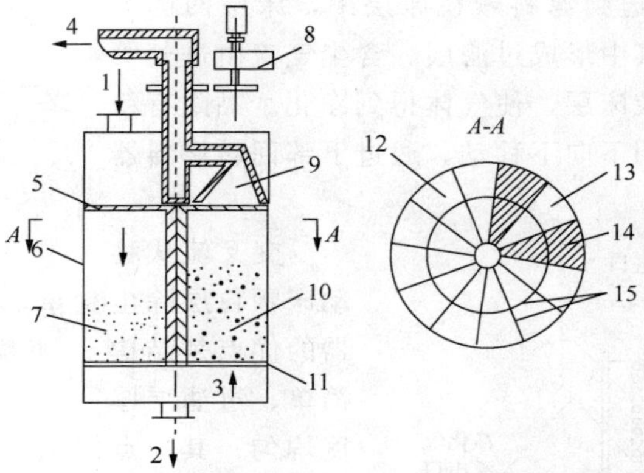

图 5-3-24　局部流化清灰固定床颗粒除尘器的结构示意图

1—含尘气体入口；2—过滤后气体出口；3—吸入气体；4—清灰气体出口；5—均风板；6—外壳；7—颗粒层；8—传动机构；9—吸风罩；10—颗粒层流化清灰；11—布风板；12—过滤区；13—流化清灰区；14—密封区；15—隔板

每一个单元子滤料颗粒层由底部布风板、均风板、隔板和外壳构成。吸风罩的横截面形状和大小与扇形单元格一致，均风板把吸风罩与单元格隔开，吸风罩下端与均风板的接触处设计成平面接触，吸风罩、均风板、布风板和单元子滤料颗粒层形成了非密闭式组合流化床清灰结构。通过上部吸风罩吸气，气流经该单元格的布风板进入组合流化床中进行流化清灰，夹带在滤料颗粒层中的灰尘经均风板、吸风罩和旋转部件中心管排出。吸风罩旋转 1 周，完成 1 次对滤料颗粒层的清灰，如此循环，就能实现对单元子滤料颗粒层的循环清灰。

(2)流动改善的移动床颗粒层除尘器

移动床颗粒层除尘器内滤料介质的整体流动非常关键。图 5-3-25(a)为百叶窗形式的交叉流移动床颗粒层除尘器，在贴近百叶窗的壁面，存在着滤料颗粒不动的滞留区或流动缓慢的准滞留区。在高含尘气体浓度情况下，滞留区和准滞留区靠近含尘气体入口一侧的粉尘会迅速增长，形成一个粉尘层，导致除尘器压降增加。此外，滞留区和准滞留区的滤料颗粒会出现团聚或结焦，甚至腐蚀百叶窗形式的颗粒床外壳。

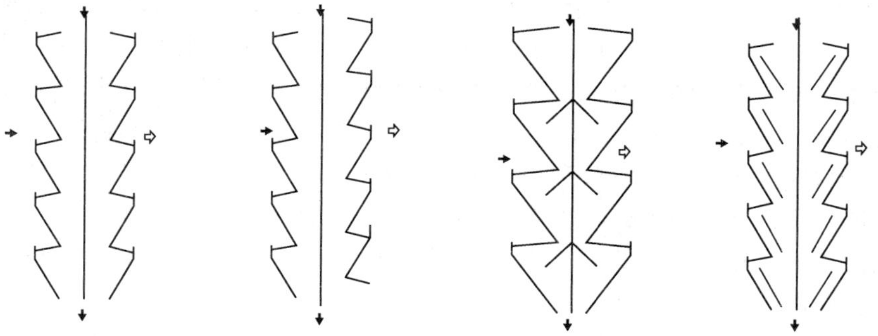

(a) 传统百叶窗结构　(b) 非对称百叶窗结构　(c) 锥形改流体的百叶窗结构　(d) 子百叶窗结构

图 5-3-25　百叶窗式交叉流移动床颗粒层除尘器流动状况的元件

为了保证滤料颗粒的整体流动(或活塞流动)，采用移动床中添加内构件的方式最为普遍。例如，百叶窗形式的交叉流移动床颗粒层除尘器，百叶窗的角度、相邻百叶窗的竖直位置、底部通道的宽度和壁面摩擦力等因素都会影响滤料颗粒的流动。图 5-3-25(b)采用非对称的百叶窗结构形式，这一结构在一定程度上可以削弱准滞留区的影响。图 5-3-25(c)采用在百叶窗锥体底部安装流动改善元件(改流体)的方式，改变了滤料颗粒的流通面积，有效消除了准滞留区的影响。如图 5-3-25(d)所示，与锥形改流体元件类似，采用子百叶窗的形式也能起到改善准滞留区流动状况的效果。

(3)除尘脱硫一体化颗粒层除尘器

利用具有脱硫活性的颗粒状脱硫剂或催化剂作为颗粒层过滤介质，将脱硫等去除多种气态污染物过程和除尘过程在一个单元内完成，可进一步拓展颗粒层除尘器的应用功能。如图 5-3-26 所示，台湾工业技术研究院研发的交叉流式移动床颗粒层除尘系统，采用具有较高抗磨性、低摩擦的钙基材料作为滤料颗粒，粒径为 ϕ2～3mm，其中 CaO 含量达 99%。在过滤速度 1.8m/s、滤料颗粒床层厚度 90mm、温度 550℃时，脱硫效率可达 99%。中科院山西煤化所研发的高温煤气除尘脱硫一体化技术，采用氧化铁脱硫剂为过滤介质，气体横向流过滤料颗粒层，通过脱硫剂的硫化反应和滤料颗粒层的过滤作用，来达到同时脱除粉尘和气态硫化物的目的。

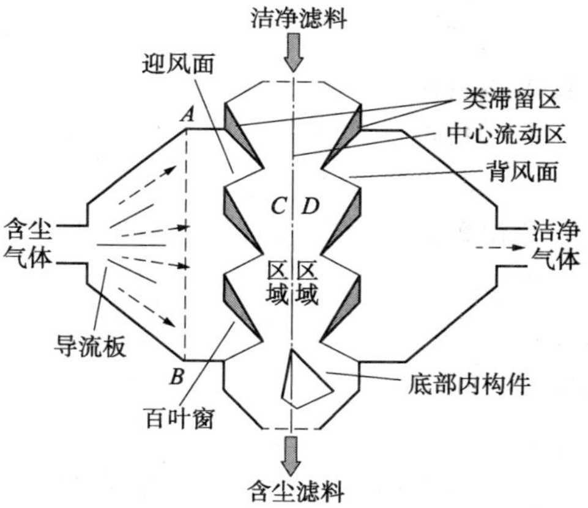

图 5-3-26　交叉流式移动床颗粒过滤器的结构示意图

四、耐高温多孔滤材除尘器

工业烟气泛指企业燃料燃烧和生产过程中产生各种排入空气中含有污染物的气体。高温气体净化可以分为 2 个温度区间，150～300℃属于高温，300℃以上为超高温。高温烟气过滤领域的主要滤材为化纤滤布，技术相对比较成熟，常规超高温烟气净化工程通常使烟气降至低于 300℃后再进行除尘。超高温烟气除尘技术则是直接实现 300℃以上烟气的除尘，从而最大限度利用烟气中的物理显热、化学潜热、动力能等，提高能源利用率，同时简化生产工艺流程，避免如湿法除尘带来的二次污染，在冶金建材、石油化工、火力发电等领域应用前景广阔。

目前净化300℃以上烟气的手段有旋风除尘器、湿法喷淋除尘器、电除尘器和耐高温多孔滤材除尘器。旋风除尘器只能除去烟气中较粗的粉尘颗粒；湿法喷淋除尘器和电除尘器的除尘效率也不高(净化气体中的残留粉尘浓度分别为100mg/m^3 和10mg/m^3)，且都需要消耗大量的水，烟气显热得不到有效利用。耐高温多孔滤材除尘器的除尘效率高，净化气体中的残留粉尘浓度可低至1mg/m^3，过滤精度可以达到亚微米级，且不消耗水。由于常规纤维过滤器的最高连续运行温度为250～260℃，难以满足300～1000℃区间的运行要求，因此滤材主要采用多孔陶瓷和多孔金属。

1. 多孔陶瓷滤材

多孔陶瓷材料的主要物理性能指标是孔隙率、渗透率和弯曲强度，制造方法主要有无黏结剂烧结工艺、反应烧结工艺和化学蒸汽渗透工艺。制造多孔陶瓷的材料分为氧化物材料和非氧化物材料两大类，材料和制备工艺对性能及价格都有直接影响。陶瓷过滤器按其结构形式可以分为织状陶瓷过滤器、陶瓷纤维过滤器(Ceramic Fiber Filter)、烛状陶瓷过滤器(Candle Ceramic Filter)、管式陶瓷过滤器(Ceramic Tube Filter)、错流式陶瓷过滤器(Ceramic Crossflow Filter)、蜂房式陶瓷过滤器几种。按陶瓷材料特性又可分为刚性陶瓷过滤器、柔性陶瓷过滤器两大类。

(1)刚性陶瓷过滤器

烛状陶瓷过滤器、错流式陶瓷过滤器、蜂房式陶瓷过滤器均属刚性陶瓷过滤器。刚性陶瓷过滤器材料可用氧化物、非氧化物及其混合物组成。最普遍的氧化物包括氧化铝、多铝红柱石($3Al_2O_3 \cdot 2SiO_2$)、堇青石($2MgO \cdot 2Al_2O_3 \cdot 5SiO_2$)、火烧黏土及氧化物陶瓷纤维；非氧化物包括黏土结合的碳化硅、烧结氮化硅、再结晶碳化硅及碳化硅强化纤维。

①烛状陶瓷过滤器。过滤元件(滤芯)一端封闭，一端嵌在管板上，含尘气体进入压力容器壳体内，撞击在陶瓷滤管壁外圆柱面上实现过滤，净化后的气体穿过滤芯排出。当滤饼层建立并积累到一定厚度时，用高压脉冲气体反吹清灰。典型烛状陶瓷滤芯的长度为1～3m，直径为ϕ60～150mm。烛状陶瓷过滤器最早由德国Schumacher公司(现已被美国PALL公司收购)开发，美国西屋电气(Westinghouse Electric)、通用电气(GE)、德国Lurgi Lentjes Babcock(LLB)公司也都研发了该类产品。

如图5-3-27所示为西屋电气所研发阶梯式多层悬挂结构的烛状陶瓷过滤器。每一个烛状滤芯管口都用位于金属与陶瓷之间的纤维密封在各自的金属座中；在金属座内部，安装了预热脉冲气体反吹机构，当滤管破裂时还可捕集逸尘；每个金属座连接在一个公用反吹气箱上，采用一个文氏管脉冲反吹系统。西屋电气公司的烛状陶瓷过滤器已经在高温烟气除尘中进行了应用，具有以下特点：①具备相当高的除尘效率，且压力损失始终保持稳定；②粉尘密封、金属结构及脉冲反吹管具备良好的操作特性；③陶瓷管的整体强度高；④系统可靠性好，操作范围宽且不形成灰饼等。

德国LLB公司开发的烛状陶瓷过滤器，滤管用一种多层结构管板从底部支撑。滤管倒压在集气管上，集气管再连接到一个垂直出气管上，最后汇集于管箱引出。这种结构的优点是：陶瓷管不承受拉应力，压降大时密封性更好，较为安全可靠。在德国Winkler电站，一个壳体包含有600根滤管的LLB烛状陶瓷过滤器用来在300℃条件下过滤燃烧烟气；在西班牙Puertollano的300MW整体IGCC示范工程中，两个壳体包含有2000根滤管的LLB烛状陶瓷过滤器用来在300～400℃条件下过滤燃烧烟气。

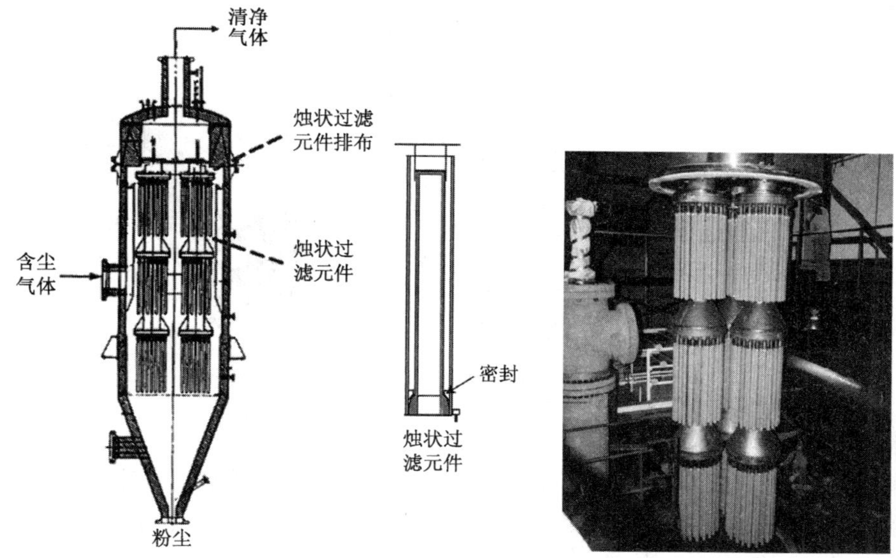

图 5-3-27　Westinghouse Electric 公司烛状陶瓷过滤器及过滤元件的结构示意图

②管式陶瓷过滤器。与烛状陶瓷过滤器的主要区别在于：所用陶瓷滤管两端开启，含尘气流通入管内，粉尘被截留在滤管内圆柱表面；当粉尘沉积到一定程度后，采用高压脉冲的方式自管外向管内反吹清灰。由于管内气流自上向下流动，反吹过程中灰尘重力沉降方向与主气流方向一致，所以有助于清灰。

最常用的滤管是日本 Asahi Glass Co.（AGC）公司生产的陶瓷滤管，20 世纪 90 年代由日本电力发展公司（EPDC）为 Wakamatsu 71MW 增压流化床燃烧锅炉系统（PFBC）示范电站建造了第一套商业规模的高温/高压管式陶瓷过滤器，总体结构如图 5-3-28 所示。过滤器外廓直径为 $\phi 3.2$m，长 16.6m，共装有 81 根滤管，其中有 6 根是上升循环气用管。操作条件为：温度 810～870℃，最高 890℃；压力 1MPa；处理量为 247200Nm^3/h；入口粉尘浓度为 3g/Nm^3，出口粉尘浓度可降至 1mg/Nm^3，粉尘平均粒径小于 3μm；表观过滤气速为 4.8cm/s；过滤总压降为 30kPa。

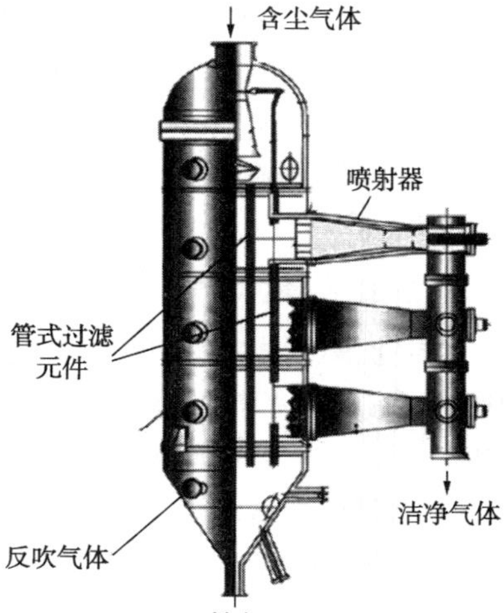

图 5-3-28　高温/高压管式陶瓷过滤器的结构示意图

③错流式陶瓷过滤器。典型的错流式陶瓷过滤元件如图 5-3-29 所示，外廓除长方体外，还可以制成圆柱管状。含尘烟气由与密封面平行的通道进入，穿过一层较薄的过滤面实现过滤；净化气由与入口通道垂直的通道排出，粉尘颗粒则沉降到过滤面的高压侧，形成一层滤饼以提高过滤效率；滤饼依靠高压脉冲气体进行反吹清灰。错流式陶瓷过滤器的主要优点是具有高的过滤面积/体积之比，用于商业化的 PFBC 电站除尘系统时结构更紧凑。

美国西屋电气开发的错流式多孔陶瓷过滤器，过滤元件壁厚只有 1～3mm，可在 650～900℃、1.0～3.0MPa 条件下稳定运行。在加利福尼亚 Montebello 的 Texaco 气化炉上安装样机进行实验测试，经过连续 8000h 高温/高压工况后设备运行稳定，反吹再生性能好且除尘效率高达 99.9%。

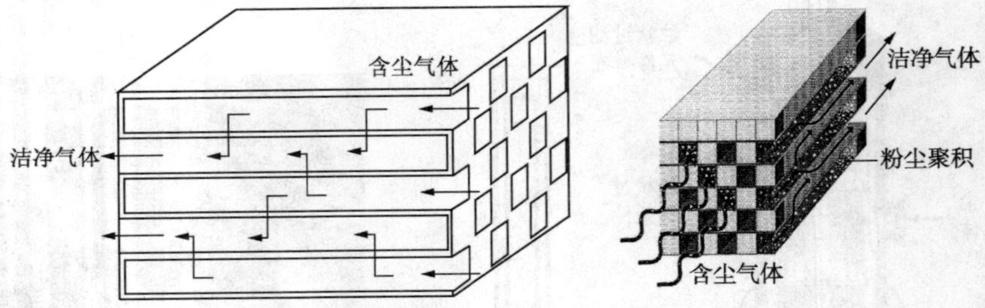

图 5-3-29　错流式陶瓷过滤元件的结构示意图

(2)柔性陶瓷过滤器

传统陶瓷滤材由陶瓷粉末烧结而成，织状陶瓷滤材和陶瓷纤维滤材的柔度较大、密度较低，故称为柔性陶瓷，组成材料包括各种配比的氧化硅/氧化铝/氧化硼组合、氧化铝/氧化硅石组合、碳化硅/氧化硅组合等。

美国西屋电气生产的织状柔性陶瓷过滤器 AB312 由氧化铝、氧化硼、氧化硅按 3∶1∶2 构成的陶瓷纤维编织而成，除尘效率达 99.9%以上。连续玄武岩纤维是陶瓷纤维的一种，属于硅铝酸盐系纤维，最高操作温度可达 982℃，稳定运行温度为 700℃。由于玄武岩纤维原料易取价廉、性价比高，目前颇有应用前景。SiO_2 是连续玄武岩纤维最主要的成分，称为网络形成物，保证纤维的化学稳定性和优异的力学性能；较高含量的 Al_2O_3 可以提高纤维的耐久性、化学稳定性、热稳定性和力学性能。德国杜伊斯堡-埃森大学(University of Duisburg-Essen)研制的陶瓷纤维过滤器由氧化铝和氧化硅纤维组合而成，能承受 900℃的高温，除尘效率达 99.9%；德国 BWF Envirotec 公司生产的真空成型陶瓷纤维管 Pyrotex® KE 能在 850℃的高温下连续运行，抗热冲击性好，应用于水泥行业时粉尘排放浓度能够低于 $1mg/Nm^3$。

2. 多孔金属滤材

多孔金属滤材主要包括金属烧结粉末、金属烧结网和金属纤维烧结毡，主要优点是加工方便、密封简单，抵抗系统状态变化造成热与机械应力的能力强。但在高温、高硫含量、强还原性气氛条件下的应用受到一定限制，另外成本较高。

(1)金属烧结粉末

金属烧结粉末介质是将预熔合粉末模压成多孔管滤芯或多孔板滤片，然后高温烧结成型，孔隙率一般在 50%以下。金属间化合物多孔膜是利用金属间化合物粉末在高温下能够产生柯肯达尔效应，在材料中形成孔隙而成，可以采用金属间化合物多孔膜为滤料，经焊接加工制成耐高温金属滤袋，美国 Pall 公司用 FeAl 金属间化合物粉末制成的滤材在 1000℃仍具有较高的强度和耐蚀性。美国 Mott Corporation(盟德公司)不锈钢烧结粉末材料的过滤精度达到 0.003μm，HyPulse® GSP(Gas Solids Plenum)和 HyPulse® GSV(Gas Solids Venturi)是该公司高温气体净化处理用金属烧结介质过滤器的典型代表，分别采用气室反吹和文丘里脉冲反吹。两种产品都能适应滤芯在线清洁等自动化工艺控制，但运行方式略有不同。

正向气流(过滤操作)和反向气流(反吹再生)对 HyPulse® GSP 过滤器的作用如图 5-3-30 所示。在达到一个预定压降或规定时间后，开始间断送入洁净反吹气流，进行反吹再生。此时过滤器进气被断开，反吹气体进入，经过高压室和滤芯，除去金属烧结粉末滤芯外圆柱面上的尘饼。

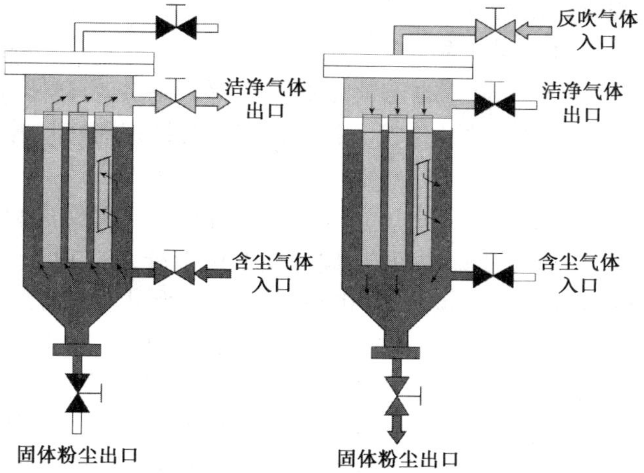

(a) 正向气流(过滤操作)　(b) 反向气流(反吹再生)

图 5-3-30　美国 Mott 公司的 HyPulse® GSP 金属烧结介质过滤器

正向气流(过滤操作)和反向气流(反吹再生)对 HyPulse® GSV 过滤器的作用如图 5-3-31 所示，系统以最小的反向脉冲气体提供较高的气体通过率。烧结金属滤芯是组合的整体，连续反吹脉冲清洁，而过滤器仍保持在线状态。当达到预定压降或规定时间后，反吹脉冲清洁滤芯，除去滤饼。在线处理时，瞬时高压气体进入喷嘴集气管，通过反向电磁阀，从喷嘴出来的反吹气体进入文丘里管，带走来自高压室中的气体，气流在滤芯上形成一个高能量的反吹脉冲，使滤饼剥离。滤饼落入灰斗中并移走，反吹脉冲气体一般持续 2～3s。脉冲清洁元件始终仅为多个过滤元件中的一部分，其余元件仍继续处于过滤状态，所以可保证烟气连续过滤运行。

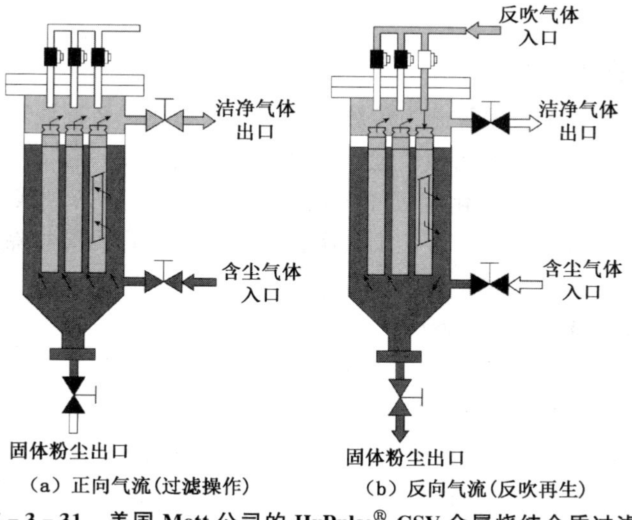

(a) 正向气流(过滤操作)　(b) 反向气流(反吹再生)

图5-3-31　美国 Mott 公司的 HyPulse® GSV 金属烧结介质过滤器

(2)金属烧结网

金属烧结网通常由多层金属丝网经叠加，真空烧结而成。由于各层丝网的网孔相互交错，从而形成较为理想的过滤结构，具有强度高、刚性好、网孔形状稳定等特点。由于能够对滤材空隙大小、渗透性能和强度特性进行合理的匹配与设计，从而使其具有优良的过滤精度、过滤阻力、机械强度、耐磨性、耐热性和被加工性。国内市场上的标准五层金属烧结网滤芯由保护层、过滤层、分散层及两骨架层组成，对 1～200μm 粒径颗粒均可发挥良好的表面过滤作用，可用于－200～650℃的连续过滤，主要连接方式有标准接口(如 222、220、226)、快接口连接、螺纹连接、法兰连接、拉杆连接、特殊定制接口等。

(3)金属纤维烧结毡

金属纤维烧结毡一般由直径 ϕ1.5～80μm 的金属纤维丝经无纺成网、叠配，均匀铺成三维非织造结构，并在结点上高温烧结而成。316L 不锈钢纤维应用于 300～600℃，FeCrAl 合金纤维应用于 600～900℃；Inconel 601 和 Fecralloy 纤维可用于高温环境(分别达 560℃和 1000℃)，而 HR 合金纤维能耐受 600℃高温和潮湿的腐蚀环境。过滤精度受金属纤维丝径影响很大，丝径越细，过滤精度越高。金属纤维烧结毡比金属烧结粉末介质有更多的孔隙(孔隙率最高可达 98%)，透气系数比金属粉末滤材高得多，产生的压降也比较低。例如，比利时 Bekaert 公司开发的金属纤维烧结滤材耐高温耐腐蚀，过滤精度达到亚微米水平，气体流通能力大于 3×10^{-3} L/(min·cm^2)，相当于同样精度多孔陶瓷滤材的 20 倍，且滤饼均匀，采用反向脉冲清灰时粉尘层极易脱落完成清灰。英国 TENMAT(太棉)公司的高温气体过滤器专为承受超过常规袋式除尘器、电除尘器等工作温度而开发，可长期应用于 1200℃的高温烟气净化系统，耐温最高可达 1600℃，使用过程中遇火不燃烧，具有超强的耐酸碱性能，使用寿命长达 10 年以上。同时，能够过滤粒径小于 1μm 的尘粒，过滤效率高达 99.99%以上。

制作金属纤维烧结毡滤袋时，由双面目数相同的金属纤维烧结毡丝网和中间纤维过滤层组合而成，中间纤维过滤层是由超细纤维＋粗纤维组成的复合结构，纤维的孔径呈阶梯型分布。该阶梯型层状结构的设计有利于滤饼形成，依靠滤料表层的金属纤维层对粉尘进行截留，少数细微颗粒进入滤料内部，但这些细微颗粒不会在内部停留，而是被气流直接带走，因此过滤精度高且透气量较大。

3. 带催化活性的过滤材料

烟气多污染物减排控制技术可分为传统串联脱除和一体化协同脱除两大类。前者是采用多个能够对单污染物深度脱除净化的装置，并将其串联组合在一起，从而对烟气中各污染物逐步进行脱除；后者是在同一净化装置中同时深度脱除烟气中两种或者多种污染物。近年来，针对中小型工业设备的高温高含尘烟气净化需求，一体化协同脱除技术成为国内外研究热点且极具应用前景。

(1)催化滤袋(Catalytic Filter Bags)

美国 GORE(戈尔)公司研发的戈尔滤必达(GORE® REMEDIA®)催化滤袋将表面过滤和催化原理相结合，能够分解高达 99%的气态二噁英和呋喃，并控制粉尘排放，可在垃圾焚烧和冶金企业现有的袋式过滤器中使用。滤必达催化滤材是将高精度 GORE－TEX®膨体聚四氟乙烯(ePTFE)薄膜热熔于内含特殊复合催化剂的底布表面，底布是由 ePTFE 与特殊配方催化剂复合而成的针刺结构，起支撑作用。ePTFE 微孔薄膜的制备方法：首先将 PTFE 分散树脂与液体助挤剂按比例混合，预压成柱体毛坯，然后通过压延法将柱体毛坯制成薄片，经脱去助挤剂、拉伸、热定型，膜片厚度、拉伸倍率及操作温度等是影响薄膜性能的重要因素，可根据薄膜最终用户需要来定。

戈尔滤必达催化滤材的工作原理如图 5-3-32 所示，ePTFE 微孔薄膜能够最大限度去除烟气中的亚微米级粉尘，除尘效率可达 100%，从而阻挡任何细微颗粒穿透薄膜到底布中，确保内置催化剂的活性，保证粉尘排放浓度稳定在 10mg/m^3 以下。气态二噁英和呋喃则会通过 ePTFE 微孔薄膜进入底布中，特殊复合催化剂能够在 180～260℃范围内将二噁英和呋喃分子(PCDD/F)催化分解，转化成 CO_2、H_2O 和 HCl，从而满足排放标准。滤袋清灰时，粉尘会从 ePTFE 微孔薄膜表面抖落，掉入袋式除尘器的灰斗中。

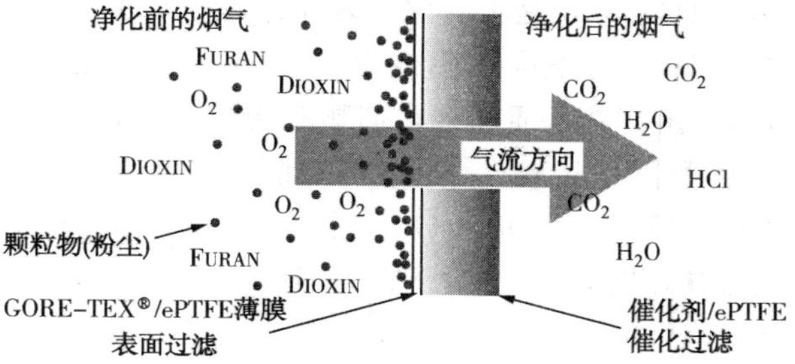

图 5-3-32　戈尔滤必达(GORE® REMEDIA®)催化滤材的工作原理示意图

(2)催化活性陶瓷管滤芯

陶瓷管滤芯的表层膜和支撑体均具有发达的、微细贯通的孔隙结构，孔隙率能达 40% 以上，比表面积也很大，因此可以在表层预涂脱硫剂等，并在滤芯内层孔道中负载特定催化剂，制成催化活性陶瓷管滤芯，从而在除尘的同时实现脱硫脱硝等净化功能，实现烟气多污染物的一体化协同脱除，如图 5-3-33 所示。

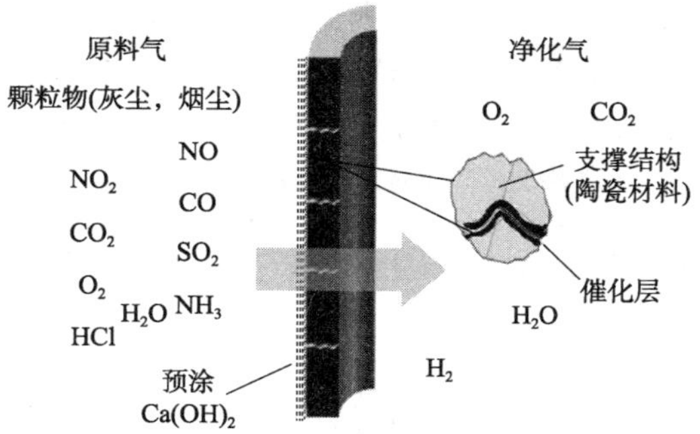

(a)催化活性陶瓷管滤芯

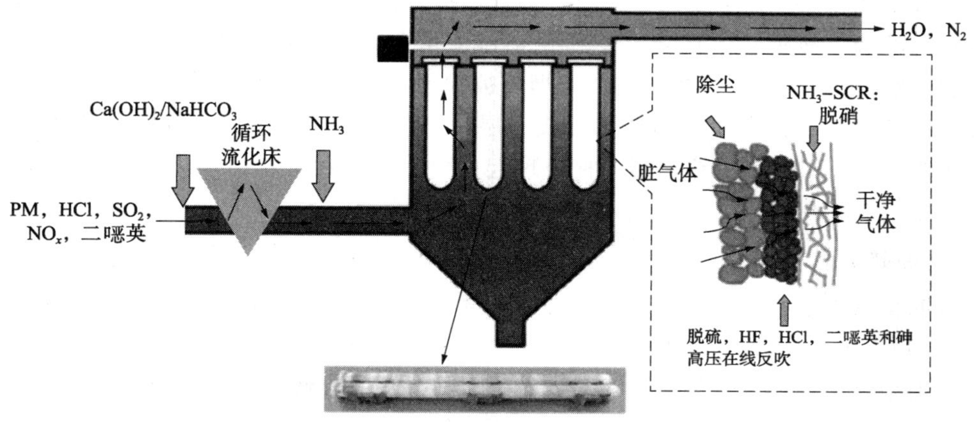

(b)陶瓷过滤管催化反应工艺

图 5-3-33　基于陶瓷过滤管催化反应的烟气多污染物一体化协同脱除技术

英国 Madison 过滤器公司和丹麦 Haldor 公司共同开发的催化活性陶瓷管滤芯 Cerafil TopKat(CTK)就是将高效率表面过滤与对 170～450℃烟气中 NO_x、二噁英和挥发性有机化合物(VOCs)有很高去除效率的金属氧化物催化剂结合在一起。CTK 的基体壁厚为 10～20mm，由滤芯基质和催化剂颗粒构成；基体壁外有一层厚约 0.3mm 的陶瓷膜，使粉尘排放浓度低于 $2mg/m^3$，同时保护催化剂颗粒不会因粉尘而中毒。催化剂可在 200～400℃的条件下使 95%～99%的 VOCs 还原，远低于常规热处理方法所需的 800～900℃。与氨气注入法联合使用时，CTK 对 NO_x 的还原率依烟气温度不同而异，可达 80%～95%。

§5.4 湿式除尘器

湿式除尘器(Wet Particulate Scrubber)又称洗涤式除尘器或洗涤器，是利用水或其他液体与含尘气体以液滴、液膜等形式充分接触，将气流中的尘粒和有害气体予以去除的设备。湿式除尘器一般由捕集粉尘的净化单元和从净化气体中分离液滴的脱水或除雾单元两部分组成，这两部分的运行情况都直接影响除尘效率。湿式除尘器有以下优点：①在消耗同等能量的情况下，比干式除尘器的除尘效率要高，能够有效去除粒径为 0.1～20μm 的液态或固态粒子，部分湿式洗涤器对小至 0.1μm 的粉尘也有很高的除尘效率；②可用于净化非纤维性、非憎水性和非水硬性等各种粉尘，尤其适用于处理高温、高湿、高比电阻以及易燃易爆气体；③既能处理废气中的固体颗粒污染物，又兼具吸收有害气体的作用，还可用于气体降温和加湿。湿式除尘器的缺点有：①排出的污水需要进行处理，当净化腐蚀性气体时污水处理系统需要相应采用防腐材料；②容易产生污泥，如果污水和污泥处理不当会产生二次污染；③不适合处理含憎水性和水硬性粉尘的气体；④烟气通过湿式洗涤器时含水量增大，温度降低，不利于烟气抬升，在冬季寒冷地区容易产生冷凝水雾及冻结等问题。

一、湿式除尘器的净化机制与除尘效率

1. 净化机理

湿式除尘器中粉尘粒子在气液两相接触过程中被捕集，气液两相接触面的型式和大小对除尘效率有重要影响。与袋式除尘器的作用机理基本相同，湿式除尘器在工作过程中直接捕集或促进捕集的主要作用有重力、截留、惯性碰撞、扩散和静电效应：①通过惯性碰撞、截留，尘粒与液滴、液膜发生接触，使粉尘加湿、增重、凝聚；②微小尘粒(0.3μm 以下粉尘)通过扩散与液滴、液膜接触；③由于烟气被加湿，使粉尘相互凝并；④高烟烟气中的水蒸气冷却凝结时，以粉尘为凝结核，形成一层液膜包围在粉尘表面，降低了粉尘凝并的难度。对于粒径 1～5μm 的尘粒，第一种机理起主要作用；对于粒径在 1μm 以下的尘粒，后三种机理起主要作用。

2. 惯性碰撞参数

湿式除尘器在通常的工作条件下，碰撞和截留起主要作用，因此与粉尘的惯性运动密切相关。如图 5-4-1 所示，含尘气体在运动过程中同液滴相遇，在液滴前 x_d 处气流开始改变方向，发生绕流，而惯性较大的尘粒有继续保持其原来直线运动状态的趋势。尘粒运动主要受两个力支配，即其本身的惯性力以及周围气体对其的阻力。定义从尘粒脱离流线到惯性运动结束时，尘粒所移动的直线距离为粒子的停止距离 x_s，当 $x_s = x_d$ 时尘粒和液滴就会发

生碰撞。定义 x_s 与液滴粒径 d_D 的比值为惯性碰撞参数 N_1，则有

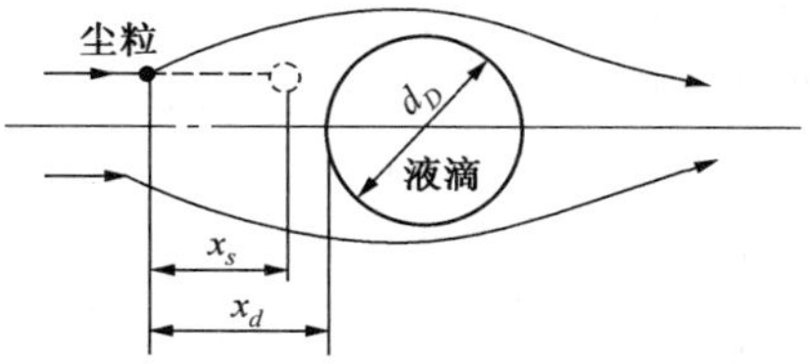

图 5-4-1　液滴前的尘粒运动示意图

$$N_1=\frac{Cd_p^2\rho_p(u_p-u_D)}{18\mu d_D} \tag{5-4-1}$$

式中　d_p——粉尘粒径，m；

ρ_p——粉尘密度，kg/m^3；

u_p——在流动方向上粒子的速度，m/s；

u_D——液滴的速度，m/s；

μ——气体的动力黏度，Pa·s；

(u_p-u_D)——气体与液滴的相对运动速度，m/s；

C——坎宁汉(Cunningham)校正系数(无因次)，对于粒径小于 5.0μm 的粒子，必须考虑 C；

d_D——液滴粒径，m。

N_1 数值越大，说明粉尘与液滴等捕集体的碰撞机会越多，碰撞越强烈，除尘效率越高。对于以惯性碰撞为主要除尘机理的湿式除尘器而言，要提高除尘效率，必须提高 N_1 值。由式(5-4-1)可知，粉尘的粒径、密度越大，气液相对运动速度越大，液滴粒径越小，则惯性碰撞除尘效率越高。对于确定粒径的粉尘而言，要提高 N_1 的值，就必须提高气液相对运动速度或减小液滴粒径。但应注意，液滴粒径并非越小越好，如果液滴粒径过小，液滴容易随气流一起运动，减少了气液相对运动速度。一般认为，液滴粒径为捕集粉尘粒径的 150 倍左右效果好。

3. 除尘效率

影响湿式除尘器除尘效率的因素比较多，而且较为复杂，一般采用实验或经验公式计算。

(1)根据湿式除尘器的能量消耗计算除尘效率

实验和实践表明，湿式除尘器的除尘效率主要取决于除尘过程中所消耗的能量。一般而言，湿式除尘器对特定粉尘粒子的除尘效率越高，所消耗的能量也越大，总能量消耗 E_t 等于气体能量消耗 E_G 与洗涤液体能量消耗 E_L 之和，即

$$E_t=E_G+E_L=\frac{1}{3600}\left(\Delta p_G+\Delta p_L\frac{Q_L}{Q_G}\right)(\text{kW·h/1000m}^3\text{ 气体}) \tag{5-4-2}$$

式中　Δp_G——气体通过湿式除尘器的压力损失，Pa；

Δp_L——湿式除尘器中洗涤液体的压力损失，即液体入口压力，Pa；

Q_L——进入除尘器的洗涤液体流量，m^3/s；

Q_G——进入除尘器的含尘气体流量，m^3/s。

湿式除尘器的总除尘效率是气液两相接触功率的函数，可用气相总传质单元数 N_{OG} 或

总能量消耗 E_t 来表示，即

$$\eta=1-\exp(-N_{OG})=1-\exp(-\alpha E_t^{\beta}) \tag{5-4-3}$$

式中　α、β——特性参数，取决于粉尘粒子的特性和除尘器的形式。

图 5-4-2 给出了湿式除尘器总效率和总能耗之间的关系及其对应的粉尘类型。表 5-4-1 是图 5-4-2 中关系曲线对应的粉尘类型及其 α 和 β 值。

表 5-4-1　图 5-4-2 中关系曲线对应的粉尘类型及其 α 和 β 值

编号	粉尘或尘源的类型	α	β	编号	粉尘或尘源的类型	α	β
1	L-D转炉烟尘	4.450	0.4663	9	石灰窑粉尘	3.567	1.0529
2	滑石粉	3.626	0.3506	10	黄铜熔炉排出的氧化锌	2.180	0.5317
3	磷酸雾	2.324	0.6312	11	石灰窑排出的碱	2.200	1.2295
4	化铁炉烟尘	2.255	0.6210	12	硫酸铜气溶胶	1.350	1.0679
5	炼铁平炉烟尘	2.000	0.5688	13	肥皂生产排出的雾	1.169	1.4146
6	滑石粉	2.000	0.6566	14	吹氧平炉升华的烟尘	0.880	1.6190
7	硅钢炉烟尘	1.266	0.4500	15	不吹氧平炉烟尘	0.795	1.5940
8	鼓风炉烟尘	0.955	0.8910				

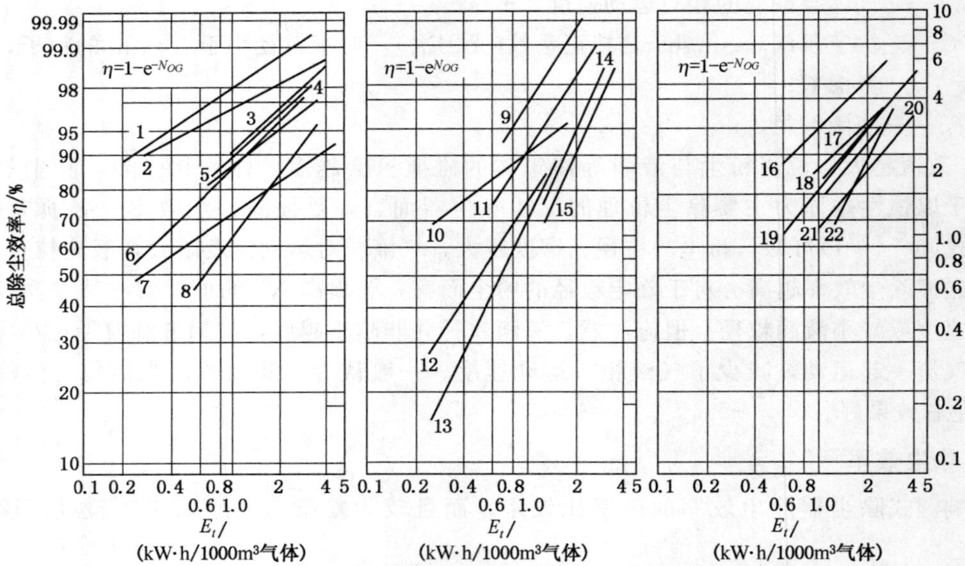

图 5-4-2　湿式除尘器总效率与总能耗之间的关系

(2)应用卡尔弗特法推算湿式除尘器的除尘效率

卡尔弗特(Calvert)等人研究了各类湿式除尘器除尘效率的推算公式。对于大多数净化粒径分布遵从对数正态分布的工业粉尘而言，其分级通过率可用下式表示

$$P_d=1-\eta_d=\exp(-Ad_a^B) \tag{5-4-4}$$

式中　P_d——湿式除尘器对某一粒径的分级通过率，%；

η_d——湿式除尘器对某一粒径的分级除尘效率，%；

A、B——常数，由除尘器类型及粉尘粒径分布特性决定，对于填料塔湿式除尘器、筛板塔湿式除尘器以及 $0.5\leqslant S_t\leqslant5$ 的文丘里除尘器 $B=2$，对于旋风除尘器 $B\approx0.67$；

d_a——粉尘粒子的空气动力学直径，当粒径大于 1μm 或粒径遵从对数正态分布的特殊情况下，可以用实际粒径 d_p 代替空气动力学粒径 d_a。

对任何一种类型的湿式除尘器，粉尘粒子的总通过率 P 均可用下式表示

$$P=\int_0^{m_0}\frac{P_d}{m_0}\mathrm{d}m \tag{5-4-5}$$

式中 m_0——粉尘试样的总质量，kg。

当气体中粉尘粒子的粒径分布呈对数正态分布时，对式(5－4－4)和式(5－4－5)联解，可得到图 5－4－3 和图 5－4－4 的结果。图 5－4－3 表示不同参数 B 下，总通过率 P 与 $(d_{ac}/d_{c50})^B$ 的关系；图 5－4－4 为参数 $B=2$ 时，P 与 (d_{ac}/d_{c50}) 的关系曲线。图 5－4－3 中，d_{ac} 为空气动力学分割粒径，d_{c50} 为该除尘器的实际分割直径，d_{ac} 与 d_{c50} 的关系为 $d_{ac}=d_{c50}(\rho_p C)^{1/2}$；$\sigma_g$ 为粉尘粒子粒径分布的标准差。若已知 d_{ac}、d_{c50}、σ_g 和 B，即可用图 5－4－3 和图 5－4－4 确定该湿式除尘器的总通过率。

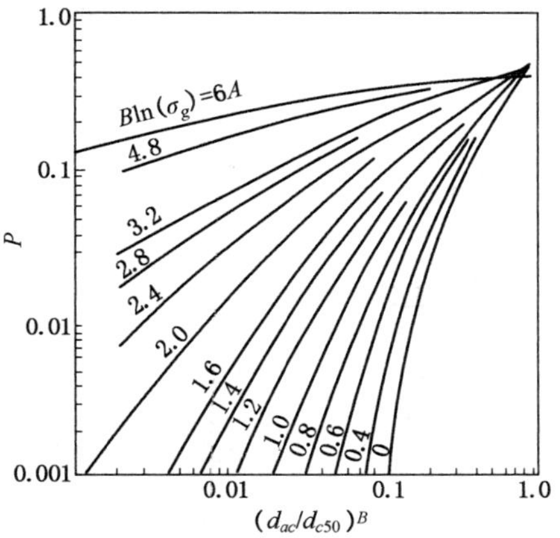

图 5－4－3　P 与 $(d_{ac}/d_{c50})^B$ 的关系曲线

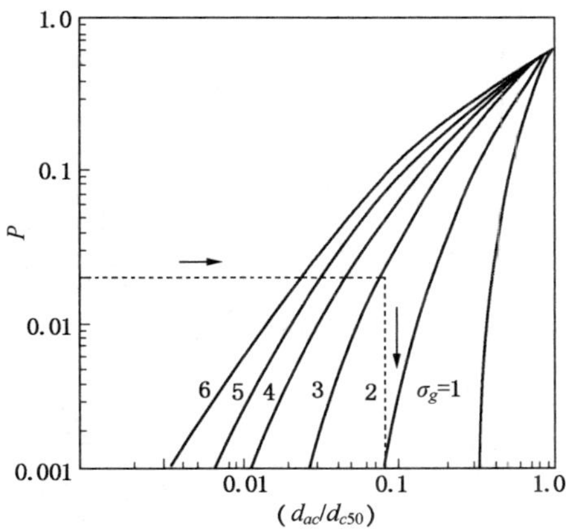

图 5－4－4　$B=2$ 时，P 与 (d_{ac}/d_{c50}) 的关系曲线

4. 湿式除尘器的流体阻力

湿式除尘器气体总阻力损失 Δp 的一般表示式为

$$\Delta p\approx\Delta p_i+\Delta p_o+\Delta p_P+\Delta p_g+\Delta p_y\,(\mathrm{Pa}) \tag{5-4-6}$$

式中 Δp_i——湿式除尘器进口区的阻力损失，Pa；

Δp_o——湿式除尘器出口区的阻力损失，Pa；

Δp_P——含尘气体与洗涤液体接触区的阻力损失，Pa；

Δp_g——气体分布板的阻力损失，Pa；

Δp_y——挡板阻力损失，Pa。

Δp_i、Δp_o、Δp_P、Δp_g、Δp_y 可以按相应手册中的有关公式进行计算。一般只在空心重力喷雾湿式除尘器中装有气流分布板；在填料塔湿式除尘器或板式塔湿式除尘器中，由于填料层和气泡层都有一定的流动阻力，足以使气流分布均匀，因此一般不需设置气流分布板。

含尘气体与洗涤液体接触区的阻力，与除尘器的结构形式和气液两相流体的流动状态有关。两相流体的流动阻力可用气体连续相通过液体分散相所产生的压降来表示。此压力降不仅包括用于气相运动所产生的摩擦阻力，而且还包括必须传给气流一定的压头，用以补偿液

流摩擦而产生的压力降。在两相流体接触区内的流体阻力 Δp_P 可按下式计算

$$\Delta p_P = \zeta_g \frac{\rho_g u_g}{2\varphi^2} + \zeta_L \frac{\rho_L u_L}{2(1-\varphi)^2} \tag{5-4-7}$$

式中 ζ_g、ζ_L——含尘气体与洗涤液体的流体阻力系数；

u_g、u_L——含尘气体与洗涤液体的线速度，m/s；

ρ_g、ρ_L——含尘气体与洗涤液体的密度，kg/m^3；

φ——两相流体接触区占设备截面积的分数。

对某一种具体类型的湿式除尘器，其阻力可用相关的近似公式计算。

二、湿式除尘器的常见类型

如图 5-4-5 所示，湿式除尘器通常按其净化机理的不同大致分为 7 类。根据不同除尘效率和能耗要求，可以选择不同类型的湿式除尘器。目前，应用较为广泛的除尘器主要有洗涤塔、文丘里除尘器、喷淋除尘器、喷雾除尘器和板式塔除尘器等。鉴于部分设备如填料塔、板式塔等将会在 § 6.1 中较为详细地介绍，这里仅介绍一些代表性的湿式除尘器。

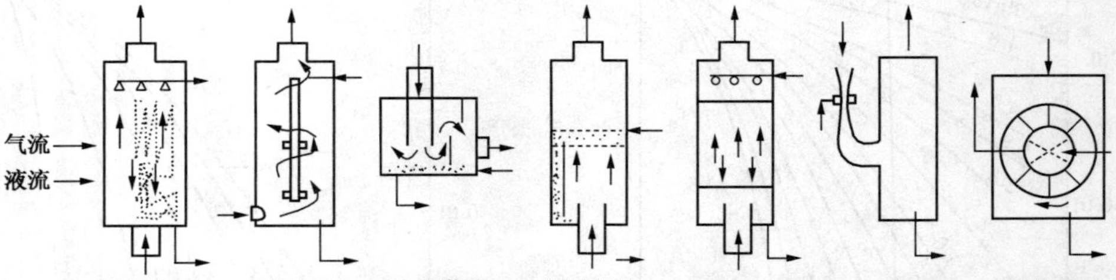

图 5-4-5 常见 7 种类型湿式除尘器的示意图

1. 洗涤塔

洗涤塔的最早型式是在一空塔内喷水（也称喷淋塔），使水滴逆向与上升的含尘气体接触，利用尘粒与水滴接触碰撞而相互凝集或尘粒间团聚，使液滴重量大大增加，靠重力作用而沉降下来。喷淋塔效率低，因此常在塔内配置填料或其他塔板结构，增加水与含尘气体的接触概率，以提高除尘效率并减少除尘器的体积。

图 5-4-6 湍球塔的结构示意图

如图 5-4-6 所示，湍球塔（Turbulent Contact Absorber，TCA）是新发展的一种填料式洗涤塔。塔内的填料采用轻质实心或空心塑料小球（聚乙烯或聚丙烯材质）、多孔橡胶小球等。填料球的密度不应超过水的密度，一般为 200～300kg/m^3。吸收液从塔上部的喷头均匀喷洒在小球表面。待处理气体由塔下部的进气口经导流叶片和筛板，穿过湿润的填料球层逐渐上升。当气流速度足够大时，在上升高速气流冲力、液体浮力和自身重力等作用下，

小球在塔内悬浮起来形成湍动旋转且相互碰撞，导致气、液、固三相接触，有效地进行传质、传热和除尘作用；由于小球表面液膜的不断更新，使得废气与吸收液接触，增大了吸收推动力，提高了吸收效率。净化后的气体经过除雾器(雾气分离器)脱去湿气，由塔顶部的排出管排出。

小球从静止状态转为运动状态所需的最低气速为湍球塔内球体的临界气速，几种球体的临界气速列于表5-4-2。通常操作气速(空塔速度)可取临界气速的1.5～3倍，喷淋量大时可取较小的数值。湍球塔在较大的喷淋量范围内均能保持较好的除尘效率。对于除尘过程，喷淋密度一般可取35～40$m^3/(m^2 \cdot h)$，对2μm粉尘的除尘效率可达99%以上。此外，由于小球各向无规则的运动，表面经常受到碰撞、冲洗，在一定操作气速下会产生自清洁作用。湍球塔的压力损失较低，一般为750～1250Pa。

表5-4-2 湍球塔内几种球体的临界速度

小球直径/mm	临界速度 v/(m/s)		材料
	计算值	实验值	
ϕ38	1.45	1.40(床高260mm) 1.55(床高210mm)	赛璐珞
ϕ38	1.89	1.77 (床高200mm) 1.85 (床高270mm)	聚乙烯
ϕ20	2.33	2.30 (床高100mm)	聚乙烯
ϕ15	1.40	1.45 (床高150mm)	聚乙烯

湍球塔具有处理能力大、气液分布比较均匀、结构简单且不易被堵塞等优点。但分离过程中球的湍动在每段内有一定程度的返混，且本身较易变形和破裂，只适于传质单元数(或理论塔板数)不多的操作过程，如不可逆的化学吸收、脱水、除尘、温度较恒定的气液直接接触传热等。

如图5-4-7所示为Monroe Environmental公司开发的填料床湿式洗涤器(Packed Bed Wet Scrubber)，采用逆流净化设计，污染气体向上流动，且循环洗涤液向下喷射到填料介质中。塔内的填料采用环形或鞍形填料等，可以采用全规整填料。该湿式洗涤器在进行高效除尘的同时，可以利用洗涤液强化对H_2S、甲醛、HCN、硝酸、HCl等气态污染物的吸收效果。此时，用于洗涤器液体再循环的循环泵等需要采用耐腐蚀泵体材料。除了逆流形式，Monroe Environmental公司还推出了水平填料床湿式洗涤器和多级填料床湿式洗涤器，后者可以通过多种洗涤溶液的串联洗涤，实现除尘以及多种气体组分的高效去除。

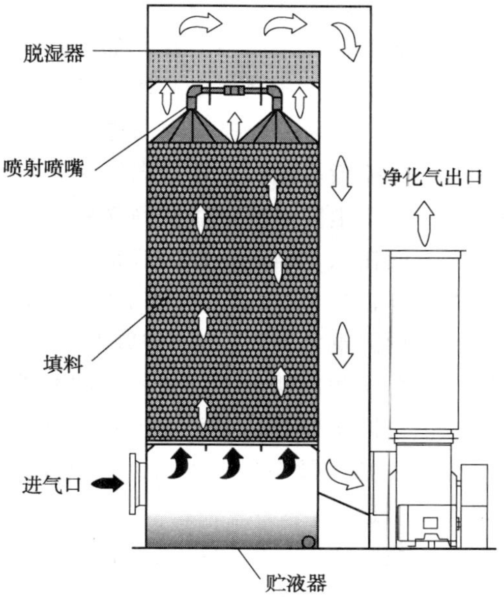

图5-4-7 填料床湿式洗涤器的结构示意图

2. 自激式除尘器

自激式除尘器具有结构简单紧凑、占地面积小、便于施工、维修管理简单、用水量少等优点，适用于净化各种非纤维性粉尘。因没有喷嘴及很窄的缝隙，故不易发生阻塞，但对叶片制作和安装要求较高，压力损失也较大(一般在 1～1.6kPa)。常与风机、清灰机构和水位自动控制系统构成机组。

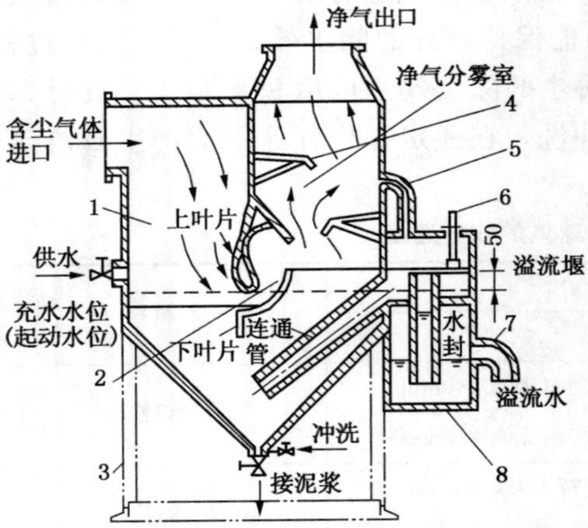

图 5-4-8　自激式除尘器的结构示意图

1—进气室；2—S 形叶片通道；3—除尘机组支架；4—挡水板；5—通气道；6—水位自动控制装置；7—溢流管；8—溢流箱

如图 5-4-8 所示，含尘气流进入进气室后转向下冲击水面，较粗的尘粒由于惯性作用落入水中，而较细的尘粒则随着气流以 18～35m/s 的速度通过 S 形叶片通道，高速气流在 S 形叶片通道处强烈冲击水面，形成大量的水花，使气液充分接触，尘粒被液滴捕获。净化后的气体通过气液分离室和挡水板脱除水滴后排出。被捕获的尘粒则沉至漏斗底部，并定期排出；如果泥浆较多，可安装刮泥机构。

自激式除尘器内的水位对除尘效率、压力损失都有很大影响。水位高时，除尘效率提高，压力损失也相应增加；反之，则压力损失和除尘效率都降低。根据试验，以溢流堰高出上叶片下沿 50mm 为最佳。为保持一个稳定的水位，常采用二路供水，并有溢流箱及水位自动控制。

3. 湿式离心除尘器

湿式离心除尘器大体可分为两类，一类是借助离心力加强液滴与粉尘粒子的碰撞作用，达到高效捕尘的目的，如中心喷水切向进气的旋风洗涤器、用导向机构使气流旋转的除尘器、周边喷水旋风除尘器等。另一类是使粉尘粒子借助气流旋转运动所产生的离心力，冲击到被水湿润的壁面上而被捕获，如立式旋风水膜除尘器、卧式旋风水膜除尘器等。

(1) 中心喷水切向进气旋风洗涤器

图 5-4-9 为中心喷水切向进气旋风洗涤器捕尘过程的示意图。这种除尘器的下部中心装有若干个喷嘴雾化器，用以向旋转含尘气流中喷射液滴，这样就可以很好地借助离心力，加强液滴与粉尘粒子的惯性碰撞作用。为防止雾滴被气体带出，在中心喷雾器的顶部装有挡水圆盘，而在除尘器的顶部装有整流叶片，用以降低除尘器的压力损失。

据计算，当气体在半径为 0.3m 处以 17m/s 的切线速度旋转时，粉尘粒子受到的离心力远比其受到的重力大(约 100 倍以上)。图 5-4-10 给出了在 100g 离心加速度作用下，单个液滴依靠惯性碰撞捕集不同粒径尘粒的效率。图中曲线表明，液滴粒径在 40～200μm 的范围内除尘效果比较好，粒径为 100μm 时效果最佳。从图中还可以看出，这种除尘器对粒径 5μm 尘粒的捕集效率仍然很高；当液滴粒径为 100μm 时，单个液滴对不同粒径尘粒的捕集效率几乎可达 100%。

中心喷水切向进气旋风洗涤器的入口风速通常为 15～45m/s，最高可达 60m/s。除尘器断面气速大约为 1.2～2.4m/s，气体压力降大约为 500～1500Pa，用于净化气体的耗水量为 0.4～1.3L/m^3。这种除尘器常用作文丘里除尘器的脱水器，净化烟气时的性能如表 5-4-3

所示，也适用于吸收烟气中的 SO_2，当用弱碱溶液洗涤时，吸收率在 94%以上。

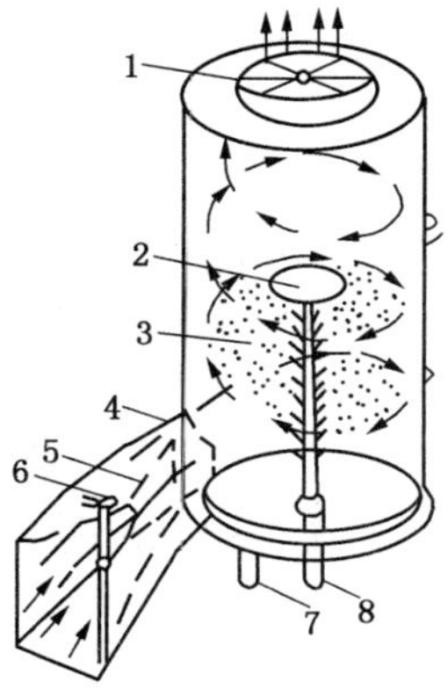

图 5-4-9 中心喷水切向进气旋风洗涤器捕尘过程的示意图

1—整流叶片；2—圆盘；3—喷水；4—气流入口管；5—导流管；6—调节阀；7—污泥出口；8—水入口

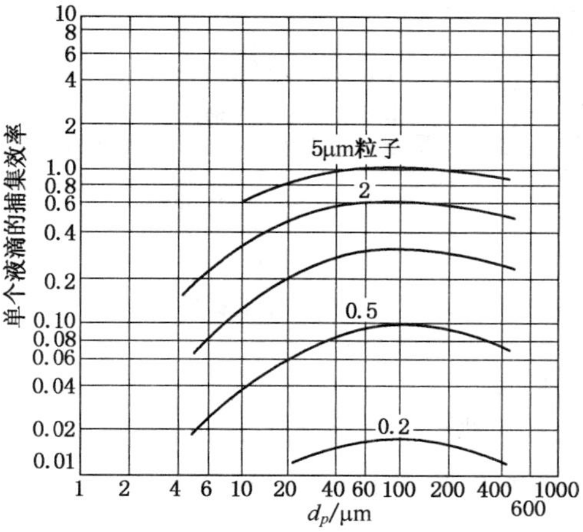

图 5-4-10 在 100g 离心加速度作用下单个液滴对不同粒径尘粒的捕集效率与液滴粒径之间的关系

表 5-4-3 中心喷水切向进气旋风洗涤器的主要性能

粉尘来源	粒径/μm	气体中粉尘的浓度/(g/m³)		效率/%
		进气口	排气口	
锅炉飞灰	>2.5	1.12～5.9	0.046～0.106	88.0～98.8
铁矿石、焦炭尘	0.5～20	6.9～55.0	0.069～0.184	99
石灰窑尘	1～25	17.7	0.576	97
生石灰尘	2～40	21.2	0.184	99
铝反射炉尘	0.5～2	1.15～4.6	0.053～0.092	95.0～98.0

(2)立式旋风水膜除尘器

立式旋风水膜除尘器的喷水方式有四周喷雾、中心喷雾或上部周边淋水等，除尘效率与进口气流速度密切相关，含尘气体的进口速度一般取 13～22m/s，速度太高会使水膜破坏，压力损失也加大。CLS 型和 CLS/A 型立式旋风水膜除尘器(图 5-4-11)是在筒体上部沿圆周方向设置喷嘴，喷嘴将水雾沿切线方向喷向壳体内壁，从而在筒体内壁覆盖一层连续均匀向下流淌的薄水膜。含尘气体由圆筒下部切向进入除尘器后旋转上升，气体尘粒在离心力作用下被抛到筒壁，被水膜润湿后随水膜沿筒壁下流，粉尘粒子随污水经除尘器底部的排泥口排出。这种除尘器通常设有 3～6 个喷嘴，水压控制在 0.3～0.5MPa，耗水量为 0.1～0.31L/m³。一般情况下，除尘效率可达 90%以上，压力损失为 500～750Pa。

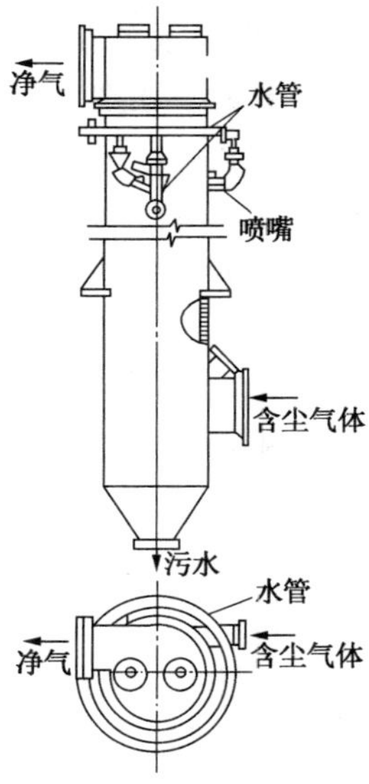

图 5-4-11 CLS 型立式旋风水膜除尘器的结构示意图

立式旋风水膜除尘器进口气流的最高允许含尘量为 2g/m³，否则应在其前增加一级预除尘器，以降低进口含尘浓度。

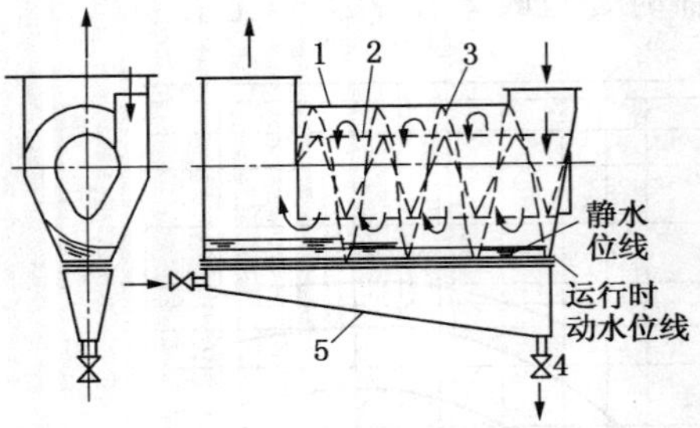

图 5-4-12　卧式旋风水膜除尘器的结构示意图

1—外壳；2—内筒；3—螺旋导流叶片；4—排灰浆阀；5—灰浆斗

(3)卧式旋风水膜除尘器

卧式旋风水膜除尘器也称为水鼓除尘器、旋筒式水膜除尘器等，其结构如图 5-4-12 所示，主要由横置的筒形外壳、倒梨形内筒、外壳与内筒之间的螺旋导流叶片、水槽等组成，含尘气流由除尘器的一端沿切线方向进入，冲击水面后在螺旋通道内流动，部分粗尘粒在冲击水面时因惯性作用而落入水中。壳体下部水槽中的水因受到连续气流冲击而形成水花、水雾，并随气流运动，于是在除尘器外壳内壁和内壳外壁上形成 3～5mm 厚的水膜。粉尘及水滴在惯性力、离心力等复合作用下，被甩到外壳内壁上的水膜中而被捕集，并随水膜流入下部水槽。尘粒经沉淀后，通过排灰浆阀定期排出。卧式旋风水膜除尘器具有结构简单、阻力小、除尘效率高、操作维护方便、耗水量小、不易磨损等优点，适合于非黏固性及非纤维性粉尘，用于常温和非腐蚀性场合。

保持除尘器内的最佳水位是使卧式旋风水膜除尘器在高效率、低阻力下正常运行的关键，可通过设置溢流管及水封部件等措施，保证最佳水位。在除尘器运行过程中，进口气流速度应控制在 11～16m/s。当水面调整到适当位置，风量在±20%的范围内变化时，除尘效率几乎不受影响。

(4)麻石水膜除尘器

某些工业烟气(如锅炉燃烧含硫煤烟气)不仅含有粉尘粒子，而且还含有 SO_2、SO_3、H_2S、NO_x 等有毒有害气体，这类腐蚀性气体往往会使钢制湿式除尘器遭受腐蚀。为了解决化学腐蚀问题，常常在钢制湿式除尘器内涂装衬里，但施工安装较为麻烦。采用厚 200～300mm 麻石(花岗岩)砌成的麻石水膜除尘器，则从根本上解决了除尘防腐的问题。如图 5-4-13 所示，麻石水膜除尘器主要由圆筒体(用耐腐麻石砌筑)、环形喷嘴、溢水槽、水封池、沉淀池等组成。工作过程中，含尘气体由下部进气管以 16～23m/s 的速度切向进入筒体，形成急剧上升的旋转气流，粉尘粒子在离心力作用下被推向外筒体的内壁，并被筒壁自上而下流动的水膜捕获。然后随水膜流入锥形灰斗，经水封池排入排灰沟，冲至沉淀池。净化后的烟气从除尘器的出口排出，经排气管、烟道、吸风机后再由烟囱排入大气。

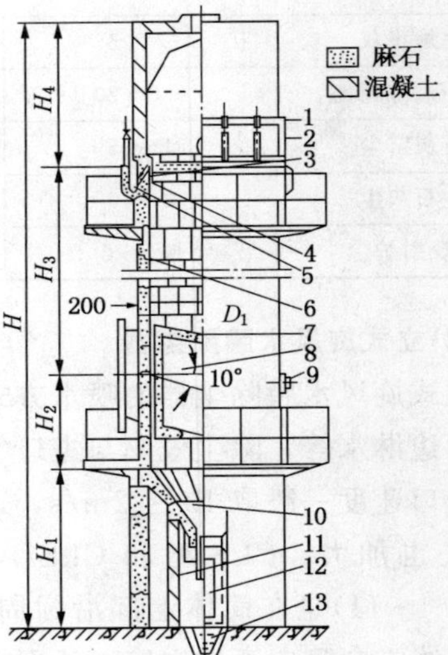

图 5-4-13　麻石水膜除尘器的结构示意图

1—环形集水管；2—扩散管；3—挡水堰；4—水越入区；5—溢水槽；6—筒体内壁；7—烟道进口；8—挡水槽；9—通灰孔；10—锥形灰斗；11—水封池；12—插板门；13—排灰沟

麻石水膜除尘器的优点：抗腐蚀性好、耐磨性好、经久耐用；不仅能净化抛煤机和燃煤锅炉烟气的粉尘，而且能够净化煤粉炉和沸腾炉等高含尘浓度烟气；正常运转时的除尘效率高，一般可达 90%左右；由于除尘器的主体材料为花岗石，钢材用量少，可就地取材，因而造价低。其缺点：采用安装环形喷嘴形成筒壁水膜，喷嘴易被烟尘堵塞；采用内水槽溢流供水，在器壁上形成的水膜将受供水量多少的影响而不稳定，所以一般采用外水槽供水，外水槽供水靠除尘器内外液面差控制水量，形成的水膜较为稳定；耗水量大，废水为酸性，需处理后才能排放；不适宜急冷急热变化的除尘过程，处理烟气温度以不超过100℃为宜。

麻石水膜除尘器入口的气流速度一般约为18m/s，直径大于ϕ2m时可采用22m/s。除尘器筒体内气流上升速度取4.5～5.0m/s为宜，液气比为0.15～0.20L/m^3，阻力损失一般为600～1200Pa。对锅炉排尘的除尘效率一般为85%～90%。

4. 文丘里除尘器

文丘里除尘器主要利用含尘气体高速通过收缩喉管，将水雾化，从而实现尘粒与液(水)滴高效碰撞和分离。

文丘里除尘器的结构紧凑、体积小、布置灵活、投资费用低，运行维护简单，常用于高温烟气降温和除尘，也可以用于吸收气体污染物。对粒径0.5～5μm粉尘的除尘效率可达99%以上；当阻力为7.5kPa、耗水量为0.5～1.5L/m^3时，对粒径1μm粉尘的除尘效率也能达97%。但由于喉管处的气流速度高(一般为40～120m/s)及粉碎水滴所需的能量高，故文丘里除尘器的压力损失大，一般为3～9kPa；此外，其用水量大，存在污水处理问题。例如，处理10000m^3/h的风量，文氏管除尘器的压力损失为16.5～18kPa，风机所需功率为93kW。

(1)结构和工作原理

图5-4-14为早期设计的PA型文丘里除尘器，主要由文丘里管(文氏管)和脱水器两部分组成，文氏管由进气管、收缩管段、喷嘴、喉管段、扩散管段、连接管段等组成。脱水器也叫除雾器，上端有排气管，用于排出净化后的气体；下端有排尘管道接沉淀池，用于排出泥浆。

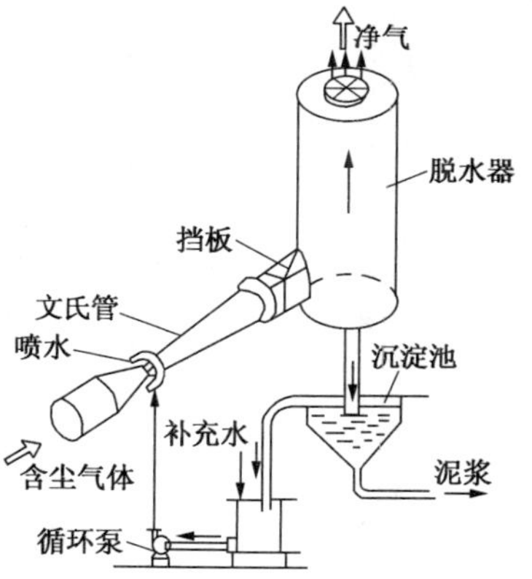

图5-4-14 文丘里除尘器的结构示意图

文丘里除尘器的除尘过程可分为雾化、凝聚和脱水三个阶段，前两个阶段在文氏管内进行，后一阶段在脱水器内完成。含尘气体由进气管段进入收缩管段后流速增大，在喉管段处气体流速达到最大值。从喷嘴喷射出来的水滴在高速气流冲击下雾化，气体湿度达到饱和，尘粒表面附着的气膜被冲破，使尘粒被水湿润，在尘粒与液滴之间或尘粒与尘粒之间发生激烈的凝聚。在扩散管段中气流速度减小，压力回升，以尘粒为凝结核的凝聚作用加快，凝聚成较大的含尘水滴，更易于被捕集。粒径较大的含尘水滴进入脱水器后，在重力、离心力等作用下，尘粒与气体分离而达到除尘的目的。

文氏管的结构形式是决定除尘效率高低的关键。如图5-4-15所示，文氏管按组合方式分为单管和多管组合两种；按断面形状分为圆形和矩形两类；按喉管构造分为喉口部分无调节结构的定径文氏管和喉口部分装有调节结构的调径文氏管两类。调径文氏管为严格保证净化效率，需要随气体流量变化及时调节喉径，以保持喉管气速不变。对于喉径的调节方式，圆形文氏管一般采用重砣式；矩形文氏管可采用翼板式、滑块式和米粒式(R-D型)。如图5-4-16所示为Monroe Environmental公司开发的调径文丘里湿式除尘器，用于清除废气中的悬浮颗粒物、烟道气和工艺气体。

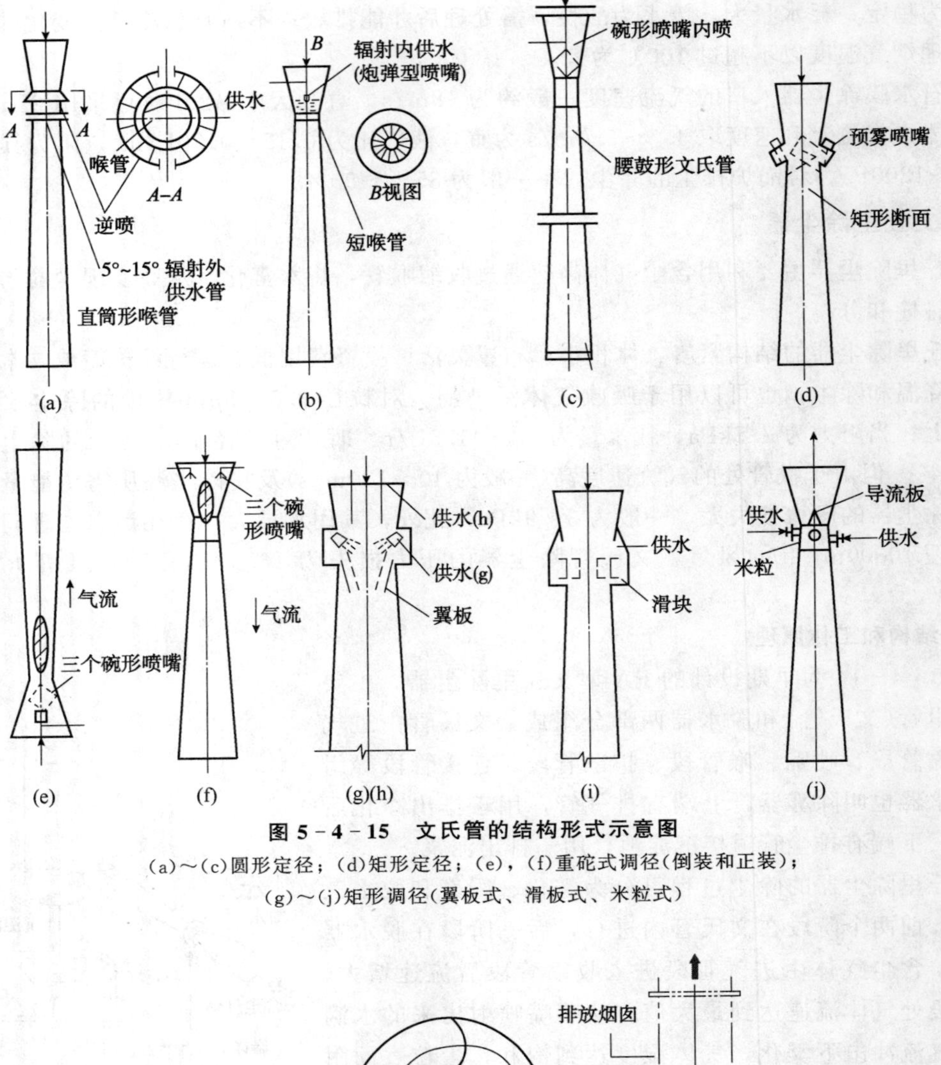

图 5-4-15　文氏管的结构形式示意图

(a)～(c)圆形定径；(d)矩形定径；(e)，(f)重砣式调径(倒装和正装)；

(g)～(j)矩形调径(翼板式、滑板式、米粒式)

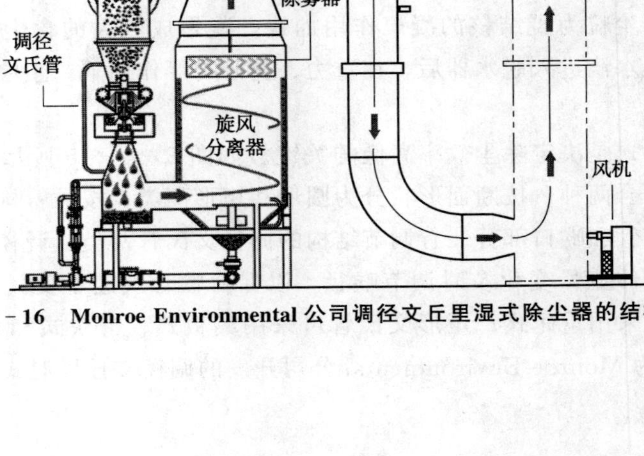

图 5-4-16　Monroe Environmental 公司调径文丘里湿式除尘器的结构示意图

按水的雾化方式分，有预雾化(用喷嘴喷成水滴)和不预雾化(借助高速气流使水雾化)两类。按供水方式分，有径向内喷、径向外喷、轴向喷雾和溢流供水四类。其中溢流供水是在收缩管顶部设置溢流水箱，使溢流水沿收缩管壁流下，形成均匀的水膜，此外还可以起到清除干湿界面上粘灰的作用。各种供水方式皆以有利于水的雾化并使水滴布满整个喉管断面为原则。

(2)压力损失

文丘里除尘器的压力损失包括文氏管和脱水器的压力损失。文氏管的压力损失是文丘里除尘器的重要性能参数之一，其影响因素很多，如文氏管的结构尺寸，特别是喉管尺寸、各管道的加工及安装精度、喷雾方式和喷水压力、液气比、气体流动状况等。对于低能耗文丘里除尘器，喉管气速一般为40～60m/s，液气比为0.15～0.60L/m^3，压力损失为600～5000Pa；对于高能耗文丘里除尘器而言，喉管气速一般为60～120m/s，液气比为0.20～0.81L/m^3，其压力损失为5000～20000Pa。喉管气速增加，液气比增大，压力损失也会增大。对于已使用的文氏管，很容易测定其在某一操作状况下的压力损失，但在设计时要准确推算文氏管的压力损失则往往比较困难，通常是在特定实验条件下根据经验公式得出，因此具有一定的局限性。目前应用较多的公式有以下两种。

①海斯凯茨(Hesketh)经验公式。Howard D. Hesketh考虑到喉管尺寸的影响，根据多种形式文氏管压损的实验结果，给出如下经验公式

$$\Delta p=0.862\rho u_0^2 A_0^{0.133}\left(\frac{1000Q_L}{Q_g}\right)^{0.78}\ (\mathrm{Pa}) \tag{5-4-8}$$

式中 ρ——含尘气体的密度，kg/m^3；

u_0——喉管气速，m/s；

A_0——喉管断面面积，m^2；

Q_L——洗涤液流量，m^3/s；

Q_g——含尘气体流量，m^3/s；

Q_L/Q_g——液气比。

②木村典夫给出的经验公式(径向喷雾时的压力损失)

$$\Delta p=\left[0.42+0.79\left(\frac{1000Q_L}{Q_g}\right)+0.36\left(\frac{1000Q_L}{Q_g}\right)^2\right]\frac{\rho u_0^2}{2}\ (\mathrm{Pa}) \tag{5-4-9}$$

或

$$\Delta p=\left[\frac{0.033}{\sqrt{R_{0H}}}+3.0R_{0H}^{0.3}\left(\frac{1000Q_L}{Q_g}\right)\right]\frac{\rho u_0^2}{2}(\mathrm{Pa}) \tag{5-4-10}$$

式中 R_{0H}——喉管的水力半径，$R_{0H}=D_0/4$，m。

在处理高温气体(700～800℃)时，按式(5-4-10)计算的Δp应乘以温度修正系数k

$$k=3(\Delta t)^{-0.28} \tag{5-4-11}$$

式中 Δt——文氏管入口和出口气体的温度差，℃。

(3)除尘效率

文丘里除尘器的除尘效率取决于文氏管的凝聚效率和脱水器的脱水效率。凝聚效率指的是因惯性碰撞、拦截和凝聚等作用，使尘粒被水滴捕集的百分率；脱水效率指的是尘粒与水分离的百分数。通常只计算凝聚效率，脱水效率的计算可参照有关除尘公式进行。推算文氏管凝聚效率的公式有几种，这里仅引用与实际最为接近的卡尔弗特推算公式。

文丘里除尘器捕集尘粒的最重要机制是惯性碰撞，卡尔弗特等人从这一点出发，给出了如下简明的凝聚效率公式

$$\eta_1=1-\exp\left[\frac{2Q_L u_0 \rho_L d_L}{55Q_g \mu_g}F(St,\ f)\right] \tag{5-4-12}$$

式中　η_1——文氏管的凝聚效率，%；

ρ_L——液体(水)的密度，kg/m^3；

d_L——液滴平均直径，μm，在20℃和1atm(101325Pa)下，对于水-空气系统有，

$$d_L=\frac{5000}{u_0}+29\left(\frac{1000Q_L}{Q_g}\right)^{1.5}$$

μ_g——含尘气体的黏度，Pa·s；

St——按喉管内气速u_0确定的斯托克斯数，$St=\frac{d_p^2\rho_p u_0 C_u}{9\mu_G d_L}$；

d_p——粉尘粒子的粒径，m；

ρ_p——粉尘粒子的密度，kg/m^3；

C_u——坎宁汉修正系数；其余符号的意义同前。

而

$$F(St,\ f)=\frac{1}{St}\left[-0.7-St\cdot f+1.4\ln\left(\frac{St\cdot f+0.7}{0.7}\right)+\left(\frac{0.49}{0.7+St+f}\right)\right] \tag{5-4-13}$$

上式中的f为经验系数，综合了没有明确包含在式(5-4-12)中的各种参数的影响，如除碰撞以外的其他捕集作用、流至文氏管壁上的液体损失、液滴不分散及其他影响因素等。对于疏水性粉尘取$f=0.25$；对于亲水性气溶胶，如可溶性化合物、酸类(含有SO_2和SO_3的飞灰等)，取$f=0.4\sim0.5$；而对于大型洗涤器，取$f=0.5$。

卡尔弗特等作出一系列简化后，所提出文丘里除尘器的除尘效率公式为

$$\eta_1=1-\exp\left(\frac{-6.1\times10^{-13}\rho_P\rho_L d_P^2 f^2 \Delta p Cu}{\mu_G^2}\right) \tag{5-4-14}$$

式中　Δp——除尘器的压降，Pa；其余符号的意义同前。

对于粒径5μm以下粉尘的去除效率，可按海斯凯茨公式计算如下

$$\eta=(1-4525.3\Delta p^{-1.3})\times100\% \tag{5-4-15}$$

由上述凝聚效率公式可以看出，文氏管的凝聚效率与喉管内的气速u_0、粉尘粒径d_p、液滴直径d_L及液气比等因素有关。u_0越高，液滴被雾化得越细，尘粒的惯性力也越大，则尘粒与液滴的碰撞、拦截的概率越大，凝聚效率也就越高。要达到同样的凝聚效率时，对d_p、ρ_p都较大的粉尘，u_0可取小些；反之，需要取较大的u_0值。因此，在气流量波动较大时，为了保持η_1基本不变，通常采用调径文氏管，一般随着气量变化调节喉径，保持喉口内气速u_0基本稳定。

增大液气比可以提高净化效率，但如果喉管内气速过低，液气比增大会导致液滴增大，这对凝聚不利，所以液气比增大必须与喉管内气速相适应才能获得高效率。使用文氏管除尘器除尘时，液气比取值范围一般为0.3～1.5L/m^3，较多选用0.7～1.0L/m^3。

(4)设计计算

文丘里除尘器的设计有两个主要内容：净化气体量和文氏管主要尺寸的确定。净化气体

量可以根据生产工艺物料平衡和燃烧装置的燃料计算求得，也可以采用直接测量的烟气量数据。对于净化气体量的设计计算，都以文氏管前的烟气性质和状态参数为准。为了简化设计计算，可以不考虑其漏风系数、烟气温度降低、烟气中水蒸气对烟气体积的影响。

确定文氏管几何尺寸的基本原则是：保证净化效率和减小流体阻力。尺寸包括收缩管段、喉管段和扩散管段的直径和长度，及收缩管段和扩散管段的扩张角等。

①收缩管段。收缩管段进气端的截面积 A_1 通常按与之相连的进气管道形状计算，计算公式为

$$A_1=\frac{Q_t}{3600u_1}\ (\mathrm{m^2}) \tag{5-4-16}$$

式中　Q_t——温度为 t 时进气口的气体流量，$\mathrm{m^3/h}$；

u_1——收缩管段进气端气体的速度，m/s，此速度与进气管内的气流速度相同，一般取 $u_1=15\sim22\mathrm{m/s}$。

圆形收缩管段进气端的管径 D_1 可以按下式计算

$$D_1=1.128\sqrt{A_1}=0.0188\sqrt{\frac{Q_t}{u_1}}\ (\mathrm{m}) \tag{5-4-17}$$

矩形截面收缩管段进气端高度 a_1 和宽度 b_1 的计算式为

$$a_1=\sqrt{(1.5\sim2.0)A_1}=(0.0204\sim0.0235)\sqrt{\frac{Q_t}{u_1}}\ (\mathrm{m}) \tag{5-4-18}$$

$$b_1=\sqrt{\frac{A_1}{(1.5\sim2.0)}}=(0.0136\sim0.0118)\sqrt{\frac{Q_t}{u_1}}\ (\mathrm{m}) \tag{5-4-19}$$

式中，1.5～2.0 为高宽比(a_1/b_1)的经验数值。

②扩张管段。扩张管段出气端截面积 A_2 的计算公式为

$$A_2=\frac{Q_t}{3600u_2}\ (\mathrm{m^2}) \tag{5-4-20}$$

式中　u_2——扩张管段出气端气体的速度，m/s，一般取 $u_2=18\sim22\mathrm{m/s}$。

圆形扩张管段出气端的管径 D_2、矩形截面扩张管段出气端高度 a_2 和宽度 b_2 这 3 个参数的计算方法分别与式(5－4－17)、式(5－4－18)、式(5－4－19)类似，只不过需要将 u_1 改换为 u_2 而已。

③喉管段。喉管段的截面积 A_0 通常按下式计算

$$A_0=\frac{Q_t}{3600u_0}\ (\mathrm{m^2}) \tag{5-4-21}$$

式中　u_0——通过喉管段的气体流速，m/s。

u_0 通常按照该除尘器应用的具体条件来确定：用于降温时，若除尘效率要求不高，u_0 可以取 40～60m/s；净化含亚微米级粉尘时，若除尘效率要求较高，u_0 可以取 80～120m/s，甚至 150m/s。

圆形喉管段直径的计算方法与收缩管段和扩散管段一样，一般有 $D_0\approx D_1/2$；小型矩形文丘里洗涤器的喉管段高宽比仍可取 $a_0/b_0=1.2\sim2.0$，但对于卧式且通过大气量的矩形文丘里洗涤器而言，其喉管段宽度 b_0 不应大于 600mm，而喉管段的高度 a_0 不受限制。

④收缩角和扩张角。收缩管段的收缩角 θ_1 越小，文丘里管除尘器的气流阻力就越小，因此通常取 23°～30°。当文丘里除尘器用于气体降温时，θ_1 取 23°～25°；而用于除尘时，θ_1

取 23°～28°，最大可达 30°。

扩张管段的扩张角 θ_2 的取值一般与 u_2 有关，u_2 越大，θ_2 越小；反之，u_2 越小，θ_2 越大。θ_2 增大不仅会增大阻力，而且捕尘效率也将降低，一般取 $\theta_2=6°\sim7°$。

⑤收缩管段和扩张管段长度。圆形收缩管段的长度 L_1 和扩张管段的长度 L_2 通常按下式计算

$$L_1=\frac{D_1-D_0}{2}\cot\frac{\theta_1}{2}\ (\mathrm{m}) \tag{5-4-22}$$

$$L_2=\frac{D_2-D_0}{2}\cot\frac{\theta_2}{2}\ (\mathrm{m}) \tag{5-4-23}$$

矩形文氏管收缩管段的长度 L_1 可以按下列两式计算，取两式最大值作为收缩管段的长度

$$L_{1a}=\frac{a_1-a_0}{2}\cot\frac{\theta_1}{2}\ (\mathrm{m}) \tag{5-4-24}$$

$$L_{1b}=\frac{b_1-b_0}{2}\cot\frac{\theta_1}{2}\ (\mathrm{m}) \tag{5-4-25}$$

式中 L_{1a}——用收缩管段进气端高度 a_1 和喉管高度 a_0 计算的收缩管段长度，m；

L_{1b}——用收缩管段进气端宽度 b_1 和喉管宽度 b_0 计算的收缩管段长度，m。

同理，矩形文氏管的扩张管段长度 L_2 取以下两式的最大值

$$L_{2a}=\frac{a_2-a_0}{2}\cot\frac{\theta_2}{2} \tag{5-4-26}$$

$$L_{2b}=\frac{b_2-b_0}{2}\cot\frac{\theta_2}{2} \tag{5-4-27}$$

式中 L_{2a}——用扩张管段出口端高度 a_2 和喉管高度 a_0 计算的扩张管段长度，m；

L_{2b}——用扩张管段出口端宽度 b_2 和喉管宽度 b_0 计算的扩张管段长度，m。

⑥喉管段长度。喉管段长度通常取 $L_0=(0.15\sim0.30)d_0$，d_0 为喉管的当量直径。喉管段截面为非圆形时，喉管段的当量直径 d_0 按下式计算

$$d_0=\frac{4A_0}{q}(\mathrm{m}) \tag{5-4-28}$$

式中 q——喉管段的周边长，m。

通常情况下，喉管段长度为 200～350mm，最长不超过 500mm。

(5)多管文丘里除尘器

当处理气量增大，文丘里管直径需要扩大时，为了达到相同的运动效果，可采用多个小直径文丘里管并联组合的多管文丘里洗涤器，如图 5-4-17 所示。能够采用较低的喉管气流速度，获得较高气流速度所能达到的运行效果。多管文丘里洗涤器所需的吸收液浓度低，持液量小，结构紧凑，负荷适用性强。与相同处理气量的单个文丘里出差器相比，使用多个文丘里管并联可以在相对降低压力损失的同时，保证液体的最小雾化速度(一般喉速大于 35m/s 时雾化效果比较好)。例如，有一文丘里管喉部直径为 ϕ400mm、气流速度为 120m/s，而当采用喉部直径为 ϕ100mm 的多个小文丘里管并联组合时，相应的气流速度只要 60m/s 即可，因此阻力可以显著降低。

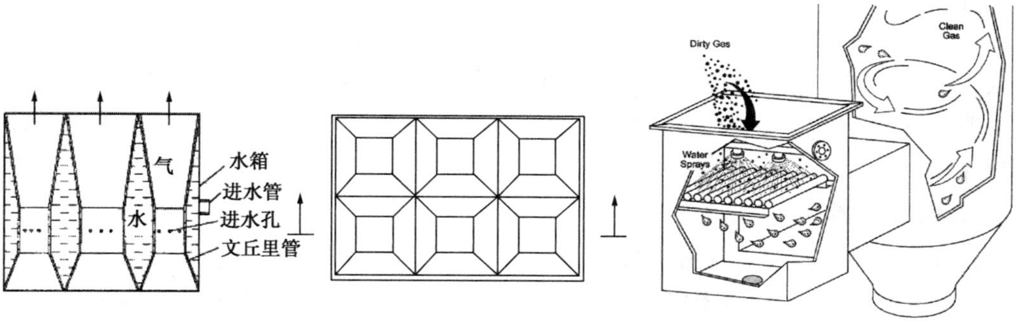

图 5-4-17　多管并联文丘里洗涤器的结构示意图(左边两图为 6 管)

三、配套的脱水单元

当用湿式除尘器治理烟气和其他有害气体时，从处理设备排出的净化气体通常会夹带有水雾，为防止水雾带出影响周围环境，在湿式除尘器的出口要设置脱水单元(脱水器)，将水雾分离出来。脱水器有两种设置方式：一是设在除尘器内部，成为除尘器的一部分，适用于普通低能湿式除尘器；另一种是设在除尘器外部，成为单独的设备，如文氏管除尘器配套用旋风脱水器。

脱水器的脱水机理类似除尘机理，主要有重力沉降、惯性分离和离心分离这三种，脱水器的型式要根据水滴的大小、所要求的脱水效率、除尘器的类型等因素进行选择。

1. 重力脱水器

重力脱水器是最简单的一种形式，其结构与除尘用的垂直气流重力沉降室完全相同。夹带水滴的气体进入重力脱水器后，流速降低。只有当水滴的重力沉降速度大于气体上升速度时，含尘水滴才能从气流中分离出来。根据气体上升速度可计算出水滴沉降的临界粒径，如表 5-4-4 所列，例如当气流上升速度小于 2m/s 时，可以脱下的含尘水滴粒径为 120～150μm。重力脱水器对水滴浓度大时(在 $1kg/m^3$ 以上)的脱水效果较好，但占地面积大，在实际中应用较少。

表 5-4-4　水滴沉降的临界直径

气流上升速度 v/(m/s)	2.0	2.5	3.0	3.5	4.0	4.5	5.0
水滴沉降临界直径 d/μm	120～150	190～230	270～330	370～440	490～570	620～740	760～900

2. 惯性脱水器

惯性脱水器在普通低能湿式除尘器中应用广泛，一般设置在除尘器的出口，其原理与惯性除尘器相同，某些惯性除尘器也可用作脱水器。当含有液滴的气流通过挡板时，由于气体流线的偏离，使水滴碰撞到挡板上，液滴就被捕集下来，气体则通过脱水器排入大气。

惯性脱水器的另一种结构形式是在内部设置填料层，当含有液滴的气流通过填料层时，液滴被除去，脱水效率比较高。填料层材料形式较多，如砂粒、矿渣、拉西环、球形填料，甚至可以采用丝网格或其他过滤材料。

3. 弯头脱水器

弯头脱水器是借助气流在弯头中折转 90°或 180°角时产生的离心力将水滴甩出，主要用于文氏管除尘器的脱水。

图 5-4-18 为弯头脱水器的一种形式。通过文氏管的气流速度在扩散管段不断降低，由于水滴质量大而在惯性力作用下速度降低较慢，因此在进入弯头脱水器时，水滴与气流的速度有明显差别。当气流折转 90°时，水滴由于惯性和离心力被甩到弯头脱水器的底部，由排水槽排出。

4. 旋风脱水器

当水滴粒径较小而又要求脱水效率高时，可以采用结构简单、体积小的旋风脱水器。如图 5-4-19 所示，旋风脱水器筒体下部圆锥顶角一般为 100°，气流进入旋风筒的切向流速一般为 20～25m/s，其在圆筒断面的上升速度为 2.5～5.5m/s(具体参见表 5-4-5)；当进口含水量为 0.2g/m³ 以下时，出口含水量不超过 0.03g/m³，可去除的最小液滴粒径为 5μm 左右，旋风筒的阻力损失为 590～1470Pa。

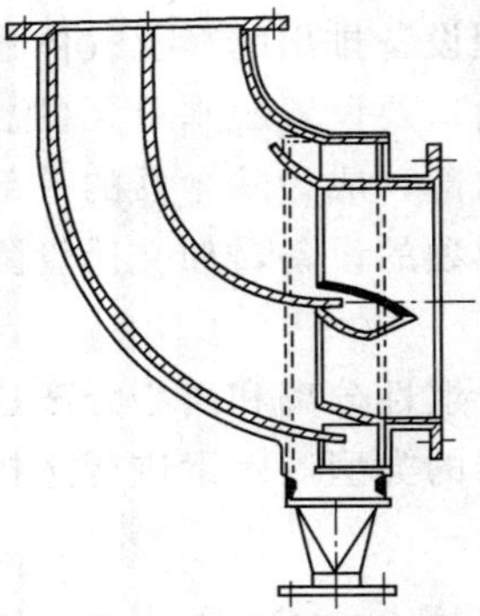

图 5-4-18　弯头脱水器的结构示意图

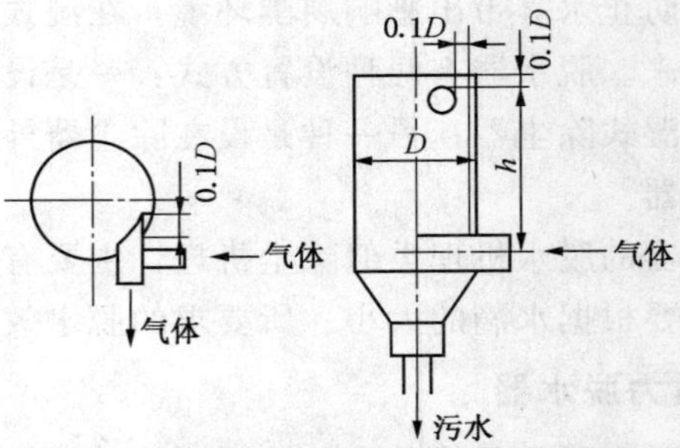

图 5-4-19　旋风脱水器的结构示意图

表 5-4-5　旋体直径与圆筒高度的关系

气体在圆筒内的上升速度/(m/s)	2.5～3.0	3.0～3.5	3.5～4.5	4.5～5.5
筒体高度与直径比	2.5	2.8	3.8	4.6

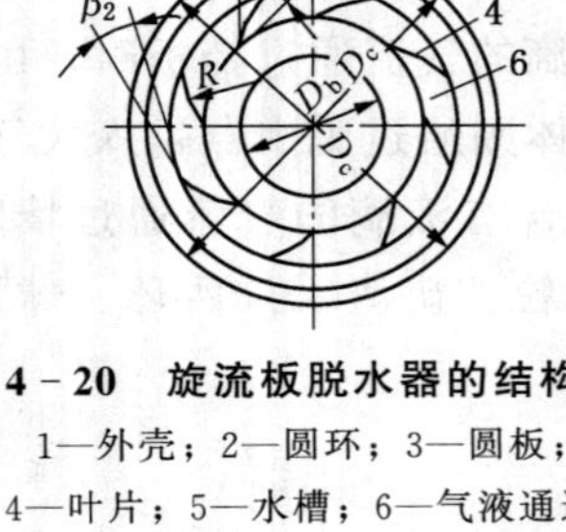

图 5-4-20　旋流板脱水器的结构示意图

1—外壳；2—圆环；3—圆板；
4—叶片；5—水槽；6—气液通道

5. 旋流板脱水器

旋流板脱水器利用内部的固定叶片使气流产生旋转，从而在离心力的作用下将水滴分离。如图 5-4-20 所示，旋流板脱水器通常设置在除尘器出口处，旋流板的叶片形状就像固定的风车叶片，用于脱水、除雾的效果很好，一般脱水率达 90%～99%。旋流板脱水器有圆柱形和圆锥形两种，圆锥形旋流板消耗金属较多，压力损失小，但只适用于水汽浓度不超过 0.8L/m³ 的情况。当水汽浓度达 3.0L/m³ 时，必须采用圆柱形旋流板脱水器。

表 5-4-6 列出了圆柱形和圆锥形旋流板脱水器的相对尺寸。在圆柱形旋流板脱水器有效断面上的最优气流速度为 5m/s，而圆锥形旋流板脱水器为 12～18m/s。

表 5-4-6　圆柱形和圆锥形旋流板脱水器的相对尺寸

几何参数	圆柱形旋流板	圆锥形旋流板	几何参数	圆柱形旋流板	圆锥形旋流板
H/d_1	0.7	6.0	H_c/D_c	1.5 以下	2.00
D_2/D_c	0.6	0.85	β_1	50°	34°
D_1/D_c	0.5	0.20	β_2	0°	10°
D_2/d_1	1.25	4.25	叶片数	18 以下	18

§5.5　电除尘器及其新发展

电除尘器也被称为静电除尘器(Electrostatic Precipitator, ESP)，是利用静电力(库仑力)将气体中粉尘分离出来的除尘设备。电除尘与其他除尘过程的根本区别在于，分离力(主要是静电力)直接作用在尘粒上且相对较大，而不是作用在整个气流上，这就决定了电除尘器具有耗能少、气流阻力小、能有效捕集亚微米级尘粒等特点。1907 年，美国加州大学伯克利分校的 Frederick Gardner Cottrell 教授首次将湿式电除尘技术用于捕集制酸工业烟气中携带的硫酸雾滴。如今，静电除尘技术已广泛应用于钢铁、有色冶金、建材、电力、化工、轻纺及其他工业领域。随着烟气治理超低排放改造持续推进，电除尘技术迎来了巨大挑战和发展机遇。

一、电除尘器的除尘机理及其性能特点

1. 电除尘器的除尘机理

虽然电除尘器的种类和结构形式繁多，但其设计都基于相同工作原理。如图 5-5-1 所示，电除尘器的放电极(又称电晕极，Discharge Electrode 或 Corona Electrode)和收尘极(又称集尘极，Collecting Electrode)接于高压直流电源的两个输出端，维持一个足以使气体发生电离的非均匀电场。当含尘气体通过该电场时，在放电极周围强电场作用下发生电离，形成离子和电子并使粉尘颗粒荷电。荷电后的粉尘颗粒在电场力的作用下向收尘极运动并在其表面沉积，及时清除收尘极上积聚的粉尘颗粒，进而达到气体净化除尘的目的。电除尘器的工作原理涉及电晕放电、气体电离、粉尘颗粒荷电、荷电粉尘颗粒的迁移和捕集、清灰等过程，其中粉尘荷电、荷电粉尘颗粒的迁移和捕集清灰是最为重要的三个基本过程。

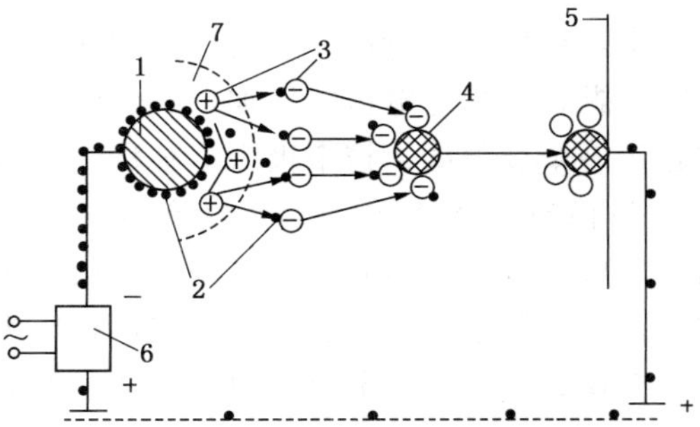

图 5-5-1　电除尘过程示意图

1—放电极；2—电子；3—离子；4—粉尘；5—集尘极；6—供电单元；7—电晕区

(1)电晕放电和气体电离

除中性分子外，气体中通常只含有极其微量的自由电子和离子，可视为绝缘体。但当把空气置于直流高压电极形成的非均匀电场中时，气体分子获得足够能量使电子脱离形成自由电子和气体离子，这些电子成为输送电流的媒介，气体就具有导电能力，使气体具有导电能力的过程就称为气体电离。假设电除尘器放电极为负极，在足够高的直流电压下，从金属丝表面或附近产生的电子迅速向正极移动，与电场中的气体发生撞击并使之离子化，在极短时间内即可产生大量的自由电子和正离子，通常称为雪崩过程，此时在放电极周围可以看见淡蓝色的光点或光环，也能听见轻微的气体爆裂声，这一现象称为电晕放电，开始发生电晕放电时的电压称为起晕电压。

电晕放电现象首先发生在放电极(电晕极)，围绕放电极 2～3mm 的小区域称为电晕区。电晕区外的电场强度随与电晕极距离的增大而迅速减弱，不足以引起气体分子碰撞电离，因而电晕放电停止。发生电晕放电现象后，如供电电压继续调高，电晕区将随之扩大至极间空气全部电离，这种现象称为电场击穿，此时的电压称为击穿电压。电除尘器运行时，应尽量避免发生电场击穿现象。

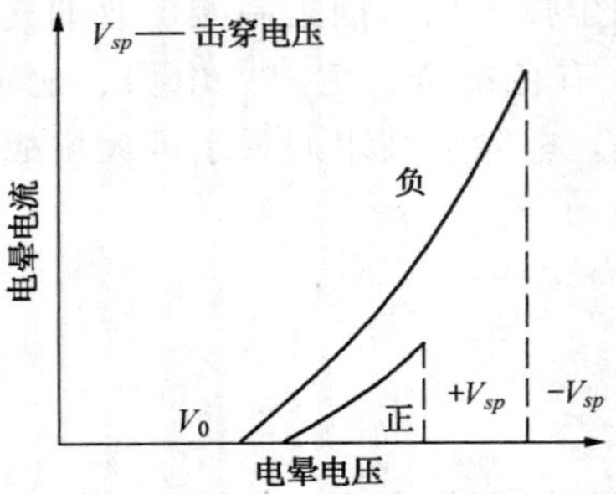

图 5-5-2　正、负极在空气中的电晕电流-电晕电压曲线

放电极为正极或负极时产生电晕放电的特性有所不同。图 5-5-2 所示为正、负电极在空气中的电晕电流-电晕电压曲线，从图中可以看出，负电极的起晕电压较低而击穿电压较高，运行电压范围大，在相同电压下的负电晕电流大，因此在工业除尘中负电晕放电应用较广泛。对于空气调节系统，则常采用正电晕放电，产生 O_3 和 NO_x 较少。

(2)粒子荷电

粉尘颗粒荷电是电除尘过程的重要过程，粉尘颗粒的荷电量越大越容易被捕集。粉尘颗粒荷电通过自由电子、离子与粉尘颗粒碰撞，并附着于粉尘颗粒之上而完成。粉尘颗粒获得的电荷大小随粉尘粒径大小而异，一般而言，粒径 1μm 的粉尘大约可获得 30000 个电子的电量。

在除尘器电晕电场中存在电场荷电和扩散荷电两种截然不同的粉尘颗粒荷电机制。一种是气体离子在静电力作用下做定向运动，与粉尘颗粒碰撞而使粉尘颗粒荷电，称为电场荷电或碰撞荷电；另一种是由气体离子做不规则热运动时，与粉尘颗粒碰撞而导致的粉尘荷电过程，称为扩散荷电。

影响电场荷电的重要因素，粉尘颗粒特性方面是粒径和介电常数，电晕电场方面则为电场强度和离子密度。随着粉尘颗粒上累计电荷的增加，粉尘颗粒附近原来外加电场的分布发生改变，电场电荷越来越趋于一个极限值，这个极限值被称为饱和电荷。一般电场荷电所需要的时间小于 0.1s，这个时间相当于气体在除尘器内流动 10～20cm 距离所需的时间。因此，对一般的电除尘器而言，可以认为粉尘颗粒进入除尘器后立刻达到了饱和。但是，与电场荷电(碰撞荷电)过程相反，扩散荷电并不存在最大极限值，因为根据分子运动理论，并不存在气体离子动能的上限，在这些条件下的荷电量取决于离子热运动的动能、离子大小和荷电时间。

粉尘颗粒的荷电过程取决于粒径大小，对于粒径大于 0.5μm 的粉尘颗粒，以电场荷电或碰撞荷电为主；粒径小于 0.1μm 的粉尘颗粒，以扩散荷电为主；对于粒径处于中间范围

(0.15～0.5μm)的粉尘颗粒，有必要同时考虑电场荷电和扩散荷电的作用，如图5-5-3所示。描述这两种荷电过程同时作用的微分方程不能用解析方法求解，必须借助近似解法或数值解法。根据Robinson的研究，简单地将电场荷电的饱和电荷和扩散荷电的电荷相加，能近似表示两种过程综合作用时的荷电量，且与实验值基本一致。

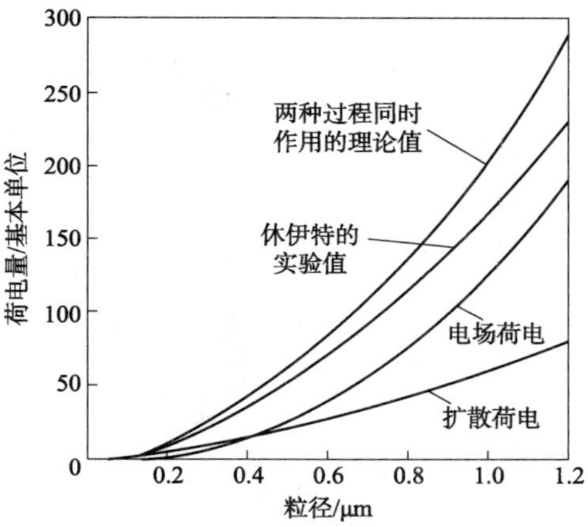

图5-5-3 典型条件下的粒子荷电量

(3)荷电粉尘颗粒的迁移和捕集

在电除尘器内粉尘颗粒捕集的理论取决于气体流动的模型，最简单的情况是含尘气体在除尘器内做层流运动，这种情况下粉尘颗粒向收尘极移动的速度可以根据经典力学和电学定律求得。荷电粉尘颗粒(电晕区外)在电场力和气流阻力的共同作用下，向收尘极运动，所能达到的终末运动速度被称为驱进速度。收尘极壁面附近存在湍流边界层、二次涡流以及反电晕等现象，导致粉尘颗粒不断地喷射扫略，造成二次扬尘。

(4)清灰

实际运行过程中，收尘极(集尘极)上有大量粉尘颗粒沉积，粉尘层厚度往往达几mm甚至几十mm。收尘极上粉尘颗粒积聚过多，会影响后续荷电粉尘颗粒的驱进速度，对于高比电阻粉尘还会引起反电晕，因此应及时清灰。电晕极也会附着少量粉尘颗粒，隔一定时间也需进行清灰，以免影响电晕放电。待去除颗粒为液态时，比如硫酸雾或焦油，被捕集粒子会发生凝聚并滴入下部容器内。

2. 电除尘器的分类

电除尘器一般由除尘器本体和供电单元两大部分组成，除尘器本体包括放电极(电晕极)、收尘极(集尘极)、清灰机构、气流分布组件、高压绝缘组件、外壳(及灰斗)等。前已提及，在工业除尘中负电晕放电应用较广泛。因此，放电极(电晕极)通常由不同断面形状的金属导线制成且接高压直流电源的负极，收尘极(集尘极)由不同截面几何形状的金属制成且接高压直流电源的正极，收尘极(集尘极)有时也被称为阳极。在工程实际中，因烟气性质和粉尘特性差异，电除尘器结构特点存在较大区别，常常按收尘极结构形式、气流流动方式、电极空间布置、清灰方式、配套高压供电单元等进行分类。

(1)根据收尘极结构形式分类

①管式电除尘器。如图5-5-4所示，管式电除尘器的收尘极(集尘极)由圆形或正六边形截面流道的一根或一组金属管组成，其中带正六边截面流道的一组金属管外形恰似蜂窝状；放电极(电晕极)用重锤等形式，吊在收尘极每个流道的中心。圆形截面流道单管式电除尘器中，放电极和收尘极之间的径向距离相等，电场强度在径向分布不均匀而沿轴向变化均匀。含尘气体从金属管下端进入，净化后的气体从金属管上端排出。由于单个流道的处理气量有限，通常采用多个流道并联结构，放电极分别沿每个流道的中心轴线悬吊。管式电除尘器的电场强度高且变化均匀，但清灰较困难，多用于净化气流量小或含雾滴的气体。

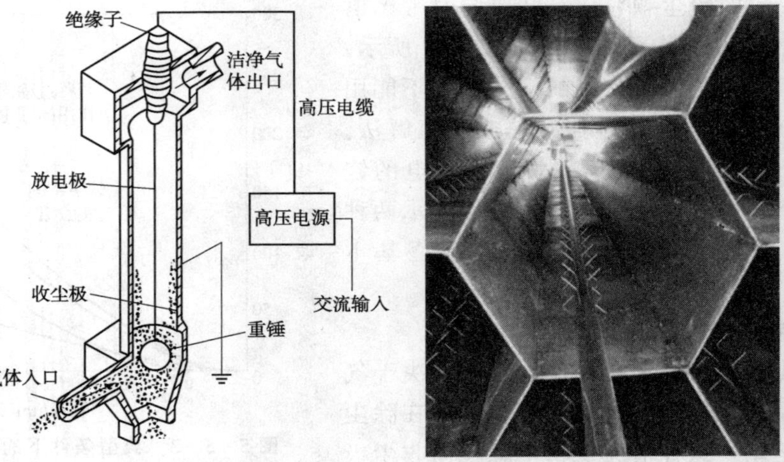

(a)圆形截面流道单管式　　(b)正六边形截面流道蜂窝状

图 5-5-4　圆形或正六边形截面流道管式电除尘器

②板式电除尘器。是工业中采用最广泛的结构形式，如图 5-5-5 所示，这类电除尘器由多块一定形状的钢板平行组合成收尘极(集尘极)，在平行的收尘极之间均匀设置棒状的放电极(电晕极)。两平行收尘极之间的距离一般为 200～400mm；通道数由几个到几十个，甚至上百个，高度为 2～15m，主要依据除尘效率确定。

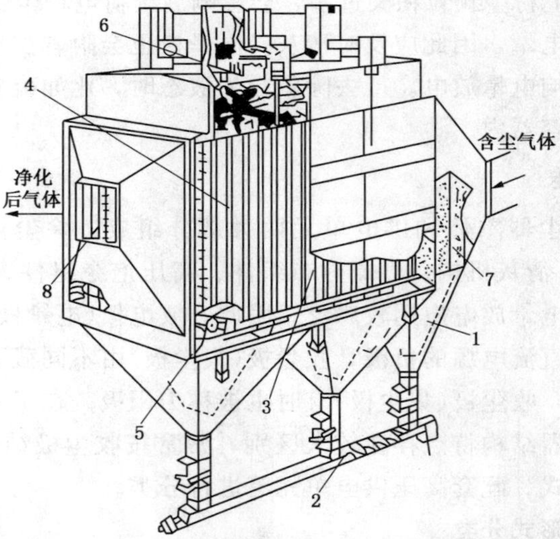

图 5-5-5　板式电除尘器的结构示意图

1—下灰斗；2—螺旋除灰机；3—放电极；4—收尘极；5—收尘极振打清灰机构；6—放电极振打清灰机构；7—进气气流分布板；8—出气气流分布板

板式电除尘器内电场分布不均匀，但清灰方便，制作安装较容易。为减小粉尘二次飞扬和增强收尘极板的刚度，极板一般要轧制成各种不同的断面形状。板式电除尘器几何尺寸灵活，根据工艺要求和净化程度，可设计制作成大小不同的各种规格，例如电除尘器进口用有效断面积来表示，小的可以为几个 m^2，大的可达 $100m^2$ 以上，国外甚至高达 $500m^2$ 以上。

(2)根据气流流动方式分类

根据气流流动方式可以分为立式电除尘器和卧式电除尘器两种。立式电除尘器中含尘气体在自下而上垂直流动过程中完成净化。通常做成管式结构，也可以采用板式结构，如图 5-5-6 为立式多管电除尘器的结构示意图。这种除尘器占地面积小、高度较高，净化后的气体可以从上部直接排入大气(不需另设烟囱)，其缺点是检修不方便、气体分布不均匀，已被捕集的细粉尘容易产生二次飞扬。卧式电除尘器中含尘气体在沿水平方向运动过程中完成净化。在处理较大烟气量时，卧式电除尘器比较容易保证气流沿电场断面均匀分布。根据结构及供电的要求，卧式除尘器通常每隔 3m 左右(有效长度)划分成单独的电场区，常用 2～3 个电场区，除尘效率要求高时，也有 4 个以上电场区。每个电场区可根据捕集粉尘要求的不同施加不同的电压，从而提高总除尘效率。

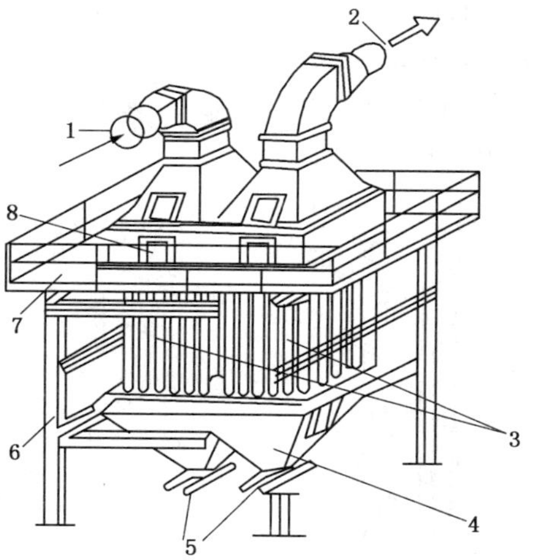

图 5-5-6　立式多管电除尘器的结构示意图

1—含尘气体入口；2—净气出口；3—单管式电除尘器；4—灰斗；5—排灰口；6—支架；7—平台；8—人孔

立式电除尘器因受高度限制，在要求除尘效率高而希望增加电场长度时，就不如卧式除尘器灵活；此外在检修方面也不如卧式除尘器方便。因此，除了特殊情况(如占地面积受限制)，一般工业上都优先采用卧式电除尘器。

(3)根据电极空间布置分类

根据粉尘颗粒在电除尘器内的荷电过程与捕集过程是否分离，可将电除尘器分为单区电除尘器和双区电除尘器。

图 5-5-7 所示为两种单区电除尘器。单区电除尘器的放电极(电晕极)和收尘极(集尘极)都布局在一个区域内，气体中粉尘颗粒的荷电及捕集均在该区域内进行。单区电除尘器是目前应用最为广泛的一种电除尘器。

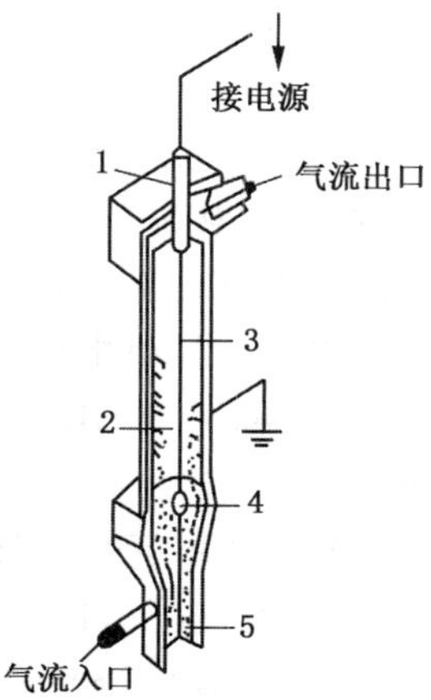

(a)管式电除尘器

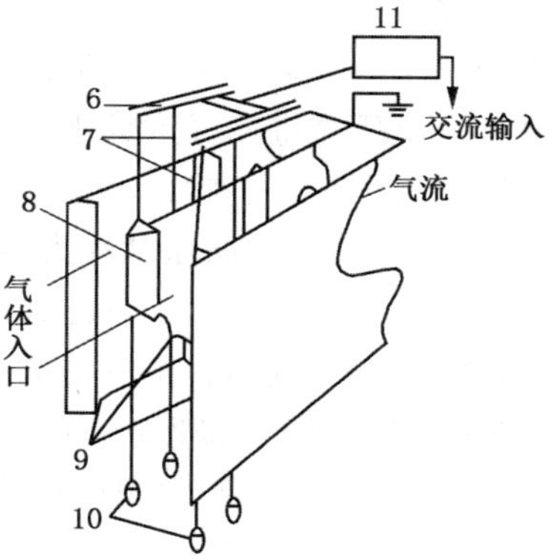

(b)板式电除尘器

图 5-5-7　单区电除尘器的结构示意图

1—绝缘子；2—收尘极表面粉尘；3，7—放电极；4，10—吊锤；5—捕集的粉尘；6—高压母线；8—挡板；9—收尘极板；11—高压电源

双区电除尘器的放电极和收尘极分别装在两个不同区域内。如图 5-5-8 所示，前区安

装放电极产生气体离子，称为荷电区，粉尘颗粒在此完成荷电过程；后区安装收尘极，称为收尘区，在此完成荷电粉尘颗粒的捕集，其供电电压较低。双区电除尘器一般用于空调净化(放电极采用正极电晕放电)。近年来，在工业废气净化中也采用双区电除尘器，但其结构与空调净化有所不同。

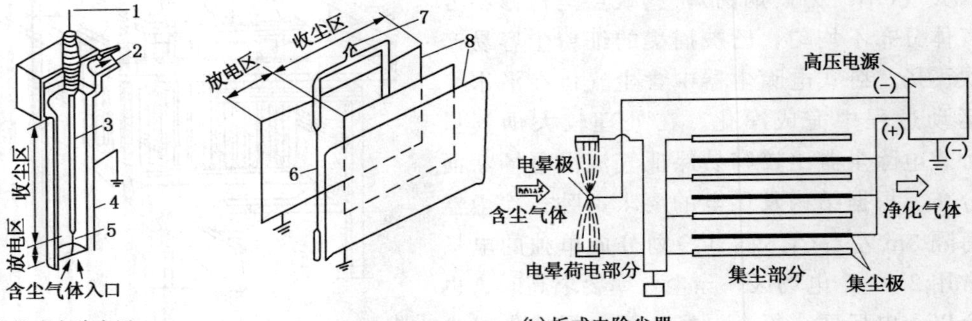

(a)管式电除尘器　　(b)板式电除尘器

图 5-5-8　双区电除尘器的结构示意图

1，7—连接高压电源；2—洁净气体出口；3—不放电的高压电极；4，8—收尘极；5，6—放电极

(4)根据清灰方式分类

及时对电极表面清灰是维持电除尘器高效运行的重要条件，根据清灰方式可以分为干式电除尘器(Dry ESP)和湿式电除尘器(Wet ESP)两种。

干式电除尘器的清灰方式有多种，主要分刷刮清灰和振打清灰两大类。振打清灰是通过振动清除电极上的积灰，常用机械振打、电磁振打及压缩空气振打等，有利于回收有经济价值的粉尘，但容易产生二次扬尘。

湿式电除尘器采用溢流或均匀喷雾等方法，使电极表面形成水膜，当粉尘颗粒到达收尘极表面时顺水流走，达到清灰的目的。湿式清灰具有效率高、无二次扬尘、因无振打设备而工作比较稳定等特点，同时也可净化部分有害气体，但净化后烟气含湿量较高，会对管道和设备造成腐蚀，且清灰产生的泥水需要处理，应配置相应的设备。

(5)根据配套高压供电单元分类

工业用电除尘器的工作电场通常为负直流高压电场，运行电压低于－100kV，具体根据电极间距以及产生电晕电流所需电场强度的烟气条件来决定。从高压供电单元的发展历程来看，可以分为常规高压直流电源、工频(50或60Hz)/高压脉冲直流电源和高频/高压脉冲直流电源三种。时至今日，使用高频/高压脉冲直流电源为电除尘器供电已被广泛应用。

随着绝缘栅双极型晶体管(Insulated Gate Bipolar Transistor，IGBT)等新型半导体器件的逐步成熟，大功率高频/高压脉冲直流电源快速发展，频率可达50kHz、功率超过100kW。20世纪90年代初，使用高频交变技术的ESP供电单元——开关型集成整流器(Switched Integrated Rectifiers，SIR)实现商业化，工作频率为50kHz，变压器的尺寸和重量被大大缩小。瑞典ALSTOM公司迄今已生产销售SIR电源数千台(套)；一台额定电压70kV、额定电流800mA的SIR电源全部重量仅200kg，比传统整流变压器的控制柜还轻。高频/高压脉冲直流电源具有以下优势：①输出电压纹波通常小于5%，远小于工频/高压脉冲直流电源的35%～45%，闪络电压高，运行平均电压可达工频/高压脉冲直流电源的1.3倍，运行电流可达2倍，因而有利于提高除尘效率，可使出口粉尘排放浓度降低30%～70%；②高频/高压脉冲直流电源工况适应性强，既能给电除尘器提供从接近纯直流到脉动幅度很大的各种电压波形，还能在应用中针对特定工况选择合适的电压波形，火花放电时SIR电源可在5～15ms内恢复全功率供电，可采用类似脉冲的“间歇供电”，有利于抑制反电晕；③体积小、重量轻、成套设备集成一体化，转换效率与功率因数高(前者大于90%)，三相均衡对称供电，对电网影响干扰小。

3. 电除尘器的性能特点

(1)除尘性能优异

电除尘器几乎可以捕集一切粉尘颗粒及雾状液滴，除尘效率高(可达99%以上)，能分离粉尘颗粒粒径小至1μm左右。但从经济方面考虑，一般控制除尘效率为95%～99%。另外，设备磨损小，只要设计合理、制造安装正确、维护保养及时，一般都能长期高效运行，可以做到十年一大修。

(2)压力损失小，能耗低

电除尘器利用电场库仑力捕集粉尘颗粒，风机仅负担烟气的运转，因而气流阻力小，在200～500Pa。另外，虽然除尘器本身的运行电压很高，但电流却非常小，因此所消耗的电源功率很小。

(3)适用范围广

电除尘器可以在低温/低压至高温/高压的较宽范围内使用，尤其能耐高达500℃的温度。处理烟气流量大，可达$1\times10^5\sim1\times10^6 m^3/h$。当烟气性质在一定范围内变化时，除尘性能基本保持不变。

(4)维护保养简单

如果电除尘器种类规格选用得当，设备的安装质量良好，运行过程严格执行操作规程，日常的维护保养工作几乎很少。能够智能化选择最佳运行方式，实现自动化控制和远距离操作。

与其他除尘设备相比，电除尘器存在以下主要缺点：设备结构复杂、钢材消耗多、占地面积大、每个电场区需要配置一套高压直流电源及控制柜，因此一次性投资费用高。除尘器受粉尘比电阻等物理性质的限制，不宜直接净化高浓度含尘气体。但用于处理大流量烟气($60000m^3/h$以上)或长时间使用时，运行费用比其他除尘器低，通常运行数年后可以得到补偿。

二、电除尘器的除尘效率及其影响因素

1. 电除尘器的除尘效率

(1)粉尘驱进速度的计算

荷电粉尘颗粒在电场力作用下向收尘极的移动速度，取决于粉尘颗粒所受的力和气体流动状态。荷电粉尘颗粒在电场力作用下发生运移时，可不考虑重力对运动的影响，此时在电场中所受到的静电力F_e为

$$F_e = q_p \cdot E_p (\text{N}) \tag{5-5-1}$$

式中　q_p——粉尘颗粒的荷电量，C；

E_p——粉尘颗粒所处位置的电场强度，V/m。

粉尘颗粒在向收尘极移动时所受的阻力F_D，可按Stokes公式计算，即

$$F_D = 3\pi\mu d_p\omega/C\ (\text{N}) \tag{5-5-2}$$

式中　μ——气体介质的动力黏度，Pa·s；

d_p——粉尘颗粒的粒径，m；

ω——粉尘颗粒向收尘极的趋进速度，m/s；

C——坎宁汉(Cunningham)校正系数(无因次)，可以近似估算为 $C=1+\frac{1.7\times10^{-7}}{d_p}$。

当 $F_e=F_D$ 时，荷电粉尘颗粒在电场方向上作等速运动，此时的粉尘颗粒运动速度就称为驱进速度 ω，由以上两式可得

$$\omega=\frac{qE_pC}{3\pi\mu d_p}\ (\mathrm{m/s}) \tag{5-5-3}$$

由上式可以看出，粉尘颗粒的驱进速度 ω 与粉尘颗粒的荷电量、颗粒粒径、电场强度以及气体介质黏度有关，其运动方向与电场力方向一致，即垂直指向收尘极表面。由于电场中各点处的场强不同，粉尘颗粒的荷电量也是近似值；此外，气流速度、粉尘颗粒特性等影响也未考虑，所以按上式计算的驱进速度比实际值要大很多。在设计电除尘器时，建议选用可靠的实验或经验的驱进速度数据。

(2)除尘效率

德国学者德意希(Walter Deutsch)1922 年做了以下假设：电除尘器内含尘气流的流动状态为紊流；通过垂直于收尘极表面任一断面的粉尘浓度和气流分布均匀；粉尘颗粒进入电除尘器后就认为完全荷电；忽略电场强度、气流分布不均匀及二次扬尘等影响。在此基础上，推导出下列理论除尘效率公式(即 Deutsch 效率公式)

$$\eta=1-\exp\left(-\frac{\omega A}{Q}\right) \tag{5-5-4}$$

式中 A——电除尘器集尘极板的总表面积，m^2；

Q——通过电除尘器的气体量，m^3/s。

Deutsch 效率公式概括性地描述了除尘效率与收尘极总表面积 A、处理气量 Q 以及驱进速度 ω 之间的关系，指明了提高除尘效率的途径，至今仍被广泛应用于电除尘器的性能分析和设计中。

由于各种实际因素的影响，Deutsch 效率公式计算所得的除尘效率远高于实际值。为解决这一矛盾，实际中往往根据某种电除尘器的结构形式，在一定运行条件下测得除尘效率后，代入 Deutsch 效率公式中算出相应的驱进速度，称为有效驱进速度 ω_e(一般范围为 2～20m/s，见表 5-5-1)。

表 5-5-1 电除尘器的电场风速与有效驱进速度 ω_e

主要工业窑炉的电除尘器		电场风速 v/(m/s)	有效驱进速度 ω_e/(cm/s)
电厂锅炉飞灰		1.2～2.4	5.0～15
纸浆和造纸工业锅炉黑液回收		0.9～1.8	6.0～10
钢铁工业	烧结机	1.2～1.5	2.3～11.5
	高炉	2.7～3.6	9.71～1.3
	吹氧平炉	1.0～1.5	7.0～9.5
	碱性氧气顶吹转炉	1.0～1.5	7.0～9.0
	焦炉	0.6～1.2	6.7～16.1
水泥工业	湿法窑	0.9～1.2	8.0～11
	立波尔窑	0.8～1.0	6.5～8.6
	干法窑(增湿)	0.7～1.0	6.0～9.0
	干法窑(不增湿)	0.4～0.7	4.0～6.0
	烘干机	0.8～1.2	10.0～20.0
	磨机	0.7～0.9	7.0～10.0

续表

主要工业窑炉的电除尘器	电场风速 v/(m/s)	有效驱进速度 ω_e/(cm/s)
硫酸雾	0.9～1.5	6.1～9.1
城市垃圾焚烧炉	1.1～1.4	4.0～12
接触分解过程	—	3.0～11.8
铝煅烧炉	—	8.2～12.4
铜焙烧炉	—	3.6～4.2
有色金属炉	0.6	7.3
冲天炉(灰口铁)	—	3.0～3.6

这样便可以使用 ω_e 来描述电除尘器的性能，并作为同类电除尘器设计中确定其尺寸的基础，一般将按有效驱进速度 ω_e 表达的除尘效率方程式称为德意希-安德森(Deutsch - Anderson)方程式，即

$$\eta = 1 - \exp\left(-\frac{\omega_e A}{Q}\right) \tag{5-5-5}$$

若令 $f=A/Q$，则 f 表示了单位时间内单位体积含尘气体所需的收尘面积，简称比收尘面积。利用比收尘面积 f，也可结合图 5-5-9 来计算收尘极的总表面积。

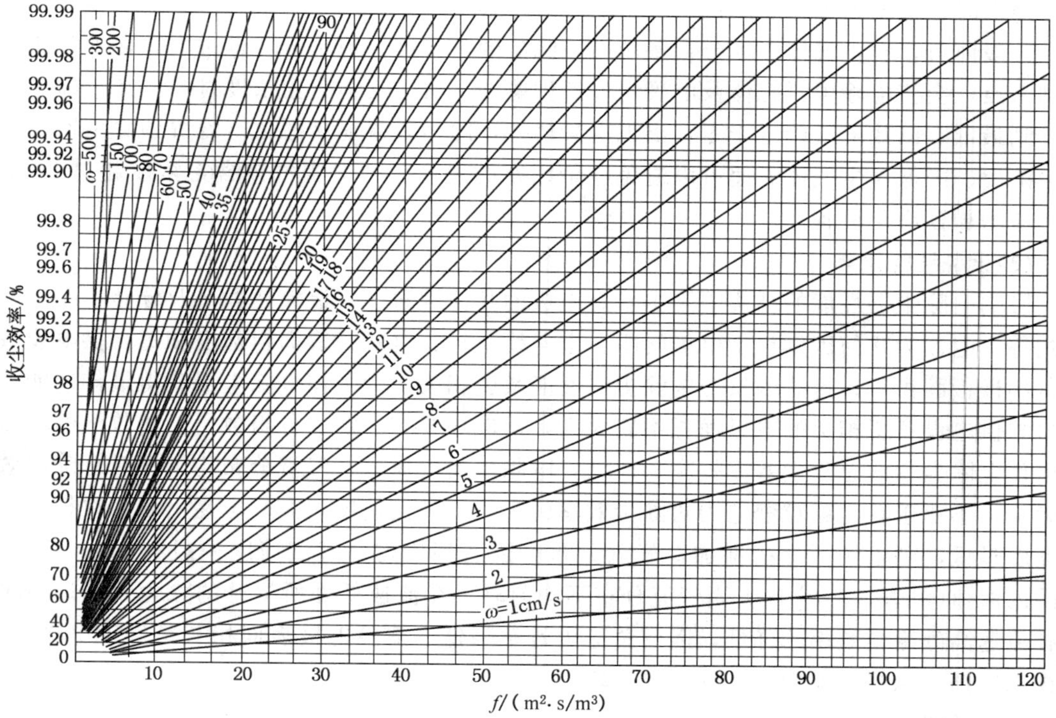

图 5-5-9　收尘效率、驱进速度和 f 值的列线图

2. 电除尘器性能的主要影响因素

(1)粉尘特性

对电除尘器性能产生影响的粉尘特性主要包括粒径分布、导电性能、黏附性能及粉尘密度。电除尘器中的尘粒驱进速度与粒径大小成正比，粒径分布对电除尘器效率的影响显而易见。

粉尘比电阻是指对于单位面积上单位厚度粉尘层的电阻 ρ，是衡量粉尘导电性能的指标。通常按电阻 ρ 的大小(以 $\Omega \cdot cm$ 为单位)，将粉尘颗粒划分为低比电阻粉尘($\rho<10^4$)、中比电阻粉尘($10^4<\rho<5\times10^{10}$)和高比电阻粉尘($\rho>5\times10^{10}$)，中比电阻粉尘最适合采用电除尘器捕集。如果粉尘比电阻过低，粉尘颗粒沉积到收尘极与阳极接触后，不仅立即释放负电荷，而且因静电感应获得和收尘极同极性的正电荷，当排斥力足以克服粉尘黏附力，则粉尘颗粒将脱离收尘极重返气流。若比电阻过高，粉尘颗粒到达收尘极后电荷释放不畅，随着粉尘颗粒越积越厚，收尘极和粉尘层间将形成越来越强的电场，在这个区域内产生“反电晕放电”现象，正离子被排斥到除尘空间，中和了驱向收尘极的荷负电粉尘颗粒，导致除尘性能恶化。因此，当粉尘比电阻过高或过低时，若采用电除尘则需进行预处理；对于高比电阻粉尘而言，可以采用调质和高温除尘等举措来降低比电阻，也可采用脉冲供电或间歇供电系统来改善电除尘器的性能。

(2)含尘气体的性质

含尘气体的温度、压力、成分、湿度、含尘浓度、流速等对电除尘器性能的影响主要体现在其伏-安特性上。含尘气体的温度和压力影响发生电晕的起始电压、起晕时放电极(电晕极)表面的电场强度、放电极附近的空间电荷以及分子、离子的有效迁移率等，温度升高或压力降低时，电晕始发电压降低，离子的有效迁移率增大。

一般而言，含尘气体中水分含量较高，除尘效率较高。但水分含量过大，含尘气体温度达到露点，会使电除尘器壳体及电极组件产生腐蚀。含尘气体含尘浓度过高，导致离子迁移率降到最低，以致电流趋近于零，出现电晕闭塞，除尘效果显著恶化。设置预除尘器、降低烟尘浓度、降低含尘气体流速可以避免电晕闭塞的发生。一般当气体含尘浓度超过 $30g/m^3$ 时，应增加预净化设备。

(3)设备结构因素

影响电除尘器性能的结构因素主要是电极的几何因素、气流流速大小及分布情况、清灰方式等。电极的几何因素包括电极间距、电晕线半径、电晕线表面粗糙度和每台供电设备所担负的极板面积等，这些因素与电除尘器性能紧密相关。为了使电除尘器获得最佳性能，一台单独供电设备所担负的电极面积不宜太大，即电场要有一定的分组数，电场数量的增多一般可使电除尘器的总除尘效率提高。此外，电除尘器内风速及气流分布均匀性对总除尘效率的影响，不亚于粉尘颗粒静电力对除尘效率的影响。气流速度过高，容易引起二次扬尘；气流速度过低，则电场断面积增加，气流分布难以达到均匀。气流速度一般在 0.5～2.5m/s 范围内取值(见表 5-5-1)。当气流分布不均匀时，在流速低处所提升的除尘效率远不足以弥补流速高处除尘效率的降低，因而总除尘效率降低。清除电极表面积灰是保证电极清洁、减少二次扬尘和提高除尘效率的重要手段。

(4)其他操作因素

操作因素对电除尘器性能的影响是多方面的，诸如伏-安特性、漏风、气流短路、粉尘二次飞扬和电晕线肥大等。一台电除尘器如果设计得很合理，但不在最佳条件下运行，也达不到理想的效果。例如，对于特定的电除尘器和特定的处理对象，在电晕放电和火花放电之间所得到的伏-安特性、工作电压有一个较大的范围，在操作中应选择一个稳定的工作点；至于漏风、气流短路、粉尘二次飞扬和电晕线肥大等，应在设计和操作过程中努力避免。

三、电除尘器的设计

电除尘器的设计是根据需要处理的含尘气体流量和净化要求，确定基本设计参数，并进行具体的结构设计。

1. 电除尘器本体的工艺设计

根据粉尘颗粒的比电阻、有效驱进速度 ω_e、含尘气体流量 Q 以及预期要达到的除尘效率 η，即可进行除尘器本体工艺尺寸的设计计算，设计参数包括收尘极（集尘极）总表面积 A、电场区长度、放电极（电晕极）和收尘极的数量和间距等。这里以平板形电除尘器为例进行介绍，管式电除尘器的设计与其较为类似。

(1)收尘极板总表面积 A

$$A=\frac{Q}{\omega_e}\ln\frac{1}{1-\eta}\ (\mathrm{m}^2) \qquad (5-5-6)$$

式中 η——预期达到的除尘效率，%；

Q——含尘气体流量，m^3/s；

ω_e——有效驱进速度，m/s，其值可参考表 5-5-1。

收尘极板总表面积 A 的数值大小决定了电除尘器的规格大小，由于电除尘器的实际条件与设计时确定的条件和选取的参数（如驱进速度、选定的振打周期以及气体分布等）可能存在一些出入，所以在确定收尘极面积时，必须考虑适当增大收尘极板总表面积 A，即

$$A=K\frac{Q}{\omega_e}\ln\frac{1}{1-\eta}\ (\mathrm{m}^2) \qquad (5-5-7)$$

式中 K——储备系数，$K=1.0\sim1.3$，视生产工艺和环保要求而定。

(2)收尘极板排数

根据电场区断面的宽度 B 和所选定的收尘极板间距 $2b$，可以确定收尘极板的排数（或通道数）n

$$n=\frac{B}{2b}+1 \qquad (5-5-8)$$

式中 $2b$——通道宽度，亦即收尘极板之间的宽度（收尘极板间距），m；

B——电场区断面的宽度，mm。

(3)收尘极板高度

根据选定的电场风速 v(m/s)，可以确定收尘极板的高度 h

$$h=\frac{Q}{2bvn}\ (\mathrm{m/s}) \qquad (5-5-9)$$

通道横断面积 A_c

$$A_c=2bhn\ (\mathrm{m}^2) \qquad (5-5-10)$$

(4)电场区长度

收尘极板总面积 A 确定后，再根据收尘极板的排数和电场宽度，计算出电场区的长度。在计算收尘极板总面积 A 时，靠近电除尘器壳体最外层的收尘极板按单面计算，其余收尘极板均按双面计算。电场区长度 L 的计算公式为

$$L=\frac{A}{2(n+1)h}\ (\mathrm{m}) \qquad (5-5-11)$$

式中　h——电场区高度或收尘极板高度，m。

目前常用的单一电场区长度为 2～4m，当实际要求的电场区长度超过 4m 时，可将收尘极板沿气流方向分成几段，形成多个电场区。采用分区供电时，每个电场区可施加不同的电压，一般第一个电场区中的气体含尘量最高，工作电压要相对低一些；后续电场区内的气体含尘量逐渐减少，工作电压可逐渐增高，有利于提高除尘效率。设计时电场区数量 m 的选择可参考表 5－5－2。

表 5－5－2　电场区数量 m 的选择

ω/(cm/s)	$-v\cdot\ln(1-\eta)$/(m/s)		
	＜3.6～4	＞4～7	＞7～9
≤5	3	4	5
＞5～9	2	3	4
≥9～13	—	2	3

2. 干式电除尘器的主体结构设计

电除尘器一般都由放电极(电晕极)组件、收尘极(集尘极)组件、气流分布单元、清灰机构、壳体和排灰设备等构成。

(1)电晕极组件

放电极(电晕极)组件包括电晕线、电晕极框架、框架吊杆、支承绝缘套管及电晕极振打机构等。

①电晕线的形式。电晕线是产生电晕放电的主要部件，其性能好坏会直接影响除尘器的性能。对电晕线的一般要求是：起晕电压低，放电强度高、电晕电流大，机械强度高、耐腐蚀，刚性好、不易变形，能维持准确的极间距，易清灰。

如图 5－5－10 所示，电晕线的形式有光滑圆形线、星形线、螺旋形线、芒刺线、锯齿线、麻花线及蒺藜丝线等，其中 RS 形线是芒刺线的一种。

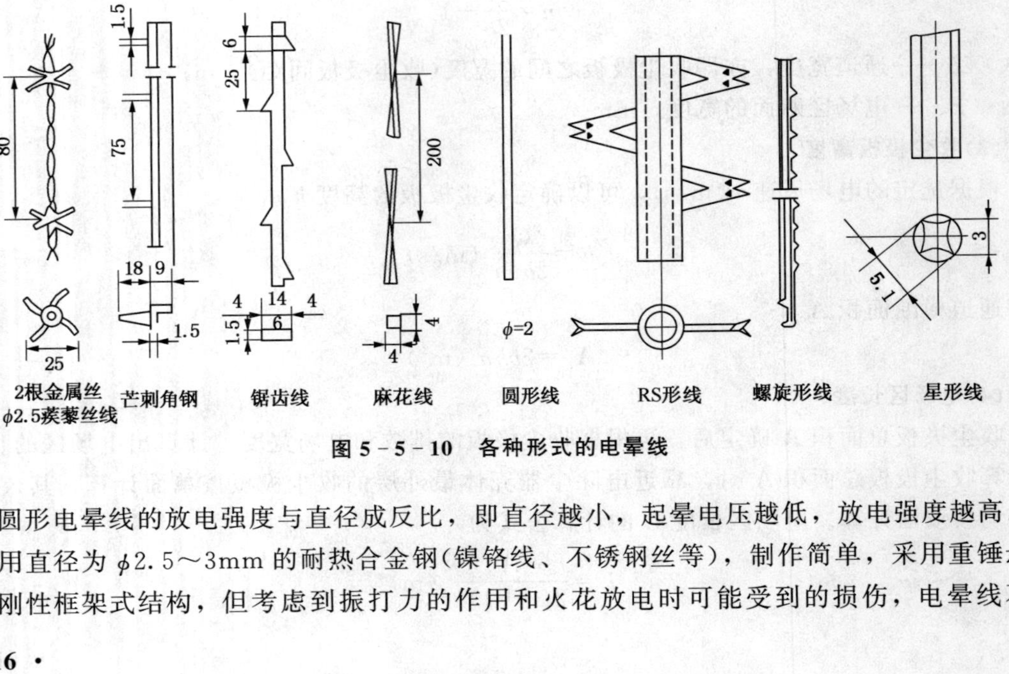

图 5－5－10　各种形式的电晕线

圆形电晕线的放电强度与直径成反比，即直径越小，起晕电压越低，放电强度越高。通常采用直径为 $\phi2.5$～3mm 的耐热合金钢(镍铬线、不锈钢丝等)，制作简单，采用重锤悬吊式或刚性框架式结构，但考虑到振打力的作用和火花放电时可能受到的损伤，电晕线不宜过细。

星形电晕线常用直径 $\phi4\sim6$mm 的普通钢材经冷拉扭成麻花形，机械强度较高，不易断。由于四边带有尖角，起晕电压低，放电均匀，电晕电流较大。

芒刺形电晕线因其以尖端放电，故起晕电压比其他形式都低，放电强度高。在正常情况下，比星形线的电晕电流高 1 倍，机械强度好，不易断线和变形。由于尖端产生的电子和离子流特别集中，增强了极线附近的电风，芒刺点不易积尘，除尘效率高，适用于含尘浓度高的场合。常用形式有芒刺角钢、锯齿形、RS 形等。

②电晕线的固定。如图 5－5－11 所示，电晕线的固定方式通常有重锤悬吊式、框架式、桅杆式 3 种。

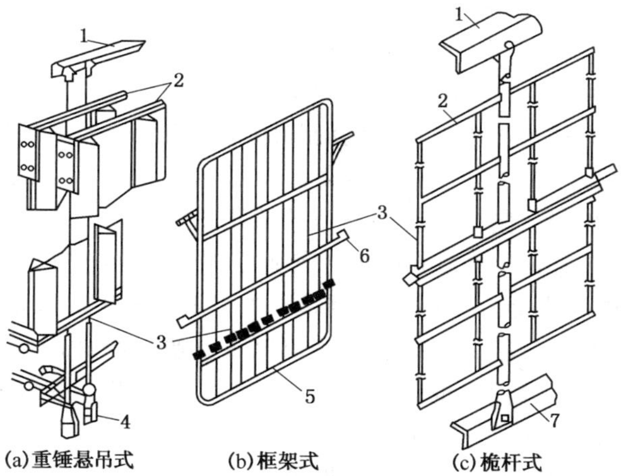

图 5－5－11　电晕线的固定方式示意图

1—顶部梁；2—横杆；3—电晕线；4—重锤；5—阴极框架；6—振打砧；7—下部梁

图 5－5－11(a)所示为重锤悬吊式，电晕线在上部固定后，下部用重锤拉紧，以保持电晕线处于平衡的伸直状态，设于下部的固定导向机构可防止电晕线摆动，保持电晕极与集尘极之间的距离。

图 5－5－11(b)所示为框架式，首先用钢管制成框架，然后将电晕极绷紧布置于框架上。如果框架高度尺寸较大，则需每隔大约 0.6～1.5m 增设一横杆，以增加整体刚性。当电场强度很高时，可将框架做成双层，各自采用独立的支架和振打机构。这种方式工作可靠，断线少，采用较多。

图 5－5－11(c)所示为桅杆式，通过中间的主立杆作为支撑，在两侧各绷以 1～2 根电晕线，在高度方向通过横杆分隔成 1.5m 长的间隔。这种方式与框架式类似，但较节省金属材料。

在管式电除尘器中，一根除尘管安装一根电晕线，电晕线之间不存在互相影响的问题。在板式电除尘器中，当电晕线间距太近时，会由于电屏蔽作用使导线单位电流值降低，甚至为零；但电晕线间距过大时，会使空间电流密度降低，从而影响除尘效率。设计过程中应尽量选取最佳电晕线间距，最佳线距与电晕线的形式和外加电源有关，一般以 0.6～0.65 倍通道宽度为宜。对于芒刺电晕电极，由于具有强烈的放电方向性，电晕线间距最低值为 110mm。

(2)收尘极组件

收尘极组件主要包括收尘极(集尘极)、板式悬挂构件和清灰机构等。设计原则是：具有良好的电性能，电场强度和电流密度分布要尽量均匀，火花电压高；有利于粉尘颗粒在电极表面沉积；振动加速度分布均匀，易于清灰；避免二次扬尘；钢材耗量少，强度大，不易变形。

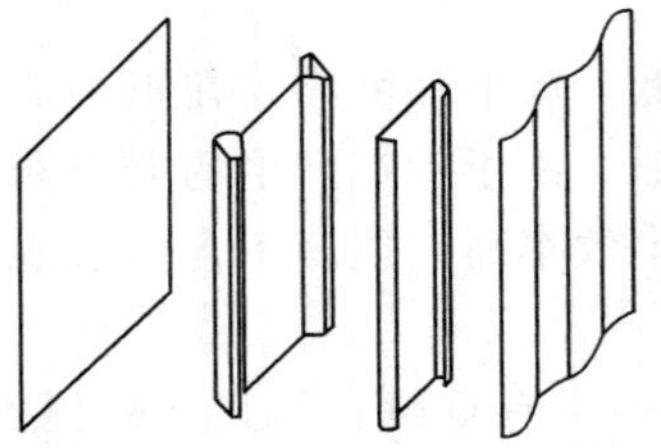

图 5－5－12 各种板式收尘极的形式

①收尘极的形式。立式电除尘器的常见收尘极(集尘极)有管式、板式两大类。管式收尘极为直径 ϕ250～300mm 的圆管，长度约 3m。大型收尘极的直径可达 ϕ400mm，长度达 6m。板式收尘极有平板形、型板式(Z 形、C 形、波浪形)等，如图 5－5－12 所示。每台除尘器的收尘极数目少则几个，多则可达 100 个以上。通常情况下，采用普通碳素钢 Q235A、优质碳素钢 10 等制造；用于净化腐蚀性气体时，应选用不锈钢。

对于板式电除尘器而言，收尘极板之间的间距也称为通道宽度，用 $2b$ 表示(b 为电晕线到收尘极板之间的距离)；对于管式电除尘器而言，收尘极板之间的间距即为圆管内径。收尘极板之间的间距对电除尘器的电场性能和除尘效率影响较大，间距太小(200mm 以下)时，电压升不高，会影响除尘效率；间距太大(400mm 以上)时，电压升高又受到变压器、整流器容许电压的限制。因此，一般在采用 60～72kV 变压器时，极板间距取 200～400mm，300mm 最为普遍。从 20 世纪 70 年代初开始发展通道宽度≥400mm 的宽间距电除尘器，采用宽间距后收尘极及电晕极的数量减少，因而节约钢材，减轻重量，而且收尘极和电晕极的安装和维修都比较方便。但是，为了保持必要的电场强度而需要相应增高工作电压，致使供电设备费用相应增大。因此，综合考虑技术和经济两方面的因素，通常认为宽间距取 400～600mm 比较合理。

板式收尘极两侧通常设有沟槽和挡板，既能增强板的刚性，又能防止气流直接冲刷极板表面，产生二次扬尘。含尘气流速度为 1m/s 左右时，b 与板宽 B 之比控制为 1∶10。

②极板的悬挂。板式电除尘器的收尘极板垂直安装，电晕线置于相邻的两极板之间。收尘极板的高度一般为 10～15m，通常被悬吊在固定于壳体顶梁的悬吊梁上，其固定形式如图 5－5－13 所示。极板伸入两槽钢中间，在极板与槽钢之间的衬垫支撑块，在紧固螺栓时能将极板紧紧压住。

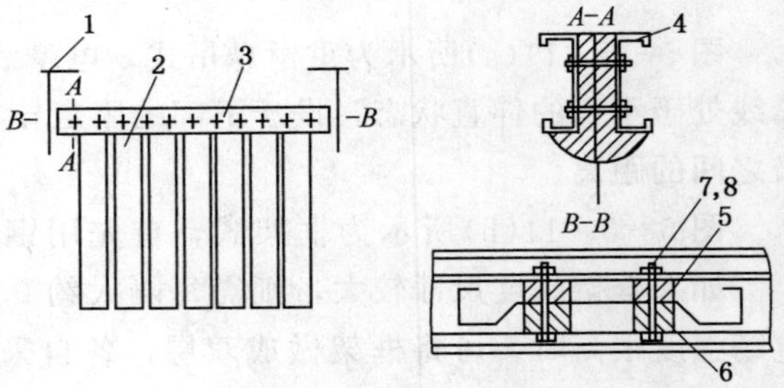

图 5－5－13 收尘极板的紧固型悬挂方式示意图

1—壳体顶梁；2—收尘极板；3—C 形悬挂梁；4—支撑座；5—凸套；6—凹套；7—螺栓；8—螺母

(3)气流分布单元

气流分布的均匀程度与电除尘器断面、进出口管道形式及气流分布单元的优劣有密切联系。为减少涡流的发生，保证气流均匀分布，在电除尘器的进出口处应设置渐扩管(进气箱)和渐缩管(出气箱)，进气口渐扩管内设置 3 层气流分布板；出口的渐缩管处设置一层气流分布板。相邻气流分布板的间距为板高的 0.15～0.2 倍，二者之间装设机械振打清灰机构。

如图 5－5－14 所示，气流分布板的结构形式有很多种，最常见的有格板式、多孔板式、垂直偏转板式、锯齿式、X 形孔板式和垂直折板式等，其中多孔板式因结构简单、易于制造而得到广泛使用。多孔板通常采用厚度为 3.0～3.5mm 的钢板制成，圆孔直径为 ϕ30～80mm，开孔率约为 25％～50％。

(a)格板式　(b)多孔板式　(c)垂直偏转板式　(d)锯齿形式　(e)X形孔板式　(f)垂直折板式

图 5－5－14　气流分布板的结构形式示意图

为了进一步促进气流均匀分布，还可在渐扩管的入口处设置导流板。对于中心进气的渐扩管，导流板多采用方格子式，如图 5－5－15 所示。当渐扩管大小端口的面积比大于 5 时，导流板至少要选用 2×2 块。导流板方向按电场分段高度确定，长度可取 500mm，如图 5－5－16 所示。

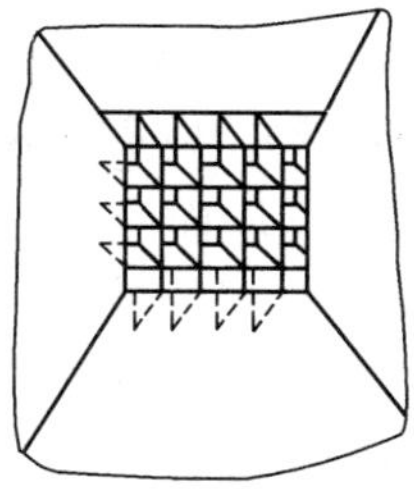

图 5－5－15　方格子式导流板的结构示意图

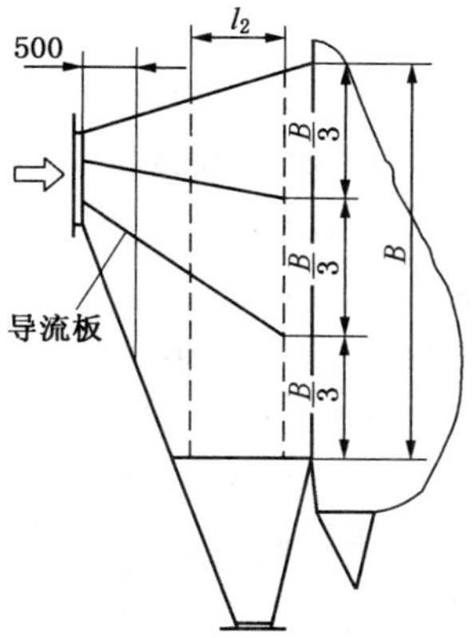

图 5－5－16　导流板的结构示意图

(4)清灰机构

①收尘极的清灰。清灰方式有多种，主要分刷刮清灰和振打清灰两大类。振打清灰是通过振动将收尘极上的积灰清除干净，常用机械振打、电磁振打及压缩空气振打等。

图 5－5－17 为集尘极机械振打清灰机构的结构示意图，主要由传动轴、振打铁砧和振打杆等组成。随着传动轴的转动，锤头达到最高位置后靠自重落下，打在铁砧上，振打力通过振打杆传到收尘极各点去。对于板式电除尘器而言，一般一排极板安装一个振打锤，同一电场区的各排振打锤安装在一根传动轴上，并依次错开一定角度，使各排极板的振打依次交替进行。这样可使驱动机构的负荷均匀，也可以减少二次扬尘。机械振打清灰的效果主要取决于振打强度和振打频率。振打强度太小，不易将粉尘振落；振打强度过大，除易引起粉尘二次飞扬外，有可能使极板变形，改变极板间距，影响除尘器正常运行。振打强度还与粉尘的比电阻有关，高比电阻粉尘比低比电阻粉尘附着力大，应采用较高的振

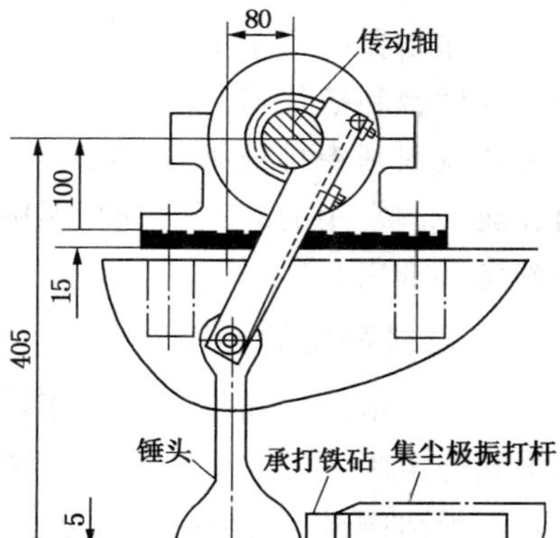

图 5－5－17　集尘极机械振打机构的结构示意图

打强度。如果振打过于频繁，沉积在极板上的粉尘还没有积聚到足够厚度时，就以松散状尘粒被连续振落，有被重新卷入气流的可能，从而降低了除尘效率；相反，如果振打间隔周期过长，极板上沉积的灰层太厚，影响极板的电气性能，对除尘效果不利。因此，在工程应用中必须根据电除尘器的形式/容量、粉尘黏性/比电阻及浓度等因素，通过试验或在实际运行中不断调整，以最终确定最佳的振打强度和振打周期。

机械振打机构结构简单，强度高，运转可靠；但占地较多，运动构件易损坏，检修工作量大，控制也不够方便。低强度的连续电磁脉冲振打方式，强度和频率都可以调节，体积也较小。

②放电极的清灰。放电极(电晕极)上沉积的粉尘一般都比较少，但对电晕放电的影响很大。如粉尘清不掉，在放电极上结疤，会使除尘效率降低，甚至能使除尘器完全停止运行。因此，一般对放电极采取连续振打清灰方式，使其上沉积的粉尘很快被振打干净。振打方式有挠臂锤振打、提升脱钩振打、气动振打以及电磁振打等，其中电磁振打方式使用较多。

(5)壳体

电除尘器的壳体结构主要由箱体、灰斗、进出气烟箱及框架等组成。箱体根据实际需要可设计成户外式或户内式(横截面大于 $10m^2$ 的电除尘器，多设计成户外式)，也可设计成单室或双室式。为了保证电除尘器正常运行，壳体要有足够的刚度、强度、稳定性和密封性。为方便电除尘器维护和检修，需要在壳体上安装若干个人孔门，且应密封良好，启闭方便。壳体除承受自重外，还要考虑风、雪、灰斗积灰、极板挂灰、地震、温度、屋面活载(按 2kPa 考虑)等外部附加荷载。当被处理含尘气体中含有可燃物质而容易引起爆炸时，为释放爆炸压力，除设置防爆阀外，箱体设计还要考虑能够承受部分爆炸冲击。

箱体的构造形式和使用材料要根据被处理烟气的性质和实际情况确定。一般多采用钢结构，当被处理含尘气体带有腐蚀性时，可采用铅衬板或混凝土壳体，腐蚀性严重时还要内衬耐酸砖或瓷砖。壳体各部分尺寸的设计计算包括壳体的截面积、除尘器的通道数、极板高度、除尘器的长度等。

(6)储卸灰系统

电除尘器储卸灰系统由灰斗、阻流板、插板箱和卸灰设备等组成，以实现捕集粉尘颗粒的储存、防止灰斗漏风和串气、适时卸灰、防止棚灰/堵塞/搭桥等作用。

电除尘器的每个电场区下面应设置一个灰斗，灰斗的斜壁与水平方向夹角大于 60°。灰斗有四棱台和棱柱槽等结构形式，根据灰斗结构形式和卸灰方式选择壳体形式，在壳体出口端可装设双闸板排灰闸(卸灰阀)或叶轮下料器。卸灰设备应满足排灰要求，且工作可靠，密闭性能好。常用的卸灰设备有螺旋输送机、管式泵、回转下料器、链式输送机等，粉尘最后经排尘口排出。

3. 湿式静电除尘器

湿式静电除尘器最早应用于制酸、冶金等工业生产中。1975 年开始，日本三菱重工采用湿式静电除尘器来处理化工厂重油锅炉产生的烟气。随着对微细颗粒的控制日益引起关注，国外对湿式静电除尘器的应用日益增多，特别是日本的开发及应用较为普遍。美国 LDX Solutions 公司的 E-Tube® 湿式静电除尘器是立管式电除尘器的典型代表，美国 Babcock & Wilcox Enterprises 公司通过 1995 年兼并 Joy Environmental and Western Precipitation 公司、2003 年起获得 SLF Romer(F. L. Smidth Airtech)授权许可、2022 年兼并 Hamon Research-Cottrell 公司，拥有了干式和湿式静电除尘器的完整设计施工技术。

(1)结构组成

湿式电除尘器主要由进出口烟道、导流与气流分布板、收尘极、电晕极、绝缘箱、喷淋系统、高压电源系统、低压控制系统等组成，在结构上可分为板式与管式两大类。板式电除尘器的收尘极呈板状，极板间均匀布置电晕线，板状电极后期延伸出许多变形，如Z形、C形、波浪形等。管式电除尘器的集尘极为多根并列的多边形管或圆管，尤以六边形管常见，其放电极置于管的轴心线位置，使放电均匀，适用于处理垂直烟气流。管式湿式电除尘器比板式湿式电除尘器效率更高，且由于外形简单而占用的空间更少；对于给定的除尘效率，在电极长度相同的前提下，管式湿式电除尘器所允许的烟气流速是板式的2倍。图5-5-18为湿式电除尘器的代表性清灰方式，包括喷淋型湿式清灰和水膜型湿式清灰等。湿式电除尘放电极被水浸湿后，电子较易溢出，同时水雾被放电极尖端的强大电火花击碎细化，使电场中存在大量带电雾滴，大大增加了粉尘颗粒与离子碰撞带电的概率，使荷电粒子在电场中的运动速度增长数倍，能够捕捉极小微米的粉尘颗粒，使颗粒物排放达到环保要求。

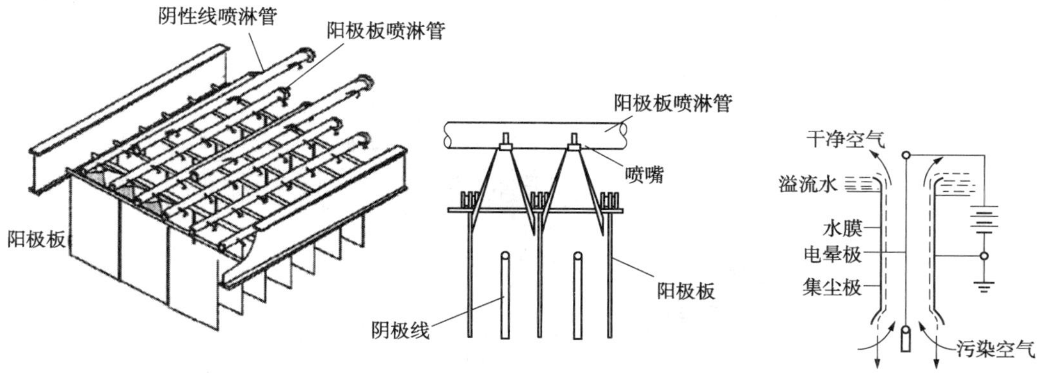

(a)喷淋型湿式清灰

(b)水膜型湿式清灰

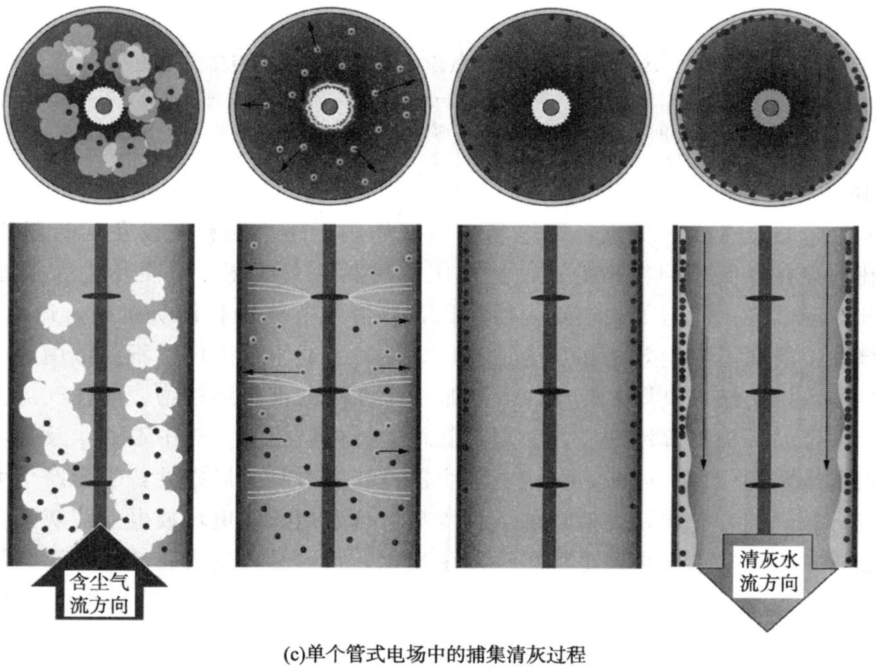

(c)单个管式电场中的捕集清灰过程

图5-5-18 湿式电除尘器的清灰方式示意图

(2)设计布局

湿式电除尘器常用水平烟气流设计和垂直烟气流设计 2 种设计形式。水平烟气流设计能够根据除尘效率的要求，布置多个电场，此方式以板式居多，需要的空间大。垂直烟气流设计以管式居多，烟气从下至上或自上而下流经湿式电除尘器，设备占地面积较小。国内目前自主研发的立式湿式电除尘器，移植了化工系统沿用多年的成熟电除雾技术，选择可靠的刚性电极和结构材料，没有活动内件，在线维护工作量很小。收尘极一般呈六角蜂窝式组合结构，材料为耐腐蚀树脂基导电复合材料即导电玻璃钢，具有耐酸碱腐蚀、强度高、密度小、抗阻燃性好等特点。如图 5－5－19 所示，近年来 WESP 常与 WFGD(烟气湿法脱硫)进行整体式设计，将立式管状湿式电除尘器布置在脱硫塔上，不仅能有效解决湿法脱硫带来的石膏雨、蓝烟酸雾环境问题，还能实现颗粒污染物的超低排放，对脱除 H_2SO_4、HCl、NH_4Cl 等亚微米气溶胶颗粒物的效率达 90%～97%，粉尘排放低至 10mg/m^3。国家能源集团海南乐东电厂采用“低氮燃烧＋精细 SCR 脱硝＋高效电袋复合除尘＋双循环脱硫＋冷凝节水除尘一体化＋湿式静电深度净化”技术路线，实现烟尘、SO_2 和 NO_x 分别小于 2、10、10mg/m^3。

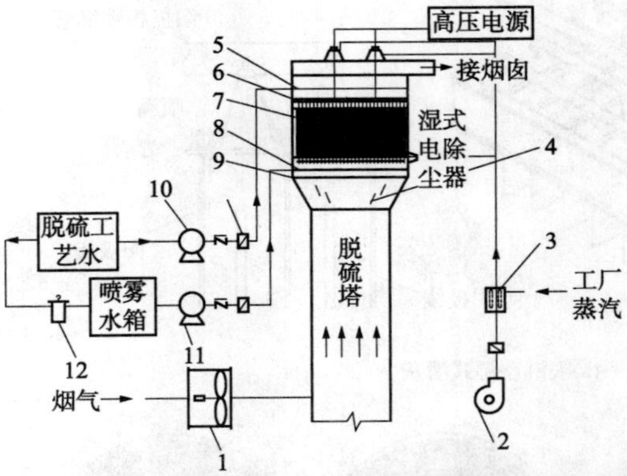

图 5－5－19　冶金烧结机烟气湿式电除尘器的应用工艺流程图

1—轴流风机；2—离心风机；3—换热器；4—导流板；5—喷淋层；6—放电极；7—集尘极；8—喷雾层；9—气流分布系统；10—喷淋水泵；11—喷雾水泵；12—过滤器

(3)优缺点

湿式电除尘器具有如下优点：①电场力直接作用于粉尘颗粒，设备运行阻力低，效率高；②液滴的存在降低了颗粒物的表面比电阻，对黏性大或高比电阻粉尘有很好的收集效果，适用于高湿烟气；③与干式电除尘器相比，取消了机械振打清灰机构，避免二次扬尘，没有运动部件，提高了除尘效率和系统运行可靠性；④适用范围广，不仅可用于冶金企业湿烟气治理，还可用于燃煤电厂、化工、工业窑炉等领域的细微颗粒物、酸性气溶胶雾滴、有机污染物、重金属污染物等治理，在实现超低粉尘排放、控制大气中 $PM_{2.5}$ 及复合污染物方面发挥越来越重要的作用。同时，湿式电除尘器也有其自身的局限性：①会产生大量清洗污水，必须进行处理和补充水，无疑增加了投资与运行费用；②电场放电受清灰系统限制，若系统选型或排布不合适，会导致电场条件发生变化，很容易产生火花放电，影响除尘器长期稳定运行；③在高湿环境中运行，设备内的金属材料易被腐蚀，一般采用内部衬玻璃鳞片防腐。

四、电除尘技术的新发展

20 世纪 70 年代以前，绝大部分燃煤电厂采用水膜除尘器和机械除尘装置，除尘效率很低，平均约为 70%。此后，经过多年的发展，烟尘排放标准限值日益严格，逐渐采用高效电除尘器、袋式除尘器和电袋复合除尘器。中国燃煤电厂烟尘排放限值与治理技术的发展历程如图 5-5-20 所示，《火电厂大气污染排放标准》(GB 13223—1991)首次将燃煤电厂的烟尘排放标准由排放速率限值改为排放浓度限值，此后电除尘技术得到快速发展，高效电除尘器的除尘效率达到 99%，20 世纪 90 年代中期燃煤电厂电除尘器容量占比已达 60%以上。GB 13223—1996 首次将新建燃煤电厂烟尘允许排放浓度限值与燃煤灰分脱钩，进一步促进电除尘技术的发展，除尘器效率最高达到 99.7%，对燃煤灰分的适应性大大增强；电除尘器本体电场数由 2～3 个过渡到 4 个，甚至 5 个；收尘电极的比集尘面积由 50～70 $m^2/(m^3/s)$ 过渡到 70～90 $m^2/(m^3/s)$ 甚至更大。GB 13223—2011 要求烟尘特别排放限值严格至 $20mg/m^3$，非天然气气体燃料锅炉或燃气轮机烟尘允许排放浓度为 $10mg/m^3$。2013 年、2014 年秋冬季节全国大范围严重的雾霾出现，催生了燃煤电厂超低排放政策的出台，烟尘排放浓度执行 $10mg/m^3$。电除尘新技术高频电源、脉冲电源、旋转电极、低低温电除尘器、烟气调质、飞灰凝聚器、湿式电除尘器等得到不同程度的应用。这里仅予以代表性介绍。

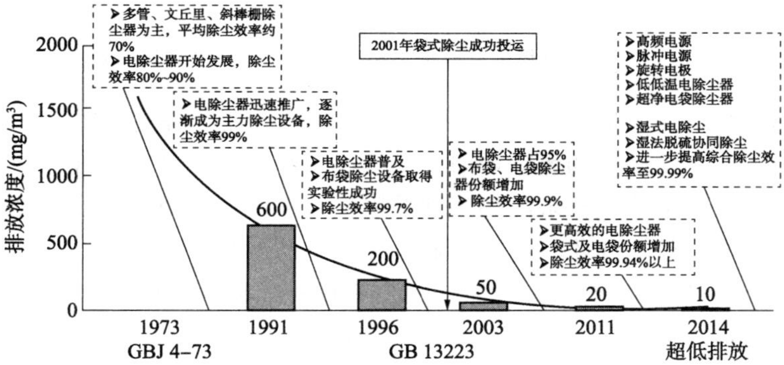

图 5-5-20　中国燃煤电厂烟尘排放限值与治理技术的发展历程

1. 低低温电除尘

20 世纪 70 年代，90℃运行的电除尘器在澳大利亚 Liddell 电厂首次得到安装，用于处理 500MW 煤电机组的锅炉烟气，该电厂将 5 台 ESP 中的 3 台改造为低低温电除尘器，在处理燃用低硫煤种的烟气时，低低温电除尘器的优良性能得到验证。之后，丹麦 Ensted 电厂基于 Liddell 电厂的经验，在改造中将烟气温度降至 105℃左右，结果表明降温后电除尘器的运行效果更好。1997 年，日本三菱重工率先在大型燃煤火电机组中应用基于热媒体气气换热装置(Media Gas - Gas Heater，MGGH)、使电除尘器在 90℃左右运行的低低温电除尘工艺，鉴于优点非常明显而在日本得到迅速发展，并成为燃煤电厂烟气治理的主流，最低排放浓度可小于 $5mg/m^3$。国内从 2010 年开始逐步加大对该技术的研发，目前以其为核心的烟气协同治理技术路线已成为燃煤电厂实现超低排放的主流技术路线之一。

如图 5-5-21 所示，低低温电除尘技术是通过热回收器(又称烟气冷却器)或烟气换热系统(包括热回收器和再加热器)或真空热管换热装置，将电除尘器入口烟气温度降低至酸露点以下(一般 90℃左右)，使烟气中大部分 SO_3 冷凝形成硫酸雾并黏附在粉尘表面，大幅降低粉尘比电阻，避免反电晕现象；同时，烟气温度降低使其流量减小，并有效提高电场运行时的击穿电压，从而大幅提高除尘效率和去除大部分 SO_3。当灰硫比（D/S）——粉尘浓度（mg/Nm^3）与硫酸雾浓度（mg/Nm^3）之比大于 100 时，烟气中 SO_3 的去除率可达 95%以上。

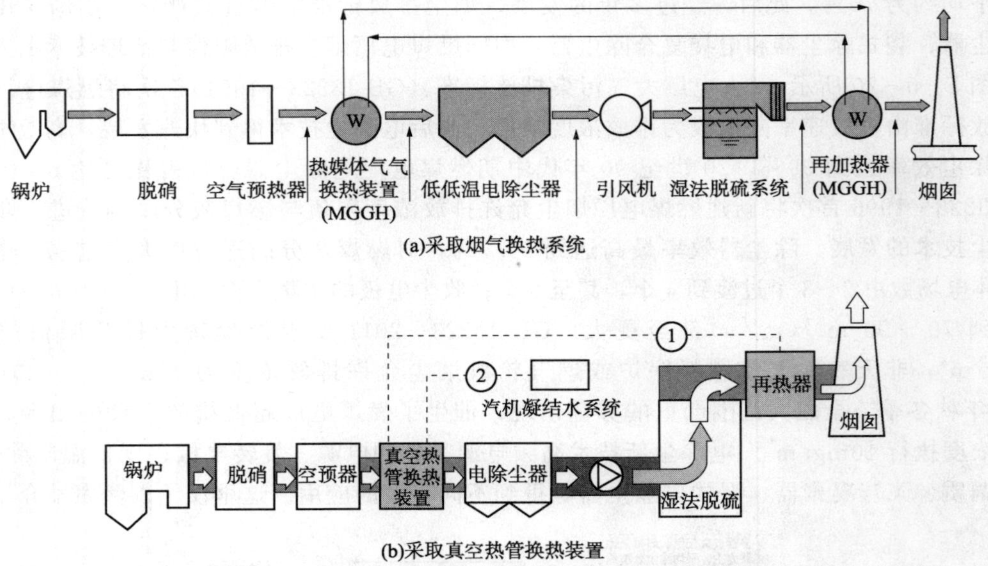

图 5-5-21　燃煤电厂低低温电除尘系统的典型布置示意图

由于低低温电除尘器的运行温度低于酸露点，烟气中的大部分 SO_3 发生冷凝，形成具有腐蚀性的硫酸雾，发生腐蚀的风险增加。低低温引起粉尘附着力降低，机械振打清灰二次扬尘加剧，因此低低温电除尘器末电场区宜采用移动电极电除尘技术或离线振打技术；低低温引起粉尘比电阻发生较大变化，电除尘器电控设备的控制方式和运行参数均需调整。由于 SO_3 黏附在粉尘上并被碱性物质吸收中和，收集下来的粉尘流动性变差，因此灰斗卸灰角需大于常规电除尘器。此外，为防止结露引起堵塞，不仅要做好保温，还需要大面积的蒸汽加热或电加热。

2. 移动电极除尘

研究表明，常规机械振打清灰电除尘器排放的粉尘中有 20%源自振打清灰的二次扬尘，为缓解二次扬尘的影响、进一步降低除尘器出口排放浓度，先后开发出欠断电振打、导电滤槽、关断隔离振打、移动电极（或旋转电极）等技术。日本日立公司首次研发出移动电极除尘器（MEEP），采用"固定电极电场＋移动电极电场"的配置形式，前级 3～4 个常规结构电极电场处理收集绝大多数粉尘颗粒，末级旋转移动电极电场具有独特的清灰方式。如图 5-5-22 所示，末级旋转移动电极电场的收尘极（阳极）板排采用环形设计，每一个环形板排称为一品，单品阳极板板排通过上部主动轴系和下部从动轴系张紧固定，高度方向布置了一定数量的防摆件以防止其摆动。旋转清灰机构设置在从动轴上部的非收尘区，在阳极板正反对阳极板进行清灰。主动轴和旋转清灰机构由设置在电场外面的电动机提供动力。工作时，阳极板排通过上部主动轴驱动缓慢循环上下运动，这期间带电粉尘颗粒不断被捕集，当阳极板上的粉尘颗粒聚集到一定厚度后进入灰斗上部非收尘区，这时安装在电场下部的清灰刷从正面和反面对极板进行清灰，刷下的灰直接进入灰斗，整个清灰过程不会产生二次扬尘。

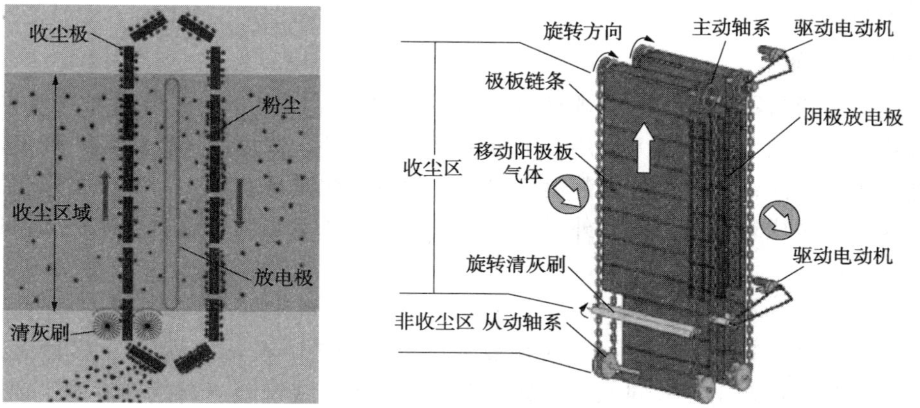

图 5－5－22　移动电极电场结构及工作原理示意图

3. 静电团聚除尘

采用常规净化方法收集 0.1～1μm 微细粉尘的效率很低，而这种亚微米级粉尘对人类及环境危害更大。静电团聚理论的发展为间接收集亚微米级粉尘提供了一个有效途径。早在 20 世纪初，人们就开始了关于微粒团聚或微粒聚并(Particle Agglomeration)现象的研究。然而直到 20 世纪末，气溶胶科研工作者才开始讨论在电场力作用下带电粒子的团聚或聚并行为。

粉尘颗粒的静电团聚或凝并是小粉尘颗粒在静电力作用下互相接触而结合成较大粉尘颗粒的过程。如图 5－5－23 所示，微细粉尘颗粒在预荷电区中荷以异极性电荷，即一部分粉尘颗粒荷以正电荷，另一部分荷以负电荷，然后进入凝并区中，在电场力作用下相互碰撞“成核”，再促使“成核”后的粉尘颗粒进一步“长大”，形成较大粒径的粉尘微团后再进入捕集区进行捕集，从而可以在大大提高捕集效率的同时节省能量。粉尘颗粒的静电团聚可分为低频交变电场作用和高频交变电场作用两种，目前工业应用的首推高频或超高频交变电场作用，主要有美国 CosaTron Air Purification Systems 公司和澳大利亚 Indigo Technologies 公司的静电团聚技术。

图 5－5－23　粉尘静电凝并的原理示意图

美国 CosaTron Air Purification Systems 公司的静电团聚技术是通过非均匀电场使带电微粒物中性化，在美国和日本等国家的公共场所空调系统中得到了应用，效果较显著。一个非均匀电场包括两根相距 3 in 的线状电极，分别施加高压电场和高频电场，极大增加电极附近粉尘颗粒的运动速度，粉尘颗粒碰撞概率的指数级增长导致亚微米级粉尘颗粒的数量迅速减少。换言之，对于滤网无法捕集到的 1μm 以下粉尘颗粒，在 CosaTron 电极电场中不断相互碰撞团聚而逐渐变大，变大的粉尘颗粒在正、负电荷作用下变成中性物质不再附着于管路和风机中，而被送入室内继续碰撞长大，最终被滤网捕集。

澳大利亚 Indigo Technologies 公司 2002 年研制的静电团聚器(Indigo Agglomerator)，运用了两项新技术。一是“气动团聚”，通过气动混合设备使小粉尘颗粒附着到大颗粒物上；二是“双极静电团聚”(Bipolar Electrostatic Agglomeration)，将粉尘颗粒荷电后通过电除尘捕集。该技术已经在美国、澳大利亚及中国等国家的电厂中应用，运行结果表明对微细粉尘颗粒的捕集效率有显著提高，$PM_{2.5}$、$PM_{1.0}$ 排放分别减少 80%和 90%。

4. 复合电除尘

复合除尘是指将不同的除尘机理有机结合，共同发挥作用，从而提高除尘效率。当然，多数复合式除尘器利用了静电力作用，如电袋复合除尘器、静电旋风除尘器、静电水雾洗涤器、静电文氏管洗涤器、惯性冲击静电除尘器、静电强化过滤式除尘器和静电强化颗粒层除尘器等，这里仅做代表性介绍。此外，超低排放也推动了除尘与脱硫、脱硝协同控制技术与工艺的快速发展。

(1)电袋复合除尘器

袋式除尘器虽然除尘效率高，一般排放浓度可低于 50mg/m^3，但存在阻力大、滤袋寿命短、能耗大和运行费用高等问题。电袋复合除尘技术是我国独立自主开发的一项新型高效除尘技术，是基于静电除尘器和袋除尘器两种成熟的粉尘捕集理论，结合两种技术的优势研发而成。我国围绕该技术已建立了较完整的标准体系，技术水平和应用规模均达到国际领先水平。电袋复合除尘器在火电行业除尘市场占有率约为 25%，“超净电袋与脱硫协同除尘”配合成为燃煤电厂烟尘治理超低排放三大技术路线之一。电袋复合除尘器的结构形式可分为分区复合型、嵌入型和静电增强型等 3 类。

①分区型电袋复合除尘器。美国电力研究所(EPRI)在 20 世纪 90 年代开发了紧凑型复合除尘器(Compact Hybrid Particulate Collector，COHPAC)，分为 COHPAC Ⅰ型(独立型)、COHPAC Ⅱ型(集成型)，Hamon Rasearch - Cottrell 公司实现了工业化应用。COHPAC Ⅰ型(独立型)就是在电除尘器后面直接布置一级独立的袋式除尘器，含尘气流先经过一级电除尘器去除 70%～90%的含尘量，然后再经过袋式除尘器进一步过滤。COHPAC Ⅱ型(集成型)则是将原来多组电除尘器内部靠后段的电场区域用布袋收尘区替代，静电区和布袋收尘区隔开以防止静电场对布袋的破坏，因此也被称为分区型电袋复合除尘器，布袋除尘器都采用脉冲喷吹清灰。国内市场上的电袋复合除尘器绝大多数为 COHPAC Ⅱ型，2002 年推出首台工程样机成功投运，2004 年应用于电站锅炉除尘改造工程。在分区型电袋复合除尘器中，含尘气流首先经过前级电除尘器，利用其阻力低且对较大粉尘颗粒捕集效率高的特点，使后级袋式除尘器接收的粉尘浓度有效降低，且前级荷电效应能提高粉尘颗粒的过滤特性，使滤袋的透气性能和清灰性能得到改善，使用寿命也相应得到提高。

图 5-5-24 所示为国内某企业氢氧化铝焙烧炉高温烟气净化用电袋复合除尘器的结构示意图。整体分为电场区和金属滤袋区，采用前级电场区荷电收尘、后级金属滤袋区拦截过滤的方式，达到高效清灰的目的。适用于难以高效收集的高比阻、高温烟尘的净化，还适合将旧电除尘器改造为电袋复合除尘器。

②嵌入式电袋复合除尘。源于先进复合型除尘器(Advanced Hybrid Particulate Collector，AHPC)，该技术在 20 世纪 90 年代中期由美国北达科他(North Dakota)大学和美国能源与环境研究中心(Energy and Environmental Research Center of America，EERC)开发。1995 年 10 月，EERC 建立了等效功率 0.006MW、烟气量 5.7m^3/min 的嵌入式电袋小型实验平台。1998 年 3 月，EERC 在美国 Big Stone 电厂建立了等效功率 2.5MW、烟气量 255m^3/min 的嵌入式电袋技术实验装置。2002 年 10 月，美国 Big Stone 电厂建立了一套商业化嵌入式电袋复合除尘器，结构如图 5-5-25 所示，全功率为 460MW，总共 4834 条滤袋，单个滤袋长 7m、直径 ϕ152.7mm。在过滤风速 3.6 m/min 下的除尘效率达到 99.99%，

运行初期良好，但在持续运行中发现运行阻力高达 2100Pa，滤袋需每年更换以满足对运行阻力的要求。2002 年底，意大利 SACCI 水泥厂也建立了一套 50MW 机组的电袋除尘器，烟气量为 $337980m^3/h$，过滤风速为 2.6m/min，除尘效率达到 99.99%，但也遇到了运行阻力过大的问题。

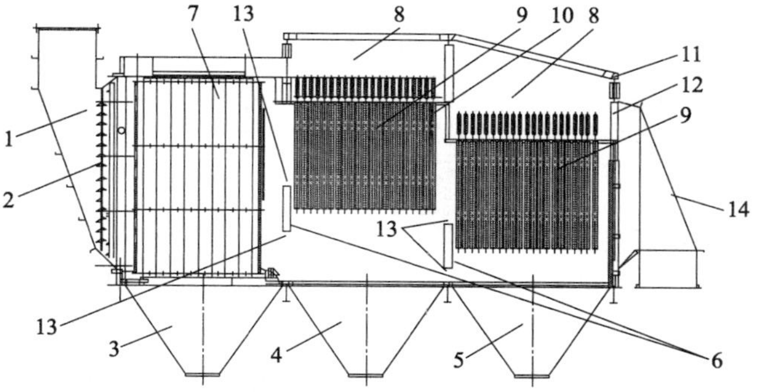

图 5-5-24　氢氧化铝焙烧炉高温烟气净化用电袋复合除尘器的结构示意图

1—进气封头；2—气体分布板；3、4、5—灰斗；6—导流板；7—电场区；8—净气室；9—滤袋区；10—金属滤袋；11—除尘器壳体；12—洁净烟气出口；13—导流板上下过风通道；14—出气封头

2010 年 11 月，国内环保企业引进美国 EERC 嵌入式电袋复合除尘器，研发出新型 FEH 型嵌入式电袋复合除尘器。如图 5-5-26 所示，FEH 型嵌入式电袋复合除尘器把除尘区分为前级电场区和后级嵌入式电袋除尘区，前级电场区为常规的电除尘结构；后级嵌入式电袋除尘区是把两排或多排滤袋嵌入至两块收尘孔板之间，在孔板外围设置放电电极，构成外电除尘区和内滤袋过滤区。烟气从进口喇叭进入除尘器后，首先经过前级电场区，放电电极高压放电，粉尘被荷上负电，80%粉尘被收尘极板（阳极板）所捕集。然后烟气进入后级嵌入式电袋除尘区，烟气先经过嵌入式电场区，粉尘又被进一步荷电，部分粉尘被收尘孔板所捕集，然后烟气穿过孔板进入滤袋区，剩下的粉尘基本上被滤袋过滤捕集。当滤袋积灰到一定厚度时，开启滤袋上部的脉冲清灰机构，使滤袋表面的粉尘脱落，部分粉尘穿过收尘孔板被重新吹入嵌入式电场区，被重新荷电，被电场捕集。滤袋采用 PPS＋PTFE 覆膜滤料，寿命可以达到 5 年以上。当收尘极板开孔率为 30%时，可以很好地满足收尘极板比集尘面积的需要，满足脉冲清灰时 50%以上二次扬尘颗粒会被重新吹入嵌入式电场区，实现重新荷电和被捕

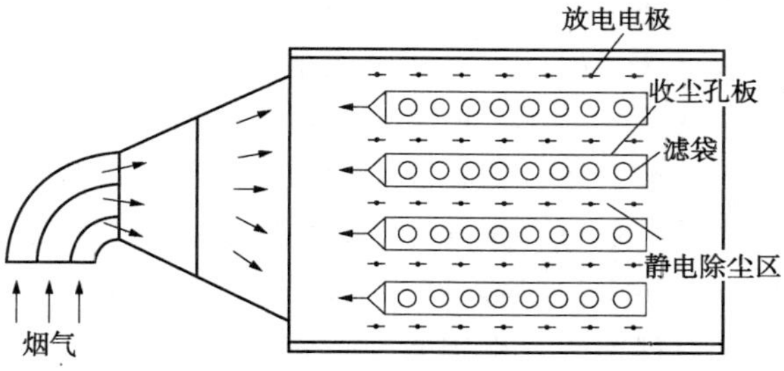

图 5-5-25　首套商业化嵌入式电袋除尘器的布置示意图（俯视）

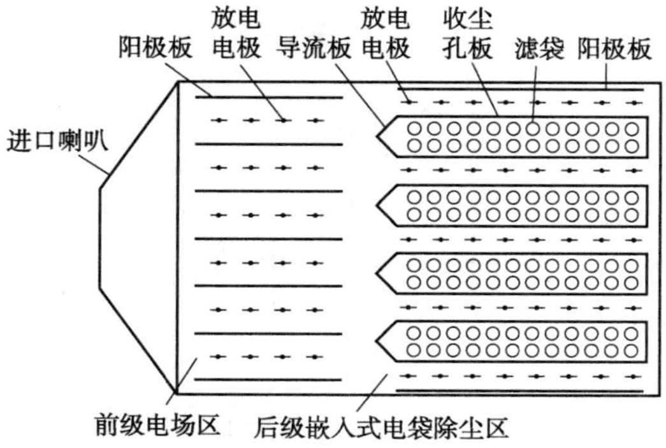

图 5-5-26　FEH 型嵌入式电袋复合除尘器的布置示意图（俯视）

集的目的。

2013 年 9 月，FEH 型嵌入式电袋复合除尘器采用双排滤袋嵌入结构，在燕山钢铁 50MW＃6 机组投运，烟气量为 380640m^3/h，入口粉尘浓度为 32g/Nm^3，滤袋过滤风速为 1.8m/min，滤袋数量 825 个，出口粉尘浓度为 4.6mg/Nm^3，运行阻力 935Pa，除尘效率达 99.985％。2018 年 12 月，FEH 型嵌入式电袋复合除尘器采用三排滤袋嵌入结构，在中煤大屯 350MW 机组投运，烟气量为 1910957m^3/h，入口粉尘浓度为 46.3g/Nm^3，滤袋过滤风速为 1.5m/min，滤袋数量 4970 个，出口粉尘浓度为 5.5mg/Nm^3，运行阻力 892Pa，除尘效率达 99.988％。

(2)静电旋风除尘器

如图 5－5－27 所示，静电旋风除尘器(Electrically Energized Cyclone，Electrocyclone)的基本思想是在旋风除尘器的空腔主轴上加入放电极(电晕极)，使其周围产生较高电子密度和较强电场力，兼有静电除尘器的高性能以及旋风除尘器结构简单、造价低等优点。若近似将两者看作串联，那么在周边下行流区的旋风分离起主要作用，脱除掉较大的粉尘颗粒，未被除去的小粉尘颗粒将随气流进入中心上行流区；上行流区离放电极(电晕极)较近，会受到更强的电场力而径向运动到下行区，直至撞到壁面而被捕获。由于下行流区同样受到静电力作用，因此对大粉尘颗粒的分级效率也将会提高。

在离心力和静电力的综合作用下，静电旋风除尘器的除尘效率显著提高，特别是当采用芒刺线状放电极(电晕极)而除尘器的进口风速又较低时(小于 16m/s)，对工业粉尘具有稳定且较高的除尘效率。但由于静电除尘器要求切向速度小，而旋风除尘器却要求切向速度大，因此到目前为止，优化静电旋风除尘器的参数设计仍然值得研究。

当然，也可在常规串联旋风除尘器结构中进行静电增强。Romualdo R. Salcedo 等人发明的 RS_VHE 型旋风除尘器改进了传统的级间连接方式，在串联结构中引入一个静电增强的循环分离流程。如图 5－5－28 所示，为进一步提升对细粉尘颗粒的捕集效果，RS_VHE 型旋风分离器在二级直流式旋风分离器内附加了电场，形成闭合的串联分离除尘过程。实验效果表明，对中位粒径 0.3～0.5μm 粉尘颗粒的捕集效率可达 85％～90％，细粉尘颗粒的捕集效果明显提升。

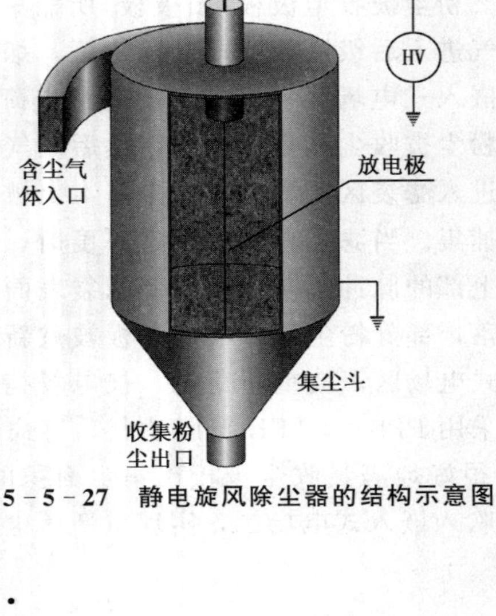

图 5－5－27　静电旋风除尘器的结构示意图

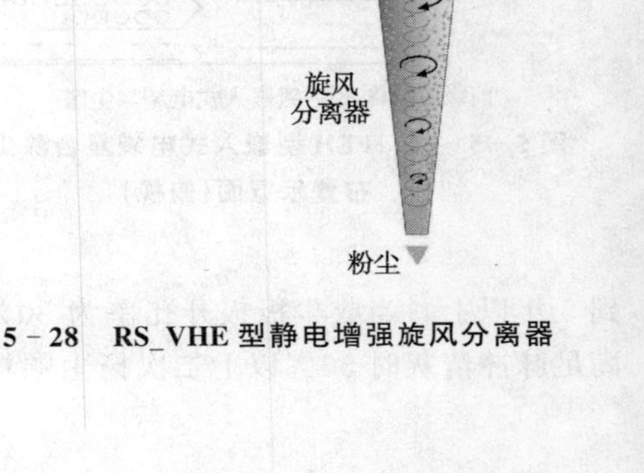

图 5－5－28　RS_VHE 型静电增强旋风分离器

第六章　气态污染物净化技术与设备

气态污染物在化学上可分为两大类：一类是有机污染气体，另一类是无机污染气体。有机污染气体主要包括各种烃类、醇类、醛类、酸类、酮类和胺类等，无机污染气体主要包括以 SO_2 为主的含硫化合物、以 NO 和 NO_2 为主的含氮化合物、碳的氧化物、卤素及其化合物等。气态污染物在废气中呈分子状态，分布得很均匀，不能像颗粒物那样可以利用重力、离心力、静电力等使其分离。因此，气态污染物的控制主要是利用物化性质，如溶解度、吸附饱和度、露点和选择性化学反应等的差异，将污染物分离出来，或将污染物转化为无害或易于处理的物质。常用的方法有吸收法、吸附法、冷凝法、催化法和燃烧法等。本章主要介绍用于气态污染物控制的典型设备设计及应用。

§6.1　吸收法净化技术与设备

吸收是根据气体混合物中各组分在液体溶剂中溶解度或化学反应活性的不同，将混合物分离的一种方法。吸收净化法具有效率高、设备简单等特点，广泛应用于气态污染物治理，它不仅是减少或消除气态污染物向大气排放的重要途径，而且还能将污染物转化为有用的产品。

一、概述

吸收可分为物理吸收和化学吸收两类。在物理吸收中，气体组分在吸收剂中只是单纯的物理溶解过程。化学吸收则是伴有显著化学反应的吸收过程，被吸收的气体(简称吸收质)与吸收剂中的一个或多个组分发生化学反应。例如用酸溶液吸收 NH_3，用碱溶液吸收 SO_2、CO_2、H_2S 等。气态污染治理常具有废气量大、污染物浓度低、气体成分复杂和排放标准要求高等特点，物理吸收难以满足上述要求，因此大多采用化学吸收。与物理吸收相比，化学吸收使吸收推动力增大，总吸收系数增大，吸收设备的有效接触面积增大，能满足处理低浓度气态污染物的要求。

1. 气液相平衡

(1)物理吸收的气液相平衡

当混合气体与吸收剂接触时，气体中的部分吸收质向吸收剂进行质量传递(吸收过程)，同时也发生溶液中的吸收质向气相逸出的质量传递(解吸过程)。在一定温度和压力下，当吸收过程的传质速率等于解吸过程的传质速率时，气液两相就达到了动态平衡，简称相平衡。当总压不高(一般约小于 5×10^5Pa)时，在一定温度下，溶液中溶质的溶解度与气相中溶质的平衡分压成正比，此时气液两相的平衡关系可用英国化学家亨利(William Henry)提出的定律来表达。

①若以体积摩尔浓度 c_A 表示溶质在液相中的组成，亨利定律表示为

$$p_A{}^* = \frac{c_A}{H} \tag{6-1-1}$$

式中　$p_A{}^*$——溶质 A 在气相中的平衡分压，Pa；

c_A——单位体积溶液中溶质的摩尔分数，kmol/m³；

H——溶解度系数，kmol/(m³·MPa)。

②若液相组成用摩尔分数表示，液相上方气体中溶质 A 的平衡分压与其在液相中的摩尔分数 x_A 之间存在如下关系

$$p_A{}^* = Ex_A \tag{6-1-2}$$

式中　x_A——平衡状态下，溶质在溶液中的摩尔分数；

E——亨利系数，单位与 $p_A{}^*$ 相同，其值随物系特性及温度而变，由实验测定或查相关手册。难溶气体的 E 值很大，易溶气体的 E 值很小。

③若溶质在气相与液相中的含量分别用摩尔分数 $y_A{}^*$ 及 x_A 表示，亨利定律又可写成如下形式

$$y_A{}^* = mx_A \tag{6-1-3}$$

式中　$y_A{}^*$——与 x 相平衡的气相中溶质的摩尔分数；

m——相平衡常数，无量纲，其值通过实验测定。根据 m 值大小可以判断不同气体溶解度的大小，m 值越小表明该气体的溶解度越大。对于一定的物系而言，m 是温度和压强的函数。

④若以摩尔比表示，则亨利定律可写成如下形式

$$Y_A{}^* = mX_A \tag{6-1-4}$$

式中　Y_A——气相摩尔比；

X_A——液相摩尔比。

(2)化学吸收的气液相平衡

如果溶解在液体中的溶质与吸收剂发生了化学反应，则被吸收组分在气液两相的平衡关系既满足相平衡关系，同时又服从化学平衡关系。

设溶质 A 与吸收剂或其中的一种活性组分 B 反应，生成反应产物 M、N，反应的关系式可写成

$$a\text{A} + b\text{B} \rightleftharpoons m\text{M} + n\text{N}$$

因同时满足相平衡与化学平衡关系，可以求得

$$[\text{A}] = \left(\frac{[\text{M}]^m [\text{N}]^n}{K[\text{B}]^b}\right)^{1/a} \tag{6-1-5}$$

式中　[M]、[N]、[A]、[B]——各组分的浓度；

a、b、m、n——各组分的化学计量系数；

K——化学平衡常数。

代入亨利定律，就可以得到化学吸收溶质气、液两相的平衡关系

$$p_A{}^* = \frac{[\text{A}]}{H} = \frac{1}{H}\left(\frac{[\text{B}]^m}{K[\text{B}]^b}\right)^{1/a} \tag{6-1-6}$$

2. 吸收传质机理

气液两相间物质传递过程的理论很多，包括 1923 年 W. K. Lewis 和 W. G. Whitman 提出的“双膜理论”(滞留膜理论)(The two - film theory)、1935 年 Ralph Higbie 提出的“溶质渗透理论”(The penetration theory)、1951 年 P. V. Danckwerts 提出的“表面更新理论”

(The surface renewal theory)、1962 年 P. Harriott 提出的涡旋渗透修正模型等。“双膜理论”(图 6-1-1)一直占有重要地位，适用于物理吸收和化学吸收，其基本论点如下：

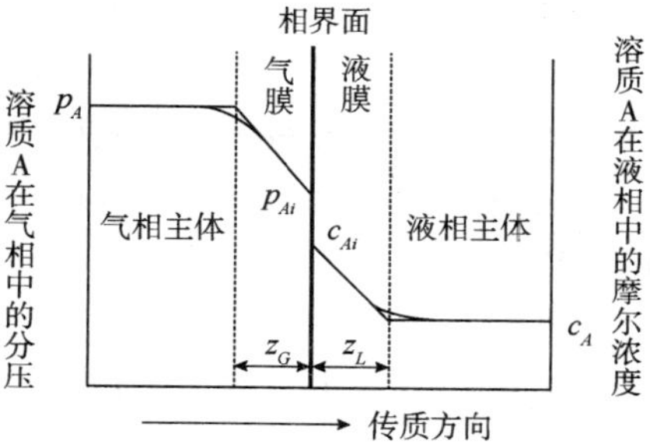

图 6-1-1 “双膜理论”的示意图

①相互接触的气液两流体之间存在着稳定的相界面，界面两侧各有一层有效滞流膜，分别称为气膜和液膜，吸收质以分子扩散的方式通过双膜层。

②在相界面处，气、液两相达到平衡。

③在膜层以外的气、液两相中心区，由于流体充分湍流，吸收质浓度均匀，即两相中心区内的浓度梯度皆为零，全部浓度变化集中在两相有效膜内。

通过以上假设，就把复杂的相际传质过程简化为经由气、液两膜的分子扩散过程。

吸收设备的设计计算，核算混合气体通过指定设备所能达到的吸收程度，都需要知道吸收速率。吸收速率是指单位时间内单位相际传质面积上吸收的溶质的量，根据“双膜理论”，吸收速率=吸收系数×吸收推动力。由于吸收系数及其相应推动力的表达方式及范围不同，出现了多种形式的吸收速率方程式。

(1)气膜吸收速率方程式

$$(N_A)_G=k_G(p_A-p_{Ai}) \tag{6-1-7}$$

式中 $(N_A)_G$——溶质 A 通过气膜的传质通量，kmol/(m²·s)；

p_A、p_{Ai}——溶质 A 在气、液两相主体中和界面上的压力，Pa；

k_G——以气相分压差(p_A-p_{Ai})为推动力的气膜传质系数，kmol/(m²·s·Pa)。

(2)液膜吸收速率方程式

$$(N_A)_L=k_L(c_{Ai}-c_A) \tag{6-1-8}$$

式中 $(N_A)_L$——溶质 A 通过液膜的传质通量，kmol/(m²·s)；

c_A、c_{Ai}——溶质 A 在气、液两相主体中和界面上的浓度，kmol/m³；

k_L——以液相浓度差(c_A-c_{Ai})为推动力的液膜传质系数，kmol/(m²·s·Pa)。

(3)总传质速率方程式

$$N_A=K_y(y_A-y_A^*) \tag{6-1-9}$$

或

$$N_A=K_x(x_A^*-x_A) \tag{6-1-10}$$

式中 x_A、y_A——溶质 A 在液相和气相主体中的摩尔分数；

x_A^*、y_A^*——与气相主体摩尔分数平衡的液相摩尔分数和与液相主体摩尔分数平衡的气相摩尔分数；

K_y，K_x——以摩尔分数差为推动力的气相和液相总传质系数，kmol/(m²·s)。

对于易溶气体，吸收速率主要取决于气膜阻力，液膜阻力可以忽略，吸收过程为气膜控制。相反，难溶气体只考虑液膜阻力，吸收过程为液膜控制。介于易溶与难溶之间的气体，吸收过程为双膜控制，气膜和液膜的阻力要同时考虑。

3. 吸收塔的物料平衡

吸收时，从气相传递到液相的组分量等于气相中组分的减量，并等于在液相中组分的增

量。所以，逆流操作吸收设备(图 6-1-2)的全塔物料衡算可以写成

$$G(Y_1-Y_2)=L(X_1-X_2) \tag{6-1-11}$$

式中　G——单位时间内通过吸收塔任一截面单位面积的惰性气体的量，kmol/(m² · s)；

L——单位时间内通过吸收塔任一截面单位面积的纯吸收剂的量，kmol/(m² · s)；

Y_1、Y_2——分别为在塔底和塔顶的被吸收组分的气相摩尔比，kmol 被吸收组分/kmol 惰性气体；

X_1、X_2——分别为在塔底和塔顶的被吸收组分的液相摩尔比，kmol 被吸收组分/kmol 吸收剂。

对于图 6-1-2，若在吸收塔的任一截面与塔底之间进行物料衡算，则有

$$G(Y_1-Y)=L(X_1-X) \tag{6-1-12}$$

或

$$Y=\frac{L}{G}X+\left(Y_1-\frac{L}{G}X_1\right) \tag{6-1-13}$$

式(6-1-13)称为吸收操作线方程，由操作条件决定。在图 6-1-3 中，吸收操作线是直线，其斜率 L/G 称为气液比。对于给定的气液系统，温度、压力一定时平衡关系全部确定，即平衡线在 Y-X 图上的位置是确定的(如图 6-1-3 中的 OC 线)。操作线方程式说明塔内气液浓度变化情况，更重要的是通过气液浓度变化情况与平衡关系的对比，确定吸收推动力。对于吸收过程来说，操作线必须位于平衡线之上，操作线与平衡线之间的距离反映了吸收推动力的大小，对于图 6-1-3 中的任一点 A，垂线段 AD 等于吸收推动力 Y_1-Y_e，而水平线段 AC 等于吸收推动力 X_e-X_1。

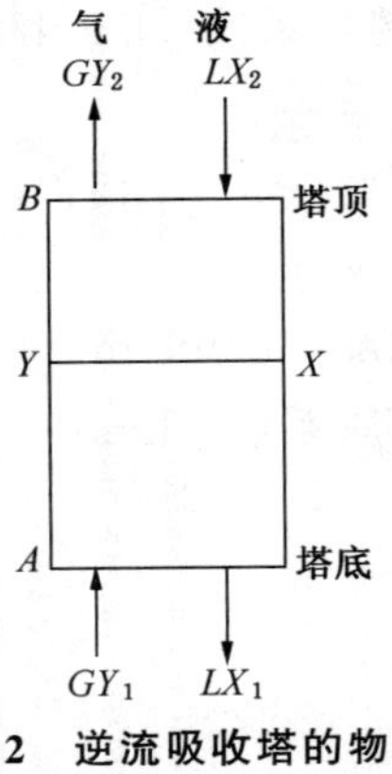

图 6-1-2　逆流吸收塔的物料示意图

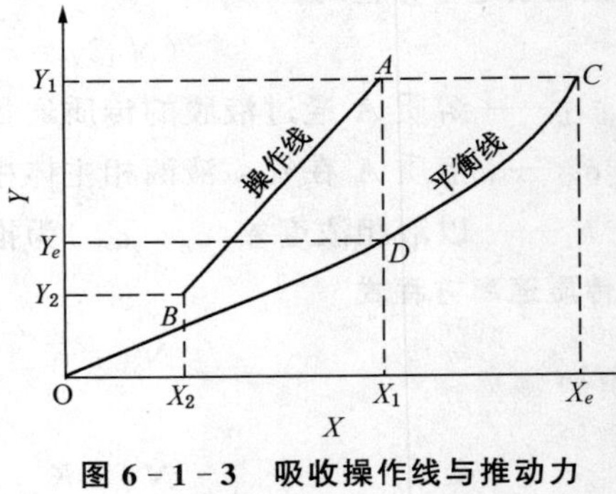

图 6-1-3　吸收操作线与推动力

在设计计算时，已知气体进塔和出塔浓度 Y_1、Y_2 以及惰性气体量 G，液相进塔浓度 X_2，式(6-1-12)变化为

$$\frac{L}{G}=\frac{Y_1-Y_2}{X_1-X_2} \tag{6-1-14}$$

根据气液平衡，X_1 取最大值时操作线与平衡线相交，吸收推动力为零，根据 Y_1 从平衡线上查出 X_e。如果平衡线为直线，则可根据平衡常数由下式计算 X_e

$$X_e=\frac{Y_1}{m} \tag{6-1-15}$$

代入式(6－1－14)中，得到

$$L_{\min}=\frac{Y_1-Y_2}{X_e-X_2}G=\frac{Y_1-Y_2}{(Y_1/m)-X_2}G \tag{6-1-16}$$

4. 吸收液的解吸

为了回收溶质或循环使用吸收剂，需要对吸收液进行解吸处理(溶剂再生)。使溶解于液相中的气体释放出来的操作称为解吸(或称脱吸)。常用的解吸方法有如下几种：

(1)气提解吸

气提解吸法也称载气解吸法，其过程类似于逆流吸收，只是解吸时溶质由液相传递到气相。富吸收液从解吸塔顶喷淋而下，载气从解吸塔底通入自下而上流动，气液两相在逆流接触过程中，溶质不断地由液相转移到气相。其中以空气、N_2、CO_2 作载气，称为惰性气体气提；以水蒸气作载气，同时又兼作加热热源的解吸常称为汽提；以溶剂蒸气作为载气的解吸，也称提馏。

(2)减压解吸

对于在加压情况下获得的富吸收液，可采用一次或多次减压的方法，使溶质从富吸收液中释放出来。溶质被解吸的程度取决于解吸操作的最终压力和温度。

(3)加热解吸

一般而言，气体溶质的溶解度随温度的升高而降低，若将吸收液的温度升高，则必然有部分溶质从液相中释放出来。如采用“热力脱氧”法处理锅炉用水，就是通过加热使溶解氧从水中逸出。

(4)加热-减压解吸

将吸收液加热升温之后再减压，加热和减压结合，能显著提高解吸推动力和溶质被解吸的程度。

需要指出的是，工程实际中很少采用单一解吸方法，往往是先升温再减压至常压，最后再采用气提法解吸。

二、气体吸收设备的类型

由于气液两相界面的状况对吸收过程有着决定性影响，气体吸收设备的主要功能是建立最大的气液两相接触表面积，确保一定的接触时间，并使气液两相界面迅速更新。根据气液两相界面的形成方式，气体吸收设备可分为表面式、鼓泡式和喷洒式 3 大类；根据气液两相的主体流动方向，气体吸收设备可分为逆流式、并流式 2 大类；根据结构外形轮廓，气体吸收设备可分为塔式、管式或其他外形轮廓。表面式气体吸收设备的气液两相界面为静止液面或流动液膜表面，如表面吸收器、液膜吸收器、填料吸收塔和机械膜式吸收器等。鼓泡式气体吸收设备的特点是气体以气泡形式分散在液体吸收剂中，如泡罩吸收塔、湍球塔、泡沫吸收塔、板式吸收器和带有机械搅动的吸收器等。喷洒式气体吸收设备的特点是液体以液滴形式分散在气体中，如喷淋塔、高气速并流喷洒吸收器和机械喷洒吸收器等。在气体污染净化工程中，因为通常气体流量大而浓度较低，因此往往选择以气体为连续相、紊流程度高、气液两相接触界面大的吸收设备。适宜的液气比是保证净化效率、控制运行费用的关键，可以通过溶液泵变频调速、溶液泵运行台数控制等实现液气比调节。常用气体吸收设备的主要运行参数见表 6－1－1。

表 6-1-1　常用气体吸收设备的运行参数

设备名称	气液比/(L/m^3)	空塔气速/(m/s)	压力损失/Pa	备注
填料塔	1.0～10	0.30～1.0	500～2000	拉西环、鲍尔环、波纹、丝网等填料
湍球塔	2.7～3.8	0.50～6.0	每段 400～1200	填料塔的一种类型
喷淋塔	0.10～1.0	0.60～1.2	200～900	—
旋风洗涤器	0.50～5.0	1.0～3.0	500～3000	—
文丘里洗涤器	0.30～1.2	喷口 30～100	3000～9000	—
穿流筛板塔	3.0～5.0	>3.0	每层 200～600	板式塔的一种形式
旋流板塔	5.0	3.0～4.0	每块板 200	板式塔的一种形式

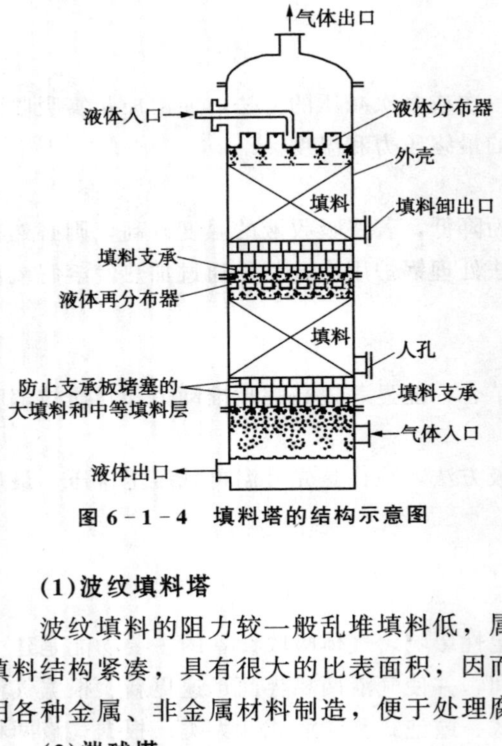

图 6-1-4　填料塔的结构示意图

1. 填料塔

如图 6-1-4 所示，填料塔以填料作为气液两相接触的基本构件，在圆柱形壳体内支承板上装填一定高度的填料。液体经塔顶喷淋组件均匀分布于填料上，填料的润湿表面成为气液两相连续接触的传质表面，在重力作用下沿填料表面自上而下流经填料层后自塔底排出；气体从塔底送入，在压力差推动下穿过填料层的空隙上升至塔顶。填料塔具有结构简单、操作稳定、适用范围广、便于用耐腐蚀材料制造、压力损失小、适用于小直径塔等优点。塔径在 ϕ800mm 以下时，填料塔较板式塔造价低、安装检修容易；但大直径填料塔存在效率低、重量大、造价高以及清理检修麻烦等缺点。

(1)波纹填料塔

波纹填料的阻力较一般乱堆填料低，属于整砌型填料，空塔速度可达 2m/s。同时由于填料结构紧凑，具有很大的比表面积，因而传质效率较高。此外，填料塔的操作弹性大，可用各种金属、非金属材料制造，便于处理腐蚀性物料。

(2)湍球塔

如图 6-1-5 所示，湍球塔是一种高效吸收设备，属于填料塔中的特殊塔型，常用于处理含颗粒物的气体或液体，以及可能发生结晶的过程。湍球塔以一定数量的轻质小球作为气液两相接触的媒体，塔内有开孔率较高的支承板(筛板)，一定数量的轻质球形填料置于支承板(筛板)上，具体结构和工作原理可参见§5.4。

湍球塔的优点是：气流速度高，处理能力大；设备体积小，吸收效率高；可同时对含尘气体进行除尘；由于填料剧烈湍动，一般不易被固体颗粒堵塞。湍球塔的缺点是：随着小球运动，有一定程度的返混；传质单元数多时阻力较高；塑料小球不能承受高温，磨损大，易变形和破裂，使用寿命短，需要经常更换。

2. 板式塔

如图 6-1-6 所示，板式塔通常由一个圆柱形壳体以及沿塔高按一定间距水平设置的若干层塔板组成。操作时，吸收剂从塔顶进入，依靠重力作用自上而下经过各层塔板后从塔底排出，并在各层塔板上保持一定厚度的流动液层；气体由塔底进入，逐塔板上升，并与塔板上的液层接触，气液两相组成沿塔高呈阶梯式变化，净化后的气体由塔顶排出。塔板是板式塔中气液两相接触传质的部位，决定着板式塔的操作性能。

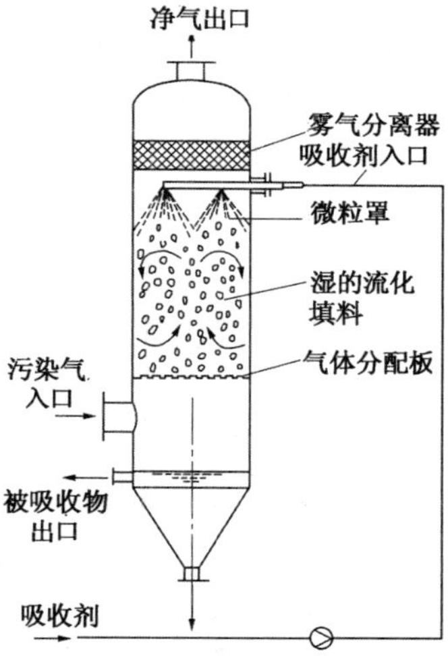

图 6-1-5　湍球塔的结构示意图

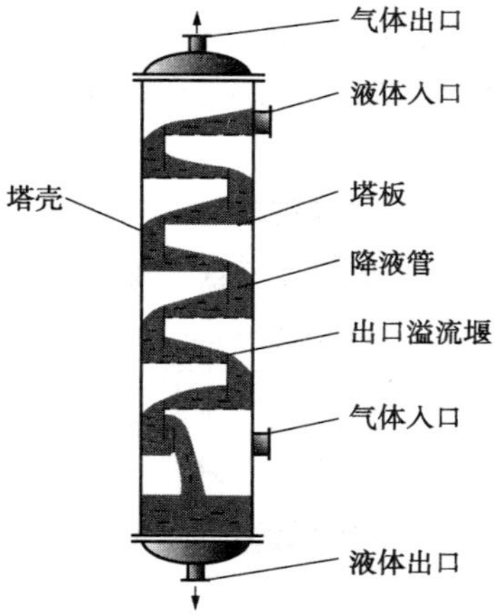

图 6-1-6　板式塔的结构示意图

在工业生产中，当气体处理量大时多采用板式塔，处理量较小时多采用填料塔。板式塔的类型很多，主要区别在于塔内所设置塔板的结构不同。如图 6-1-7 所示，塔板可分为有降液管和无降液管两大类。在有降液管的塔板上，设有专供液体流通的管道，每层塔板上的液层高度可以通过溢流挡板的高度进行调节。

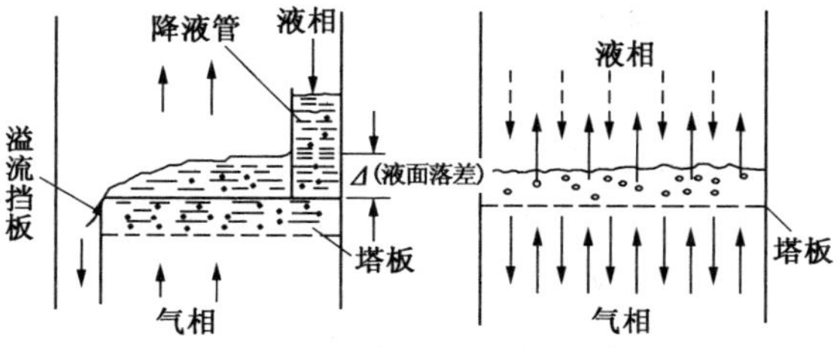

(a)有降液管塔板　　(b)无降液管塔板

图 6-1-7　板式塔塔板的结构类型示意图

工业上最早出现的板式塔是筛板塔和泡罩塔。筛板塔出现于 1830 年，很长一段时间内被认为难以操作而未得到重视。泡罩塔结构复杂，但容易操作，自 1854 年首次应用于工业生产后很快得到推广，直到 20 世纪 50 年代初始终处于主导地位。随后，研究人员逐步掌握了筛板塔的操作规律和正确设计方法，还开发了大孔径筛板，解决了筛孔容易堵塞的问题，因此筛板塔迅速发展成为工业上广泛应用的塔型。与此同时，还出现了浮阀塔，其操作容易，结构简单，同样得到了广泛应用。相比之下，泡罩塔的应用则日益减少。随着在塔板结构方面研究工作的持续深入，人们发现筛板塔、泡罩塔和浮阀塔中存在的雾沫夹带通常是限制气体通过能力的主要因素，针对上述缺点并为适应各种特殊要求，开发了舌形塔板、斜孔塔板、网孔塔板、林德筛板、多降液管塔板、旋流塔板等新型塔板。

旋流板塔是我国 20 世纪 70 年代研发的塔型，实际上是一种喷射型塔板洗涤器，目前在除尘脱硫、除雾中应用效果良好。旋流板塔的总体结构如图 6-1-8 所示，具有一定压力和速度的待处理气体从塔的底部进、上部出，吸收液从塔的上部进、下部出。旋流塔盘的结构如图 6-1-9 所示，旋流叶片犹如固定的风车叶片，气流通过叶片间隙时产生旋转和离心运动；吸收液通过中间盲板均匀分配到每个叶片上形成薄液层，与旋转向上的气流形成旋转和离心的效果，薄液层变成细小液滴甩向塔壁。液滴受重力作用集流到集液槽，并通过降液管流到下一塔板的盲板区，进行下一层的吸收作用。气流与吸收液在塔内做相对运动，并在旋流塔板的结构部位形成很大表面积的水膜，从而大大提高了吸收作用。

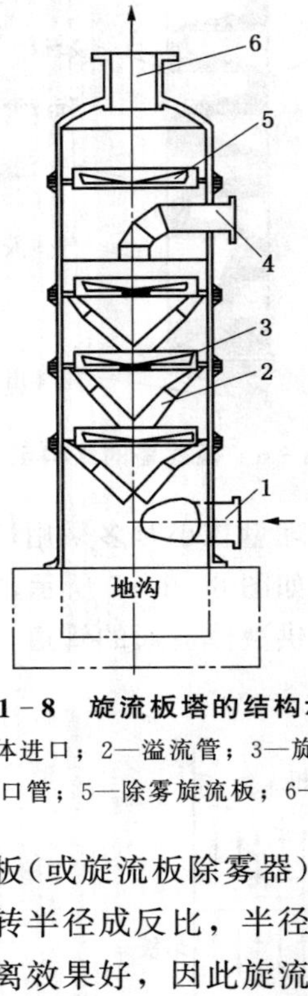

图 6-1-8　旋流板塔的结构示意图

1—气体进口；2—溢流管；3—旋流板；4—液体进口管；5—除雾旋流板；6—气体出口

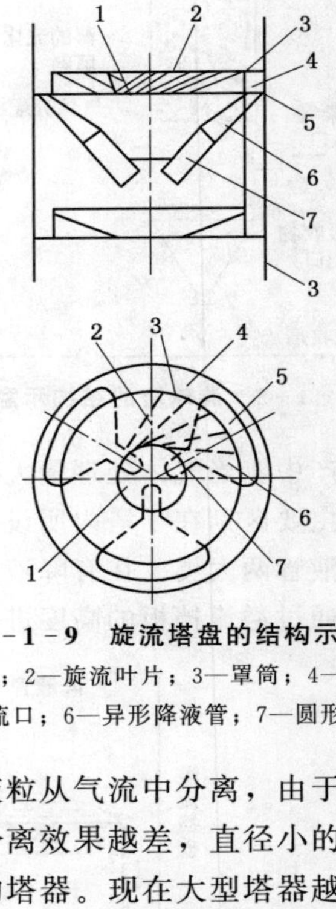

图 6-1-9　旋流塔盘的结构示意图

1—盲板；2—旋流叶片；3—罩筒；4—集液槽；5—溢流口；6—异形降液管；7—圆形降液管

除雾旋流板(或旋流板除雾器)是利用离心力造成液粒从气流中分离，由于液粒所受离心力的大小与旋转半径成反比，半径越大离心力越小，分离效果越差，直径小的旋流板比直径大的旋流板分离效果好，因此旋流板多用于直径较小的塔器。现在大型塔器越来越多，例如许多石油化工、煤化工的塔器直径都在 4m 以上，环保领域烟气脱硫的吸收塔直径甚至达到 15m，如果塔顶气液分离要使用旋流板除雾器，可基于“双程旋流板”和“多程旋流板”结构概念，如采用多个小直径旋流板除雾器并列组合的方案。

3. 特种接触塔型

特种接触塔型中气体为连续相，液体以液滴形式分散于气体中，形成气液接触界面。常用的有喷淋塔、喷射吸收器、机械喷洒吸收器和文丘里吸收器等。

(1)喷淋塔

喷淋塔也称为重力喷淋塔、喷淋室或喷淋洗涤器，是最简单的气体吸收设备。一个喷淋塔包括一个空塔和一套喷淋液体的喷嘴，其结构如图 6-1-10 所示，一般情况下气体由塔底进入，经气体分布系统后向上穿过整个设备，而同时由一级或多级喷嘴喷淋液体，气体与液滴逆流接触，净化气体经除雾后由塔顶排出。

喷淋塔的优点是结构简单(除喷淋的喷嘴外无其他内部设施)、完全开放、造价低廉、气体压降小，且不会堵塞，目前广泛应用于湿法脱硫系统中。但与传统的其他塔型相比，喷淋塔处理能力小，不能使用较高气速(一般小于1.5m/s)，否则会造成雾沫夹带。此外，喷淋塔的操作性能差，本来液体由喷淋组件中喷出的液滴粒径就大，而在液滴下落过程中往往又会聚集在一起形成更大的液滴，从而大大减小了气液传质接触面积，而且液滴内部几乎没有液体循环，造成液膜阻力很高。因此，喷淋塔只适用于气膜控制的传质，也就是吸收溶解度很大的气体。

近十几年来，德国鲁奇·能捷斯·比晓夫公司(Lurgi Lentjes Bischoff，LLB)、德国费塞亚巴高克环境工程公司(Fisia - Babcock Environment，FBE)、瑞士ABB公司、美国巴布科克·威尔科克斯有限公司(Babcock and Wilcox，B&W/巴威)、日本三菱重工等，都对喷淋塔进行了改进研究，主要体现在对塔型结构、流体力学特性、传质传热特性等方面。

(2)喷射吸收器

图6-1-11为喷射吸收器的示意图。吸收剂由顶部压力的喷嘴高速喷出，形成细小雾滴状射流，产生的吸力将气体吸入后并流经吸收管，液体喷射成的细小雾滴和气体充分接触，完成吸收过程。然后进行气液分离，净化气体经除沫后排出。喷射吸收器的优点是气体压降小，不需风机输送；缺点是能耗高。

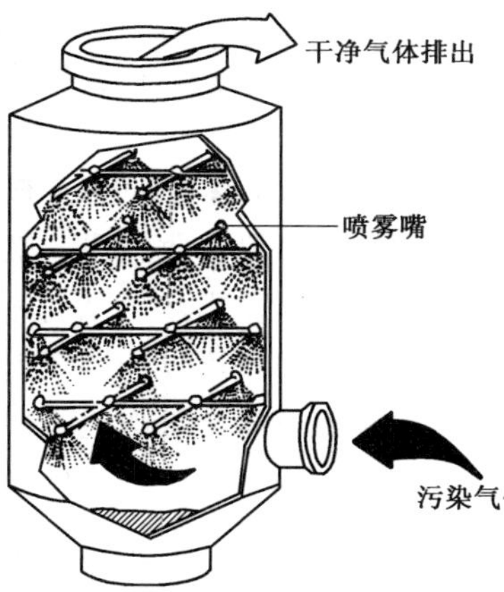

图6-1-10　逆流喷淋塔的结构示意图

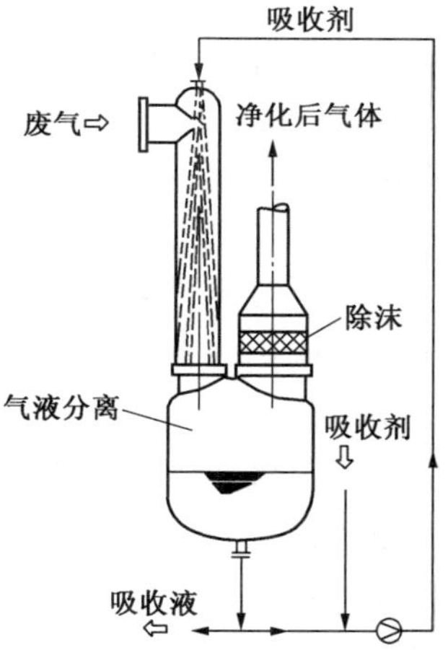

图6-1-11　喷射吸收器的结构示意图

一般的吸收塔内部有填料、多孔板、多个喷流管等，构件配置复杂，日本三菱重工的液柱式吸收塔(Double Contact Flow Scrubber，DCFS)结构极为简单，只是在塔底部安装喷流管。主要特点是：①吸收剂从塔底部喷流管向上喷射液滴，当液滴到达最高点后速度为零而向下散落，与向上的液滴形成具有高传质能力的高密度液滴区；②液滴在上升与落下的过程中重复接触废气，接触时间增长；③液体下落时产生自冲洗作用，喷嘴不易堵塞；由于仅设置一层喷流管，维护成本较低。

(3)机械喷洒吸收器

机械喷洒吸收器是利用机械部件回转产生的离心力，使吸收液向四周喷洒而与气体接触。其特点为效率高、压降低，适合于用少量液体吸收大量气体的场合。其缺点为结构复杂，需要较高的旋转速度，因此消耗能量较多，同时也不适用于强腐蚀性气体或液体物料。

图 6-1-12 为带有浸入式转动锥体的机械喷洒吸收器。通过附有圆锥形喷洒器的垂直轴转动，从而将液体喷散，达到气液两相接触。如图中箭头所示，气体沿盘形槽之间的曲折孔道通过机械喷洒吸收器。当液体自上而下通过各层盘形槽流动时，附着于轴上的圆锥形喷洒器将液体截留，使其沿吸收器的横截面方向喷洒，这样不仅能使液体通过吸收器的时间延长，而且能使气液两相密切接触。

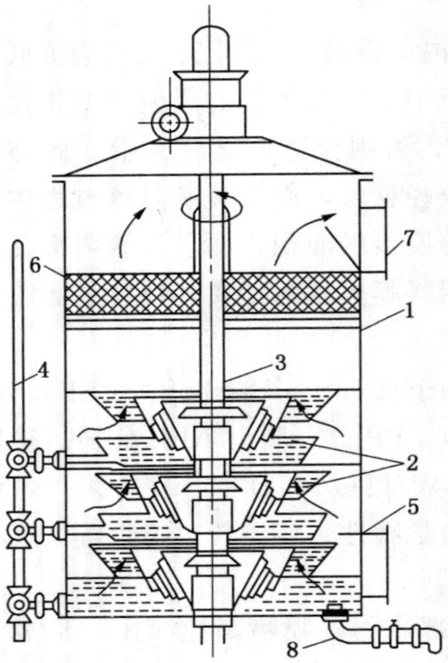

图 6-1-12 机械喷洒吸收器的结构示意图

1—外壳；2—盘形槽；3—装有喷洒器的轴；4—液体进口；5—气体进口；6—除雾器；7—气体出口；8—液体出口

其他常见的机械喷洒吸收器还包括带多转盘喷雾器的离心式空心吸收器、带多孔转筒的吸收器、横向单轴吸收器等。

(4)文丘里洗涤塔

气体净化用文丘里洗涤塔(文丘里洗涤器，Venturi Scrubber)与湿式文丘里除尘器的结构和工作原理基本相同，根据液体进入其内部方式的不同可分为外喷式和自吸式两种，自吸式由气体通过喉部时产生的负压将液体带入。由于文丘里洗涤塔喉管内的气速低，一般为 20～30m/s，因此液气比较文丘里除尘器高得多，通常为 5.5～11L/m^3。文丘里洗涤塔属于并流式吸收设备，随着气体分子不断被吸收，逐渐接近平衡浓度，直到没有更多的吸收发生为止。

如图 6-1-13 所示，工程实际中烟气(尾气)净化用文丘里洗涤塔通常由文丘里段和洗涤段组成。文丘里段设置在洗涤段左上方，自上而下分为烟气入口段、收缩段、喉口和扩散段，烟气入口段两侧开孔接入洗涤液喷淋管，喷淋管末端装设喷嘴。当然，烟气入口也可以设置在文丘里段侧面，而在上部沿轴心线设置高压液体喷嘴。洗涤段可以为圆筒形或其他形状，并在壳体上设置所需的人孔、与泵连接孔、排净孔、气体出口等。工作过程中，烟气进入后在文丘里收缩段开始加速，至喉口处速度达到最大，高流速烟气冲击喷入的洗涤液，将洗涤液雾化成大量微小雾滴，有利于气液两相之间的热量交换和传质，在使尾气温度大幅度降低的同时除去部分酸性污染物。此外，高速运动的雾滴易于与细小的尘粒凝聚，有助于进一步去除尾气中的颗粒物。尾气往下到达扩散段时，流速慢慢降低，气相的剪切力继续发挥作用使雾滴进一步破碎，使热量交换和传质更完全，达到降温、除尘、脱酸的目的。尾气经过文丘里段的强烈反应后进入洗涤段，尾气俯冲而下至洗涤段底部，受洗涤段底部的反作用力后在洗涤段内呈螺旋状运动，延长了尾气与洗涤段内洗涤液的接触时间，进而延长吸收反应时间，提高了脱酸效率。

需要强调的是，吸收法气体净化以及加氢、氧化等化工反应过程均受气液传质速率的严重制约，根本原因在于气液之间的接触界面面积太小。工业实际中通常采用加大非主体相的循环量或增设反应器内构件等方式以强化气液传质，但效果十分有限。为此，人们一方面着眼于微通道(微流控)反应器、超重力反应器、喷射反应器、微波反应器等新型反应器的研究，试图寻找新的界面传质和反应强化模式。另一方面，人们还提出了微纳界面反应强化的理念，对非主体相实施微纳化分散处理(即形成微纳气泡或微纳液滴)，或者引入纳米固体颗粒带来一系列纳微界面和微结构(即采用纳米流体)，从而以纳-微界面取代传统气液反应器的毫-厘米级宏界面，获得数倍甚至数十倍气液传质界面面积的提升。即使气液传质系数相当，气液传质速率也会随之正比成倍增大。纳米流体是将纳米颗粒作为分散相，以一定方式和比例加入流体介质(基准液)中形成的均匀两相悬浮液。纳米颗粒材料包括非金属氧化物(如 SiO_2)、金属氧化物(如 $TiO_2/MgO/Al_2O_3$)、半导体、碳纳米管(Carbon nano - tube，CNT)等，基准液包括水、油、聚合物、乙二醇(EG)、三乙烯四胺(TETA)、乙醇胺(MEA)等。在气液吸收体系中，纳米颗粒的加入会引起液相物理参数、气液界面形貌、气液反应动力学的变化，目前公认的传质增强机理包括传输机理、边界层混合机理以及抑制气泡聚并机理。

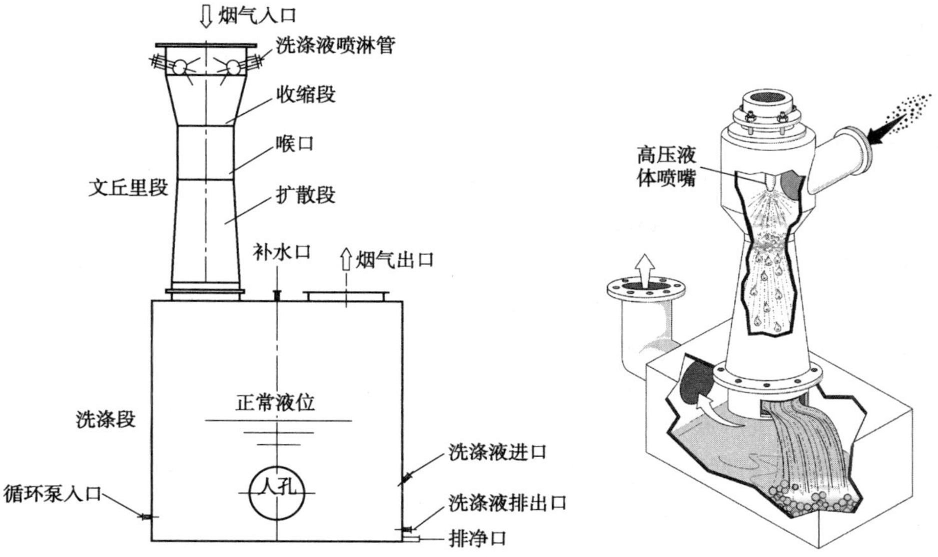

图 6-1-13　文丘里洗涤塔的结构示意图

三、吸收法的典型工程应用

吸收法在气态污染物净化领域的典型工程应用包括有机废气的净化、湿法烟气脱硫、CO_2 吸收与解吸、船舶 SO_x 净化、氟化物湿法吸收等，这里略作介绍。

1. NO_x 的吸收控制

烟气 NO_x 化学吸收系统主要包括吸收塔、吸收液配制及循环、尾液处理、电气控制和烟气在线监测等，常用的脱硝吸收剂有尿素、氨水、黄磷乳浊液、高锰酸钾、漂白粉、双氧水及其他合成物质等溶液，通过吸收剂与烟气中的 NO_x 反应使其净化。实际上，烟气 NO_x 化学吸收系统通常可同时去除 NO_x、SO_2、重金属等污染物，实现多污染物一体化净化，工程应用中的脱硝效率一般为 40%～60%。吸收塔的空塔气速对吸收效果有重要影响，宜取 1～4m/s。空塔气速越小，气体在吸收塔内的停留时间越长，吸收效果越好，但设备尺寸越大、造价越高；空塔气速太大，吸收效果差。吸收塔的液气比宜取 1.0～4.0L/m^3，在一定范围内脱硝效率随着液气比的增加而升高。但液气比增加，要求循环水泵的流量增大，导致系统阻力增大，水泵与风机的功率增大。

采用化学吸收技术时，循环尾液必须进行处理，根据吸收尾液的不同，可采用回收或无害化处理方式，防止造成二次污染。

2. 石灰石-石膏湿法烟气脱硫

烟气脱硫(Flue Gas Desulfurization，FGD)按脱硫剂种类，可分为以 $CaCO_3$ 为基础的钙法、以 MgO 为基础的镁法、以 Na_2SO_3 为基础的钠法、以 NH_3 为基础的氨法、以有机碱为基础的有机碱法、以海水为吸收剂的海水法等；按吸收剂及脱硫产物在脱硫过程中的干湿状态，可分为湿法、干法和半干(半湿)法。湿法烟气脱硫是用含有吸收剂的溶液或浆液在湿状态下脱硫和处理脱硫产物，具有反应速度快、设备简单、脱硫效率高等优点，但普遍存在腐蚀严重、运行维护费用高及易造成二次污染等问题。干法烟气脱硫是指应用粉状或粒状吸收剂脱除烟气中的 SO_2，优点是工艺过程简单，无污水、污酸处理问题，能耗低，特别是净化后烟气温度较高，有利于烟囱排气扩散，不会产生“白烟”现象，腐蚀性小；缺点是脱硫效率较低，设备庞大、投资大，操作技术要求高。半干法烟气脱硫是指脱硫剂在干状态下脱硫、在湿状态下再生(如水洗活性炭再生流程)，或者在湿状态下脱硫、在干状态下处理脱硫产物(如喷雾干燥法)。

目前，湿法烟气脱硫中装机容量最大、应用最为广泛的为石灰石-石膏法(LSFO)，利用石灰石浆液作为吸收剂，在吸收塔中与 SO_2 反应生成 $CaSO_3 \cdot 1/2H_2O$，经分离的亚硫酸钙可以抛弃，也可以通入空气强制氧化和加入一些添加剂，以石膏形式进行回收。为了减轻吸收塔的工作负荷，先要将烟道气除尘。如图 6-1-14 所示，石灰石-石膏湿法烟气脱硫的应用领域包括发电锅炉、工业锅炉以及烧结/球团、焦炉、陶瓷等窑炉烟气(尾气)，主要由烟气脱硫工艺系统、公用系统、辅助工程等组成。烟气脱硫工艺系统包括烟气系统(由烟道挡板、烟气换热器、增压风机等组成)、吸收剂制备系统(由石灰石储仓、磨石机、石灰石浆液罐、浆液泵等组成)、吸收系统(由吸收塔、循环泵、氧化风机、除雾器等组成)、副产物处理系统(由石膏浆泵、水力旋流器、真空脱水机等组成)、浆液排放和回收系统、脱硫废水处理系统等；公用系统包括工艺水系统、压缩空气系统、蒸汽系统等；辅助工程包括电气控制、建筑与结构、给排水及消防、采暖通风与空气调节、道路与绿化等。

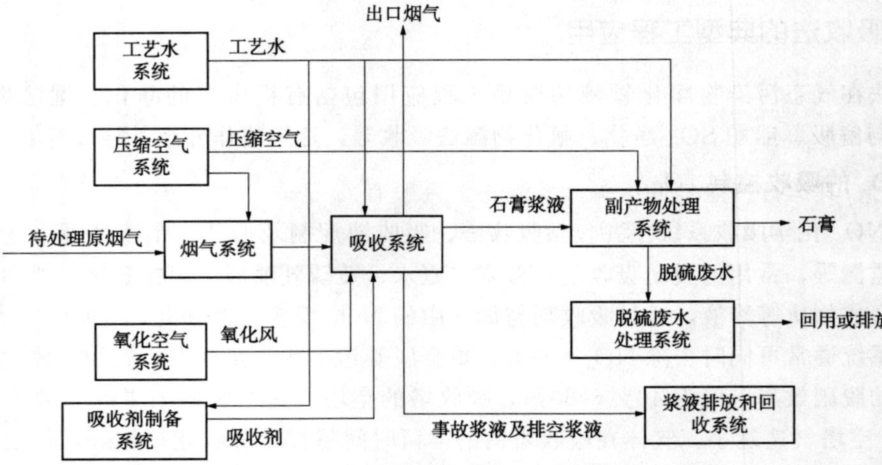

图 6-1-14　石灰石-石膏湿法烟气脱硫的工艺流程示意图

(1)污染物与污染负荷

工程设计需要收集的烟气理化性质等原始资料主要包括以下内容：烟气量(正常值、最大值、最小值)；烟气温度及变化范围(正常值、最大值、最小值及露点温度)；烟气中气体成分及浓度(SO_2、NO_x、O_2、SO_3、HCl、HF 等)；烟气颗粒物浓度及成分；烟气压力、含湿量；产生污染物设备情况及工作制度。新建脱硫工程项目的设计量和 SO_2 浓度采用最大连续工况下的数据，改扩建脱硫工程项目的设计烟气量和 SO_2 浓度以实测值为基础并充分考虑变化趋势后综合确定，或通过与同类工程类比确定。一般而言，吸收塔入口烟气适用条件：SO_2 浓度(干基折算)≤12000mg/m^3；烟气量 5×10^4m^3/h（干基）以上；烟气温度80～170℃；颗粒物浓度(干基折算)≤200mg/m^3。

(2)设计标准要求

进行脱硫工程设计时需要满足《石灰石、石灰-石膏湿法烟气脱硫工程通用技术规范》(HJ 179)、《燃煤电厂超低排放烟气治理工程技术规范》(HJ 2053)、《火电厂大气污染物排放标准》(GB 13223)等现行要求。GB 13223—1991 没有要求 SO_2 的排放浓度，而规定了全厂 SO_2 的允许排放量。GB 13223—1996 首次明确新建电厂需执行 SO_2 允许排放浓度，即当燃煤应用基含硫量小于1.0%时，最高允许排放浓度≤2100mg/m^3；当含硫量大于1.0%时，最高允许排放浓度≤1200mg/m^3。GB 13223—2003 首次明确所有电厂均需执行 SO_2 允许排放浓度要求，最严限值为 400mg/m^3。GB 13223—2011 不再放宽对以煤矸石等为主要燃料的资源综合利用电厂(主要是循环流化床锅炉)的排放要求，对位于西部非两控区燃用特低硫煤的坑口电厂也全部要求烟气脱硫。由于排放标准大幅提高，尤其是 2014 年开始实施的超低排放，复合塔、pH 值分区等脱硫技术得到发展和应用，烟气脱硫效率可达 99.7%以上。

(3)烟气系统

脱硫烟气系统为锅炉风烟系统的延伸部分，主要由烟气进口挡板门(原烟气挡板门)、出口挡板门(净化烟气挡板门)、旁路挡板门、增压风机、烟气再热器或气-气换热器、烟道及相应的辅助系统组成。工作过程中，热烟气(120～150℃)自锅炉引风机出来，经增压风机增压进入烟气再热器换热，热烟气温度降至 95℃左右后进入吸收塔，烟气中的 SO_2 被石灰石浆液吸收而净化；净化后的饱和冷烟气温度为 44～55℃左右，通过烟气再热器升温至 75～82℃左右，最后进入烟囱排至大气。

烟道的设计一般遵循以下原则：①尽量采用水平直烟道，避免烟气分配不均；②烟速选择时，要使烟道阻力小、磨损小及经济成本低。在此工程设计过程中，所有烟道烟速均不大于 15m/s。

增压风机用以克服烟气脱硫装置的烟气阻力，将原烟气引入脱硫系统，并稳定锅炉引风机出口压力，其运行特点是低压头、大流量。一般有离心式、动叶和静叶可调轴流式风机，国外大多选择动叶可调轴流式风机，离心式风机则较少采用。

烟气再热器(Gas Gas Heater，GGH)的作用是利用原烟气加热脱硫后的净烟气至温度达到露点之上，减轻对净烟道和烟囱的腐蚀；同时降低进入吸收塔的原烟气温度，降低塔内防腐工艺技术要求。GGH 一般分为蓄热式和非蓄热式两种。非蓄热式 GGH 借助辅助能源将净烟气重新加热，由于其能耗和运行费用较大而较少采用。蓄热式 GGH 主要有回收式、分体水媒式、分体热管式和整体热管式，其中回收式因有较高的换热效率而被广泛应用，但其结构较为复杂，有一定泄漏后的检修工作量相对较大。

烟气挡板门的设置如图 6－1－15 所示，原烟气挡板门和净化烟气挡板门在启动烟气脱硫装置时开启，停止烟气脱硫装置时关闭。旁路挡板门在启动烟气脱硫装置时关闭，停止烟气脱硫装置时开启，使得脱硫系统正常运行时将原烟气切入，在脱硫系统故障或停运时使原烟气走旁路、直接排到烟囱。

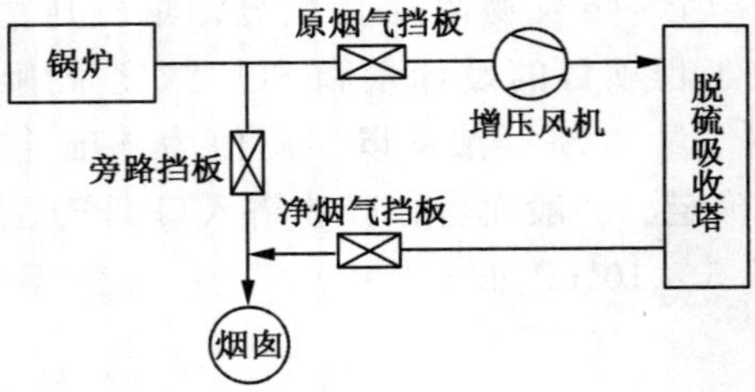

图 6-1-15　烟气挡板门的设置示意图

(4)吸收剂制备系统

吸收剂制备可采用磨制系统制备或来粉制备，其中磨制系统制备分为干磨和湿磨两种，干磨又可分为管式磨机(管磨机)和立式磨机两种。国内早期建设的脱硫系统，配置的基本上都是湿磨系统。湿磨吸收剂浆液制备系统是指采用湿式球磨机，将一定比例的石灰石颗粒和工艺水加入湿磨机的滚筒里，磨制出的浆液细度为 $P_{80}<23\mu m$、浓度为 25%。

①湿磨石灰石浆液制备系统。如图 6-1-16(a)所示，主要设备包括称重给料机、湿式球磨机、一/二级再循环箱、搅拌器、一/二级再循环泵、一/二级石灰石浆液旋流器、调节阀及相应的辅助设备等，其工艺流程粒径小于 20mm 的石灰石块送到现场后，通过卸料斗及振动给料机，由皮带式输送机和链斗升降机送到石灰石储存仓，经称重给料机将石灰石送到湿式球磨机，加入合适比例的工艺水磨成浆液。石灰石浆液流入浆液循环箱后用工艺水稀释，之后由浆液循环泵送到旋流器进行粗颗粒的分离，不合格的浆液送至球磨机重磨，合格石灰石浆液被送至浆液储存罐，并根据吸收塔需要量利用石灰石浆液泵送到吸收塔。

湿式球磨机是湿式制浆系统的核心设备，通常为卧式旋转滚筒结构。异步电机通过减速器与小齿轮连接，直接带动周圈大齿轮减速传动，驱动回转部分旋转，筒体内部装有适量的磨矿介质——不同直径对应不同比例的钢球。钢球在旋转筒体离心力和摩擦力的作用下，被提升到一定高度，呈抛物线落下。一定尺寸的石灰石颗粒与一定比例的工艺水连续进入滚筒内，被运动着的钢球粉碎，通过溢流和连续给料作用将浆液排出机外，流入浆液循环箱。

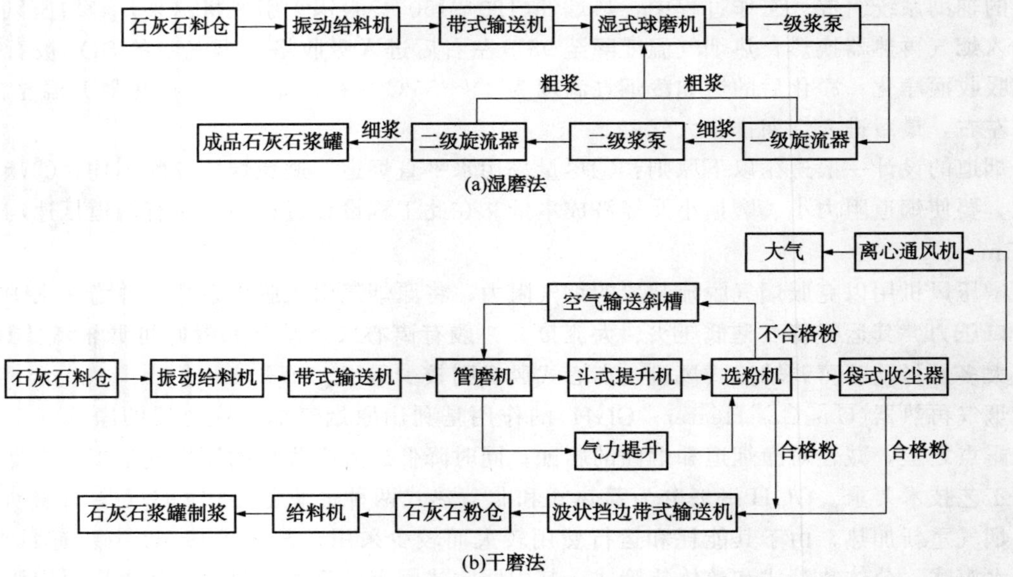

图 6-1-16　石灰石浆液制备系统的工艺流程示意图

②系统所用的石灰石粉一般通过外购或异地加工获取。如图 6-1-16(b)所示，石灰石料仓内的碎料由振动给料机均匀给出，经带式输送机输入管磨机进行磨粉，粉料出磨后经斗式提升机进入组合式选粉机分离(部分细料通过气力提升进组合式选粉机)，分选后的粗料由空气输送斜槽送回管磨机内重新再磨。组合式选粉机的含尘空气经袋式收尘器净化后排入大

气，选粉机选出的合格细粉和被袋式收尘器收集的粉尘，经波状挡边带式输送机输送至石灰石粉仓储存。

需要使用时，将成品石灰石粉经称重给料机送入制浆罐，在制浆罐内石灰石粉与工艺水混合至密度为1230kg/m^3（含固量30%）的石灰石浆液。然后将石灰石浆液用泵打入管道，并通过支管以符合设计要求的烟气负荷、进口 SO_2 浓度和 pH 值喷入吸收塔。为防止结块和堵塞，要使石灰石浆液不断流动循环。

(5)吸收系统

吸收塔是整个湿法脱硫系统的核心设备，要求具有持液量大、气液相间相对速度高、气液相间接触面积大、内部构件少、压力损失小等特点。吸收塔可采用喷淋塔、复合塔和 pH 值分区塔。复合塔包括沸腾泡沫、旋流鼓泡、托盘、湍流管栅等；pH 值分区塔包括单塔双 pH 值、双塔双 pH 值等。吸收塔应根据处理效率、场地布置条件、运行能耗要求以及长期运行稳定性等因素综合选取。

喷淋塔结构简单、操作与维护方便、脱硫效率高，且工程应用比较成熟，是目前石灰石-石膏湿法脱硫工艺的主流塔型。常规喷淋塔系统包括吸收塔本体、循环浆泵、喷雾系统、除雾器、氧化系统、氧化风机、搅拌机、石膏排出泵、冲洗水系统等，其中喷雾系统包括喷雾用喷嘴、浆液管道及其支撑件，氧化系统又包括氧化用喷嘴和空气管道支撑件。工作过程中，烟气从吸收塔下侧进入，与吸收浆液逆流接触进行吸收反应，脱除烟气中 SO_2、SO_3、HF 和 HCl 后的清洁空气经除雾器除去雾滴后进入换热器。石灰石、副产物和水等混合物形成的浆液从吸收塔浆池经浆液循环泵打至喷淋层，由喷嘴雾化成细小的液滴，自上而下落下形成雾柱；石灰石液滴与烟气中的 SO_2 反应生成亚硫酸盐后，进入塔底部的氧化区进行氧化反应，得到脱硫副产品 $CaSO_4 \cdot 2H_2O$。

①喷淋层及喷嘴。喷淋层系统包括喷淋层组件及喷嘴，喷淋层组件主要包括带连接支管的浆液分布管道，连接支管上安装喷嘴。喷淋层组件及喷嘴的布置设计成能均匀覆盖吸收塔的横截面，并达到要求的浆液喷淋覆盖率，使吸收剂浆液与烟气充分接触。为使吸收剂浆液沿整个吸收塔轴向横截面均匀分布，喷淋层一般采用3～6层，喷嘴交错布置且避免冲击塔壁以及邻近的喷嘴，覆盖率达200%～300%。图6-1-17为美国巴威公司的喷淋塔及其内置喷淋设备，每层布置一个喷淋管网，安装足够多的喷嘴。第一层(或最下部喷淋层)以及多孔托盘距入口烟道顶部必须有足够的高度，一般大约为2～3.5m，喷出的浆液能有效接触进入塔内的烟气，并避免过多的浆液带进入口烟道。喷淋层之间以及最下部喷淋层与多孔托盘之间应相隔大约1～2m。最上部喷淋层与除雾器底部至少应有1.5m的距离。当烟气流量和 SO_2 浓度高时可取上述范围值上限。

喷嘴是喷淋塔的主要附件，作用是将循环浆液雾化成细小的液滴，在浆液总流量一定的条件下，喷嘴的特性决定了吸收塔内液滴的大小和数量，进而决定了气液之间的传质面积。喷嘴的特性包括喷嘴型式、喷嘴压力、喷嘴流量、雾化角度、雾化粒径分布等，常用索特平均粒径(Sauter Mean Diameter，SMD)来表示喷淋液滴的大小。SMD 值越小，同样循环流量浆液产生的液滴越多，气液接触表面积越大，对烟气中 SO_2 的吸收效果越好；在达到同样脱硫效率的前提下，也可适当降低喷淋浆液流量。但 SMD 值过小，浆液液滴容易被烟气携带离开吸收区进入除雾器，给除雾器带来更大的运行压力；同时产生粒径更小的液滴需要更大喷嘴压力，相应消耗更多的能耗。因此在实际工程应用中，应根据要求达到的脱硫效率，综合考虑喷嘴压力增加引起的能耗增加和喷淋流量降低引起的电耗降低，合理选择喷淋液滴粒径，目前主流吸收塔设计中的喷淋液滴粒径一般在 1500～2000μm 左右。

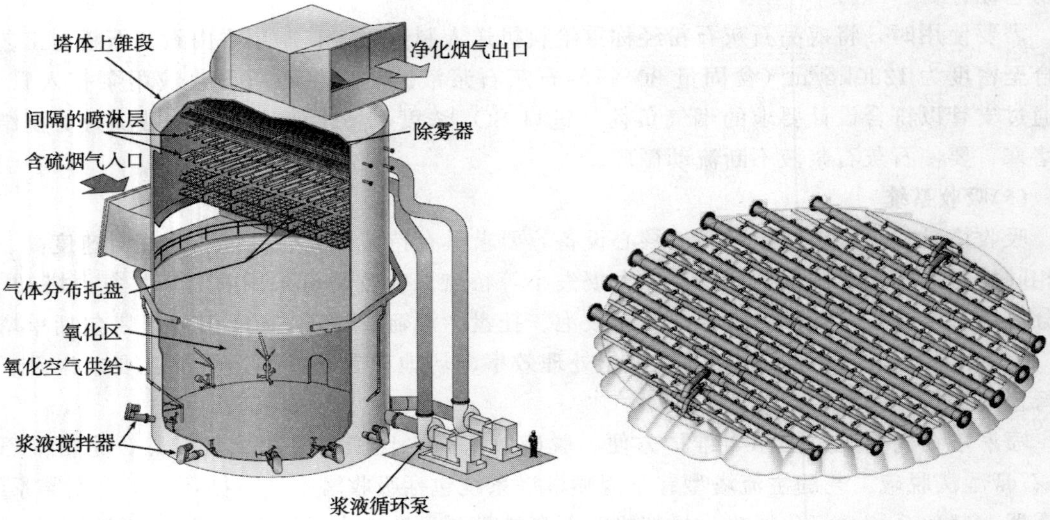

图 6-1-17　美国巴威公司的喷淋塔及其内置喷淋设备示意图

由于浆液喷嘴中的局部流速特别高，磨损非常严重，有些喷嘴所处的环境腐蚀性很强，因此常用耐磨材料为烧结 SiC 或烧结 Al_2O_3 陶瓷。如图 6-1-18 所示，喷嘴按结构分类主要有以下几种：a)空心锥涡流喷嘴，喷嘴无内部分离部件，石灰石浆液从切向进入喷嘴的涡旋腔内，然后从与入口方向呈直角的喷孔喷出，产生的液雾形状为中空锥形，并可产生较宽的液雾外缘，允许通过的颗粒粒径约为喷孔直径的 80%～100%；b)双空心锥旋流喷嘴，在一个空心锥切线腔体上设计两个喷孔，由于气体与喷射浆液之间较高的速度差和较高的液滴紊流，可获得更小的浆液 SMD 值，在吸收过程中尽可能刷新液滴表面，提高吸收反应效果，允许通过的颗粒粒径为喷孔直径的 80%～100%；c)实心锥喷嘴，通过内部叶片使浆液形成旋流，然后与入口的轴线同轴从喷孔喷出，液雾形态为全充满锥形。根据不同设计，允许通过的最大颗粒粒径为喷孔直径的 25%～100%不等；d)螺旋型喷嘴，无分离部件，由连续变小的螺旋线体组成，浆液不断经螺旋线相切后改变方向，呈片状喷射成同心轴状锥体液雾，允许通过的颗粒粒径约为喷孔直径的 30%～100%，操作压力一般为 0.05～0.1MPa。目前，喷嘴的研发主要集中在喷嘴结构、喷嘴布置(含喷射方向)、喷射速度等方面，目的都是为了造成塔内高度紊流，提高气液传质吸收效率。

由于塔体内部直接接触弱酸浆液，必须采取防腐措施。一般情况下，吸收塔本体为钢制，采用橡胶、玻璃鳞片或耐腐钢壁纸进行内衬防腐处理。内部喷淋管一般采用玻璃钢(FRP)材质或合金管道，喷淋管在吸收塔外与循环浆液管道采用法兰连接，外部管道通常为 FRP 材质或采用橡胶做衬里的碳钢材质。通过循环泵把浆液均匀分布到各个喷嘴，使喷出的液体均匀覆盖吸收塔的整个轴向横截面，而且尽可能减少沿塔壁流淌的浆液量和降低喷射浆液对塔壁的直接冲刷磨损。在吸收塔内，喷淋支管道与喷嘴之间有法兰连接和粘接两种方式，基于造价考虑，一般采用粘接方式。喷淋管道最重要的设计是管道层数(高度)、母管之间的垂直距离等。

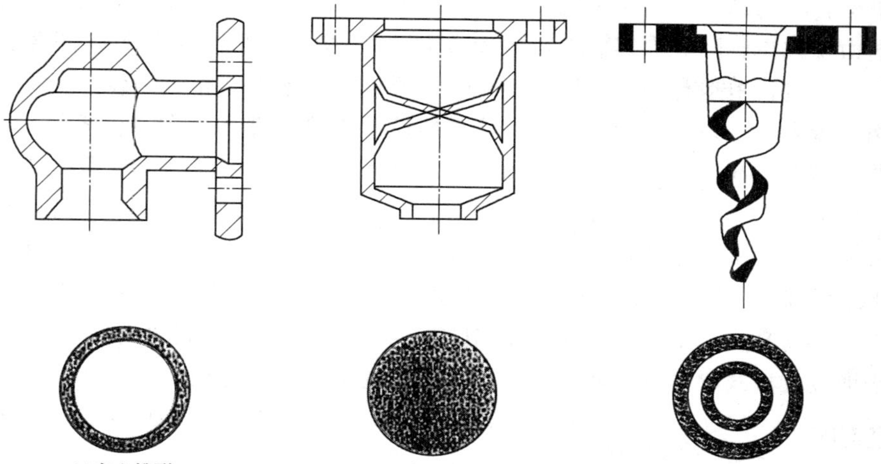

(a)空心锥形　　(b)实心锥形　　(c)同心空心锥形

图 6-1-18　喷嘴的雾化模式示意图

②除雾器。石灰石-石膏法脱硫塔在运行过程中，易产生粒径为 10～60μm 的“雾”，“雾”不仅含有水分，还溶有硫酸、硫酸盐、SO_2 等，同时也造成风机、热交换器及烟道的沾污和严重腐蚀，因此脱硫后气体在离开吸收塔之前需经过除雾器，以捕集脱硫后洁净烟气中携带的液滴，减少酸性物质对后续设备的腐蚀损坏，对周围环境也起到了重要的保护作用。

脱硫除雾器的工作原理有重力作用和惯性作用两类，结构上分为折流板与旋流板两种。在大型烟气脱硫工程项目中，通常吸收塔顶部最后一个喷淋组件的上部安装两级平行布置的折流板除雾器，下面一级为粗除雾器，上面一级为细除雾器。折流板除雾器的工作原理如图 6-1-19 所示，外形曲折的叶片以定间距叠合形成偏折的烟气通道，当烟气以一定的速度通过弯曲通道部分时，惯性大的液滴被甩到除雾器的叶片表面，聚集成大颗粒液滴后在重力作用下沿叶片表面往下滑落，直到浆液池。烟气惯性小，能够比较顺畅地从偏折的烟气通道中流过，从而完成雾滴和气体的分离。折流板除雾器从结构形式上可分为平板式和屋脊式两种。屋脊式除雾器设计流速大，经波纹板碰撞下来的雾滴可集中流下，减轻产生烟气夹带雾滴现象，除雾面积也比平板式大，因此除雾效率高，出口排放的液滴浓度≤50mg/m³(标准状态)。

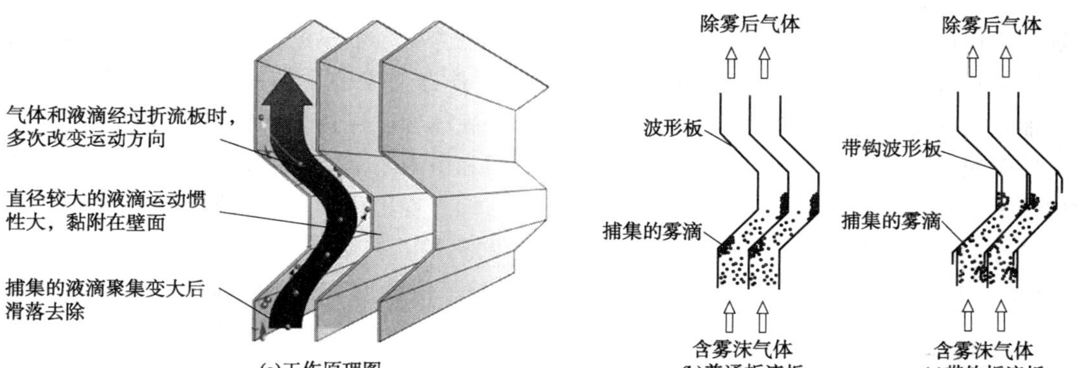

(a)工作原理图　　(b)普通折流板　　(c)带钩折流板

图 6-1-19　折流板除雾器的工作原理示意图

脱硫塔除雾器的结垢与堵塞是脱硫塔常见的故障之一。除雾器结垢严重时会造成堵塞，使烟气流通面积减少，降低除雾效率，导致增压风机（或引风机）电耗增加，还会引起风机出现失速现象，影响机组运行的安全性和可靠性。严重时会导致除雾器变形、坍塌和折断，进而带来烟囱石膏雨等一系列问题。因此，除雾器通常由除雾器本体和冲洗系统两部分组成，主要包括冲洗喷嘴、冲洗泵、管路、阀门、压力仪表及电气控制等。冲洗系统定期清除除雾器叶片捕集的液滴、粉尘，保持叶片表面清洁。对于两级除雾器而言，第二级除雾器后端面仅在必要时才进行冲洗，避免烟气携带太多液滴。除雾器冲洗水喷头距除雾器间距为0.5～0.6m，两级除雾器之间还设有上下冲水的两层水管，其间隔应考虑到便于安装维修。加上两层波形除雾器的高度，最底部上冲水管至最上部下冲水管的总高差约3.4～3.5m。以上尺寸适于平铺波纹板式除雾器，使用菱形除雾器时的空间高度可降1m左右。

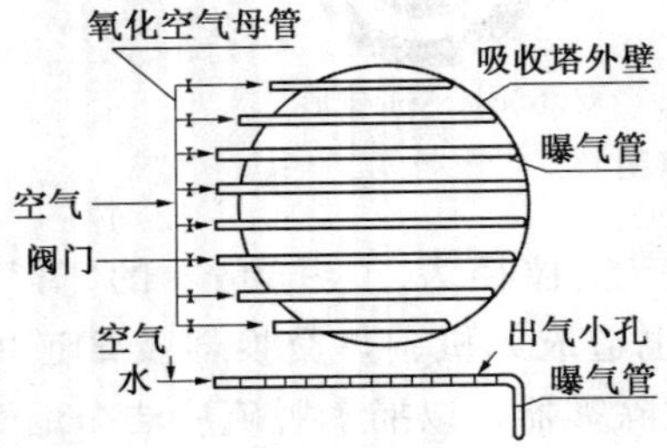

图6-1-20　管网曝气管的结构示意图

③氧化空气管。在石灰石-石膏法脱硫系统中，当烟气氧含量不足以氧化浆液池中的$CaSO_3$时，需要提供强制氧化空气将$CaSO_3$氧化为$CaSO_4$。氧化空气进入吸收塔浆液池的形式一般有管网曝气管和喷枪两种。喷枪的形式较为简单，一般适用于中小尺寸的吸收塔，直径较大的吸收塔一般采用管网曝气管。图6-1-20所示的管网曝气管是一种带许多小孔的开放式管路，采用多重进口设计，可在操作过程中实现对喷管的冲洗。氧化空气通过曝气管上均匀分布的气孔进入浆液池，在搅拌器切割、扰动下与浆液池中的亚硫酸盐进行充分反应，生成稳定的硫酸盐。曝气管采用主管侧面开孔、末端开放式端口的形式，以避免扩散管结垢。氧化空气母管的材质一般采用不锈钢，外包玻璃树脂鳞片，起到固定和防腐的作用。

氧化风机的设计选型应符合下列要求：a)根据设计流量和出口压力要求可采用罗茨式、多级离心式和单级高速离心式风机，并留有一定的裕量；b)氧化风量≤9000m^3/h时，每座吸收塔宜设置2台氧化风机，或每2座吸收塔设置3台氧化风机；氧化风量＞9000m^3/h时，每座吸收塔宜设计≥2台离心式氧化风机。

④搅拌器。为避免吸收塔浆液池内的晶粒沉积，保证氧化空气与亚硫酸盐充分接触与反应，通常在吸收塔浆液池内设置搅拌器。根据安装位置的不同分为侧进式搅拌器和顶进式搅拌器，目前广泛应用池外壁安装的侧进式搅拌器，搅拌器台数根据吸收塔浆液池的容积和介质参数进行选取。搅拌器分上下两层布置，上层搅拌器使浆液中的固体物质与氧化空气接触，加强浆液的氧化反应；下层搅拌器使浆液中的固体物质保持悬浮状态，避免沉淀。

⑤浆液循环泵。浆液循环泵将塔外浆液储罐中和塔内浆液池中的石灰石浆液不断送到吸收塔喷淋层，在一定压力下通过喷嘴充分雾化，与烟气发生化学反应。浆液循环泵必须满足以下条件：a)泵头防腐耐磨：浆液中含有10%～20%的石灰石、石膏和灰粒，pH值为4～6，属于强腐蚀性介质，所以对材质的要求非常苛刻；b)低压头、大流量：目前浆液循环泵的流量已达10000m^3/h，扬程16～30m，还要适应停机和非高峰供电情况下的非正常运行要求；c)性能稳定可靠：能在规定工况条件下每天24h连续运转，并能至少连续无故障运行24000h。

浆液循环泵紧邻吸收塔布置，多台循环泵通常采用相同型号，浆液循环泵和喷淋层应按单元制设置，并预留备用喷淋层和备用浆液泵。浆液循环泵通常选用离心式，入口设置滤网，流量根据设计工况下的循环浆液量确定，扬程根据吸收塔浆液池正常运行液位范围至喷淋层喷嘴出口(含喷嘴背压)的全程压降确定。

⑥浆液管路和阀门。由于石灰石浆液具有强腐蚀性且固体含量高，因此对浆液管路及阀门的最基本要求是耐蚀、耐磨与防固体沉积与堵塞。在材料的选择上，浆液管路及其配件可选用衬胶碳钢、内衬合金碳钢、不锈钢、高镍合金钢和玻璃钢。只有在特殊场合才考虑完全采用耐蚀合金，例如，橡胶或玻璃钢不能承受的高温场合、冷热交界处承受强腐蚀性介质侵蚀与复杂应力的重要区域。一般内衬管道应采用可拆连接，以螺栓法兰连接居多。

(6)副产物处理系统

从吸收塔排出的石灰石浆液要去除水分才能达到商业利用价值，因此必须设置副产物处理系统，通常主要由石膏排出泵、水力旋流器(初级脱水)和真空皮带脱水机(二级脱水)等组成。石膏排出泵将含石膏12%～20%的浆液从吸收塔的浆液池送至水力旋流器，浓缩成约50%的较粗晶粒石灰石浆液，再经真空皮带脱水机进一步脱水、过滤后，石膏滤饼含水量降到10%以下。

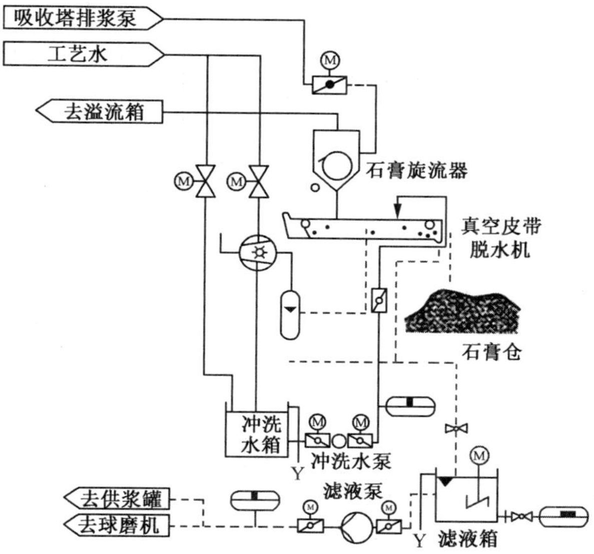

图6-1-21　石灰石浆液脱水系统的工艺流程示意图

副产物处理系统的具体组成如图6-1-21所示，主要包括水力旋流器、石灰石浆液缓冲箱、真空皮带脱水机、气液分离器、真空泵、滤布冲洗泵、滤饼冲洗泵、滤液水箱、石膏仓等，吸收塔浆液池内的石灰石浆液达到一定浓度后，由排浆泵输送至石灰石浆液旋流站，在旋流站内通过环形分配器将浆液平均分配到每个水力旋流器。旋流站的溢流去溢流箱，然后泵送至污水处理系统，控制水中的氯化物和氟化物浓度；旋流站的底流(含水石膏)自流至石灰石浆液缓冲箱，再均匀排放到真空皮带脱水机的滤布上进行脱水。滤带间形成的石膏滤饼被卸料后在重力作用下落入石膏仓中，脱除的水分进入滤液水箱，滤布由冲洗水进行清洗。为除去石膏中的可溶性成分(特别是氯离子)，在脱水机中前部设有冲洗水不断冲洗石膏滤饼，使石膏品质满足要求。从脱水机真空泵排出的空气经气液分离器处理后排放至大气中。

浆液排放和回收以及公用系统(工艺水、压缩空气、蒸汽等)请参考相关设计手册，这里不再赘述，仅简要关注脱硫污水的处理。脱硫污水中含有大量悬浮物、亚硫酸盐、硫酸盐、氯化物及重金属等，具有高硬度、高盐分、高悬浮物、高腐蚀性和含重金属特征。脱硫污水处理经历了从重力沉降到“三联箱”主流工艺(物化法)的发展，“三联箱”工艺结合传统混凝、化学沉淀、澄清等单元，可去除悬浮物、重金属和部分COD。但“三联箱”工艺具有配置设备较多、投资较大、运行成本高和设备检修维护量较大等缺点，随着水质排放标准的提高、工业用水取水指标的严格限制和工业污水回用的强烈需求，脱硫污水处理从悬浮物、COD

的去除逐渐上升到重金属去除和脱盐，现有“三联箱”工艺不能满足零排放要求，新型处理工艺或组合工艺的开发受到高度关注。

(7)检测仪表

在石灰石–石膏湿法烟气脱硫装置的运行中，需要检测与控制的参数，除了温度与压力外，还包括浆液流量、液位、烟气 pH 值、浆液浓度等物性参数。典型的石灰石–石膏湿法烟气脱硫装置主要测点布置如图 6–1–22 所示。

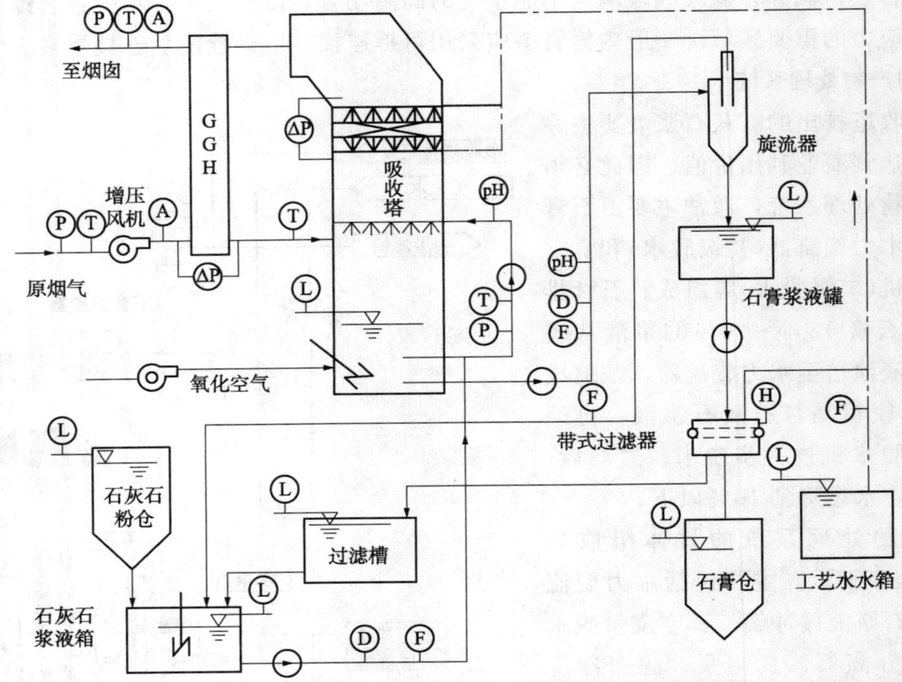

图 6–1–22 典型的石灰石–石膏湿法烟气脱硫装置的主要测点布置示意图

P—压力计；ΔP—压差计；T—温度计；pH—pH 值计；D—浓度计(密度计)；F—流量计；L—液位(物位)计；H—石膏层厚度测量计；A—烟气成分(O_2、SO_2、CO、NO_x、粉尘)测量计

3. CO_2 吸收与解吸

二氧化碳捕集利用与封存(Carbon Capture Utilization and Storage，CCUS)技术可以实现化石能源大规模可持续低碳利用，帮助构建低碳工业体系，同时与生物质或空气源结合可具有负排放效应，是碳达峰碳中和技术体系不可或缺的重要组成部分。

碳捕集是 CCUS 的重要环节和前提，燃烧后化学吸收技术是已经商业化的成熟技术。化学吸收剂种类繁多，有机胺类吸收剂有伯胺(一乙醇胺 MEA、二甘醇胺 DGA)、仲胺(二乙醇胺 DEA、二异丙醇胺 DIPA)、叔胺(三乙醇胺 TEA、N–甲基二乙醇胺 MDEA)、空间位阻胺(AMP)等，无机碱性吸收剂有氨水等，典型工艺流程如图 6–1–23 所示。

化学吸收法脱除 CO_2 是利用碱性吸收剂和烟气接触并与 CO_2 发生化学反应，形成不稳定的盐类；盐类在加热或减压条件下会逆向分解，释放 CO_2 实现吸收剂再生，同时将 CO_2 从烟气中分离。典型的化学吸收法工艺为：经脱硫、脱硝、除尘后的烟气经过烟气冷却器后从底部进入吸收塔自下向上流动，与吸收剂形成逆流接触，脱碳后的烟气从吸收塔顶排出。吸收了 CO_2 的吸收剂为富液，经贫富液换热器升温后进入再生塔，解吸的 CO_2 连同水蒸气冷却后除去水分，得到高纯度 CO_2 气体；解吸 CO_2 的吸收剂为贫液，由再生塔底流出，经贫富液换热器换热后，进入吸收塔循环吸收 CO_2。吸收塔和再生塔可采用喷淋塔或填料塔，再沸器所需的低压蒸汽来自工厂余热锅炉蒸汽。高浓度气态 CO_2 先送入缓冲罐排出部分水分，再经过压缩机加压，依次送入脱硫床、干燥床、精密吸附床吸附杂质。其中，脱硫床中放置活性炭等吸附剂；干燥床中放置沸石等干燥剂，还能吸附粉尘、SO_x、NO_x 等物质；精密吸附床里放置氧化铝干燥剂、氧化硅过滤剂、脱除 NO_x 的高岭土等。经过吸附处理的烟气通过冷凝器后再送入工业级或食品级精馏塔进一步提纯，提纯的 CO_2 压缩处理后储存。如果 CO_2 纯度达不到工业级标准，需要送入精分离提纯系统，得到工业级或食品级纯度的 CO_2。具体过程如图 6－1－24 所示。

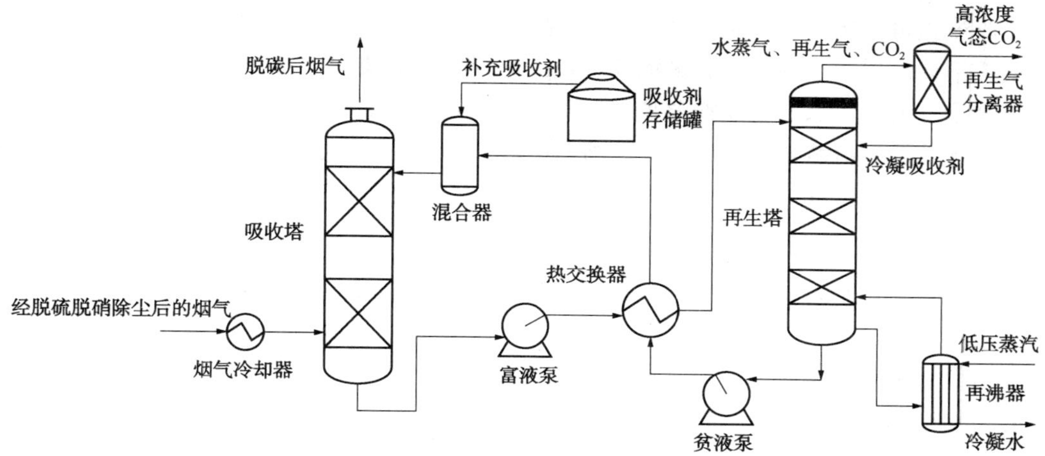

图 6－1－23 化学吸收法碳捕集工艺粗分离系统的工艺流程示意图

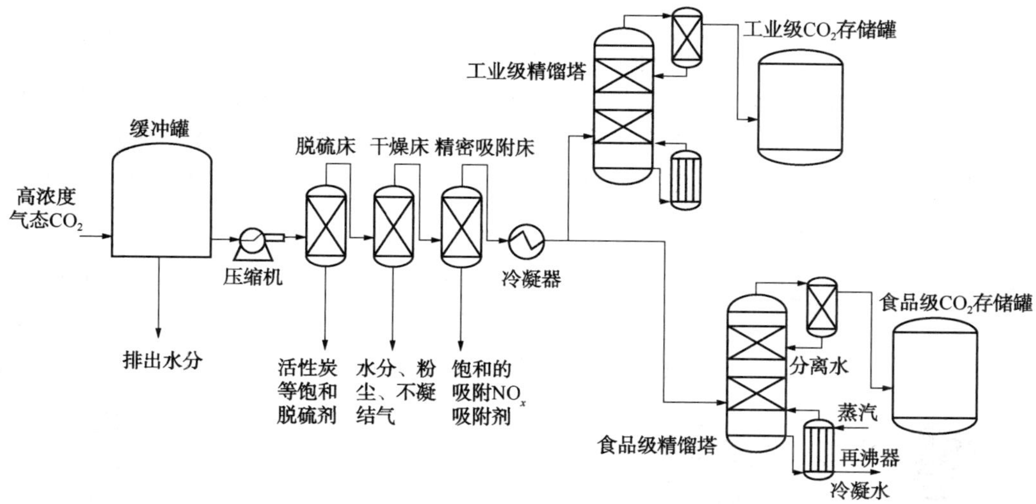

图 6－1－24 化学吸收法捕集 CO_2 提纯系统的工艺流程示意图

中国首个化学吸收碳捕集装置 2008 年在华能北京热电厂投入运行，年捕碳量约为 3000t，CO_2 回收率大于 85%，纯度达到 99.99%，项目捕集并用于精制生产的食品级 CO_2 可实现再利用。

四、填料塔的设计与实例

填料塔是气态污染物处理中应用最普遍的设备之一，塔内装有不同形状、不同材质的填料，吸收液沿填料表面流动，基本上带有液膜吸收性质。填料塔主要由塔体、填料、填料支承、液体喷淋、液体再分布、气体进口管等部件组成，其设计程序如下。

1. 收集资料

根据实地调查或项目给定的气、液物料系统和温度、压力条件，查阅手册或相关资料。若无合适数据可供采用时，则应通过实验找出气、液平衡关系。

2. 确定流程

吸收流程可采用单塔逆流或并流的流程，也可采用单塔吸收、部分吸收剂再循环的流程，或采用多塔串联、部分吸收剂循环(或无部分循环)的流程。部分吸收剂再循环的主要作用是提高喷淋密度，保证完全润湿填料和除去吸收热，其次是可以调节产品的浓度。

当设计计算所得填料层过高时，应将其分段。有时填料层虽不太高，由于系统容易堵塞或其他原因，为了维修方便也可分为数塔串联。

3. 计算吸收剂用量

当吸收过程中平衡线是直线时，吸收剂的最小用量可按下式计算

$$L=(1.2\sim2.0)L_{\min} \tag{6-1-17}$$

但为保证填料表面充分润湿，必须保证一定的喷淋密度。

4. 选择填料

填料塔中大部分容积被填料所填充，填料的作用是增加气液两相的接触表面和提高气相的湍动程度，促进吸收过程的进行。填料是填料塔的核心部分，是影响填料塔经济性的重要因素。

填料的种类很多，大致可分为通用型填料和精密填料两大类，如图 6-1-25 所示。拉西环、鲍尔环、矩鞍和弧鞍填料等属于通用型填料，特点是适用性好，但效率低，可由金属、陶瓷、塑料、焦炭及玻璃纤维等材质制成。θ网环和波纹网填料属于精密填料，特点是效率较高，但要求较苛刻，应用受到限制，主要材质为金属材料，部分填料也可用非金属材料制成。

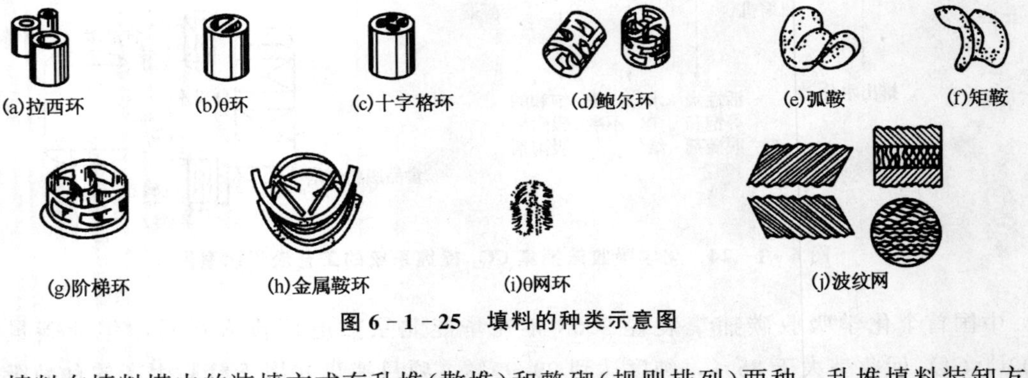

图 6-1-25　填料的种类示意图

填料在填料塔内的装填方式有乱堆(散堆)和整砌(规则排列)两种。乱堆填料装卸方便，

压降大，一般直径 ϕ50mm 以下的填料多采用乱堆方式装填；整砌装填常用规整填料整齐砌成，压降小，适用于直径 ϕ50mm 以上的填料。常见填料的特性数据见相关设计手册。

5. 填料塔直径的计算

填料塔的直径应根据生产能力和空塔气速决定。选择小的空塔气速，则压力降小，动力消耗少，操作弹性大，设备投资大，而生产能力低；低气速也不利于气液充分接触，使分离效率降低。若选择较高的空塔气速，则不仅压降大，且操作不稳定，难以控制。

计算填料塔的直径时，先用图 6－1－26 所示的泛点和压降通用关联图计算泛点气速，该关联图显示了泛点与压降、填料因子、液气比等参数之间的关系。

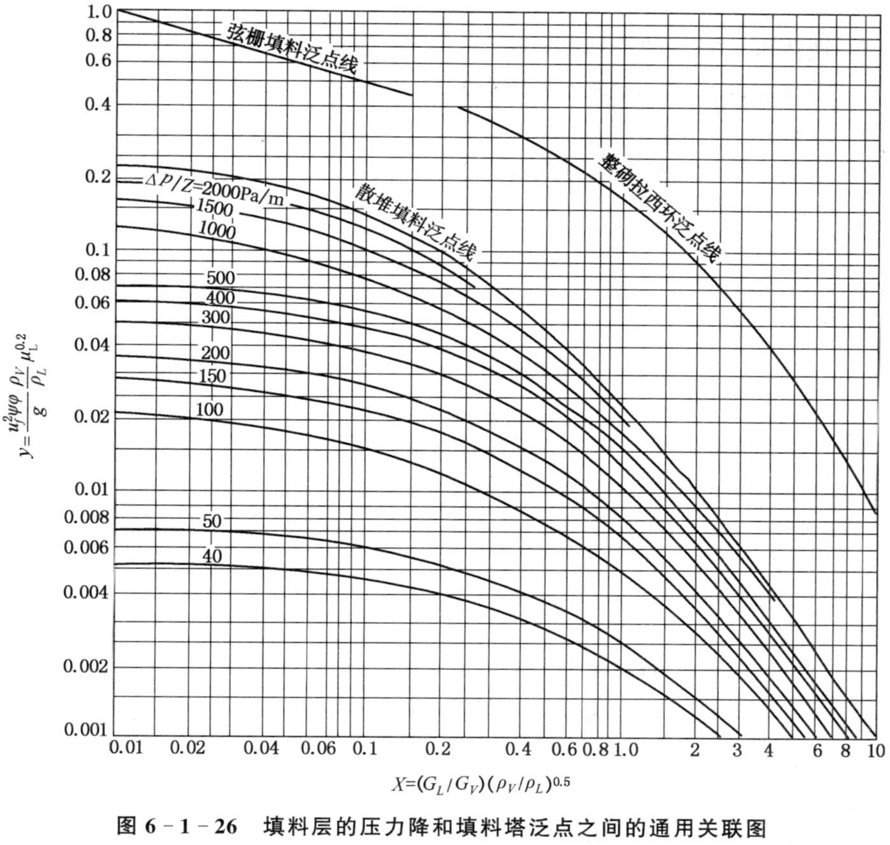

图 6－1－26 填料层的压力降和填料塔泛点之间的通用关联图

u_f—泛点气速，m/s；g—重力加速度，m/s^2；φ—填料因子，1/m；ρ_V，ρ_L—气体与液体的密度，kg/m^3；ψ—液体密度校正系数，等于水与液体的密度之比；μ_L—液体的黏度，MPa・s；G_L，G_V—气、液相的质量流量，kg/h

空塔气速 u 常为泛点气速的 50%～80%，填料塔直径 D 与喷淋塔塔径计算公式一致

$$D=2\times\sqrt{\frac{V}{3600\pi u}} \tag{6-1-18}$$

式中 V——操作条件下烟气流量，m^3/h；

u——填料塔内的空塔气速，m/s。

逆流吸收过程中，由于吸收质不断进入液相，故混合气体量由塔底至塔顶逐渐减小。在计算填料塔的直径时，一般应以塔底的气量为依据。

当计算出的塔径不是整数时，需根据加工要求及设备定型予以圆整。直径在 1m 以下时，间隔为 0.1m；直径在 1m 以上时，间隔为 0.2m。塔径确定后，应对填料尺寸进行校核。

6. 填料塔的高度

填料塔的高度主要取决于填料层的高度，另外还要考虑塔顶空间、塔底空间及塔内附件等。如图 6-1-27 所示，填料塔的高度计算如下

$$H=H_d+Z+(n-1)H_f+H_b \quad (6-1-19)$$

式中 H——塔高(从 A 至 B，不包括封头、支座高)，m；

Z——填料层高度，m；

H_f——液体再分布器的空间高，m；

H_d——塔顶空间高(不包括封头部分)，一般取 0.8～1.4m；

H_b——塔底空间高(不包括封头部分)，一般取 1.2～1.5m；

n——填料层分层数。

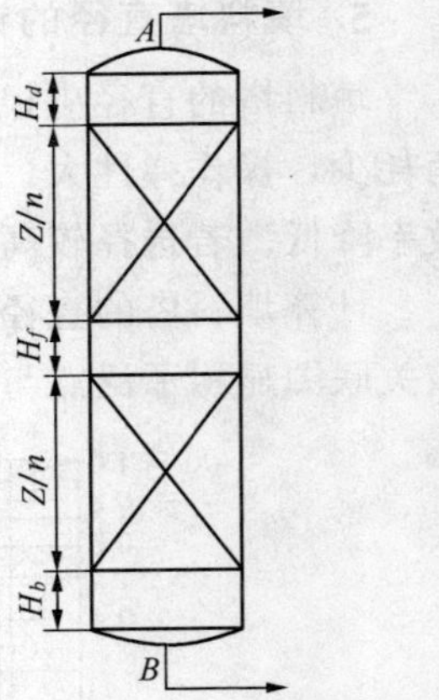

图 6-1-27 填料塔高的计算示意图

填料层高 Z 可通过联解吸收速率方程和物料衡算方程求得。选取填料吸收塔中任意一段高度为 dh 的微元填料层，当高度变化 dh 时，气体的浓度由 $Y \rightarrow Y+\mathrm{d}Y$，设塔的内截面为 A，单位体积填料层所提供的有效接触面积为 a。则单位时间由气相传入液相的吸收质的量为

$$G \cdot A \cdot \mathrm{d}Y=N_A \cdot A \cdot h \cdot a=K_Y \cdot (Y-Y_e) \cdot A \cdot h \cdot a \quad (6-1-20)$$

再从塔顶到塔底积分可得到填料层高的计算式如下

$$h=\int_0^h \mathrm{d}h=\frac{G}{GK_Y \cdot a}\int_{Y_2}^{Y_1}\frac{\mathrm{d}Y}{Y-Y_e} \quad (6-1-21)$$

令

$$H_{OG}=\frac{G}{K_Y \cdot a} \qquad N_{OG}=\int_{Y_2}^{Y_1}\frac{\mathrm{d}Y}{Y-Y_e} \quad (6-1-22)$$

式中 H_{OG}——气相总传质单元高度，m；

N_{OG}——气相总传质单元数。

求填料层高度 Z 的关键问题是计算总传质单元数 N_{OG}。求解方法可分为解析法、图解积分法和梯级积分法。解析法应用于平衡线能用简单数学式(如直线)表示的情况；图解积分法适用于平衡线不能用数学式表示或数学表达式太复杂的情况；梯级积分法适用于平衡线为直线或弯曲程度不大的曲线的情况。这里主要介绍解析法，解析法主要有对数平均推动力法与吸收因子法两种。

(1)对数平均推动力法

对于低浓度气体的吸收，操作线接近于直线，若在操作浓度范围内，平衡关系符合亨利定律，则平衡线亦为直线，即

$$Y_e=mX \quad (6-1-23)$$

操作线上任一点与平衡线的差值为

$$\Delta Y=Y-Y_e \quad (6-1-24)$$

由以上分析可以得出 ΔY 与 Y 呈直线关系，故

$$\frac{d(\Delta Y)}{dY}=\frac{(\Delta Y)_1-(\Delta Y)_2}{Y_1-Y_2} \tag{6-1-25}$$

于是有

$$N_{OG}=\int_{Y_2}^{Y_1}\frac{dY}{Y-Y_e}=\int_{Y_2}^{Y_1}\frac{dY}{\Delta Y}=\int_{Y_2}^{Y_1}\frac{dY}{d(\Delta Y)}\cdot\frac{d(\Delta Y)}{\Delta Y}=\frac{Y_1-Y_2}{(\Delta Y)_1-(\Delta Y)_2}\int_{Y_2}^{Y_1}\frac{d(\Delta Y)}{\Delta Y} \tag{6-1-26}$$

进一步推出

$$N_{OG}=\frac{Y_1-Y_2}{(\Delta Y)_1-(\Delta Y)_2}\ln\frac{(\Delta Y)_1}{(\Delta Y)_2}=\frac{Y_1-Y_2}{\frac{(\Delta Y)_1-(\Delta Y)_2}{\ln[(\Delta Y)_1/(\Delta Y)_2]}}=\frac{Y_1-Y_2}{\Delta Y_m} \tag{6-1-27}$$

式中　ΔY_m——气相对数平均推动力，其计算式为

$$\Delta Y_m=\frac{(\Delta Y)_1-(\Delta Y)_2}{\ln[(\Delta Y)_1/(\Delta Y)_2]} \tag{6-1-28}$$

(2)吸收因子法

对于图 6－1－2 所示的逆流操作吸收设备，塔内任一截面与塔顶之间作物料衡算，可以得出一般操作线方程为

$$G(Y-Y_2)=L(X-X_2) \tag{6-1-29}$$

根据式(6－1－23)，可以得出

$$Y_e=m\left[\frac{G}{L}(Y-Y_2)+X_2\right] \tag{6-1-30}$$

则传质单元数为

$$N_{OG}=\int_{Y_2}^{Y_1}\frac{dY}{Y-Y_e}=\int_{Y_2}^{Y_1}\frac{dY}{Y-m\left[\frac{G}{L}(Y-Y_2)+X_2\right]} \tag{6-1-31}$$

积分上式，并整理后可得出

$$N_{OG}=\frac{1}{1-\frac{1}{A}}\ln\left[\left(1-\frac{1}{A}\right)\left(\frac{Y_1-mX_2}{Y_2-mX_2}\right)+\frac{1}{A}\right] \tag{6-1-32}$$

式中　A——吸收因子，其计算式为

$$A=\frac{L}{mG} \tag{6-1-33}$$

从理论上讲，填料层内的传质过程连续进行，气液两相组成连续变化，因此用传质单元数法计算填料层高度最为合适。但计算传质单元数时依据的相平衡数据与传质动力学参数有所偏差，因此应该对填料层总高度的理论计算值进行修正，引入 1.3～1.5 的安全系数，即

$$Z_{实际}=(1.3\sim1.5)Z_{计算} \tag{6-1-34}$$

填料层如果太高，塔内液流的器壁效应将很严重，这将导致填料表面利用率下降，因此当填料层高度超过一定数值时，塔内填料要分层。层与层间加设液体再分布器，以保证塔截面上液体喷淋均匀。

7. 填料塔附件的设计与选用

填料塔的附件包括填料紧固组件、填料支承组件、液体分布器、液体再分布器、气液进口组件、气液出口组件、除雾器等。

(1)填料紧固组件

为了保持填料塔的正常稳定操作，在填料床层的上端必须安装填料压紧器或床层定位器，否则在高气速或负荷突然变动时，填料层将发生松动。一般情况下，陶瓷、石墨等脆性材料使用填料压紧器；金属、塑料以及所有规整填料则使用床层定位器。填料压紧器主要有三种：①栅条压板，与支撑栅板结构相同，对栅条间距也有要求；②丝网压板，由金属丝编织成的大孔金属网与扁钢圈焊接而成；③大塔用填料压紧器，当塔直径大于 $\phi 1.2m$ 时，简单的栅条压板结构不易达到足够的压强，而且塔直径越大，所需压强越近上限值(1400Pa)，故在设计时除适当增加钢圈及栅条高度外，一般还要加金属压块以达到所需压强，压块的安装方向应与栅条方向一致。

(2)填料支承组件

支承组件的作用是支承填料及填料上的持液量，因此应有足够的机械强度。填料支撑组件有孔板型、栅板型、气液分流型和栅梁型，其中由于栅板型结构简单，气液分流型开孔率高，这两种广泛应用于填料塔之中。栅梁型主要用于直径大于 $\phi 2m$ 以上的塔。

填料不同，使用的支撑组件也不一样。对于散堆填料而言，最简单的为如图 6-1-28(a)所示的栅板型支撑组件。气液分流型支撑组件是高通量低压降的支撑装置，其中的孔管式填料支撑组件，如图 6-1-28(b)所示，适用于散装填料和用法兰连接的小塔，图 6-1-28(c)所示驼峰式支撑组件是目前最好的散装填料支撑组件，适用于直径 $\phi 1.5m$ 以上的塔。

(a)栅板型　　(b)孔管式　　(c)驼峰式

图 6-1-28　支撑组件的结构示意图

规整填料使用的支撑组件结构简单，对于筒体用法兰连接的小塔(直径小于 $\phi 1m$)可制成整体式结构。在大直径塔中，为了减小阻力，节省材料以及有利于气体分布，需用栅梁型支承组件。

(3)液体分布器

液体分布器对填料塔的操作影响很大，若液体分布不均匀，则填料层的有效润湿面积会减少，并可能出现偏流和沟流现象，影响传质效果。液体分布器按出液推动力可分为重力型和压力型两种，按结构可分为槽式、排管式、喷射式和盘式。

槽式液体分布器为重力型液体分布器，靠液位分布液体，易于达到液体分布均匀及操作稳定等要求。槽式液体分布器又分为单级槽式液体分布器及二级槽式液体分布器。二级槽式液体分布器见图 6-1-29(a)，由主槽(一级槽)及分槽(二级槽)组成，主槽置于分槽之上，加料液体由置于主槽上方的进料管进入主槽中，再由主槽按比例分配到各分槽中。

排管式液体分布器有重力型和压力型两种形式，重力型排管式液体分布器见图 6-1-29(b)，由进液口、液位管、液体分布管以及布液管组成。

喷射式液体分布器是在压力下通过喷嘴将液体分布在填料上，其结构如图 6-1-29(c)所示。最早出现的喷射式液体分布器为莲蓬头喷射式液体分布器，由于其分布性能差，故不再推荐使用。利用优化设计的喷嘴代替莲蓬头，取得了良好的分布效果。

盘式液体分布器是常用的液体分布器，分为孔流型和溢流型两种。盘式孔流型液体分布器如图 6－1－29(d)所示，在底盘上开设布液孔和升气管，气体从升气管上升，而液体从小孔中流下。盘式溢流型液体分布器是将盘式孔流型液体分布器的布液点小孔改成溢流管，也可在底盘上均匀排列升气管，升气管上端开 V 形槽作为溢流孔，这种升气管与溢流管合一的结构易造成雾沫夹带，因而只能用在小气量的塔中。

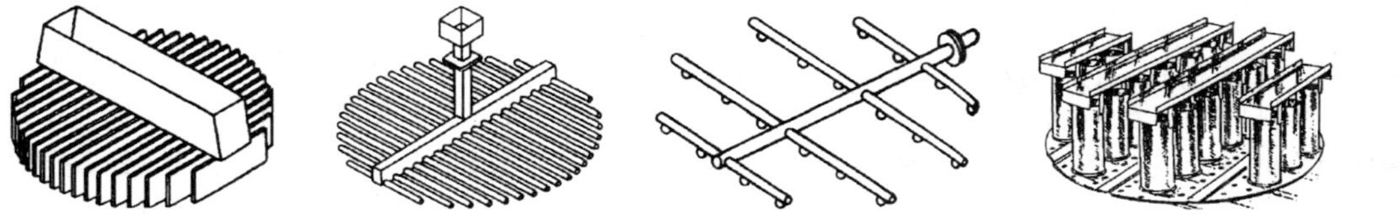

(a)槽式二级　(b)排管式　(c)喷射式　(d)盘式孔流型

图 6－1－29　液体分布器的结构示意图

(4)液体再分布器

液体在乱堆填料层向下流动时，有逐渐偏向塔壁的趋势，即壁流现象。为改善壁流造成的液体分布不均问题，在填料层中每隔一定高度应设置液体再分布器。简单的液体再分布器为截锥式再分布器，适用于直径 ϕ600～800mm 以下的塔，结构如图 6－1－30 所示。图 6－1－30(a)的结构最简单，是将截锥筒体焊在塔壁上，截锥筒本身不占空间，其上下仍能充满填料；图 6－1－30(b)的结构是在截锥筒的上方加设支承板，截锥下面要隔一段距离再放填料。

安排液体再分布器时，应注意其自由截面积不得小于填料层的自由截面积，以免当气速增大时先在此处发生液泛。对于整砌填料，一般不需设液体再分布器，因为在这种填料层中液体沿竖直方向流下，没有趋向塔壁的效应。

(5)液体进口及出口组件

液体进口管通常与液体分布器相连，其结构由液体分布器的结构确定。液体出口组件既要便于塔内排液，又能将塔内部与外部大气相隔离。常用的液体出口组件可采用如图 6－1－31(a)所示的液封结构，一般用于负压的塔。若塔的内外压差较大时，又可用倒 U 形管密封结构。如图 6－1－31(b)所示，把塔的下部当作缓冲器，使其具有一定的液体，并保持液面恒定。

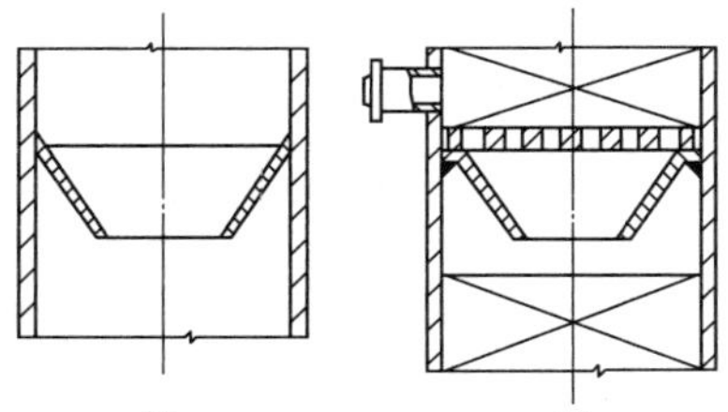

(a)　(b)

图 6－1－30　截锥式再分布器的结构示意图

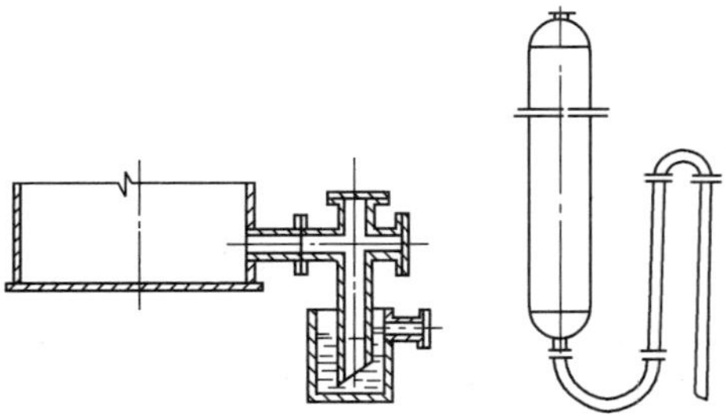

(a)　(b)

图 6－1－31　液体出口组件的结构示意图

(6)气体进口及出口组件

为了获得填料塔的最佳性能，必须设计合理的气流入塔组件及分布组件。对于直径小于 ϕ2.5m 的塔，可以采用简单的进气及分布组件。一般有两种方式，一种是气流直接进塔；一种是基于缓冲挡板的简单进料。

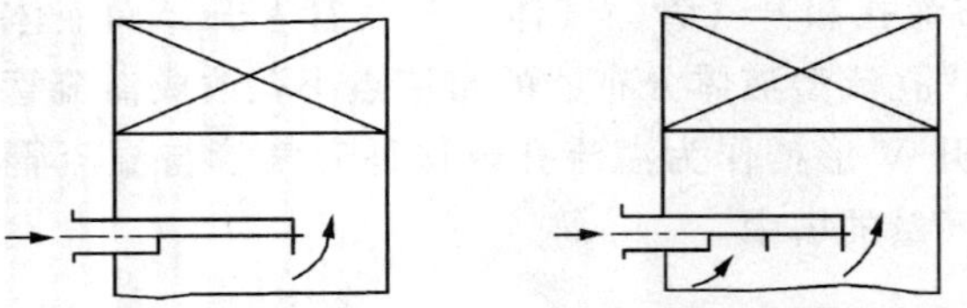

图 6-1-32　气体进口管的结构示意图

当塔径大于 $\phi 2.5$m 时，应采用图 6-1-32(a)所示底部敞开式气体进口管，管端封口作为缓冲挡板。这种形式的进气性能好，对于大直径、高气相负荷时更为适用。底部敞开式气体进口管有各种不同的变体以适应不同需要，其中之一是如图 6-1-32(b)所示具有中间缓冲挡板的进气管，不仅加大了进口管直径，同时分割成两个进口。该挡板仅挡住下一半，进入的气体将被挡住一部分，其余部分则从上方通过进入第二个进口，这样可使气体较均匀地分配入塔。

气体出口组件应能保证气流畅通，并能尽量除去被气体夹带的液体雾滴，故应在塔内设除雾器。最简单的除雾器是在塔的出口加装挡板，此外还有折流板除雾器、丝网除雾器、填料除雾器以及旋流除雾器。丝网除雾器由于比表面积大、空隙率大、结构简单以及除雾效率高、压力降小而广泛用于填料塔，采用针织金属或塑料丝网，结构形式有多种。

【例 6-1-1】在填料塔中用水吸收空气中的 SO_2 气体，混合气体处理量为 100kmol/h，其中 SO_2 含量为 7%，空气含量为 93%，要求净化气中 SO_2 的含量达到 0.15%(mol)，操作压力为常压，气体入口温度为 25℃，吸收液中不含 SO_2，水入口温度为 20℃。已知：$k_{Ga}=5.13\text{kmol}/(\text{m}^3\cdot\text{h}\cdot\text{kPa})$，$k_{La}=97.12\text{h}^{-1}$，$H=46.9\text{kPa}\cdot\text{m}^3/\text{kmol}$。试求：①吸收剂的用量；②选择填料；③填料塔塔径；④每米填料层压降；⑤填料塔塔高。

解：

首先计算进气的密度 $\rho_V=1.383\text{kg/m}^3$，塔底水溶液中 SO_2 的浓度很低，其密度接近于水的密度，取 $\rho_L=988.2\text{kg/m}^3$；然后查出 H_2O-SO_2 在常压下的气液平衡数据见表 6-1-2。

表 6-1-2　H_2O-SO_2 在常压 20℃下的平衡数

X	0.00281	0.001965	0.001405	0.000845	0.000564	0.000423	0.000281	0.0001405	0.0000564
Y	0.0776	0.0513	0.0342	0.0185	0.0112	0.00763	0.0042	0.00158	0.00066

(1)吸收液用量计算

根据式(6-1-16)可以得出 $L_{\min}=\dfrac{Y_1-Y_2}{X_e-X_2}G$，按题意 $X_2=0$，由 $Y_1=0.07$ 查表 6-1-2 线性插值可得 $X_e=2.55\times10^{-3}$、$G=100\text{kmol/h}$、$Y_2=0.0015$，于是

$$L_{\min}=\frac{Y_1-Y_2}{X_e-X_2}G=\frac{0.07-0.0015}{2.55\times10^{-3}-0}\times100=2686.3(\text{kmol/h})$$

取 $L=1.5L_{\min}=1.5\times2686.3=4029.5\text{kmol/h}$，则液体的质量流量 $G_L=72531\text{kg/h}$。

(2)选择填料

该系统不属于难分离系统，可用散装填料，SO_2 有一定的腐蚀性，故考虑选用塑料鲍尔环，由于系统对压降无特殊要求，考虑到不同尺寸鲍尔环的传质性能，选用 $DN38$ 塑料鲍尔环填料。该填料的泛点填料因子 $\varphi_F=184\text{m}^{-1}$，压降填料因子 $\varphi_p=114\text{m}^{-1}$，比表面积 $\alpha=155\text{m}^2/\text{m}^3$。

(3)塔径计算

混合气体的平均相对分子质量 $m=64\times7\%+29\times93\%=31.45$，气体的质量流量 $G_V=$

31.45×100=3145kg/h，则 $x=\left(\frac{G_L}{G_V}\right)\left(\frac{\rho_V}{\rho_L}\right)^{0.5}=\left(\frac{72531}{3145}\right)\left(\frac{1.383}{998.2}\right)^{0.5}=0.858$。

由 x 的数值在图 6-1-26 引垂线与散堆填料泛点线相交可以查出 y 坐标为 0.024，则泛点气速 u_{Gf} 计算如下

$$y=\frac{u_{Gf}^2\psi\varphi_F}{g}\frac{\rho_V}{\rho_L}\mu_L^{0.2}=\frac{u_{Gf}^2\times1.0\times184}{9.81}\left(\frac{1.383}{998.2}\right)(1.0)^{0.2}=0.024$$

根据 20℃时水的参数：黏度 $\mu_L=1\text{mPa}\cdot\text{s}$、$\psi=1$，得出 $u_{Gf}=0.96\text{m/s}$；取空塔气速为泛点速度的 70%，$u=0.96\times0.70=0.672\text{m/s}$。则塔体直径

$$D=\sqrt{\frac{4G_V}{\pi u\rho_V}}=\sqrt{\frac{4\times3145}{3.14\times3600\times0.672\times1.383}}=1.095\ (\text{m})$$

圆整塔径，取塔径 D 为 1.2m，实际空速

$$u_0=\frac{4G_V}{\pi D^2\rho_V}=\frac{4\times3145}{3.14\times1.2^2\times3600\times1.383}=0.56\ (\text{m/s})$$

实际泛点百分率 $\frac{u_0}{u_{Gf}}=\frac{0.56}{0.96}=58.3\%$，在 50%～80%的可行区间范围内，符合要求。

(4)压降计算

因横坐标 $x=0.858$、纵坐标 $y=\frac{u_{Gf}^2\psi\varphi_p}{g}\frac{\rho_V}{\rho_L}\mu_L^{0.2}=\frac{u_{Gf}^2\times1.0\times144}{9.81}\times\left(\frac{1.383}{998.2}\right)\times(1.0)^{0.2}=0.0638$，由 x、y 值从图 6-1-37 查出填料压降 $\Delta p=13\text{mmH}_2\text{O/m}=129\text{Pa/m}$。

(5)塔高计算

塔高采用传质单元法计算，如图 6-1-33 所示，传质单元数采用图解积分法求解，$N_{OG}=5.8$。

由式 $\frac{1}{K_{Ga}}=\frac{1}{k_{Ga}}+\frac{H}{k_{La}}$ 得 $\frac{1}{K_{Ga}}=\frac{1}{5.13}+\frac{46.9}{97.12}=0.678$，则 $K_{Ga}=1.475\text{kmol/(m}^3\cdot\text{h}\cdot\text{kPa)}$。

$$H_{OG}=\frac{G}{pK_{Ga}\cdot\pi\cdot\frac{D^2}{4}}=\frac{100}{101.325\times1.475\times3.14\times\frac{1.2^2}{4}}=0.59\ (\text{m})$$

$\therefore z=N_{OG}H_{OG}=5.8\times0.59=3.42(\text{m})$

取安全系数为 1.7，则设计塔高 5.9m。

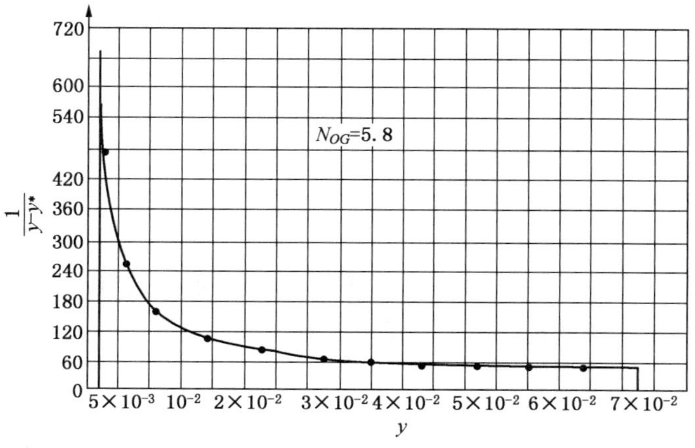

图 6-1-33 图解积分法求解用图

应该指出，本例仅用于演示填料塔的设计过程。由于水对 SO_2 的吸收效率很低且不稳定，吸收的 SO_2 易受烟气温度影响而重新析出，因此水喷淋脱硫属于全行业烟气脱硫的淘汰技术。同样，采用清水、酸液、碱液等洗涤吸收净化工业废气中非水溶性 VOCs 的做法也会被淘汰。一般工业上多采用化学吸收来脱除废气中的 SO_2，由于 $CaCO_3$ 和 CaO 是比较便宜的吸收剂，故钙法脱硫在燃煤电厂得到了广泛应用。虽然一般认为填料塔不适用于钙法脱硫，但日本确有采用格栅填料塔的成功业绩。

五、喷淋塔的设计和超低排放吸收技术

1. 主要工艺设计参数

(1)烟气流速

脱硫反应塔内烟气的流动速度影响脱硫反应的气液接触时间，从而影响脱硫效率。烟气速度越大，接触时间就越短，在其他条件相同的情况下，脱硫效率就可能低，反之则高。同时，烟气流动速度也影响了烟气中携带的水含量，烟气速度越高，则烟气中携带的浆滴越多，相反则可能越少。但在保证除雾器对烟气中所携带液滴去除效率及吸收系统压降允许的条件下，适当提高烟气流速，可加剧烟气和浆液液滴之间的湍流强度，合适的流速范围为 3～4.5m/s。

(2)液气比(L/G)

当烟气流速确定以后，L/G 是决定系统性能的最关键参数，而影响 L/G 的主要因素包括吸收区体积、SO_2 去除效率、吸收塔空塔速度、原烟气中 SO_x 浓度、吸收塔浆液的氯含量等。根据经验，石灰石-石膏法喷淋塔的液气比一般为 15～25L/m^3。但与此同时，提高 L/G 将使浆液循环泵的流量增大，增加循环泵的设备费用，同时还会提高吸收塔的压降，增大增压风机的功率及设备费用。

2. 喷淋塔的工艺设计

(1)内径设计

吸收塔的直径由烟气量和烟气流速确定。在入口烟气量一定的前提下，塔内烟气流速越高，塔径越小。直径较小的吸收塔可以节省塔体钢材、内部件(如喷淋层、除雾器及衬里)和循环泵等的投资，因此从经济角度考虑，塔内烟气流速高些较好。但烟气流速过高，会造成吸收塔的压降增加。喷淋塔的内径

$$D=2\times\sqrt{\frac{V}{3600\pi u}} \tag{6-1-35}$$

式中 V——进入喷淋塔的烟气流量，m^3/h；

u——喷淋塔内的烟气流速，m/s。

(2)塔高设计

①吸收区高度 h_1。工程设计中吸收区高度 h_1 一般指烟气进口水平中心线到喷淋层中心线的距离。吸收区高度主要通过经验公式求取，方法有两种。

一种方法是按照烟速和停留时间确定。例如，当烟速 3m/s、接触反应时间 2.5～5s 时，h_1 为 7.5～15m，设计时需考虑吸收液性质、喷雾状况、液气比等，目前实际中 h_1 多为 7～10m。这种方法设计时较粗糙，因为选用不同的停留时间，其塔高相差很大。

另外一种方法是容积吸收率法。容积吸收率的定义如下：含有 SO_2 的烟气通过吸收塔，塔内喷淋浆液将烟气中的 SO_2 浓度降低到符合排放标准的要求，将此过程中塔内总的 SO_2 吸收量平均计算到吸收区高度内的塔内容积中，即为吸收塔的容积负荷——平均容积吸收率，以 ζ 表示，其表达式如下

$$\zeta=\frac{Q}{V_0}=K_0\frac{C\eta}{h_1} \tag{6-1-36}$$

式中 ζ——平均容积吸收率，kg/(m³·h)；

Q——塔内单位时间吸收的 SO_2 总量，kg/h；

V_0——吸收区容积，m³；

C——标准状态下进口烟气中 SO_2 的质量浓度，kg/m³；

η——按要求给定的 SO_2 吸收效率，%；

h_1——吸收区高度，m；

K_0——由于一般喷淋塔的操作温度、烟气流速变化不大，K_0 基本上为常数，其值取决于塔内烟气流速 u(m/s)和操作温度 t(℃)。

$$K_0=3600u\times\frac{273}{273+t} \tag{6-1-37}$$

根据已有经验，容积吸收率的范围一般为 $\zeta=5.5\sim6.5$kg/(m³·h)。ζ 值取决于雾化状况、液气比、浆液特性、气液流动等因素。如果仅从脱硫技术角度考虑，设计时 ζ 应取低值以求保险；但如果考虑经济因素，ζ 低则塔容积增大，会使投资、运行维护费用等增加。

在吸收区中，喷嘴布置分 2～6 层，喷淋层之间的间距为 0.8～2m，脱硫率要求低时可减少，低负荷时可停运某一层。实际上，从浆池液面到除雾器，整个高度都在进行吸收反应，因而实际吸收区高度要比 h_1 高出 6～8m。

②烟气的进口高度 h_2

$$h_2=\frac{V}{3600uL} \tag{6-1-38}$$

式中 u——烟气入口气速，一般取 14～15 m/s；

L——进口宽度，占塔内径 D 的 60%～90%。

为使烟气均匀通过，采取如下措施：采用较大的烟气进口宽高比，进口宽度占到塔径的 80%以上；进口向下倾斜 6°～10°；可采取顶部出口垂直向上；可采用长方形塔截面；在塔下部设置多孔板、导流板，对烟气整流。

③浆液池的高度 h_3。吸收塔氧化浆液池的设计应考虑以下三个因素：石膏晶体成长的停留时间、石灰石溶解的停留时间、氧化反应容积和氧气从空气输送到浆液的深度。根据上述三个因素计算出的最大容积即为吸收塔浆池容积。另外，还应考虑因注入氧化空气引起吸收塔浆液池液位的波动，一般增加 0.6m 的安全裕度。浆液池容量 V_1 的计算表达式如下

$$V_1=\frac{L}{G}\times V_w^0\times t_1 \tag{6-1-39}$$

式中 L/G——液气比，L/m³；

V_w^0——烟气标准状态下湿态容积，m^3/h；

t_1——浆液循环停留时间，min，不低于 4.2min。

石灰石法喷淋塔中的液气比一般为 15～25L/m³，选取浆池内径 D_i 等于或略大于喷淋塔内径 D，根据 V_1 计算浆池高度 h_3

$$h_3=\frac{4V_1}{\pi \cdot {D_i}^2} \tag{6-1-40}$$

④烟气进口底部至浆液面的距离 h_4。考虑到向浆液池鼓入氧化空气和搅拌时液位会有所波动，加之该区间需安装进料接管，因此烟气进口底部至浆液面的距离一般定为 0.8～1.2m 为宜。

⑤其他高度。烟道入口到最下一层喷淋层的距离 $h_5=2～3.5$m，最顶层喷淋层到除雾器的距离 $h_6=1.2～2$m，单层除雾器高度 $h_7=2～3$m，除雾器到吸收塔出口的距离 $h_8=0.5～1$m。

脱硫喷淋塔的总高，

$$H=h_1+h_2+h_3+h_4+h_5+h_6+h_7+h_8 \tag{6-1-41}$$

3. 超低排放吸收技术与设备

在燃煤电厂进行的超低排放改造工作过程中，脱硝路线基本一致，但脱硫和除尘技术出现了不同流派，可采用以低低温电除尘技术为核心和以湿式电除尘技术为核心的烟气协同治理技术路线。前者可以描述为：脱硝装置(SCR)→热回收器(WHR)→低低温电除尘器(低低温 ESP)→石灰石-石膏湿法烟气脱硫装置(WFGD)→湿式电除尘器(WESP，可选择安装)→再加热器(FGR，可选择安装)。针对超低排放的要求，传统石灰石-石膏湿法脱硫工艺不断设法提升脱硫效率，出现了 pH 值分区脱硫、复合塔脱硫等技术。

(1)pH 值分区脱硫技术

石灰石-石膏湿法脱硫技术中，按处理过程分为吸收区和氧化区，吸收区内浆液与 SO_2、HCl 等酸性气体充分反应，生成 $CaSO_3$ 或 $Ca(HSO_3)_2$，因此浆液 pH 值为 7～8；氧化区中完成对 ${SO_3}^{2-}$ 或 ${HSO_3}^{-}$ 的氧化并最终结晶生成 $CaSO_4 \cdot 2H_2O$，需要较强的酸性环境，浆液 pH 值为 4～5。为解决这两个区域对浆液酸碱性要求不一样的问题，pH 值分区脱硫技术通过加装隔离体、浆液池等方式对浆液实现物理分区或依赖浆液自身特点(流动方向、密度等)形成自然分区，以达到对浆液 pH 值的分区控制，完成烟气 SO_2 的高效吸收。目前工程应用中，较为广泛的 pH 值分区脱硫技术包括单塔双循环、双塔双循环、单塔双区、塔外浆液箱 pH 值分区等。

①单塔双循环脱硫技术。与常规石灰石-石膏湿法烟气脱硫工艺相比，单塔双循环技术除吸收塔有明显区别外，其他配置基本相同。主要是在一座脱硫塔内完成两次脱硫，通常一座吸收塔配置一座塔外浆液池(AFT 浆池)，具有占地面积小、经济性高等优点，主要适用于含硫量较高的煤种，脱硫效率达 97%以上，并对 SO_2 浓度变化范围较大的烟气有良好适应性。如图 6-1-34 所示，通过设置塔内托盘将脱硫塔分割为上下两个循环回路，上层为利于 SO_2 吸收的高 pH 值区，下层为利于脱硫副产物氧化结晶的低 pH 值区，通过对两级吸收浆液氧化结晶、高脱硫效率等不同功能的物理划分，能够分别控制两个独立浆液池的 pH 值、液位、密度等参数。

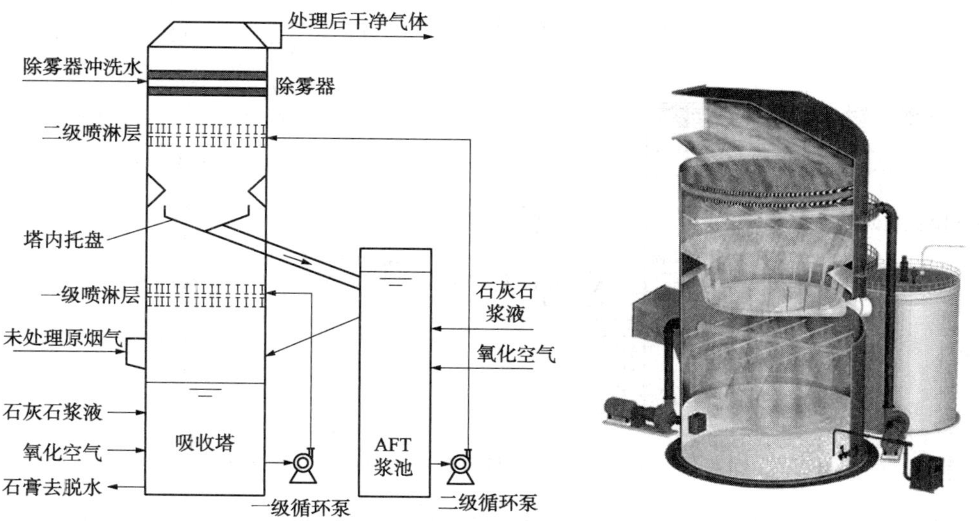

图 6-1-34　单塔双循环脱硫的工艺流程示意图

烟气中 SO_2 的处理分两级完成：烟气首先进入由吸收塔浆液池、一级喷淋层组成的一级循环吸收区，与浆液逆流接触，经冷却、洗涤脱除部分 SO_2，脱硫效率为 30%～80%，循环浆液的 pH 值为 4.6～5.5，主要功能是保证 $CaSO_3$ 氧化效果和充足的石膏结晶时间。一级循环反应，

$$2SO_2+CaCO_3/CaCO_3\cdot 0.5H_2O+O_2+3.5H_2O\longrightarrow 2CaSO_4\cdot 2H_2O+CO_2 \tag{6-1-42}$$

随后，烟气经过托盘和导流通道后进入由托盘、二级循环浆液箱、二级循环喷淋层组成的二级循环吸收区，实现主要的脱硫净化过程，SO_2 几乎被完全脱除。脱硫后的清洁烟气经除雾器后由吸收塔上侧引出，排入烟囱。由于不用考虑氧化结晶问题，二级循环区浆液的 pH 值控制在 5.8～6.2 之间，这样可以大幅降低循环浆液量。二级循环反应，

$$SO_2+2CaCO_3+0.5H_2O\longrightarrow CaCO_3/CaCO_3\cdot 0.5H_2O+CO_2 \tag{6-1-43}$$

除了浆液分区外，还通过安装提效环、喷淋层加层、多孔分布器等措施进一步提高脱硫效果。此外，还可采用多级高效机械除雾器，包括采用多级除雾器、管式除雾器、烟道除雾器的组合式除雾器，并在原烟道处设置喷雾除尘系统以提高除尘效果。

②双塔双循环脱硫技术。采用两塔串联工艺，目的是进一步提高单吸收塔湿法脱硫效率，对于改造工程，可充分利用原有脱硫设施再新增一座吸收塔。

如图 6-1-35 所示，双塔双循环湿法脱硫的反应分为两个阶段，在吸收塔外另设一个罐体用于 SO_2 的吸收，而吸收塔浆液池则负责氧化。双塔双循环技术其实是将辅助罐体升级为吸收塔，同时设置喷淋层和除雾器，使双循环的脱硫和除尘效果进一步增强。但双塔双循环辅机增设较多，运营成本高，尤其适用于场地充裕、含硫量增幅较大的中高硫煤燃烧的增容改造项目。

③单塔双区脱硫技术。石灰石-石膏湿法脱硫工艺中，为兼顾吸收和氧化的效果，单塔单区浆液池的浆液 pH 值通常采用 5～5.5 的折中值。从吸收角度而言，脱硫效率受限，难以达到更高脱硫效率；从氧化角度来看，则是牺牲了一部分石膏纯度和粒径，易产生石膏纯度低和脱水困难等问题。

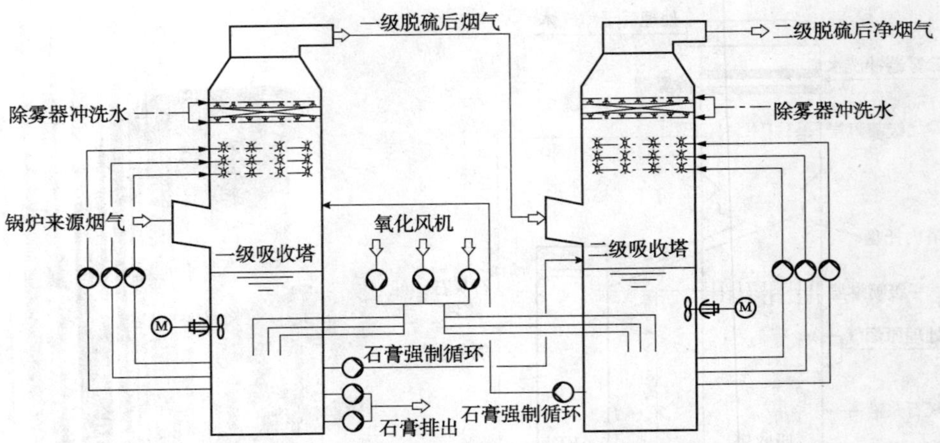

图 6－1－35　双塔双循环脱硫的工艺流程示意图

在吸收塔浆液池中设置分区调节器，结合射流搅拌技术控制浆液的无序混合，通过石灰石供浆加入点的合理设置，在浆液池内形成上下两个区域。如图 6－1－36 所示，上部为低值氧化区(pH 值 4.9～5.5)，有利于氧化结晶；下部为高值吸收区(pH 值 5.1～6.3)，有利于喷淋吸收，实现"单塔双区"。该技术适合高含硫或高效率场合，脱硫效率可达 99.3%以上，浆液在池内的停留时间为 3min。单塔双区脱硫技术可以大幅提升 SO_2 的脱除能力，且无需额外增加塔外浆液池或二级吸收塔的布置场地面积占用，且无串联塔技术中 pH 平衡控制难的问题。目前已有数十个百万千瓦机组、60×10^4kW 机组烟气脱硫中应用单塔双区脱硫技术。

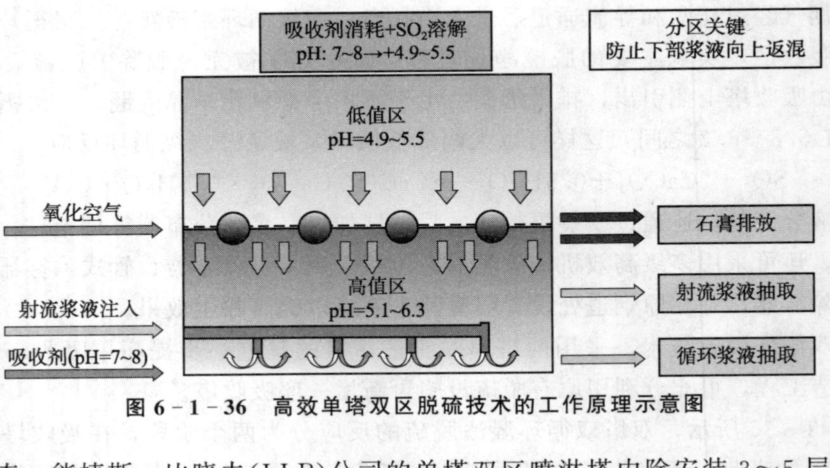

图 6－1－36　高效单塔双区脱硫技术的工作原理示意图

德国鲁奇·能捷斯·比晓夫(LLB)公司的单塔双区喷淋塔内除安装 3～5 层交错布置的喷淋层、高效两级人字形除雾器等之外，还采用专利"脉冲悬浮系统"。塔内不需要安装搅拌器，采用多根带有朝向吸收塔底喷嘴的 FRP 管道，利用吸收塔外部脉冲悬浮泵提供的浆液脉冲能量，将液体从吸收塔反应池上部抽出，经管路重新返回反应池内，避免出现搅拌器磨损腐蚀问题。同时，当浆液从喷嘴喷出时产生脉冲，依靠该脉冲作用可以搅拌起塔底固体物，防止产生沉淀。对比传统的机械搅拌，脉冲悬浮系统具有能耗低、搅拌均匀、不易产生石膏等沉淀堆积等优点，且长期停运后也可无障碍启动，便于维护。

目前国内还研发了"单塔四区双循环"脱硫工艺，主要特点是设置池分离器和多孔性分布器：通过在吸收塔浆液池设置池分离器，使常规单回路系统具有双回路循环系统的优点。池分离器上部为喷淋层吸收 SO_2 后落下的浆液，pH 值较低；池分离器下方为石膏结晶区和石灰石浆液注入区，浆液 pH 值较高。同时，池分离器下部设置浆液调节旋流装置可以进一步提高池分离器上下的 pH 差值，进而提高 SO_2 的吸收和氧化速率。多孔性分布器安装设置在喷淋层中，一方面能够增强气液湍流强度，使化学反应更快速更充分；另一方面能将喷淋层进行分区，最大限度避免喷淋层相互影响，从而达到一、二级“双循环”分区吸收脱除 SO_2。该工艺不仅适用于燃烧高硫煤的发电机组，也适用于燃烧低硫煤的发电机组，后者只需取消设置多孔性分布器即可。

④塔外浆液箱 pH 值分区脱硫技术。如图 6-1-37 所示，在吸收塔附近设置独立的塔外浆液箱，通过管道与吸收塔对应部位相连，塔外浆液箱所连循环泵对应的喷淋层位于喷淋区域上部。塔外与塔内的浆液分别对应一级、二级喷淋，实现了下层喷淋浆液和上层喷淋浆液的物理强制 pH 值分区。

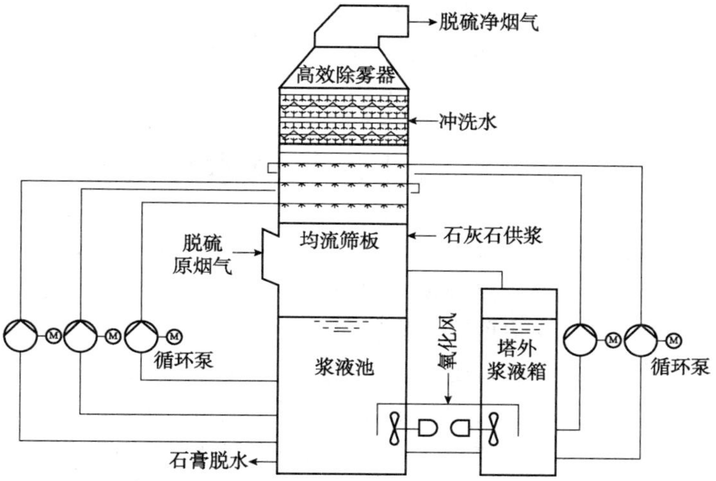

图 6-1-37　塔外浆液箱 pH 值分区脱硫工艺流程示意图

常规条件下，只需对吸收塔内的浆液 pH 值进行调节，即可形成塔外浆液与塔内浆池的双 pH 值调控区间，大幅提高了脱硫效率。与其他双区或双循环脱硫技术一样，可以采用在喷淋吸收区安装强化传质构件，进一步提高脱硫效率。塔外浆液箱 pH 值分区的工艺原理与上述单塔双区较为相似，主要区别在于前者以物理隔离方式实现 pH 值分区，这里不再赘述。

(2)复合塔脱硫技术

复合塔脱硫技术是在吸收塔内部加装托盘或湍流器等强化气液传质组件，烟气通过持液层时气液固三相传质速率得以大幅提升，进而完成烟气 SO_2 的高效吸收。目前工程应用中较为广泛的复合塔脱硫技术有托盘塔和旋汇耦合等。

①托盘塔脱硫技术。在空喷淋塔中，喷雾液滴的表面积、烟气与液滴的接触面积是决定 SO_2 脱除效率的主要因素，通常主要靠调节泵的流量来达到所要求的性能，但会导致系统能耗增加。通过在吸收区最下层或次下层设置托盘，使进入吸收塔的气体流速尽可能均匀分布，大部分气体流速处在平均值范围内。由于托盘上形成一定高度的液膜，液膜使烟气在吸收塔内与浆液的气液接触面积和接触时间增加，强化了 SO_2 向浆液的传质，提高了吸收剂利用率，有效降低了液气比，降低循环浆液喷淋量。还可根据燃料类型和烟气中 SO_2 的排

放限值，采用单个或两个托盘的喷淋塔。美国巴威(Babcock & Wilcox)公司开发的逆流托盘式喷淋塔，在塔内喷淋层下方布置一层专利技术的多孔合金托盘，在托盘上方形成湍流，而且气体接触到托盘上的浆液泡沫后，大大提升传质效果，脱硫效率很高，在大塔径场合尤为适用。剧烈的冲刷使托盘不会结垢，还可作为检修平台。

安装托盘的吸收塔相对于空塔的缺点是，吸收塔阻力相对较高，增压风机电耗较高。托盘在脱硫塔内需要承受浆液的腐蚀和冲刷，因此使用的材料一般为防腐耐磨的合金。目前国内数十个火电项目兼顾改造及运行成本，通过将脱硫塔内最下方的喷淋层改造成托盘，实现 SO_2 的超低排放。典型改造范例：托盘由若干单元拼装而成，材质为 2205 合金，厚度 2mm、孔径 ϕ36mm、孔间距 46mm，相邻开孔以正三角形排列；重新制作托盘的支撑及塔内损坏的防腐层。

②旋汇耦合脱硫技术。利用多相紊流掺混的强化传质机理以及空气动力学原理，在空塔结构中，通过增设一套由多个湍流单元构成的旋汇耦合装置，营造气液旋转翻腾的湍流空间，在喷淋吸收区域达到气-液-固三相充分混合，显著降低气液传质阻力，提高传质速率，进而提高脱硫效率。与同类脱硫技术相比，旋汇耦合脱硫技术同时兼具空塔喷淋的防堵、维护方便以及除尘效率高等优点。

§6.2　吸附法净化技术与设备

与§2.3 中的液体吸附略有不同，气体吸附是利用某些多孔性固体物质(吸附剂)表面上未平衡或未饱和的分子力，把气体混合物中的一种或几种有害组分(吸附质)吸留在固体表面上，然后将其从气流中分离并除去的净化操作过程。具体表现在：①气-固吸附时，吸附剂表面既有被吸附质分子覆盖的部分，也有尚未被吸附质分子覆盖的“空白”部分；而液-固吸附时，吸附剂表面全部被液体(溶液)中各组分的分子所覆盖，吸附分子可以是溶质分子，也可以是溶剂分子。液体中分子间距离小，相互作用力比气体分子间作用力大得多，溶质、溶剂在吸附剂表面的竞争吸附就是三者之间相互作用的综合结果。②气-固吸附时，气体扩散速度快，气体吸附平衡时间较短；而液-固吸附时，受到分子间作用和相对分子质量的影响，吸附质分子在溶液中的扩散速度要比在气体中慢很多，再加上吸附剂表面总有一层膜，吸附质分子必须通过这层膜才能被吸附，因此达到平衡往往需要较长时间。从吸附剂材料而言，除了比表面积大、选择吸附性高、吸附容量大、有足够的机械强度等共性要求外，气体吸附净化用吸附剂还需具有良好的疏水性能。

吸附法属于干法净化工艺，与吸收法等湿法净化工艺相比，具有工艺流程简单、无腐蚀性、净化效率高、一般无二次污染等优点。在大气污染控制领域，吸附法能够有效分离废气中浓度很低的气态污染物。例如，低浓度 SO_2 和 NO_x 尾气的净化处理，吸附净化后的尾气能够达到排放标准，分离出来的气态污染物还可以作为资源回收利用。

一、气态污染物吸附净化设备分类

工业气体吸附净化过程大多涉及混合气体而非单组分气体。如果在气体混合物中除 A 组分之外所有其他组分的吸附均可忽略，则 A 组分的吸附量可按单组分气体的吸附估算，但其中的压力应采用 A 组分的分压。多组分气体吸附时，一个组分的存在对于另外组分吸附的影响较为复杂，具体取决于吸附质分子间的相互作用。在气态污染物的吸附净化过程中，根据操作是否连续，可以将吸附工艺流程分为间歇式、半连续式或连续式；根据吸附剂的运动状态，可以将吸附器分为固定床、移动床、流化床(沸腾床)和其他类型。

1. 固定床吸附器

固定床吸附器内的吸附剂颗粒均匀堆放在多孔支撑板上，成为固定吸附剂床层，仅气体流动经过吸附剂床层。根据气体流动方向分为立式、卧式和环式三种，如图 6-2-1 所示，其中一段式适用于浓度较高废气的净化，其他形式固定床适用于浓度较低废气的净化。固定床吸附器结构简单、工艺成熟、性能可靠，特别适用于小型、分散、间歇性的污染源治理。

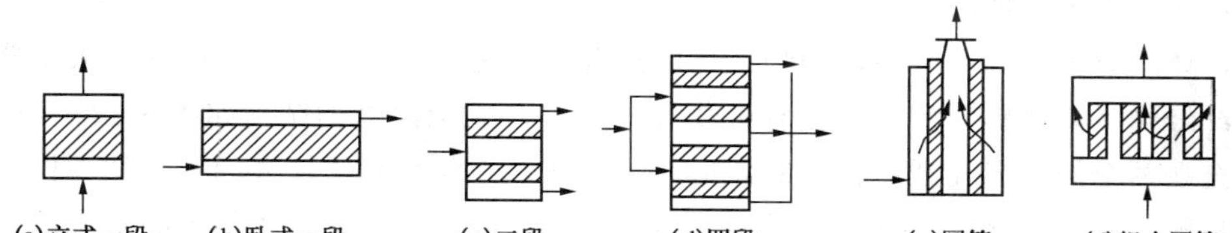

图 6-2-1　固定床吸附器的形式示意图

(1)固定床立式吸附器

固定床立式吸附器主要适用于小气量高浓度的情况，分为圆锥形封头和椭圆形封头两种，分别如图 6-2-2、图 6-2-3 所示。在图 6-2-2 中，吸附剂装填在可拆卸的栅板上，栅板安装在主梁上。为防止吸附剂漏到栅板下面，在栅板上面放置两层不锈钢丝网或块状砾石层。为了使吸附剂再生，最常用的方法是从栅板下方将饱和蒸气通往床层，栅板下面设置有不定孔径的环形扩散器，可直接通入蒸气。为了防止吸附剂颗粒被带出，床层上方用钢质丝网覆盖，网上用铸铁固定。

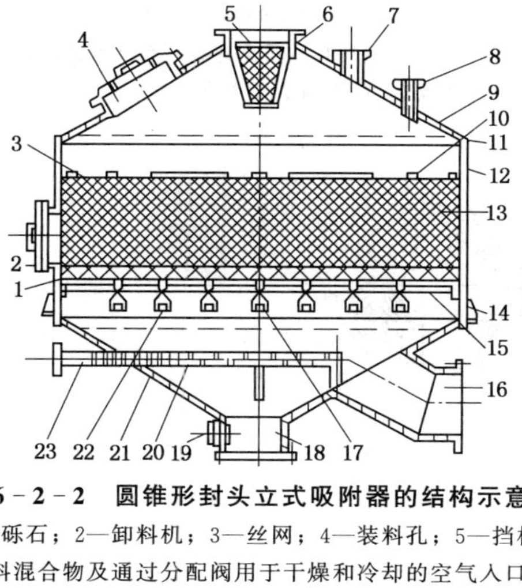

图 6-2-2　圆锥形封头立式吸附器的结构示意图

1—砾石；2—卸料机；3—丝网；4—装料孔；5—挡板；6—原料混合物及通过分配阀用于干燥和冷却的空气入口接管；7—脱附时蒸气排出管；8—安全阀接管；9—顶盖；10—重物；11—刚性环；12—外壳；13—吸附剂；14—支撑环；15—栅板；16—净化气出口接管；17—梁；18—视孔；19—冷凝液排放及供水接管；20—扩散器；21—底；22—梁的支架；23—进入扩散器的水蒸气接管

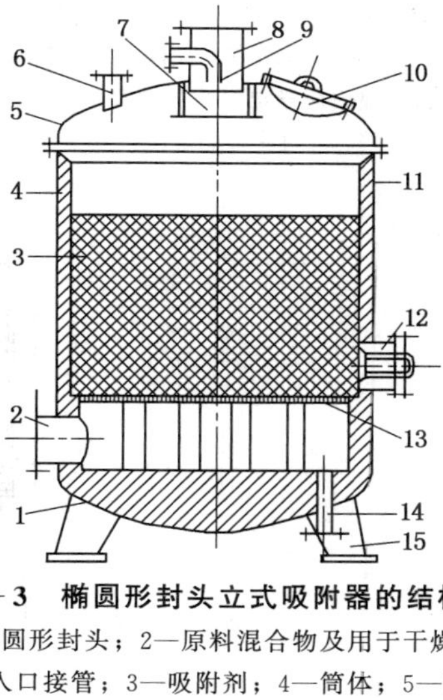

图 6-2-3　椭圆形封头立式吸附器的结构示意图

1—底部椭圆形封头；2—原料混合物及用于干燥和冷却的空气入口接管；3—吸附剂；4—筒体；5—顶盖；6—安全阀接管；7—挡板；8—净化气出口接管；9—水蒸气入口接管；10—装料孔；11—内衬；12—卸料孔；13—陶瓷板；14—蒸气和冷凝液出口接管；15—支腿

(2)固定床卧式吸附器

固定床卧式吸附器主要适用于气量大低浓度的情况，吸附剂装填高度为 0.5～1.0m，优点是压降小；缺点是床层截面积大，容易造成气流分布不均匀。在如图 6－2－4 所示的 BTP 卧式吸附器中，待净化的气体从入口接管被送入吸附剂床层的上方空间，净化后的气体从吸附剂床层底部接管排出。用于脱附的饱和蒸气经一定孔径的环形扩散器送入，然后从吸附器顶部接管排出。

(3)固定床环式吸附器

固定床环式吸附器的结构比立式和卧式吸附器要复杂，但其结构紧凑，吸附截面积大，阻力小，处理能力大，在气态污染物净化中具有独特优势。目前的固定床环式吸附器多使用活性炭纤维作吸附材料，用以净化有机蒸气。BTP 环式吸附器的结构如图 6－2－5 所示。吸附剂填充在两个同心多孔圆筒构成的环形间隙之间，因此具有比较大的吸附截面积。待净化气体从吸附器底部左侧接管进入，沿径向通过吸附剂床层，然后从底部中心管排出。

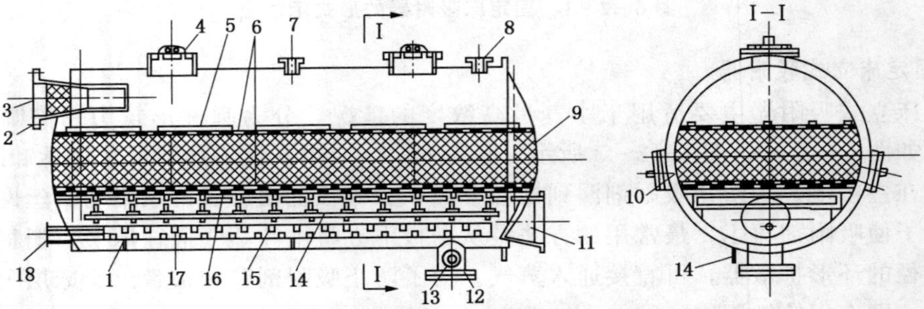

图 6－2－4　BTP 卧式吸附器的结构示意图

1—壳体；2—吸附时送入蒸气-空气混合物及干燥和冷却时送入空气的接管；3—分布网；4—带有防爆板的装料孔；5—重物；6—丝网；7—安全阀接管；8—脱附段蒸气出口接管；9—吸附剂层；10—卸料孔；11—吸附段导出净化气体及干燥和冷却时导出废空气的接管；12—视孔；13—排出冷凝液和供水的接管；14—梁的支架；15—梁；16—可拆卸栅板；17—扩散器；18—脱附时饱和蒸气进口

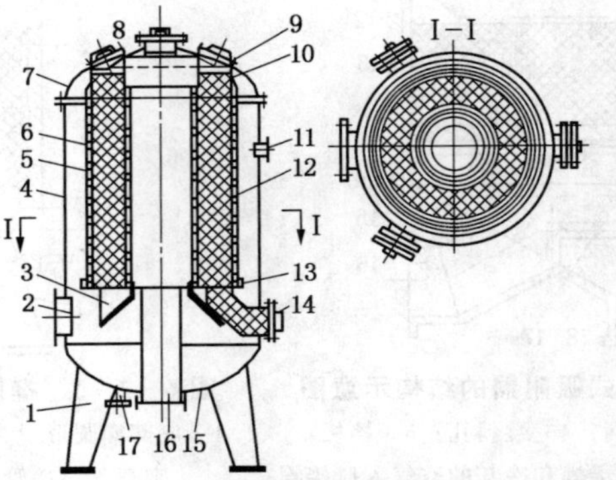

图 6－2－5　BTP 环式吸附器的结构示意图

1—支腿；2—蒸气-空气混合物及用于干燥和冷却的空气入口接管；3—吸附剂筒底支座；4—壳体；5、6—多孔外筒和内筒；7—顶盖；8—视孔；9—装料孔；10—补偿料斗；11—安全阀接管；12—活性炭层；13—吸附剂筒底座；14—卸料孔；15—底部封头；16—净化气和废空气出口及水蒸气入口接管；17—脱附排出蒸气和冷凝液及供水用接管

固定床反应器结构简单，控制相对容易，在气体净化过程中可以严格控制气体在床层中的有效停留时间，更有利于提高系统的脱除效率。但固定床反应器中所装填吸附剂的吸附能

力有限，一旦达到吸附饱和就不再吸附，因此反应器应用过程中会出现随着吸附时间延长，床层吸附能力下降的现象。另外，当气体处理量较大时，为保证脱除效率，需要对设备尺寸进行放大，如日本日立-东电吸附法脱硫工艺由 5 个并联的活性炭固定床反应器组成；而当烟气中含尘量较大时，需在反应器前端安装除尘器，避免出现床层阻力超限情况。综上，气体处理量较小时，固定床反应器在灵活性和可控性等方面具有一定优势，但当处理量超过床层的吸附上限时，系统净化效果还需提高。

2. 移动床吸附器

移动床吸附器在固体吸附剂和废气的连续逆流运动中完成吸附过程，一般吸附剂自上而下运动，而气体则由下向上流动。

典型的移动床吸附器如图 6 - 2 - 6 所示，其流程为待净化气体从吸附器中段引入，与从吸附器顶端下降的吸附剂逆流相遇，吸附剂在下降过程中，经历了冷却、降温、吸附、增浓、汽提、再生等阶段，在同一设备内交错完成吸附、脱附过程。吸附过程实现连续化，克服了固定床间歇操作带来的弊病，对于稳定、连续、量大的废气净化，其优越性比较明显，缺点是动力和热量消耗较大，吸附剂磨损严重。下面对该设备的主要部件做简要介绍。

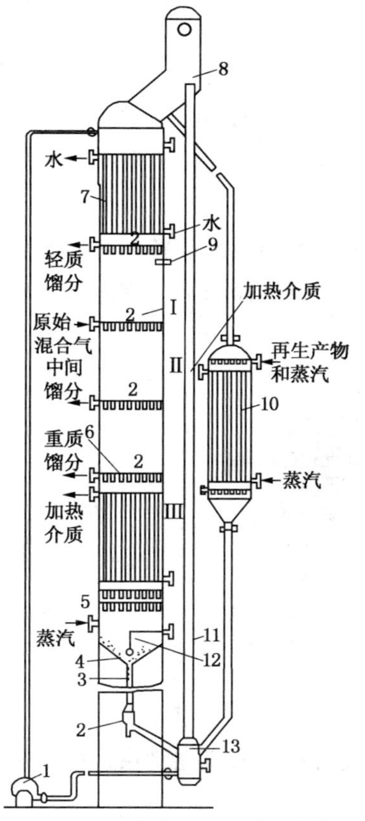

图 6 - 2 - 6　移动床吸附器的结构示意图

Ⅰ—吸附段；Ⅱ—精馏段；Ⅲ—脱附段；1—鼓风机；2—闸门；3—水封管；
4—水封；5—卸料板；6—分配板；7—冷却器；8—料斗；9—热电偶；
10—再生器；11—气流输送管；12—料面指示器；13—收集器

(1)吸附剂加料器

加料方法一般分为机械式和气动式。机械式加料器如图 6－2－7 所示，对于图(a)的闸板式加料器，吸附剂颗粒的加入速度靠闸板开合度来调节；对于图(b)的星形轮式加料器，通过自身的转动将吸附剂颗粒带入进料腔，吸附剂的加入量和速度靠改变星形轮的转数来实现；对于图(c)的盘式加料器，以改变转动圆盘的转数来调节吸附剂的加入量。脉冲气动式加料器的操作原理为，用电磁阀控制的气源周期性通气与断气，从而使置于圆盘中心上方的气嘴向圆盘上的颗粒物料周期性吹气，致使盘上的吸附剂颗粒被周期性排出。

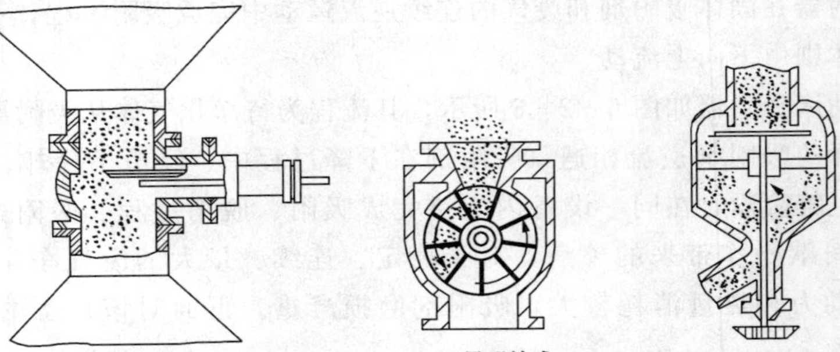

图 6－2－7　典型加料器简图

(2)吸附剂卸料器

移动床吸附剂的移动速度由卸料器控制，最常见的结构由两块固定板和一块移动板组成，如图 6－2－8 所示，移动板借助液压机构来完成在两块固定板之间的往复运动。

(3)吸附剂分配板

吸附剂分配板的作用是使吸附剂颗粒沿设备横截面能够均匀分布。分配板制成带有胀接短管的管板形式，安装时分配板的短接面向下。有时采用板上均匀排列且孔数逐渐减少的多层孔板式分配器，如图 6－2－9 所示。

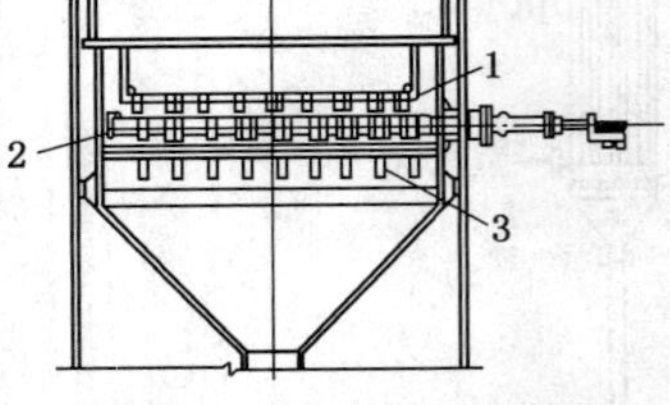

图 6－2－8　吸附剂卸料器

1，3—固定板；2—移动板

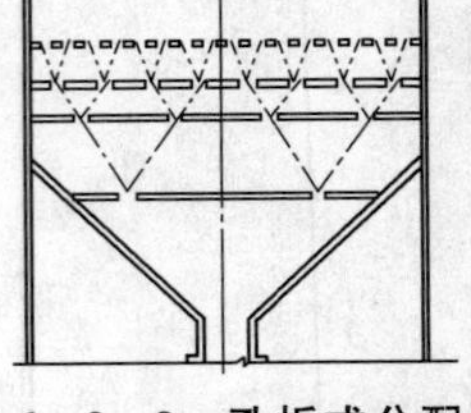

图 6－2－9　孔板式分配器

(4)吸附剂脱附器

吸附剂脱附器为胀接在两块管板中的直立管束。吸附剂和水蒸气沿管程移动，而在管隙间通入加热介质。

3. 流化床吸附器

在流化床吸附器内，气体混合物以较高的速度通过吸附剂床层，使吸附剂呈悬浮状态。带再生的多层流化床吸附器如图 6－2－10 所示，吸附段和脱附段设在一个塔内，塔上部为吸附段，下部为脱附段。气体混合物从塔中间进入吸附段，与多孔板上较薄的吸附剂床层逆流接触，吸附剂颗粒通过溢流管从上一块板位移到下一块板。经再生的吸附剂由空气提升到吸附段顶部循环使用，这种流化床的一个严重缺点是由床层流态化造成的吸附剂磨损较大。与固定床相比，流化床所用的吸附剂粒度较小，气流速度要大3～4倍以上，气固接触相当充分，吸附速度快，但吸附剂的损耗较多。流化床吸附器适用于连续、稳定的大气量废气治理。

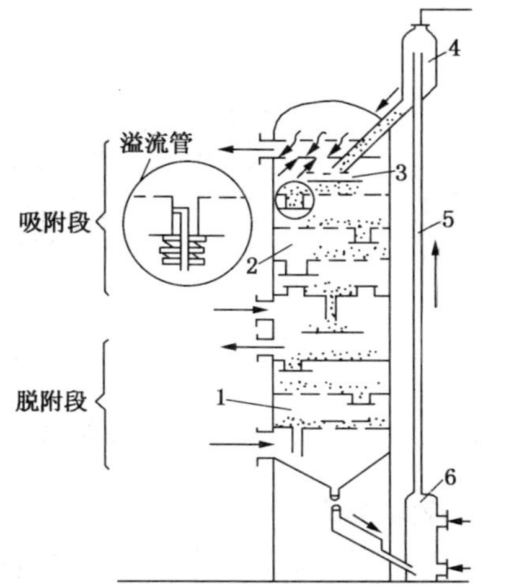

图6-2-10　带再生的多层流化床吸附器

1—脱附器；2—吸附器；3—分配板；4—料斗；5—空气提固机；6—冷却器

(1)气体分布板

气体分布板是流化床吸附器的主要部件之一，对于流态化质量的影响极为重要，成功的分布板设计有助于产生均匀而平稳的流态化状态。

气体分布板的结构形式很多，几种常用的气体分布板形式如图6-2-11所示。其中图(a)为单层直孔式多孔分布板，因气流方向与床层垂直，易使床层形成沟流，且小孔易堵塞，停车时易漏料。图(b)为双层错叠式多孔分布板，孔错开叠加，改善了气体分布，且能避免漏料。图(c)和图(d)为弓形多孔分布板，能承受固体颗粒的负荷和热应力，适应于大直径流化床，但这两种形式的分布板制作比较困难。图(e)和图(f)为侧流式分布板，在分布板的孔上装有锥形风帽，气流从锥帽底部的侧缝或锥帽四周的侧孔流出。固体颗粒不会在锥帽顶部形成死区，且气体紧贴分布板面吹出，可消除在分布板面形成的死区，改善床层的流化质量。图(g)为填充式分布板，是在直孔筛板或栅板和金属丝网层间铺上卵石-石英砂-卵石，形成固定床层，这种分布板结构简单，布气均匀，还能起到较好的隔热效果。

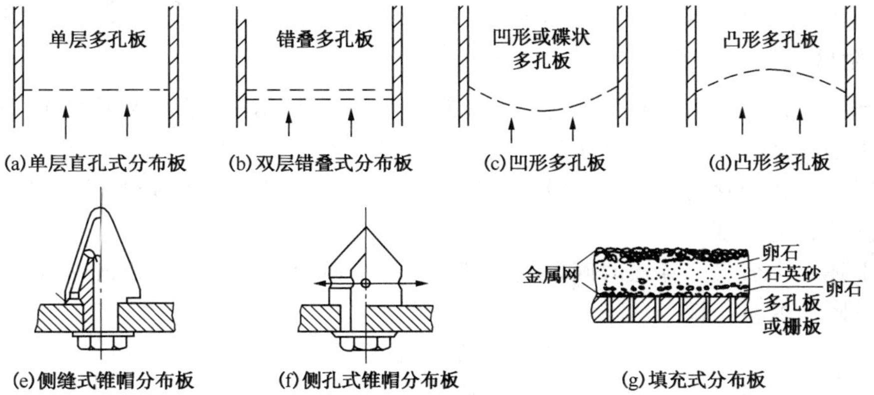

图6-2-11　各种气体分布板的结构形式

(2)溢流管

溢流管是实现多层流化床中固体原料从上一床层位移到下一床层的部件。溢流管的几种主要结构形式如图6-2-12所示。

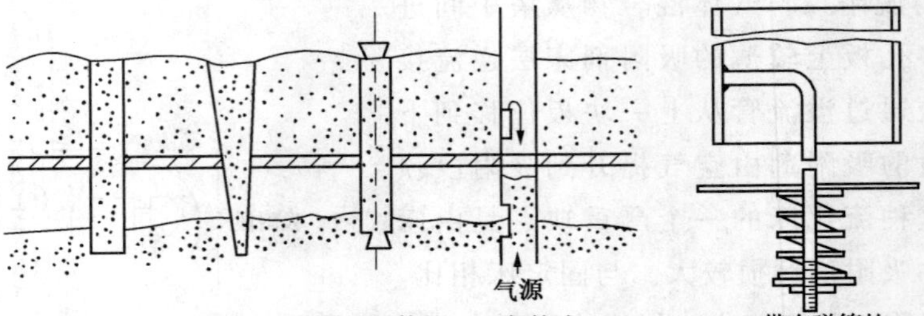

图 6-2-12　流化床内溢流管的结构形式

在设计溢流管时，还应兼顾溢流管太狭窄时可能发生的板状和散状物料悬浮。在流化床吸附器中，固体物料的加料、卸料以及气流输送系统，基本上与移动床吸附器中所采用的相同。

二、固定床吸附器的设计

1. 收集数据

固定床吸附器操作时影响吸附过程的因素很多。床层内有已饱和区、传质区和未利用区，在传质区内吸附质的浓度随时间而改变；随着传质区的移动，三个区的位置又不断改变。因此，设计吸附器时需收集废气风量、成分、浓度、温度、湿度以及排放规律等。此外，应尽可能开展与实际工况条件相似的模拟实验，或参照相似的处理工程，获得饱和吸附量和吸附穿透曲线等必要数据。

2. 吸附剂的选用

固定床选择吸附剂时最重要的条件是饱和吸附量大和选择性好，此外还应具备解吸容易、机械强度高、稳定性好、气流通过阻力小等条件。粉状吸附剂床层阻力大，而且容易被气流夹带，所以不宜直接使用，工程实际中通常应采用颗粒状(球形、圆柱形)的吸附剂。

3. 吸附区高度的计算

固定床吸附器主要尺寸和穿透时间的计算常用穿透曲线法和希洛夫近似计算法，本节仅介绍希洛夫近似计算法。该法基于如下假设：①吸附速率为无穷大，即吸附质一进入吸附层立即被吸附；②达到穿透时间时，吸附剂床层全部达到饱和，因此饱和吸附量应等于吸附剂静平衡吸附量，饱和度 $S=1$。

根据上述两个假设，穿透时间内气流带入床层的吸附质的量应等于该时间内吸附剂床层所吸附的吸附质的量，即

$$G_S \tau'_b A Y_0 = Z A \rho_b X_T \qquad (6-2-1)$$

式中　G_S——通过床层的惰性气体流率，kg/(m² · s)；

τ'_b——穿透时间，s；

A——吸附剂床层截面积，m²；

Y_0——气流中吸附质初始浓度，kg 吸附质/kg 载气；

Z——吸附剂床层高度，m；

ρ_b——吸附剂堆积密度，kg/m³；

X_T——与 Y_0 达吸附平衡时吸附剂的平衡吸附量，即静活性(kg 吸附质/kg 吸附剂)。

由上式可得

$$\tau'_b = \frac{X_T \rho_b}{G_S Y_0} Z \qquad (6-2-2)$$

由上式可知，当吸附速率无穷大时，吸附剂床层的穿透时间与床层高度关系线是通过原点的直线，如图 6-2-13 中的直线 1 所示。此时有

$$\tau'_b = \frac{X_T \rho_b}{G_S Y_0} Z = KZ \qquad (6-2-3)$$

但实际穿透时间 τ_b 要小于吸附速率无穷大时的穿透时间 τ'_b，其差值为 τ_0。实测的直线是离开原点平行于直线 1 的直线，如图 6-2-13 中直线 2 所示，由图可知

$$\tau_b = \tau'_b - \tau_0 \qquad (6-2-4)$$

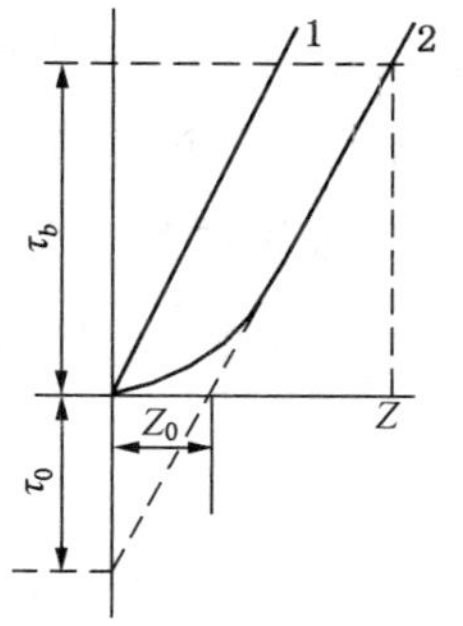

图 6-2-13　τ-Z 曲线与理想线的比较

1—理想线；2—实际曲线

所以在实际操作中，将式(6-2-4)修正为

$$\tau_b = KZ - \tau_0 = K(Z - Z_0) \qquad (6-2-5)$$

式中　τ_0——穿透操作的时间损失，s，可由实验确定；

Z_0——吸附剂床层中未被利用的长度，也称为吸附剂床层的长度损失，m，可由实验确定；

K——常数，通常由实验测得。

上式即为著名的希洛夫方程式(Silov Equation)，由此推导出吸附剂床层高度 Z 的计算公式

$$Z = \frac{\tau_b + \tau_0}{K} (\mathrm{m}) \qquad (6-2-6)$$

用上式计算所需吸附剂床层的高度时，若求出 Z 太高，可分为 n 层布置，或分为 n 个串联吸附床布置。为便于制造和操作，通常取各床层高度相等，串联床数 $n \leqslant 3$。

4. 空塔气速与吸附层截面的计算

空塔气速通常是指按空塔截面积计的气流速度，即单位时间内通过塔的气体体积流量与塔截面积的比值。固定床的空塔气速过小，则处理能力低；空塔气速太大，不仅阻力增大，而且吸附剂易流动，影响吸附层气流分布。固定床吸附器的空塔气速一般为 0.2～0.5m/s，可参考类似设备选取。

固定床层的高度一般取 0.5～1m，立式直径与床层高度大致相等，卧式长度大约为床层高度的 4 倍。空塔气速决定后，吸附层截面积 A 由下式计算

$$A = \frac{Q}{3600u} (\mathrm{m}^2) \qquad (6-2-7)$$

式中　Q——处理气体量，m^3/h；

u——空塔气速，m/s。

若 A 太大，可分为 n 个并联的小床，则每个小床的截面积

$$A' = \frac{A}{n} (\mathrm{m}^2) \qquad (6-2-8)$$

5. 吸附剂质量计算

每次吸附剂装填总质量 m

$$m=AZ\rho_b=nA'Z\rho_b=nm'\ (\mathrm{kg}) \tag{6-2-9}$$

$$m'=A'Z\rho_b \tag{6-2-10}$$

式中 m'——每个小床或每层吸附剂的质量，kg。

考虑到装填损失，每次新装吸附剂量为(1.05～1.2)m。

6. 吸附周期的确定

出现穿透的时间即为吸附周期 τ，用下式确定

$$\tau=\frac{W_a}{G_S}(\mathrm{h}) \tag{6-2-11}$$

式中 W_a——床层穿透至床层耗竭时通过吸附床的惰性气体量，$\mathrm{kg/m^2}$；

7. 固定床吸附装置的压力降计算

气体通过固定床吸附剂床层的压力降 Δp 可用下式近似计算

$$\frac{\Delta p}{Z}\times\frac{\varepsilon^3 d_p\rho}{(1-\varepsilon)G_S{}^2}=\frac{150(1-\varepsilon)}{Re}+1.75\ (\mathrm{Pa}) \tag{6-2-12}$$

式中 ε——吸附剂床层的孔隙率，%；

d_p——吸附剂颗粒平均直径，m；

ρ——气体密度，$\mathrm{kg/m^3}$；

Re——气体绕吸附剂颗粒流动的雷诺数，$Re=d_pG_S/\mu$；

μ——气体黏度，Pa·s；其余各量的物理意义同前。

8. 其他设计

设计吸附剂的支承与固定组件、气流分布组件、吸附器壳体，各连接管口及进行脱附所需的附件等。

9. 安全运行要求

在气态污染物净化工程中，吸附剂床层的厚度要利于疏导静电以及与吸附质组分密切相关的缓慢氧化所产生的热量，而不使之积聚，避免出现“飞温”的现象。常用的吸附剂床层厚度为0.6～0.8m/层，吸附剂床层数量的设置要充分考虑技术经济、再生周期等因素。

有机废气在活性炭中除了有物理吸附现象外，活性炭本身及其吸附的有机物还会与氧气发生缓慢氧化；此外，当废气中含有一些不相容的化学物质时，不相容反应在活性炭的催化下还会加速。这些放热过程，都会引起活性炭床层的热积聚风险。国内多起活性炭吸附罐着火和爆炸的直接原因都是气温较高环境下，废气经过活性炭床层引起的发热。由于活性炭长时间未更换，灰分较高，床层散热较差，不利于对流散热，致使热量在床层中积聚而在其中形成局部热点。当温度达到活性炭的自燃点或有机废气的闪点，同时部分空气进入废气中形成爆炸性混合气体，最终就会导致爆炸事故发生。

通过分析含有再生功能活性炭吸附床的着火状况发现，当含有酮类、醛类或相近化合物时，吸附设备发生着火的状况大多是由于生产状况安排停机或因机械故障关停后发生。停机一段时间后，吸附系统重新启动时发生的着火状况归于活性炭自发的氧化反应，当系统没有

在完全冷却的状态下停机，或者由于未关闭死的阀门仍渗入少量空气进到活性炭床，而这些气流足以引起氧化反应。由于氧化导致的热量散发较慢，在活性炭床的某个局部位置可能会引起活性炭自燃。因此，易反应、易聚合的有机废物不宜采用吸附-脱附再生工艺。

【例 6-2-1】某企业产生含四氯化碳废气，气量 $Q=1000m^3/h$，浓度为 $4\sim5g/m^3$，一般均为白天操作，每天最多工作 8h。拟采用吸附法净化并回收四氯化碳，试设计需用的立式固定床吸附器。

解：

(1)四氯化碳为有机溶剂，沸点为 76.8℃，微溶于水，可选用活性炭作吸附剂进行吸附，采用水蒸气置换脱附，脱附气冷凝后沉降分离回收四氯化碳。根据市场供应情况，选用粒状活性炭作吸附剂，其直径为 3mm，堆积密度为 300～600g/L，空隙率为 0.33～0.43。

(2)选定在常温常压下进行吸附，维持进入吸附床的气体在 20℃以下，压力为 1atm ($=1.01325\times10^5Pa$)。根据设计手册选取空床流速为 20m/min。

(3)将穿透点浓度定为 $50mg/m^3$。

以含 $5g/m^3$ 四氯化碳浓度的气流在(1)(2)(3)所指出的条件下进行动态吸附实验，测定不同床层高度下的穿透时间，得到如表 6-2-1 所示的实验数据。

表 6-2-1　穿透时间与床层高度的关系

床层高度 Z/m	0.1	0.15	0.2	0.25	0.3	0.35
穿透时间 τ_b /min	109	231	310	462	550	651

(4)以 Z 为横坐标，τ_b 为纵坐标，将实验数据点所得曲线进行线性拟合。直线的斜率为 K，在纵轴上的截距为 τ_0，由拟合所得方程可知

$$K=2182.3(\text{min/m}),\quad \tau_0=105.51\text{min}$$

(5)据该厂生产情况，考虑每周脱附一次，床层每周吸附 6 天，每天按 8h 计，累计吸附时间为 48h。由式(6-2-6)得到吸附剂床层高度

$$Z=\frac{\tau_b+\tau_0}{K}=\frac{48\times60+105.51}{2182.3}=1.368(\text{m})$$

取 $Z=1.4$m。

鉴于常用吸附剂床层的厚度为 0.6～0.8m/层，因此本例题需要设置 2 个吸附剂床层，每层高度为 0.7m。

(6)采用立式圆柱固定床吸附器，其直径为

$$D=\sqrt{\frac{4Q}{\pi u}}=\sqrt{\frac{4\times1000}{\pi\times20\times60}}=1.03(\text{m})$$

取 $D=1.0$m。

(7)所需吸附剂质量的计算

$$m=AZ\rho_b=\frac{\pi}{4}\times1.0^2\times1.4\times\frac{300+600}{2}=494.8(\text{kg})$$

$$m_{\max}=\frac{\pi}{4}\times1.0^2\times1.4\times600=659.7(\text{kg})$$

考虑到装填损失，取损失率为 10%，则每次新装吸附剂时需准备活性炭 545～726kg。

(8)核算压降

已知 $Z=1.4\text{m}$；空隙率 ε 取平均值，则为 0.38；$d_p=3\text{mm}=0.003\text{m}$；查得 20℃、101.325kPa 下空气的密度 ρ 为 1.29kg/m^3，则

$$G_S=\frac{Q\times\rho}{3600A}=\frac{1000\times1.29}{3600\times\frac{\pi}{4}\times1^2}=0.456[\text{kg/(m}^2\cdot\text{s)}]$$

查得 20℃下空气的黏度 $\mu_G=1.81\times10^{-5}\text{Pa}\cdot\text{s}$，则

$$Re=\frac{d_pG_S}{\mu_G}=\frac{0.003\times0.456}{1.81\times10^{-5}}=75.66$$

由式(6-2-12)得，

$$\Delta p=\left[\frac{150(1-\varepsilon)}{Re}+1.75\right]\times\frac{(1-\varepsilon)G_S^2}{\varepsilon^3d_p\rho}Z$$

$$=\left[\frac{150\times(1-0.38)}{75.66}+1.75\right]\times\frac{(1-0.38)\times0.456^2}{0.38^3\times0.003\times1.29}\times1.4=2532.12(\text{Pa})$$

此压降可以接受，不必再对吸附剂床层厚度作调整，计算完毕。

三、吸附法的典型工程应用

吸附法在气态污染物净化处理中的典型工程应用有烟气脱硫、NO_x 净化、含氟废气的净化、有机废气的净化回收、恶臭及其他有毒有害物质脱除等，这里略作介绍。

1. 低浓度 SO_2 烟气回收利用

低浓度 SO_2 烟气回收利用制硫酸有两种类型：一种是间接制酸工艺，即先通过物理或化学吸收或吸附的方式将低浓度 SO_2 烟气转化为高浓度甚至纯 SO_2 气体，再利用这些气体生产硫酸；另一种是直接制酸工艺，即直接利用低浓度 SO_2 生产硫酸。

低浓度 SO_2 烟气回收所用的吸附剂和催化剂，以活性炭和活性焦为主。活性炭(Active Carbon)吸附 SO_2 的优点是工艺简单、运转方便、副反应少、可回收稀硫酸，缺点是：①活性炭对 SO_2 的吸附容量有限，通常为 40～140g/kg，吸附设备体积较大，一次性投资较高，吸附剂需要频繁再生；②长期使用后活性炭会有磨损，并因微孔堵塞而丧失活性。用铜、铁、钴、镍和锰等重金属盐浸泡活性炭，由于金属组分能把 SO_2 催化氧化成 SO_3，可提高其对 SO_2 的吸附能力。活性焦(Activated Coke)是以煤炭为原材料的多孔性炭基材料，孔径分布范围广，具有丰富的表面官能团，具有负载性和氧化性，化学稳定性好，机械强度高(耐压、耐磨损、耐冲击)，热稳定性好，且有良好的再生性能，也是一种常用的气体吸附剂。吸附剂再生方式可分为加热再生、还原再生和水洗法再生等 3 种工艺流程，其中以水洗法再生流程应用最广。本节把基于活性炭或者活性焦的吸附技术统称为炭法吸附技术。

炭法烟气脱硫技术早期的研究及应用主要集中在德国、日本、美国等。Reinluft 工艺是前西德 1957 年最早开发的炭法烟气脱硫技术，最初采用移动床-高温惰性气体再生的方式，褐煤焦吸附与再生都在一个塔内进行，上部吸附段的温度为 120～150℃，下段用 400℃的惰性气体通过吹脱器带出 SO_2，炭的消耗量为去除烟气中 SO_2 质量的 10%。Reinluft 工艺曾于 1965～1968 年在科隆(Cologne)和吕能(Lunen)的电厂进行试验，烟气量分别为 $60000\text{Nm}^3/\text{h}$ 和 $35000\text{Nm}^3/\text{h}$。后来 Chemiebau 公司进行改进，把吸附段与再生段分开操作。但由于 Reinluft 工艺存在褐煤焦着火点低、机械强度低、用量大、易粉化、损耗多、易引起粉尘爆炸等缺陷而未能推广应用。继 Reinluft 工艺后，德国 Bergbau-Forschung 公司

(现 Deutsche Montan Technologie GmbH，DMT 公司)1957 年开始研究利用活性焦脱除烟气中 SO_2 的 BF 工艺，该工艺不仅可以脱除 SO_2，还可以在加入 NH_3 的情况下脱除 NO_x。BF 公司是世界上最早生产煤基活性焦的厂家，20 世纪 80 年代以硬煤为原料开发出成型活性焦产品。1974～1980 年间在德国 Lunen 的 Kelermann 燃煤电厂进行了处理量为 $15\times10^4Nm^3/h$ 的示范实验，使用直径为 ϕ9mm 的柱状活性焦(由长焰煤或气煤制得)作为脱硫剂，吸附塔采用错流移动床，管式解吸器中用热烟气来解吸活性焦上的硫酸，加热温度为 535～650℃，得到含 SO_2 浓度为 25%～30%的富气，可进一步用于生产硫酸、液体 SO_2 及单质硫。BF 工艺运行可靠性及适用性高，可同时脱氮、除尘、脱除卤化物、重金属、飘尘等污染物，无水消耗，能耗较低，副产品为易于贮存、运输、市场较好的硫黄，技术成熟度更高。日本 20 世纪 60 年代中期开始研究活性炭脱硫，到 70 年代分别有处理量为 $42\times10^4Nm^3/h$ 和 $17.5\times10^4Nm^3/h$ 的工业装置开始运行。德国鲁奇(Lurgi)公司也较早进行了水洗再生活性炭烟气脱硫工艺的研究，用于处理硫酸厂 $17000Nm^3/h$ 的尾气和 2000kW 燃煤电厂的烟气。

除了德国的 Reinluft 工艺、BF 工艺、Lurgi 工艺外，炭法烟气脱硫还有日本的日立工艺、住友工艺、日立-东电工艺，美国的 Westraco 工艺。日立-东电工艺属于固定床脱硫工艺，工艺流程如图 6-2-14 所示，吸附反应器由 5 个并联的活性炭固定床反应器组成，电厂锅炉来的部分烟气经过空气预热器、除尘器后进入其中的 4 个吸附器内吸附脱除 SO_2，同时第 5 个反应器进行洗涤再生。

我国具有代表性的炭法固定床烟气脱硫工艺为磷氨肥法(Phosphate Ammoniate Fertilizer Process，PAFP 法)，利用活性炭使 SO_2 转化为 H_2SO_4，水洗再生得到的稀硫酸萃取分解磷矿粉，得到副产物磷氨肥料。该工艺所处理 SO_2 的浓度为 2000×10^{-6}～3000×10^{-6}，温度为 55～70℃，固定床空速为 $500h^{-1}$(空速是指规定条件下单位时间里通过单位体积吸附剂的气体量，Gas hourly space velocity，GHSV)，4 个固定床反应塔并联，三塔脱除一塔再生，系统总脱硫效率超过 95%。

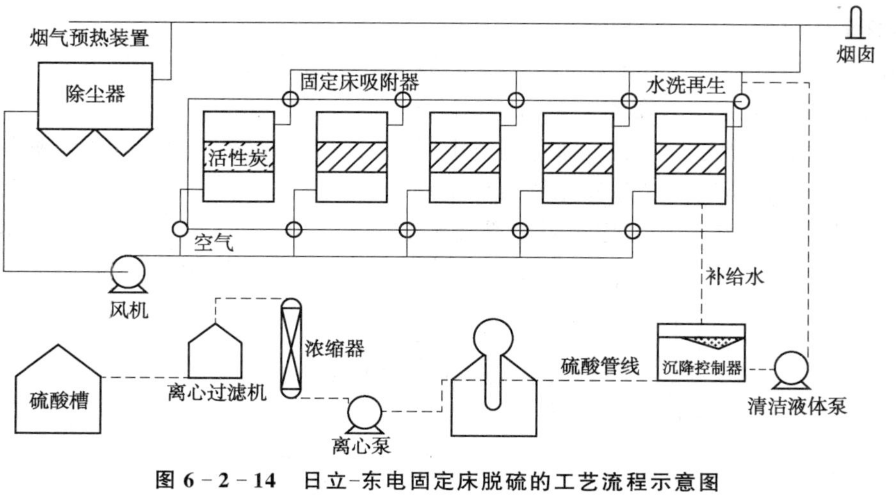

图 6-2-14 日立-东电固定床脱硫的工艺流程示意图

2. 吸附法净化 NO_x

吸附法净化 NO_x 的优点是能比较彻底地消除 NO_x 的污染，又能将其回收利用，设备简单且操作方便。缺点是由于吸附剂的吸附容量小，需要的吸附剂量大，设备庞大，需要再生处理，而且过程为间歇操作。因此，吸附法仅用于处理含低浓度 NO_x 的废气，常用的吸附剂有分子筛、硅胶、活性炭、含氨煤泥等。

(1)分子筛吸附法

在净化 NO_x 的工艺中，采用的分子筛吸附剂有氢型丝光沸石型分子筛、氢型皂沸石型分子筛、脱铝丝光沸石型分子筛、BX 型分子筛等。以丝光沸石型分子筛(MOR)为例，其为笼型孔洞骨架的晶体，脱水后微孔空间十分丰富，具有很高的比表面积(一般为 500～1000m^2/g)，可容纳相当数量的吸附质分子，同时内晶表面高度极化，微孔分布单一均匀，大小与普通分子相近。

含 NO_x 的废气通过 MOR 床层时，由于水分子和 NO_2 的极性较强，被选择性地吸附在 MOR 内表面上进而生成硝酸，并释放出 NO，反应方程式如下

$$3NO_2+H_2O \longrightarrow 2HNO_3+NO \tag{6-2-13}$$

反应产生的 NO 连同废气中的 NO 与 O_2 在 MOR 内表面上被催化氧化成 NO_2，然后被吸附。

$$2NO+O_2 \longrightarrow 2NO_2 \tag{6-2-14}$$

该工艺一般采用两个或三个以上的吸附器交替进行再生。含 NO_x 的尾气先进行冷却和除雾，经计量后再进入吸附器。当净化气体中的 NO_x 达到一定浓度时，再生分子筛将含 NO_x 的尾气通入另一吸附器，吸附后的气体排空。

(2)活性炭吸附法

活性炭对低浓度 NO_x 有很高的吸附能力，其吸附容量比分子筛和硅胶都高，脱附出的 NO_x 可以回收利用。

用特定品种的活性炭还可使 NO_x 还原成 N_2，其反应式为

$$2NO+C \longrightarrow N_2+CO_2 \tag{6-2-15}$$

$$2NO_2+2C \longrightarrow N_2+2CO_2 \tag{6-2-16}$$

由于活性炭在 300℃以上有自燃的可能，给吸附和再生造成了较大困难，在一定程度上限制了该技术的应用。

循环流化床锅炉燃烧过程中产生的污染物较少，烟气主要以 NO_x 为主，SO_2 已经在燃烧室中去除，出口 SO_2 的浓度低于 50ppm、NO 浓度低于 200ppm。在图 6-2-15 所示的工艺流程中，吸附塔内部分为三层，通过调节不同床层的下料速率，并在塔进口处加氨与烟气混合，进行烟气中污染物的脱除和保持系统压力恒定。垃圾焚烧炉湿式洗涤器之后的烟气温度≤200℃，若采用金属钒钛催化剂脱硝需要将温度升高到 400℃左右，运行成本过高，因

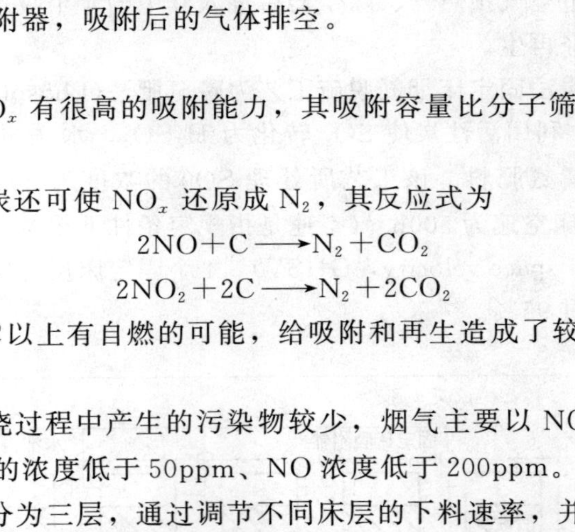

图 6-2-15　循环流化床(FBC)锅炉活性炭脱硝的工艺流程示意图

此采用活性炭法脱硝成为一种非常经济的选择，工艺流程如图 6-2-16 所示，在脱硝的同时还可以脱除烟气中的汞及二噁英化合物。

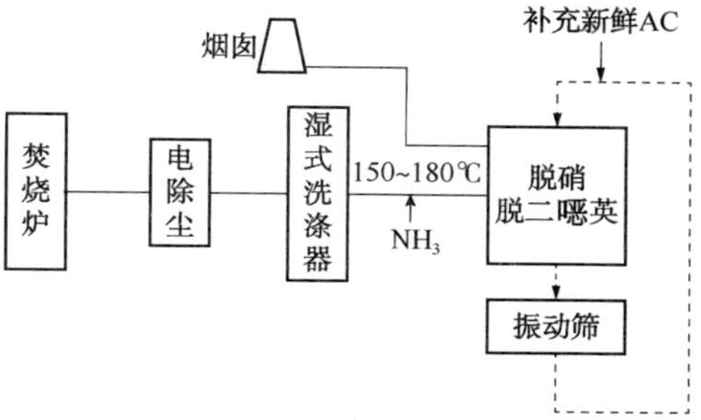

图 6-2-16　垃圾焚烧活性炭脱硝的工艺流程示意图

3. 吸附法净化回收油气

自 20 世纪 70 年代以来，随着西方发达国家大气污染控制标准的日趋严格，吸收法、冷凝法、吸附法都先后成为特定时期炼油厂或油库等油品大周转量场合的油气回收处理主流技术方案。以美国为例，在《洁净空气法》(CAA)的推动下，炼油厂或油库最早采用贫油吸收系统，但由于吸收法的效率仅为 90%左右，因此只安装了不到 20 套贫油吸收系统。1970～1976 年，冷凝法成为可供选择的技术，超过 150 套冷凝系统在油库中被安装，回收效率可以达到 90%。1972～1976 年，James C. McGill 等人研发了活性炭吸附技术，并于 1976 年申请了用于回收处理油气的专利，油气回收效率可达 98%以上。1978 年，美国国家环保署(EPA)要求每装 1L 汽油，从油气处理单元排出的净化气体中 VOCs 总含量不大于 80mg，从而迫使冷凝法油气回收系统进一步降低冷媒温度。使用冷凝法的用户发现，虽然这类系统的初期投入要低于活性炭吸附设备，但操作复杂，后期维护费用较高。因此，美国在 1980 年以后大量采用活性炭吸附油气回收处理技术，甚至被 EPA 认定为最佳示范技术(Best Demonstrated Technology，BDT)和最易实现控制技术(Maximum Achievable Control Technology，MACT)。1982 年，EPA 又要求一般地区每加 1L 汽油时允许的总烃泄漏量不超过 35mg。法规的严格化进一步促进了活性炭吸附油气回收处理技术的使用，冷凝系统逐渐被冷落，到 1990 年时已经有 1000 多套活性炭吸附设备在美国各处油库中使用。

目前，美国、欧洲都有吸附/吸收组合工艺油气回收处理设备的生产供应商，其中美国 Jordan Technologies/AEREON(现归属 Cimarron Energy 公司)、美国 SYMEX Technologies、丹麦 Cool Sorption 等公司处于领先地位。系统通常都是由两个或多个吸附用活性炭罐、一个吸收高浓度油气用吸收塔、一个吸附剂解吸再生装置以及必要的机电控制元件组成，不同之处在于所采用的活性炭吸附剂类型、吸附剂再生方式、解吸所得高浓度烃类组分在进入吸收塔之前的处理、系统控制及安全设计等方面。

图 6-2-17 为美国 Jordan Technologies/AEREON 公司用于汽油等轻质油品在油库装车时所产生油气的回收处理工艺流程。来自汽油储罐油气混合物首先通过凝液分离罐，把携带的凝液分离出来，从而避免液态汽油进入活性炭罐。然后油气进入处于吸附状态的活性炭罐，其中的烃类组分被吸附在活性炭表面，净化气体由活性炭罐顶部的出口排向大气。活性炭罐按照特定时间在吸附和再生状态之间交替切换，再生方式为液环式真空泵真空脱附和空气吹扫。液环式真空泵对再生活性炭罐抽真空至绝压 10kPa 以下，吸附在活性炭孔隙中的

烃类组分被解吸。为了保证解吸尽可能彻底，在后期引入少量空气对炭床进行吹扫。当脱附过程完成后，通过工艺管线上的控制阀门使活性炭罐内的压力逐步恢复至常压，然后系统控制活性炭罐切换至下一个吸附过程。由于吸附油气时活性炭床层温度会升高，因此在活性炭床层设置有上、中、下多个测温点，当床层温度升至一定值时控制系统报警，必要时自动切换至另一活性炭罐工作，或关闭油气进口阀门以确保安全。活性炭真空脱附油气为吸热过程，床层温度又会下降。液环式真空泵中的乙二醇封液闭路循环，一方面为真空泵提供液封，另一方面还能取走真空泵压缩油气时产生的热量。从液环式真空泵出来的气液混合物进入一个气/液分离罐(或乙二醇分离器)，专利设计的旋风分离与标准的重力沉降分离相结合，可以防止乙二醇中凝结液态汽油的过量积聚。气/液分离罐设置有液位高低报警联锁，当液位超过高限时排液油泵启动，液位过低时补液电磁阀自动打开。在气/液分离罐中封液与富油气分离，封液进入换热器被汽油冷却下来后循环使用，富油气则进入装有填料的吸收塔。进入吸收塔的油气与自罐区泵送而来，并从吸收塔顶部喷淋而下的常温贫油(汽油)逆流接触被吸收，塔顶含有少量油气的尾气返回活性炭罐入口，与新产生的油气混合后进入活性炭罐再次被吸附。吸收了烃类组分后的富汽油和从气/液分离罐中分离的汽油一起循环至换热器，冷却换热后再被泵送回汽油储罐。

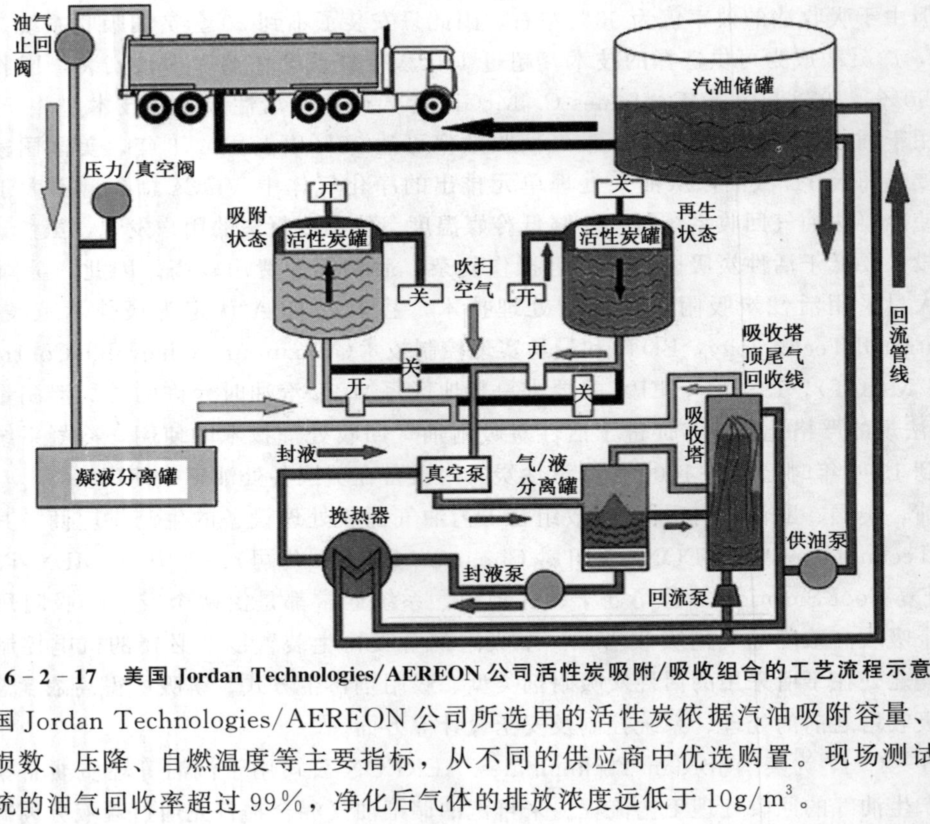

图 6-2-17　美国 Jordan Technologies/AEREON 公司活性炭吸附/吸收组合的工艺流程示意图

美国 Jordan Technologies/AEREON 公司所选用的活性炭依据汽油吸附容量、表观密度、磨损数、压降、自燃温度等主要指标，从不同的供应商中优选购置。现场测试数据显示，系统的油气回收率超过 99%，净化后气体的排放浓度远低于 $10g/m^3$。

四、活性炭法多污染物协同控制技术

1. 发展概况

工业炉窑烟气污染物控制的传统做法是对粉尘、SO_2、NO_x 等污染物实施偏离排放温度的单一污染物控制，串联实现多种污染物集中综合控制的成本较高，烟气多污染物协同控制、非常规污染物控制、污染物回收利用等因建设投资、运行维护成本等方面的巨大优势而日益受到关注。活性炭、活性炭纤维、活性焦等炭基材料由于其独特的性质，不仅可以吸收烟气温度范围内的主要污染物硫、硝、汞等，还可实现这些污染物的同时脱除。大量研究和工程案例表明，炭法(活性炭、活性焦或者两者混合物)能同时脱除烟气中多种污染物(包括 SO_2、SO_3、NO_x、烟尘、重金属、二噁英、呋喃、VOCs 及其他微量元素)。

活性炭联合脱硫脱硝技术最早由德国 Bergbau－Forschung 公司 20 世纪 50 年代开发，采用的是先脱硫、后注入 NH_3 脱硝的两段式系统。日本三井矿山公司(现三井集团，Mitsui Group)首先引入 Bergbau－Forschung 公司的专利，改进了成型活性焦制备工艺，开发了脱硫效率接近 100%、脱硝效率 80%以上的活性焦干法同时脱硫脱硝工艺，即 Mitsui－BF 工艺或 MET－Mitsui－BF 工艺，并在日本和德国的 5 家工厂实现了商业化运行。德国 1988 年将活性炭联合脱硫脱硝工艺成功用于 Arzberg 燃煤电厂两台机组，烟气处理量分别达到 $450000Nm^3/h$ 和 $660000Nm^3/h$，实现了 95% 以上的脱硫效率和 60% 左右的脱硝效率。1976～1984 年，日本住友重机械工业株式会社(Sumitomo Heavy Industries，SHI)开始研发活性焦烟气净化工艺，该工艺与 BF 工艺不同，烟气采用单塔处理，塔内分层，氨气在吸附塔进口处与烟气混合，第一阶段采用传统的 SCR 技术脱除 NO，注入 NH_3 的 2/3 与 NO 反应，1/3 被 O 氧化。为防止过量 NH_3 形成 NH_4HSO_4 沉积腐蚀设备，第二阶段在吸收塔上游继续注入 NH_3，并采用脱硝同时脱硫的一体化系统。活性焦再生采用不完全燃烧 LPG 产生的惰性气体提供热源，产生的 SRG 气体通过制酸工艺制备硫酸。1995 年在装机容量 350MW 的竹原发电厂建成了烟气处理量为 $120\times10^4m^3/h$ 的装置，吸附温度为 140℃，活性焦的循环量为 14.6t/h。SHI 工艺在商业上取得了一定成功，在日本、澳大利亚、韩国及中国的十多座装置上安装了 SHI 工艺开发的烟气净化系统。

我国在 20 世纪 80 年代开展了活性炭用于烟气脱硫技术的研究，山西太钢炼铁厂针对 $450m^2$ 烧结机产生的大量废气(SO_2、NO_x、烟尘等)，在常规电除尘之后，使用 SHI 干式脱硫脱硝装置，采用的是平均直径 ϕ9mm、长度 10～15mm 的圆柱状活性炭，2010 年 8 月 31 日投入运行，是国内烧结行业首例。2020 年 1 月 22 日，陕西太钢四烧新 $450m^2$ 烧结机头超低排放改造工程烧结烟气“活性炭脱硫脱硝一体化＋低温 SCR 脱硝”成功投运，标志着国内首套烧结烟气活性炭脱硫脱硝一体化＋低温 SCR 脱硝进入工业化运行阶段。

2. 活性炭法烟气多污染物协同净化的技术原理

(1)除尘

这里主要以活性炭为例，多孔吸附剂的除尘原理与普通过滤除尘相同，通过冲撞、遮挡以及扩散捕捉效果进行除尘。直径 1μm 以上的粒子可通过冲撞效果进行捕捉，不到 1μm 的粒子要通过遮挡和扩散捕捉效果进行捕捉。

(2)脱硫

硫化物的大部分是 SO_2，通过物理吸附和化学吸附两种吸附方式进行。首先，在范德华力以及化学亲和力的作用下，SO_2 由气相移动至活性炭粒子表面后被捕捉(物理吸附)；然后在活性炭细孔内被氧化为 SO_3，同时与吸附的 H_2O 产生反应，产物 H_2SO_4 被捕捉(化学吸附)。

①物理吸附

$$SO_2 \longrightarrow SO_2^*，SO_2 \text{ 吸附在活性炭微细孔中} \qquad (6-2-17)$$

②化学吸附

$$SO_2^{*}+0.5O_2^{*}\longrightarrow SO_3^{*} \quad (6-2-18)$$

$$SO_3^{*}+nH_2O^{*}\longrightarrow H_2SO_4^{*}\cdot(n-1)H_2O \quad (6-2-19)$$

式中，* 为活性炭细孔内的吸附状态；n 根据废气中水分、SO_2 浓度和废气温度的不同而所变化，但在通常温度下(100～150℃)可取值为 2。

为促进脱硝反应以及维持活性炭的活性，需要进行加氨。是否作为 $NH_4HSO_4^{*}$ 或 $(NH_4)_2SO_4^{*}$ 被吸附，由 NH_3 与 SO_2 的浓度比所决定。

$$H_2SO_4^{*}+NH_3\longrightarrow NH_4HSO_4^{*} \quad (6-2-20)$$

$$NH_4HSO_4^{*}+NH_3\longrightarrow (NH_4)_2SO_4^{*} \quad (6-2-21)$$

吸附硫化物的活性炭，经输送机送至解析塔，首先经过加热段加热到 400℃以上，活性炭所吸附物质解析出来。富 SO_2 气体 SRG 排至后处理设施，制备硫酸。解析后的活性炭，在冷却段中冷却到 150℃以下，经输送机再次送至吸附塔，循环使用。

①H_2SO_4 的分解反应

$$H_2SO_4\cdot H_2O\longrightarrow SO_3+2H_2O \quad (6-2-22)$$

$$SO_3+0.5C(\text{化学损耗})\longrightarrow SO_2+0.5CO_2 \quad (6-2-23)$$

$$H_2SO_4\cdot H_2O+0.5C(\text{化学损耗})\longrightarrow SO_2+2H_2O+0.5CO_2 \quad (6-2-24)$$

②NH_4HSO_4 的分解反应

$$NH_4HSO_4\longrightarrow SO_3+NH_3+H_2O \quad (6-2-25)$$

$$SO_3+2/3NH_3\longrightarrow SO_2+H_2O+1/3N_2 \quad (6-2-26)$$

$$NH_4HSO_4\longrightarrow SO_2+2H_2O+1/3N_2+1/3\ NH_3 \quad (6-2-27)$$

③碱性化合物(还原性物质)的生成

$$-C...O+NH_3\longrightarrow -C...NH+H_2O \quad (6-2-28)$$

(3)脱硝

活性炭的脱硝反应包括与 SCR 脱硝同样的触媒反应和活性炭特有的还原反应。与 SCR 相比，因为能够在低温即烧结废气的温度领域进行脱硝处理，所以没有必要像 SCR 一样加热废气，也不需要 COG 等加热源，这就可以降低运行成本。

①SCR 反应。活性炭有通常 Ti－V 系金属触媒同样的作用，NO 被还原为 N_2。

$$NO+NH_3+0.25O_2\longrightarrow N_2+1.5H_2O \quad (6-2-29)$$

②Non－SCR 反应。提供的 NH_3 与被活性炭吸附的 SO_2 反应，生成 NH_4HSO_4 或 $(NH_4)_2SO_4$，称为碱性化合物或还原性物质，表示为 C...Red(C－reduction 的简写)。活性炭再生后，在含有还原性物质的状态下循环至吸附反应塔，与废气中的NO直接反应，还原生成 N_2。该反应为活性炭特有的脱硝反应，称为 Non－SCR 反应。

$$NO+C...Red\longrightarrow N_2 \quad (6-2-30)$$

(4)脱除 PCDD/Fs(二噁英)

PCDD/Fs(二噁英)包括 7 种 PCDDs(Polychlorodibenzop－dioxins)与 10 种 PCDFs(Polychlorodibenzo furans)。虽然在常温下均为固体，但在活性炭吸附层的温度范围内(100～150℃)，由于各种浓度及蒸气压作用，往往以固体状、雾状或者气状存在，其中固体状与雾状 PCDD/Fs 为附着或吸附在废气中灰尘粒子表面的状态，称为灰尘状 PCDD/Fs。灰尘状 PCDD/Fs 通过活性炭移动层的过滤集尘功能被除去，气状 PCDD/Fs 通过吸附被除去。该工艺在脱硫脱硝的同时去除 PCDD/Fs。

物理吸附

$$PCDD/Fs \longrightarrow PCDD/Fs^{*} \quad (6-2-31)$$

化学吸附

$$PCDD/Fs^{*} + O^{*} \longrightarrow CO_2 + H + HCl \quad (6-2-32)$$

(5)其他有害物质的去除

除上述物质以外，烧结废气含有少量的 HCl、HF、SO_3 等酸性气体也通过吸附进行去除。同时，挥发性重金属 Hg 等也被高效率地吸附去除。

3. 活性炭法烟气多污染物协同净化典型设备

吸附系统是整个活性炭烟气多污染物协同净化工程中最重要的系统，目前主要分为固定床和移动床。其中固定床水洗再生工艺包括德国的 Lurgi 法，日本的日立-东电法、化研法；移动床加再生工艺包括日本的日立造船法、住友-关电法、德国的 BF/Uhde 法等。固定床操作简单，脱硫效率高，但是设备庞大，连续性较差；移动床占地空间较小，连续性好，但结构相对复杂，同时活性炭在移动过程中容易出现机械磨损。目前活性炭的再生方法主要采用水洗法和加热法，水洗法操作简单，再生效率高，但需要消耗一定水，废水可能造成二次污染和设备腐蚀；加热法需要将活性炭加热到 300～500℃，可以将吸附的硫酸还原成 SO_2，并实现资源化利用，但再生过程中能量消耗较大，同时会造成活性炭的消耗。2023 年 12 月国务院关于印发《空气质量持续改善行动计划》，要求全面开展传统产业集群升级改造，各地要结合产业集群特点，因地制宜建设有机溶剂集中回收处置中心、活性炭集中再生中心等。

目前，国内外活性炭多污染物协同净化技术按烟气流动形式分为逆流工艺和错流工艺，按吸附塔数量分为单级吸附净化工艺和组合式净化工艺。

(1)逆流工艺和错流工艺

逆流工艺最早由奥地利英特佳公司开发，可以在一套装置中完成吸附及催化反应过程。逆流吸附装置如图 6-2-18 所示，活性炭和烟气逆流式相向接触，烟气自下而上均匀穿过活性炭床层，在活性炭下降过程中，同一截面处活性炭床层的饱和程度一致，最终在烟气进口处达到最大饱和度，然后排出吸附塔。为了保证活性炭在水平方向上均匀分布和下料，吸附装置内需要布置上万个 100mm 左右的小方格溜槽。从净化装置整体设计分析来看，逆流工艺具有更好的动力学优势，活性炭循环量和消耗量低，且脱硫脱硝效率更高。同时，逆流工艺可以实现 2 个脱硫脱硝模块的上下层并联，结构紧凑、占地面积小、投资成本低。此外，根据吸附层的数量，可分为单层模块和双层模块两种。例如，河北邯钢采用了逆流净化系统，NO_x 排放浓度低于 50mg/m^3，脱硝效率达到 85%以上，SO_2 排放浓度低于 10mg/m^3，脱硫效率超过 99%。近年来，逆流净化工艺在国内得到了迅速发展，邢台德龙、河钢乐亭、首钢迁安等烧结机烟气脱硫脱硝工程都有应用。

错流工艺如图 6-2-19 所示，吸附塔内采用分层移动床结构，按照与烟气接触的顺序分为前、中、后室，活性炭分布于多个移动床室内，吸附过程中烟气从入口一侧进入吸附塔。烟气横向穿过各室活性炭床层后，SO_2 和 NO_x 逐层被活性炭吸附。运行时可以分开控制各通道内的活性炭下料速度，使活性炭传输速度整体减慢，有效避免活性炭堵塞。该技术在日本的烧结烟气治理中得到了广泛应用，但同样存在吸附和催化效率略低、投资成本高等问题。

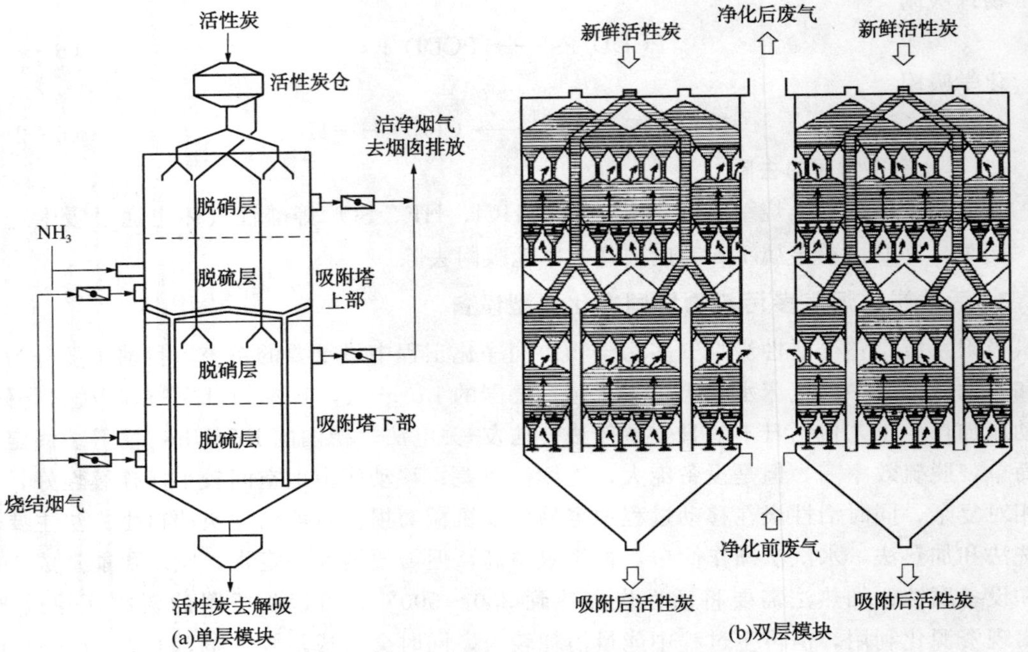

图 6-2-18　逆流吸附装置的结构示意图

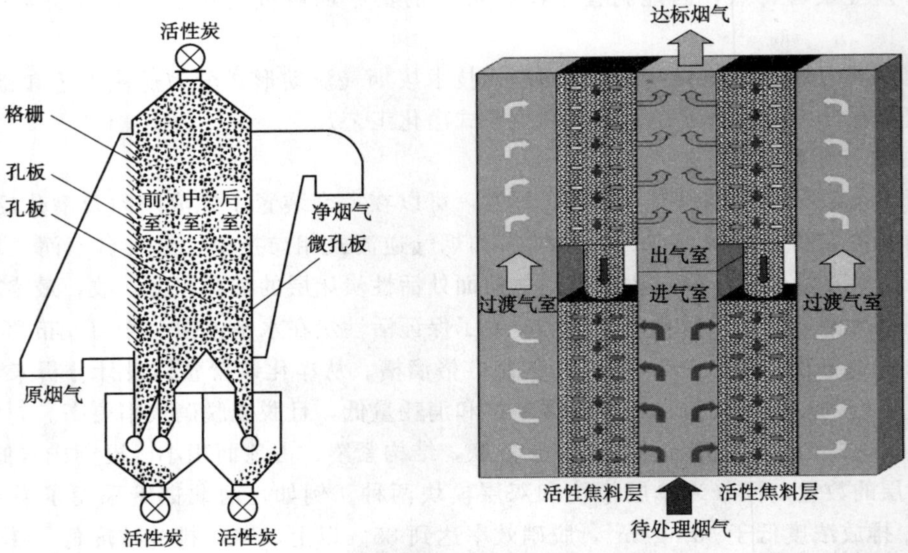

图 6-2-19　错流吸附装置的结构示意图

错流工艺在国内应用相对较早，典型案例有太钢、首钢京唐、安阳钢铁等。与国内外其他活性炭烟气净化装置相比，错流工艺装置成功克服了烧结烟气量大、烟气成分复杂的技术难题，实现了多种污染物的同时去除和资源回收利用，显著降低了钢铁企业的运行费用。

(2)单级吸附净化和组合式吸附净化工艺

按照吸附塔的布置形式可以分为单级吸附净化和组合式吸附净化工艺两大类。其中，单级吸附净化采用单级吸附装置，造价较低，占地空间小；组合式吸附净化工艺通过组合多级吸附装置，可以分段吸附催化烟气中的污染物，达到更高的环保标准。

山西太钢 450m^2 烧结机的烧结烟气净化工艺采用单级吸附净化技术，工艺流程如图 6-2-20 所示，主要由烟气系统（烟气管道增压风机系统）、脱硫系统（吸附、解析、活性炭的输送、活性炭补给、热风循环、冷风循环及除尘系统）、脱硝系统（液氨储存、输送蒸发混合注入），以及相应的电气仪控（含监测）等组成。

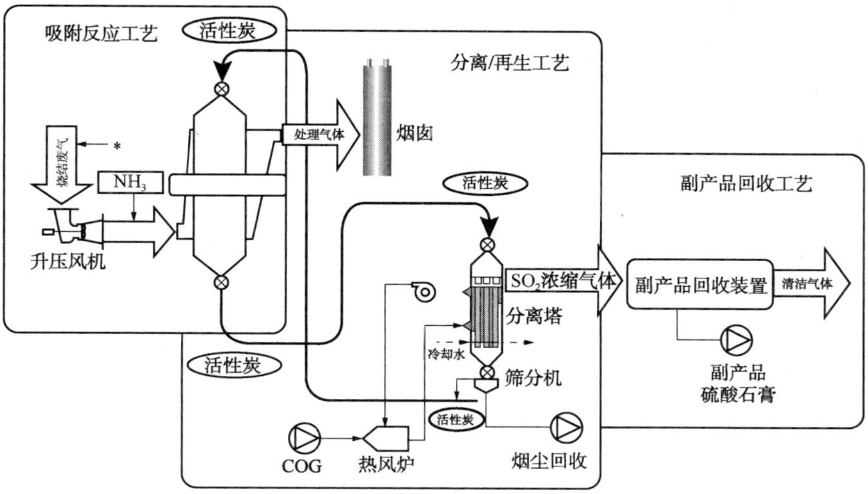

图 6-2-20　山西太钢烧结气脱硫脱硝的单级吸附净化的工艺流程示意图

图 6-2-21 为宝钢湛江钢铁有限公司为 2 台 550m^2 烧结机同步配套建造的烧结烟气活性炭净化装置工艺流程图，烧结烟气由主抽风机和旁路烟气挡板引入单级吸附塔，活性炭在吸附塔内吸附烟气中的 SO_2、NO_x，经吸附塔中的化学吸附处理后，排放的烟气中 SO_2 和 NO_x 浓度显著降低。

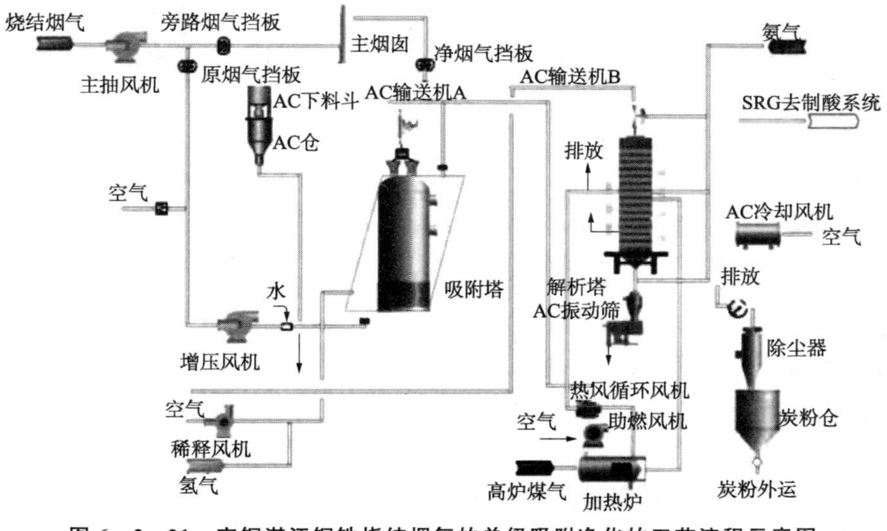

图 6-2-21　宝钢湛江钢铁烧结烟气的单级吸附净化的工艺流程示意图

组合式吸附净化工艺又可分为串联组合工艺和上下组合工艺。在双级串联组合工艺中，双塔通常处于同一水平面，烟气先通过一级吸附塔，再通过二级吸附塔。在二级吸附塔中，由于污染物浓度较低，烟气侧吸附推动力较低，采用从解析塔中解析出来的活性炭，重点用于脱硝；在一级吸附塔中，由于污染物浓度高，烟气侧吸附推动力高，采用在二级吸附塔吸附了少量污染物的活性炭，重点用于脱硫。活性炭输送顺序的合理配置大大降低了活性炭循环量，最大限度降低了解析塔的工作负荷。图 6-2-22 所示的双级错流活性炭法烟气净化系统采用串联工艺，烟气从垂直于活性炭床层的方向错流穿过活性炭床层。一级吸附塔主要用于脱除 SO_2、初步脱除二噁英、初步除尘等，二级吸附塔主要用于脱除 NO_x、深度脱除二噁英、深度除尘等。采用多级喷氨、分层可控错流高效吸附技术与装备、烟温控制技术，实现多污染物协同高效脱除和副产物资源化利用。吸附塔设计活性炭床层厚度 1.6～2.0m，设计空塔气速 0.10～0.15m/s，活性炭再生温度 400～450℃，运行费用较传统烟气净化工艺低 30%。该技术已在宝武钢铁、安阳钢铁、晋南钢铁等企业的烟气净化系统中应用，以晋南钢铁 $2\times220m^2$ 烧结机的烧结烟气活性炭脱硫脱硝工程为例，采用两套双级错流活性炭法烟气净化装置，烟气出口颗粒物浓度≤$8mg/m^3$、SO_2 浓度≤$5mg/m^3$、NO_x 浓度 26～$32mg/m^3$、二噁英类浓度≤$0.1ngTEQ/m^3$；副产物浓硫酸品质达到特级标准，每天产量约 100t。制酸污水经处理后在钢铁厂内部循环利用，不外排。采用双级吸附工艺，一方面为选择性喷氨、选择性脱除烟气有害物质创造了有利条件，另一方面也为提高氨气利用效率、低温脱硝创造条件，达到了烧结烟气超低排放的标准。

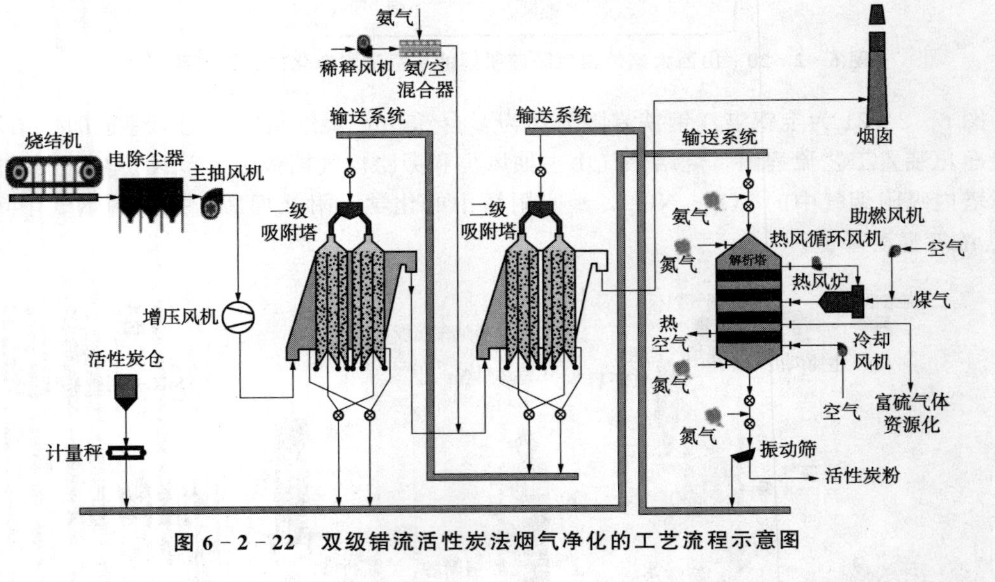

图 6-2-22　双级错流活性炭法烟气净化的工艺流程示意图

上下段组合式活性炭脱硫脱硝烟气净化以 MET-Mitsui-BF 活性焦脱硫脱硝烟气净化工艺为代表，如图 6-2-23 所示。吸附塔由上下两段组成，上段为脱硝塔，下段为脱硫塔，活性炭从上往下运动；烟气先经过脱硫塔脱除 SO_2，然后进入脱硝塔除去 NO_x，在进入脱硝塔时加入氨气。脱硫脱硝反应器为移动床反应器，反应温度为 100～200℃，烟气与活性焦垂直逆流移动，烟气先经过脱硫反应器脱硫后加入还原剂 NH_3，再经过脱硝反应器脱硝后通过烟囱排入大气。活性焦在反应器内从上到下依靠重力缓慢移动，吸附饱和后从底部排出，送入再生反应器进行再生。再生反应器也为移动反应器，以间接加热的形式把吸附过 SO_2 的活性焦加热到 300～500℃，使活性焦得以再生。反应器内的活性焦从上往下移动，停留一段时间后排出反应器，再经筛分送回活性焦脱硫塔循环使用；产生的高浓度 SO_2 气体送到气体回收生产装置，生产硫酸或其他化工产品。所用的活性焦为日本三井自行对煤炭热加工(炭化加工和活化加工)后制备的碳基多孔性吸附剂，能够吸附锅炉和化工厂排出废气中所含的硫氧化物，存在 NH_3 时可使 NO_x 被催化分解为 N_2 和 H_2O，也可同时去除有毒的痕量化合物以及重金属。在一定条件下的脱硫效率可达 95%以上，脱硝效率可达 70%以上。

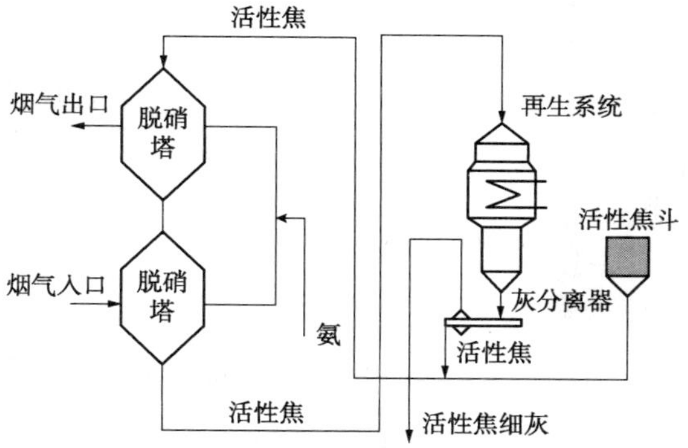

图 6-2-23　MET-Mitsui-BF 干法活性炭脱硫脱硝的工艺流程示意图

(3)吸附净化装置

如图 6-2-24(a)所示，某钢铁企业烧结烟气活性炭吸附脱硫脱硝装置主要由吸附系统、解吸再生系统、副产物回收利用系统等三部分构成。

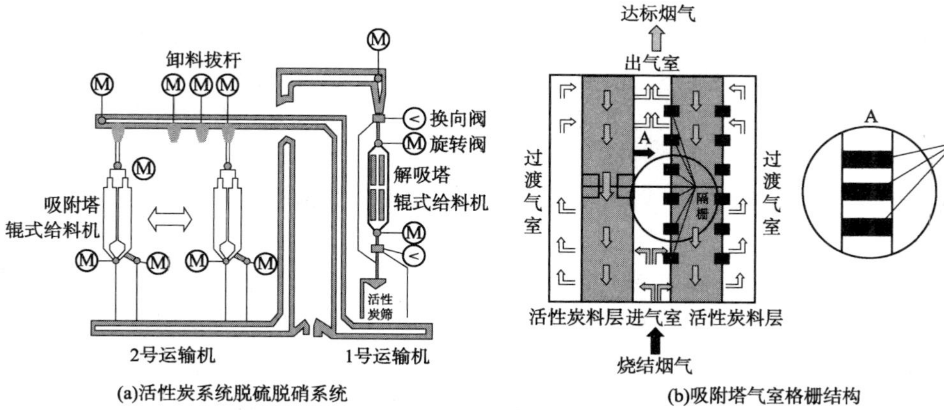

图 6-2-24　某钢铁企业烧结烟气吸附净化装置的示意图

①吸附系统。是整个工程中重要的部分，主要由吸收塔、NH_3 添加系统等组成。在吸收塔内设置了进出口多孔板，使烟气流速均匀，提高净化效率。图 6-2-24(b)中吸收塔内设置 3 层活性炭移动层，便于高效脱硫。

②解吸再生系统。吸附了 SO_2 和 NO_x 的活性炭，从上至下送至解吸塔，经过加热段加热至 400℃以上，将所吸附的物质解吸出来。解吸后的活性炭在冷却段中冷却到 150℃以下，然后经过输送机再次送至吸附塔，循环使用。解吸塔本体如图 6-2-25 所示，从上到下依次为装料段、分配段、解吸段、分离段、冷却段和卸料段。

③烟气中尘态二噁英在吸附塔内被活性炭移动层的过滤集尘功能捕集，气态二噁英被活性炭吸附。吸附了二噁英的活性炭在强酸环境下氧化分解，在催化剂作用下将苯环间的氧基破坏，使二噁英发生结构转变裂解为无害物质。

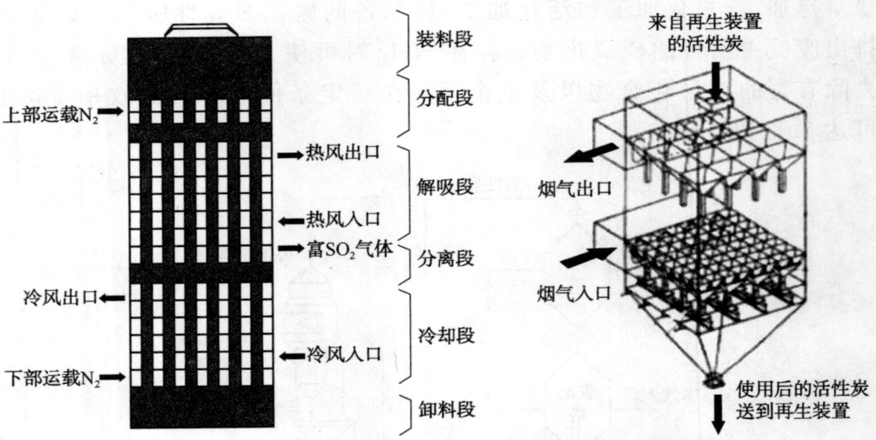

图 6-2-25　某钢铁企业烧结烟气解吸过程的示意图

④副产物回收利用系统。活性炭吸附下来的 SO_2 在解吸塔内成为富 SO_2 气体(SRG)，排至后处理设施，在干吸工序经过一级干燥、二次吸收、循环酸泵后冷却的流程，使用浸没燃烧法得到 98％的浓硫酸副产品，从而实现回收利用。

§6.3　冷凝法净化技术与设备

在气液两相共存的体系中，存在着某些组分的蒸气态物质由于凝结而变为液态物质的过程，同时也存在着该组分的液态物质由于蒸发而变为蒸气态物质的过程。当凝结与蒸发的量相等时达到相平衡，此时液面上的蒸气压即为该温度下与该组分相对应的饱和蒸气压。在不同温度下，一些物质的饱和蒸气压可查相关手册。若气相组分的蒸气压小于其饱和蒸气压时，则液相组分将挥发至气相；若气相组分的蒸气压大于其饱和蒸气压时，则蒸气将凝结为液体。

冷凝净化法是利用同一物质在不同温度下具有不同饱和蒸气压，或不同物质在同样温度下有不同饱和蒸气压这一性质，通过降低系统温度或提高系统压力，使气态污染物凝结成液体，进而从废气中分离出来。由于冷凝过程中，被冷凝物质仅发生物理变化而化学性质不变，故可直接回收利用。冷凝法适用于回收蒸气态高浓度有害物质，例如高浓度有机蒸气、高浓度 HCl 废气、氯碱工业中的高浓度含汞蒸气等。虽然通过降低系统温度和提高系统压力，从理论上讲可以获得很高的净化程度，但低温高压下操作往往使运行费用增加，操作维护复杂，因此往往采用冷却介质进行常压直接冷凝。为提高冷凝效率，直接冷凝一般采用多级连续冷却方法降低废气的温度，使气态污染物凝聚为液体分离出来。

冷凝法通常作为净化高浓度废气的预处理工序，从降低污染物浓度和减少废气体积两方面减少吸收、吸附、燃烧等后续净化工艺的负荷。例如，炼油厂、油毡厂氧化沥青生产中的尾气就是先冷凝回收馏出油及大量水分，以大大减少尾气气量，有利于下一步的燃烧净化。

按冷却介质与废气是否直接接触，冷凝法净化设备可分为接触冷凝器(直接冷却)和表面冷凝器(间接冷却)两类。

一、接触冷凝器及其应用

接触冷凝器又称混合冷凝器，废气与冷却介质(冷却剂)直接接触，一般用水作冷却剂。

如图 6-3-1 所示，大部分的吸收设备都能作为直接冷凝器，如喷淋塔、填料塔、文丘里洗涤塔(文丘里洗涤器，Venturi Scrubber)、板式塔、喷射塔等。虽然使用这类设备的冷却效果好，但要求废气中的组分不与冷却介质发生化学反应，也不能互溶，否则难以分离回收。为防止二次污染，冷凝液要进一步处理。

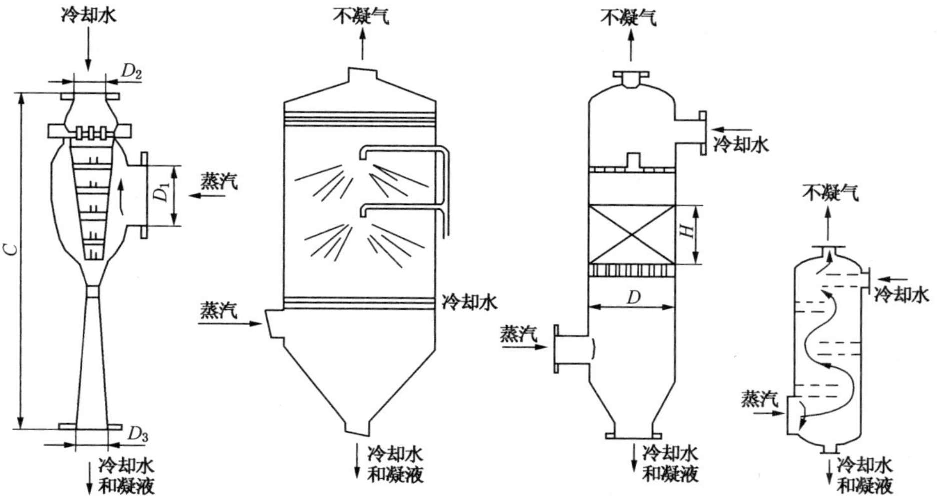

图 6-3-1 接触冷凝器的结构示意图

1. 喷射式接触冷凝器

喷射式接触冷凝器如图 6-3-1(a)所示。喷出的水流既冷凝蒸气，又带出废气，不必另加抽气设备。喷射式接触冷凝器的用水量较大，可根据冷却水用量来选择设备，有关尺寸见表 6-3-1。

表 6-3-1 喷射式冷凝器的参考尺寸

冷却水量/(m^3/h)	D_1/mm	D_2/mm	D_3/mm	C/mm
1.5	32	25	25	345
3.5	50	38	38	410
7	75	38	50	570
13	100	50	62	750
21	150	62	75	1060
30	200	75	88	1260
54	250	88	100	1410
90	300	100	125	1472
136	350	125	125	2070
194	450	150	150	2500
252	500	175	200	2800
450	600	200	250	3200
650	750	250	300	3800

2. 喷淋式接触冷凝器

喷淋式接触冷凝器的结构类似于喷洒吸收塔，如图 6－3－1(b)所示。利用塔内喷嘴把冷却水分散在废气中，在液体表面进行热交换。

3. 填料式接触冷凝器

填料式接触冷凝器的结构类似于填料吸收塔，如图 6－3－1(c)所示。利用填料表面进行热交换，填料的比表面积和孔隙率大，有利于增加接触面积和减少阻力。

4. 塔板式接触冷凝器

塔板式接触冷凝器的结构类似于板式吸收塔，如图 6－3－1(d)所示。塔板筛孔直径为3～8mm，开孔率为 10%～15%。填料式接触冷凝器单位容积的传热量为 3350～4190kJ/(m^3·h)，塔板式接触冷凝器单位容积的传热量为 41900～105000kJ/(m^3·h)，但塔板式接触冷凝器的阻力较大。

二、表面冷凝器

表面冷凝器又称间壁式冷凝器，有害气体被间壁另一侧的冷却剂冷却。使用这类设备可回收被冷凝组分，无二次污染，但冷却效果较差。表面冷凝器有翅片管式空冷冷凝器、列管式冷凝器、螺旋板式冷凝器、喷洒式冷凝器、蛇管冷凝器等。

1. 翅片管式空冷冷凝器

如图 6－3－2 所示，翅片管式空冷冷凝器的特点是冷凝管外装有许多金属翅片，以扩展换热面积和促进空气湍流，翅片可用机械轧制、焊接或铸造。工作过程中，空气在翅片管外面流过，冷却冷凝管内通过的流体，一般当冷热流体的传热系数相差 3 倍或更多时采用。优点是传热能力强和节约水，缺点是设备体积庞大，占用空间大，造价高，因流阻大而使得动力消耗大，适用于缺水地区。

2. 列管式冷凝器

列管式冷凝器也称为壳管式冷凝器，如图 6－3－3 所示，是一种传统的标准设备，其结构简单、坚固，处理能力大，适应性强，操作弹性较大。列管式冷凝器按具体结构的不同，一般可分固定管板式、浮头式、填料函式和 U 形管式等 4 种类型。

固定管板式将管子两端固定在位于壳体两端的固定管板上，管板与壳体固定在一起。结构简单、重量轻、成本低，适用于管-壳温度差小于 60～70℃、壳程压力较小的情况，但壳程不能检修和清洗，因此宜用于不易结垢和清洁的流体换热。

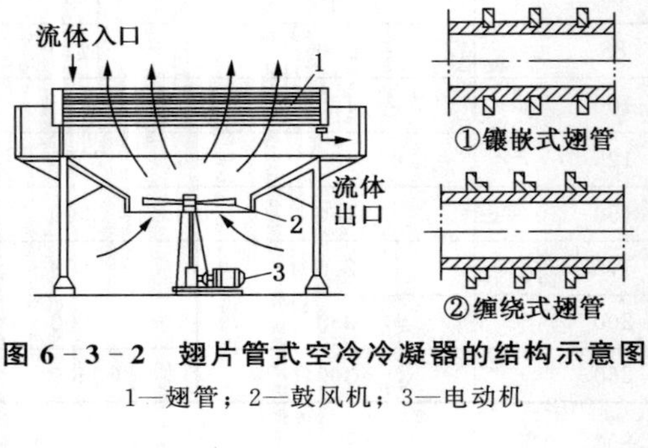

图 6－3－2　翅片管式空冷冷凝器的结构示意图

1—翅管；2—鼓风机；3—电动机

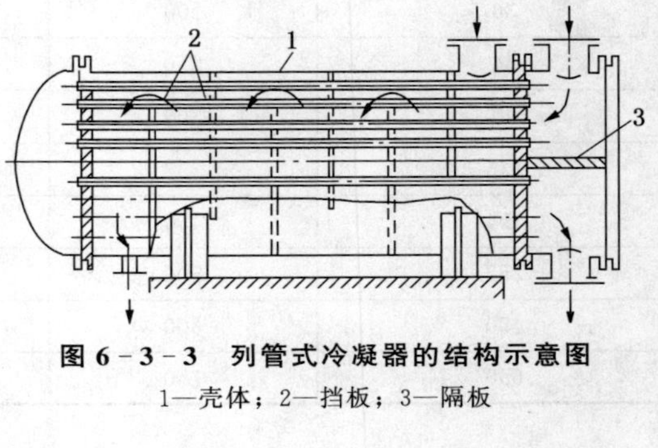

图 6－3－3　列管式冷凝器的结构示意图

1—壳体；2—挡板；3—隔板

浮头式冷凝器中，一端管板与壳体用法兰固定连接，另一端管板可相对于壳体滑动，由于浮头位于壳体内部，故又称内浮头式冷凝器或换热器。浮头式冷凝器中管束的热膨胀不受壳体的约束，故壳体与管束之间不会因差胀而产生热应力；在需要清洗和检修时，可将整个管束从固定端抽出。主要用于管子和壳体间温差大、壳程介质腐蚀性强、易结垢的场合。由于结构复杂，金属消耗多，应用受到一定限制。

填料函式冷凝器中，使一端管板固定而另一端管板可在填料函中滑动，由于浮头露在壳体外面，故又称外浮头式冷凝器或换热器。由于填料密封处容易泄漏，故不宜用于易挥发、易燃、易爆、有毒和高压流体的场合。此外，由于制造复杂，安装不便，因此不常采用。

U 形管式冷凝器中的管束由 U 形弯管组成，两端固定在同一块管板上，弯曲端不加固定，每根管子可自由伸缩，不受其他管子及壳体的影响。不会因管壳之间的温差而产生热应力，热补偿性能好；管程为双管程，流程较长，流速较高，传热性能较好；承压能力强；管束可从壳体内抽出，便于检修和清洗，且结构简单，造价便宜。但管内清洗不便，管束中间部分的管子难以更换，又因最内层管子的弯曲半径不能太小，在管板中心部分布管不紧凑，所以管子数不能太多，且管束中心部分存在间隙，使壳程流体易于短路而影响壳程换热。此外，为了弥补弯管后管壁的减薄，直管部分需用壁较厚的管子。上述特点影响了 U 形管式冷凝器的使用场合，仅宜用于管壳壁温相差较大或壳程介质易结垢而管程介质清洁及不易结垢，高温、高压、腐蚀性强的情形。

列管式冷凝器的型式与基本参数都已有系列化标准，可根据需要经初步设计后选用。

3. 螺旋板式冷凝器

如图 6－3－4 所示，螺旋板式冷凝器的特点是结构紧凑，传热性能好，传热效率高(传热系数比列管式冷凝器高 1～3 倍)，不易堵塞；缺点是操作压力和温度不能太高，不能耐高压。目前国内已有系列标准的螺旋板式换热器，采用的材质为碳钢和不锈钢两种。

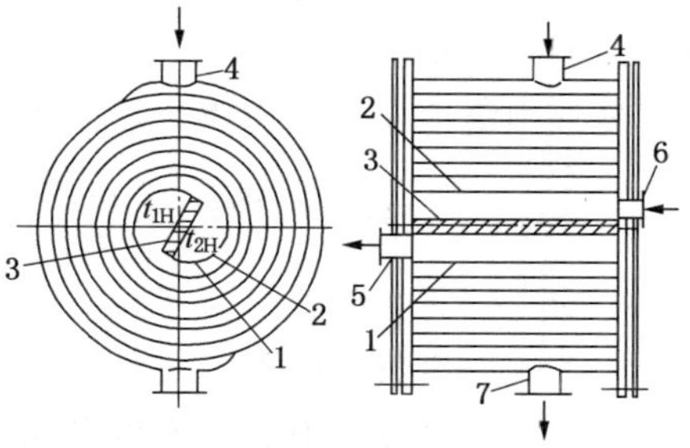

图 6－3－4　螺旋板式冷凝器的结构示意图

1，2—金属片；3—隔板；

4，5—冷流体连接管；6，7—热流体连接管

三、冷凝器的相关设计计算

1. 露点和泡点的计算

物质在不同的温度和压力下，具有不同的饱和蒸气压。对应于废气中有害物质饱和蒸气压下的温度称为该混合气体的露点温度。即在一定压力下，某气体物质开始冷凝出现第一个液滴时的温度，简称为露点。混合气体中有害物质的温度必须低于露点才能冷凝下来。在衡压下加热液体，液体开始出现第一个气泡时的温度，简称泡点。冷凝温度一般在露点和泡点之间，冷凝温度越接近泡点，则净化程度越高。通常也可用压缩法使气态有害物质在临界温度和临界压力下变成液态，从而除去或回收有害物质，但由于费用较高，目前使用较少。

(1)露点的计算

假设气体混合物中含有多种组分，其组成分别为 y_1、y_2、…、y_i、…、y_n，则有

$\sum_{i=1}^{n} y_i = 1$。

假设系统压力为 p 时的露点温度为 t，查表得各组分的平衡常数 m_1、m_2、…、m_i、…、m_n，与此气体混合物相平衡的液滴组成 x_i 为

$$x_1 = \frac{y_1}{m_1},\ x_2 = \frac{y_2}{m_2},\ \cdots,\ x_i = \frac{y_i}{m_i},\ \cdots,\ x_n = \frac{y_n}{m_n} \tag{6-3-1}$$

且液滴中各组分之和应等于1，即 $\sum_{i=1}^{n} x_i = 1$，如 $\sum_{i=1}^{n} x_i \neq 1$，则重新假设露点为 t，并进行计算，直至 $\sum_{i=1}^{n} x_i = 1$，此时所对应的温度即为露点。

(2)泡点的计算

假设系统压力为 p 时的泡点温度为 t，查表得各组分的平衡常数 m_1、m_2、…、m_i、…、m_n，与此气体混合物相平衡的液滴组成 y_i 为

$$\sum_{i=1}^{n} y_i = m_1 x_1 + m_2 x_2 + \cdots + m_i x_i + \cdots + m_n x_n = 1 \tag{6-3-2}$$

与露点温度的计算过程相同，以 $\sum_{i=1}^{n} y_i$ 是否等于1来判断假设温度是否为泡点。

2. 接触冷凝器的设计计算

接触冷凝器的设计计算可以用热量衡算来解决，有害蒸气冷凝放出的冷凝潜热及废气和冷凝液进一步释放的显热都用冷却水来吸收。冷却水用量及管道、水池等有关设备的计算，根据最大冷凝量决定。

废气中能冷凝回收有害物质最大量 G 的计算公式如下

$$G = 0.12\left(\frac{p_1}{273 + t_1} - \frac{p_2}{273 + t_2} \times \frac{101325 - p_1}{101325 - p_2}\right) \cdot V \cdot M(\mathrm{g/h}) \tag{6-3-3}$$

式中 M——有害物质的分子量；

V——废气处理量，$\mathrm{m^3/h}$；

p_1、t_1——冷凝前有害物质的分压及温度，Pa 及℃；

p_2、t_2——冷凝后有害物质的饱和蒸汽压及冷却温度，Pa 及℃。

冷却水用量 G_w 按下式计算

$$G_w = \frac{[G\Delta H + GC_p(t_1 - t_2) + G_g C_p{'}(t_1 - t_2)]}{C_w(t_2{'} - t_1{'})}(\mathrm{kg/h}) \tag{6-3-4}$$

式中 G——气态有害物质冷凝量，kg/h；

G_g——废气量，kg/h；

ΔH——气态有害物质的冷凝潜热，kJ/kg；

C_p、$C_p{'}$——液态有害物质和废气的比热容，kJ/(kg·℃)；

C_w——冷却水的比热容，kJ/(kg·℃)；

$t_1{'}$、$t_2{'}$——冷却水进、出口温度，℃。

3. 表面冷凝器的换热计算

在选用和设计表面冷凝器之前，都需要进行换热计算，以确定所需要的传热面积。表面冷凝器的总换热量值 Q 包括气态有害物质冷凝放出的潜热、冷凝液进一步冷却的显热和废

气冷却的显热，可按下式计算

$$Q=G\Delta H+GC_p(t_2-t_1)+G_gC_p{}'(t_2-t_1)(\mathrm{kJ/s}) \quad (6-3-5)$$

根据传热理论，总传热方程为

$$Q=KF\Delta t_m \quad (6-3-6)$$

式中 Q——总换热量，包括气体有害物质冷凝的潜热以及废气冷凝液进一步冷却的显热，kJ/h；

K——总传热系数，kJ/(m²·h·℃)；

F——冷凝器传热面积，m²；

Δt_m——对数平均温度差，℃。

总传热系数 K 不仅与换热器，而且与进行热交换的两种流体本身的物理性质和流动状态有关。表 6-3-2 为列管式冷凝器传热系数的参考值。表 6-3-3 为翅片管式空冷冷凝器传热系数的参考值。

表 6-3-2 列管式冷凝器传热系数的参考值

管 内	管 间	K/[kW/(m²·℃)]
水	有机物蒸气及水蒸气	0.58～1.16
水	重有机物蒸气(常压)	0.12～0.35
水	重有机物蒸气(负压)	0.06～0.18
水	饱和有机溶剂蒸气(常压)	0.58～1.16
水	饱和水蒸气、氯气(50℃→20℃)	0.38～0.18
水	SO_2(冷凝)	0.81～1.16
水	NH_3(冷凝)	0.70～0.93
水	氟里昂(冷凝)	0.76
水或盐水	饱和有机溶剂蒸气(常压，有不凝气)	0.23～0.46
水或盐水	饱和有机溶剂蒸气(常压，不凝气较多)	0.06～0.23
水或盐水	饱和有机溶剂蒸气(负压，有不凝气)	0.18～0.35
水或盐水	饱和有机溶剂蒸气(负压，不凝气较多)	0.06～0.17

注：水蒸气含量越低，K 值越小。

表 6-3-3 翅片管式空冷冷凝器传热系数的参考值

介 质	K/[W/(m²·℃)]	介 质	K/[W/(m²·℃)]
水蒸气(0～1.32×10^5Pa 绝压)	730～790	氟利昂—22	340～450
氨	570～690	甲醇甲酸(1.01×10^5Pa)	510

根据传热计算求得总传热量后，便可由总传热方程估算所需传热面积 F，进而可选用或自行设计表面冷凝器。

4. 列管式冷凝器的设计计算

在列管式冷凝器中，一般冷却水走管程，蒸气走壳程。设计计算内容包括：计算管程流通截面积，确定管子尺寸、数目及流程数；选择管子的排列方式，确定圆筒壳体直径；计算壳程流通截面积；计算进、出口连接管尺寸等。

(1)管程流通截面积的计算

单程冷凝器的管程流通截面积 A_t 为

$$A_t=\frac{M_t}{3600\rho_t w_t}(\mathrm{m}^2) \tag{6-3-7}$$

式中 M_t——管程流体的质量流量，kg/h；

ρ_t——管程流体的密度，$\mathrm{kg/m^3}$；

w_t——管程流体的流速，m/s。

为保证流体按选定流量和流速通过列管式冷凝器，则所需管数 n 为

$$n=\frac{4A_t}{\pi d_i^{\ 2}} \tag{6-3-8}$$

式中 d_i——换热管内径，m。

为满足换热计算得到的所需传热面积 F，每根换热管的长度 L 为

$$L=\frac{F}{n\pi d} \tag{6-3-9}$$

式中 d——换热管的计算直径，m；一般取换热系数小一侧的数值；若两层数值接近，则取内外直径的平均值；

F——换热计算得到的所需传热面积，m^2；

n——换热管的根数。

在选定每一流程的换热管长度 L 时应该考虑到，当所需传热面积 F 为一定时，增大换热管长度 L 可减少换热器的直径，从而使热交换器的成本有所降低。但另一方面，换热管长度 L 过大会给管束的清洗和拆换增加困难，又使检修时抽出管束所需空间增大。

目前所采用的换热管长度与壳体直径之比(L/D)一般在 4～25 之间，卧式热交换器选用 6～10，立式热交换器选用 4～6。推荐采用的换热管长度系列为：1000mm、1500mm、2000mm、2500mm、3000mm、4500mm、6000mm、7500mm、9000mm 和 12000mm 等。

因此，如果按式(6-3-9)所得换热管长度值过大时，则需分程，即设计成多管程的热交换器。当换热管长度选定为 l 后，所需的管程数 Z_t 就可按下式确定

$$Z_t=L/l \tag{6-3-10}$$

总换热管根数为

$$n_t=nZ_t \tag{6-3-11}$$

式中 n_t——总换热管数；

n——每程的换热管管数。

在确定管程数时，也要考虑到管程数过多会使隔板在管板上占去过多的面积，使管板上能排列的换热管根数减少，流体穿过隔板垫片短路的机会增多。流程数增多，流速加快，传热增强，但流体转弯次数增加，增大了流动阻力。此外，流程数最好选取偶数，这样可使流体的进、出口连接管做在同一个封头管箱上，便于制造。

(2)壳体直径的确定

在确定换热器壳体直径时，首先应确定壳体的内径。确定多管程换热器内径的大小时，最可靠的方法是根据所选择的换热管管径、管间距、管子排列方法，以及计算出的实际换热管根数、隔板的大小和尺寸，并考虑壳体内径和最大布管圆直径之间的关系，通过作图法加以确定。

在初步设计中，也可用下述关系估计换热器壳体内径 D_s

$$D_s=(b-1)S+2b'(\mathrm{mm}) \tag{6-3-12}$$

式中 b——位于管束中心线上的换热管根数；

S——相邻两根换热管的中心距，$S=(1.3\sim1.5)d_0$，m；

b'——管束中心线上最外层管的中心至壳体内壁的距离，$d'=(1\sim1.5)d_0$，m；

d_0——换热管的外径，mm。

按计算或作图得到的内径应圆整到标准尺寸。至于壳体厚度，则应通过强度计算加以确定，并应符合《压力容器》(GB/T 150.1～150.4)中关于最小壁厚和壁厚附加量的最新要求。《热交换器》(GB/T 151)中规定，公称直径小于 ϕ400mm 的热交换器，采用无缝钢管作为壳体；公称直径≥ϕ400mm 的热交换器采用卷制壳体，以 400mm 为基础，以 100mm 为进级档，必要时允许以 50mm 为进级档。

(3)进出口连接管直径的计算

$$D=\sqrt{\frac{4G}{\pi\rho w}}=1.13\sqrt{\frac{M}{3600\rho w}}\ (\mathrm{mm}) \tag{6-3-13}$$

式中 M——流体质量流量，kg/h；

ρ——流体密度，kg/m^3；

w——流速，m/s。

流速的取值应尽量选择与设备中的相同，按上式算出的管径，还应圆整到最接近的标准管径。

四、冷凝法的典型工程应用

1. 轻质油品油气回收

油库、加油站收油过程中产生的油气浓度一般在 40%左右，属于高浓度有机气体，可以用直接冷凝法进行回收。我国引进第一台冷凝油气回收设备来自原美国 Edwards Engineering 公司，图 6-3-5 所示为该公司冷凝法油气回收的典型工艺流程，一般按预冷、机械制冷、液氮制冷等步骤来实现。预冷器是一个单级冷却器，其运行(冷凝)温度在油气各成

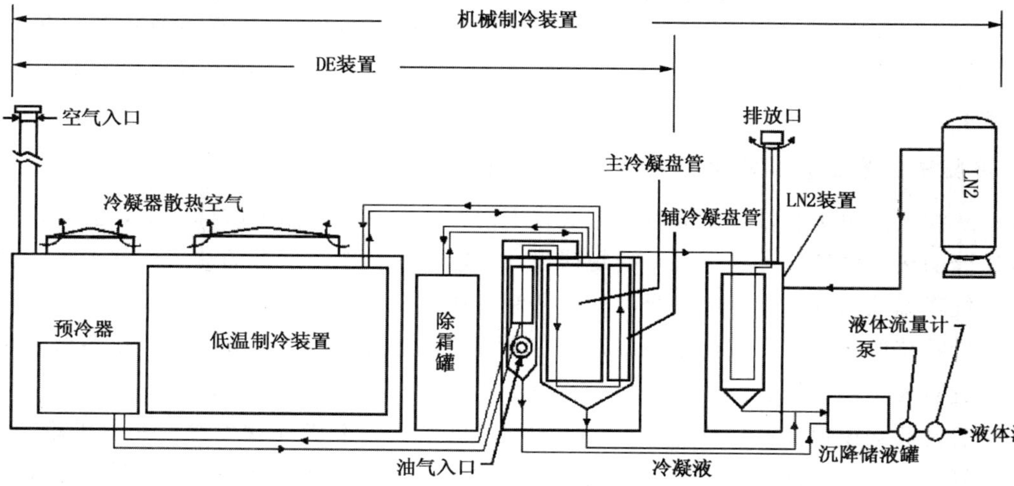

图 6-3-5 直接冷凝法回收油气的工艺流程示意图

分的凝结温度以上，使进入的油气从环境温度下降到4℃左右，使油气中的大部分水汽凝结为水而均一化气相状态，减少回收装置的运行能耗。油气离开预冷器后进入两级机械制冷，第一级冷却器的工作温度范围为－35～10℃，第二级冷却器(串联一级冷却器和低温制冷系统)的工作温度范围为－73～－40℃。经过两级机械制冷后可使大部分油气冷凝成液体回收，油气排放浓度能够达到35mg/L。如果要求油气排放浓度更低(如20mg/L或10mg/L)，则需要再联接采取液氮制冷的第三级冷却器。由于第一级、第二级和第三级冷却器的工作温度都在0℃以下，油气中的水分将在冷却器表面凝霜，因而需要定期除霜。一般在以24h为一个周期的时间内，需停止运行1～2h作为除霜时间。有的油气回收装置采用两套冷凝系统交替工作，则不需专门安排停机时间来给冷却器除霜。除霜所需热量来自制冷压缩机的气体-液体热交换器，通过冷却器中的第二套管道传送热暖流使其上的结霜熔化。

用冷凝法进行汽油油气回收处理所得到的汽油量，与进入回收装置的油气浓度及装卸汽油的量直接相关，回收装置的效益还取决于其能量消耗。原美国Edwards Engineering公司根据多年实际经验得出：若油气浓度为40%时，每装载1000gal汽油，大约可回收1.7gal(6.44L，4.83kg)汽油。

如果根据不同的要求设定温度和进行压缩机的配置，冷凝法工艺还可以与吸附法、膜分离法、吸收法等工艺组合使用。

2. 冷凝法处理高浓度HCl废气

对于高浓度的HCl废气，可采用石墨冷凝器回收利用，废气走管程，冷却介质走壳程，废气温度降低到露点以下，HCl组分发生冷凝，同时废气中的水蒸气也被冷凝。冷却介质通常为自来水。

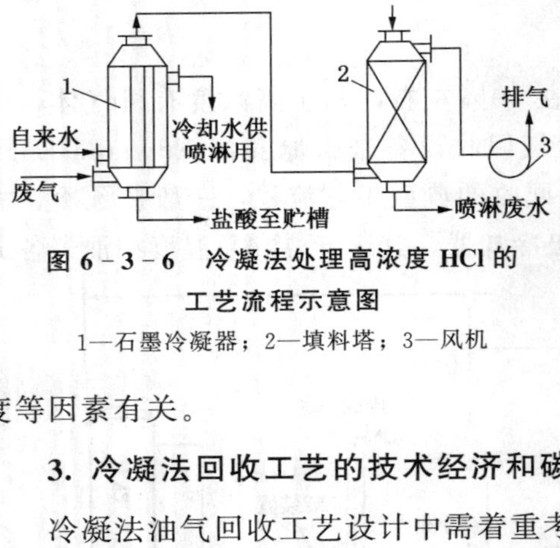

图6-3-6　冷凝法处理高浓度HCl的工艺流程示意图

1—石墨冷凝器；2—填料塔；3—风机

图6-3-6所示为冷凝法的工艺流程，HCl首先在冷凝器中被冷凝，和冷凝水混合，部分HCl也可被管壁液所吸收，得到的盐酸浓度可达10%～20%，供生产中调配使用。从冷凝器中排出的废气在喷淋塔进一步用水喷淋吸收，然后排至大气中，HCl的总净化效率达90%以上。

石墨冷凝器中，既有传热过程，又有传质过程，其冷凝吸收效率与操作温度、气速、HCl浓度等因素有关。

3. 冷凝法回收工艺的技术经济和碳排放分析

冷凝法油气回收工艺设计中需着重考虑以下问题：①在冷凝温度的选取上，应综合考虑油气各组分的热力学性质，根据其冷凝规律设计耗能低、排放浓度低的油气回收工艺；②由于要将油气降温至较低温度，应综合考虑设备制造成本、运行成本和最终排放指标，同时综合考虑冷凝系统的碳排放；③由于冷凝过程中会多次换热，油气中不凝气体、换热器效率和结霜等问题需要特别考虑。

采用工艺流程模拟商业软件Aspen HYSYS，可以比较准确地模拟冷凝系统处理流程，计算油气等混合物的物性，比较不同油气组分的回收效果并做分析研究，为实际应用提供理论上的指导。以液氮冷凝VOCs深冷回收技术为例，在综合分析时可采用以下方程进行计算。

①质量守恒方程

$$X_i L_{i,j} + Y_i G_{i,j} = X_0 L_{0,j} + Y_0 G_{0,j} \qquad (6-3-14)$$

式中 X_i、Y_i(X_0、Y_0)——分别为液相和气相的入口(出口)废气流量，kg/s；

$L_{i,j}$、$G_{i,j}$($L_{0,j}$、$G_{0,j}$)——分别为液相和气相的入口(出口)废气中组分 j 的质量分数。

②物料平衡方程

$$\sum L_j = 1 \text{，} \sum G_j = 1 \qquad (6-3-15)$$

式中 L_i、G_i——分别为组分 j 液相和气相的摩尔分数。

③能量守恒方程

$$X_i H_{i,X} + Y_i H_{i,Y} + Q = X_0 H_{0,Y} + Y_0 H_{0,Y} \qquad (6-3-16)$$

式中 H_i、$H_{i,Y}$(H_0，$H_{0,Y}$)——分别为液相和气相的入口(出口)质量流量的焓，kJ/kg；

Q——制冷量，kW。

④系统需要的制冷量与液氮提供的制冷量

$$Q_R = UA \times \Delta T \qquad (6-3-17)$$

$$Q_{LN} = Q_L + Q_S = Q_R \qquad (6-3-18)$$

$$Q_L = M_{LN} \times L_{LN} \qquad (6-3-19)$$

$$Q_S = M_{LN} \times (H_{N1} - H_{N2}) \qquad (6-3-20)$$

式中 Q_R——系统需要提供的制冷量，kW；

U——传热系数，kW/(m^2·K)；

A——传热面积，m^2；

ΔT——传热温差，K；

Q_{LN}——液氮提供的制冷量，kW；

Q_L、Q_S——分别为液氮提供的潜热和显热，kW；

M_{LN}——消耗的液氮质量流量，kg/h；

L_{LN}——液氮的气化潜热，kJ/kg；

H_{N1}、H_{N2}——分别为氮气对应温度下的比焓，kJ/kg。

⑤经济效益比 θ

$$\theta = M_{LVOCs} / M_{LN} \qquad (6-3-21)$$

式中 M_{LVOCs}——回收冷凝液的质量流量，kW。

⑥碳减排量

$$E_{CO_2} = LHV_{fule} \times EF_{CO_2} \qquad (6-3-22)$$

式中 E_{CO_2}——CO_2 的碳排放量，kg；

LHV_{fuel}——燃料的燃烧热量，TJ(基于净热值)；

EF_{CO_2}——按燃料类型划分的给定温室气体的默认排放因子(kg gas/TJ)，对于 CO_2(包括碳氧化因子)，假设为 1。

以某现场“甲醇＋MTBE”罐区废气、“柴油＋汽油＋石脑油”装车台废气和“柴油＋汽油＋石脑油”罐区废气回收处理用的三套液氮冷凝系统装置为例，设计油气回收处理装置的风量负荷分别为 300m^3/h、600m^3/h、2000m^3/h，实际运期间的风量负荷由于运行操作和环境因素分别在 0～300m^3/h、0～600m^3/h、0～2000m^3/h 范围内波动。采用上述公式计算，对于具有高价值的高浓度 VOCs 废气，采用液氮冷凝法是一种合适的回收技术，经济效益和碳减排效益显著。随着浓度的增加，经济效益比呈增加趋势，回收液氮气化产生不受污染的氮气后，可以进一步提高系统的经济效益。当废气浓度从 3.8%增加至 19.0%时，年碳减排量从 1489t 增加至 7484t，增长了 4 倍。不同组分 VOCs 的经济效益受到其本身市场价格的影响，待回收 VOCs 的市场价格越高，经济性越高。风量从 300m^3/h 增加至 700m^3/h，系统的经济效益比保持不变，但年碳减排量从 744t 增加至 1737t，说明对于具有高价值的高浓度 VOCs 废气，液氮冷凝法适用的风量工况范围较宽。

通过理论计算分析可知，三套装置的废气回收效率均高于 98.7%，实现的碳减排量为 127t、299t、1534t，碳减排效果显著。尤其是对于“柴油＋汽油＋石脑油” VOCs 废气的两套装置，在连续运行周期约 240d 下的总液氮消耗量大约为 2300 t，经济效益比在 0.27 左右。

§6.4　催化法净化技术与设备

催化剂是一种改变反应速率但不改变反应总标准吉布斯自由能的物质，在环保、能源及化工过程中有着重要的应用。气态污染物的催化转化就是借助催化剂的催化作用，使污染物在催化剂表面发生化学反应，转化成无害物质或易于处理与回收利用物质。催化转化法对不同浓度气态污染物都有较高的转化效率，且无须使污染物与主气流分离，避免了其他方法可能产生的二次污染，操作过程简单。气态污染物净化中使用的催化剂包括化学催化剂、生物酶催化剂、光催化剂和光热催化剂等。催化转化的效率与气态污染物的组分和工况、催化剂的活性与寿命、催化工艺的运行参数、催化设备的结构与布局等因素有关，在应用催化法净化气态污染物时，通常需要把握 3 个关键步骤：①催化剂的选择；②催化过程的操作条件优化；③催化设备的选型与设计。

一、催化法气态污染物净化原理

1. 催化剂的分类

催化剂可分为均相催化剂和多相催化剂(非均相催化剂)两大类。均相催化剂与反应物料处于同一种相态——固态、液态或气态，主要包括 Lewis 酸、碱在内的酸碱催化剂和可溶性过渡金属化合物(或络合物)两大类，也有少数非金属分子作为均相催化剂，如 I 和 N 等。多相催化(非均相催化)是指反应物料所处的相态与催化剂不同，如气固催化、液固催化和气液固三相催化体系，其中催化剂通常多为固相，工业用固相催化剂按其作用原理分为固体酸碱催化剂、金属催化剂、负载型过渡金属催化剂、过渡金属氧化物和硫化物催化剂等四种类型。

催化剂在反应过程中所起的作用称为催化作用，催化法净化气态污染物属于多相催化作用，待反应物与催化剂表面发生接触进而吸附在催化剂表面上，并使其化学键松弛。由于催化反应在接触面上发生，因而在工业上也称固体催化剂为触媒。

2. 催化净化机理

催化作用的化学本质是诱发了原反应所没有的中间反应，使化学反应沿着新的途径进行。

催化法可分为催化氧化和催化还原两大类。催化氧化法是使气态污染物在催化剂作用下被氧化，例如在处理高浓度的 SO_2 尾气时，以 V_2O_5 为催化剂，将 SO_2 氧化成 SO_3，用水吸收制取硫酸，从而使尾气得以净化。催化还原法是使气态污染物在催化剂作用下，与还原性气体发生反应而转化成无害物质的净化过程。

催化燃烧可以看作是催化净化的一个特殊分支，即使用催化剂使废气中的可燃物质在较低温度下氧化分解，主要用于含水蒸气及碳氢化合物的废气净化处理。

3. 固相催化剂及其组成

固相催化剂通常由活性组分、助催化剂和载体组成，有的还加入成型剂和造孔物质，以制成所需要的形状和孔结构。

(1)活性组分

活性组分是决定催化剂活性的关键组分，一般以该组分的名称命名催化剂。贵金属催化剂因其无可替代的催化活性和选择性，常单独使用或联合使用作活性组分。以非贵重金属作活性组分的主要有钡、铬、锰、铁、钴、镍、铜和锌等，通常在这些金属中选择几种合制成一种多活性组分的催化剂。

(2)助催化剂

助催化剂是加到催化剂中的少量物质，这种物质本身没有活性或者活性很低，通过改变催化剂的化学组成和结构、离子价态、酸碱性、晶格结构、表面结构、孔结构、分散状态、机械强度等来提高催化剂的活性、选择性和稳定性。助催化剂按功能可分为结构型、电子型和晶格缺陷型三类。

(3)载体

载体是活性物质的分散剂、胶黏剂和支撑物，是负载催化剂的骨架，能改变催化剂的活性、选择性、热稳定性、机械强度以及催化过程中的传递特性。从组成上看，载体分为惰性载体和活性载体两大类。从结构上看，载体有片粒状和蜂窝状两种。片粒状载体又包括棒状、片状、球状、圆柱状以及其他挤压成型的形式。蜂窝状结构由于压力损失小，对热冲击适应性强，在工业上得到广泛应用。

二、催化设备与工艺

1. 催化设备的类型与选择

气态污染物净化过程用的催化反应器一般为气-固相催化反应器，该反应器与吸附净化装置相类似，分为固定床和流化床两种。目前，气态污染物的净化主要采用中小型固定床反应器，且多为间歇式操作，而大型设备多为连续操作的流化床反应器。

(1)固定床催化反应器

固定床催化反应器结构简单，体积小，催化剂用量少且在反应器内磨损少，气体与催化剂接触紧密，催化效率高，气体在反应器内的停留时间容易控制，操作管理方便。但这类反应器的缺点是催化剂层的温度不均匀，当床层较厚或气体穿过速度较高时，动力消耗大，不能采用细粒催化剂，以免被气流带走，催化剂更换或再生也不方便。

大多数催化反应是吸热或放热的过程，需要反应器内保持一定的温度，这就要求反应器能以适当方式及时输入或输出热量。根据换热要求和方式的不同，固定床催化反应器分为绝热式和换热式两种。用于气态污染物净化的固定床催化反应器通常为绝热式反应器，又可分为单段式[图 6-4-1(a)]、多段式[图 6-4-1(b)]、列管式[图 6-4-1(c)]及径向反应器(图 6-4-2)。

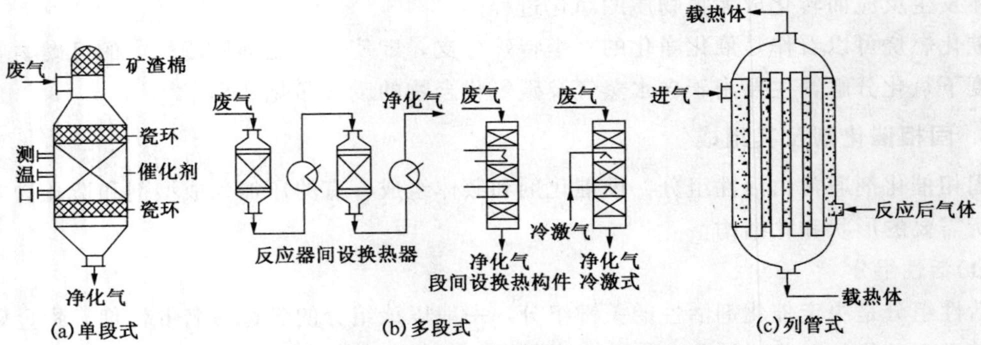

图 6-4-1　绝热式反应器的结构示意图

①单段绝热式反应器。外形一般呈圆筒形，在反应器的下部装有栅板，催化剂均匀堆置其上形成床层，物料进口处有保证气流均匀分布的气体分布器。气体由上部进入，自上而下均匀通过催化剂床层并进行反应，整个反应器与外界无热量交换。这种反应器的优点是结构简单、气体分布均匀、反应空间利用率高和造价低等，适用于反应热效应较小，反应过程对温度变化不敏感、副反应较少的反应过程。

②多段绝热式反应器。实际上可视为串联起来的单段式绝热反应器，它把催化剂分成数层，热量由两个相邻床层之间引出(或加入)，避免了床层热量的积累，使得每段床层的温度保持在一定范围内，并具有较高的反应速率。多段绝热式反应器又分为反应器间设换热器、各段间设换热构件、冷激式等几种形式。这种反应器适用于中等热效应的反应。

③列管式反应器。结构与列管式换热器相似，通常在管内装填催化剂，管间通入热载体(用高压介质作热载体时，催化剂放在管间，管内通入热载体)，原料气自上而下通过催化床层进行反应，反应热则由床层通过管壁与管外的热载体进行交换。管式反应器传热效果好，适用于反应热特别大的情况。

④径向反应器。是一种气体流动方向与设备轴向相垂直的反应器，是单段绝热反应器的一种特殊形式。如图 6-4-2 所示，废气由反应器顶部进入，在反应器内沿径向穿过催化剂。相比轴向流动反应器，径向固定床催化反应器的气流流程短、阻力小、动力消耗减小，还可以使用较小粒度的催化剂，提高气固有效接触。这种反应器要有合理设计的流道以使各个横截面上的气体流量均等，且要求催化剂有较高的机械强度，以免催化剂破损而堵塞分布小孔，破坏流体的均匀分布。

(2)流化床催化反应器

流化床催化反应器的原理与流化床吸附器相类似，形式有多种，这里仅介绍一种单层床且内部设有换热器的反应器。如图 6-4-3 所示，废气由底部的进气口送入，经过布气板进入流化床的反应区。催化剂在气流的作用下，悬浮起来并呈流态化，反应产生的热量由冷却器吸收并向外输出，使冷却水转化成水蒸气再利用。在反应器上部设有预热器，使被处理的气体通过预热器吸收反应热，同时将反应后的气体冷却。最后，反应后的气体经过滤器排出。为了防止催化剂微粒堵塞过滤器，将压缩空气由顶部吹入，进行反吹清灰。

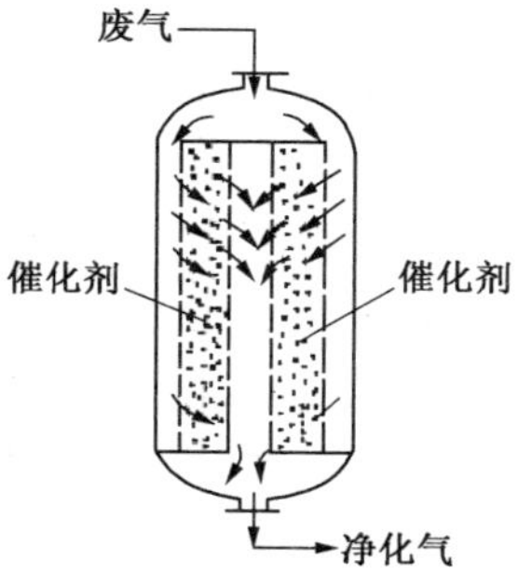

图 6-4-2　径向固定床催化反应器示意图

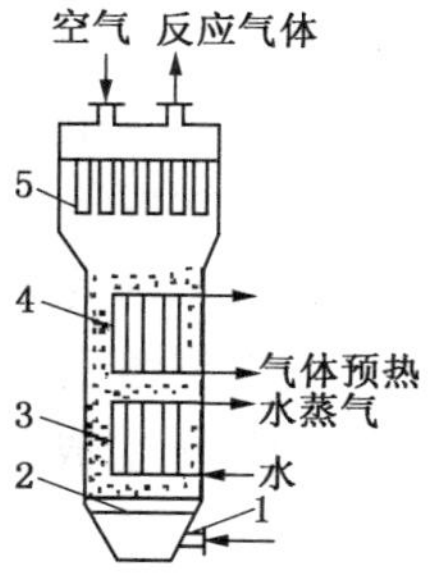

图 6-4-3　单层流化床催化反应器示意图

1—进气口；2—布气板；3—冷却器；4—预热器；5—过滤器

流化床催化反应器的优点是：①能够采用较细的催化剂，流化床内气固相界面积大，有利于多相反应的进行；②温度分布比较均匀；③能连续运行，效率高。缺点是：①由于操作过程中气体流速高，出现沟流和腾涌的概率增大；②催化剂在激烈运动中相互碰撞易磨损和破碎，但催化剂的再生与更换比较方便；③操作弹性低，比固定床的控制系统复杂。

(3)气-固反应器的选择

在选择气-固反应器的类型时，可按照以下几条原则进行：①根据催化反应热的大小，以及催化剂的活性温度范围，选择合适的结构类型，并保证催化剂床层的温度控制在允许范围内；②在净化气态污染物时，要使催化剂床层的阻力尽量减小，降低能耗；③在满足温度条件的前提下，尽量提高催化剂的装填率，以提高反应设备的利用率；④反应器结构简单、操作方便、安全可靠，投资省，运行费用低。

由于废气中的污染物含量低，反应热比较低，而废气量又很大，因此需要反应设备具有很高的催化效果，才能达到排放标准。各种单段式绝热反应器在对气态污染物的催化净化时比较常用，如对 NO_x 催化、有机废气催化燃烧及汽车尾气净化等。

2. 催化法净化废气的一般工艺

催化法净化气态污染物的一般工艺过程包括：废气预处理去除催化剂致毒物及固体颗粒物、废气预热到要求的反应温度、催化反应、废热和副产品的回收利用等。

(1)废气预处理

废气中含有的固体颗粒或液滴会覆盖在催化剂活性中心上而降低其活性，废气中的微量致毒物还会使催化剂中毒，因此必须除去。如烟气中 NO_x 的选择性催化还原法(Selective Catalytic Reduction，SCR)净化流程，常需在反应器前设置除尘器和洗涤塔，以除去其中的粉尘及 SO_2 等。

(2)废气预热

废气预热是为了使废气温度保持在催化剂活性温度范围内，使催化反应有一定的速度，否则废气温度低，反应速率缓慢，达不到预期去除效果。例如，SCR 法去除 NO_x，废气的预热温度须达 200～220℃以上。

对于有机废气的催化燃烧，如果废气中有机物浓度较高，反应热效应大，则只需较低的预热温度，过高的预热温度还会产生大量的中间产物，从而给后面的催化燃烧带来困难。废气预热可利用净化后气体的热焓，但在污染物浓度较低反应热效应不足以将废气预热到反应温度时，需利用辅助燃料产生高温燃气与废气混合以升温。

(3)催化反应

在调节催化反应的各项工艺参数中，温度是一项很重要的参数。首先，催化反应有其对应的温度范围，否则会导致很多副反应。其次，从动力学与平衡关系两个方面来看，由于绝大多数化学反应的速度常数都随温度升高而增大，因此对不可逆反应而言，提高反应温度可加快反应速度，提高污染物的转化率，从而有利于污染物去除。但温度过高会导致催化剂失活，增加副反应，故应将温度控制在催化活性温度范围以内。对于可逆吸热反应而言，提高反应温度既有利于平衡向生成物方向移动，又有利于提高反应速度，因而与不可逆反应一样，应尽可能提高反应温度。但过高的温度会消耗大量能源，因此合适的温度应从排放标准和经济效益两大方面来综合考虑。催化法的关键就是控制最佳温度，以便在最少的催化剂用量下达到满意的脱除效果。

(4)废热和副产品的回收利用

废热与副产品的回收利用关系到气态污染物净化处理的经济效益，还关系到二次污染，进而关系到净化处理方法是否绿色低碳，因此必须予以重视。废热常用于废气的预热。

三、催化法的典型工程应用

催化法在气态污染物净化领域的典型工程应用有机动车尾气净化、烟气脱硫、烟气脱硝等。

1. 机动车尾气净化

汽油车和天然气车尾气中的主要污染物有CO、烃类、NO_x 等，其中CO和烃类因燃烧不完全而产生，NO_x 则是气缸中的高温条件造成的。柴油车尾气中除上述3种污染物外，还有颗粒物(PM)。根据生态环境部发布的《中国移动源环境管理年报(2023年)》，汽车是污染物排放总量的主要贡献者，排放的CO、HC、NO_x 和PM超过污染物排放总量的90%。

为了控制机动车尾气排放污染，一方面通过改进内燃机的结构，使燃烧在最有利的条件下进行，减少有害物质的产生；另一方面使用三效催化剂(Three - way Catalyst，TWC)控制污染物的排放，即通过电控系统(Electronic Control Unit，ECU)，采用闭环的方式，控制发动机在化学当量空燃比(约14.7±0.1)附近运转，将尾气中的3种污染物(即CO、HC和 NO_x)同时转化为 CO_2、N_2 和 H_2O，主反应如下

CO氧化 $$CO + 0.5O_2 \longrightarrow CO_2 \quad (6-4-1)$$

HCs氧化 $$C_xH_y + (x + y/4)O_2 \longrightarrow xCO_2 + 0.5yH_2O \quad (6-4-2)$$

NO_x 还原 $$CO(H_2) + NO/NO_2(NO_x) \longrightarrow N_2 + CO_2(H_2O) \quad (6-4-3)$$

机动车尾气三效催化净化的工艺流程如图6-4-4所示，需要在催化反应器排出口处安装氧传感器，随时将排气中的氧浓度信号传给发动机前的控制器，以便调整空燃比(A/F)。

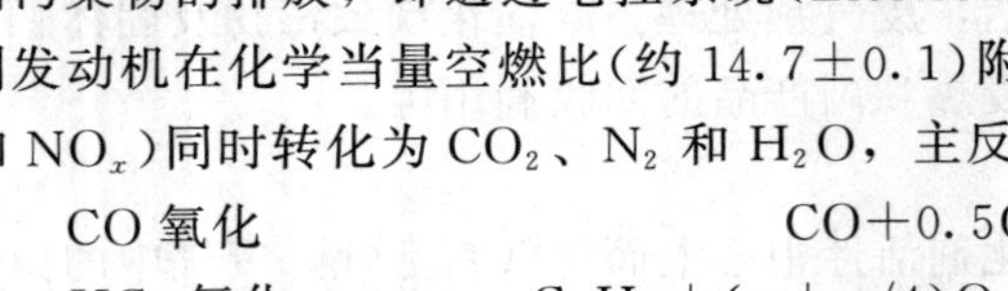

图6-4-4 机动车尾气三效催化净化的工艺流程示意图

1—发动机；2—催化反应器；3—氧传感器；4—控制器

当A/F控制在14.7±0.1的范围内时，烃类、CO和 NO_x 三者的转化率均可大于85%；当A/F小于此值时，反应器处于还原气氛，NO_x 的转化率升高，CO和烃类的转化率下降；当A/F大于此值时，反应器处于氧化气氛，烃类和CO的转化率会提高，NO_x 的转化率下降。

TWC 的主要组成包括 Pt、Pd 和 Rh 等贵金属活性成分、稀土储氧材料(助剂)、氧化铝($\gamma-Al_2O_3$)涂层和蜂窝载体等。其中，稀土储氧材料为铈基固溶体或复合氧化物，$\gamma-Al_2O_3$ 为贵金属和铈基复合氧化物的第二载体，又称水洗层，为提高其热稳定性，通常添加镧 La 或钡 Ba 等结构稳定剂，再将贵金属-储氧材料-氧化铝制成的浆料涂覆到蜂窝载体上。目前德国巴斯夫(BASF)、英国庄信万丰(Johnson Matthey)和比利时优美科(Umicore)等三大外资公司占据世界 TWC 市场的主要份额，主要提供给合资品牌汽车的催化器。经过 40 多年的研发，特别是近 20 年的产业化实践，我国 TWC 技术发展进步明显，生产规模随着国产汽车产业的快速发展而迅速扩大，国内企业主要为国产品牌汽车配套。

《轻型汽车污染物排放限值及测量方法(中国第六阶段)》(GB 18352.6—2016)和《重型柴油车污染物排放限值及测量方法(中国第六阶段)》(GB 17691—2018)相继发布后，生态环境部等多部委联合发文，自 2023 年 7 月 1 日起，全国范围全面实施国六排放标准 6b 阶段。就柴油车而言，玉柴、潍柴、锡柴、康明斯等柴油机企业以及解放、东风、重汽、陕汽等普遍采用的国六排放技术路线与欧美地区欧Ⅵ早期的技术路线一致，都为图 6-4-5 所示的 EGR+DOC+DPF+SCR/ASR 组合技术，分别包括排气再循环(Exhaust Gas Recirculation，EGR)、柴油机氧化催化器(Diesel Oxidation Catalyst，DOC)、柴油机微粒捕集器(Diesel Particulate Filter，DPF)、选择性催化还原反应(Selective Catalytic Reduction，SCR)和氨逃逸催化器(Ammonia Slip Catalyst，ASC)等技术单元。

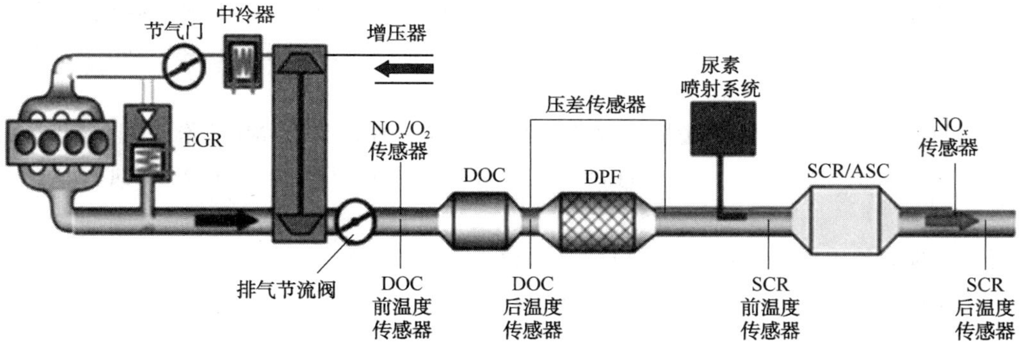

图 6-4-5　柴油车国六排放标准的后处理系统示意图

2. 烟气脱硫

工业烟气中 SO_2 的催化净化可分为催化氧化和催化还原两种，其中催化氧化还可分为气相催化和液相催化两种。

(1)催化氧化法

①气相催化法。气相催化法烟气脱硫是在硫酸工业生产工艺的基础上发展而来。硫酸的工业生产基本上有硝化法和接触法两种，硝化法由于成品酸浓度低、杂质多等原因已被接触法所取代。接触法的基本原理是在催化剂作用下，将 SO_2 氧化成 SO_3 后再制成硫酸，通常使用 V_2O_5 作催化剂。

目前气相催化法处理含硫尾气技术成熟，已成功应用于有色冶炼烟气制酸，工艺总体上可分为“一转一吸”和“两转两吸”(Double-Conversion Double-Absorption Process)两大类，具体选择的主要依据是生产中所采用的催化剂、进转化器的 SO_2 浓度及氧硫比、要求的总转化率等。“一转一吸”工艺是含 SO_2 烟气一次通过转化器的全部催化剂床层，转化生成的 SO_3 在吸收塔内被吸收生成硫酸，出塔气体中未转化的 SO_3 不返回转化器。图 6-4-6 为“一转一吸”催化氧化法烟气脱硫的工艺流程示意图，首先进行除尘等预处理，然后对烟气再热升温至反应温度后进入催化转化器。进入吸收塔之前的降温和热量利用视整个系统情况而定，对锅炉(包括电站锅炉)系统，一般作为省煤器和空气预热器的热源。采用“一转一吸”流程通常可以达到 90%左右的净化率。此外，在转化器的设计上，要注意催化剂装卸方便，便于清灰。吸收塔的顶部或后面，要加装旋风板或其他除雾装置，以保证其脱硫率；而系统其他部分的气体温度应控制在露点以上，以减轻设备与管道的腐蚀。

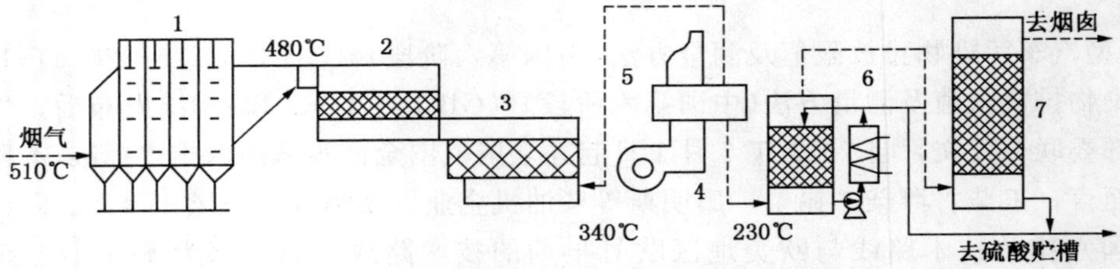

图 6-4-6 “一转一吸”催化氧化法烟气脱硫的工艺流程示意图

1—除尘器；2—反应器或催化转化器；3—节能器(或省煤器)；4—风机；5—空气预热器；6—吸收塔；7—除雾器

“两转两吸”工艺是含 SO_2 烟气在转化器前层催化床内进行第一次转化，转化后气体进入中间吸收塔，转化生成的 SO_3 被吸收生成硫酸，出中间吸收塔的气体返回转化器，使余下的 SO_2 在后层催化床中再次进行转化，生成的 SO_3 在最终吸收塔内被吸收生成硫酸。按照第一、二次催化床层数的不同，“两转两吸”工艺可有(3+1)型四段转化、(2+2)型四段转化和(3+2)型五段转化等模式。

②液相催化法。液相催化法烟气脱硫是利用溶液中的 Fe^{3+} 或 Mn^{2+} 作为催化剂，用水或稀硫酸作为吸收剂，将 SO_2 吸收后直接氧化为硫酸。转化过程具体可分为吸收和氧化两个步骤。

吸收反应： $$Fe_2(SO_4)_3+SO_2+2H_2O \longrightarrow 2FeSO_4+2H_2SO_4 \quad (6-4-4)$$

氧化反应： $$2FeSO_4+SO_2+O_2 \longrightarrow Fe_2(SO_4)_3 \quad (6-4-5)$$

总反应式可表示为： $$2SO_2+O_2+2H_2O \xrightarrow{Fe^{3+}} 2H_2SO_4 \quad (6-4-6)$$

日本的千代田法烟气脱硫就是基于液相催化法，如图 6-4-7 所示，将 SO_2 氧化成稀 H_2SO_4 后，可再与石灰石反应制成销路较好的副产品——石膏。

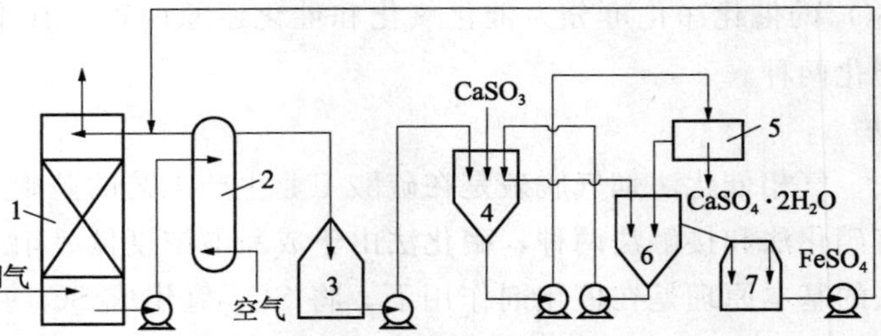

图 6-4-7 千代田法液相催化氧化法烟气脱硫的工艺流程示意图

1—吸收塔；2—氧化塔；3—储槽；4—结晶槽；5—离心机；6—增稠器；7—母液槽

该法工艺简单，运行可靠，但气液比大，且稀硫酸腐蚀性强，需要钛、钼等特种钢材，因而设备投资大。

(2)催化还原法

催化还原法脱硫是用 H_2S 或 CO 将 SO_2 还原为硫，反应式如下

$$SO_2+2H_2S \longrightarrow 2H_2O+3S \tag{6-4-7}$$

$$SO_2+2CO \longrightarrow 2CO_2+S \tag{6-4-8}$$

由于操作过程中有 H_2S 和 CO 的二次污染问题，同时由于催化中毒问题尚未得到妥善解决，因此催化还原法处理 SO_2 气体还未达到实用阶段。

3. 克劳斯法硫回收

对于工业过程产生的含 H_2S 废气，主要采取化学吸收、吸附和催化氧化等方法进行回收、利用及无害化处理。石油、化工等行业含 H_2S 浓度较高且总量很大的天然气、炼厂气净化处理，应以回收硫为主，可用克劳斯法、吸收氧化(先吸收后氧化)法处理；对低浓度 H_2S 气体，可用化学吸收法或吸收氧化法净化。

(1)克劳斯硫回收工艺(Claus process)简介

克劳斯工艺 1883 年由英国化学家 Carl Friedrich Claus 发明，主要化学反应为

$$H_2S+1/2O_2 \xrightarrow[570\sim600K]{催化剂} 1/nS_n+H_2O+205kJ/mol \tag{6-4-9}$$

这一经典反应因强放热而很难维持合适的反应温度，只能借助于限制处理量来获得 80%～90%的转化率。自从 20 世纪 30 年代改良克劳斯法实现工业化以来，广泛应用于煤、石油、天然气的加工过程(如合成氨原料气生产、炼厂气加工等)。目前，从酸性气中回收单质 S 的克劳斯工艺已成为天然气或炼厂气加工的一个重要组成部分。从脱硫产生的含 H_2S 气体中回收单质 S，纯度可达到 99.8%，既可作为生产硫酸的一种硫资源，也可用作其他部门的化工原料。图 6-4-8 所示的克劳斯工艺是典型的固定床催化氧化硫回收工艺，克劳斯硫回收装置一般配有相应的尾气处理单元，这些尾气处理单元或与硫回收装置组合为一个整体装置，或单独成为一个后续装置。由于受到热力学平衡限制，酸性气中 3%～5%的 H_2S 不能转化为单质 S，克劳斯工艺的总硫回收率为 94%～97%。

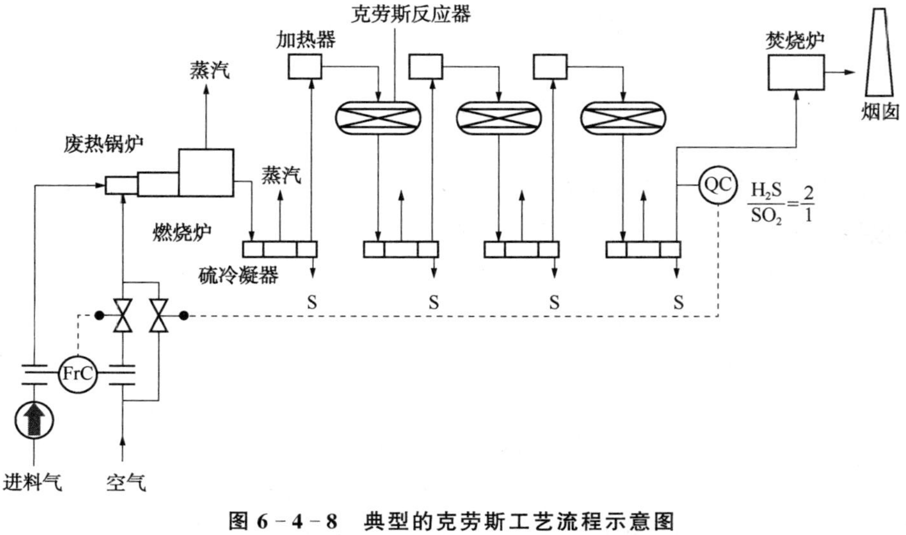

图 6-4-8　典型的克劳斯工艺流程示意图

克劳斯工艺及尾气处理方式种类繁多，主要有常规克劳斯工艺、改良克劳斯(Modified - Claus)工艺、超级克劳斯(Super - Claus)工艺、超优克劳斯(Euro - Claus)工艺、SCOTL 工艺、Clinsulf 工艺、Sulfreen 工艺、MCRC 工艺等；克劳斯工艺还分为部分燃烧法、分流法和燃硫法。分流法是将 1/3 的酸性气体通入燃烧炉，加入空气使其燃烧生成 SO_2，而其余 2/3 酸性气走旁路，绕过燃烧室，与燃烧后的气体汇合进入催化剂床层反应，可处理 H_2S 含量为 35%左右的酸性气体，并采用三段转化＋三级冷凝工艺流程，该法回收硫的纯度较高(99.8%)，很多衍生的克劳斯硫回收工艺都是基于分流法。

(2)改良克劳斯(Modified - Claus)工艺

德国化工及制药综合企业——染料工业利益集团(Interessen - Gemeinschaft Farbenindustrie AG 或 I. G. Farbenfabriken 或 IG Farben，德国法本公司)1938 年将克劳斯工艺改革为两段反应：热反应段及催化反应段。这一重大改进使之获得广泛应用，国外文献中称之为改良克劳斯工艺。

第一阶段为热反应段，将 1/3 的 H_2S 在燃烧炉内氧化成 SO_2，同时放出大量的反应热以水蒸气的形式回收，主反应，

$$3H_2S + 3/2O_2 \xrightarrow{>1200K} SO_2 + 2H_2S + H_2O + 518.9kJ/mol \quad (6-4-10)$$

第二阶段为催化反应段，在克劳斯反应器(催化反应器)中进行，余下 2/3 的 H_2S 在催化剂上与热反应段生成的 SO_2 继续反应形成单质 S，

$$2H_2S + O_2 \xrightarrow{<700K} 2/nS_n + 2H_2O + 96.1kJ/mol \quad (6-4-11)$$

随着生产发展的需要，改良克劳斯工艺在 1938 年以后相继增加了更多的催化反应器，同时在各反应器之间除去单质 S 和热量，使反应平衡向着更高硫产率的方向移动。

(3)超级克劳斯(SUPERCLAUS®)工艺

超级克劳斯工艺由荷兰 Jacobs Engineering 集团公司开发，在常规克劳斯工艺基础上，添加一个选择性催化氧化反应段，将来自最后一级克劳斯工艺气中残余 H_2S 选择氧化为单质 S，具体包括 SuperClaus 99 和 SuperClaus 99.5 两种构型。在 SuperClaus 99 工艺中，进入选择氧化段过程气中所含的 SO_2、COS 及 CS_2 不能获得转化，所以总硫收率在 99%左右。SuperClaus 99.5 工艺在选择氧化段前插入了一个加氢段，使过程气中的 SO_2、COS 及 CS_2 先行转化为 H_2S，从而使总硫收率升至 99.5%。

超级克劳斯工艺于 1986 年取得专利，1988 年在德国建成第一套装置。SUPERCLAUS®工艺是过去几十年克劳斯工艺最重大的发展之一，适用于 3～1165 t/d 的硫回收装置，实现了硫回收与尾气处理的双重功效。图 6 - 4 - 9 为超级克劳斯工艺的典型流程示意图，通常包括加热段、催化反应段和超级克劳斯反应段等几个过程。

①加热段。如果进入超级克劳斯工艺反应器中的 H_2S 浓度太高，就需要增大进入燃烧炉的空气流量；如果 H_2S 浓度太低，就需要相应减小进入燃烧炉的空气流量。因此关键是控制 H_2S 浓度，而非传统克劳斯工艺中控制 H_2S 与 SO_2 比率。主燃烧炉(加热器)中的反应，

$$3H_2S + 3/2O_2 \xrightarrow{>1200K} SO_2 + 2H_2S + H_2O + 518.9kJ/mol \quad (6-4-10)$$

$$H_2S + SO_2 \longrightarrow S_2 + H_2O - 42.1kJ/mol \quad (6-4-12)$$

②催化反应段。在主燃烧炉(加热器)下游的三个克劳斯反应器中，进一步转化生成硫黄。在克劳斯反应器中的反应如下，

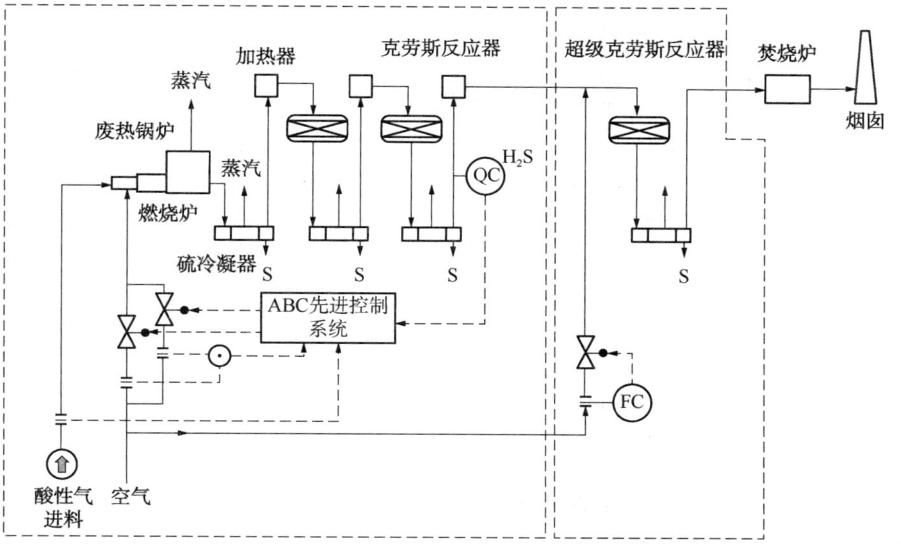

图 6-4-9　超级克劳斯工艺的典型流程示意图

$$H_2S+SO_2 \longrightarrow S_n+H_2O+98kJ/mol \quad (6-4-13)$$

③超级克劳斯反应段。来自最后一个克劳斯反应器的工艺气体与空气混合后，进入超级克劳斯反应器，使用选择性氧化催化剂将 H_2S 全部转化为单质 S，

$$H_2S+1/2O_2 \longrightarrow S+H_2O+Q \quad (6-4-14)$$

该热力学反应完全，因此可以获得高转化率的单质 S。超级克劳斯工艺的关键步骤是选择氧化段，所使用的选择催化剂只将 H_2S 氧化为元素 S，即使氧过剩也不产生 SO_2 与 SO_3。

④超级克劳斯工艺催化剂。目前常用的催化剂大体分为两类。一类是铝基催化剂，如高纯度活性 Al_2O_3（含量约为 95%），以及主要成分是 Al_2O_3 但同时加入 1%～8%的 Ti、Fe 和 Si 的氧化物作为活性剂。另一类是非铝基催化剂，例如，TiO_2 含量高达 85%的钛基催化剂（用以提高 COS、CS_2 水解活性）、A918 硫回收催化剂、A958 脱氧保护型硫回收催化剂、A988TiO_2 基抗硫酸盐化作用催化剂等。

(4)超优克劳斯(Euro-Claus)工艺

超优克劳斯工艺基于 SUPERCLAUS® 工艺开发，核心是在最后一级超级克劳斯反应器床层中的催化剂下面装填一层加氢还原催化剂，构成加氢催化还原反应器（Euro-Claus 反应器），将克劳斯尾气中的 SO_2 还原成 H_2S，然后将只含 H_2S 的尾气经超级克劳斯反应器选择性催化氧化成单质 S，使总硫回收率提高到≥99.4%，典型工艺如图 6-4-10 所示，其反应方程式为

$$SO_2+2H_2 \longrightarrow 1/nS_n+2H_2O \quad (6-4-15)$$

$$SO_2+3H_2 \longrightarrow H_2S+2H_2O \quad (6-4-16)$$

$$SO_2+2CO \longrightarrow 1/nS_n+2CO_2 \quad (6-4-17)$$

与通常尾气处理工艺不同，该加氢过程不需要单独的反应器，H_2 由反应过程本身产生，不需要外供 H_2，过程气无需加热和冷却，同时尾气中 H_2S 无需溶液吸收，也不需要投资和操作费用极高的溶剂吸收和再生系统。

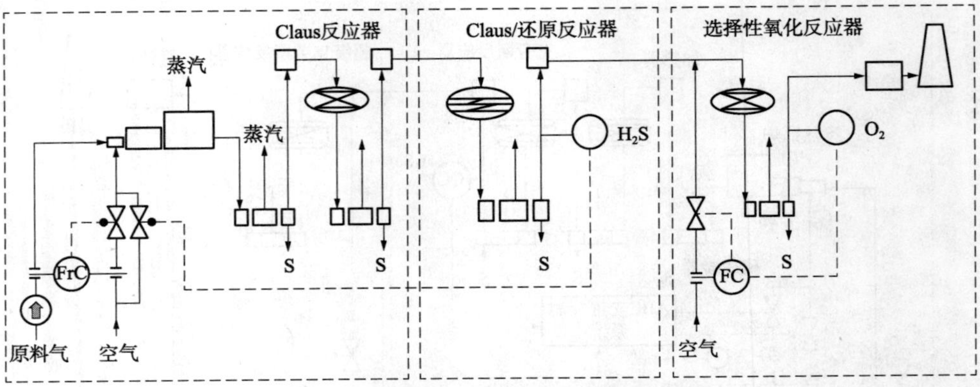

图 6-4-10 典型 Euro-Claus 工艺流程示意图

(5)亚露点硫回收工艺

硫回收与尾气处理结合于一体的亚露点硫回收工艺近年来取得了一定的技术进展。从热力学角度分析，经典克劳斯法制硫过程中，H_2S 最高能达到的总转化率只决定于最后一个催化转化器的操作温度。后者因受气相中硫露点的限制，最低操作温度通常控制在 180～200℃。亚露点硫回收工艺包括 MCRC 工艺、Sulfreen 工艺、Clinsulf-DO 工艺、Clauspol 工艺等。

①MCRC 工艺。该工艺是加拿大矿物和化学资源(Mineral and Chemical Resource)公司研发的把硫回收装置和尾气处理装置合成一体的硫回收技术，该工艺改变了常规 Claus 反应的平衡条件，在低于硫的露点下操作。如图 6-4-11 所示，典型的 MCRC 硫回收工艺在 Claus 装置最后两级/三级反应器中循环进行，当最后一级/二级反应器在低于硫露点操作时，另一级反应器进行再生。当硫的吸附使催化剂活性失效时，这些反应器进行切换，MCRC 装置仅比具有相同数量转化器的一般 Claus 装置稍贵一些。如果以三级转化的一般 Claus 装置投资作为基准(100%)，三段转化 MCRC 和四段转化 MCRC 仅比三、四级普通 Claus 装置投资分别高 7%和 23%。相对三级转化 Claus 装置的硫收率 95%～97%而言，MCRC 的硫回收率上升至 98.5%～99.5%。

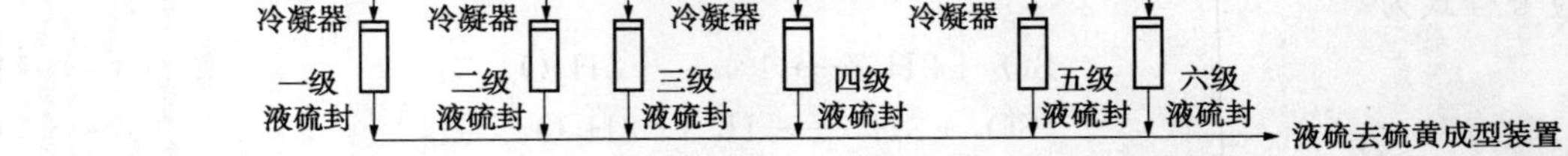

图 6-4-11 典型的 MCRC 硫回收工艺流程示意图

②Clinsulf-DO 工艺。该工艺由德国 Linde 公司开发，主要用于从 H_2S 浓度为 1%～10%的酸性气中回收硫。如图 6-4-12 所示，该工艺的核心是采用了由绝热和等温两段构成的内冷式反应器：上段为绝热反应区，酸性气和空气混合物在此发生反应，释放出反应热，加快了反应速度；下段为等温反应区，反应气体通过内部冷却，温度保持在硫露点以上

的安全温度。这样促使反应平衡向生成产品硫的方向进行，将 H_2S 直接氧化成 S，并极大地提高了硫转化率。

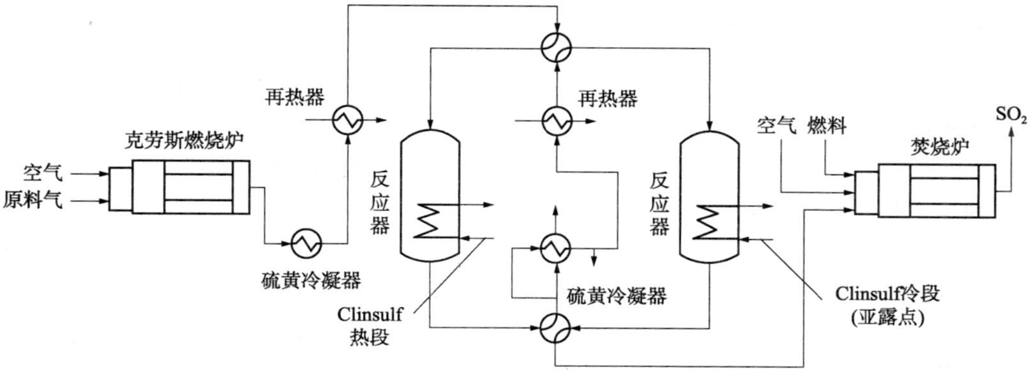

图 6-4-12 Clinsulf-DO 工艺流程示意图

③其他工艺。Sulfreen 工艺由德国 Lurgi 公司开发，在低于硫露点的条件下进行 Claus 反应，总硫回收率达 99.5%。Sulfreen 工艺对原料气中 H_2S 浓度有要求(≥25%)，如果偏低，整个装置将在低负荷下运转，当负荷低于 25%时，装置便不能正常运转，因而总硫回收率受到影响。

4. 选择性催化还原(SCR)烟气脱硝

火电厂烟气中含有大量 NO_x，因此必须进行脱硝处理，主要技术分为湿法和干法两大类。湿法是通过喷射吸收剂或将烟气与吸收剂接触来实现，优点是适用性广、处理效果好，但运行成本相对较高。干法是通过催化剂进行处理，优点是简单、运行稳定，不易造成二次污染，但适用性较弱，处理效果较湿法要差。干法烟气脱硝包括采用催化剂来促进 NO_x 还原反应的选择性催化还原(Selective Catalytic Reduction，SCR)、选择性非催化还原(Selective Non-Catalytic Reduction，SNCR)和同步脱硫脱硝等方法。SCR 在工业上应用最为广泛，理想状态下的 NO_x 脱除率可达 90%以上，但由于氨量控制误差而造成的二次污染等原因，通常实际仅能达到 65%～80%的净化效果。

(1)反应机理

选择性催化还原反应是指在催化剂作用下，还原剂(NH_3，Ammonia)优先选择性地与烟气中的 NO_x 反应，将其还原为氮气和水。不同的催化体系具有不同的氧化还原能力和酸性能，从而生成不同的中间体，并影响反应路径和效率。如图 6-4-13 所示，目前普遍认可的 SCR 反应路径为：吸附态 NO_x 物种以 Langmuir-Hinshelwood(L-H)机理与相邻活性位吸附态 NH_3 反应生成 N_2 和 H_2O；或吸附态 NH_3 以 Elev-Rideal(E-R)机理与气态 NO_x 反应生成渡态中间产物 NH_x-NO_x，进一步分解为 N_2 和 H_2O。

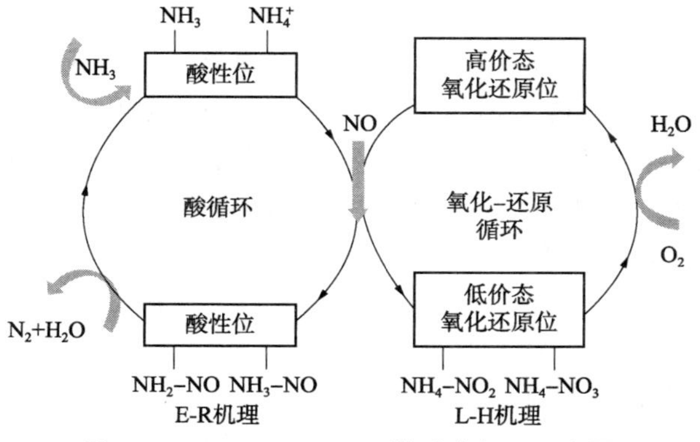

图 6-4-13 NH_3-SCR 的反应机理示意图

催化的作用是降低分解反应的活化

能，使反应温度降低至150～450℃，反应过程如下

$$4NO+4NH_3+O_2 \longrightarrow 4N_2+6H_2O \tag{6-4-18}$$

$$NO+NO_2+2NH_3 \longrightarrow 2N_2+3H_2O \tag{6-4-19}$$

$$6NO_2+8NH_3 \longrightarrow 7N_2+12H_2O \tag{6-4-20}$$

上述反应过程中第一个最为主要，因为烟气中的NO_x大部分以NO形式存在，在没有催化剂时这些反应只能在很窄的温度范围内(980℃左右)进行。通过选择合适的催化剂，可以降低反应温度，并且可以扩展到适合火力发电厂实际使用的温度范围(200～450℃)。

(2)SCR脱硝反应器的布置

理论上，SCR脱硝反应器可以布置在水平烟道或垂直烟道中。对于燃煤锅炉一般应布置在垂直烟道中，这是因为烟气中含有大量粉尘，布置在水平烟道中易引起SCR脱硝反应器的堵塞。如图6-4-14所示，SCR脱硝反应器在锅炉尾气烟道中有三种可能的布置方案。

①高粉尘布置方式。将反应器置于空气预热器之前，如图6-4-14(a)所示。该方式应用最为广泛，优点是进入反应器的烟气温度达300～400℃，多数催化剂在该温度范围内具有足够的活性，烟气不需要再加热即可获得较好的脱硝效果。但催化剂处于高尘烟气中，使用寿命会受到一些影响，飞灰中的K、Na、Ca、As等微量元素会使催化剂污染或中毒；飞灰磨损反应器并使蜂窝状催化剂堵塞；烟气温度过高会使催化剂烧结或失效。

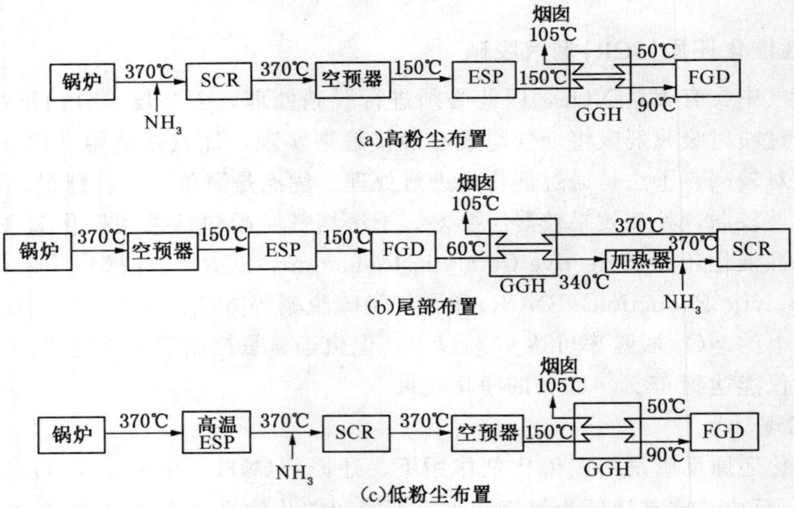

图6-4-14 SCR脱硝反应器在锅炉尾部烟道的三种布置方式

②尾部布置方式。将反应器置于电除尘器和烟气脱硫(FGD)系统之后，如图6-4-14(b)所示。进入SCR反应器的烟气中粉尘和SO_2的含量都很低，催化剂可在干净的环境下运行，故使用寿命延长(高粉尘型为5年左右，尾部烟气型为10年左右)，而且便于布置。但是，由于目前成熟SCR商业催化剂的运行温度一般为300～400℃，大量的烟气需要加热，造成成本增加。

③低粉尘布置方式。将反应器置于高温电除尘器(ESP)和空气预热器之间，如图6-4-14(c)所示。优点是催化剂不受飞灰的影响，缺点是电除尘器在高温下运行的技术并不成熟。

(3)SCR系统流程

如图6-4-15所示，SCR系统主要包括SCR反应器、还原剂存储及供应系统、氨喷射

器、控制系统等。SCR反应器是工艺系统的核心设备，内部装有催化剂和吹灰器等。在SCR反应器的前面装有烟气流动转向阀、矫正阀等，有利于脱硝反应充分高效进行。此外，还可以通过改变省煤器旁路的烟气流量来调节反应温度。还原剂NH_3喷射器也是SCR系统的重要组成之一，其安装位置、喷嘴结构与布置方式直接关系到喷入的NH_3与烟气能否充分混合。一般将NH_3与空气混合后(NH_3占2%～5%、空气占95%～98%)，通过栅格型布置在整个烟道中的喷嘴均匀喷入烟气中。为使喷入的NH_3与烟气在进入SCR反应器前尽量混合均匀，通常将喷射位置选在催化剂上游距离较远处，并通过设置导流板或静态混合器强化混合程度。控制系统根据在线采集的系统数据，对SCR反应器中的烟气温度、还原剂注入量、吹灰进行自动控制。

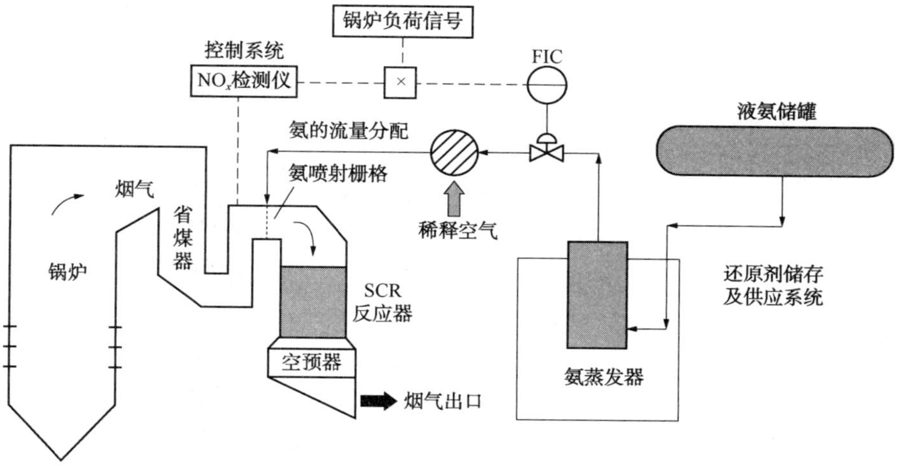

图6-4-15　烟气SCR脱硝系统的工艺流程示意图

(4)还原剂储存及供应系统

SCR脱硝反应所需的还原剂氨气(NH_3)可以通过液氨、氨水或尿素[$CO(NH_2)_2$，Urea]三种化学原料之一制备。液氨具有初期运行成本低的优势，现役火力发电机组SCR还原剂氨气主要来源于液氨工艺。但液氨是一种有毒、易爆、易挥发、腐蚀性极强的危险化学品，生产场所液氨储量超过10t时，按《危险化学品重大危险源辨识》(GB 18218)规定，属于重大危险源，在运输、储存上都具有一定的限制和劣势。尿素属于常见的农业化肥，在储存及运输上具有较大优势。随着《燃煤发电厂液氨罐区安全管理规定》《电力行业危险化学品安全风险集中治理实施方案》等文件的出台，电厂SCR脱硝系统中使用更加安全的尿素作为还原剂将成为一种趋势。

液氨储存和供应系统包括液氨卸料压缩机、卧式液氨储罐、液氨蒸发器、氨气缓冲槽及氨气稀释槽、废水泵、废水池等。液氨通常用槽车运至现场，利用卸料压缩机将液氨由槽车输入卧式液氨储罐内，储罐必须能承受至少1.7MPa的压力。液氨储罐的装载量约为总容积的85%，应留有适当的汽化空间，要装设液位计、温度计、人行巷道、爬梯及其他辅助设施。大型锅炉通常使用1～5个40～80m^3的储罐，保证1～3周的氨用量。储罐输出的液氨在蒸发器内蒸发为氨气，经氨气缓冲槽送达脱硝系统。系统紧急排放的氨气则排放到氨稀释槽中，被水吸收后排入污水池中，再送至污水处理厂处理。

当采用尿素作为原料获取还原剂氨气时，制氨系统由尿素颗粒储存和溶解系统、尿素溶液储存和输送系统及尿素分解系统等组成。根据工艺的不同，可分为尿素热解和尿素水解。尿素热解工艺流程如图 6－4－16(a)所示，储存于储仓的尿素粉末被输送到溶解罐里，用除盐水将固体尿素溶解成 40%～50%(质量分数)的尿素溶液，通过给料泵输送到尿素溶液储罐；然后经由供液泵、计量与分配装置、雾化喷嘴等进入热解器，稀释空气经燃料加热后也进入热解器，雾化后的尿素液滴在热解器内分解，生成 NH_3、H_2O 和 CO_2；经稀释风降温后的分解产物温度为 260～350℃，经由氨喷射系统进入 SCR 反应器。热解反应式如下

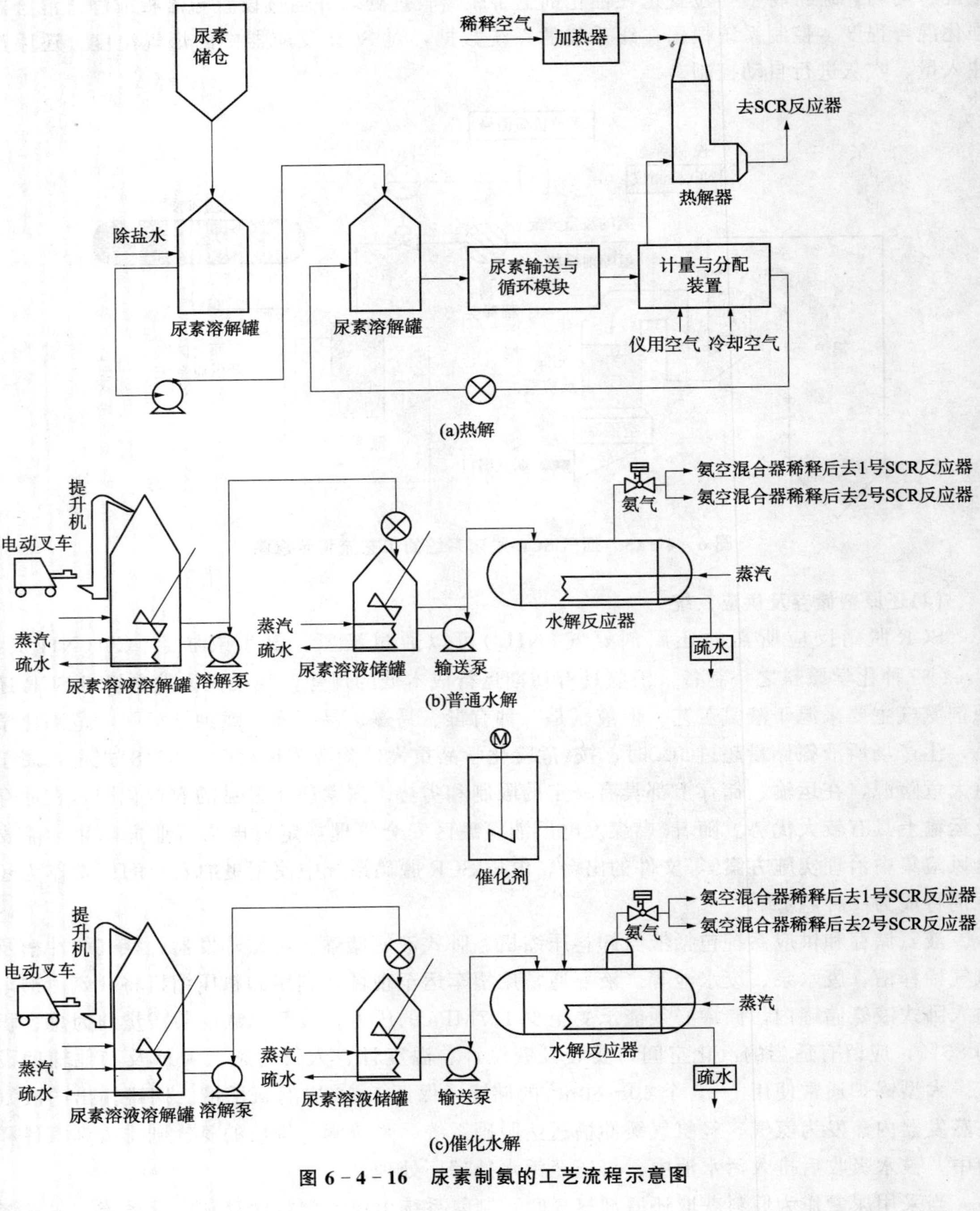

图 6－4－16　尿素制氨的工艺流程示意图

$$CO(NH_2)_2 \longrightarrow NH_3 + HNCO \tag{6-4-21}$$

$$HNCO + H_2O \longrightarrow NH_3 + CO_2 \tag{6-4-22}$$

尿素热解制氨工艺的代表是美国燃料技术(Fuel Tech)公司的 NOxOut ULTRA® 燃烧加热技术。由于能耗高、运行成本高、尿素分解率低、尾部管道易堵塞、故障率高等缺陷，该工艺逐渐被尿素水解制氨取代。尿素普通水解工艺流程如图 6-4-16(b)所示，通过输送泵将质量分数约 50%的尿素溶液送到尿素水解反应器内，饱和蒸汽通过盘管的方式进入水解反应器，冷凝水由疏水箱、疏水泵回收。水解反应器内的尿素溶液浓度可达 40%～50%，气液两相平衡体系的压力约为 0.4～0.6MPa，温度约为 150～160℃，尿素发生如下水解反应

$$CO(NH_2)_2 + H_2O \longrightarrow 2NH_3 + CO_2 \tag{6-4-23}$$

水解反应器中产生出来的含氨气流首先进入计量模块，然后被锅炉热一次风稀释，最后进入氨气-烟气混合系统。尿素催化水解工艺流程如图 6-4-16(c)所示，整个工艺与普通水解相似，仅增加了催化剂加药装置。美国 WAHLCO 公司和原 Hamon Research - Cottrell (HRC)公司(2022 年被 Babcock & Wilcox Enterprises 兼并了所有营业资产和技术)拥有 U_2A® 尿素水解制氨(Urea to Ammonia)工艺的使用权，我国自青山电厂 2×350MW 机组引进首套尿素水解 U_2A® 工艺以来，已建和在建尿素水解制氨工艺数量逐步增加。

(5)氨/空气混合系统

液氨/空气的混合有两种方法：①液氨靠重力自流入蒸发槽，气态氨返回缓冲槽上部，然后送入氨-空气混合设备；②把液氨直接泵入氨-空气混合缓冲槽，边汽化边混合。稀释空气与氨的混合比约为 20∶1，高稀释比是为了保证混合均匀，并在氨的燃烧限之外，稀释在稀释罐中进行。

氨-空气混合气通过均流组件送到氨喷射网格，均流组件由流量计和手动阀组成，用来调节氨喷射网格各部分的流量。喷氨混合组件的结构如图 6-4-17 所示。

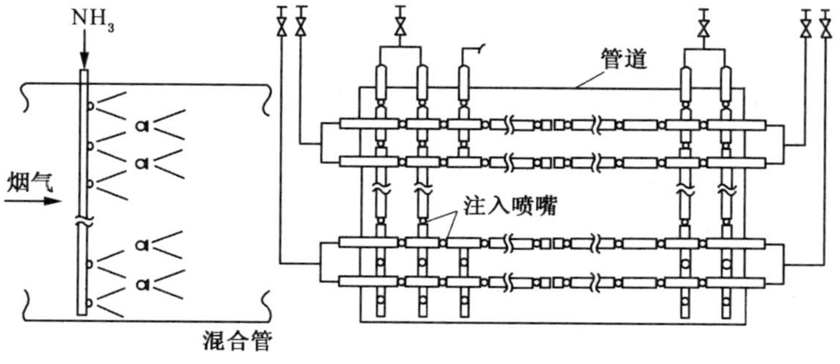

图 6-4-17 喷氨混合组件的结构示意图

(6)SCR 工艺系统

SCR 工艺系统主要包括催化反应器、催化剂、附属设备和电气、仪控系统等。催化反应器包括反应器本体和内部装填的催化剂，是烟气脱硝系统的核心，目前广泛采用固定床反应器。由于通常催化过程需要有一定的反应温度，所以在催化反应器启动时需要用预热器加热废气和催化剂，预热方式有外加热泵或利用废气自身热量加热等方式。火力发电厂的烟气脱硝装置往往利用烟气在高温段的热量达到催化反应要求的温度。常用的催化反应器如图 6-4-18 所示，系统性能主要取决于催化剂的质量和反应器的设计条件，通常根据锅炉炉膛出口 NO_x 浓度确定系统脱硝效率和反应器催化剂层数，具体可参考

表 6-4-1。

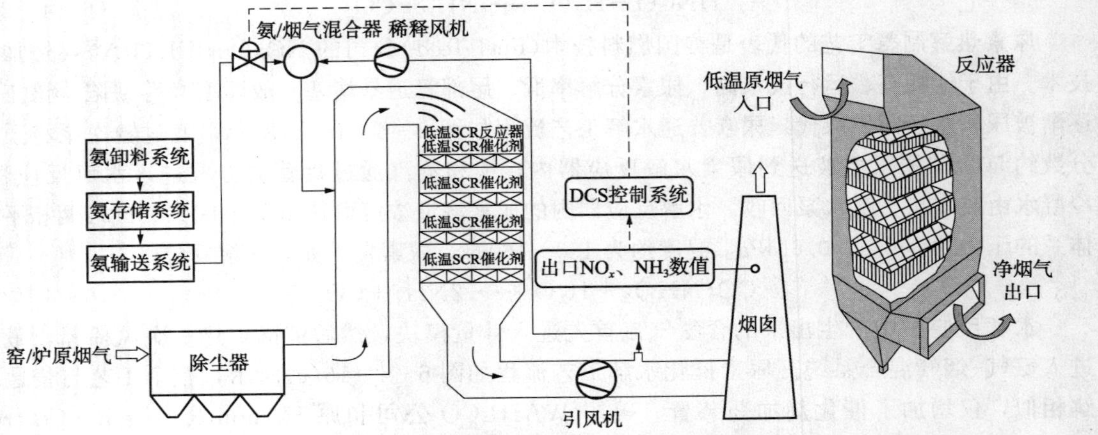

图 6-4-18 SCR 催化反应器的结构布局示意图

表 6-4-1 SCR 脱硝工艺设计原则

锅炉炉膛出口 NO_x 浓度/(mg/m^3)	SCR 脱硝效率/%	SCR 反应器催化剂层数
≤200	80	可按 2+1 层装设
200～350	80～86	可按 3+1 层装设
350～550	86～91	可按 3+1 层装设

1)SCR 催化剂

目前 SCR 商用催化剂基本都是以 TiO_2 为载体，以 V_2O_5 为主要活性成分，含量不宜超过 6.6%；以 WO_3、MoO_3 为抗氧化、抗毒化辅助成分。脱硝效率较高，可达 90%以上，对 SO_2 的耐受力强，使用寿命能超过 28000h。商用 SCR 催化剂通常为整体式，具有较高的比表面积、较低的压降、较好的传热传质性能、较高的耐粉尘性和较高的耐磨性等优点。

如图 6-4-19 所示，催化剂的结构形式很多，通常有颗粒状、圆柱状、平板状、波纹状、蜂窝状等。颗粒状和圆柱状催化剂仅用于小气量处理设备；蜂窝状催化剂适用于烟气自上而下的流向；平板状适用于烟气垂直流动，也可用于烟气水平流动。从机械强度和表面利用率来看，蜂窝状和平板状(包括波纹状)具有优势，而且安装和更换方便，故常用于大型立式 SCR 催化反应器。

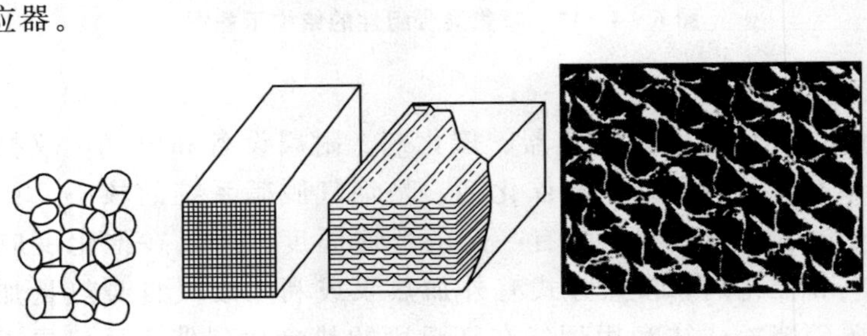

(a)圆柱状 (b)蜂窝状 (c)平板状 (d)波纹状

图 6-4-19 SCR 催化剂的结构形式示意图

在图 6－4－20 中，平板状催化剂板与板之间的孔隙较大，阻力较小，但单位体积的接触表面积小，需要催化剂量大。但由于平板状催化剂具有金属骨架，强度较高，长度可以做到 1500mm，达到同样脱硝效率可以设置较少层数的催化剂，因此反应器可以更加紧凑。由于 SCR 催化反应器一般安装在空气预热器之前，烟气中飞灰的质量浓度高，催化剂间隙过小会造成飞灰堵塞、磨损加重，系统阻力增大。一般而言，烟气速度分布在催化剂间隙内并不均匀，平均约为 8m/s。在速度低于 3m/s 的区域，飞灰有可能附着在催化剂上。

平板状催化剂最大的优点就是不容易发生堵灰。蜂窝状催化剂的低流速区比平板状催化剂多，堵灰情况更严重，解决的办法是加大催化剂单元格长度。燃煤机组若使用蜂窝状催化剂，用量可比平板状节省 20%左右，单价比平板式高约 20%，因此两者总体价格差不多。但在燃气、燃油机组烟气中，因飞灰含量极低，可减小蜂窝状催化剂单元格长度以增大比表面积，节省催化剂用量，因此广泛采用蜂窝状催化剂。蜂窝状催化剂的单元截面积一般为 150mm×150mm，但由于载体为 TiO_2，受整体强度的限制，长度一般最多只能做到 1000mm。蜂窝状催化剂如图 6－4－21 所示，实际使用时单元断面尺寸为标准值，长度则由床层高度决定。主要性能如表 6－4－2 所示。

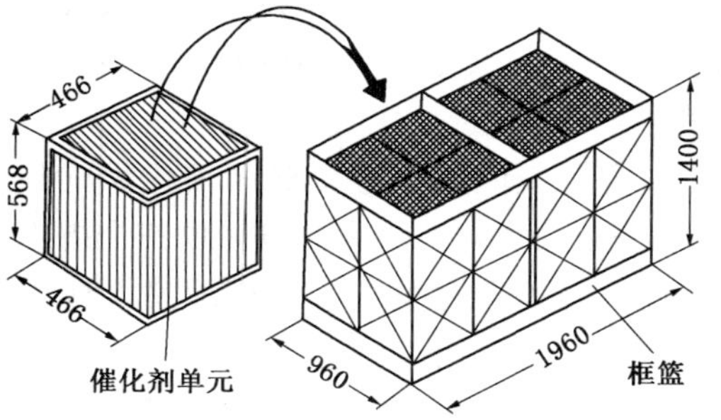

图 6－4－20　平板状催化剂示意图

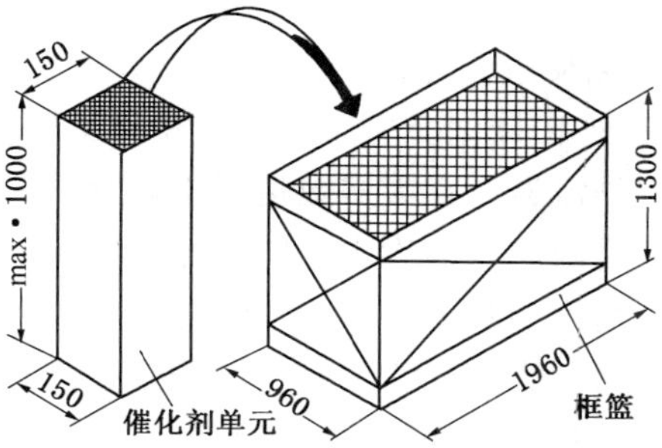

图 6－4－21　蜂窝状催化剂示意图

表 6－4－2　蜂窝状催化剂的主要性能列表

型式	蜂窝式	型式	蜂窝式
材料	V－W－Ti	体积/m^3	视单元长度定
单元断面尺寸($a\times a$)/mm×mm	150×150	密度/(kg/m^3)	380
小室布置/个	22×22	比表面积/(m^2/m^3)	539
小室节距/mm	7	适用温度/℃	300～400(极限 280～410)
小室尺寸/mm×mm	6×6	空间速度/h^{-1}	6890
内壁厚度/mm	1		

注：表中数字亦可根据需要设定。

2)失活催化剂的再生

SCR 催化剂长期运行后，由于表面积灰或孔道堵塞、化学中毒、物理结构破损等原因，导致性能下降而无法达到脱硝系统的设计性能。采用物理、化学等方法使可再生的失活脱硝催化剂有效恢复活性，并达到烟气脱硝系统设计使用要求。失活脱硝催化剂的典型再生工艺包括预处理、物理清洗、化学清洗、活性植入、热处理等工序，各工序再生及处理方法、再生后性能要求等应符合《燃煤烟气脱硝失活催化剂再生及处理方法》(JB/T 12129)的现行规定。

3)催化反应器的附属设备

催化反应器的附属设备主要是吹灰器、旁路、均流器等。

①吹灰器。燃煤烟气中飞灰含量高，通常要在SCR催化反应器中安装吹灰器，以吹除遮盖催化剂活性表面及堵塞气流通道的颗粒物，使反应器的压降保持在较低水平。吹灰器还能保持空气预热器畅通，降低系统压降，这对现有锅炉进行SCR改造尤为重要，因为空气预热器的板间距较小，容易造成铵盐的沉积和黏附。吹灰器为可伸缩的耙形结构，用蒸汽或空气进行吹扫，每层催化剂的上面都设有吹灰器。各层吹灰器的吹扫时间错开，吹扫频率和吹扫部位可以人为设定。平板状催化剂不必设吹灰器，蜂窝状催化剂常用的吹灰器如图6-4-22所示。

②旁路。锅炉低负荷运行时SCR系统入口烟气温度会降低，锅炉启停时烟气温度可能大幅度波动，在美国大多对应采取旁路措施使烟气绕过SCR催化反应器。系统停运期间，旁路可以避免催化剂中毒和灰垢沉积。旁路采用无泄漏挡板控制，在美国设置旁路时还考虑SCR系统季节性运行的需要，日本一般不采取SCR旁路措施。

省煤器旁路烟道常用一个可调挡板来调节经过旁路的热烟气与经过省煤器的冷烟气之比率。省煤器旁路的设计要求主要是保持烟气处于最佳反应温度范围，并保证两股气流在进入SCR催化反应器之前均匀混合。计算流体动力学(CFD)数值模拟能够辅助解决这一问题，已经在SCR催化反应器设计中获得了成功应用。

③均流器。在大多数情况下，烟气与氨-空气混合气体汇合进入SCR催化反应器前的管道长度受限，从而大大影响气流在反应器断面上分布的均匀性。为此可采取三个措施：首先用空气高度稀释氨气；然后通过喷氨装置将氨-空气混合气体均匀、均衡地喷入烟道的全断面；最后，为保证它们在气流中进一步充分混合，避免因直管长度受限而产生偏流，在气流的回转部位安装均流器。均流器有涡轮导流叶片等多种形式，通常都通过流体模拟实验实现优化设计。

在床层上方还装有所谓的整流组件，实际上是以不锈钢材料制成的筛网状结构，网孔略小于“蜂窝”尺寸，起着将气流进一步均布的作用。催化剂床层及均流器如图6-4-23所示。

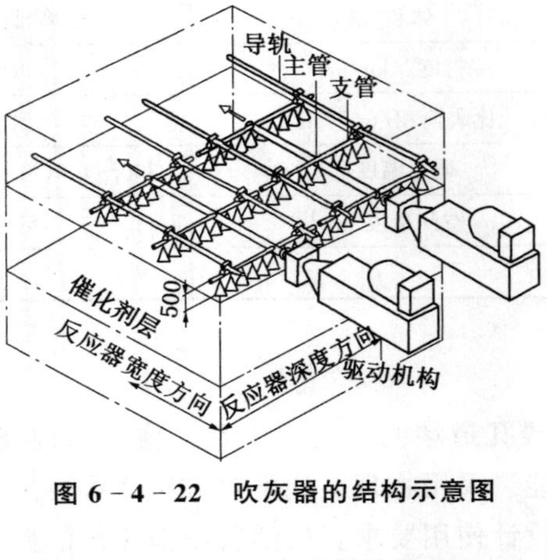

图6-4-22 吹灰器的结构示意图

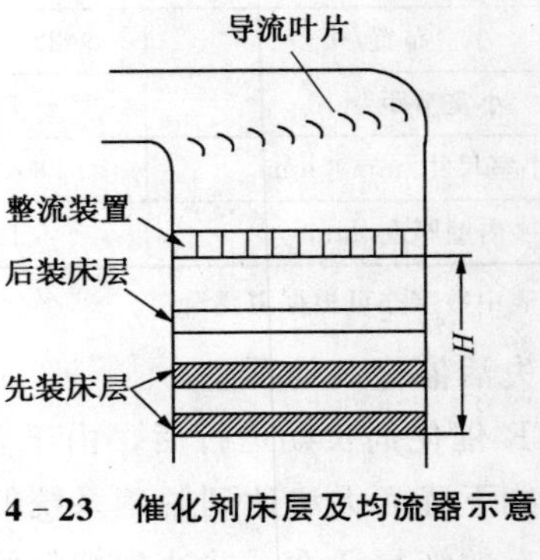

图6-4-23 催化剂床层及均流器示意图

5. 选择非催化还原(SNCR)烟气脱硝

(1)反应机理

选择非催化还原烟气脱硝(SNCR)就是在不采用催化剂的情况下，在炉膛内烟气温度适宜处(850～1250℃)均匀喷入还原剂(一般是 NH_3 或尿素溶液)，气态氨或者尿素等氨基还原剂产生活性分子，经过一系列反应后，氨基活性分子与 NO_x 接触并将其还原为 N_2 和 H_2O。

以氨做还原剂的总包化学反应方程为

$$4NO+4NH_3+O_2 \longrightarrow 4N_2+6H_2O \qquad (6-4-24)$$

以尿素做还原剂的总包化学反应方程为

$$4NO+2CO(NH_2)_2+O_2 \longrightarrow 4N_2+2CO_2+4H_2O \qquad (6-4-25)$$

标准化的化学当量比(Normalized Stoichiometric Ratio，NSR)反映了为达到所需要脱硝效率而投入还原剂的量。根据 SNCR 脱硝总包化学反应方程式，理论上 1mol 的 NO_x 需要 0.5mol 的尿素或 1mol 的氨。在实际运行中，为了达到所需要的脱硝效率，所投入还原剂的量远大于理论值。典型的 NSR 数值是 0.5～3mol 氨对应 1mol 的 NO_x。

总包化学反应的反应速率决定了 SNCR 脱硝速率，影响 SNCR 系统脱硝效率的主要因素包括：①反应温度窗口；②最佳反应温度窗口内的停留时间；③喷入的还原剂与烟气的混合均匀程度；④初始 NO_x 浓度水平；⑤标准化的 NH_3 与 NO_x 的化学计量比；⑥氨逃逸。

SNCR 技术的脱硝效率通常不如 SCR 技术，对于煤粉锅炉，脱硝效率一般不超过 40%；对于循环流化床锅炉，脱硝效率可达到 75%。SNCR 技术的优点是易于实现，不需要催化剂，避免了使用催化剂可能带来的一系列问题，且易于安装在已有燃烧装置上，项目投资成本较低、运行费用也不高。对于国内复杂机组的情况来说，是一种适合在工业界应用推广的技术，尤其在烟气超低 NO_x 排放中是一种非常重要的辅助技术。

(2)工艺设计

SNCR 工艺有两种基本设计：第一种是基于氨为还原剂的系统，1975 年由美国 Exxon 公司申请发明专利“Thermal DeNO$_x$®”；第二种是以尿素为还原剂的系统，1980 年由美国电力研究院(Electric Power Research Institute，EPRI)申请发明专利“NO$_x$ OUT®”，该技术后来转让给美国 Fuel Tech 公司。SNCR 开始大量应用于中小型机组，至 20 世纪 90 年代初期成功用于大型燃煤机组。

图 6-4-24 为 SNCR 工艺的原理示意图，主要包括四部分：①还原剂制备储存系统；②还原剂计量稀释系统；③还原剂分配与调节系统；④还原剂喷射喷雾系统。

①还原剂制备储存系统。对于以氨作为还原剂的 SNCR 工艺，由于气体的喷射距离较短，氨通常以氨水液的形式喷入炉内。出于运输安全的考虑，一般便于运输的氨水溶液浓度不超过 20%(质量分数)。氨水储存系统中的主要设备包括氨水卸载泵、氨水储罐、氨水循环输送泵、稀释水箱、关断阀、手动球阀等。氨水储罐一般设计两台，大小按照储存电厂锅炉满负荷运行一周所需的氨水用量设计。氨水循环输送泵(一运一备)的流量选择为电厂锅炉满负荷所需要的氨水流量的 3～5 倍，扬程选择为能够使氨水输送到锅炉上喷枪所处的位置所需要的压头且考虑一定的裕量。在以氨水作为还原剂的储存区中，注意当氨水储罐中储存的氨水折合成纯氨的重量超过 10t 时，氨水储罐属于重大危险源，在项目设计时要考虑重大危险源的特殊设计。

由于尿素的安全、易储存和易扩散等特性，在大型锅炉上一般都会采用尿素工艺。在使用时，首先在尿素溶解罐中加入尿素颗粒和适量的除盐水，通入加热蒸汽，制成 50%浓度的尿素溶液。其他过程与以氨作为还原剂类似。

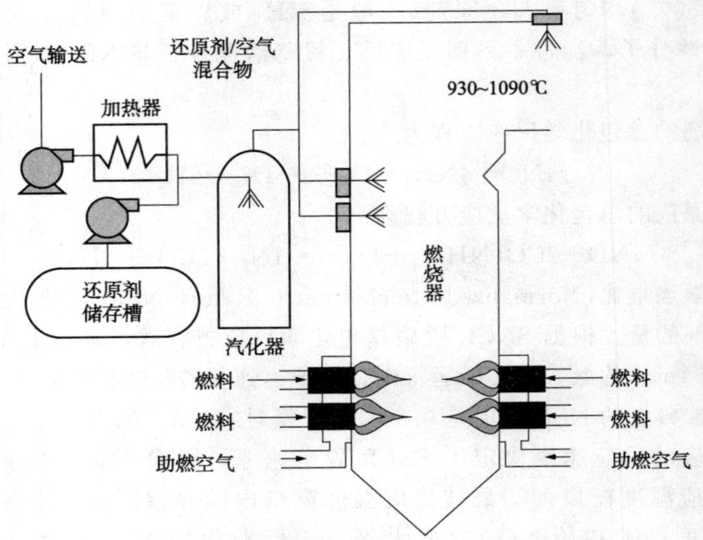

图 6-4-24　SNCR 工艺的原理示意图

②还原剂计量稀释系统。还原剂的计量稀释系统包括稀释水系统和计量系统。稀释水系统包括一个稀释水罐、稀释水泵(两台，一运一备)；计量系统包括还原剂流量调节阀、还原剂流量计和稀释水压力调节阀、稀释水流量计及手动阀门、压力表等。

稀释水系统的作用是给计量模块提供流量和压力相对稳定的除盐水。稀释水罐的设置主要是为了减小稀释水泵入口的压力波动，通常按照锅炉 SNCR 系统运行 4h 所需的除盐水量设计。

计量模块用于精确计量和独立控制到锅炉内每个喷射区的还原剂，该模块连接并响应来自于机组燃烧控制系统、NO_x 和氧监测仪的控制信号，自动调节还原剂流量和稀释水压力，对 NO_x 浓度、锅炉负荷、燃料或燃烧方式的变化做出响应，打开或关闭喷射区或控制其流量。每一个计量模块可相互独立运行和控制，一般而言，SNCR 系统喷枪分成几个区，对应的计量模块就应该有几个，只有在两个分区的喷枪不会同时运行时可以减少一个计量模块。

③还原剂分配与调节系统。还原剂分配系统(通常称分配模块)的作用是，将在计量模块中已经混合好的还原剂溶液分配到每支喷枪中，同时将压缩空气以一定压力输送到喷枪中。分配模块包括液体的转子流量计、手动球阀、压力表、气体压力调节阀、手动球阀、压力表等。

④还原剂喷射喷雾系统。还原剂喷射系统主要指喷枪及连接的管道和手动阀门。喷枪的种类较多，在 SNCR 系统中通常使用墙式短喷枪和多喷嘴长喷枪。图 6-4-25 为典型喷枪的结构示意图。

墙式短喷枪结构较为简单，枪体由不锈钢制成，留有雾化空气和还原剂的接口，使用时在枪体外的不锈钢套管内通入吹扫空气，以保护喷枪。雾化空气和还原剂的混合可以在喷嘴或者喷嘴前的管道里完成。喷嘴深入炉膛的距离较短，一般为 10～50mm。在循环流化床锅炉的 SNCR 脱硝工艺中，一般只使用墙式短喷枪即可获得高的脱硝效率。但在大型煤粉锅炉中，尤其是在使用 SNCR 和 SCR 混合脱硝工艺时，可使用多喷嘴长喷枪。每个多喷嘴长喷枪都配有伸缩机构，为了充分利用化学剂和控制氨逃逸，可改变喷嘴沿喷枪长度的间距以满足工艺所需的化学剂覆盖。

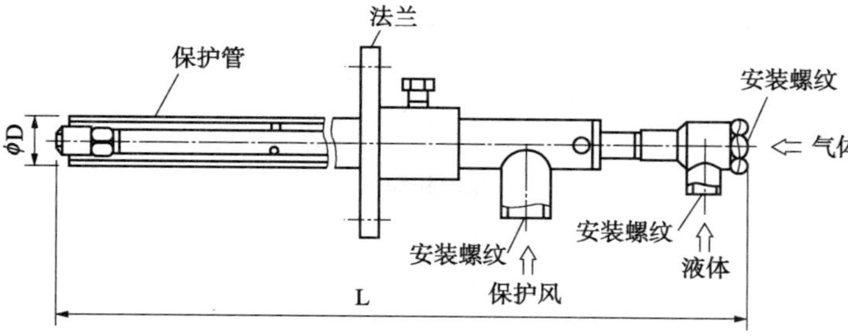

图 6－4－25　SNCR 用喷枪的结构示意图

(3)SNCR＋SCR 组合工艺

SNCR 与 SCR 是目前烟气脱硝中应用最多的两种工艺。为了降低投资成本，达到较高脱硝效率，通常采用"炉膛型 SNCR＋烟道型 SCR"组合工艺，其脱硝效率介于常规 SNCR 工艺与 SCR 工艺之间，且 SNCR 与 SCR 之间一般不设置喷氨格栅，SCR 所需还原剂来源于 SNCR 产生的逃逸氨。

随着超低排放标准的出现，单纯 SCR 工艺长期稳定运行的脱硝效率目前不超过 93%，对于入口 NO_x 浓度高于 700mg/m^3 的锅炉很难单纯通过 SCR 工艺控制到超低排放水平(50mg/m^3 以内)。于是出现了"炉膛型 SNCR＋独立反应器型 SCR"组合工艺，SCR 须单独设置喷氨格栅，由 SNCR 逃逸的氨与喷氨格栅新注入的氨一起作为 SCR 的还原剂。由于 SNCR 出口 NO_x 与分布极不均匀，对后续 SCR 系统达到高的脱硝效率不利，一般要求 SNCR 装置将 SCR 入口 NO_x 先控制到 600mg/m^3 以内，进而再由 SCR 控制到 50mg/m^3 以内。这种技术特别适用于燃用无烟煤或贫煤等 NO_x 初始排放浓度高的锅炉，典型循环流化床锅炉 SNCR/SCR 联合脱硝系统工艺流程如图 6－4－26 所示。

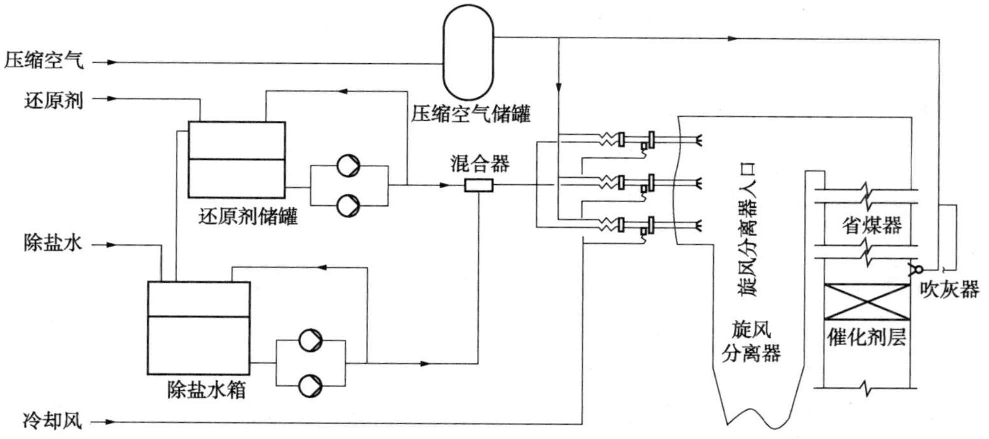

图 6－4－26　SNCR＋SCR 系统的工艺流程示意图

(4)其他行业的应用

SNCR 工艺适用于水泥、石灰、钢铁、电力、垃圾焚烧、石化等行业的窑炉烟气处理，某水泥窑 SNCR 烟气处理的工艺流程如图 6－4－27 所示。

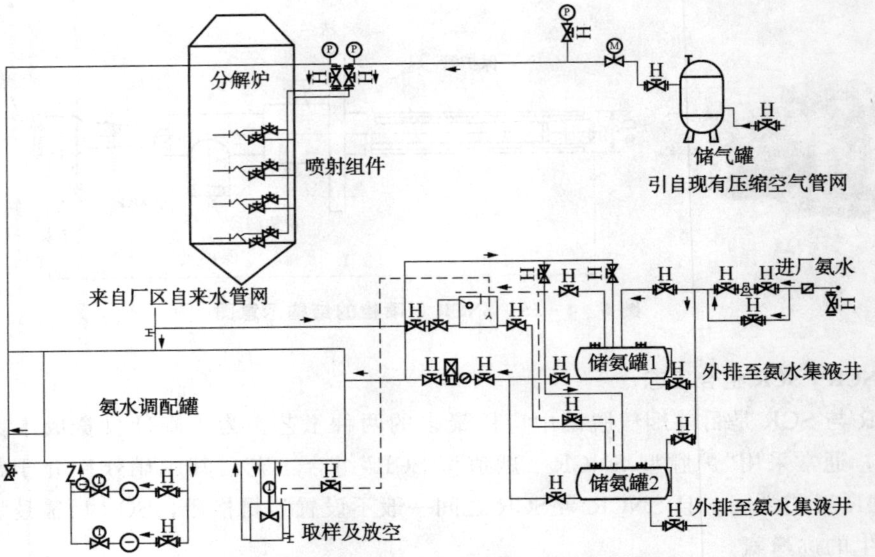

图 6-4-27　某水泥窑的 SNCR 烟气处理工艺流程示意图

6. 光(热)催化处理气态污染物

(1)光催化技术原理与应用

光催化技术是光催化材料在光的照射下，把光能转变成化学能，促进有机物合成或使有机物降解的过程。与传统催化技术相比，光催化技术具有反应速率快、选择性高、废物排放少等特点。光催化过程既涉及光吸收、半导体激发、光生电荷的迁移及分离、活性物种产生利用等光转化步骤，又涉及目标分子扩散、吸附、表面反应、脱附等催化步骤。

市场上光催化降解 VOCs 设备的实际效率，受催化剂材料、粉尘浓度、反应时间、进气湿度、废气浓度等影响很大，如果没有针对性地控制运行参数，还会生成酮、醛等中间副产物而加大污染排放。在国内多地多轮次环保督察中，经常发现光催化气态污染物处理装置因镇流器和光管等零部件破损未更换，甚至装置未开启等不正常运行情况，导致频繁超标排放，成为制约空气质量持续改善的短板。因此目前国家相关部门已经明确提出，因光催化反应速率慢、产物不明，应用于 VOCs 治理时处理效率低，达不到治理要求，不能用于有组织排放的 VOCs 治理。

光催化降解目前适用于恶臭异味治理。臭气成分的分子键包括 C—S 键(272kJ/mol)、C—N 键(305kJ/mol)、N—H 键(389kJ/mol)等，均小于波长为 254nm 紫外线(UV)的能量(471kJ/mol)，因此能够通过打断臭气成分的分子键，改变臭气的分子结构而去除臭味。基于光解(光氧化)及其组合废气净化技术可以提高处理恶臭异味效率，例如，在光解设备前端增设吸收塔，根据臭气组分添加不同的喷淋液，从而去除不同的臭气组分：若臭气组分以碱性气体(氨和胺类物质)为主，则选用酸性喷淋液；若臭气组分以酸性气体(硫化氢、低级脂肪酸)为主，则选用碱性喷淋液；若臭气中有机组分含量较高，则选用次氯酸钠等喷淋液；若臭气组分中水溶性有机组分含量较高，则选用水作为喷淋液。

(2)光热催化技术原理与应用

根据热力学分析，部分复杂化学反应的吉布斯自由能较高，如果只能利用紫外线(UV)

激发，显然会极大限制对太阳光谱的利用。即使在充分利用可见光的前提下，对全光谱太阳光的利用率也不超过 50%，红外区能量主要以热耗散的形式被白白浪费。因此，要实现对太阳光谱的高效利用，必须将光能高效转化为其他形式的能量后再进行利用，其中光热转化是最直接的利用方式。光热催化通过有效结合光催化和热催化技术，能够有效利用全光谱太阳光催化各种化学反应，充分发挥协同作用提高反应速率和优化选择性。如图 6－4－28 所示，光热催化的机理通常分为光热效应、光化学效应和光热效应以及光化学效应的耦合等三类。

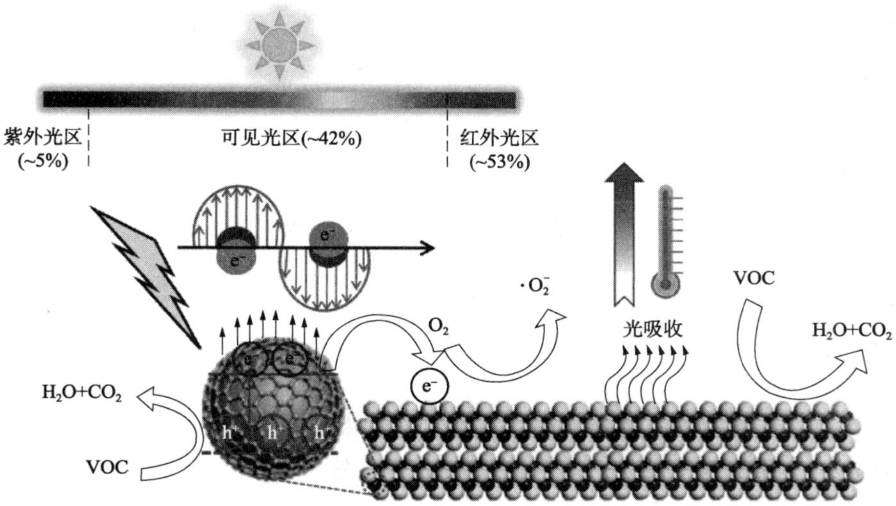

图 6－4－28　光热催化的机理示意图

光热催化已经被广泛应用于环境治理、能源开发等领域，在环境治理方面用于废水处理、CO_2 还原和空气净化等领域，在能源开发方面用于太阳能电池的制作和提高太阳能转换效率。

(3)光催化还原 CO_2

在自然界中，光合生物能够在太阳光照射下利用光合色素将 CO_2(或 H_2S)和水转化为有机物，并释放出 O_2(或 H_2)，该过程是生物界赖以生存的基础，也是地球碳氧循环的重要媒介。受此启发，在太阳光驱动下，利用光催化材料在温和的反应条件(常温和常压)，将 CO_2 催化转化为具有高附加值的化学品和(或)太阳能燃料，实现碳循环利用，也被认为是解决能源与环境问题的重要途径。光催化还原 CO_2 的反应产物目前主要包括：C_1 类产物(CO、CH_4、CH_3OH、$HCOOH$)和 C_2 及 C_{2+} 类产物(C_2H_4、C_2H_6、C_3H_6、C_2H_5OH 等)。由于 CO_2 在空气中的扩散系数为 $0.2cm^2/s$，比其在水中的扩散系数快 4 个数量级，因此目前大多数研究是指气相介质，悬浮的粉末光催化剂在光照射下直接与周围的 CO_2 和水蒸气反应。光催化还原 CO_2 的反应机理和路径较为复杂，如图 6－4－29 所示，涉及光吸收、半导体激发、光生电荷的迁移及分离、活性物种产生利用等众多转化步骤。

相对研究较广的光催化分解水制氢技术，光催化还原 CO_2 更具有挑战性。呈几何线性的 CO_2 分子中 $C=O$ 键的键能为 750kJ/mol，十分稳定，导致光催化 CO_2 还原制碳氢燃料需要更高的还原电位。

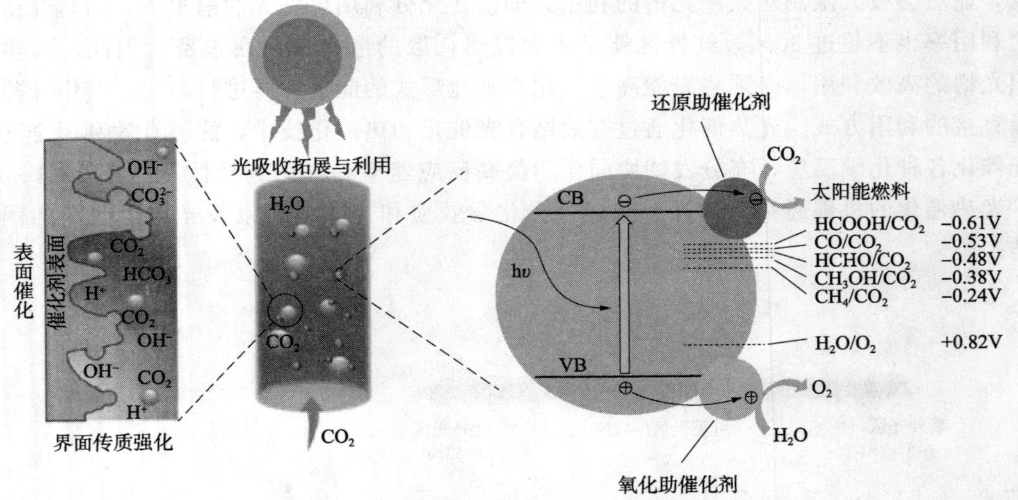

图 6－4－29　光催化还原 CO_2 的过程示意图

(4)光热催化还原 CO_2

光催化还原 CO_2 反应在大多数情况下是利用紫外光和可见光，仅占太阳光谱总能量的48%左右，导致催化效率低和太阳能利用率低，为此人们尝试采用光热催化技术来还原 CO_2。太阳光谱中的光可解决热催化中污染高、耗能大的问题，降低反应的活化能垒，克服热力学的限制；太阳光谱中的热可解决光催化中催化效率低、能量-质量传递受限的瓶颈问题，降低反应所需的活化能垒，突破动力学瓶颈。此外，光热协同也可极大促进催化活性。光热催化还原 CO_2 反应的反应机理主要包括光驱动热催化、光热化学循环、光热原位协同催化等 3 种。

光热催化还原技术是目前 CO_2 资源化的研究热点之一，设计新型高效催化剂材料是构建有效光热催化反应体系的重要内容，开发与催化材料适配的反应器、最大化发挥催化剂性能是光热催化放大反应的关键。虽然目前在催化剂开发上已取得了一定进展，但反应器设计仍处于初级阶段。主流的反应器类型包括浆料型反应器、流化床反应器、光纤组合反应器和固定床反应器等，根据给料方式的差异主要可分为间歇反应器和流动反应器两类。

四、固定床催化反应器的设计计算

绝热固定床催化反应器主要由壳体、催化剂层、催化剂承载组件、气体进出口管及分布板等组成，设计计算主要包括催化剂床层体积、床层截面积和高度、床层压降等，计算方法主要有数学模型计算法和经验计算法两种。经验计算法也称定额计算法，采用实验室、中试装置、工厂现有装置测得的一些最佳条件，如空间速度、接触时间等作为设计依据(或定额)来进行计算。空间速度 v_{SP} 表示一定操作条件下，单位时间内单位体积催化剂所能处理的反应混合气体(即不含反应物)的体积(标准状态)，简称空速；接触时间 τ 是反应物通过催化剂床层的时间，等于空速 v_{SP} 的倒数。

1. 催化剂床层体积 V_R 的计算

已知空间速度 v_{SP} 和需要处理的废气量 Q_0 时，所需催化剂体积 V_R 由下式计算

$$V_R=\frac{Q_0}{v_{SP}}=\tau Q_0(\mathrm{m}^3) \tag{6-4-26}$$

式中　Q_0——要处理的废气流量，m^3/h；

v_{SP}——空间速度，单位为 h^{-1} 或 $\mathrm{Nm}^3(\mathrm{m}^3$ 催化剂$/\mathrm{h})$；

τ——接触时间，h。

不同的催化反应有不同的定额，选用时应注意定额的先进性与可靠性。同一催化反应，由于各厂的管理水平不同，定额也不一样。以催化燃烧为例，国内资料 $\tau=0.13\sim0.5\mathrm{s}$，国外资料 $\tau=0.03\sim0.12\mathrm{s}$。

2. 催化剂床层空隙率 ε

催化剂床层空隙率是影响流体流动、传热和传质以及床层压力降的主要因素，是床层的重要特性参数之一，可由下式计算

$$\varepsilon=\frac{V_f}{V_R}=1-\frac{\rho_B}{\rho_P} \tag{6-4-27}$$

式中　V_f——催化剂床层的空隙体积，m^3；

V_R——催化剂床层的体积，m^3；

ρ_B——催化剂堆放密度，$\mathrm{kg/m}^3$；

ρ_P——催化剂的颗粒密度，$\mathrm{kg/m}^3$。

床层空隙率的大小与催化剂颗粒本身的物理状态及固定床的充填方式直接相关，大小均一的光滑球形颗粒，立方格排列时 $\varepsilon=0.476$，菱形格排列时 $\varepsilon=0.2595$。大小均一的非球形颗粒，形状系数 $\varphi(\varphi=F_m/F_s$，F_s 为粒子表面积，F_m 为与 F_s 等体积的球体表面积$)$越大，填充越紧，ε 越小。

3. 床层截面积和高度的计算

由催化剂颗粒状况确定空床气流速度 u_0 后，反应器截面积 A_t 计算如下

$$A_t=\frac{Q_0}{3600u_0}(\mathrm{m}^2) \tag{6-4-28}$$

式中　u_0——气体空床速度，是指在反应条件下，反应气体通过床层空载面积时的平均流速(或流体在空管内的平均流速)，m/s。

由床层截面积 A_t 可以计算出反应器内径 D

$$D=\sqrt{\frac{4A_t}{\pi}}=\sqrt{\frac{Q_0}{3600\cdot\frac{\pi}{4}u_0}}(\mathrm{m}) \tag{6-4-29}$$

反应器直径 D 经圆整确定后，催化剂床层高度 H 由下式计算

$$H=\frac{V_R}{(1-\varepsilon)\frac{\pi}{4}D^2}(\mathrm{m}) \tag{6-4-30}$$

4. 床层压力降的计算

气体通过催化剂床层时的压力降 Δp 由下式计算

$$\Delta p=\lambda\cdot\frac{\rho_g u_0{}^2}{d_s}\cdot\frac{1-\varepsilon}{\varepsilon^3}\cdot H(\mathrm{Pa}) \tag{6-4-31}$$

式中　λ——摩擦系数；

ρ_g——气相密度，kg/m^3；

d_s——非球形颗粒的比表面当量直径，$d_s=\frac{6V_P}{A_P}=6\ \frac{1-\varepsilon}{S_{比}}$，$d_s=d$（球形颗粒直径），m。

经实验研究表明，摩擦系数λ与雷诺数Re之间的关系如下

$$\lambda=\frac{150}{Re}+1.75 \tag{6-4-32}$$

$$Re=\frac{d_s u_0 \rho_g}{\mu(1-\varepsilon)} \tag{6-4-33}$$

式中　μ——气体黏度，Pa·s；

$S_{比}$——颗粒比表面积，m^{-1}；其余各量的物理意义同前。

最终有

$$\Delta p=150\mu L u_0\ \frac{(1-\varepsilon)^2}{\varepsilon^3 d_s^{\ 2}}+1.75\rho_g L u_0^{\ 2}\ \frac{(1-\varepsilon)}{\varepsilon^3 d_s}(\mathrm{Pa}) \tag{6-4-34}$$

上式中，当$Re<10$时，流体处于滞留状态，$150/Re$远大于1.75，则第二项$1.75\rho_g L u_0^{\ 2}\ \frac{(1-\varepsilon)}{\varepsilon^3 d_s}$可以忽略；当$Re>1000$时，流体处于完全湍流状态，$150/Re$远小于1.75，则第一项$150\mu L u_0\ \frac{(1-\varepsilon)^2}{\varepsilon^3 d_s^{\ 2}}$可以忽略。由以上各式可知，增大$u_0$或H、减小$\varepsilon$或$d_s$都会使得压力降增大。

由于工程实际中气体的压力有限，因而一般要求固定床的压力降不超过床内压力的15%。若计算出的压力降过大，可重新选用较大直径的催化剂或增大床层截面积，或减小床层高度来调整压强。

§6.5　燃烧法净化技术与设备

燃烧净化法是利用废气中某些污染物质可以燃烧氧化的特性，将其燃烧变成无害物质或易于进一步处理物质的方法。主要的化学反应是燃烧氧化，少数是热分解，主要应用于有机蒸气或其他可燃废气的净化处理，不能实现物质回收。由于含N、S、P等有机物的燃烧过程会产生新的污染气体，因此有时需要根据具体情况，在燃烧之后设置净化装置（如吸收等），脱除燃烧后尾气中的有害物。燃烧过程产生的热量视具体情况考虑是否回收。

一、燃烧理论

1. 燃烧原理

目前较为认可的燃烧原理是火焰传播理论。燃烧反应是一种放热反应，当可燃物质在某一温度被点燃后，会迅速向四周传播引起周围气体的燃烧，目前火焰传播理论包括热量传播（又称热损失）和自由基连锁反应两种。前者认为，火焰是燃烧放出的热量，传播到火焰周围的混合气体使之达到着火温度而燃烧并继续传播；后者认为，在火焰中存在着大量活

性很强的自由基，它们极易与别的分子或自由基发生化学反应，在火焰中引起连锁反应而向四周传播。

以上两种理论都有一定的适用范围。例如，对于含有少量水蒸气的火焰，自由基的作用要比温度(热量传播的推动力)重要得多；又如，热力燃烧就是利用火焰中存在的过量自由基来加速废气中可燃组分的氧化销毁。但是，丙烷燃烧却与热量传播理论相符，与自由基连锁反应理论不符。在工程实际中，一般可认为火焰传播是热量与自由基同时向外传播，只是不同反应的主次地位不同。

2. 燃烧的必要条件

燃烧反应速度是燃烧过程的关键，氧化反应速度通常表示为

$$\gamma=k_0 e^{-\frac{E}{RT}}C^n[O_2]^m \tag{6-5-1}$$

式中 γ——单位时间内单位容积中反应物的减少量，mol/(L·min)；

k_0——频率因子；

E——可燃物质氧化反应的总活化能，kJ/mol；

T——反应温度，K；

C——可燃气体浓度，mol/m^3；

$[O_2]$——氧的浓度，mol/m^3，当氧足够时，氧浓度可近似看作常数；

n、m——分别是可燃物质和氧气的反应级数。

由此可知，燃烧的必要条件是一定的可燃物浓度、一定的温度、一定的氧浓度及活化能。由此可得出以下结论：①活性强的可燃气体(一般 E 较小)较易燃烧，具有较低的着火温度，例如乙炔比甲烷更易着火；②对同一种可燃混合物，若采用催化燃烧，由于催化剂能降低反应的活化能 E，因而可降低着火温度，并加快反应速度，因此在处理有害可燃气体时，出现了应用广泛的催化燃烧法；③当废气中可燃气体浓度太低不能着火或不易着火时，必须借助高浓度辅助燃料的燃烧提供有害气体氧化分解所需热量和温度，这就是热力燃烧法；④降低散热损失，如减少散热面积、采用保温材料、减少散热系数等，有利于可燃物的氧化燃烧；⑤提高废气的初始温度，容易着火燃烧。

3. 爆炸极限浓度范围

一定浓度范围内的氧与可燃气体混合，若在某一点着火后所产生的热量，可以继续引燃周围的可燃气体，在有控制的条件下就形成火焰，维持燃烧；若在一个有限空间内无控制地迅速发展，就形成气体爆炸。由此可见，可燃组分与空气混合物的燃烧(或爆炸)在符合某些条件下发生，这些条件包括混合物中可燃组分与氧气的相对浓度、混合物的浓度极限、点火源的存在以及混合物的流速等。虽然燃烧和爆炸有若干重要区别，但从混合气体中特定组分的相对浓度来讲，可燃的混合气体就是爆炸性的混合气体，燃烧极限浓度范围就是爆炸极限浓度范围。对空气而言，由于其中的氧含量一定，故只要确定可燃组分的浓度即可。

燃烧极限浓度范围是一个变值，会因可燃气与空气混合的温度、压力及进行试验的管子与设备尺寸、混合气的流动速度等试验条件而变。爆炸极限浓度范围可从有关手册查得。

当几种可燃组分与空气混合时，其爆炸极限浓度范围的近似值为

$$A_{混}=\frac{100}{\frac{a}{A_1}+\frac{b}{A_2}+\frac{c}{A_3}} \tag{6-5-2}$$

式中　$A_{混}$——几种可燃组分与空气混合时的爆炸极限；

A_1、A_2、A_3——每种可燃组分的爆炸极限；

a、b、c——各种可燃组分在混合物中的体积分数，%。

在燃烧净化中，常把废气中可燃组分的浓度用爆炸下限浓度的百分数来表示，简写为LEL(Lower Explosive Limit)。从实验中发现，虽然某些可燃组分的爆炸浓度下限不同，但其在爆炸浓度下限时的燃烧热值和燃烧时的升温都相差不多，这样就可以将爆炸浓度与过程效应联合起来。一般来说，每1%LEL浓度碳氢化合物的燃烧值，大约可使废气本身提高温度15.3K。同时，为安全起见，可将废气中可燃组分的浓度控制在20%～25%LEL，以防止爆炸。

二、燃烧类型

根据着火温度与状态，燃烧可分为直接燃烧、热力燃烧、常规催化燃烧、蓄热式催化燃烧。

1. 直接燃烧法

直接燃烧法也称为直接火焰燃烧法，是指把废气中的可燃有害组分当作燃料直接烧掉。若可燃组分的浓度高于燃烧上限，则可以混入空气后燃烧；若可燃组分的浓度低于燃烧下限，则需要加入一定数量的辅助燃料(如天然气等)以维持燃烧。

(1)采用窑、炉等设备的直接燃烧

直接燃烧设备可以采用一般的燃烧炉、窑，或通过一定装置将废气导入锅炉作为燃料气进行燃烧。直接燃烧的温度一般需在1100℃左右，其最终产物为CO_2、H_2O和N_2。该法不适用于处理低浓度的废气。

(2)火炬燃烧

火炬燃烧不仅会因产生大量的有害气体、烟尘及热辐射而危害环境，而且会造成有用燃料气的大量损失，因此应尽量减少和预防火炬燃烧。具体方法如下：①对系统及装置放空的低压气尽量加以回收利用；②提高装置及系统的平稳操作水平和健全管理制度；③采用燃烧效率高、能耗低的火炬燃烧器，如火炬头。

2. 热力燃烧法

该法适用于可燃有害组分浓度较低、本身不能燃烧废气的净化处理。在热力燃烧中，被净化的废气不是作为燃烧所用的燃料，而是在含氧量足够时作为助燃气体，不含氧时则作为燃烧的对象。换言之，通过燃烧如煤气、天然气、油等燃料，来使废气温度达到热力燃烧所需的温度，把其中的有害组分进行氧化分解。

(1)燃烧过程

燃烧过程如图6-5-1所示，包括以下几个步骤：①辅助燃料燃烧——提供热量；②废气与高温燃气混合——达到反应温度；③在反应温度下，保持废气有足够的停留时间，使废气中可燃的有害组分氧化分解——达到净化排气的目的。

为使废气温度提高到其中有害组分的氧化分解温度，需用辅助燃料燃烧来供热。但辅助燃料不能直接与全部要净化处理的废气混合，这会导致混合气中可燃物浓度低于燃烧下限，最终不能维持燃烧。若废气以空气为本底而含有足够的氧，用不到一半的废气来使辅助燃料燃烧，用高温燃气与剩余的废气混合以达到热力燃烧的温度。

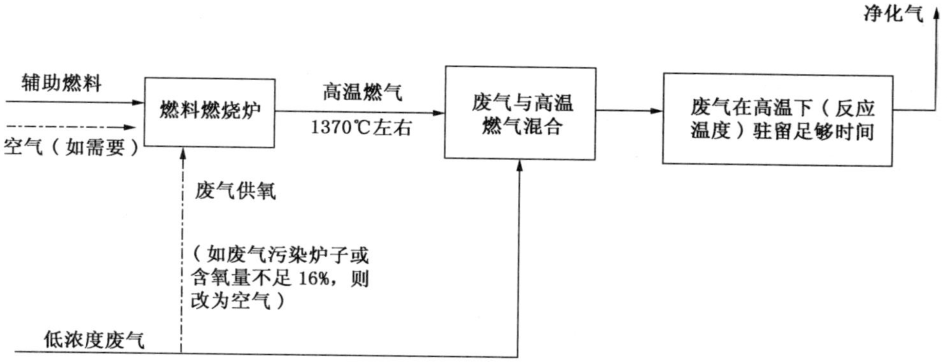

图6-5-1　热力燃烧过程图解

(2)热力燃烧的条件及影响因素

在燃烧过程中，废气中可燃的有害组分氧化分解生成CO_2和H_2O，但不同有害组分的燃烧条件不同。一般来说，大多数碳氢化合物在590～820℃即可完全氧化分解。影响热力燃烧的重要因素是反应温度和燃烧炉内停留时间，某些含烃类化合物废气在燃烧净化时所需的反应条件列于表6-5-1。

表6-5-1　某些含烃类化合物废气燃烧净化所需的反应条件

废气净化程度	反应温度/℃	燃烧炉停留时间/s
烃类化合物(HC销毁90%以上)	680～820	0.3～0.5
烃类化合物+CO(HC+CO销毁90%以上)	680～820	0.3～0.5

在热力燃烧炉的设计中，考虑到大多数烃类化合物和CO的燃烧，一般反应温度采用740℃，炉内停留时间为0.5s。

(3)热力燃烧装置

热力燃烧装置一般分为专用热力燃烧装置和普通燃烧炉。

1)专用热力燃烧装置

专用热力燃烧装置的结构要满足热力燃烧时的条件要求：高于740℃的温度和0.5s左右的接触时间，这样才能保证对一般烃类化合物及有机蒸气的燃烧净化。热力燃烧炉的主体结构包括燃烧器和燃烧室两部分，前者是使辅助燃料燃烧生成高温燃气；后者是使高温燃气与旁通废气湍流混合达到反应温度，并使废气在其中停留时间达到要求。按使用的燃烧器不同，热力燃烧炉又可分为配焰燃烧系统和离焰燃烧系统。

2)普通燃烧炉

由于普通锅炉、生活用锅炉以及一般加热炉的炉内条件能够满足热力燃烧的要求，因此可以用作热力燃烧炉使用，这样不仅可以节省设备投资，也可以节省辅助燃料。但在使用普通锅炉时应注意以下几点：①废气中所要净化的组分应当几乎全部可燃，不可燃组分(如无机烟尘等)在传热面上的沉积将会导致锅炉效率的降低；②所净化废气的流量不能太大，过量低温废气的引入会降低热效率并增加动力消耗；③废气中的含氧量应与锅炉燃烧的需氧量相适应，以保证充分燃烧，否则燃烧不完全所形成的焦油等将污染炉内传热面。

(4)燃烧法的热量回收

烃类化合物组分在燃烧过程中会放出大量热量，辅助燃料在热力燃烧过程中也会放出大量热量，都应该加以回收利用。热量回收的好坏是评价燃烧净化方法是否经济合理的标准之一，常用回收燃烧热量的方法有以下 3 种。

1)热量回用加热进口废气

如图 6-5-2 所示，用管式热交换器、蓄热式氧化器(Regenerative Thermal Oxidizer，RTO)，使净化反应的高温气体与进口的低温废气进行热量交换，这样可以提高进入炉中废气的温度，节约辅助燃料。

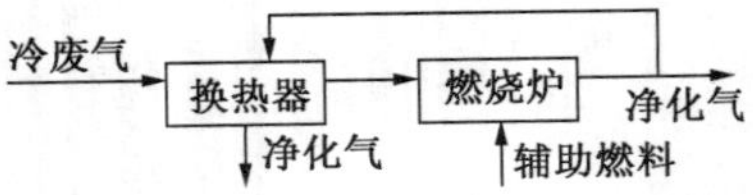

图 6-5-2　加热进口废气的回用热量示意图

RTO 又称蓄热式燃烧器或回热燃烧器，指将有机废气进行燃烧净化处理，并利用蓄热体对待处理废气进行换热升温、对净化后排气进行换热降温的装置。RTO 通常由换向设备、蓄热室、燃烧室和控制系统等组成，可分为固定式和旋转式。固定式可根据蓄热体床层的数量分为两室或多室；旋转式 RTO 的蓄热体是固定的，利用旋转式气体分配器来改变进入蓄热体气流的方向，其外形大多呈圆筒状。以含 VOCs 有机废气的净化为例，图 6-5-3(a)所示两室 RTO 系统的工作原理为：废气进入 RTO 系统后，首先进入蓄热室Ⅰ(该蓄热室已被前一个循环的净化气加热)后吸收热量使温度升高，然后进入燃烧室，VOCs 在燃烧室内被氧化为 CO_2 和 H_2O，废气得到净化。燃烧后的高温净化气离开燃烧室，进入蓄热室Ⅱ，该蓄热室从净化气中吸收热量并储存起来，用来预热下一个阶段进入系统的有机废气，净化气温度也得以降低。经过一段设定时间，进入该周期的第二阶段，气体流动方向逆转，有机废气从蓄热室Ⅱ进入系统，净化气从蓄热室Ⅰ排出。气流流向在一个周期内改变两次，蓄热室也不断地吸收和放出热量，实现了高效热能回收，热回收率可达 90%以上。

图 6-5-3(b)中，三室 RTO 与两室 RTO 的最大区别是增加了一个蓄热室，用于吹扫系统。在蓄热室Ⅰ进气、蓄热室Ⅱ排气的同时，蓄热室Ⅲ处于吹扫状态。吹扫系统可以采用“吹出”或“吸入”方式。使蓄热室在用于进气以后、用于排气之前得到吹扫，从而解决了双蓄热室 RTO 换向时 VOCs 直接排放的问题。

图 6-5-3(c)中，旋转式 RTO 通常包括一个换向阀和多个环形布置的蓄热室(6 个、8 个或更多)，一般采用旋转换向装置控制各个蓄热室分别依次处于进气状态、吹扫状态和排气状态。各个蓄热室的换向逐步完成，因此 RTO 系统较紧凑、占地小，但气流切换装置复杂。

蓄热室中最重要的组成单元为蓄热体，蓄热体的材料主要有陶瓷和金属两种，金属类蓄热体如钢、铝等材料只能用于低温或中温场合。由于陶瓷材料具有优良的耐高温、抗氧化、耐腐蚀等特点以及机械强度好、价廉等优点，因此目前普遍采用陶瓷材料作为蓄热体，包括散堆材料(如矩鞍环等颗粒填料)和规整填料(如蜂窝填料和板波纹填料等)。为了降低床层阻力大多采用规整填料，常用的蜂窝状陶瓷蓄热体具有比表面积大、阻力损失小、热胀冷缩系数小、抗热性能好等特点。蜂窝陶瓷蓄热体的材质可根据使用温度需求选用陶土、莫来石、堇青石、石英陶瓷等，一般做成尺寸为 150mm×150mm×150mm 或 150mm×150mm×300mm 的柱状蓄热体，并整砌于 RTO 的蓄热室中。

2)热净化气部分再循环

如图 6-5-4 所示，该方法已在需要大量热气体的装置上得到广泛应用，由于这些装置所需热气体的温度比净化气的温度低，所以可使净化气与冷废气换热，再将换热后的气体引入到这些装置中作为工作气体。由于装置中的工作气体要不断进入燃烧炉中净化，气体中的含氧量由于燃烧的不断消耗而降低，因此只能用部分净化气进行再循环。

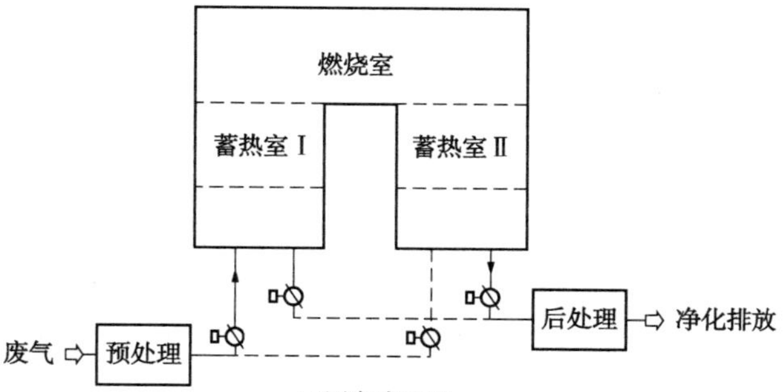

(a)固定式两室

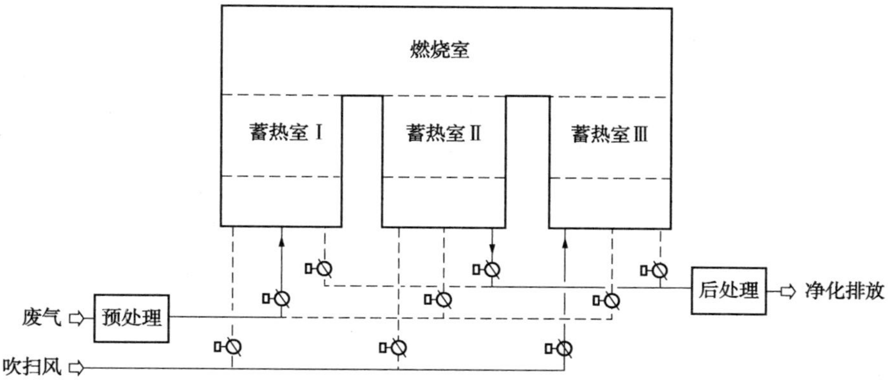

(b)固定式三室

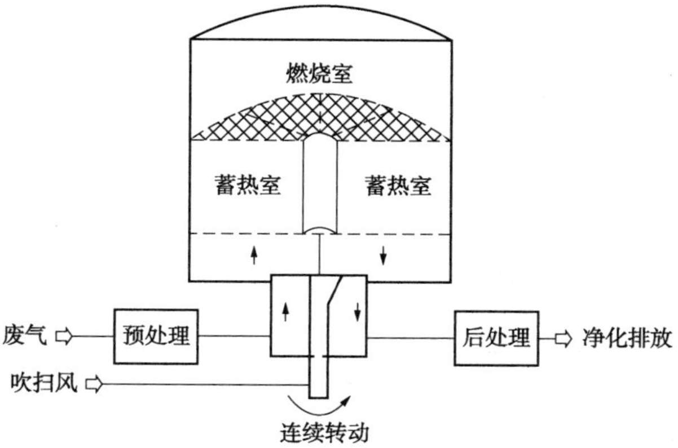

(c)旋转式

图 6－5－3 蓄热式燃烧装置的工艺流程示意图

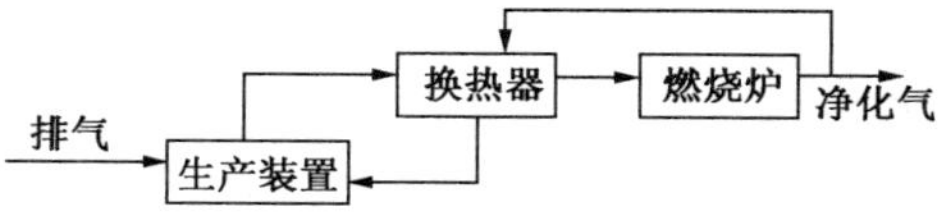

图 6－5－4 热净化气部分再循环的工艺流程示意图

3)废热利用

若上述方法仍不能全部利用净化气中的热量时，可采用下列措施利用其余热量：直接作为加热某些生产装置的载热体；用来加热水、油等；通入废热锅炉中生产热水或蒸汽，用于生产或生活。

3. 催化燃烧法

催化燃烧(Catalytic Oxidization)是典型的气固相催化反应，其实质是活性氧参与的深度氧化作用。催化剂的作用是降低活化能，同时催化剂表面具有吸附作用，使反应物分子富集于表面提高反应速率，加快了反应过程的进行。借助催化剂可使有机废气在较低起燃温度条件下发生无焰燃烧，氧化分解为 CO_2 和 H_2O，在去除废气中有害物的同时放出大量热能，具体过程如下

$$C_nH_m+\left(n+\frac{m}{4}\right)O_2\xrightarrow[\text{催化剂}]{250\sim300℃}nCO_2\uparrow+\frac{m}{2}H_2O\uparrow+Q \qquad (6-5-3)$$

如图 6－5－5 所示，在将废气进行催化燃烧的过程中，废气经管道由风机送入热交换器，将废气加热到催化燃烧所需要的起始温度，经过预热废气通过催化剂层使之燃烧。由于催化剂的作用，催化燃烧法废气燃烧的起始温度约为 250～300℃，大大低于直接燃烧法的起始温度(650～800℃)；高温气体再次进入热交换器，经换热冷却，最终以较低的温度经风机排入大气。

催化燃烧装置目前主要有分建式和合建式(组合式)两大类。分建式即换热器、预热器和反应器均作为独立设备分别设立，其间用相应的管路连接，一般用于处理气量较大的场合，反应器视具体情况可用单段式反应器(浓度较低时)或多段式反应器(浓度较高时)。合建式(组合式)即将预热器、换热器和反应器等一体化组合安装，构建成如图 6－5－6 所示的催化燃烧炉，其流程紧凑、占地小，一般用于处理气量较小的场合。

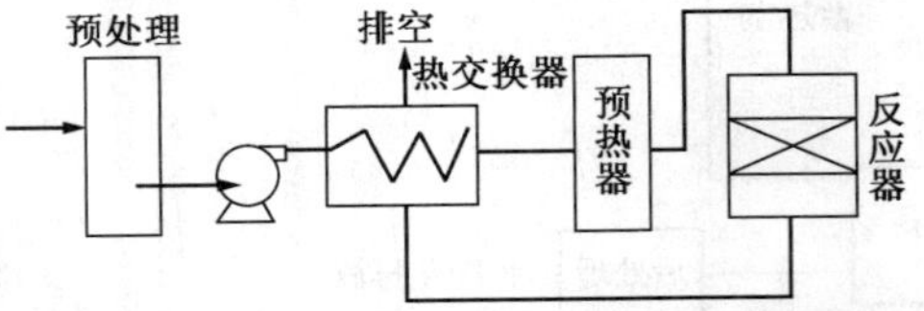

图 6－5－5　催化燃烧常见的工艺流程示意图

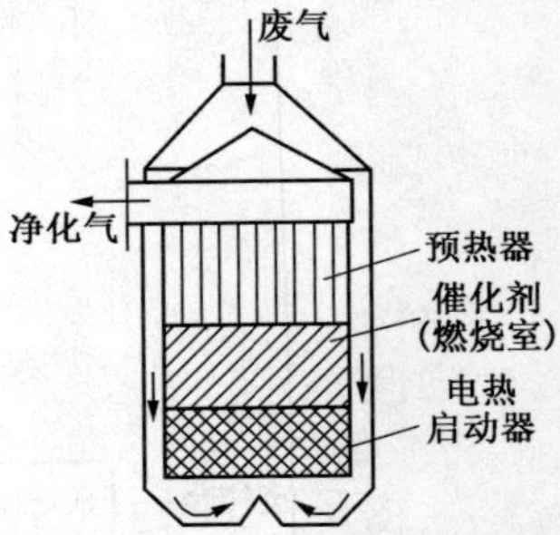

图 6－5－6　立式催化燃烧炉的结构示意图

影响催化燃烧法经济效益的主要因素包括：催化剂性能和成本、废气中有机物浓度、热量回收效率、经营管理和操作水平。催化燃烧虽然不能回收有用的产品，但可以回收利用反应热，节省能源，降低处理成本，在经济上合理可行。催化剂中活性组分及其分布、颗粒大小、催化剂载体对催化效果和寿命有很大的影响，通常采用以下几类催化剂。

(1) 以 Al_2O_3 为载体的催化剂

该载体一般做成蜂窝状或粒状等，然后再将活性组分负载其上，如蜂窝陶瓷钯催化剂、蜂窝陶瓷铂催化剂、蜂窝陶瓷非贵金属催化剂等。

(2) 以金属作为载体的催化剂

采用镍镉合金、镍镉镍铝合金、不锈钢等金属作为载体，如镍铬丝蓬体球钯催化剂、不锈钢丝网钯催化剂、金属蜂窝催化剂等。

4. 蓄热式催化燃烧

蓄热式催化燃烧(Regenerative Catalytic Oxidizer，RCO)的净化率高，适应性强，能耗在燃烧法中最低，无二次污染，应用于高浓度有机废气的场合比较多。RCO 具有 RTO 高效回收能量的特点和催化反应低温工作的优点，将催化剂置于蓄热材料的顶部，来使净化达到最优。RCO 系统性能优良的关键是使用贵金属或过渡金属催化剂，使氧化在 250～500℃的低温区完成，降低了燃料消耗和设备造价。目前有的国家已经开始使用 RCO 取代常规催化燃烧进行有机废气的净化处理，很多 RTO 也升级转换成 RCO(图 6－5－7)，可以削减操作费用达 33%～50%。RCO 处理技术特别适用于对热回收率需求高的场合，也适用于同一生产线上因产品不同，废气成分经常发生变化或废气浓度波动较大的场合。切换阀在 RCO 和 RTO 系统运行过程中扮演着重要角色，甚至被认为是整套系统中最重要的部件。

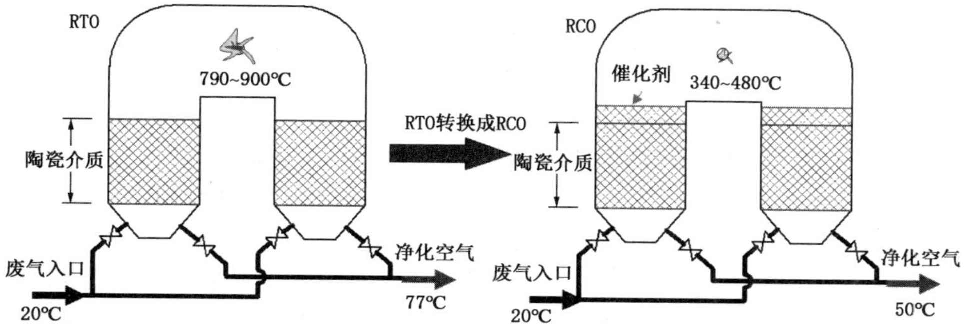

图 6－5－7　RTO 升级转换成 RCO 的运行情况示意图

三、燃烧法的典型工程应用

1. 低 NO_x 的燃烧技术

影响燃烧过程中 NO_x 生成的主要因素有燃烧温度、烟气在高温区的停留时间、烟气中各种组分的浓度以及混合程度。低氮燃烧技术是通过合理配置炉内流场、温度场及物料分布以改变 NO_x 的生成环境，从而降低炉膛出口 NO_x 排放，主要包括低氮燃烧器(Low NO_x Burner，LNB)、空气分级燃烧(Air Staged Combustion)、燃料分级燃烧(Fuel Staged Combustion)、烟气再循环技术(Exhaust Gas Recirculation，EGR)等。采用该技术时，还要协同控制 CO 等碳的不完全燃烧产物。

(1)低氮燃烧器(LNB)

低氮燃烧器适用于室燃炉，根据燃烧方式可分为扩散式燃烧器和预混式燃烧器，前者包括燃料分级低氮燃烧器、空气分级低氮燃烧器。

扩散式燃烧器通过物理结构的优化将空气和燃料分层、分阶段送入炉膛实现分级燃烧，扩大燃烧区域、降低火焰温度，减少 NO_x 生成。采用扩散式燃烧器的燃煤、燃油、燃天然气、燃焦炉煤气和燃高炉煤气锅炉的 NO_x 产生浓度可分别控制在 200～600mg/m^3、100～300mg/m^3、60～200mg/m^3、200～500mg/m^3 和 30～200mg/m^3。

预混式燃烧器适用于燃天然气锅炉，根据降低 NO_x 生成的原理，可分为贫燃预混燃烧技术和水冷预混燃烧技术。贫燃预混燃烧器利用高过量空气降低火焰温度，同时燃烧器采用金属纤维等结构分割火焰，稳燃的同时可使温度分布均匀，减少 NO_x 生成；采用该技术，NO_x 产生浓度可控制在 20～80mg/m³。水冷预混燃烧器采用间接冷却的方式将火焰根部的热量从高温区带走，降低预混火焰温度，减少 NO_x 生成，NO_x 产生浓度可控制在 20～50mg/m³。

(2)空气分级燃烧

空气分级燃烧是最简单、比较有效的 NO_x 排放控制技术。采用综合空气分级燃烧技术，与原来未采用此措施的 NO_x 排放量相比，燃烧天然气时可降低 60%～70%，燃烧煤或油时可降低 40%～50%。

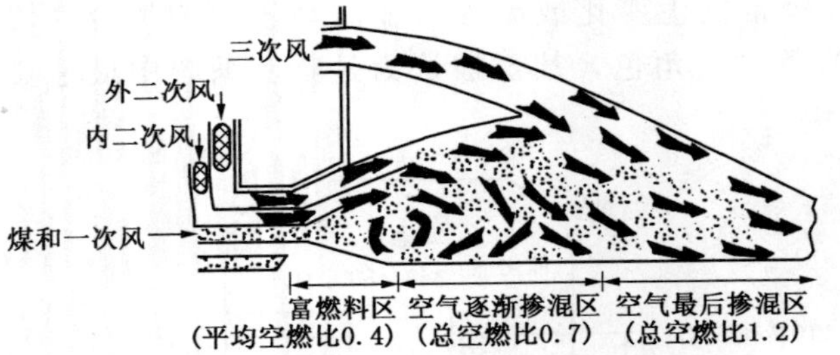

图 6-5-8　低 NO_x 燃烧器的空气分级示意图

根据 NO_x 的形成机理可知，反应区内的空燃比极大地影响 NO_x 的形成。由于反应区在过量空气状态下会使 NO_x 排放增加，采用风分级的办法可有效控制反应区内的氧量。所谓风分级，就是把供燃烧用的空气由原来的一般分为两股或多股，在燃烧开始阶段只加部分空气，造成一次气流燃烧区域的富燃料状态。空气分级燃烧是一种形成富燃料区的常用方法，也是二级燃烧过程，因此可描述为富燃料(贫氧)燃烧-贫燃料(富氧)燃烧，主要燃烧机理是：由于富燃料缺氧，故在该区域形成部分燃烧，使有机结合在燃料中的部分氮生成无害的氮分子，故而减少了“热力”NO_x 的形成。作为二次风的空气喷射到一次富燃料区的下游，形成二次燃烧完全区，在该区域内完成燃烧。除此之外，由于一次燃烧区域的燃烧产物进入二次燃烧区域，同时降低了氧浓度和火焰温度，于是二次燃烧区域内 NO_x 的形成受到了限制。低 NO_x 燃烧器的空气分级如图 6-5-8 所示，其结构如图 6-5-9 所示。从图中可以看出，燃烧过程分为 3 个区：煤和一次风在出口处形成的富燃料区、二次风逐渐掺混的持续富燃料区、三次风掺入最终形成的完全燃烧区。

风分级可以在燃烧器内进行，也可以在炉内进行。

(3)燃料分级燃烧

燃料分级燃烧是一种燃烧改进技术，也称为 NO_x 再燃烧或炉内还原(IFNR)技术。该技术是用燃料作为还原剂来还原燃烧产物中的 NO_x，是降低 NO_x 排放的诸多炉内方法中最有效的措施之一。

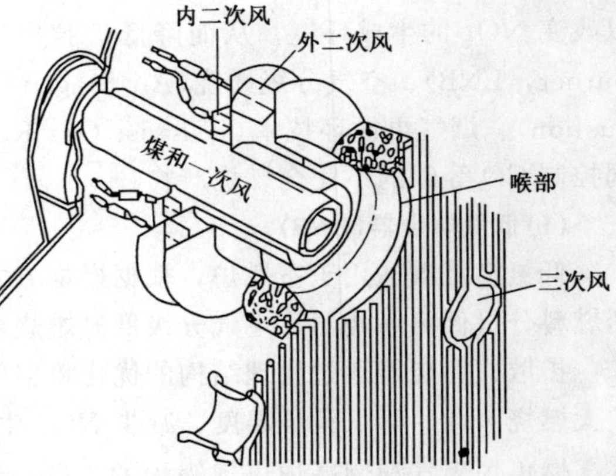

图 6-5-9　空气分级低 NO_x 燃烧器的结构示意图

燃料分级燃烧技术将 80%～85%的燃料送入主燃区，在空气过量系数 $\alpha>1$ 的条件下燃烧；其余 15%～20%的燃料作为还原剂在主燃烧器上部的某一合适位置喷入，形成再燃区，再燃区空气过量系数 $\alpha<1$。再燃区不仅使已经生成的 NO_x 得到还原，同时还抑制了新 NO_x 的生成，可进一步降低 NO_x 的排放浓度。再燃区上方布置燃尽风以形成燃尽

区，保证再燃区出口的未完全燃烧产物得以继续燃尽。与其他低 NO_x 燃烧技术相比，燃料分级燃烧技术可以大幅度降低 NO_x 排放，一般情况下可使 NO_x 排放浓度降低 50%以上。

(4)烟气再循环燃烧(EGR)

烟气再循环燃烧技术是指燃烧产生的部分烟气与氧化剂混合后再次参加燃烧过程，主要应用在工业燃烧器、锅炉、燃气轮机中。烟气再循环的本质是通过将部分冷却了的烟气重新引入燃烧区域，实现对燃烧温度和氧化物浓度的控制，从而实现降低 NO_x 排放的效果，具体的减排机理可以用热力型 NO_x 的生成机理来解释。影响热力型 NO_x 生成的主要控制因素是温度，其对 NO_x 生成速率的影响呈指数关系；另一个主要因素是烟气中的氧浓度，NO_x 的生成速率与氧浓度的 0.5 次方成正比。烟气再循环技术降低了火焰区域的最高温度，进而降低 NO_x 的形成；还降低了氧和氮的浓度，同样起到降低 NO_x 生成的作用。此外，烟气再循环技术中高温烟气对氧化剂和燃料起到预热的作用，有明显节能效果。

低氮燃烧技术 NO_x 减排效果因煤种、炉型、机组容量和燃烧方式不同而存在差异，主要低氮燃烧技术及效果见表 6－5－2。

表 6－5－2　低 NO_x 燃烧技术及效果

技术名称	NO_x 减排率
低氮燃烧器(LNB)技术	20%～50%
空气分级燃烧技术	20%～50%
燃料分级燃烧(再燃)技术	30%～50%
低氮燃烧器与空气分级燃烧组合技术	40%～60%
低氮燃烧器与燃料分级燃烧组合技术	40%～60%

2. VOCs 的催化燃烧

催化燃烧法处理有机废气的净化率一般都在 95%以上，最终产物为无害的 CO_2 和 H_2O(杂原子有机化合物还有其他燃烧产物)，因此无二次污染问题。此外，由于温度低，能大量减少 NO_x 的生成。催化燃烧 VOCs 用催化剂的活性成分可分为贵金属、非贵金属氧化物。贵金属是低温催化燃烧最常用的催化剂，优点是具有较高的活性、良好的抗硫性，缺点是活性组分容易挥发和烧结、容易引起氯中毒、价格昂贵、资源短缺。非贵金属氧化物催化剂主要有钙钛矿型、尖晶石型以及复合氧化物催化剂等，价格相对较低，也表现出很好的催化性能，如钙钛矿型催化剂高温热稳定性较好，尖晶石型催化剂具有优良的低温活性，但其不足之处在于催化活性相对较低，起燃温度较高。根据有机废气预热及富集方式，催化燃烧工艺流程可分为预热式、自身热平衡式、蓄热式催化燃烧和吸附浓缩-催化燃烧等。

(1)预热式催化燃烧

预热式是催化燃烧的最基本形式，如图 6－5－10 所示。有机废气温度在 100℃以下，浓度也较低，热量不能自给，因此在进入反应器前需要在预热室加热升温，燃烧净化后气体在换热器内与未处理废气进行热交换，以回收部分热量。通常采用煤气燃烧或电加热升温至催化反应所需的起燃温度。

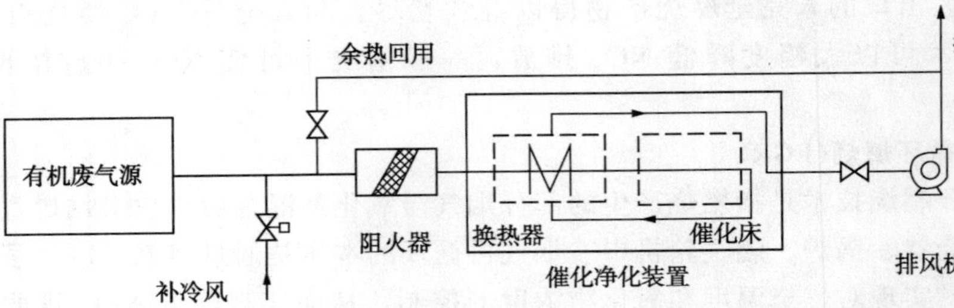

图 6-5-10　预热式催化燃烧有机废气净化的工艺流程示意图

(2)自身热平衡式催化燃烧

当有机废气排出时的温度较高(300℃左右)，高于起燃温度，且有机物含量较高，换热器回收部分净化气体所产生的热量在正常操作下能够维持热平衡，无需补充热量。通常只需要在催化燃烧反应器中设置电加热器，供起燃时使用。

(3)吸附浓缩＋蓄热式催化燃烧

当有机废气的流量大、浓度低、温度低，采用催化燃烧需要耗大量燃料时，可先采用吸附手段将有机废气进行浓缩，然后通过热空气吹扫，再进行催化燃烧，此时不需要补充热源即可维持正常运行。自 20 世纪 60 年代起，欧美等国家内已开始应用“吸附富集-脱附浓缩-蓄热式催化燃烧”后处理技术，德国 Dürr Systems 公司(2018 年兼并了美国 Babcock & Wilcox MEGTEC 公司、Babcock & Wilcox MEGTEC Holdings 公司和 Babcock & Wilcox Universal 公司)、美国 Anguil Environmental Systems(恩国)公司、加拿大 Biothermica Technologies 公司、瑞典 Munters 公司等在行业中占有绝大部分市场。根据吸附剂类型和使用方式的不同，又可分为床层吸附浓缩和转轮吸附浓缩两大类。

图 6-5-10 为废气处理用“活性炭吸附浓缩＋催化燃烧”的工艺流程示意图，由活性炭吸附、催化燃烧、电气控制及通风管道(阀门)等组成，采用预处理、活性炭吸附、热气流脱附和催化燃烧组合工艺净化有机废气。预处理后的有机废气进入固定式活性炭床(塔)中，净化后的气体由吸附风机排入烟囱排放。日常工作时活性炭床(塔)一个进行脱附再生，其余进

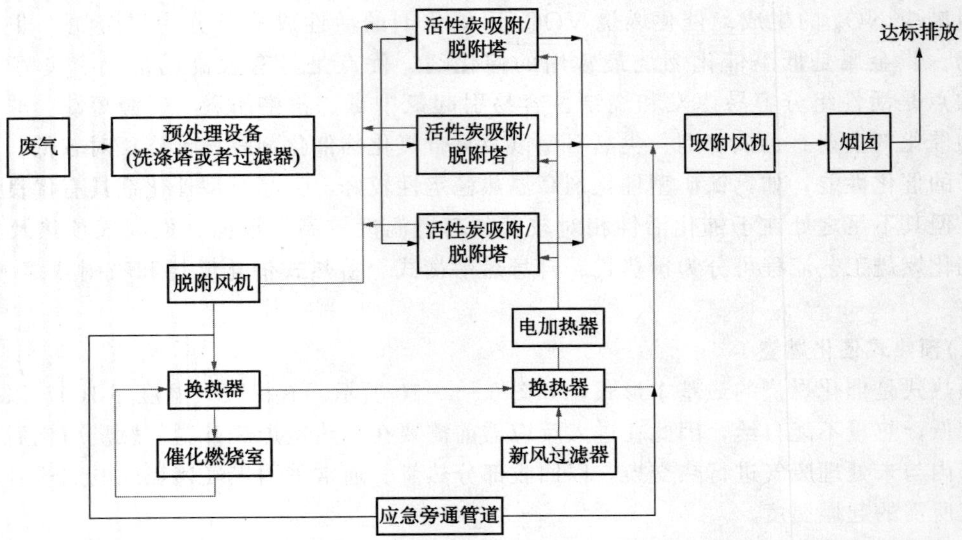

图 6-5-11　有机废气净化用“活性炭吸附浓缩＋催化燃烧”的工艺流程示意图

行吸附。脱附时启动催化燃烧器中的电预热器，待温度达到起燃温度时，由脱附风机和补冷风机(新风风机)补入冷风，经混合调到适当温度后送入活性炭床(塔)进行脱附操作，脱附出的高浓度有机废气(可浓缩 10～20 倍)与燃烧后热废气在热交换器中进行热交换，预热后送入燃烧室，在燃烧室中升到起燃温度后由催化剂将有机物氧化分解为 CO_2 和 H_2O。燃烧后热废气与脱附出的高浓度有机废气进行热交换，温度降至 180～200℃后用于脱附，多余废气排入烟囱。

瑞典发明家和企业家 Carl Munters 1951 年申请了使用转轮技术进行冷藏室干燥除湿的专利，所创立的瑞典 Munters 公司 1986 年率先将蜂窝状疏水性沸石(Hydrophobic zeolite)转轮用于 VOCs 废气处理。1988 年，日本株式会社西部技研(Seibu Giken)公司将加工成波纹形和平板形的陶瓷纤维纸用无机黏合剂粘结在一起，卷成具有蜂窝状结构的转轮，然后将疏水性沸石涂覆在蜂窝状通道的表面，制作吸附转轮，吸附与脱附气流的流向相反，两个过程同时进行。典型的"转轮吸附浓缩＋催化燃烧"工艺流程如图 6－5－12 所示，吸附转轮被分隔安装在包含吸附、再生、冷却三个区的壳体中，在调速马达的驱动下缓慢回转。根据目标污染物的不同，可在转轮中填充沸石、活性炭和硅胶等不同的吸附材料。吸附、再生和冷却三个区分别与处理空气、冷却空气和再生空气的风道连接，为了防止各个区之间窜风及吸附转轮圆周与壳体之间的空气泄漏，各个区的分隔板与吸附转轮之间、吸附转轮圆周与壳体之间均装有耐高温、耐溶剂的氟橡胶密封材料。废气由风机送到转轮的吸附扇面，VOCs 组分在通过蜂窝状通道时得到吸附净化。随着转轮的回转，接近吸附饱和状态的转轮扇面进入再生区，流经加热器 1 的高温气流将 VOCs 脱附下来进入再生空气中，相应的吸附扇面区得到再生。由于脱附风机的风量一般仅为处理风量的 1/10，再生过程出口气体中 VOCs 浓度为待处理废气中 VOCs 浓度的 10 倍，因此该过程被称为 VOCs 浓缩，相应的转轮设备也被称为 VOCs 浓缩器(VOCs Concentrator)。浓缩后的 VOCs 经过加热器 2 达到起燃温度，随后进入催化燃烧室进行催化氧化反应。由于转轮脱附之后又要进行吸附，所以在脱附扇面区旁边设冷却扇面区，用空气进行冷却，冷却之后的温空气经换热器 1 变成脱附用热空气。

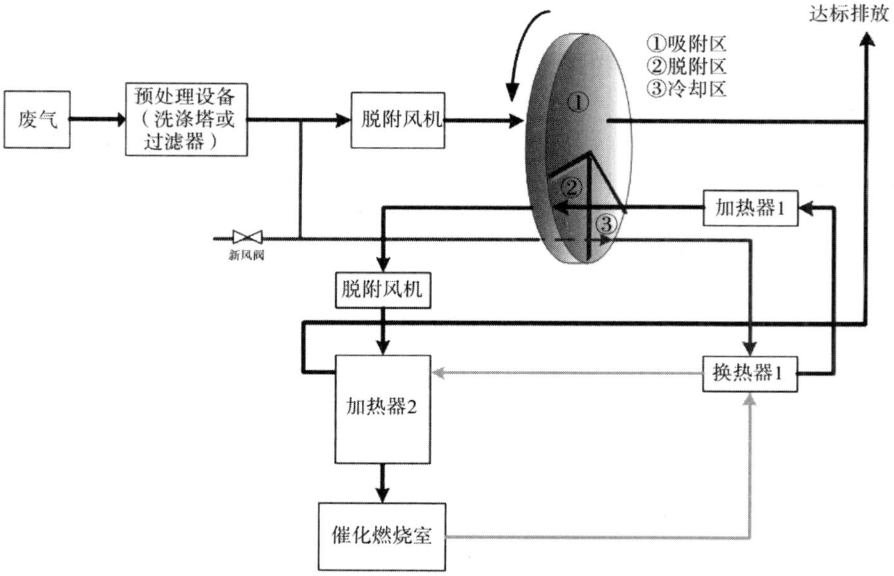

图 6－5－12 "转轮吸附浓缩-催化燃烧"的工艺流程示意图

催化燃烧反应之后的热气流将部分热量传递给换热器 1、加热器 2 后排放至大气中。为了防止催化燃烧室温度过高，设置第三方冷却线路用于催化燃烧室的紧急降温。整个系统由两个监控系统组成，其中 1 个负责监控催化燃烧室、加热器和换热器的温度(其内部设电辅热装置以平衡温度波动)；另 1 个负责风机控制，根据实际情况调节进气流量。

影响“转轮吸附浓缩-催化燃烧”工艺效果的因素包括浓缩比、转轮转速、再生风温度等：①浓缩比定义为进气流量与再生风流量的比值 F，由于转轮通过吸附-脱附以获得低流量的浓缩气体，因此浓缩比是转轮性能的一个重要指标；②转轮转速的大小意味着吸附和脱附时间的长短，由于吸附与脱附在转轮运行周期中同步进行，因此两者互相影响并共同决定转轮的去除效率；③吸附剂的解吸再生存在一个特征温度，再生风温度高于该值时，可以获得更快的解吸速率并消耗更小的脱附风量。一般而言，沸石转轮吸附净化效率≥90%，燃烧净化效率≥97%，尤其适用于涂装、包装印刷等行业中低浓度废气净化。

需要补充说明的是，虽然此处重点介绍了 VOCs 的催化燃烧，但并不意味着适合应用 RTO 的场合都应改换使用 RCO。2024 年投产小米汽车工厂涂装过程 VOCs 废气治理的做法就值得关注：①通过使用水性环保涂料(电泳漆、中涂漆和色漆)，从源头上减少 VOCs 废气排放。②采用干式纸盒喷漆房，由阻燃牛皮纸制作的纸盒收集漆雾，不仅吸附能力强、接触面积大，而且减少了污水的产生；在封闭喷房中采用上送下排的形式，通过纸盒处理后的气体有 80%能够循环回喷房，实现喷房气体环境自动化处理，全程没有逸散环节。③无法循环的 20%废气经过“高循环比三室 RTO 直燃处理技术”后排放，利用陶瓷蓄热体来储存 VOCs 废气分解时产生的热量，并用储存的热能来预热和分解未被处理的 VOCs 废气；采用超低氮燃烧技术，大幅降低天然气燃烧产生的 NO_x。总之，从原辅材料的选择到 VOCs 废气收集效率更高的涂装工艺，再到 VOCs 废气净化排放的环保设计，小米汽车工厂层层把关，最终实现 99%以上的 VOCs 去除率，比北京市排放标准低 50%。

3. 催化燃烧法脱臭

催化燃烧法脱臭的工艺流程和设备与有机物催化燃烧的情况大致相同，但由于臭气种类繁多、组分复杂，含量一般都较低，加之其嗅觉阈值很小，因此对一些主要恶臭污染物的排放要求日趋严格。自《恶臭污染物排放标准》(GB 14554)、《空气质量持续改善行动计划》等发布以来，我国恶臭污染物控制技术取得了显著进步，从掩蔽法、水洗法、吸附法逐步发展到直接燃烧法、蓄热燃烧法、催化燃烧法、冷凝法、生物法等，从单一技术的处理单元发展为多种技术组合应用，取得较好的处理效果，为提高恶臭污染物排放控制要求提供了有力支撑。

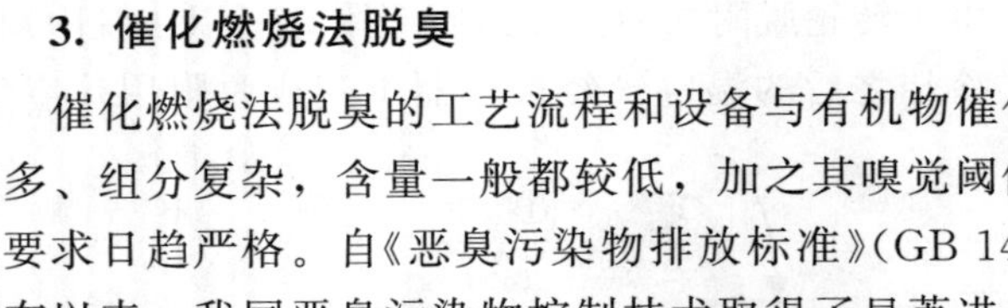

图 6-5-13　催化燃烧脱臭流程示意图

1—鼓风机；2—热交换器；3—预热器

典型的催化燃烧脱臭工艺流程如图 6-5-13 所示，图中为 3 台反应器串联的脱臭流程，用于处理含有 H_2S、有机硫和烃类等臭气，3 台反应器分别装填不同的催化剂，在反应器Ⅰ中 H_2S 与催化剂接触而被除去，脱去 H_2S 的气体进入热交换器 2，预热到 100～150℃，再将气体送入预热器 3，在此将气体加热到 250～300℃，然后送入反应器Ⅱ，脱除有机硫；脱除有机硫后的气体还含有碳水化合物和含氮化合物，这些臭味物质在反应器

Ⅲ中被除去，从反应器Ⅲ中出来的气体已经达到完全脱臭的目的，回收热能之后排入大气，不会再造成污染。

§6.6　气态污染物的其他净化技术

除了前面介绍的吸收、吸附、冷凝、催化、燃烧等气态污染物净化处理方法外，膜分离和生物法目前也得到了较为广泛的应用，本节将予以简要介绍，同时关注硫除尘一体化工艺技术与设备、面向超低排放的污染物净化技术与设备。

一、气体膜分离技术

气体膜分离技术应用于环境工程领域始于20世纪60年代，主要特点是无相变、设备规模根据处理量的要求进行调节，而且结构简单、操作方便、运行可靠性高。

1. 气体膜分离理论

(1)气体膜分离原理

如图6－6－1所示，含有某些低分子组分和少量大分子组分的气体混合物在压差作用下，透过特定薄膜时，因不同气体分子具有不同的渗透速率，从而使气体混合物中的各个组分得以分离或富集。通常气体混合物一侧具有较高的压力 p_1，膜的另一侧维持较低的压力 p_2。在分离过程中，渗透速率较高的气体组分(也称为渗透气)快速渗透到膜的低压侧，而渗透速率较低的气体组分(也称为渗余气)则大部分滞留于膜的高压侧。

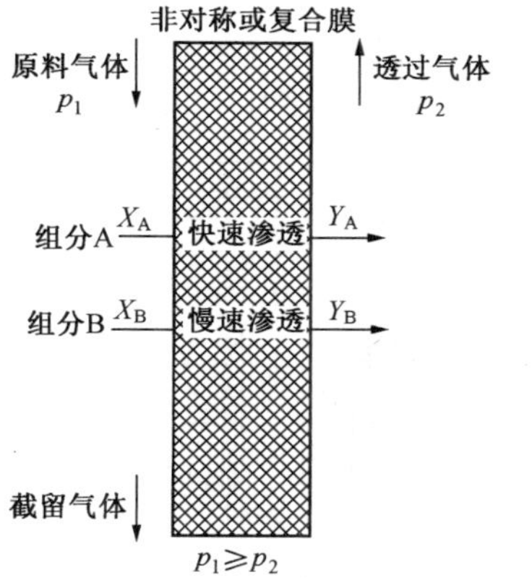

图6－6－1　气体膜分离过程示意图

(2)气体分离膜的分类

理想的气体膜分离材料应该同时具有良好的分离性能、优良的热和化学稳定性、较高的机械强度。气体分离膜的分类如下：

①按膜孔隙或孔径大小，可分为多孔膜与非多孔膜两种。多孔膜的孔径一般在0.5～3μm，如烧结玻璃及多孔醋酸纤维膜等；非多孔膜的孔径很小，气体渗透只能通过薄膜分子结构的间隙进行，如离子导电性固体(氧化锆、β－氧化铝)、均质醋酸纤维、硅氧烷橡胶、聚碳酸醋等。

②按膜的制作材料，可分为多孔无机膜(Porous Inorganic Membrane，PIM)、聚合物膜(Polymeric Membrane，PM)、混合基质膜(Mixed Matrix Membrane，MMM)三大类，每一类都有自己的优缺点，主要区别在于其选择性。无机膜(金属膜、合金膜、陶瓷膜和玻璃膜等)，聚合物膜大致可分为橡胶态膜材料和玻璃态膜材料，如聚砜、聚芳酰胺、四溴聚碳酸酯、硅橡胶、聚苯醚和醋酸纤维素系列等。玻璃态聚合物膜材料具有较高的气体选择性，但其气体渗透性通常比橡胶态聚合物膜材料低，并且会出现物理老化和塑化等问题，因此在制膜过程中一般会对聚合物进行热处理、化学改性或采用聚合物共混的方法缓解玻璃态聚合物材料的上述问题。橡胶态聚合物膜材料因聚合物链段具有很强的柔韧性，因此气体渗透通量较大。但由于聚合物膜的渗透性和选择性常常受到“Trade－off”效应的影响，即膜的渗透性和选择性相互制约，因此膜的选择性会随着渗透性的升高而降低。混合基质膜是一种将纳

米无机填料分散于有机聚合物基质中制备而成的气体分离膜，不仅具有聚合物膜的良好可制备性，而且无机填料的加入提升了分离性能，为许多单独聚合物材料和无机材料无法实现的分离环境提供了可能。目前已有多种纳米填料被选为 MMM 的填料，包括沸石、金属有机框架(Metal Organic Framework，MOF)、共价有机框架(Covalent Organic Framework，COF)、氧化石墨烯(Graphene Oxide，GO)以及其他填料等。

③按膜的结构，可分为均质膜与复合膜，后者为非多孔质体与多孔质体组成的多层复合结构。

④按膜基本单元的制作形状，分为平板式、管式、中空纤维式等。

(3)膜分离机理

气体分子在多孔膜中的传递机制主要有黏性流、克努森(Knudsen)扩散、表面扩散、毛细管冷凝和分子筛分等；气体分子在非多孔膜中的传递机理包括溶解-扩散机理和双吸附-双迁移吸收模型；气体分子在复合膜中的渗透机理遵循 Henis 模型。对于某一种特定的气体分子而言，其在膜内的传递机制主要根据该气体分子本身特定的物理化学性质、气体分子与分离膜之间的相互作用、分离膜本身的物理化学结构这三方面共同决定，因此气体分子渗透分离膜时可能会遵从一种或多种传质机理。

①多孔膜的克努森扩散机理。黏性流是指当膜孔径(0.1～10.0μm)大于混合气体组分的平均运动自由程时，孔内气体分子流动仅受分子之间碰撞作用支配，因此，对于黏性流机理，气体分子的传递不受气体种类的影响，无法实现混合气体的分离。当膜孔径降低远小于气体分子平均自由程时，分子之间碰撞的可能性远小于分子与膜孔壁之间的碰撞，这种情况下气体通过膜内的扩散方式称为克努森扩散。混合气体通过多孔膜的传递过程应以分子流为主，其分离过程应尽可能满足下述条件：a. 如图 6-6-2 所示，膜孔径 d 必须小于混合气体中各组分的平均自由程 λ，通常多孔膜的孔径范围为$(50\sim300)\times10^{-10}$m；b. 混合气体的温度应足够高，压力尽可能低。高温、低压都可以提高气体分子的平均自由程，同时还可避免表面流动和吸附现象发生。

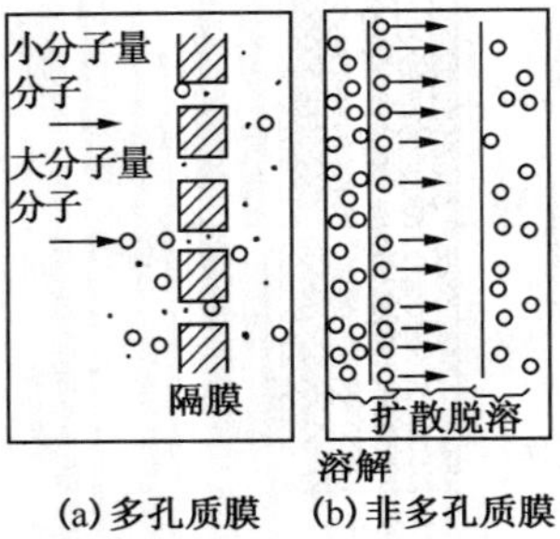

(a) 多孔质膜　(b) 非多孔质膜

图 6-6-2　多孔质与非多孔质分离机理示意图

②非多孔膜的溶解-扩散机理。气体透过非多孔膜时的分离过程一般用溶解-扩散机理来描述，该理论假设气体选择性透过非多孔均质膜的过程由下列三步组成：气体在膜的上游侧表面吸附溶解，是吸着过程；吸附溶解在膜上游侧表面的气体在浓度差推动下扩散透过膜，是扩散过程；膜下游侧表面的气体解吸，是解吸过程。

一般来说，气体在膜表面的溶解与解析过程很快达到平衡，而气体在膜内的扩散较慢，成为气体通过膜的控制性步骤。提高迁移时的温度，可导致扩散作用的加强，提高渗透速度。由于气体分子通过非多孔膜的分子结构间隙进行渗透，虽然大多数气体与薄膜间的相互作用很弱，膜表面吸着的气体并不妨碍(或影响)膜的结构。但气体的迁移行为受膜组分、结构和形态性质的影响极大，这是与气体通过多孔膜时行为上的不同之处。

③复合膜的渗透机理。一般说来，多孔膜的渗透量大，但分离效果差；非多孔膜的分离效果好，但渗透量小。为了克服上述两种膜的缺点，可以将一种极薄(0.1～1μm)的非多孔质支撑在多孔质的底材上，形成多层复合膜。这种非对称膜既能维持较高的渗透量，又能保证较好的分离效果。混合气体通过复合膜的移动具有如下几个步骤：a. 气体通过致密层溶

解于膜中，并在致密层中扩散；b. 气体通过皮层下部微孔过渡区流动；c. 气体通过多孔支撑层的黏性流动。Henis 将此渗透过程同电路相比拟，建立了著名的 Henis 模型，将不同情况下的传质阻力看成由串联和并联组成，如图 6－6－3 所示，其中 R_1、R_2、R_3 分别表示气体通过表面皮层 1、多孔介质 2 及被涂层充填一定深度的微孔 3 等部分阻力。

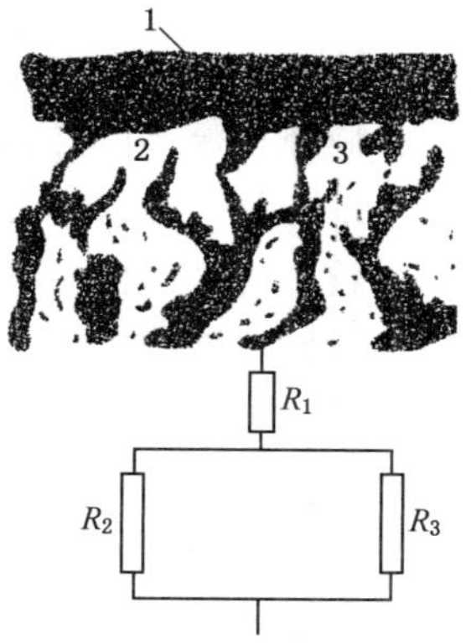

图 6－6－3　多层复合膜的阻力模型示意图

1—表面皮层；2—多孔介质；3—微孔

最近，出现了一些新的有前途的扩散选择性机制。如具有曲折通道的 MOF，孔径为 3.47～3.69Å，通过分子截面尺寸分化，实现乙烯/乙烷分离的分子筛分。

(4)气体分离膜的特性参数

①渗透系数 K。表示膜对气体的渗透能力(单位：Barrer)，可通过查找相关手册获得。在一定温度下，对于膜-气体体系来说，K 为常数。要达到好的分离效果，需选择 K 较大的膜。稳态下气体透过膜时，若气体与膜结构分子间的相互作用可以忽略，则有

$$K=\frac{Q_K L}{tA\Delta p} \tag{6-6-1}$$

式中　Q_K——在时间 t 内，膜透过面积为 A(cm²)、厚度为 L(cm)时气体的渗透量，cm³；

Δp——膜两侧的分压差，$\Delta p=p_1-p_2$，$p_1>p_2$，Pa；

t——透过膜的时间，s；

L——膜的厚度，cm；

A——有效膜面积，cm²。

在已经选定气体分离膜的情况下，即渗透系数 K 一定时，通过增加膜透过面积、增大膜两侧压差、减少膜厚度等，均可提高膜的渗透量。

②分离系数 α。用来评价膜对混合气体的分离能力，同样可查阅手册查得。在图 6－6－1 中，分离系数 α_{AB} 可定义为

$$\alpha_{AB}=\frac{Y_A/Y_B}{X_A/X_B}=\frac{Y_A}{X_A}\cdot\frac{X_B}{Y_B} \tag{6-6-2}$$

式中　Y_A、Y_B——分别为 A、B 组分在透过气中的浓度；

X_A、X_B——分别为 A、B 组分在原料气中的浓度。

当 p_1 远大于 p_2 时，$(\alpha_{AB})_{max}=K_A/K_B$(理想情况不可能实现)，其中 K_A、K_B 分别为组分 A 和组分 B 在膜分离过程中的传质系数。α 愈大，分离效果越好。

③溶解度系数 S。表示膜收集气体的能力。一般气体在膜中的溶解度为压力的线性函数，即

$$C=SP \tag{6-6-3}$$

式中　C——气体在膜中的浓度，mg/m³；

S——溶解度系数，是温度的函数，某温度下的值可通过手册查得；

P——与膜表面接触的气相分压，Pa。

除了与膜间相互作用较强的气体外，多数气体在膜中的溶解度遵循亨利定律。溶解度系数 S 与气体扩散系数 D、渗透系数 K 之间有如下关系

$$K=DS \quad (6-6-4)$$

(5)影响分离效率的主要因素

影响分离效率(即渗透通量与分离系数)的因素，主要包括以下几个参数：

①压力差。气体膜分离的推动力为膜两侧的压力差，压力差增大，气体中各组分的渗透通量也随之升高。但实际操作中，压力差受能耗、膜强度、设备制造费用等条件的限制，需要综合考虑才能确定。

②膜厚度。膜致密活性层的厚度减小，渗透通量增大。减小膜厚度的方法是采用多层复合膜，通过在非对称膜表面加一层超薄的致密活性层，降低非对称膜层的厚度，使渗透通量提高。

③温度。温度对气体在高分子膜中的溶解度与扩散系数均有影响，一般说来，温度升高，溶解度减小而扩散系数增大。但相比较而言，温度对扩散系数的影响更大，所以渗透通量随温度的升高而增大。

2. 气体膜分离器

相对于膜材料而言，膜组件的设计研发已经比较成熟。1979 年，美国孟山都(Monsanto)公司研制了"PRISM®"(普里森)气体分离装置，通过在聚砜非对称中空纤维外表面涂敷致密的硅橡胶表层，制得高渗透率、高选择性的复合膜，并成功应用在合成氨弛放气中回收氢，成为气体分离膜发展中的里程碑，Monsanto 公司也因此成为世界上首个大规模的气体分离膜专业公司。Monsanto 公司"Prism"气体分离膜的开发成功，大大激励了许多公司，Dow Chemical、Separex、Envirogenics、W. R. Grace、Ube 等公司都加速了本公司气体分离膜的商品化进程。1991 年，美国空气产品(Air Products，AP)公司从孟山都公司收购包含普里森商标(PRISM®)在内的气体膜分离业务。我国于 20 世纪 80 年代开始气体分离膜及其应用研究，中科院大连化学物理研究所、长春应用化学研究所等单位已经取得了长足进展。目前常用的气体膜分离器有板框式、螺旋卷式、中空纤维式等 3 种，其中前两种都使用平板膜制成。

(1)板框式膜分离器

板框式膜分离器也称平板式膜器件，美国 Union Carbide 公司早期的氢气回收装置就属于此类，平板膜制成板框式膜叶后，密封固定在圆柱形钢质壳体中，组成外径为 $\phi 0.25m$、长度为 1.5m 的板框式膜分离器，单个膜分离器的有效膜面积约为 $18m^2$，膜组件的结构如图 6-6-4 所示。

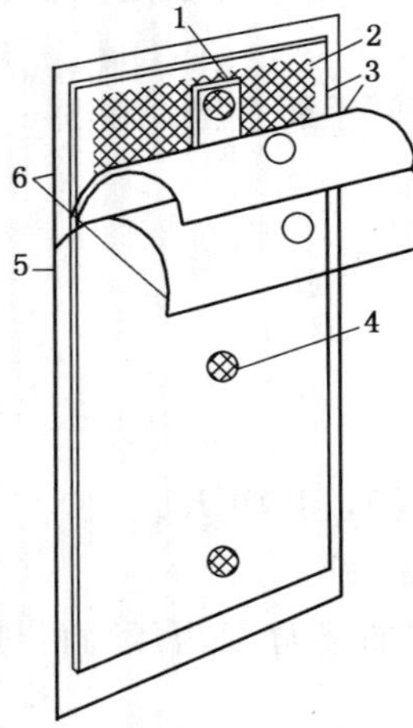

图 6-6-4 美国 Union Carbide 公司板框式膜分离器的结构示意图

1—金属间隔；2—网；3—纸；4—渗透物出口；5—热密封；6—渗透膜

图 6-6-5 所示为德国 GKSS 研究中心开发的板框式膜分离器，用于从空气中脱除有机蒸气。其结构特点是，在中间开孔的两张椭圆形平板膜之间夹有间隔层，周边经热压密封后组成信封状膜叶。多个膜叶由多孔中心管连接组成膜堆，固定于壳体中即成为板框式膜分离器。典型的膜分离器长约 0.5m，直径 $\phi 0.32m$，有效膜面积为 $8\sim10m^2$。膜分离器内设有多重挡板以增大气流速度并改变流动方向，使气流与膜表面有效接触。

板框式膜分离器的优点是操作方便，膜片容易更换，无需粘合即可使用；可以简单地增加膜片的层数以提高处理量。缺点是膜组件的组装零件太多，对膜机械强度的要求较高，装填密度较低。例如，德国 GKSS 研究中心平板式膜组件的装填密度只有 200m²/m³，是螺旋卷式膜组件的 1/5，是中空纤维式膜组件的 1/15，因此这种膜组件在气体分离中使用较少。

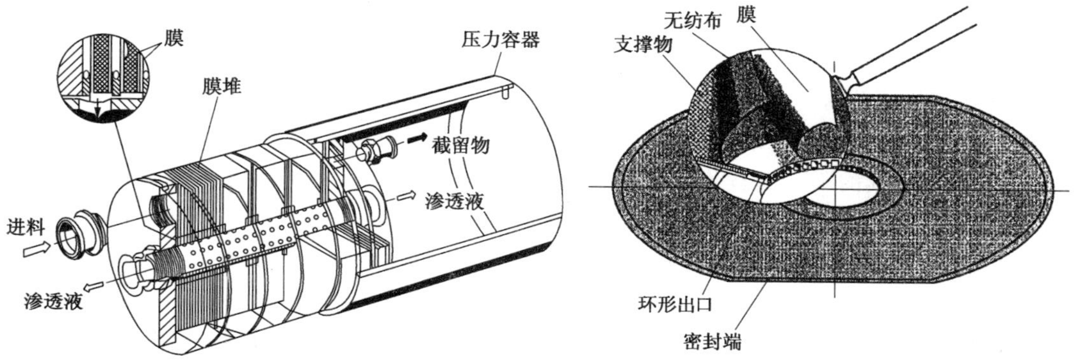

图 6－6－5　德国 GKSS 研究中心开发的平板型膜组件示意图

(2)中空纤维膜组件

中空纤维膜组件的装填密度高，图 6－6－6 所示为 PRISM® 膜组件的结构示意图，膜组件的装填密度是平板式膜组件的 10 倍以上，缺点是气体通过中空纤维的压力损失很大。

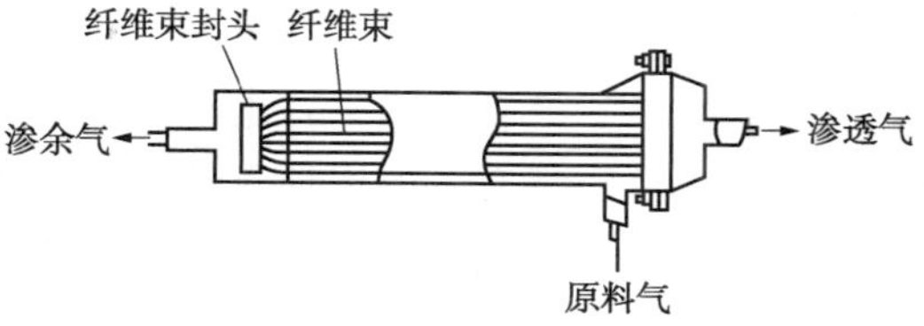

图 6－6－6　PRISM® 膜组件的结构示意图

20 世纪 70 年代提出的双膜分离器概念，从膜组件角度对气体膜分离过程进行优化。双膜组件内部浓差极化如图 6－6－7(a)所示，在常规单膜分离组件的基础上引入一个选择性相反的膜材料，由于两种膜材料具有相互独立的渗透侧，同时分别针对混合气体系中不同组分进行分离，因此可以显著降低膜两侧的浓度极化，提升膜组件的选择性和产品纯度。双膜组件结构如图 6－6－7(b)所示，膜内组装两种不同性质的中空纤维膜丝，高压原料气进入壳侧，两种不同性质的膜分别选择透过不同的组分，从而在两个渗透侧得到不同的产品，渗余气从壳侧另一端流出，变换渗透气出口位置可改变分离器内的气体流型，封闭其中一种膜的两端就可以进行另一种膜的单膜分离操作。

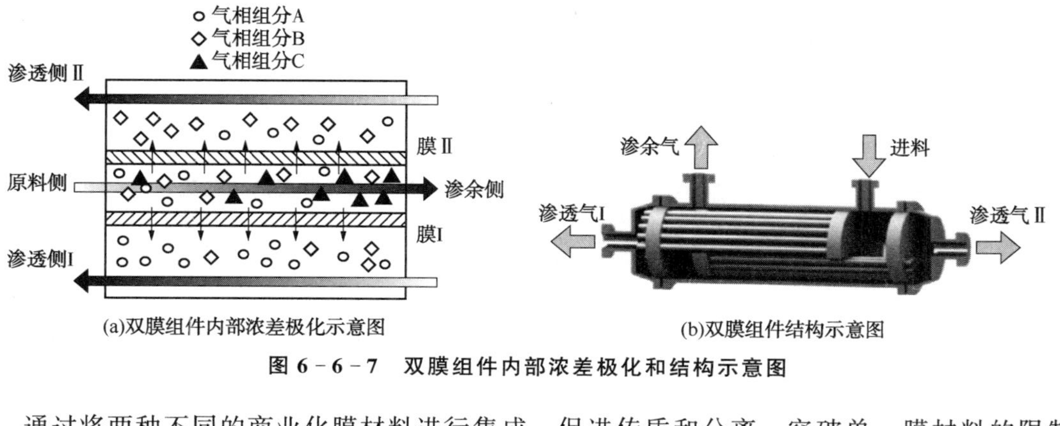

(a)双膜组件内部浓差极化示意图　　(b)双膜组件结构示意图

图 6－6－7　双膜组件内部浓差极化和结构示意图

通过将两种不同的商业化膜材料进行集成，促进传质和分离，突破单一膜材料的限制，实现传统单膜组件无法实现的高选择性和渗透性。

3. 气体膜分离技术的应用

气体膜分离技术发展异常迅猛，目前已成功和正在开发的气体膜分离工业应用领域有：H_2 的回收、O_2/N_2 与 H_2/O_2 的分离、酸性气体和碳氢化合物的分离、气体脱湿、有机气体回收、二氧化碳捕集，等。

(1)有机废气膜分离

由于石油化工、制药、油漆涂料、半导体工业等每天都会产生大量的有机蒸气（有机废气），因此有机废气的膜分离技术相应发展较快，日本日东电工株式会社（Nitto Denko）、美国 Membrane Technology & Research（MTR）公司、德国 GKSS 研究中心等已经实现了商品化，汽油等轻质油品的油气回收（Oil Vapor Recovery）问题在其中最具代表性。由于加油站发油阶段的油气回收问题有其特殊性，如果采用复杂流程很难产生经济效益，德国、美国等发达国家在 20 世纪 90 年代末期相继推出了面向加油站的膜分离油气回收装置，代表性的产品有美国 OPW 公司与美国 MTR 公司研发的油气封存冷凝系统（Vaporsaver™）、德国 BORSIG 公司与德国 GKSS 研究中心合作研发的膜法油气回收装置 VACONOVENT、美国 Arid Technologhies 公司与德国 GKSS 研究中心合作研发的 PERMEATOR™、美国 Vapor Systems Technologies（VST）公司与美国 Compact Membrane Systems（CMS）公司合作研发的 ENVIRO－LOC™膜法油气回收处理装置等。VACONOVENT 膜法油气回收处理装置的工艺流程如图 6－6－8 所示，当地下储油罐内的油气压力升高到一定值时，膜分离装置自动启动。在真空泵的抽吸作用下，地下储油罐内的油气进入膜分离装置，油气优先透过膜而其渗透侧富集，再经真空泵返回地下储油罐；脱除油气后的净化空气则直接排入大气，地下储油罐油内的压力也随之下降；当地下储油罐内的压力降到设定的正常水平后，装置将自动停止运行。通过监测地下储油罐的油气压力来控制系统间歇式自动操作，完成油气回收过程。

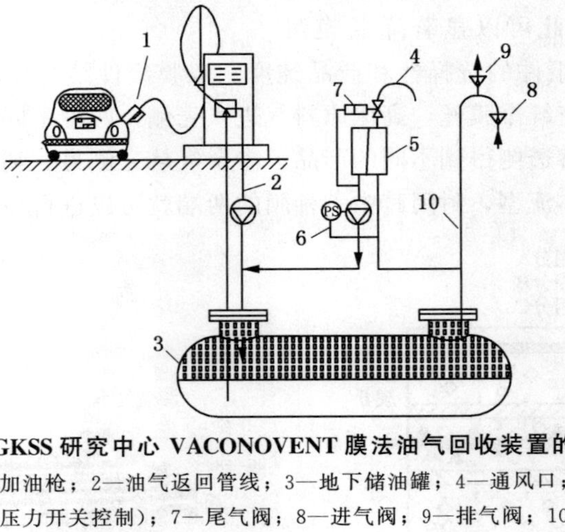

图 6－6－8　德国 GKSS 研究中心 VACONOVENT 膜法油气回收装置的工艺流程示意图

1—油气回收型加油枪；2—油气返回管线；3—地下储油罐；4—通风口；5—膜组件；
6—真空泵（压力开关控制）；7—尾气阀；8—进气阀；9—排气阀；10—呼吸管

图 6－6－9 所示的膜法有机蒸气回收系统工艺流程由三部分组成，充分发挥了各种工艺的优点。第一部分为压缩机与吸收塔构成传统的压缩/冷凝、吸收工艺；第二部分为膜分离工艺；第三部分为变压吸附（PSA）工艺。根据不同的排放要求，第三部分可选。原料气中的油气浓度与温度、压力及汽油的装卸过程有关，一般为 30％～40％。油气经压缩机增压后送入吸收塔用汽油吸收。从吸收塔顶流出的饱和油气/空气混合物流进入膜分离单元，进一

步回收其中的油气。经过膜分离单元后产生两股物流：富集油气的渗透气，返回压缩机前循环；净化后的空气中含有少量的油气(10g/m^3)，可以满足欧洲Ⅱ号标准 94/63/EC 规定的空气中烃含量 35g/m^3 要求；若在膜分离后采用变压吸附工艺，可进一步将油气浓度降至150mg/m^3，满足德国的 TI 空气质量标准。

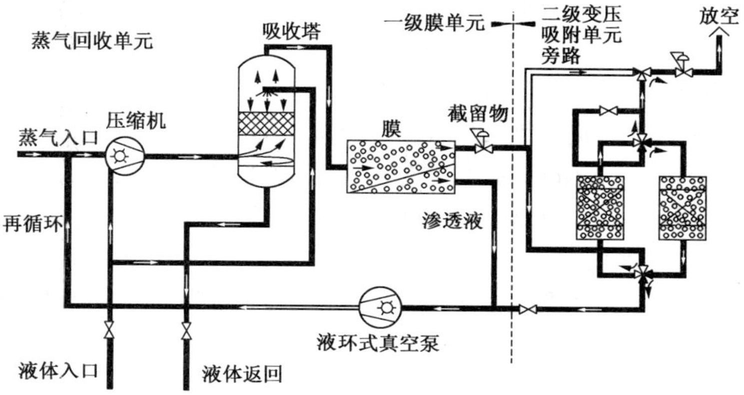

图 6-6-9 膜法有机蒸气回收系统的工艺流程示意图

目前用于有机蒸气分离的膜都是薄层复合膜，典型的膜由三层结构组成：底层为无纺布材料，如聚酯等，起支撑作用；中间层为微孔介质，由聚砜(Polysulfone，PSF)、聚醚酰亚胺(Polyetherimide，PEI)、聚醚胺(Polyetheramine，PEA)、聚丙烯腈(Polyacrylonitrile，PAN)树脂或聚偏氟乙烯(Polyvinylidene fluoride，PVDF)制成；表皮涂覆一层橡胶高分子无孔材料作为分离层。一种常用的分离涂层材料是聚二甲基硅氧烷(Polydimethylsiloxane，PDMS)，对很多有机蒸气具有独特的选择性和较高的通量。对于一些特殊的分离要求，可以使用聚辛基甲基硅氧烷(Polymethyloctylsiloxane，POMS)。POMS 具有很高的选择性，但渗透通量较低，势必会增加膜组件的成本，因此可用于小型真空泵或压缩机废气的处理。除了渗透通量和选择性方面的优点外，橡胶膜材料对有机蒸气具有优先渗透性。对可凝结的有机蒸气，优先渗透性可以避免在膜表面的凝结。

(2)CO_2 膜分离

原理是利用 CO_2 与其他气体分子在动力学直径、冷凝性及反应性上的性质差异，控制气体分子穿过膜的速率来实现分离。根据克努森扩散机理，CO_2 与 N_2、CH_4、H_2 的分离系数均不超过 5，难以实现混合气体的有效分离。在 CO_2、N_2、CH_4、H_2 四种气体分子中，CO_2 的临界温度最高，具有最强的冷凝性，因此，当表面扩散机理、溶解选择主导的溶解选择机理以及毛细管冷凝机理共同控制气体分子在膜内的传递时，可使 CO_2 优先渗透。对于 CO_2/N_2、CO_2/CH_4 体系，由于 CO_2 的动力学直径小于 N_2 和 CH_4，因此当分子筛分机理和扩散选择主导的溶解选择机理控制气体分子在膜内传递时，CO_2 可优先渗透。从促进传递机理上看，在 CO_2、N_2、CH_4 和 H_2 四种气体中只有 CO_2 可与碱性物质发生化学反应，因此当膜内存在可与 CO_2 发生反应的碱性基团时，可使 CO_2 优先渗透。从膜材料来看，聚合物膜和多孔无机膜(Porous inorganic membranes，PIMs)通常对 CO_2 或 H_2 具有选择性，致密金属膜(如钯基膜)通常对 H_2 具有非常高的选择性。由于聚合物膜的低渗透性以及在操作条件下的热、机械和化学不稳定性，目前聚合物膜在 CO_2 分离方面的应用受到限制。多孔无机膜的优点在于其高渗透性，并且可以在更高的温度下运行。与聚合物膜不同，基于钯的致密金属膜具有更高的渗透性，并对氧化和碳化环境表现出更高的稳定性。随着温室气体效应日益受到关注，CO_2 膜分离技术应用前景广泛，主要应用领域包括烟气碳捕集、沼气碳捕集、油田伴生气碳捕集、煤化工工艺过程碳捕集等。

①烟气碳捕集。烟气的主要成分为 N_2、CO_2、O_2、水蒸气和硫化物等，并伴有少量的灰尘和粉渣，这些烟气在排放前进行碳捕集可防止 CO_2 过量排放致使地球生态恶化。美国 MTR 公司生产的第二代 Polaris^{TM} 膜由涂敷在无纺布上的多孔支撑层和聚环氧乙烷分离层组成，膜组件尺寸为 8″（约 20m^2），在 15℃和 0.101MPa 条件下持续通入燃煤锅炉烟气 7 个月，测得 CO_2 的平均渗透率为 2000GPU［Gas Permeation Unit；1 GPU＝10^{-6} cm^3(STP)/(cm^2·s·cmHg)］，CO_2/N_2 选择性为 49。MTR 公司与美国国家碳捕集中心（National Carbon Capture Center，NCCC）等单位还合作开发了约 20t/d 规模的膜法 CO_2 捕集中试系统，在运行 400h 期间的 CO_2 捕集率为 85%～95%，且适用于多种天气情况。美国 Air Products 公司开发的 PI 中空纤维膜组件在 NCCC 现场测试期间，运行了大约 3600h，CO_2 捕集率约为 90%。第一级膜分离可将燃煤电厂烟气中的 CO_2 预浓缩至＞60%（体积分数），然后对渗透气进一步低温液化纯化，可使 CO_2 纯度达到＞99%（体积分数）。对 550MW 燃煤电厂进行的技术经济分析结果表明，CO_2 纯度高于 95%（体积分数）前提下的捕集成本为 40～45＄/t。德国 Helmholtz－Zentrum Geesthacht（HZG）研究中心开发的 Polyactive^{TM} 膜组件中试装置安装在 20ft 长的集装箱中，进料气流取自德国卡尔斯鲁厄 Rheinhafen－Dampfkraftwerk（EnBW）发电厂烟气，在烟气进料流量 70m^3/h（STD）、温度 35℃、CO_2 含量 13%（体积分数）和渗透压 0.005MPa 的测试条件下，CO_2 回收率达到 42.7%。2019 年，天津大学化工学院依托国家重点研发计划项目“膜法捕集 CO_2 技术及工业示范”，牵头搭建了国内首套 30m^3/h（STD）膜法燃煤电厂烟气碳捕集试验装置和工艺包，两年内累计稳定运行 6 个月，在原料气 CO_2 含量为 14%（体积分数）时，CO_2 的回收率和纯度分别达 73.9%和 74%。总的来看，过去十几年中有多个基于膜法的烟气 CO_2 捕集工程测试和中试示范，一般通过一级膜分离后 CO_2 浓度可达 60%（体积分数）左右，两级膜分离工艺可将 CO_2 浓度提升至 90%（体积分数）以上。需要注意的是，高 CO_2 浓度和高 CO_2 捕集率一般不能得兼，为此需要在开发高性能膜分离材料的同时，注意膜分离工艺的设计与优化，组合不同分离性能的膜组件，争取实现 CO_2 捕集率和 CO_2 纯度同时提升。

②沼气碳捕集。甲烷（CH_4）在沼气中的比重达 50%～80%，CO_2 一般是沼气中占比第二大的组分，对沼气进行碳捕集和 CH_4 富集的意义不言而喻。S. A. Stern 等人于 1998 年在美国市政污水处理厂进行了膜分离净化沼气的中试，装置稳定运行超过 1000h（41d），分离后沼气中 CH_4 的纯度可达到 97%（摩尔分数）。2007 年，奥地利建造了一座沼气提纯工厂，采用聚酰亚胺（Polyimide，PI）膜分离工艺生产 100m^3/h 的生物甲烷，CH_4 回收率为 95%、平均纯度可达 98%（体积分数）。2009 年，美国西雅图建成处理能力超过 18000m^3/h 的沼气提纯装置，生产的 CH_4 纯度约为 97%（体积分数）。2010 年，Bebra Biogas 公司在德国安装了一个沼气二级二段膜法处理设备，处理能力 300m^3/h，生产的 CH_4 纯度达 98.7%（体积分数）。德国沼气技术公司 EnviTec Biogas AG 与德国赢创工业集团（Evonik Industries AG）合作，2011 年推出针对 CO_2 和 CH_4 混合气的聚酰亚胺中空纤维分离膜 SEPURAN® Green，膜组件长约 1.3m，拥有数万束中空纤维，单根中空纤维的直径为 ϕ0.5mm。荷兰装置制造公司 Bright Renewables 为德国北莱茵-威斯特法伦州当地农户建造的 PurePac 沼气

提纯和生物 CO_2 液化装置，搭载 Evonik Industries AG 的(第 1000 套)SEPURAN® Green 中空纤维气体分离膜，能够生产高纯度生物 CH_4 和 1200kg/h 的食品级生物 CO_2，高纯度生物 CH_4 被输送到当地的天然气管网中，食品级生物 CO_2 供当地饮料行业使用。EnviTec Biogas AG 目前在德国居斯特罗(Güstrow)运营着德国最大的沼气处理园区，在生物液化天然气(Bio-LNG)生产中采用 SEPURAN® Green 三级气体膜分离工艺，取代加压水洗涤进行沼气提纯，自 2022 年秋季起每年供应 9000t 生物液化天然气，通过生产 Bio-LNG 和 CO_2 液化将节省 10 万 t CO_2 排放。

二、生物法净化技术

1. 废气生物净化处理的分类和机理

废气生物净化处理是利用微生物以废气中有机组分作为其生命活动的能源或其他养分，经代谢降解，转化为简单的无机物(CO_2、H_2O 等)及细胞组成物质。当尾气中的成分不要求回收时，生物法处理具有净化效率高、建设成本与运行费用低、安全性好、二次污染小、易操作等特点，是一种绿色、环境友好型技术，尤其是对处理低浓度或生物可降解性强的有机废气效果较好。目前，生物法可处理的气态污染物种类广泛，主要包括 VOCs、H_2S、NH_3 和甲硫醇等恶臭气体，氯苯、氯代烃等含卤素有机物，温室气体 CH_4，酸性气体 SO_2 和 NO_x 等，去除效率均在 90%以上。

根据生物降解工艺类型，可分为生物过滤(Biological filter)、生物滴滤(Biotrickling Filter，BTF)、生物洗涤(Biological Scrubber)和膜生物反应器(Membrane Bio-Reactor，MBR)等几种，如图 6-6-10 所示。生物过滤是废气先进入水槽去除颗粒物和部分可溶成分

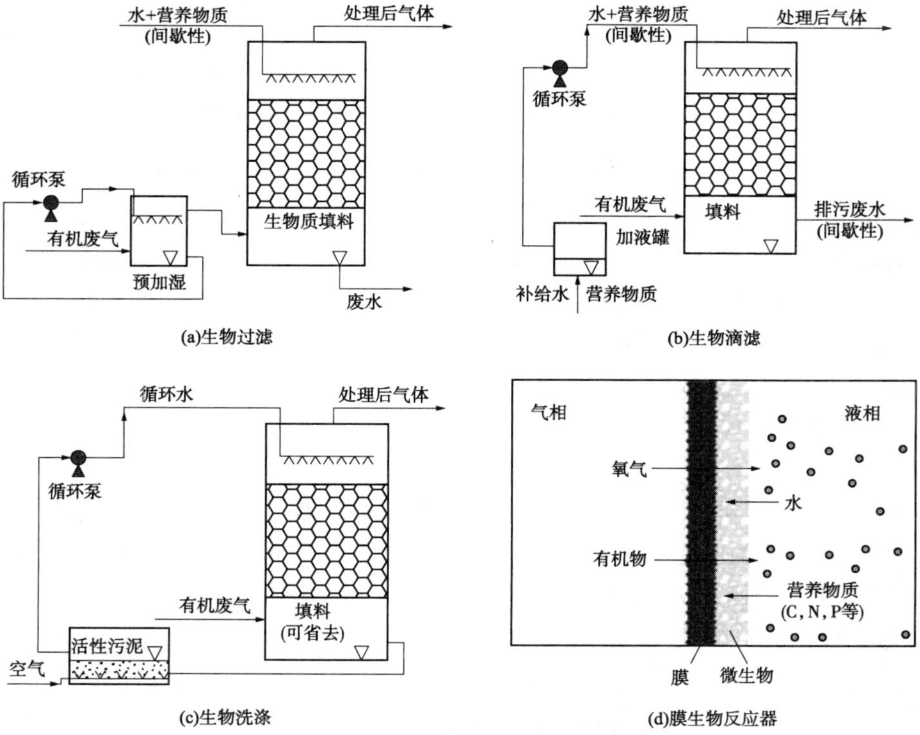

图 6-6-10　生物反应器的结构类型示意图

等，同时对气体调温增湿，随后适宜温度的湿润废气进入附着泥炭、秸秆等微生物填料的反应器，被吸附并降解。生物滴滤是在生物过滤的基础上取消前端水槽部分，增加滴滤系统，并在其中投加营养液，通过营养液调控废气的 pH 值和湿度等以适合微生物生存，再将其放入生物反应器进行吸附、降解。以微生物悬浮生长为特点的生物洗涤包括接触吸收塔与生物反应单元两部分，由接触吸收塔塔底进入的废气与塔顶喷淋的洗涤液交汇，吸收了废气中污染物的洗涤液由塔底回流至生物反应器进行处理再生。

生物法净化的作用机制目前尚未形成统一认识，得到广泛关注的理论主要有两种：一是由荷兰 Eindhoven 大学 Simon P. P. Ottengraf(奥滕格拉夫)等人根据传统气体吸收"双膜"理论提出的生物膜理论(也称为"吸收-生物膜"理论)，如图 6－6－11(a)所示，该理论将 H_2O 视为有效溶剂，污染物从较高浓度的气膜扩散至液膜，液膜中的污染物在浓度差推动下进入生物膜，从而被微生物转化、降解。另一代表性的理论是由我国学者孙珮石等根据吸附理论提出的"吸附-生物膜"理论，如图 6－6－11(b)所示，该理论认为 H_2O 只是用来满足微生物正常生长和代谢的媒介，扩散到生物膜表面的污染物被直接吸附在生物膜表面，进而迅速被其中的微生物捕获，重点是吸附-生物降解的作用过程。

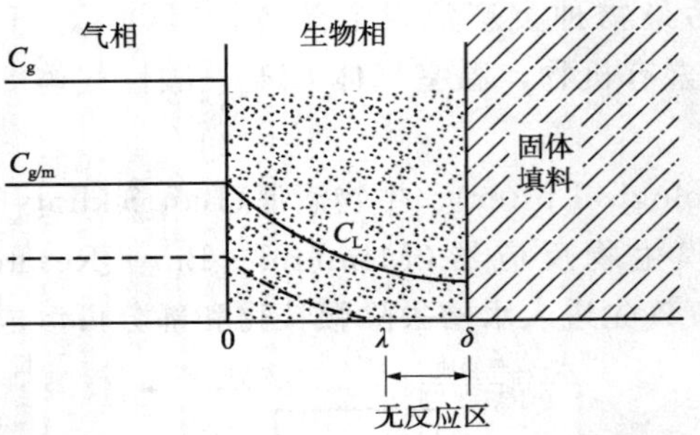

(a) 吸收-生物膜理论

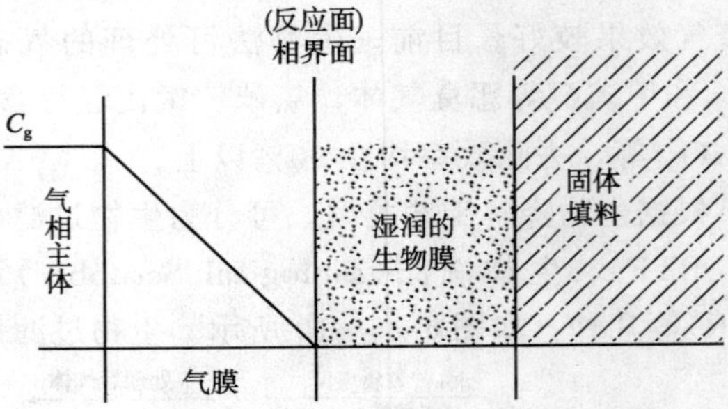

(b) 吸附-生物膜新型双膜理论

图 6－6－11　生物法净化作用机制的两种理论模型示意图

生物膜内微生物类群较多，以细菌为主，还有少量真菌、原生动物、微型后生动物等，是一个混杂共生的生态体系。在有机废气处理过程中，细菌构成了生物膜的主要微生物菌群，短杆菌为优势菌种，约占 95%以上。细菌在生物膜中主要以大片块菌胶团的形态存在，在循环液中虽多为单菌体，但也有许多小片块菌胶团。这表明生物膜内的优势短杆菌属于菌胶团细菌，由其形成的菌胶团具有较强的表面吸附(构成生物膜)能力和氧化分解有机物(生化反应)能力。这类细菌多依靠体外荚膜或多糖类分泌物相互连接、凝聚在一起而形成片块状菌胶团。细菌群体形成菌胶团后可预防被微型动物所吞噬，并可在一定程度上降低毒物的影响，起到自身保护的作用。当然，用于气态污染物降解的细菌还可分为自养菌和异养菌两类。自养菌可在无机碳和氮的条件下靠 H_2S、硫和铁离子及 NH_3 的氧化获取能量，其生存所必需的碳由 CO_2 通过卡尔文循环提供。异养菌则通过有机物的氧化来获得营养物和能量，适合进行有机物的转化，在适当的温度、酸碱度和有氧条件下，可较快完成污染物的降解。

2. 典型工程应用

生物法处理废气的最早工业应用，当推美国 Richard D. Pomeroy 于 1957 年所申请利用土壤处理 H_2S 的专利(US2793096A)，即向深 40～60cm 的土壤层中导入恶臭气体，以缓慢的速度使废气通过土壤后浓度降低。1959 年，联邦德国的一个污水处理厂建立了一个填充土壤的生物过滤床，用于控制污水输送管道散发的臭味。目前，生物法处理有机废气在德国、荷兰、美国和日本等国已得到广泛应用，其中生物滤池和生物滴滤塔技术已经十分成熟。德国 Bayer AG、Braintech Gmbh、Roth GmbH、Bioteg Biofilter Systems GmbH、Hartmann Biofilter GmbH & Co. KG 等公司提供的成套装置已经成功运用于处理在酿酒、食品加工、化工、烟草等行业产生的有机废气，VOCs 去除率在 50%～99%之间。

以图 6－6－12 所示的生物滴滤法处理 VOCs 为例，生物降解有机废气大致分为三个过程：①污染物从气相转移到液相或直接吸附于生物膜上的传质过程；②污染物在生物膜中的扩散；③生物膜中微生物对污染物的降解。因此亨利系数 H 较低的亲水性 VOCs 气液传质快，生物利用度高，遵循了醇类＞酯类＞酮类＞芳香烃类＞烷烃类的规律，其中的烷烃、芳香烃等疏水性组分难以降解。

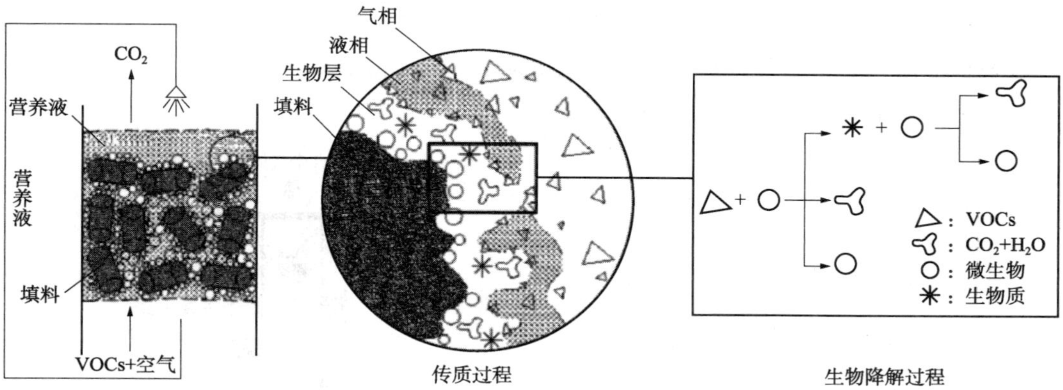

图 6－6－12　生物滴滤工艺的作用机制示意图

为了提高大分子、疏水性 VOCs 的净化能力，人们从物理、化学、生物三方面开展了提高 VOCs 在生物膜相中传质效率的相关研究，规避了传统生物技术在治理中产生的不足，这些强化技术可大体分为物理增溶、工艺耦合和微生物强化技术。物理增溶生物强化技术主要包括表面活性剂的优化选择、生物净化设备的结构优化、生物净化填料的改进优化等，工艺耦合生物强化技术主要包括臭氧氧化法与生物法耦合等，微生物强化生物技术主要包括优势菌的筛选、基因工程菌的构建。

三、脱硫除尘一体化工艺技术与设备

随着国家对大气污染物排放要求日趋严格，工业烟气除尘和脱硫排放标准不断提高，烟气脱硫除尘一体化技术备受关注，该技术具有节省投资、运行费用低、便于维护、适合于中小型锅炉等特点。目前国内外已开发的多种脱硫除尘一体化技术，主要分为湿法和干法两大类。

1. 湿法脱硫除尘一体化技术

(1)湿式除尘兼脱硫设备

理论上讲，如果在湿式除尘器中采用适当的液体代替清水与烟气中的 SO_2 发生化学反应，便可使除尘和脱硫在一个过程内实现。但国家相关部委的最新技术政策表明，如果湿法除尘与湿法脱硫在一个装置内进行，且前后端无其他除尘设施，这类技术的除尘效率低，单独使用颗粒物难以稳定达标排放，不可作为除尘技术单独使用。因此，可以前后端设置除尘单元，通过将洗涤液变成微细液滴以强化气体吸收。例如，动力波洗涤器可以在不同程度上达到除尘兼脱硫的目的。

美国 Elessent Clean Technologies 公司的动力波逆喷洗涤器（MECS® DynaWave®）能同时完成烟气急冷、酸性气体和粉尘脱除。如图 6－6－13 所示，动力波逆喷洗涤器主要由动力波气液混合系统、气液分离系统和洗涤液循环系统等组成。气体自上而下高速进入动力波洗涤管，洗涤液经循环泵从喷嘴自下向上喷射，形成气液两相逆流对撞，当气液两相动量达平衡时，产生气液两相密切接触的泡沫“驻波”，气液两相经泡沫区混合后顺流向下流动，经混合元件达到二次混合洗涤的效果，最后洁净气体经除雾器实现气液分离后排出。自 20 世纪 70 年代以来，动力波逆喷洗涤器已经在世界范围内建造了 400 余套装置，应用于冶金、电力、水泥、废弃物焚烧、炼焦、石油化工等很多工业过程。动力波逆喷洗涤器具有结构简单、投资低、净化效率高等特点，处理量范围从数 m^3/min 到 100 万 m^3/h 以上，除尘效率达到 99％以上，同时脱硫效率大于 80％。

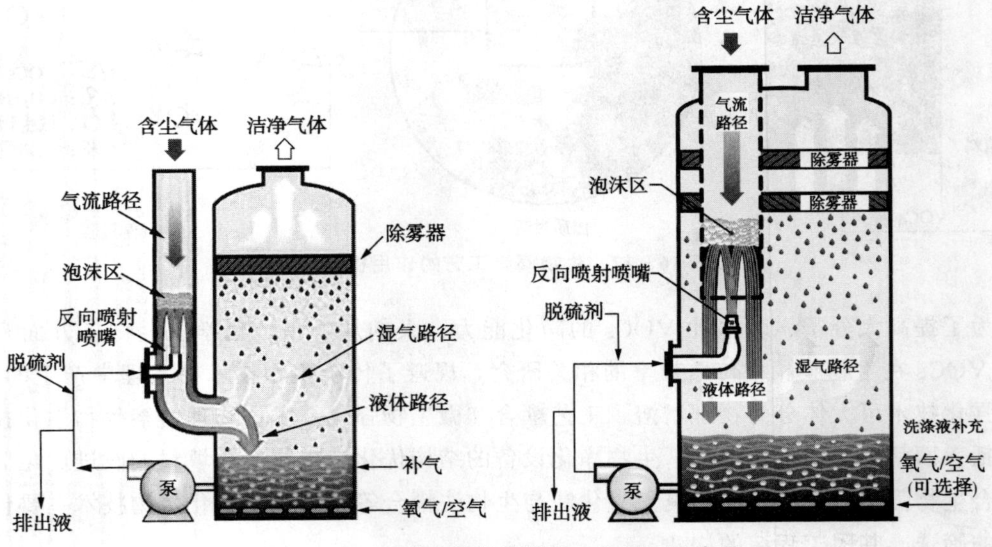

图 6－6－13　动力波洗涤器的工作原理示意图

(2)基于湿法脱硫开发的简易脱硫除尘技术

该类技术主要对投资费用高的湿式石灰石-石膏法脱硫技术进行改进，使其在脱硫的同时具有除尘功能。如图 6－6－14 所示，工艺流程中的除尘系统采用两级除尘，总除尘效率为 99.6％。一级除尘利用在除尘脱硫塔中的喷嘴形成由上而下的水膜，与向上流动的含尘烟气充分碰撞、拦截和凝集等，对灰尘进行洗涤除尘。通过水膜与灰尘的充分接触，不仅降低了烟气在除尘脱硫塔内流速，而且含灰浆液经沉降池沉降后，含灰浓度低的灰水可以循环使用，降低除尘系统的耗水量。二级除尘由文丘里管和水膜除尘器两部分组成，从除尘脱硫塔流出 60℃左右的饱和烟气进入文丘里管，由于管内压差的变化，饱和烟气中的水分以未被除掉的细小灰尘颗粒为中心，形成细小含灰水滴。通过文丘里管出口小喷嘴喷出的水膜离心作用和绝热膨胀作用，使细小含灰水滴形成大液滴，利用重力作用将其排出。从文丘里管流出的饱和烟气进入水膜除尘器，不仅可除去烟气中的部分水分，而且还可以对烟气中剩余的含灰水滴进行除尘。

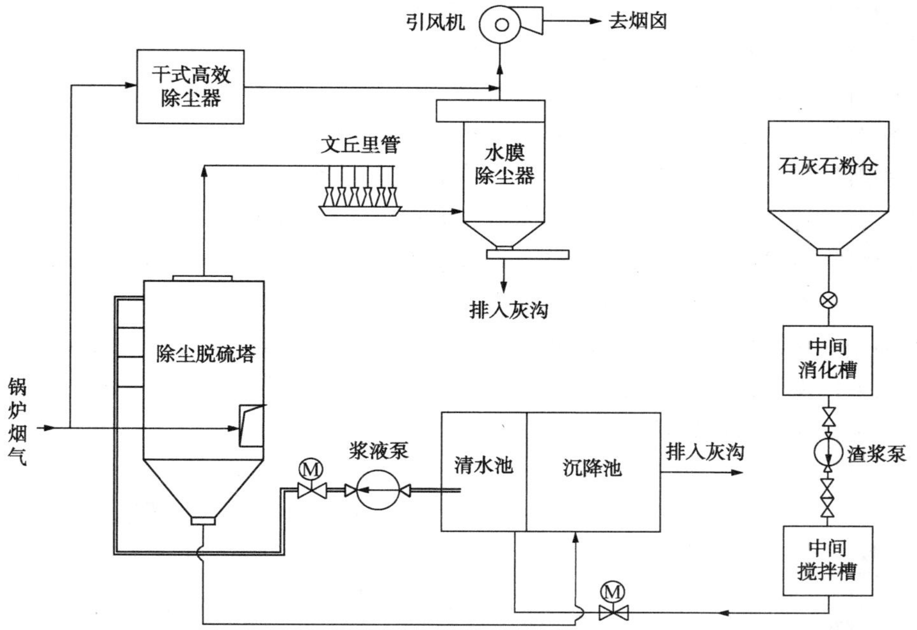

图 6-6-14　湿式除尘脱硫一体化技术的工艺流程示意图

除尘洗涤系统由清水池、沉降池、浆液泵及除尘脱硫塔组成。从除尘脱硫塔内喷嘴喷出的循环水对烟气除尘洗涤后，进入清水池，清水池底部与排灰沟相连。一部分高浓度灰浆从底部排掉，清水池上部灰水通过管道进入沉降池，灰浆中固体颗粒经过较充分沉降后沉淀，而上部低浓度灰水经循环水泵输送到除尘脱硫塔的喷嘴中进行除尘循环。

2. 干法脱硫除尘一体化技术

循环流化床烟气脱硫工艺最早由德国鲁奇(Lurgi)公司研究开发，20 世纪 80 年代中后期，Lurgi 公司在原来用于炼铝尾气处理的技术基础上开发了一种新的适用于锅炉和其他燃烧设备的干法烟气脱硫工艺，即循环流化床烟气脱硫工艺。这种工艺以循环流化床原理为基础，通过脱硫剂的多次再循环，使脱硫剂与烟气接触时间增加，从而大大提高了脱硫剂的利用效率。近些年来，随着世界脱硫市场的不断扩大，这种工艺引起了越来越多的关注，德国 Wulff 公司、丹麦 FLS Miljø 公司、瑞典 ABB 公司以及日本日立公司等都进行了循环流化床烟气脱硫的应用研究开发。达到工业化应用的有 Lurgi - Bischoff 公司的循环流化床(Circulating Fluidized Bed，CFB)烟气脱硫技术、Wulff 公司的回流式循环流化床(Reflux Circulating Fluid Bed，RCFB)烟气脱硫除尘技术、FLS Miljø 公司的气体悬浮吸收(Gas Suspension Absorber，GSA)烟气脱硫除尘技术、原法国阿尔斯通(Alstom)公司的新型一体化脱硫(New Integrated Desulphurization，NID)技术等。

(1)RCFB 烟气脱硫除尘技术

1988 年，德国 Siersdorf 电厂两台 275t/h 锅炉安装了 Lurgi 公司的 CFB 烟气脱硫装置，燃煤含硫量平均为 0.7%，脱硫效率达到 93%，处理后的烟气满足德国排放标准。Wulff 公司在 Lurgi 技术的基础上研究开发了 RCFB 工艺。与 Lurgi 公司的工艺相比，RCFB 工艺主要在吸收塔的流场设计和塔顶结构上作了较大改进。

德国 Wulff 公司回流式循环流化床(RCFB)烟气脱硫除尘技术的工艺流程如图 6-6-15 所示，主要由吸收剂制备、吸收塔、吸收剂再循环系统、除尘器以及控制设备等几部分组成。从炉膛出来的烟气流经换热器，温度冷却到 248～356℃后被引入吸收塔。吸收塔底部流道为文丘里管式结构，烟气流过时被加速；在文丘里管式结构的喉部设有喷水组件，喷入的雾化水使烟气降至 70～90℃，高速的烟气使水进一步雾化。吸收剂 $Ca(OH)_2$ 浆液通过一套喷射装置在吸收塔下部喷入，增湿的烟气控制在以 4m/s 的烟速上升与喷入的吸收剂相混合。很细的吸收剂 $Ca(OH)_2$ 浆液颗粒与烟气中的 SO_2 在向上运动过程中发生反应，生成 $CaSO_3$、$CaSO_4$ 等。带有大量固体颗粒的烟气从吸收塔顶部排出，进入除尘器。除尘器捕集下来的大部分固体颗粒通过除尘器下的再循环系统，返回吸收塔继续参与反应，如此循环可达 100 次以上；少部分的脱硫渣经过一个中间仓，经灰渣处理系统输入到渣仓。除尘后的洁净烟气经除尘器通过引风机排入烟囱。

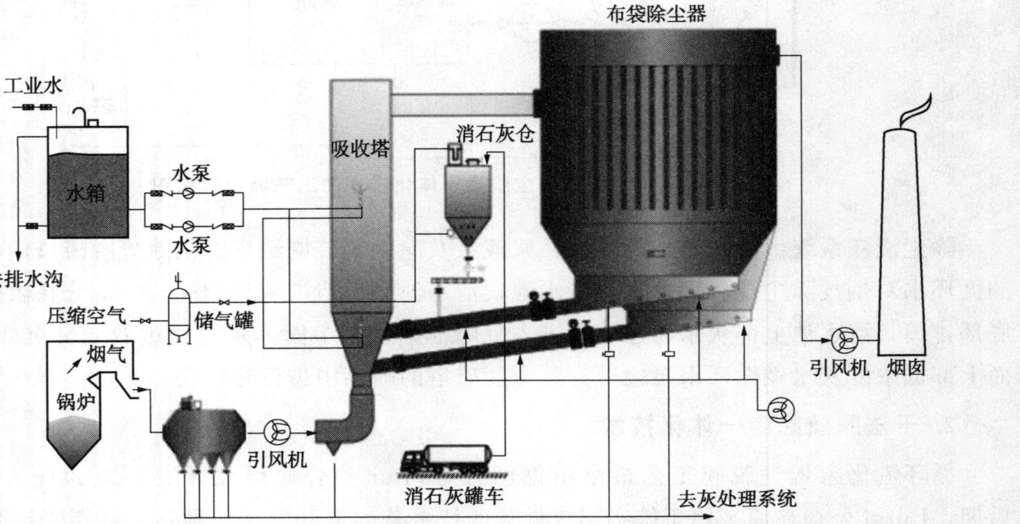

图 6-6-15　回流式循环流化床烟气脱硫除尘技术的工艺流程示意图

尤其重要的是，RCFB 吸收塔中的烟气和吸收剂颗粒在向上运动过程中，会有部分颗粒从塔顶向下回流(Reflux)。这股固体回流与烟气的方向相反，是一股很强的内部湍流，增加了烟气与吸收剂的接触时间，成为一种与外部循环相似的内部再循环。在内外再循环的作用下，提高了吸收剂的利用率和脱硫效率，脱硫性能得到优化。内循环还大大降低了吸收塔出口的含尘浓度，内部回流的固体物料量约为外部再循环的 30%～50%，使得塔出口的含尘浓度可降低 15%～30%。由于吸收塔出口含尘浓度的降低，取消了 Lurgi 工艺中的机械预除尘器，这不但简化了工艺，节省了投资，而且由于外部再循环灰量的减少而减少了运行费用。

(2)GSA 烟气脱硫除尘技术

丹麦 FLS Miljø 公司独立开发的气体悬浮吸收 GSA 技术在工作原理上和 Lurgi 工艺十分类似，不同之处在于，GSA 工艺以喷射 $Ca(OH)_2$ 浆液代替了分别喷射 $Ca(OH)_2$ 粉和水。如图 6-6-16 所示，GSA 包括圆柱形反应器(吸收塔)、用于分离床料循环使用的旋风分离器和石灰浆制备系统(包括喷浆用喷嘴)等3部分。工作过程中，烟气进入GSA反应器底部，新鲜$Ca(OH)_2$浆液经双流体喷嘴雾化从反应器下部喷入，二者在吸收塔中同向流接触并保持悬浮湍动状态。浆液一边干燥，一边与烟气中的SO_2及其他酸性气体进行反应。反应后的烟气经旋风分离器分离粉尘后，进入电除尘器或袋式除尘器进一步除尘，然后经烟囱排放到大气中。含有脱硫灰和未反应完全石灰的床料从旋风分离器底部进入再循环箱，其中99%的床料作为再循环吸收剂，经调速螺旋输送机重新送回反应器中，只有大约1%的床料作为脱硫灰渣排出系统。床料的循环意味着未反应的石灰可以继续进行脱硫反应，而且床料循环可以更好地分散雾化石灰浆，促进脱硫反应的进行。

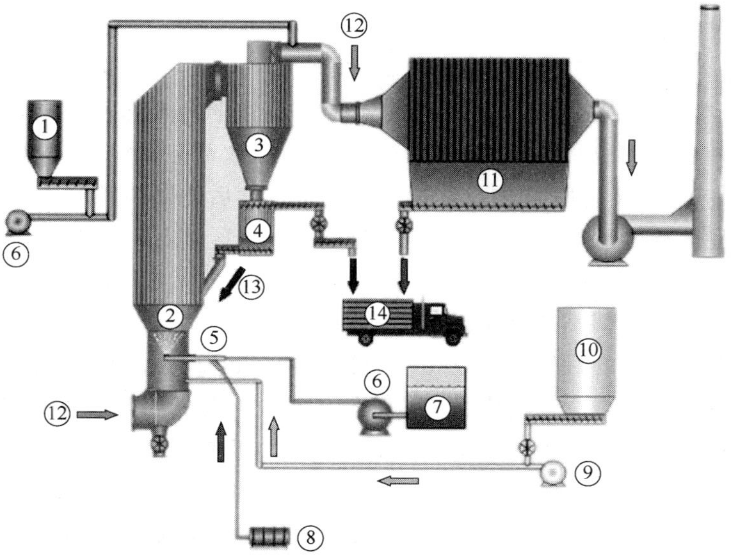

图6-6-16　气体悬浮吸收烟气脱硫除尘技术的工艺流程示意图

1—活性炭仓；2—圆柱形反应器；3—旋风分离器；4—再循环箱；5—喷枪；6—泵或鼓风机；7—水箱；8—空气压缩机；9—鼓风机；10—石灰贮存仓；11—电除尘器或袋式除尘器；12—废气；13—再循环吸收剂；14—副产品

GSA内固-气比的平均范围约为0.5～1kg/m³，大量的吸收剂固体粒子在GSA内处于流化状态，与烟气中的酸性气体发生化学反应，净化后的烟气夹带着固体粒子进入旋风分离器，分离下来的吸收剂通过给料装置回送至反应塔内，实现物料循环。该系统造价是湿式系统的60%。

GSA工艺的关键是反应器内的气体悬浮技术，即反应器内大量富集烟尘、飞灰及熟石灰颗粒，为通常半干法反应器内的50～100倍，通过此方式达到更高的脱硫效率。此外，由于反应器内是颗粒流化床，反应器内壁面受到悬浮颗粒的连续冲刷而避免结垢。此外，在设备任何部分没有湿/干交界面，避免了严重的腐蚀问题。连接酸性气体监控系统时，可根据目标排放值，最大限度降低运行成本。在丹麦垃圾焚烧电厂的试验结果表明，GSA工艺不仅能够脱除烟气中的酸性气体，而且也能脱去汞、镉、铅等重金属。

(3)NID干法烟气脱硫技术

新型一体化脱硫NID技术是原Alstom在传统干法/半干法烟气脱硫技术基础上，研发出来的干法脱硫除尘一体化工艺，既借鉴了半干法的脱硫原理又克服了该技术使用制浆系统而产生的弊端，具有占地面积小、脱硫效率高、运行简单可靠等特点，尤其适用于国内燃煤电厂中小型老机组的脱硫改造和垃圾焚烧厂烟气处理。我国自 1998 年引进 NID 烟气脱硫技术以来，已成功应用在国内多个机组，关键技术和设备由 Alstom 设计。2010 年 7 月通过国家环保部验收的北京市高安屯垃圾焚烧厂烟气处理系统，也采用 NID 脱酸工艺，去除烟气中的 SO_2、SO_3、HCl 和 HF 等酸性成分。欧盟 2015 年 9 月批准美国通用电气(GE)对 Alstom 电力和电网业务的收购交易，奥地利安德里茨(Andritz)集团 2021 年 7 月与美国 GE Steam Power 签署协议，收购并接管了工业除尘、干/半干烟气处理和工业洗涤工艺技术组合，其中包括 NID 烟气脱硫技术。

如图 6-6-17 所示，NID 工艺是采用生石灰 CaO 或熟石灰 $Ca(OH)_2$ 及含有一定碱性的飞灰作为吸收剂，CaO 在消化器中加水消化成 $Ca(OH)_2$，然后与一定量的循环灰相混合进入增湿器，通过加水增湿，使混合灰的水分从 2%增加到 5%。熟石灰乳由泵打入位于反应器内的雾化组件，在被雾化成细小液滴的同时，由于有大量的灰循环，未反应的 $Ca(OH)_2$ 进一步参与循环脱硫反应，所以反应器中 $Ca(OH)_2$ 的浓度很高，可以弥补反应时间的不足，从而使吸收剂的有效利用率达 95%以上。吸收剂与烟气中的 SO_2 发生化学反应，生成 $CaSO_3$ 和 $CaSO_4$。反应脱除 SO_2 后的烟气携带干燥后的固体颗粒(灰分)进入电除尘器或布袋除尘器，脱硫除尘后的洁净烟气在水露点温度 15℃以上，无须再热，经过引风机排入烟囱。固体颗粒被从烟气中分离出来，流入终产物仓，由流化风外送，经过灰循环增湿系统，补充新鲜的脱硫反应剂，并对其再次增湿混合后送入反应器。如此循环多次，达到高效脱硫及提高反应剂利用率的目的。NID 工艺的技术特点包括：①采用生石灰 CaO 的消化及灰循环增湿一体化设计，减少了消化系统，降低了投资；②利用循环灰携带水分，克服了传统半干法脱硫反应器中可能出现的粘壁问题；③烟气在反应器内的停留时间为 1s 左右，有效降低了反应器的体积；④整个脱硫装置结构紧凑，设备少，占地面积小，约为喷雾干燥技术(Spray Dryer Absorber，SDA)的 50%；⑤SO_2 的去除率高达 98%(燃煤中含硫可高达 4%)，对烟气中的汞有较好的脱除效果。

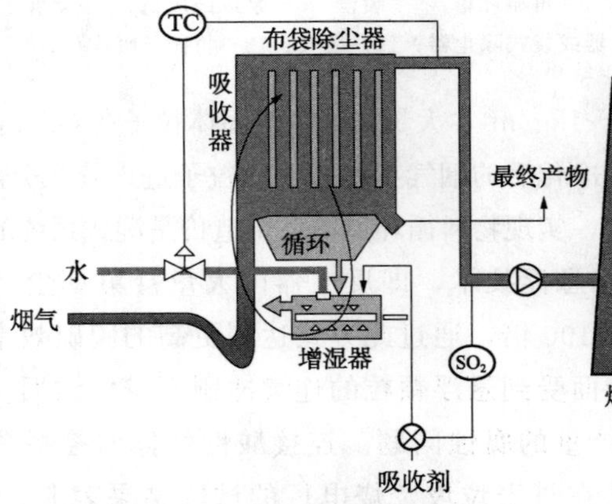

(a)工艺流程图

(b)J-立式吸收器

图 6-6-17　NID 干法脱硫除尘一体化的工艺流程示意图

NID 反应器采用矩形截面的 J 型流道(J-Duct)，如图 6-6-17(b)分为入口弯头、混合段、反应段和出口弯头等 4 部分，设计烟气流速度为 18～25m/s，烟气携带飞灰与循环灰充分接触，在向上流动的过程中完成脱硫反应。烟气的增湿降温水通过循环灰混合后带入，在反应器内蒸发形成适合脱硫反应的温度和湿度。在通过反应段的过程中，含有熟石灰的循环灰颗粒和烟气全面均匀接触，发生物理变化和化学反应，脱除烟气中大部分的SO_2。反应器混合段内部使用防磨材料，能经受混合物的摩擦，从最大程度上降低含尘烟气对反应器内壁的磨损。

生石灰从石灰料仓通过变频给料机和螺旋输送机输送到增湿器中，消化过程分成两个阶段，在第一阶段水和石灰进行混合，为消化反应的充分发生提供条件；在第二阶段消化反应充分进行，CaO消化为的粉状消石灰，消石灰通过溢流方式进入混合器。混合器呈开放式结构，直接固定在反应器上；物料得以在短距内输入反应器，确保不会造成循环灰在设备内的拥堵。混合器主要实现下面功能：①使循环灰与由消化器提供的新鲜消石灰充分混合；②水由位于混合器上部的喷嘴加入混合器中，均匀喷撒在循环物料使循环灰中水分含量控制在5%之内。

循环及增湿系统中的流化底仓为槽形设计，对应除尘器每列气室的灰斗下方有一个流化底仓。流化底仓内的物料传送通过流化物料实现，满足系统内大灰量循环要求。每个流化底仓都设置有高高、高、低及低低等4个料位开关，仓内的物料高度由料位开关配合输灰设备控制。系统运行过程中，流化底仓内的料位将维持在高、低料位之间，略低于高料位的位置。由流化底仓进入混合器的循环灰量通过循环灰变频给料机控制；水由位于混合器上部的喷嘴加入混合器中，均匀地喷撒在循环物料的表面，使循环灰中水分含量控制在合适范围内；增湿系统的控制通过阀岛实现。

除尘器安装在反应器出口，收集脱硫灰，实现脱硫除尘一体化。采用上进气方式，使原烟气的流向与清灰粉饼的沉降方向一致，避免逆流烟气对下落粉尘再次冲刷产生的粉尘二次飞扬，进而再次附着在布袋上的现象。除尘器采用模块化设计，各除尘室单元结构形式相同，可根据场地灵活调整每个除尘室的大小，具有很强的场地适应性。

流化风系统确保整个灰循环系统得以顺畅运行，增加流化底仓及混合器中脱硫灰的流动性。每个流化底仓设置数个进风口，通往每个模块的流化风管路上都安装了孔板流量计、压力表及手动蝶阀。不同流化风用气部位的用气量将在脱硫岛调试期间，通过手动蝶阀调节确定流化风量，并在脱硫系统正常投运后基本保持不变。风机进口设置有高效过滤器，出口设置有气动关断门。

3. 炉内脱硫技术

煤的循环流化床(CFB)燃烧是继层状燃烧和悬浮燃烧之后，发展起来的第三代煤燃烧方式，具有诸如气-固和固-固充分混合等一系列特殊流动状态以及热量、质量传递和化学反应特性。CFB燃烧技术的主要优点包括：①燃料适应性强；②易于实现炉内高效脱硫；③由于燃烧温度低，NO_x 排放量低；④燃烧效率高；⑤灰渣便于综合利用。另外，CFB锅炉还具有负荷调节性能好、便于大型化等优点。为使 NO_x 和 SO_2 满足超低排放标准，CFB锅炉通常采用两级脱硝和两级脱硫。两级脱硝是指首先利用低氮燃烧技术通过优化控制CFB锅炉运行参数降低 NO_x 原始排放，然后利用烟气处理技术进行尾部烟气脱硝。两级脱硫是指首先向CFB锅炉的炉内喷钙进行炉内脱硫，然后利用烟气处理装置对烟气进一步脱硫。

炉内喷钙脱硫是在床层内加入石灰石 $CaCO_3$ 或白云石 $CaCO_3 \cdot MgCO_3$。石灰石在800～850℃左右烧分解成CaO和CO_2，然后CaO与SO_2反应生成$CaSO_4$达到脱硫的目的，其化学反应过程如下

$$CaCO_3 \longrightarrow CaO + CO_2 \qquad (6-6-8)$$

$$CaO + SO_2 + 0.5O_2 \longrightarrow CaSO_4 \qquad (6-6-9)$$

以炉内喷钙脱硫和半干法脱硫技术为例，图 6-6-18(a)中首先进行炉内喷钙脱硫，即通过向 CFB 锅炉炉膛内喷入石灰石降低部分 SO_2 排放浓度，然后进行炉后半干法脱硫。该技术脱硫效率高、投资成本较低，适用于中小机组与中低硫煤。但使用尾部烟气脱硫装置，增加了 CFB 锅炉脱硫成本。因此，如何在不使用尾部烟气脱硫装置的情况下，达到超低 SO_2 排放受到更多关注。目前 CFB 超低 SO_2 排放技术有超细石灰石和燃烧半焦脱硫 2 种。超细石灰石指的是 $d_{50}<15\mu m$、$d_{90}<45\mu m$ 的石灰石粉，明显小于常规 CFB 炉内脱硫用石灰石的粒径(0～8mm)，通过减小石灰石粒径，最大限度地增加石灰石的比表面积。超细石灰石脱硫技术如图 6-6-18(b)所示。

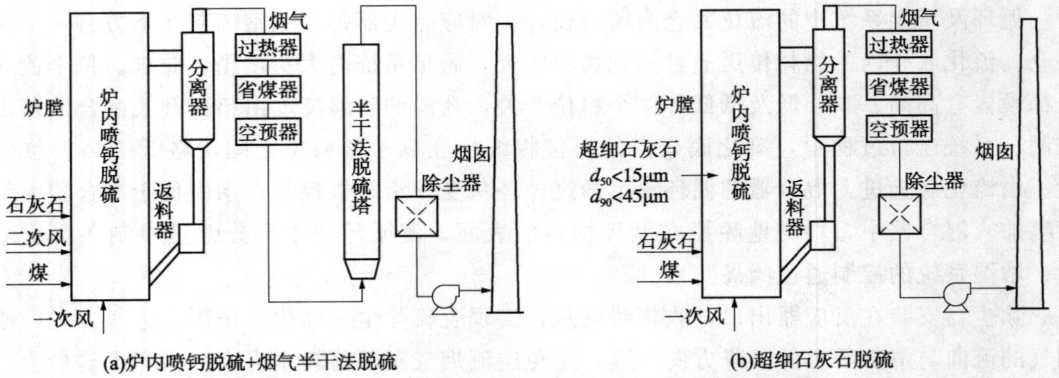

图 6-6-18　CFB 脱硫超低排放技术的工艺流程示意图

典型的炉内喷钙尾部增湿脱硫工艺包括：炉内喷钙炉后增湿活化法(Limestone Injection into the Furnace and Activation of Calcium Oxide，LIFAC)及其派生的炉内喷射和多级燃烧法(Limestone Injection Multistrage Burner，LIMB)，炉内喷射和干法洗涤法(Limestone Injection With Dry Scrubbing，LIDS)。由芬兰 IVO 公司开发的 LIFAC 炉内脱硫工艺流程如图 6-6-19 所示，核心是锅炉炉膛内喷石灰石粉部分和炉后的活化反应器。经过式(6-6-8)和式(6-6-9)两个反应后，$CaSO_4$、未反应的 CaO 和飞灰一起随烟气进入锅炉后部的活化反应器。在活化反应器中，通过喷水雾增湿，一部分尚未反应的 CaO 转化为具有较高反应活性的 $Ca(OH)_2$，继续与烟气中的 SO_2 反应，从而完成脱硫过程，反应式如下

$$Ca(OH)_2 + SO_2 + 0.5O_2 \longrightarrow CaSO_4 + H_2O \qquad (6-6-10)$$

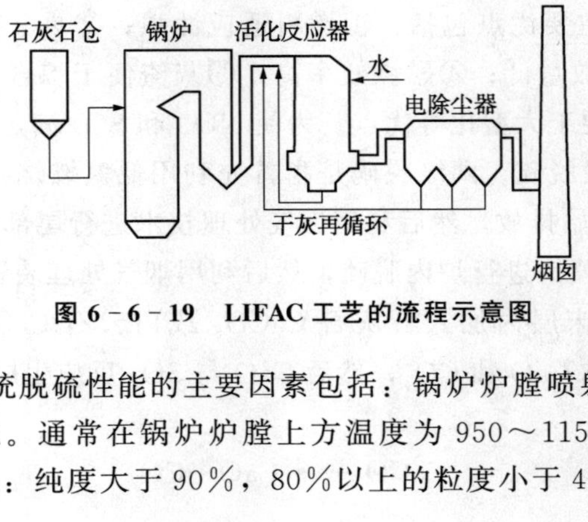

图 6-6-19　LIFAC 工艺的流程示意图

影响 LIFAC 工艺系统脱硫性能的主要因素包括：锅炉炉膛喷射石灰石的位置、活化反应器内的喷水量和钙硫比。通常在锅炉炉膛上方温度为 950～1150℃的区域内喷入石灰石粉，对石灰石粉的要求是：纯度大于 90%，80%以上的粒度小于 40μm，锅炉内的脱硫率约

为 20%～30%。活化反应器内的喷水雾量决定了反应温度和湿度，脱硫反应要求烟气温度越接近绝热饱和温度越好，但不应引起活化反应器后的电除尘器和引风机结露，因此通常要求控制烟气温度高于绝热饱和温度 10～25℃。当钙硫比为 2 时，活化反应器的脱硫率可达到 60%，系统总效率(锅炉＋活化反应器)可达到 80%。

五、酸雾去除技术与设备

酸雾是指雾状的酸类物质，主要产于化工、冶金、轻工、纺织、机械制造和电子产品等行业的用酸工序中，如制酸、酸洗、电镀、电解、酸蓄电池充电和其他生产过程，一般有硫酸雾、盐酸雾、硝酸雾、磷酸雾、铬酸雾等，具有较强的腐蚀性。酸雾在空气中的粒径一般为 0.1～10μm，比水雾的粒径小，但比烟气的粒径要大，是介于烟气与水雾之间的物质，属于液体气溶胶。酸雾形成的机理主要有两种：一种是酸溶液表面蒸发，酸分子进入空气，吸收水分并凝聚形成雾滴；另一种是酸溶液内有化学反应，形成气泡上浮到液面后爆破，将液滴带出。§6.1 中石灰石-石膏法脱硫塔运行时易产生粒径 10～60μm 的“雾”，不仅含有水分，还溶有硫酸、硫酸盐、SO_2 等。

1. 净化方法与设备概述

可以用微粒态污染物的净化方法处理酸雾。由于雾滴直径和密度较小，因此要用静电沉积、过滤等高效分离方法，才能有效地捕集。又由于酸雾具有较好的物理、化学活性，故可用吸收、吸附法处理，并且净化效果很好。净化酸雾一般采用除雾器，常用的设备有丝网除雾器、折流式除雾器、离心式除雾器、文丘里洗涤器、过滤除雾器等。几种主要除雾器性能的比较见表 6－6－1，可依据酸雾的特性、除雾要求及投资费用等条件进行选择。

表 6－6－1　主要除雾器性能的比较

除雾器名称	除雾粒径/μm	除雾器效率/%	除雾器压降/Pa	主要优缺点
文丘里洗涤器	＞3	98～99	6000～10000	粒径 3μm 以上净化率高，结构简单，占地少，造价较电除雾器低；对 3μm 以下酸雾净化率低，运行费用高，维修麻烦
电除雾器	＜1	＞99	较小	除雾率高，阻力小，运行费用低；设备复杂，特殊材料繁多，施工要求高，建设周期长，投资最高
丝网除沫器	＞3	＞99	200～350	比表面积大，质量轻，占地少，投资省，使用方便，网垫可清洗复用；对 3μm 以下雾滴净化率低
高效型纤维除雾器	＞3 ＜3	100 94～99	2000～2500	除雾率高，结构简单，加工容易，投资省，操作方便；设备较大，压降较大
旋流板除雾器	＞5	98～99	100～200	结构简单，加工容易，投资省，操作方便，压降中等，除雾效率较高
折流式除雾器	＞50	＞90	50～100	结构简单，加工容易，投资省，操作方便，压降低，除雾效率较低

2. 典型设备介绍

(1)丝网除雾器

丝网除雾器是一种最简单、最有效的雾沫分离设备，主要有纤维除雾器、文丘里丝网除雾器两种类型。丝网除雾器靠细丝编织的网垫起过滤除沫作用，丝网材质为金属或玻璃纤维。丝网层很轻，单位体积的质量为100～200kg/m^3，可制成任意大小、形状和高度，通过丝网的压降也很低。丝网除雾器的主要优点是雾沫分离效率很高，一般在90%以上，并且结构简单。当夹带液沫的蒸气流经多孔丝网层时，较轻的蒸气容易穿过细孔，液沫因不能改变方向和路线而直接冲撞在丝网上。由于存在表面张力，液沫附着在丝网的交织线上并聚集成较大液滴，然后在重力作用下沉降并收集在分离器底部。丝网除雾器不适用于处理固体含量较高的废气以及溶有固体物质的情况，如碱液、碳酸氢铵溶液等，以避免固体杂质堵塞或液相蒸发后固体产生堵塞现象，从而破坏正常操作。

①纤维除雾器。纤维除雾器是根据惯性碰撞、截留、扩散吸附等过滤机制，在纤维上捕集雾粒的高效能气雾分离设备，可分为高速型、捕沫型、高效型等3种。高速型和捕沫型以惯性碰撞、截留效应为主，高效性以扩散吸附效应为主。高效型纤维雾器对3μm以上雾粒的除雾效率接近100%，对3μm以下雾粒的除雾效率为94%～99%。

②文丘里丝网除雾器。一般用于处理含酸雾气体流量或酸雾密度大幅度变化的情况。如图6-6-20所示，文丘里丝网除雾器是一个上细下粗的锥体，因此酸雾气体总会在某个部位上达到最佳速度范围，从而使雾沫分离。

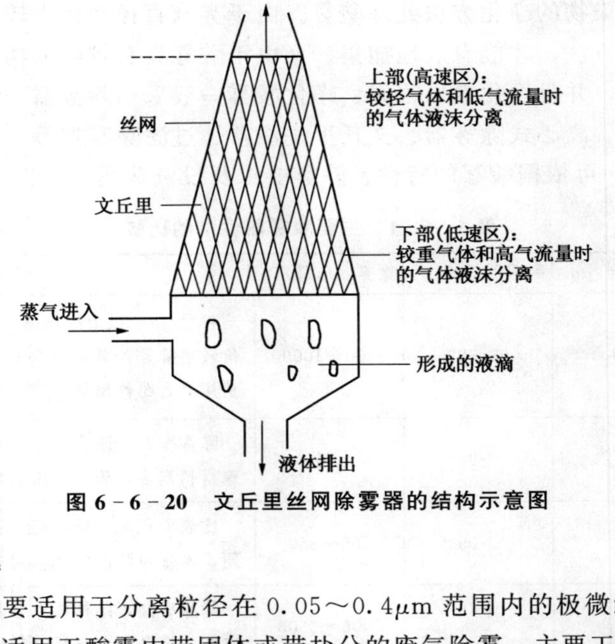

图6-6-20　文丘里丝网除雾器的结构示意图

(2)离心式除雾器

离心式除雾器主要适用于分离粒径在0.05～0.4μm范围内的极微细液滴，结构比较简单，防堵性能较好，适用于酸雾中带固体或带盐分的废气除雾。主要工作原理是：含雾废气以一定速度进入螺旋管道，且流向分离器的中心。当气体流向中心时，旋转速度逐渐加大，离心力也逐渐加强。由于离心力场的作用，液滴从气流中分离并被带出，从而实现气液分离。在分离器的中心，向含雾废气中喷射水，有利于液滴分离。喷出的较大水滴会黏着在旋转气流中非常微细的液滴上。聚集后的液滴积聚在壳体壁上，由气流把这些液滴带至排出口。

旋流板除雾器的出现进一步解决了吸收塔顶部的雾沫夹带现象，§6.1中已略有叙及。如图6-6-21所示，其作用是使气体通过塔板产生旋转运动，利用离心力的作用将雾沫除去，除下的雾滴从塔板的周边流下。除雾效率可达98%～99%，且结构比较简单，阻力介于折流板与丝网除雾器之间。

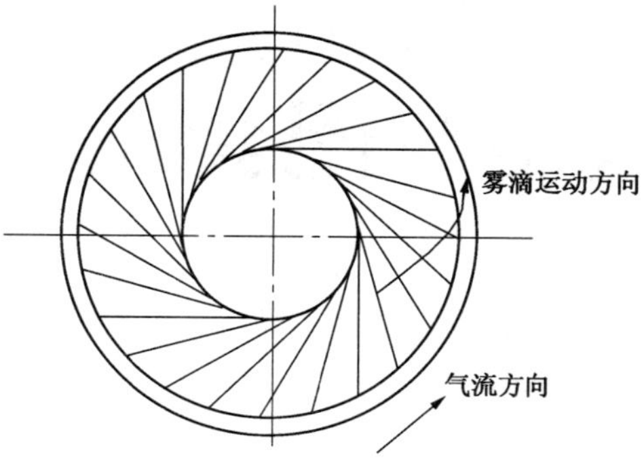

图 6－6－21　旋流除雾板的工作原理示意图

石灰石-石膏湿法烟气脱硫工程中，与吸收塔配套使用的除雾器已经在前面进行了介绍，这里不再赘述。

第三篇 环境污染控制工程的通用与配套设备

环境污染控制工程的通用设备主要包括泵、风机、容器等，配套设备主要包括管路、附属设备及控制系统等。设备的选用原则主要包括合理性(满足处理工艺的要求)、先进性(设备各方面的性能达到先进水平)、安全性(安全可靠，无事故隐患)、经济性(具有合理的性价比)等。泵、风机、容器是输送或储存污水、污泥、混凝剂、空气、烟气等物料的重要设备，管路和附属设备等是流体收集或流动的要道，控制系统则是整个工程项目正常运行的神经中枢，掌握这些通用与配套设备的原理、性能和结构等，对于日常处理操作和运行管理具有重要意义。

第七章　常用流体机械与配套管路

环境污染控制工程大都涉及连续流动的各种物料(如污水、污泥等)，通常因处理工艺要求而需要将其由低处沿管路输送至高处，由低压设备沿管路输送至高压设备，或者由一个构筑物沿管路输送至另一个构筑物。为此必须对物料做功以提高其能量，这就需要流体输送机械和配套管路。通常将输送液体的机械称为泵，将输送气体的机械按其产生压力的高低分别称为通风机、鼓风机、压缩机和真空泵。

§7.1　常用泵的工作原理与选用

泵是流体输送机械的重要类型，为了选用既能符合生产要求且经济合理的泵，不仅要熟知被输送流体的性质、工作条件、输送要求，同时还要了解各种类型泵的工作原理、结构组成和工作特性。

在环境污染治理工程中使用较为广泛的泵主要有离心泵、往复泵、螺杆泵、螺旋提升泵、螺旋离心泵、潜水排污泵等，这里重点介绍离心泵、往复泵、潜水排污泵等。

一、离心泵

1. 离心泵的结构及工作原理

图 7－1－1 所示为 IS 型悬臂式单级离心泵的结构示意图，主要工作部件包括旋转的叶轮和固定的泵壳。叶轮是离心泵直接对液体做功的部件，其上带有叶片，工作时叶轮由电动机驱动做高速旋转运动，迫使叶片间的液体也随之做旋转运动。同时因离心力作用，使液体由叶轮中心向外缘做径向运动。液体在流经叶轮的运动过程中获得能量，并以高速离开叶轮外缘进入蜗形泵壳。在泵壳内，由于流道逐渐扩大而减速，又将部分动能转化为静压能，达到较高的压力，经扩压管流至压出管道。

在液体受迫由叶轮中心流向外缘的同时，在叶轮中心处形成真空；泵的吸入管路一端与叶轮中心处相通，另一端则浸没在输送的液体内。在压差作用下，液体经吸入管路进入泵内。只要叶轮的转动不停，离心泵便不断地吸入和排出液体。

(1)叶轮

叶轮是离心泵的核心构件，由在一个圆盘上设置 4～12 个叶片构成。如图 7－1－2 所示，根据叶轮是否带有盖板可以将其分为开式、半开式(或称半闭式)、闭式三种，三者的效率排序一般为“开式 ＜ 半开式 ＜ 闭式”。由于闭式叶轮在输送含有固体杂质的液体时，容易发生堵塞，故此时多采用开式或半开式叶轮。对于闭式或半开式叶轮，在输送液体时，由于叶轮的吸入口一侧是负压，而在另一侧是高压，因此在叶轮的两侧存在压力差，从而存在对叶轮的轴向推力，使叶轮沿轴向向吸入口窜动，造成叶轮与泵壳的接触磨损，严重时还会造成泵的振动。为了避免这种现象，常常在叶轮的盖板上开若干个小孔(即平衡孔)，但平衡孔的存在降低了泵的容积效率；其他消除轴向推力的方法有安装平衡管、安装止推轴承等。

对于多级离心泵，由于各级的轴向推力总和很大，常常在最后一级加设平衡盘或平衡鼓来消除轴向推力。

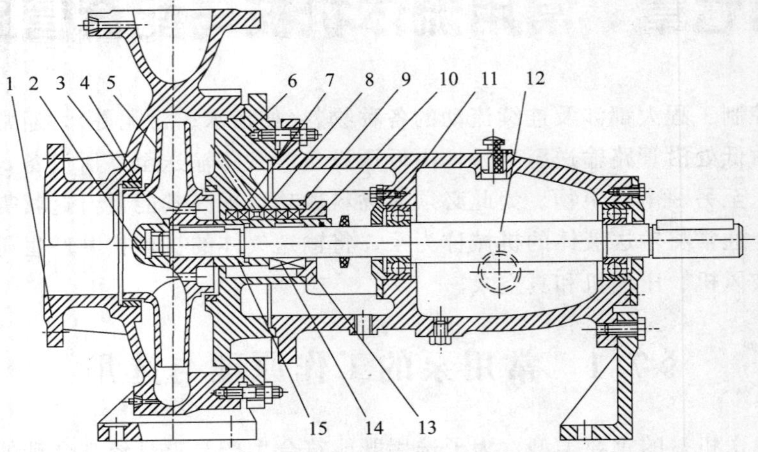

图 7-1-1　IS 型悬臂式单级离心泵的结构示意图

1—泵体；2—叶轮螺母；3—止动垫圈；4—密封环；5—叶轮；6—泵盖；7—填料；8—填料环；9—轴套；10—填料压盖；11—悬架轴承部件；12—泵轴；13—机械密封压盖；14—机械密封；15—短轴套

图 7-1-2　离心泵的叶轮结构示意图

根据吸液方式可以将叶轮分为两种，即单吸式叶轮与双吸式叶轮（图 7-1-3）。显然，双吸式叶轮完全消除了轴向推力，而且具有相对较大的吸液能力。

叶轮的叶片是一种转能元件，一般有前弯叶片、径向叶片和后弯叶片三种。由于后弯叶片相对于另外两种叶片的效率更高，更有利于动能向静压能的转换，因此离心泵的叶片主要为后弯叶片。

(2)蜗形泵壳

蜗形泵壳是一种转能部件，作用是汇集被叶轮甩出的液体，并在将液体导向排出口的过程中实现部分动能向静压能的转换。

如图 7-1-4 所示，为了减少液体离开叶轮时直接冲击泵壳而造成能量损失，常在叶轮与泵壳之间安装一个固定不动的导轮。导轮上带有前弯叶片，叶片间逐渐扩大的通道使进入泵壳的液体流动方向逐渐改变，从而减少了能量损失，使动能向静压能的转换更加有效彻底。多级离心泵通常均安装导轮，除了起扩压作用外，还将上一级叶轮排出的液体引入下一级叶轮的进口。

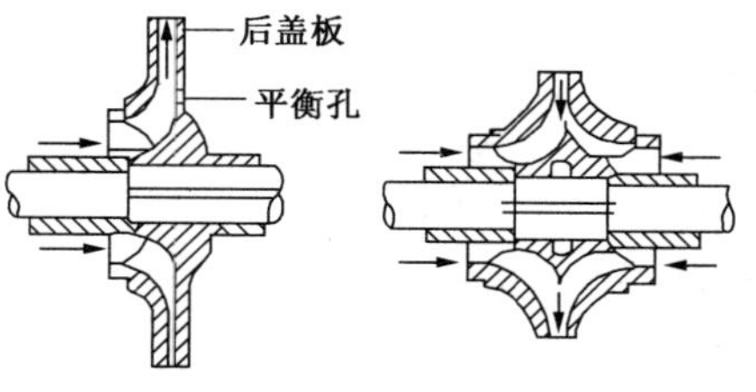

图 7－1－3　离心泵的吸液方式示意图

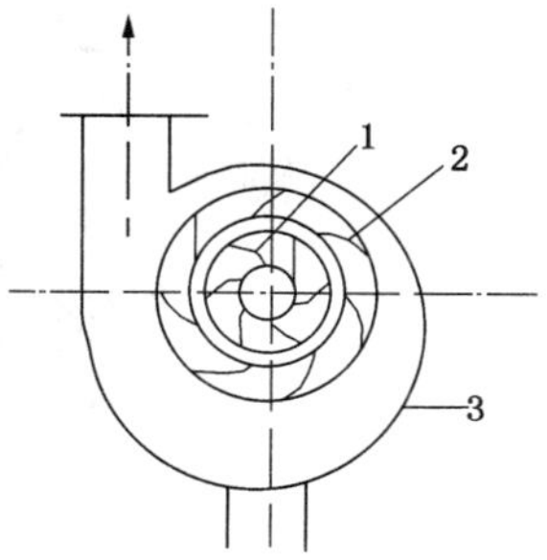

图 7－1－4　泵壳与导轮的结构示意图

1—叶轮；2—导轮；3—蜗形泵壳

(3)轴封组件

由于泵壳固定而泵轴转动，因此在泵轴与泵壳之间存在一定的空隙。为了防止泵内液体沿空隙漏出泵外或空气沿相反方向进入泵内，需要采取动密封措施。如图 7－1－5 所示，用来实现泵轴与泵壳之间流体动密封的组件称为轴封组件，常用的轴封方式有填料密封与机械密封两种。近年来，随着磁力传动技术的日趋成熟，出现了能够实现零泄漏的磁力传动离心泵。

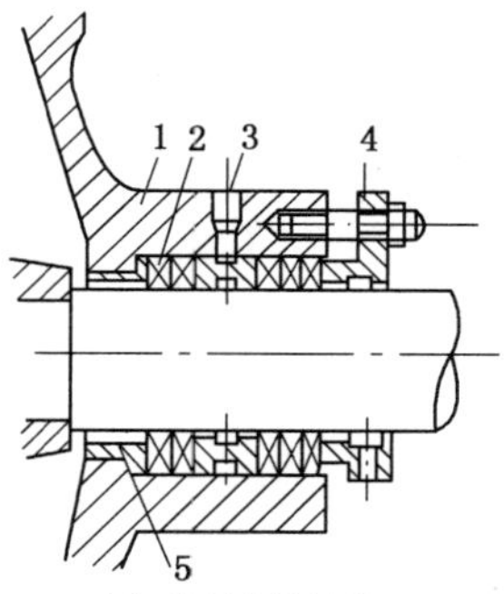

(a) 填料密封组件

1—填料函壳；2—软填料；3—液封圈；

4—填料压盖；5—内衬套

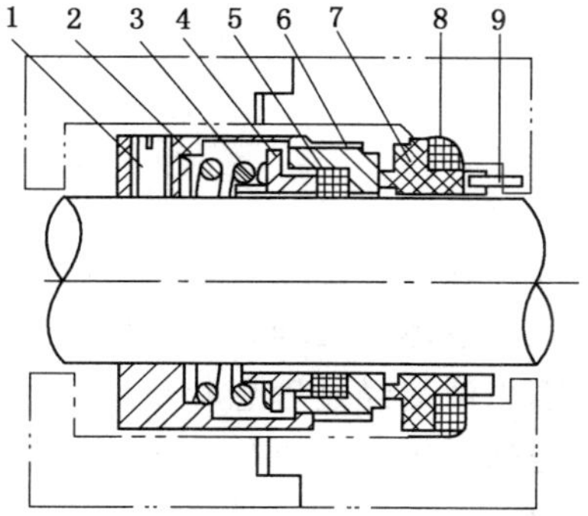

(b) 机械密封组件

1—螺钉；2—传动座；3—弹簧；4—推环；5—动环密封圈；

6—动环；7—静环；8—静环密封圈；9—防转销

图 7－1－5　离心泵常用两种动密封的结构示意图

2. 离心泵的工作方程式

从工作原理知，液体从离心泵叶轮获得能量而提高了压强。单位质量液体从旋转叶轮获得能量的多少以及影响获得能量的因素，都可以从理论上来分析。由于液体在叶轮内的运动比较复杂，故作如下假设：

①叶轮内叶片的数目无限多，叶片的厚度为无限薄，液体完全沿着叶片的弯曲表面流动，无任何倒流现象；

②液体为黏度等于零的理想流体，没有流动阻力。

如图 7－1－6 所示，叶轮带动液体一起做旋转运动时，液体具有一个随叶轮旋转的圆周速度 u，其运动方向为所处圆周的切线方向；同时，液体又具有沿叶片间通道流动的相对速度 ω，其运动方向为所在处叶片的切线方向；液体在叶片间任一点的绝对速度 c 为该点的圆周速度 u 与相对速度 ω 的矢量和。由图可导出三者之间的关系：

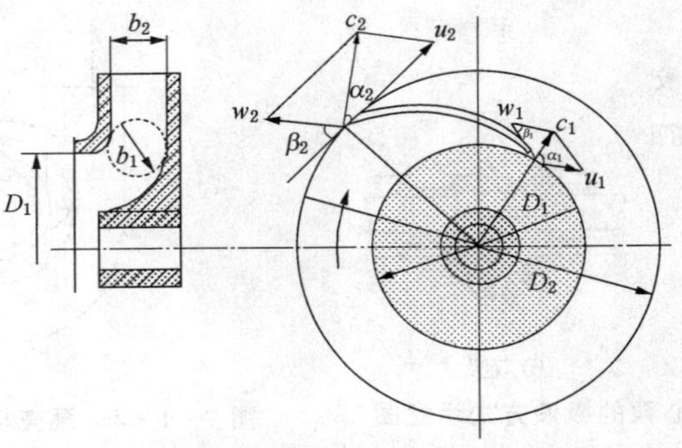

图 7-1-6　离心泵的工作原理示意图

叶轮进口处

$$w_1^2 = c_1^2 + u_1^2 - 2c_1u_1\cos\alpha_1 \tag{7-1-1}$$

叶轮出口处

$$w_2^2 = c_2^2 + u_2^2 - 2c_2u_2\cos\alpha_2 \tag{7-1-2}$$

泵的理论压头可从叶轮进出口之间列伯努利方程求得

$$\frac{p_1}{\rho g} + \frac{c_1^2}{2g} + H_\infty = \frac{p_2}{\rho g} + \frac{c_2^2}{2g} \tag{7-1-3}$$

即

$$H_\infty = H_p + H_c = \frac{p_2 - p_1}{\rho g} + \frac{c_2^2 - c_1^2}{2g} \tag{7-1-4}$$

式中　H_∞——叶轮提供给液体的压头，m；

H_p——理想液体经过理想叶轮后静压头的增量，m；

H_c——理想液体经过理想叶轮后动压头的增量，m；

p_1、p_2——液体在进、出口处的压强，Pa。

上式没有考虑进、出口两点高度的不同，因叶轮每转一周，两点高低互换两次，按时均计此高差可视为零。液体从进口运动到出口，静压头增加的原因有如下两个：

①液体在叶轮内受离心力作用，接受了外功。质量为 m 的液体旋转时受到的离心力为

$$F_c = mR\omega^2$$

式中　F_c——液体所受的离心力，N；

R——旋转半径，m；

ω——旋转的角速度，rad/s。

质量 $m=1$kg 时，液体从进口到出口因受离心力作用而接受的外功为

$$\int_{R_1}^{R_2} \frac{F_c \mathrm{d}R}{mg} = \int_{R_1}^{R_2} \frac{R\omega^2 \mathrm{d}R}{g} = \frac{\omega^2}{2g}(R_2^2 - R_1^2) = \frac{u_2^2 - u_1^2}{2g}$$

②相邻两叶片所构成的通道截面积由内而外逐渐扩大，液体通过时速度逐渐变小，一部分动能转变为静压能。每 1kg 液体静压能增加的量等于其动能减少的量，即$\frac{\omega_1^2 - \omega_2^2}{2g}$。

质量为 1kg 的液体通过叶轮后其静压能的增加量应为上述两项之和，即

$$H_p = \frac{p_2 - p_1}{\rho g} = \frac{u_2^2 - u_1^2}{2g} + \frac{\omega_1^2 - \omega_2^2}{2g} \tag{7-1-5}$$

将式(7－1－5)代入式(7－1－4)，得

$$H_{\infty}=\frac{c_2^2-c_1^2}{2g}+\frac{u_2^2-u_1^2}{2g}+\frac{\omega_1^2-\omega_2^2}{2g} \tag{7－1－6}$$

将式(7－1－1)、式(7－1－2)代入式(7－1－6)，得

$$H_{\infty}=\frac{u_2c_2\cos\alpha_2-u_1c_1\cos\alpha_1}{g} \tag{7－1－7}$$

由上式看出，当 $\cos\alpha_1=0$ 时，得到的压头最大。故离心泵设计时，一般都使 $\alpha_1=90°$，于是上式成为

$$H_{\infty}=\frac{u_2c_2\cos\alpha_2}{g} \tag{7－1－8}$$

此式即为离心泵基本方程式。从上图可知

$$c_2\cos\alpha_2=u_2-c_{r2}\operatorname{ctg}\beta_2 \tag{7－1－9}$$

若不计叶片的厚度，离心泵的理论流量 Q_T 可表示为

$$Q_T=c_{r2}\pi D_2b_2 \tag{7－1－10}$$

式中 c_{r2}——叶轮在出口处绝对速度的径向分量，m/s；

b_2——叶轮出口处的宽度，m；

D_2——叶轮外径，m；

将式(7－1－9)及式(7－1－10)代入式(7－1－8)，可得泵理论压头与理论流量之间的关系为

$$H_{\infty}=\frac{u_2^2}{g}-\frac{u_2\operatorname{ctg}\beta_2}{g\pi D_2b_2}Q_T \tag{7－1－11}$$

上式为离心泵基本方程式的又一表达形式，表示理论压头与理论流量、叶轮转速和直径、叶片几何形状之间的关系。

3. 离心泵的性能参数与特性曲线

离心泵在出厂前都会在泵体上钉一块铭牌，上面刻有型号、流量、扬程、额定转速、轴功率和效率等有关该离心泵工作性能的指标，以表明其整体工作性能。

(1)流量

流量又称输液量，是指泵在单位时间内输送液体的体积 Q，单位有 L/s、m^3/s 等。

(2)扬程

扬程又称压头，表示泵能提升液体的高度 H，通常用“mH_2O”作单位，习惯简称“m”。通常一台泵的扬程是指铭牌上的数值，实际扬程比此值要低，因为沿管路有阻力损失，实际扬程的多少要由管路布置情况来决定。

(3)转速

转速有规定的数值(即额定转速)n，单位一般为 r/min。实际转速和额定转速不一致时会引起泵的工作性能发生变化。增加转速可加大排量，但造成原动机超载或带不动。降低转速会使排量和扬程减少，设备利用率降低，因此通常不允许改变泵的转速。

(4)轴功率和有效功率

轴功率 P 是指泵单位时间内消耗的能量或从配套原动机处接受的功率。离心泵在单位时间内把一定量液体输送到某一高度(即实际扬程 H)所做的功称为有效功率 P_e，可用下式表示

$$P_e=\rho \cdot Q \cdot g \cdot H \text{ (W)} \quad (7-1-12)$$

式中 ρ——液体的密度，kg/m^3；

Q——泵的流量，m^3/s；

g——重力加速度，m/s^2；

H——泵的实际扬程，m。

(5)效率

泵的轴功率一定大于泵的有效功率，有效功率与轴功率的比值就称为效率。有效功率越大，泵的效率越高；反之，泵的效率越低。目前离心泵的效率一般为60%～85%。

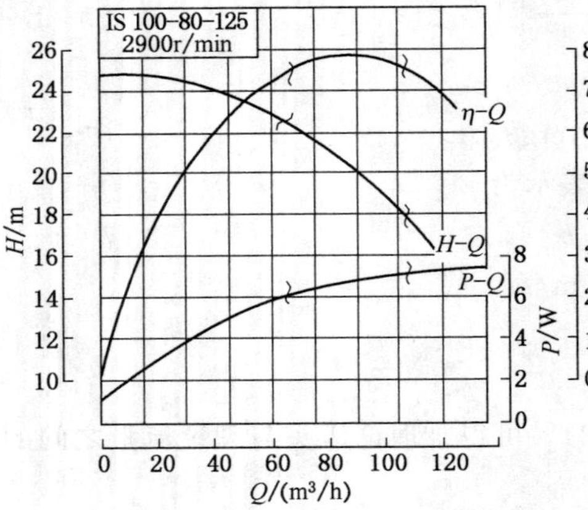

图 7-1-7 IS100-80-125 型离心泵的特性曲线

通常每台离心泵都有三条性能曲线（或叫特性曲线），即流量-扬程（$Q-H$）、流量-功率（$Q-N$）和流量-效率（$Q-\eta$）性能曲线。离心泵出厂前都要通过清水进行性能测定试验，测定开始时先将出口调节阀关闭，然后逐渐调整出口调节阀的开度以改变流量，测得一系列流量 Q 及相应的压头 H 和轴功率 P，将 $Q-H$、$Q-P$ 及 $Q-\eta$ 曲线绘制在同一张坐标纸上，即为一定型号离心泵在一定转速下的特性曲线，具体如图 7-1-7 所示。从图中可见，对应某一 Q、H 值，η 曲线上有一个最大值，意味着泵在相应流量和扬程下工作时的效率最高；如果实际工况点与 η 最高点相差太远，则泵的效率太低，使用就不经济。由于并非整个性能曲线都是泵的工作区域，因此一般在曲线上两个波折号之间的区域为该泵的推荐工作区域。不同型号离心泵的 $H-Q$ 曲线形状不同，有的曲线比较平坦，适用于流量变化较大的场合；有的曲线比较陡峭，适用于管路压头变化大但不允许流量变化太大的场合。

需要强调的是，上述特性曲线是指当泵的转数、叶轮直径和所输送液体黏度在一定条件下而言，若这些参数改变时，则离心泵的特性曲线就具有不同的形状。

4. 离心泵的安装运行

(1)泵的安装

在离心泵吸入管底部安装带滤网的止逆阀，防止启动前灌入的液体从泵内漏失；滤网防止固体杂质进入泵内，工作时吸入管路上的阀门应保持全开。靠近泵出口处的压出管道上安装有调节阀，供调节流量时使用。另外，在吸入管路和泵轴填料函处均不应漏气。

离心泵吸入口截面高出贮液槽液面的垂直距离为吸上高度 $H_{吸}$。由于离心泵靠贮液槽液面与吸入口之间的压差来完成吸液，当贮液槽液面压力一定时，吸入管路越高，吸上高度越大，则吸入口处的压力将越小。当吸入口处的压力小于操作条件下被输送液体的饱和蒸气压时，液体将会汽化产生气泡，进而在离心泵中产生汽蚀现象。

为避免汽蚀，必须确保叶轮内各处压力均高于液体的饱和蒸气压，这就使离心泵的安装位置受限于允许吸上高度。同时，被输送液体的温度越高，允许吸上高度就越低。表 7-1-1 列出了输送不同温度的水时，一般离心泵的允许吸上高度。

表 7-1-1　离心泵输送水时的允许吸上高度(参考值)

温度/℃	10	20	30	40	50	60	65
吸上高度/m	6	5	4	3	2	1	0

为了不致过度降低泵的允许吸上高度，在吸入管路中应尽量避免设置不必要的阻尼件，而且吸入管路的直径通常较压出管路为大。在调节流量时，也需注意不要关小入口阀，应只调节出口阀。

(2)离心泵启动前的准备

离心泵开动之前，泵内和吸入管中必须充满液体。若在启动前未充满液体，则泵内存在空气。由于空气密度很小，所产生的离心力也很小。吸入口处所形成的真空不足以将液体吸入泵内，因此离心泵虽然在转动但不能输送液体，这种现象就称为“气缚”。

离心泵刚刚启动后，扬程很低而流量很大，此时配套原动机(电动机等)的轴功率很大，很容易超载，为了减小原动机在启动时的负荷及防止出口管路发生水力冲击，泵的出口调节阀应在启动前关闭，但此时运转时间不宜太长(例如不超过 2～3min)，以免泵体发热。停泵时，应先关闭出口原动机阀，以免液体倒流。较长时间不用时，应将泵内和管路内的液体放净。

(3)离心泵的工作点

对于给定的管路，离心泵输送任务(流量)与完成任务所需要压头之间也存在一定的关系，这种关系称为管路特性，表示在压头与流量的关系图上就称为管路的特性曲线。如图 7-1-8 所示，该曲线的形状只与管路的铺设情况和操作条件有关，与泵的特性无关。

当离心泵安装在指定管路中时，流量与压头之间的关系既要满足泵的特性，也要满足管路的特性。反映在特性曲线上，应为泵的特性曲线与管路特性曲线的交点，这个交点 M 称为离心泵在指定管路上的工作点。如图 7-1-9 所示，泵安装在特定管路中，只能有一个稳定的工作点 M，如果不在 M 点工作，就会出现泵提供给管路能量与管路需要能量之间不平衡的现象；此时系统就会自动调节，直至达到平衡，回到稳定工作点。

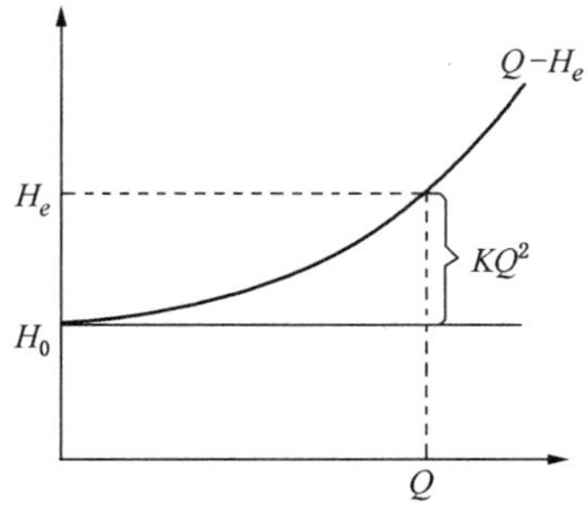

图 7-1-8　离心泵的管路特性曲线

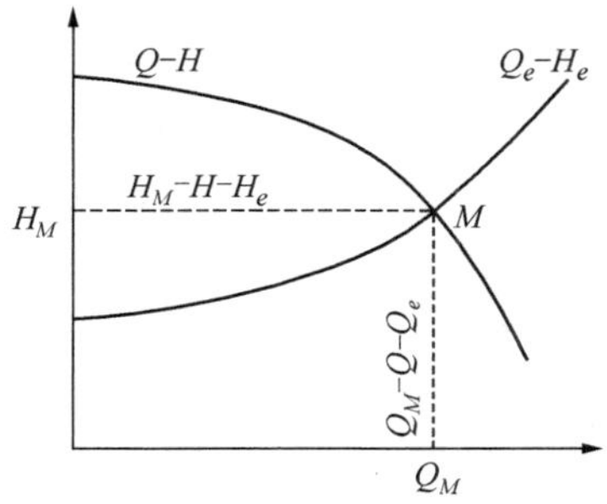

图 7-1-9　离心泵在指定管路上的工作点

(4)离心泵的流量调节

如果离心泵工作时输送能力与输送任务不一致，就需要对泵进行调节，以满足生产任务的需要。从图 7-1-9 可以看出，调节管路特性曲线和泵的特性曲线均能达到调节泵工作点的目的，常见的调节方法有节流调节法、改变泵性能曲线的调节法、更换不同直径叶轮和车削叶轮外径等。

在生产中，有时需要将多台泵并联或串联在管路中运行，目的在于增加系统中的流量或压头。

5. 离心泵的种类与选用原则

离心泵种类繁多，按吸液方式可以分为单吸泵与双吸泵，按叶轮数目可以分为单级泵与多级泵，按特定使用条件可以分为液下泵(潜液泵)、管道泵、高温泵、低温泵、高温高压泵等，按照被输送液体的性质可以分为清水泵(或普通泵)、污水泵、油泵、耐腐蚀泵和杂质泵等，按安装方式可以分为卧式泵和立式泵。例如，污水泵主要用于输送城市污水、粪便或液体中含有纤维、纸屑等固体颗粒的介质，通常被输送介质的温度不大于 80℃，抗堵性和可靠性是衡量污水泵优劣的重要因素。目前，各种离心泵均已按其结构特点的不同，自成系列并标准化，基本选用原则如下。

(1)根据被输送液体的性质和操作条件，初步确定泵的系列及生产厂家

①根据被输送液体的性质决定选用清水泵、油泵、耐腐蚀泵、屏蔽泵等；②根据现场安装条件决定选用卧式泵、立式泵(含液下泵、管道泵)等；③根据流量大小选用单吸泵、双吸泵等；④根据扬程大小选单级泵、多级泵等。生产厂家往往将同一系列下各种不同型号泵的特性曲线绘制在一张图中，称为系列型谱图。

(2)根据具体流量和压头的要求确定泵的可用型号

采用操作中可能出现的最大流量作为所选泵的额定流量，若缺少最大流量值时，常取正常流量的 1.1～1.15 倍作为额定流量；取所需扬程的 1.05～1.1 倍作为所选泵的额定扬程；按额定流量和扬程，利用系列型谱图，初步选择 1 种或几种可用的泵型号。

(3)校核和最终选型

当流体的密度变化大时，必须对所需扬程进行校核，

$$H=H_0\frac{\rho_L}{1000} \tag{7-1-13}$$

式中 H——换算成清水的总扬程，m；

H_0——按实际输送流体密度计算出的总扬程，m；

ρ_L——流体的密度，kg/m^3。

当初步选定泵后，须校核泵与管路的真正工作点。校核方法是：先根据产品目录上查出所选泵的 $Q-H$ 性能曲线，再在上面做出管路特性曲线，两条曲线的交点为泵在管路中的工作点。当工作点落在泵的有利效率范围内则选择恰当，否则必须加以调整。此外，泵的汽蚀余量必须符合要求。若有几种型号的泵同时可用，则应选择效率、汽蚀余量、重量、价格等综合指标高者。

二、容积式泵

容积式泵也叫正位移泵，即借助物体周期性的位移来增加或减少工作容积，从而进行能量转换的泵。按照容积泵的运动方式，分为往复式和转动式两大类。转动式容积泵主要是指齿轮泵、单螺杆泵、双螺杆泵等转子泵，由于单螺杆泵等已经在本书§4.2进行了介绍，这里仅介绍往复式容积泵。

1. 往复泵的工作原理

往复泵的工作原理如图 7-1-10 所示，往复泵主要由泵缸、活塞(或柱塞)、活塞杆及若干个单向阀等组成，泵缸、活塞及阀门间的空间称为工作室。当活塞在外力作用下移动时，工作室容积增大而压力下降，排出阀在压出管内液体的压力作用下关闭，吸入阀则被泵

外液体的压力推开，将液体吸入泵缸内。当活塞移到右端，工作室的容积最大，吸入行程结束。随后，活塞便自右向左移动，泵缸内液体受到挤压，压力增大，使吸入阀关闭而排出阀打开，并将液体排出。活塞移至左端时，排液结束，完成了一个工作循环。如此周而复始，实现泵的吸液与排液。

活塞在泵内左右移动的端点叫“死点”，两“死点”之间的距离称为冲程。在活塞往复运动的一个周期里，如果泵的吸液、排液各只有一次，则称为单作用往复泵；如果各有两次，称为双作用往复泵；此外还有三缸单作用往复泵。

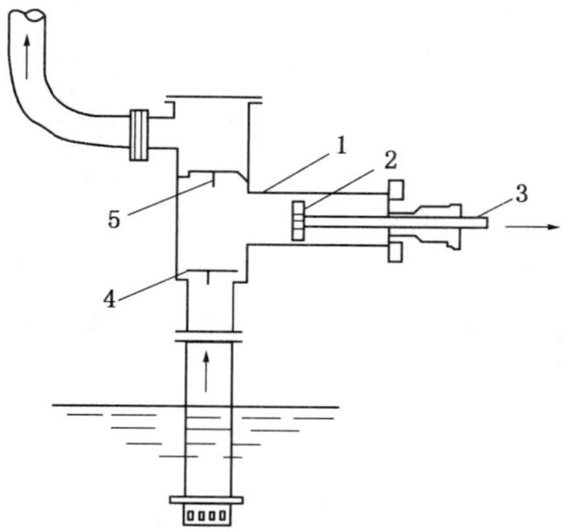

图 7－1－10　往复泵工作的原理示意图

1—泵缸；2—活塞；3—活塞杆；
4—吸入阀；5—排出阀

2. 往复泵的性能曲线

往复泵的理论流量 Q_T 与管路特性无关，但由于密封不严造成泄漏、阀启闭不及时等原因，会造成实际流量 Q 小于理论流量 Q_T。往复泵的工作点仍是泵特性曲线和管路特性曲线的交点，其压头只取决于管路系统的实际需要而与流量无关。因此，只要往复泵的机械强度和配套原动机(电动机等)的功率允许，管路系统需要多高的压头即可提供多高的压头。

往复泵的功率与效率的计算方法与离心泵相同。但效率比离心泵高，通常在 0.72～0.93 之间，蒸汽往复泵的效率可达 0.83～0.88。

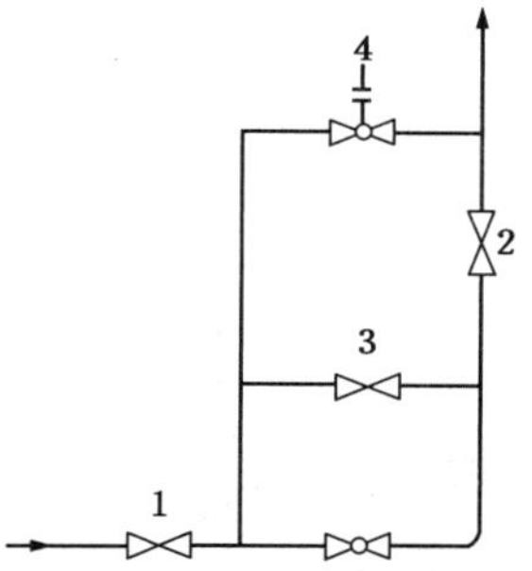

图 7－1－11　旁路调节流量示意图

1—入口阀；2—出口阀；
3—旁路阀；4—安全阀

3. 往复泵的流量调节

往复泵的流量调节方法通常有改变冲程调节、改变往复频率调节、旁路调节等 3 种，通常采用旁路调节。如图 7－1－11 所示，旁路调节的实质不是改变泵的送液能力，而是改变流量在主管路及旁路之间的分配。虽然这种调节造成了功率损耗，在经济上不合理，但在生产上却常用，同时必须注意出口阀和旁路阀不可同时关闭。

往复泵的吸上真空高度随安装地区的大气压强、输送液体的性质和温度而变，实际使用中也有一定限制。往复泵的低压靠工作室的扩张来造成，因此在启动之前泵内无须充满液体，即往复泵有自吸作用。

三、污水污物潜水电泵

污水污物潜水电泵通常包括潜水排污泵、潜水轴流泵、潜水混流泵等类型。与一般卧式泵或立式污水泵相比，可以直接整体安装在污水池内，无需建造专门的泵房，执行国家标准《污水污物潜水电泵》(GB/T 24674)的最新要求。

1. 基本结构

污水污物潜水电泵主要由底座、泵体、叶轮及潜水电动机等组成，泵为单级或多级立式结构，且位于最下端；泵与电机同轴，从泵吸入口方向看叶轮逆时针方向旋转。按液体排出方式分为外装式、内装式和半内装式等 3 种。外装式的输送介质不通过电机部分，直接从泵体部分排出；内装式的输送介质从排出管与电机外壳之间环形流道排出；半内装式的输送介质从与电机外壳部分连接的排出管中排出。

图 7－1－12(a)所示的潜水排污泵在电机和泵之间设有油隔离室，在油隔离室中安装了双端面机械密封，以防止水进入电机，造成电机线圈短路而烧毁。该型潜水排污泵所采用的电机与普通电机相同，称之为干式潜水电动机。图 7－1－12(b)所示的潜水排污泵采用充油式潜水电动机，在电机的定子内充满了变压油，在泵与电机之间也安装了机械密封。

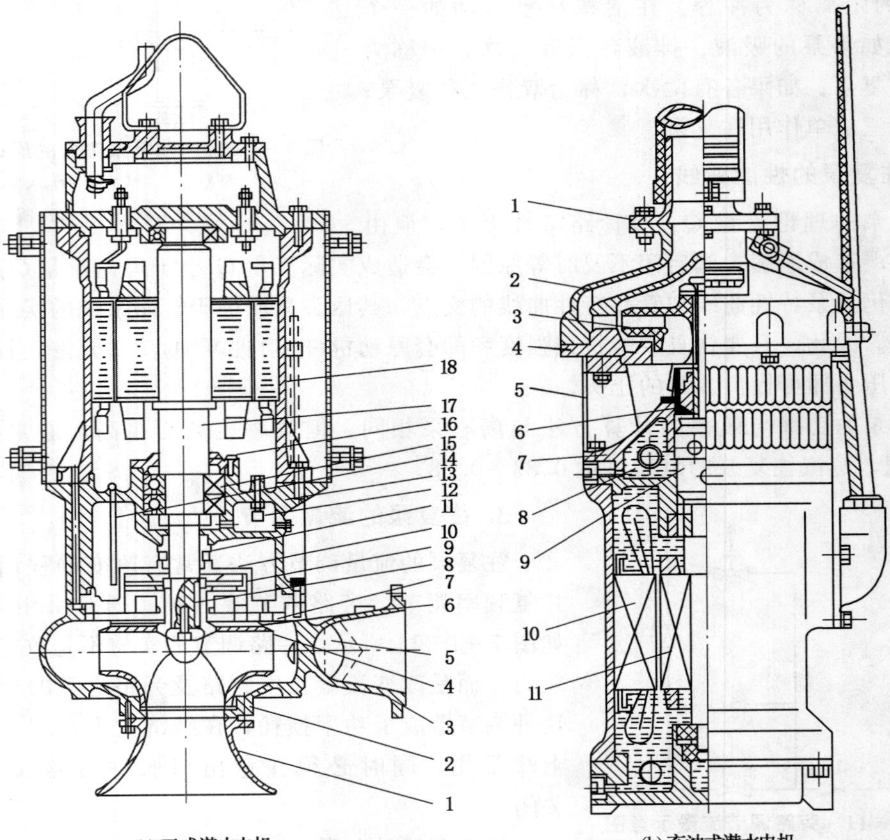

(a) 干式潜水电机　　(b) 充油式潜水电机

图 7－1－12　潜水排污泵的结构示意图

(a)：1—喇叭管；2—密封环；3—泵体；4—叶轮；5—手孔盖；6—内泵盖；7—叶轮压板；8—键；9—副叶轮；10—后泵盖；11—机械密封；12—漏水检测探头；13—连接座；14—油头探头；15—轴承；16—轴承压盖；17—轴；18—潜水电动机组件

(b)：1—连接法兰；2—出水口；3—叶轮；4—泵座；5—滤网；6—密封组件；7—电机封盖；8—变压油；9—电机轴；10—定子；11—转子

叶轮、压水室是污水污物潜水电泵的两大核心部件，泵的抗堵塞性能、效率、汽蚀性能以及抗磨蚀性能主要由其来保证。常用蜗壳状压水室，蜗壳有螺旋型、环型和中介型(半螺旋型)等三种。螺旋型压水室基本上不用，环型压水室因结构简单、制造方便而在小型泵上采用较多；由于中介型压水室兼有螺旋型压水室的高效率性和环型压水室的高通透性，致使环型压水室的应用范围逐渐变小。在内装式污水污物潜水电泵中多选用径向导叶或流道式导叶，叶轮则分为旋流式(X)、半开式叶片式、闭式叶片式、单或双流道式、螺旋离心式、轴流式(Z)、混流式(H)等。

(1)旋流式叶轮(X)

由于叶轮的部分或全部缩离压水室流道，故泵的无堵塞性能好，通过颗粒和长纤维的能力较强。颗粒在压水室内靠叶轮旋转产生涡流推动，悬浮性颗粒本身不产生能量，只是在流道内和液体交换能量。在流动过程中，由于悬浮性颗粒或长纤维不与叶片接触，因此叶片磨损情况较轻，不存在间隙因磨蚀而加大的情况，在长期运行中不会造成效率严重下降，采用该型叶轮的泵适合输送含有大颗粒和长纤维的介质。但该型叶轮的效率仅相当于普通闭式叶轮的 70%左右，泵的扬程曲线比较平坦。

(2)半开式叶片式叶轮

半开式叶片式叶轮制造方便，当叶轮内造成堵塞时较易清理及维修。但长期运行时，在颗粒磨蚀下会使叶片与压水室内侧壁的间隙加大，从而使效率降低；并且间隙加大会破坏叶片上的压差分布，这样不仅产生大量的旋涡损失，而且会使泵的轴向力加大。与此同时，由于间隙加大，流道中液体流态的稳定性受到破坏，使泵产生振动。因此，采用该型叶轮的泵不宜输送含大颗粒和长纤维的介质，而且该型叶轮的最高效率约相当于普通闭式叶轮的92%左右，泵的扬程曲线比较平坦。

(3)闭式叶片式叶轮

闭式叶片式叶轮工作效率较高，在长期运行中情况比较稳定；泵轴向力较小，且可以在前后盖板上设置副叶片。前盖板上的副叶片可以减少叶轮进口的旋涡损失和颗粒对密封环的磨损。后盖板上的副叶片不仅起平衡轴向力的作用，而且可以防止悬浮性颗粒进入机械密封腔，对机械密封起保护作用。但该型叶轮的无堵塞性能差，易被缠绕，不宜输送含大颗粒(长纤维)等未经预处理的污水。

(4)单或双流道式叶轮

属于无叶片的叶轮，叶轮流道是一个从进口到出口的弯曲流道。适宜输送含有大颗粒和长纤维的介质，抗堵性好。该型叶轮的效率高，与普通闭式叶轮相差不大，但泵的扬程曲线较为陡降。泵的功率曲线比较平稳，不易产生超功率的问题，但叶轮的汽蚀性能不如普通闭式叶轮，适宜用在有压进口的泵上。

(5)螺旋离心式叶轮

叶轮叶片为扭曲的螺旋叶片，在锥形轮毂体上从吸入口沿轴向延伸。该型叶轮的泵兼具有容积泵和离心泵的作用，悬浮性颗粒在叶片中流过时不撞击泵内任何部位，故对输送物的破坏性小。由于螺旋的推进作用，悬浮颗粒的通过性强，所以采用该型叶轮的泵适宜输送含有大颗粒、长纤维的介质以及高浓度的介质。在对输送介质破坏性有严格要求的场合下优点明显，§4.2 中有所涉及。

(6)轴流式叶轮(Z)

轴流泵的工作原理主要基于叶轮旋转和机翼型叶片的流体动力学特性，叶轮装有 2～7 个叶片，在圆管形泵壳内旋转。由于机翼形叶片固定在轴上形成“螺旋桨”，当“螺旋桨”不能沿轴向运动而只能原位旋转时，翼面(“螺旋桨”下侧，迎水面)会因负压而产生吸入作用，翼背会因正压而产生排出作用。随着叶轮旋转，液体被不断地加压并推动流动。叶轮上部的泵壳内装有固定导叶，用以消除液体的旋转运动，使之变为轴向运动，并把旋转运动的动能转变为压力能。轴流泵通常是单级式，少数制成双级式。轴流泵的叶片分固定式和可调式两种结构，小型轴流泵的叶片安装角一般是固定的。大型轴流泵的使用工况(主要指流量)在运行中通常需要作较大的变动，调节叶片的安装角度可使泵在不同工况下保持在高效率区运行。

(7)混流式叶轮(H)

混流泵的工作特性介于离心泵和轴流泵之间，其扬程低、流量大，所以叶轮形状比较特殊。由于叶轮的进口直径与出口直径相差较小，流道宽度与出口直径的比例相对较大，因此蜗壳的相对宽度比离心泵大。叶片从进口到出口均为扭曲形，叶片出口边倾斜，工作时产生离心力和推力，水流从叶轮出口流出的方向，既不是径向(如离心泵)，也不是轴向(如轴流泵)，而是介于二者之间的斜向，故混流泵也称为斜流泵。低比转数混流泵的叶轮是封闭的，有前后盖板，与离心泵叶轮类似；高比转数混流泵的叶轮是开敞式的，与轴流泵类似。

2. 典型产品

潜水电泵的排出口径 ϕ50～1600mm，规定流量 20～7000m^3/h，同步转速 250～3000r/min。电泵的外壳防护等级为 IPX8，使用安装分为移动安装、自耦安装、井筒安装、基础安装四种，在下列使用条件下应能连续正常运行：①以叶轮中心为基准，潜入水下深度不超过 5m；②输送介质温度不超过 40℃；③输送介质 pH 值为 4～10；④输送介质的固相物容积比在 3%以下；⑤输送介质的运动黏度为 $7\times10^{-7}\sim23\times10^{-6}m^2/s$；⑥输送介质中固相物最大颗粒符合相关标准规定；⑦输送介质的密度≤$1.3\times10^3kg/m^3$。目前，还可对水泵振动、轴承温度、绕组温升以及密封失效进行实时数据采集，传输至智慧云平台，实现远程监测。

潜水排污泵的国内典型产品有 WQ 系列、AS/AV 系列；国外典型产品包括瑞士苏尔寿(Sulzer)公司的 ABS XFP 系列潜水排污泵、ABS AS 系列潜水排污泵、ABS MF 系列轻型污水泵，美国 Xylem(赛莱默)公司的 ITT－FLYGT(飞力)N 系列潜污泵，等。

潜水轴流泵的典型产品有瑞士苏尔寿(Sulzer)公司的 ABS VUPX 潜水轴流泵、美国 Xylem(赛莱默)公司的 ITT－FLYGT(飞力)潜水轴流泵等。ABS VUPX 潜水轴流泵配有超高效 IE3 电机，频率为 50Hz 的电机功率为 9～650kW；配有高效的三叶片或四叶片叶轮，具有极佳的汽蚀余量值，可提供具有可调叶片的叶轮和用于泵送活性回流污泥的特殊斜式叶轮。

潜水混流泵的典型国外产品有瑞士苏尔寿(Sulzer)的 ABS AFLX 潜水混流泵、德国 KSB SE & Co. KGaA 公司的 SEZ 型立式混流泵。ABS AFLX 潜水混流泵配有超高效 IE3 电机，频率为 50Hz 的电机功率为 7.5～500kW；配有高效的三叶片至五叶片开式混流叶轮，使用成熟的耦合环，采用可直接安装到出水管或混凝土立管上的设计。SEZ 型立式混流泵采用橡胶或耐磨的陶瓷轴承，可实现外接清水润滑、自输清水润滑或介质自润滑；泵转子为可抽出或不可抽出式；前导叶还可制成可调形式以代替昂贵复杂的变频调速装置；进水部分为吸入喇叭或进水弯管；适用于城市给排水和电厂输送循环水及大型排灌泵站，效率高达 86%，流量 5000～65000m^3/h，扬程可达 7～33m，液体温度范围为 5～40℃。

3. 切割式潜水排污泵

在没有设置或不便设置格栅的场合，小口径潜水排污泵常发生杂物堵塞现象，给用户造成麻烦，因此相关厂家设计研发了切割式潜水排污泵或潜水研磨泵(Submersible grinder pump)。国外代表性产品有瑞士苏尔寿(Sulzer)的 ABS Piranha(水虎鱼)系列潜水研磨泵等，国内代表性产品有 WQ/S 切碎式潜污泵、WQG 系列潜水切割泵等，WQG 系列潜水切割泵的技术参数如表 7－1－2 所示。

表 7-1-2　WQG 系列潜水切割泵的技术参数

型号	功率		额定	额定	频率/	额定转速/	口径		配用电柜	自耦	质量/kg
	P_1/kW	P_2/kW	电流/A	电压/V	Hz	(r/min)	mm	in		装置型号	
WQG10-2	1.5	1.0	2.9	380	50	2850	32	1.25	Qc40-1.0	32GAK	32
WQG16-2	2.2	1.6	3.7	380	50	2850	32	1.25	Qc40-1.5	32GAK	33
WQG22-2	2.9	2.2	5.0	380	50	2850	30	1.25	Qc40-2.2	32GAK	52
WQG30-2	3.7	2.9	6.4	380	50	2850	32	1.25	Qc40-3.0	32GAK	53
WQG40-2	4.8	4.0	8.2	380	50	2850	2.0	2.0	Qc40-4.0	50GAK	75
WQG55-2	6.8	5.5	11.1	380	50	2850	50	2.0	Qc40-5.5	50GAK	150

ABS Piranha-PE 和 Piranha-S 拥有独特的液压切割系统设计理念，能够粉碎布片和塑料袋等难以处理的物品，采用自 1.25in(*DN*32)起的较小直径排出管，最大流量 32m^3/h，最大扬程 80m。ABS Piranha-S 潜水研磨泵的结构如图 7-1-1 所示，配备的液压破碎系统位于叶轮之前，由螺旋状底板、固定切割环和切碎转子组成。Piranha-PE 潜水研磨泵配有超高效电机。为了获得更长的使用寿命，高压头版 Piranha-S 拥有一个可反转切割器，可以双面使用从而减少切割器更换。

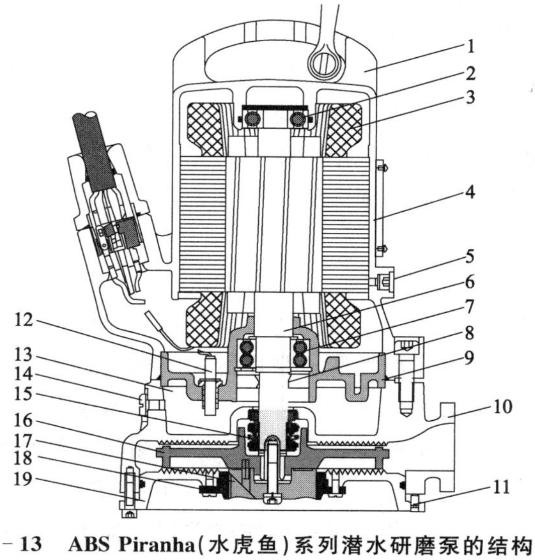

图 7-1-13　ABS Piranha(水虎鱼)系列潜水研磨泵的结构示意图

1—铸铁提手和钢卸扣；2—上轴承-单列；3—带热传感器的电机；4—马达外壳；5—电机腔压力测试点；6—不锈钢轴；7—下轴承-双列；8—油润滑唇形密封；9—轴承盖；10—蜗壳；11—底板调节螺丝；12—湿度传感器(Di)；13—油室；14—油室放油塞/压力测试点；15—机械密封；16—叶轮；17—切碎转子；18—切割环(固定在底板上)；19—底板

§7.2　水处理系统管路设计

管路是管子、管件、阀门等的总称，其作用是连接有关的污染治理设备或构筑物，使各种流体在其间得以流通，以保证水处理过程的正常进行。

一、管子的规格与选用

1. 管子的规格

管子的规格通常用“ϕ 外径×壁厚”来表示，但在某些场合也采用内径来表示。管子的长度主要有 3m、4m 和 6m，有些可达 9m、12m，其中以 6m 最为普遍。水处理中常用管子按材质可分为铸铁管、碳钢管和非金属管等。

(1)铸铁管

铸铁管的优点是价格便宜，但性脆、强度低。根据 2004 年住建部第 218 号文件规定，灰铸铁管材、管件“不得用于城镇供水、燃气等市政管道系统。口径大于 ϕ400mm 的管材及管件不允许在污水处理厂、排水泵站及市政排水管网中的压力管线中使用”。球墨铸铁(QT)的强度与铸钢相当，但耐化学腐蚀能力是后者的 2 倍，主要原因是球墨铸铁的含碳量是铸钢的 10 倍，球墨铸铁中的碳以球状石墨的形式存在，球状石墨比片状石墨的化学稳定性强很多。

(2)钢管

按制造方法可分为有缝钢管(水煤气输送管)和无缝钢管两种，按钢材种类可分为普通钢管和合金钢(含不锈钢)管两种。有缝钢管按壁厚分普通钢管、加厚钢管和薄壁钢管，按焊缝形式分为直缝钢管和螺旋缝钢管。外表镀锌的有缝钢管叫白铁管，不镀锌的叫黑铁管，用于压力不高(<1.6MPa)、温度较低(<75℃)的工况场合。无缝钢管的材质均匀，强度较有缝钢管高，因而管壁较薄，适用操作压力≤25MPa、最高温度≤450℃的场合。

给排水工程中常用的无缝钢管有低中压锅炉用无缝钢管、冷轧或冷拔精密无缝钢管、结构用异型无缝钢管、流体输送用不锈钢无缝钢管等，异型钢管分为方形钢管、矩形钢管、椭圆形钢管、平椭圆形钢管等。

(3)非金属管

常用的非金属管有陶瓷管、钢筋混凝土管、塑料管、玻璃钢管、玻璃钢/塑料复合管、橡胶管等。陶瓷管能耐酸碱腐蚀，但性脆、强度低，不耐压，大多数用作埋在地下的水管和输送有腐蚀性的物料。钢筋混凝土管多用作埋于地下的污水管路，大直径时可以用作给水输水管。塑料管的特点是质轻、能抗腐蚀、易于加工，但耐热性和耐压性较差。玻璃管的优点是耐腐蚀、表面光滑、管路阻力小，但不耐高温(<150℃)和高压(<8MPa)。橡胶管的优点是耐腐蚀、有弹性、可任意弯曲以适应现场操作的需要，但不耐高压或高温，且含有机物的液体对其有腐蚀性。

2. 管子的选用

选用的基本原则是满足污染治理工艺的要求(如温度、压力、耐腐蚀性等)，具体包括选择合适的管材、计算管内径、确定管壁厚、选定标准的管子规格。

(1)管内径 d 的计算

经过实践经验的总结，人们认为通常流体介质在管道内比较合理的流速范围如表 7-2-1 所示。因此，只要知道管路中流体通过的最大流量，就可算出管内径 d 的大小

$$d=18.8\left(\frac{W}{v\cdot\rho}\right)^{1/2} \text{ 或 } d=18.8\left(\frac{Q}{v}\right)^{1/2} \quad (\text{mm}) \qquad (7-2-1)$$

式中　W——流体的质量流量，kg/h；

Q——流体的体积流量，m^3/h；

ρ——流体的密度，kg/m^3；

v——流体的平均流速，m/s。

表 7-2-1 管道内各种流体的常用流速范围

流体类别	常用流速范围/(m/s)	流体类别	常用流速范围/(m/s)
水及其他黏度较小的液体(0.1～1.0 MPa)	1.5～3.0	气体(0.1～2.0MPa)	8.0～15.0
水及其他黏度较小的液体(20.0～30.0 MPa)	3.0～4.0	饱和蒸汽	20.0～40.0
工业用水(自来水)	1.5	过热蒸汽	30.0～50.0
黏度较大的液体(如盐类溶液等)	0.5～1.0	低压空气	12.0～15.0
液体自流速度(冷凝液等)	0.5	高压空气	20.0～25.0

根据式(7-2-1)计算得到管子内径值后，就可以选择相近公称直径的管子，通常选取偏大的公称直径。工程实际中进行管道选择时一般按如下方式进行：

①对于满流且有压输送管道，可以根据管内流体在合理的流速、水头损失下，选择合理的管径；同时也要综合考虑投资与运行费用，一般大管径时投资大，但流体阻力小、输送设备的运行费用低，反之亦然。这个过程常常需要几经反复才能确定，为了避免反复计算以节省时间，可以采用查水力计算表的方法来解决。在长距离管道输送工程中存在经济流速，即在某个管内流速下，综合投资和运行费用最省。

②对于非满流或重力输送管道，特别是污水管道，因为有通风、排气等要求而使得水流不能充满管道流动，不同大小的管道有不同的充满度要求(有规范可查)；同时要综合考虑坡度、流速、流量以及与上下游管段的水平衔接等，也可以采用查表进行。

(2)管壁厚 δ 的计算

首先应根据流体的工艺条件确定管材，然后根据流体的压力和温度等参数来核算管壁厚 δ，最后按照标准规格来选定常用的管子规格。

对于中低压碳钢、合金钢管子，其壁厚 δ 可按下式核算

$$\delta=\frac{pD}{200[\sigma]\varphi+p}+C\ (\mathrm{mm}) \qquad (7-2-2)$$

式中 p——管内流体工作压力，MPa；

D——管子外径，mm；

φ——焊缝系数，无缝钢管 $\varphi=1$，直缝钢管 $\varphi=0.8$，螺旋缝焊接钢管 $\varphi=0.6$；

$[\sigma]$——管子的许用应力，MPa，参照相关手册查取；

C——管子壁厚附加量，mm；应包括管子的负公差、加工时的减薄量以及腐蚀裕量等。

工程实际中，对管道强度的核算在管道规格中有规范规定，有一定的耐压等级，就有一定的管壁厚度。

二、管件

管件是用来连接管子、改变管路方向或直径、接出支路和封闭管路的管路附件的总称，一种管件可以起到上述作用中的一个或多个。工业生产中的管件类型很多，都已经标准化，可以从有关手册中查取，在此仅略作罗列。

1. 铸铁类管件

铸铁管件主要有弯头、三通、四通和异径管等，使用时主要采用承插式连接、法兰连接和混合连接等。在给排水工程领域典型的有柔性接口球墨铸铁管件、排水用灰口铸铁管件、柔性抗震排水铸铁管件、卡箍式离心铸铁管件等 4 大类。

2. 金属管用特殊接头

主要包括可曲挠橡胶接头和弯头、松套伸缩接头、限位伸缩接头、传力接头、开式伸缩接头、填料函式伸缩接头、球型接头等。其他一些金属管用特殊接头还有管道快速堵漏装置、管道三通快速装置、柔性管接头、柔性补偿器、柔性过墙套管等。

3. 波纹管与波纹补偿器

根据材质，波纹管主要分为金属(不锈钢、碳钢)、非金属(塑料等)波纹管两大类，金属波纹管主要应用于补偿管线冷热变形、减震、吸收管线沉降变形等，塑料等其他材质波纹管在介质输送、电力穿线、机床、家电等领域有着不可替代的作用。

金属波纹管的制造是从选用原材料开始，经过管坯制造、波纹管成形、整形、热处理、表面处理、质量检验等主要工艺环节。从结构上来看，金属波纹管的坯料有带材和管材两种，都可以成型出环形波纹管和螺旋形波纹管。金属波纹管分为法兰式和接头式两大类，前者包括两端平焊法兰连接、一端平焊一端松套法兰连接、两端翻边松套法兰连接等规格，后者包括两端球头外套螺母连接、一端球头一端内锥接头连接、两端活接头连接等规格。奥氏体不锈钢材料制造的金属波纹管具有优良的柔软性、耐蚀性、耐高温性(－235～＋450℃)、耐高压性(最高为 32MPa)。

波纹补偿器通常也被称为膨胀节或伸缩节，由构成其工作主体的波纹管、端管、支架、法兰、导管等附件组成，主要用在各种管道中补偿管道的热位移、机械变形和吸收各种机械振动，起到降低管道变形应力和提高管道使用寿命的作用。波纹补偿器按照连接方式分为法兰连接和焊接两种，直埋管道补偿器一般采用焊接方式(地沟安装除外)。

三、阀门

阀门主要用于控制流体的通断，调节水量、水位和压力。阀门的种类很多，包括截止阀、闸阀、蝶阀、止回阀、底阀、球阀、柱塞阀、速闭阀、水力控制阀、闸门、可调式堰门、水锤消除设备等。按驱动方式可分为手动、电动、气压传动、液压传动、机械传动等。近年来，给排水用阀门的壳体材料都采用相当于 QT400－15 或 QT450－10 的材料。

1. 截止阀

截止阀是利用阀瓣沿着阀座通道的中心移动来控制管路启闭的一种闭路阀，适用于各种压力和温度，又称截门阀。按操作方式分为手动截止阀、液动角式截止阀、气动衬胶角式截止阀等。

2. 闸阀

闸阀是启闭件(闸板)由闸杆带动，沿阀座密封面做升降运动的阀门。闸阀适用于给排水、供热和蒸气管道系统作调流、切断和截流之用，介质为水、蒸汽和油类，按操作方式可分为手动和电动两种。典型类型有明(暗)杆楔式镶铜铸铁圆闸阀、明杆楔式镶铜铸铁方闸阀、明杆平行式单闸板闸阀、橡胶闸阀、平行双闸板闸阀、蜗轮传动暗杆楔式闸阀等。

Z44－10T型明杆楔式镶铜铸铁圆闸阀结构与外形尺寸如图7－2－1所示。

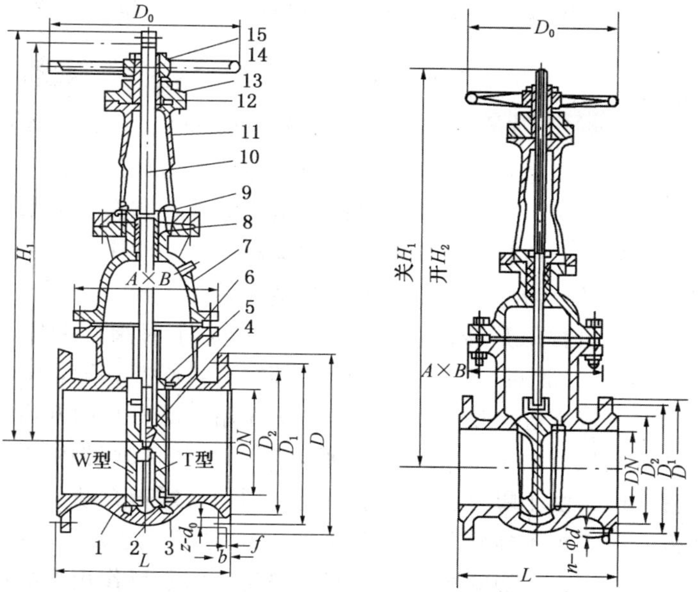

图7－2－1　Z44－10T型明杆楔式镶铜铸铁圆闸阀的结构与外形尺寸示意图

1—阀体；2—闸板密封圈；3—阀体密封圈；4—顶楔；5—闸板；6—垫片；7—阀盖；8—填料；9—填料压盖；10—阀杆；11—立柱；12—阀杆螺母；13—螺母轴承盖；14—手轮；15—螺母

3. 蝶阀

蝶阀结构简单、质量轻、体积小、开启迅速，可在任意位置安装，作为调节、截流和缓闭设备使用。使用时仅需改变阀座材质即可，适用于不同流体。蝶阀的主要分类如表7－2－2所示，可以按压力、流量、输送介质、温度、安装条件等不同的工况条件选用。

表7－2－2　蝶阀分类表

<table>
<tr><td rowspan="4">手动</td><td>直接搬动</td><td rowspan="6">结构</td><td rowspan="4">长结构</td><td rowspan="2">对夹式蝶阀</td><td rowspan="6">密封</td><td rowspan="4">软密封</td><td rowspan="2">对中密封型式</td></tr>
<tr><td>丝杠螺母传动</td></tr>
<tr><td>蜗轮蜗杆传动</td><td rowspan="2">法兰式蝶阀</td><td rowspan="2">单偏心密封型式</td></tr>
<tr><td>伞齿轮传动</td></tr>
<tr><td>电动</td><td>齿轮、蜗轮、减速</td><td rowspan="2">短结构</td><td>对夹式蝶阀</td><td rowspan="2">硬密封</td><td>双偏心密封型式</td></tr>
<tr><td>气动</td><td></td><td>法兰式蝶阀</td><td>三偏心密封型式</td></tr>
</table>

除对夹式蝶阀、法兰式蝶阀之外，还有伸缩蝶阀、蓄能器式液控缓闭蝶阀等。伸缩蝶阀是蝶阀与伸缩器集于一体，可轴向自由伸缩，补偿管路轴向伸缩及安装时的误差，替代蝶阀和伸缩节，便于安装、拆卸和维修，适合作为双向启闭及调节设备使用。蓄能器式液控缓闭蝶阀兼有阀门和止回阀双重功能，能按预设程序分快开和缓闭两个阶段进行关闭，以消除水锤，保护水泵机组和管网。

4. 止回阀和底阀

止回阀(Check Valve)的主要作用是防止液体或气体在管道中发生逆向流动、防止泵或驱动电机反转以及容器介质事故性泄放。当流体压力差超过特定值时，止回阀会自动打开，允许流体沿管道正常流动；而当流体压力降低到一定程度时，止回阀又会自动关闭，阻止流体逆向流动。又称逆止阀、单向阀、逆流阀和背压阀，一般分为旋启式、升降式、微阻缓闭碟式等类型。

旋启式止回阀由阀体、阀座、阀盖、阀瓣和铰链机构(销轴＋摇臂＋摇杆)等组成，阀瓣是一个与管道通径相当的圆盘，自由地靠在倾斜的阀座内表面上。流体正向流动时在流体压力作用下阀瓣打开，压力下降时阀瓣在自重和逆流流体的压力作用下关闭。升降式止回阀的阀瓣位于阀体上阀座的密封面上，除了阀瓣可以自由升降外，其余部分如同截止阀一样，流体压力使阀瓣从阀座密封面上抬起，介质回流导致阀瓣回落到阀座上，并切断流动。根据阀瓣的数目，旋启式止回阀可分为单瓣式、双瓣式和多瓣式等 3 种。

微阻缓闭碟式止回阀也称蝶形缓闭止回阀、蝶式缓冲止回阀，主要由阀体、阀座、阀盖、蝶板、平衡砣、阻尼缸(活塞＋微量调节阀等)等组成，阀座斜置，蝶板采用双偏心或三偏心设计。工作过程中，依靠进水口介质的流速水头作用，蝶板自动开启使介质通过。阀体内的压力水通过微量调节阀流进活塞组件的后腔，将活塞从活塞腔内推出。当水流停止时(或水泵突然停止运行时)，由于蝶板自重和水倒流作用，使蝶板自动关闭。但由于活塞处于推出位置，顶住蝶板，使蝶板不能将阀口全部关闭，还剩余一定的开度(如 20%左右)使水流通过，这就减弱了水锤压力。当蝶板压在活塞端部时，由于反作用力的产生，使活塞后腔的水阻止活塞退出，亦阻止蝶板关闭，这时只能通过微量调节阀缓缓流回而使蝶板徐徐关闭。蝶板分成快速和缓慢两步关闭，达到了既防逆又减弱水锤的作用。活塞伸出长短决定了蝶板的缓闭开度，缓闭开度大，水锤小，延长关闭时间；反之，缓闭开度小，会产生破坏性水锤。

底阀是一种安装在水泵水下吸管底端的阀门，目的是限制水泵管内液体返回水源，通常由阀底、阀瓣、阀盖、衬套、密封圈等组成。当水源的水从阀盖进入阀体时，在流体压力作用下阀瓣打开，允许水流入泵中；当泵停止后，出口管内的压力将阀瓣迅速关闭，阻止液体倒回水源，起到了既畅通抽水又节约水能损失的作用。

5. 活塞式调流调压阀

活塞式调流调压阀也被称为活塞式控制阀、活塞式多功能控制阀，主要由阀体、阀座、活塞、阀轴、曲柄、连杆、导轨(导向杆)、驱动销、驱动杆、轴承、手孔盖和操作机构等组成，阀内的流道为轴对称形，驱动方式为电机驱动。工作过程中，通过曲柄连杆机构将阀轴的转动转换为活塞沿导轨的轴向移动，在活塞轴向前后移动过程中，改变活塞与阀座间的流通面积而实现流量调节和压力控制。阀门的开度和流量呈线性，可以实现精确调节。

根据进水方式，活塞式调流调压阀可分为普通型和多喷孔型两大类。普通型的水流从轴向弧状进入，在出口处向轴心收缩，由于碰撞产生气蚀的气泡被限制在管道中央，而且完全被水包围。即使这些气泡失稳而破裂，因其在管道中央而且非管道和阀门壁面，故不产生任何汽蚀破坏。多喷孔型阀座上的小喷孔对称分布于阀座壁上，水流通过小喷孔后对撞于阀门中心线上，使径向流速急速降低，在阀座中央形成细小的紊流区，水内部的剧烈碰撞和摩擦消除了大部分能量。

6. 闸门、可调式堰门与启闭机

(1)闸门

闸门被广泛应用于管道口、交汇窨井、沉砂池、沉淀池、引水渠、泵站进口和潜水井等处，实现流量和液面控制，最大水头≤10m，主要适用单向受压止水。如图 7－2－2 所示，从外形上看有圆形闸门、方形或矩形闸门两种，基本上都由楔紧机构、门框(含导轨)、传动螺杆、吊耳、密封座、门板、吊块螺母等组成。门板、门框和导轨应按最大工作水头设计，其拉伸、压缩和剪切强度的安全系数不小于 5，门板的挠度应不大于构件长度的 1/1500；门板和门框的实际厚度应该在计算厚度上增加 2mm 的腐蚀裕量。门板和门框都应该整体铸造，闸孔在 ϕ400mm 及以上时门板应设置加强筋。导轨可用螺栓(螺钉)与门框相接，或与门框整体铸造。密封座应分别置于经机加工的门框和门板的相应位置上，用与密封座相同材料制作的沉头螺钉紧固，在启闭门板过程中不能有变形和松动，螺钉头部与密封座工作面一起精加工，其表面粗糙度不大于 3.2μm；闸门止水口材料可按用户要求分别为铸铁、铜、不锈钢等。在闸门两侧必须设置可调节的楔紧机构，楔紧副(楔块与楔块、楔块与偏心销等)两楔紧面的表面粗糙度不大于 3.2μm。门板的上端应设吊耳或吊块螺母，吊耳或吊块螺母的受力点应尽量靠近门板的重心垂线。应该防止吊块螺母在门板的螺母匣中转动，明杆式闸门的吊块螺母为普通螺纹，可用销钉或螺钉固定；暗杆式闸门的吊块螺母为梯形螺纹，与传动螺杆互为螺旋副。

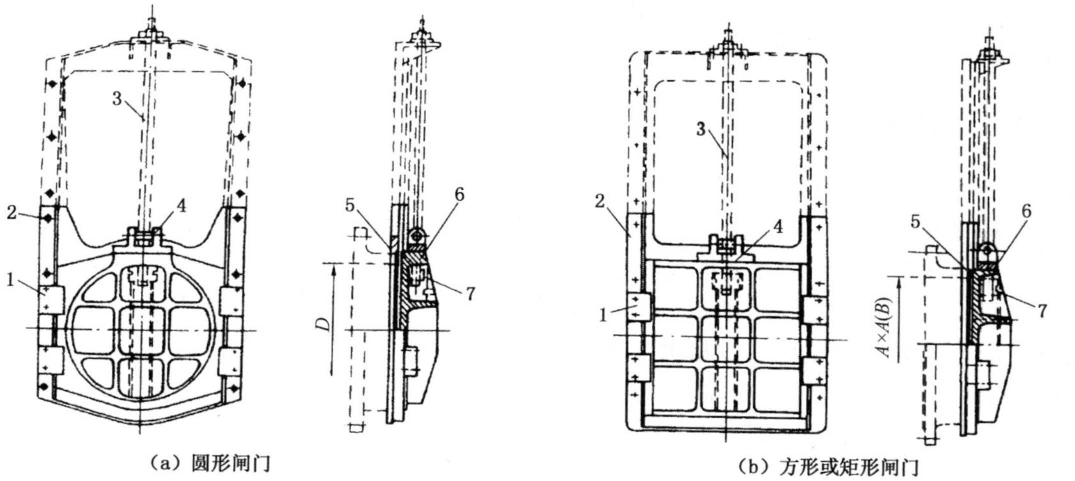

图 7－2－2　闸门的结构示意图

1—楔紧机构；2—门框(含导轨)；3—传动螺杆；4—吊耳；5—密封座；6—门板；7—吊块螺母

传动螺杆应按最大工作开启力和闭合力设计，其拉伸、压缩和剪切强度的安全系数不小于 5。闸门开启力和闭合力的计算方式如下

$$F_{启}=n\cdot(F+W_1+W_2) \tag{7-2-3}$$

$$F_{闭}=n\cdot(F-W_1-W_2) \tag{7-2-4}$$

式中　W_1——门体自重，t；

W_2——丝杆自重，t；

n——系数 1.1～1.3，闸门不经常操作时，取大值，反之取小值；

F——水压产生的阻力，$F=S\cdot h\cdot\mu\cdot p$(kgf)；

p——水的密度，1.0×10^3kg/m^3；

S——门板面积，m^2；

对于方闸门，$S=a\cdot b$，其中 a 为闸门宽，m；b 为闸门高，m；

对于圆闸门，$S=\pi \cdot D^2/4$，其中 D 为闸门通径，m；

h——闸孔中心至最高水位高度，m；

μ——密封面的摩擦系数，一般取 0.3。

(2)可调式堰门

可调式堰门适用于交替运行氧化沟的配水井、沉淀池等需要水位调节的场合，也可用于气浮池、隔油池及其他水利工程构筑物的配水、排水、控制水位，与启闭机配套使用，一般可分为单吊点可调式堰门和双吊点可调式堰门。可调式堰门工作与闸门相反，均为向下开启，门体提至最高处，则孔口关闭，如密封要求高，应采用镶铜面密封。

(3)启闭机

启闭机主要用来控制各类闸门、堰门的升降，从而实现启闭水道或调节流量的功能。一般分为手动和电动两种，当闸门或堰门宽高比值较大时，需采用双吊点启闭机。典型产品有手轮式螺杆启闭机、手摇式明杆启闭机、明杆式手电两用启闭机等。美国 Waterman Valve 公司提供电机驱动启闭机(Electric motor actuator)和全液压驱动启闭机，同时能够实现对渠道水位的自动控制。

除闸门、堰门外，与启闭机配套使用的还有排泥阀，在各类沉淀池中用于排放池底的沉淀物。

四、水处理管道工程设计

水处理管道工程是输送和分配工业给水和生活饮用水及收集、输送和排放工业废水、生活污水和雨水的管(渠)道系统工程，是水处理系统不可分割的重要部分，包括管(渠)道系统本身及管(渠)道系统上的各种构筑物工程(如泵站、蓄水池、管桥、闸门井、污水检查井、雨水口等)，工程投资占水处理系统工程总投资的大部分。水处理系统设计过程中需要遵循的现行相关标准规范包括《建筑给水排水与节水通用规范》(GB 55020)、《建筑给水排水设计标准》(GB 50015)、《建筑防火通用规范》(GB 55037)、《室外给水设计标准》(GB 50013)、《给水排水工程构筑物结构设计规范》(GB 50069)、《给水排水工程管道结构设计规范》(GB 50332)、《城市给水工程项目规范》(GB 55026)、《给水排水构筑物工程施工及验收规范》(GB 50141)、《给水排水管道工程施工及验收规范》(GB 50268)、《城市给水工程规划规范》(GB 50282)等。与此同时，还应根据具体情况，遵循《化学工业给水排水管道设计规范》(GB 50873)等现行标准规范要求。

1. 一般规定

①排水管道系统的划分应按水质分类，遵循清污分流、污污分流的原则，根据排水的水质、水量、水压及去向确定。下列污水宜设单独污水管道系统：a)与其他污水混合易发生沉淀、聚合或生成难生物降解物质的污水；b)含有较高浓度难生物降解和生物毒性物质，需进行针对性处理的污水；c)含酸、碱等腐蚀性介质的污水。

②独立的消防给水管道上严禁接出非消防用水管道，消防给水管道及其设施的设置应符合《建筑防火通用规范》(GB 55037)等现行标准规范要求。

③重力流排水管道的出水口受水体洪水或潮水水位顶托时，应设置防倒灌设施。

④压力输送管道宜进行水锤分析计算，当产生的水锤危及管道安全时，应采取削减水锤的措施。

2. 管道系统

①压力流管道的高点宜设排气阀，低点宜设放空阀。在压力流管道需要进行较大的压力调节时，应设置减压阀或安全阀。安全阀前不应设置阀门。

②水泵进、出水管宜设置阀门，出水管宜设置止回阀。当阀门连接装有伸缩节时，伸缩节应用限位螺栓固定。

③工业厂区给水总管与城市给水管道或工业园区给水管道相连时，应设置切断阀、流量计等设施。生活给水有可能造成回流污染时，在管道连接处应设置防倒流设施。给水管道系统阀门的设置应满足安全生产和检修要求，下列情况应设置阀门：a)由干管接至装置(单元)的管道上；b)两根及两根以上输水管道的分段处和连通处；c)穿越、跨越铁路或河流管道的上游侧；d)循环冷却水给水和回水管道在邻近装置区设置的连通管上。

④消防给水管道系统应设置压力监测仪表。

§7.3　常用风机的工作原理与选用

除了在大气污染控制工程中被广泛应用外，风机在水质工程领域也经常遇见，如加压溶气气浮、好氧活性污泥法工艺中的鼓风曝气等。风机的结构和工作原理与液体输送机械大体相同，但由于气体具有可压缩性，同时密度比液体小得多(约为液体密度的 1/1000 左右)，从而使气体输送具有不同于液体输送的一些特点。如表 7-3-1 所示，一般可根据所能产生的进、出口压强差或压强比(称为压比)，将风机分为通风机(Fan)、鼓风机(Blower)、压缩机(Compressor)、真空泵(Vacuum Pump)等几大类；根据结构和工作原理，风机又可分为离心式、往复式、旋转式和流体作用式等。

表 7-3-1　常用风机的分类列表

类型	出口压强	压比	用途
通风机	$\leqslant 1.47\times10^4$ Pa (表压)	1～1.15	通风换气
鼓风机	$(1.47\sim29.4)\times10^4$ Pa (表压)	< 4	送气(如好氧曝气)
压缩机	$>29.4\times10^4$ Pa (表压)	> 4	造成高压
真空泵	1 个大气压	压缩比由真空度决定	用于减压(如臭味收集、加氯间安保)

一、通风机

通风机广泛应用于设备及环境的通风、排尘和冷却等，按照气体流动的方向可分为离心式、轴流式、斜流式和横流式等类型。

1. 离心式通风机

离心式通风机(Centrifugal fans)的结构和工作原理与离心泵类似，主要由叶轮和机壳组成。工作过程中，叶轮在蜗形机壳内旋转，气体经吸气口从叶轮中心处吸入，由于叶轮对气体的动力作用，气体压力和速度得以升高，并在离心力作用下沿着叶道甩向机壳，从排气口排出。因气体在叶轮内的流动主要发生在径向平面内，故又称径流式通风机。小型离心式通风机的叶轮直接装在电动机输出轴上，中、大型离心式通风机通过联轴器或皮带轮与电动机输出轴连接。离心式通风机一般为单侧进气，用单级叶轮(单吸式)；流量大时可双侧进气，采用两个背靠背的叶轮(双吸式)。

叶轮是离心式通风机的主要部件，其几何形状、尺寸、叶片数目和制造精度对性能有很大影响。按叶片出口方向的不同，叶轮分为前向、径向和后向三种。前向叶轮的叶片顶部向叶轮旋转方向倾斜；径向叶轮的叶片顶部沿径向方向，又分直叶片式和曲线型叶片；后向叶轮的叶片顶部向叶轮旋转的反方向倾斜。前向叶轮产生的压力最大，在流量和转数一定时所需的叶轮直径最小，但效率一般较低；后向叶轮产生的压力最小，所需叶轮直径最大，但效率一般较高；径向叶轮介于前向叶轮和后向叶轮之间。叶片的型线以直叶片最简单，机翼型叶片最复杂。为了使叶片表面有合适的速度分布，一般采用曲线型叶片，如等厚度圆弧叶片。叶轮通常都带有盖盘，以增加叶轮的强度，减少叶片与机壳间的气体泄漏。叶片与盖盘之间的连接采用焊接或铆接，焊接叶轮的质量较轻，流道光滑。低、中压小型离心式通风机的叶轮也可采用铝合金铸造，加工成型后必须经过静平衡和动平衡校正，以保证通风机平稳转动。

与轴流式通风机相比，离心式通风机具有风量小、风压大的特点，前者的风压约为 9.8×10^{-3}MPa，后者的风压则可达到 0.2MPa；在安装上，轴流式通风机的叶轮多为裸露安装，离心式通风机的叶轮多采用封闭安装。

2. 轴流式通风机

轴流式通风机(Axial fans)一般由集流器、带螺旋桨式叶片的叶轮、圆筒型机壳和机轴等构成，大型轴流式通风机还设有整流罩、导流叶片(简称“导叶”，包括前导叶和后导叶)、尾部导流器和扩散筒等，主要零件大都采用钢板焊接或铆接而成。工作过程中，电动机驱动叶轮在圆筒型机壳内旋转，气体从集流器进入，通过叶轮获得能量，提高压力和速度，然后沿轴向排出。由于气体进入和离开叶轮都沿轴线方向，故称为轴流式通风机。叶轮均匀布置在轮毂上，数目一般为 2～24。叶轮越多，风压越高；叶片安装角一般为 10°～45°，安装角越大，风量和风压越大。

轴流式通风机具有风量大、风压低的特点，被广泛应用于作业厂房、物流仓储、办公会议、住宅商业等场所的通风换气。有立式、卧式和倾斜式三种布置形式，小型叶轮的直径只有 ϕ100mm 左右，大型叶轮的直径可达 ϕ20m 以上。

3. 通风机的主要性能参数

通风机的主要性能参数有风量(流量)、风压(压头)、功率、效率和转速，噪声和振动大小也是重要的性能衡量指标。

(1)风量

风量是指单位时间内从通风机出口所排出的气体体积，并以通风机进口处的气体状态计，以 Q 表示，单位为 m^3/h。

(2)风压

风压是指单位体积气体经过通风机所获得的能量，以 H_T 表示，其单位为 $J/m^3=N/m^2=Pa$，与压强单位相同。

以离心式通风机为例，由于气体通过风机的压强变化较小，可视为不可压缩，故可以用离心泵基本方程来分析离心式通风机的性能。如取 $1m^3$ 气体为基准，在风机进、出口截面 1－1 及 2－2 间列伯努利方程，可得离心式通风机的风压为

$$H_T=\rho gh=(Z_2-Z_1)\rho g+(p_2-p_1)+\frac{u_2^2-u_1^2}{2}\rho+\rho\sum h_{f1-2} \quad (7-3-1)$$

上式中，$(Z_2-Z_1)\rho g$ 值比较小，可以忽略；风机进、出口之间的管段很短，故 $\rho\sum h_{f1-2}$ 可以忽略；当空气直接由大气进入风机时，u_1 也可忽略。则上式可简化为

$$H_T=(p_2-p_1)+\frac{u_2^2}{2}\rho \quad (7-3-2)$$

从上式可以看出，离心式通风机的风压由两部分组成：习惯上将(p_2-p_1)称为静风压，将 $\rho u_2^2/2$ 称为动风压。离心泵中泵进、出口处的动能差很小，可以忽略动风压；但离心式通风机中气体出口的速度很大，故不能忽略动风压。因此，离心式通风机的性能参数比离心泵多了一个动风压，其风压为静风压与动风压之和，又称全风压。

通风机性能表上所列的风压是以空气作为介质，在 20℃、101.3kPa 条件下测得，当实际输送介质或输送条件与上述条件不同时，应按下式进行校正，即

$$H_T=H_T'\frac{\rho}{\rho'}=H_T'\frac{1.2}{\rho'} \quad (7-3-3)$$

式中　H_T、ρ——分别为实验条件下的风压及空气的密度；

H_T'、ρ'——分别为操作条件下的风压及被输送气体的密度。

(3)功率与效率

通风机的输入功率即轴功率 N，可由下式计算

$$N=\frac{H_TQ}{1000\eta}\ (\mathrm{kW}) \quad (7-3-4)$$

式中　Q——通风机的风量，m^3/s；

η——通风机的效率，由全风压定出，因此也叫全压效率，其值可达 90%。

4. 通风机的选用

①确定通风机类型。根据被输送气体的性质及所需的风压范围确定通风机类型，例如被输送气体是否清洁、是否处于高温环境、是否易燃易爆等。

②确定风量。风量变化时应以最大值为准，可以增加一定的裕量(5%～10%)，并以风机的进口状态计。

③确定完成输送任务需要的实际风压。根据管路条件及伯努利方程，确定需要的实际风压，并换算为通风机在实验条件下的风压。

④根据实际风量与实验风压在相应类型系列中选取合适型号。选用时要使所选通风机的风量与风压稍大于任务实际需要。如果借助系列特性曲线(选择曲线)来选，要使(Q，H_T)点落在风机的 $Q-H_T$ 线以下，并处在高效区。

通风机的发展趋势包括：a)进一步提高气动效率和设备使用效率，以降低电能消耗；b)用动叶可调的轴流式通风机代替大型离心式通风机；c)降低通风机噪声；d)提高排烟、排尘通风机叶轮和机壳的耐磨性；e)实现变转速调节和自动化、智能化调节。

二、鼓风机

迄今国内外污水处理工程中使用最普及、运行数量最多、最成熟的工艺当推好氧活性污泥法，曝气鼓风机是水下曝气器曝气系统的核心设备之一，充当含氧气体增压输送设备。在市政污水处理中，鼓风机风量与污水处理量(容积)的气水比一般为 3～10，在我国通常为

6.7～7；在工业污水处理中，由于污水浓度相对较高，气水比可高达35。更为重要的是，由于通常很难保证污水处理量(负荷)和所需溶解氧(DO)浓度不发生变化，因此，不仅要求鼓风机在恒定压力条件下能够自动调节所输送的风量，而且要求调节范围广、调节效率高，以实现减污降碳协同增效。鼓风机的选用直接影响到污水处理厂的建设投资成本、运行管理费用乃至社会经济效益，常用的鼓风机主要包括容积式鼓风机(Rotary Volumetric Blower)、离心式鼓风机(Centrifugal Blower)、轴流式鼓风机(Axial Flow Blower)等。

1. 容积式鼓风机

容积式鼓风机是利用一对或几个特殊形状的回转体(齿轮、螺杆、刮板或其他形状的转子)在壳体内做旋转运动，完成气体输送或提高其压力的一种流体机械，能与高速原动机直接相连，具有结构简单、紧凑、安全可靠等优点。目前主要有罗茨鼓风机、螺杆鼓风机和叶氏鼓风机三类，特点是排气量不随阻力大小而改变，特别适用于要求风量保持稳定的场合。

(1)罗茨鼓风机

罗茨鼓风机利用一对转子在气缸内转动来压缩和输送气体，转子在机体内通过同步齿轮的作用实现反向等速转动，被抽气体从进气口吸入到转子与机壳之间的空间内，再经排气口排出。由于吸气后空间是全封闭状态，所以在机壳内气体没有压缩和膨胀；但当转子顶部转过排气口边缘，吸气后空间与排气侧相通时，由于排气侧气体压强较高，会有一部分气体返冲，使气体压强突然增高；当转子继续转动时，气体排出机壳外，达到鼓风的目的。根据转子形状的不同，罗茨鼓风机分为两叶式和三叶式两种，两叶式的叶轮旋转一周，进行两次吸、排气。如图7-3-1所示，三叶式的叶轮转动一周进行三次吸、排气，机壳采用螺旋线型结构，与两叶式相比，具有气流脉动变少、负荷变化小、噪声低、振动小、故障率低等优点。

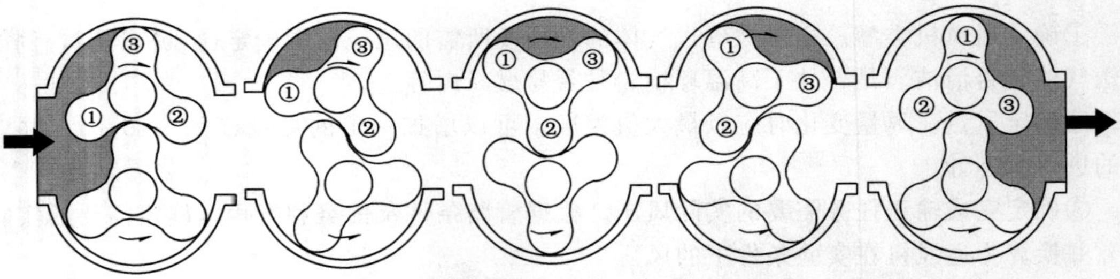

图7-3-1　三叶式罗茨鼓风机的结构及其工作过程示意图

罗茨鼓风机属于正位移型容积式风机，输出的风量与转速成正比，而与出口压力无关，故应用在要求风量保持稳定而工作阻力变动幅度较大的场合。罗茨鼓风机的风量范围为2～500m^3/min，出口表压力在80×10^3Pa以内，但在表压40×10^3Pa附近效率较高；出口压力太高，泄漏量增加，效率降低。罗茨鼓风机的出口应安装气体稳压罐与安全阀，出口阀不能完全关闭。操作温度不超过85℃，否则会引起转子受热膨胀，发生碰撞。虽然罗茨鼓风机结构简单、制造方便、易于控制和维护、与离心式鼓风机相比价格低，但存在噪声大、润滑油易向气缸渗漏等缺点。此外，罗茨鼓风机运行过程中的风量调节只能采用调节转速法和旁路放风阀法，前者效率较低，后者则造成能量浪费。在国外污水处理工程中，罗茨鼓风机目前基本上处于被淘汰的状况。

叶氏鼓风机由罗茨鼓风机演变而来，工作压力高于罗茨鼓风机，但构造比较复杂，主要由长圆筒形机壳、两个转子以及两根平行轴等组成。叶氏鼓风机两个转子(鼓风翼、阻风翼)的结构完全不同，鼓风翼装在主动轴上，与电动机相连；阻风翼装在从动轴上，两根平行轴的两端装有式样完全相同的两个活动齿轮，主动轴通过齿轮带动从动轴转动。电动机带动鼓风翼旋转，鼓风翼叶片之间的气体也跟着旋转，并在离心力作用下甩出这些气体，气体流速增大，使气体在流动中把动能转换为静压能，然后随着流体的增压，使静压能又转换为速度能，通过排气口排出气体。在此过程中叶轮中间形成一定的负压，由于入口呈负压，使外界气体在大气压作用下立即补入，在叶轮连续旋转作用下不断排出和补入气体，从而达到连续鼓风的目的。

(2)螺杆鼓风机

螺杆鼓风机一般主要由外罩、螺杆主机、电动机、空气过滤器、消音器、油泵油箱以及油滤等部分构成，可以根据客户要求去掉外罩、改为无油系统。螺杆主机作为核心部件，其结构直接决定了工作性能的优劣，主要由机壳、螺杆转子、齿轮箱、轴承、轴封等构成。两根平行的阴阳螺杆转子在“∞”形机壳气缸中相互啮合形成工作容积，通过同步齿轮，螺杆转子做反向高速转动。随着螺杆转子转动，工作容积大小发生周期性变化，在气体输送过程中同时实现气体的压缩。螺杆式鼓风机的工作循环可分为吸气、压缩和排气三个过程。①吸气过程：气体经吸气口进入转子齿间容积，随着转子的转动，齿间容积不断扩大，当齿间容积达到最大时，齿间容积与吸气口断开，吸气过程结束，吸气结束后转子继续转动；②压缩过程：呈螺旋形的螺杆转子在转动过程中，齿间容积产生由大到小的周期性变化，对容积内的气体产生压缩，气体压力上升；③排气过程：齿间容积与排气口连通后，排气过程开始。转子转动过程中，齿间容积不断减小，将压缩后的气体送至排气管。此过程一直延续到该容积达到最小值为止。螺杆鼓风机在腔体内气体输送过程中实现了内压缩，只有非常有限的能量转化为热量，因此可以显著降低能耗，比罗茨鼓风机节能高达30%；由于气体输送压缩过程为连续渐进式，因此气流脉动水平更低，排气噪声、温度控制等均要优于罗茨鼓风机。

2. 传统齿轮增速型离心式鼓风机

(1)基本结构与工作原理

离心式鼓风机又称透平鼓风机，其主要结构和工作原理与离心式通风机类似，根据叶轮数量和运行转速可分为多级低速、单级高速等类型。在多级离心式鼓风机中，用回流器使气流进入下一叶轮，产生更高压力。在单级离心式鼓风机中，气体从轴向进入叶轮，并在流经叶轮时改变成径向，然后进入扩压器。在扩压器中，气体改变流动方向造成减速，这种减速作用将动能转换为压力能。由于离心式鼓风机依靠提高空气的流动速度(即空气动能)来压缩空气提高压力，所以要获得同样的压力，单级离心式鼓风机的叶轮必须要比多级离心式鼓风机的转速高数十倍，通常情况下多级离心式鼓风机的转速只有每分钟数千转，而单级离心式鼓风机的转速可以高达每分钟万转以上。

多级低速离心式鼓风机因具有噪声较低、运行较平稳、供气均匀、效率较高等优点，20世纪80年代以来在国外污水处理工程中取代了罗茨鼓风机，但仍然存在体积大、质量重、流量调节性能差、效率不高、能耗大和维护不方便等缺点，因此90年代又推出了单级高速离心式鼓风机。由于单级高速离心式鼓风机在设计上采用三元流动理论，转速高达30000r/min，效率高达82%以上，远优于多级低速离心式鼓风机；在结构上采用轴向进气导叶调节机构，使得恒定压力下的风量调节范围为额定风量的65%～105%，在低负荷条件下也有较高的运行效率；采用组装式整体结构，电动机和鼓风机安装在共用底座上，润滑油系统紧凑安装在机组底座内，与相同风量和压力的多级低速离心式鼓风机比，重量大约减轻70%，占地面积大约减小50%。由于采用三元流动叶轮，比普通二元流动叶轮的直径要小30%～40%，故转子转动惯量小，机组启动和停车时间短，无需高位油箱和蓄能器。由于单级高速离心式鼓风机具有体积小、重量轻、效率高、节约能源、性能调节范围广和自动化水平高等特点，在国外已取代多级低速离心式鼓风机而得到了广泛应用，成为目前污水处理行业曝气鼓风机的主流产品。

(2)HV Turbo™ 单级高速离心式鼓风机

目前，我国污水处理行业在用的单级高速离心式鼓风机大多属于进口，国外代表性生产厂家有英国豪顿(Howden)集团、美国英格索兰(Ingersoll Rand)和日本川崎重工(Kawasaki Heavy Industries)株式会社等。沈阳鼓风机厂(现沈鼓集团股份有限公司)1995年引进日本川崎重工的单级高速离心式鼓风机技术，2000年后杭州制氧机厂(现杭氧集团股份有限公司)、陕西鼓风机(集团)有限公司、重庆通用工业(集团)有限责任公司等单位自主研发了单级高速离心式鼓风机，但自主生产及引进技术生产鼓风机的流量调节都仅仅采用进口可调导叶(Inlet Guide Vane，IGV)控制，高效工况区不如进口设备宽。由于原丹麦HV Turbo公司的单级高速离心式鼓风机在全球污水处理行业所占份额最大，这里重点对其进行介绍。

原丹麦HV Turbo公司20世纪50年代初开始致力于研发生产涡轮机械设备，1970年推出进口可调导叶(Inlet Guide Vane，IGV)系统，通过调整变化进口导叶的方向，实现气体流量在45%～100%之间随意调节。20世纪80年代初，HV Turbo公司又将进口可调导叶(IGV)系统与出口可调导叶(Variable Diffuser Vane，VDV)系统相结合，使HV Turbo™透平风机的工作效率大幅提高，甚至能在超出设计范围的工况下高效运转。英国豪顿(Howden)集团2015年收购Roots™旋转风机(包括康纳斯维尔工厂)，2017年通过收购德国西门子透平机械设备公司而拥有Turblex™、HV Turbo™和Kühnle、Kopp & Kausch™等透平风机品牌，2021年收购美国史宾沙透平(Spencer Turbine)公司。2023年5月，美国Chart Industries(查特工业)宣布完成对豪顿(Howden)集团的收购案。HV Turbo™透平风机目前有KA2、KA5、KA10、KA22、KA44、KA80、KA100等7种型号，流量范围为1000～125000m3/h、压差达2.5bar(采用双级设计时可达4.0bar)；叶轮直接安装在电动机输出轴上，采用变频驱动。其中，KA10小型鼓风机的进口流量范围为6000～17000Nm^3/h、压差为0.4～1.9bar，KA22V－GL315硫回收装置特殊应用鼓风机的恒定流量为19190m^3/h、压差达0.91bar，KA10SV－GL285烟气脱硫特殊应用鼓风机的进口流量为11300m^3/h、压差为2.56bar，大型鼓风机的进口流量范围为40000～80000Nm^3/h、压差为0.4～1.5bar。

KA系列单级高速离心式鼓风机主要由电动机、齿轮箱、鼓风机、就地控制柜(LCP)、线性驱动器、机座、入口消声器、入口过滤器等组成，鼓风机和齿轮箱为标准设计、整体集成的垂直剖分结构，高速轴在主动轴上方，结构紧凑、易于维修。结合图7－3－2，该系列单级高速离心式鼓风机的主要特点如下：①鼓风机内所有过流部件都经过了空气动力学优化设计，使湍流影响降到最低，使气流在鼓风机内部通畅流动；②在叶轮进口处安装了13～24片同心且呈放射状排列分布的非对称翼型进口导叶，形成进口可调导叶系统，使叶轮入口的空气连续、自动得到预旋转，以最佳的角度进入叶轮，这样可以调整鼓风机的压力，并且可以根据运行条件变化(如进口温度、出口压力等)来优化效率，降低能耗；③核心部件叶轮采用后倾式叶片设计，由一整块高强度的锻造铝合金加工而成，并且实现了重量强度比的最优化，使用CFD数值模拟软件对半开式三维叶轮进行定制化设计，从而完全匹配实际运行要求，叶轮的设计还充分参考了由数千台已销售整机全性能测试数据记录和有限元分析结果组成的数据档案库；④在叶轮出口处安装了17～20片同心且呈放射状排列分布的非对称翼型，形成出口可调导叶系统，通过调整导叶的角度改变导叶间的过流面积，从而达到改变流量的目的，同时确保鼓风机始终保持最佳效率；⑤进口带有消声器，根据用户的需求还可配备标准隔音罩，由于没有压力脉冲，运转噪声低于75dB(A)；⑥进口可调导叶系统和出口可调导叶系统组成了双点控制系统(Dual - Point - Control™)，确保鼓风机即使在偏离设计工况的条件下也能够高效运行，同时能够根据进口温度、出口压力或流量等参数的变化调节优化运行状态。

(a)进口可调导叶系统

(b)半开式叶轮及其周围的出口可调导叶系统

图7-3-2　KA系列单级高速离心式鼓风机的核心部件外形图

KA系列单级高速离心式鼓风机的运行范围如图7-3-3所示。为使设备长时间无故障运行，控制系统主要是专门设计的就地控制柜(LCP)和主控制柜(MCP)，MCP包括微处理器、电子线路、触摸式控制面板、控制柜和多头接线端子等，由屏蔽电缆与各个LCP相连。LCP通常直接安装在鼓风机基座上或隔音罩外边，可以配置多种可编程控制器(PLC)，通过某种传输总线协议，接受或发送鼓风机的运行数据和操作指令到DCS/SCADA。LCP还一并监管如下附属设备：①放空阀的驱动器；②润滑油泵的驱动电机；③空冷式油冷却器的风扇电机；④出口导叶的伺服控制电机(如有)；⑤进口导叶的伺服控制电机(如有)。实际工作过程中，LCP的PLC可根据如下情况停止设备运行：①润滑油压力过低；②润滑油温度过高；③空气入口温度过高；④喘振；⑤电动机绕组温度过高。在鼓风机调试期间，LCP可以用来测试鼓风机不同附属设备的功能。MCP采用高效级联控制原理，用来自动控制由2～15台KA系列单级高速离心式鼓风机组成的鼓风机系统，通过控制鼓风机开启的台数以及可调导叶角度，连续稳定地提供所需的空气量。

3. 磁悬浮或空气悬浮单级离心式鼓风机

单级高速离心式鼓风机的发展方向是采用磁悬浮、空气悬浮等新型传动支撑技术代替原来的机械齿轮箱式传动支撑技术，从而改变常规的齿轮箱、联轴器、冷却系统和润滑油系统等，大幅提升产品的技术性能和运行可靠性。

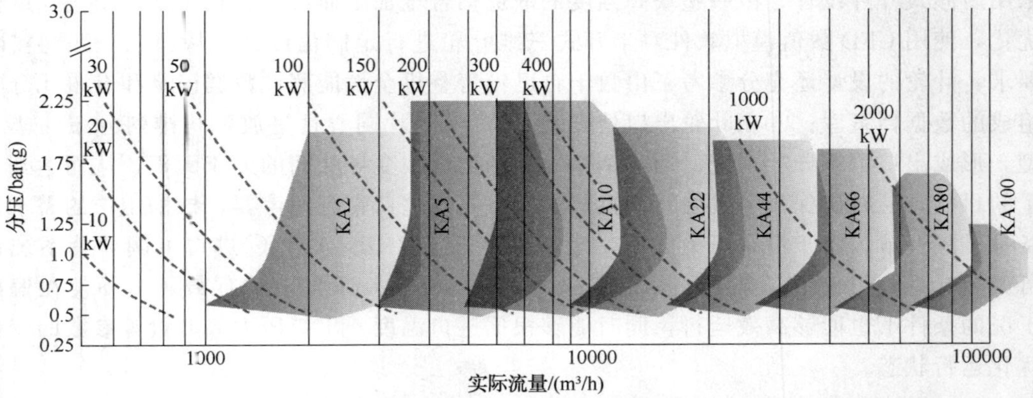

图 7-3-3　KA 系列单级高速离心式鼓风机的实际流量与压差关系曲线(1.013bar，20℃，相对湿度 60%)

(1)磁悬浮

磁悬浮传动支撑技术的核心是磁悬浮轴承和永磁电机，磁悬浮轴承利用常导磁吸原理，通过电磁吸力来实现转轴悬浮、高速稳定、无摩擦运转。磁悬浮单级高速离心式鼓风机的电动机与叶轮直联，采用变频器调速调节风量，不仅比旁路放风阀法节能，而且风量调节范围广泛，一般为 45%～100%。所有部件(高速电动机、变频器、磁悬浮轴承)都集成安装在普通底座上，无需特殊固定基础，设备体积小、重量轻、安装操作方便，运行时噪声在 80dB(A)以下，无振动。目前，德国 Piller(琵乐)鼓风机和压缩机公司、日本川崎重工株式会社、瑞士苏尔寿(Sulzer)、瑞典 Atlas Copco(阿特拉斯·科普柯)集团、美国 Gardner Denver(格南登福)、英国豪顿集团等都生产销售磁悬浮单级高速离心式鼓风机。豪顿集团推出的 EasyAir™ Turbo 全集成、结构紧凑、即插即用型单级高速离心式鼓风机结合了领先的空气动力技术、磁悬浮轴承和永磁电机技术；瑞典斯凯孚(SKF)集团为德国曼柴油机与透平(MAN Diesel & Turbo)公司提供了 S2M 磁悬浮轴承和一套远程磁悬浮轴承控制系统，用于挪威近海 Åsgard 气田全球首套海底天然气压缩系统。

(2)空气悬浮

空气悬浮与磁悬浮的显著区别就是采用空气(气膜)轴承(Air Foil Bearing)代替磁悬浮轴承。韩国 TurboMAX(拓博麦克斯)公司是全球主要空气悬浮鼓风机制造商之一，采用三大突破性核心专利技术——永磁无刷高速同步电机、空气悬浮轴承及空气冷却技术，大幅提高了产品的技术性能及运行可靠性，缩小了设备的外形尺寸。TurboMAX 空气悬浮单级离心式鼓风机的结构特点包括：①永磁无刷高速同步电机的转速为 10000～200000r/min，效率达 97%，电动机与叶轮直接相连，动力传输效率可达 100%，且永磁无刷高速同步电机配以高性能实时数字控制器构成调速机构。②空气悬浮轴承主要包括径向轴承及止推轴等部件，启动时回转轴与轴承之间相对运动形成了流体动压润滑效应，气膜具有压力和承载能力，使回转轴在轴承孔内处于悬浮状态，达到回转自如的目的，能量损耗低，效率高。③每型叶轮都经过三维流场 CFD 数值模拟，通过反映并提供宽风量 TDR(Turn-down Ratio 调气比)的设计，可实现 40%～100%的宽阔运行区域；叶轮采用铝合金(AL7075)材料五轴数控加工而成，与铸造成型叶轮相比具有无内部缺陷、密度均一、平衡性优秀等特点；叶轮表面进行阳极氧化(Anodizing)处理，同时具备与不锈钢铸造品媲美的耐腐蚀性和耐药品性。④采用空气自冷却技术，空气流道设计合理而巧妙，并配套设计有电机散热翼翅，200hp 以上大机型设有冷媒内循环系统，无需另设冷却风扇或补充水，确保在炎热的夏天仍能保持可靠的工作性能。⑤采用智能变频驱动(VFD)调节旋转次数或扭矩，直接调节风量或风压，可选择定风量运行模式(Auto Flow Mode)、定功率运行模式(Auto Power Mode)、正转速运行模式(Auto RPM Mode)、比例运行模式(Proportional Mode)、定压力运行模式(Auto Pressure Mode)、定溶解氧运行模式(DO - Link Mode)等 6 种控制方式，可以就地控制，也可以实施远程控制。TurboMAX 空气悬浮单级高速离心式鼓风机的主要性能特点包括：①高效节能，与罗茨鼓风机相比可节能 25%～35%，与传统多级离心式鼓风机相比可节能约 15%～20%，与传统单级高速离心式鼓风机相比可节能约 10%～15%；②高速直联电动机避免了复杂的传动齿轮箱、油润滑轴承，有效避免了机械接触和摩擦，无振动、低噪声，距离鼓风机 1m 处的噪声小于 80dB(A)；③采用空气悬浮轴承简化了系统组成且排出的空气里不含油分，避免了二次污染。TurboMAX 空气悬浮单级离心式鼓风机 2004 年开始进入中国市场，目前已经得到广泛应用，大韩悬浮科技集团有限公司(KOREA TURBO INC)、美国 APG - Neuros、德国艾珍(Aerzener Maschinenfabrik)等也生产销售空气悬浮单级高速离心式鼓风机。

4. 轴流式鼓风机

随着建设规模的日益扩大，也有污水处理工程采用轴流式鼓风机进行鼓风曝气。瑞士苏尔寿(Sulzer)早期生产轴流式曝气鼓风机的流量范围为 1800～6000m^3/min，压比可达 2，采用 5～15 级轮毂叶片适应不同压比的需要；英国豪顿(Howden)集团的轴流式曝气鼓风机也有用于污水处理厂的记录。轴流式风机的新发展是具备更低的叶片密度(6 个叶片而不是 12 个)、可变节距(风机怠机时可以对叶片角度进行调整)以及多级轮毂叶片，提高风机性能和选择灵活性。目前，豪顿集团的 VARIAX® 动叶可调轴流风机通过伺服机构来调节叶片角度，同时通过油循环冷却轮毂，风压最高可达 30000Pa，送风能力最大可达 1600m^3/s。

国内方面，陕西鼓风机(集团)有限公司 1979 年全面引进瑞士苏尔寿(Sulzer)轴流式鼓风机的设计、制造技术，然后逐步实现国产化，推出的轴流式鼓风机能够根据水中溶解氧(DO)浓度的要求随时调节静叶角度，风量调节范围为 50%～100%，且效率无明显下降，风压调节满足升降式曝气的要求。目前，陕鼓集团更为关注技术挑战性强的轴流式压缩机市场，产品分为 AV(静叶可调型)和 A(静叶固定型)两大系列，每个系列按转子轮毂直径划分若干型号，级数为 2～22 级，压比范围 1.2～9，已在我国航空航天连续式跨声速风洞试验、冶金特大型高炉、催化裂化、大型空分、制药、硫黄制酸、远程气体输送、压缩储能等领域得到应用。陕鼓集团 AV140 超大型轴流式压缩机组的运行风量和压比堪称全球工业用轴流式压缩机领域之最，机组总重量达 400 多吨，核心部件空心转子长度近 11m、重量近 70t、转子内径为 $\phi1.4m$。新型高效叶型和空心转子的全新设计开发，确保了装置整体运行更加稳定和高效节能。

此外需要指出的是，对于火力发电厂石灰石-石膏湿法烟气脱硫工程而言，合理选择烟气系统“引风机＋增压风机”的匹配方案和相应配置参数、合理选择氧化风机的性能参数，对于安全稳定运行和节能减排非常重要。

三、压缩机

环境污染控制工程领域中所用的压缩机主要有往复式、离心式、轴流式等几大类。离心式、轴流式风机的结构和作用原理前面已经述及，这里着重介绍往复式压缩机。

1. 往复式压缩机的结构与工作原理

往复式压缩机的结构主要由气缸、活塞、曲轴连杆、吸/排气阀、润滑系统等组成。气缸通常采用铸铁材质，内壁经硬质合金喷涂或镶嵌衬套，具有优良的耐磨性和密封性；活塞带有压缩环和油环，材质多为铝合金，表面经阳极氧化或喷涂处理；曲轴连杆采用球墨铸铁或锻钢材质，经淬火和磨削加工，保证强度和刚度；吸排气阀多为簧片阀或蝶阀，通过弹簧实现自动开启和关闭；润滑系统设有机油泵和油道，为运动部件提供充分的润滑和冷却。工作过程中，活塞由曲轴连杆驱动，工作原理与往复泵相似，通过活塞的往复运动对气体做功，但由于气体进出压缩机的过程完全是一个热力学过程，因此与往复泵存在不同。另外，由于气体本身没有润滑作用，因此必须使用润滑油以保持良好润滑；为及时除去压缩过程中产生的热量，缸外必须设冷却水夹套，阀门要灵活、紧凑和严密。

(1)理想(无余隙)工作循环

以图 7-3-4 所示的单缸单作用往复式压缩机为例，假设被压缩气体为理想气体，气流经阀门无阻力、无泄漏、无余隙(排气终了时活塞与气缸端面之间没有空隙)等，则单缸单作用往复式压缩机的理想工作循环包含压缩、恒压排气、恒压吸气等 3 个阶段，分别对应图中的曲线 1-2、水平线 2-3 和水平线 4-1。

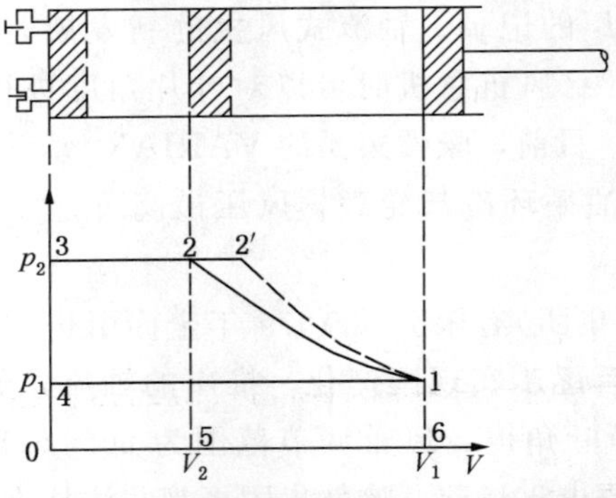

图 7-3-4 往复式压缩机的理想工作循环

(2)实际(有余隙)工作循环

为防止活塞与气缸碰撞，在轴向上往往存在余隙，排气结束时余隙中必然会残存少量高压气体。因此，往复式压缩机的实际工作过程往往分为图 7-3-5 所示的 4 个阶段(比理想工作循环多了膨胀阶段)，活塞从最右侧向左运动，完成压缩阶段及排气阶段后，达到气缸最左端，当活塞从左向右运动时，因有余隙存在，进行的不再是吸气阶段而是膨胀阶段，即余隙内压力为 p_2 的高压气体因体积增加而压力下降，如图中曲线 3-4 所示；直至其压力降至吸入气压 p_1(图中点 4)，吸入阀打开，在恒定的压力下进行吸气过程；当活塞回复到气缸的最右端截面(图中点 1)时，完成一个工作循环。

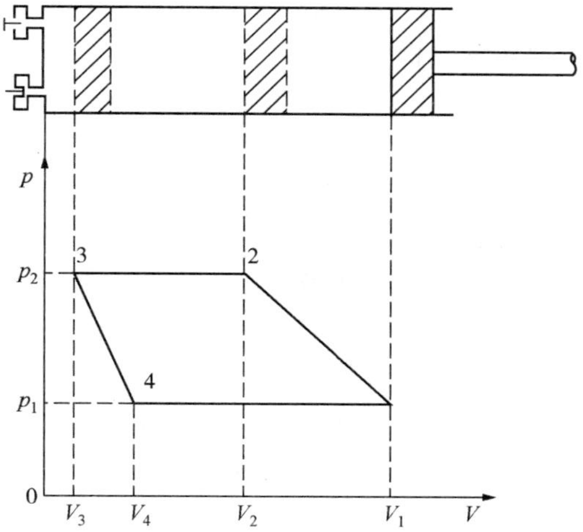

图 7-3-5　往复式压缩机的实际工作循环

在每一循环中，尽管活塞在气缸内扫过的体积为(V_1-V_2)，但一个循环所能吸入的气体体积为(V_1-V_4)。同理想循环相比，余隙内气体的压缩和膨胀循环不但对工作过程无益，而且还使吸入气量减少，动力消耗增加，所以应尽可能减少压缩机的余隙。

余隙体积V_3占据活塞推进一次所扫过体积(V_1-V_3)的分率，称为余隙系数，用符号ε表示，即

$$\varepsilon=\frac{V_3}{V_1-V_3} \tag{7-3-5}$$

一般大、中型往复式压缩机低压气缸的余隙系数约在8%以下，高压气缸的余隙系数可达12%左右。

压缩机一次循环吸入气体体积(V_1-V_4)和活塞一次扫过的体积(V_1-V_3)之比称为容积系数，用符号λ_0表示，即

$$\lambda_0=\frac{V_1-V_4}{V_1-V_3} \tag{7-3-6}$$

当气体压比一定时，余隙系数加大，容积系数变小，压缩机的吸气量也就减少。余隙系数一定时，气体压比越大，余隙内气体膨胀后所占气缸的体积也就越大，使每一循环的吸气量越少。当压比大到一定程度时，容积系数可能为零，即当活塞向右运动时，残留在余隙中的高压气体膨胀后已可完全充满气缸，以致不能再吸入新的气体。$\lambda_0=0$时的压比称为压缩极限λ_0，即对于一定的值，往复式压缩机所能达到的最高压力存在上限值。

(3)多级压缩

如果工程实际中所需要的气体压比很大，要将压缩过程在一个气缸里一次性完成往往不太可能，即使理论上可行也不切实际。这是因为压比太高，动力消耗显著增加，气体温升也随之增大。出口温度T_2与入口温度T_1之间的关系为

$$T_2=T_1\left(\frac{p_2}{p_1}\right)^{\frac{m-1}{m}} \tag{7-3-7}$$

气体温升致使气缸内润滑油的黏度降低，失去润滑性能，运动部件之间的摩擦磨损加剧，增加功耗；温度过高，润滑油易分解，且油中的低沸点组分挥发，与空气混合后使油燃烧，严重时还会造成爆炸事故，因此在实际工作中不允许有过高的终温。当余隙系数一定

时，压比高，容积系数小，气缸容积利用率更低；还会带来机械结构设计上的不合理现象：为承受很高的气体终压而需要将气缸做得很厚，为吸入初始压强低而体积很大的气体而需要将气缸做得很大。

要解决上述问题，当压比大于 8 时，尽管离压缩极限尚远，通常也应采用多级压缩流程。所谓多级压缩是指气体连续并依次经过若干个气缸压缩，最终达到需要压比的压缩过程。每经过一次压缩就称为一级，级间设置冷却器及油水分离器。当然，增加气缸数目以减少压比只能减少余隙的影响，并未解决气体温升太大的问题，气缸壁上所装的水夹套(或散热翅片)远不能满足带走气体压缩时所产生热量的需要。因此，通过设置中间冷却器，可以将从一级气缸中引出的气体冷却到与进入该级气缸时的温度相近，然后再送入下一级气缸，这样就使气体在压缩过程中的温度大为降低，从最后一级气缸送出的气体温度也远低于单级压缩情况下所送出的气体温度。由于多级压缩采用了中间冷却器，达到同样的总压比时，各级所需外功之和也比只用单级时少。

2. 往复式压缩机的主要性能参数与选用

(1)主要性能参数

①排气量。排气量又称为压缩机的生产能力，是将压缩机在单位时间内排出的气体体积换算成吸入状态下的数值，所以又称为压缩机的吸气量。与往复泵相似，其理论排气量只与气缸的结构尺寸、活塞的往复频率及每一工作周期的吸气次数有关，但由于余隙内气体的存在、摩擦阻力、温度升高、泄漏等因素，使得实际排气量要小。为改善往复式压缩机流量的不均匀性，压缩机出口均安装油水分离器，既能起缓冲作用，又能去除油沫、水沫等；同时吸入口处需安装过滤器，以免吸入杂物。

②轴功率。往复式压缩机理论上消耗的功率可以根据气体压缩的基本原理进行计算。实际所需的轴功率往往比理论轴功率大，原因在于：a. 实际吸气量比实际排气量大，凡是吸入的气体都得经过压缩，多消耗了能量；b. 气体在气缸内脉动及通过阀门等产生的流动阻力，要消耗能量；c. 压缩机气缸-活塞等运动部件之间必然存在的摩擦，也要消耗能量。

(2)分类与选用

往复式压缩机分类的方式很多：①按活塞是一侧还是两侧吸、排气区分，有单动与复动压缩机；②按压缩级数分，有单级(压比 2～8)、两级(压比 8～50)、多级(压比 100～1000)压缩机；③按出口压力的大小区分，有低压(10.133×10^5Pa)、中压[$(10.133\sim101.33)\times10^5$Pa]、高压[$(101.33\sim1013.3)\times10^5$Pa]压缩机；④按排气量大小分，有小型($10m^3/min$ 以下)、中型($10\sim30m^3/min$)与大型($30m^3/min$ 以上)压缩机；⑤按所压缩气体的种类分，有空气压缩机、氨气压缩机、天然气压缩机等；⑥按压缩机的空间结构形式或气缸布局位置区分，有立式(气缸垂直放置)、卧式(气缸水平放置)、角式(气缸互相配置成 V 型、W 型、L 型)与对称平衡式压缩机。

设计选用时，首先应根据所处理气体的特性选定类型，再根据厂房具体情况选用压缩机的空间结构形式；然后根据所要求的排气量与排气压力，确定规格型号。往复式压缩机的排气口必须连接储气罐，以缓冲排气脉动，使气体输出均匀稳定。储气罐上必须有准确可靠的压力表和安全阀。

往复式压缩机在运行操作过程中应经常注意的问题是润滑与冷却。润滑油用小型油泵注入气缸，再经循环回路返回油泵，但也有一部分被排出气体带走，因此要经常检查、控制注油情况，气缸壁上水夹套及中间冷却器冷却水的出口温度要定时检查。

四、真空泵

真空泵通常指能够从密闭空间内排出气体或使密闭空间内气体分子数目不断减少的设备，也被称为真空获得设备，按工作原理可分为气体传输泵和气体捕集泵两大类。气体传输泵是一种能使气体不断吸入和排出，借以达到抽气目的的真空泵，具体有变容真空泵和动量传输真空泵两种类型，前者在环境污染控制工程领域应用较多。气体捕集泵是一种使气体分子被吸附或凝结在泵的内表面上，从而减小密闭空间内气体分子数目而达到抽气目的的真空泵，有吸附泵(如分子筛吸附泵)、吸气剂泵、冷凝泵、溅射离子泵、钛升华泵等几种，本书不作涉及。

1. 变容真空泵的工作原理与分类

变容真空泵利用泵腔容积的周期性变化来完成吸气和排气过程，气体在排出前被压缩，根据运动方式分为往复式和旋转式两种。常规变容真空泵及其组成的抽气系统存在两大问题：一是泵内的液体工作介质返流污染被抽密闭空间；二是某些工艺过程中的反应物质会使泵内的液体工作介质严重变质。因此，不用油类(或液体)密封的变容真空泵(即干式真空泵)得到了蓬勃发展。

(1)往复式真空泵

利用泵腔内活塞做往复运动，将气体吸入、压缩并排出，又称为活塞式真空泵。多用于真空浸渍、真空蒸馏、真空结晶、真空过滤等场合，不适用于抽除腐蚀性或含有颗粒状灰尘的气体。如果被抽气体中含有灰尘，在泵的进口处必须加装过滤器。

(2)旋转式真空泵

①油封式真空泵。油封式真空泵可以分为定片式、旋片式、滑阀式、余摆线四种。定片式真空泵在泵壳内装有一个与泵内表面靠近的偏心转子，泵壳上装有一个始终与转子表面接触的径向滑片，当转子旋转时，滑片能上、下滑动将泵腔分成两个可变容积；旋片式真空泵的转子以一定偏心距装在泵壳内并与泵壳内壁靠近，在转子槽内装有两个或两个以上的旋片，旋片随同转子一起旋转，同时能沿其径向槽往复滑动且与泵壳内壁始终保持接触，从而将泵腔分成几个可变容积；滑阀式真空泵在偏心转子外部装有一个滑阀，转子旋转带动滑阀沿泵壳内壁滑动和滚动，滑阀上部的滑阀杆能在可摆动的滑阀导轨中滑动，从而把泵腔分成两个可变容积；余摆线真空泵在泵腔内偏心装有一个余摆线型线的转子，其沿泵壳内壁转动并将泵腔分成两个可变容积。

油封式真空泵不仅可以作为低真空设备的排气用泵，也可以作为高真空排气时的前级真空泵，目前中小型旋片式真空泵和大中型滑阀式真空泵使用较为广泛。由于油封式真空泵均装有气镇装置，故可用于抽除潮湿气体，但不适用于抽除含氧量过高、有爆炸性、对黑色金属有腐蚀性、对泵密封油起化学作用以及含有颗粒灰尘的气体。

②液环式真空泵。带有多叶片的转子偏心装在泵壳内，转子旋转时把液体(通常为水、甲醇、乙醇、丙酮、四氯乙烯、乙二醇等)抛向泵壳，并形成与泵壳同心的液环，液环与转子叶片之间形成容积周期变化的几个小容积。当工作液体为水时，相应称为水环式真空泵或水环泵，主要用于粗真空、抽气量大的工艺过程。

③罗茨真空泵。罗茨真空泵的结构形式由罗茨鼓风机演变而来，泵内装有两个反向同步旋转的双叶形或多叶形转子，转子之间、转子与泵壳内壁之间均保持一定的间隙，可以实现高转速运行。

(3)干式真空泵

干式真空泵主要分为干式螺杆转子、无油往复式、爪式和无油涡旋式等类型。干式螺杆真空泵利用一对螺杆转子，在泵壳中做高速同步反向旋转而产生吸气和排气作用，两螺杆转子经过精细动平衡校正，由轴承支撑安装在泵壳中，两个螺杆转子之间有一定的间隙。由于工作时螺杆转子相互之间无摩擦，运转平稳，噪声低，工作腔无需润滑油，因此适用于能抽除含有大量水蒸气及少量粉尘气体的场合，极限真空度更高，消耗功率更低，具有节能、免维修等优点。

在烃类 VOCs 污染治理工程中，基于活性炭吸脱附的回收装置普遍采用真空解吸法，使吸附于活性炭孔隙内的烃类 VOCs 在真空状态下脱附，解吸时所需的真空压力取决于允许的气体排放浓度。真空解吸可以采用乙二醇作封液的液环式真空泵或干式螺杆真空泵，采用干式螺杆真空泵不需要设置分离循环封液和烃类气体的设备，因此占地面积较小、工艺流程更为简单，美国 SYMEX Technologies 公司的 DRYVac™ 油气回收处理系统是典型代表。

2. 动量传输真空泵的工作原理与分类

动量传输真空泵依靠高速旋转的叶片或高速射流，把动量传输给气体或气体分子，使气体连续不断地从泵的入口传输到出口，主要类型包括分子真空泵、喷射真空泵等。

(1)分子真空泵

利用高速旋转的转子把能量传输给气体分子，使之压缩、排气的一种真空泵，有牵引分子泵、涡轮分子泵、复合分子泵等型式。在牵引分子泵中，气体分子与高速运动的转子相碰撞而获得动量，然后被送到出口。涡轮分子泵内装有带槽的圆盘或带叶片的转子，在定子圆盘(或定片)间旋转。转子圆周的线速度很高，通常在分子流状态下工作。复合分子泵是将涡轮式分子泵和牵引式分子泵串联组合起来的分子真空泵。

(2)喷射真空泵

利用文丘里效应压力降产生的高速射流，把气体输送到出口的一种动量传输泵，适于在黏滞流和过渡流状态下工作。高速射流的工作介质可以为液体(通常为水)、非可凝性气体和蒸气(水、油或汞等的蒸气)。

§7.4 集气罩的基本型式和设计

为提高空气质量，对生产过程中产生的各种有害气体、蒸气或粉尘，一般采取合理安装排风净化系统的方法。只要控制住有限空间内二次气流的随意运动，就能控制污染物的扩散和飞扬，这就是采用排风净化系统控制空气污染的依据。

总体而言，有限空间内排风净化气流组织的设计，应根据目标区域空间的温度、相对湿度、允许风速、烟尘污染物放散特性和浓度、温度梯度、噪声标准以及空气分布特性指标(ADPI)等要求，结合工艺设备布局、目标区域空间结构等进行。高大复杂排风净化系统的气流组织设计，宜采用计算流体动力学(CFD)进行数值模拟。有限空间内排风净化宜采用的气流组织形式包括上升气流、单向气流、下降气流、上升气流加引射气流、上升气流加吹吸气流等形式。若不考虑有限空间内排风净化系统可能使用的送风、回(排)风、吹风设备的布置和设计，局部排风净化系统就是将污染物在发生源处用捕集装置收集起来，经过净化设备处理后再排放到大气中去。如图 7-4-1 所示，主要由捕集装置、排风管道、净化设备、风机、烟囱等组成。捕集装置按气流流动方式分为吸气式和吹气式两种，按形状可分为集气罩和集气管。对密闭式生产设备，若污染物在设备内部产生时，会通过设备的孔和缝隙逃逸到有限空间内。如果设备内部允许微负压存在，则可采用集气管捕集污染物；若设备内部不允许微负压存在或污染物发生在污染源表面时，则可采用集气罩进行捕集。本节主要介绍集气罩的结构形式和设计方法。

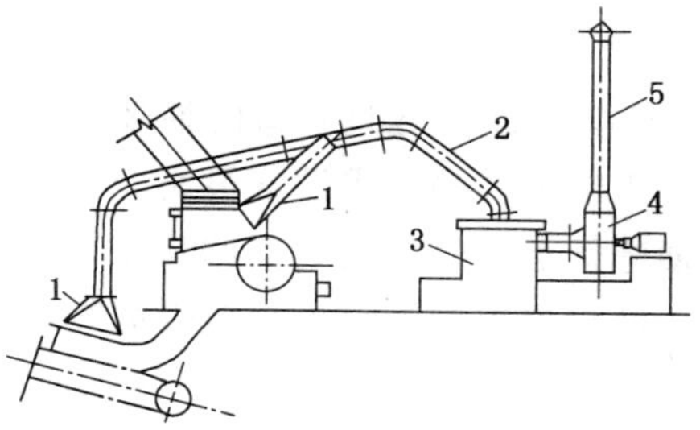

图 7-4-1　局部排风净化系统的组成示意图

1—捕集装置；2—排风管道；3—净化设备；4—风机；5—烟囱

一、集气罩的基本型式

根据罩口气流流动方向，集气罩可分为密闭式、半密闭式、外部集气罩、接收式、吸吹式等 5 种基本型式。

1. 密闭式集气罩

密闭式集气罩是将污染源局部或整体密闭起来，使污染物的扩散限制在一个密闭空间内，通过排出一定量的空气以保持罩内适当的负压；罩外的空气则经罩上的空隙流入罩内，以达到防止污染物外溢的目的。与其他类型的集气罩相比，密闭式集气罩所需排气量最小，控制效果最好，且不受有限空间内横向气流的干扰。按密闭式集气罩的结构特点，又可将其分为局部密闭式集气罩、整体密闭式集气罩、大容积密闭罩等三种。

大容积密闭罩是将污染设备或地点全部密闭起来，也称密闭室。特点是罩内容积大，可利用罩内循环气流消除或减少局部正压，设备检修可在罩内进行。适用于产尘量大而设备不宜采用局部密闭或整体密闭的情况，特别是设备需要频繁检修的场合，如多交料点的皮带运输机转运点和振动筛(图 7-4-2)等。

2. 半密闭式集气罩

半密闭式集气罩是在密闭罩上开有较大的操作孔，通过操作孔吸入大量气流来控制污染物的外逸，同时允许人员对设备进行操作。排气柜是一种属于半密闭式集气罩的典型排气装置，实验室用通风橱和小零件喷漆箱则是排气柜的典型代表，如图 7-4-3 所示。

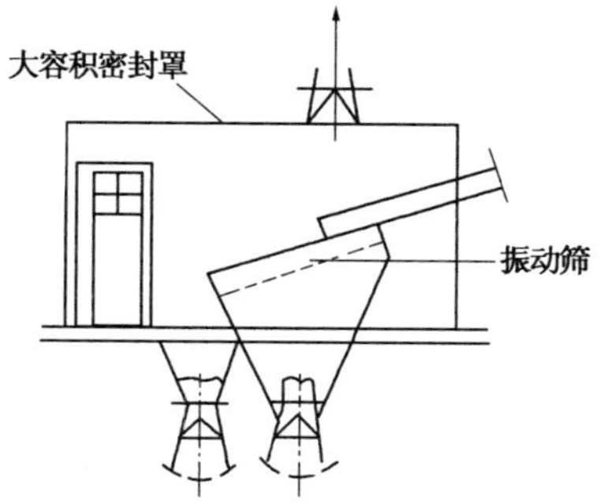

图 7-4-2　振动筛用大容积密闭罩示意图

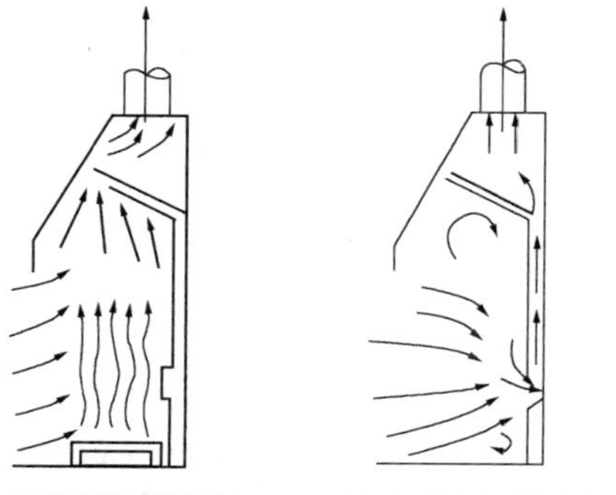

(a) 气流直流式排气柜　(b) 气流湍流式排气柜

图 7-4-3　排气柜示意图

3. 外部集气罩

外部集气罩是通过罩口的抽吸作用，在污染源附近把污染物全部吸收起来的集气罩。主要在因工艺条件限制或设备很大、无法对污染源进行密闭的情况下使用，具有结构简单、制造方便等优点。外部集气罩的型式较多，按集气罩与污染源的相对位置可以分为上部集气罩、下部集气罩、侧吸罩和槽边集气罩四种，如图 7-4-4 所示。

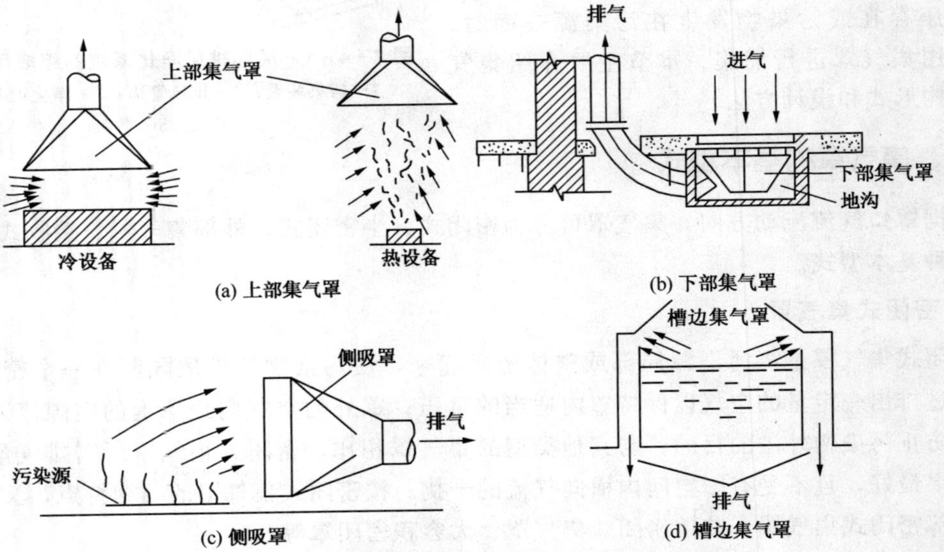

图 7-4-4　外部集气罩的示意图

外部集气罩的吸气方向与污染气流方向往往不一致，一般需要较大的排风量才能控制污染源气流的扩散，而且容易受到室内横向气流的干扰，所以捕集效率较低。

4. 接收式集气罩

有些生产过程本身会产生或诱导污染气流流动，如热过程、机械运动过程等。接收式集气罩是沿污染气流的运动方向设置，污染气流自动流入，罩口外的气流运动并非由于集气罩的抽吸作用，而是由生产过程本身造成的。图 7-4-5(a)所示为热源上部的伞形接收式集气罩，图 7-4-5(b)所示为捕集砂轮磨屑及粉尘的接收式集气罩。

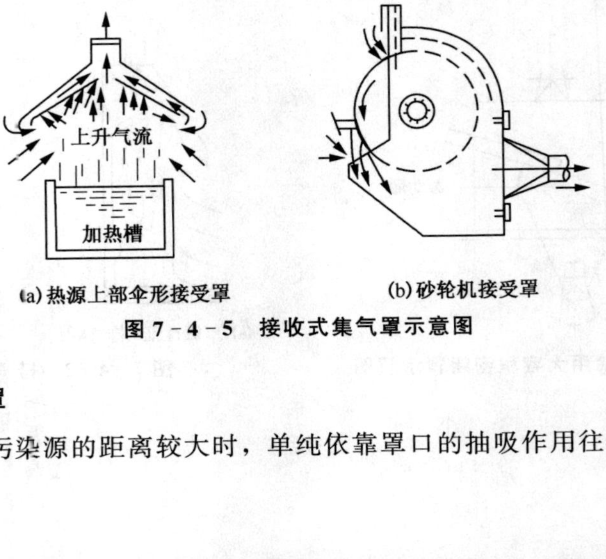

图 7-4-5　接收式集气罩示意图

5. 吸吹式集气罩

当外部集气罩与污染源的距离较大时，单纯依靠罩口的抽吸作用往往控制不了污染物扩散，此时可以在外部集气罩的对面设置吹气口，将污染气流吹向外部集气罩的吸气口，以提高对污染物扩散的控制效果。这种把吸和吹结合起来的气流收集方式称为吸吹式集气罩。由于吹出气流的速度衰减较慢，以及气流的气幕作用，使室内空气混入量大为减少，因此达到同样的污染物扩散控制效果时，要比单纯采用外部集气罩节约风量，且不易受到室内横向气流的干扰。

二、集气罩的性能与设计计算

集气罩的主要参数一般指排风量、压力损失、尺寸、材料消耗等，这些参数直接决定了集气罩性能的好坏。对一个固定的污染源，在控制污染物外逸效果相同的条件下，以上参数的值均小时集气罩的性能好。鉴于集气罩的排风量和压力损失是表示集气罩性能的两个主要技术经济指标，下面扼要介绍其确定方法。

1. 集气罩的排风量

排风量的确定分为两种情况：一种是运行中的集气罩是否符合设计要求，可用现场测定的方法来确定；另一种是为了达到预期的工程设计目的，通过计算来确定集气罩的排风量。

(1)排风量 Q 的测定方法

集气罩运行中的排风量 Q 可以通过实测罩口上的平均吸气速度和罩口面积来确定

$$Q = A_0 \cdot v_0 (\mathrm{m^3/s}) \tag{7-4-1}$$

式中 A_0——集气罩的罩口面积，$\mathrm{m^2}$；

v_0——罩口上的平均吸气速度，m/s。

另外，还可以通过实测连接集气罩直管的平均流速 v、气流的动压或静压以及其断面积 A，按下式确定排风量 Q

$$Q = v \cdot A = A\sqrt{\frac{2p_v}{\rho}} = \varphi A\sqrt{\frac{2|p_s|}{\rho}} \ (\mathrm{m^3/s}) \tag{7-4-2}$$

$$\varphi = \sqrt{\frac{p_v}{|p_s|}} \tag{7-4-3}$$

式中 v——实测连接集气罩直管的平均流速，m/s；

A——管路的截面积，$\mathrm{m^2}$；

ρ——气流密度，$\mathrm{kg/m^3}$；

$|p_s|$——气流静压绝对值，Pa；

p_v——气流动压，Pa；

φ——流量系数，为一个常数，如表 7-4-1 所示，当然也可以根据气流静、动压计算得到。

表 7-4-1 几种集气罩罩口的流量系数和局部阻力系数

罩子名称	喇叭口	圆台或天圆地方	圆台或天圆地方	管道端头	有边管道端头
罩子形状	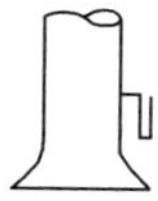	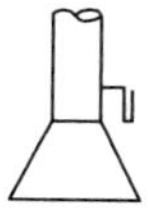			
流量系数 ϕ	0.98	0.90	0.82	0.72	0.82
压损系数 ζ	0.04	0.235	0.40	0.93	0.49

续表

罩子名称	有弯头的管道端头	有弯头有边的管道端头	排风罩（例加在化铅炉上面）	有格栅的下吸罩	砂轮罩
罩子形状		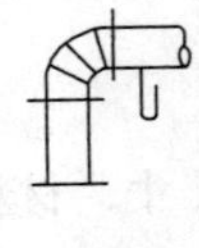	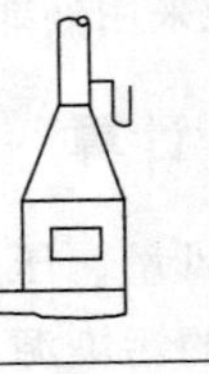	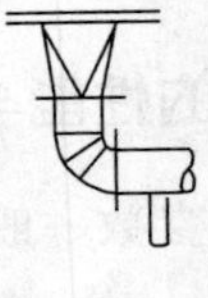	
流量系数 ϕ	0.62	0.74	0.9	0.82	0.80
压损系数 ζ	1.61	0.825	0.235	0.49	0.56

(2)排风量的计算方法

在工程设计中，排风量的计算方法常用控制速度法和流量比法。

①控制速度法。控制速度法是基于污染物从污染源散发出来以后都具有一定的速度，并且随着扩散而逐渐减小，当扩散速度减小到零的位置称为控制点。控制点处的污染物容易被吸走，集气罩能吸走控制点处污染物的最小吸气速度称为控制速度。在工程设计中，当确定了控制速度后，即可根据不同型式集气罩口的气流衰减规律，求得罩口上的气流速度。在已知罩口面积时，便可按式(7-4-1)求得集气罩的排风量。

控制速度值与集气罩结构、安装位置以及室内气流运动情况有关，一般要通过现场测试确定；如果缺乏实测数据，可参考表7-4-2中的数值确定。

表7-4-2　控制速度参考表

污染物的产生状况	举　例	控制速度 v/(m/s)
以轻微速度放散到相当平静的空气中	蒸汽的蒸发，气体从敞开的容器中外溢	0.25～0.5
以轻微速度放散到尚属平静的空气中	喷漆室内喷漆，焊接，断续倾倒干物料	0.5～1.0
以相当大的速度放散或放散到空气运动迅速的区域	翻砂，脱模，高速(>1m/s)皮带运输机的转运点混合装袋或装车	1.0～2.5
以高速度放散出来或放散到空气运动迅速的区域	磨床，重破碎锤在岩石表面工作	2.5～10

②流量比法。流量比法是把集气罩的排风量 Q 视为污染气流量 Q_1 和从罩口周围吸入的室内空气量 Q_2 之和，即

$$Q = Q_1 + Q_2 = Q_1(1 + Q_2/Q_1) = Q_1(1+K) \tag{7-4-4}$$

比值 K 称为流量比。从上式中可以看出，K 值越大，吸入的室内空气量 Q_2 越大，集气罩的排风量也越大，污染物的捕集效果越好。但考虑到设计的经济合理性，把能保证污染物不溢出罩外的最小 K 值称为临界流量比，用 K_m 表示。

研究表明，K_m 值与污染物发生量无关，只与污染源和集气罩的相对尺寸有关。通过实验研究，K_m 值可由下式计算

$$K_m = \left[1.5\left(\frac{F_3}{E}\right)^{-1.4} + 2.5\right]\left[\left(\frac{E}{L_1}\right)^{1.7} + 0.2\right] \times \left[\left(\frac{H}{E}\right)^{1.5} + 0.2\right] \times \left[0.3\left(\frac{U}{E}\right)^{2.0} + 1.0\right] \tag{7-4-5}$$

式中，E、L_1、H、F_3、U 符号的含义如图 7－4－6 所示，单位为 m。

K_m 值确定之后，因考虑到室内横向气流的影响，在计算时应适当增加排风量，可将式(7－4－4)改写为

$$Q = Q_1(1+mK_m) \qquad (7-4-6)$$

式中　m——考虑干扰气流影响的安全系数，其值与干扰气流有关，可按表 7－4－3 确定。

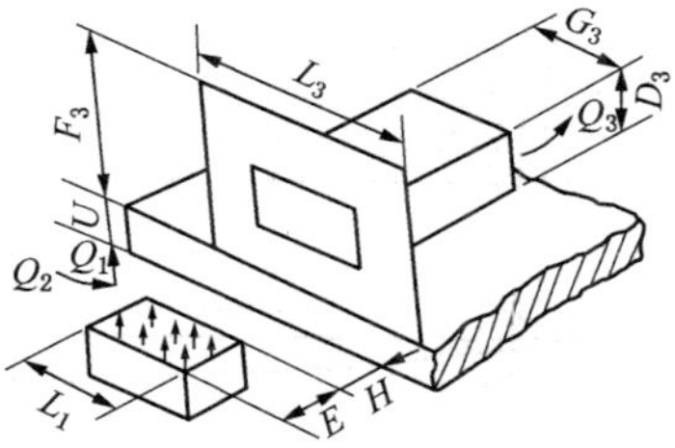

图 7－4－6　侧吸罩的结构示意图

表 7－4－3　流量比法流量安全系数

横向干扰气流流速/(m/s)	安全系数	横向干扰气流流速/(m/s)	安全系数
0 ～ 0.15	5	0.30 ～ 0.45	10
0.15 ～ 0.30	8	0.45 ～ 0.60	15

【例 7－4－1】图 7－4－6 中所用振动筛的相关尺寸如下：E＝800mm，L_1＝650mm，粉状物料用手工投向筛上时，粉尘的散发速度为 v＝0.5m/s，周围干扰气流速度为 0.3m/s。现在该处设计侧吸罩，试确定其排风量。

解：

若取侧吸罩的罩口尺寸 $G_3 \times D_3$＝650mm×400mm，罩口法兰边全高 F_3＝800mm，罩口下缘贴近振动筛(v＝0)，则 U＝0、H＝0。所以，污染气体发生量为

$$Q_1 = 0.65 \times 0.8 \times 0.5 = 0.26(\mathrm{m^3/s})$$

将已知数据代入式(7－4－5)中，计算临界流量比 K_m

$$K_m = \left[1.5\times\left(\frac{0.8}{0.8}\right)^{-1.4}+2.5\right]\left[\left(\frac{0.8}{0.65}\right)^{1.7}+0.2\right]\times\left[\left(\frac{0}{0.8}\right)^{1.5}+0.2\right]\times\left[0.3\times\left(\frac{0}{0.8}\right)^{2.0}+1.0\right]$$

$$=4.0\times1.62\times0.2\times1.0$$

$$=1.30$$

干扰气流速度为 0.3m/s，按表 7－4－3 选取 m＝8。所以排风量 $Q = Q_1(1+mK_m) = 0.26\times(1+8\times1.3)=2.96(\mathrm{m^3/s})$。

应用流量比法计算应注意以下事项：a)临界流量比的计算式是在特定条件下通过实验求得，应用时应注意其适用范围。b)流量比法以污染气体发生量为基础进行计算，应根据实测的发散速度和发散面积计算确定；如果无法确切计算出污染气体发生量，建议仍按照控制速度法计算。c)周围干扰气流对排风量的影响很大，应尽可能减弱周围气流的干扰。

2. 集气罩压力损失的确定

集气罩的压力损失 Δp 一般可以下式计算

$$\Delta p = \xi p_v = \xi \frac{\rho^2 v^2}{2}\ (\mathrm{Pa}) \qquad (7-4-7)$$

式中　ξ——压力损失系数；

p_v——直管中气流的动压，Pa；

ρ——气流的密度，kg/m³；

ν——气流的速度，m/s。

由于集气罩口处于大气中，所以罩口的全压等于零(图 7－4－7)，因此集气罩的压力损

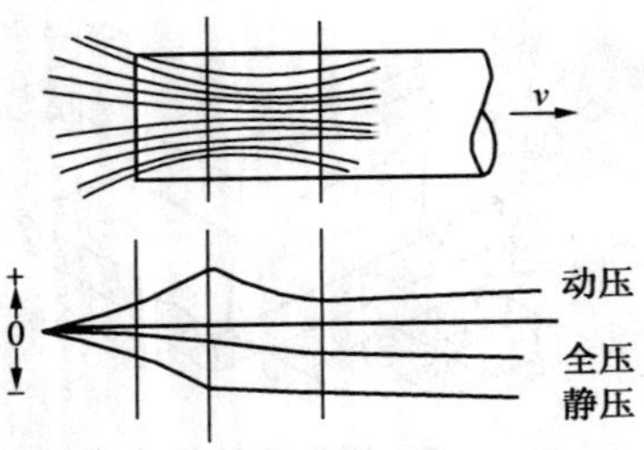

图 7-4-7　集气罩口部的压力分布示意图

失可以表示为

$$\Delta p=0-p=-(p_v+p_s)=|p_s|-p_v \quad (7-4-8)$$

式中　p——集气罩连接直管中的气体全压，Pa；

p_s——集气罩连接直管中的气体静压，Pa。

流量系数 φ 与压力损失系数 ζ 之间的关系为

$$\varphi=\frac{1}{\sqrt{1+\zeta}} \quad (7-4-9)$$

上式的 φ、ζ 只要知道其中一个，便可以求出另一个。对于结构形状一定的集气罩，φ、ζ 值均为常数。

3. 集气罩的结构设计

(1)注意事项

集气罩的设计程序一般为，先确定集气罩的结构尺寸和安装位置，再确定排风量和压力损失。总的设计原则是经济、合理、方便、美观。设计集气罩时应注意以下事项：

①集气罩应尽可能将污染源包围起来，使污染物扩散限制在最小范围内，以便防止横向气流的干扰，提高控制效果。

②集气罩的吸气方向尽可能与污染气流运动方向一致，以便充分利用污染气流的初始动能。

③在保证控制污染的条件下，尽量减少集气罩的开口面积，以减少排风量。

④集气罩的吸气气流不允许经过人员呼吸区再进入罩内，气流流程内不应有障碍物，同时侧吸罩或伞形罩应设置在污染物散发的轴心线上。

⑤集气罩的结构不应妨碍人员操作和设备检修。

由于要同时满足以上 5 条要求有一定难度，因此在设计时应根据生产设备的结构和操作特点具体分析。

(2)结构尺寸设计

集气罩的结构尺寸一般根据经验确定。如图 7-4-8 所示，集气罩的吸风口大多为喇叭形，罩口面积 S 与风管横断面积 F 的关系为

$$S\leqslant 16F \quad (7-4-10)$$

或

$$D\leqslant 4d \quad (7-4-11)$$

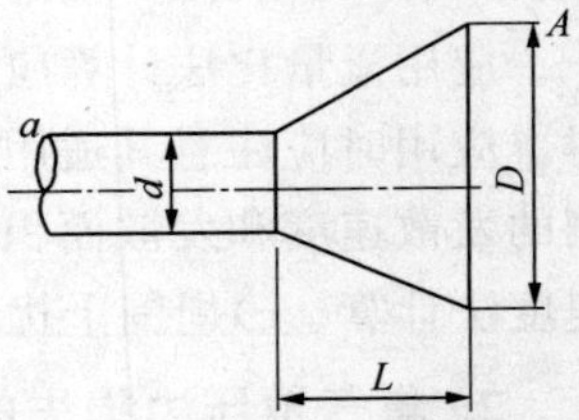

图 7-4-8　集气罩的结构尺寸示意图

喇叭口的长度 L 与风管直径 d 的关系为

$$L\leqslant 3d \quad (7-4-12)$$

如使用矩形风管，则矩形风管的边长 B(长边)为

$$B=1.13\sqrt{F} \quad (7-4-13)$$

各种集气罩的结构尺寸可从有关设计手册中查取，仅供设计时参考。在无参考尺寸时，可依据下列条件确定：在罩口尺寸不小于所在位置污染物扩散断面面积的前提下，如果设集气罩连接风口的特征尺寸为 d(圆形则为直径，矩形则为短边)，污染源的特征尺寸为 E(圆形则为直径，矩形则为短边)，集气罩距污染源的垂直距离为 H，集气罩的特征尺寸为 D(圆形则为直径，矩形则为短边)，则应满足(如影响大可以适当增大)

$$\frac{d}{E}>0.2,\ 1.0<\frac{D}{E}<2.0,\ \frac{H}{E}<0.7 \tag{7-4-14}$$

(3)排风量计算

集气罩排风量的计算首先要涉及控制速度 v，其值一般通过实际经验得到，某些污染源的控制速度已经列于表 7－4－2 中。

在已知控制速度 v 之后，就可以计算集气罩的排风量。例如，通风柜的排气量可按下式计算

$$Q=3600Fv\beta\ (\mathrm{m^3/h}) \tag{7-4-15}$$

式中 F——操作口的实际开启面积，m^2；

v——操作口处的空气吸入速度，m/s，按表 7－4－2 参考使用；

β——安全系数，一般取 1.05～1.1。

其他类型集气罩排风量的计算公式见表 7－4－4。

表 7－4－4 各种排气罩排风量计算公式

名称	形式	罩形	罩子尺寸比例	排气量计算公式 $Q/(\mathrm{m^3/s})$	备注
矩形及圆形平口排气罩	无边	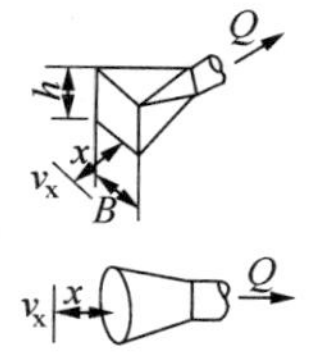	$h/B\geqslant0.2$ 或圆口	$Q=(10x^2+F)v_x$	罩口面积 $F=Bh$ 或 $F=\pi d^2/4$，d 为罩口直径，m
	有边	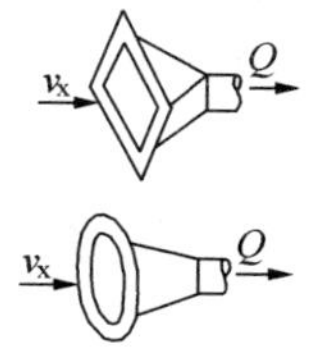	$h/B\geqslant0.2$ 或圆口	$Q=0.75(10x^2+F)v_x$	罩口面积 $F=Bh$ 或 $F=\pi d^2/4$，d 为罩口直径，m
	台上或落地式	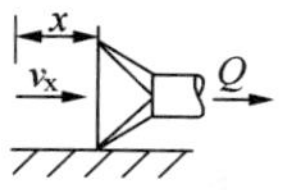	$h/B\geqslant0.2$ 或圆口	$Q=0.75(10x^2+F)v_x$	罩口面积 $F=Bh$ 或 $F=\pi d^2/4$，d 为罩口直径，m
	台上	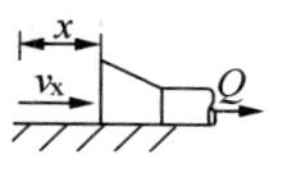	$h/B\geqslant0.2$ 或圆口	有边 $Q=0.75(5x^2+F)v_x$ 无边 $Q=(5x^2+F)v_x$	罩口面积 $F=Bh$ 或 $F=\pi d^2/4$，d 为罩口直径，m
条缝侧集罩	无边	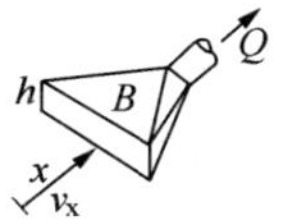	$h/B\leqslant0.2$	$Q=3.7Bxv_x$	$v_x=10$m/s；$\zeta=1.78$；B 为罩宽，m；h 为条缝高度，m；x 为罩口至控制点距离，m
	有边	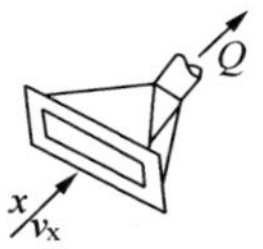	$h/B\leqslant0.2$	$Q=2.8Bxv_x$	$v_x=10$m/s；$\zeta=1.78$；B 为罩宽，m；h 为条缝高度，m；x 为罩口至控制点距离，m
	台上	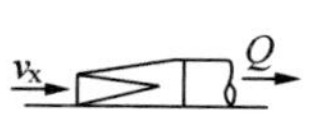	$h/B\leqslant0.2$	无边 $Q=2.8Bxv_x$ 有边 $Q=2Bxv_x$	$v_x=10$m/s；$\zeta=1.78$；B 为罩宽，m；h 为条缝高度，m；x 为罩口至控制点距离，m

(4)压力损失计算

在计算集气罩的压力损失 Δp 时，压力损失系数 ζ 可从表 7-4-1 中查得，也可以通过流量系数 φ 与压损系数 ζ 之间的关系式 $\varphi=\frac{1}{\sqrt{1+\zeta}}$ 而得到；动压 p_v 除了用式 $p_v=\frac{\rho v^2}{2}$ 计算以外，还可以从图 7-4-9 中查得。

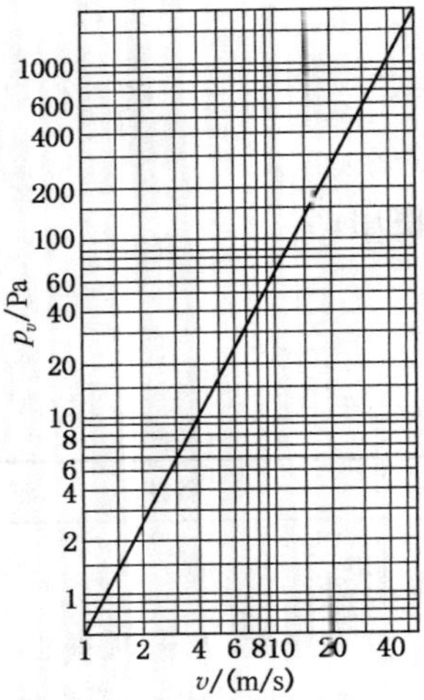

图 7-4-9　流速与动压之间的关系线图

三、敞开液面逸散 VOCs 的密闭收集

为改善区域环境质量，重点控制 VOCs 排放污染目前在国内已成共识，相关国家标准和地方标准都对设备管线泄漏、有机液体储存和装载等 VOCs 无组织排放源提出了控制要求。VOCs 无组织排放按来源类型的不同，分为设备与管线组件泄漏、有机液体储罐、有机液体装载操作、污水挥发以及工艺过程无组织排放等 5 类源，其中设备与管线组件泄漏、有机液体储罐、有机液体装载操作、污水挥发为通用设施无组织排放源，具有行业共通性，往往可通过大致相同的策略(如泄漏检测与修复 LDAR 计划、储罐高效密封、污水池等敞开液面加盖等)予以控制。

具体到敞开液面的逸散 VOCs 问题而言，污水处理厂的格栅间、调节池、曝气池、气浮池、沉淀池污泥储池等处理单元设施都存在恶臭气体无组织排放；在生产过程工艺用水的冷却环节(如冷却塔)，由于热交换器接头存在小隙缝，造成 VOCs 向冷却管外的冷却水中扩散，再挥发排至大气；其他排放源，如生产厂内的污水沟渠、隔油池、污水处理单元设施等，因具有较大的气体接触表面，也会有较多的 VOCs 排放。污水中的有机物质可能因其水中溶解性和挥发性，反复穿梭于气体与液体之间。虽然 VOCs 的逸散浓度不高，但因总量很大也应予以控制。迄今对敞开液面逸散 VOCs 进行密闭收集的方式大致可归纳为如下四种。

1. 混凝土密封

适合采用混凝土密封的主要有调节池、生化池、污泥储池等配套设备全部安装在水下或无配套设备的混凝土构筑物，密封施工方式是与臭气源构筑物同时绑扎钢筋和浇筑混凝土，集气罩本身属于构筑物结构的一部分，因此结构牢固、密封空间小。但是，混凝土密封的施工要求相对较高，其自身荷载较大，需综合考虑地质情况及构筑物自身的结构特点及要求，一般只在新建污水厂对需除臭的构筑物采用。对扩建或改建项目而言，若原构筑物不具备相应条件，强行上混凝土密封可能会产生安全事故；若原构筑物具备采用混凝土密封的条件，仍然存在施工成本相对较高和施工周期相对较长等不足。

2. 自支撑盖板或防腐板(瓦)加盖密封

以自支撑盖板(如拱形盖板)或“钢结构骨架＋防腐板(瓦)”的方式对构筑物实施加盖密封，防腐板(瓦)一般为防腐阳光板或玻璃钢瓦。自支撑盖板的主体材质采用不饱和树脂和玻璃纤维缠绕而成，结构性能稳定、刚度较好，可先在工厂内通过模具直接加工成品，运到现场进行组合安装，施工简单便捷，投资成本低。但受模具尺寸和加工成本的限制，一般用于跨度不超过 8～20m 的小尺寸构筑物。鉴于构筑物顶部加盖后内部腐蚀性水蒸气的浓度成倍增加，在阳光辐射下温度很高，内部结构极易腐蚀，因此对于“钢结构骨架＋防腐板(瓦)”加盖方式而言，因此必须重视金属结构骨架的防腐问题。由于无法在现场对普通碳钢进行镀锌防腐处理，因一般在工厂做好镀锌防腐处理后运至施工现场加工焊接，在此过程中难免会破坏焊接点的镀锌层，从而影响使用寿命，因此在实际工程中较少采用“钢结构骨架＋防腐板(瓦)”的加盖密封方式。

3. 反(悬)吊膜结构密封

反吊膜结构包括钢构件、索构件和覆盖膜体，采用钢材作为支撑结构骨架，将氟碳纤维膜反吊在骨架下方，钢材骨架在封闭罩以外，不接触腐蚀性恶臭物质。氟碳纤维膜外层具有防紫外线和自净功能，内层具有防腐蚀功能。现场安装的膜材片之间采用现场热熔焊接的“二次节点密封”，既能保证罩体的密封性，又能保证隔绝内部腐蚀气体对钢结构的腐蚀。为减少钢材用量，同时便于检修维护构筑物内的设备，大部分反吊膜集气罩均采用拱形骨架反吊氟碳纤维膜的结构，考虑到氟碳纤维膜成本较高，若使用于小尺寸构筑物则性价比较低，因此一般用于大尺寸构筑物且其内有大型设备的场合，导致需要处理的臭气量相应变大，从而使除臭系统的整体造价增加。

悬吊膜结构以经过防腐处理的不锈钢悬索为骨架，其上固定耐腐蚀膜材，在圆形及方形池上均可使用。与反吊膜相比，该结构可以降低封闭的内部空间，减少通风量，降低工程造价。

4. 无骨架双膜气罩密封

双膜气罩就是污水污泥处理构筑物上盖的一个气囊，由气密性极强、撕裂强度极大的膜材料焊接而成，通过四边与池壁的锚固而形成一个稳定的受力结构，将构筑物内恶臭气体覆盖在一个相对较小的空间里。双膜气罩由内膜、外膜、机械设备、智能控制系统等组成，是多专业跨界融合的产物，是污水污泥处理构筑物加盖除臭技术发展的新里程碑。

需要指出的是，应该在密闭收集设备上安装通风管道，并在净化设备前安装风机，通过风机将废气吸入净化设备。然后采用生物滴滤、喷淋吸收或催化燃烧等净化技术处理达标后排放，相关内容可以参考本书第六章，这里不再赘述。

§7.5 气体输送管路设计

气体输送管路设计通常在污染控制工程项目各种处理单元设备选定之后进行，主要包括两个方面的内容：各种设备的定位及管路布置；管路(包括管子、管件、阀门)的设计计算。合理设计、施工和使用气体输送管路，不仅能充分发挥污染控制设备的效能，而且直接关系到建设施工和运行维护成本。虽然本节主要结合大气污染控制工程用气体输送管路的设计进行讲述，但相关原则和计算方法也适用于水污染控制工程，而且在本书§3.2中已经有所涉及。

一、气体输送管路的布置

气体输送管路的布置关系到工程项目的整体布局，因此应从宏观整体出发对全部管线通盘考虑，统一布置，力求简单紧凑、平整美观，且方便安装、操作和检修。

1. 管路布置的一般原则

在大气污染控制工程中，气体管道输送的介质可能各种各样，如含尘气体、各种有害气体、各种蒸气等。因输送不同介质时管道的布置原则不完全相同，需要在设计时考虑其特殊要求。但就其共性而言，管路布置的一般原则如下：

①不同气体的性质不同，划分净化系统应予以注意。当排气点多时可以集中在一个净化系统中，也可以分为几个净化系统。当遇到以下情况之一时，均不能合并为一个净化系统：a)气态污染物混合后有引起燃烧或爆炸危险者；b)不同温度和湿度的气体，混合后可能引起管道内结露者；c)因粉尘或气体性质不同，共用一个系统会影响回收或净化效率者。

②管路布置应减少阻力。采用圆形风道强度大，耗用材料少，但是占用空间大；矩形风道管件占用空间小，较易布置。根据具体情况也可以采用其他形状，以充分利用建筑空间。

③管路的敷设原则。管路敷设有明装和暗装两种形式，在实际运用中常采用明装以便于检修，无法采用明装时再考虑暗装。管路应尽量集中成列，并尽量沿墙或柱子平行敷设，管径大者和保温管应设在靠墙侧。当两根管路平行布置时，保温管外表面的间距不小于100～200mm，非保温管道不小于150～200mm，各种室内管线与电气设备的最小净距参见表7-5-1；当受热伸长或冷缩后，上述间距不宜小于25mm。

表7-5-1　各种室内管线与电气设备的最小净距　m

名称	类型	热力管	煤气管	氧气管	乙炔管	压缩气体管	煤气、氧气、乙炔气出口
电线	平行	1.0/0.5	0.25	0.25	0.25	—	—
	交叉	0.3	0.1	0.1	0.25	—	—
电缆	平行	1.0/0.5	0.5	0.5	1.0	0.15	—
	交叉	0.3	0.3	0.3	0.5	0.1	—
绝缘导线	平行	1.0/0.5	1.0	0.5	1.0	0.15	—
	交叉	0.3	0.3	0.3	0.5	0.1	—
裸母线	平行	1.0	1.0/2.0	1.0/2.0	2.0	1.0	50
	交叉	0.5	0.5	0.5	0.5	0.5	50
滑触线	平行	1.0	1.5	1.50	3.0	1.0	50
	交叉	0.5	0.5	0.50	0.5	0.5	50
插接与悬吊式母线	平行	1.0/0.5	2.0	1.50	3.0	0.15	50
	交叉	0.3	0.5	0.50	0.5	0.1	50
热力	平行	0.15	0.25	0.25	0.25	0.15	—
	交叉	0.10	0.15	0.10	0.25	0.10	—
煤气	平行	0.25	0.25	0.25	0.25	0.25	—
	交叉	0.15	0.15	0.10	0.25	0.10	—
上下水	平行	0.15	0.25	0.25	0.25	0.15	—
	交叉	0.10	0.15	0.10	0.25	0.10	—
压缩空气	平行	0.15	0.25	0.25	0.25	—	—
	交叉	0.10	0.15	0.1	0.25	—	—
开关插座配电	—	0.5	1.5	1.5	3.0	0.1	50

注：表中带有斜线的数字，斜线前面的数字是指电气管线在上面，斜线后面的数字是指电气管线在下面。

④管道的支撑原则。管道不宜与阀件直接支撑在设备上，应该单独设置支架或吊架；保温管的支架上应设有管托；管道的焊缝位置应布置在施工方便和受力较小之处；焊缝不得位于支架处；焊缝与支架的距离不应小于管径，至少不得小于200mm。

⑤管道的连接原则。在以焊接为主要连接方式的管道中，应设置足够数量的法兰连接；在以螺纹连接为主的管道中应设置足够数量的活接头，以便于安装、拆卸和检修。

⑥确定排入大气的排气口位置时，要考虑排出气体对周围环境的影响。

⑦风管上应设置必要的调节和测量单元，如阀门、压力表、温度计、风量测量孔及采样孔等，或者预留安装测量装置的接口。

⑧管路设计中既要考虑便于施工，又要保证严密不漏。整个系统要求漏损小，以保证吸风口有足够的风量。除尘工程宜采用负压运行，除尘系统漏风率应小于3%。

⑨宜采用金属风管，风管管径应为外径或外边长。输送含有烟尘的风管不宜采用复合型风管。采用非金属风管，应保证内壁有较好的光洁度，风管管径应为内径或内边长。

2. 管路阀门

阀门是用于控制气体管路中流量和压力的设备，确保气体流动的稳定和可靠性；还可隔离不同的管路，防止污染和混合。根据用途包括截止阀(截断阀)、止回阀、调节阀(球阀、旋塞阀、蝶阀、电磁阀等)、安全阀、其他阀门(放空阀、排污阀、取样阀等)，都在特定的应用场景中发挥着各自的作用，这里不再赘述。

通常使用的阀门材料有不锈钢、铜、铝等，特殊气体管路可以选择使用特殊材料的阀门。气体管路对阀门的密封性能要求较高，应尽量选择密封性能好的阀门；有些场合对气体流量的控制精度要求较高，应选择相应控制精度的阀门。

3. 管网的布置形式

为了方便管网的管理和运行调节，管网系统不宜过大。同一系统有多个分支管时，应将这些分支管分组控制。同一系统的吸气点不宜过多。管网布置的一个主要目的是实现各支管间的压力平衡，保证各吸气点达到设计的风量，控制污染物扩散。如图7-5-1所示，常用的管网布置方式有干管配管、个别配管、环状配管等3种。个别配管方式又称为分散式净化系统，适用于吸气点多的系统管网，并能采用大断面的集合管连接各分支管，要求集合管内气体流速不超过3～6m/s，即水平集合管≤3m/s、垂直集合管≤6m/s，这样才能保证各支管压力平衡。对于除尘系统，集合管还能起到(重力沉降)初级净化作用。

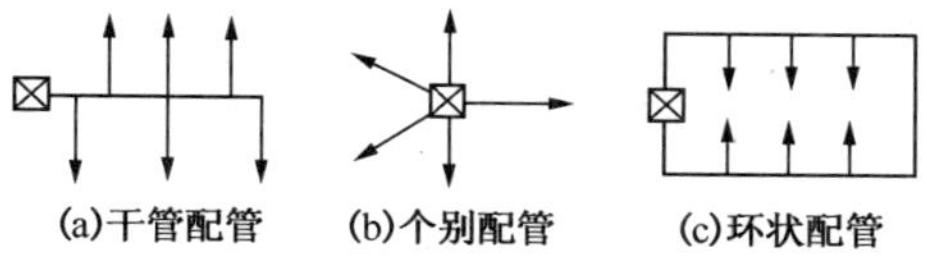

图7-5-1 管网的布置方式示意图

二、气体输送管路的设计

气体输送管路设计的主要任务是：先确定各管段的位置；然后确定各管段的管径或断面尺寸；再计算管路的压力损失；最后才能根据以上各参数来选择适当的风机和电动机。主要设计原则是，在保证使用效果的前提下使管路系统投资和运行费用最低。

1. 设计步骤

设计计算前必须确定各排风点的位置和排风量、各管段和净化设备的布置、各管段种类等，然后按以下步骤进行。

(1)绘制管路系统轴侧图

如图7-5-2所示，对各管段进行编号、标注长度和流量。各管段长度一般按两管件中心线之间的长度计算，不扣除管件(如弯头、三通等)本身的长度，编号时一般从距风机最远的一端开始。

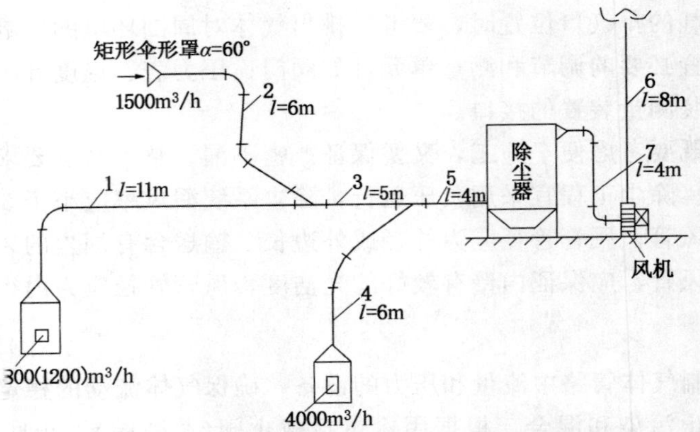

图 7－5－2　通风除尘系统用管路布局的轴侧图示意

(2)选择管道内的流体流速

管道内流体流速的选择涉及技术和经济两方面的问题。当流量一定时，如果流速较大，则管道截面尺寸与材料消耗减小，但会导致压力损失增大，运行费用增高，同时还会增大设备和管道的磨损，提高噪声；反之，若流速较低，则使管道截面尺寸和投资增大，压力损失和运行费用减少，对除尘管道还可能致使粉尘沉降而堵塞管道。因此，必须选择合适的流速，使投资和运行费用的总和为最小，管道内各种流体常用的流速范围可参考表 7－5－2。

表 7－5－2　管道内各种流体常用的流速范围

流　体	管道种类及条件		流速 v/(m/s)	管　材
含尘气体	粉状的黏土和砂、干型砂		11～13	钢板
	耐火泥		14～17	
	重矿物粉尘		14～16	
	轻矿物粉尘		12～14	
	干型砂		11～13	
	煤灰、谷物粉尘		10～12	
	钢、铁尘末		13～15	
	棉絮、干微尘		8～10	
	水泥粉尘		12～22	
	钢、铁屑		19～23	
	灰土、砂尘		16～18	
	锯屑和刨屑		12～14	
	大块干木屑		14～15	
	干微尘		8～10	
	染料粉尘		14～18	
	大块湿木屑		18～20	
	麻(短纤维尘、杂质)		8～12	
锅炉烟气	烟尘	自然通风	3～5	砖
			8～10	钢板
		机械通风	6～8	砖
			10～15	钢板

(3)管道尺寸的确定

根据各管段的流量和选定的流速，确定各管段的截面尺寸。对于圆形管道而言，各管段的截面尺寸 d 可按下式计算

$$d=\sqrt{\frac{4Q}{\pi v}}\ \text{(m)} \tag{7-5-1}$$

式中 Q——流体体积流量，m^3/s；

v——管道内流体的平均流速，m/s。

由公式计算出的管径 d 应按统一规格进行调整。风管的截面尺寸应符合现行国家标准《通风与空调工程施工质量验收规范》(GB 50243)的有关规定，一般宜采用圆形、扁圆形或长、短边之比不大于 4 的矩形截面风管；矩形截面风管最大长、短边之比不应超过 10。

(4)压力损失的计算

从压力损失最大的管段开始计算，并计算总压力损失。按照产生阻力原因的不同，压力损失可分为沿程阻力损失和局部阻力损失。沿程阻力损失也称为摩擦阻力损失，主要是由于流体黏性和流体质点之间或流体与管壁之间的互相位移产生摩擦而引起的；局部阻力损失是流体流经管段中如三通、阀门、管道出入口及流量计等异形管件或设备时，由于流速大小和方向发生变化产生涡流而引起的。

1)摩擦阻力损失的计算

根据流体力学相关理论，气体流经截面不变的直管时，沿程阻力损失或摩擦阻力损失 Δp 可按下式计算

$$\Delta p=LR_m\ \text{(Pa)} \tag{7-5-2}$$

$$R_m=\frac{\lambda}{d}\times\frac{\rho v^2}{2} \tag{7-5-3}$$

式中 R_m——单位长度管段的摩擦阻力损失，简称比摩阻或比压损，Pa/m；

L——直管段的长度，m；

λ——摩擦阻力系数，无量纲；

d——圆形管段的直径，m；

ρ——管段内气体的密度，kg/m^3；

v——管段内气体的平均流速，m/s。

对于边长为 a 和 b 的矩形断面管段，可用速度当量直径 d_e 来代替 d。d_e 的含义是：当圆形管段与矩形管段的气流速度 v、摩擦阻力系数 λ、比摩阻或比压损 R_m 均相等时，该圆形管段的直径就称为矩形管段的速度当量直径，其计算公式如下

$$d_e=\frac{2ab}{a+b} \tag{7-5-4}$$

比摩阻值 R_m 的计算比较困难，在工程设计中，均按有关公式绘制成各种形式的计算表或线解图以供应查阅。图 7-5-3 是一种线解图，该图在大气压力为 101.3kPa、温度 20℃、空气密度 $\rho=1.24kg/m^3$，运动黏度系数 $\nu=15.06\times10^{-6}m^2/s$、管道内壁的粗糙度 $K\approx0$ 的条件下得出。只要知道气体流量、管道直径、气体流速、比摩阻及气体流动压这 5 个参数中的任意 2 个，便可从该图中查得另外 3 个参数。当实际计算条件与作图条件出入较大时，对查出的 R_m 值应加以修正。

①粗糙度的修正。摩擦阻力损失随管道内壁绝对粗糙度 K 的增大而增大，在净化系统

中使用各种材料制作风管，这些材料表面的绝对粗糙度 K 各不相同(其值列于表 7-5-3)。不同绝对粗糙度对应的比摩阻值可从相关参考书中查得。

表 7-5-3　各种材料通风管道内壁的绝对粗糙度 K

风道材料	绝对粗糙度 K/mm	风道材料	绝对粗糙度 K/mm
薄钢板或镀锌薄钢板	0.15～0.18	胶合板	1.0
塑料板	0.01～0.05	砖砌体	3.0～6.0
矿渣石膏板	1.0	混凝土	1.0～3.0
矿渣混凝土板	1.5	木板	0.2～1.0

②气体温度和大气压力的修正。

$$R'_m = K_t K_B R_m \tag{7-5-5}$$

$$K_t = \left(\frac{273+20}{273+t_a}\right)^{0.825} \tag{7-5-6}$$

$$K_B = \left(\frac{p}{101.3}\right)^{0.9} \tag{7-5-7}$$

式中　R'_m——修正后的比摩阻；

K_t——温度修正系数；

K_B——大气压力修正系数；

t_a——管内气体的实际温度，℃；

p——实际的大气压力，kPa。

2)局部阻力损失的计算

局部阻力损失可用阻力系数法和当量长度法两种方法进行计算。

①阻力系数法。

$$\Delta p_m = \zeta \frac{\rho v^2}{2} \tag{7-5-8}$$

式中　ζ——局部阻力损失系数；

v——异形管件处管道内的平均流速，m/s。

局部阻力损失系数 ζ 通常根据实验确定，实验时先测出管件前后的全压差(即该管件局部压力损失)，再除以相应的动压$\frac{\rho v^2}{2}$，即可求得 ζ 值。各种管件的局部阻力损失系数在有关设计手册中可以查到。

②当量长度法。摩擦阻力损失等于管件局部压力损失的相应直管段长度 l_d 称为当量长度，一般该法用于热力、煤气管道局部阻力损失的计算，计算公式如下

$$\Delta p_m = \zeta \frac{v^2 \rho}{2} = R_m l_d = \frac{\lambda}{d} \times \frac{v^2 \rho}{2} \times l_d \tag{7-5-9}$$

因此

$$l_d = \zeta \frac{d}{\lambda} \tag{7-5-10}$$

局部阻力损失当量长度 l_d 也可从有关手册中查到。

3)并联管道压力平衡的计算

风道系统应进行压力平衡(或水力平衡)计算：通风系统各并联环路压力损失的相对差额宜≤15%，除尘系统各并联环路压力损失的相对差额宜≤10%。否则，必须进行管径调整或增设调节装置(阀门、阻力圈等)，使其满足上述要求。通过调整管径来平衡压力的计算公式如下

$$d_2 = d_1 \left(\frac{\Delta p_1}{\Delta p_2}\right)^{0.225} \tag{7-5-11}$$

式中 d_1、d_2——调整前、后的管道直径，mm；

Δp_1——调整前的压力损失，Pa；

Δp_2——压力平衡基准值(若调整直管管径，即为干管的压力损失)，Pa。

4)系统总压力损失的计算

系统的总压力损失是摩擦阻力损失、局部阻力损失及各设备压力损失等之和，通过计算以上内容，便可以确定。

通风机采用定速时，通风机的压力在设计计算系统压力损失基础上宜附加10%～15%。通风机采用变速时，通风机的压力应以计算系统总压力损失作为额定压力。计算系统总压力损失时，过滤段应按终极阻力计算。采用再循环过滤系统，过滤装置的初阻力和终阻力之间的压降有较大差异时，宜设计与压差相关型变速风机系统。

(5)风机和电动机的选择

1)风机的选择

根据用途不同，通风机可分为输送一般气体的风机、高温风机、防爆风机、防腐风机、耐磨风机等，在选择时应注意以下问题：①根据含尘浓度、腐蚀性与爆炸性成分的含量、温度、湿度等输送气体的性质，来确定风机类型；②根据确定的风机类型以及所需风量、风压，来确定风机型号；③考虑到管道可能漏风，有些压力损失计算不够完善，选用风机的风量和风压应大于系统风量和风压的计算值。

风机的风量 Q_0 可按下式进行计算

$$Q_0 = (1+K_1)Q \ (\mathrm{m^3/h}) \tag{7-5-12}$$

式中 Q——管路系统的总风量，$\mathrm{m^3/h}$；

K_1——考虑系统(风管和设备)漏风时的安全系数，送、排风系统取0～0.1，除尘、消防排烟兼排风系统取0.1～0.20。

风机的风压 Δp_0 按下式计算

$$\Delta p_0 = (1+K_2)\Delta p \frac{\rho_0}{\rho} = (1+K_2)\Delta p \frac{T p_0}{T_0 p} \ (\mathrm{Pa}) \tag{7-5-13}$$

式中 Δp——管路系统的总阻力损失，Pa；

K_2——安全系数，一般管路取0.1～0.15，除尘管路取0.15～0.20；

ρ_0、p_0、T_0——风机性能表中给出的空气密度、压力、温度，通常 $p_0=101.326\mathrm{kPa}$，对于通风机 $T_0=293\ \mathrm{K}$、$\rho_0=1.2\mathrm{kg/m^3}$，对于引风机 $T_0=293\mathrm{K}$、$\rho_0=0.745\mathrm{kg/m^3}$；

ρ、p、T——计算运行工况下管路系统总阻力损失时所采用的气体密度、压力、温度。

设计工况下，风机的效率不应低于其最高效率的90%，其能效比应符合国家标准《通风机能效限定值及能效等级》(GB 19761)的现行规定。兼用消防排烟的风机应符合国家标准

《建筑设计防火规范》(GB 50016)的现行规定。当通风系统的风量或阻力较大，采用单台通风机不能满足使用要求时，宜采用并联或串联安装，并应符合现行国家标准的有关规定。

2)电动机的选择。电动机的功率 N_e 可按下式计算

$$N_e=\frac{Q_0\Delta p_0 K}{3600\times1000\eta_1\eta_2}\ (\mathrm{kW}) \tag{7-5-14}$$

式中 K——电动机的备用系数，对功率为 2～5kW 的通风机取 1.2，功率大于 5kW 的通风机取 1.15，对于引风机取 1.3；

η_1——风机的全压效率，常取为 0.5～0.7；

η_2——机械传动效率，一般直联传动取 1，联轴器传动取 0.98，三角皮带传动取 0.95。

三、气体输送管路的保护

1. 净化系统的防爆

处理含有可燃物(如可燃气体、可燃粉尘等)的气体时，极易引起燃烧或爆炸，相应的净化系统必须采用充分可靠的防火防爆措施。一般而言，为了防止爆炸的发生，可使可燃物的浓度处于爆炸极限浓度范围之外或者消除一切导致着火的火源，此外还要考虑其他辅助措施。一般常用的防火防爆措施有：设备密闭与厂房通风、利用惰性气体、消除火源、监控可燃混合物成分、采取阻火与泄爆措施，等。

尤其需要强调的是，在含有易燃易爆危险物质的有限空间中，应采用防爆型通风设备；当送风机设置在单独的通风机房内且送风干管上设置有防爆型止回阀时，可采用非防爆型通风设备。排出、输送有燃烧或爆炸危险混合物的通风设备和风管，均应采取防静电接地措施，不应采用容易集聚静电的绝缘材料制作。电加热器前后各 800mm 范围内的风管和穿过设有火源等容易起火房间的风管及其保温材料均应采用不燃材料。直接排出室外的排风系统，排风口宜设置防雨风帽。

2. 净化系统的防腐

由于气体净化系统中的大多数设备和管道采用金属材料制成，若被腐蚀就会缩短使用年限，严重时会造成跑、冒、滴、漏等事故，因此应考虑防腐。应采用不易受腐蚀的材料制作设备或管道，或在金属表面上覆盖一层坚固的保护膜。

①在防腐材料的选择上，一般采用各种不同成分和结构的金属材料(如钢、铸铁、高硅铁等)，耐腐无机材料(如陶瓷材料、低钙铝酸盐水泥、高铝水泥等)，耐腐有机材料(如聚氯乙烯、氟塑料、橡胶、玻璃钢等)。

②常用的金属表面覆盖保护层措施有涂料保护、金属喷镀、金属电镀、橡胶衬里等。

3. 净化系统的防振防磨

(1)防振

与通风机等振动设备连接的风管，应符合现行国家标准《民用建筑供暖通风与空气调节设计规范》(GB 50736)的有关规定。机械不仅会引起噪声，而且当机械系统的固有频率与隔振系统的固有频率接近时，会发生共振，造成设备损失。常用的措施有：

①隔振。隔振是防止机器与其他结构刚性连接，通过弹性材料或减振器降低振动的传递。常采用的风机减振器有JG型剪切减振器、Z型圆锥形减振器、TJ1型弹簧减振器等。

②减振。为减少设备振动随管路传输，在设备进出口管路上应设置减振软接头。减振吊钩可用作通风机、水泵连接的风管、水管的减振元件，以减小设备振动对周围环境的影响。

(2)防磨

通常采取的防磨措施，是针对粉尘对金属的磨损而言的。影响磨损的因素有粉尘性质、金属性质以及输送条件等，可以有针对性地采取措施。

第八章　过程设备设计制造与过程控制系统

过程设备是“过程工业”生产工艺过程中的重要组成部分，典型的过程设备包括储存设备、换热设备、塔设备和反应设备等。环境污染控制工程主要针对水、气、固和声波等“流程性物质”的处理处置，从某种程度上讲符合“过程工业”的定义，相当一部分环保设备从某种程度上讲具有过程设备的属性，诸如塔设备、换热设备、反应设备等在本书前面的章节中已经有所涉及。另外，环境污染控制工程项目的工艺过程一般比较复杂，现场检测控制设备较多且配置分散，不仅要满足处理工艺过程的控制要求，还需要通过智能化和信息化进行管理决策。

§8.1　钢制容器的结构分类与设计制造

在环境污染控制工程中，不仅会涉及气态、液态或固态物料的收集储存，有时还会涉及吸收、吸附、萃取、离子交换等热质交换工艺，这些都要使用容器(包括塔式容器)以提供储存或反应空间。另外，随着环保设备设计制造水平的不断提高，以及一体化、组合式、移动式环境污染治理工艺的不断提出，采用金属材料制造的容器类设备也越来越多。一般而言，容器类设备可以在制造厂内按统一的规格、型号和技术标准组织生产，出厂前都会经过相应的质量检验。即使是大型容器需要在现场拼装时，仍可在工厂内预制零部件，完成大部分加工工作量，从而保持工厂化生产的大部分优势。

一、容器的结构与分类

1. 压力容器的结构与分类

容器一般由筒体(壳体)、封头(端盖)、法兰、支座、接管等组成，总体可分为常压容器和压力容器两大类。与常压容器相比，压力容器不仅在结构上有较大差别，而且在设计原理方面也有所不同。压力容器一般泛指最高工作压力≥0.1MPa(不包括液体静压力)，用于完成反应、换热、吸收、萃取、分离和储存等生产工艺过程，并能承受一定压力的密闭容器。另外，受外压(或负压)的容器和真空容器也属于压力容器。容器的分类方法很多，可以按照承压性质、容器形状、制造材料、制造和监察方法等进行分类。

(1)按承压性质分

按承压性质可分为内压容器和外压容器，内压容器的内部介质压力大于外界压力。内压容器按其设计压力 p 可分为低压容器(0.1MPa≤p<1.6MPa)、中压容器(1.6MPa≤p<10MPa)、高压容器(10MPa≤p<100MPa)和超高压容器(p≥100MPa)。在环境污染控制工程领域，内压容器应用较多且一般属于低、中压容器的范畴。例如，加压溶气气浮系统中压力溶气罐(饱和溶气罐)的工作压力一般为0.25～0.4MPa，罐内大部分介质为液体而上部介质为空气；离子交换器、压力过滤器、活性炭吸附床、吸收塔等的工作压力都大于0.1MPa。当然，湿式氧化(WO)装置(工作压力0.5～20MPa)、超临界水氧化(SCWO)装置(工作压力22.05MPa)则属于高压容器的范畴。

当容器内部介质压力小于外界压力时称为外压容器，与内压容器设计时主要考虑强度问题不同，外压容器设计时主要应考虑壳体的稳定性问题。

(2)按容器形状分

按容器形状分为方(矩)形、球形、圆筒(柱)形等3类。方(矩)形容器由平板焊成，制造简单，但承压能力差，只用于小型低压储槽。球形容器由数块弓形板拼焊而成，承压能力好，但由于内部构件安置不便，制造稍难，一般多用于承压的储罐。圆筒(柱)形容器由圆柱形筒体和各种形状的封头组成，制造较为容易，便于安装各种内部构件，而且承压性能较好，因此这类容器应用最为广泛。

(3)按制造材料分

按制造材料分为金属容器和非金属容器两大类。常用于制作容器的金属材料有低碳钢、普通低合金钢、铸铁、有色金属等，当介质腐蚀性较强时可使用不锈钢、不锈复合钢板或铝制钢板。常用于制作容器的非金属材料有聚氯乙烯、玻璃钢、陶瓷、不透性石墨、橡胶等，非金属材料既可制作容器的衬里，又可作为独立的构件。

(4)按制造和监察方法分

根据制造方法的不同，容器可分为焊接容器、铆接容器、铸造容器、锻造容器、热套容器、多层包扎容器和绕带容器等。由于压力容器是一种在各种介质和环境(有时十分苛刻)条件下工作的承压设备，一旦发生事故后果非常严重。为安全生产起见，国家颁发了《锅炉压力容器安全监察暂行条例》、《固定式压力容器安全技术监察规程》(TSG 21)等技术法规以及压力容器国家标准，部分行业还颁布有压力容器行业标准。《固定式压力容器安全技术监察规程》将容器分为一、二、三类，规定实行监察的压力容器同时具备下列三个条件：①正常工况下容器顶部可能达到的最高工作压力≥0.1MPa(不含液体静压力，下同)；②容积≥$0.03m^3$，且内直径(非圆形截面指截面内边界最大几何尺寸)≥0.15m；③盛装介质为气体、液化气体以及介质最高工作温度≥其标准沸点的液体。容器内介质为最高工作温度低于其标准沸点的液体时，如果气相空间的容积≥$0.03m^3$ 时，也属于监察的范围；压力容器所用的安全附件及仪表，也属于监察的范围。

属于下列情况之一的压力容器划归第三类：①高压容器；②中压容器(仅限毒性程度为极度和高度危害介质)；③中压储存容器[仅限易燃或毒性程度为中度危害介质，且 pV 乘积(即工作压力×容积，下同)≥$10MPa \cdot m^3$]；④中压反应容器(仅限易燃或毒性程度为中度危害介质，且 pV 乘积≥$0.5MPa \cdot m^3$)；⑤低压容器(仅限毒性程度为极度和高度危害介质，且 pV 乘积≥$0.2MPa \cdot m^3$)；⑥高压、中压管壳式余热锅炉；⑦中压搪玻璃压力容器；⑧使用强度级别较高(指相应标准中抗拉强度规定值下限≥540MPa)材料制造的压力容器；⑨移动式压力容器，包括铁路罐车(介质为液化气体、低温液体)、罐式汽车和罐式集装箱(介质为液化气体、低温液体)等；⑩球形储罐(容积 $V \geq 50m^3$)；⑪低温液体储存容器(容积 $V > 5m^3$)。

属于下列情况之一的压力容器划归第二类(满足上述第三类压力容器规定的除外)：①中压容器；②低压容器(仅限毒性程度为极度和高度危害介质)；③低压反应容器和低压储存容器(仅限易燃介质或毒性程度为中度危害介质)；④低压管壳式余热锅炉；⑤低压搪瓷玻璃压力容器。

低压容器划归第一类，满足上述第三类、第二类压力容器规定的除外。

此外，按容器的设计温度(壁温 T_D)分为：低温容器($T_D \leq -20℃$)、常温容器($-20℃ < T_D < 150℃$)、中温容器($150℃ \leq T_D < 400℃$)、高温容器($T_D \geq 400℃$)；按容器

在生产工艺过程中的作用原理分为：反应容器(代号为 R)、换热容器(代号为 E)、分离容器(代号为 S)、储存容器(代号为 C，其中球罐代号为 B)；按容器的使用方式分为：固定式容器和移动式容器。

需要强调指出的是，作为用于实现液相单相反应过程和液-液、气-液、液-固、气-液-固等多相反应过程的设备，反应器常见类型有管式、釜式、带固体颗粒床层、塔式、喷射式以及其他多种非典型反应器(如回转窑、曝气池等)，可根据反应器本体的具体工况进行相应设计。

2. 常压容器的适用范围

从字面直观理解，常压容器应该是指只承受物料静压并与大气连通的容器。为了与压力容器的范围相衔接，《常压容器　第 1 部分：钢制焊接常压容器》(NB/T 47003.1)规定其适用的容器范围为：①设计压力 p_D 为－0.02～0.1MPa、设计温度范围按钢材允许使用温度确定的圆筒形容器；②设计压力为零，设计温度范围按钢材允许使用温度确定的矩形容器。

在环境污染控制工程领域有相当一部分构筑物或容器都属于常压容器。例如，各种物料的储罐，包括污水、废气、固体废弃物以及各种药剂的储罐；各种仅承受液体静压的常压反应器的外壳，如接触氧化池等好氧生物处理反应池的池体、一体化净水装置和普通过滤器的壳体。由于城市污水处理的生化反应大都在常压、常温条件下进行，即使有一些厌氧生化反应为了收集产生的沼气而将反应器密封起来，反应器内的压力也非常低，往往远低于0.1MPa 的限值。

需要强调指出的是，搅拌设备作为一种重要的过程单元设备，从结构上通常可分为搅拌机、搅拌容器、支撑组件三个部分。搅拌机由搅拌器、搅拌轴及其密封组件、传动机构等组成，搅拌容器由筒体、换热组件(也可以没有)及内构件等组成。反应釜是搅拌设备的典型代表，广义理解即有物理或化学反应的搅拌设备，分开式和闭式两大类，开式反应釜的搅拌容器按照常压容器设计，闭式反应釜的搅拌容器按照压力容器设计。

3. 塔式容器的结构与分类

钢制塔式容器是指在我国有关容器的规范中，高度大于 10m 且高径比大于 5 的钢制圆筒形容器。

钢制塔式容器的总体结构包括塔体(多由筒节、封头组成)、内件(由塔盘或填料支撑等组成)、支座(常用裙式支座)及附件(包括人孔、手孔、各种接管，以及塔外的操作平台、扶梯等)。塔式容器的分类方法比较多：①按操作压力可分为常压塔、加压塔及减压塔等；②按内件结构可分为填料塔、板式塔、喷淋塔等；③按单元操作过程可分为精馏塔、吸收塔、萃取塔、反应塔等。例如，在水污染控制工程领域，生物接触氧化塔(或淹没式生物滤池)由用普通碳钢板焊接成的塔体及塔内装半软性填料组成，也可采用非金属材料制作塔体并埋设于地表以下；连续式活性炭吸附设备包括固定床、移动床、模拟移动床及流化床等。

二、钢制容器设计的基本要求

钢制容器的设计，就是根据给定的性能要求、工艺参数和操作条件，确定容器的结构形式，选择合适的材料，计算容器主要承压元件的尺寸，后给出容器及其零部件的图纸，并提出相应的技术条件。正确完整的设计应保证完成工艺生产，保证运行安全可靠和使用寿命，保证制造、检验、安装、操作及维修方便易行、经济合理等要求。钢制容器设计中的关键问题是力学问题，即强度、刚度及稳定性问题。

1. 容器设计的基本要求

(1)工艺要求

容器的总体尺寸，接口管的数目与位置，介质的工作压力，填料的种类、规格、厚度等，一般根据工艺生产的要求通过工艺设计计算及生产经验决定。

(2)结构设计的要求

①强度。容器结构在外载荷作用下，不会因应力过大而发生破裂或由于过度变形而丧失其功用，亦即在外载荷作用下容器结构内产生的应力不大于材料的许用应力值。进行强度分析时，要对危险点处于复杂应力状态的构件进行强度计算，当然首先就需要知道是什么因素促使材料发生某一类型的破坏。

②刚度。容器抵抗外力使其不发生变形的能力，以防止在操作、运输或安装过程中产生不允许的变形。

③稳定性。容器或容器构件在外力作用下维持其原有形状的能力，以防止在外力作用下容器被压瘪或出现褶皱。

④严密性。容器必须具有足够的严密性，特别是承压容器和储存、处理有毒介质的容器应具有良好严密性。

⑤抗腐蚀性和抗冲刷性。容器的材料及其构件和填充的填料要能有效抵抗介质腐蚀和水流冲刷，以保持容器具有较长的使用年限。

2. 塔式容器设计的基本要求

(1)工艺及结构的要求

①气-液两相或液-固两相充分接触，传质、传热效率高，分离效率高；

②气-液两相或液-固两相处理量大，即生产能力大；

③适应能力强及操作弹性大，即当负荷波动较大时，仍能在较高效率下进行稳定的操作；

④流体流动阻力小，即压强降小；

⑤结构简单可靠，材料耗用量少，以达到降低设备投资的目的；

⑥易于制造，便于安装、使用和检修。

(2)结构设计的要求

在保证满足工艺条件的前提下，应使塔式容器具有足够的强度、刚度、稳定性和密封性。

安装在室外且采用自支承裙式支座的钢制塔式容器，可按《塔式容器》(NB/T 47041)设计。设计时除了计算压力载荷外，还需考虑液柱静压、容器及其附件重量、悬挂件的偏心载荷和风载荷，安装在地震烈度大于 7 级地区时应计入地震载荷。

3. 零部件的标准化

为了便于设计，利于成批生产，提高劳动生产率、产品质量和互换性，国内外相关部门对容器的零部件(例如封头、法兰、支座、人孔、视镜、液面计等)进行了标准化、系列化工作。容器零部件标准的最基本参数是公称直径 DN 与公称压力 PN。

(1)公称直径

指标准化以后的标准直径，以 DN 表示，单位为 mm。例如内径 ϕ800mm 的容器的公称直径标记为 $DN800$。

①压力容器的公称直径。用钢板卷焊制成的筒体，其公称直径指内径，《压力容器公称直径》(GB/T 9019)规定的公称直径系列如表 8－1－1 所示；若容器直径较小，筒体可直接

采用无缝钢管制作，则公称直径指钢管外径，有 159mm、219mm、273mm、325mm、377mm、426mm 等系列。设计时，应将工艺计算初步确定的设备直径，圆整为符合以上规定的公称直径。

表 8-1-1 《压力容器公称直径》(GB/T 9019)规定的公称直径系列 mm

300	(350)	400	(450)	500	(550)	600	(650)	700	(750)
800	900	1000	(1100)	1200	(1300)	1400	(1500)	1600	(1700)
1800	(1900)	2000	(2100)	2200	(2300)	2400	2500	2600	2800
3000	3200	3400	3500	3600	3800	4000	4200	4400	4500
4600	4800	5000	5000	5400	5500	5600	5800	6000	—

②容器零部件的公称直径。有些零部件如法兰、支座等，其公称直径指与其相配筒体、封头的公称直径。例如，*DN*1000 法兰是指与 *DN*1000 筒体(容器)或封头相配的法兰，*DN*1000 鞍座是指支承 *DN*1000mm 容器的鞍式支座。还有一些零部件的公称直径用与其相配管子的公称直径表示，例如 *DN*200 管法兰是指连接 *DN*200mm 管子的管法兰。另有一些容器零部件，其公称直径指结构中的某一重要尺寸，如视镜的视孔、填料箱的轴径等。例如，*DN*80 视镜是指其窥视孔的直径为 ϕ80mm。

(2)公称压力

容器及管道的操作压力经标准化以后的标准压力称为公称压力，以 *PN* 表示，单位为 MPa。由于工作压力不同，相同公称直径的压力容器其筒体和零部件的尺寸也就不同。为了使容器的零部件标准化、通用化、系列化，必须将其承受的压力范围分为若干个标准压力等级，即公称压力。表 8-1-2 列出了压力容器法兰与管法兰的公称压力。

表 8-1-2 压力容器法兰与管法兰的公称压力系列 MPa

压力容器法兰	0.25	0.6	1.0	1.6	2.5	4.0	6.4	—	—	—
管法兰	0.25	0.6	1.0	1.6	2.5	4.0	5.0	10	15	25

设计时如果选用标准零部件，必须将操作温度下的最高操作压力(或设计压力)调整为所规定的某一公称压力等级，然后根据 *DN* 与 *PN* 选定该零部件的尺寸。如果零件不选用标准零部件，而是自行设计，设计压力就不必符合规定的公称压力。

(3)容器的设计标准

容器标准是全面总结容器生产、设计、安全等方面的经验，不断纳入新科技成果而产生的，是容器设计、制造、验收等必须遵循的准则。容器标准涉及设计方法、选材及制造、检验方法。中国压力容器设计主要依据全国锅炉压力容器标准化技术委员会制定的《压力容器》(GB/T 150.1～150.4)、《压力容器术语》(GB/T 26929)、《热交换器》(GB/T 151)、《钢制球形储罐》(GB/T 12337)、《压力容器波形膨胀节》(GB/T 16749)等《压力容器》(GB/T 150.1～150.4)包括压力容器板壳元件计算、容器结构要素的确定，密封设计、超压泄放装置的设置以及容器的制造与验收的要求等，是压力容器设计、制造、检验与验收的综合性国家标准；是确保压力容器结构强度、结构稳定和结构刚度，以达到安全使用所遵循的基本技术要求。除国家标准之外，部分行业还针对压力容器颁布了行业推荐性标准，如国家能源局颁布的《塔式容器》(NB/T 47041)、《卧式容器》(NB/T 47042)、《容器支座》(NB/T 47065.1～47065.5)、《常压容器　第 1 部分：钢制焊接常压容器》(NB/T 47003.1)，工业和信息化部颁布的《钢制化工容器强度计算规范》(HG/T 20582)等。

世界各主要工业化国家都制定有与自身国情和科技水平相对应的压力容器设计标准，如美国机械工程师学会(ASME)和美国国家标准学会(ANSI)联合颁布的《锅炉及压力容器规范》(如 ASME BPVT—2021)第Ⅷ卷，英国标准学会(British Standards Institution，BSI)颁布的《非直接火熔焊压力容器》(PD 5500：2018)，德国压力容器规范 AD 2000 - Merkblatt A 2 (2015 - 04)(E)，日本工业标准调查会(JISC)颁布的日本工业标准(Japan Industrial Standards，JIS)《压力容器构造——一般事项》(JIS B 8265：2017)等。客观而言，ASME 规范技术先进，修订及时，能迅速反映压力容器科技发展的最新成果，是世界上影响最大的一部规范。ASME 规范现有 11 卷共计 22 册，另外还有两册规范案例，与压力容器密切相关的有：第Ⅱ卷材料、第Ⅴ卷无损检验、第Ⅷ卷压力容器及第Ⅸ卷焊接及钎焊评定。

三、钢制容器设计的相关参数

1. 压力

(1)工作压力

指在正常工作情况下，容器顶部可能达到的最高压力。

(2)设计压力

指设定的容器顶部的最高压力，与相应的设计温度一起作为设计载荷条件，其值不低于工作压力。容器上装有超压泄放装置时，例如使用安全阀，设计压力不小于安全阀的开启压力，一般取容器工作压力的 1.05～1.10 倍；使用爆破膜作为安全装置时，根据爆破膜片的类型确定，一般取工作压力的 1.15～1.30 倍作为设计压力。

(3)计算压力

指在相应的设计温度下，用以确定容器元件厚度的压力，其中包括液柱静压力。当容器内盛有液体物料时，若元件所承受的液柱静压力小于 5%设计压力时，可忽略不计。对于无液柱静压力的内压容器，计算压力即设计压力。

2. 温度

(1)设计温度

指容器在正常工作情况下，设定的元件的金属温度(沿元件金属截面的温度平均值)。设计温度虽然不作为计算参数出现，但却是确定材料许用应力以选择材料的重要依据，因此设计温度与设计压力一起作为设计载荷条件。

标志在容器铭牌上的设计温度应是壳体设计温度的最高值或最低值(－20℃以下时)，容器的工作温度不得高于或低于这一温度值。

(2)试验温度

指压力试验时金属壳体的温度，以避免在压力试验时金属温度过低而引起脆性断裂。我国压力容器标准中规定了各种材料的最低试验温度。

3. 许用应力[σ]

许用应力 [σ] 是压力容器设计的一个重要参数，是以材料的强度指标 σ^0 为基础，考虑其他不能确切估量的危险因素而确定的材料允许的承载能力，计算公式为

$$[\sigma]=\frac{\sigma^0}{n} \qquad (8-1-1)$$

式中　n——材料安全系数(其值可查阅相关资料)。

设计时的最低许用应力值可以从《压力容器》(GB/T 150.1～150.4)或其他材料手册中直接查取。

4. 焊接接头系数 φ

焊接接头系数又称焊缝系数，是考虑焊接工艺过程对材料强度影响而引入的系数，其值可按表 8-1-3 的规定选取。

表 8-1-3　焊缝系数

焊接接头形式	焊缝系数 φ	
双面焊对接接头和相当于双面焊的全焊透对接接头	100%无损检测	局部无损检测
	1.00	0.85
单面焊对接接头(沿焊缝根部全长有紧贴基体金属的垫板)	100%无损检测	局部无损检测
	0.9	0.8

5. 厚度附加量

厚度附加量是指在满足强度要求计算出的厚度之外，考虑其他因素而额外增加的厚度量，包括钢板负偏差(或钢管负偏差)C_1、腐蚀裕量 C_2，即 $C=C_1+C_2$。

C_1 按相应钢板(或钢管)的标准选取，单位为 mm，见表 8-1-4。

表 8-1-4　钢板负偏差　　mm

钢板厚度	2	2.2	2.5	2.8～3.0	3.2～3.5	3.8～4	4.5～5.5
负偏差	0.18	0.19	0.2	0.22	0.25	0.3	0.5
钢板厚度	6～7	8～25	26～30	32～34	36～40	42～50	52～60
负偏差	0.6	0.8	0.9	1	1.1	1.2	1.3

腐蚀裕量 C_2 应根据各种钢材在不同介质中的腐蚀速率和容器设计寿命确定。环保设备用的塔器及反应器类容器一般按 20 年考虑。

当腐蚀速率≤0.05mm/a(包括大气腐蚀)时，碳素钢和低合金钢单面腐蚀取 $C_2=1$mm，双面腐蚀取 $C_2=2$mm，不锈钢取 $C_2=0$；当腐蚀速率大于 0.05mm/年时，单面腐蚀取 $C_2=2$mm，双面腐蚀取 $C_2=4$mm。

四、过程设备计算机辅助设计

随着计算机软硬件技术的快速发展，计算机辅助设计(CAD)在过程设备设计中得到了广泛应用，也为非过程装备类专业科班出身的技术人员开展相关设计工作提供了快捷工具和得力助手。由于世界各主要国家对过程设备设计、制造及检验都有自己的标准和规范要求，因此相应过程设备 CAD 软件的内容也不尽相同。

1. 国外代表性过程设备 CAD 软件

国外代表性的过程设备 CAD 软件包括：①美国 Intergraph CADWorx & Analysis Solutions 公司开发的智能化工厂设计模拟软件 CADWorx® Plant Design Suite、管道应力分析软件 Intergraph CAESAR Ⅱ®、石油储罐设计分析软件 Intergraph TANK™ 等；②Hexagon AB 公司(海克斯康)的压力容器和换热器设计、分析和评估软件 PV Elite®；③美国 Codeware 公司开发的美国机械工程师学会(ASME)压力容器和换热器软件 COMPRESS®、美国石油学会(API)510 和 579 软件 INSPECT® 等。

压力容器和换热器设计、分析和评估软件 PV Elite® 包括结构分析模块和容器造型模块，且内置压力容器构件设计和分析模块(CodeCalc)，能进行塔类、容器、换热器以及零部件的设计和结构分析，能够绘制 CAD 工程图以及自动生成材料表和管口信息表，并提供有与其他主流有限元分析、基础设计和绘图软件的接口。最新的 2020 版增加了 160 多项新功能以提高工作效率，具体更新内容包括：更新支持中国风载荷规范 GB 50009；更新支持 PD 5500 2019 规范；更新支持与管板邻近接管的规则；更新 ASME B16.5/16.47 版本信息；在接管输入对话框中，更新法兰系列下拉选项显示；更新支持 ASME Ⅷ-2 水压试验及气压试验应力极限要求(8.1.3.1)；ASME Ⅷ-2 规范更新；更新 ASME 材料数据库，区分最小和最大厚度；更新支持 ASME PCC-1 附录 0(装配螺栓应力)及 WRC 538(装配螺栓载荷)的计算；更新 UG-20(f)对法兰热处理及细晶粒的规定，修订 UCS 66 中 ANSI 法兰应力比计算 MDMT 降低的应用；更新支持 ASME Ⅷ-1&2 规范其他规定。压力容器和换热器软件 COMPRESS® 依据 ASME Ⅷ Division 1&2、TEMA(美国管壳式换热器标准)、UHX 规范等编制而成，考虑内外压、风力、地震和其他外部载荷，程序内置所有 ASME 材料、美国钢结构协会(AISC)结构属性、有限元分析模块等多种支撑类型，能进行塔类、容器、换热器、零部件的设计和有限元分析。COMPRESS® 具有许多帮助窗口和友好的压力容器设计向导，能够帮助用户通过提供最少量的容器参数快捷创建标准容器，能够绘制 CAD 工程图以及自动生成材料表和管口信息表。

2. 国内代表性过程设备 CAD 软件

国内过程设备 CAD 软件先后出现了过程设备强度计算软件包 SW6、化工设备 CAD 施工图软件包 PVCAD、压力容器设计技术条件专家系统 PVDS、化工设备标准零部件绘图软件包 ComCAD、拱顶罐辅助设计软件包 TANK、压力容器分析设计软件 VAS、石油化工静设备计算机辅助设计桌面系统 PV Desktop、石油化工静设备计算机辅助设计系统 VCAD、压力容器强度计算软件 Lansys 等，其中 SW6 软件包已成为技术人员进行设备设计、方案比较、在役设备强度评定等工作所不可缺少的重要工具。

SW6 软件包由全国化工设备设计技术中心站于 20 世纪 80 年代组织全国相关重点高校、设计院和科研院所联合开发，早期为 DOS 版；1998 年 10 月正式发行 Windows 单机版和网络版；随着《压力容器》(GB/T 150.1～150.4)正式发布，2011 年 3 月正式发布了 SW6-2011 v1.0 版。自 2014 年以来，随着《塔式容器》(NB/T 47041)、《卧式容器》(NB/T 47042)、《热交换器》(GB/T 151)和《钢制球形储罐》(GB 12337)等四个标准的相继更新和发布，全国化工设备设计技术中心站对 SW6-2011 软件包的设计计算内容又进行了大幅修改和调整，目前的最新版本为 2021 年 7 月 27 日发行的 SW6-2011 V5.0 版。

SW6-2011 V5.0 版软件包共有 11 个设备级计算程序、1 个零部件计算程序和 1 个用户材料数据库管理程序。如图 8-1-1 所示，软件安装完毕后会在开始菜单形成对应于这 13 个程序的一组快捷方式图标，用户点击任意图标就能运行该程序；用户在使用软件的过程中，可以直接按 F1 获得在线帮助。为了便于用户保存管理文档，输出数据的文件主名和存放路径由用户指定。SW6-2011 对每一种设备和零部件的数据文件都规定了一个后缀名，具体如表 8-1-5 所示。SW6-2011 的使用和数据存放都是以一个设备为基础，每一个设备计算程序既可以进行设备的整体计算，也可以进行该设备中某一个零部件的单独计算。

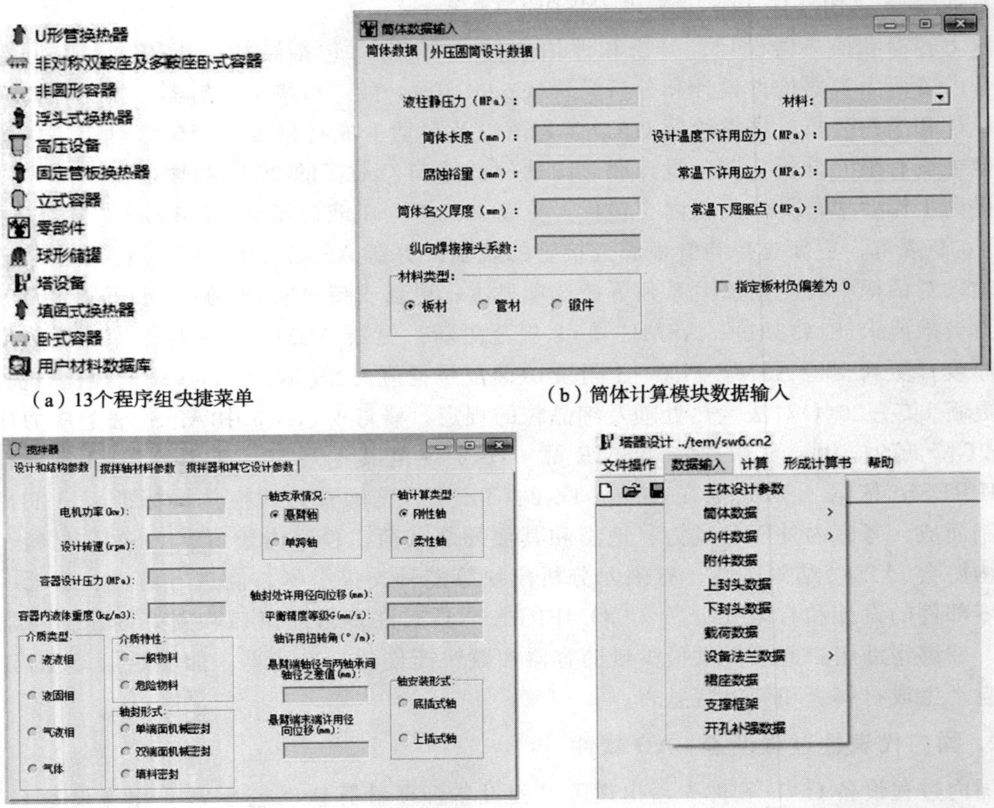

(a) 13个程序组快捷菜单　　(b) 筒体计算模块数据输入

(c) 立式容器搅拌轴设计和结构参数输入　　(d) 开始塔器计算

图 8-1-1　SW6-2011 V5.0 版软件包运行时的相关界面

表 8-1-5　各程序输出文件后缀名

程序计算内容	数据文件后缀名	程序计算内容	数据文件后缀名
塔设备	.cn2	浮头式换热器	.fe2
卧式容器	.ht2	填函式换热器	.ef2
非圆形容器	.nc2	固定管板换热器	.fx3
高压设备	.hp2	U形管换热器	.ue3
球形储罐	.sp3	零部件	.pa2
非对称双鞍座及多鞍座卧式容器	.msd	带夹套立式容器(带或不带搅拌)	.ra2

在 SW6-2011 V5.0 版的每一个设备计算程序中，都包含着该设备所常见的零部件计算，如立式容器计算程序中包含了筒体、各种封头、夹套、设备法兰、开孔补强、搅拌轴及支座的计算。如果设计人员想要知道卧式鞍座的应力及其所引起的筒体应力，则应运行卧式容器计算程序来进行计算得到。同理，若要进行膨胀节的刚度和强度校核，就应运行固定管板换热器计算程序。在该软件的零部件计算程序中，包含了一些在大部分设备设计中较少考虑的零部件以及 4 个最常用零部件的计算内容，它们分别是：筒体、封头、法兰(GB/T 150 中的计算方法和 HG/T 20582 的“法兰设计的另一方法”)、开孔补强、卡箍结构、三通、单斜和多斜弯管、内压弯头、焊接环形垫片密封法兰、带法兰凸形封头、局部应力计算、凸缘、筋板加强的圆平盖、半圆管夹套、齿啮式卡箍、整体式卡箍、拉撑管板、挠性管板、透

镜垫密封。除了前面4个最常用的结构之外，其他的结构不包含在任何一个设备计算程序中。因此，如要进行这些结构的计算，必须运行零部件计算程序。

由于SW6-2011 V5.0版软件包以不同的设备为基础，又能够对设备中的零部件进行单独计算，因此各零部件输入数据中有关设备的设计数据值保持一致。例如，在筒体计算时需要输入设计压力和液柱静压力，在法兰计算时也需输入设计压力和液柱静压力。如果在筒体数据输入时已经输入了这两个值，则在法兰数据输入时这两个值会自动显示在数据输入框内。同样地，如果在法兰数据输入时修改了这两个值，那么包括筒体在内其他零部件的设计压力和液柱静压力都会随之改变。因此，建议在数据输入或零部件计算时，应从筒体、封头等最基本的零部件开始，以方便操作。计算结果将以两种形式输出：一种是将屏幕上所显示的简单结果直接打印，这种形式主要方便设计人员在使用本软件时能快速打印结果以调整数据反复运算；另一种是通过WORD以表格形式打印输出或作为文件存放，这种形式将使存档文本显得更加规范。

总之，SW6-2011 V5.0版软件包对有压力容器设计一般性需求，但非过程装备类专业科班出身的技术人员而言，不仅意味着设计过程的快捷化，而且意味着不需要通过培训即能进行操作。

五、大型常压罐体的设计与建造

1. 常压罐体的设计制造

国家行政部门对常压容器的监督不如压力容器严格，要求设计、制造单位应具备健全的质量管理体系。设计单位应对设计文件(一般包括设计计算书和设计图样)的正确性、完整性负责，制造单位应按照设计图样要求进行容器制造。若需修改原设计，应取得原设计单位的认可。制造单位的检验部门在容器制造过程中和完工后，应按《常压容器　第1部分：钢制焊接常压容器》(NB/T 47003.1)的最新规定和设计图样要求，对容器进行各项具体检验和试验，出具检验报告，并对检验报告的准确性和完整性负责。NB/T 47003.1适用的容器范围为，①圆筒形容器的设计压力大于－0.02MPa、小于0.1MPa，设计温度范围按钢材允许的使用温度确定；②矩形容器的设计压力为零，设计温度范围按钢材允许的使用温度确定。

设计常压容器时应考虑以下载荷：①设计压力；②液柱静压力；③容器自重(包括内件和填料等)以及在正常工作条件或试验状态下内装物料(或试压液体)的重力载荷，以及固体粉、粒料导致的摩擦力等；④附属设备及隔热材料、衬里、管道、扶梯、平台等的自重载荷；⑤雪载荷、风载荷及地震载荷。必要时还应考虑以下载荷的影响：⑥来自支承、连接管道及其他部件引起的作用力；⑦由于热膨胀不同引起的作用力；⑧运输、安装、维修时容器承受的作用力。

钢制焊接常压容器的最小厚度指不包括腐蚀裕量的圆筒最小厚度(对碳素钢及低合金钢为3mm，对高合金钢为2mm)，计算厚度指按相关公式计算所得到的厚度，设计厚度指以计算厚度与最小厚度二者中较大值与腐蚀裕量之和。名义厚度指设计厚度加上钢材厚度负偏差后，向上圆整至钢材标准规格的厚度，即标注在图样上的厚度。当计算厚度小于最小厚度时，其名义厚度可不考虑钢材厚度负偏差。容器制造单位应根据制造工艺条件，并考虑板材的实际厚度自行确定加工裕量，以确保容器产品各部位的实际厚度不小于该部位的名义厚度减去钢材厚度负偏差。

常规钢制罐体的生产工艺包括设计选材、预制加工、焊接组装、验收检查等，大型立式储罐预制加工主要针对底板、壁板、顶板、筋板、附件(加强圈、包边角钢等)进行，不仅因采用焊接成形需要提前做好坡口等导致预制工作量大幅增加，而且现场施工作业周期长。具体可参见《立式圆筒形钢制焊接储罐施工规范》(GB 50128)、《立式圆筒形钢制焊接油罐设计规范》(GB 50341)等标准的最新规定。

2. Lipp 制罐技术

(1)成形原理

德国利浦(Lipp)公司双折边螺旋咬合制罐技术是德国发明家 Xaver Lipp 的专利技术，应用金属塑性加工中的加工硬化原理和薄壳结构原理，将 2～4mm 厚的不锈钢复合板、高强度镀锌或镀搪瓷钢板建造成体积为 100～5000m^3 的圆筒形反应器。具有施工周期短、造价较低、质量高等优点，施工周期比传统施工方式缩短 60%，罐体自重仅为混凝土罐的 10%，比普通钢板罐节省材料达 50%以上，而且耐腐蚀，不需保养维修，使用寿命能达 20 年以上。目前国内各种污水处理工程中，越来越多地采用该技术来卷制厌氧罐、SBR 池、污泥池(含污泥消化池)、储气柜等，取得了良好的效果。

成形工艺过程可以概括为“螺旋、双折边、咬口”，薄钢板通过一台折边机和一台咬合机进行自动化加工。具体而言，在折边机上薄钢板上部被折成“h”形而下部被折成“n”形，在咬合机上薄钢板上部与上一层薄钢板的下部被咬合在一起，形成一条截面面积较大的咬合筋，具体如图 8-1-2 所示。在咬合过程中，预先放置于咬合口中间的柔性密封填料被延展和压紧，使上下钢板的咬合口形成可靠的密封。通过围绕筒仓外侧形成一条 30～40mm 宽、连续环绕、螺旋上升的凸条，从而形成圆筒形罐体。采用该技术制成的容器被称为双折边螺旋咬合容器，通常也被称为 Lipp 罐。

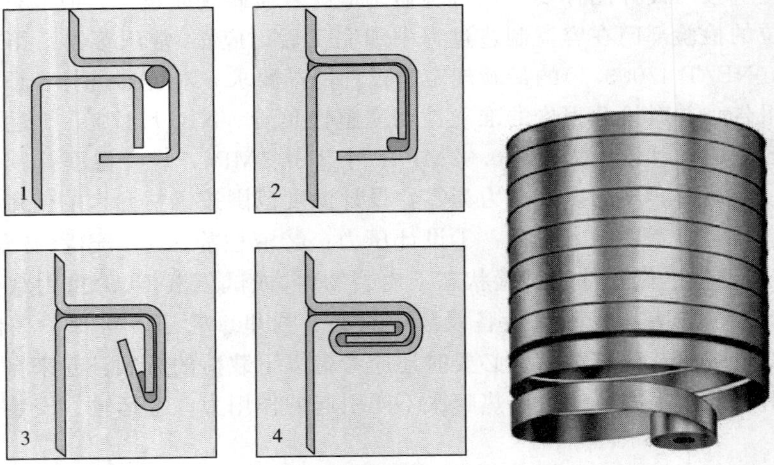

图 8-1-2 Lipp 制罐技术的成形过程示意图

由于 Lipp 罐具有连续、螺旋上升、等距咬合筋结构，这些咬合筋起着加强筋的作用，因此 Lipp 罐虽为薄壁结构，但其咬合筋的厚度相当于壁板厚度的 5 倍、宽度为壁板厚度的 10 多倍，截面系数与惯性矩均不亚于较大型号的角钢，等于在罐体上添加了若干条横向加强圈，既增加了壁板的环向抗拉强度，又提高了罐体的稳定性。

罐体环向拉力的计算比较复杂，在工程实际中，可以近似认为所选钢板的厚度与罐体直径和罐体内相应水力高度的乘积呈线性关系，即

$$\delta = KDH \tag{8-1-2}$$

式中　δ——所选钢板的厚度，mm；

D——需卷制罐体的直径，m；

H——罐体内的水力高度，m；

K——与介质、材料机械性能等有关的综合系数。

从上式可以看出，在罐体直径 D 和系数 K 不变的情况下，同一罐体在不同的水力高度处可以选用不同厚度的钢板。Lipp 制罐技术的另一好处就是，当更换不同厚度的钢板制罐时，只需对制罐设备进行简单调整。由于制罐钢板本身较薄，制作完成后在罐体内外都不易发现钢板厚度的变化，因此可以保证罐体美观。

对于要求罐体材料必须具有耐腐蚀性的场合，为降低材料成本，可以选用镀锌钢板-不锈钢薄膜复合而成的复合板。通过 Lipp 复合机械，将镀锌钢板与 0.3～0.5mm 厚的不锈钢薄膜复合在一起，如图 8-1-3 所示。复合钢板卷制的罐体内壁将完全被不锈钢薄膜覆盖，以满足罐体的耐腐蚀要求，镀锌钢板则能够满足罐体对强度的要求。考虑到两种材料的机械性能不同等因素，复合钢板上的不锈钢薄膜被等距离地制作出八字形的伸缩缝，使罐体在制作和使用时不会因材料机械性能不同而破坏不锈钢薄膜层。

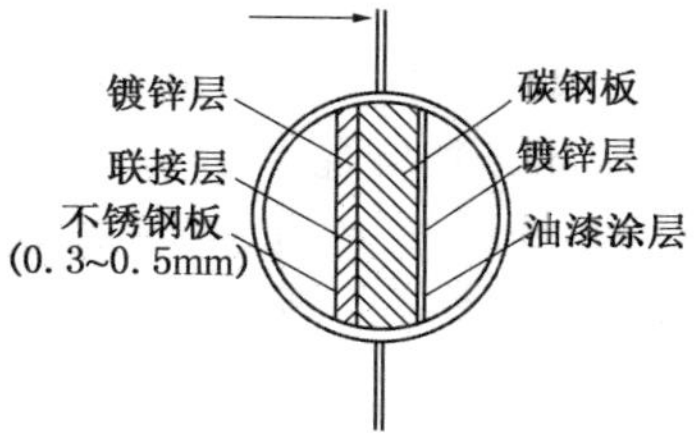

图 8-1-3　复合不锈钢板横截面示意图

Lipp 罐体的设计厚度取决于最小厚度值，当采用不锈钢板或复合不锈钢板时，无需考虑腐蚀裕度。因此，对于直径较小、高度不高的罐体，设计厚度可取 2mm；直径较大、高度较高时，可取 3～4mm；也可上、下层取不同的厚度。Lipp 罐罐顶的设计和制作与立式圆筒形储罐相同，罐顶与罐体的连接可采用焊接或螺栓连接。Lipp 罐宜建成地上式，基础底板为浅埋式。运行过程中罐内液位相对较高，罐体及底板受力都较大。另外，罐体下部开设有人孔、进料管、排渣管、循环管等，不利于结构强度的完整性，因此在罐体底部通常会设置一道环形圈梁，以限制罐体变形。

(2)Lipp 罐体同底板的密封设计

由于 Lipp 罐体所用材料相对较少，自重较轻，在其基础承载力计算中几乎可以不考虑罐体(或池体)自重对基础的承压作用，因而相对钢筋混凝土池体而言，Lipp 罐基础底板的厚度可以薄得多，只要满足弹性地基圆形板的设计要求即可。针对 Lipp 罐体较薄、相对于基础底板刚度极小、对底板的不均匀变形反应较敏感这一特点，软弱地基和同一平面土质性能相差较大的地基应进行处理。另外，底板设计在满足承载力要求的情况下，还应具备一定的整体刚度，以抵抗可能发生的不利因素。

由于 Lipp 罐体材质同钢筋混凝土底板完全不同，不能一次性完好地整体连接，因此在其与底板搭接处要作特殊的密封设计。Lipp 罐体同底板的连接方式主要有以下两种：

①预留槽定位与密封。按照罐体直径尺寸预留凹槽，并在凹槽中均匀布置一定数量的预埋件，待 Lipp 罐体落仓后与之焊接或螺栓连接固定，凹槽内用细石膨胀混凝土浇捣密封，再用沥青、SBS 改性油毡分层粘在罐体与混凝土搭接处的一定范围之内，最后在罐内外的底板上均覆盖一定厚度的细石混凝土保护层，并在混凝土与罐体的接缝处以沥青勾缝。考虑到底板厚度的限制以及罐体落仓时可能发生的误差，密封凹槽断面宽度通常设定为 200mm，深度根据 Lipp 罐体的直径和高度来定，通常为 150～300mm 不等。此种方式用于厌氧罐、

SBR 池等储水池。

②直接在平底板上定位与密封。在未设预留槽的钢筋混凝土基础底板上平铺一定厚度的不锈钢板，再在不锈钢板下沿利浦罐周边铺设 500mm 宽的沥青橡胶板，Lipp 罐壁与不锈钢底板内外焊接，然后在罐体外侧以膨胀螺栓将不锈钢底板与钢筋混凝土连接固定，最后仍以细石混凝土在罐内外侧做保护层及沥青勾缝。此方式仅用于污水介质对罐体材质有特别要求的工程，在一般的污水处理工程中较少采用。

3. 栓接钢制储罐(搪瓷复合钢板拼装制罐技术)

20 世纪 50 年代美国史密斯公司发明了玻璃熔化钢罐，开发出搪瓷钢板表面镀上玻璃瓷釉的制造工艺，并将搪瓷钢板与螺栓有效栓接，再利用密封胶对拼接接缝进行密封，建立了拼装储罐的初代模型，后续的拼装储罐基本都在此基础上发展演化。栓接钢制储罐(Bolted steel tank)具有安装快速、施工周期短、造价低、防腐性能好等优点，在国内外环保、化工、食品、物资储备等领域受到高度关注，美国水协会(American Water Works Association)和欧盟为栓接钢制储罐制定了相应标准，如 AWWA D103、NFPA 22、EN ISO 28765：2016 等。20 世纪 90 年代，栓接钢制储罐技术进入我国并逐步得到推广应用，已成为沼气工程、污水处理工程、农业粮食存储的首选罐体。

根据不同反应器或应用场合的具体要求，罐体材料既可采用柔性搪瓷复合钢板，也可采用其他形式的预制复合钢板。柔性搪瓷复合钢板先在钢板内外两面涂上 2～3 层柔性搪瓷涂层，经过热聚合，使柔性搪瓷层和钢板之间形成很强的结合力(达 3450N/cm)，弹性与被涂钢板相同。在钢板表面牢固形成的柔性搪瓷涂层，能够抗强酸/强碱、有效防止罐体腐蚀，还具有极强的抗磨损性。搪瓷复合钢板之间的拼接，采用相互搭接并用高强度螺栓连接的形式，特制密封材料镶嵌在两板重叠之间防漏。与 Lipp 罐的螺旋形接缝不同，栓接钢制储罐罐体采用标准性搪瓷复合钢板现场拼接，拼接缝为环形和竖直线形，便于在建成运行后对罐体进行拆除迁移，或在原有罐体上再次拼接新钢板以扩容。根据顶部结构不同，栓接钢制储罐主要分为敞口、钢顶、膜顶等 3 种样式，后两种也被相应称为钢顶搪瓷拼装罐或钢顶栓接储罐、膜顶搪瓷拼装储罐或膜顶栓接储罐。

(1)钢顶搪瓷拼装罐

如图 8-1-4 所示，钢顶搪瓷拼装罐由变壁厚罐体、抗风圈、108°角钢、加强吊耳、主梁、搅拌器、罐顶板、电机等组成。罐顶部采用桁架结构，根据罐体规格的不同采用不同型号的钢材作为主梁，由螺栓将主梁与罐顶板连接，通过顶部箍筋与罐体栓接形成较为稳定的锥顶结构。顶部杆件受力以单向拉压为主，能够充分发挥型钢的材料强度。可在罐体顶部安装搅拌器，通过合理的顶部型钢布置将剪力传递给罐壁。

(2)膜顶搪瓷拼装储罐

如图 8-1-5 所示，膜顶搪瓷拼装储罐主要由变壁厚罐体、抗风圈、中心立柱、内膜、外膜、压膜箍筋、拉筋带等组成，罐顶由内外两层薄膜间充气，形成类似浮顶罐的结构。少部分膜顶储罐有侧入式搅拌器，加速罐内介质进行沼气发酵。

当然，由于大型栓接储罐由成千上万个螺栓拼接而成，难免产生失效破坏。栓接储罐常见的失效形式包括：①罐体钢板拼接处的螺栓剪切断裂失效；②钢板抗拉屈服失效；③罐体局部屈曲变形失效，如罐体顶部抗风圈失效、罐体顶层钢板与罐顶钢板(钢顶罐体)连接区域失效、罐体顶层钢板与压膜箍筋(膜罐体)连接区域失效；④罐顶坍塌、漏气等。

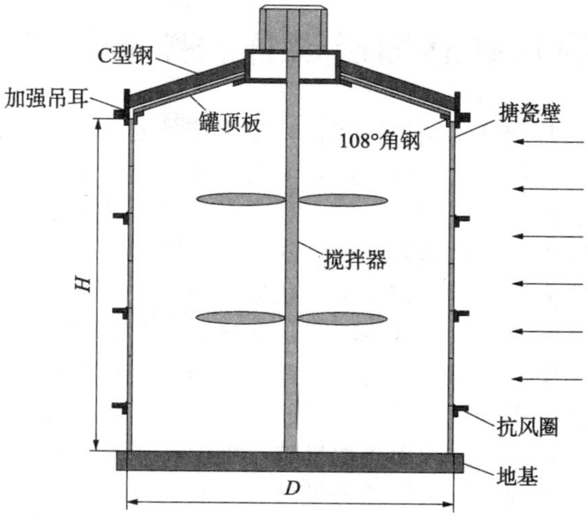

(a)钢顶搪瓷拼装储罐

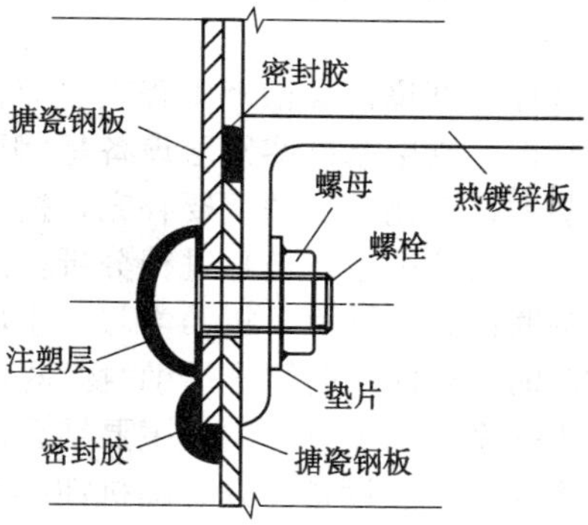

(b)罐壁拼装方式

图 8－1－4　钢顶搪瓷拼装储罐的结构与罐壁拼装方式示意图

(a)膜顶搪瓷拼装储罐实物外形

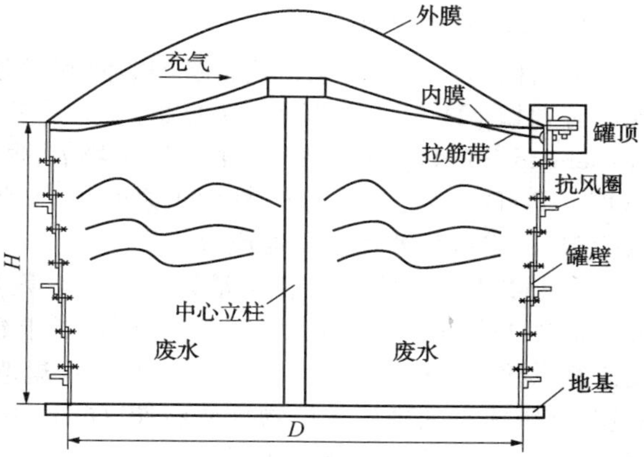

(b)膜顶搪瓷拼装储罐结构

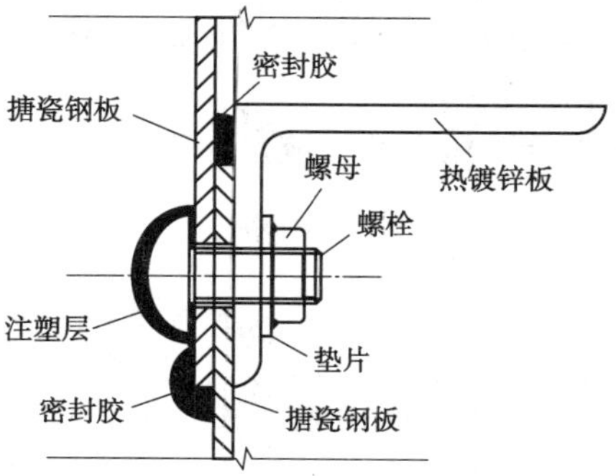

(c)罐壁拼装方式

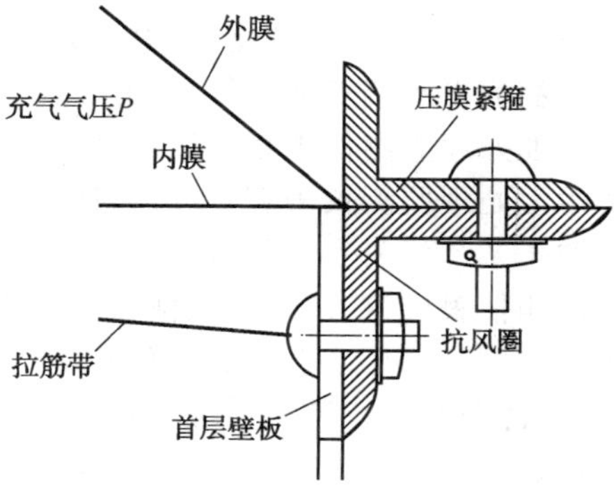

(d)罐顶局部放大

图 8－1－5　膜顶搪瓷拼装储罐与罐壁拼装方式示意图

§8.2 污染治理过程的基础感知层设备和控制技术

对具体的环境污染治理工程项目而言，基础感知层设备和自动化系统是处理工艺过程正常运行的基础，其中基础感知层设备是“眼睛”、自动化系统是控制手段。智能化系统是对基础感知层设备和自动化系统的重要补充，拓展了观察、控制手段的广度。信息化系统则是对检测仪表和自动化系统的生产信息进行分析，同时纳入了经营管理决策的内容，增加了生产管理的深度。在物联网、云计算、机器学习、生成式人工智能等技术突飞猛进的当下，“大环保”正在从依赖“人”的主观能动向更多借助“物”的科技赋能和数智赋能转变，正日益与“大安全”“大健康”等融合为一个有机整体。本节主要结合水污染治理领域进行讲述，水质净化处理不仅是一个多参量、多任务、多设备、具有随机性/时变性/耦合性的复杂“过程工业”系统，而且要求从运行模式、控制方式、仪表阀门选型、有效信号处理等多方面采取措施，确保实现减污降碳协同增效。显然，相关技术和理念同样可以拓展应用到大气污染治理领域以及其他场合。

一、基础感知层设备

基础感知层设备分为工艺监测(仪表)、设备传感仪器(仪表)、环境安全监测仪表等三大类。

1. 工艺监测仪表

工艺监测仪表主要包括热工量的监测和成分量的监测，前者如流量、水位、温度、压力等，后者如 pH 值、溶解氧(DO)浓度、H_2S/CH_4 浓度、混合液悬浮固体(Mixed Liquor Suspended Solids，MLSS)浓度、微生物活性度、污泥浓度、有机物浓度(BOD、COD、TOC、TOD)、油分、ORP(氧化还原电位)、在线氨氮(NH_3-N)、在线总磷(TP)、在线总氮(TN)、残氯和其他微量物质等。

①进水水质监测应安装流量计、COD、氨氮、总磷总氮等仪表，宜安装 pH、电导率、SS、温度等仪表；出水在线监测宜按环保要求建设出水监测站房，站房应符合《水污染源在线监测系统(COD_{Cr}、NH_3-N 等)安装技术规范》(HJ 353)相关规定和排污许可；出水监测应按《城镇污水处理厂污染物排放标准》(GB 18918)排放要求安装 COD、氨氮、总磷、总氮、PH、温度、流量计、SS 等仪表。

②预处理段监测仪表宜安装液位计、排泥流量计、排泥浓度计等。

③生物处理段监测仪表宜在生物池进水端安装总磷、氨氮/硝氮等仪表；在厌氧区安装 ORP 仪表等；在缺氧区安装 ORP、氨氮/硝氮等仪表；在好氧区安装溶解氧、MLSS 等仪表，在生物池出水端安装氨氮/硝氮、MLSS、ORP 等仪表。

④深度处理监测仪表宜安装浊度计、流量计、浓度计、压力计、液位计等。

⑤污泥处理监测仪表宜安装流量计、浓度计等。

⑥加药系统仪表宜安装流量计、液位计等。

⑦监测仪表应符合《污水监测技术规范》(HJ 91.1)、《超声波明渠污水流量计技术要求及检测方法》(HJ 15)、《水污染源在线监测系统(COD_{Cr}、NH_3-N 等)运行技术规范》(HJ 355)、《水污染源在线监测系统(COD_{Cr}、NH_3-N 等)数据有效性判别技术规范》(HJ 356)、《化学需氧量(COD_{Cr})水质在线自动监测仪技术要求及检测方法》(HJ 377)、《氨氮水质在线自动监测仪技术要求及检测方法》(HJ 101)等相关要求。

2. 设备传感仪器(仪表)

(1)机械设备

格栅除污机、螺旋输送器、皮带传输机、砂水分离器等设备宜监测电压、电流、电量。

泵类设备宜监测电压、电流、电量、振动、温度、频率。鼓风机、污泥机械脱水设备、搅拌器、切割机宜监测电压、电流、电量、温度、振动。闸门类设备必要时宜安装电动执行器，紫外消毒设备宜监测电压、电流、电量。

(2)电气设备

电气设备宜监测电压、电流、电量，配电柜、MCC 柜、PLC 柜宜安装温度传感器/热成像仪。

3. 环境安全监测仪表

配电室宜安装烟感器。进水泵房、格栅间、加药间、鼓风机房、脱水机房、配电室、厂区边界等重要位置宜安装视频监控和电子围栏等设备。有毒有害气体现场监测宜配备硫化氢、磷化氢、氨气、一氧化碳、甲烷等可燃气体，以及氧气、温湿度监测仪。例如，排水泵站内应配置硫化氢监测仪；水处理厂的厌氧消化池、厌氧消化池控制室、脱硫塔、沼气柜、沼气锅炉房和沼气发电机房等应设甲烷泄漏浓度监测和报警装置，厌氧消化池控制室应设硫化氢泄漏浓度监测和报警装置，加氯间应设氯气泄漏浓度监测和报警装置，并采取相应的防范措施。地下式泵房、地下式雨水调蓄池和地下式污水厂预处理段、生物处理段、污泥处理段的箱体内应设硫化氢、甲烷监测仪，其出入口应设硫化氢、甲烷报警显示装置，并和通风设施联动。此外，厂区内宜安装人员定位、门禁、人脸识别等安全设备。厂区及车间、办公室应按安防要求设置消防器材。

污水处理包括一级处理、二级处理、深度处理和再生利用等几种常用污水处理工艺的监测项目，可按表 8－2－1 执行。

表 8－2－1　常用污水处理工艺监测项目

<table>
<tr><th>处理级别</th><th colspan="2">处理方法</th><th>检测项目</th><th>备注</th></tr>
<tr><td>一级处理</td><td colspan="2">沉淀法</td><td>粗、细格栅前后水位(差)；初次沉淀池污泥界面或污泥浓度及排泥量</td><td>为改善格栅间的操作条件，一般均采用格栅前后水位差来自动控制格栅的运行</td></tr>
<tr><td rowspan="6">二级处理</td><td rowspan="5">活性污泥法</td><td>传统活性污泥法</td><td>生物反应池：活性污泥浓度(MLSS)、溶解氧(DO)、NH_3-N、硝氮(NO_3-N)、供气量、污泥回流量、剩余污泥量；二次沉淀池：泥水界面</td><td rowspan="5">只对各个工艺提出检测内容，而不作具体数量和位置的要求，便于设计时灵活掌握</td></tr>
<tr><td>厌氧/缺氧/好氧法(生物脱氮、除磷)</td><td>生物反应池：MLSS、DO、NH_3-N、NO_3-N、供气量、混合液回流量、污泥回流量、剩余污泥量；二次沉淀池：泥水界面</td></tr>
<tr><td>氧化沟法</td><td>氧化沟：MLSS、DO、氧化还原电位(ORP)、污泥回流量、剩余污泥量；二次沉淀池：泥水界面</td></tr>
<tr><td>序批式活性污泥法(SBR)</td><td>液位、MLSS、DO、ORP、污泥排放量</td></tr>
<tr><td>曝气生物滤池</td><td>单格 DO、过滤水头损失</td></tr>
<tr><td>生物膜法</td><td>生物接触氧化池、生物转盘、生物滤池</td><td>DO</td><td>只提出了一个常规参数溶解氧(DO)的检测，实际工程设计中可根据具体要求配置</td></tr>
</table>

续表

处理级别	处理方法	检测项目	备注
深度处理和再生利用	高效沉淀池	泥水界面、污泥回流量、剩余污泥量、污泥浓度	只提出了典型工艺的检测，实际工程设计中可根据具体要求配置
	滤池	液位、过滤水头损失、进出水浊度	
	再生水泵房	液位、流量、出水压力、pH 值、余氯(视消毒形式)、悬浮固体量(SS)、浊度和其他相关水质参数	
消毒	紫外线消毒、加氯消毒、臭氧消毒	液位或流量	只提出了常规参数，应视所采用的消毒方法确定安全生产运行和控制操作所需要的检测项目

污泥处理包括浓缩、消化、好氧发酵、脱水干化和焚烧等，可按表 8－2－2 确定监测项目。

表 8－2－2　常用污泥处理工艺监测项目

污泥处理方法	检测项目
重力浓缩池	进出泥含水率、上清液悬浮固体浓度、上清液总磷；污泥处理量、浓缩池泥位
机械浓缩	进出泥含水率、滤液悬浮固体浓度；污泥处理量、药剂消耗量
脱水	进出泥含水率、滤液悬浮固体浓度；污泥处理量、药剂消耗量
热水解	进出泥含水率、出泥 pH 值；污泥处理量、蒸汽消耗量
厌氧消化	消化池进出泥含水率、有机物含量、总碱度、氨氮；污泥气的压力、流量；污泥处理量、消化池温度、压力、pH 值
好氧发酵	发酵前后污泥含水率、pH 值；污泥处理量、调理剂添加量、污泥返混量、发酵温度、鼓风气量、氧含量
热干化	干化前后污泥含水率；污泥处理量、能源消耗量、氧含量、温度
焚烧	进泥含水率、有机物含量、进泥低位热值；污泥处理量、能源消耗量、燃烧温度，排放烟气监测

二、自动化控制技术

水处理厂自动化控制系统应该能够监视主要设备的运行工况和工艺参数，具备实时数据传输、图形显示、趋势显示、超限报警和制作报表等功能，对主要生产过程实现自动控制。所使用的控制技术有可编程逻辑控制器(Programmable Logic Controller，PLC)、集散控制系统(或分布式控制系统，Distributed Control System，DCS)、现场总线控制系统(Fieldbus Control System，FCS)、计算机监控和过程数据采集(Supervisory Control And Data Acquisition，SCADA)系统等。

1. 可编程逻辑控制器(PLC)

PLC 是微处理器技术和软件产业相结合的产物，主要是逻辑控制。最早是在美国汽车产业生产线升级改造过程中用来替代传统继电器逻辑的产品，采用一类可编程的存储器，用于其内部存储程序、执行逻辑运算、顺序控制、定时、计数与算术操作等面向用户的指令，并通过数字式或模拟式输入输出，控制各种类型的机械或生产过程。经过多年的发展，PLC已经有了很强的模拟量处理能力，部分厂家的PLC已经能轻松实现CPU的冗余。部分厂家的PLC甚至可以代替DCS，如西门子、莫迪康等。在离散制造领域，基本上是PLC的天下（部分地方可能还在使用单片机）。小型的PLC可以承载几个到几十个IO点，大中型的PLC可以承载几百到几千个IO点。也可以使用一台PLC为主站、多台同型PLC为从站构成PLC网络，这种方式比使用PC机作主站的方便之处在于：用户编程时不必知道通信协议，只需按说明书格式编写就即可；PLC网络既可作为独立的DCS/TDCS，也可作为DCS/TDCS的子系统。

2. 集散控制系统(DCS)

DCS是一种以微处理器为基础的分散型综合控制技术。它以计算机为中心，将系统的控制功能分散到各个子系统，同时又将系统的操作、监测和管理集中起来，具有分散递阶的分布式结构。DCS系统既吸收了分散式仪表控制系统和集中式计算机控制系统的优点，又采用了标准化、模块化和系列化的设计。

DCS的关键是通信，也可以说数据公路是DCS的脊柱。为保证通信的完整性，大部分DCS厂家都能提供冗余数据公路；同时为保证系统的安全性，还使用了复杂的通信规约和检错技术。所谓通信规约就是一组规则，用以保证所传输的数据被顺利接收，并且被理解成与发送的数据一样。目前在DCS系统中一般使用同步和异步两类通信手段，同步通信依靠一个时钟信号来调节数据的传输和接收，异步通信采用没有时钟的报告系统。

3. 现场总线控制系统(FCS)

传统的DCS是每个传感器(压力、温度、流量等)、执行器(阀门、电动机、泵等)通过电缆将信号送到DCS的IO卡件，电缆数量巨大。而FCS可以通过总线技术，通过一根或数根总线电缆，将现场的传感器、执行器连接起来，FCS的控制器通过总线读取现场的信号。在某些行业，FCS由PLC发展而来；而在另一些行业，FCS又由DCS发展而来，所以FCS与PLC、DCS之间既有千丝万缕的联系，又存在本质差异。FCS有三个关键方面：①系统的核心是总线协议，即总线标准；②系统的基础是数字智能现场装置；③系统的本质是信息处理现场化。

FCS的主要优点是可以节省大量电缆，数字信号的抗干扰能力强。缺点是一条总线上有太多设备而致使风险叠加，如果一条总线发生故障，会给生产装置带来非常大的风险。另外，如果总线上的某一个传感器或者执行器故障，会严重影响本条总线的可靠性，这也是很多生产装置不愿意使用FCS的主要原因。FCS的另一个问题是目前市场上的总线协议太多，较为知名的总线协议是HART(Highway Addressable Remote Transducer)协议，该协议最初由美国Rosemount公司开发，采用FSK技术，在模拟信号上叠加数字信号，使用OSI(Open System Interconnection，开放系统互联)七层协议模型的1、2、7三层。除了HART之外，还有PROFIBUS、CAN、FF、InterBus等几种应用范围较广的现场总线技术。由于发布总线协议的各大控制系统厂商都有各自的仪表厂商、执行器厂商，并且不完全开放，导致不同厂商之间的兼容性变得很差，而且带有总线协议的传感器异常昂贵。

4. 计算机监控和过程数据采集系统(SCADA)

SCADA系统是适合分布距离远、生产单元分散的一种数据采集、监视和控制系统，在远动系统中占重要地位，可以对现场的运行设备进行监视和控制，实现数据采集、设备控制、测量、参数调节以及各类信号报警等功能，即我们所知的“四遥”功能。RTU(远程终端单元)、FTU(馈线终端单元)是SCADA系统的重要组成部分。虽然不同领域应用时所需的功能不尽相同，但SCADA系统都具有以下基本特色：图形操作界面、系统状态动态模拟、即时和历史资料趋势曲线显示、警报处理系统、资料获取与记录、报表输出。

进入20世纪90年代以来，特别是基于Internet的Web应用技术迅猛发展，很多发达国家城市污水处理厂都适时更新或改造了原有控制系统，基于TCP/IP网络协议和Web应用技术的SCADA系统控制模式是当前工业生产综合自动化控制系统的发展趋势。国际知名工控领域软硬件制造商、系统集成商，如Rockwell、Siemens、Fisher - Rosemount、Schneider、Intellution、Wanderware、PC - Soft等，所推出的基于“整体自动化”和“工厂自动化”概念的各种系列产品基本上都是这种结构的典型范例和事实“标准”，并且在发达国家城市排水体系中得到了广泛应用。现代化的污水处理系统需要实现管理与控制一体化、办公自动化，要求控制系统不仅与下层控制设备有良好的接口，而且具有与上层管理系统集成的接口，同时具有可扩展性。为了加强系统的可靠性，使整个系统长时间无故障运行，需要采用冗余和容错技术。根据全集成自动化(Totally Integrated Automation)的思想，将污水处理厂控制系统分为管理级、控制级、现场级。

(1)管理级

管理级是系统的核心部分，完成对污水处理过程各部分的管理与控制，并实现厂级的办公自动化。管理级提供人机接口，是整个控制系统与控制部分信息交换的界面。管理级的各台计算机具有相互通信功能，实现数据交换和共享。考虑到管理层功能结构的层次性和可分割性，采用客户/服务器的体系结构。服务器选用大型的网络关系数据库，满足开放、分布式数据库管理方法的要求。由服务器、管理部门计算机等组成计算机办公局域网，中央监控计算机及车间级现场控制站组成厂区工业控制网，完成对各车间范围内生产过程、仪表、设备的监控与控制。

(2)控制级

控制级是实现系统功能的关键，也是管理级与现场级之间的枢纽层，其主要功能是接收管理层的参数或命令，对污水处理生产过程进行控制，同时将现场状态送到管理层。

(3)现场级

现场级是实现系统功能的基础，主要由一次仪表、控制设备组成。主要功能是完成其范围内生产过程、仪表、设备的监视与监测，并把监测到的数据上传；接受控制级的指令，对执行机构进行控制。分布式配置意味着控制器、远程I/O模块和现场设备通过现场总线的信号电缆连接。

5. 典型案例

某污水处理厂一期工程规模为40000m^3/d，主要采用“缺氧沉淀＋BAF曝气生物滤池”工艺，处理工艺流程如图3-2-1所示。该工艺主要监控的设备有：粗细格栅除污机、进水提升泵、旋流除砂设备、缺氧池-沉淀池搅拌机、BAF生物滤池反冲泵、反冲鼓风机及阀门、紫外消毒设备、储水池搅拌机和提升泵；还包括污泥加药间的加药设备和污泥处理设备等。

(1)自动化控制系统的结构

根据工艺流程和监控设备构筑物的情况，系统主要分为4个现场PLC监控站和1个监控中心。4 个现场 PLC 监控站分别是：①安装在污泥脱水间配电室内的 1# PLC 控制子站(粗细格栅除污机、提升泵、沉砂池、污泥脱水间、贮泥池)；②安装在缺氧-沉淀池配电室内 2# PLC 控制子站(缺氧池、沉淀池)；③安装在 BAF 配电室内的 3# PLC 控制子站(BAF 曝气生物滤池)；④安装在出水泵站配电室的 4# PLC 控制子站(出水泵站、加药间、消毒渠、计量间)。监控中心在污水处理厂办公大楼，主要是 2 套热备的监控电脑和 1 套模拟屏。

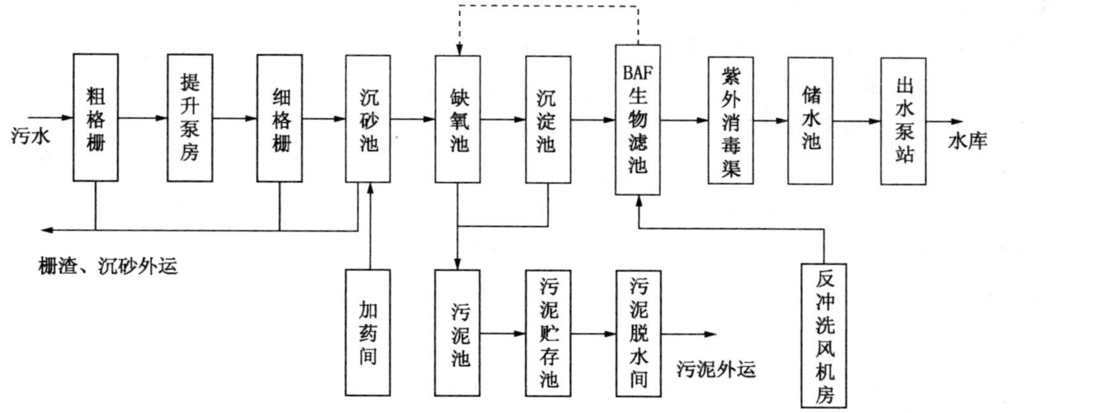

图 8-2-1　某污水处理厂一期工程的工艺流程示意图

根据实际需要，系统的硬件配置采用施耐德 Premium PLC，主要 CPU 采用 TSX P57 3634M；PLC 监控站硬件配置如下：DI I/O 点数 320，DO I/O 点数 160，AI I/O 点数 80，AO I/O 点数 24。由于控制中心到现场 PLC 监控站之间最远达 500m 左右，而且中间有一段不能开挖路段，因此采用无线通信方式。通过无线网桥进行数据通信。4 个现场 PLC 监控站通过无线网桥与监控中心进行无线数据互联。监控中心用 JS2458_Bridge 网桥，监控站端用室外一体化网桥 JS5800_23dBi。每个现场 PLC 监控站均配有 RS422/485 多协议通信卡，可以与带通信协议的电力仪表进行通信，采集配电柜的电压、电流、功率等信号，并送到监控中心进行显示。带 RS485 接口的各种仪表也通过协议进行数据读取，再送到监控中心显示，监控中心的模拟屏通过一台操作站的串口用 RS232 方式通信。

(2)自动化控制方案的设计

1)格栅除污机的控制

格栅除污机有粗格栅、细格栅、转鼓格栅等三种，采用统一的自动控制方式，有液位差控制与时间控制两种方案。①在上位机设定一个格栅除污机的开机液位和一个格栅除污机的停机液位，当格栅井前、后液位差大于设定的格栅除污机开机液位时，格栅除污机与螺旋输送机同时连续运行；当液位差下降到小于设定的格栅除污机停机液位时，格栅除污机自动停止。②当格栅除污机停止运转时间达到设定值后，启动格栅除污机和螺旋输送机，这样既可减少格栅除污机的启动负荷，同时不会对其运行造成太大磨损。采用时间控制，应设定运行周期和每次运行的时间长度。

2)提升泵的控制

提升泵包括进水变频提升泵和出厂水提升泵。以进水变频提升泵为例，自动控制采用循环变频启动方式。当变频器频率可以外部控制时，设定一个目标水位、变频器允许的最低频率、切换泵的延时时间等三个参数。①开泵过程：PLC 首先自动启动 1# 变频泵运行，并根据液位进行 PID 运算，输出一个频率给变频器，使之保持液位不变。当单台泵满负荷时，且持续时间达到设定的时间后，仍不能控制水位在目标值范围，自动启动 2# 变频泵，同时 1# 变频泵以最大频率运行，2# 变频泵进行 PID 控制；2 台变频泵运行仍不能满足要求时，则启动第 3 台，以此类推，最大能够同时运行 4 台变频泵。②停泵过程：当变频泵的运行频率低于设定值，且持续时间超过设定的允许时间时，首先停止最先启动的已经达到最大运行频率的变频泵(1#→2#→3#→4#→1# 循环)；当停止一台变频泵，经过设定时间后液位仍不能控制在目标值时，停止下一台变频泵；以此类推。在这个过程中一直保持有 1 台变频泵运行。

当变频器频率不能外部控制时，设定一个目标水位、开 2 台泵水位、开 3 台泵水位、开 4 台泵水位、停泵水位等五个参数。当水位在停泵水位与目标水位之间时，按照“1#→2#→3#→4#→1#”的循环顺序启动一台泵，当水位在目标水位与开 2 台泵水位之间时，按照“1#→2#→3#→4#→1#”的循环顺序启动下一台泵运行；当水位在开 2 台泵水位与开 3 台泵水位之间时，按照“1#→2#→3#→4#→1#”的循环顺序启动下一台泵运行；以此类推直至 4 台泵全开。停泵过程按照先开先停的顺序依次停止，最低水位时全部停止。

3)BAF 曝气生物滤池的控制

根据工艺要求，每个 BAF 曝气生物滤池都可以设定曝气、反冲洗、停止共三种状态，停止状态主要用于设备检修。曝气—停止—反冲洗三种状态之间可以相互转换，相关的设备自动进行开、停、关动作，这里仅介绍曝气过程。

①自动控制单个滤池的进水量。每个滤池都根据工艺要求设定一个进水流量，控制系统根据每个滤池流量计返回的瞬时流量值，来调整进水电动调节阀的开度，从而实现进水量稳定。当瞬时流量大于设定值时，关小电动调节阀；当瞬时流量小于设定值时，开大电动调节阀。反冲洗与停止状态不进行调节。

②控制曝气鼓风机的压力。每个滤池都根据工艺要求设定一个曝气鼓风机压力，控制系统根据每个滤池测量的鼓风机压力值，进行 PID 运算后输出一个鼓风机电机频率。当压力大于设定值时降低鼓风机电机频率，当压力小于设定值时增大鼓风机电机频率，从而实现鼓风机压力的稳定。在遥控手动(控制中心手动)时，根据设定的频率运行曝气鼓风机。

三、信息化系统与智慧水厂设计

随着物联网、大数据、云计算、人工智能(AI)等前沿信息化技术的蓬勃发展，对于一个具体的环境污染治理工程项目而言，可以实现环境信息实时采集、智能分析、智能预警、远程监测，实现自动化、信息化、智能化技术充分结合，进而实现不同污染治理工程项目的资源整合与信息共享，最终实现“智慧水厂”或“智慧水务”等环境“智”理。

1. 生产控制信息化系统

生产控制信息化系统不仅包括常规意义上的生产自控，而且应该包括智慧值守、生产调度和生产工艺运行优化。智慧值守是在完成对全厂设备运行状态、工艺参数及视频信号采集的基础上，实现原先需要人工操作及调整的设备联动、远程控制及自动调整。例如，控制格栅类、进水泵(含提升泵)、闸门、阀门类，实现按照工艺设定自动调整进水量、各工艺段自动配水、液位稳定及各工艺段空气流量稳定；控制污泥泵实现按照工艺设定自动调整排泥量；控制产水泵、排空泵、反洗泵实现膜池自动控制产水及洗膜；控制加药泵实现按照工艺设定自动控制加药量。数据实时采集与监视控制系统对于智慧水厂建设非常必要，生产调度指令宜根据生产工艺运行优化系统的建议进行优化。

生产工艺运行优化是指应用工艺仿真等技术对污水生产预处理、混凝、曝气、沉淀、过滤、消毒等全流程进行工艺模拟，利用工艺模型算法优化混凝剂投加浓度、消毒剂投加浓度、曝气充氧等运行参数。目前已经开发成功的人工智能(AI)典型应用场景包括：智能加药系统(碳源药剂精确投加控制系统、除磷药剂精确投加控制系统)、智能曝气系统、智能滤池系统、智能泵送技术、COD智能水质在线分析仪表、微生物智能识别系统、污泥性能智能监测系统、智能巡检机器人等。

(1)智能加药系统

在需要加药的工艺段，根据水量、水质等参数的变化，并采取进水水质前馈、在线仪表实时反馈、出水水质反馈等举措或AI算法模型，通过设置加药系统控制其精准、定向地投加药剂，保证出水水质稳定达标。如果存在多个加药点，建议每个加药点均设置单独的投加设备和管道，或采用其他精控方式保证药剂投加量的准确性，尽量避免多个加药点共用一条管道。此外，如果投加的药剂会对后续工艺段产生影响，那么药剂投加点应尽量远离后续工艺段。

(2)智能曝气系统

在生化反应池的好氧段，根据水量、水质等参数的变化，并采取进水水质前馈、溶解氧实时反馈、出水水质后馈等举措或AI算法模型，通过设置曝气控制系统，通过总管压力或空气流量变化控制风机开启和扩散量的调节进行精准曝气，保证出水水质达标。智能曝气系统的每条支管均加装空气流量计和压力表；调节阀建议为带电动执行器的线性调节阀为宜(菱形调节阀等)；多台风机的控制最好通过MCP柜集中统一进行控制。智慧曝气系统可通过总管压力或空气流量设定值和反馈值的差通过MCP对风机进行集中控制。

(3)国外代表性污水处理智慧解决方案

美国Xylem(赛莱默)公司针对污水处理开发的智慧解决方案主要由污水处理系统优化解决方案(Treatment System Optimization，TSO)、Edge Control曝气节能和工艺优化方案、智能碳源投加系统等模块组成。其中，TSO基于“数字孪生+优化算法”，可对客户关心的水量、水质、能耗、药耗等多参数进行预测和分析，实时输出系统最优控制方案，在提高系统运行的稳定性、确保水质达标的同时，实现全流程的精细化管理和节能降耗；此外，TSO还借助神经网络，具有自我学习、推理、判断和自适应能力，能通过自我迭代、自我优化持续为客户创造价值。Edge Control曝气节能和工艺优化方案整合了Edge Control脉冲曝气、Edge Control去除氨氮、Edge Control去除氨氮+硝态氮、Edge Control除磷共四款数字化解决方案，将分析结果应用于实时数据，快速提供工艺建议，以优化药剂投加和曝气工艺参数，可以在实现合规目标的同时将曝气能耗降低25%。Edge Control曝气节能和工艺优化方案既可作为一个独立程序使用，也可以作为一个远程连接解决方案，提供订购式服务，根据效率和节能情况进行计费。通过云端连接，赛莱默Edge Control曝气节能和工艺优化方案能提供可视化数据，为客户展现每月的节能情况；实时数据趋势报告可显示氨和平均总无机氮(TIN)浓度等详细信息；通过文本/电子邮件发出的警示和报警通知，会显示仪器和软件状态。

2. 生产管理信息化和生产智慧信息化系统

(1)生产管理信息化系统

主要包括数据管理、运行管理、设备管理、资产管理、成本管理、安防管理等。

①数据管理。数据管理应具备日生产数据管理、化验数据管理、污泥数据管理等数据自动采集或填报功能。其中日数据管理应具备日指标管理、污水日数据、污泥日数据、日电量数据、日药剂数据等功能，化验数据管理应具备日常化验指标、日常化验数据、微生物镜检项、微生物镜检数据、化验查询等功能，污泥数据管理应具备污泥数据查询、外运设置、污泥称重、运输记录、污泥统计、污泥运输资料存档等功能。

②运行管理。运行管理应具备工艺调度管理、药剂管理、巡检管理、车间管理等功能。其中调度管理应具备调度指令、调度日志、调度任务统计、调度问题统计等功能，药剂管理宜具备药剂分类、药剂到货、药剂化验、药剂统计等功能。巡检管理应具备巡检区域、巡检工段、巡检类别、巡检项目设定等功能，还应具备巡检任务设定、巡检任务分工、巡检任务列表、巡检任务执行情况、巡视日志等功能，以及应具备巡检问题上报、其他问题上报、问题工单、工单处置、工单验收、巡检任务统计、巡检问题统计等功能。车间管理应具备交接班管理、生产日志等功能。

③设备管理。设备管理应具备资产设备基础信息管理、设备运行管理、设备维修、预防性维护、设备统计等功能。其中基础信息管理应具备设备分类、位置分类、技术参数管理、设备台账、位置台账、设备调整、设备二维码、设备资料、资产分类等功能，设备运行管理应具备设备状态、设备台时、运行查询等功能，设备维修应具备维修工单、维修记录、设备更换、备件更换、维修费用、维修统计等功能，预防性维护应具备维护设置、维护工单、维护任务、维护记录、维护费用、维护统计等功能，设备统计应具备设备故障分析、设备维修分析、设备运行报表、设备维护报表、设备问题分析等功能。

④资产管理。资产管理主要包括供应商管理、仓库信息、备件采购、备件仓储、成本稽查等，实现资产设备从采购、验收、使用到养护、维修、报废的全生命周期管理。其中供应商管理应具备供应商分类、合格供方库等功能，仓库信息应具备仓库管理、货位管理、备件编码、库管管理、初始化库存等功能，备件采购应具备备料需求、备件采购计划、特急件采购计划、采购方式、询报价管理、比价分析、采购订单等功能，备件仓储应具备到货验收、扫码入库、到货提醒、备件领用、库存查询、统计分析等功能，成本稽查应具备发票记账、出库成本等功能，统计报表应具备库存查询、月度入库报表、月度出库报表、月度结存报表、统计分析等功能。

⑤成本管理。成本管理主要包括生产计划、月数据管理、生产成本分析等。其中生产计划应具备生产 KPI 管理、年度生产计划、月度生产计划、生产状况统计、年度计划执行情况、月度计划执行情况等功能，月数据管理应具备能源管理、财务数据等功能，生产成本分析应具备电耗、药耗等成本计算功能以及生产分析、问题分析、领导驾驶舱等功能。

⑥安防管理。安防管理主要包括基本管理、重点区域管理、安全演练等。其中基本管理安防应具备监控视频管理、身份识别、人员定位、访问控制等功能。建立重点区域宜安全识别，应具备人脸抓拍、移动侦测等功能，支持重点区域内人员安全帽佩戴规范、吸烟等违章行为监视，对违章行为自动识别记录。安全演练应具备安全应急预案、安全演练等设置、提醒等功能。

(2)生产智慧信息化系统

生产智慧信息化系统也被称为智慧决策系统，旨在建立一套系统，将通过 PLC 网络采集到上位机的水厂设备感知层探头和过程仪表的实时数据，利用生产运营系统数据的全面性，在生产运营系统中对数据进行分析和对比，再根据工艺控制措施库中提供的相应控制措施，提出为实现目标值而对工艺进行调整的具体方案；同时在运营系统中对实施方案进行仿真模拟判断方案是否合理、是否能达到预期效果、达到预期效果的时间等。

系统需要具备工艺异常、处置措施、处置结果、工单等记录功能，并能够通过多次工艺异常处理进行自我学习，以保证在不同水厂、不同工况条件下工艺调整措施的准确性。根据处理工艺需要，也可具备设备智慧联动系统、水量智慧恒定系统等智慧化系统。

(3)运营管理

生产工艺相近、位置邻近的几座智慧水厂宜采用中心化运营模式，共用生产运行、维护人员队伍，降低人力成本。智慧水厂运营效果宜从水质合格率、水处理药单耗和电单耗、员工数量等方面进行评价。

3. 智慧水厂

智慧水厂(smart water treatment plant)是指充分利用新一代信息技术，实现生产运营的智能化控制、数字化管理和智慧化决策，安全高效运行的城镇供水厂或污水处理厂(再生水厂)。智慧水厂平台是自动化、信息化、智能化技术充分结合，通常包括系统底座、数据采集平台、数据治理传输平台、应用使能平台、应用拓展平台等，这里仅结合京控数据的部分做法予以简要介绍。

(1)系统底座

智慧水厂中控系统应具有现场层、控制层、工厂层、信息化层、云平台层等完整的5个层级建设，各个层级之间应用国际上通用的工业以太网或总线协议进行数据的高效传输，增加冗余配置确保数据传输的可靠性和稳定性；数据存储应有完整性、可靠性和长期性特点。工厂层可部署自控系统、仿真调试、模型预测、运行维护类软件；信息化层可部署水厂数字孪生、资产管理类软件；云平台层可提供更高级别的数据中台，提供数据分析、人工智能算法、大数据挖掘等功能。

智慧水厂中控系统可以采用公有云的部署环境，专业人员统一管理公有云可有效保障系统和数据安全。根据系统的建设环境和应用需求，划分了应用云服务器、数据采集云服务器、Windows云服务器、数据库云服务器、流媒体服务器，为平台的搭建和运转提供支撑环境。需要强调的是，智慧水厂工控网络有必要按照国家现行标准《信息安全技术　网络安全等级保护基本要求》(GB/T 22239)，进行网络安全等级保护备案和测评；有必要按照《信息安全技术　网络安全等级保护定级指南》(GB/T 22240)现行要求，申请网络安全等保二级备案，获得公安机关出具的网络安全等级保护备案证。

(2)数据采集平台

完整、技术成熟的数据采集系统可有效保证系统数据的可靠性、稳定性、实时性、准确性与完整性，数据采集既包括基于工业物联网各传输协议采集抓取工业实时数据(厂站数据)，又包括业务系统对接产生业务数据，还包括视频监控数据。数据采集系统具有实时处理能力，能针对不同测点配置去跳、平滑、降噪等不同的数据清洗方法，并对数据进行质量标记。采集系统应该能够支持多种数据采集设备接入，具有良好的接口兼容性，具备低时延实时消息通信，且数据实时频率可达到秒级。应该能够支持兼容目前大多企业所采用的PLC设备或组态系统提供的接口协议、OPC采集、Modbus采集、实时数据库API等多种采集方式，数据采集过程具备SSL加密功能。数据采集系统应该具有较强的扩展能力、较强的通用性和灵活性；通信接口子系统设计应符合国际流行趋势，具有技术先进性。最后要将收集数据进行归类聚合，通过分布式框架对数据进行缓冲，避免数据并发量过大，导致系统负载过高。

(3)数据治理传输平台

智慧水厂数据治理的总体架构如图 8-2-2 所示。数据仓库或数据仓储(Data Warehouse，DW)应能通过抽取转换加载(ETL)平台从数据源对数据进行抽取、转换，并加载到 ODS(Operational Data Store，运营数据存储)后进行数据整合，并将数据加载至数据仓库，形成企业统一数据视图。根据各专题应用要求，将数据提供给各类数据集市，各应用软件从数据集市加载数据进行展示、分析与应用。智慧水厂宜建设数据中台，数据中台应包括数据异常识别模块、数据清洗模块、数据统计分析模块以及基于人工智能的数据建模模块。可通过数据中台对数据进行聚合、清洗、分析、建模，从而实现数据价值，具体包括：①可通过自编码器构建数据异常识别模块；②数据统计分析模块的主要作用是对经清洗后的数据执行统计与分析，包括各主要工艺环节的数据相关性、偏相关性、自相关性分析，各出水水质指标的影响因素分析等；③数据中台提供至少两种数据采集接口，一种接口直接从存储历史数据的数据库读取历史数据，另一种接口可通过网络直接从 PLC 读取实时数据；④数据建模模块的主要功能是采用长短期记忆(LSTM)网络、卷积长短期记忆(ConvLSTM)网络、转换器(Transformer)等人工智能深度学习算法对单变量/多变量时序数据进行预测；⑤数据中台可采用 Python 语言开发，并根据需要采用第三方软件包，例如 Numpy、Pandas、Scipy、Matplotlib、Keras、Torch、Tensorflow、Flask 等；Python 语言以及第三方软件包应选择相互兼容的最新稳定版。

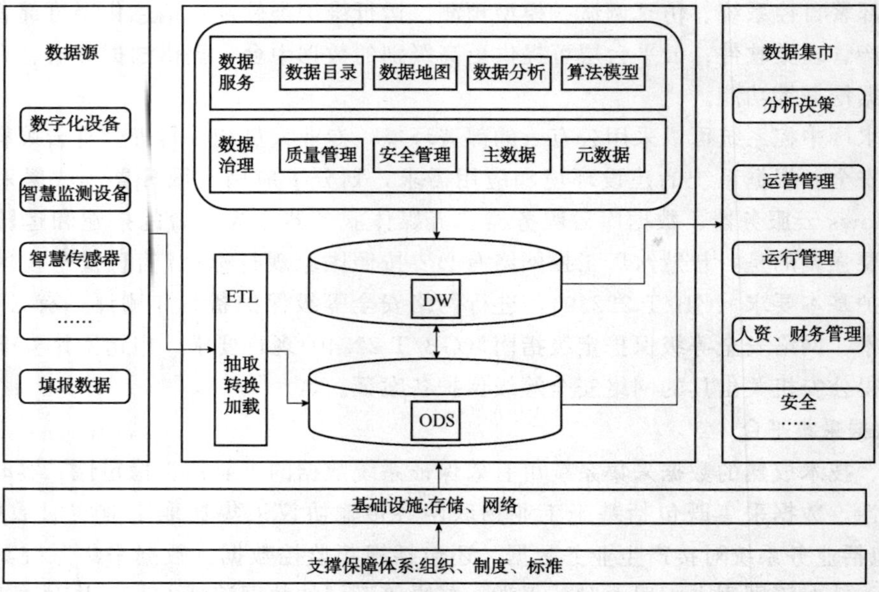

图 8-2-2　智慧水厂数据治理的总体架构示意图

数据应进行必要的去噪和插补，具体包括：①数据去噪的若干方式包括 3 标准差去噪、分箱去噪、dbscan 去噪、孤立森林等；②数据插补的若干方式包括均值/中位数/众数插补、固定值填充、最近邻插补、回归插补、函数插值法等。图数据库是一种非关系型数据库，其以点、边为基础存储单元，以高效存储、查询数据为目标的数据管理系统。可采用的图数据库包括 Neo4j、Giraph、TigerGraph 等。数据血缘关系由数据节点、节点属性、流转关系以及流转规则组成：①数据节点可分为流入节点、中间节点和流出节点。②节点属性包括表名、字段名、注释、说明等。③在图数据库中，节点与节点之间的有向线段表示数据之间的流转关系，有向线段的箭头表示数据流转方向；有向线段的粗细表示数据更新的量级，量级越大，线段越粗；有向线段的长短表示数据更新频率，线段越短表明数据更新频率越高。④流转规则体现了数据在流转过程中发生的变化，例如数据映射、数据清洗、数据转换、数据调度以及数据应用。

应综合考虑部署成本、信号传输质量、信号传输速度以及信号传输安全等因素，针对不同应用场景的功能需求、技术特点以及适用技术，选择有线网络或无线网络进行数据通信传输。通信网络的建设应符合《物联网　信息交换和共享》(GB/T 36478)、《无线局域网工程设计标准》(GB/T 51419)等现行规定。

(4)应用使能平台

系统应用工具包括报表引擎、开发插件、工作流引擎、数字孪生引擎、监控引擎、性能监控、文件服务、安全管控、大屏应用工具、数据字典、任务调度、数据接口等。以数字孪生引擎为例，其功能如下：①可集成大数据/AI 等计算方法，将水厂工艺流程和管理流程进行数字化改造预演与调整。②可集成仿真与 VR 技术，实现水厂生产场景高度还原、便捷交互与沉浸体验；提供虚实同步功能，完成智能巡检、画面监控。③可对接生产数据，以数据驱动业务，以第一视角实时展示生产和管理数据；可对接运行设备，实施反馈控制，支撑水厂无人值守。④可进行综合态势监测，对厂区内外部环境、空间结构进行三维展示，将厂区建筑分布、功能分区、安防、设备、能效、环境、管网等关键指标进行综合监测分析与展示，实现厂区人、事、物、统一管理，辅助管理者全面掌控厂区运行态势。⑤可进行环境空间监测，以三维透视显示厂区地下箱体和管线，并对接相应的信息和数据，实时掌握厂区资源分布情况。⑥可进行生产安全监测，可视化图标显示重点防控区域(车间、成品库、危险品生产场所)。⑦可进行设备运维监测，支持重点设备运行、能耗、故障数据实时接入与可视化展示，对突发情况进行及时告警，便于管理人员快速了解并处理事件。⑧可进行工序流转监测，以三维模型构建从进水到出水的处理仿真场景，对各个工段、重要设备、运转流程等进行复现，实时反映污水处理流程、运行状态等关键环节，辅助管理者直观掌握水处理状态，实现处理工序流转的全方面监控管理，保障生产平稳运行。

再以安全管控为例，可在水厂进出水口、生产运营关键环节配置视频远程监控，多画面展示视频监控，支持视频加密设置，异常状况存储视频数据。

(5)应用拓展平台

借助人工智能技术，针对水厂的生产难点、重点工艺控制环节，实现生产管理的精细化、智能化控制。建立水厂运行决策系统，通过对生产工艺、运行数据的深入分析挖掘，协助生产执行人员对各类异常预警、突发事件进行处置，进行工艺、设备、成本、风险等多维度分析并指导综合运营决策。

以数字化手段将各类多源异构信息进行深度融合，协助管理人员对生产过程的全面监控，以信息化技术实现日常运维管理的标准化、流程化、移动化，包括 BIM 模型查看、在线监测、设备管理、巡检管理、安防管理、人员管理、生产计划与调度等功能。

提供电脑端、网页端、移动端和大屏端等多渠道展现方式。电脑端重点实现水厂的数字化监控、智能应用；网页端便捷灵活，数据量庞大异构，重点实现水厂的设备管理、巡检管理等运营管理功能；移动端方便简洁，是电脑端和网页端的集成和简化；大屏端结合大屏设备展示项目生产管理情况，作为宣传展示的窗口。通过四端口产品，涵盖了水厂日常生产和管理，提高其信息化、数字化和智能化的管理水平。

当然，广义上的智慧水务还可以由智慧排水、智慧供水、智慧海绵、智慧河道等多个板块组成，其中智慧排水系统可以从全局角度统筹管理整个城镇或区域排水网络，这里不再赘述。

参 考 文 献

[1]上海市政工程设计研究院(集团)有限公司．给水排水设计手册．第 9 册，专用机械[M]. 3 版．北京：中国建筑工业出版社，2012.

[2]张自杰，林荣忱，金儒霖 编．排水工程(上、下册)[M]. 5 版．北京：中国建筑工业出版社，2015.

[3][美]W. 韦斯利．艾肯费尔德(小) 著，陈忠明，李赛君 译．工业水污染控制[M]. 北京：化学工业出版社，2004.

[4]胡洪营，张旭，黄霞，等．环境工程原理[M]. 4 版．北京：高等教育出版社，2022.

[5][美]威廉 W. 纳扎洛夫，莉萨・阿尔瓦雷斯-科恩 著；漆新华，刘春光 译；庄源益 审校．环境工程原理[M]. 北京：化学工业出版社，2006.

[6]刘宏．环保设备——原理・设计・应用[M]. 4 版．北京：化学工业出版社，2019.

[7]黄廷林．水工艺设备基础[M]. 4 版．西安：西安建筑科技大学，2021.

[8]段金明，周敬宣，王琳玲．环保设备及应用[M]. 3 版．北京：化学工业出版社，2023.

[9]马放，田禹，王树涛，等．环境工程设备与应用[M]. 2 版．北京：高等教育出版社，2021.

[10]周迟骏．环境工程设备设计手册[M]. 北京：化学工业出版社，2019.

[11]吴向阳，李潜，赵如金．水污染控制工程及设备[M]. 北京：中国环境出版社，2015.

[12]张洪，李永峰，李巧燕．环境工程设备[M]. 哈尔滨：哈尔滨工业大学出版社，2016.

[13]高明军．环保设备制造工艺学[M]. 北京：中国环境出版社，2016.

[14]Tom Matko，John Chew，Jannis Wenk，et al. Computational fluid dynamics simulation of two - phase flow and dissolved oxygen in a wastewater treatment oxidation ditch. Process Safety and Environmental Protection，2021，145：340 - 353.

[15]Lawrence K. Wang，Nazih K. Shammas，William A. Selke，Donald B. Aulenbach. Flotation Technology. Hankbook of Envinomental Engineering，Volume 12. Humana Press，Springer Science + Business Media，LLC，2010.

[16]庞桂芳．分离机械维修手册．北京：化学工业出版社，2014.

[17]全国化工设备设计技术中心站机泵技术委员会 编．工业离心机和过滤机选用手册．北京：化学工业出版社，2014.

[18]叶庆国，陶旭梅，徐东彦．分离工程(第二版). 北京：化学工业出版社，2017.

[19]朱艳彬，马放，杨基先，李大鹏．絮凝剂复配与复合型絮凝剂研究[J]. 哈尔滨工业大学学报，2010，42(8)：1254 - 1258.

[20]孙文俊，吕东明．紫外线技术在我国城镇给排水处理中应用的挑战和趋势[J]. 净水技术，2023，42(3)：1 - 6.

[21]Zhe Sun，Mengkai Li，Wentao Li，et al. A review of the fluence determination methods for UV reactors：Ensuring the reliability of UV disinfection[J]. Chemosphere，2022，286：131488.

[22]Philip A. Marrone. Supercritical water oxidation — Current status of full - scale commercial activity for waste destruction. The Journal of Supercritical Fluids，2013，79(7)：283 - 288.

[23]林红军，陈建荣，陆晓峰，等．正渗透膜技术在水处理中的应用进展[J]. 环境科学与技术，2010，33(12F)：411 - 415.

[24]IWA Conference - Activated Sludge - 100 Years and Counting，June 12 - 14，2014 in Essen - Germany. http：//www. iwa100as. org/history. php.

[25]James A. Mueller，William C. Boyle，H. Johannes Pöpel. AERATION：Principles and Practice. WA-

TER QUALITY MANAGEMENT LIBRARY，Volume 11，CRC Press LLC，2002.
[26]常志英，黄廷林．基于 VOF 数值模拟的扬水曝气器提水性能研究[J]．西安建筑科技大学学报(自然科学版)，2021，53(1)：117－125.
[27]康晓峰，王黎声，刘春，等．膜曝气生物膜反应器生物脱氮研究进展[J]．环境工程，2021，39(7)：38－45.
[28]邓荣森 编著．氧化沟污水处理理论与技术[M]. 2 版．北京：化学工业出版社，2011.
[29](美)彼得·维尔德勒，(美)罗伯特·欧文，(美)默文·戈恩森 编；孙洪伟，刘秀红，彭永臻 译．序批式活性污泥法污水处理技术[M]．北京：化学工业出版社，2010.
[30]张巍，刘晋，王昊，等．净化槽处理污水的机理研究及应用研究进展[J]．环境保护与循环经济，2017，(7)：36－40.
[31]W. P. F. Barber. Thermal hydrolysis for sewage treatment：a critical review[J]．Water Research，2016，104：53－71.
[32]任征然，李伟，高金华，等．热水解高级厌氧消化研究与应用进展[J]．水处理技术，2021，47(11)：26－30，53.
[33]陈珺，杨琦．污泥高级厌氧消化的应用现状与发展趋势[J]．中国给水排水，2016，32(6)：19－23.
[34]Lu Cai，Tong－Bin Chen，Ding Gao，Jie Yu. Bacterial communities and their association with the bio－drying of sewage sludge[J]．Water Research，2016，90：44－51.
[35]郝吉明，马广大，王书肖．大气污染控制工程[M]. 4 版．北京：高等教育出版社，2021.
[36]朱法华，徐静馨，王圣，等．中国燃煤电厂大气污染物治理历程及展望[J]．电力科技与环保，2023，39(5)：371－384.
[37]温昶，文邬浩，王大鹏，等．活性焦脱除烟气污染物研究进展[J]．洁净煤技术，2023，29(1)：83－107.
[38]苏尚德，祝轩，辛清萍，等．用于碳捕集的气体分离复合膜研究进展[J]．高分子通报，2024，37(4)：458－470.
[39]Elisa Esposito，Loredana Dellamuzia，Ugo Moretti，et al. Simultaneous production of biomethane and food grade CO_2 from biogas：an industrial case study[J]．Energy & Environmental Science，2019，12：281－289.
[40][美]诺埃尔·德·内韦尔 著；胡敏，谢绍东，等译．大气污染控制工程．北京：化学工业出版社，2005.
[41]赵檀，李双喜，杨兴，等．基于有限元等效模型的大型膜顶搪瓷拼装储罐安全性分析．压力容器，2024，41(1)：33－44.
[42]王鼎顺，安群香．运城某污水处理厂自动控制系统的设计[J]．工业控制计算机，2015，28(8)：147－148.
[43]李子怡，钟炜．智慧水厂能耗监测评价与异常诊断管理平台研究[J]．给水排水，2024，60(2)：153－157，166.
[44]Gustaf Olsson，等著；马勇，彭永臻 译．污水系统的仪表、控制和自动化[M]．北京：中国建筑工业出版社，2007.
[45]周明远，朱学峰，李秀丽．环保设备课程设计指南与案例．北京：中国环境出版社，2016.
[46]潘琼，李欢．环保设备设计与应用[M]．北京：化学工业出版社，2022.
[47]刘宏．环保设备设计与应用手册[M]．北京：化学工业出版社，2022.
[48]Yung－Tse Hung，Lawrence K. Wang，Mu－Hao Sung Wang，Nazih K. Shammas，Jiaping. Paul Chen. Waste Treatment in the Service and Utility Industries (1st Edition)．CRC Press，2017.